第 8 章 宽敞简约洗手间效果图

场景灯光渲染效果

细节展示

细节展示

细节展示

第 9 章 阳光温馨浴室效果图

第 10 章 休闲阳光榻榻米效果图

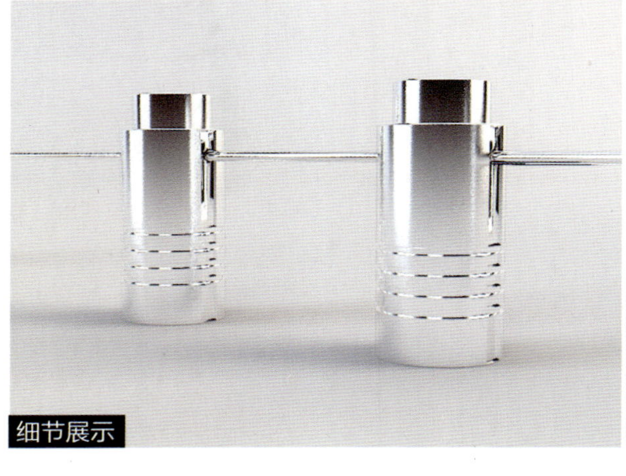

细节展示

第 11 章 现代大气风格室内效果图

客厅场景渲染效果

餐厅场景渲染效果

客厅场景灯光效果

细节展示

餐厅场景灯光效果

第 12 章 欧式简约风格室内效果图

客厅场景渲染效果

细节展示

餐厅场景渲染效果

第 13 章 复古罗马风格室内效果图
餐厅场景渲染效果
客厅场景渲染效果
休闲区场景渲染效果

第 14 章 温馨小情调风格室内效果图
客厅场景渲染效果
餐厅场景渲染效果
客厅一角
细节展示

第 15 章 室外楼体效果图制作
最终效果图
渲染效果图
细节展示

第 16 章 田园风格别墅效果图制作

第 17 章 商务办公楼效果图制作

第 18 章 城市鸟瞰效果图制作

第 19 章 日、夜景公建效果图制作

日景渲染效果

夜景渲染效果

主光源灯光效果

整体灯光效果

渲染效果图

3ds Max 2015/VRay 效果图制作完全自学一本通

范景泽　陈英杰　编著

電子工業出版社
Publishing House of Electronics Industry
北京·BEIJING

内 容 简 介

VRay是3ds Max的高级外挂渲染器，它以完美的渲染和材质效果完全替代了3ds Max的内置渲染器。本书通过多个经典范例，介绍了作者多年来使用VRay渲染器在室内外效果图渲染方面的独家秘籍，介绍了VRay渲染器的所有功能和制作技巧。本书最具有价值的一点是提供了多个经典的室内外场景实例，有渲染速度非常快的大型室外场景，还有能渲染大尺寸效果图的场景。这些场景都是经过了成功验证的例子，目的是让读者真正体验学有所成、学有所用的成果。如何表现这些经典范例是本书所要描述的，如何控制质量和时间的平衡更是本书的精华。本书使用的范例均为作者从事CG行业多年来最实用的室内外效果图质感表现和渲染技术的经典之作，将引领读者在头脑中形成一个全新的制作概念。

书中通俗易懂的操作步骤、配套光盘中的场景文件，以及作者亲自录制的VRay渲染器视频教学录像，给想挑战质感极限的读者提供了一个高起点的学习平台。

本书适合初、中级三维制作人员，以及三维设计爱好者及建筑效果图设计师使用，注重实用性，使读者学完本书内容都能够快速适应工作。

图书在版编目（CIP）数据

3ds Max 2015/VRay效果图制作完全自学一本通 / 范景泽, 陈英杰编著. -- 北京 : 电子工业出版社, 2015.3

ISBN 978-7-121-25336-2

Ⅰ. ①3… Ⅱ. ①范… ②陈… Ⅲ. ①三维动画软件 Ⅳ. ①TP39.41

中国版本图书馆CIP数据核字（2014）第311761号

责任编辑：田 蕾

特约编辑：刘红涛

印　　刷：北京天宇星印刷厂

装　　订：北京天宇星印刷厂

出版发行：电子工业出版社

北京市海淀区万寿路173信箱　邮编：100036

开　　本：787×1092 1/16　印张：19.5　字数：720千字　黑插：40　彩插：4

版　　次：2015年3月第1版

印　　次：2015年3月第1次印刷

定　　价：99.80元（含光盘1张）

凡所购买电子工业出版社图书有缺损问题，请向购买书店调换。若书店售缺，请与本社发行部联系，联系及邮购电话：（010）88254888。

质量投诉请发邮件至zlts@phei.com.cn，盗版侵权举报请发邮件至dbqq@phei.com.cn。

服务热线：（010）88258888。

前言

随着改革开放的进一步深入，为城市建设创造了有利的社会环境。高楼林立、蒸蒸日上的建设气息，自然而然又加快了建筑装潢行业的发展。而室内外效果图是建筑装潢行业必不可少的环节，无论是洽谈、竞标，还是验收，都会涉及它，所以制作效果图成了一个热门行业。单从经济方面来讲，它的市场广阔、利润大，见效又快，非常值得计算机爱好者、设计单位等个人和团体从事该行业。另外，随着市场的完善，竞争日益激烈。无人能超越优胜劣汰的自然法则，所以只有不断地更新技术，力求做得更好，才会有更有利的生存空间。掌握最新的技术，制作出更好的效果是本书的宗旨。让人欣喜的是随着 VRay 等高级渲染器的出现，3ds Max 能更加淋漓尽致地表现其强大的功能了。3ds Max 结合这些渲染器插件制作的效果图已很难分辨真伪了。3ds Max 在建模、光线、材质、渲染等各方面的长足进步，促进了效果图行业的蓬勃发展。

本书详尽地叙述了使用常规的方法创建灯光、赋予材质及渲染等各环节，而且为了满足广大渲染爱好者的要求，专门针对 VRay 渲染器的使用方法做了全面的讲解。VRay 渲染器全新的灯光、材质、渲染方式将让人耳目一新。过去由于技术上的限制而无法完成的各种效果已变得易如反掌。物体灯使灯光更加真实，更完善的材质类型及参数使材质更加逼真，焦散效果、全局光照使效果图更加完美。新的制作及渲染方式还减轻了过去那种靠大量后期制作弥补前期不足的工作量，不仅加强了效果，而且提高了效率，实在是事半功倍，令人赞叹不已。

软件的进步促进了效果图质量的提高，但它们毕竟只是工具，只有人的能力的全面提高，才能更好地提高效果图的制作水平。效果图是设计师思想的一种展现，所以室内外效果图制作者要懂建筑设计、装潢设计，还要具备有一定的艺术修养和绘画的基本功。因此，效果图制作者除了要熟练掌握计算机操作技术，还要不断地学习最新的设计理念，不断地提高艺术欣赏力，不断地练习绘画的基本功。

用 3ds Max 制作效果图是比较复杂的工作，所以对设计人员的要求也比较高。总的来讲，效果图需要有鲜明的灯光效果，配景要具有一定的格调（与主体搭配和谐）。本书主要针对如何使用 3ds Max 来制作效果图，以及效果图的制作难点进行深入探讨。本书在制作技术上绝无保留，可使读者在最短的时间内掌握建筑效果图的制作技巧。

本书详细地介绍了室内外效果图的前期制作与后期渲染的全部过程，具有很强的实用性，可作为室内外效果图设计人员及使用 3ds Max 人员的培训教材。

配套光盘中不但附有大量制作室内外效果图所需的素材文件，供读者在制作效果图时使用，还附赠了全部案例的最终场景，以供读者参考。由于时间仓促，疏漏之处在所难免，敬请广大读者朋友批评、指正。

本书由范景泽、陈英杰编著，参与编写的人员有钱政娟、陶娜、王书宇、王晓民、吴军强、延睿、杨思远、叶德辉、袁碧悦、张彩霞、赵芳、赵佳佳、王晨。

目录

第1章 室内外设计基础

在建筑与室内外设计领域中，3ds Max依然是功能最强大的三维建模与动画设计软件。除了一些特殊建筑物需要使用特殊的计算软件来辅助设计外，大多数建筑物都可以使用3ds Max来进行建模和渲染，以及制作场景仿真动画。

辅助设计与设计有一定的区别。扮演设计角色的软件可以利用自身的程序和算法自动或手动生成三维模型，它们的工作方式是基础计算式的；而扮演辅助设计角色的软件，则利用建立在算法基础上并高于算法的可视化程序，来完成三维模型的生成。3ds Max属于辅助设计软件，并非专业设计软件，这便是3ds Max的准确定位：视觉和娱乐。正是因为这种“非专业”性，使得3ds Max可以完成更大众化、更大量化和更普遍的任务。

3ds Max在建筑及室内设计领域的用途主要表现在以下几个方面：

▼ 建筑物及室内物件的三维模型创建——建模。

▼ 建筑物及室内场景的灯光辅助设计——灯光。

▼ 建筑物及室内场景的视觉设计——摄影机/灯光。

▼ 建筑物及室内场景设计的平面表达——渲染（即设计效果图，需要其他平面设计软件的配合）。

▼ 建筑物及室内场景设计的动态表达——动画制作。

▼ 建筑物及室内场景设计的综合表达——影视制作（需要其他影视编辑软件的配合）。

1.1 室内效果图制作概述

在室内设计建筑设计领域，效果图通过一种形象的方式传达设计师内在的意念和视觉的美感，这也是设计师必须具备的重要能力之一。再好的创意、再好的设计，如果不能通过视觉化的方式传达给其他人，也毫无价值可言。效果图是设计师最常用的传达设计信息、研究设计方案、交流创作意见的专业语言之一。一幅具有表现力的效果图，不仅可以将设计师的设计思想表现得淋漓尽致，还可以最有效地说服客户。多数设计都是在逐步视觉化的过程中，不断更正错误，趋于成熟的。利用效果图，设计师可以在创造性的设计过程中，捕捉、追踪并激发快速运转的创作思维，并发掘出更多潜在的可能性，如下图所示。

传统室内效果图采用手绘的方式，如下图所示，在绘制之前往往要首先制作产品的透视图，过程烦琐、周期漫长、难以修改，室内或建筑的空间体量关系、表面的材质机理也难以表达。针对传统效果图绘制手段的不足，利用计算机三维动画制作软件绘制室内效果图正逐渐成为设计界的主流。

另外，在室内设计与建筑设计领域，设计师往往要在短时间内提供设计方案，以供评估和选择，面对这样的挑战，3ds Max使设计师的工作流程更为简捷、高效，并极大地拓展了设计师的思维空间。制作出的效果图更准确、真实，便于修改，比手绘效果图能更真切、更完整地说明设计构思，在视觉上建立起设计者与他人进行沟通和交流的渠道。在虚拟三维空间中创建的室内效果模型，可以真实地再现形态、尺度、材质、色彩、光影乃至环境气氛等造型特征，如下图所示。

1.1.1 室内装饰风格概述

所有的室内装饰都有其特征，但这个特征又有明显的规律性和时代性，把一个时代的室内装饰特点及规律性的精华提炼出来，室内的各方面造型及家具造型的表现形式，称为室内装饰风格。

装饰风格是室内装饰设计的灵魂，是装饰的主旋律，而风格分为东方风格和西方风格。东方风格一般以中国明清传统风格、日本明治时期风格、南亚伊斯兰国家的风格为主。西方风格主要以欧洲早期的罗马式、哥特式，中世纪的巴洛克式、洛可可式，以及19世纪的新古典主义、现代主义和后现代主义为主。现代主义强调使用功能，以及造型简洁化和单纯化。后现代主义强调室内装饰效果，推崇多样化，反对简单化和模式化，追求色彩特色和室内意境。

在风格中能够创造出各种室内环境气氛，使人领略到古典的、现代的、西方的、中国传统式的整体美感，具有很强的文化表达性和鲜明的特色。下面具体介绍几种比较典型的装饰风格。

古典风格是以欧美式或中国传统式样为基础的构想，具有华丽、宁静、优雅等特征。家具、照明、纺织品的图案均以传统的基本风格为基础；色彩有深红、绛紫、深绿色等，具有浓厚、深沉、庄严的色调，装饰性强，具有很强的重量感。其中，中国传统风格和西洋古典风格各具魅力。

1. 中国传统风格

中国传统风格崇尚庄重和优雅，吸取中国传统木构架构筑室内藻井天棚、屏风、隔扇等装饰。多采用对称的空间构图方式，笔彩庄重而简练，空间气氛宁静雅致而简朴。中国传统的住宅建筑在装修上依木构架的种类分为内檐和外檐两种。内檐装饰是室内装饰的基础，其风格主要是以通透的空间构架组合，以及具有一定象征寓意的陈设展示其深邃的文化内涵。中式传统装饰包括明清风格，以及少数民族的名俗风格等，如下图所示。

2. 西洋古典风格

这是一种追求华丽、高雅的古典风格。居室色彩主调为白色。家具为古典弯腿式，家具、门、窗漆成白色。多用各种花饰、丰富的木线变化、富丽的窗帘帷幄是西式传统室内装饰的固定模式，空间环境多表现出华美、富丽、浪漫的气氛，如下图所示。

3. 外国现代风格

以简洁明快为主要特点，重视室内空间的使用效能，强调室内布置按功能区分，家具布置与空间密切配合，主张废弃多余的、烦琐的附加装饰，以达到质和神韵的效果。另外，装饰色彩和造型追随流行时尚，如下图所示。

4. 复古风格

当人们的现代物质生活不断得到满足时，又萌发出了一种向往传统、怀念古老稀品、珍爱有艺术价值的传统家具的情结。于是欧洲文艺复兴时期那种描绘细致、丰裕华丽的风格，以及稍后的巴洛克和洛可可那种曲线优美、线条流动的风格常被用作居室装饰。格调相同的壁纸、帘幔、地毯、家具、外罩等装饰织物，以及陈列着颇有欣赏价值的各式传统餐具、茶具的饰品柜，给室内增添了端庄、典雅的贵族气氛，如下图所示。

5. 自然风格

人们越来越崇尚返璞归真、回归自然的家具，而摒弃那些人造材料的制品。于是把木材、砖石、草藤、棉布等天然材料运用于室内建材中。例如，后现代风格的室内设计，空间组合十分复杂，通过设置隔墙、屏风柱子或壁炉来制造空间的层次感；又如，为不使居室空间不规则、界限含混，利用细桩隔墙形成空间层次的无尽和深远感，如下图所示。

6. 现代海派风格

海派，作为某些地区特有的一种文化风格，已渗入各个领域，包括海派的居室装饰。其最突出的特点是能在面积较小的住宅内，达到平面布置合理、空间利用充分，整体设计紧凑，使居室装饰既经济舒适，又符合现代生活的要求，如下图所示。

1.1.2 室内效果图制作流程

室内效果图的制作流程大致分为以下几个阶段：

首先要读懂AutoCAD图纸，了解设计师想要表达的设计理念与意图，如下图所示。

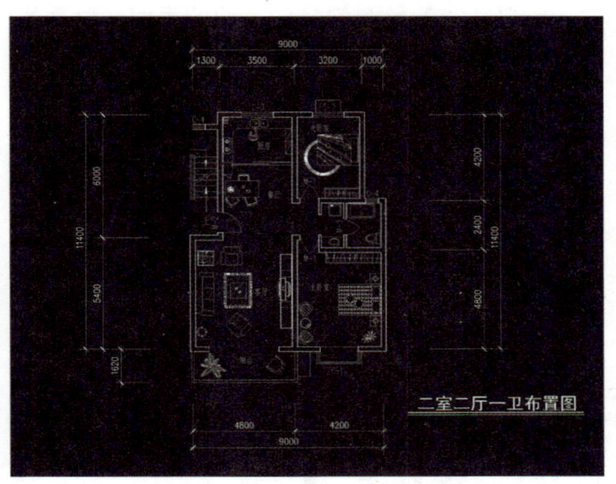

然后在3ds Max中建立模型，在建立模型的时候必须按照图纸的标准尺寸完成模型的制作，保持三维模型与二维图纸比例上的一致。放置家具模型，进行灯光测试，如下图所示。

最后，根据装修的实际需要设置相应的材质，完成渲染，在Photoshop中对图片进行润色等，如下图所示。

1.2 室外效果图制作概述

室外效果图是建筑设计师表达设计意图、体现建筑构造艺术的一种手段。不管是从最早的手绘，还是现在借助于计算机的效果图表现，它最终传达的都是一种思想，就是让人们认识并理解它。所以从一开始我们就应该把效果图的制作当成一种思维训练的方式，不要盲目地走进只追求效果图的“炫”和“酷”的误区，而是从视觉表现上去理解和把握设计的内涵。如下图所示为过去手绘和现在效果图的对比。

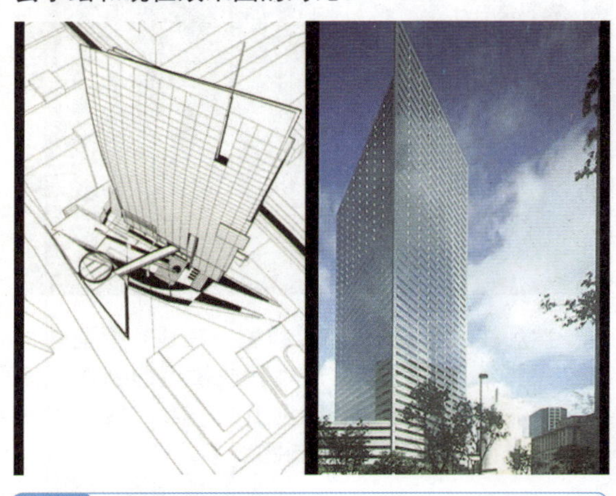

1.2.1 分类与注意事项

1. 建筑表现图

建筑表现图主要分为以下7类：

日景人视公建，夜景人视公建，日景人视住宅（包括小别墅），夜景人视住宅（包括小别墅），日景鸟瞰公建、住宅（包括半鸟瞰），夜景鸟瞰公建、住宅（包括半鸟瞰），以及黄昏、清晨公建、住宅。

2. 作图时的注意事项

了解建筑的功能特点，分析建筑物的空间、环境、体量等，找出最有特点的一些地方进行重点表现。

把握好建筑的内涵，在材质、气氛的表现上尽量多地反映建筑的气质。

分析出表现该建筑空间最适合的时段和季节，在制作的过程中做到胸有成竹。

3. 渲染时的注意事项

养成对多种渲染方案进行比较的习惯。在渲染的过程中，可以尝试用不同的打光方式对场景进行渲染，同时将场景图在3ds Max中进行复制，最后进行效果比较，从而选出最理想的效果然后再继续深入。

养成给材质命名的习惯。在渲染的过程中，需要反复调整材质的参数。而当材质比较繁杂的时候，给材质命名就显得十分重要了。当然，部分材质在建模的时候已经命名了，那么在渲染的时候就需要将材质进行整理，统一命名。

养成对重点材质反复调整的习惯。在一个场景中，通常都有一些重点的表现部分。这就需要在灯光等元素变化的同时，反复调整这些材质的参数。

1.2.2 室外建筑风格表现

就设计而言，建筑风格的分类很广，它可以分为现代主义建筑风格，也可以分为后现代主义建筑风格；它可以分为古希腊建筑风格，也可以分为巴洛克建筑风格，但是具体到效果图的表现，它除了真实地表现建筑的结构、材料以外，更是通过环境、灯光去营造一种气氛，比如一个小区的建筑表现，应该尽量去营造一种安逸和谐的气氛，一个政府机关的建筑，就应该去营造一种庄重严肃的气氛。下面，我们从一些优秀的摄影作品中学习一些建筑风格的表现。如下图所示是不同风格的建筑。

1.2.3 装饰材料与效果图表现

室外的装饰材料种类繁多，一般用得比较多的是水泥沙浆、混合沙浆、聚合物水泥沙浆、水刷石、乳液涂料、外墙面砖、水磨石板和天然石板等。现在一些新型材料，比如各种金属面板、玻璃和一些环保建筑装饰材料也得到了广泛的应用。如图下所示是各种建筑材料的表现。

玻璃

水磨石

金属面板

天然石板

外墙面砖

乳液涂料

1.2.4 园林绿化的表现

园林是在一定的地域运用工程技术和艺术手段，通过改造地形（或进一步筑山、叠石、理水）、种植树木花草、营造建筑和布置园路等途径创作而成的美的自然环境和游憩境域，称为园林。

下面通过3个具体的例子来说明园林绿化表现的重要性，也以此作为制作效果图的参考。

1. 泉石园

园名为“泉石园”，面积有1 029平方米。方案取自山东泉城济南名泉“趵突泉”园林风格，以泉石、咏泉诗文和楹联、石刻艺术等为建园构思，建筑形式采用山东最具代表性的卷棚歇山式（李清照纪念堂）。造泉池、溪亭、立泉碑、峰石或散置自然山石，选配植物油松、竹类、银杏、五角枫、垂柳和草坪等，形成独特的园林景观，如下图所示。

2. 花园大道

花园大道长850米、40米宽，以大温室作为轴线和景观衬景。该路段以草坪为基底，各色花卉为主体，形成五彩缤纷的花廊，以“花钟”为序曲，乘“花船”，经“花溪”汇入“花海”，点题于中心广场，以“花开新世纪”雕塑和大型喷泉为高潮，如下图所示。

3. 蜀园

园名为“蜀园”，面积有1 506平方米。用现代造园手法，布局以杜甫草堂为主景，以九寨沟自然风光为背景，通过竹林、熊猫造型和四川特有的园林小品，反映巴蜀竹文化、园林园艺及四川省对生态环境的保护，如下图所示。

南方园林也可以说是园林中的经典之作，一般由亭、台、楼、阁、廊、榭等不同形式的建筑和一些配景组成，如下图所示是几张典型的南方园林。

木桥

亭子

石山

走廊

皇家园林更是集各种园林特色于一体，它的风格当然也最具表现力，如下图所示是几张典型的皇家园林。

1.3 室外效果图制作方法

下面以图例的方式来看一下各种类型室外效果图的制作思路和方法。

1.3.1 日景公建类

日景公建类效果图如下图所示。

作图思路如下：

（1）明确表现意图，找出将要作为重点表现的部分（所谓“意于笔先”，即是这个道理）。

（2）分析建筑的特点，创建合理的摄影机角度。

（3）根据角度来选择主光灯的位置，并让它投射阴影。初步渲染，观察建筑物的光影关系，调整入射角度和光线范围等。

（4）根据粗渲的结果调整光线的色彩、强度等参数，并确定场景应表现的时间点。

（5）利用多盏聚光灯创建模拟天光的全局光光源系统。

（6）选出一些重点材质，单独反复调整，然后调整各个材质间的关系 。

（7）注意各个材质的质感、色彩、搭配关系等，最后要调整整个画面的光感、整体效果等。

（8）正图渲染完毕，渲染色块通道（根据需要选择是否渲染）。

（9）打开Photoshop软件，依次由背景到前景进行后期处理。协调画面的明暗、色调等关系，把握好配景的尺度，完成制作。

1.3.2 夜景公建类

夜景公建类效果图如下图所示。

1. 夜景画法要点

画出一张好的夜景效果图有两个很重要的技法：

（1）设置趣味中心。趣味中心（又称焦点）是画面的一部分，包含画面的主体，观者的视线自然会被吸引过来。每张渲染图都要表达一个意思，一张理想的画面只传递一个信息，成分太复杂时，观者注意力分散，将失去重点。

（2）夜景效果图一定要注意建立强烈的明暗对比形式，使渲染图轮廓清晰，易于理解。有些国外的建筑画大师为了处理好明暗关系，经常在画前用灰颜色做小样。如果没有设计好调子，再好的色彩组合也不行，相反，明暗对比很强时加入新奇的颜色，效果通常很好。我们在做日景的时候往往很容易重视的建筑本身的素描关系，因为日景环境下的建筑明暗面较为明显，明确的光影关系很容易突出强烈的明暗对比。夜景则不然，光环境较为复杂，没有日景那样明确的投影关系。因而需要我们主观地对建筑本身进行高度概括，虚拟一个明暗对比较为强烈的光环境。一般来说，在可能的画面调子组合中，最常“出现”的组合是前景/暗调、中景/亮调、背景/中调。理想的前景应该明暗对比最弱。中景则是我们所要表现的建筑主体，具有强烈的明暗对比、鲜明的色彩、丰富的活动。将背景处理成中调，衬托、修饰着中景，作为视觉中心的中景介于前景和背景之间，明暗基调一目了然，当然也可以尝试其他的明暗组合，如前景/中调、中景/暗调及/背景亮调，可用于日落时分亮背景的主体，最强的明暗对比应用在中景区，因为这才是画面中心。

2. 具体思路

（1）夜景图建立光环境时，但不同的是主灯较暗，略微偏蓝，但要体现出较为强烈的素描效果。

（2）在室内补灯，可为暖光，也可为冷光，视建筑类型而定，住宅多用暖光，公建可用冷光（注意楼板的晕运、明暗变化）。

（3）调节玻璃的材质，可以给玻璃较亮的滤色，适当添加一定的自发光。

（4）在室外加辅光，使建筑产生较为柔和的退晕（注意不要削弱素描关系），渲染时注意整体画面的基调，强调颜色的冷暖对比。

3. 渲染时要注意的事项

（1）不宜过白，显得画面没有层次。

（2）渲染前应理解建筑师的设计意图，如建筑师需要表达一个什么样的调子的夜景，是否要集中体现某个设计细部等。

（3）亮点不宜过多，应抓住最主要的一两个充分发挥，以免分散视觉中心。

（4）建筑外墙不宜太黑，不利于材料的质感表达。

（5）在打光的每一个阶段时刻注意整体的素描关系，不能调得太灰。

4. 后期处理时应注意的事项

（1）人物、配景注意整体色调搭配，统一于建筑所处的光环境之中。

（2）可适当加强建筑主体的明暗对比。

（3）根据建筑性质来做适当的配景，如：商场、写字楼、剧院等一般需要商业味和足够的人流、街灯，来体现繁华的都市感；科研建筑多要宁静的感觉；住宅则要体现温馨、人气旺盛之感。

（4）注意天空与整体画面的搭配，天空的构图要使用对比，建筑暗时，天空要亮，反之亦然。而且，云的形状不要映射建筑轮廓，天空在渲染图要占1/3。不要把天空看作建筑物后面的透空部分，这一点十分重要，天空是用来补充建筑物效果的，但不能喧宾夺主。

1.3.3 日景住宅类

日景住宅类效果图如下图所示。

1. 画法要点

（1）抓住建筑的特点，用柔和而细腻的光线表现它。

（2）表现出住宅区的人文气氛及适合人居住的环境等。

（3）后期中的树木搭配要得当。后期的植物配置，通常是住宅类表现图中的重点和难点。这就需要平常多观察生活，积累对植物搭配的认识。建议在制作的前期，可以粗略勾勒一幅植物配置图，然后在后期对住宅小区或别墅的环境进行“描绘”等。

（4）把握好视觉中心。通常情况下，有重在表现住宅楼和重在表现小区环境两种要求，这就需要在制作中有不同的侧重点。重在表现住宅楼的，需要表达出建筑师在外立面上的设计特点。其中立面造型、材质的质感等都需要着重表现。重在表现环境的，就需要多从住宅小区的空间考虑。选择一个比较适宜的空间，在建筑表现到位的基础上，通过后期制作烘托出小区比较温馨舒适的气氛。所以，在植物、人物等配景的选择上，都要围绕这一点来进行制作。还需要注意道路关系、车库入口等一些设计上的要素。

2. 具体思路

（1）创建主光灯，调整光强、色彩、阴影、方位等，使住宅楼富于光影变化且比较柔和。

（2）创建全局光的光源系统，由时间点来定整个画面的基调。

（3）调整材质参数，表现建筑的品质感。

（4）检查墙面、铺地等物体的贴图坐标；检查光感、质感是否表现到位。最后完成渲染。

（5）进入后期处理。先加入天空背景，调整建筑的局部、色调等。

（6）细致地加入绿化、人物、车辆等配景，做出丰富的小区环境。

1.3.4 夜景住宅类

夜景住宅类效果图如下图所示。

1. 画法要点

（1）把握住夜景住宅的特点。

（2）色调柔和、宁静温馨。

（3）万家灯火，对比层次较多。

（4）室外冷光与室内暖光的关系。

（5）楼板的退晕效果。

2. 具体思路

（1）创建室外的冷光光源系统，确定室外的亮度。

（2）用几盏泛光灯模拟室内的暖光环境，注意利用灯光的衰减从下向上做出退晕效果。

（3）利用玻璃贴图、过滤色等参数加强室内光的表现。

（4）局部制作透出玻璃的光效（利用泛光灯的光线跟踪功能做出室外的一些投影）。

（5）制作通道文件。

（6）进行后期处理。调节整体色调、明暗对比，利用通道局部擦亮透过玻璃的室内部分。

（7）进行配景的制作，并调整图像色调，使整体更加融合。

1.3.5 鸟瞰类

鸟瞰类效果图如下图所示。

画法和步骤请参考前面介绍的要点，鸟瞰图要注意的是：抓整体，不要陷入局部。

1.3.6 特殊效果类

特殊效果类如下图所示。

画法和步骤参考前面介绍的要点，特殊效果类的图需要将着重点放在效果上，特殊的造型、特殊的色调、特殊的灯光等，一定要把握重点突出效果。

1.3.7 室外效果图总体方案出图

总体方案出图是效果图制作的一个全过程，并不是最后的结束动作，它包括对设计意图清晰的理解。室外效果图制作的流程是：首先在3ds Max中依据AutoCAD图纸以1:1的比例精确建模，以及赋予模型正确的材质，使模型能很好地融入环境，并建立一个绝对准确的摄影机视角建立。然后通过灯光表现出物体本身应有的生命力。最后，在Photoshop中对图像进行整体效果的把握和一些局部细节的处理。

（1）了解Auto CAD图纸，读懂设计师想表达的设计意图，如下图所示。

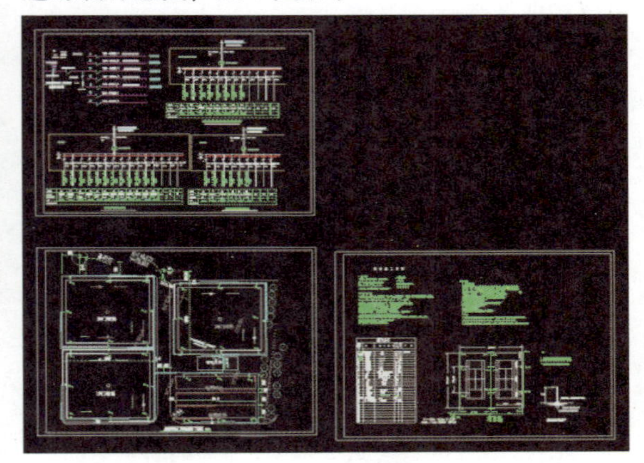

（2）在3ds Max中建立模型，为模型赋予材质和灯光，如下图所示。

（3）在Photoshop中加入配景，然后渲染出图，如下图所示。

第2章 3ds Max基础

本章主要讲解3ds Max的工作界面和一些基本设置，以及在3ds Max中如何对物体进行移动、缩放和旋转等基础操作，并详细介绍了3ds Max中几何体和简单图形的创建方法和详细的参数设置方法。通过这些简单的基础知识的学习，来增强我们对3ds Max的认识。

2.1 3ds Max工作界面及基本设置

3ds Max的工作界面可分为8个区域，分别是标题栏、菜单栏、主工具栏、命令面板、位置显示、动画控制、视图导航、操作视图。在整个界面中，用户可以方便地找到软件的全部命令选项和工具按钮。了解工作界面中各命令选项和工具按钮的摆放位置，对于在3ds Max中高效地进行编辑与创作工作，是很有帮助的。

2.1.1 认识3ds Max工作界面

如下图所示标出了3ds Max 工作界面各个可见部分的名称，整个工作区需要1280×960的分辨率才可以全部显示。

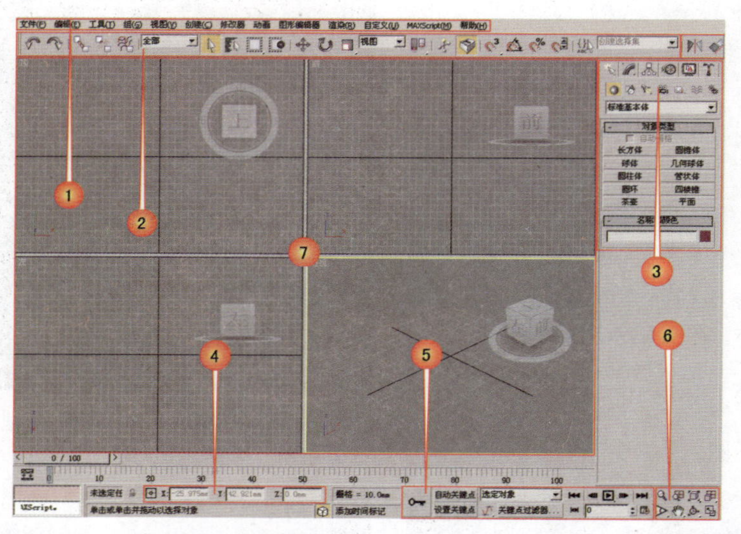

面板名称	内容概要	用途概要
①主菜单	内含所有命令及其分类菜单	可执行几乎全部操作命令
②主工具栏	内含各种基本操作工具	可执行基本操作
③命令面板	内含大量的工具和命令	可执行大量的高级操作
④位置显示	显示坐标参数等基本数据	可读取相关基础数据
⑤动画控制	内含动画的基本设置工具	对动画进行基本设置和操作
⑥视图导航	内含对视图的操作工具	对视图进行各种操作
⑦操作视图	默认含4个视图	实现图形、图像可视化工作区域

提示

3ds Max的工作界面遵循一个核心操作模式：用各种命令对视图中的对象进行操作。最基本的做法是在面板里单击、选择、输入各种命令及其相关参数，在视图中即可看到命令的结果（所见即所得）。而高级的做法则是按Ctrl+X组合键进入专家模式（Expert Mode），尽量多地通过键盘快捷键来调动各个命令，这样可以将各面板暂时关掉，实现所谓的“全屏操作”，工作效率会比基本操作提高数倍。如右图所示为专家模式的界面。

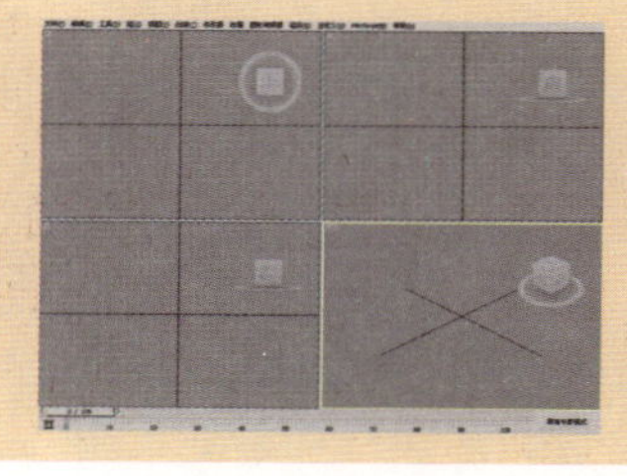

2.1.2 工具栏

在主工具栏上单击鼠标右键，可弹出快捷菜单。选择不同的命令可打开相应的工具栏，如下图所示为3ds Max主工具栏。

注意

工具栏上的所有工具按钮提供了由操作者到程序命令之间的可视化连接，这是Windows系统程序共有的特征。这些命令在菜单中都可以找到。将光标移动到工具栏边缘，可以拖动工具栏并移动到任何位置，也可以调整成合适的形状。

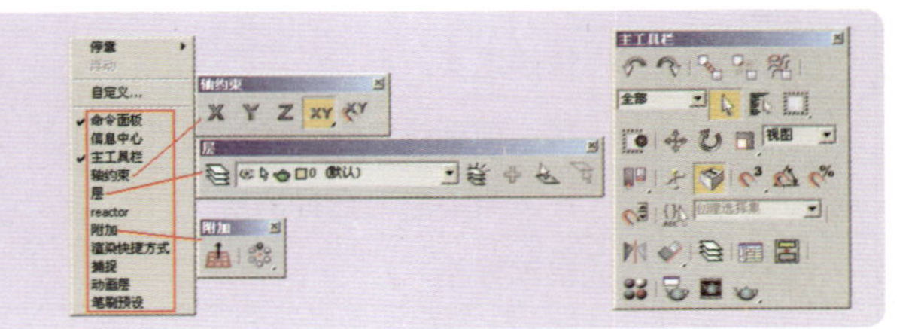

提示

用户可对工具栏进行自定义设计，创建自己的工具栏，这样可以大大方便用户不同的工作。在进行不同的工作时，可以通过【加载自定义UI方案】命令来载入适用于不同工作界面的自定义设置。

■ 1）选择【自定义 > 自定义用户界面】命令，在打开的对话框中选择【工具栏】选项卡。单击【新建】按钮，在【新建工具栏】对话框中输入名称，如下图所示。

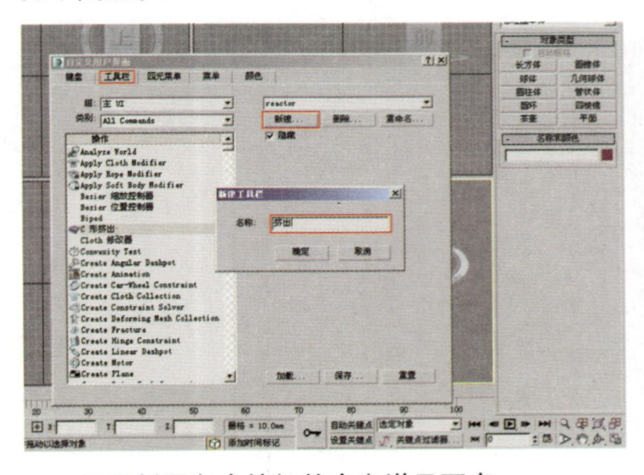

■ 2）在对话框左侧工具列表中选中需要的工具，按住左键将其拖入新建的工具栏中。单击【保存】按钮即可保存自定义设置，如下图所示。

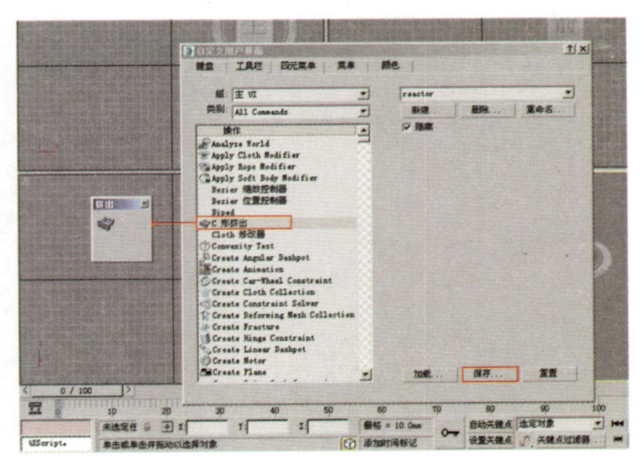

工具栏里各个按钮的含义详见下表。

	撤销		重做
	选择并链接		断开当前选择链接
	绑定到空间扭曲	全部	选择过滤器
	选择对象		按名称选择
	矩形选择区域		窗口/交叉
	选择并移动		选择并旋转
	选择并均匀缩放	视图	渲染类型
	使用轴点中心		选择并操纵
	忽略键盘快捷键覆盖切换		捕捉切换
	角度捕捉切换		百分比捕捉切换

图标	名称	图标	名称
	微调器捕捉切换		编辑命令选择集
	镜像		对齐
	图层管理器		曲线编辑器
	图解视图		材质编辑器
	渲染场景设置对话框		渲染帧窗口
	快速渲染产品		新建图层
	将当前选择的物体添加到当前层上		选择当前层上的对象
	设置当前层为选择的层		阵列
	自动栅格		限制在*X*轴方向
	限制在*Y*轴方向		限制在*Z*轴方向
	限制在*XY*/*XZ*/*YZ*平面		捕捉使用轴约束切换

2.1.3 命令面板

命令面板位于3ds Max工作区的右侧。它集中了3ds Max的大部分命令，这些命令高度集中在命令面板，使之成为使用率最高的部分。它含有6大面板，各面板下又含有多层指令和分类，最底层的控制对象甚至聚焦在精确的数据输入和量度控制上。

创建 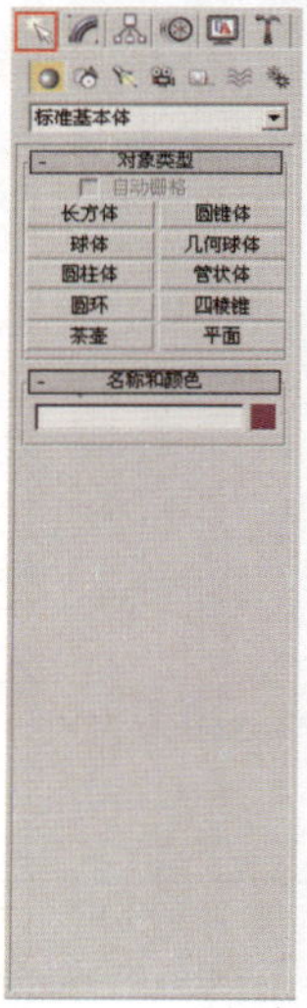	修改 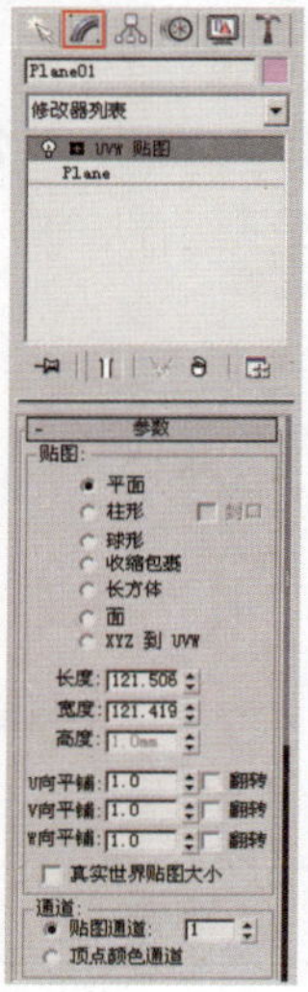	层次 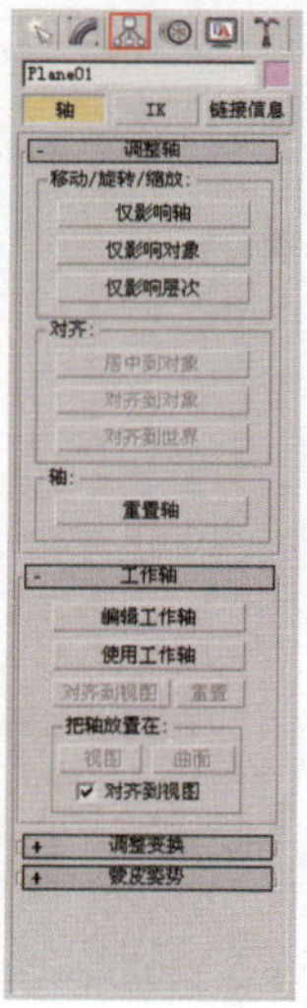	运动 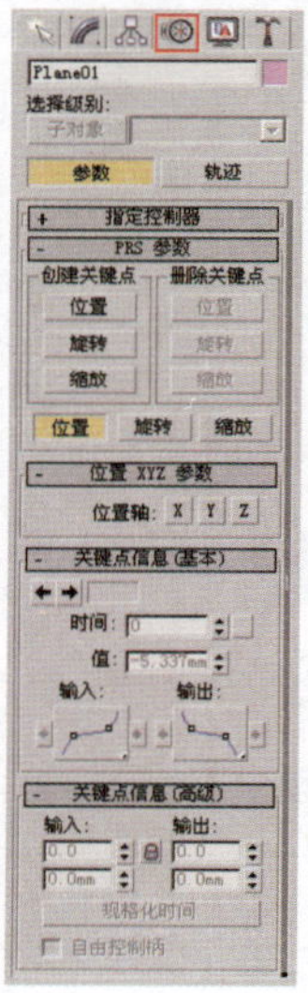	显示 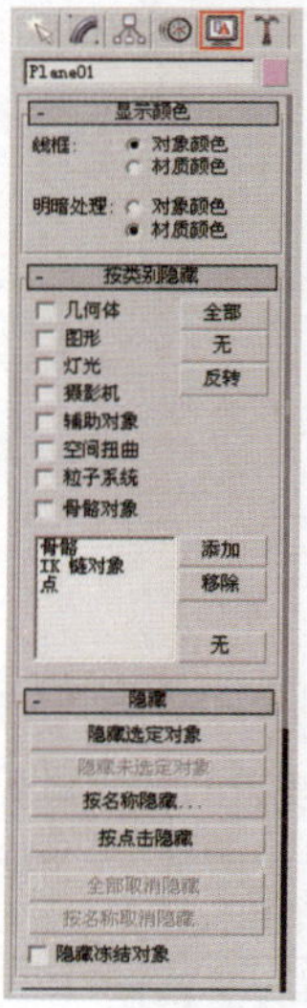	工具 

图标	名称	说明
	创建	提供了几乎所有的3ds Max基本模型，基于基本模型的修改器便是3ds Max的核心建模原则
	修改	提供了各种对基本模型进行修改的工具，同时提供了修改器堆栈，利用它可以对操作步骤的序列进行操作
	层次	用来建立各对象之间的层级关系，并可以设置IK（反向动力学系统）等高级指令，用于动画制作
	运动	与运动控制器结合，用来设置各个对象的运动方式和轨迹，以及高级动画设置
	显示	用来选择和设置视图中各类对象的显示状况，如隐藏、冻结、显示属性
	工具	用来设定3ds Max中各种小型程式，并可以编辑各个Plug-in（插件），它是3ds Max系统与用户之间对话的桥梁

2.1.4 动画控制面板

左上方标有【0/100】的长方形滑块为时间滑块，用鼠标拖动它便可以将视图显示到某一帧的位置上。利用时间滑块和中部的正方形按钮（设置关键点）及其周围的功能按钮，可以制作最简单的动画，如下图所示。

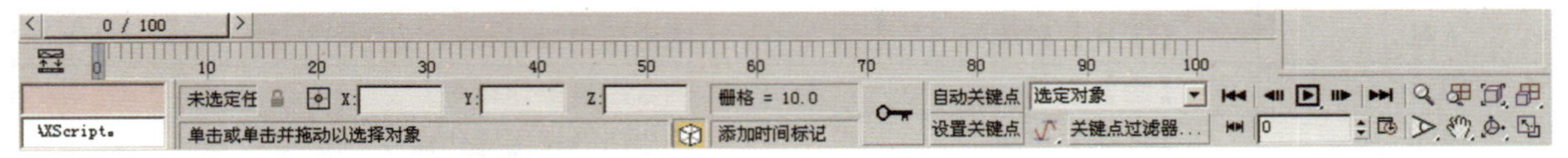

右下角的几个按钮含义详见下表。

	转至开头		上一帧
	播放动画		下一帧
	转至结尾		关键点模式切换
	时间配置		

2.1.5 视图导航器

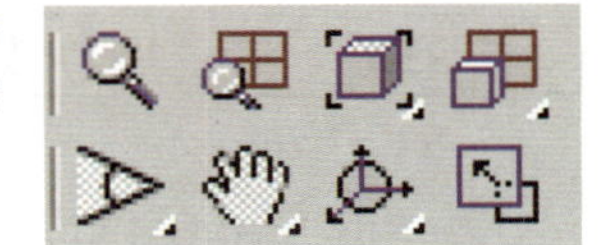

视图导航器是对场景进行操作的工具集合，如右图所示。打个比方，命令面板用来操作目标，而视图导航器则用来调整自己的位置和状态。对于不同的视图，视图导航器中的命令会产生相应的变化。

视图导航器中命令的含义见下表。

	顶、底、左、右、前、后视图		缩放
			缩放所有视图
			最大化显示
			所有视图最大化显示
			缩放区域
			平移视图
			弧形旋转
			最大化视图切换
	透视图		缩放
			缩放所有视图
			最大化显示
			所有视图最大化显示
			视野
			平移视图
			弧形旋转
			最大化视图切换
	摄影机视图		推拉摄影机
			透视
			侧滚摄影机
			所有视图最大化显示
			视野
			平移摄影机
			环游摄影机
			最大化视图切换

2.1.6 主菜单

主菜单中各命令的含义见下表。

文件	【文件】菜单	内含基本的文件操作命令
编辑	【编辑】菜单	内含基本的文件编辑命令
工具	【工具】菜单	内含所有3ds Max的工具
组	【组】菜单	内含组群操作命令
视图	【视图】菜单	内含所有视图操作命令
创建	【创建】菜单	内含所有基本对象的创建命令
修改器	【修改器】菜单	内含所有修改器
动画	【动画】菜单	内含所有与图表相关的命令
图形编辑器	【图表编辑器】菜单	内含所有与图形相关的命令
渲染	【渲染】菜单	内含所有渲染操作命令
自定义	【自定义】菜单	内含所有自定义操作命令
MAXScript	Max脚本语言	内含Max脚本语言命令
帮助	【帮助】菜单	内含产品介绍及操作教程等文件

2.1.7 3ds Max单位设置

■ 1）运行 3ds Max 软件，进入其工作界面，如下图所示。

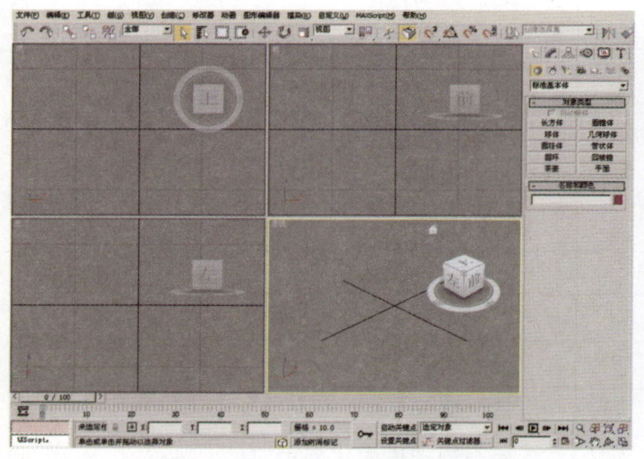

■ 2）3ds Max 的程序参数设置都集中在【自定义】菜单下，如下图所示。

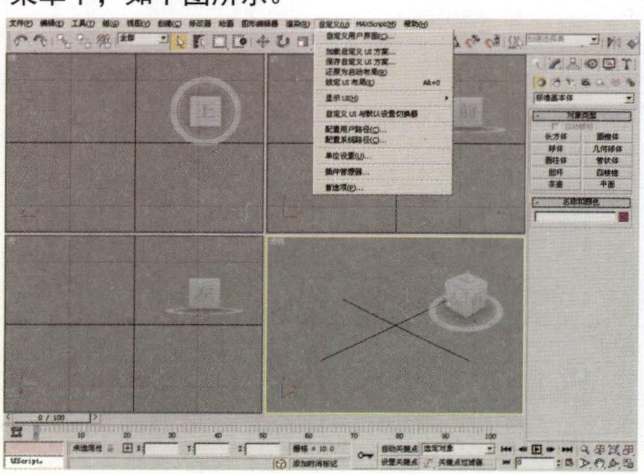

■ 3）选择【单位设置】命令，如下图所示。

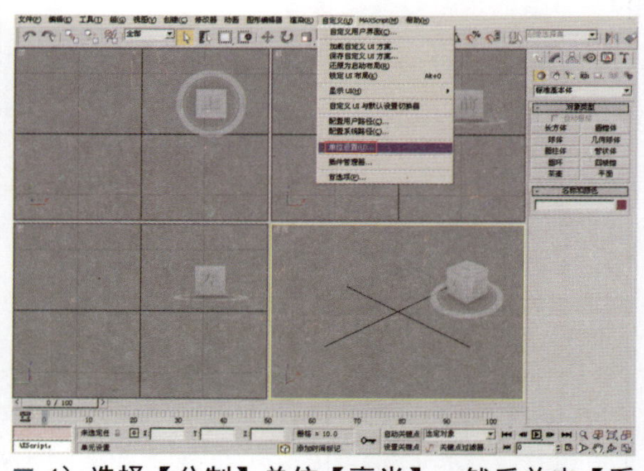

■ 4）选择【公制】单位【毫米】，然后单击【系统单位设置】按钮，如下图所示。

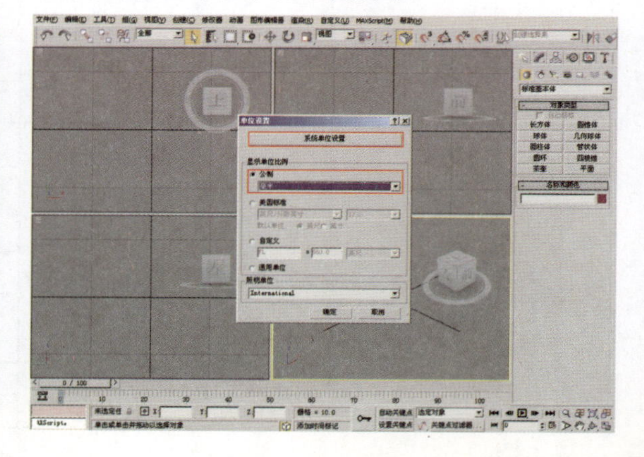

■ 5）设置系统单位为【毫米】，是为了以后作图方便。显示单位和系统单位一致可以方便建模工作，如下图所示。

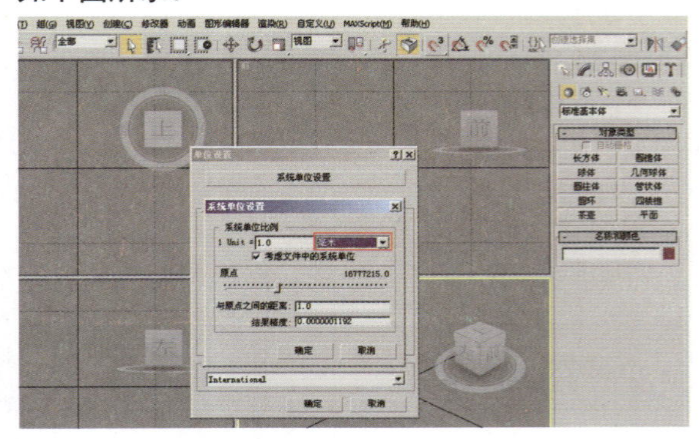

2.1.8 快捷键定制

3ds Max可依据使用者的习惯和应用领域的不同设置不同的快捷键。建议把快捷键尽量定义在左手能触摸到的键上，这样操作起来方便快捷。设置时还要注意简单易记，总之实用是最根本的原则。下面为选中的对象编组、解组、开组、关组定义快捷键，步骤如下：

■ 1）选择【自定义 > 自定义用户界面】命令，在弹出的对话框中选择【键盘】选项卡，如下图所示。

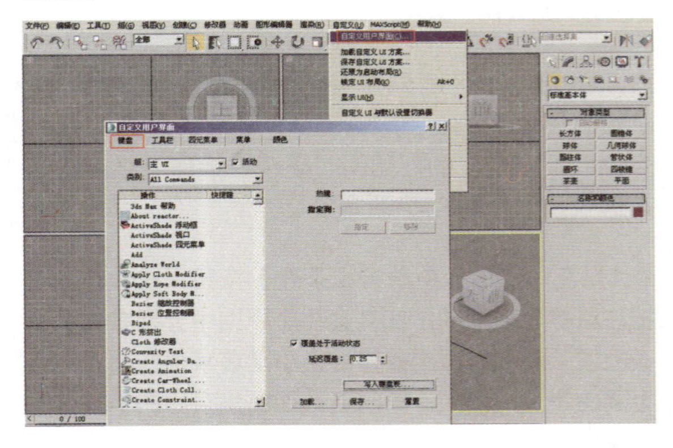

■ 2）使用【组】和【类别】下拉列表找到需要定义快捷键的操作命令所在的分类，如下图所示。

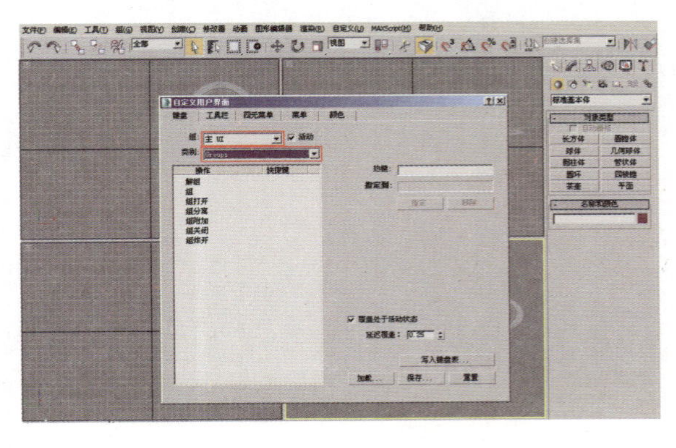

■ 3）在【操作】列表中选择【组】选项，此时【组】高亮显示。在【热键】文本输入框中输入要指定给该命令的快捷键，单击【指定】按钮完成。如果此命令已经存在快捷键，需要先选中该命令，单击【移除】按扭将其快捷键删除。然后在【热键】文本框中输入想要的快捷键 Ctrl+G，单击【指定】按钮，即可完成快捷键设置，如下图所示。

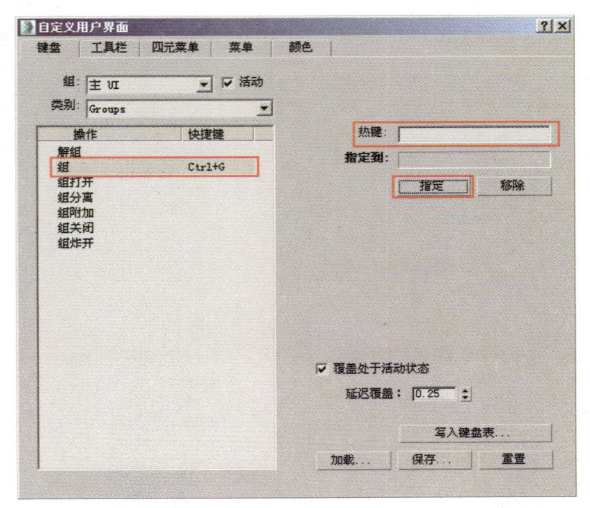

单击【加载】按钮，可以调用一个设置好的快捷键文件，这样就不必再一个一个地定义快捷键了，工作效率会提高很多。相应地，使用【保存】按钮可以把自己已经用习惯的快捷键存成一个文件，以方便日后调用。

下面更改视图窗口的背景色，以方便建模时操作。更改的方法与更改快捷键的方法类似，步骤如下：

■ 1）选择【自定义 > 自定义用户界面】命令，在弹出的对话框中选择【颜色】选项卡，如下图所示。

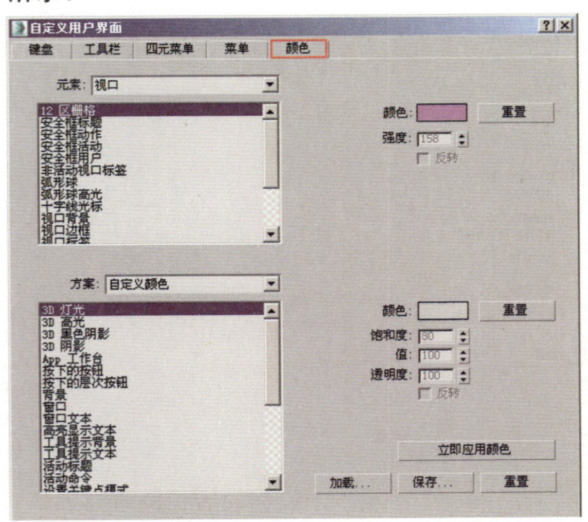

提示

界面上的工具栏、菜单栏、右键菜单、界面色彩等的设置与快捷键定制的方法类似，读者可以根据个人习惯和操作的方便性自行设置。

■ 2）在【元素】下方的列表框中找到【视口背景】选项，可看到现在的视图背景色是灰色的，我们把它改为较深一些的颜色。修改好后单击【立即应用颜色】按钮即可。

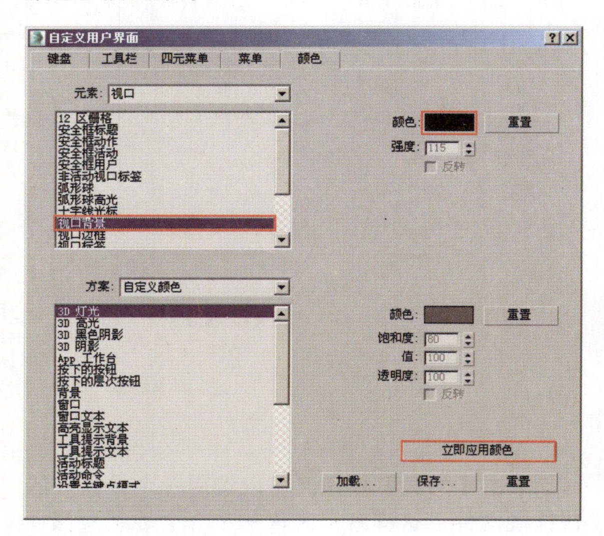

2.1.9 视图操作

在视图左上角的标签上单击鼠标右键，弹出快捷菜单，选择【视图】命令，可看到3ds Max所支持的各种角度的视图名称。选取所需的视图名称即可切换到这个视图。

视图切换是很常用的一种操作，使用快捷键来进行切换可明显提高工作效率。在默认状态下，视图切换的快捷键一般就是每个视图名称的首字母。

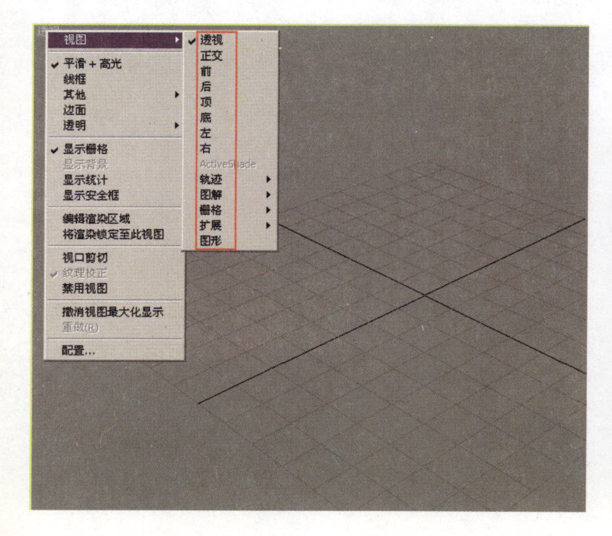

视图切换快捷键	
透视图	P
正交用户视图	U
前视图	F
顶视图	T
底视图	B
左视图	L
摄影机视图	C

2.2 进入3ds Max的三维世界

本节将详细讲解3ds Max软件的初级使用方法，通过创建简单的几何体，并对所创建的几何体进行简单的操作来学习软件的操作方法。

2.2.1 移动对象

中央视图区域分为8种视图角度，这就是3ds Max的三维空间。与AutoCAD不同的是，它是将对象以不同角度的视图同时展现在操作者眼前的。在这些视图中可以移动对象。

■ 1）在命令面板中单击【茶壶】按钮，在透视图中按住鼠标左键拖动，在其余 3 个视图中分别看到了茶壶的顶、左和前面。茶壶的大小随着鼠标拖离最初点距离的增大而增大。同时参数面板里茶壶的半径值也跟着变化。

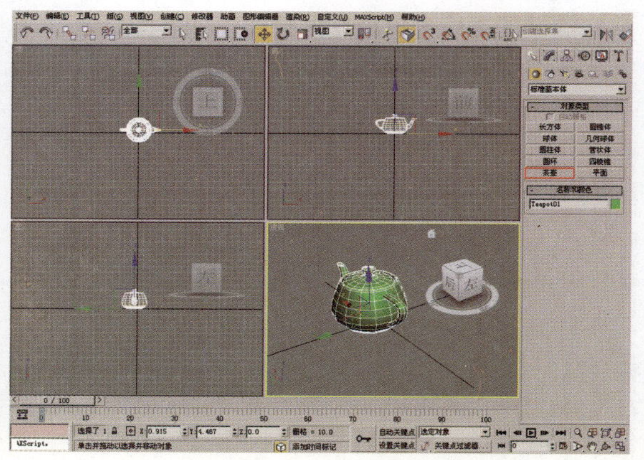

■ 2）在视图导航器里单击【所有视图最大化显示】按钮，此时各视图中的茶壶分别充满了各自的区域，如下图所示。

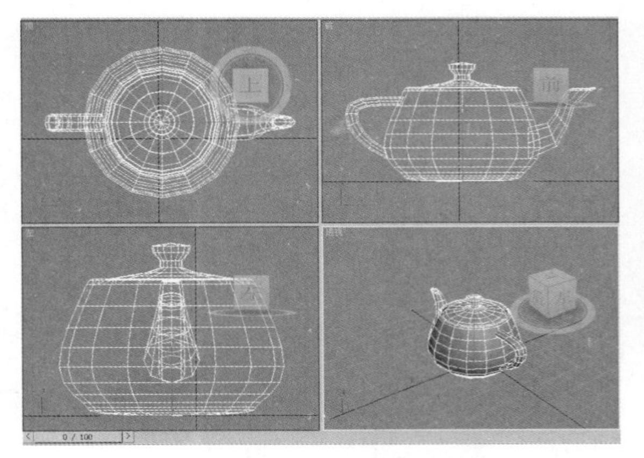

■ 3）单击鼠标右键，在弹出的快捷菜单中选择【变换 > 移动】命令，或者在主工具栏里单击按钮，激活对象上的三向正交轴，如下图所示。

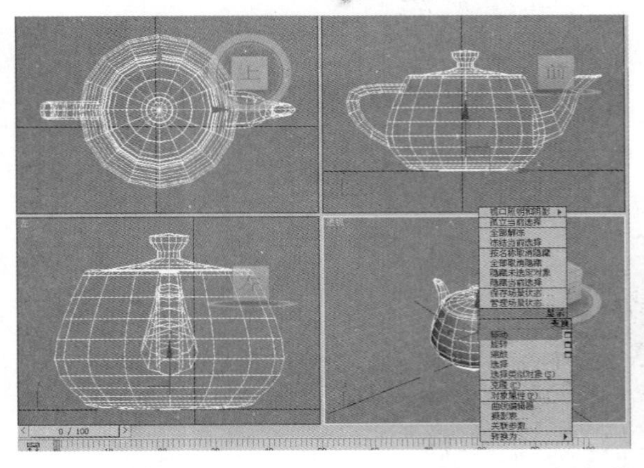

■ 4）此时光标已经变成形状，在透视图中将光标放至茶壶坐标轴的 Z 轴上，Z 轴箭杆由固有色蓝色变成当前色黄色。按住鼠标左键上下移动，茶壶也沿着 Z 轴上下移动，如下图所示。

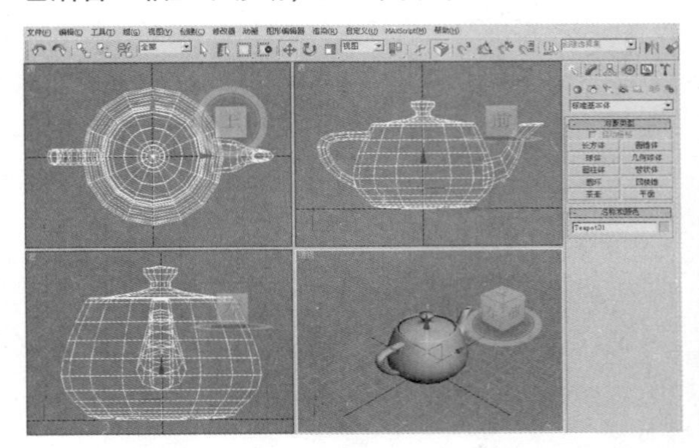

■ 5）在标准工具栏里的 视图 上单击，在弹出的下拉列表中可以看到有视图坐标系、屏幕坐标系、世界坐标系、父对象坐标系、局部坐标系、万向坐标系、栅格坐标系、工作坐标系、拾取坐标系等 9 种坐标系统可供选择。

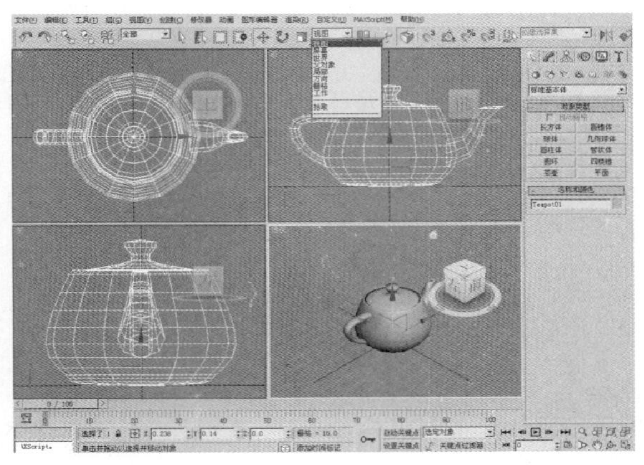

注意

仔细观察，在透视图中沿 Z 轴方向移动茶壶时，在前视图和左视图中的茶壶都沿着视图中显示的 Y 轴移动。这是因为3ds Max默认的坐标系统为视图坐标系统，此系统会以当前视图为 XY 平面重新排列对象的三维坐标轴，这是最常用的坐标系统。

■ 6）选中世界坐标系，前视图和左视图中的 Y 轴变成了 Z 轴。这说明世界坐标系是绝对坐标系，对象的坐标轴在各视图中不进行重排，保持绝对不变。

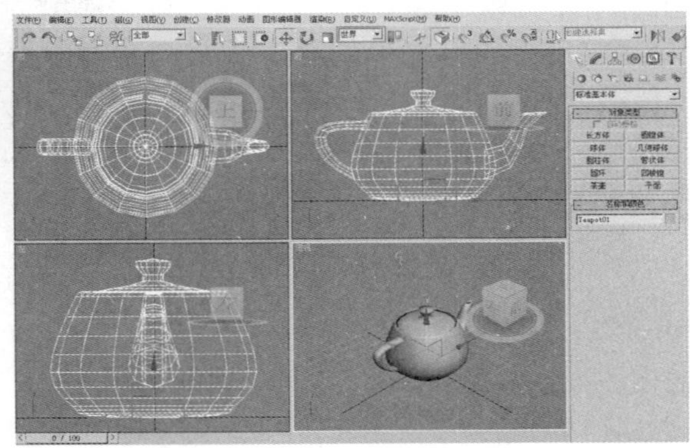

■ 7）恢复到视图坐标系，在各视图中轮番单击鼠标右键，可看到黄色的方框在各视图上相应切换。视图周边变黄说明该视图为激活视图（即当前视图）。

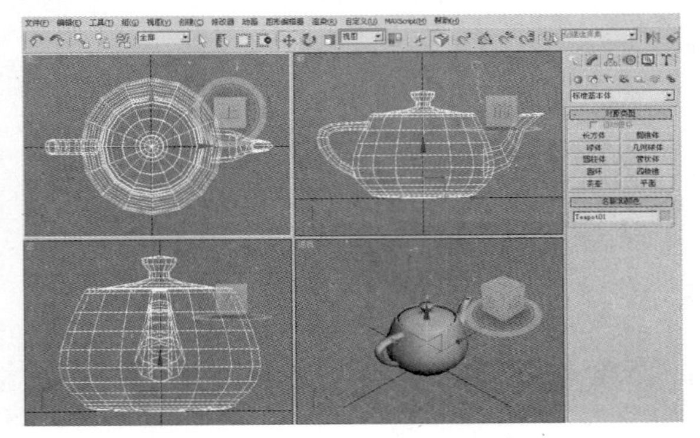

■ 8）在透视图中用移动工具将茶壶分别沿 X、Y、Z 轴移动，观察茶壶在各视图中的运动方向。将光标移至 XY 轴相交的方块上，方块变成黄色，按住鼠标左键移动，茶壶将沿 XY 平面移动。

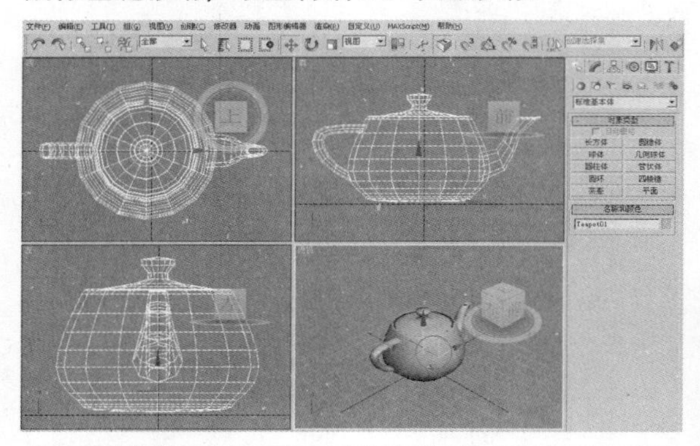

2.2.2 旋转对象

在操作过程中，如果视图中的网格影响视线，可以按键盘上的G键将其隐藏，在菜单栏里选择【工具>栅格和捕捉>显示主栅格】命令，去掉其前面的钩，也可以实现同样的结果。

■ 1）单击鼠标右键，选择【变换 > 旋转】命令或者在标准工具栏里单击按钮，对象四周出现一个由多个圆环组成的球体，这便是旋转坐标。

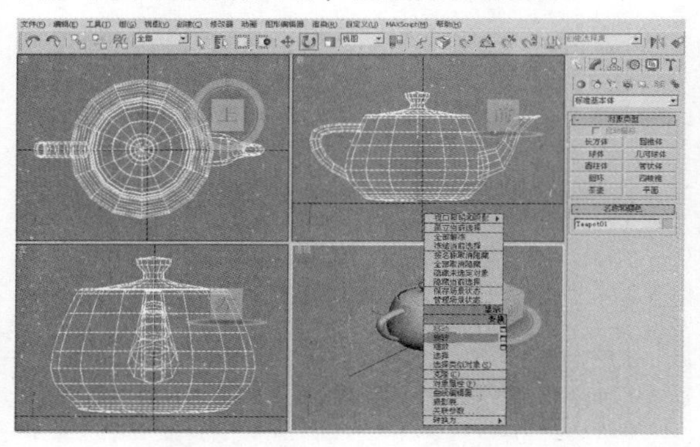

■ 2）此时光标变为形状，移动光标到水平的圆环上，圆环由固有色蓝色变成当前色黄色，按住鼠标左键左右拖动，茶壶在水平面里以 Z 轴为轴旋转。当前圆环为 XY 平面环。

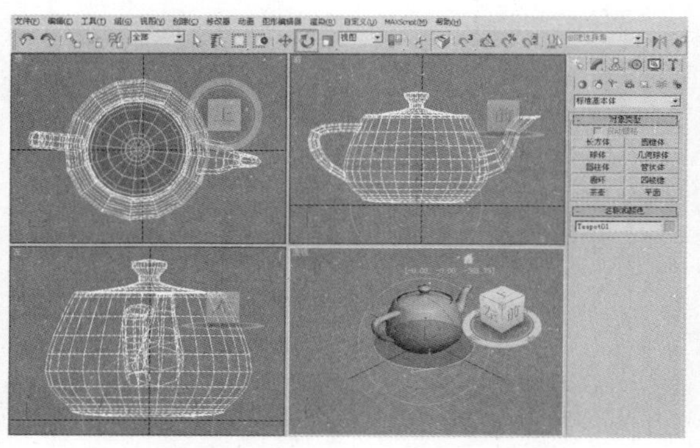

提示

此时可以看到在XY环平面上出现一个蓝色的透明张角，随着鼠标的移动而相应增大角度；同时在球体上方出现黄色的极坐标标识。

■ 3）将光标移至其他圆环上并拖动，可以看到茶壶随之在相应的平面内旋转。值得注意的是除 4 个圆环之外，中央还有一个半透明的灰色球体，用鼠标按住并向各方向拖动，茶壶可以在空间中任意旋转，没有沿着任何一个轴。

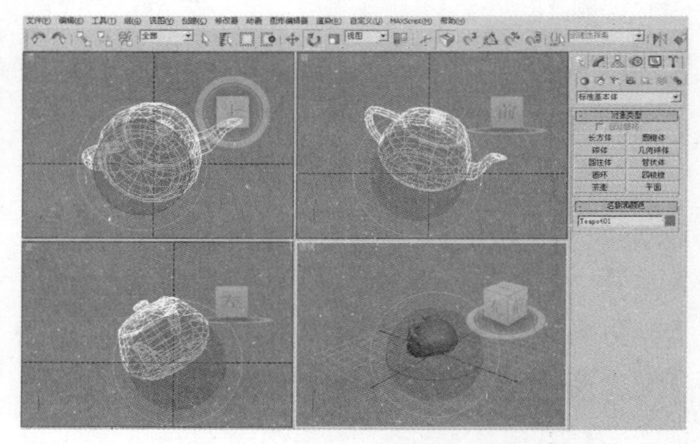

■ 4）在标准工具栏里单击按钮，或者按 Ctrl+Z 组合键将茶壶恢复到初始位置。

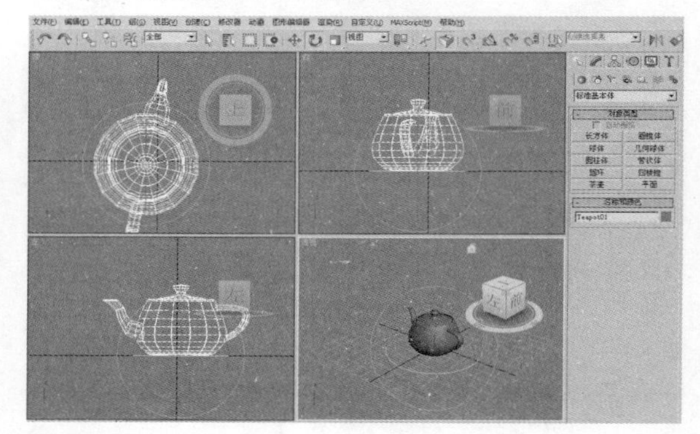

2.2.3 缩放对象

■ 1）在视图中单击鼠标右键，选择【变换 > 缩放】命令或在标准工具栏里单击【缩放】按钮，茶壶的坐标轴增加了一个三角形的标识。

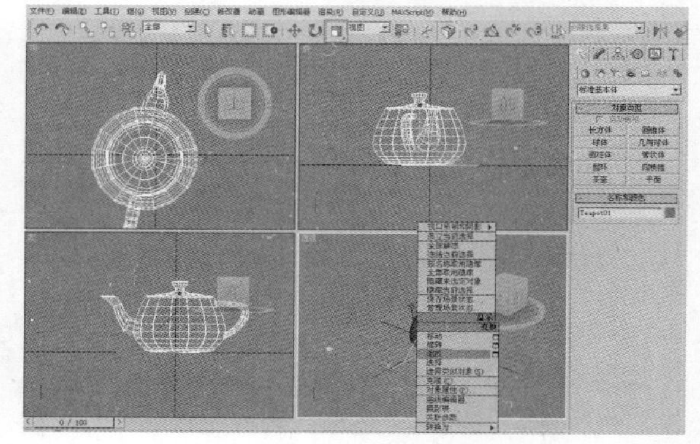

■ 2）将光标置于 Z 轴上，Z 轴被激活变成黄色，此时光标变成形状，向上拖动光标，茶壶变得细长。

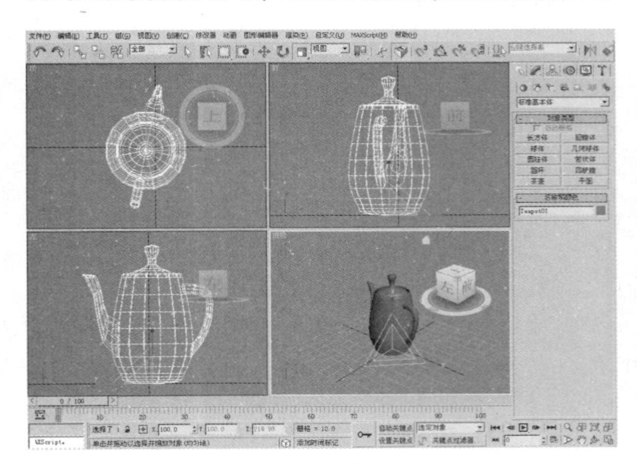

注意

在3ds Max的工具栏中常见到类似的下拉列表，与其他软件一样，下拉列表里的每一项都互相平行并同属一个类型，它们集合起来作为一个同等级别的独立项目出现在工作界面中。往往这些互相平行的同类命令会带来变换无穷的操作结果。

图标	说明
	选择并均匀缩放
	选择并非均匀缩放
	选择并挤压
光标	体积变化性质
	体积全方位增大
	体积单向或双向增大
	体积不变，被挤压

■ 3）沿其他轴拖动，茶壶便相应地产生该轴向的形状。沿两轴相交的三角平面拖动，茶壶产生该平面内两个方向的均匀变形。

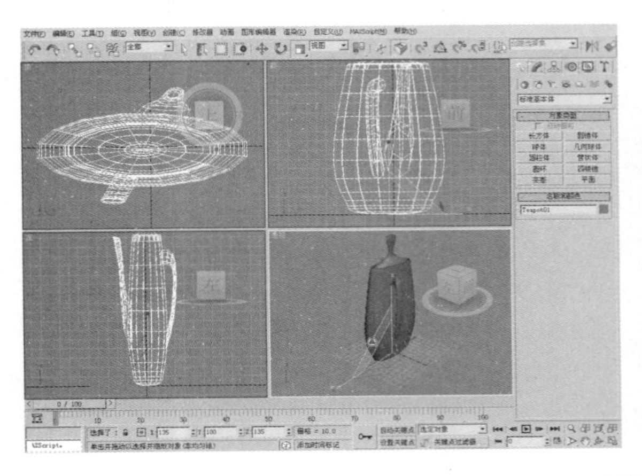

■ 4）在标准工具栏里按钮上按下鼠标左键不动，出现下拉列表，有选择并均匀缩放、选择并非均匀缩放、选择并挤压缩放 3 种模式可供选择。

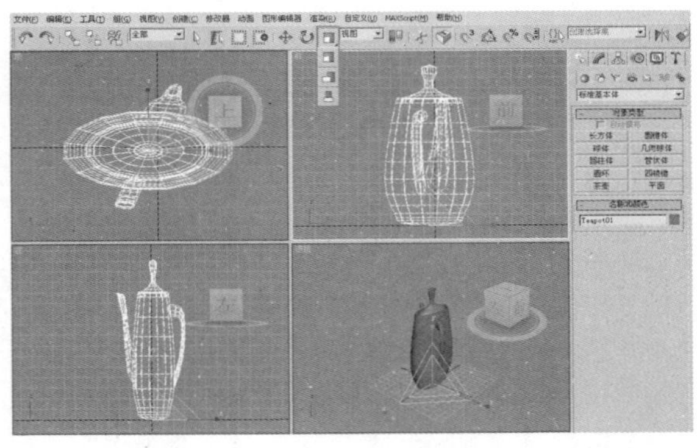

■ 5）选中，沿着 Z 轴方向拖动光标，茶壶变高了，同时变细了，这便是选择并挤压方式，会保持体积基本不变。

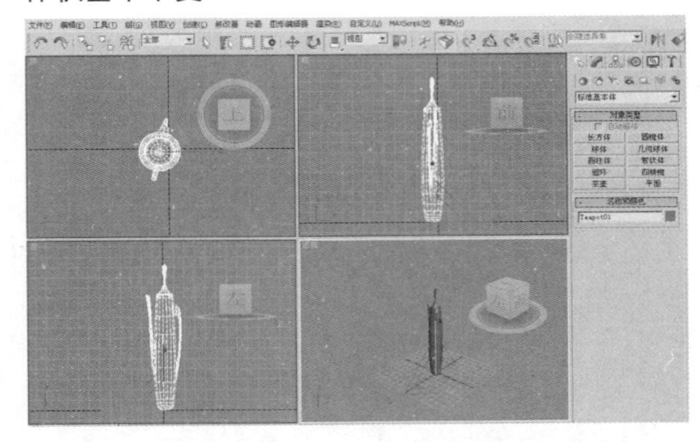

2.3 标准基本体的创建

在日常生活中，我们所熟悉的一些简单的几何体，比如水皮球、管道、长方体、圆环和圆锥形冰淇淋杯等物体，在 3ds Max 中，可以对这样的对象建模，还可以将基本体结合到更复杂的对象中，并使用修改器进一步进行优化。

2.3.1 长方体和球体的创建

■ 1）在命令面板里选择【创建 > 几何体 > 标准基本体 > 长方体】命令。

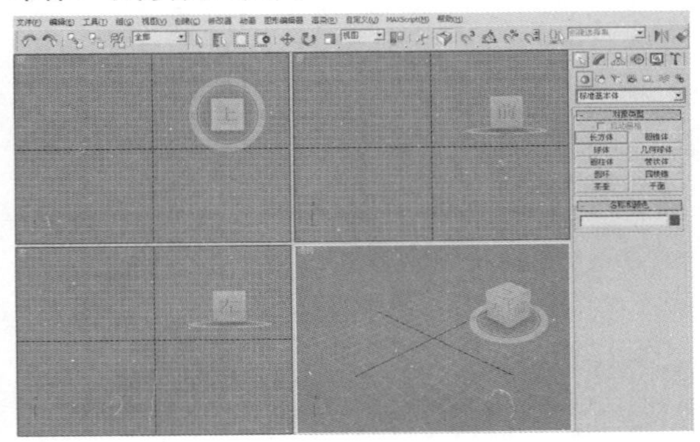

■ 2）此时在透视视图中按住鼠标左键并拖动，拉出一个矩形。同时长方体的参数卷展栏里的参数开始变化。

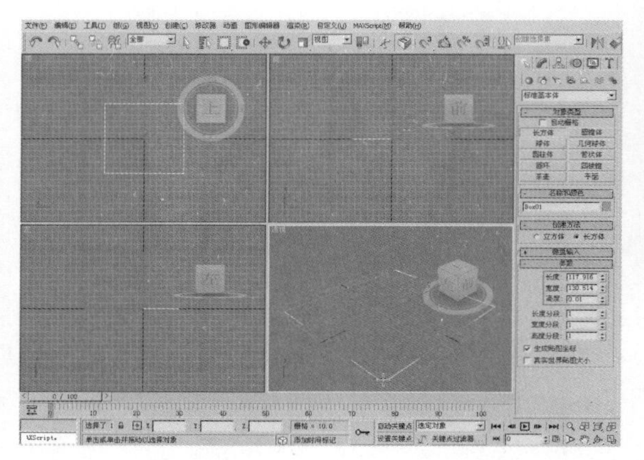

■ 3）松开鼠标左键并向上继续移动光标，则生成了一个长方体，这是赋予其高度的过程。

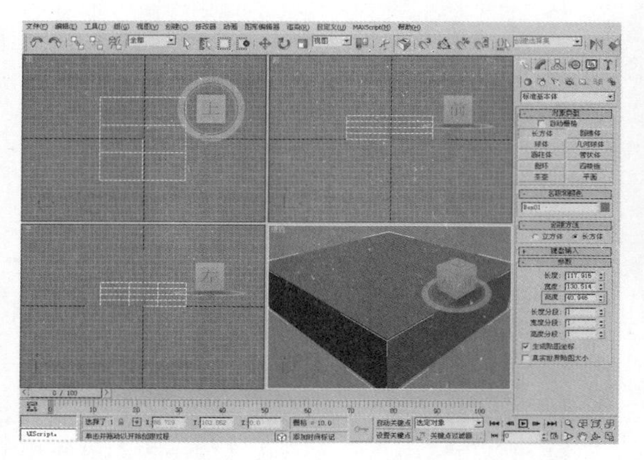

■ 4）在参数卷展栏里，在【长度】、【宽度】、【高度】参数下面还有 3 个分段参数项，依次设置【长度分段】为 3、【宽度分段】为 2、【高度分段】为 4。

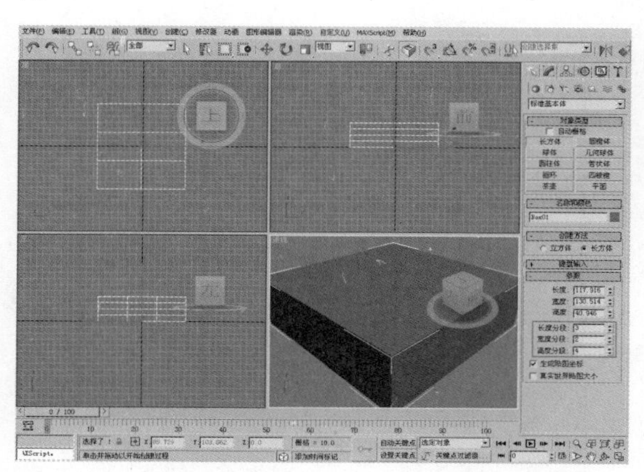

■ 5）按 F4 键或在视图左上角的视图名称处单击鼠标右键，在弹出的快捷菜单中选择【边面】命令。

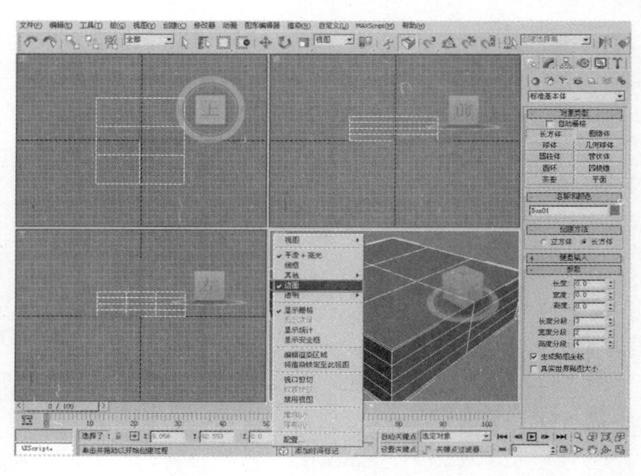

■ 6）长方体的各个面上显示出了步骤 4）中设置的分段细节。按同样的方法让各视图都显示。

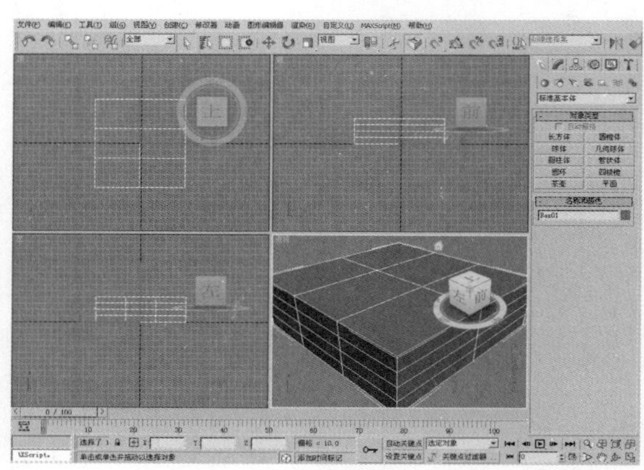

■ 7）3ds Max 有多种显示方式，它们均列于步骤 5）中所提到的快捷菜单中。其效果见下图。

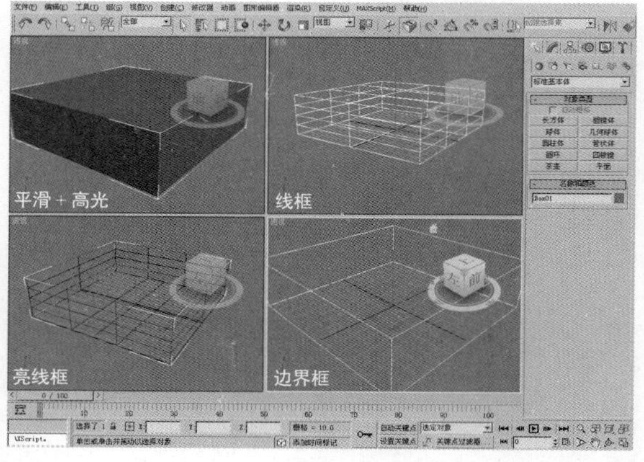

提示

分段对于三维对象来说是至关重要的，分段的数量决定了三维对象的细腻程度。分段数量多，模型细腻；数量少，模型粗糙。但分段的数量直接与模型数据量相关，细腻的模型数据量大，耗费计算机的系统资源多。

■ 8）在命令面板里单击按钮，进入长方体修改命令面板。在【长】、【宽】、【高】数值框内输入所需数值，确定后便生成相应大小的长方体。

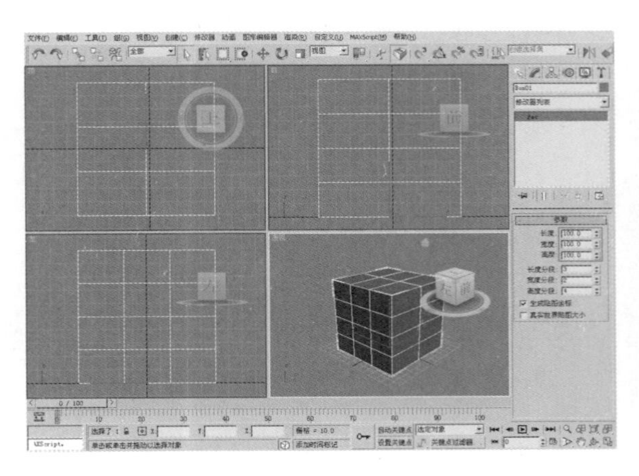

■ 9）选择【创建 > 几何体 > 标准基本体 > 球体】命令，在透视图中拖动鼠标创建一个球体。

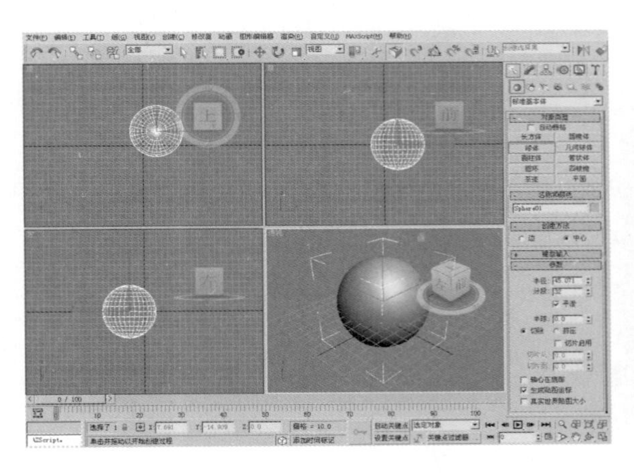

■ 10）或者在球体的【键盘输入】卷展栏里输入半径 7000，单击【创建】按钮，自动生成球体，然后再打开参数卷展栏调整其他参数。

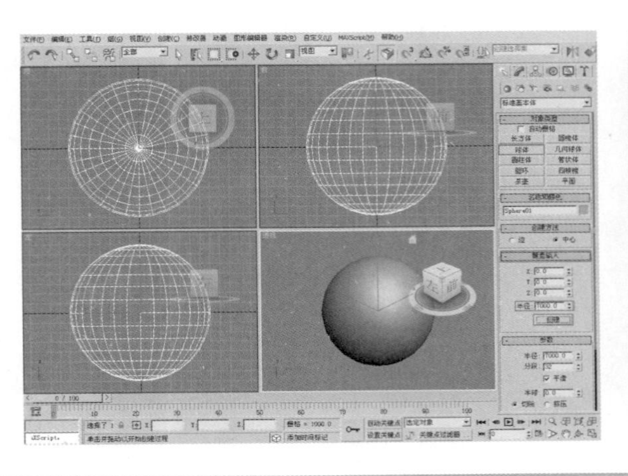

■ 11）【创建方法】卷展栏里有两种创建方式：【边】（鼠标跨过直径）和【中心】（鼠标跨过半径）。在参数卷展栏里的【半球】数值框中输入 0.7，即沿 Z 轴去掉 70% 球体，同时选择【切除】单选按钮。

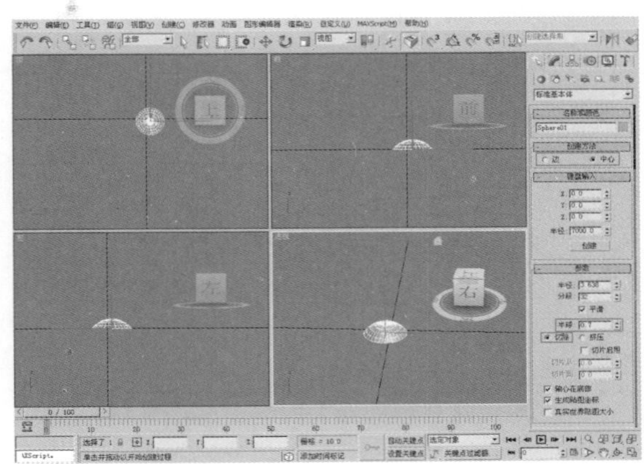

■ 12）若选择【挤压】单选按钮，则半球的切割方式变为将 70% 的球挤压进其余 30% 中去。从分段的变化即可区分【切除】与【挤压】。

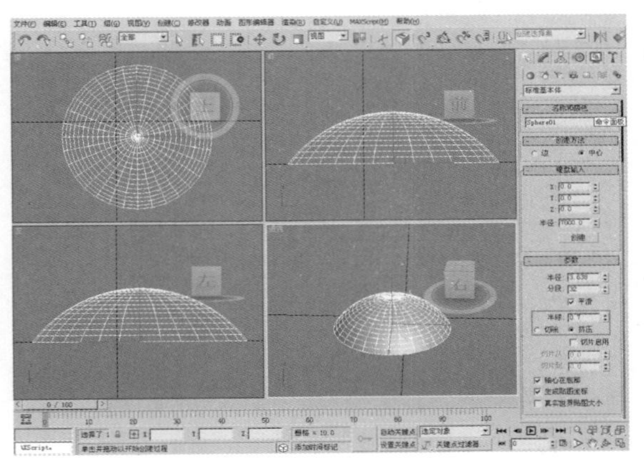

■ 13）在参数卷展栏里选中【切片启用】复选框，在下面设置【切片从】为 30、【切片到】为 180。

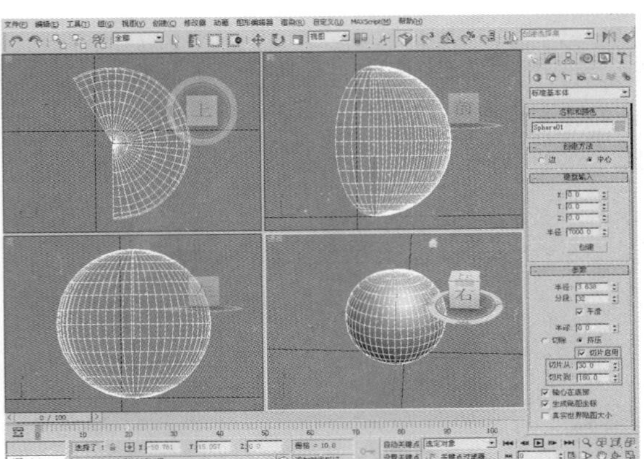

■ 14）在几何体里有两种球体，一种为球体（经纬球），一种为几何球体（地理球）。前者的分段为四边形，后者为三角形。

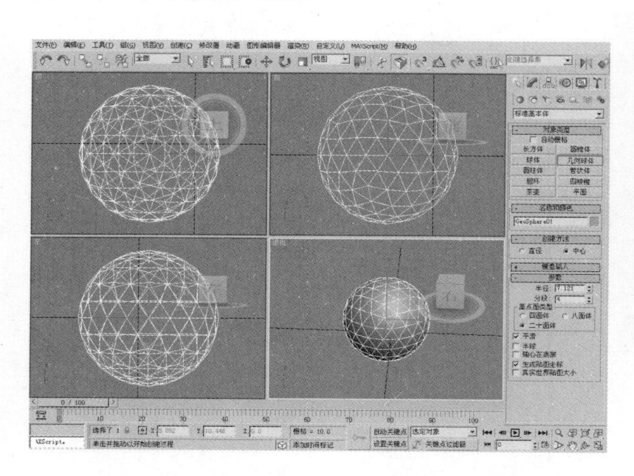

■ 15）单击【几何球体】按钮，在【创建方法】卷展栏里选择【直径】单选按钮，在顶视图中创建球体。此方式与选择球体的【边】单选按钮相同，均指以鼠标移动的距离为球体的直径。

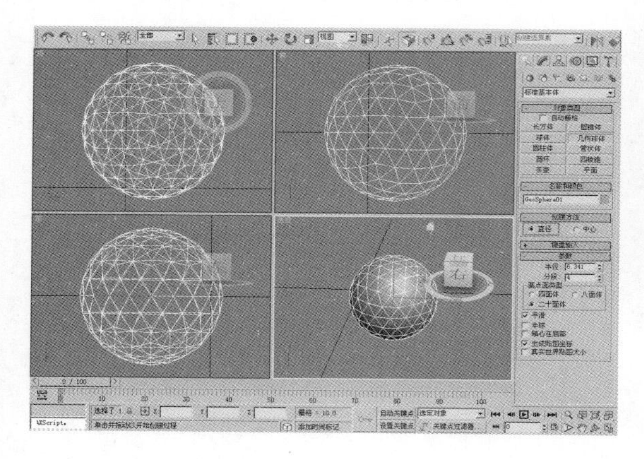

■ 16）将【分段】设为1，并取消选中【平滑】复选框，即可区分各种几何体类型，下图所示为四面体。

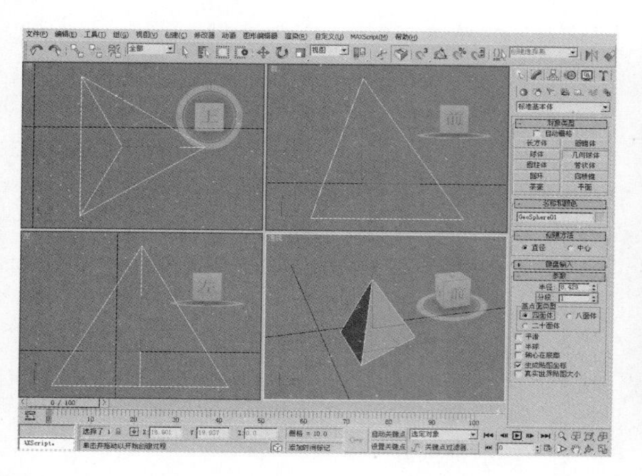

■ 17）八面体即组成几何球体的分段面是8个。

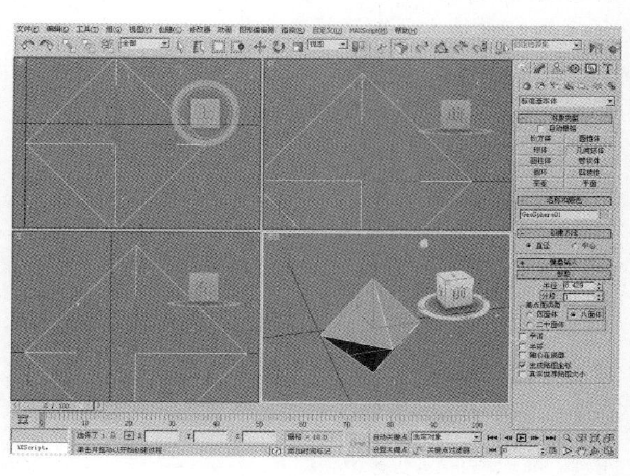

■ 18）二十四面体即组成几何球体的分段面是24个。

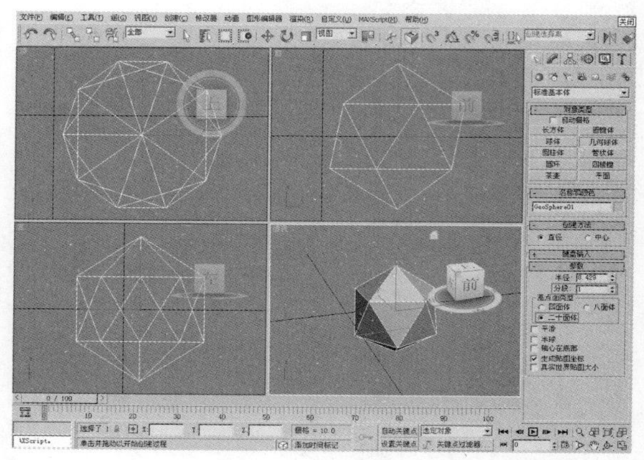

2.3.2 圆锥体的创建

■ 1）依次单击【几何体 > 标准基本体 > 圆锥体】按钮，在透视图里按住鼠标左键并拖动，创建一个圆面。

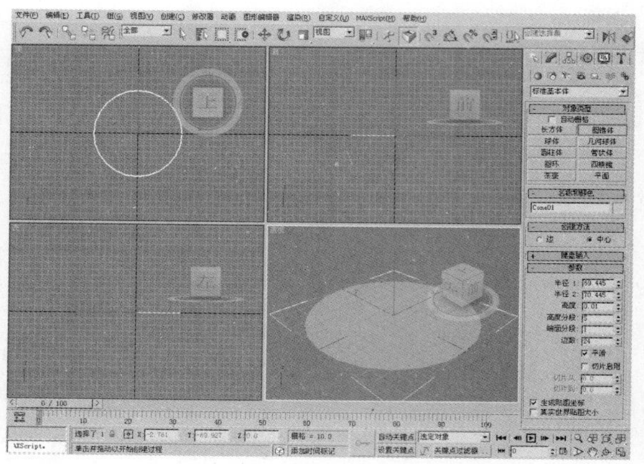

■ 2）放开鼠标左键，沿 Z 轴向上移动鼠标，圆面升起成圆柱，高度随光标位置变化。

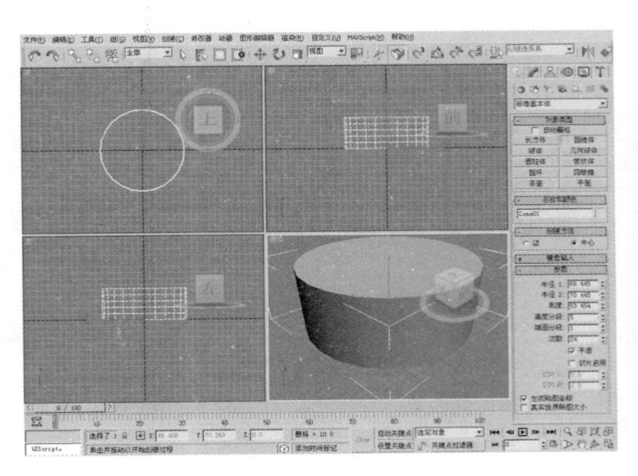

■ 3）到适当位置时单击，圆柱高度停止变化。放开鼠标左键，沿 XY 平面移动鼠标，圆柱顶面随着鼠标移动而放大或缩小。

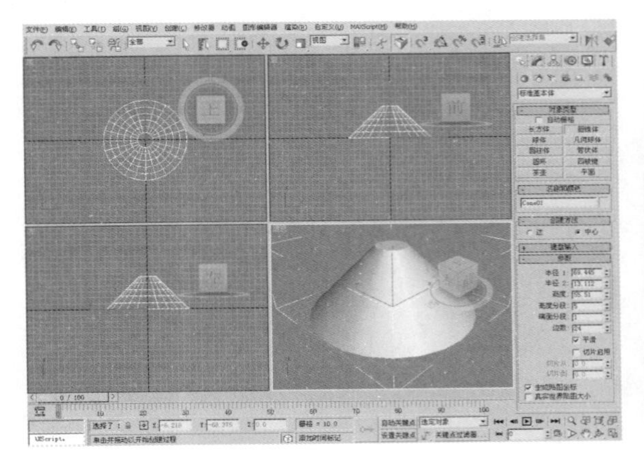

■ 4）至适当位置单击，圆台创建完成。顶面缩小到极点时圆台变成圆锥。

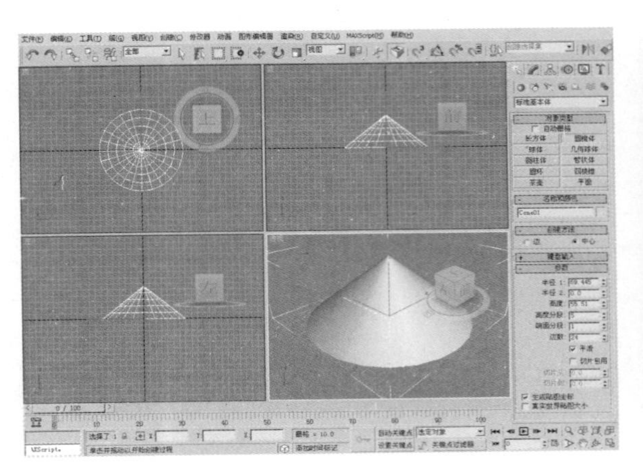

■ 5）控制圆台的【半径 1】（底圆半径）、【半径 2】（顶圆半径）和【高度】（台高）参数。当【半径 2】为 0 时，圆台变成圆锥。分段控制参数包括【高度分段】、【端面分段】和【边数】3 项。

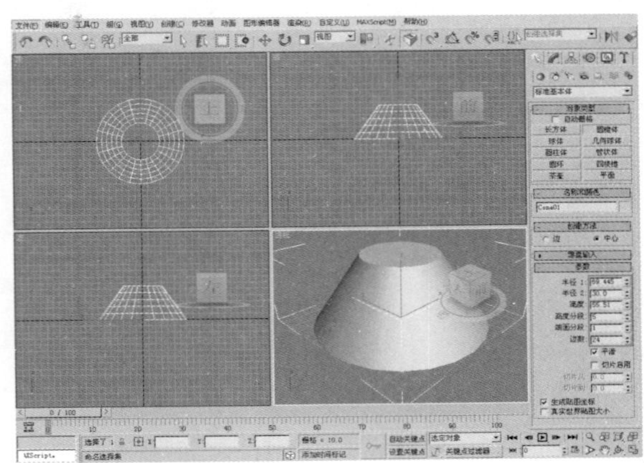

2.3.3 圆柱体和圆管的创建

■ 1）依次单击【几何体 > 标准基本体 > 圆柱体】按钮，在透视图中按照与创建圆台相近的过程创建圆住体。

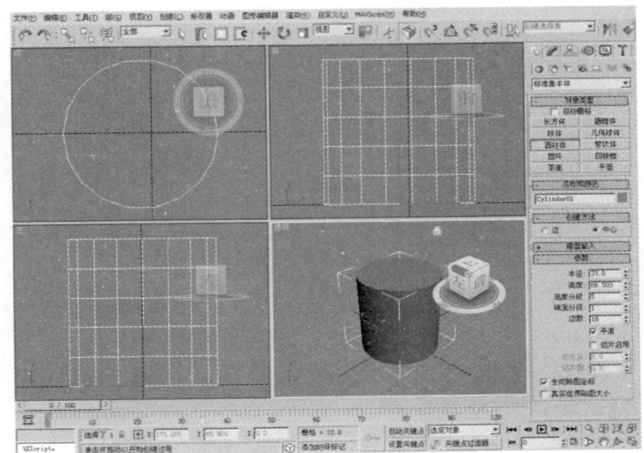

■ 2）圆柱体的参数控制与圆台几乎相同，是圆台的特例。

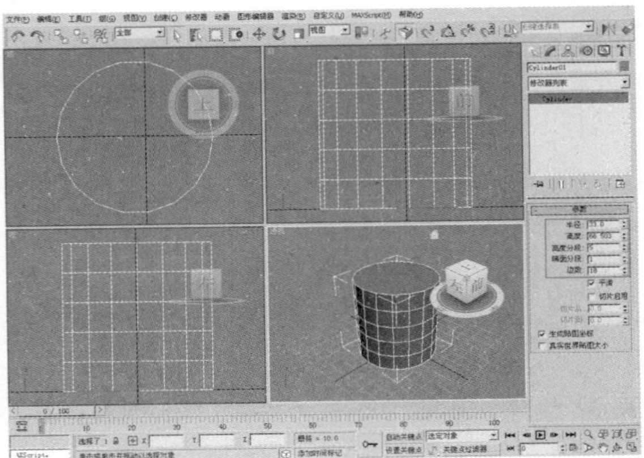

■ 3）依次单击【几何体 > 标准基本体 > 管状体】按钮，在顶视图中按住鼠标左键拖动，产生一个圆圈。

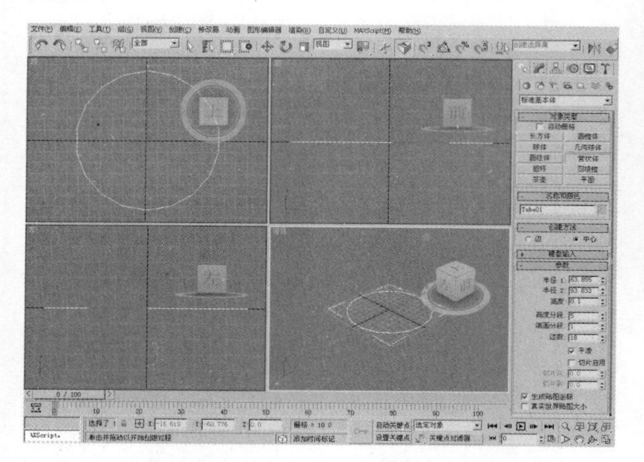

■ 4）到适当位置放开鼠标左键并向反方向拖动，产生一个圆环面。

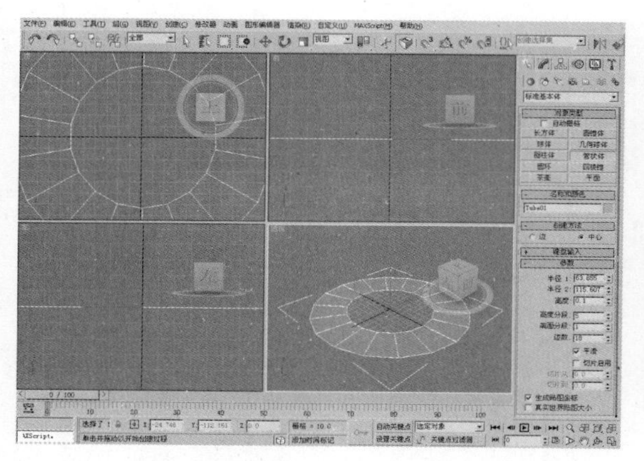

■ 5）到适当位置单击，放开后沿 Z 轴拖动鼠标，圆环面升起变成圆管。

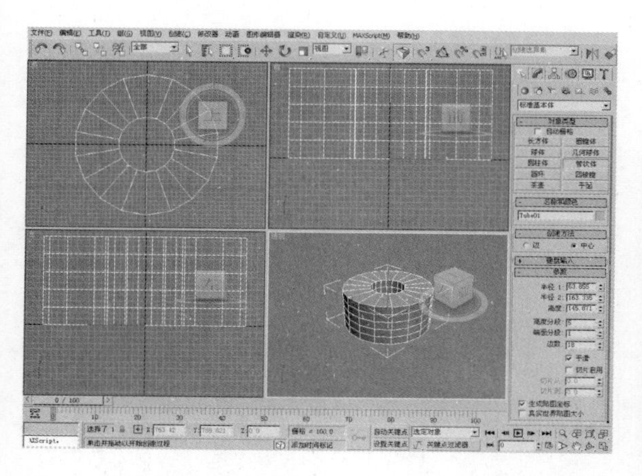

■ 6）到适当高度后单击，放开鼠标后完成圆管的创建。

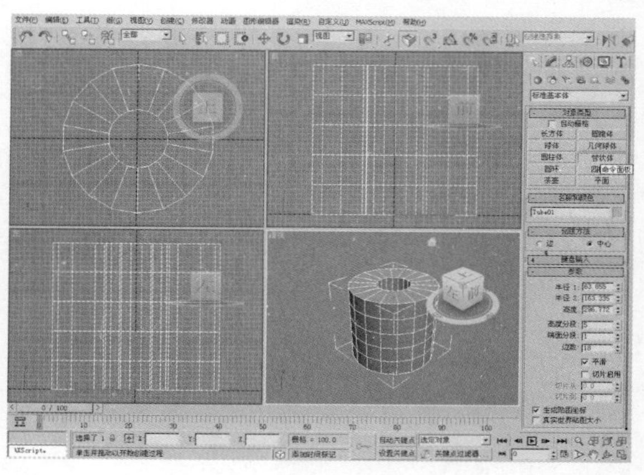

■ 7）【半径 1】和【半径 2】分别控制圆管截面的外径和内径。其余参数与圆台含义相同。圆锥体、管状体、圆柱体三者属于相近形体，它们的参数控制方法也基本相同。

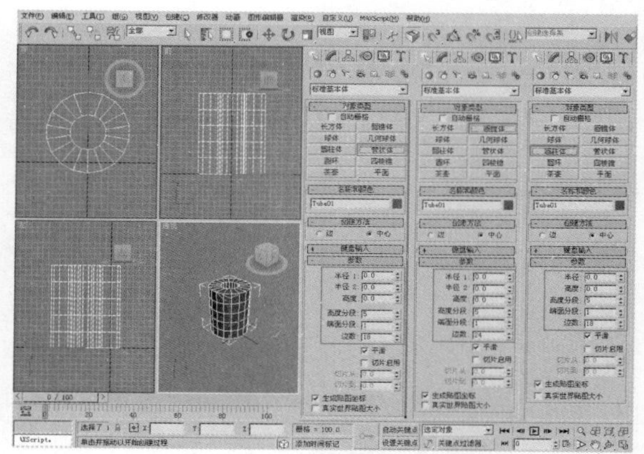

2.3.4 圆环的创建

■ 1）依次单击【几何体 > 标准基本体 > 圆环】按钮，在顶视图中按住鼠标左键并拖动，产生最初的圆环体。

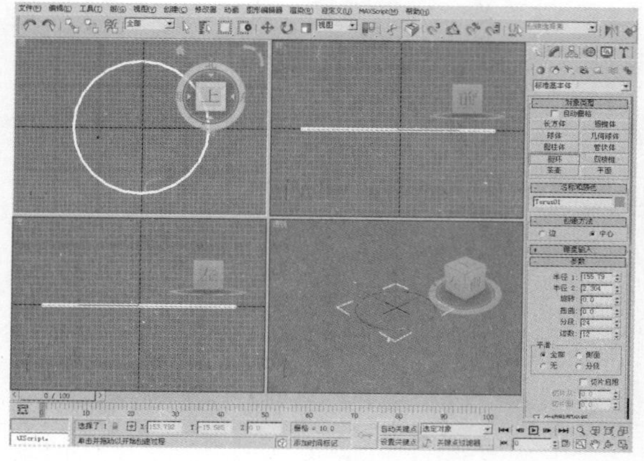

■ 2）到适当位置时放开左键并向相反方向继续拖动鼠标，可以看到内径跟随光标变化。

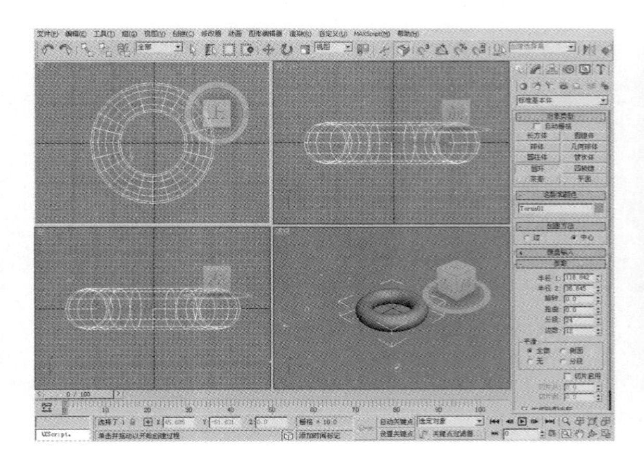

■ 3）到适当位置单击鼠标左键，完成圆环的创建。

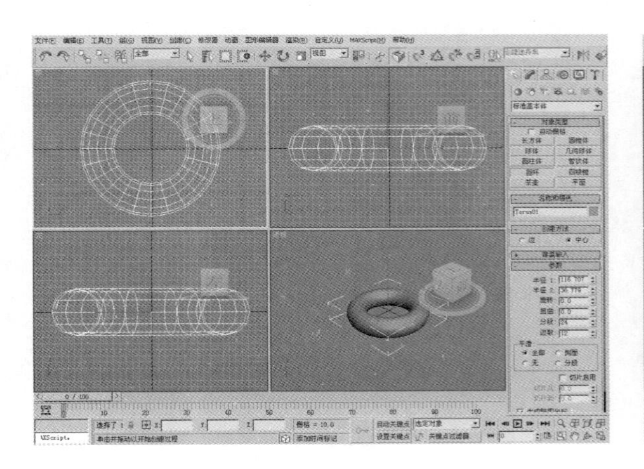

■ 4）注意圆环的【半径 1】、【半径 2】与其他几何体不同，【半径 1】指轴半径，【半径 2】指截面半径。

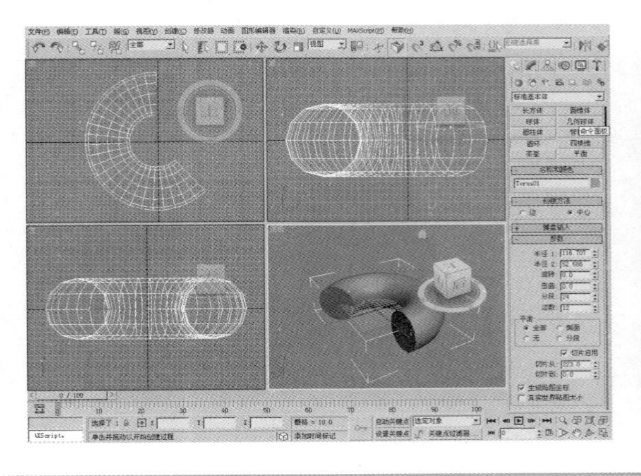

■ 5）在【分段】数值框的右侧，单击上下箭头按钮，注意随着分段的变化圆环如何变化，由此清楚圆环的分段是水平排列的。

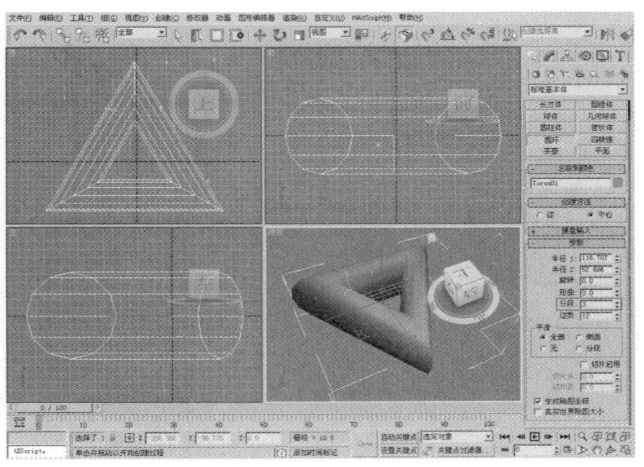

■ 6）用同样的方法可以看出【边数】的含义：圆环的边指与圆环平行的母线之间的段数。下图是【边数】为 3 的圆环。

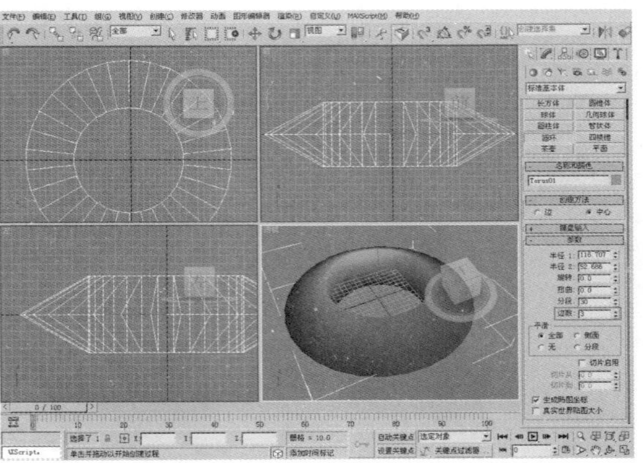

■ 7）还是用同样的方法来观察扭曲的作用方式。圆环的扭曲是以环轴为轴心进行的，从分段的变化即可看出。

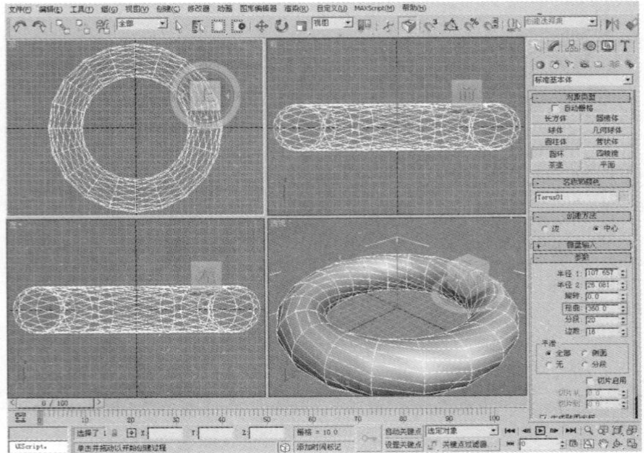

■ 8）圆环的平滑要复杂一些，因为圆环有两个方向需要圆滑处理：与轴平行的方向和与截面圆平行的方向。下图是选择【全部】单选按钮的效果。

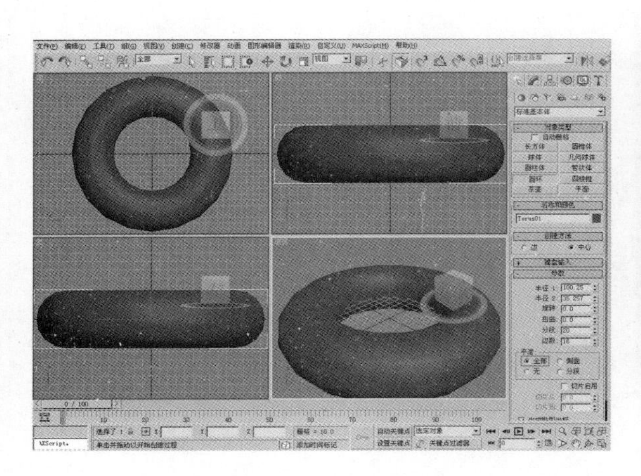

■ 9）选择【侧面】单选按钮后，与圆环平行的方向上的连续面形成一个光滑组。

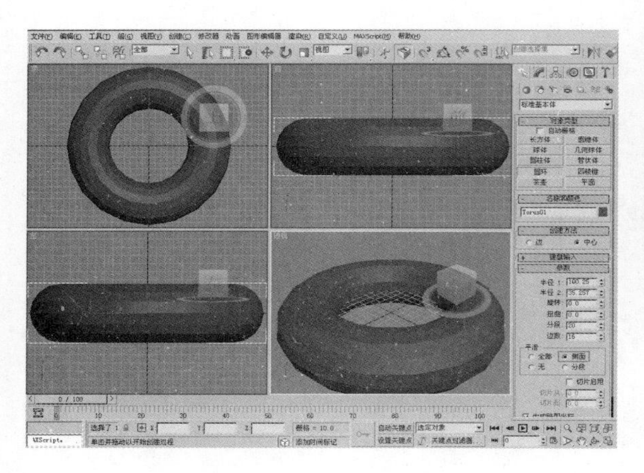

■ 10）选择【分段】单选按钮后，与圆环断面平行的面形成一个光滑组。

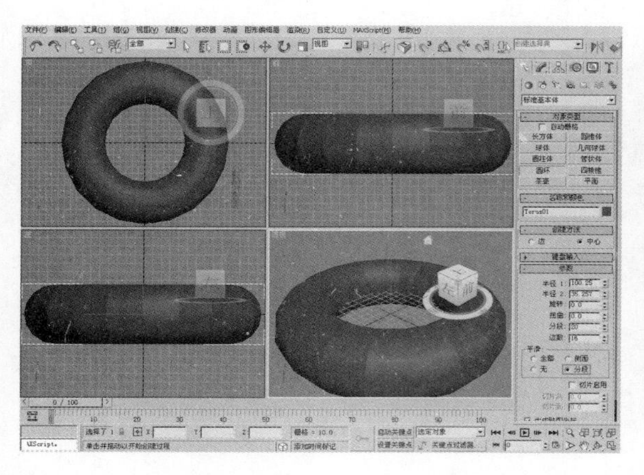

■ 11）选择【无】单选按钮后，与圆环平行的方向和与圆环断面平行的方向上的所有面都不进行平滑处理。

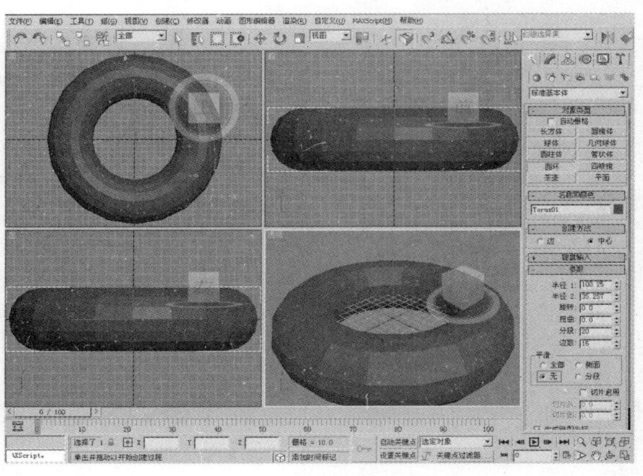

■ 12）选中【切片启用】复选框，设置【切片从】为 30、【切片到】为 180，效果如下图所示。

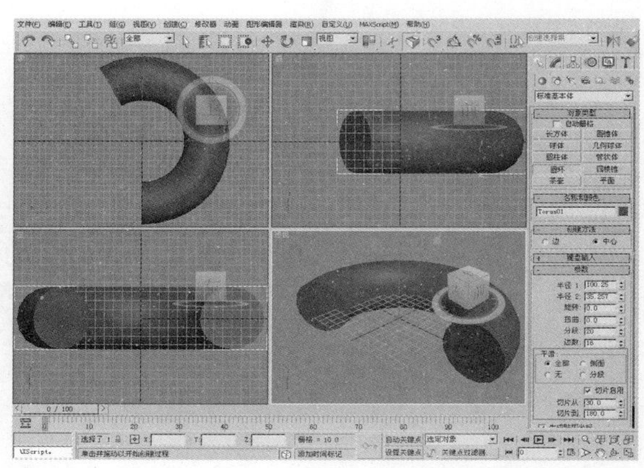

2.3.5 四棱锥的创建

■ 1）依次单击【几何体 > 标准基本体 > 四棱锥】按钮，在透视图中按住鼠标左键拖动，创建一个显示对角线的矩形平面。

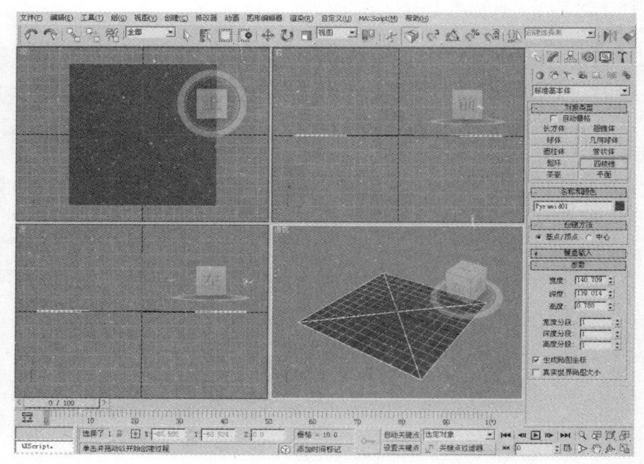

■ 2）放开鼠标沿 *Z* 轴方向移动，到适当位置单击，完成创建。

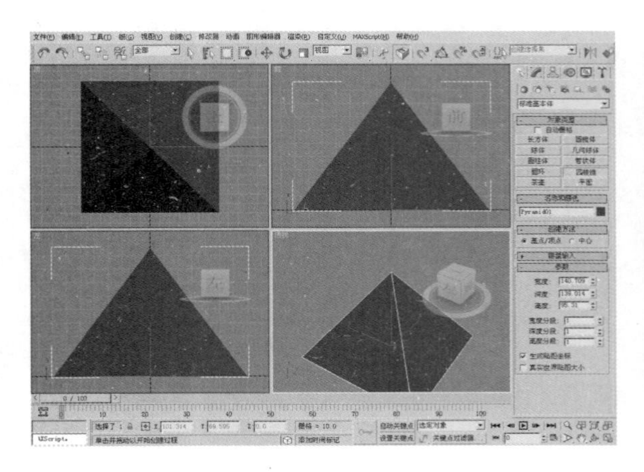

■ 3）【创建方法】卷展栏中的【基点 / 顶点】选项与创建球的相近，都是以鼠标跨过的距离为对角线或直径进行创建。

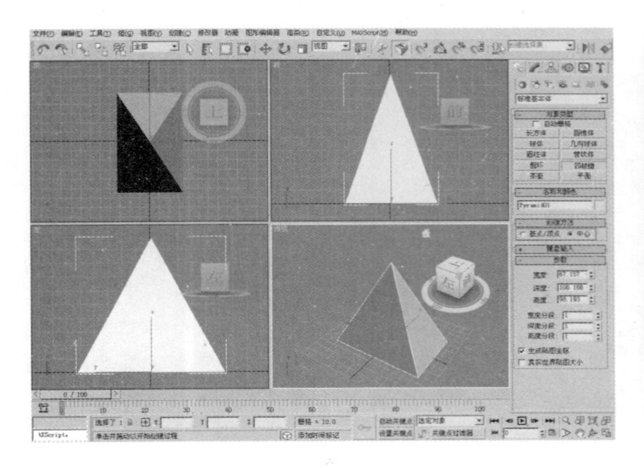

■ 4）设置【宽度】、【深度】和【高度】后的效果如下图所示。

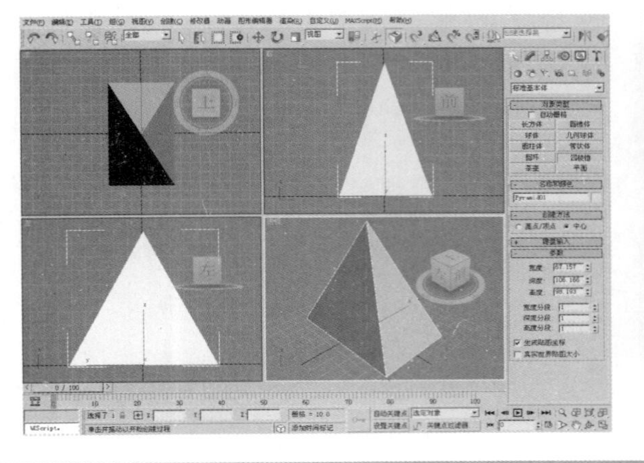

■ 5）依次单击【几何体 > 标准基本体 > 茶壶】按钮，在视图中创建一个茶壶。

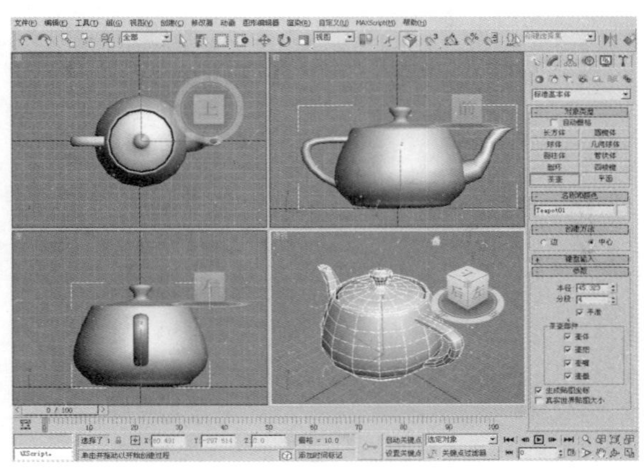

■ 6）茶壶只有两个控制参数：【半径】和【分段】。分段的控制方式与圆柱相似。下图是【分段】为最小值 1 时的茶壶。

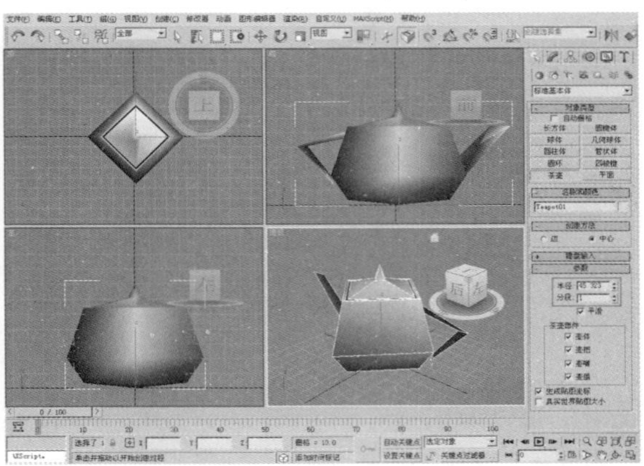

■ 7）【茶壶部件】选项区域控制是否创建茶壶各组成部件，下图所示为选中【壶体】复选框的效果。

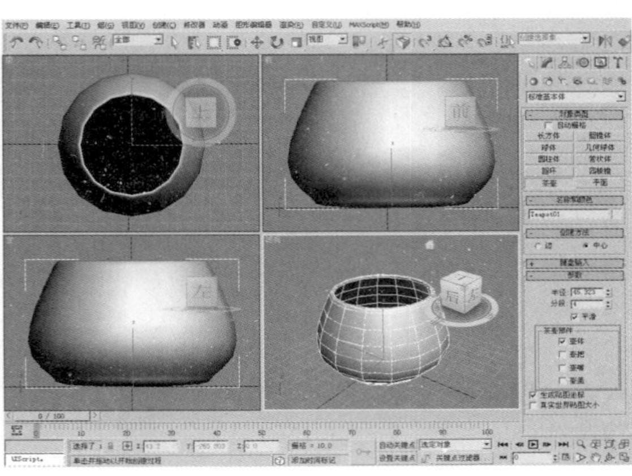

■ 8）选中【壶把】复选框，取消选中其他部件复选框，则视图中将只剩下壶把。

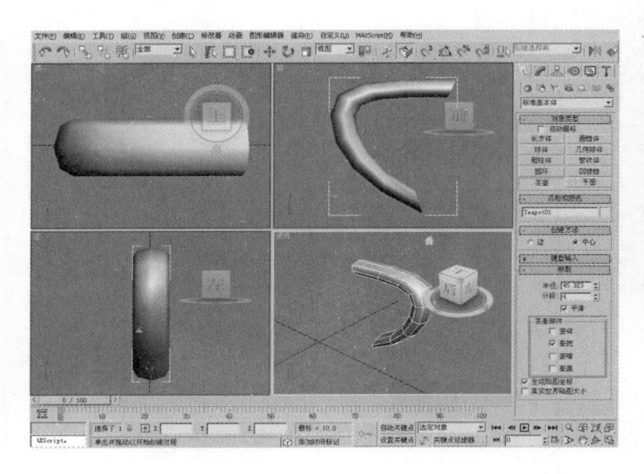

■ 9）选中【壶嘴】复选框，取消选中将其他部件复选框，则视图中将只剩下壶嘴。

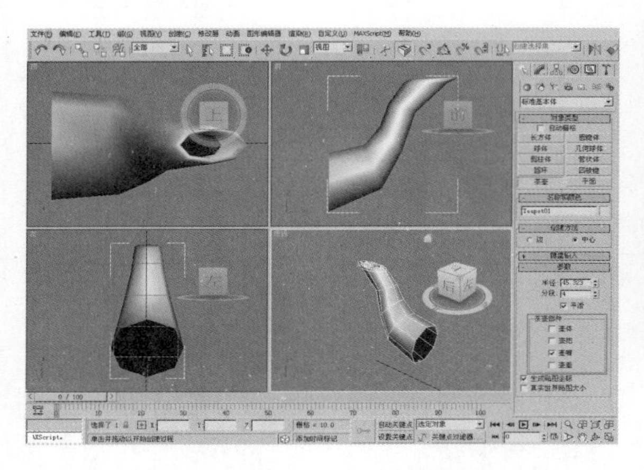

■ 10）选中【壶把】复选框，取消选中将其他部件复选框，则视图中将只剩下壶盖。

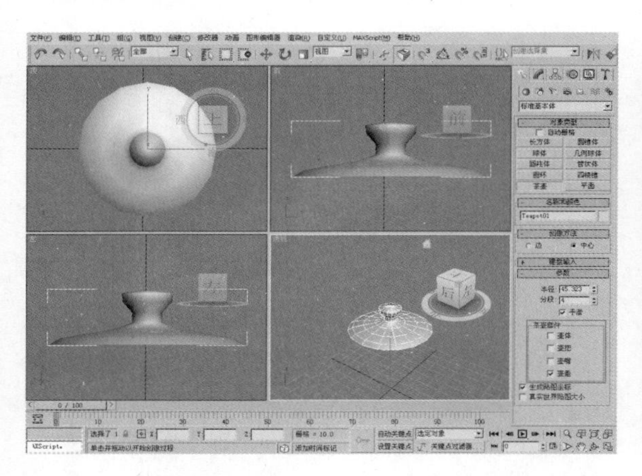

■ 11）依次单击【几何体 > 标准基本体 > 平面】按钮，在顶视图中用鼠标沿对角线创建平面。

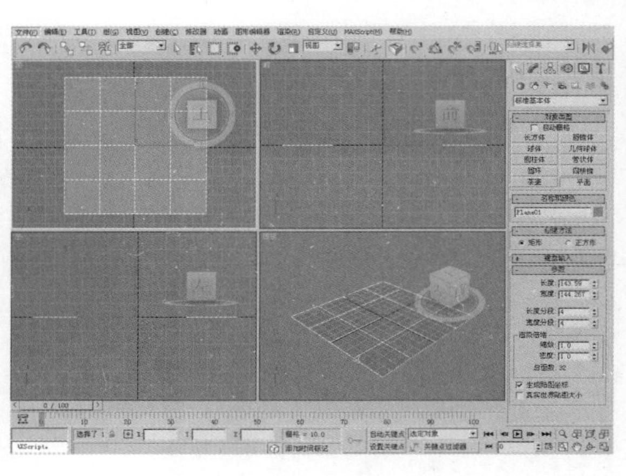

■ 12）【渲染倍增】选项区域的两个参数分别是：【缩放】（渲染后的大小与原始大小之比）和【密度】（渲染后分段与原始量之比）。

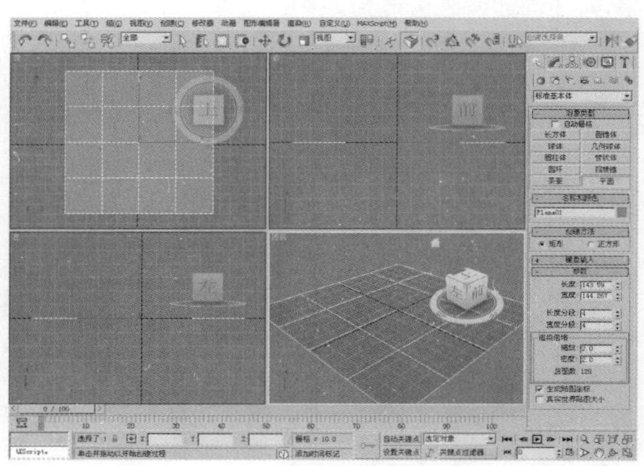

■ 13）单击对象，在【名称和颜色】卷展栏中修改对象名称即可。单击其右侧的色块，即可打开【对象颜色】对话框。

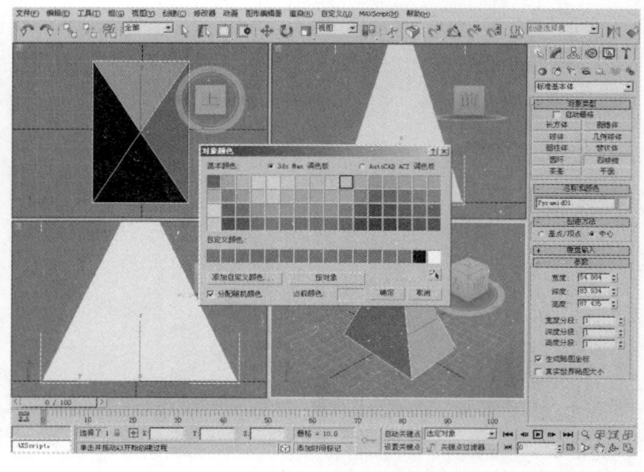

■ 14）选择所需色块，单击【确定】按钮，即可更改对象颜色。

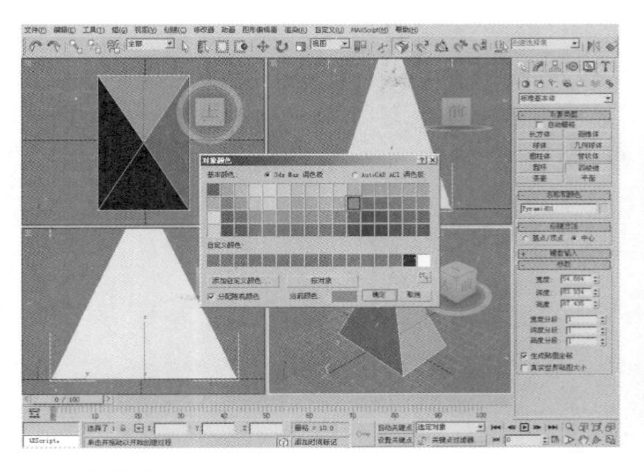

—— ❗ 注意 ——

此窗口用于控制对象本身的颜色，但与贴图和材质无关。因为它本来就是与对象本身相互独立的一个部分，就像人一样，世界上有黄、黑、白种人，而每个人却可以穿不同的衣服。肤色相当于对象颜色，而衣服则相当于贴图和材质。

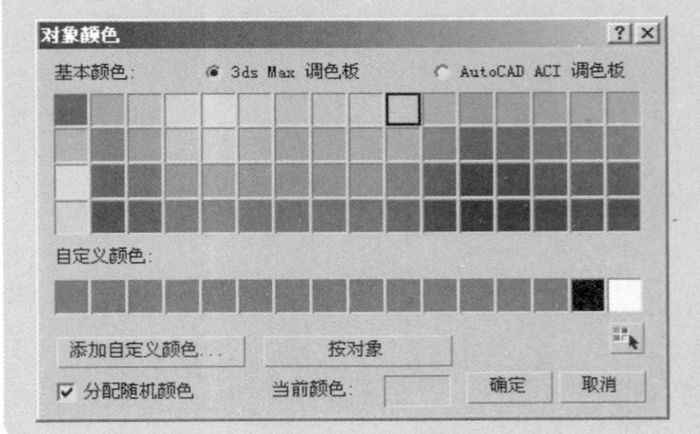

2.4 扩展基本体的创建

扩展基本体是 3ds Max 复杂基本体的集合。本节将详细讲解扩展基本体的基础知识。

2.4.1 创建异面体和环形结

■ 1）选择【创建 > 几何体 > 扩展基本体 > 异面体】命令，创建一个多面体。这是一个可调整的由 3、4、5 边形围成的几何形体。

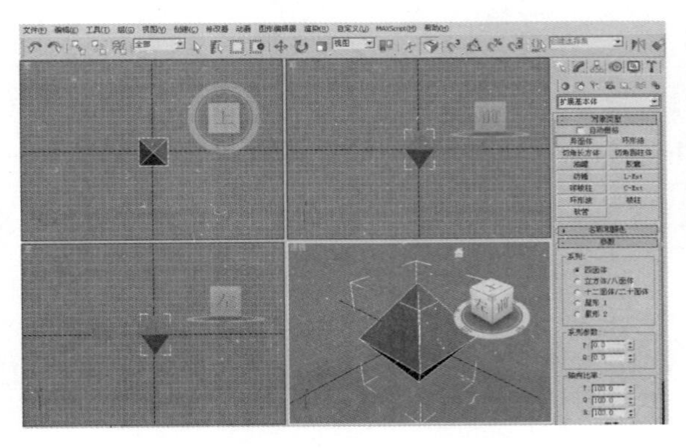

■ 2）下图中的模型包括四面体、立方体 / 八面体、十二面体 / 二十面体、星形 1、星形 2。

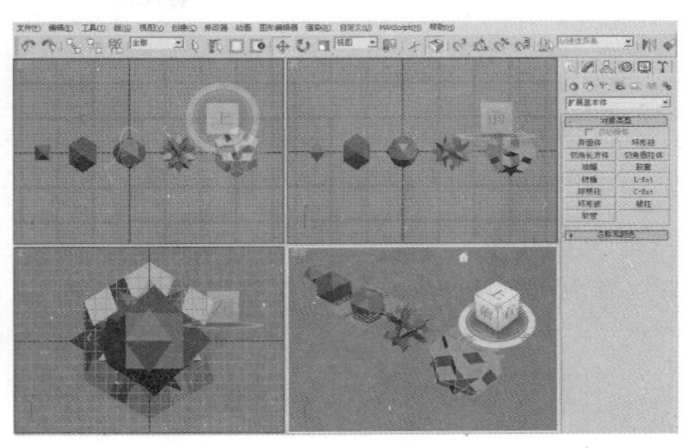

■ 3）系列参数：P、Q 两个参数控制着多面体顶点和轴线双重变换的关系，二者之和不能大于 1。设其中一方不变，另一方增大，当二者之和大于 1 时系统会自动将不变的那一方降低，以保证二者之和等于 1。下图所示为 P=0.6、Q=0.1 时的四面体。

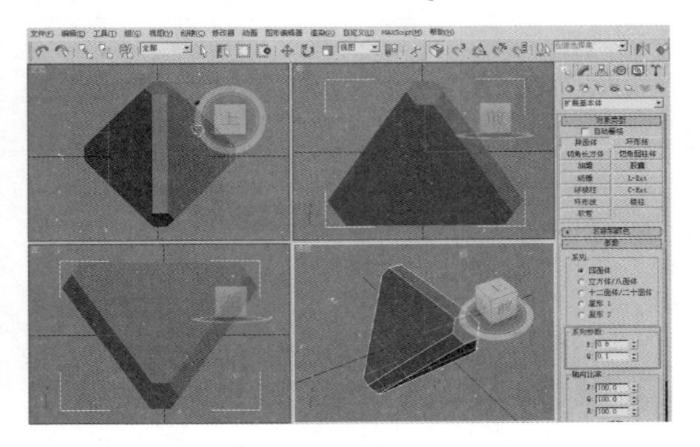

■ 4）【轴向比率】选项区域的 P、Q、R 分别为其中一个面的轴线，调整这些参数便可以将这些面分别从其中心凹陷或凸出。如图所示为 P=100、Q=50、R=60 的立方体/八面体。

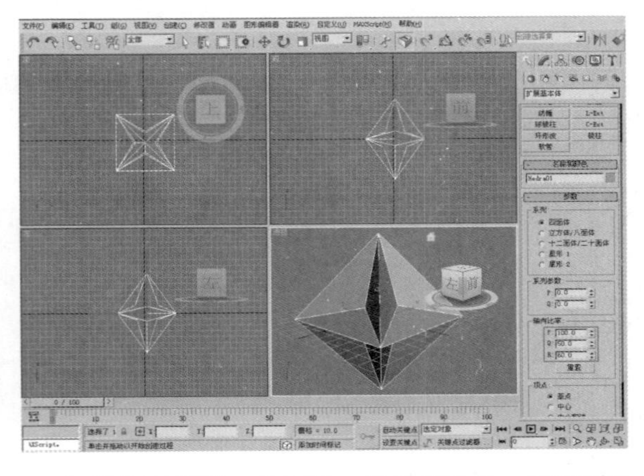

■ 5）选择【创建 > 几何体 > 扩展基本体 > 环形结】命令，创建一个多节圆环体。常用于室内花饰的建模。

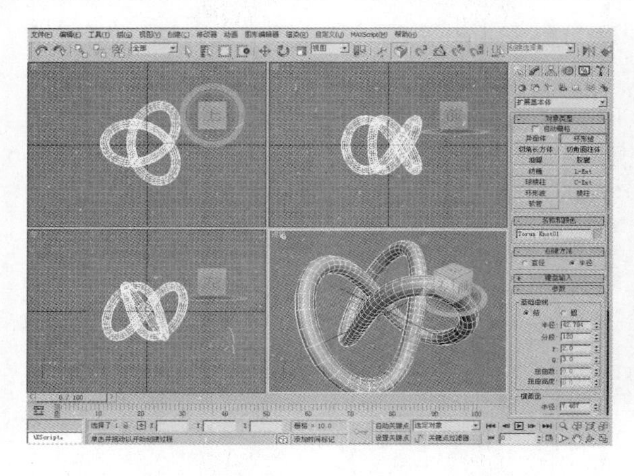

■ 6）【基础曲线】选项区域有两个选项：【结】和【圆】。下图所示为扭曲数=8、扭曲高度=0.3 的圆。

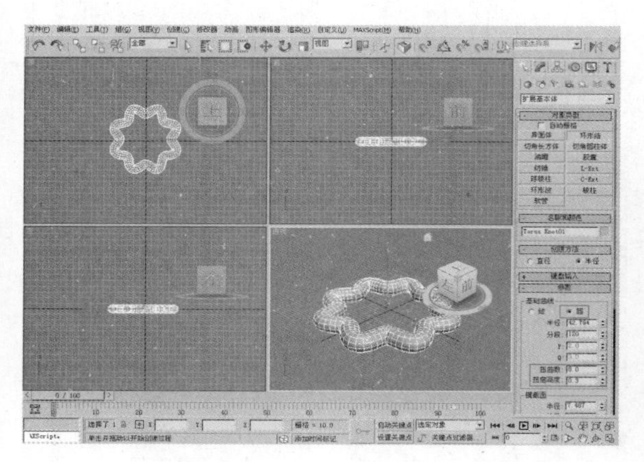

■ 7）P、Q 两个控制参数分别控制垂直和水平方向的环绕次数。如图所示为 P=2.5、Q=2 的效果。当数值不是整数时，对象具有相应的断裂。

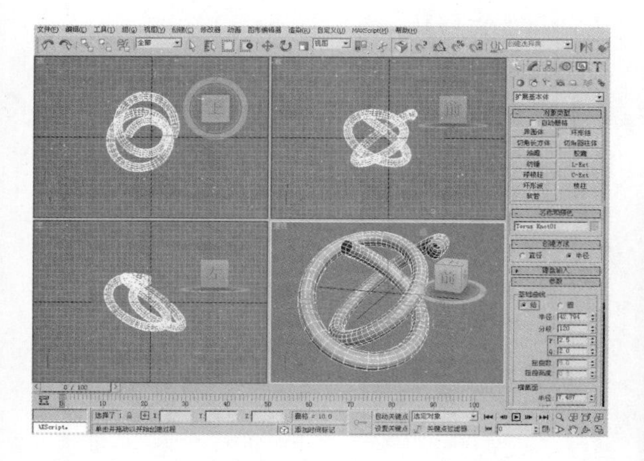

■ 8）圆有【扭曲数】和【扭曲高度】两个控制参数，分别控制弯折的次数和深度。下图所示为扭曲数=6、扭曲高度 =3 的效果。

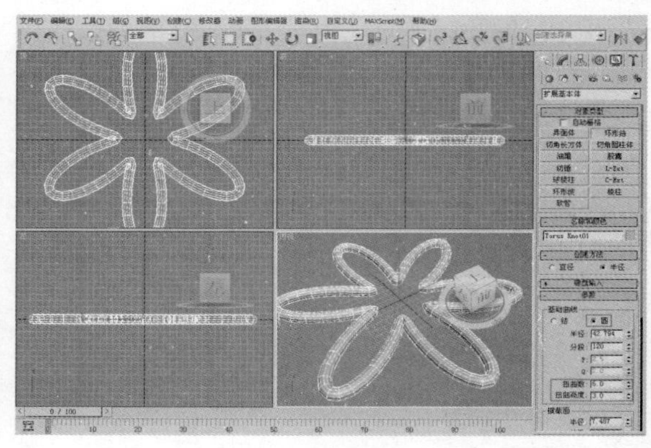

■ 9）【横截面】选项区域的参数控制着对象截面的各种形态，详见下表。

半径	截面半径	边数	截面段数
偏心率	截面椭圆的离心率	扭曲	截面扭曲的程度
块	块数量	块高度	块高度
块偏移	块偏移量		

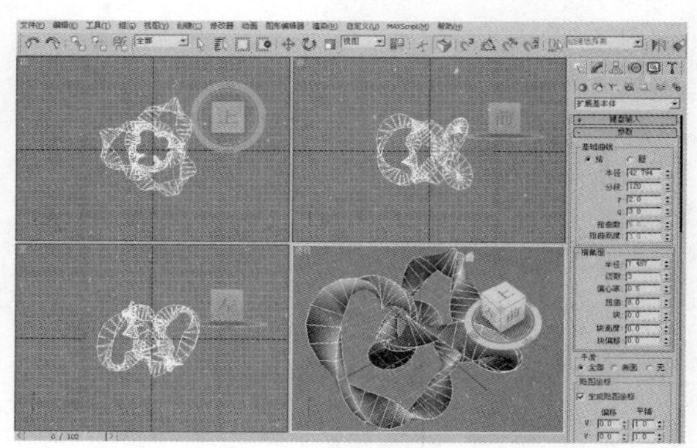

2.4.2 其他扩展基本体的创建

■ 1）选择【创建 > 几何体 > 扩展基本体 > 切角长方体】命令，创建一个倒角长方体。常用于室内平整形家居的建模，如衣柜、写字台等。

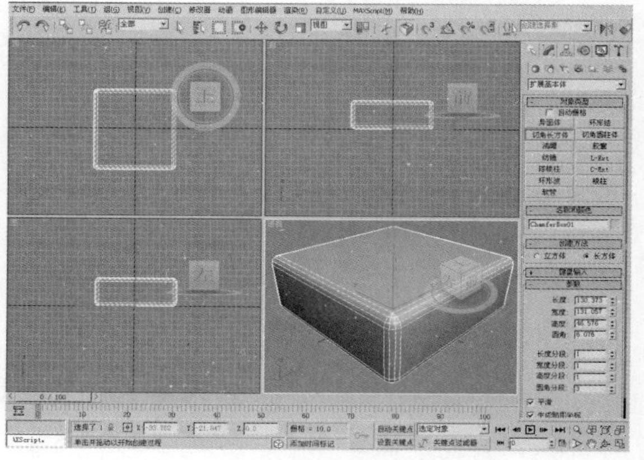

■ 2）关键参数为【圆角】和【圆角分段】。下图所示为圆角 =10mm、圆角分段 =5 时的效果。其余参数的含义与长方体相同。

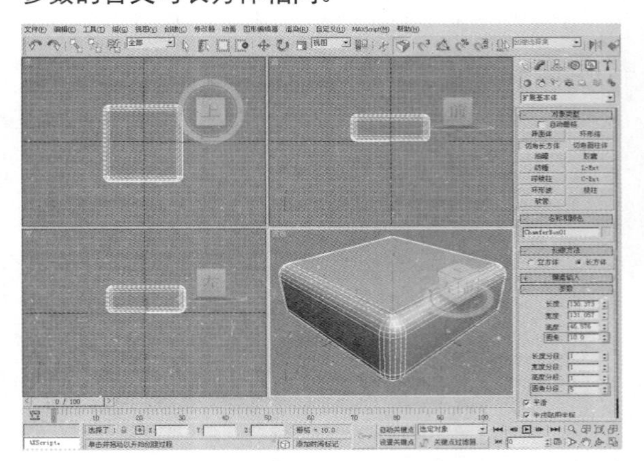

■ 3）选择【创建 > 几何体 > 扩展基本体 > 切角圆柱体】命令，创建一个倒角圆柱。常用于室内柱状物体的建模，如灯架、栏杆等。

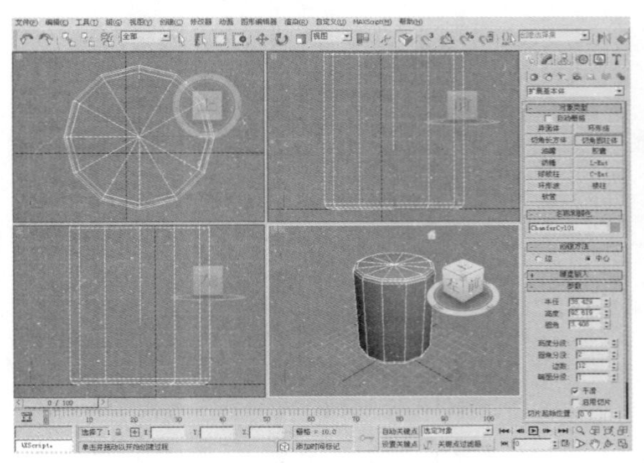

■ 4）关键参数为【圆角】和【圆角分段】。下图所示圆角 =9、圆角分段 =6 的效果。其余参数与圆柱体相同。

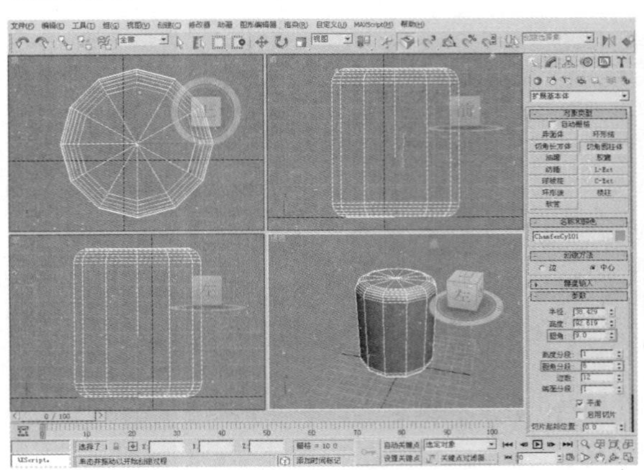

■ 5）选择【创建 > 几何体 > 扩展基本体 > 油罐】命令，创建一个油罐体。常用于室内类似形体的建模，如开关按钮、锅盖等。

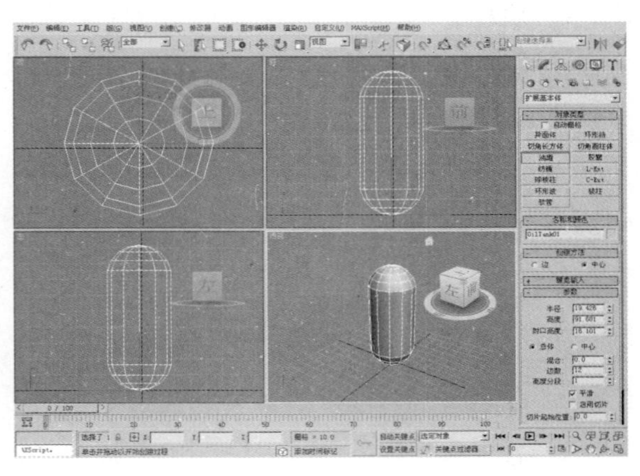

■ 6）关键参数为【混合】，它控制着半球与圆柱交接边缘的圆滑量。如图所示为混合为 3mm 的效果。

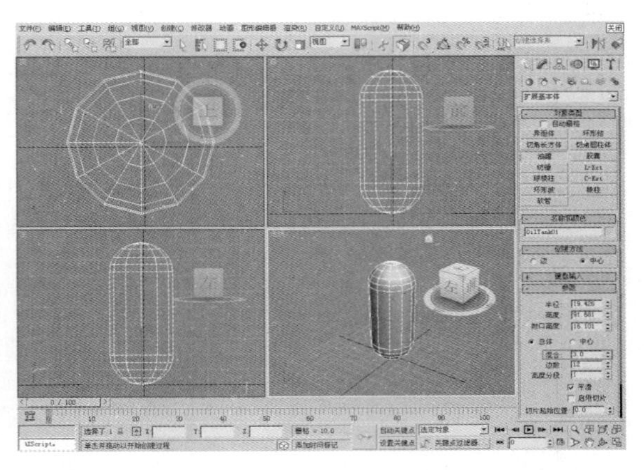

■ 7）选择【创建 > 几何体 > 扩展基本体 > 胶囊】命令，创建一个胶囊体。其控制参数与圆柱体的基本相同。常用于室内类似形体的建模，如麦克风、健身器材等。

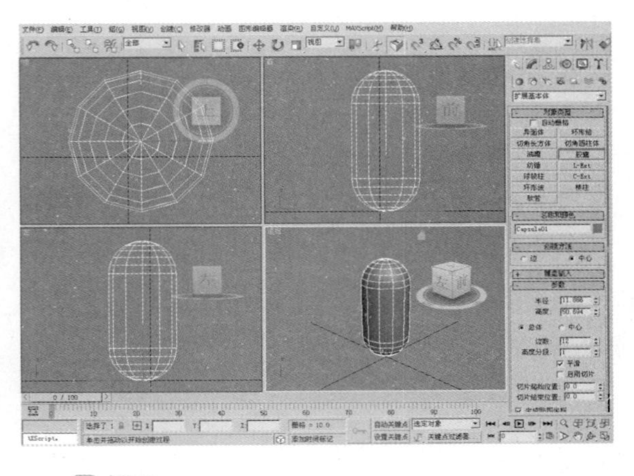

提示

切角圆柱体、油罐、胶囊和纺锤都是圆柱的扩展几何体。显然，这一类几何体被称为扩展基本体的原因在于它们都是由标准基本体扩展而来的。

■ 8）选择【创建 > 几何体 > 扩展基本体 > 纺锤】命令，创建一个纺锤体。常用于室内类似形体的建模，如针、陀螺玩具等。

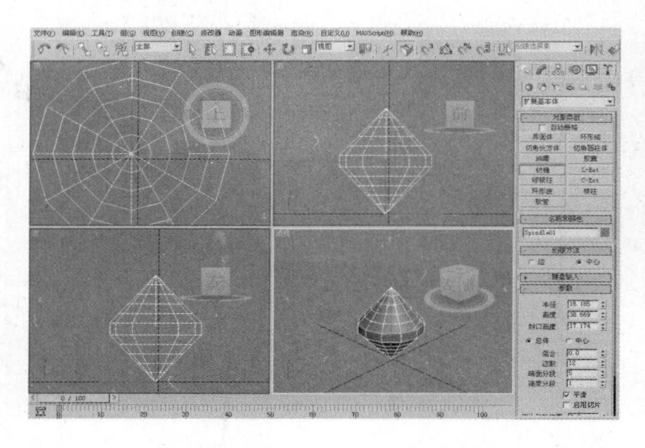

■ 9）关键参数为【混合】，它控制着锥体与圆柱交接边缘的圆滑量。下图所示为混合为 2.0 效果。

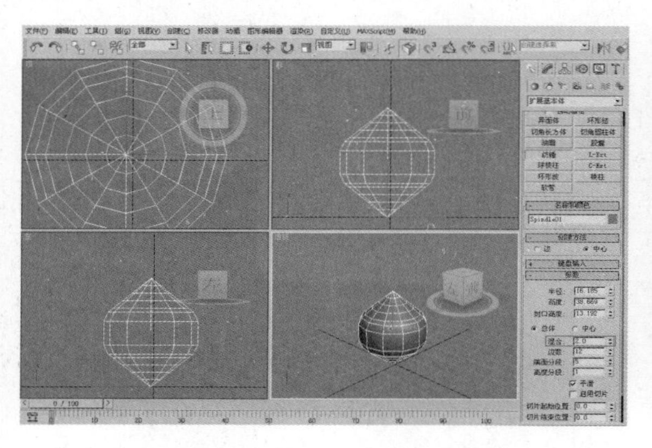

■ 10）选择【创建 > 几何体 > 扩展基本体 >L-Ext（L 形体）】命令，单击鼠标左键并拖动，到某一位置松开鼠标，此时确定平面对角线的位置。常用于室内墙体及相关形状的建模。

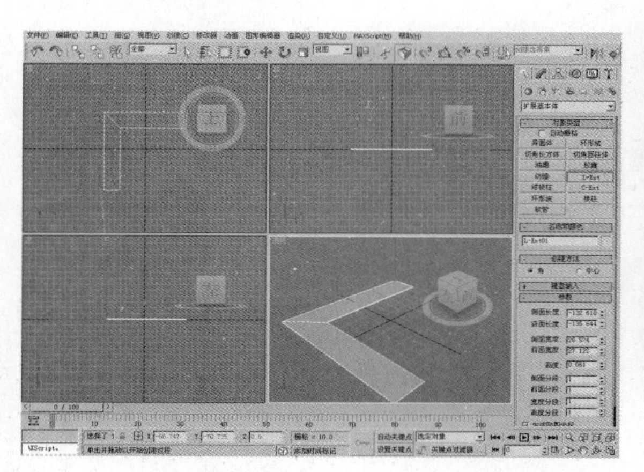

■ 11）移动光标到某一位置单击，确认 L-Ext 的高度。

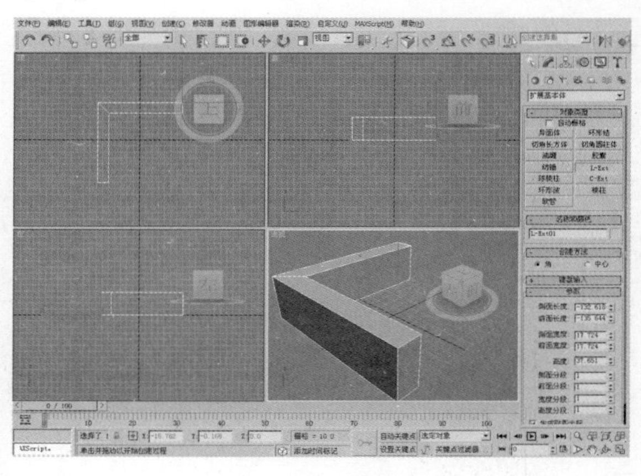

■ 12）向 L 形内部移动鼠标，此时 L-Ext 的厚度归零，向反方向移动鼠标，到某一位置单击，确认 L-Ext 的厚度。

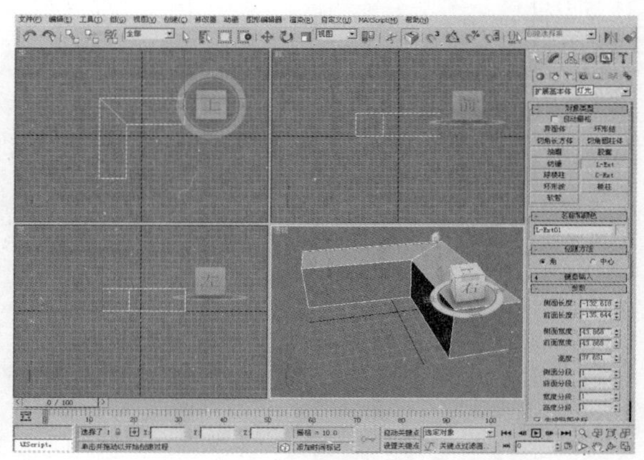

■ 13）控制参数为侧面 / 前面宽度、侧面 / 前面长度、高度、侧面 / 前面 / 宽度 / 高度分段。

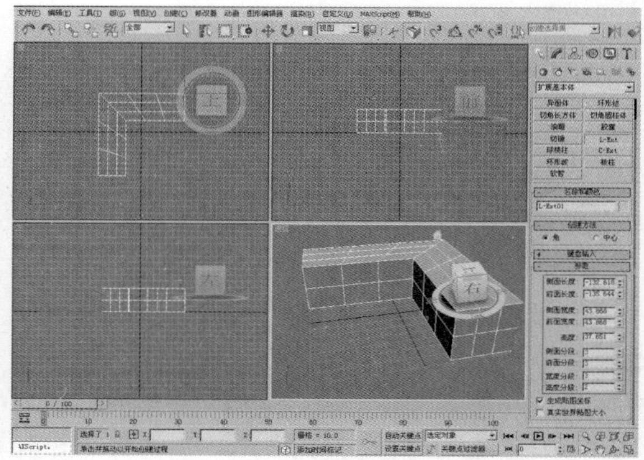

■ 14）选择【创建 > 几何体 > 扩展基本体 > 球棱柱】命令，创建一个多边倒角棱柱。常用于创建花样形体，如客厅地毯、墙面饰物等。

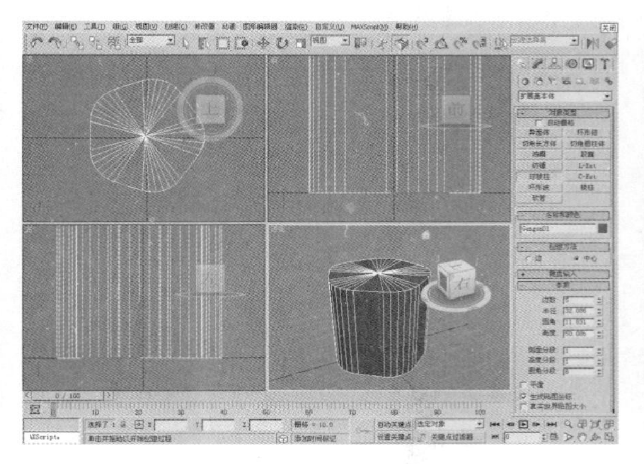

■ 15）关键参数有【边数】、【半径】、【圆角】、【侧面分段】、【圆角分段】。

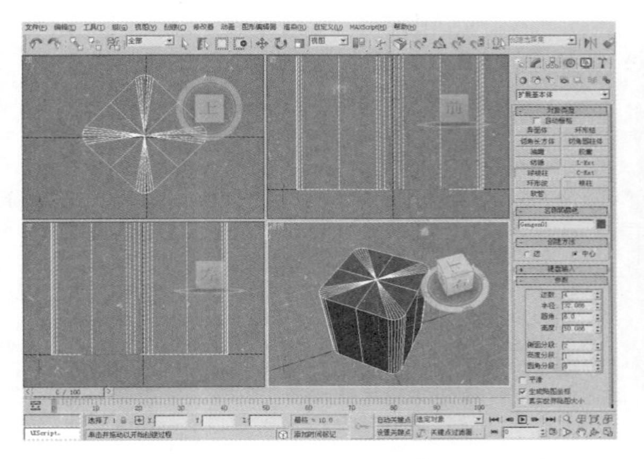

■ 16）选择【创建 > 几何体 > 扩展基本体 >C-Ext】命令，创建一个 C 形体。常用于创建室内墙壁、办公室屏风等。

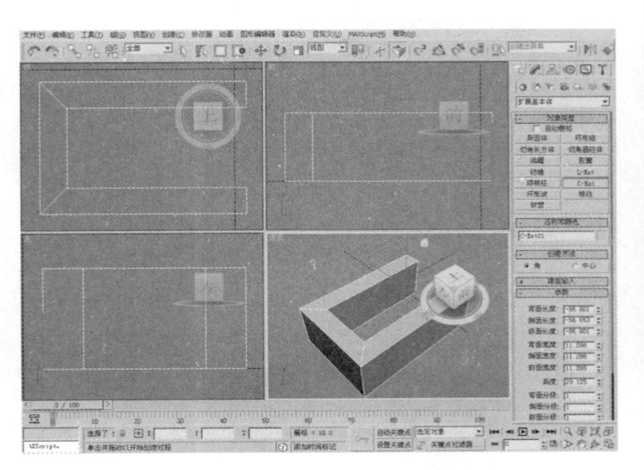

■ 17）控制参数有背面 / 侧面 / 前面的长度和宽度、高度、背面 / 侧面 / 前面 / 宽度 / 高度分段。

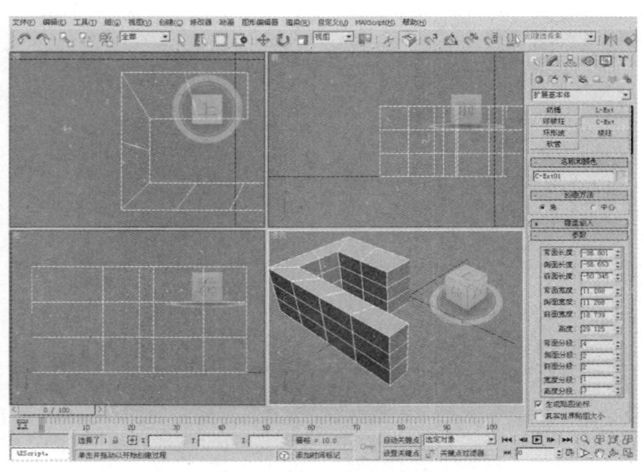

■ 18）选择【创建 > 几何体 > 扩展基本体 > 环形波】命令，创建一个环波体。常用于创建室内花饰、管状物等。

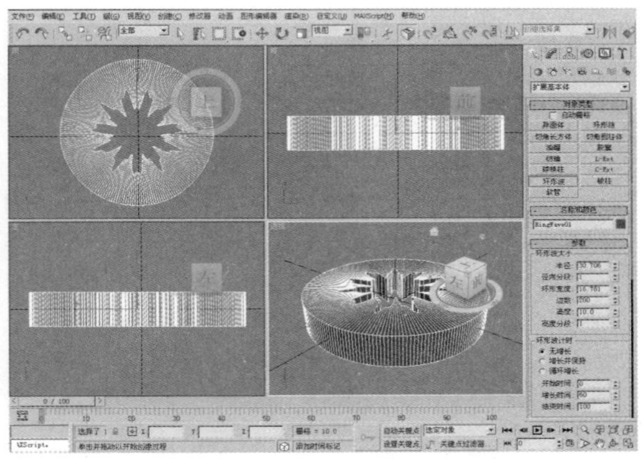

■ 19）【环形波大小】选项区域的参数包括【半径】、【径向分段】、【环形宽度】、【边数】、【高度】。

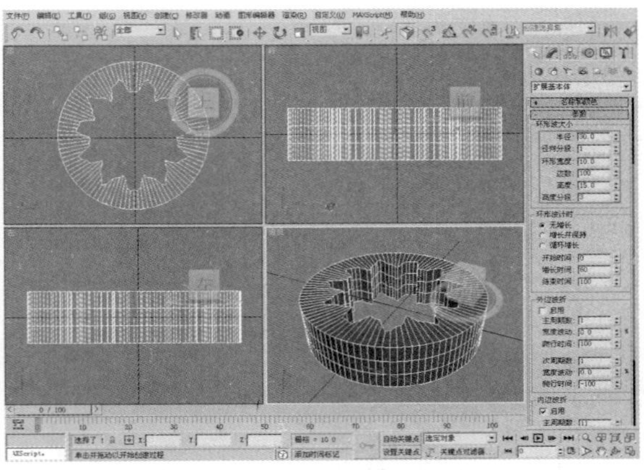

■ 20【环形波计时】选项区域的参数包括【无增长】、【增长并保持】、【循环增长】、【开始时间】、【增长时间】、【结束时间】。选择【增长并保持】单

选按钮，此时拖动时间滑块，则物体在 0 ～ 60 帧产生动画。

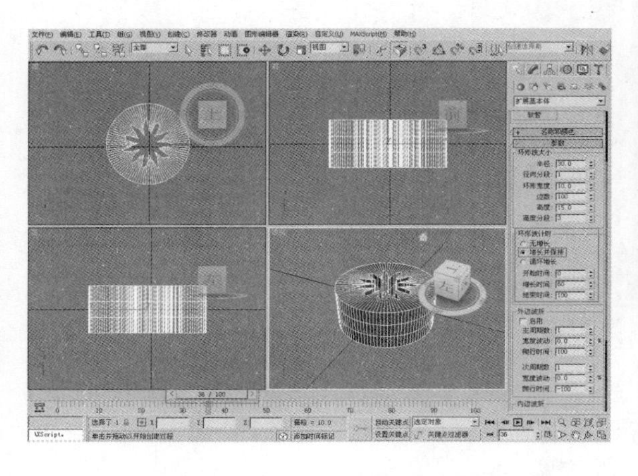

■ 21）【外边波折】选项区域的参数包括【主周期数】、【次周期数】、【宽度波动】、【爬行时间】。

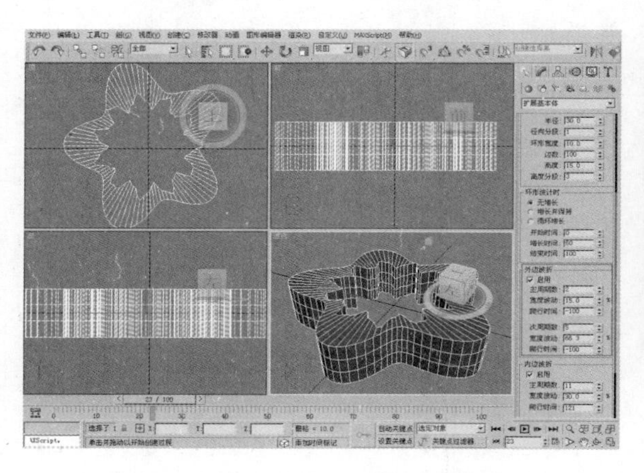

■ 22）【内边波折】选项区域的参数包括【主周期数】、【次周期数】，【宽度波动】、【爬行时间】。

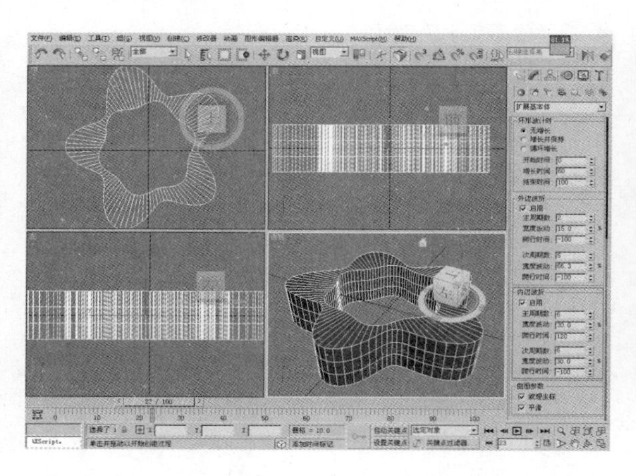

■ 23）【曲面参数】选项区域的参数包括【纹理坐标】和【平滑】。下图所示为未选中【平滑】复选框的效果。

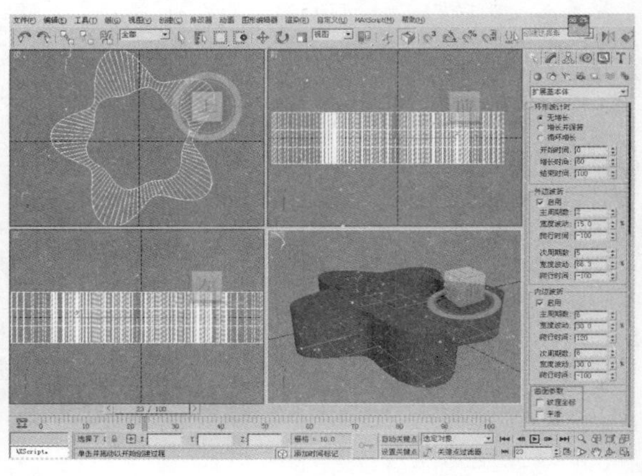

■ 24）选择【创建 > 几何体 > 扩展基本体 > 棱柱】命令，创建三棱柱。常用于室内简单形体家居的创建，如吧台、茶几等。

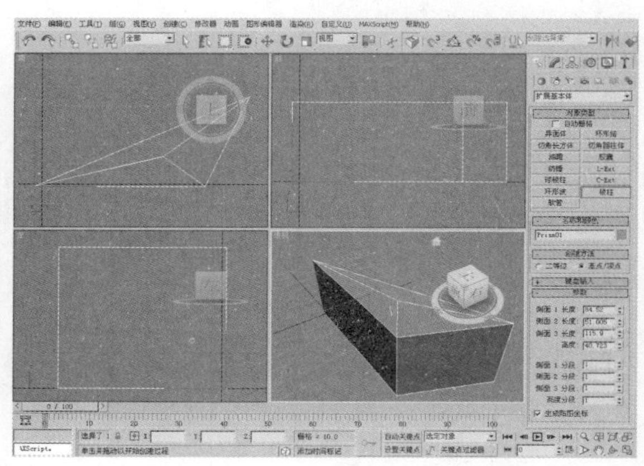

■ 25）关键参数主要有各侧面长度、高度、各侧面分段。

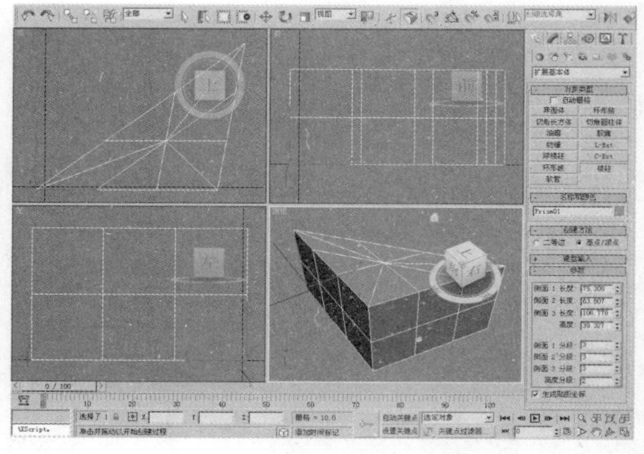

■ 26）选择【创建 > 几何体 > 扩展基本体 > 软管】命令，创建一个软管体。常用于创建室内相关形体，如喷淋管、弹簧等。

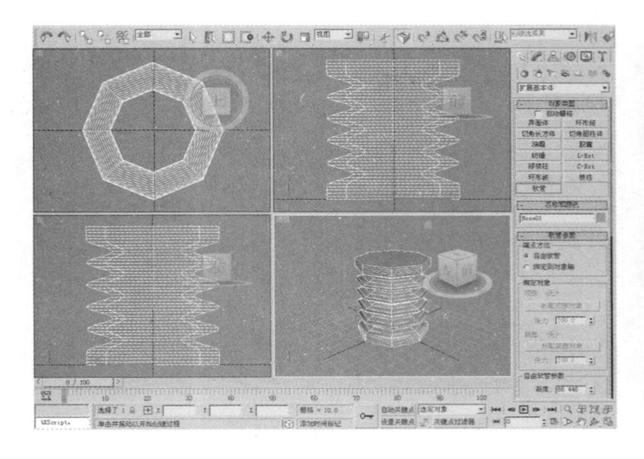

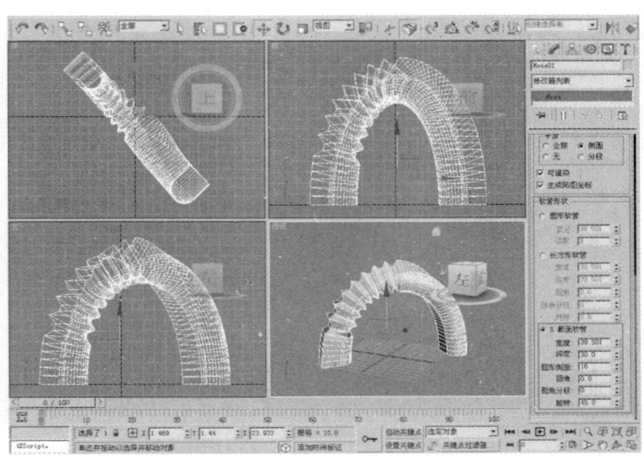

■ 27）【绑定对象】选项区域的参数包括【顶部】、【拾取顶部对象】和【张力】。

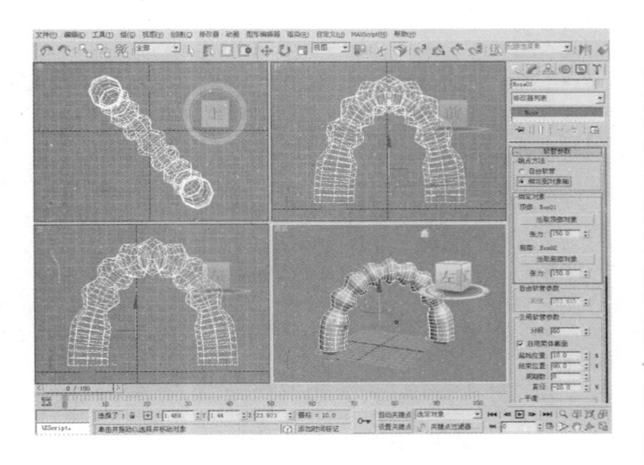

■ 28）【公用软管参数】选项区域的参数包括【启用柔体截面】、【起始位置】、【结束位置】、【周期数】、【直径】。

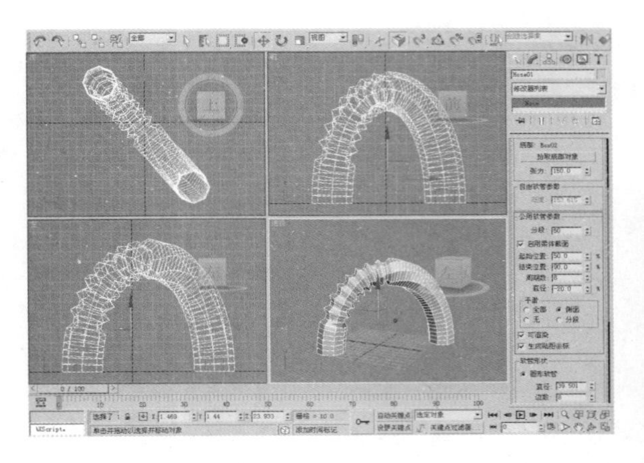

■ 29）【软管形状】选项区域的参数包括【圆形软管】、【长方形软管】、【D截面软学】。此处【D截面软管】的含义是一半可控制一半不可控制。

2.5 复合对象

复合对象类型如下表所示。

变形	在一段时间内，将一个对象的形状逐渐转换为另一个对象的形状
散布	将单一对象复制并散布在指定对象的表面上
一致	将一个对象的顶点投射到另一对象上
连接	将两个具有开敞表面的对象连接成一个整体
水滴网格	将许多球体连接成模拟水滴聚合的过程
图形合并	将图形对象投影到网格对象上，形成独立的多边形并可以继续编辑
布尔	将相互交叉的两个对象进行合集 / 交集等运算
地形	将多条处于不同高度的图形线条整合为一个类似山地的形体
放样	将图形沿某一路径进行放样

建筑及室内设计常用到的复合对象有布尔和图形合并，本节不再对其余复合对象进行介绍。

■ 1）创建一个长方体和一个球体，选中长方体后选择【创建 > 几何体 > 复合对象 > 布尔】命令。

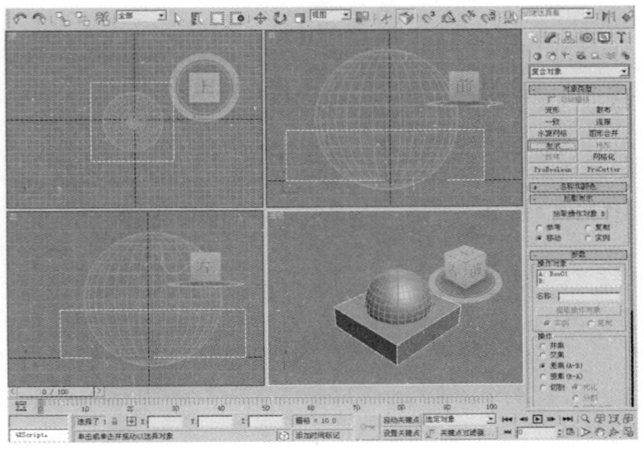

■ 2）在【拾取布尔】卷展栏单击【拾取操作对象 B】按钮，然后在视图中单击球体，则长方体上抠掉了球体，出现一个缺口。

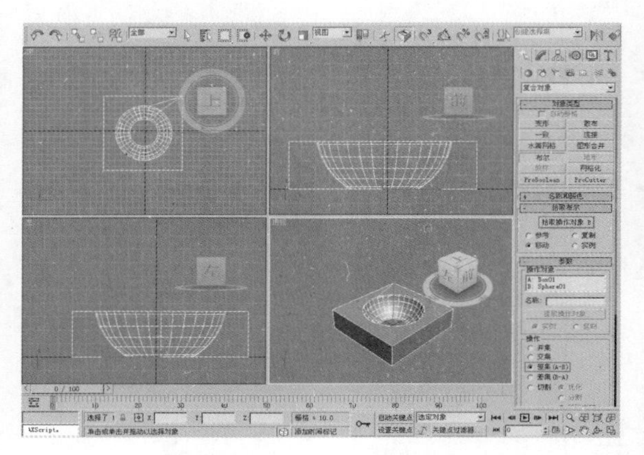

■ 3）刚才的操作为【差集】，若选择【并集】单选按钮，则结果是二者合成一体。

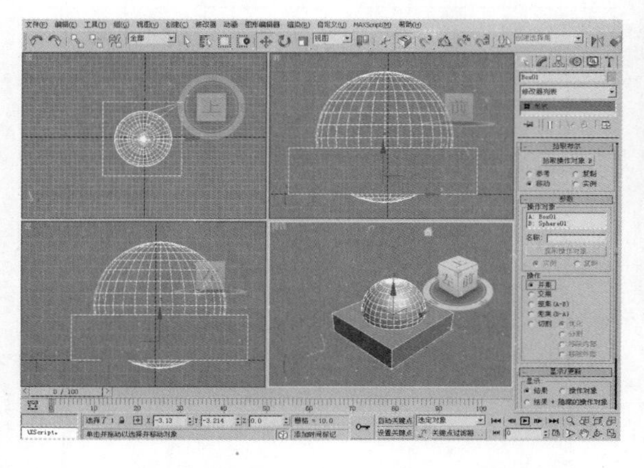

■ 4）若选择【交集】单选按钮，则经过布尔运算后，模型为二者相重合的部分。

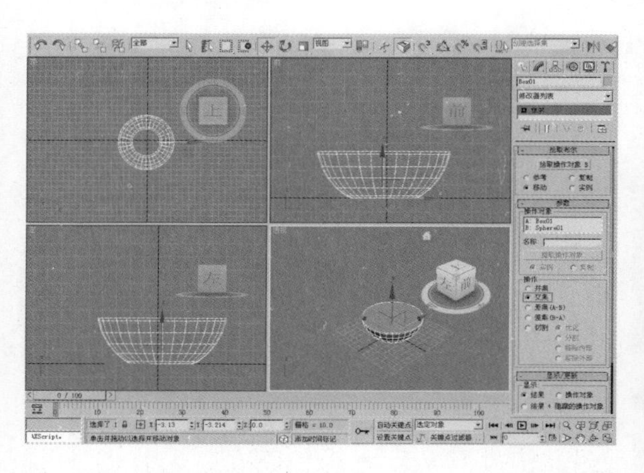

■ 5）将一个二维图形放置在一个三维对象的某一方向上，如下图所示。

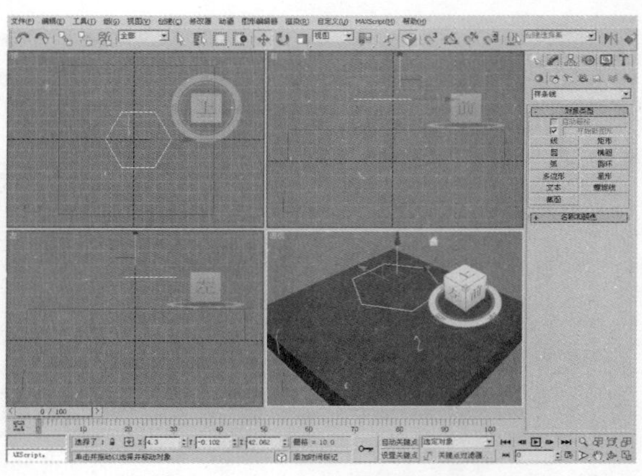

■ 6）经过图形合并后，二维图形被整合到三维对象的相应表面上，成为多边形子对象。

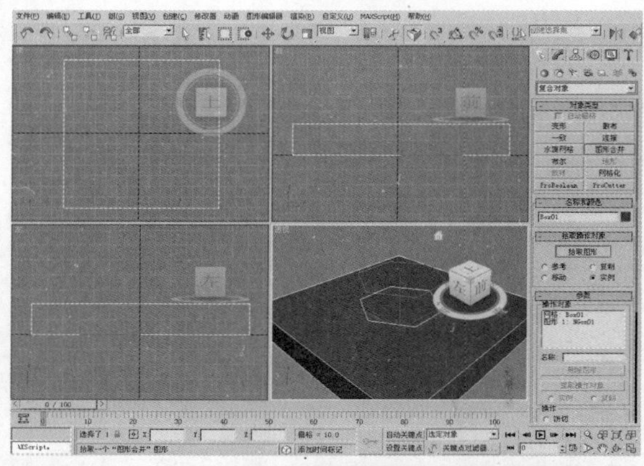

2.6 样条线

样条线是指由两个或两个以上的顶点及线段所形成的集合线。利用不同的点线配置以及曲度变化，可以组合出任何形状的图案。样条线包括线、矩形、圆、椭圆、弧、圆环、多边形、星形、文本、螺旋线、界面等11种。

2.6.1 线的创建

■ 1）依次单击【图形＞样条线＞线】按钮，在顶视图中单击，并像跳跃一样继续单击不同位置，生成一条线，最后单击鼠标右键结束线的创建。

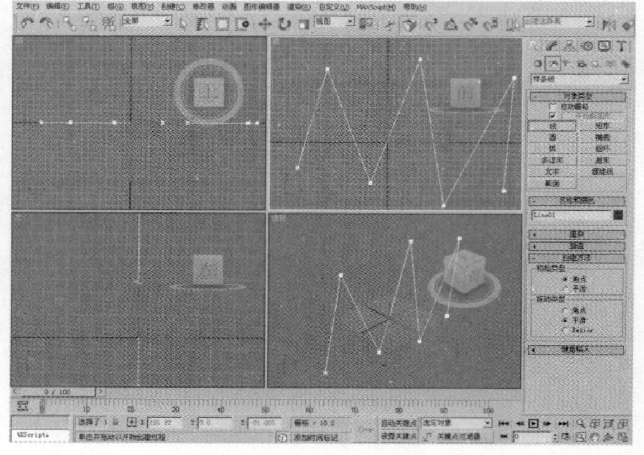

■ 2）鼠标单击的位置即记录为线的节点，节点是控制线的基本元素。

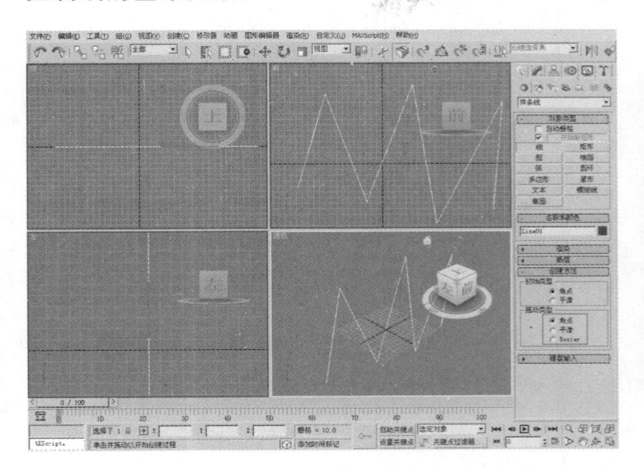

■ 3）由【角点】所定义的节点形成的线是严格的折线。

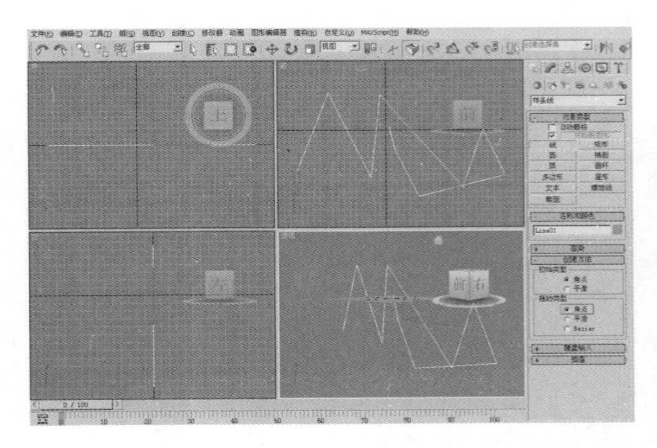

■ 4）由【平滑】所定义的节点形成的线是可以圆滑相接的曲线。单击鼠标时若立即放开便形成折角，若继续拖动一段距离后再放开便形成圆滑的弯角。

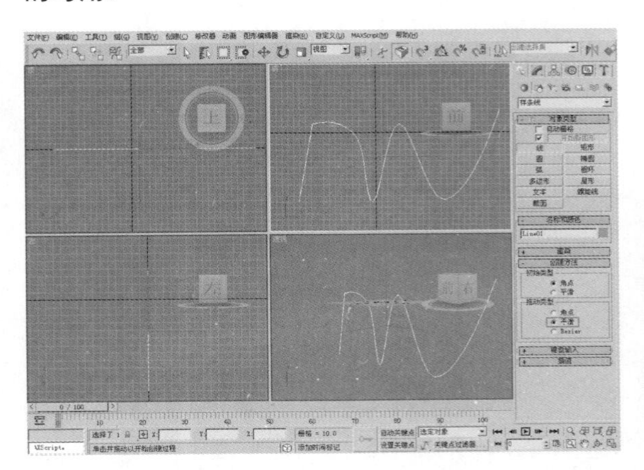

■ 5）由 Bezier（贝塞尔）所定义的节点形成的线是依照 Bezier 算法得出的曲线。用与步骤 4）相同的鼠标操作方法，可以看到拐角处的曲线变化受控的方式完全不同——通过移动一点的切线控制柄来调节经过该点的曲线形状。

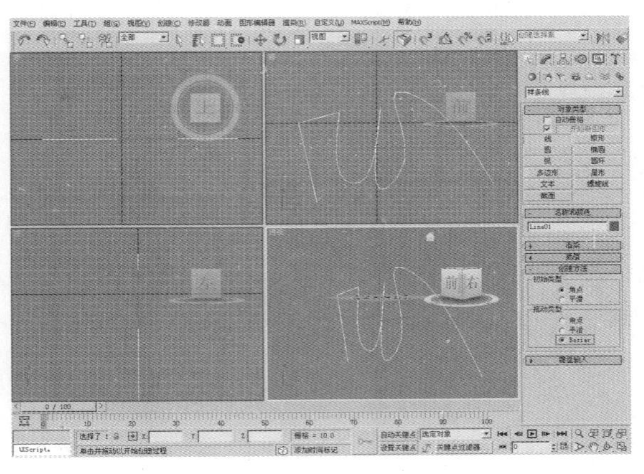

■ 6）样条线的参数卷展栏与图形的参数卷展栏内容非常接近，均含有【渲染】、【插值】、【创建方法】、【键盘输入】等。

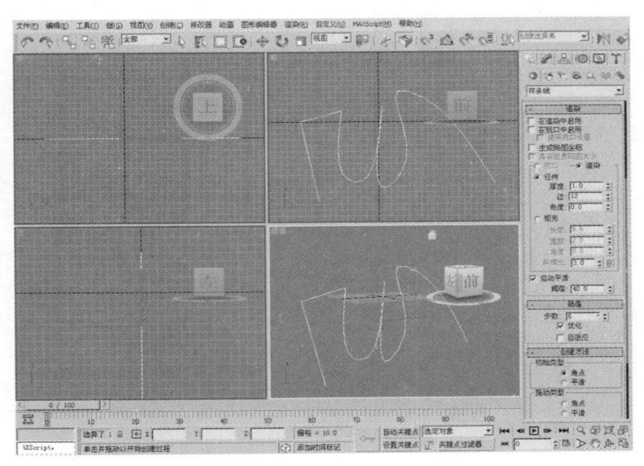

2.6.2 其他样条线的创建

■ 1）矩形常用于创建简单家具的拉伸原形。关键参数有【长度】、【宽度】和【角半径】。

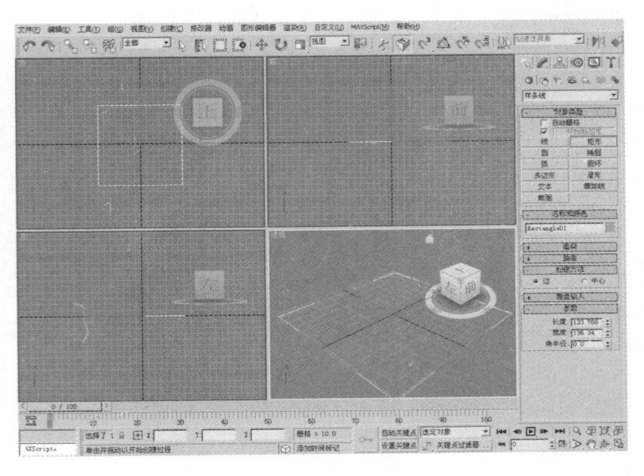

■ 2）圆常用于创建室内家具的花饰及简单形体的拉伸原形。关键参数有步数和半径。

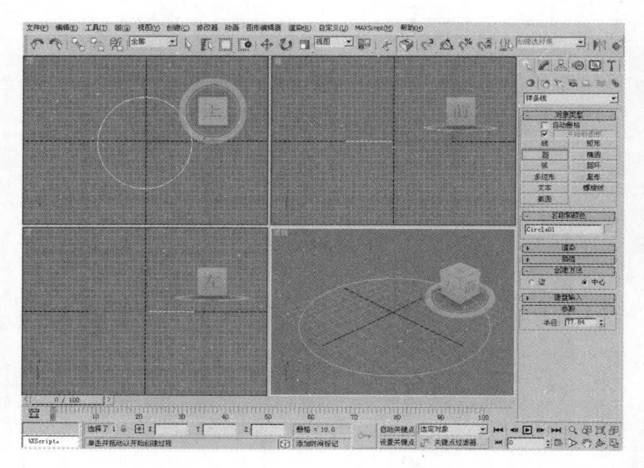

■ 3）椭圆常用于创建以圆形为基础的变形对象。关键参数有节数、长度和宽度。

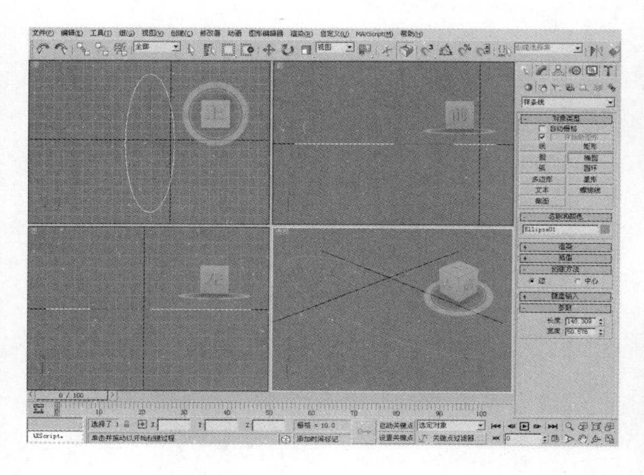

■ 4）弧和关键参数有【端点-端点-中间】、【中间-端点-端点】、【半径】、【起始/结束角度】、【饼形切片】和【反转】。

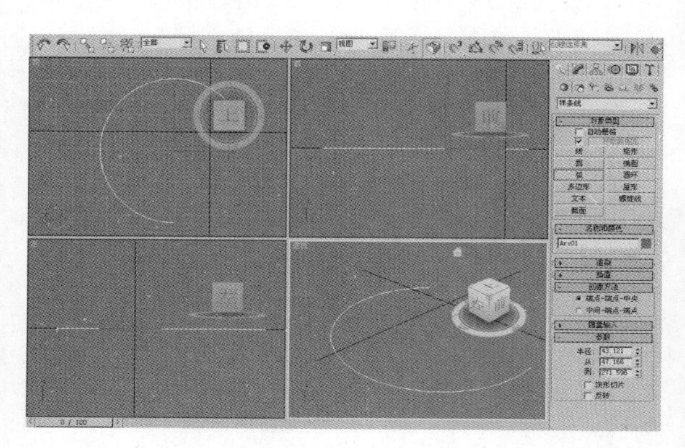

■ 5）圆环的关键参数包括【步数】、【半径1】和【半径2】。

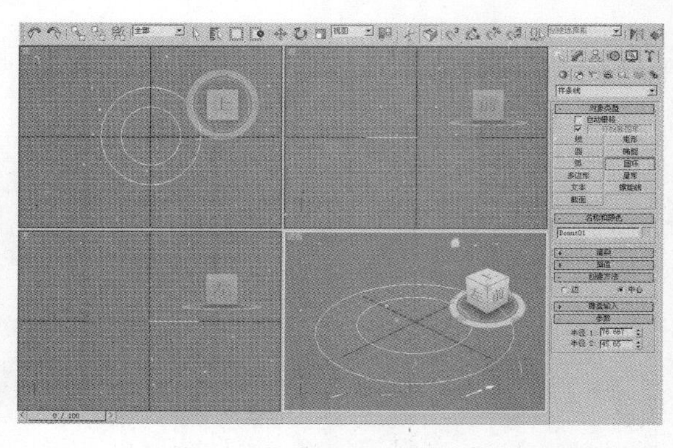

■ 6）多边形关键参数包括【半径】、【内接】、【外接】、【边数】、【角半径】和【圆形】。

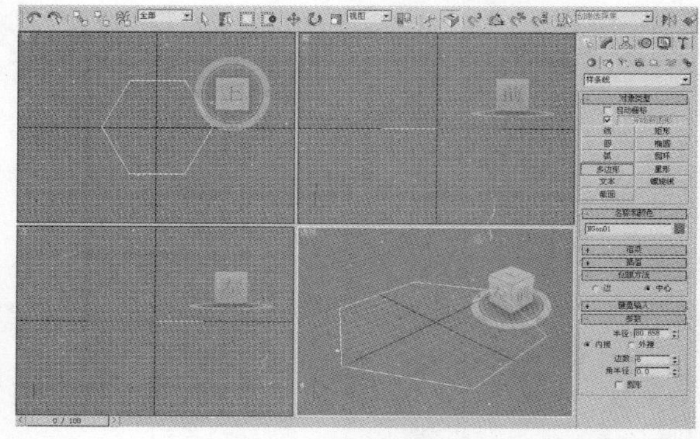

■ 7）星形关键参数有【半径1】、【半径2】、【点】、【扭曲】、【圆角半径1】和【圆角半径2】。

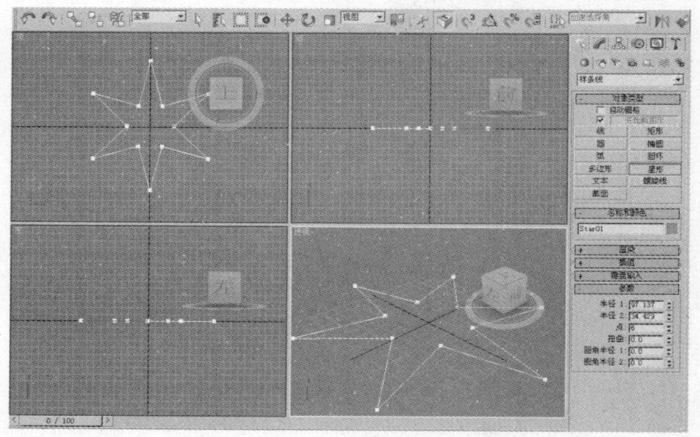

■ 8）文本关键参数有【大小】、【字间距】、【更新】和【手动更新】。

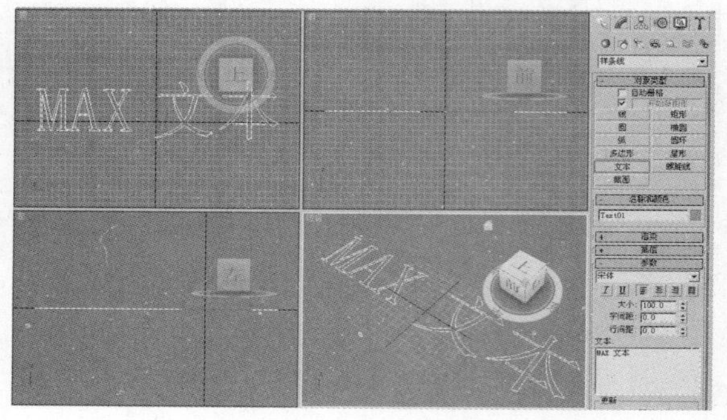

■ 9）螺旋线关键参数有【半径 1】、【半径 2】、【高度】、【圆数】、【偏移】、【顺时针】和【逆时针】。

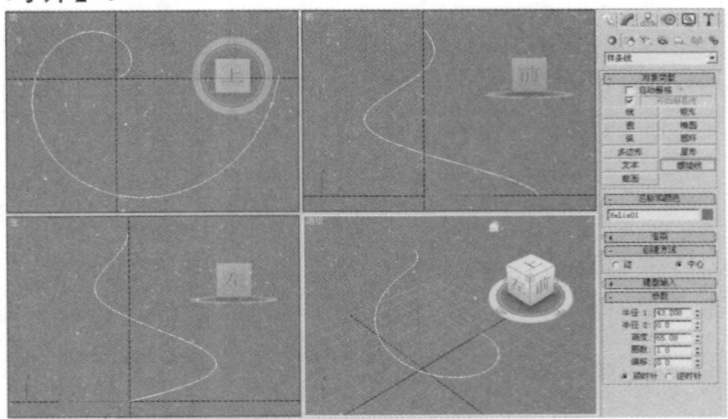

■ 10）截面，即从已有对象上取得剖面图形作为新的样条线的图形。如下图所示，在所需位置创建剖切平面。关键参数有【创建图形】、【移动截面时】更新、【选择截面时】更新、【手动】更新、【无限】和【截面边界】。

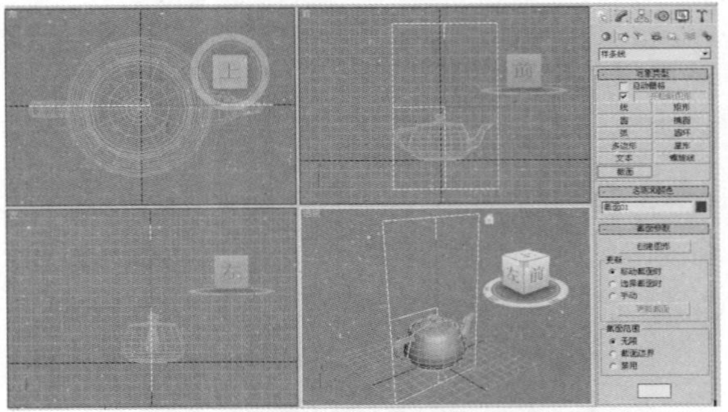

■ 11）依次单击【截面 > 截面参数 > 创建图形】按钮。在弹出的对话框中输入名称后单击【确定】按钮即可。

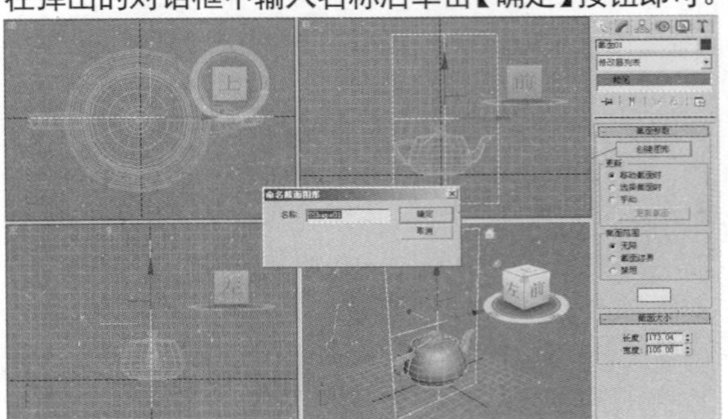

■ 12）删掉作为原始对象的茶壶，剖切后产生的轮廓线即显现出来了。

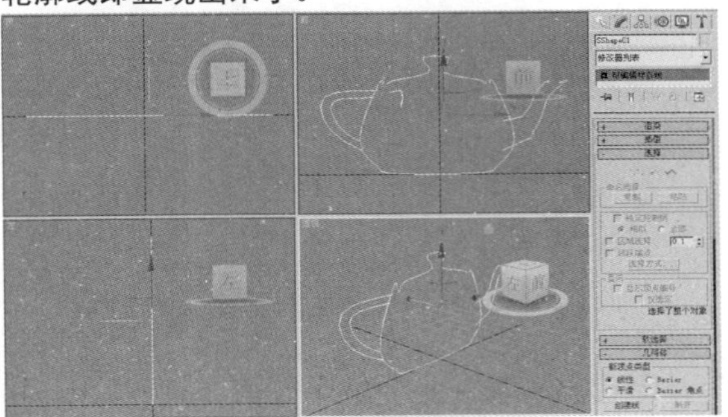

2.7 NURBS曲线

NURBS曲线即统一非有理B样条曲线。这是完全不同于多边形模型的计算方法，这种方法以曲线来操控三维对象表面（而不是用网格），非常适合于复杂曲面对象的建模。从外观上来看，它与样条线相当类似，而且二者可以相互转换，但它们的数学模型却大相径庭。NURBS曲线的操控比样条线更加简单，所形成的几何体表面也更加光滑。

点曲线	以节点来控制曲线的形状，节点位于曲线上
C V 曲线	以C V 控制点来控制曲线的形状，C V 点不在曲线上，而在曲线的切线上

（1）点曲线效果如下图所示。

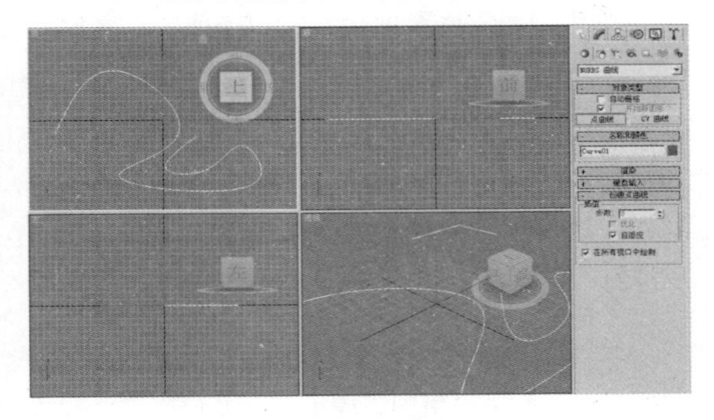

（2）CV曲线效果如下图所示。

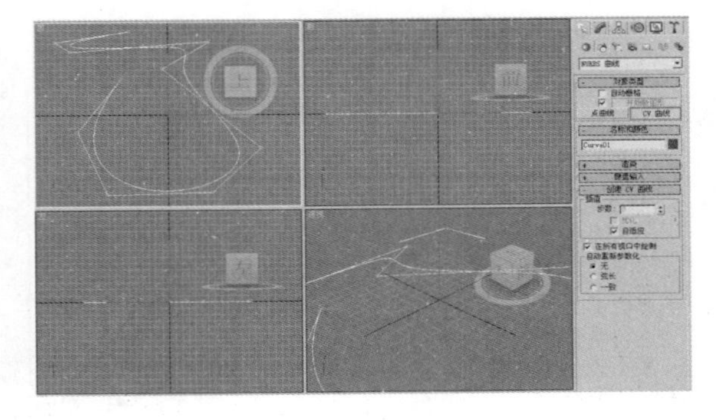

第3章 室内外建模基础

本章详细介绍了各种室内外场景的建模方案，以及沙发、门窗、床、卧室、楼梯和广场等模型的创建方法，使读者在掌握 3ds Max 建模功能的同时，熟悉室内外建筑建模的工作流程。

3.1 沙发的创建

本节详细讲解客厅中常见的三人沙发的创建过程。建模时综合运用了放样、挤出、FFD 等修改器。使读者能够深入了解用线来创建模型的方法。

3.1.1 用线生成物体

倒角剖面修改器能将一个封闭的样条线以某条路径来进行倒角，即核心不变，表皮与路径的走势始终一致。这是一个更自由的倒角工具，可以说是从倒角修改器中衍生出来的，它要求提供一个图形对象作为倒角的轮廓线，类似于放样，但在制作成形后，这条轮廓线不能被删除，因为它不像放样一样属于合成一类的对象，而仅仅是一个修改工具。

很多读者在初次见到倒角剖面的瞬间就将它们与放样、挤出及车削混淆了。本节将应用多种建模工具来制作一款沙发的模型。

下面详细分析这 4 种建模方法之间的差别。

放样 一个图形沿一条垂直于它的路径运动，形成封闭的曲面		
挤出 一条样条线（可封闭也可不封闭）沿一条垂直于它所在平面的直线运动，形成曲面		
车削 一条样条线或一个图形沿一个坐标轴进行旋转运动，形成曲面		
倒角剖面 一个图形沿垂直于它的法线方向运动，运动时它的外形随着一条曲线而连续地放大和缩小，两个方向的运动形成曲面		

3.1.2 制作沙发——图形的创建

■ 1）选择【创建 > 图形 > 样条线 > 矩形】命令，在视图中按住鼠标左键拖动，创建一个矩形。

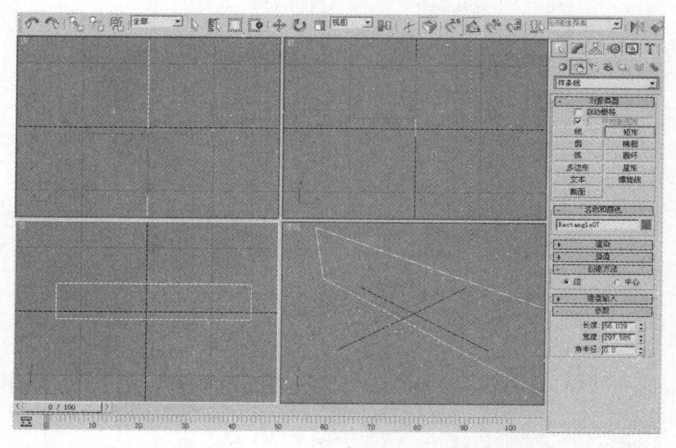

■ 2）单击鼠标右键，选择【转换为可编辑样条线】命令。

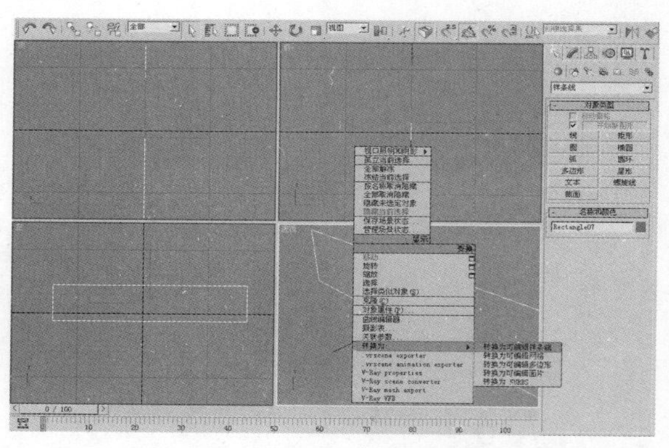

■ 3）进入【修改】面板中，选择【线段】子对象。设置【几何体】卷展栏下的【拆分】数为 3，在视图中分别选择上下两条线段，单击【拆分】按钮，将所选的线段拆分为 4 段。

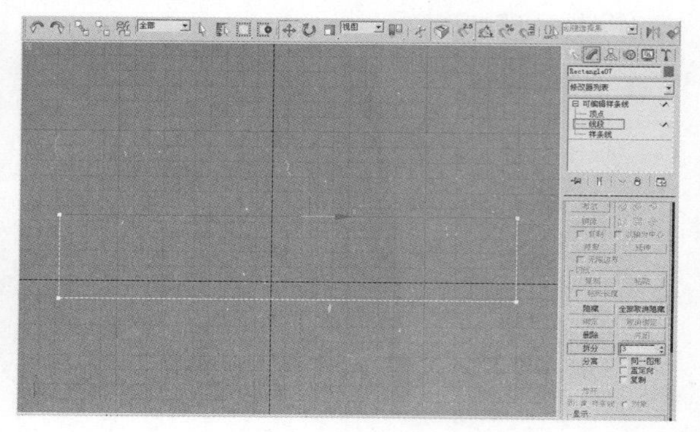

■ 4）同样，将矩形左右两侧的线段拆分为 4 段，在左右两侧的线段上产生 3 个顶点。此时矩形线的 4 条边分别产生了 3 个顶点。

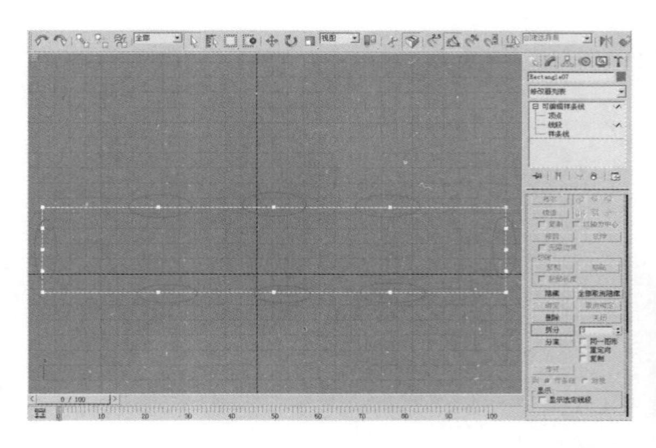

■ 5）选择【线段】子级别，在视图中选中左边的线段，单击【几何体】卷展栏下的【删除】按钮，将所选的线段部分删除，只留下矩形的一半。

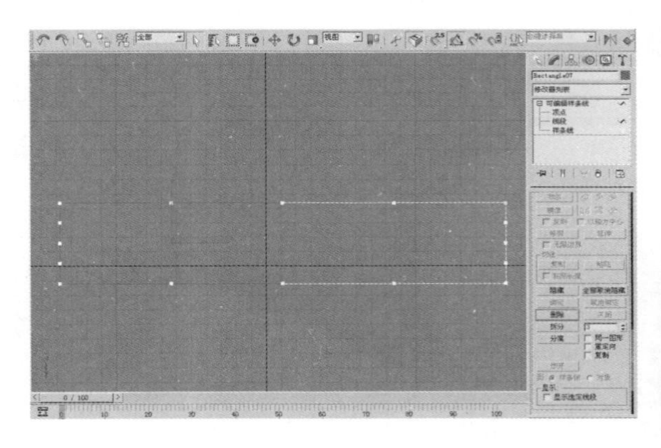

提示

在【线段】子级别下，被选中的线段以红色显示，利用【修改】面板中的【删除】按钮将其删除外，也可以按键盘上的Delete键将所选的线段删除。

■ 6）选择【顶点】子级别，在视图中选中右侧的顶点，利用移动工具沿 X 轴方向调整点的位置。

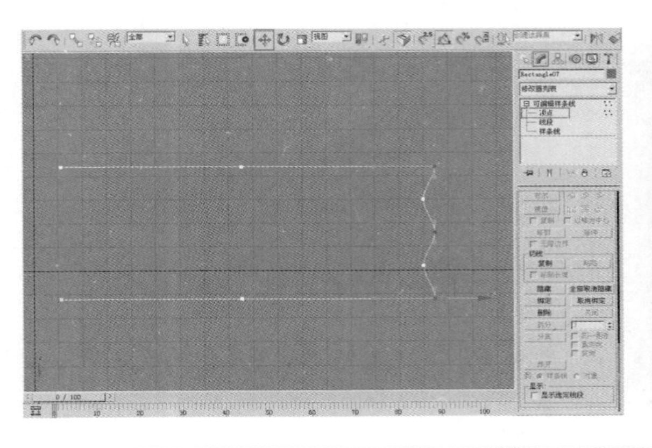

注意

在可编辑样条线的【顶点】子级别下，可以利用键盘上的Delete键来删除多余的顶点。同时可以对点的属性进行修改，再对其进行操作，可以使图形产生不同的编辑效果。

■ 7）选中右侧的【顶点】级别，单击鼠标右键，选择【Bezier】命令，将点的属性改为【Bezier】。

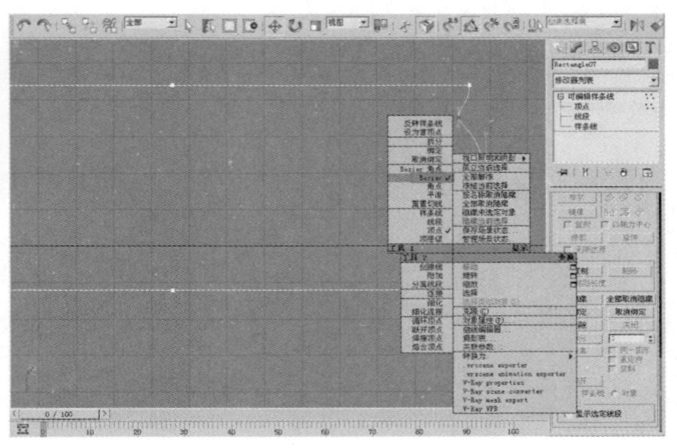

■ 8）拖动顶点的控制柄调整右侧的曲线形状，效果如下图所示。

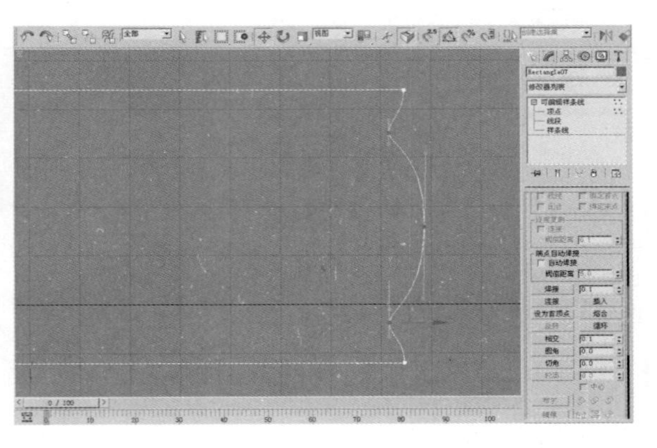

■ 9）选中角上的两个顶点，在【几何体】卷展栏下设置【圆角】值为 8。

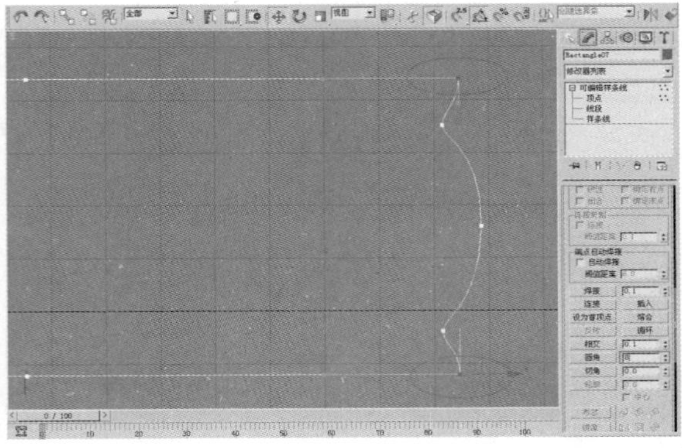

■ 10）按 Enter 键或单击【圆角】按钮，此时两个锋利的拐角变成圆角，效果如下图所示。

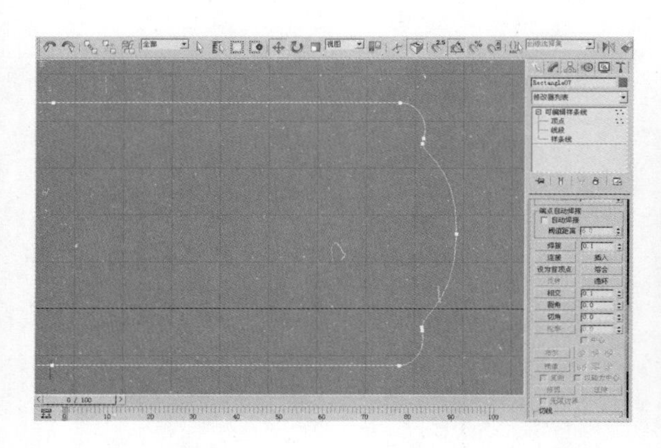

■ 11）选择【样条线】子级别，在视图中选中样条线，在【修改】面板中选中【复制】和【以轴为中心】复选框。单击【镜像】按钮进行镜像复制。

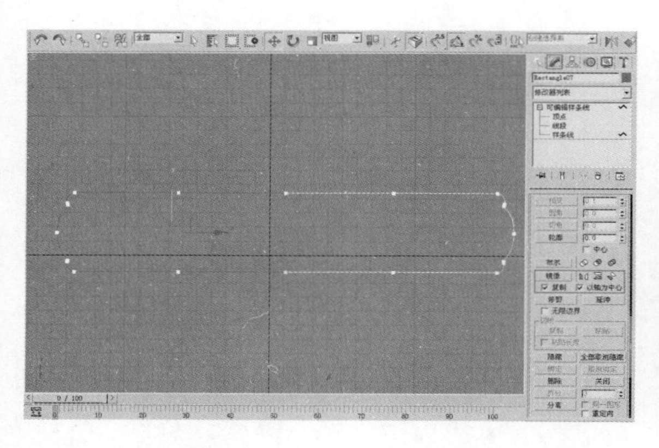

■ 12）选中中间的两个顶点，在【几何体】卷展栏中单击【焊接】按钮，将所选的 4 个点焊接为两个点。

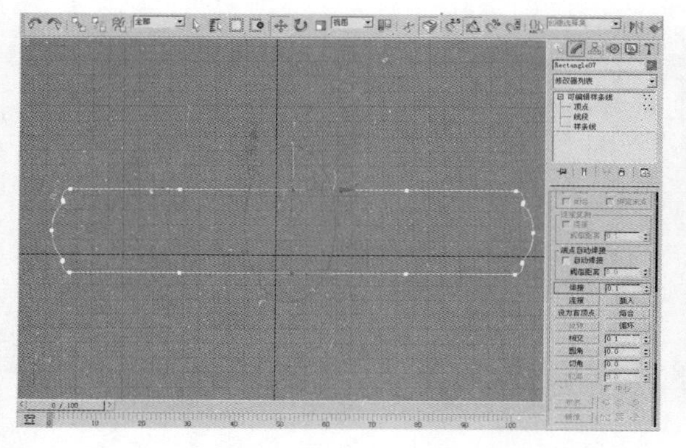

■ 13）退出【可编辑样条线】的子级别。按住键盘上的 Shift 键，利用移动工具沿 Z 轴方向进行移动，弹出【克隆选项】对话框。选择【复制】单选按钮，单击【确定】按钮完成复制。

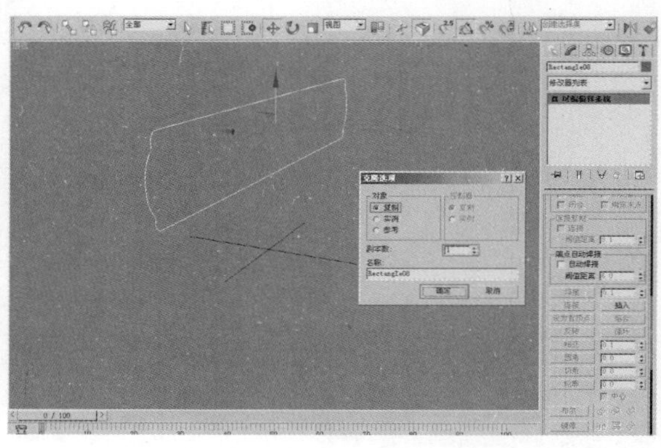

■ 14）在视图中选中任一样条线，进入【修改】面板。在修改器下拉列表中选择【挤出】选项，为样条线加载【挤出】修改器。在【参数】卷展栏中设置【数量】为 300、【分段】为 4。

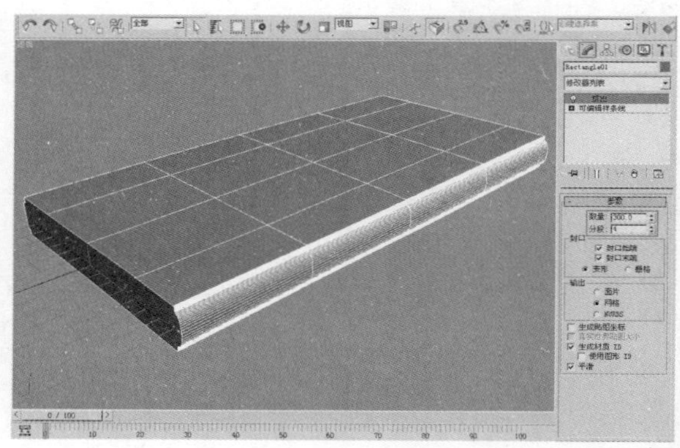

■ 15）选择【创建 > 图形 > 样条线 > 线】命令，在视图中创建一条曲线，在【拖动类型】选项区域选择【平滑】单选按钮，这样在拖动时产生的线条为平滑的曲线。

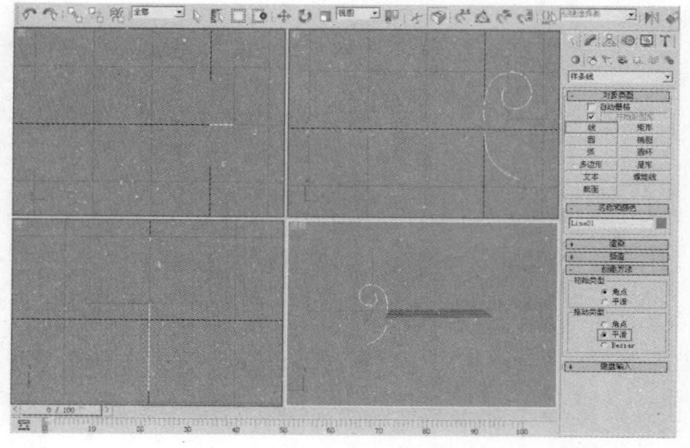

■ 16）再次复制一个可编辑样条线，单击【修改】面板中的【顶点】按钮，进入到【可编辑样条线】的【顶点】子级别，调整顶点的位置来改变线条的形状，效果如下图所示。

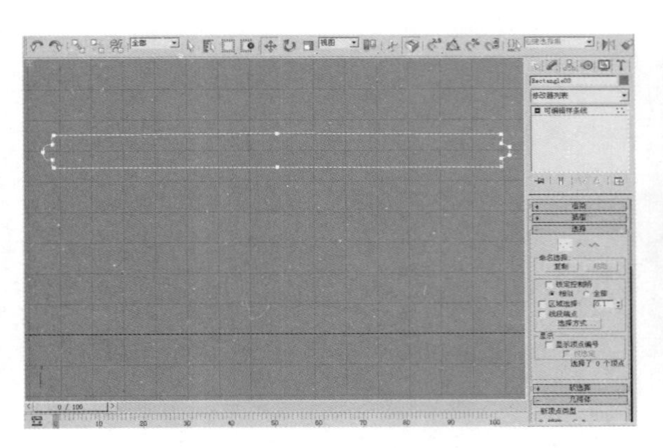

3.1.3 制作沙发——实体的创建

■ 1）在视图中选中【Line01】，选择【创建 > 几何体 > 复合对象 > 放样】命令，单击【获取图形】按钮，在视图中单击较小的可编辑样条线。

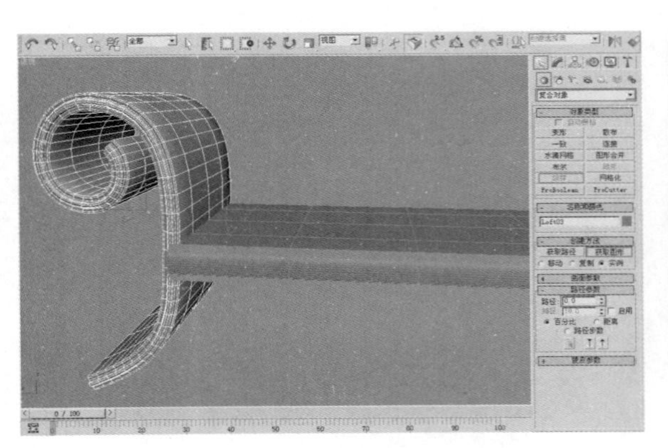

■ 2）在【路径参数】卷展栏中设置【路径】值为10，单击【获取图形】按钮，在视图中单击较大的可编辑样条线。

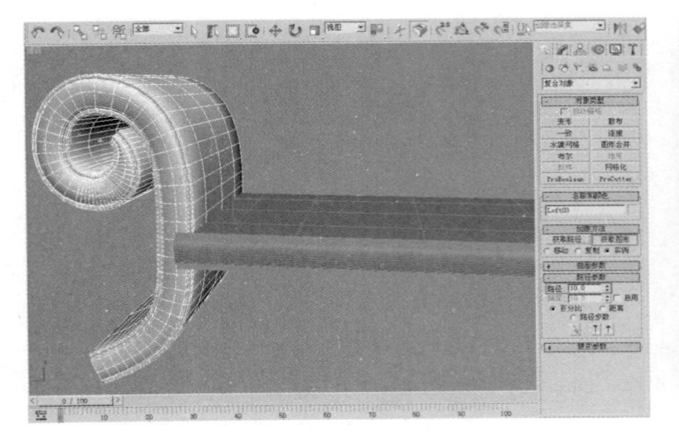

■ 3）在【路径参数】卷展栏中设置【路径】值为90，单击【获取图形】按钮，在视图中单击较大的可编辑样条线。

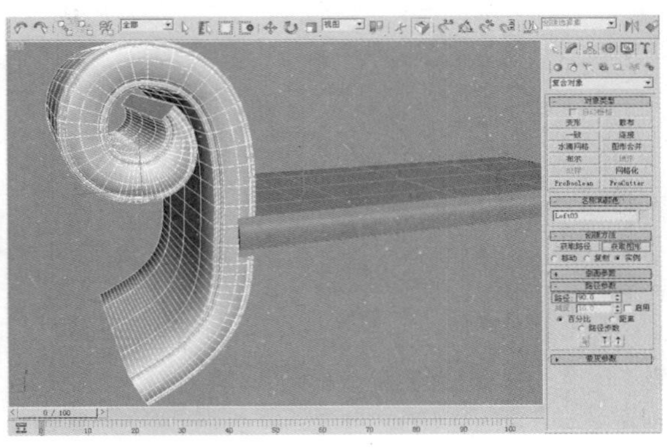

■ 4）在【路径参数】卷展栏中设置【路径】值为100，单击【获取图形】按钮，在视图中单击较小的可编辑样条线。

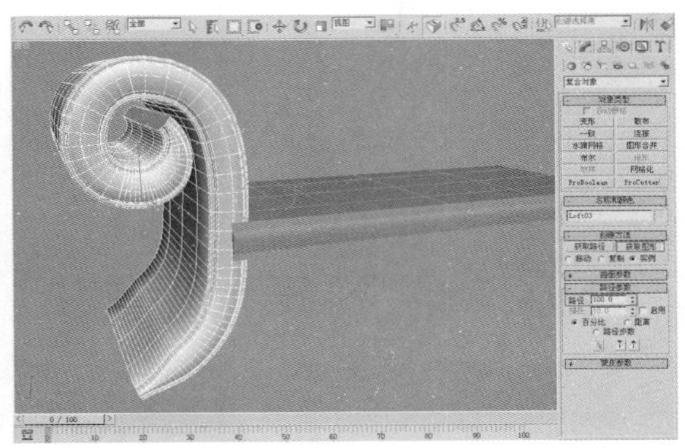

■ 5）切换到前视图中，单击工具栏中的（镜像）工具，在弹出的【镜像】对话框中选择【复制】单选按钮，单击【确定】按钮完成镜像复制。

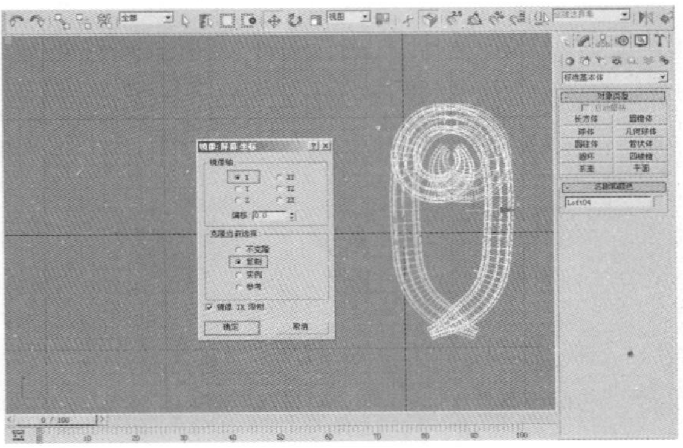

■ 6）利用移动工具在前视图中调整沙发扶手的位置，在透视图中观察制作好的模型效果。

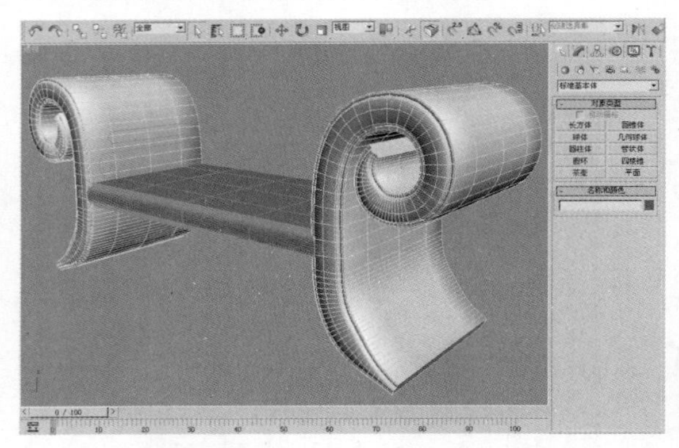

■ 7）选中沙发的坐垫，按住键盘上的 Shift 键，利用移动工具沿 Z 轴方向向下进行移动，在弹出的【克隆选项】对话框中选择【复制】单选按钮，单击【确定】按钮完成复制。

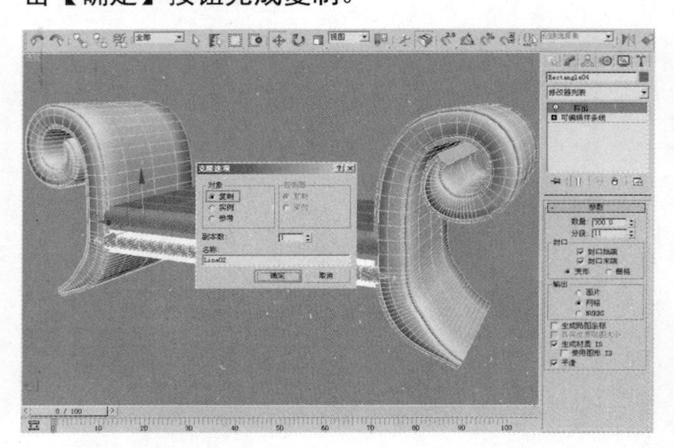

提示

下一步将使用FFD修改器对模型进行操作，所以在【修改】面板中设置其挤出的【分段】值为11。这样在对模型进行拉伸等操作的时候模型会产生平滑的效果。

■ 8）选中复制的坐垫模型，进入【修改】面板，在修改器下拉列表中选择【FFD 4×4×4】选项，为模型加载【FFD】修改器。

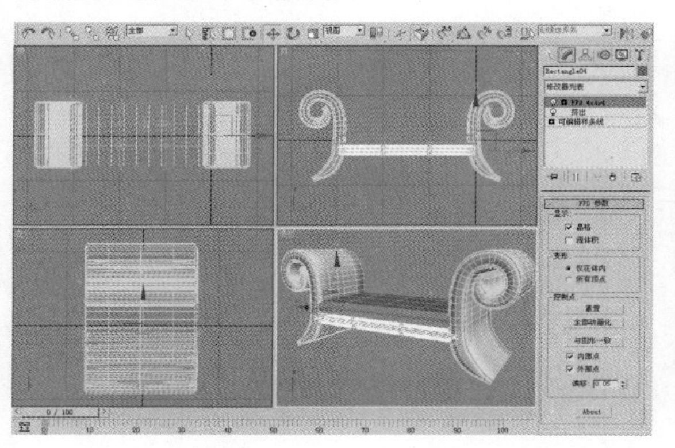

注意

FFD是3ds Max中对网格对象进行变形修改的重要修改器。它通过控制点的移动来带动网格对象表面产生平滑的变形。在使用FFD修改器编辑对象时，一定要保证模型本身有足够的分段数，这样产生的变形才会是光滑的。

■ 9）单击【FFD 4×4×4】左侧的＋号，展开其列表，选择【控制点】选项区域的两个复选框。利用移动工具在前视图中调整控制点的位置。

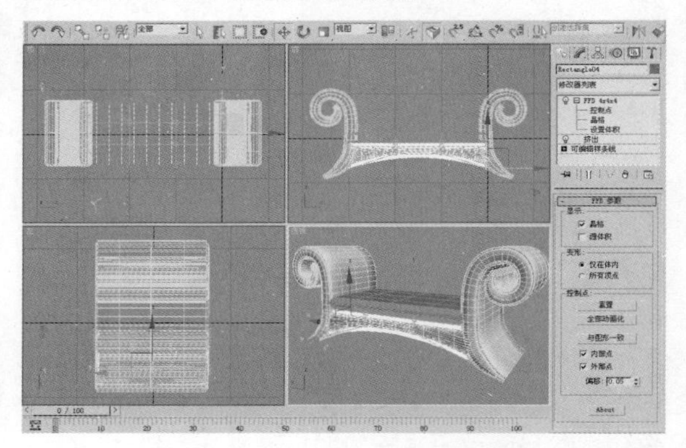

■ 10）选择【创建＞几何体＞标准基本体＞圆柱体】命令，在视图中创建一个圆柱体（利用圆柱体制作沙发的靠背）。

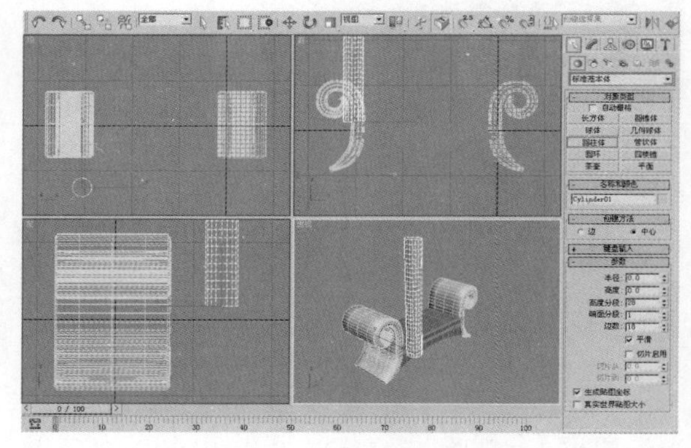

■ 11）单击工具栏中的和（角度捕捉）按钮，将圆柱体旋转 90°，调整圆柱体的位置。

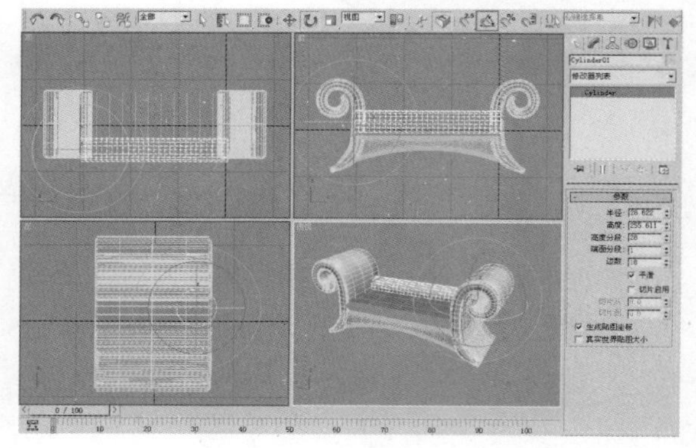

■ 12）单击工具栏中的▣（缩放）工具，在视图中对圆柱体进行缩放。

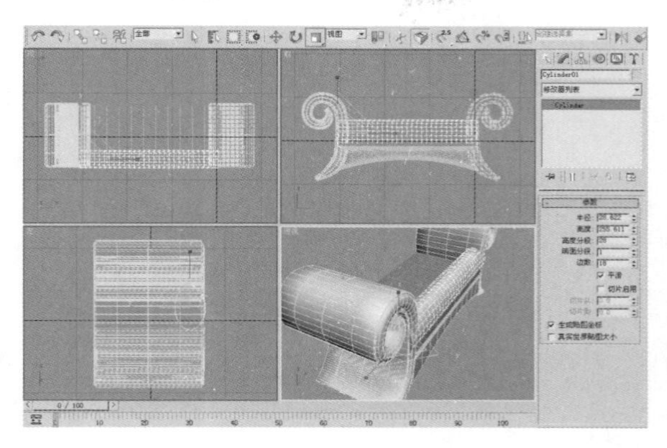

■ 13）在修改器下拉列表中选择【FFD4×4×4】选项，选择【控制点】选项区域的两个复选框。在视图中调整控制点的位置来改变模型的形状。

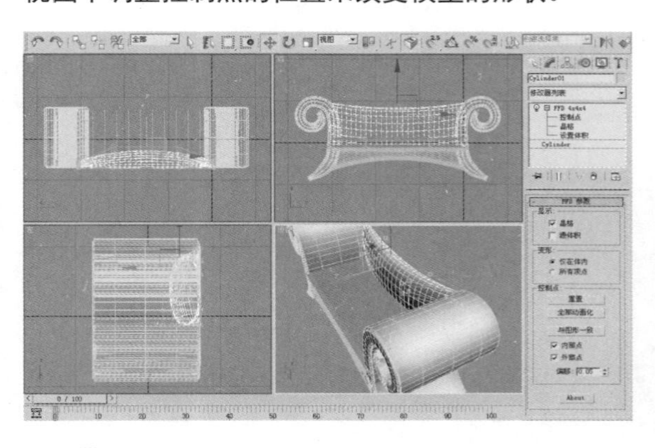

提示

FFD的常态是FFD长方体和FFD圆柱体，而FFD 2×2×2、FFD 3×3×3和FFD 4×4×4是FFD的3个特例，只是因为这3个修改器的使用频率较高，所以独立出来成为单独的修改器。

■ 14）再次为靠背加载【FFD 6×6×6】修改器，此时修改器的控制点增加，可以对靠背模型的形状进行细致的调整。

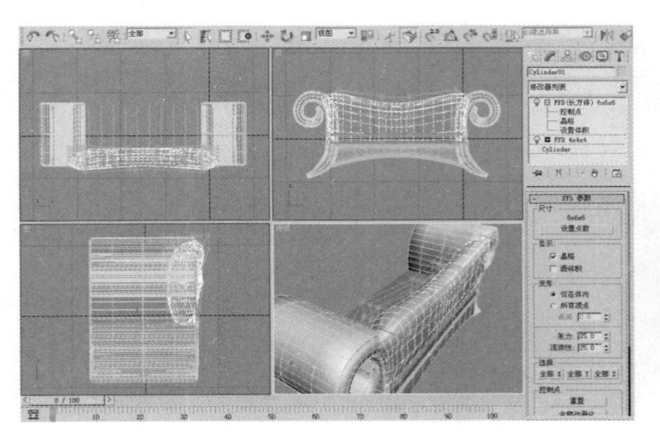

■ 15）选择【创建 > 图形 > 样条线 > 线】命令，在左视图中创建一段曲线，如下图所示。

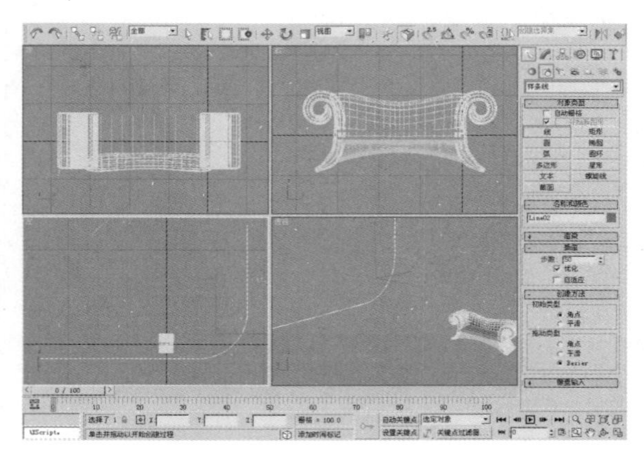

■ 16）选中创建的曲线，进入【修改】面板，选择【挤出】修改器，为其加载【挤出】修改器。

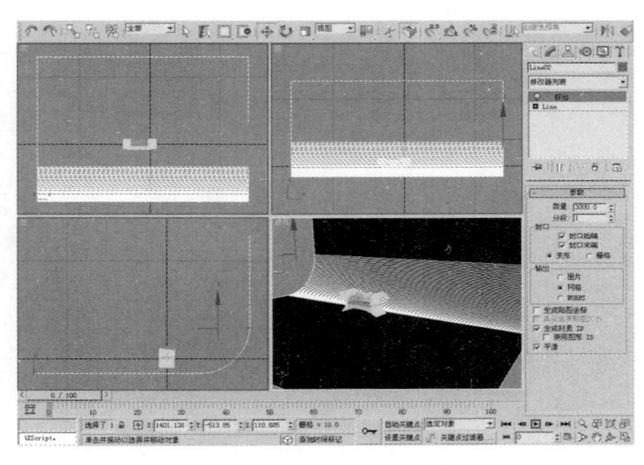

■ 17）选择【法线】修改器，为其加载【法线】修改器，此时模型的面显示正常。

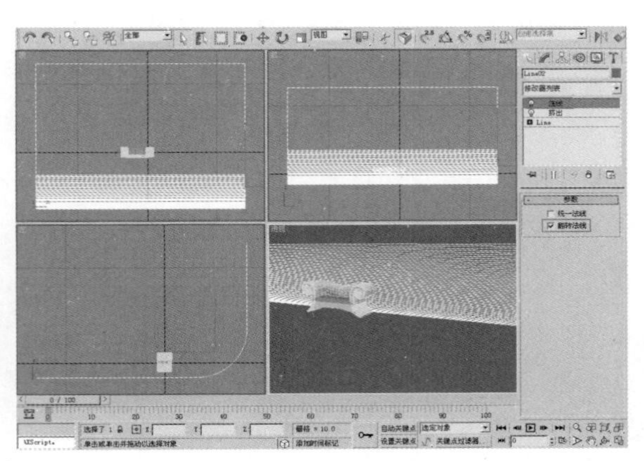

■ 18）选中所有的模型对象，按 M 键打开材质编辑器，赋予所有模型一个默认的灰色材质。

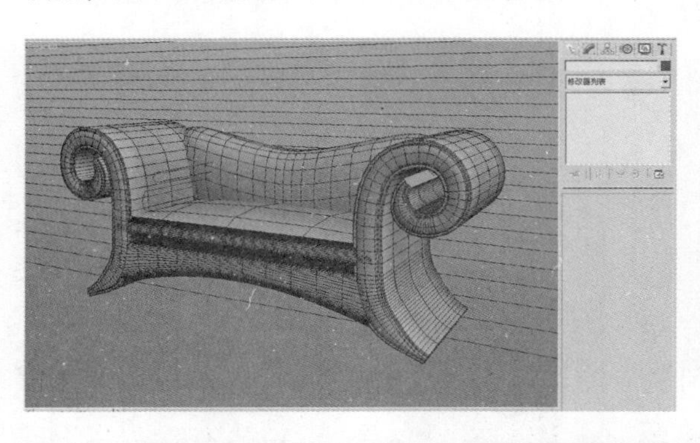

■ 19）按 F10 键弹出渲染设置对话框，在【公用】选项卡中指定渲染器为【Mental Ray 渲染器】。用 Mental Ray 渲染的结果如下图所示。

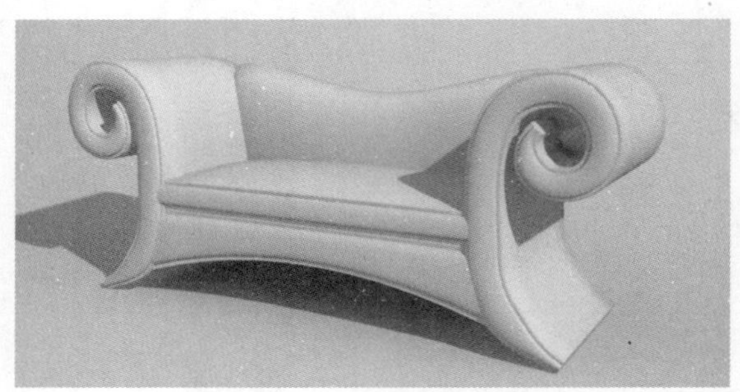

3.2 门、窗的创建

本节详细讲解客厅中门、窗的创建过程。门和窗是 3ds Max 整合的全新建模内容。利用这两个功能可以轻松完成门、窗的创建任务，避免重复和无意义的工作。

3.2.1 3ds Max自动生成门

选择【创建 > 几何体 > 门】命令，则出现门的参数控制面板。

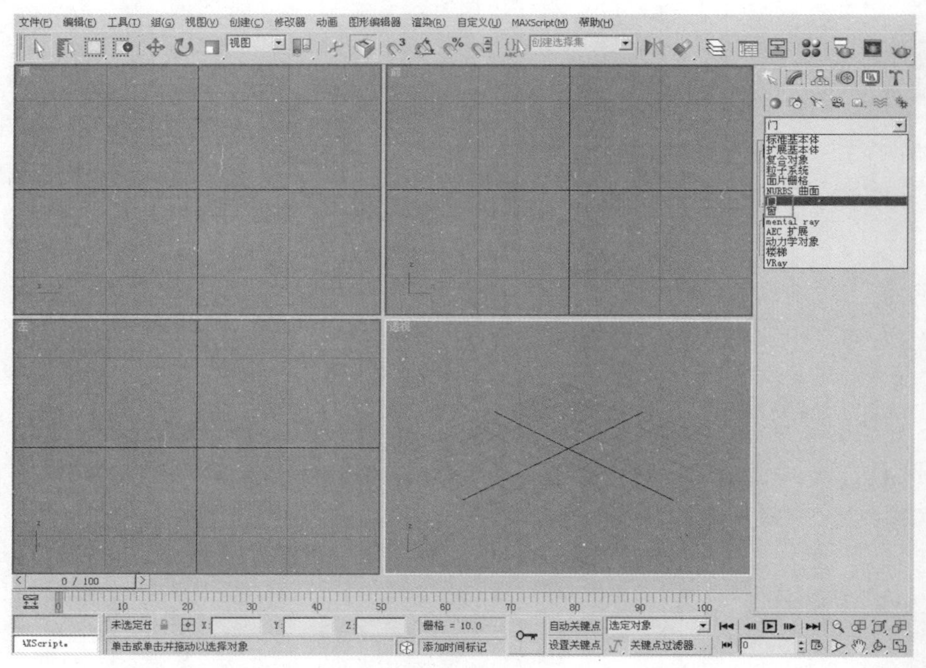

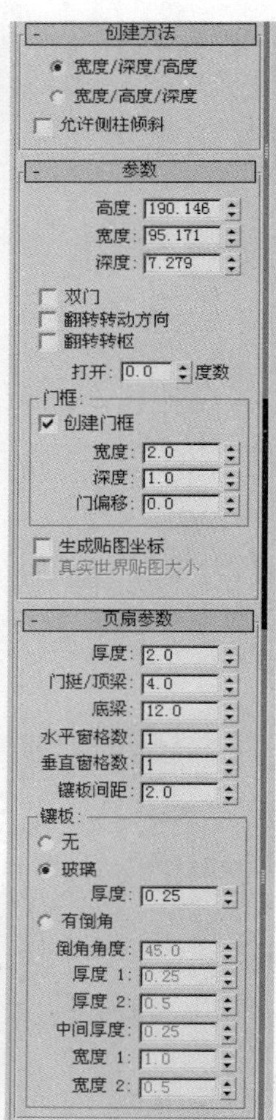

门的【对象类型】卷展栏里有 3 个按钮，它们分别代表 3 种标准形式。

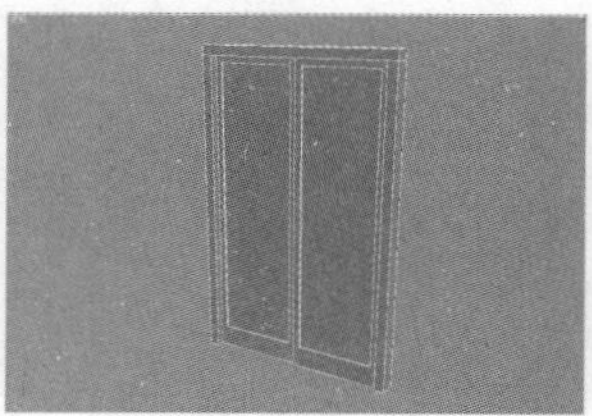

3.2.2 3ds Max自动生成窗

选择【创建 > 几何体 > 窗】命令，则出现窗的参数控制面板。

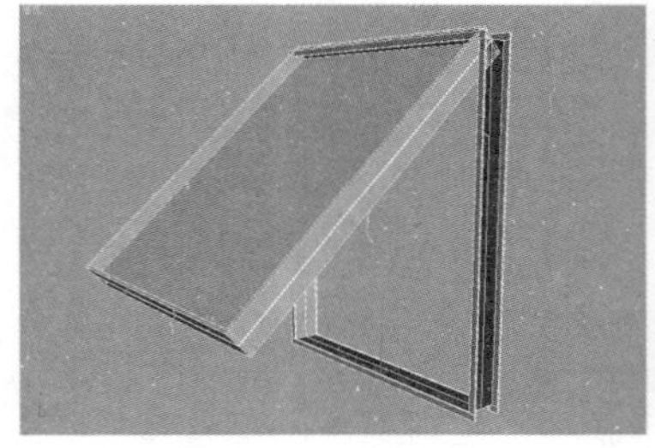

遮蓬式窗

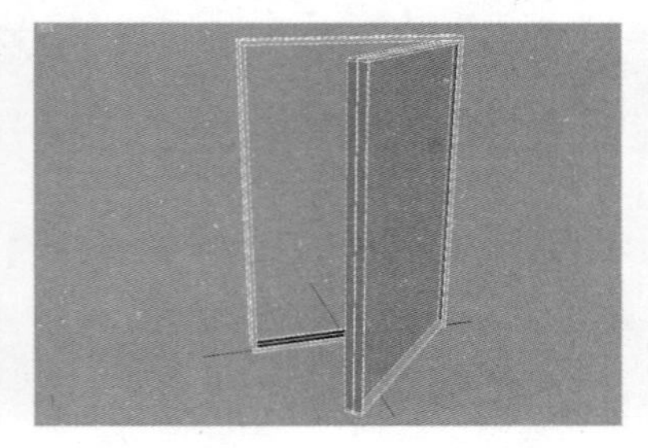

平开窗

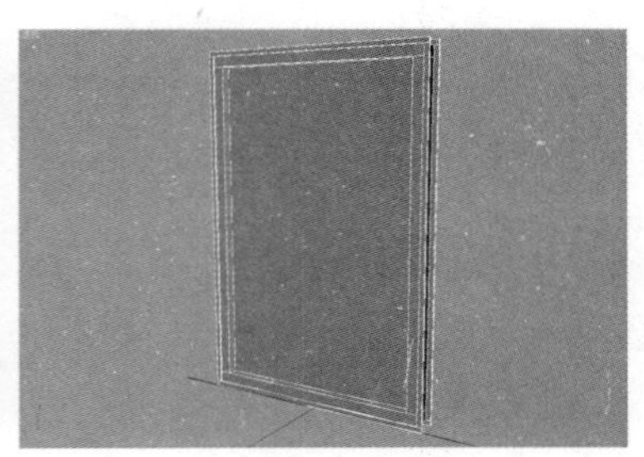

固定窗

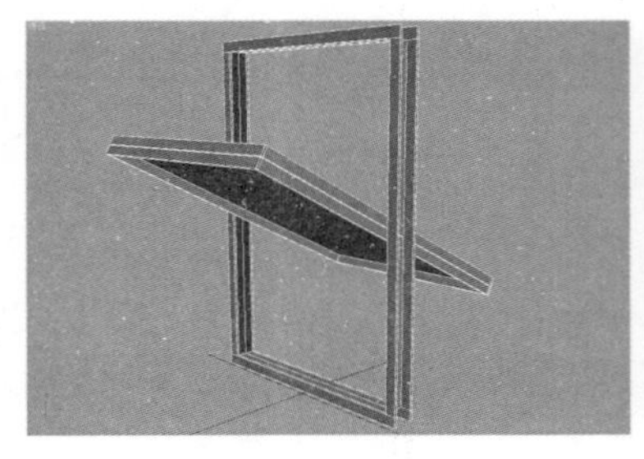

旋开窗

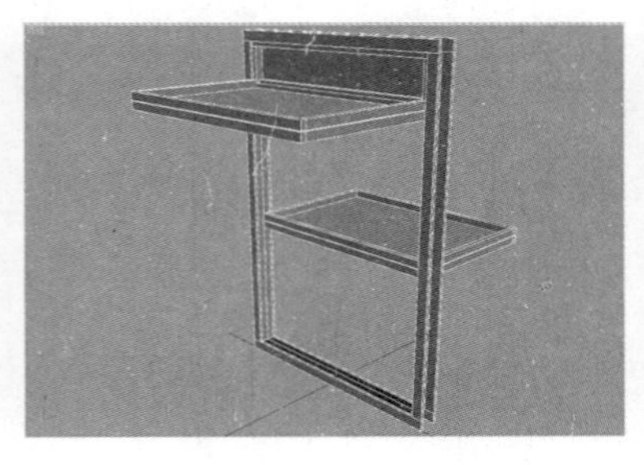

伸出式窗

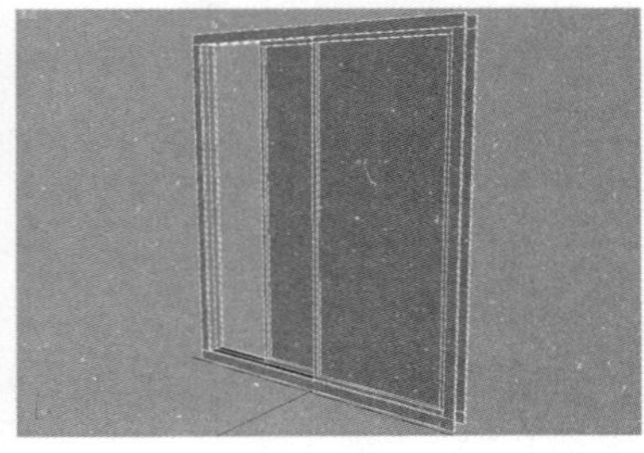

推拉窗

6 种窗的参数大同小异，右图列出了它们的参数卷展栏里具有相同意义的部分。通过上一节的学习，读者应该对这一类参数的含义有了感性的了解。

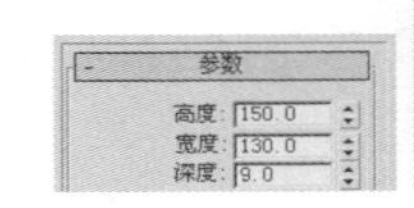

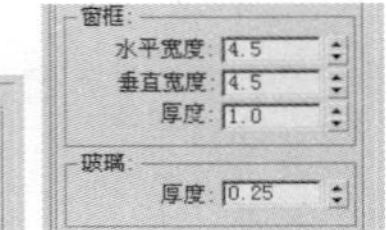

下面列出了各种窗户的独有控制参数的意义和效果。

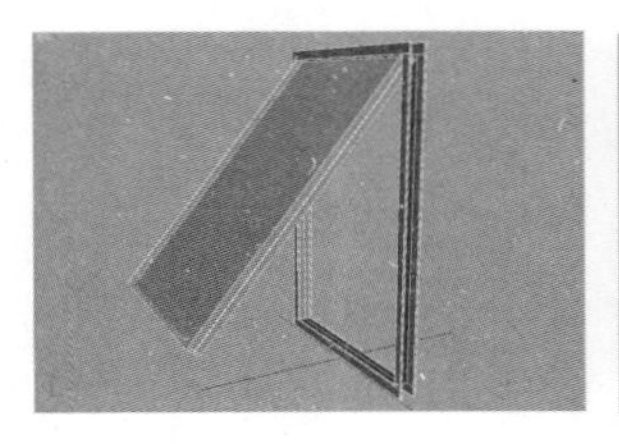

遮蓬式窗

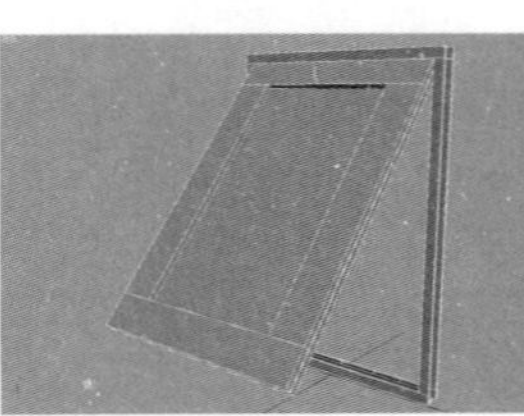

窗格宽度

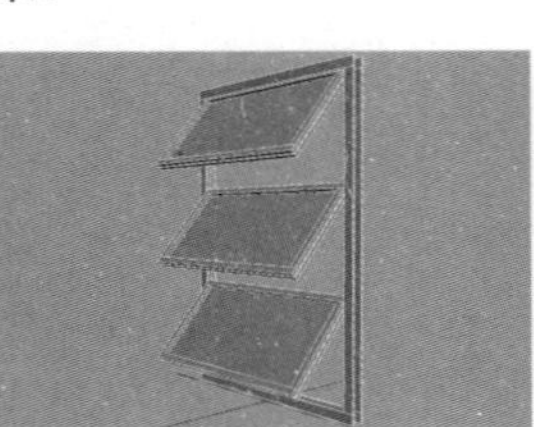

窗格数

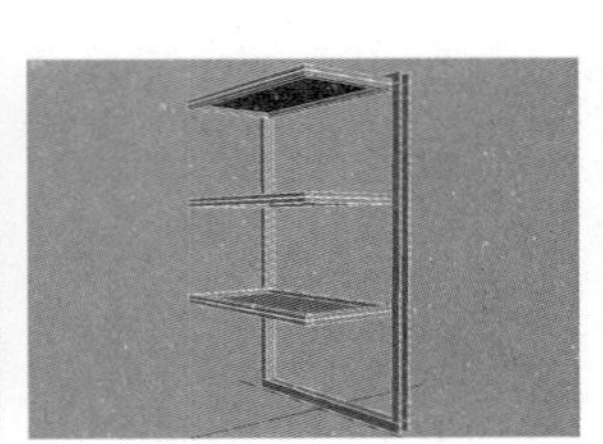

打开

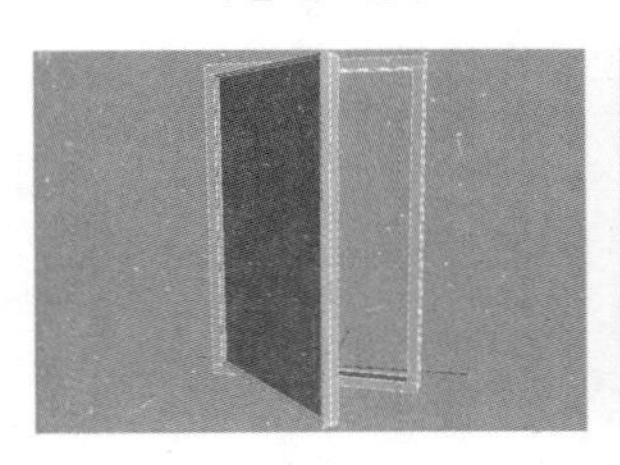

平开窗

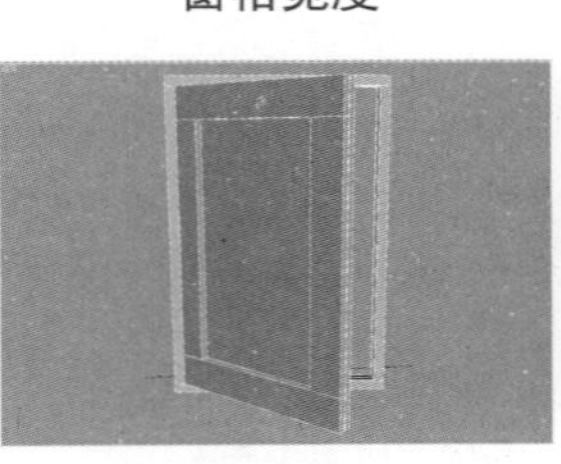

隔板宽度

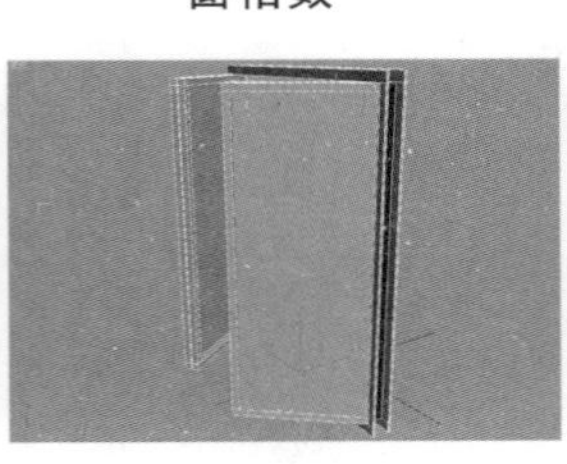

一/二

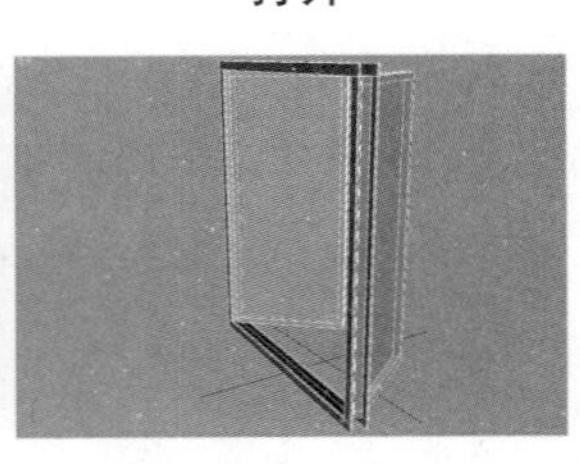

翻转转动方向

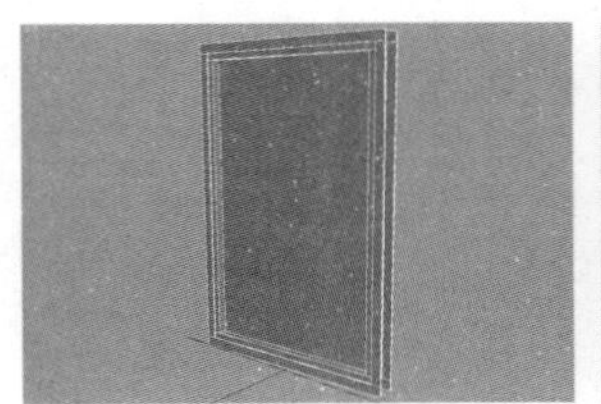

固定窗

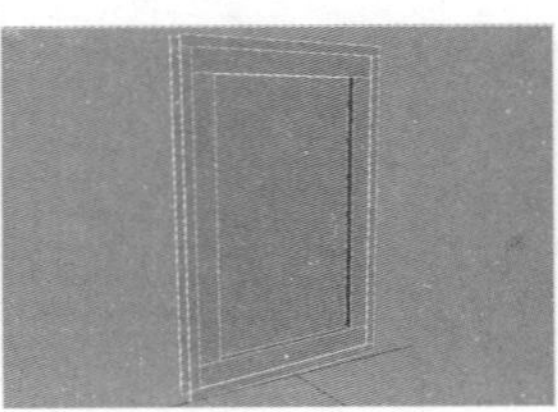

窗格宽度

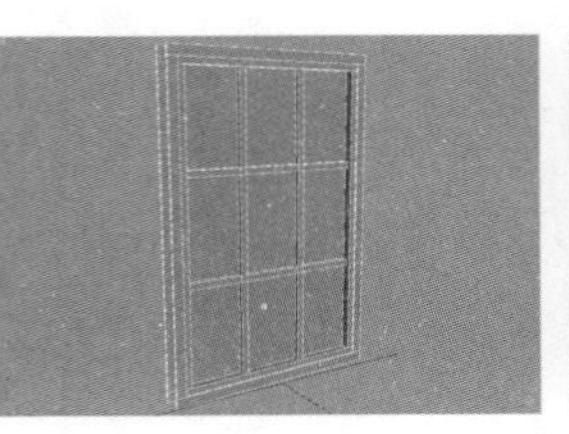

水平/垂直

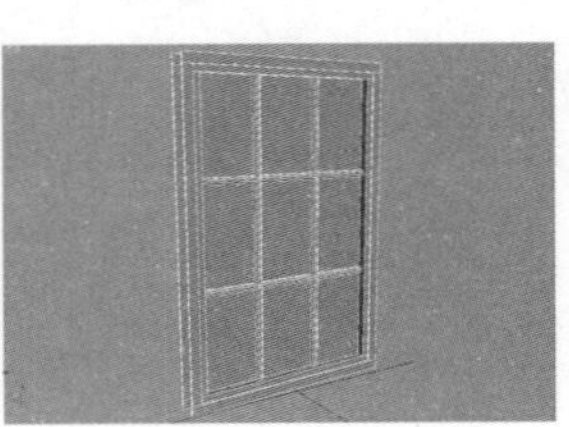

窗格数切角剖面

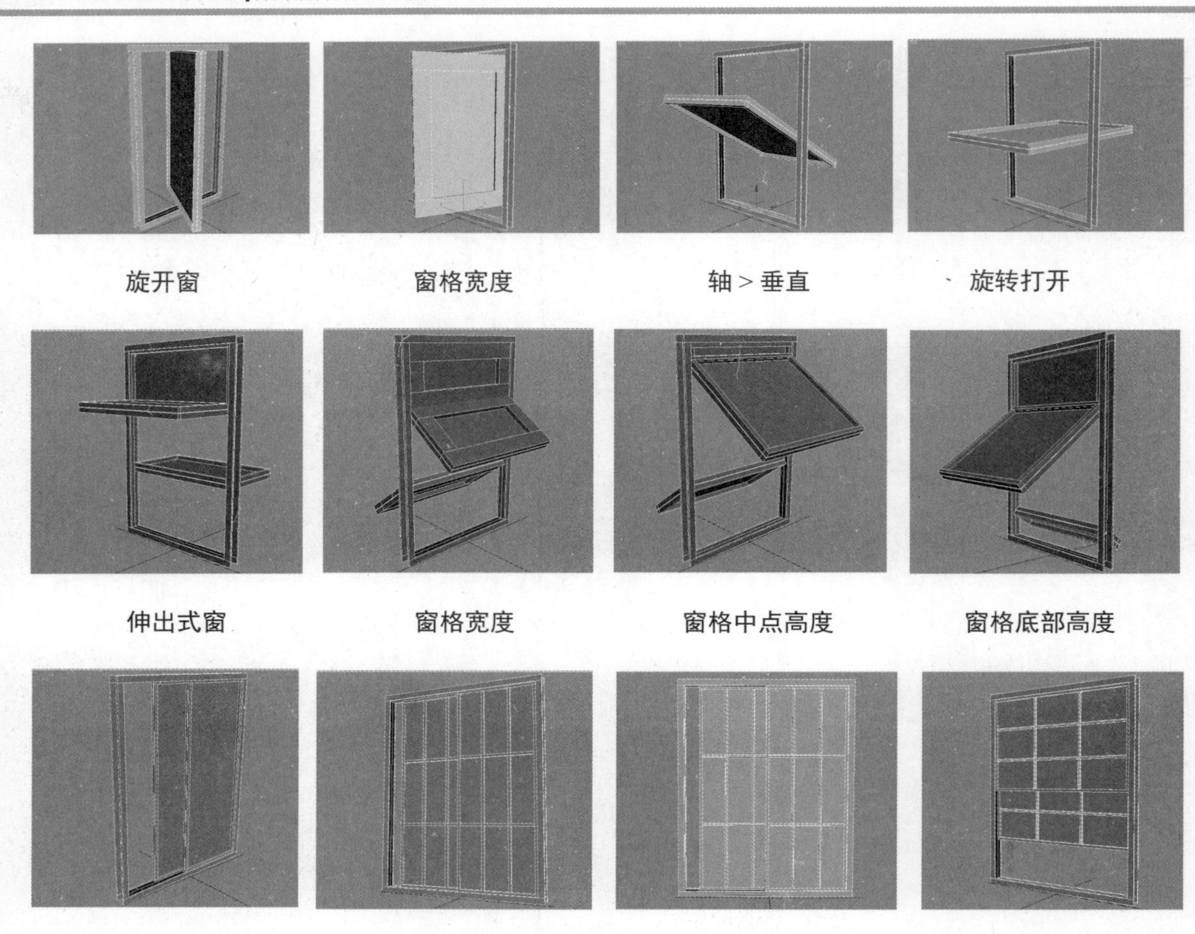

旋开窗　窗格宽度　轴 > 垂直　旋转打开

伸出式窗　窗格宽度　窗格中点高度　窗格底部高度

推拉窗　水平/垂直窗格数　切角剖面　悬挂

提示

3ds Max已经为窗的各个部件分配了不同的ID号，用户可以根据不同的ID号为窗赋予材质。和门一样，这些ID号是可以修改的。

3.2.3 制作门把手

■ 1）选择【创建 > 几何体 > 标准基本体 > 球体】命令，在前视图中创建一个球体。

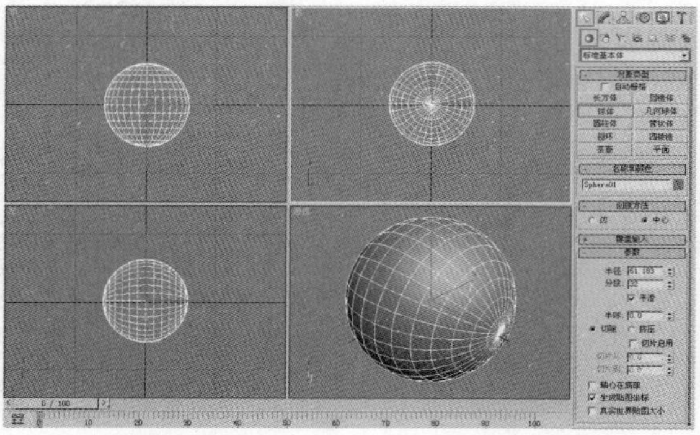

■ 2）选中球体，进入【修改】面板。为球体加载【编辑网格】修改器，在【多边形】子对象层级下框选下图所示的多边形，并单击【平面化】按钮，将其变成平面。

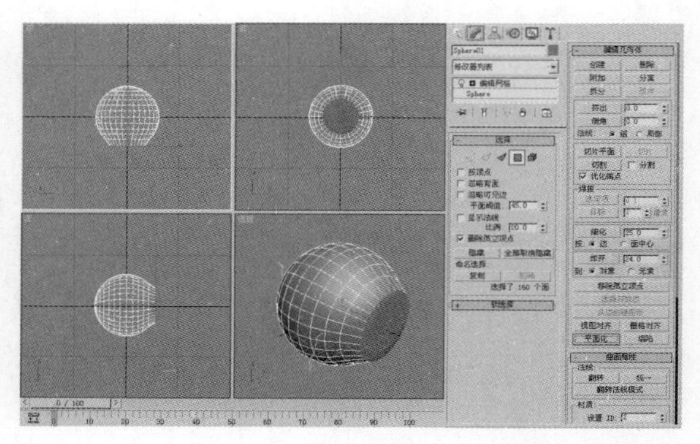

■ 3）单击【挤出】按钮将其向内缩进一段距离，结果如下图所示。

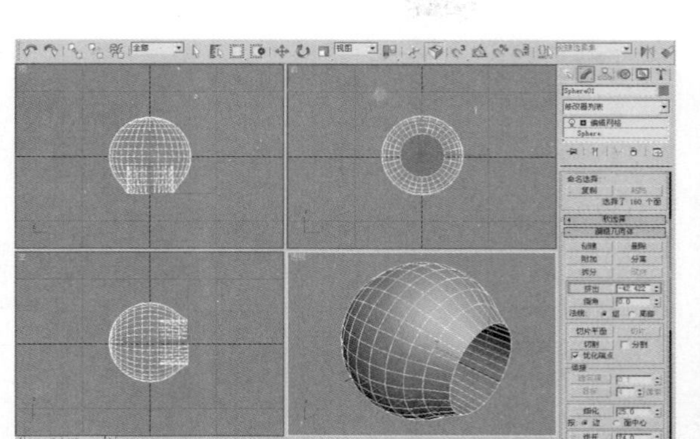

■ 4）在前视图中用缩放工具将其在 XY 平面内缩小。

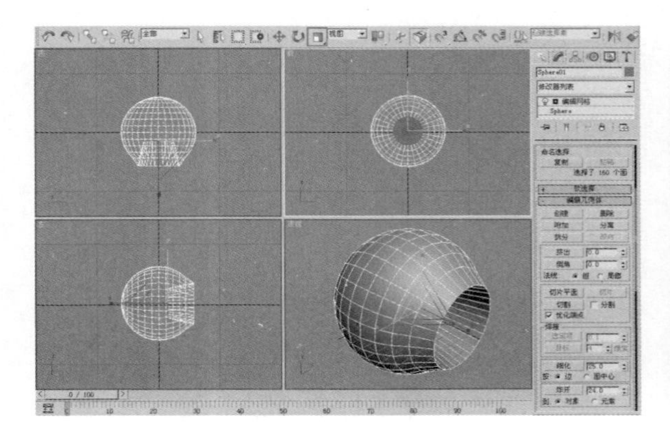

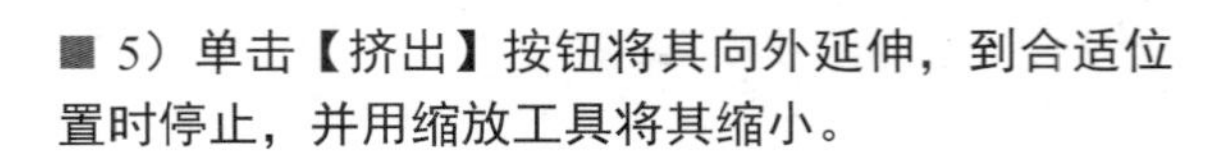

■ 5）单击【挤出】按钮将其向外延伸，到合适位置时停止，并用缩放工具将其缩小。

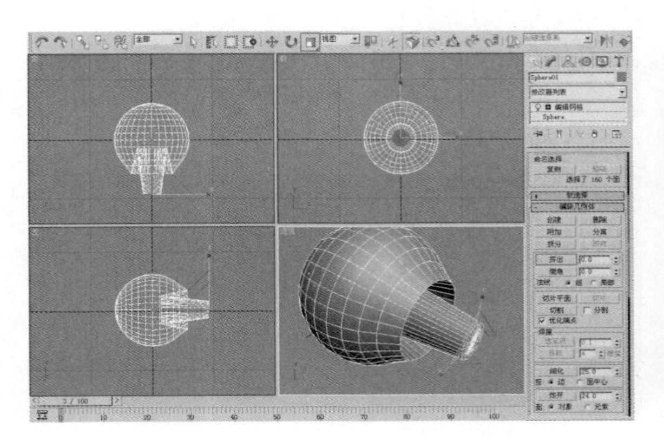

■ 6）退出【多边形】子对象层级，加载【网格平滑】修改器，设置【细分方法】为【经典】，设置【迭代次数】为 1。

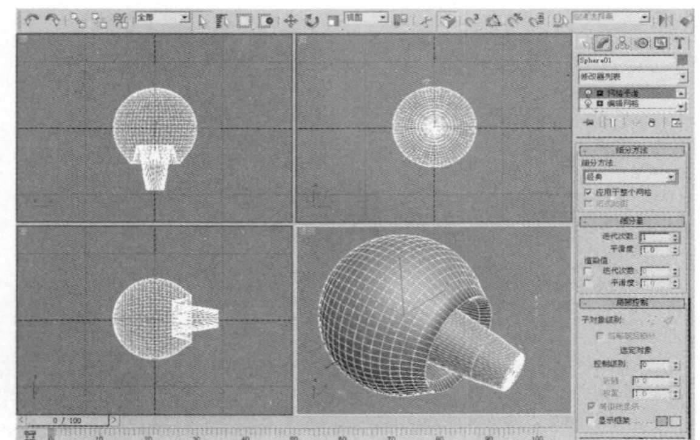

■ 7）选择【创建 > 几何体 > 标准基本体 > 圆锥体】命令，创建下图所示的圆台。

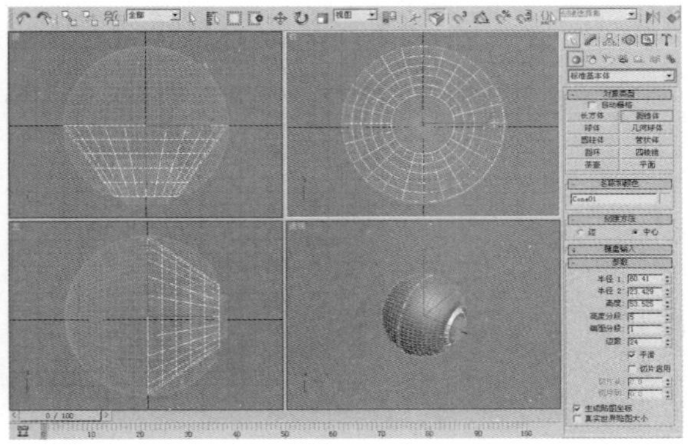

■ 8）进入【修改】面板，为圆台加载【编辑网格】修改器，在【多边形】子对象层级下用挤出工具和缩放工具将其修改到下图所示的形状。

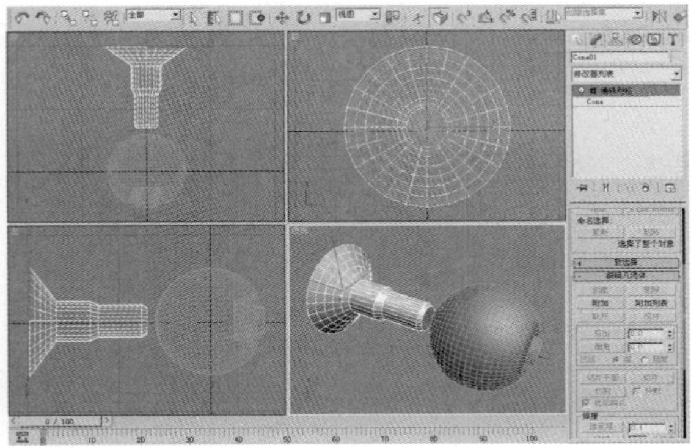

■ 9）退出【多边形】子对象层级，为其加载【网格平滑】修改器，将【细分方法】设置为【经典】，将【迭代次数】设置为 1。

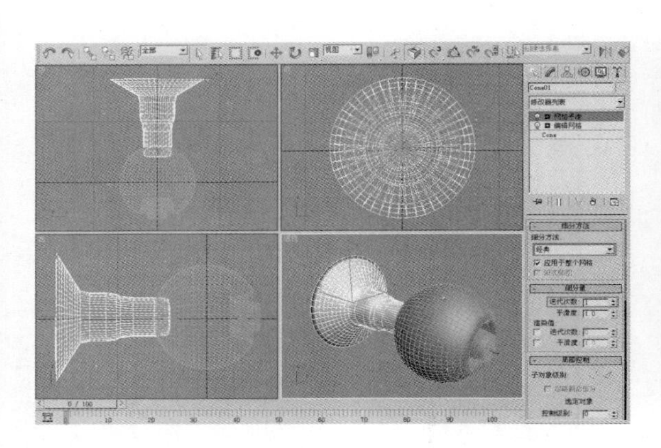

■ 10）将两个几何体拼接在一起，并赋予【光线跟踪】材质。

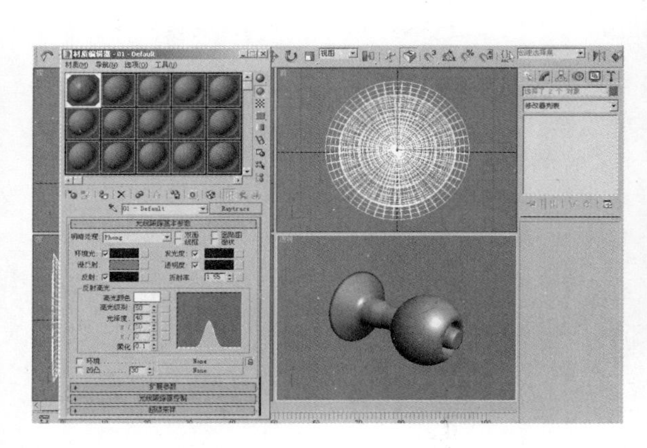

■ 11）选择【创建 > 几何体 > 门 > 枢轴门】命令，创建下图所示的枢轴门，控制参数如下图所示。

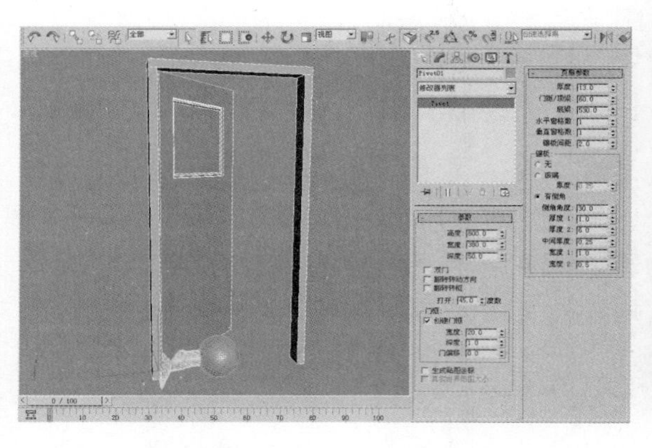

■ 12）将把手移动到合适的位置，并赋予门【多维 / 子对象】材质，并将各子材质设置为合适的标准材质。

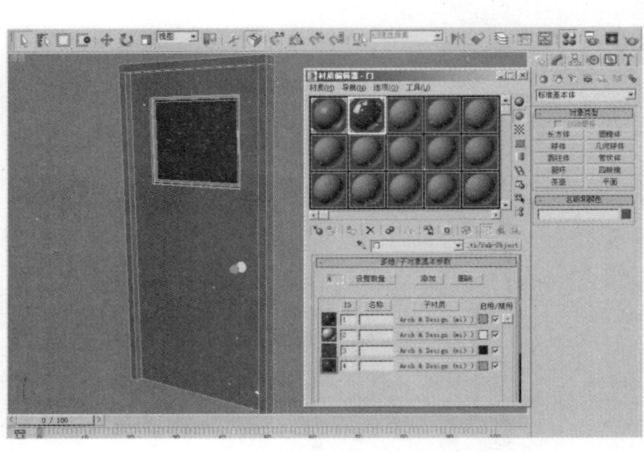

■ 13）调整透视图的视角，在下图所示的位置创建一盏区域泛光灯。

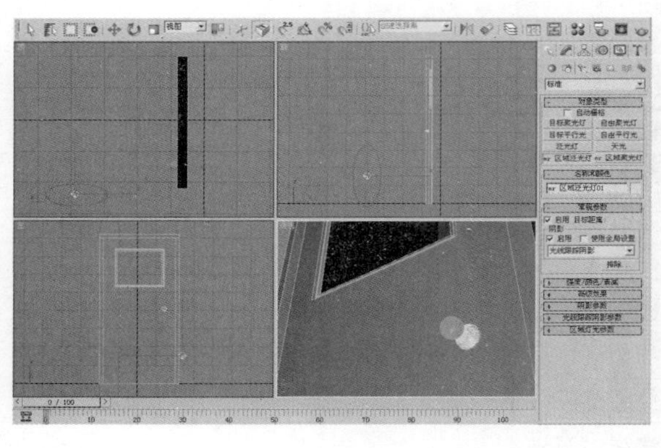

■ 14）用 Mental Ray 渲染器进行渲染，结果如下图所示。【光线跟踪】贴图在门把手上表现得淋漓尽致。

3.3 床的创建

本节将详细讲解卧室中床的制作，其中主要用到了 Bump 贴图、UVW 贴图、【编辑网格】修改器中的【倒角】和【挤出】命令等知识点。

3.3.1 UVW贴图

UVW 贴图即贴图坐标，它是 3ds Max 中对贴图进行坐标调整最基本的修改器，是必须掌握的一项基本操作。它定义了一张二维图像以何种方式贴到三维对象的表面之上，称为贴图方式。贴图方式实际上又是一种投影方式，因此也可以说 UVW 贴图是用来定义如何将一张二维图像投影到一个三维对象表面的一种修改器类型。

平面	平面投影
柱形	柱状投影
球形	球状投影
收缩包裹	包裹投影
长方体	长方体投影
面	按面片投影
XYZ 到 *UVW*	使坐标轴的三向与贴图坐标的三向一致
长度 / 宽度 / 高度	长、宽、高
U/*V*/*W* 向平铺	*U*/*V*/*W* 方向重复次数
翻转	翻转
贴图通道	贴图通道
顶点颜色通道	节点颜色
对齐 *X*/*Y*/*Z*	对齐 *X*/*Y*/*Z*
适配	与对象轮廓大小一致
中心	使贴图坐标中心与对象中心对齐
位图适配	保持图像原大小（以防失真）
法线对齐	使贴图坐标与所选面片法线一致
视图对齐	使贴图坐标与当前视图对齐
区域适配	与所选区域大小一致
重置	贴图坐标自动恢复初始状态
获取	获取其他对象的贴图坐标信息

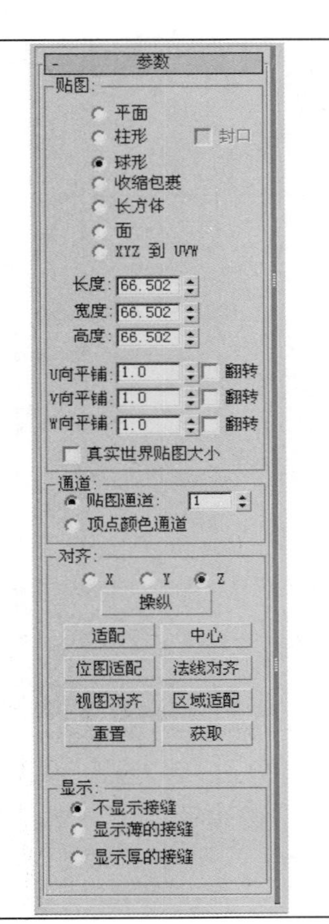

各种贴图的效果如下表所示。

贴图	Gizmo 形状	贴图效果
正常		

续表

贴图	Gizmo 形状	贴图效果
平面	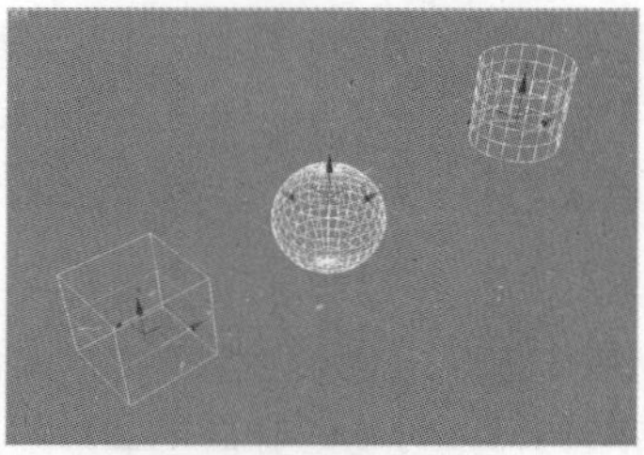	
柱形	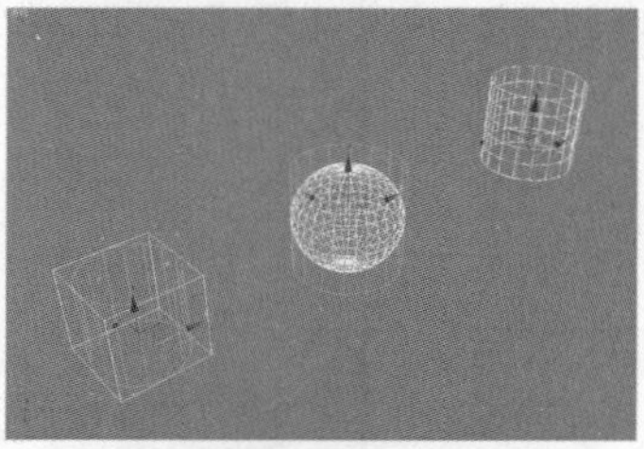	
柱形封口	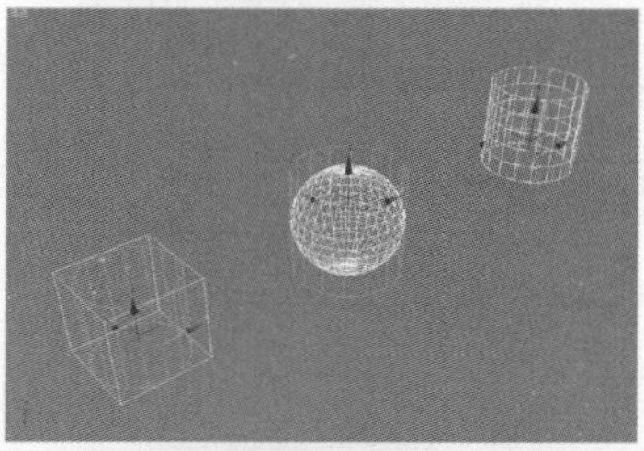	
球形	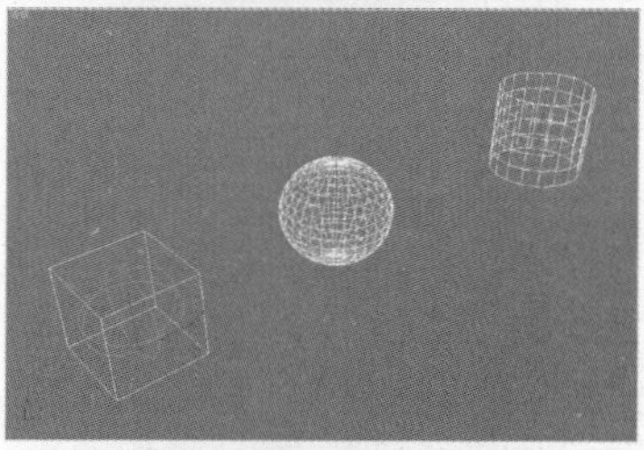	
收缩包裹	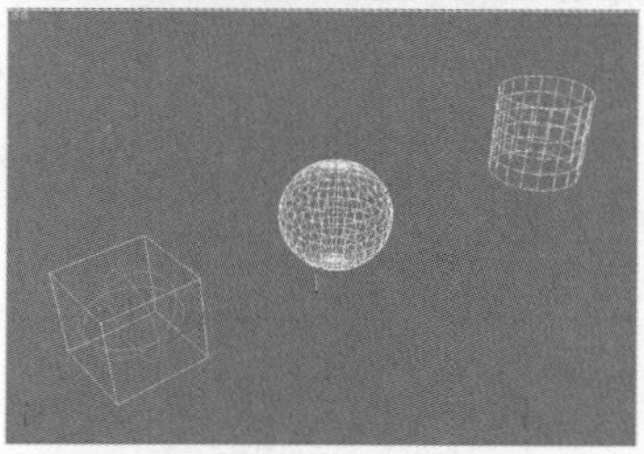	
长方体	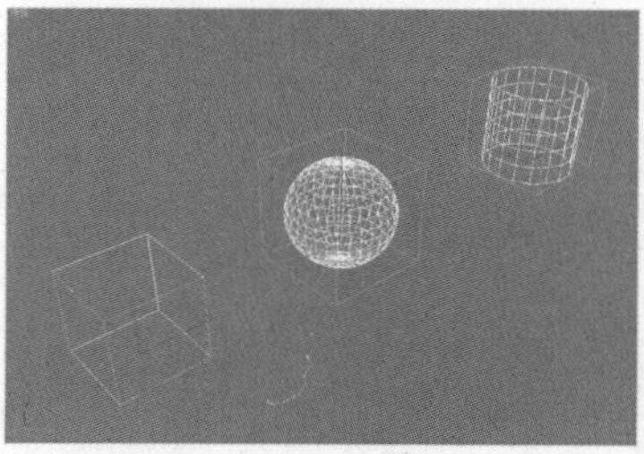	

续表

贴图	Gizmo 形状	贴图效果
面		
XYZ 到 UVW		

3.3.2 床垫的制作

■ 1）打开栅格捕捉功能，利用【线】命令在顶视图中创建有 8 个对称点的图形 Line01。

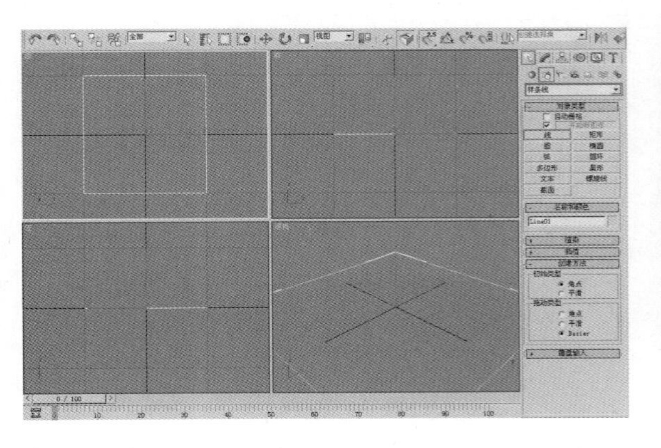

■ 2）进入【修改】面板，选择【顶点】子级别。在工具栏中单击【圆形选择区域】按钮，选择下图所示的 4 个点。

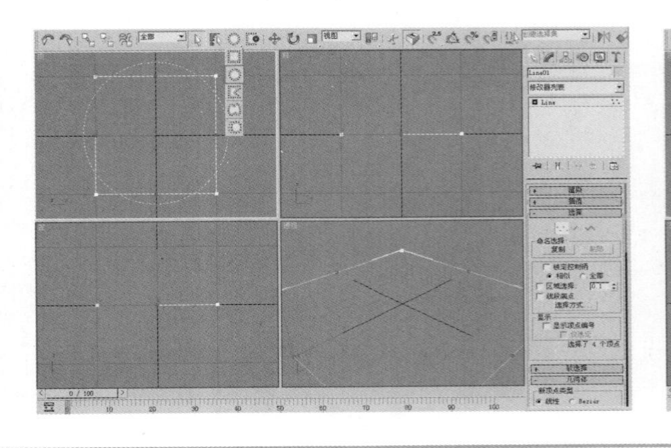

■ 3）单击鼠标右键，选择【Bezier】命令，将选中的点属性变为 Bezier。

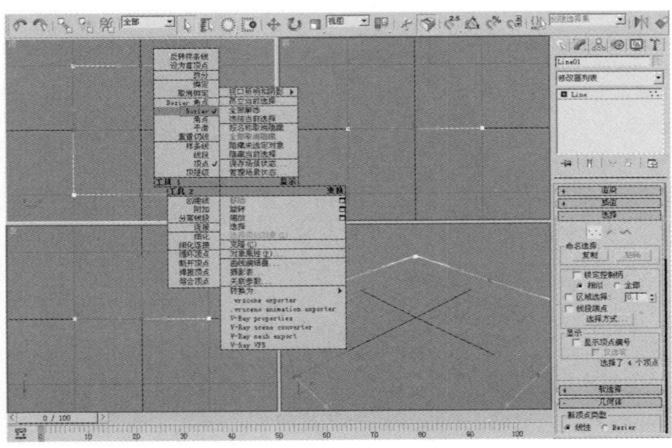

■ 4）用移动工具配合栅格捕捉调整控制柄，将图形调整至下图所示的形状。

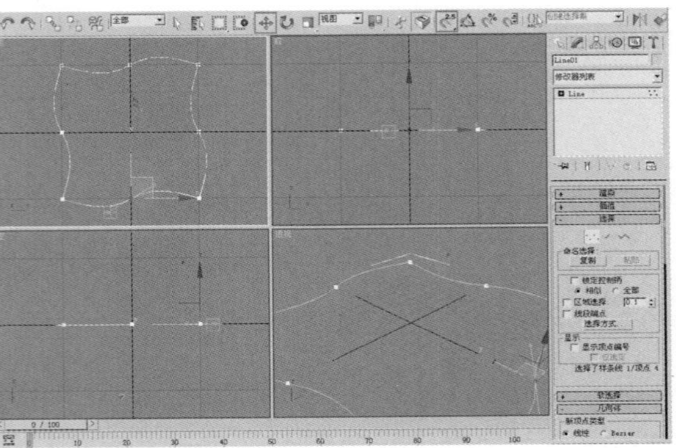

■ 5）在【渲染】卷展栏下选中【在渲染中启用】和【在视口中启用】复选框，并设置径向【厚度】为 1。

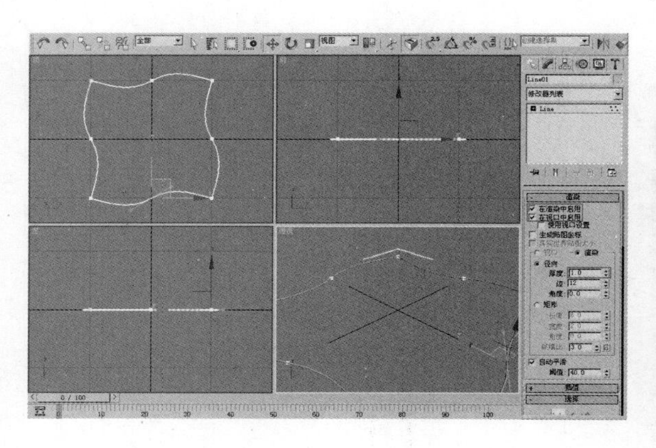

■ 6）按住键盘上的 Shift 键，利用移动工具沿 Z 轴方向移动复制，如下图所示。

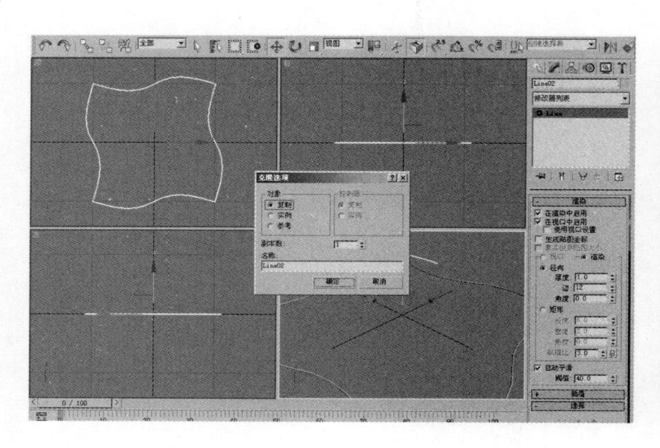

■ 7）为复制的 Line02 加载【挤出】修改器，并将挤出【数量】设为 0。

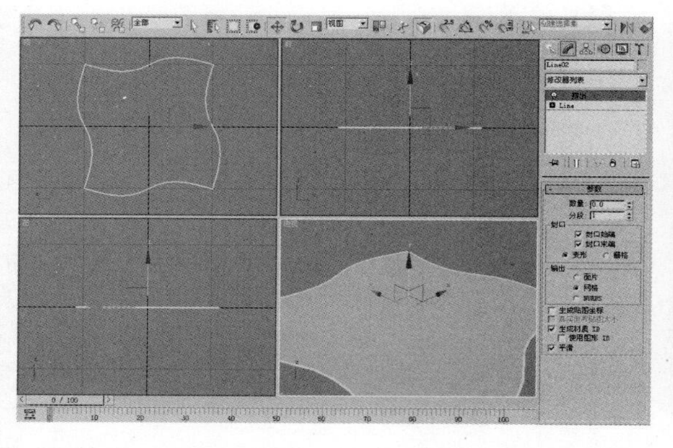

■ 8）按 M 键打开材质编辑器，激活一个默认的材质球，在【贴图】卷展栏下单击【漫反射颜色】右侧的【None】按钮，在弹出的【材质 / 贴图浏览器】中选择【渐变】贴图。

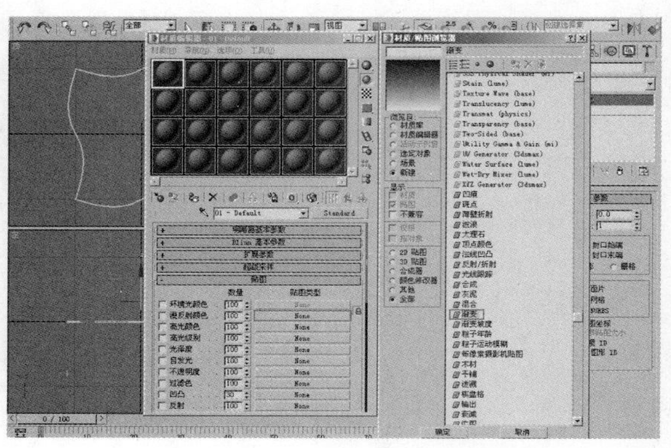

■ 9）单击按钮将材质赋予 Line02，设置【渐变类型】为【径向】，单击按钮，在视图中显示贴图的效果。

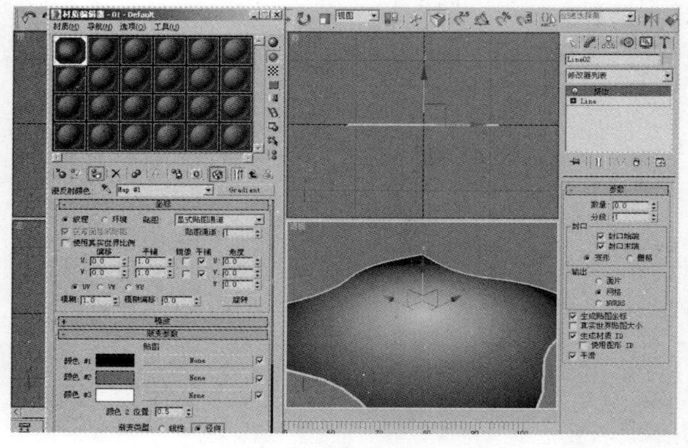

■ 10）将模型全部选中，按住 Shift 键，利用移动工具沿 Y 轴进行复制，并调整复制模型的位置，如下图所示。

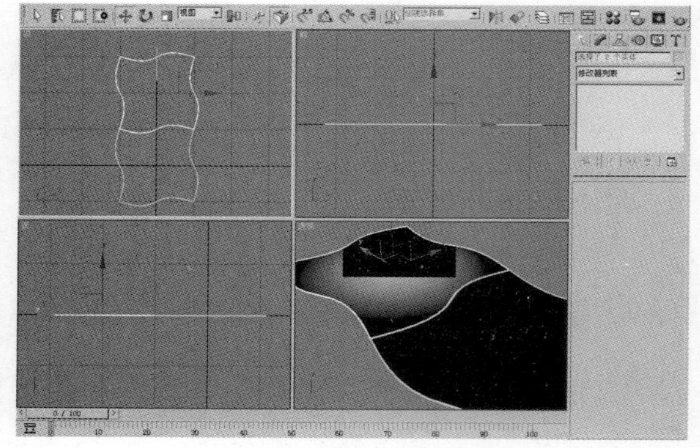

■ 11）再次将模型全部选中进行复制，并调整复制模型的位置。

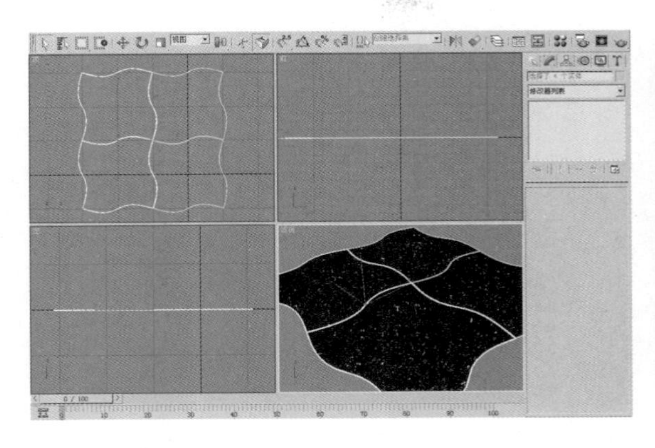

■ 12）按 F10 键，在弹出的渲染设置对话框中将【输出大小】选项区域的【宽度】、【高度】值改为 1000、750。激活顶视图，单击工具栏中的按钮进行渲染。

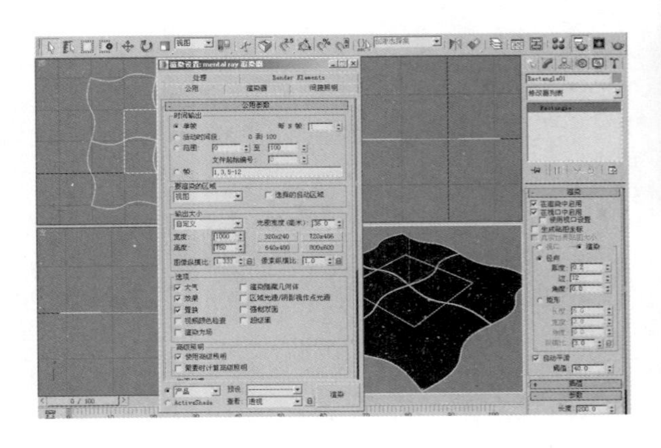

■ 13）将渲染的图像保存至硬盘，在 Photoshop 中打开这张图。

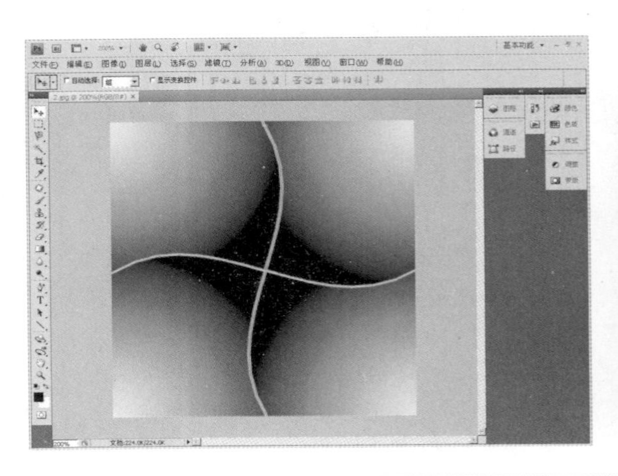

■ 14）将所有图形整合为一个组【床垫花纹】，并将其隐藏。创建切角长方体，设置长度 =1600mm、宽度 =2200mm、高度 =300mm、圆角 =40mm。

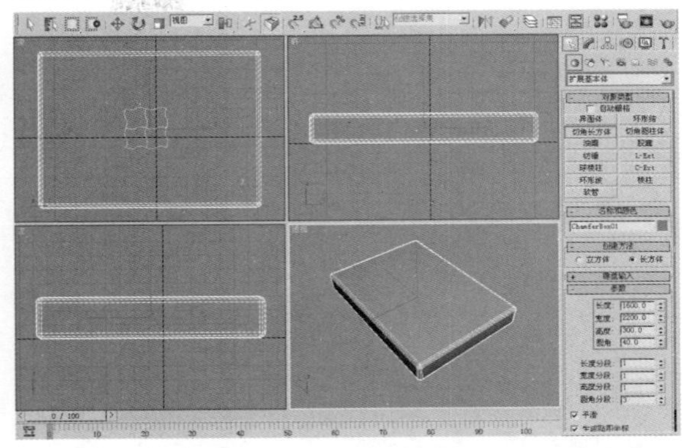

■ 15）选择【创建 > 图形 > 样条线 > 截面】命令，在顶视图中绘制截面。

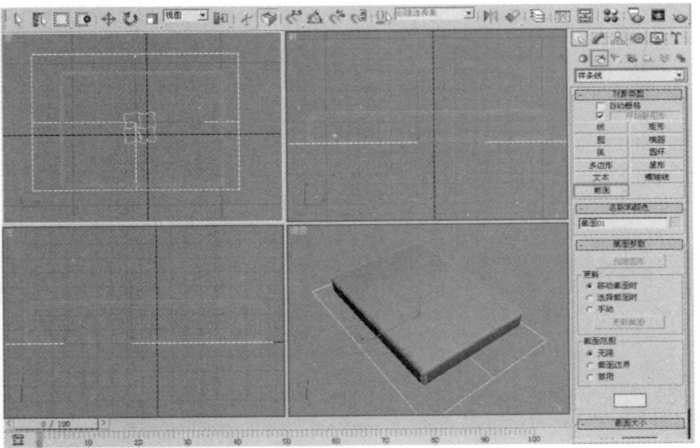

注意

在前面曾经讲过截面的用法。它是通过用特定平面来对对象表面进行剖切的，将得到的截面线作为截面图形。在这里用剖切得到的与切角长方体紧贴的曲线作为床垫的压边。赋予一定的渲染厚度后便显得很真实了。

■ 16）进入【修改】面板，在【渲染】卷展栏中设置厚度 =10mm，然后单击【创建图形】按钮。将生成的图形命名为【床压边】。然后将截面向上移动，再生成一条【床压边】。

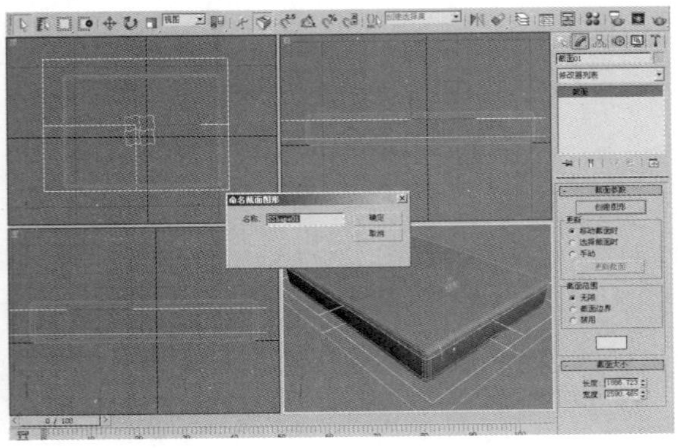

■ 17）选择刚才创建的床压边图形，进入【修改】面板。在【渲染】卷展栏中选中【在渲染中启用】和【在视口中启用】复选框。将视图中的截面图形删除。

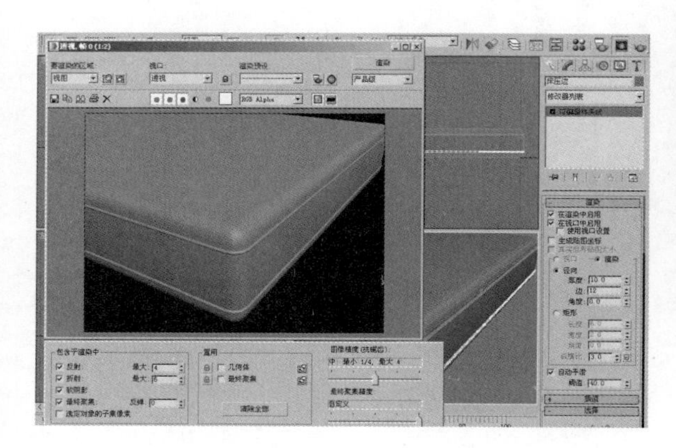

■ 18）按M键，打开材质编辑器，在【凹凸】贴图通道中加载本节中刚刚渲染的图像。

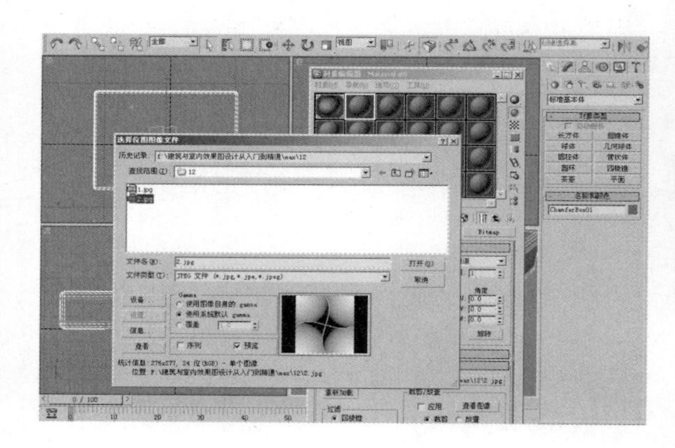

■ 19）将位图的平铺设为U为15、V为12。单击按钮回到主窗口，将【凹凸】贴图的数量提高到500。

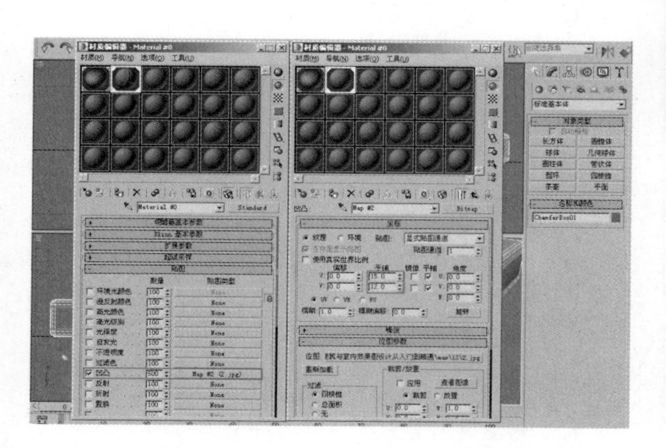

■ 20）渲染场景，观察【凹凸】贴图的效果，若不合适可以在材质面板中进行调整，直到达到理想状态为止。

■ 21）添加【UVW贴图】修改器，选择【贴图 > 长方体】命令，单击鼠标右键，在弹出的菜单中选择Gizmo，用缩放工具将长方体的Gizmo沿Z轴方向缩放，直到其接近正方体。

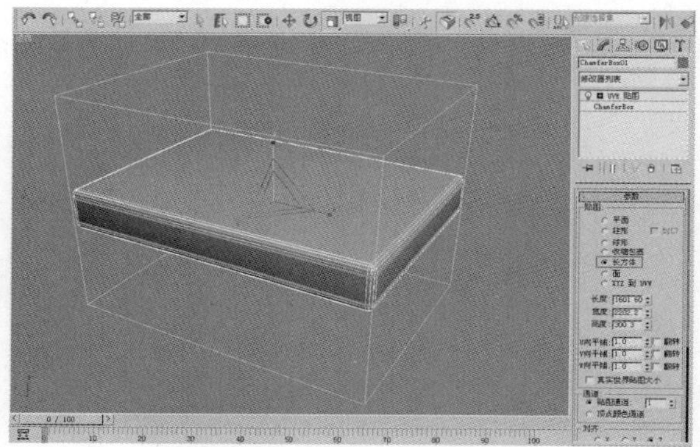

■ 22）渲染场景，观察贴图的效果。

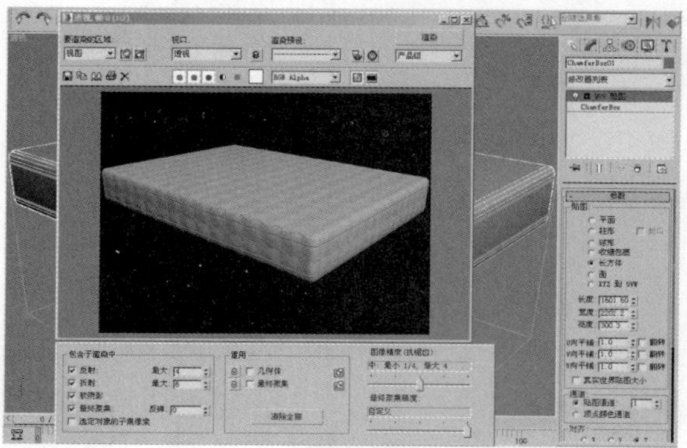

提示

使用【长方体】和【收缩包裹】各有利弊：【长方体】的各面贴图难以吻合，而【收缩包裹】的侧面贴图会被扭曲。其实，【UVW贴图】修改器只是3ds Max的一个低级贴图坐标系统，它只能满足一些简单形体的贴图坐标的调整。

■ 23）在【修改】面板中的【贴图】选项区域选中【收缩包裹】复选框，单击工具栏中的按钮进行渲染。观察两次渲染的结果，会发现选中【长方体】复选框的效果更理想。

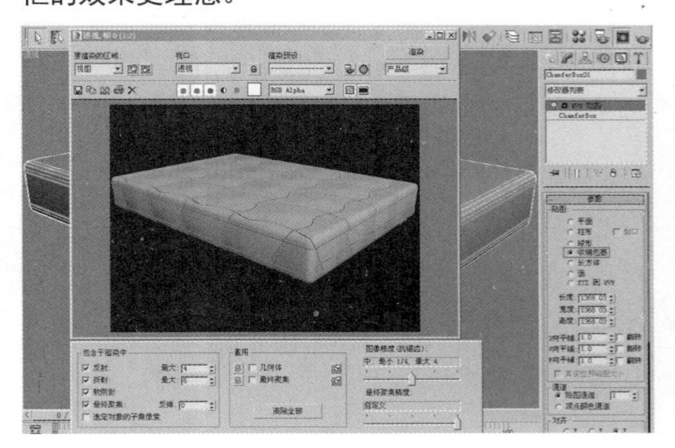

3.3.3 床体的制作

■ 1）选择【创建 > 图形 > 样条线 > 线】命令，设置【拖动类型】为【平滑】。在前视图中单击【线】按钮，创建下图所示的曲线，注意利用栅格捕捉工具捕捉栅格点。

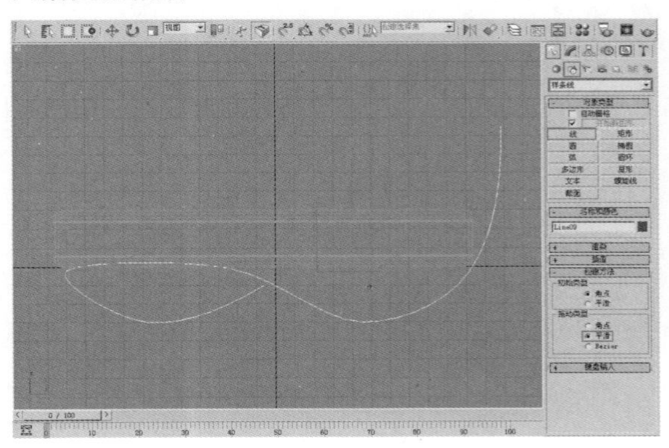

■ 2）进入【修改】面板，选择【样条线】子对象层级，对样条线设置轮廓。

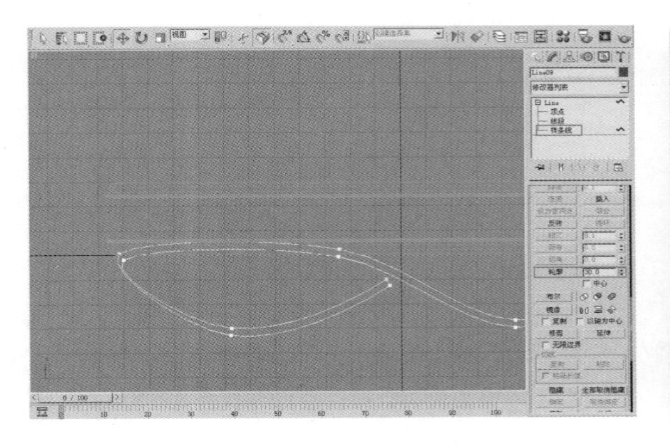

■ 3）将视图放大，观察曲线拐角处的曲率。框选一侧的点，单击鼠标右键，在弹出的快捷菜单中选择【Bezier】命令。调整 Bezier 点的控制柄，使曲线曲率均匀。

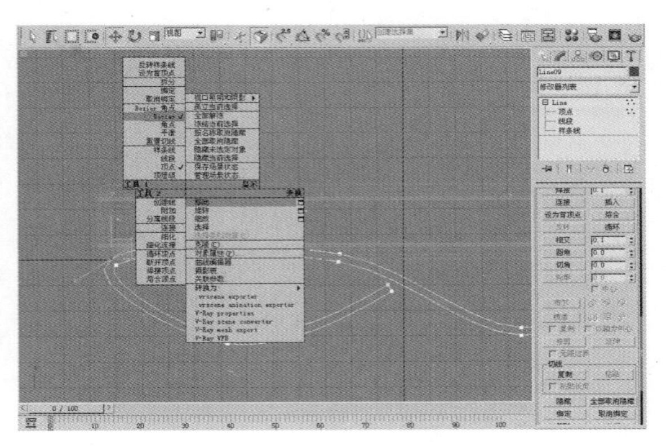

■ 4）为曲线加载【挤出】修改器，设置输入【数量】为 1800mm，并命名为【床基】。

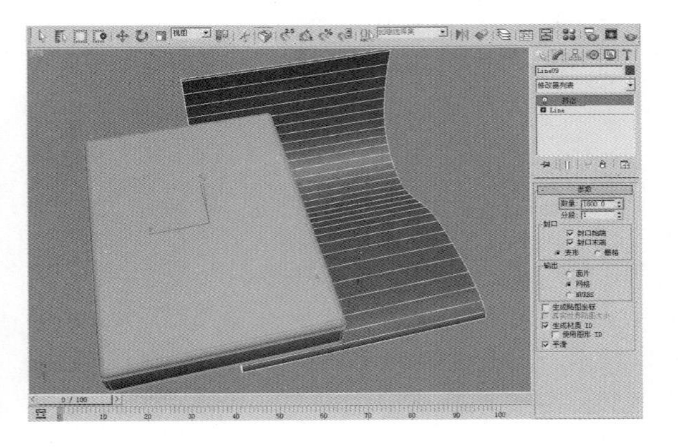

■ 5）按键盘上的 M 键，弹出材质编辑器，选择一个默认的灰色材质球。单击【Standard】按钮，在弹出的【材质 / 贴图浏览器】对话框中选择【Arch&Design】材质。

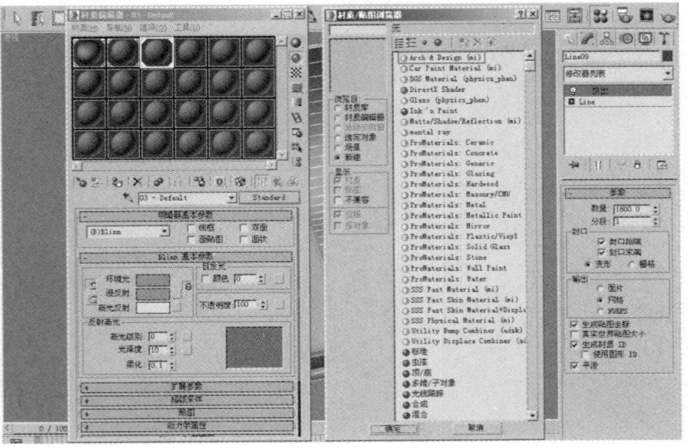

■ 6）在【模板】卷展栏中选择【缎子般油漆的木材】类型。单击按钮，将材质赋予床基模型。

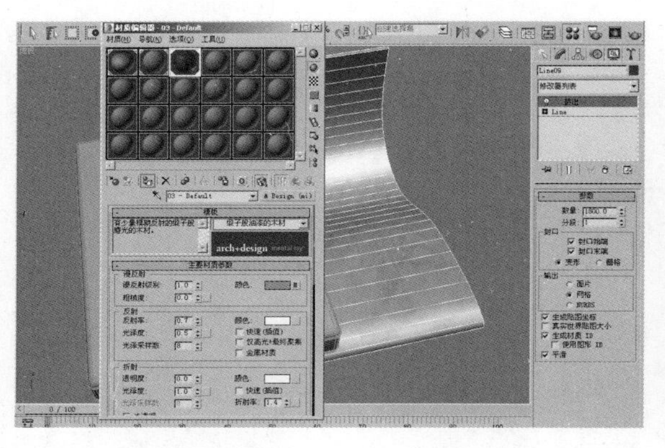

■ 7）为床基模型加载【UVW 贴图】修改器，选择贴图类型为【柱形】。

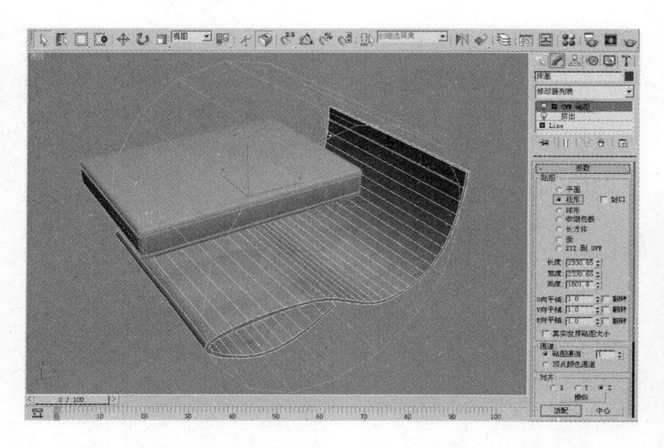

注意

当对象材质中使用了位图图像作为贴图时，一般情况下对象的贴图坐标都需要UVW贴图的支持才能正常显示。当对象的主表面为连续曲面时，宜采用【柱形】贴图坐标；当对象的整个表面为连续曲面时，宜采用【球形】或【包裹】贴图坐标。

■ 8）将床基与床垫模型在*XY*平面上进行中心对齐。

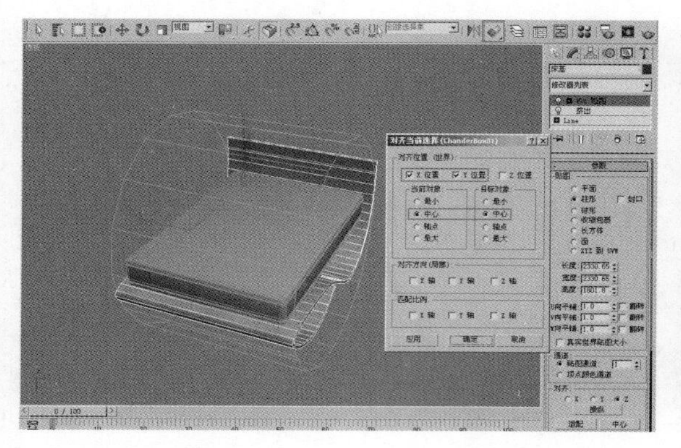

■ 9）在床旁边创建一个切角长方体，分段数等参数设置如下图所示。

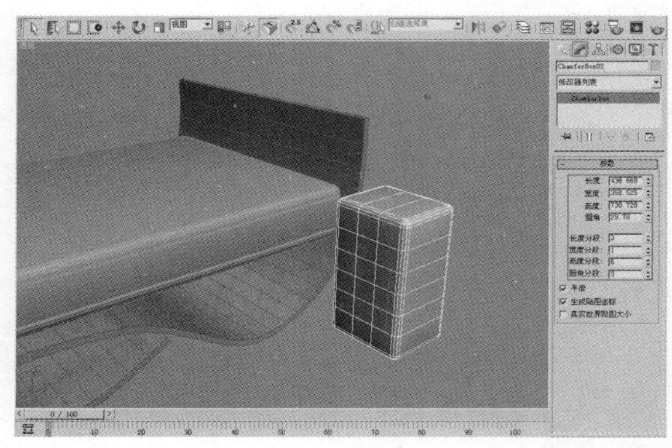

■ 10）将创建的切角长方体命名为【床头柜】。在【修改】面板中为其加载【编辑网格】修改器，进入【顶点】子对象层级，在左视图中用缩放工具将中间的两列节点向中心靠拢。

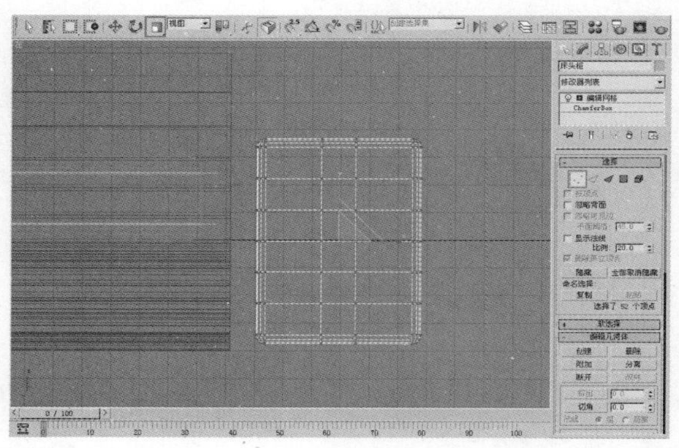

■ 11）进入【多边形】子对象层级，选中【忽略背面】复选框，选择下图所示的多边形，并单击【挤出】按钮，向内缩进 25mm。

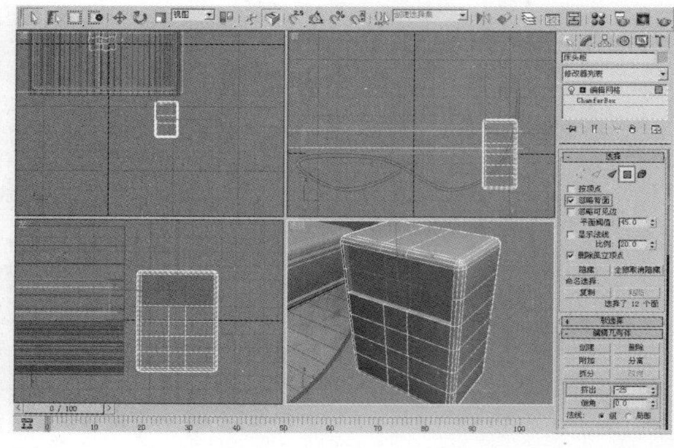

■ 12）单击【倒角】按钮将其向内倒角，将倒角量精确到 -10mm，作为抽屉的位置。

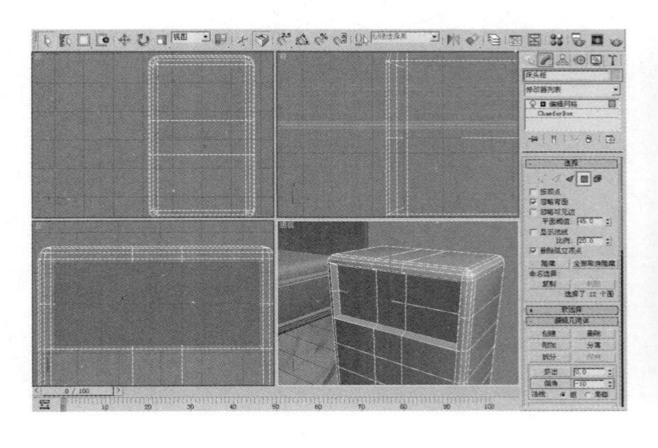

■ 13）用同样的方法将其余两个抽屉的位置制作出来。

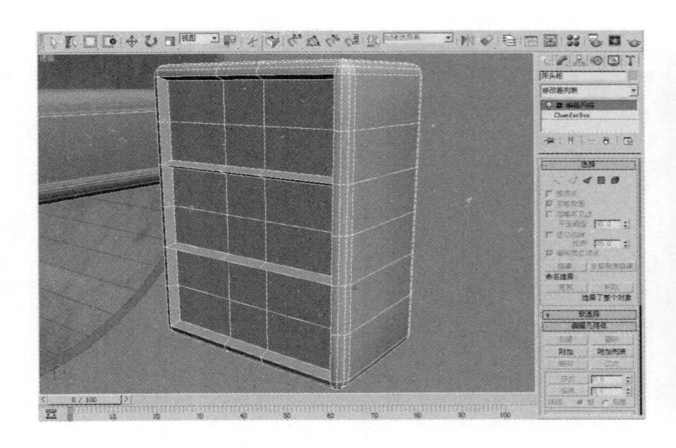

■ 14）在左视图中框选 3 个抽屉上的多边形，单击【挤出】按钮，将其向外伸出 20mm，作为抽屉的屉身。

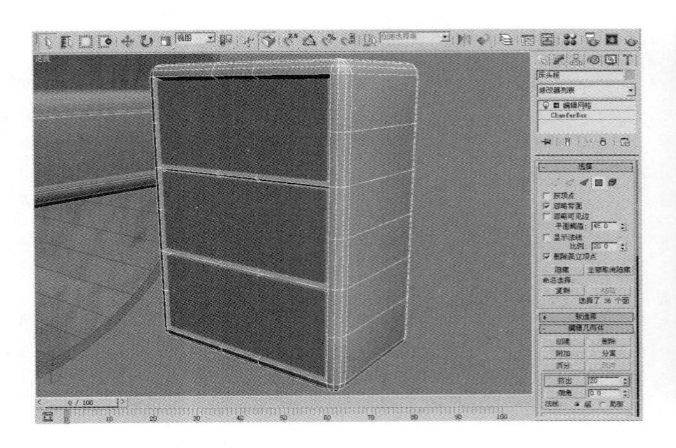

■ 15）将视图放大，直到能看清抽屉边缘的细节，单击【挤出】按钮将其再次伸出，伸出量为 2.5mm。

■ 16）单击【倒角】按钮将其向内倒角，输入倒角量 -1.25mm。

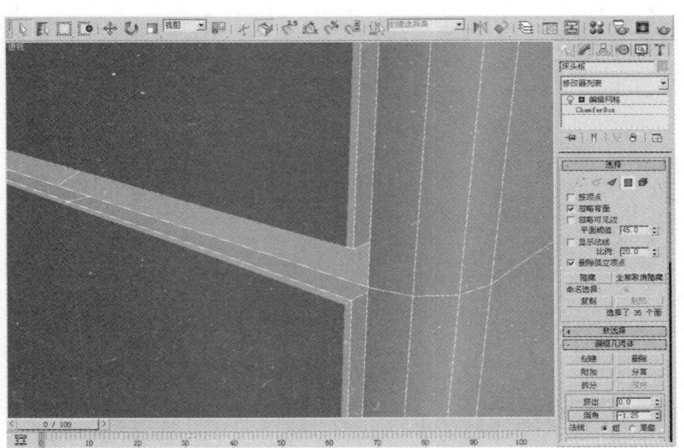

■ 17）单击【挤出】按钮将其再次伸出，设置伸出量为 2.5mm。

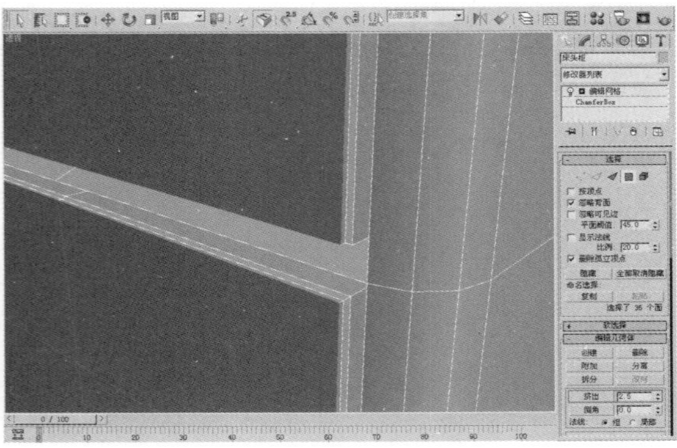

■ 18）再单击【倒角】按钮将其再次向内倒角，设置倒角量为 -2.5mm。

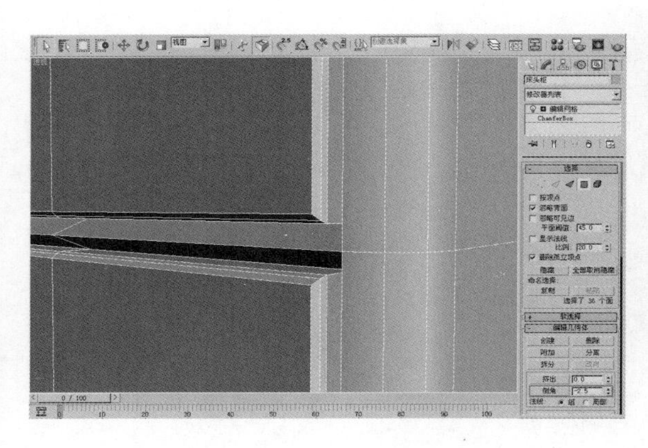

■ 19）赋予床头柜和床基一样的材质，并为其加载【UVW 贴图】修改器，选择贴图方式为【长方体】。

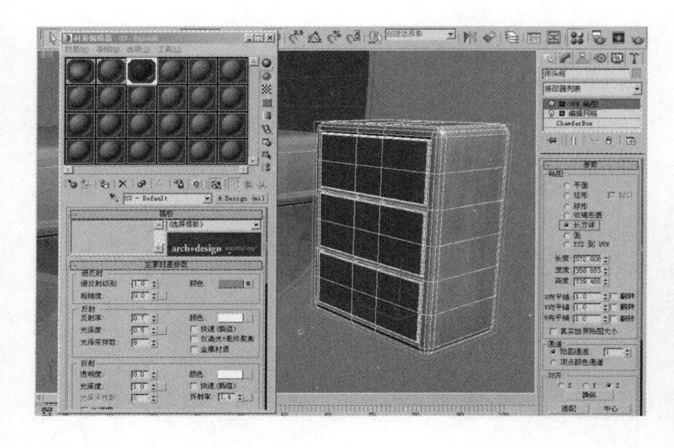

■ 20）打开【中点】捕捉，在【多边形】子对象层级下单击【切割】按钮，捕捉抽屉把手位置两侧的线段中点，创建一条横向的边界线。单击鼠标右键完成切割。

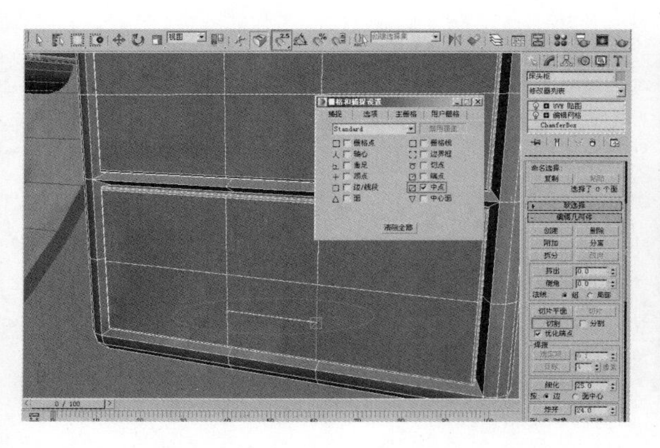

■ 21）选择由这条线段划分形成的多边形，单击【挤出】按钮，将其向内缩进。

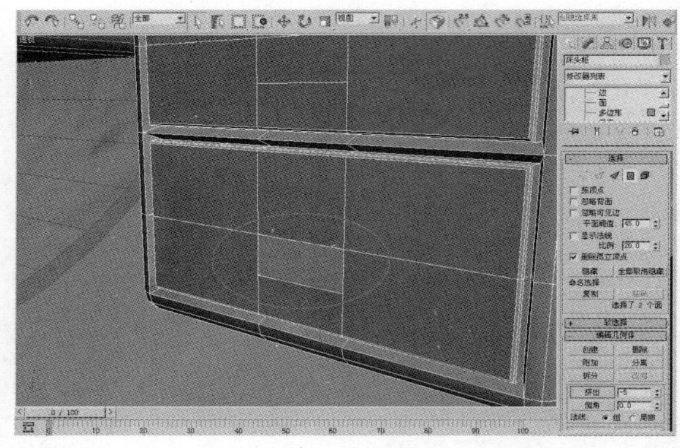

提示

单击【编辑网格】修改器中的【挤出】和【倒角】按钮，可以将一个生硬的边角变得光滑。在这里，光滑的含义是多次倒角。因每次倒角的角度逐渐增加，最终在边缘处形成类似切角长方体边缘的形态。当然，通过平滑组命令可以在不增加面片的条件下将ID号相同的面进行圆滑显示。

■ 22）在前视图中将此多边形旋转，使之形成一个手指可以伸进去的槽。

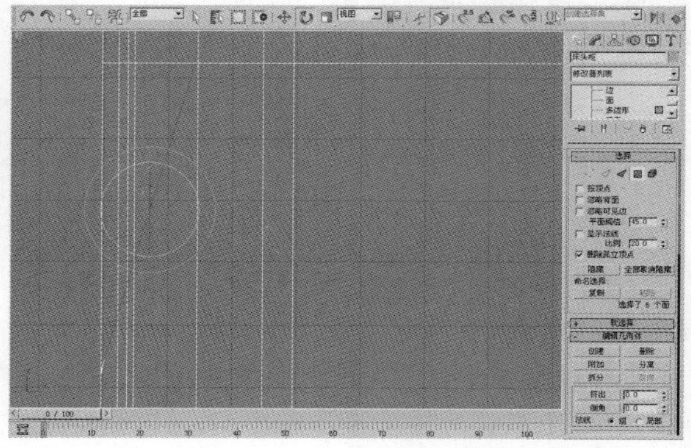

■ 23）用同样的方法将其余两个抽屉的把手制作出来，结果如下图所示。

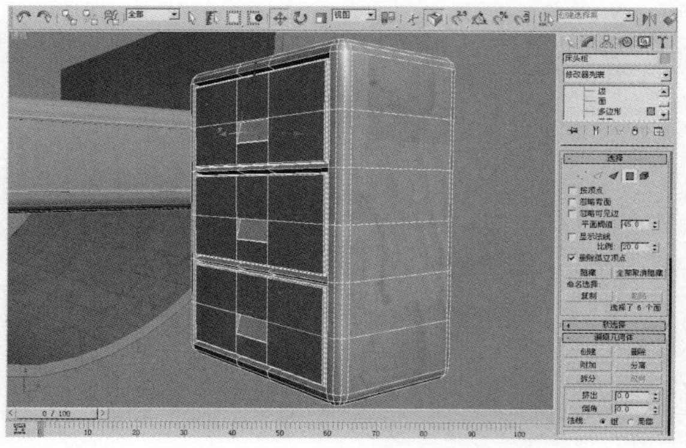

■ 24）用镜像工具将床头柜镜像到床的另一侧，复制方式为【关联】。

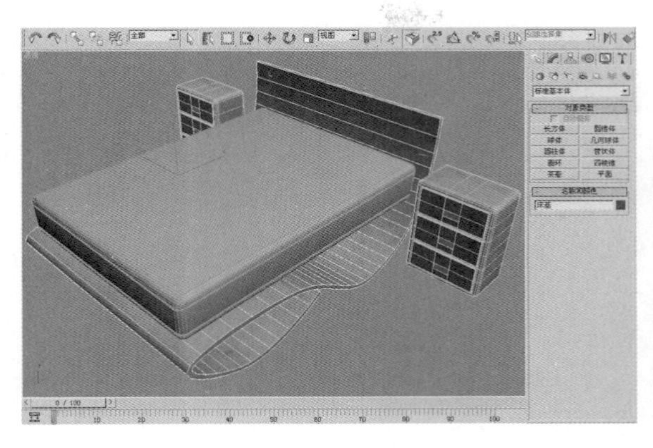

■ 25）用 Mental Ray 渲染器对场景进行渲染，如下图所示。

3.3.4 枕头的制作

■ 1）将床和所有的模型对象整合为一个组并隐藏。在顶视图中创建一个长方体，设置【长度】分段为 6、【宽度】分段为 5、【高度】分段为 1。

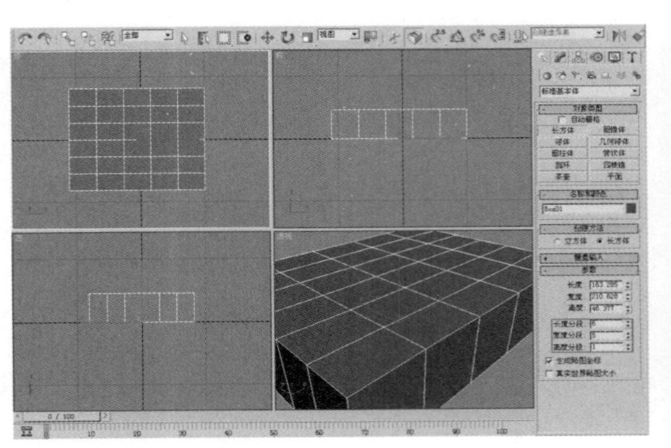

■ 2）为长方体加载【编辑网格】修改器，进入【顶点】子对象层级，框选 4 个边上的所有节点，并在透视图中将其沿 Z 轴缩小。

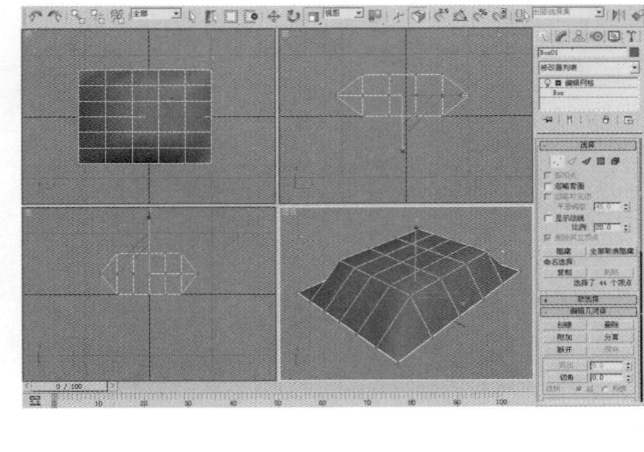

■ 3）在顶视图中将 4 条边上的一些节点向中心移动，模拟枕边的不规则形状。

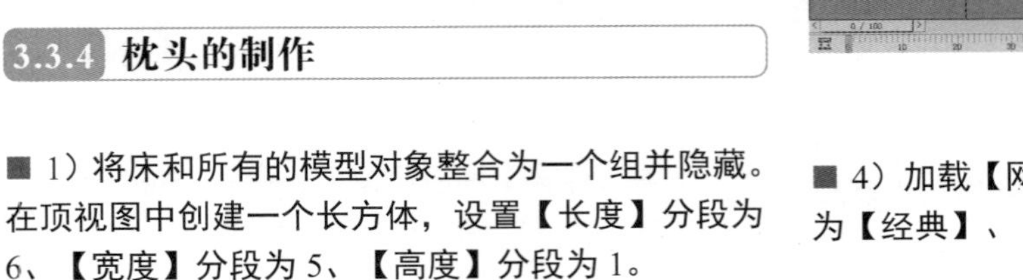

■ 4）加载【网格平滑】修改器，设置【细分方法】为【经典】、【迭代次数】为 1。

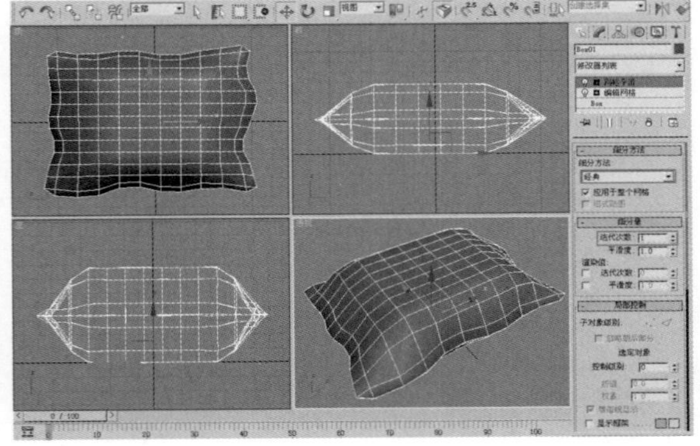

■ 5）继续为模型加载【FFD 4×4×4】修改器，在【控制点】子对象层级下利用移动工具和旋转工具将枕头修改成下图所示的自然弯曲的形状。

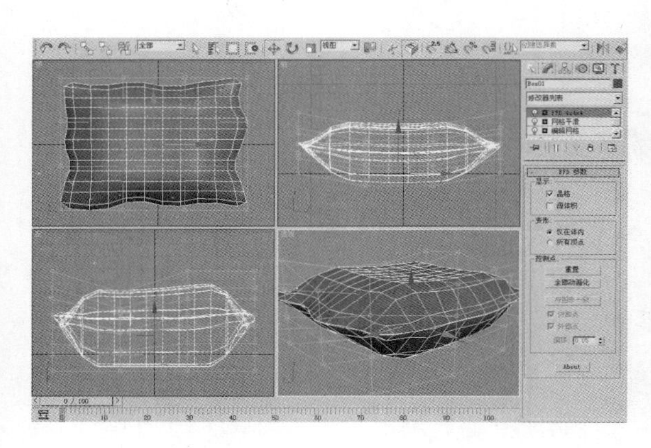

■ 6）赋予其简单的白色材质，并复制一份，用【FFD 4×4×4】修改器进行修改。将软枕移动到合适的位置。

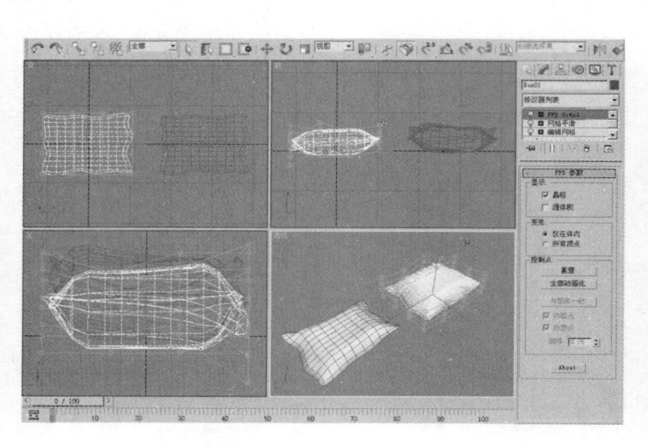

■ 7）在视图中单击鼠标右键，选择【全部取消隐藏】命令。将隐藏的床模型显示出来。利用缩放工具和移动工具调整枕头的大小和位置。

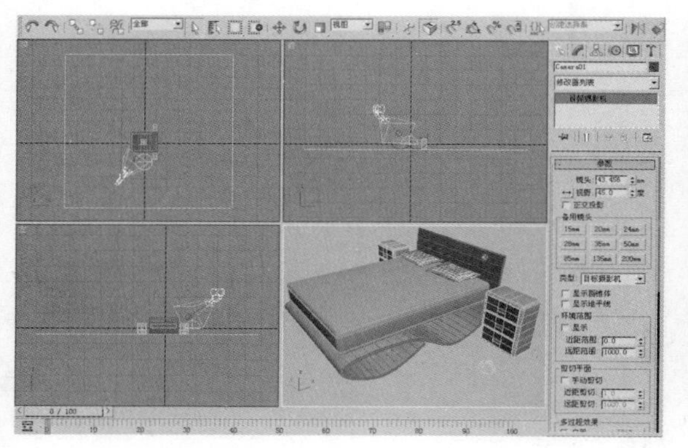

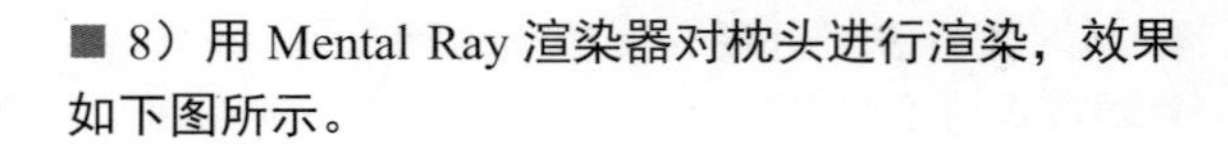

■ 8）用 Mental Ray 渲染器对枕头进行渲染，效果如下图所示。

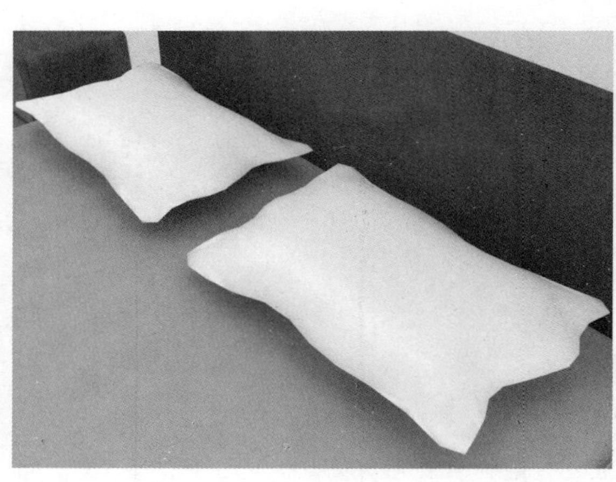

■ 9）按住键盘上的 Alt 键，利用鼠标中键进行拖动，将视图调整到理想的视角。按键盘上 Ctrl+C 组合键为场景匹配一架摄影机。

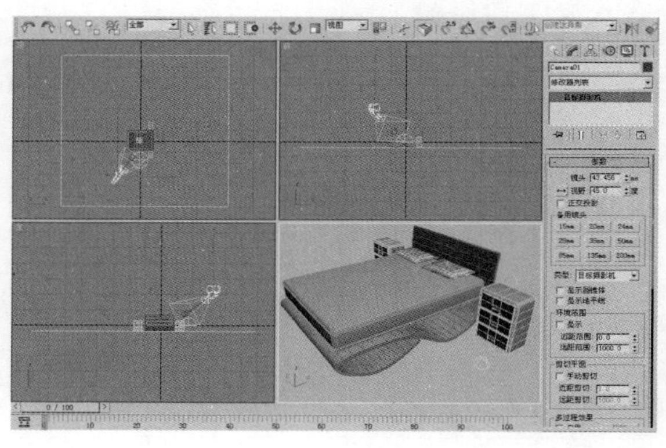

■ 10）在【修改】面板中设置镜头为 35mm。利用镜头工具继续调整摄影机视图的视角。

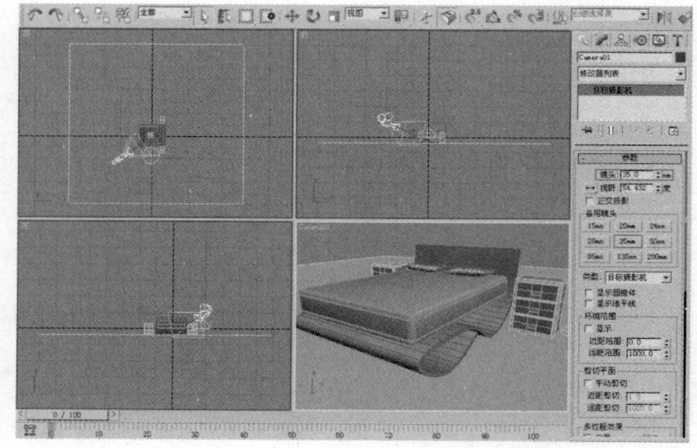

■ 11）在摄影机附近创建一盏【mr 区域泛光灯】，并设置阴影【密度】为 0.6、球【半径】为 2000mm。

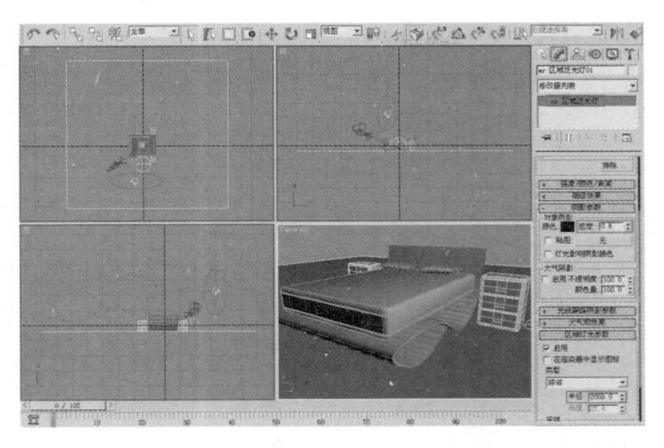

■ 12）用平面创建墙体，并为墙体和地面制作简单的材质。设置地面平铺 U=15、V=14。

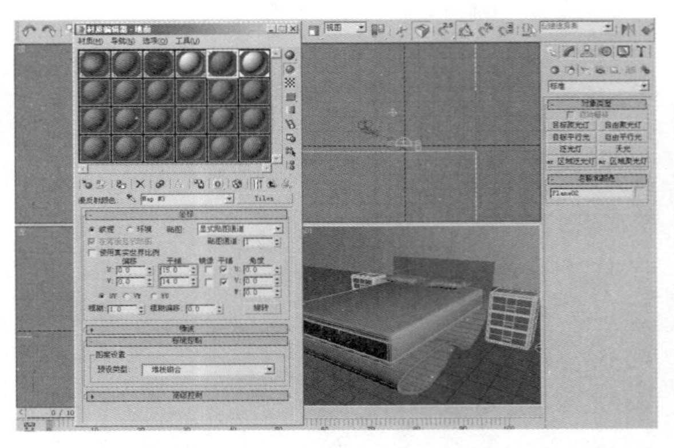

■ 13）用 Mental Ray 渲染场景，结果如下图所示。

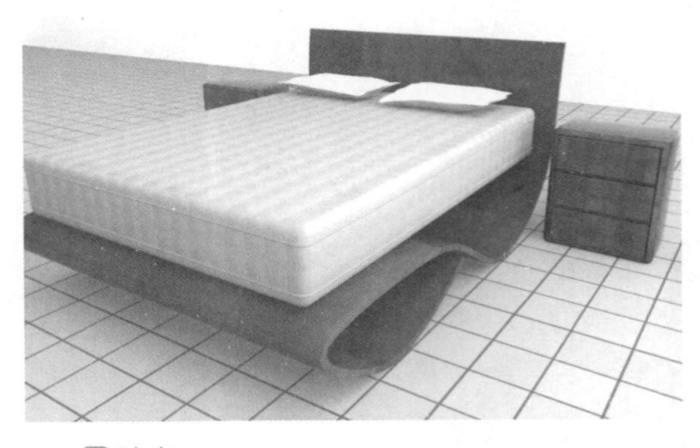

注意

当视图中的对象太多时，可以将其中的某些或者全部隐藏起来，这样不仅可以方便新对象的创建，同时也可以加快操作速度（随着视图中显示的面量越来越大，3ds Max的运行速度会变得越来越慢）。将隐藏的对象整合为一个组不失为一个好方法，在右键菜单中选择【按名称取消隐藏】命令，可很容易地找出刚刚隐藏的所有对象。

3.4 卧室的创建

本节除了讲解如何将 CAD 文件导入 3ds Max 软件中之外，还将介绍如何使用 CAD 文件创建墙体。

3.4.1 确定系统单位

在 3ds Max 中创建三维空间模型选择一种恰当的单位十分重要，这是保证精确建模的基础。

■ 1）启动 3ds Max，设置其系统单位为毫米。选择3ds Max主菜单中自定义(U)下的单位设置(U)...命令，进入单位设置对话框，将3ds Max显示单设置为毫米。

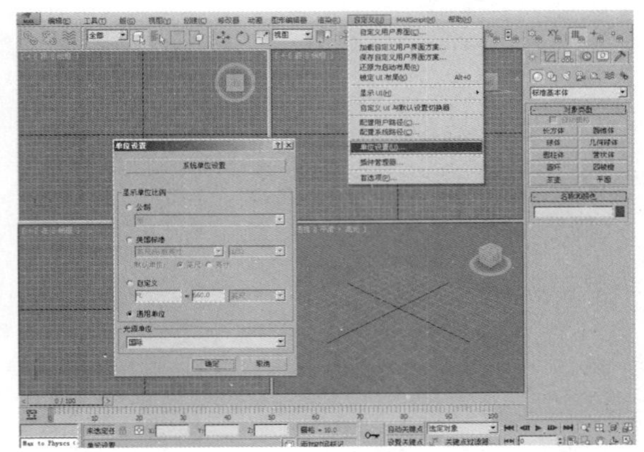

■ 2）单击【单位设置】对话框中的系统单位设置按钮，在弹出的系统单位设置对话框中，同样将 3ds Max 系统单位设置为【毫米】。最后单击确定按钮。

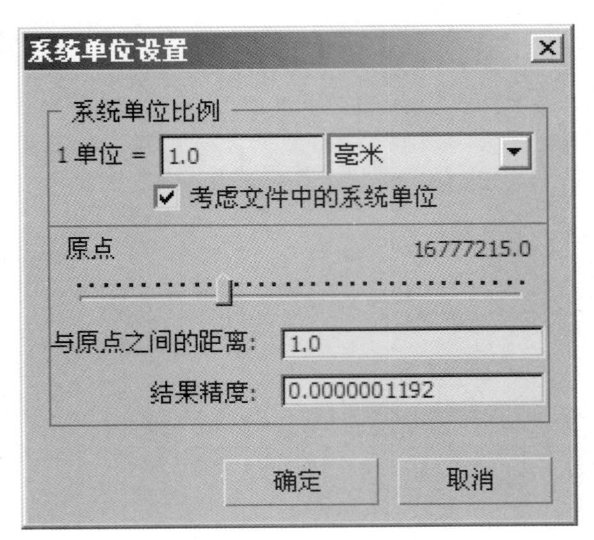

3.4.2 导入CAD文件

下面导入需要制作模型的CAD文件。

■ 1）选择3ds Max主菜单中下的导入命令，在弹出的选择要导入的文件对话框中选择配套光盘中的2-01.dwg文件并打开。

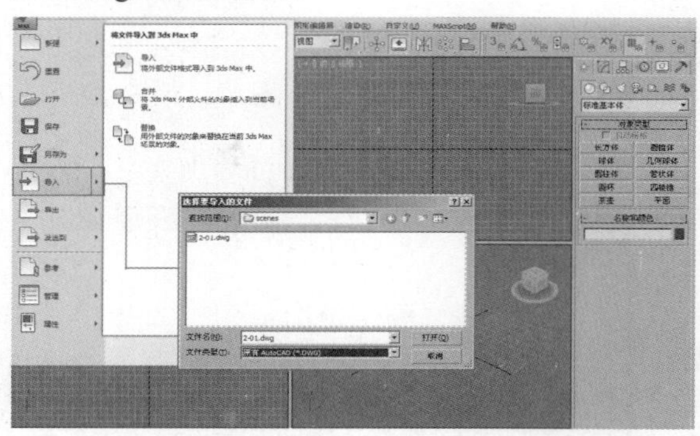

■ 2）打开2-01.dwg文件后，弹出DWG导入和导入AutoCAD DWG文件对话框。

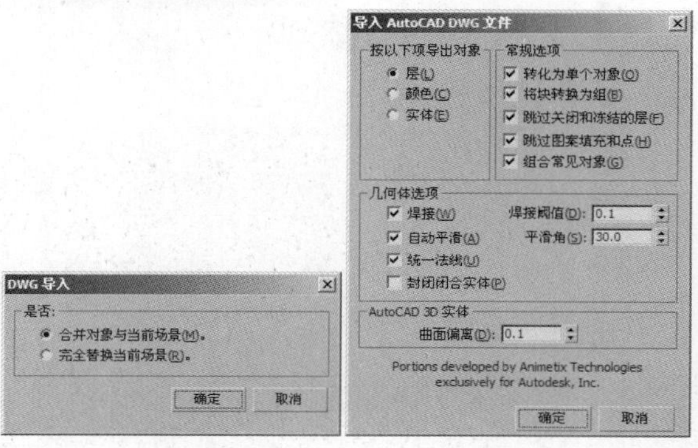

提示

导入CAD文件的时候，注意弹出的对话框，每一层可以作为一个物体，同一颜色可以作为一个物体。这样在CAD中作图就要有这样的准备了，把需要分开的物体用不同的层或不同的颜色等。

■ 3）保持其参数不变，单击【确定】按钮。2-01.dwg文件被导入后的效果如下图所示。

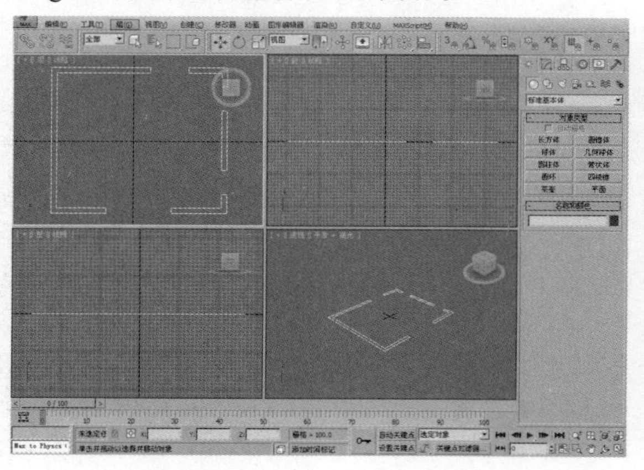

■ 4）单击按钮，进入【修改】面板，在选择卷展栏中单击按钮进入【点】级别，在透视图中框选所有的点，进入几何体卷展栏中单击焊接按钮，焊接所有的顶点。

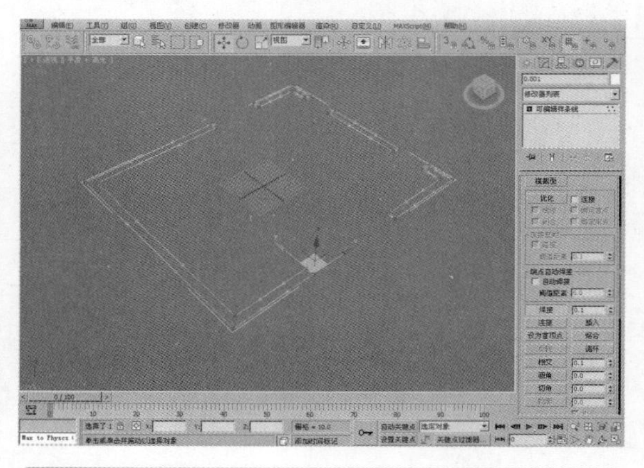

3.4.3 创建墙体

下面创建墙体。

■ 1）选择线框物体，在修改器下拉列表中选择挤出选项，调整数量值，给出墙体的高度。

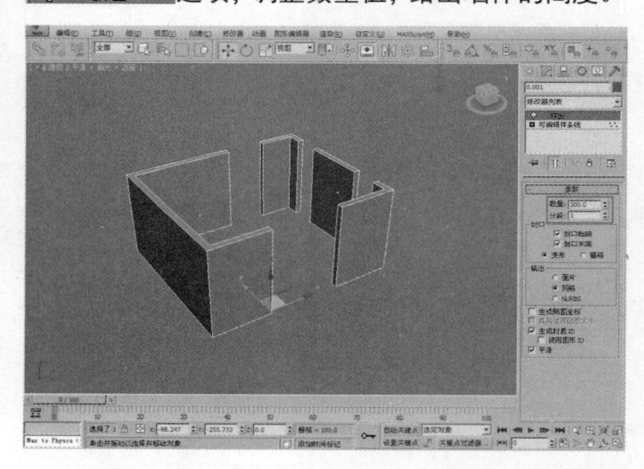

■ 2）选择墙体物体，单击鼠标右键，在弹出的快捷菜单中选择转换为：下的转换为可编辑多边形命令，将物体转换为多边形物体。

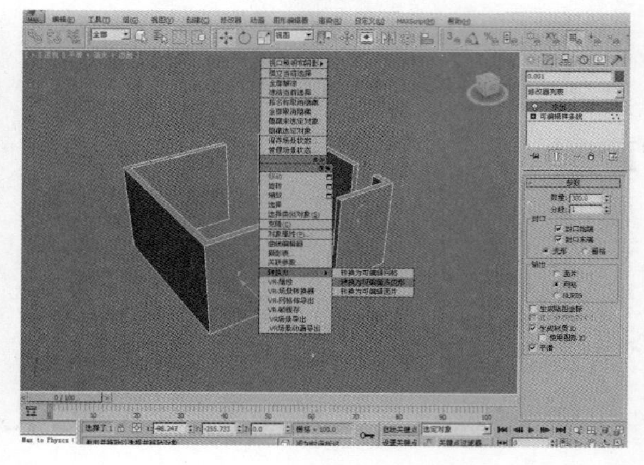

■ 3）进入【修改】命令面板，进入【可编辑多边形】命令的子物体层级，选中下图所示的4条边。

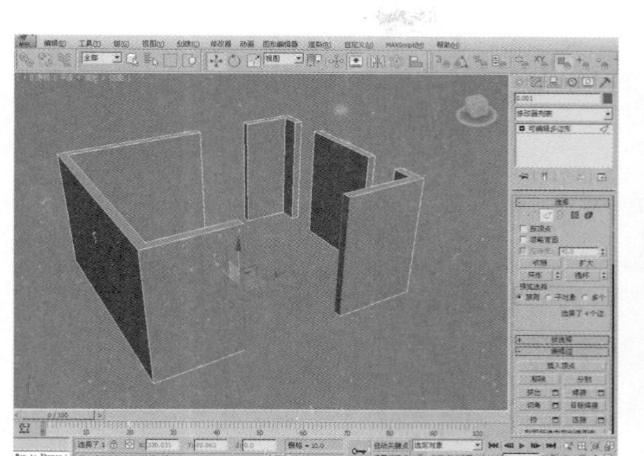

■ 4）在 编辑边 卷展栏中单击 连接 旁的按钮，在弹出的【连接边】对话框设置参数。

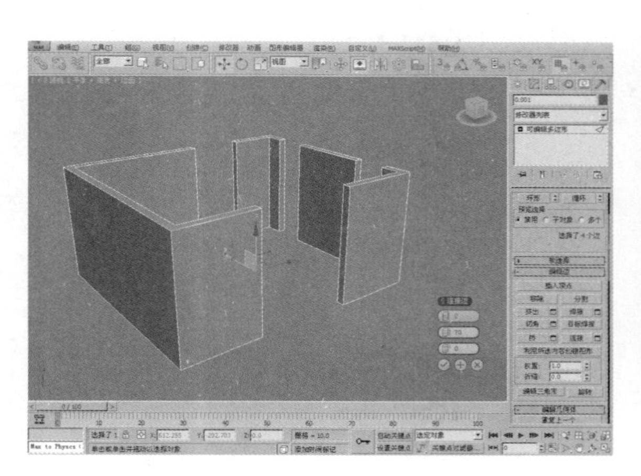

■ 5）进入【修改】命令面板，进入【可编辑多边形】命令的子物体层级，分别选中下图所示的4个面。

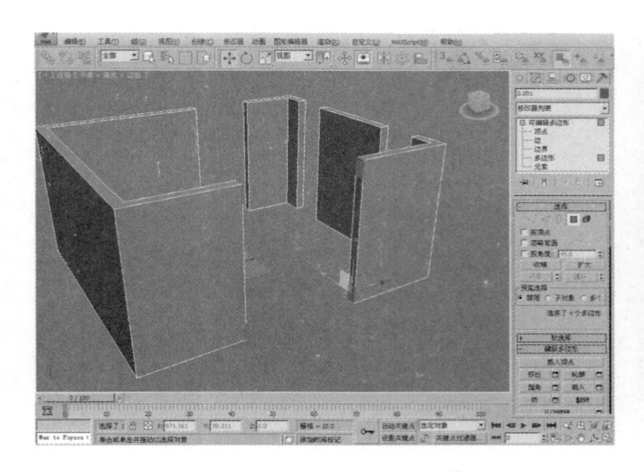

■ 6）在 编辑多边形 卷展栏下单击 桥 按钮，连接两边的面，结果如下图所示。

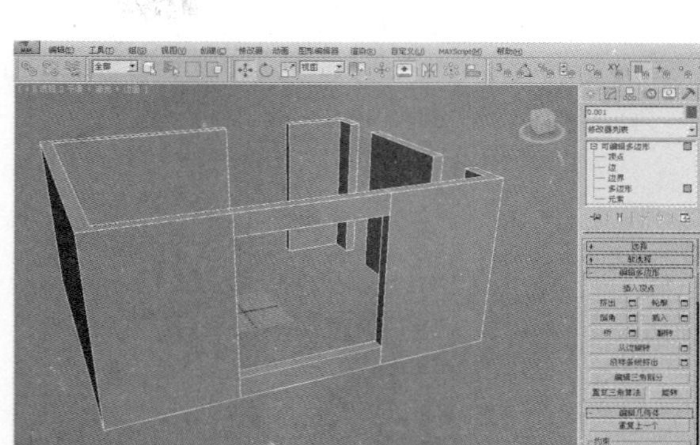

■ 7）以同样的方法选中下图所示的边。

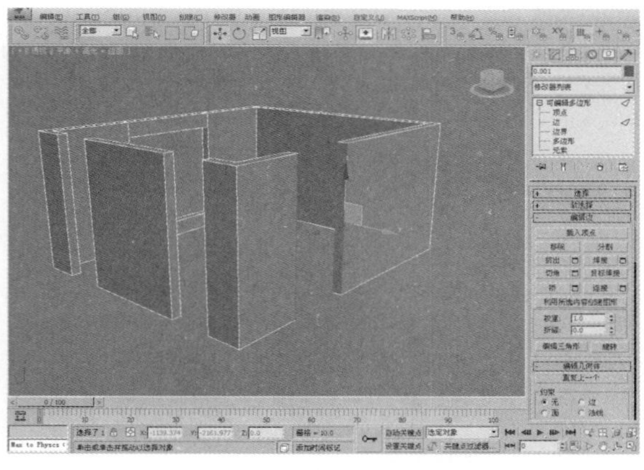

■ 8）在 编辑边 卷展栏中单击 连接 旁的按钮，在弹出的【连接边】对话框设置参数。

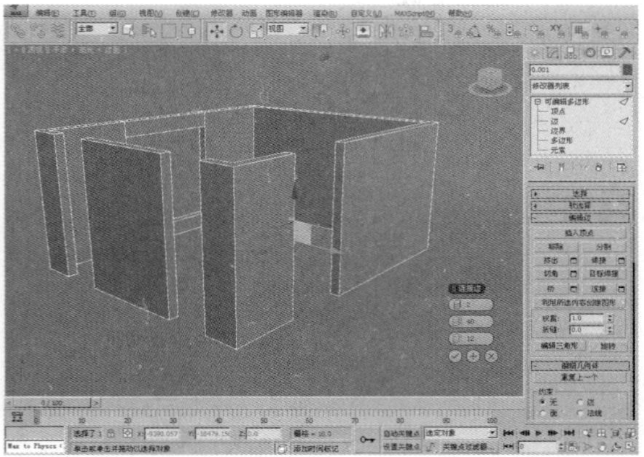

■ 9）进入【可编辑多边形】命令的■子物体层级，分别选中墙体的4个面，单击 桥 按钮，连接两边的面。

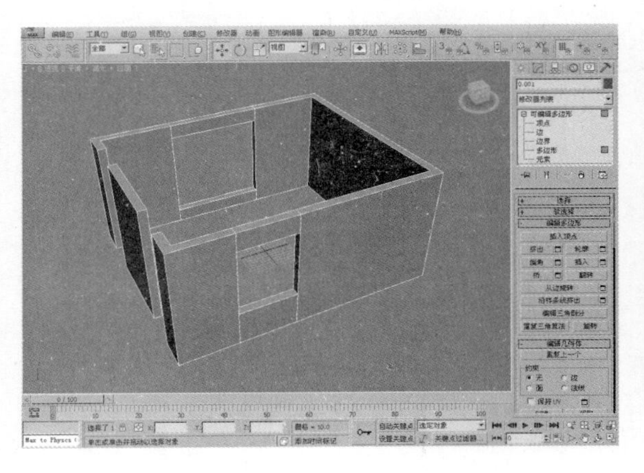

■ 10）进入【修改】命令面板，进入【可编辑多边形】命令的子物体层级，选中下图所示的8条边。

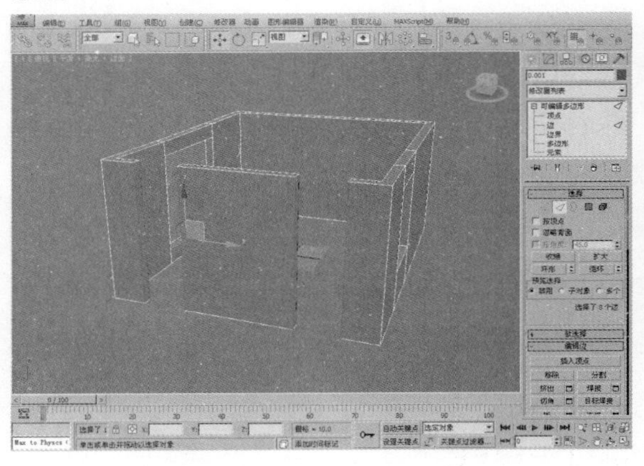

■ 11）在 编辑边 卷展栏中单击 连接 旁的按钮，在弹出的【连接边】对话框输入分段数1、滑块数70，进入■子物体级别，选中下图所示的面。

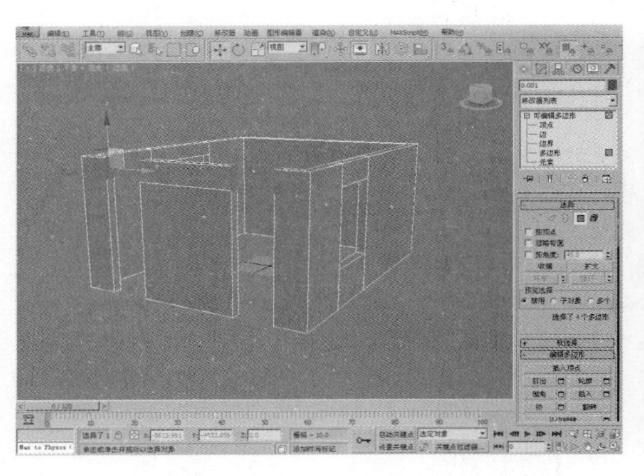

■ 13）切换到左视图，进入【可编辑多边形】命令的子物体层级，在 编辑几何体 卷展栏中单击 切片平面 按钮，调整顶点到合适的位置，单击 切片 按钮进行切线。

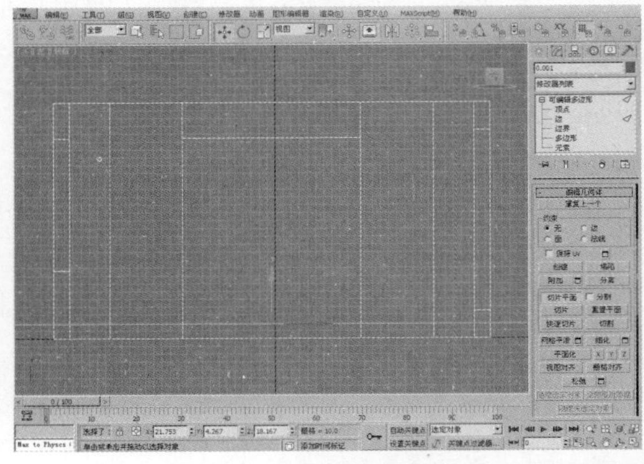

■ 14）进入■级别，选中墙角线的面，在 编辑多边形 卷展栏下单击 挤出 旁边的按钮，挤出墙角线，设置如下图所示。

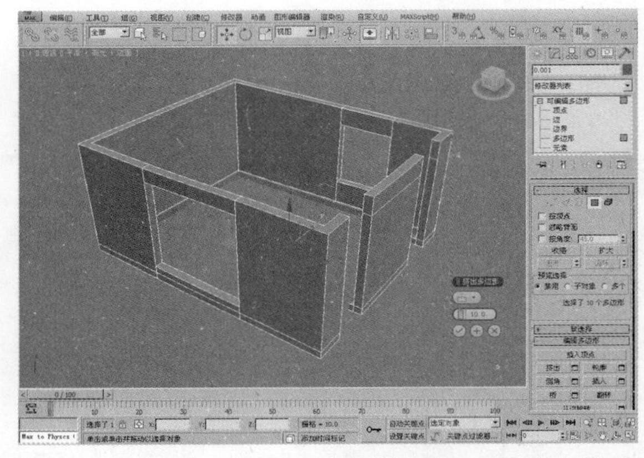

■ 15）切换到顶视图，单击按钮，再单击鼠标右键。在弹出的对话框中选中 栅格点 复选框，取消选中其他复选框。进入面板，在面板下单击 矩形 按钮，在顶视图中在吸附点的状态下创建一个矩形框。单击按钮，按住Shift键等比缩放复制一个矩形框。

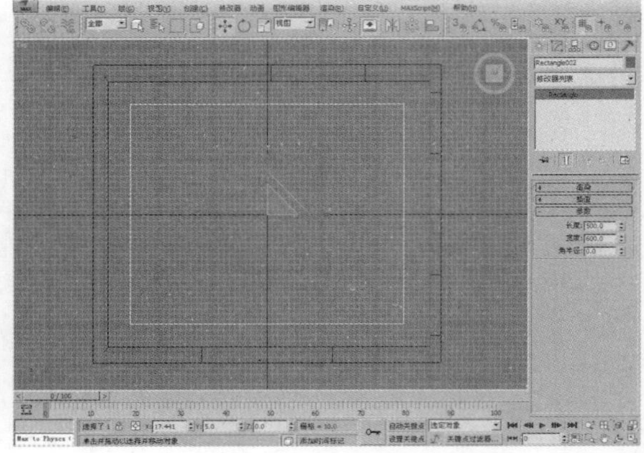

■ 16）切换到面板，单击 圆 按钮，创建4个等大的圆。

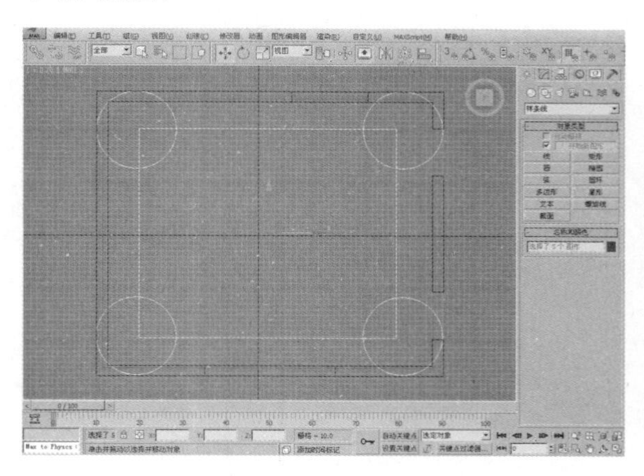

■ 17）选中 Rectangle02 矩形框，单击鼠标右键。在弹出的右键快捷菜单中选择 转换为可编辑样条线 命令，转换为可编辑的样条曲线。

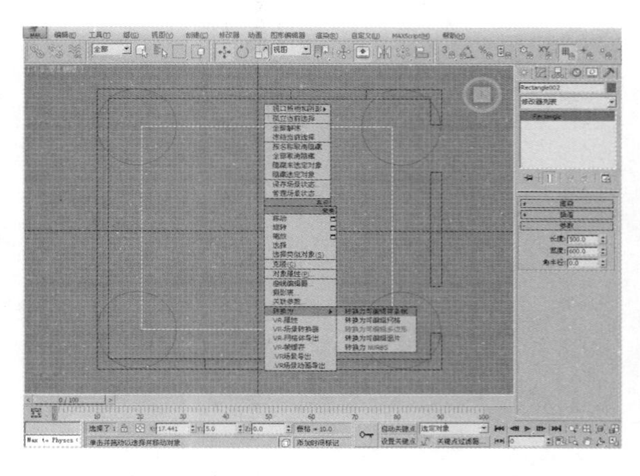

■ 18）进入【修改】面板，在 几何体 卷展栏下单击 附加 按钮。然后在顶视图中拾取4个圆形进行链接。展开 可编辑样条线，进入 样条线 子级别。选中 Rectangle02 矩形框，在 几何体 卷展栏下单击 布尔 按钮（注意选择交集模式），拾取4个圆进行布尔运算。

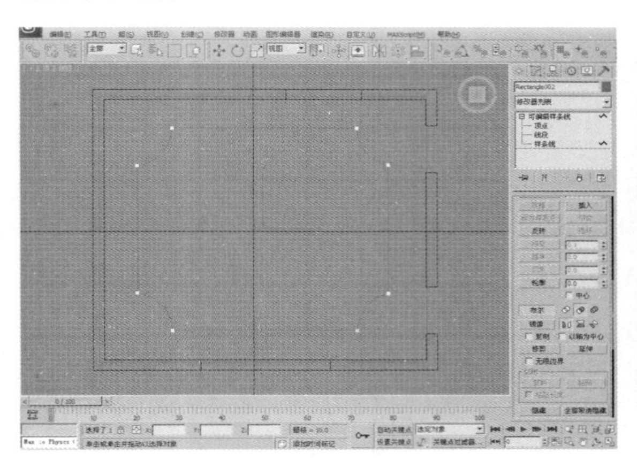

■ 19）再次合并 Rectangle01 矩形框，进入面板，在修改器下拉列表中选择 挤出，调整数量值为 -7，挤压出向下的厚度。

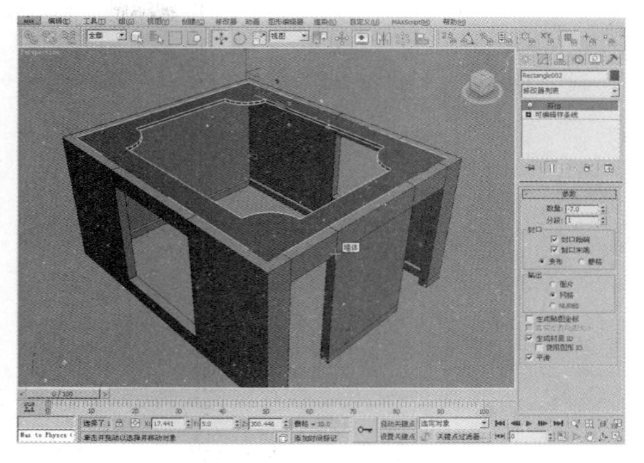

■ 20）切换到顶视图，参照前面的方法，打开按钮，沿墙的内壁创建一矩形框。切换到前视图，在面板中用 线 工具创建下图所示的封闭线。

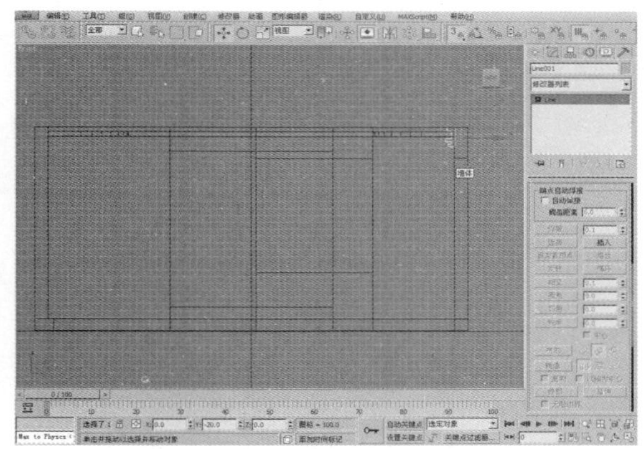

■ 21）在顶视图中选中刚刚创建好的矩形。单击图标进入【创建】面板，单击按钮，在 标准基本体 下拉列表中选择 复合对象 选项。单击 放样 按钮，在前视图拾取刚刚创建好的封闭线段，创建天花板的沟槽。

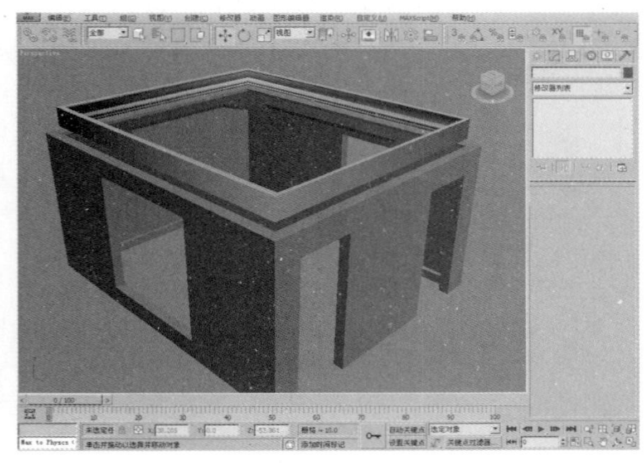

■ 22）移动天花板的沟槽到合适位置，切换到顶视图，用同样的方法打开捕捉按钮，用面片创建出房顶和地板并移动到合适位置。添加窗户、门等，房子的主体部分就创建完成了。

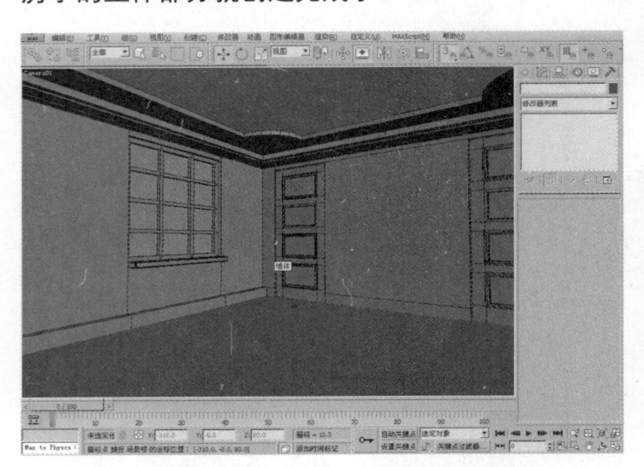

3.5 楼梯的创建

本节主要学习在3ds Max中创建楼梯的方法，以及阵列在制作楼梯上的应用。

3.5.1 阵列

阵列是3ds Max中进行批处理的理想工具。尤其是在建筑和室内建模时，它能大大减少建模人员的工作量。与AutoCAD中的阵列功能如出一辙，它能将对象进行移动阵列和旋转阵列，同时还可以进行缩放阵列。可通过在标准工具栏边缘单击鼠标右键，在弹出的菜单中选择【附加】命令将其打开，或者在菜单栏里选择【工具>阵列】命令，打开【阵列】对话框。

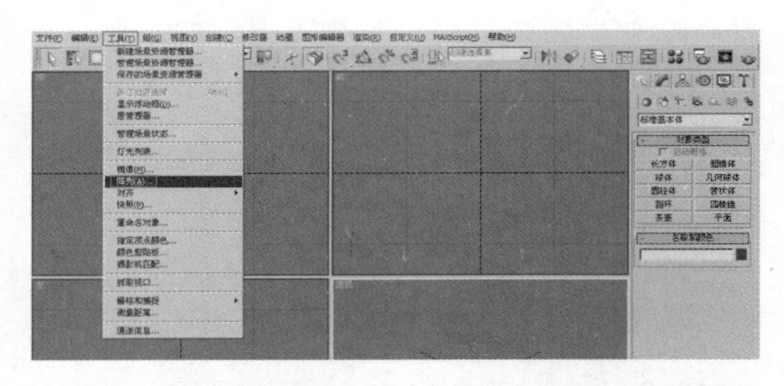

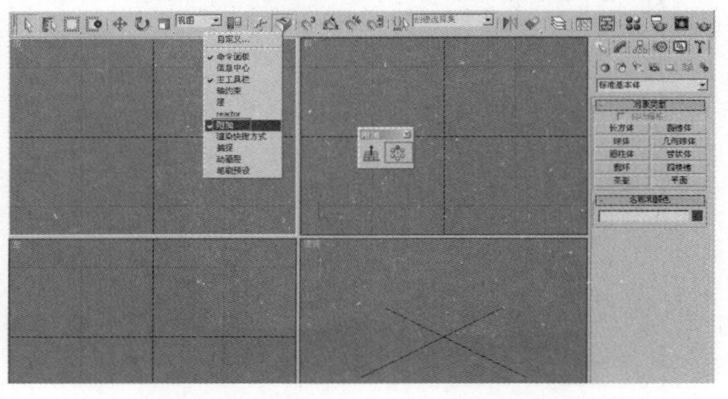

下面分别介绍【阵列】对话框中各参数的意义和作用。

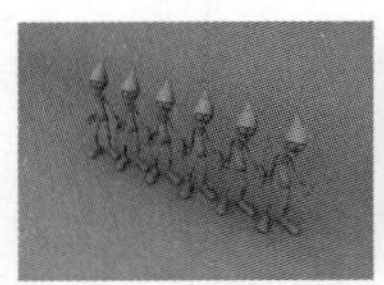

移动阵列

旋转阵列

缩放阵列

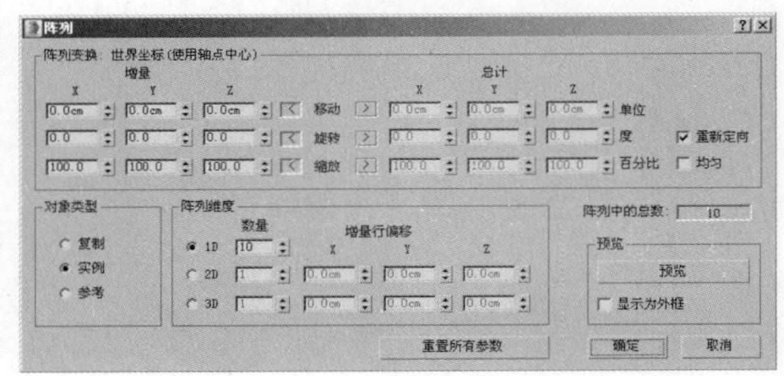

阵列变换	阵列+变换两种计算模式的叠加
增量	下一个对象相对于前一个对象所发生的变换增量
移动	下一个对象相对于前一个对象所发生的相对位移
旋转	下一个对象相对于前一个对象所发生的相对旋转角度
缩放	下一个对象相对于前一个对象所发生的相对缩放差
总计	与【增量】相对，指每一个对象发生的总的变换量
单位	每一个对象发生的总的位移量
度	每一个对象发生的总的旋转量
百分比	每一个对象发生的总的缩放量
对象类型	经阵列后得到的对象之间的克隆关系
复制	各对象之间互相没有控制关系
实例	各对象之间具有相互控制的关系
参考	原始对象与复制对象之间为单向控制关系
阵列维度	阵列所发生的维度，分为一维（1D）、二维（2D）和三维（3D）
数量	在相应维度上产生的对象的总数
增量行偏移	2D和3D维度下，各行（或列）之间发生的增量
重新定向	以某一个轴为中心进行旋转阵列
均匀	以按比例缩放的方式进行阵列
阵列中的总数	阵列得到的对象的总数（包括原始对象在内）
重置所有参数	将所有控制参数恢复到默认值

3.5.2 在3ds Max中创建楼梯

■ 1）在【创建】命令面板里单击【几何体】按钮，选择【楼梯】选项，如下图所示。

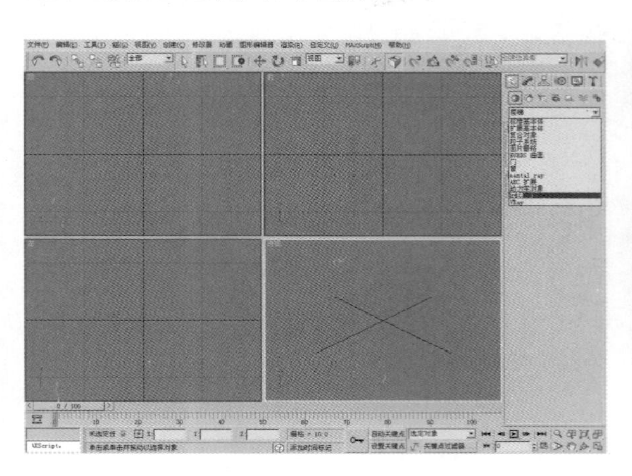

■ 2）进入【楼梯】类几何体控制面板，可以看到楼梯分为 4 类。

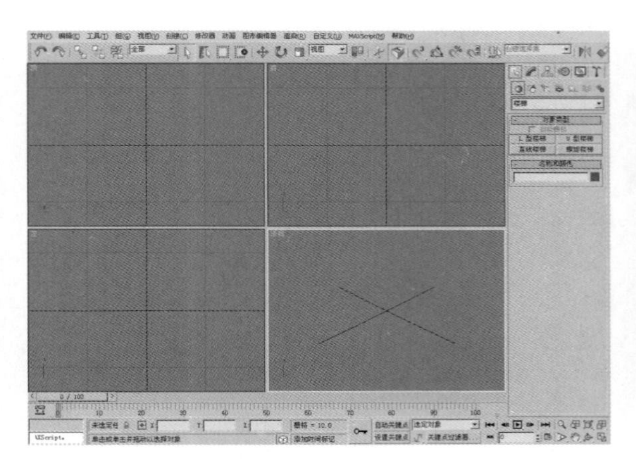

■ 3）单击【L 形楼梯】按钮，进入其控制面板。在用户视图中单击鼠标左键，确定楼梯休息平台的位置。

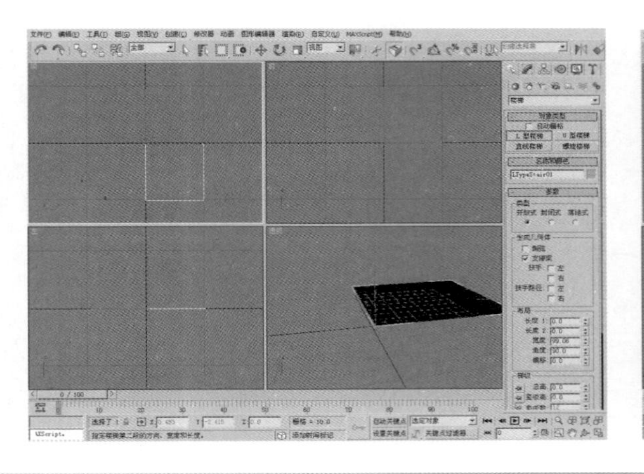

■ 4）按住鼠标左键并拖动，第一跑平面被拉伸开来。到适当位置单击鼠标左键，确定第一跑的角度。

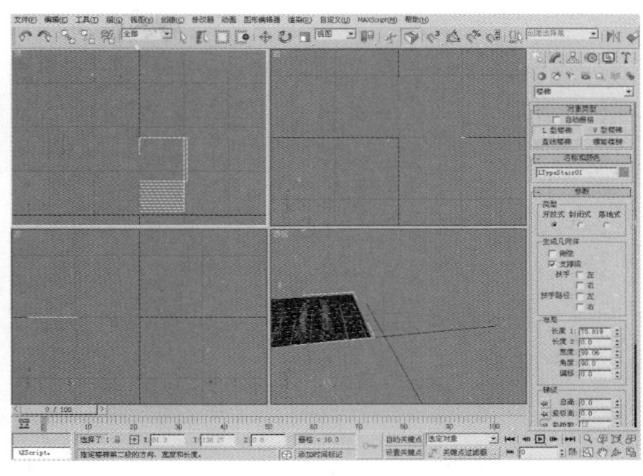

■ 5）释放鼠标并移动光标，第二跑平面被拉伸出来，到适当位置单击，确定其角度。

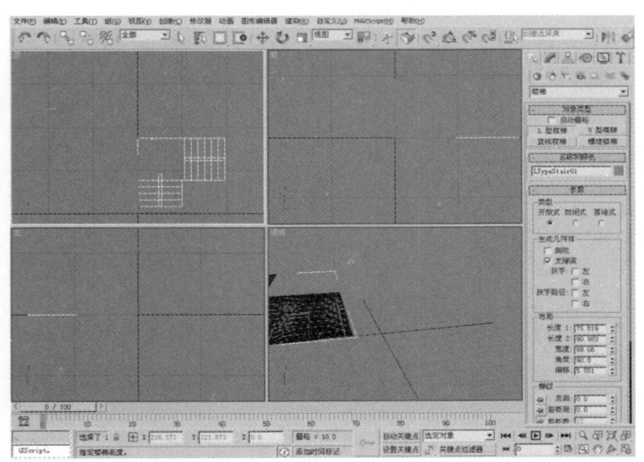

■ 6）释放鼠标并向上移动光标，整个平面开始拉伸成为楼梯，到适当位置单击，完成创建。

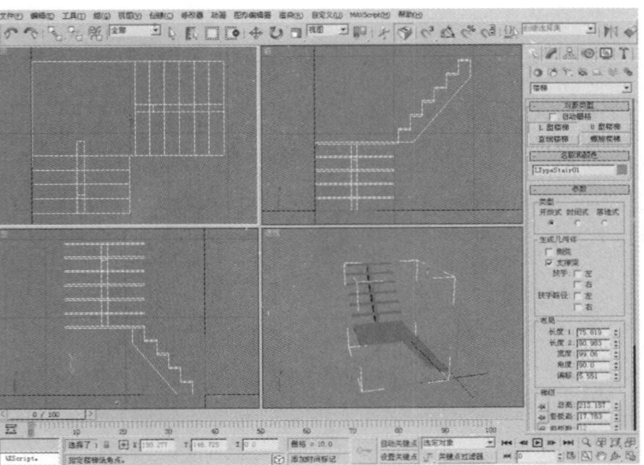

■ 7）此时的楼梯只有踏板，类似于钢结构中的简单钢梯，这是【开放式】类型。

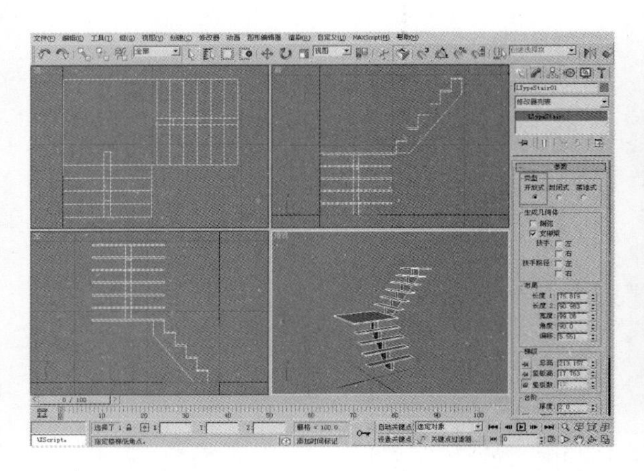

■ 8）在参数卷展栏下将类型由【开放式】改为【封闭式】，类似混凝土楼梯。

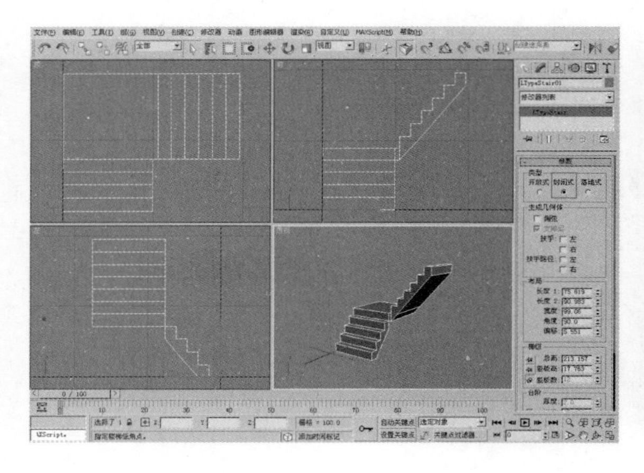

■ 9）将类型改为【落地式】，楼梯下面的空间全部被实体填满。

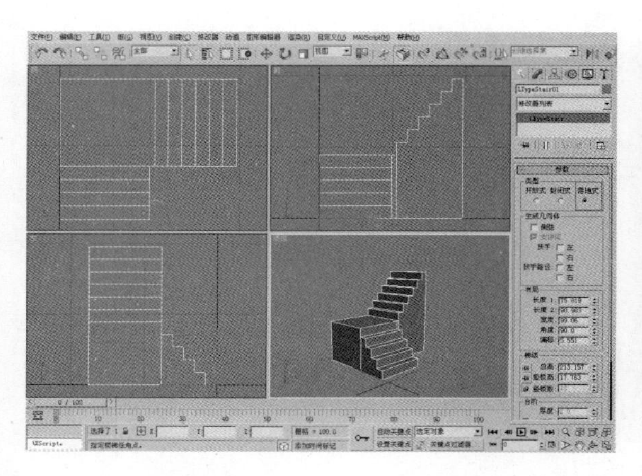

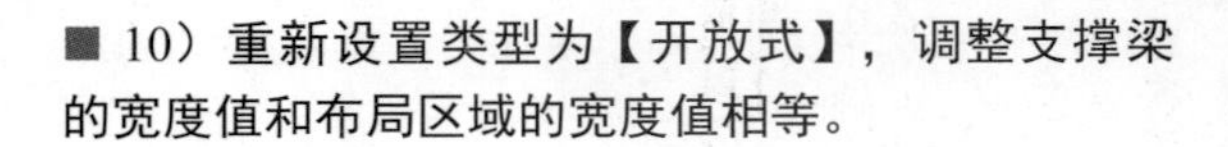

■ 10）重新设置类型为【开放式】，调整支撑梁的宽度值和布局区域的宽度值相等。

■ 11）在【生成几何体】选项区域选中【侧弦】复选框，踏板两侧出现贯通整个楼梯的挡板。

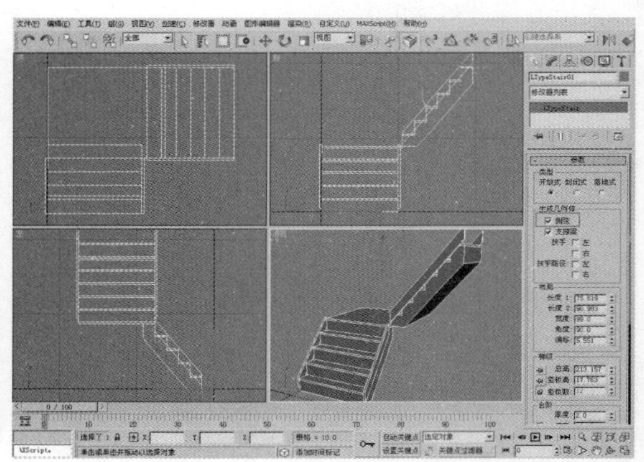

■ 12）取消选中【支撑梁】复选框，楼梯的拖架消失，如下图所示。

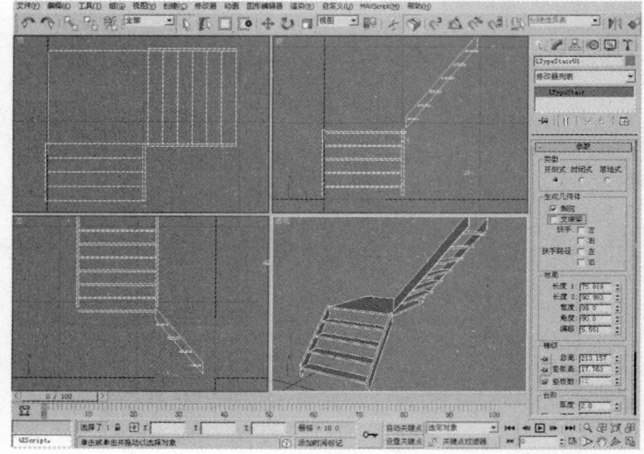

■ 13）依次选中【扶手】的【左】和【右】复选框，楼梯的左、右侧扶手分别出现。

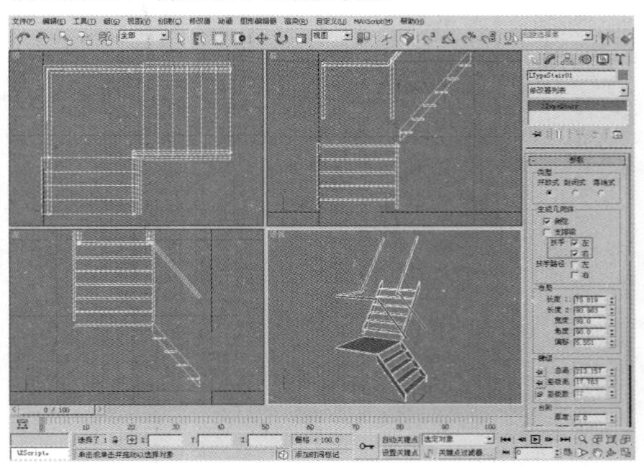

注意

3ds Max中楼梯的类型涵盖了3种常见的楼梯样式，结合具体参数的调节，几乎可以制作出任何形式的楼梯。这是3ds Max专为建筑及室内设计人员提供的特殊功能。

■ 14）取消选中【扶手】选项组中的复选框，依次选中【扶手路径】的【左】和【右】复选框，左右扶手的路径作为一条线分别出现。

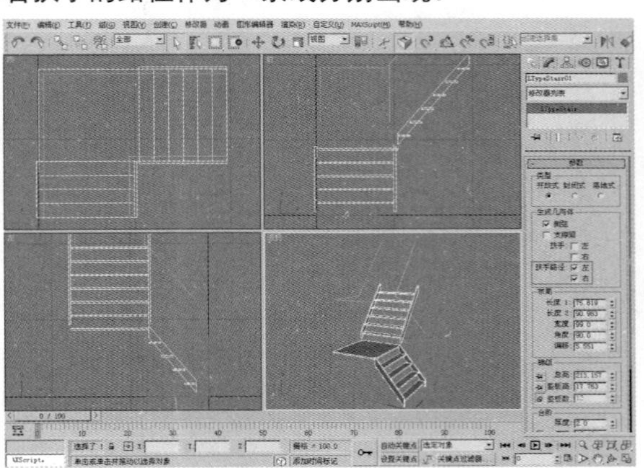

■ 15）在【布局】选项区域单击【长度 1】微调器，【长度 1】发生变化，同时【长度 2】也发生长度互补的变化。

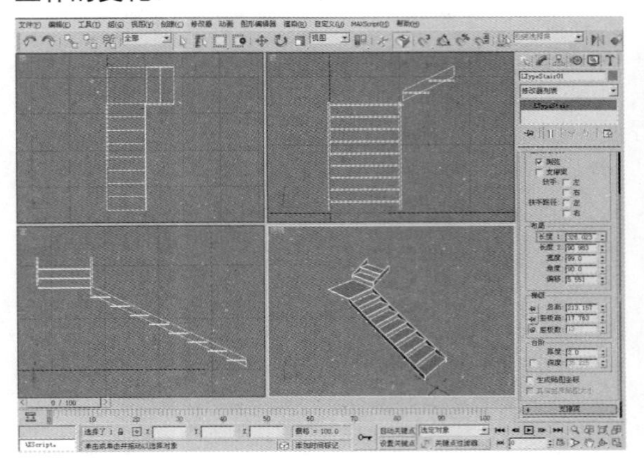

■ 16）调节【长度 2】的大小，【长度 2】发生变化，同时【长度 1】发生长度互补变化。

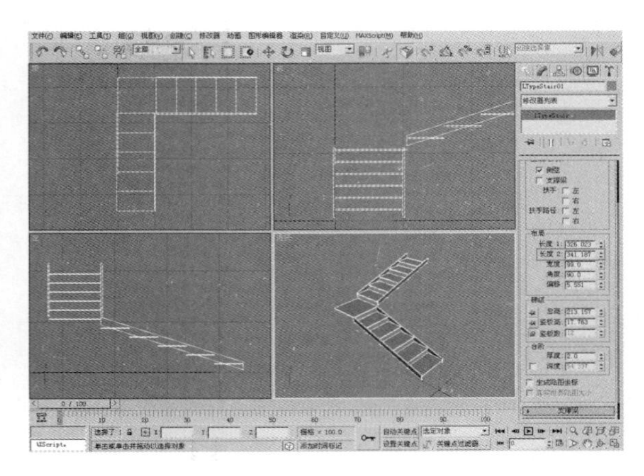

■ 17）调节楼梯宽度的大小，楼梯的宽度发生相应变化。

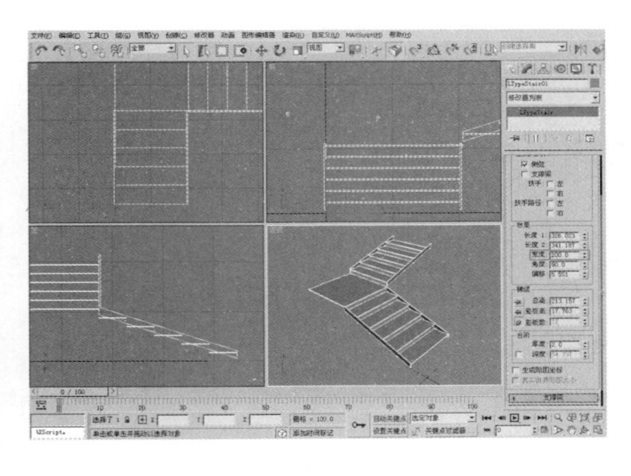

■ 18）调节楼梯转角，一跑与二跑之间的夹角随之发生变化（范围在 90° ～ -90° 之间）。

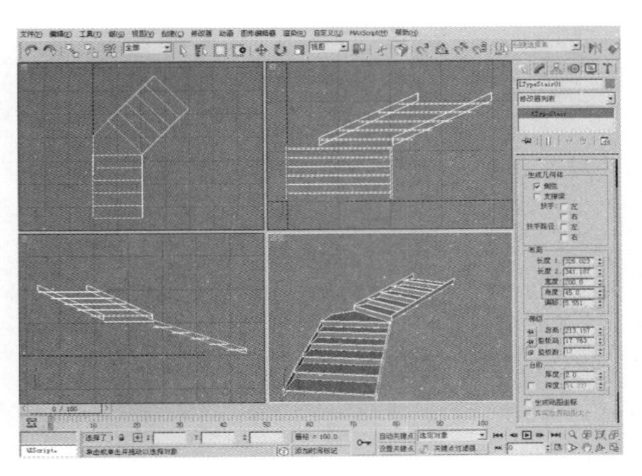

■ 19）调整偏移值，第二跑离开第一跑的距离随之发生变化。当偏移值为 0 时，第一跑与第二跑之间的休息平台是正方形。

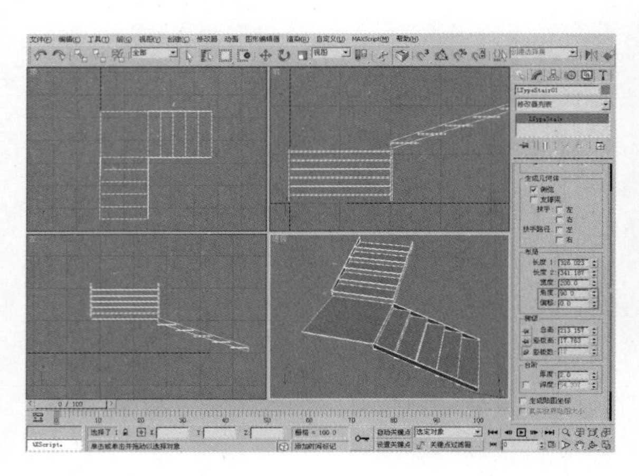

■ 20）调整【梯级】选项区域里的【总高】值，整个楼梯的高度随之发生变化。

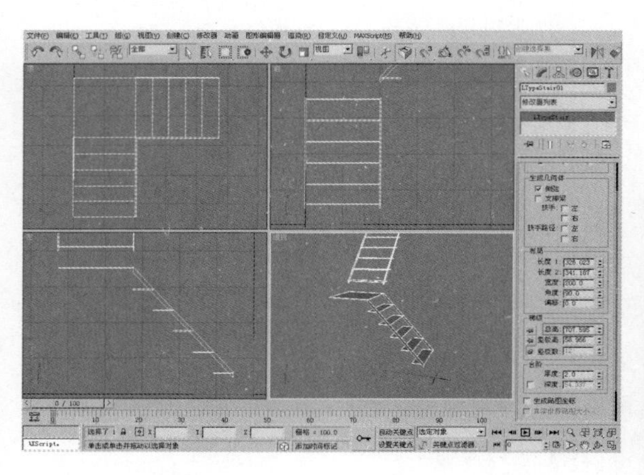

■ 21）单击【总高】左侧的按钮，将其数值锁定，同时调节【竖板数】的值，视图中楼梯的竖板数随之发生变化，但总高度不变。也就是说，总高度锁定后，竖板数和竖板高度发生互补变化。

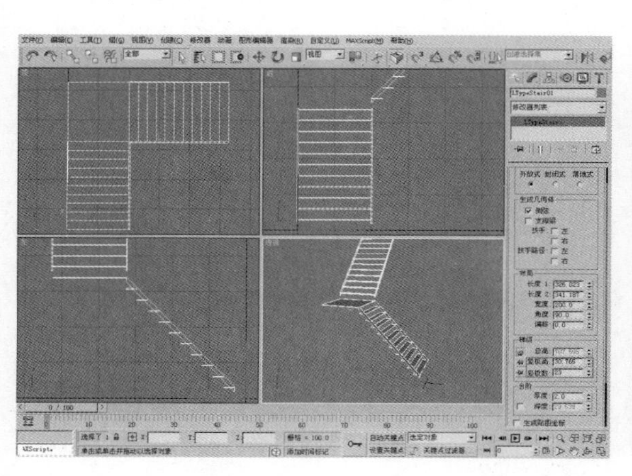

■ 22）调节【台阶】选项区域里【厚度】值，楼梯踏板的厚度随之发生变化。

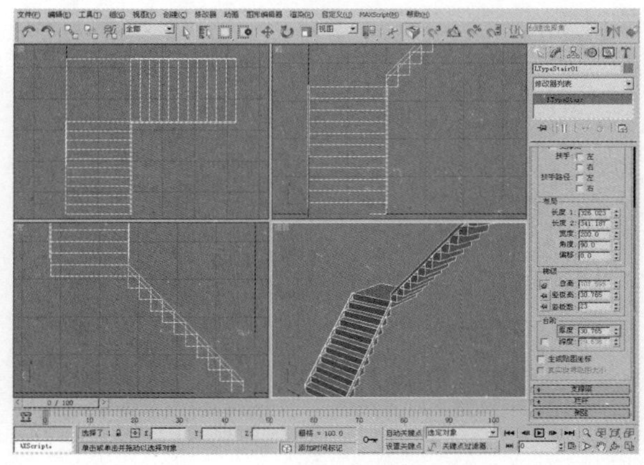

提示

在3ds Max里的很多地方都有按钮，是“图钉”的意思，即锁定相应的参数值。【锁定】与【互补变化】是数学中的一种换算法则，同时也是自然界的一个基本规律。而楼梯数据的换算正是建筑计算中最具有代表性的。

■ 23）选中并调节【台阶】选项区域的【深度】值，楼梯踏板的深度随之发生变化。

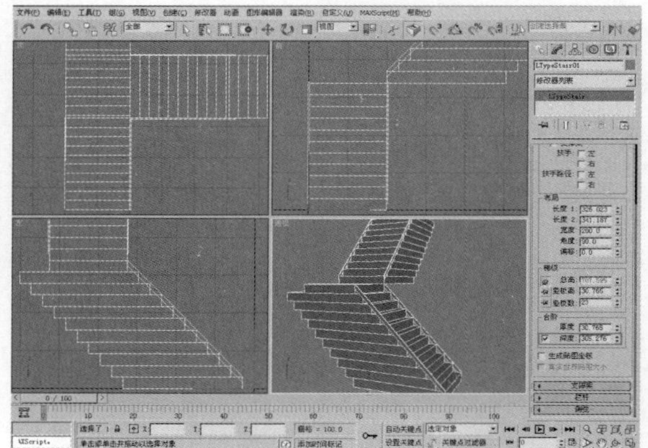

■ 24）选中【支撑梁】复选框。调节【支撑梁】卷展栏下的【宽度】和【深度】值，楼梯梁的高度和宽度也随之改变。

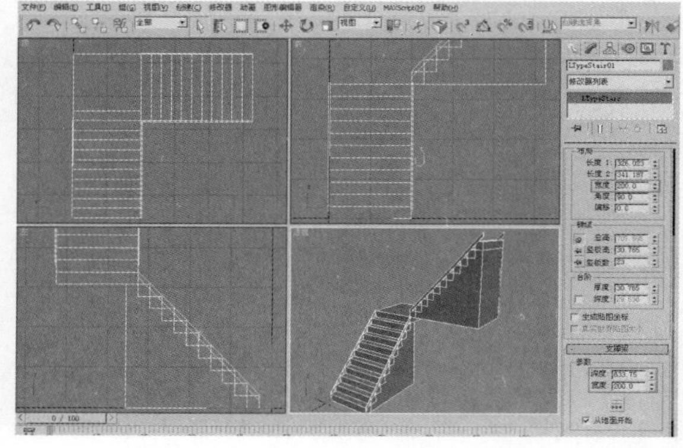

■ 25）确认在【生成几何体】选项区域选中【扶手】选项组中的复选框，则在【栏杆】卷展栏内调节扶手高度、偏移量、分段和半径，楼梯的扶手会发生变化。

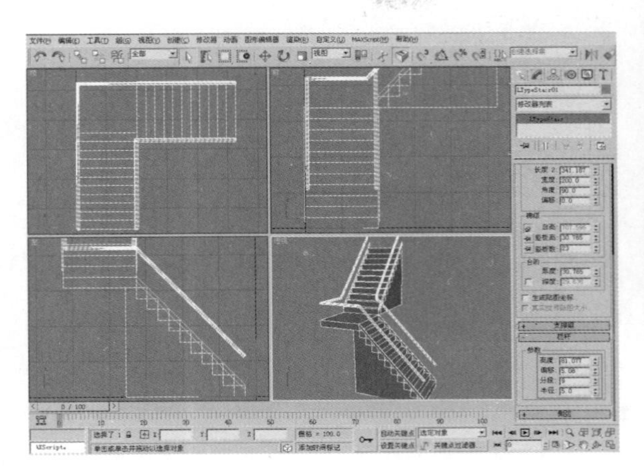

■ 26）确认在【生成几何体】选项区域选中了【侧弦】复选框。调节【侧弦】卷展栏下的深度、宽度和偏移值，楼梯挡板会发生相应的变化。

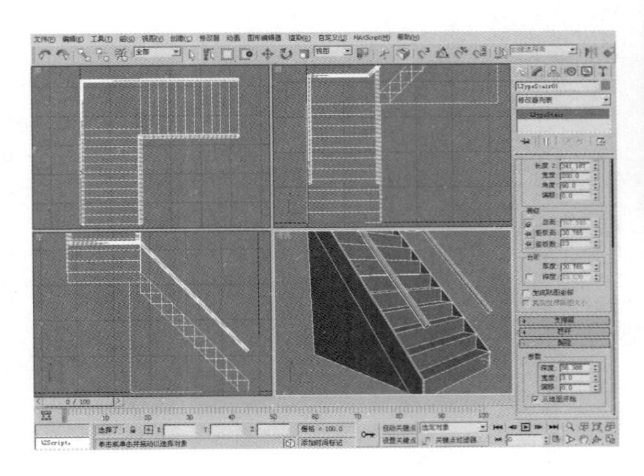

■ 27）U 形楼梯如下图所示。

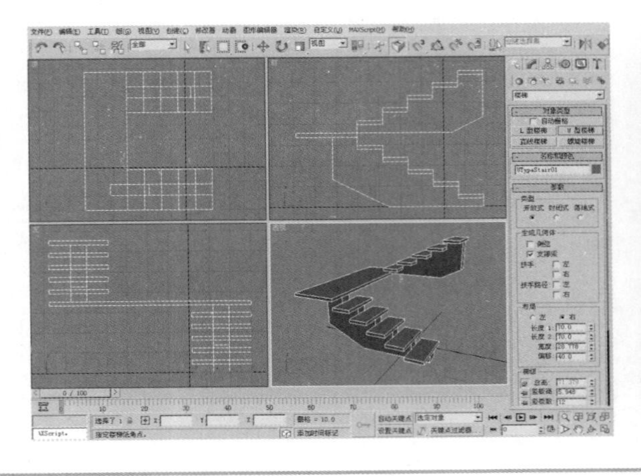

■ 28）直线楼梯如下图所示。

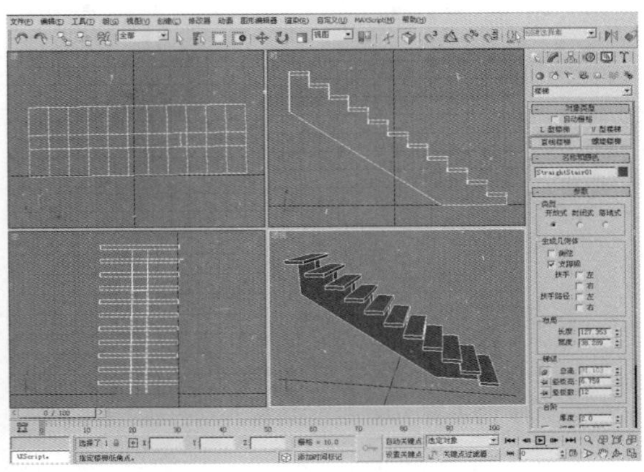

■ 29）螺旋楼梯如下图所示。

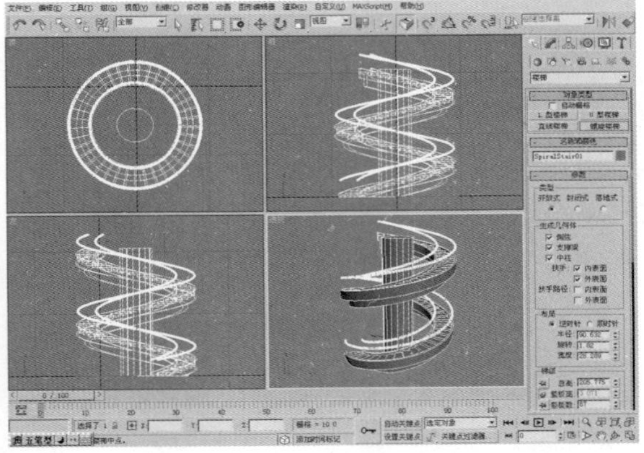

3.5.3 通过阵列自制室内钢梯

■ 1）单击工具栏中的图标，并在图标上单击鼠标右键，弹出【栅格和捕捉设置】对话框，在【捕捉】选项卡下选中【栅格点】复选框。

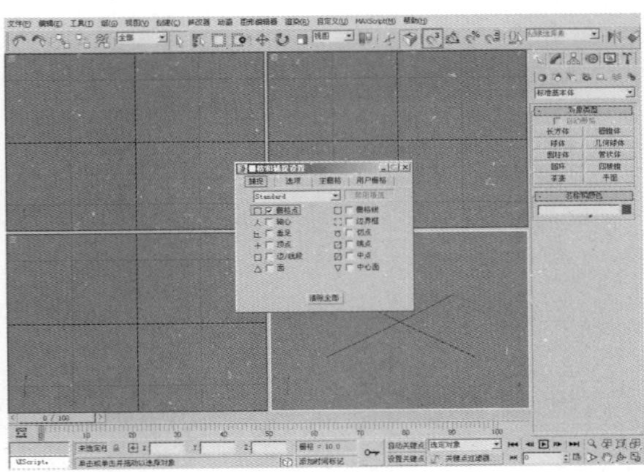

■ 2）单击【创建】面板下的【图形】按钮，选择【样条线】选项，单击【线】按钮，在前视图中，创建下图所示的一段折线，高为 3 格栅格，宽为 4 格栅格。

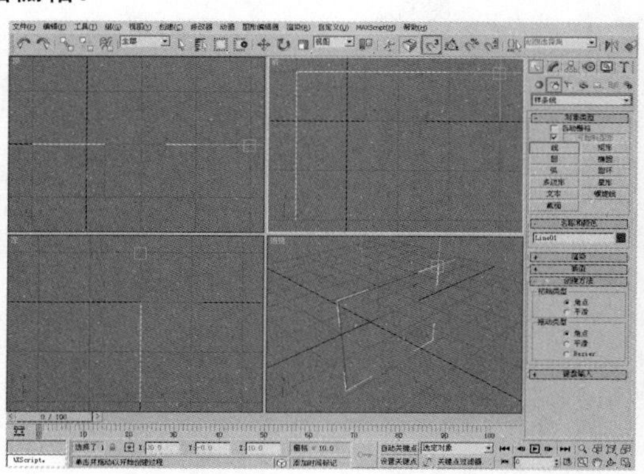

■ 3）单击工具栏中的移动工具按钮，按住键盘上的 Shift 键将光标移动到 Line01 的下端节点上，待蓝色十字出现后，按住左键并拖动到 Line01 的右端节点，待蓝色十字再次出现时松开鼠标。在弹出的对话框中选择【复制】单选按钮。

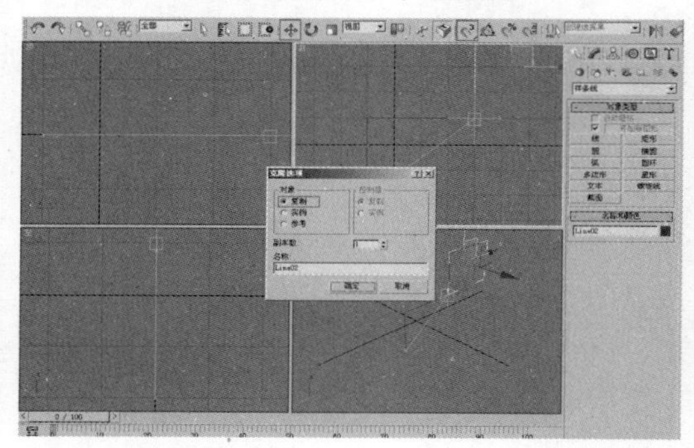

注意

在移动、旋转和缩放这3个工具状态下，按住Shift键并单击对象，都可以实现克隆操作。有时为了方便，将克隆和这3个工具结合，便会有如下操作：按住键盘上的Shift键并直接执行移动、旋转或缩放的操作，两项操作一步到位。

■ 4）在【克隆选项】对话框中设置【副本数】为 10，单击【确定】按钮。

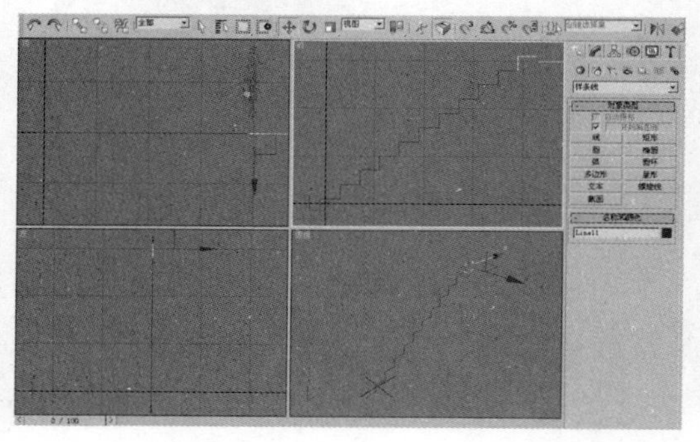

■ 5）选择 Line01，在【修改】命令面板中为其加载【编辑样条线】修改器，单击【附加】按钮，将 10 条线附着在一起。

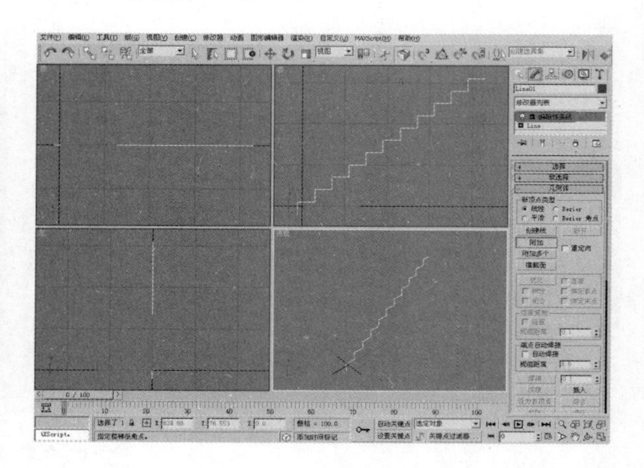

■ 6）退出【附加】命令，进入【顶点】子对象层级，框选所有顶点，单击【焊接】按钮，将重合的点焊接成一个点（焊接半径为 10mm）。

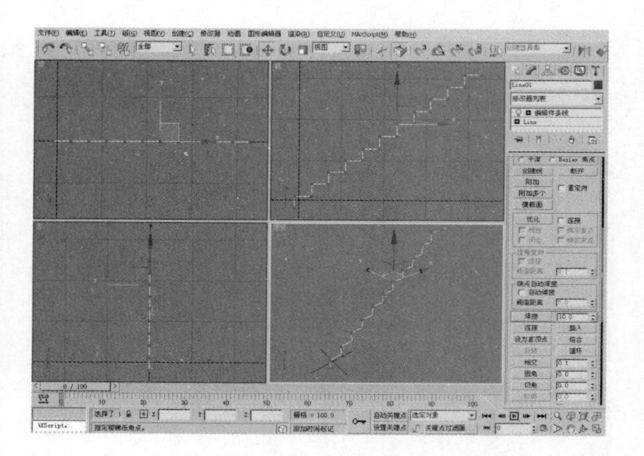

■ 7）退出【顶点】子对象层级，在图标上单击鼠标右键，在弹出的【栅格和捕捉设置】对话框中打开【主栅格】选项卡，可知【栅格间距】为 10mm。

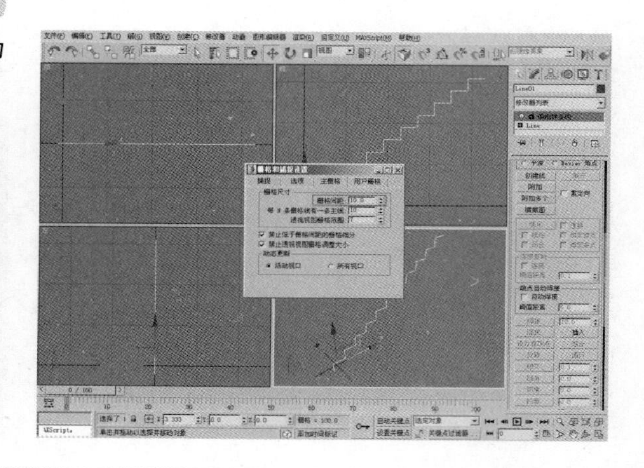

■ 8）本节步骤 2 中创建的 Line01 高为 3 格、宽为 4 格，即高为 30、宽为 40。考虑到与真实尺寸相符，选择 Line01，用缩放命令将其放大 6 倍。

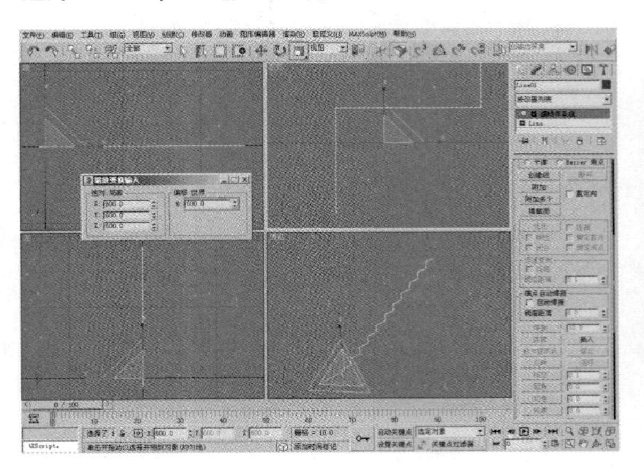

提示

在3ds Max中对某一对象进行缩放操作后，并不会改变其控制参数的值。不论放大还是缩小，其【修改】命令面板里的参数值保持不变。

■ 9）在Line01底部附近创建Box01，设置相关参数。

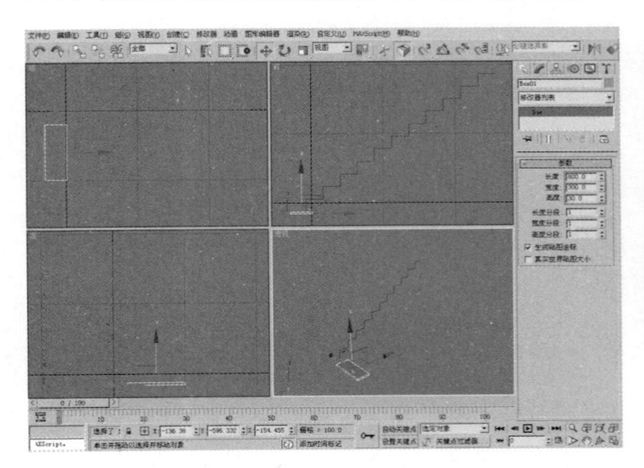

■ 10）在图标上单击鼠标右键，在弹出的对话框中取消选中【栅格线】复选框，选中【顶点】复选框。

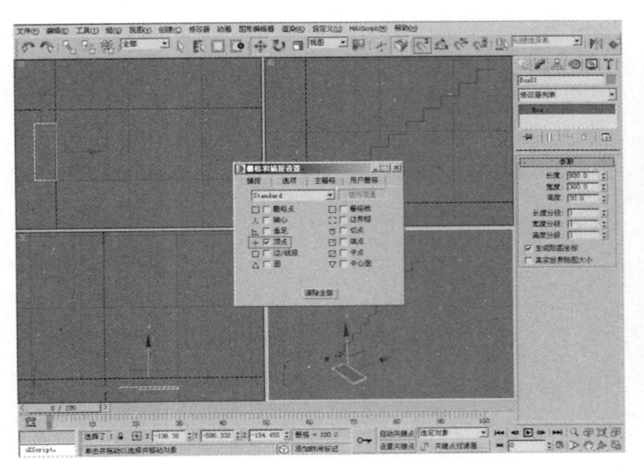

■ 11）在视图中选择线条，在【修改】命令面板中单击【创建线】按钮。在视图中单击，创建下图所示的线。

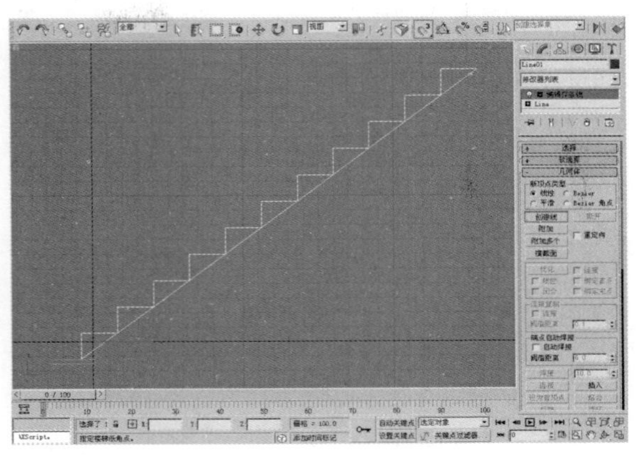

■ 12）退出创建线状态，进入【顶点】级别，选择处于阴角位置的所有顶点，将其向右移动 50mm。

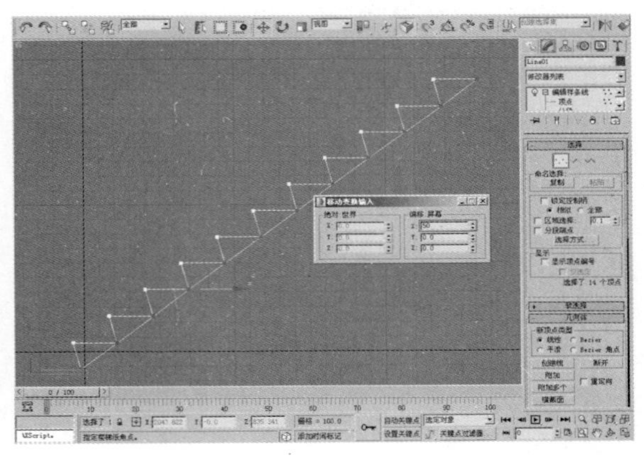

■ 13）进入【分段】子对象层级，将刚刚绘制的线段向右稍微移动一点。

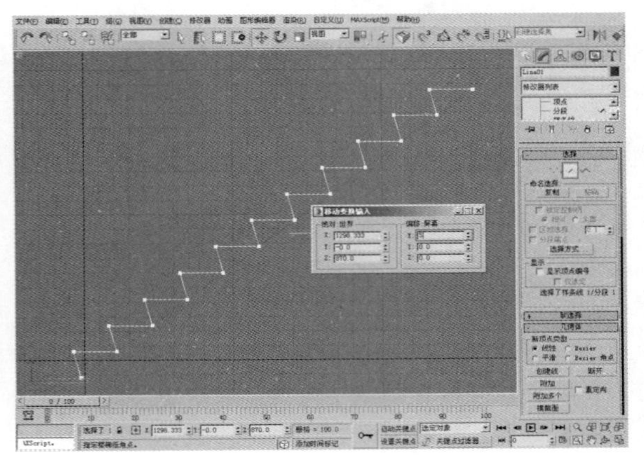

■ 14）利用【几何体】卷展栏中的【创建线】按钮，将两端的开口连接起来。

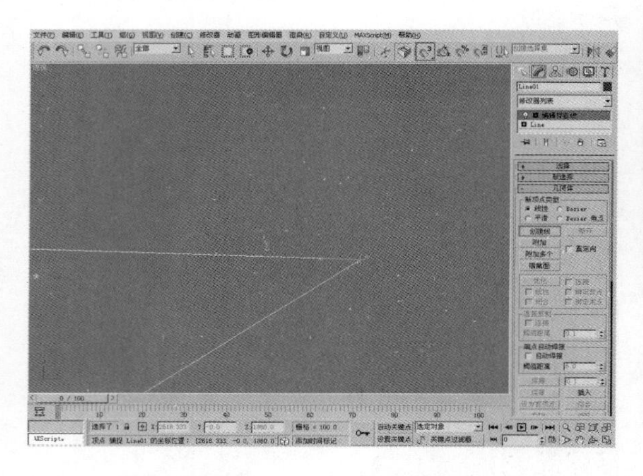

■ 15）框选两端的 8 个点，单击【焊接】按钮，将同一位置的两点焊接起来。

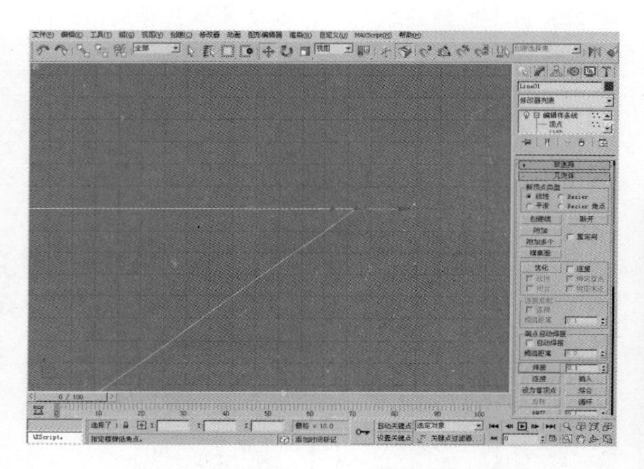

■ 16）在修改器下拉列表中选择【挤出】选项，为 Line010 加载【挤出】修改器。

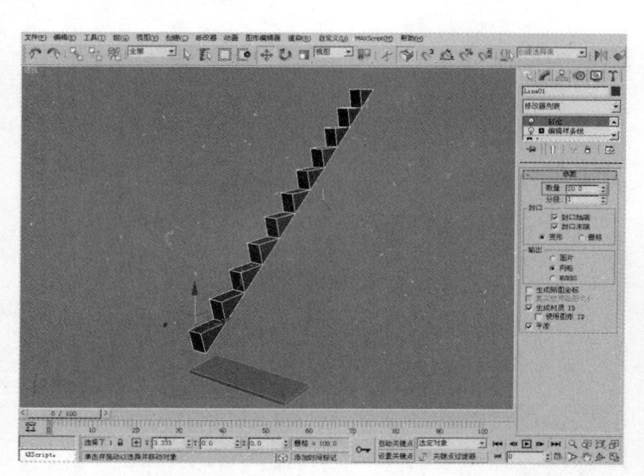

■ 17）将其命名为【拖架】。在图标上单击鼠标右键，弹出【栅格和捕捉设置】对话框，选中【中点】复选框。

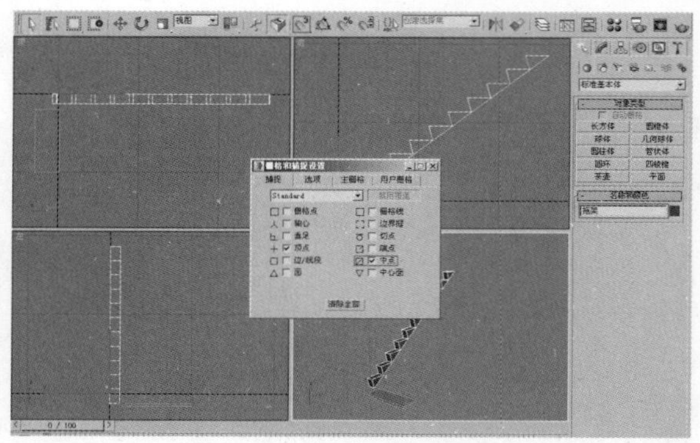

注意

在默认情况下，【顶点】复选框是被选中的，其他所有复选框处于取消选择状态。这就意味着在绘图的时候光标将捕捉栅格线的交点。一次可以选中多个复选框。如果选中的复选框多于一个，那么在绘图的时候将捕捉到最近的元素。

■ 18）将光标移动到 Box01 前下部边缘的中点，待捕捉信息出现后，按住鼠标左键，将其移动并对齐到拖架前部边缘中点上。

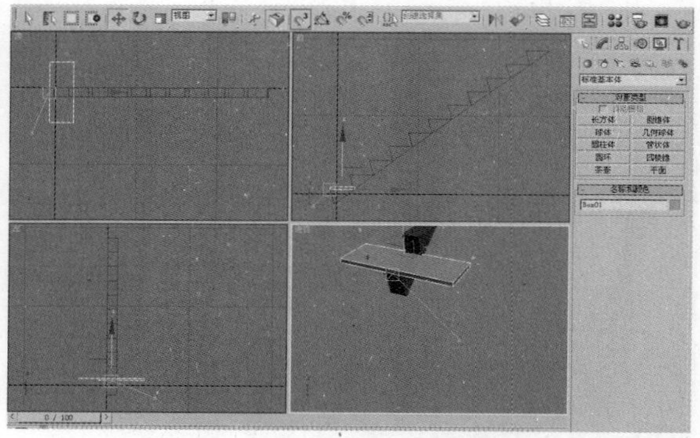

■ 19）按 F3 键，将模型以线框模式显示。按住键盘上的 Alt 键，利用鼠标中键将透视图旋转到【拖架】背面，利用中点捕捉来捕捉 Box01 背部下边缘的中点，利用移动工具将 Box01 移动并对齐到拖架的阴角边缘中点处。

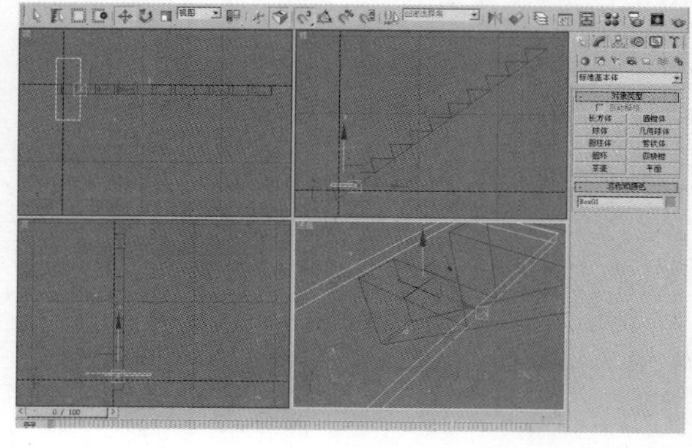

■ 20）按F3键，以边面模式显示物体。选择Box01，选择菜单栏中的【工具>阵列】命令，打开【阵列】对话框，设置相关参数。

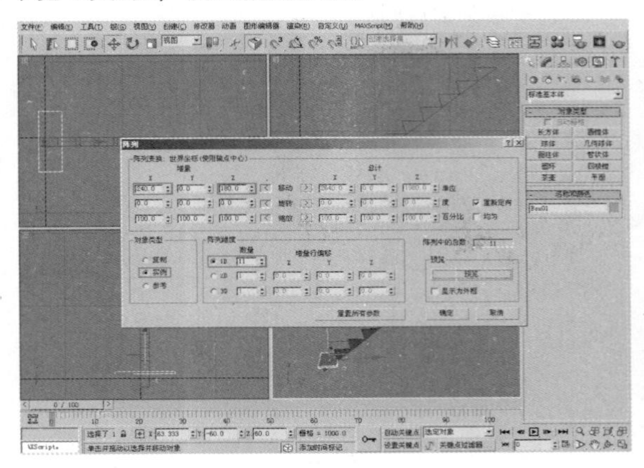

提示

对没有封闭的样条线加载【拉伸】修改器，得到的结果是一个只有一个表面的面片，即一侧显示实体，而另一侧显示为空。可以通过赋予其双面材质来达到双面都显示实体的效果。

■ 21）单击【确定】按钮，Box01被复制成11份，并按照踏步的比例精确定位。

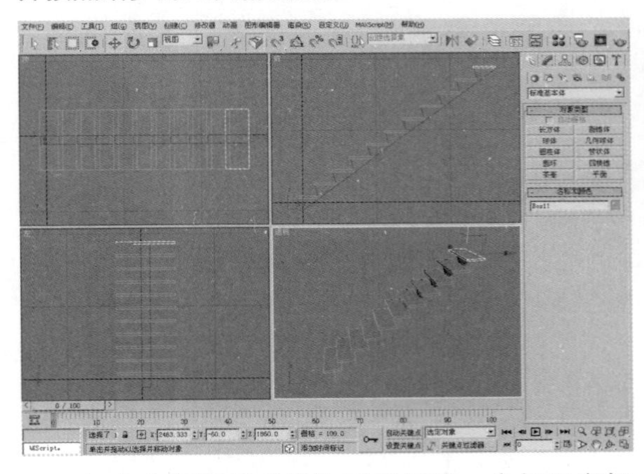

■ 22）在左视图用【线】工具创建一个与工字钢断面相似的形状。

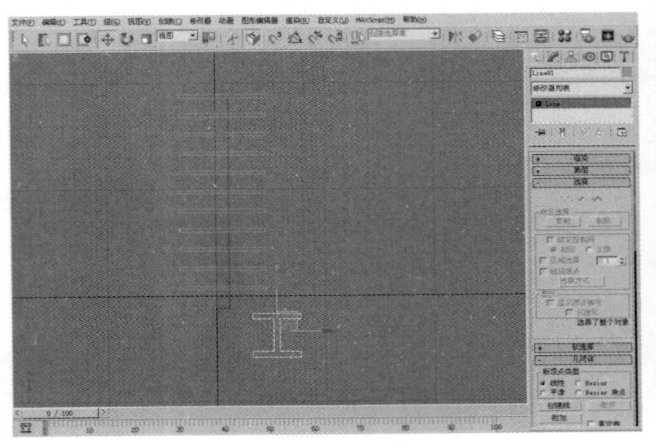

■ 23）加载【挤出】修改器，输入数量值2400mm，并命名为【拖架工字钢】。

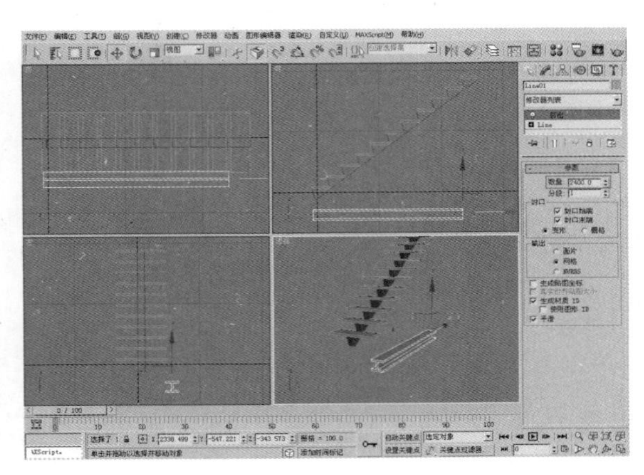

■ 24）利用中点捕捉工具和移动工具将其移动到下图所示的位置上。

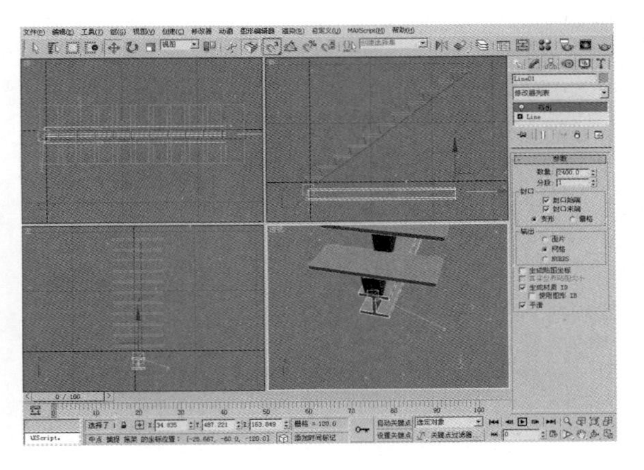

■ 25）加载【编辑网格】修改器，选择拖架工字钢尾部的多边形，将其移动到拖架最高边缘的中点上。

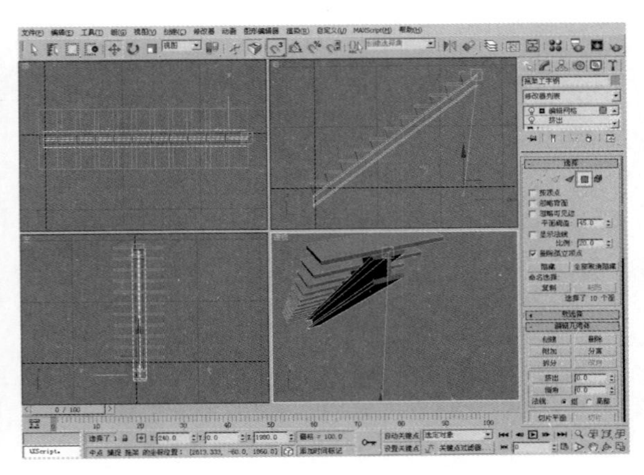

■ 26）单击【创建】面板中的【图形】按钮，选择【样条线】选项，单击【线】按钮，打开捕捉（顶点）工具，捕捉 Box01 的拐点，创建下图所示的一条线。

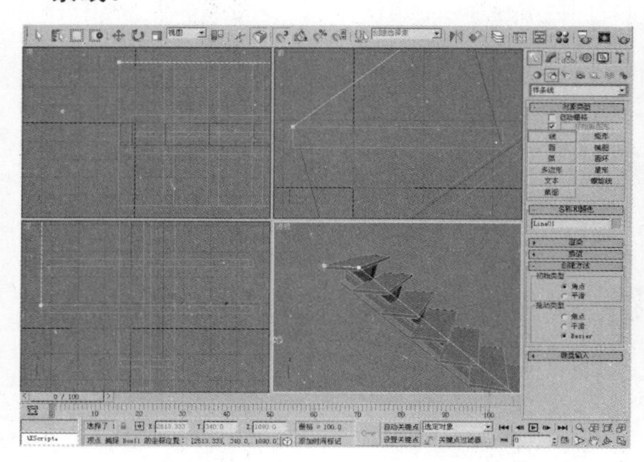

■ 27）进入【修改】命令面板，在 Line01 的【渲染】卷展栏内选中【在渲染中启用】和【在视口中启用】复选框，并设置参数。

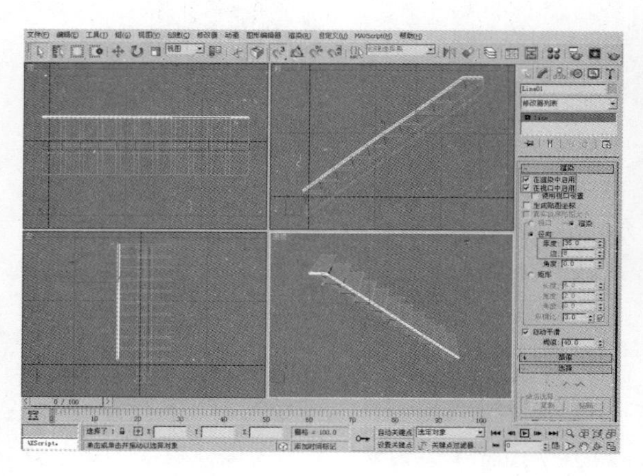

■ 28）将其命名为【扶手】，并沿 *Z* 轴向上移动 900mm，以符合正常的尺寸。

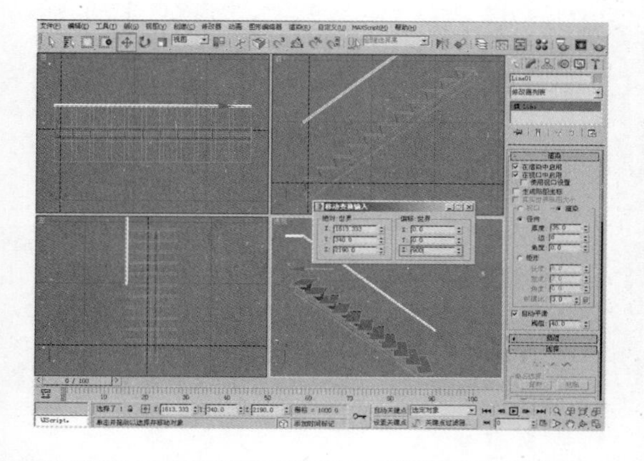

■ 29）取消选中【在视口中启用】复选框，将扶手的显示还原为线，利用顶点捕捉工具创建下图所示的线。

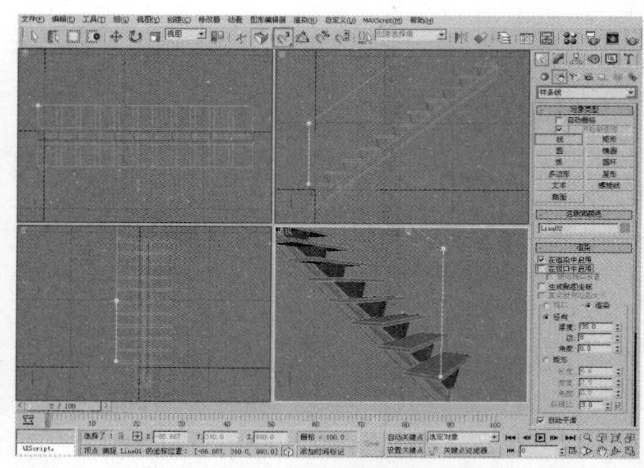

■ 30）在菜单栏里选择【工具>阵列】命令，打开【阵列】对话框，看到上次的设置仍然保留，确认当前视图与上次进行阵列时是一致的，单击【确定】按钮，将刚刚创建的线进行阵列。

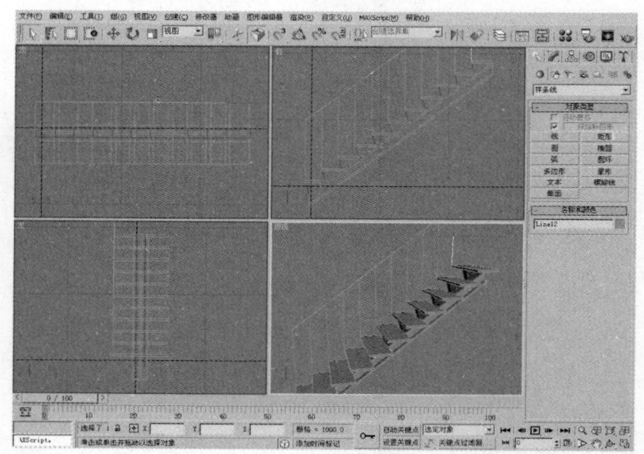

■ 31）单击第一条线 Line01，在【修改】面板的【渲染】卷展栏下选中【在视口中启用】复选框。同样选中第一条栏杆线 Line02 的【在视口中启用】复选框，修改其厚度值比 Line01 小一点。因为阵列复制的方式为【实例】，因此所有经阵列得到的线都随之改变。

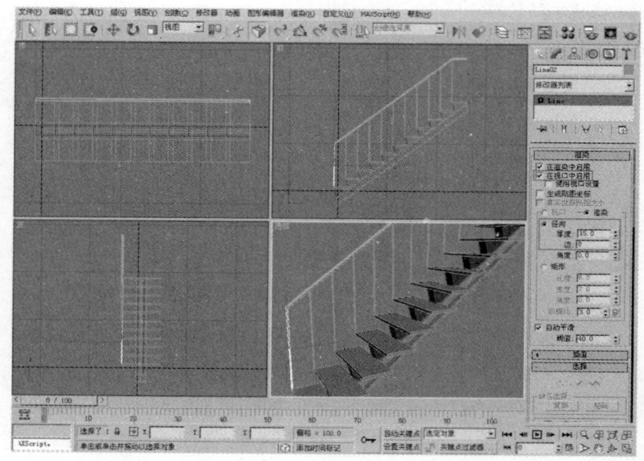

■ 32）在地面位置上创建 Plane01，和以前一样，将其【渲染倍增】选项区域里的【缩放】值设置为100。

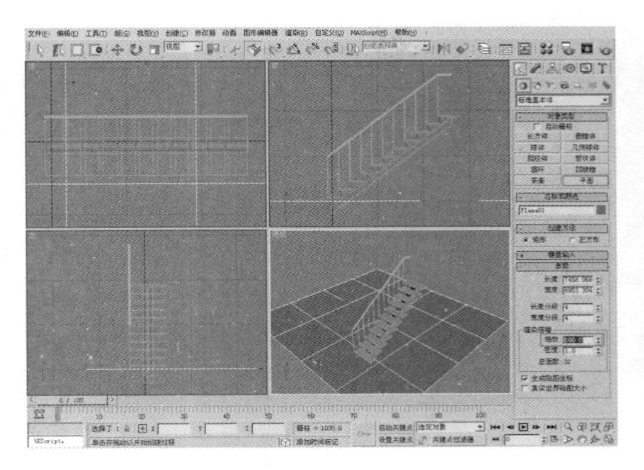

3.5.4 创建灯光和材质

■ 1）在材质编辑器中设置【漫反射】贴图为【位图】，选择一张木纹贴图。将制作好的材质赋予楼梯的踏板。

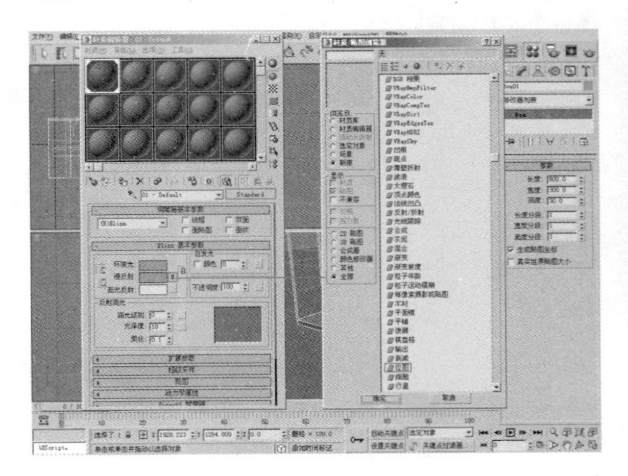

■ 2）选择楼梯的扶手和所有的栏杆，为它们制作不锈钢材质。

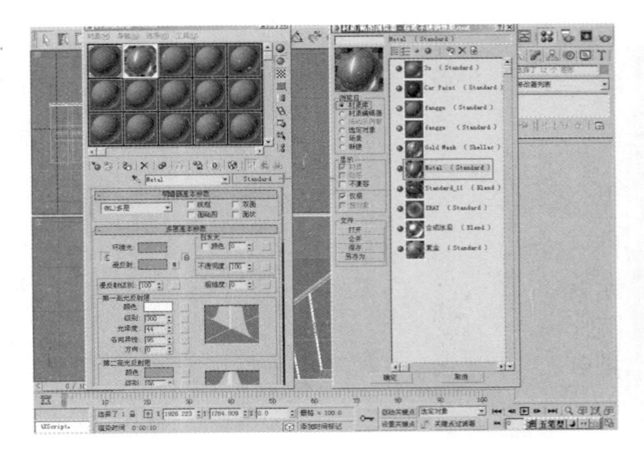

■ 3）选择拖架和拖架工字钢模型，选择一个材质球，在材质库中选择一种金属材质赋予模型。

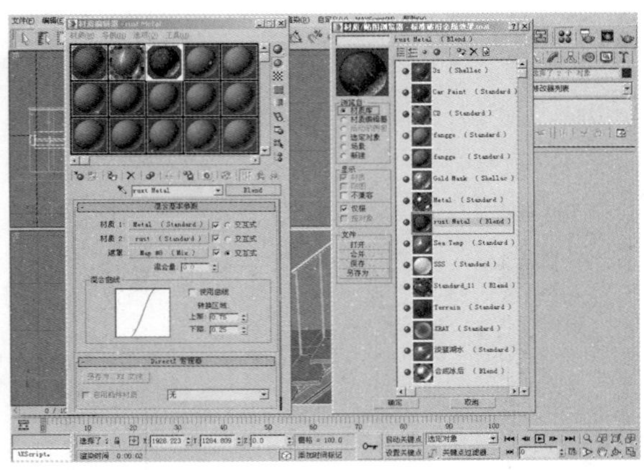

■ 4）在楼梯没有扶手的一侧创建一个长方体，作为楼梯依附的墙体，并赋予其简单的白色材质。

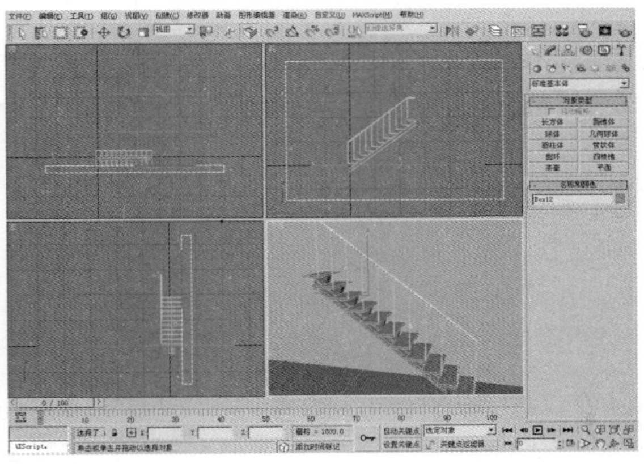

■ 5）单击【创建】面板下的【摄影机】按钮，单击【目标摄影机】按钮，创建摄影机，将【镜头】参数设置为35mm。

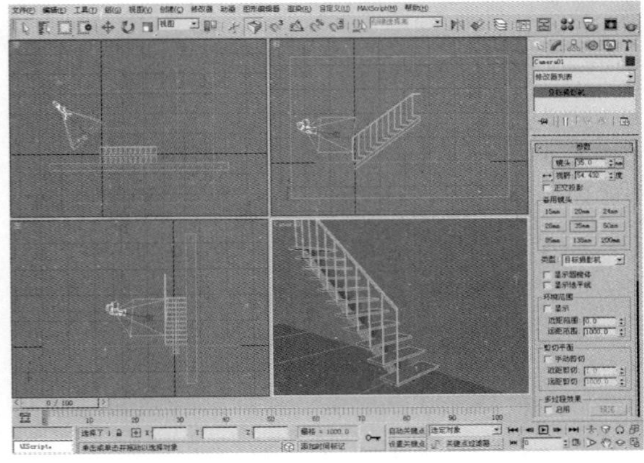

■ 6）在下图所示的与视线成 90° 角的平面上创建 mr 区域泛光灯。

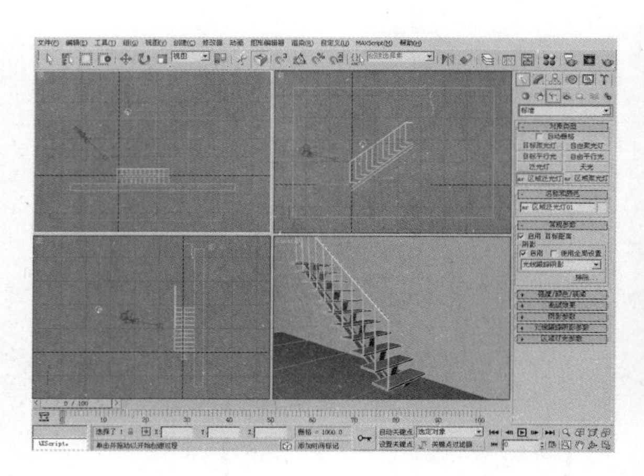

■ 7）在其【阴影参数】卷展栏下将【密度】值调低到 0.7，同时在【区域灯光参数】卷展栏下将球体的【半径】设为 50mm。

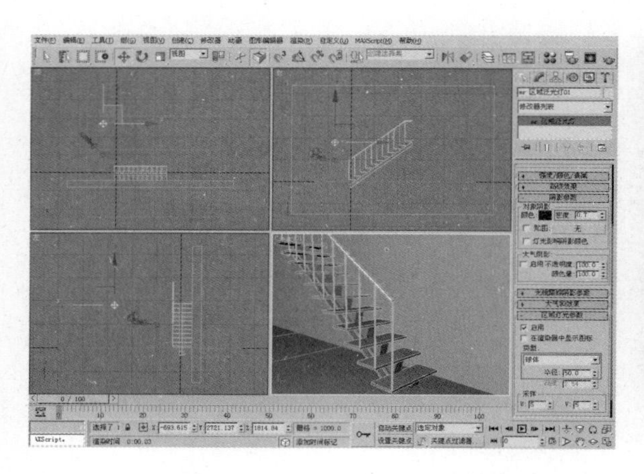

■ 8）按键盘上的F10键进入渲染设置对话框，在【指定渲染器】卷展栏中选择【mental ray 渲染器】。

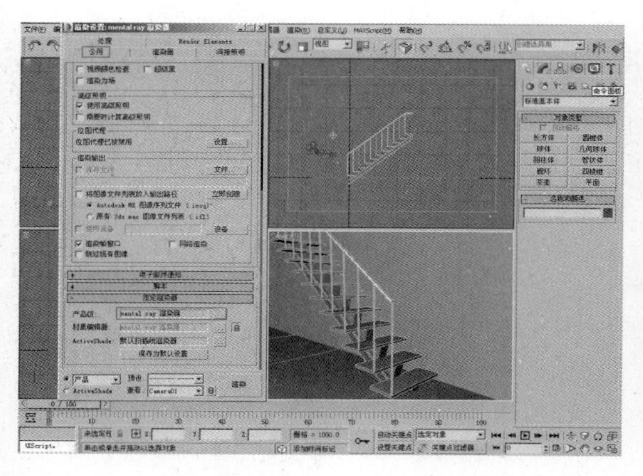

■ 9）单击【渲染】按钮，用 mental ray 渲染器进行渲染。

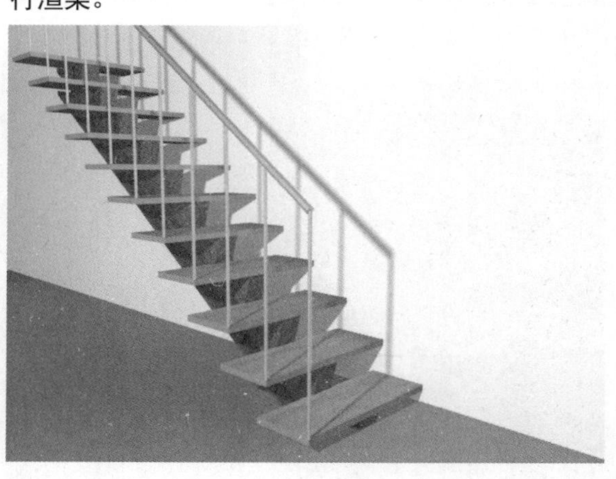

3.5.5 通过阵列自制室内旋转钢梯

■ 1）创建长方体，控制尺寸为长 500mm、宽 1500mm、高 30mm，将其命名为【踏板】。

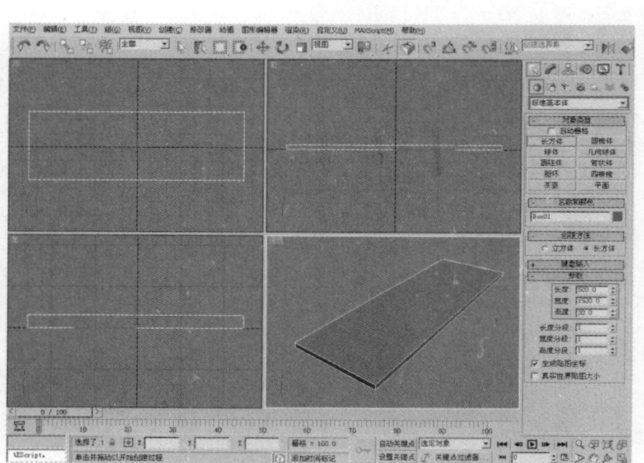

■ 2）进入【层次】面板，单击【仅影响轴】按钮，设置相关参数，再次单击【仅影响轴】按钮，退出轴调整。

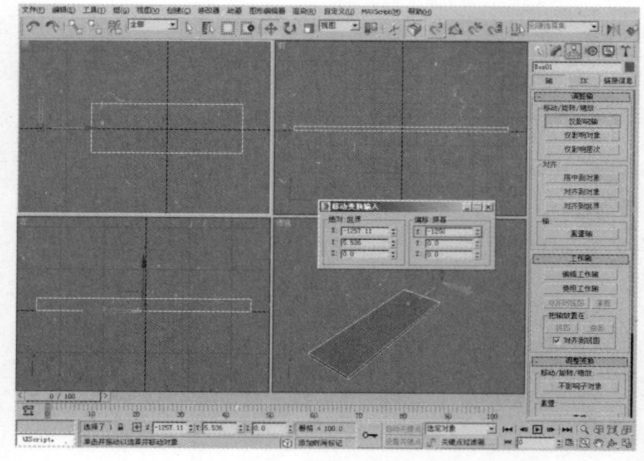

■ 3）为【踏板】制作木纹材质，并为其加载【UVW贴图】修改器，选择【参数】卷展栏下【贴图】选项区域的【长方体】单选按钮。

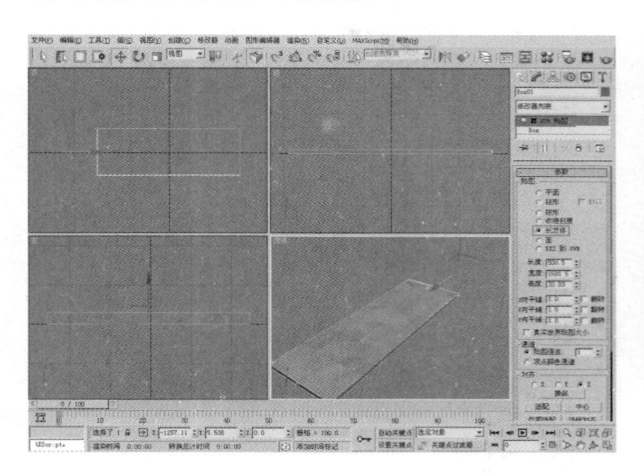

■ 4）在菜单栏里选择【工具 > 阵列】命令，设置相关参数。

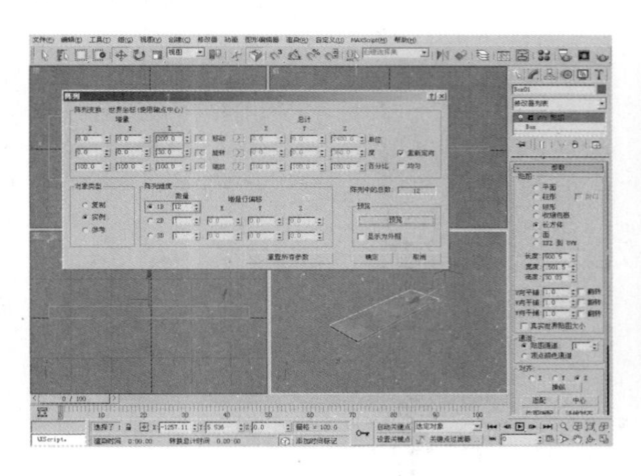

■ 5）单击【确定】按钮后，踏板以200的垂直间距、30°的间角被旋转阵列为12份。

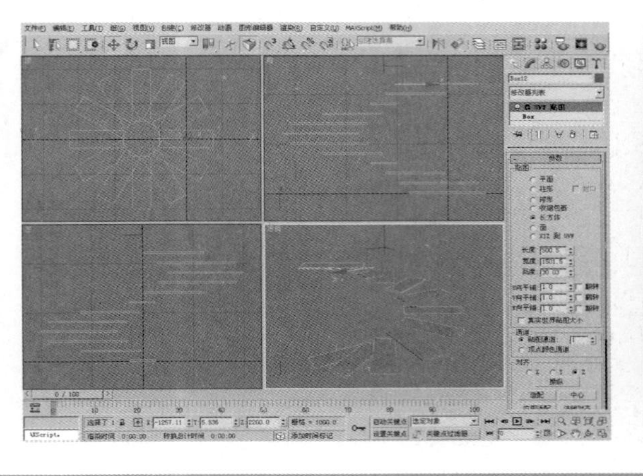

■ 6）选择第一个踏板，加载【编辑网格】修改器。在【顶点】子对象层级下框选踏板外侧的节点。

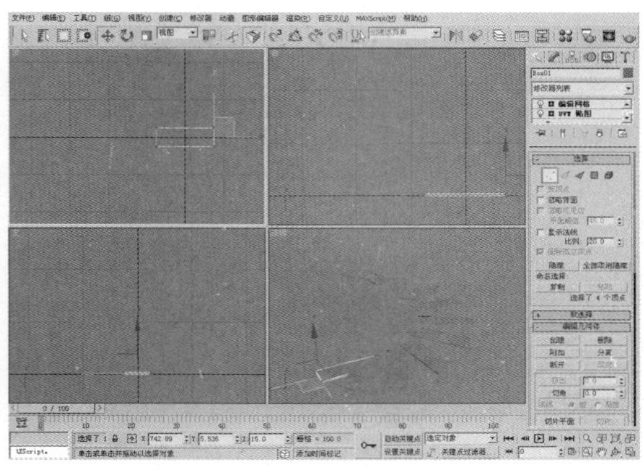

■ 7）用缩放工具将其沿 Y 轴方向放大，可以看到所有踏板也都发生相同的变化，直到每个踏板的外边缘相互接触为止。

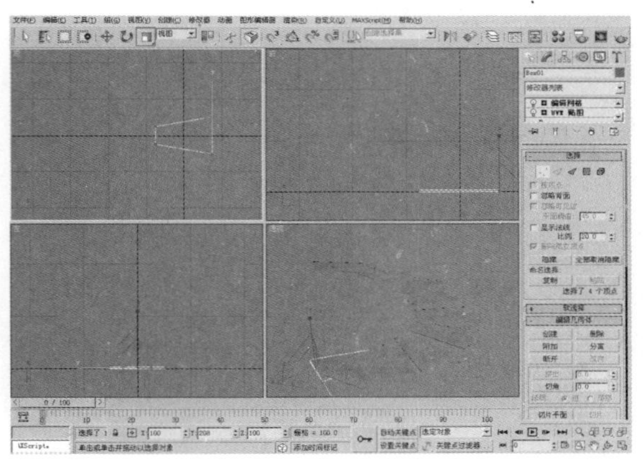

■ 8）框选踏板内侧的节点，用缩放工具将其沿 Y 轴缩小，直到每个【踏板】的内侧刚好相互接触为止。

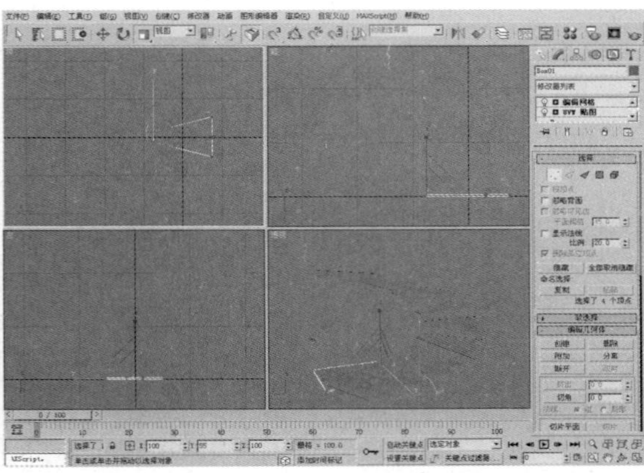

■ 9）退出【编辑网格】修改器，选择位于最高处的一块【踏板】，打开【阵列】对话框，上次的设置依然保留。

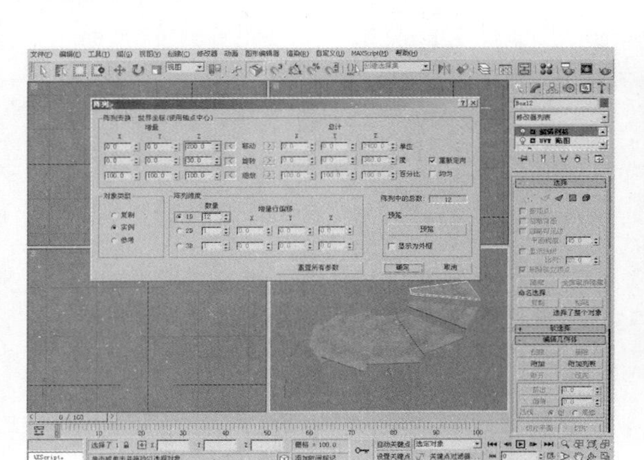

■ 10）单击【确定】按钮后，螺旋楼梯的踏板增加到两个完整圆周的高度。

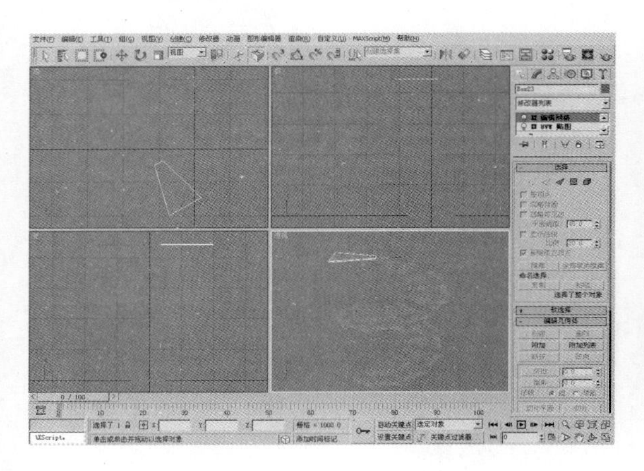

■ 11）单击【创建】面板下的【图形】按钮，选择【样条线】选项，单击【螺旋线】按钮，在视图中创建一条螺旋线。

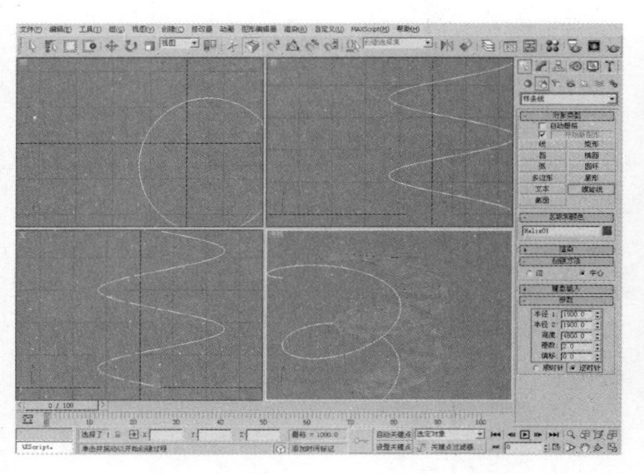

■ 12）单击工具栏中的图标，将螺旋线的轴与第一块踏板的轴对齐。

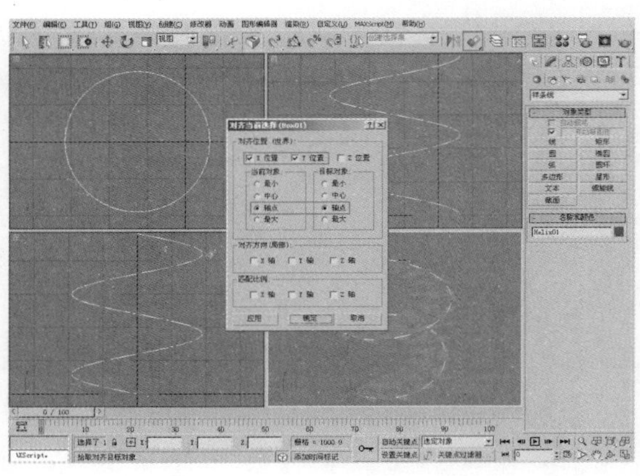

■ 13）将 Helix01 复制一份，并将其半径 1 和半径 2 均设为 600mm。

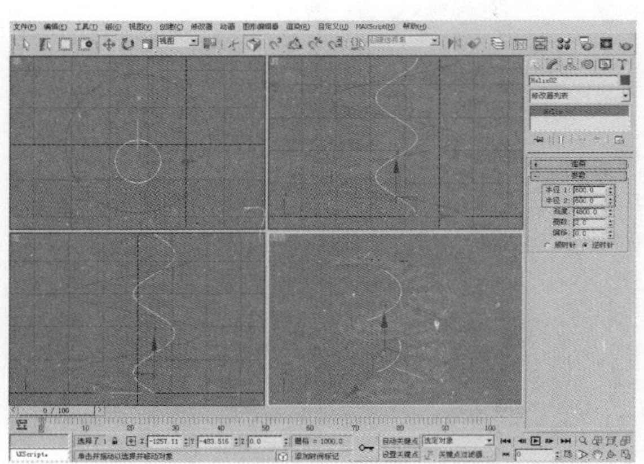

■ 14）单击【线】按钮，在顶视图中创建形似工字钢剖面的封闭线。

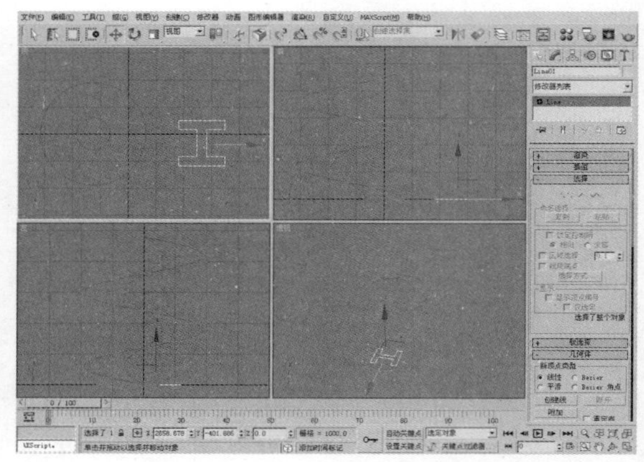

■ 15）选择 Helix01，以 Line01 为基准图形进行放样。可以看到结果并不合理——工字钢被扭转，而且其截面图形面积太大，导致工字钢太粗。

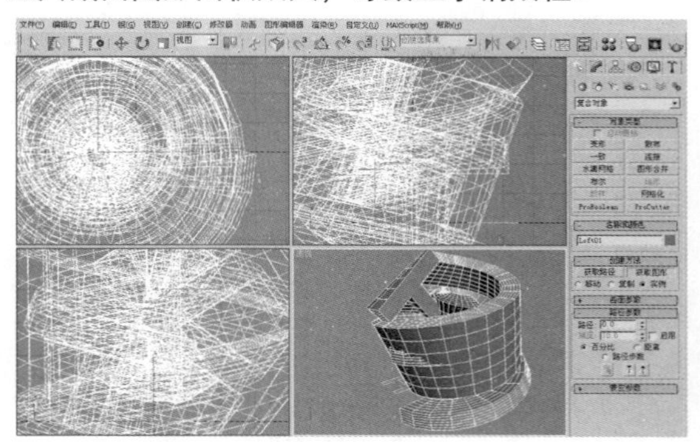

注意

在创建一些尺寸要求非常严格或者支持复杂对象时，对大量尺寸的记忆尤为重要。有时我们需要将它们记在一张纸上或其他文件中，以便在之后的创建过程中再次用到或参考这些数据。其实AutoCAD可作为一种承载数据的媒介。

■ 16）在【蒙皮参数】卷展栏里取消选择【选项】选项区域里的【倾斜】复选框，设置【图形步数】为 0、【路径步数】为 10。在修改器下拉列表中单击 Loft 左侧的 + 号展开列表，选中图形。在视图中利用缩放工具对截面图形进行缩放，调整工字钢的横截面面积。

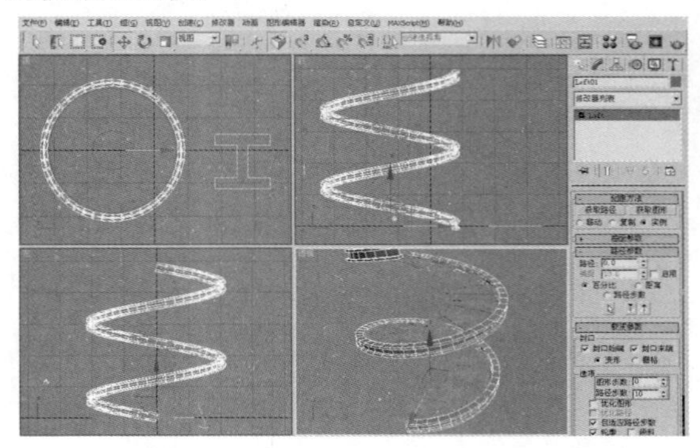

■ 17）同样将 Helix02 也以 Line01 为基准图形进行放样。设置与步骤 16 相同。

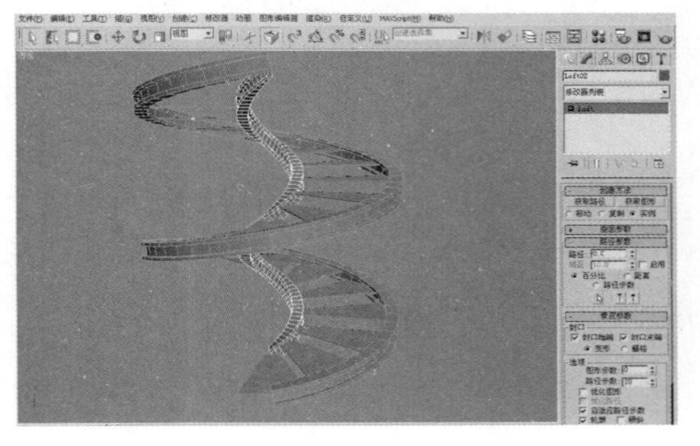

■ 18）将两段钢梁分别命名为【外钢梁】和【内钢梁】，用旋转工具将二者旋转到与楼梯的起始相对应的位置上。并用移动工具将二者向下移动到踏板以下位置。

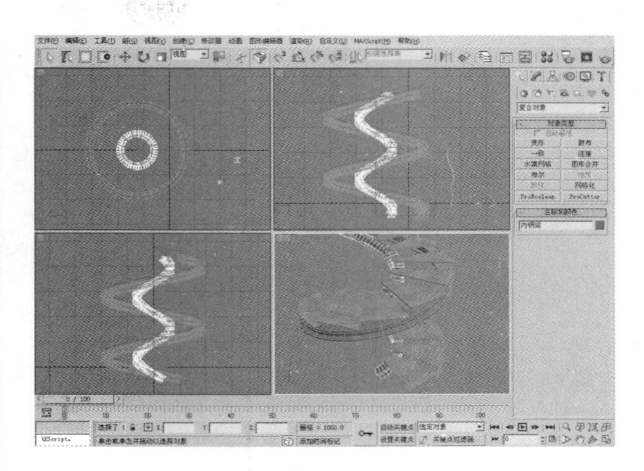

■ 19）复制 Helix01，并将其高度改为 200mm、圈数改为 0.083，作为一个踏步的路径。

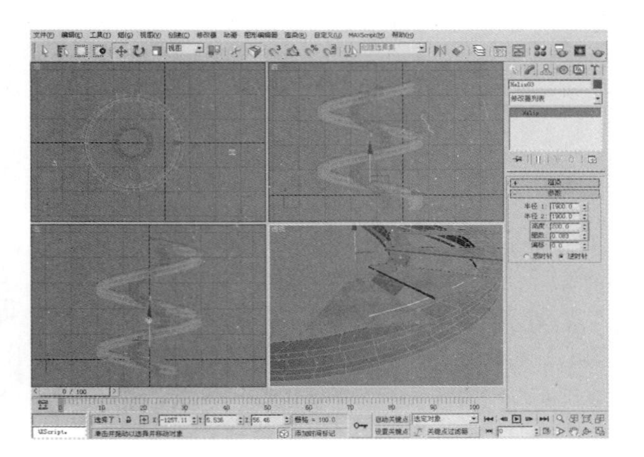

■ 20）创建一个矩形，并以刚才复制得到的短螺旋线为路径，以矩形为图形进行放样，并命名为【外支撑梁 01】。

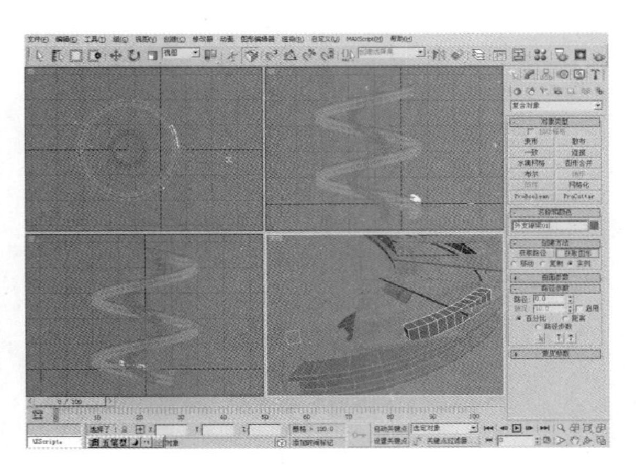

■ 21）将其移动到第一个踏板的下部，并在【缩放变形】对话框中将其修改到下图所示的形状。

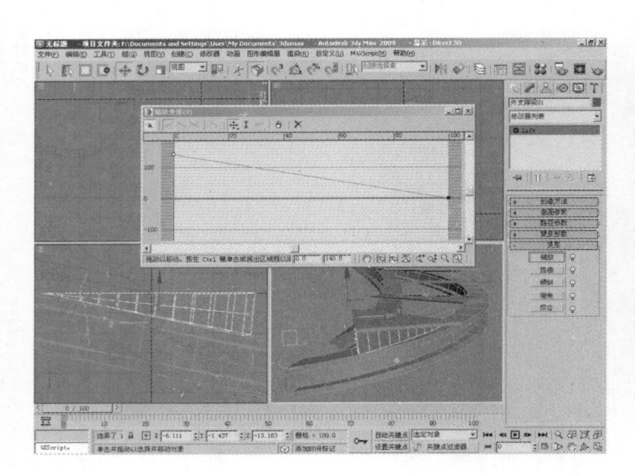

■ 22）在菜单栏里选择【工具 > 阵列】命令，在弹出的【阵列】对话框中设置各参数。

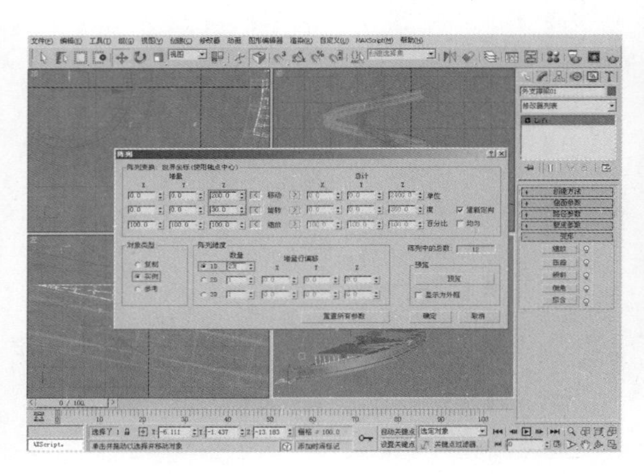

■ 23）单击【确定】按钮后，外支撑梁 01 被以 720° 旋转角度、高差 200mm 的阵列方式复制出 23 份。

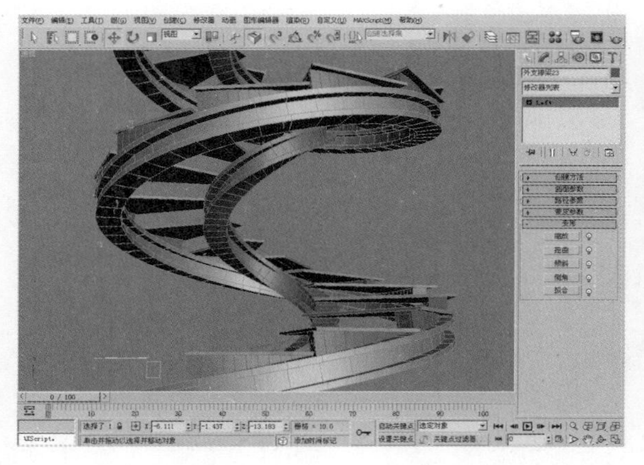

■ 24）用同样的方法创建【内支撑梁】，并用相同的阵列设置对其进行阵列。

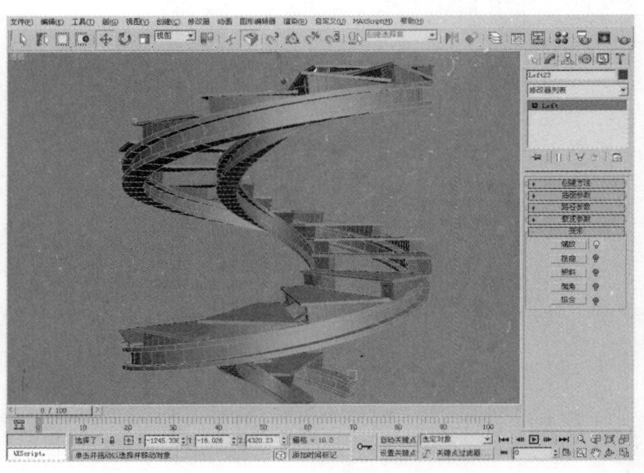

■ 25）选中 Helix01 和 Helix02，将其沿 Z 轴方向向上移动到与扶手高度相同的位置上。

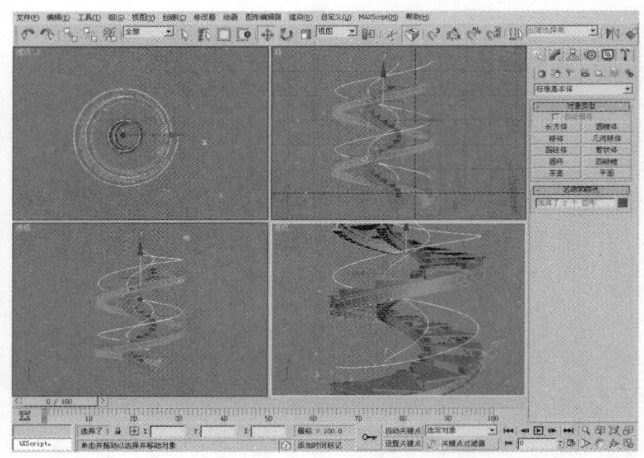

■ 26）分别在它们各自的【修改 > 螺旋线】控制面板里的【渲染】卷展栏下选中【在渲染中启用】和【在视口中启用】复选框，并将【厚度】改为 50mm。

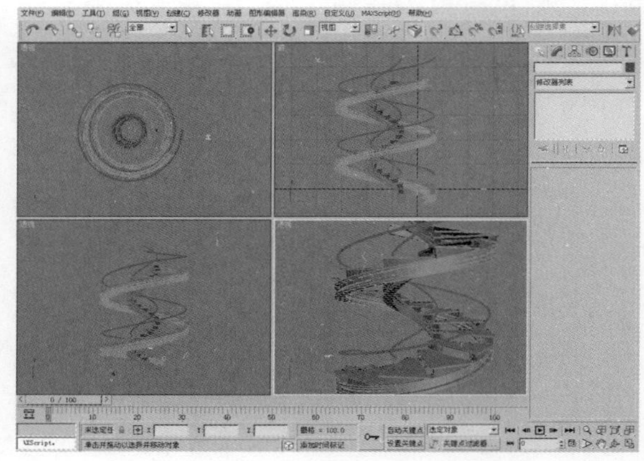

■ 27）在第一个【外支撑梁】的外拐角上捕捉两端点，沿外边缘创建下图所示的垂直线。

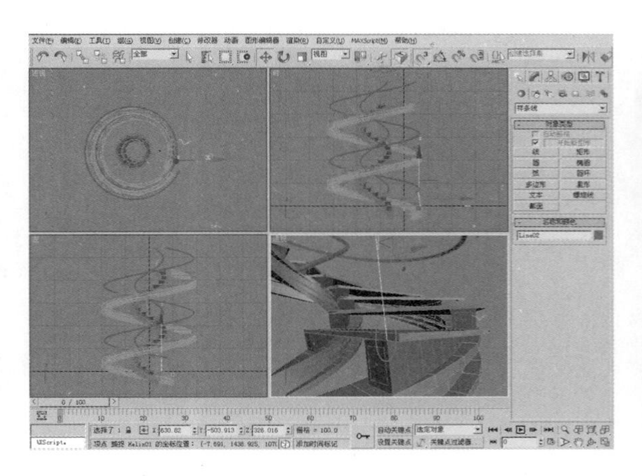

■ 28）进入【修改 > 线】面板，选择【顶点】子对象层级，将其顶端的顶点沿 Z 轴向上移动到与扶手相交的位置。

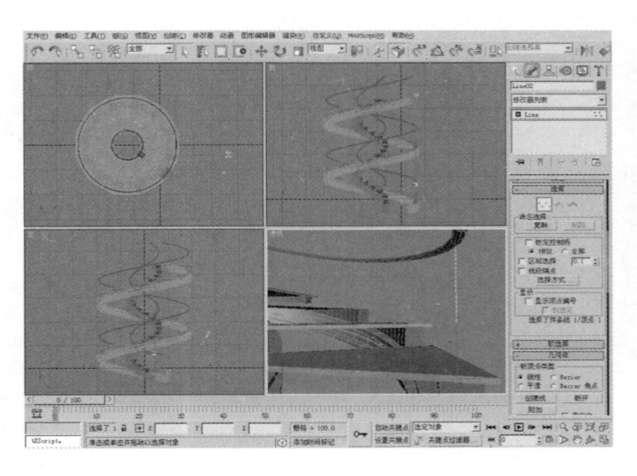

■ 29）在【渲染】卷展栏下选中【在渲染中启用】和【在视口中启用】复选框，将【厚度】设为25mm。

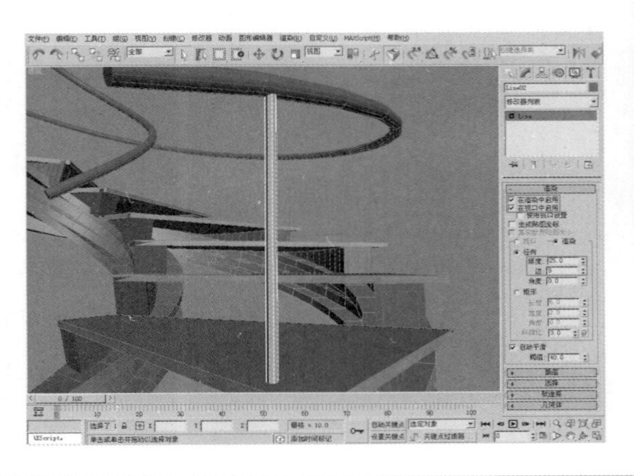

■ 30）将其命名为【外栏杆 01】。在【层次 > 轴】面板里单击【仅影响轴】按钮，将其坐标轴与第一个踏板的坐标对齐。

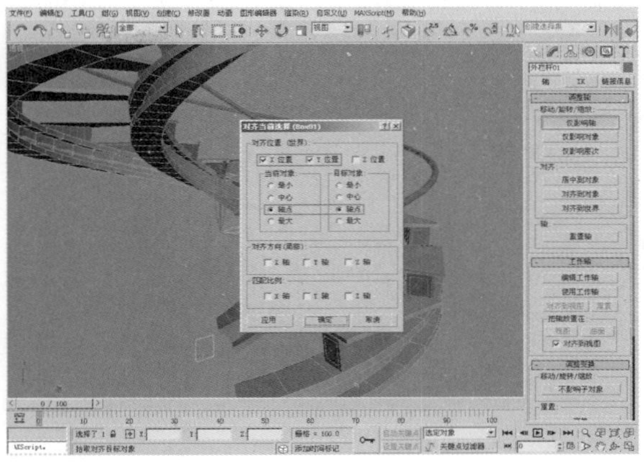

■ 31）用【阵列】命令将外栏杆 01 进行旋转阵列，参数控制与之前一致。

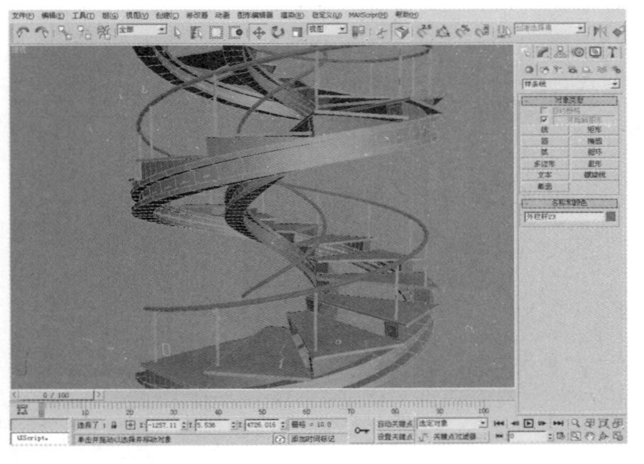

■ 32）用同样的方法创建【内栏杆 01】，并进行旋转阵列。

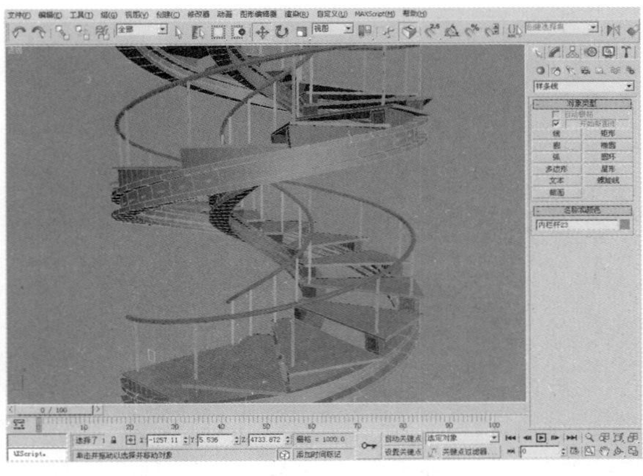

提示

阵列操作能创建重复使用的设置元素，例如：螺旋梯的梯级、观览车的吊篮等。

■ 33）选择Helix01，并复制得到Helix03，加载【挤出】修改器，设置【数量】为-900mm。

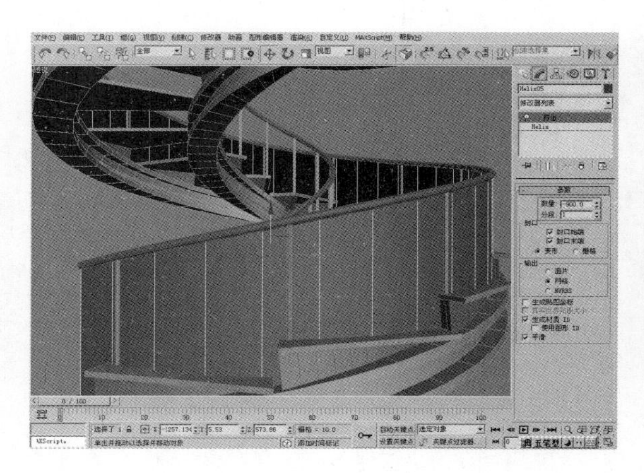

■ 34）用同样的方法复制Helix02并加载【挤出】修改器。

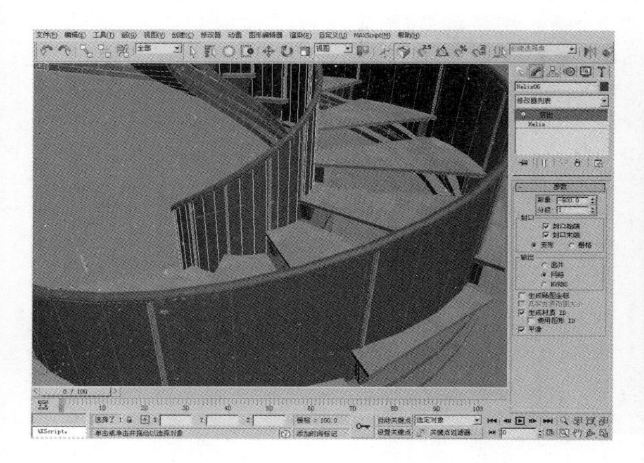

3.5.6 制作贴图材质

■ 1）将两个经过拉伸得到的对象分别命名为【外栏板】和【内栏板】，并赋予其双面材质。

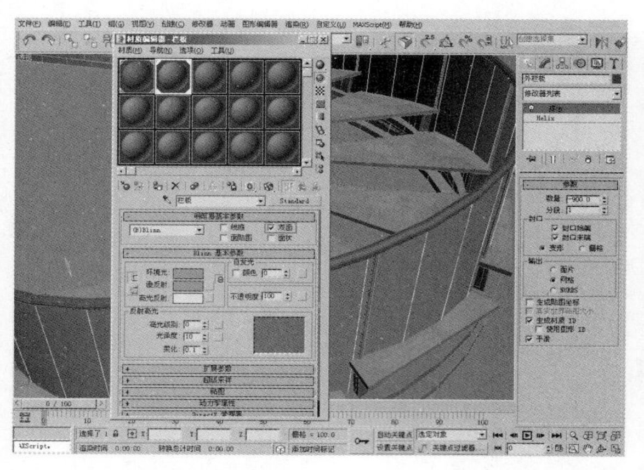

■ 2）在【贴图】卷展栏下单击【不透明度】右侧的None按钮，选择【新建】下的【平铺】贴图。

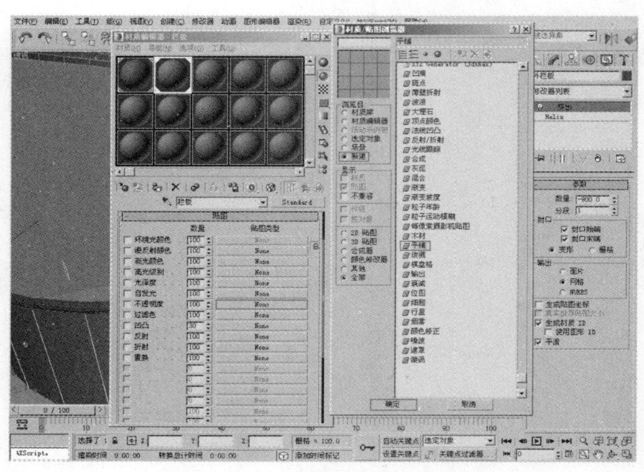

■ 3）在【坐标】卷展栏下设置【平铺】参数：U=100，V=100。同时给栏板加载【UVW贴图】修改器，在【参数】卷展栏中选择【贴图】下的【柱形】单选按钮。

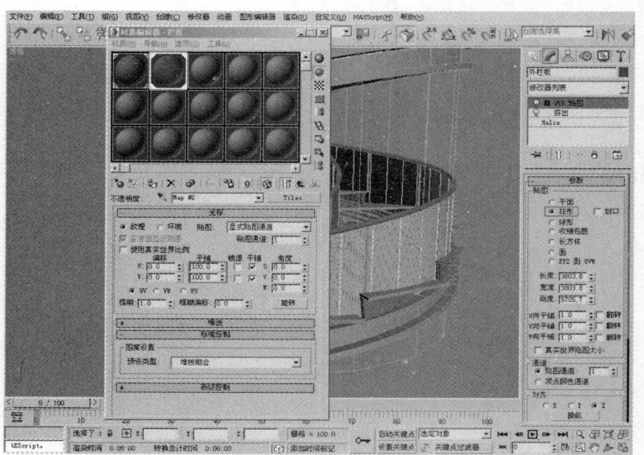

■ 4）在【标准控制】卷展栏下选择【堆栈砌合】。在【高级控制】卷展栏下，设置【砖缝设置】选项区域的【水平间距】和【垂直间距】均为2.6，将【纹理】调为白色。同时将【平铺设置】选项区域的【纹理】调为黑色。

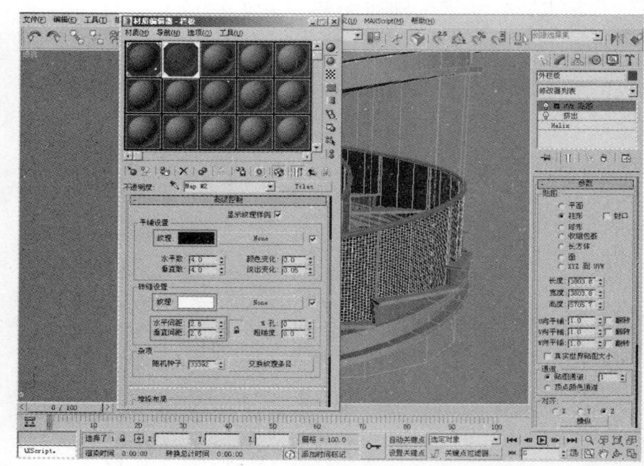

■ 5）单击图标，回到顶层标准控制面板。设置【高光级别】为 90、【光泽度】为 6。

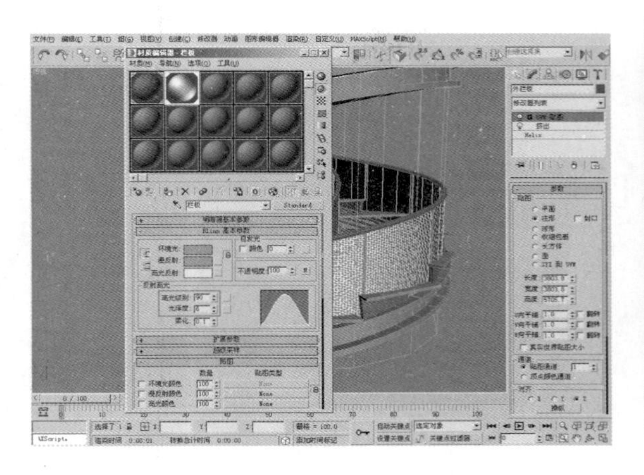

■ 6）此材质是模拟金属网的效果，初步的渲染效果如下图所示。

■ 7）将【Metal_ 栏杆】材质赋予扶手和栏杆。

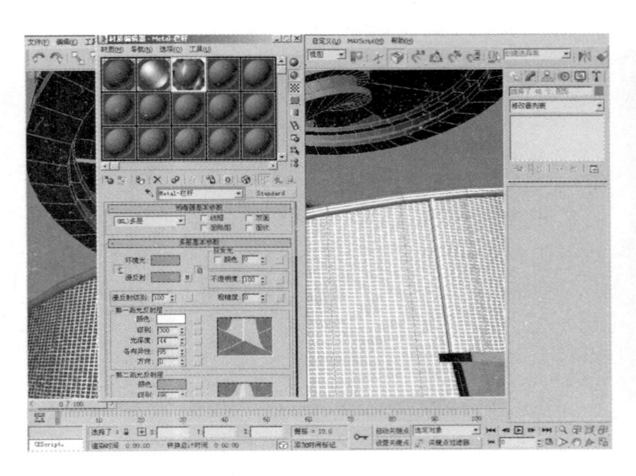

■ 8）将【Metal_ 支撑梁】材质赋予支撑梁和钢梁。

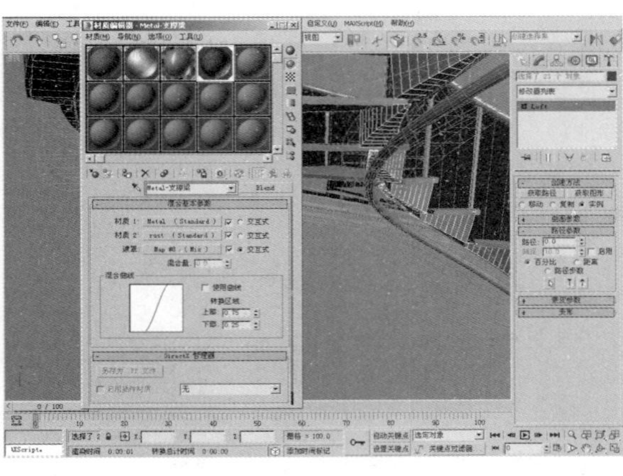

■ 9）单击【创建 > 摄影机 > 目标】按钮，在顶视图中创建目标摄影机，在【修改】面板中将其调整到下图所示的角度，设置【镜头】为值 35mm。

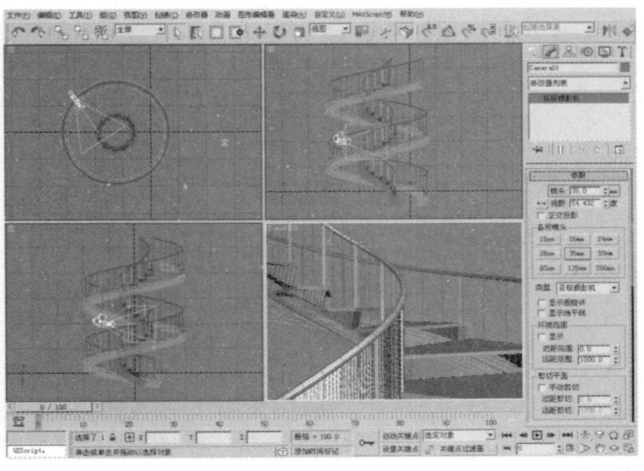

■ 10）单击【创建 > 灯光 >mr 区域泛光灯】按钮，在下图所示的位置上创建一盏区域泛光灯。

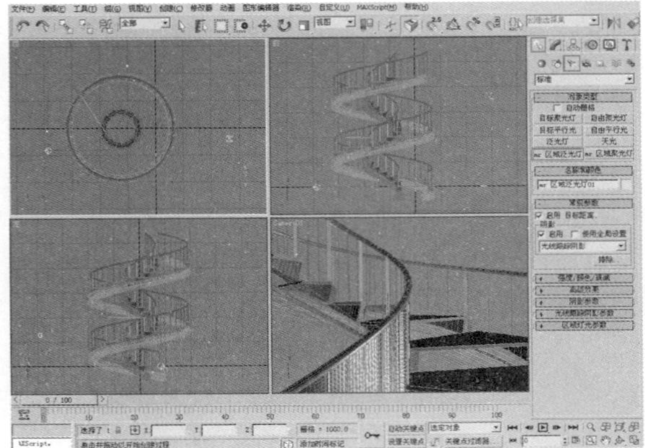

注意

区域灯光的渲染时间比点光源的渲染时间要长。要创建快速测试（或草图）渲染，可以使用【渲染设置】对话框下【公用参数】卷展栏中的【区域>线光源视作点光源】切换选项，以便加快渲染速度。

■ 11）选择【修改】面板，在【阴影参数】卷展栏下将密度的值设置为0.5。

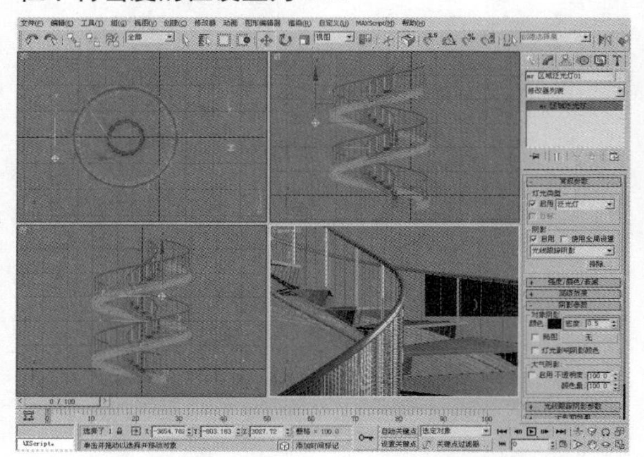

■ 12）在菜单栏里选择【渲染 > 环境】命令，在【环境与效果】对话框中更改背景颜色。

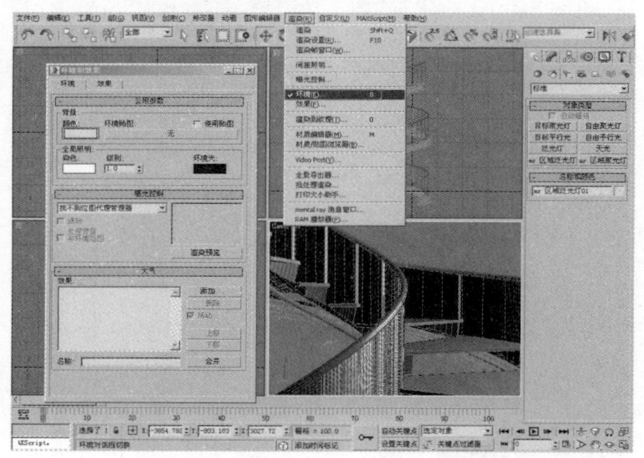

■ 13）按F10键进入渲染设置对话框，设置【输出大小】为【自定义】，设置【宽度】值为640、【高度】值为1200。

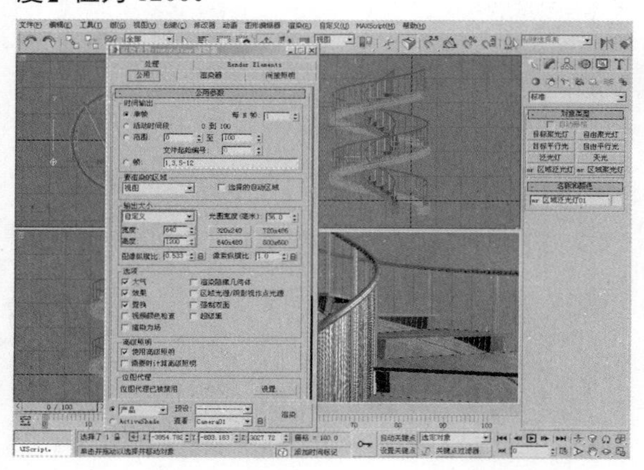

■ 14）激活摄影机视图，在视图标签上单击鼠标右键，在弹出的菜单中选择【显示安全框】命令，利用摄影机工具调整摄影机视图到理想状态。

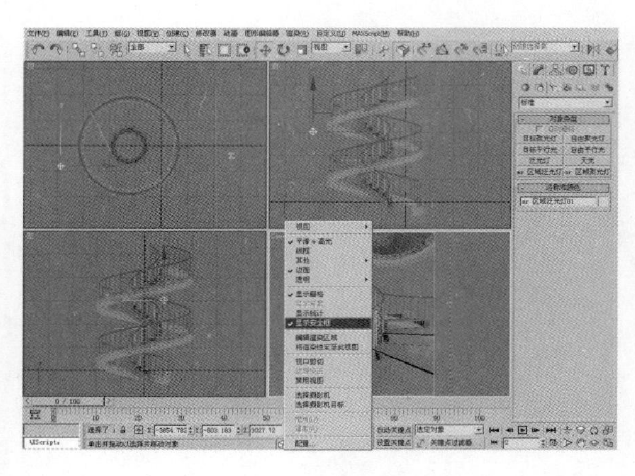

■ 15）用mental ray渲染器渲染Camera01视图。

3.6 广场的创建

本节制作广场模型。首先创建样条曲线，对样条曲线使用布尔运算，制作出大厦的基座。再利用多边形对模型不断进行编辑和细化，制作出整个大厦模型。

3.6.1 制作大厦的底层结构

下面我们制作大厦底层的模型。

■ 1）进入【创建】面板，单击 矩形 按钮，创建3个矩形的样条曲线，单击鼠标右键，在弹出的快捷菜单中选择 转换为可编辑样条线 命令，将样条曲线转换为可编辑曲线，如下左图所示。单击 附加 按钮，将几个矩形的样条曲线附加在一起。选择最大的那个矩形曲线，单击 布尔 按钮，再分别单击那两个小矩形曲线，效果如下右图所示。

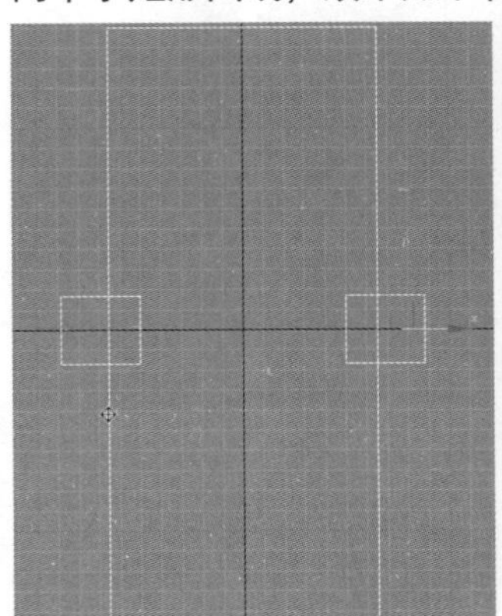
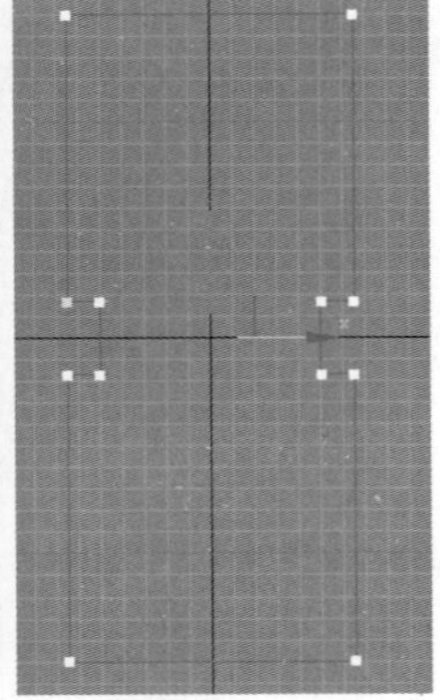

■ 2）选择 挤出 修改器，将样条曲线挤出。挤出参数设置如下左图所示，挤出效果如下右图所示。

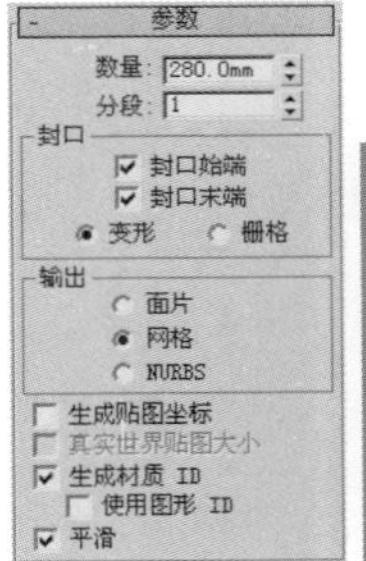

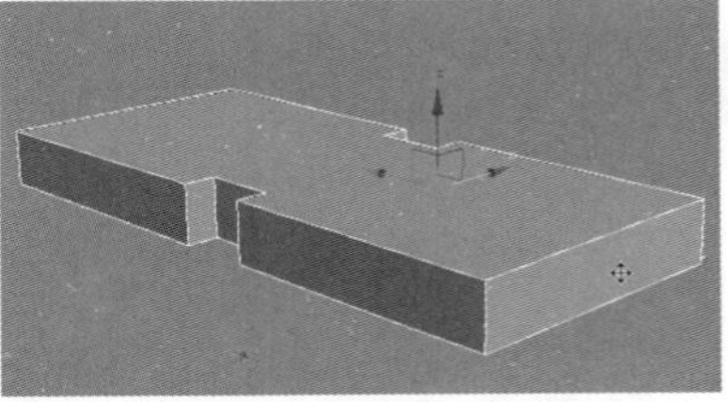

■ 3）将模型转换为可编辑多边形，在顶视图中选择如下左图所示的边，单击 连接 按钮对模型进行细分，效果如下右图所示。

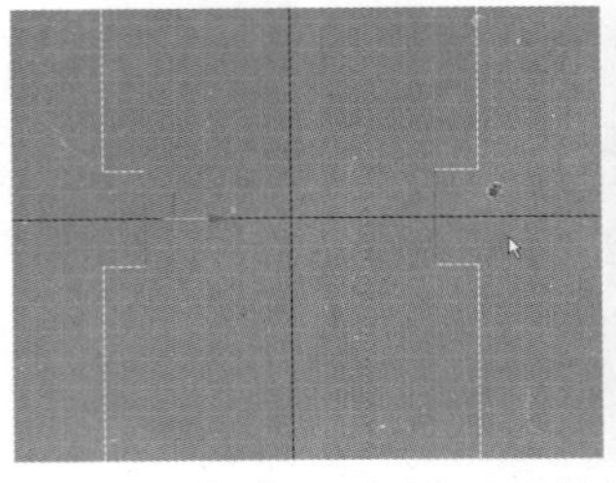
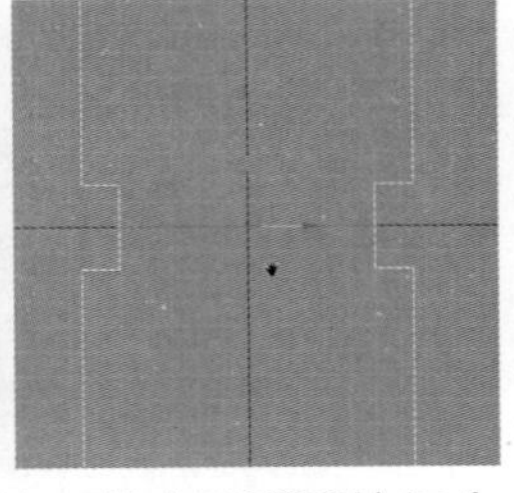

■ 4）选择如下左图所示的边，单击 连接 按钮为模型细分，移动边到如下右图所示的位置。

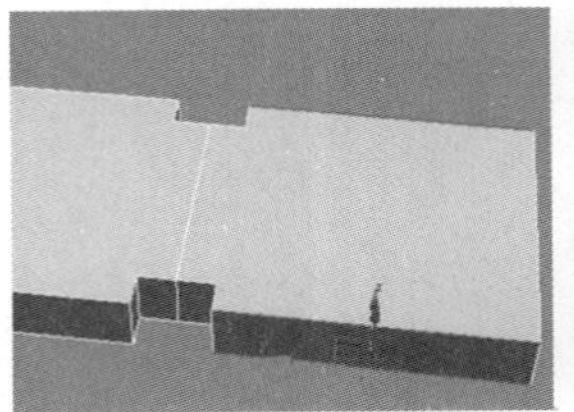
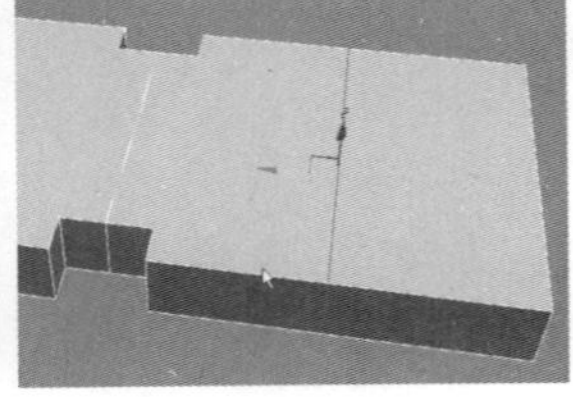

■ 5）选择如下左图所示的边，单击 连接 按钮为模型细分，效果如下右图所示。

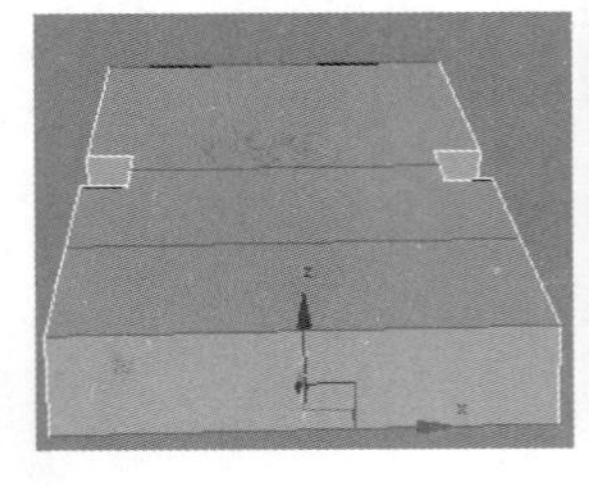
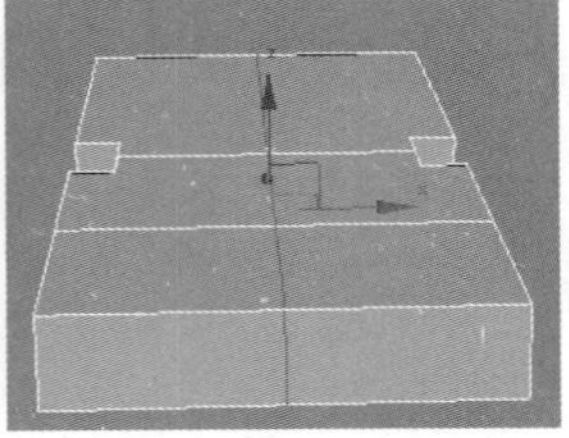

提示

布尔 通过更改选择的第一个样条曲线，并删除第二个样条曲线的2D操作，将两个封闭的多边形组合在一起。

■ 6）选择如下左图所示的面，单击 挤出 后面的小方块，在弹出的 挤出多边形 对话框中按如下右图所示设置参数。

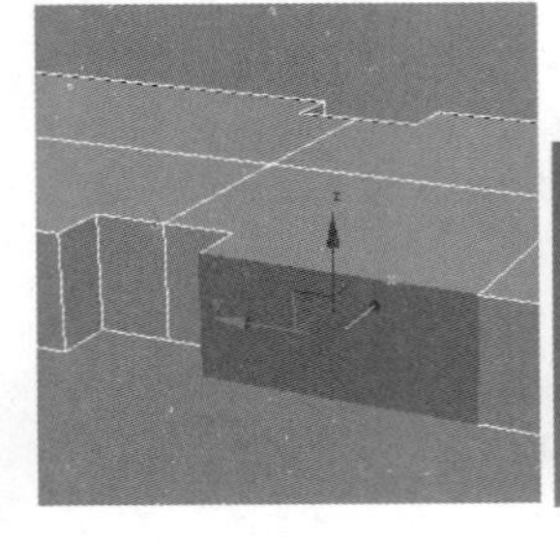
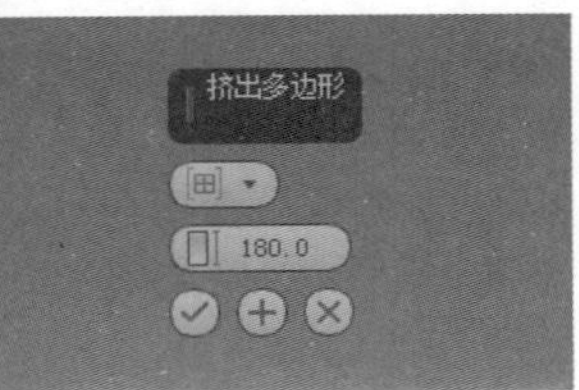

■ 7）继续进入【创建】面板，创建 长方体 模型，如下左图的B模型所示。选择A模型，进入 复合对象 面板，单击 布尔 按钮，在【拾取布尔】卷展栏中单击 拾取操作对象 B 按钮，单击B模型，对模型进行布尔运算，效果如下右图所示。

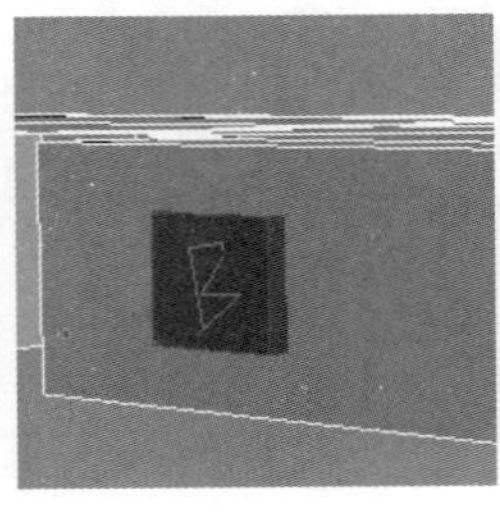
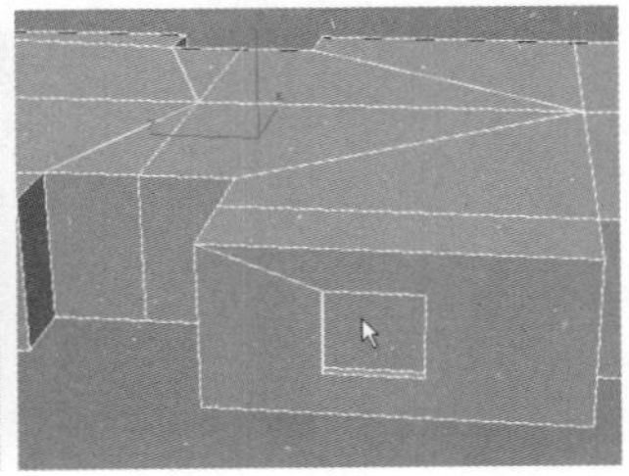

■ 8）选择如下左图所示的点，使用 Delete 键删除模型的一半和多余的节点，效果如下右图所示。

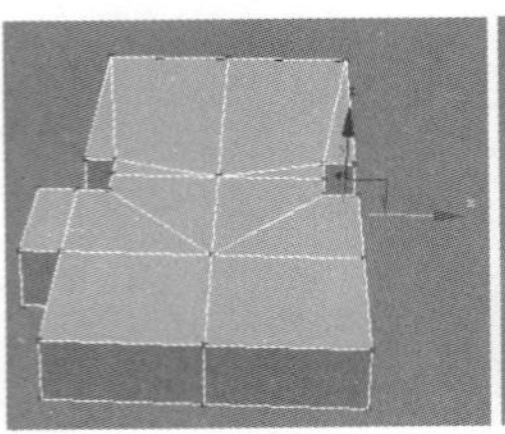
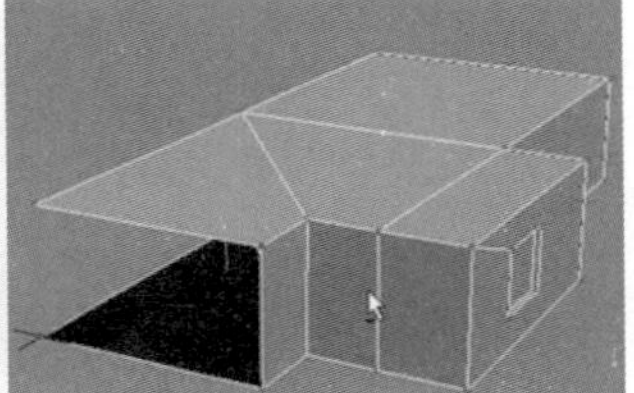

■ 9）单击鼠标右键，在弹出的快捷菜单中选择 切割 命令，为模型加线，效果如下左图所示。单击按钮，在弹出的对话框中选择如下中图所示的选项，对顶点进行对齐，删除多余的边，效果如下右图所示。

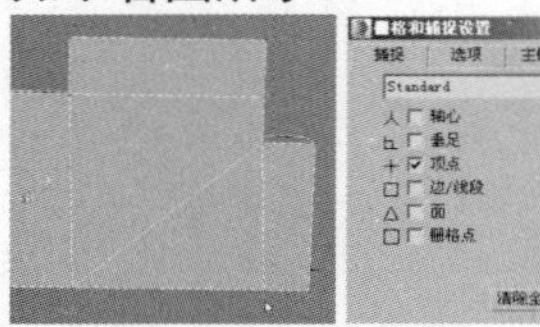
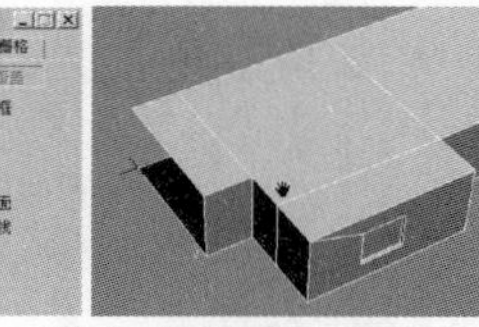

■ 10）打开三维捕捉工具，进入【创建】面板，单击 矩形 按钮，创建一个矩形的曲线，顶视图效果如下左图所示。将矩形曲线移动到如下右图所示的位置。

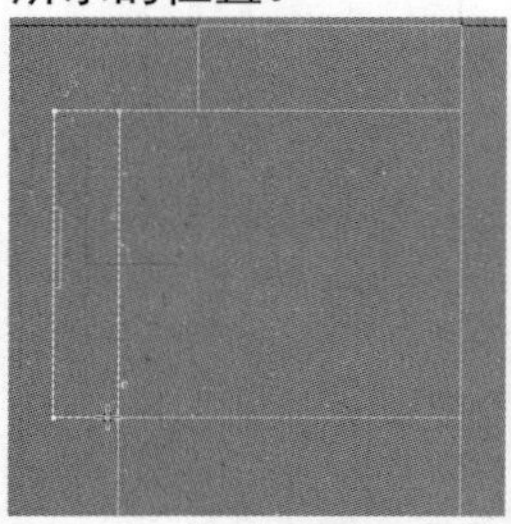
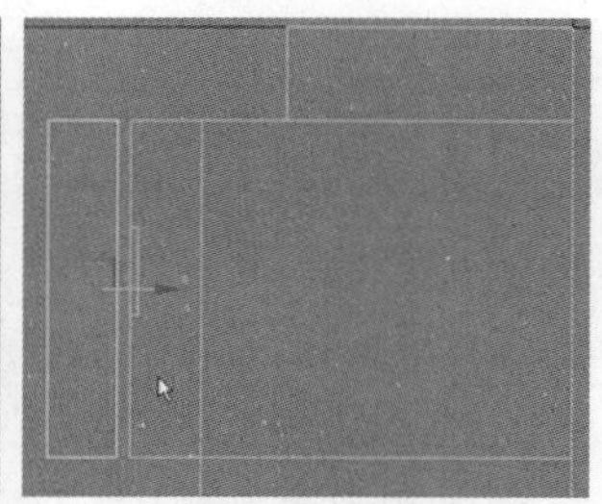

■ 11）单击鼠标右键，在弹出的对话框中选择 转换为可编辑样条线 命令，将样条曲线转换为可编辑曲线，选择如下左图所示的边，将边删除。选择如下右图所示的边，单击 拆分 按钮，将边打断，调节节点到如下左图所示的位置。选择样条曲线，对曲线进行移动并复制，效果如下右图所示。

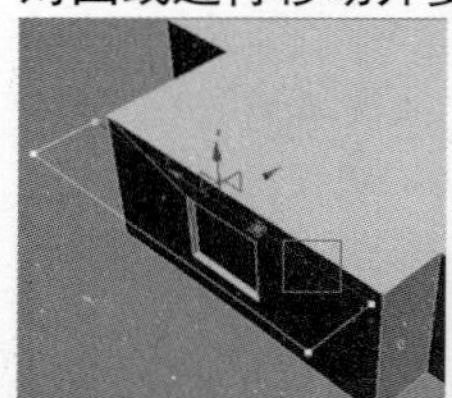

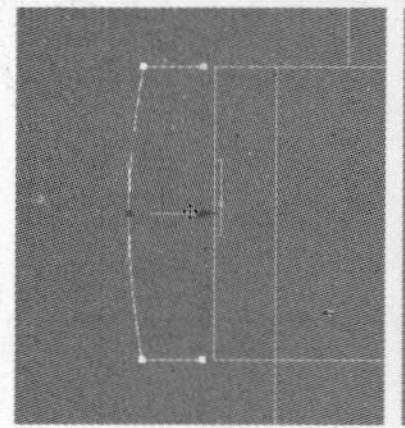

■ 12）选择如下左图所示的边，单击 轮廓 按钮在视图中拖动产生轮廓线，顶视图效果如下右图所示。

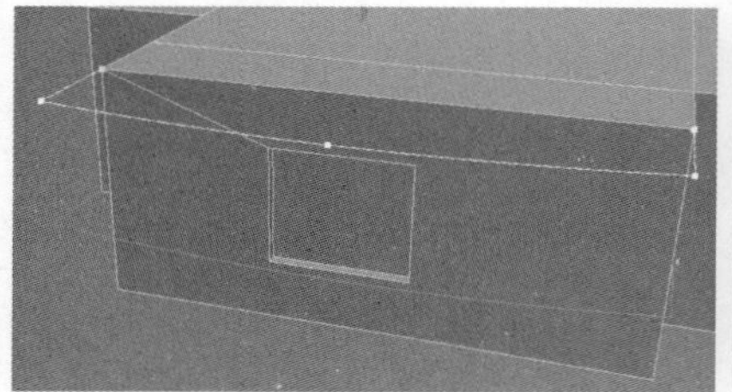
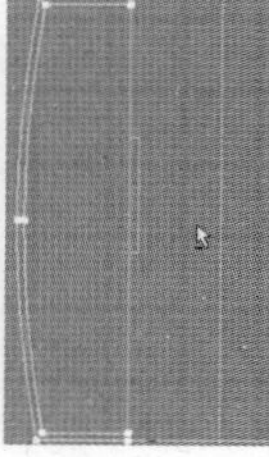

■ 13）为边加载 挤出 修改器，修改器参数设置如下左图所示。对挤出后的模型进行移动并复制的操作，效果如下右图所示。

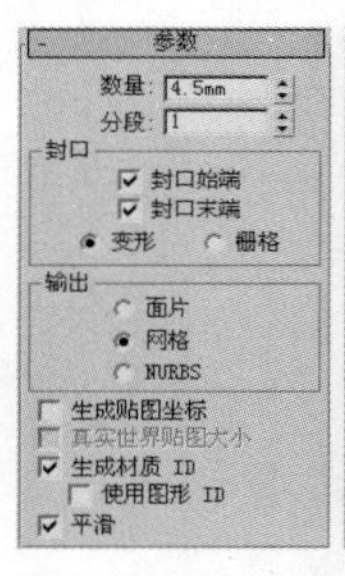

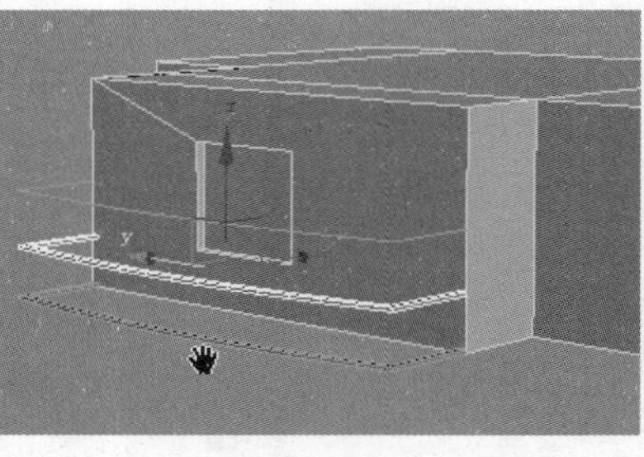

■ 14）选择如下左图所示的样条曲线，对样条曲线进行移动并复制，对复制出来的样条曲线进行缩放，效果如下右图所示。

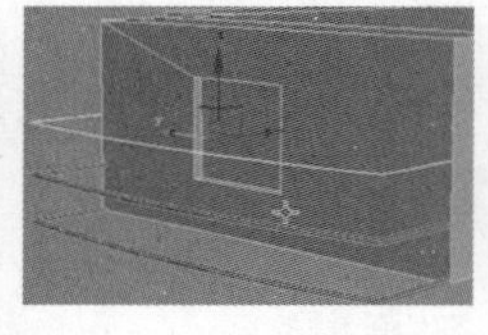
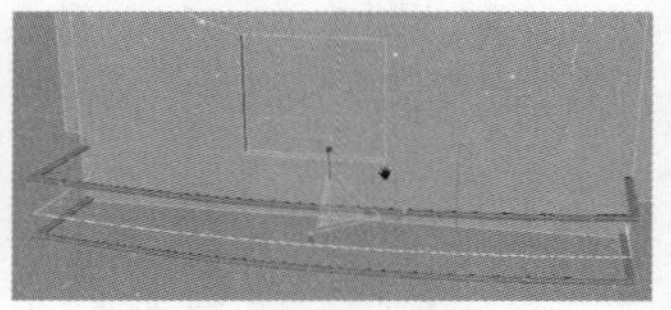

■ 15）选择如下左图所示的边，单击 轮廓 按钮，在视图中拖动产生轮廓线，效果如下右图所示。

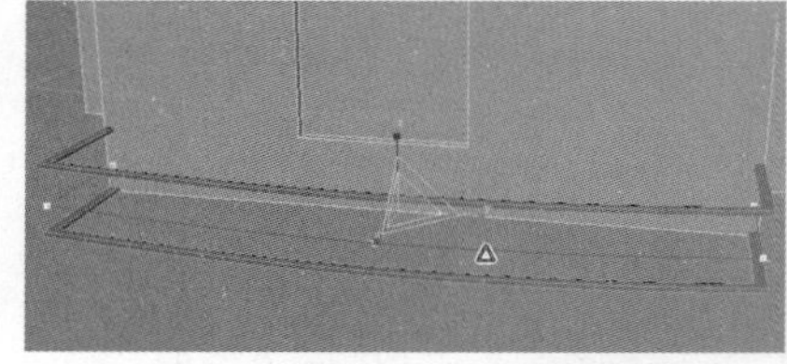
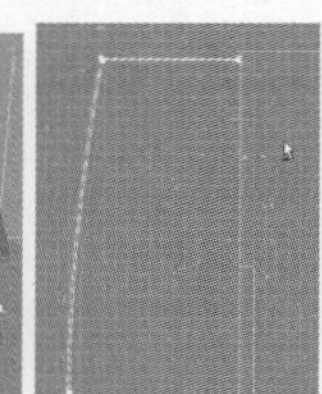

■ 16）为样条曲线加载 挤出 修改器，对样条曲线进行挤出，挤出的参数设置如下左图所示。效果如下右图所示。

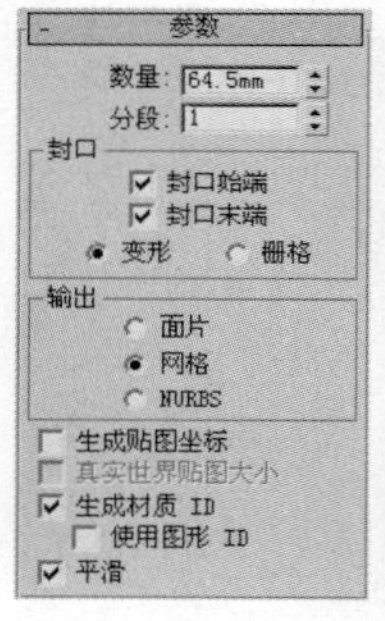

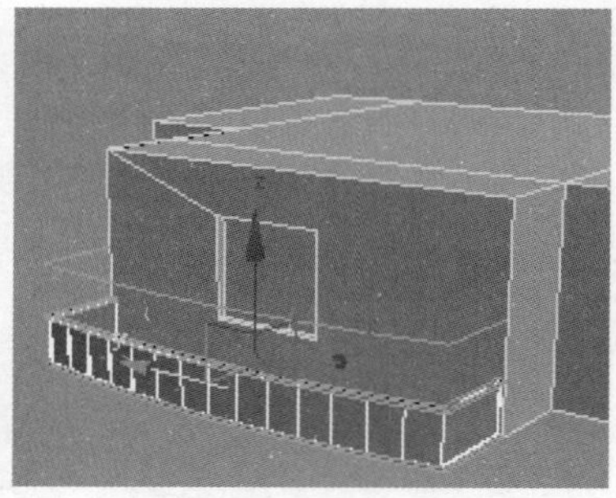

■ 17）选择如下左图所示的样条曲线，为样条曲线添加 挤出 修改器，制作出玻璃模型。挤出效果如下右图所示。

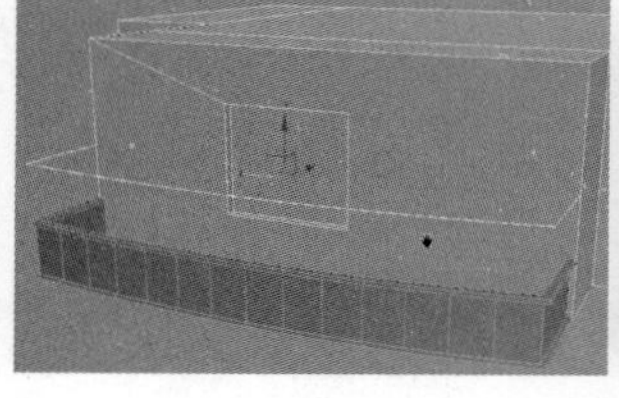
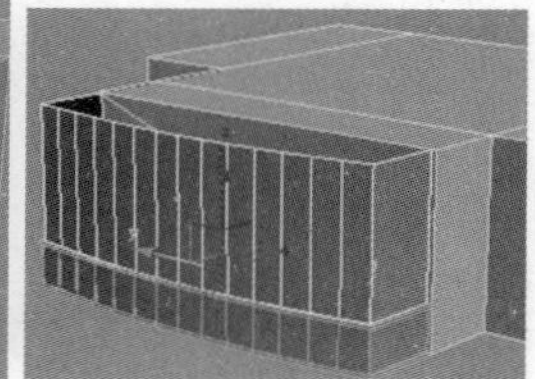

■ 18）选择玻璃模型，按 M 键，为模型附上材质，将不透明度后面的数值调整为 50。效果如下图所示。

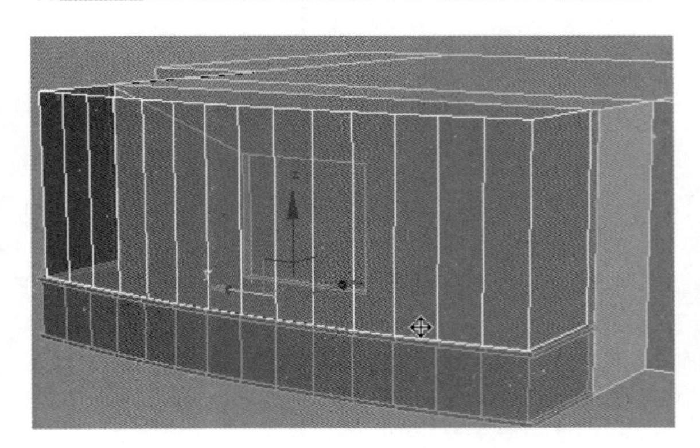

■ 19）进入【创建】面板，单击矩形按钮，创建一个矩形，顶视图效果如下左图所示。选择如下右图所示的样条曲线，进入复合对象面板，单击放样和获取图形按钮，调节蒙皮参数卷展栏中的参数，如下（下左）图所示。放样的效果如下（下右）图所示。

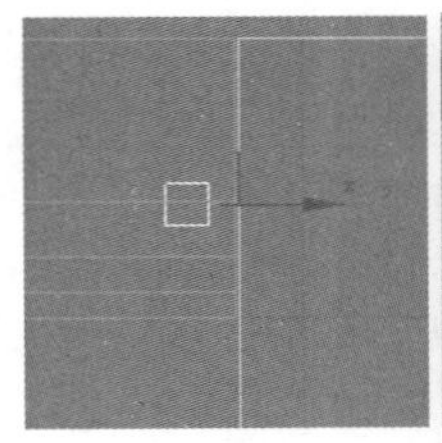

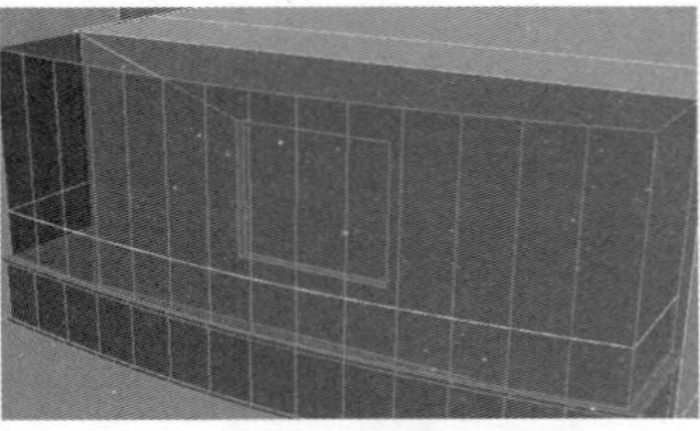

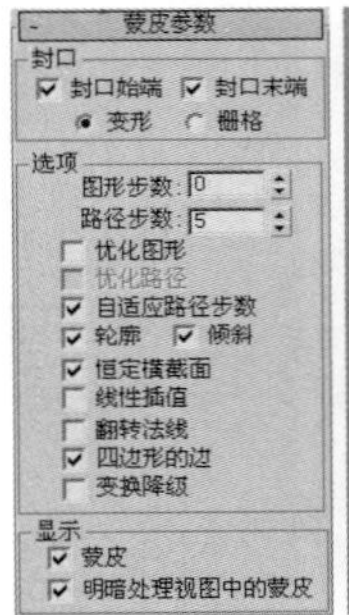

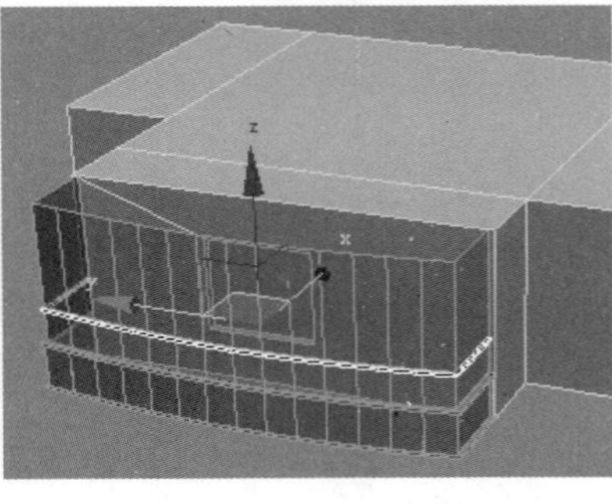

■ 20）进入【创建】面板，单击长方体按钮，创建一个长方体模型，顶视图效果如下左图所示。在【修改】面板中，对长方体的参数进行调整，并对长方体进行移动复制，效果如下右图所示。

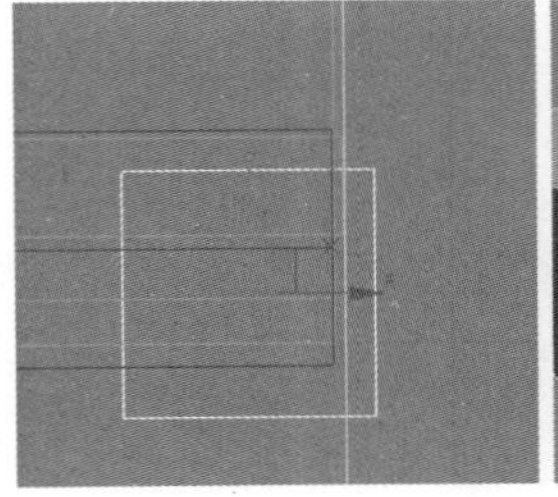

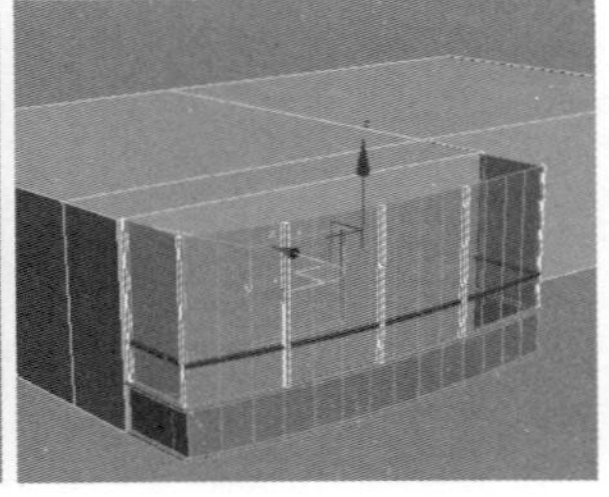

■ 21）进入【创建】面板，在按钮上单击鼠标右键，弹出栅格和捕捉设置对话框，参数设置如下左图所示。单击线按钮，创建样条曲线，如下右图所示。

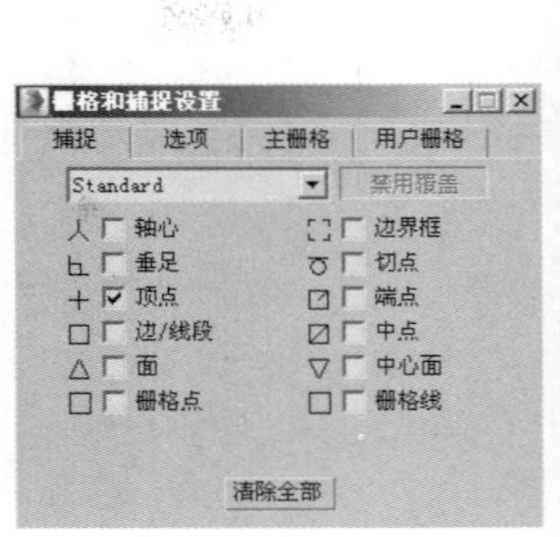

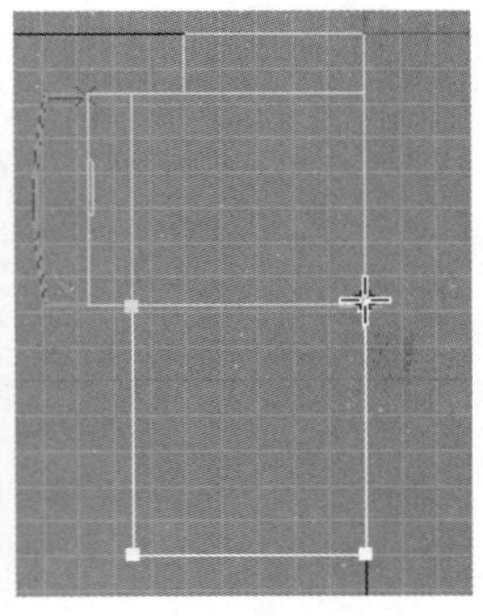

■ 22）选择如下左图所示的线，调整轮廓后面的数值为 -0.5mm，效果如下右图所示。

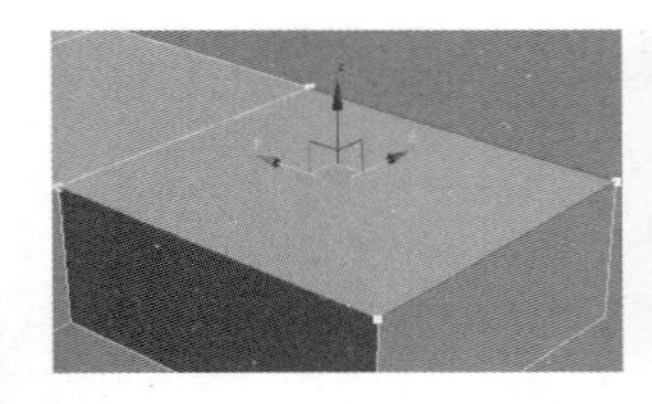

■ 23）为曲线加载挤出修改器，挤出的参数设置如下左图所示。将挤出的模型转换为可编辑多边形，选择模型的所有面，对模型进行挤出操作。挤出的效果如下右图所示。

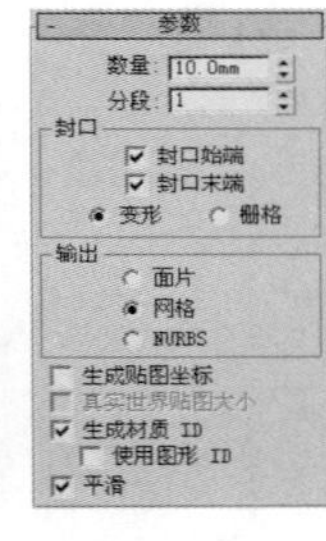

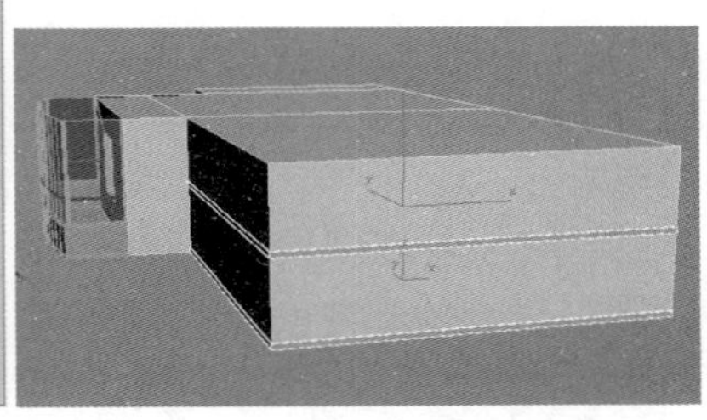

注意

可以直接在视图中执行挤出操作，单击此按钮，然后垂直拖动任何多边形，便可以将其挤出。

■ 24）对模型进行移动并复制，进入【创建】面板，在按钮上单击鼠标右键，弹出栅格和捕捉设置对话框，设置参数，单击长方体按钮，继续创建长方体模型，效果如下右图所示。

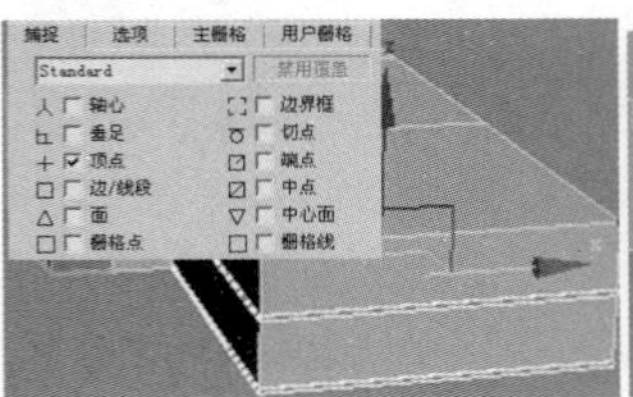

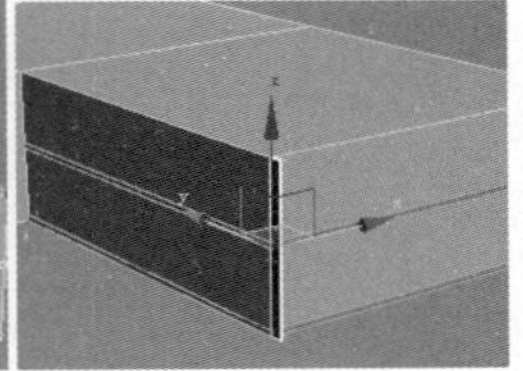

■ 25）继续创建阳台模型。进入【创建】面板，单击 线 按钮，创建样条曲线，与前面制作阳台模型的方法一样，制作出剩下的阳台模型，效果如下图所示。

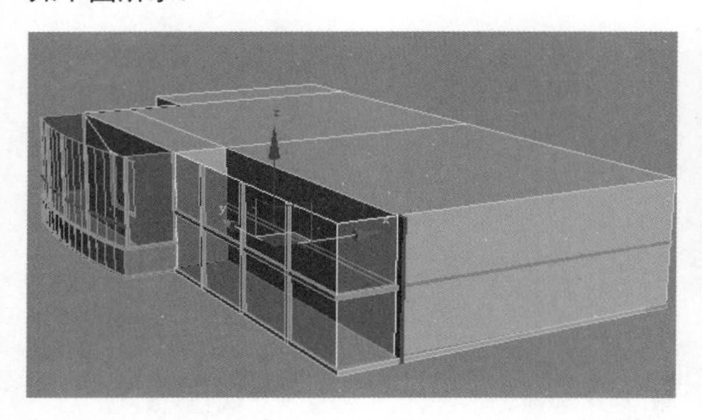

3.6.2 制作大厦的其他部分

下面制作大厦的其他部分模型。

■ 1）选择如下左图所示的面，删除所选择的面。选择场景中的所有模型，单击 按钮，在弹出的 镜像:屏幕 坐标 对话框中，参数设置如下中图所示。对镜像复制的模型进行移动，效果如下右图所示。

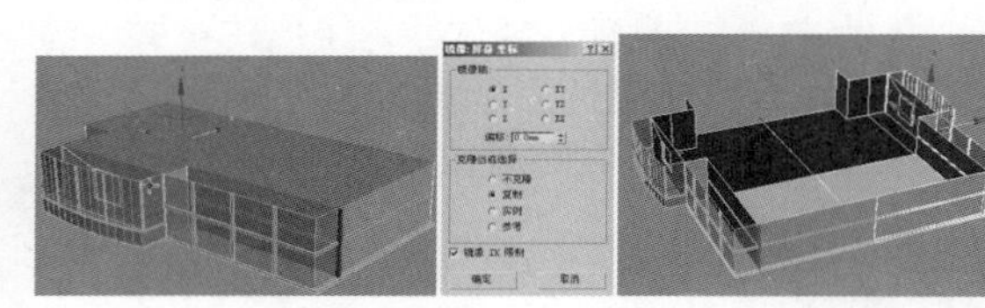

■ 2）单击 附加 按钮，将模型附加到一起，如下左图所示，删除多余的面，选择如下右图所示的点，单击 焊接 □后面的小方块，将需要焊接的点焊接到一起。焊接顶点的最终效果如下（下）图所示。

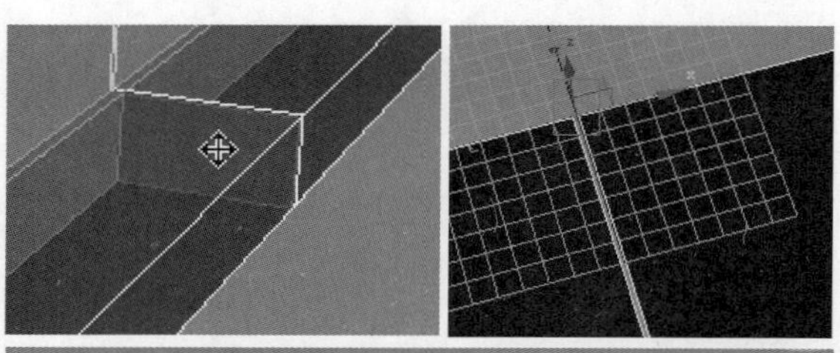

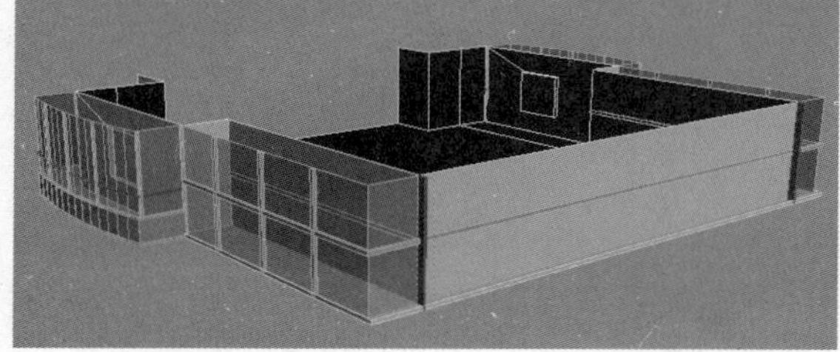

提示

删除多余的面，将顶点焊接，这样不仅可以达到建模的精确度，还为我们节省了面数。

■ 3）进入【创建】面板，单击 弧 按钮，创建一条样条曲线，如下左图所示。单击鼠标右键，在弹出的快捷菜单中选择 转换为可编辑样条线 命令，将弧形曲线转换为可编辑曲线。对弧形曲线进行移动复制，如下右图所示。

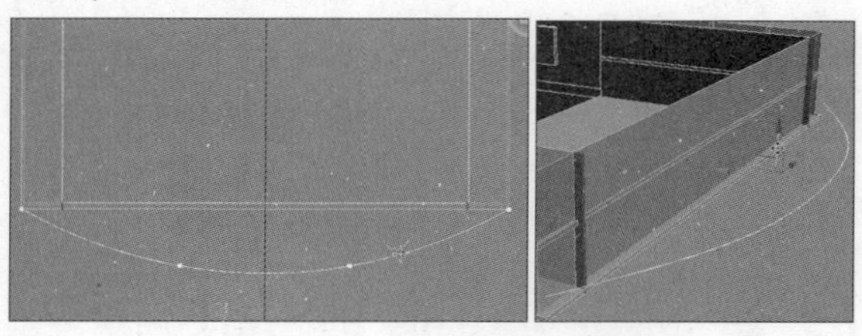

■ 4）选择弧形曲线，为弧形加载 挤出 修改器，对弧形曲线进行挤出，挤出的参数设置如下左图所示。效果如下右图所示。

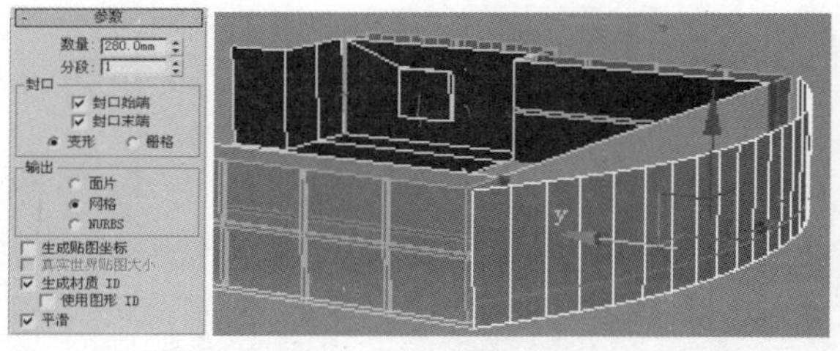

■ 5）选择如下左图所示的样条曲线，调节 轮廓 按钮后面的参数。调节弧形两边的节点到如下右图所示的位置。对弧形加载 挤出 修改器，修改器参数如下（下左）图所示，挤出效果如下（下右）图所示。

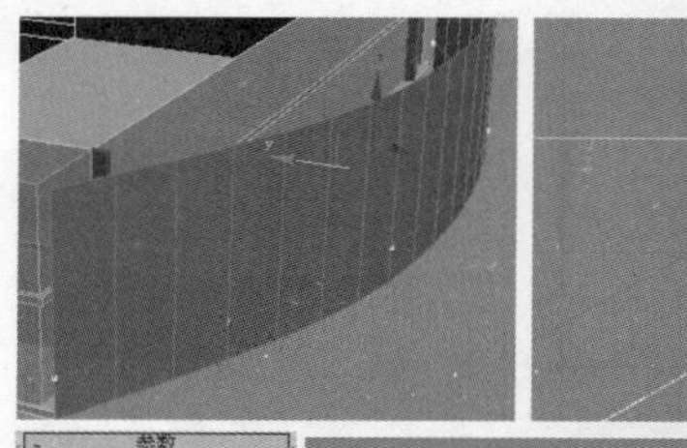
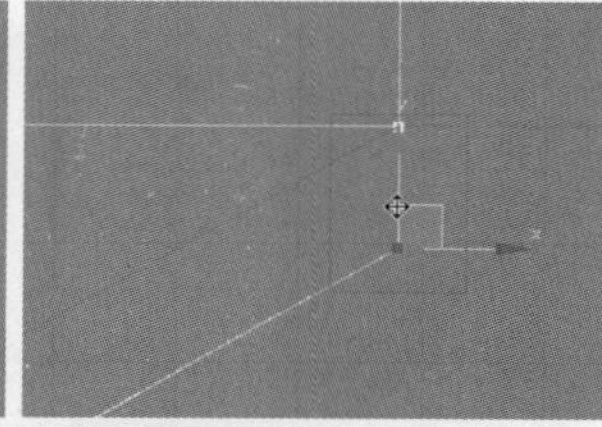

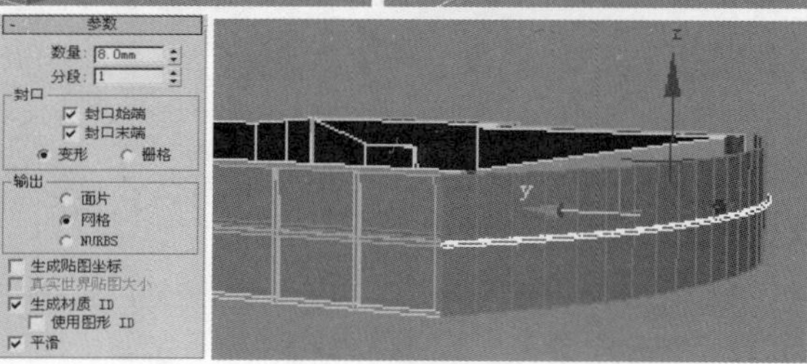

■ 6）选择场景中的所有模型，单击 按钮，在弹出的对话框中，参数设置如下左图所示。移动所复制出来的场景，效果如下右图所示。

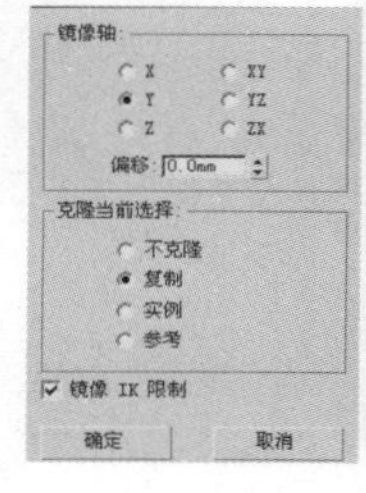

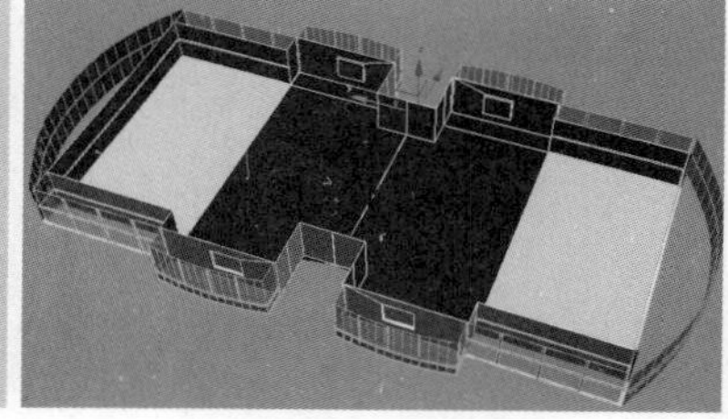

■ 7）与之前镜像后所使用的方法相同，将顶点焊接在一起，效果如下图所示。

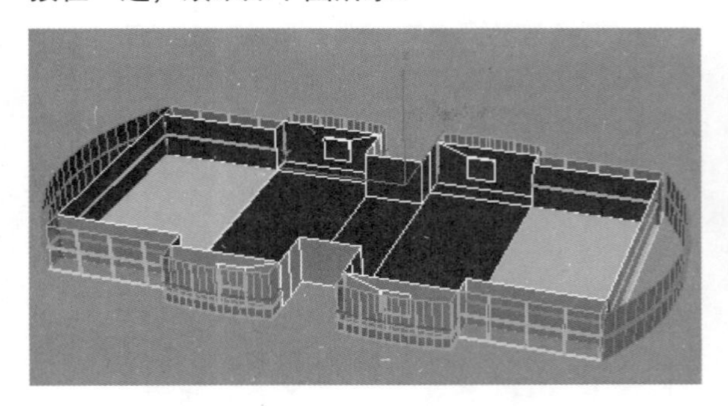

■ 8）进入【创建】面板，单击 长方体 按钮，创建一个长方体模型，效果如下左图所示。对长方体进行复制，如下右图所示。选择一楼的所有场景，使用工具，并拖动鼠标对场景进行复制。在弹出的克隆选项对话框中，参数设置如下（下左）图所示。效果如下（下右）图所示。

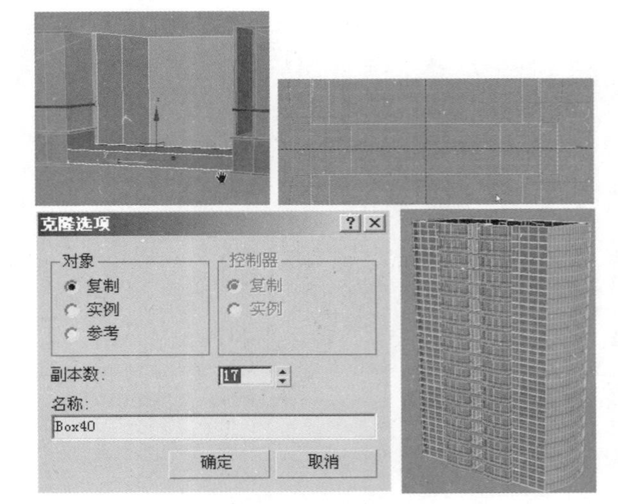

3.6.3 为大厦模型刻画细节

下面为大厦模型制作细节。

■ 1）下面开始制作大厦的楼顶模型。首先选择如下左图所示的模型，对选择的模型进行移动并复制，效果如下右图所示。

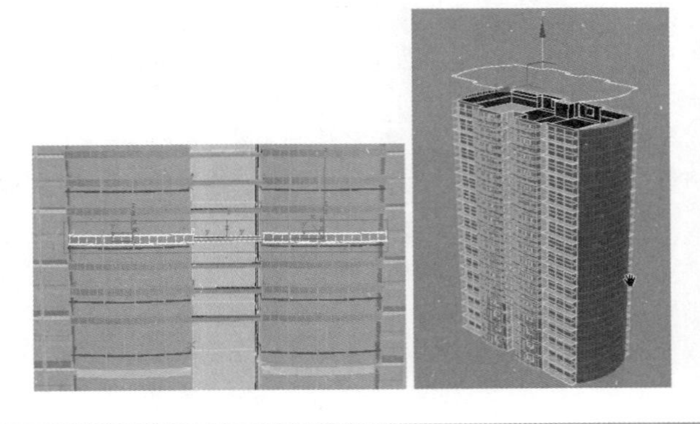

■ 2）选择如下左图所示的样条曲线，使用工具对样条曲线进行缩放，调节节点到如下右图所示的位置。

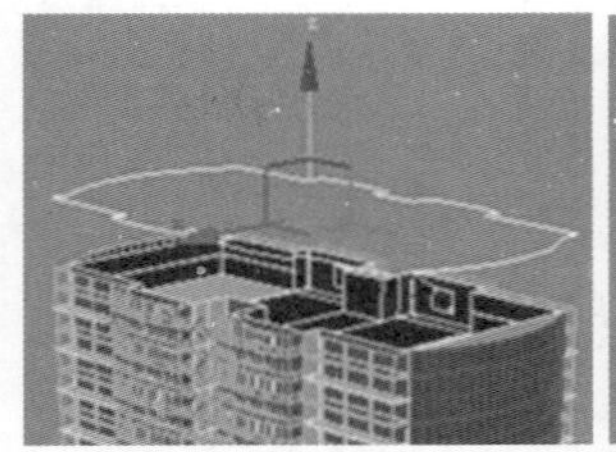

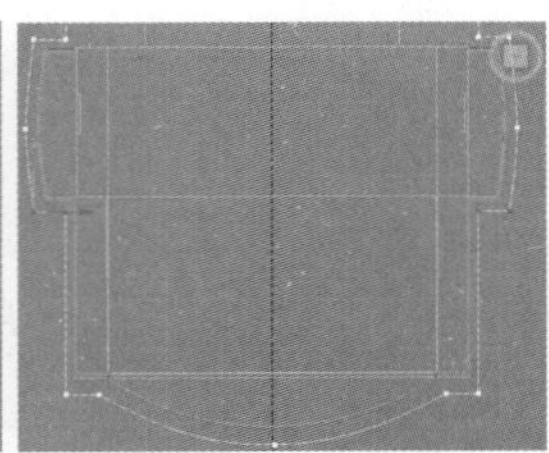

■ 3）为样条曲线加载 挤出 修改器，修改器参数设置如下左图所示。效果如下右图所示。

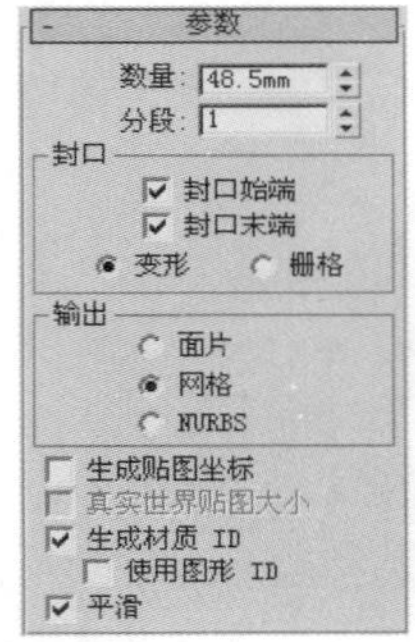

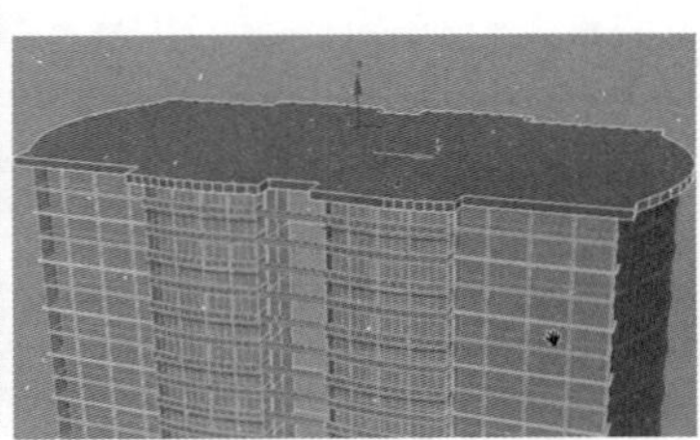

■ 4）进入【创建】面板，单击 矩形 按钮，在场景中创建一个矩形的样条曲线，调整 角半径: 后面的参数，效果如下左图所示。单击鼠标右键，将矩形线转换为可编辑样条曲线。焊接节点，得到如下右图所示的样条曲线。选择如图C所示的边，单击 拆分 按钮，将选择的边打断，调节节点到如图D所示的位置。

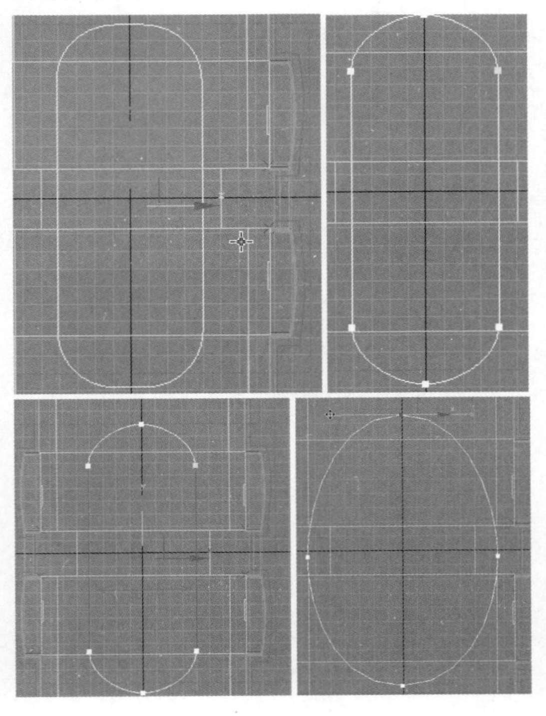

■ 5）为样条曲线加载 挤出 修改器，挤出的参数设置如下左图所示。效果如下右图所示。

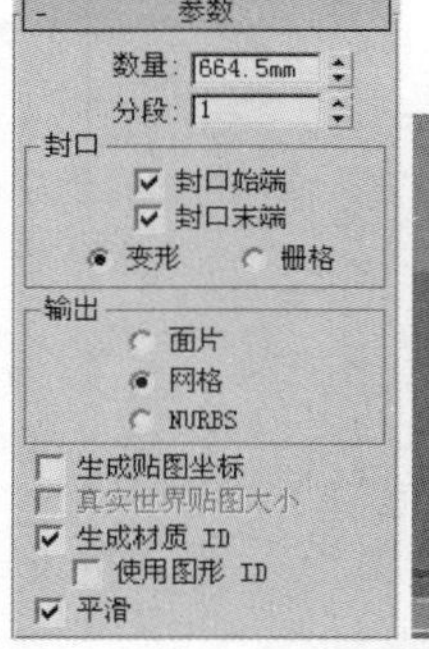

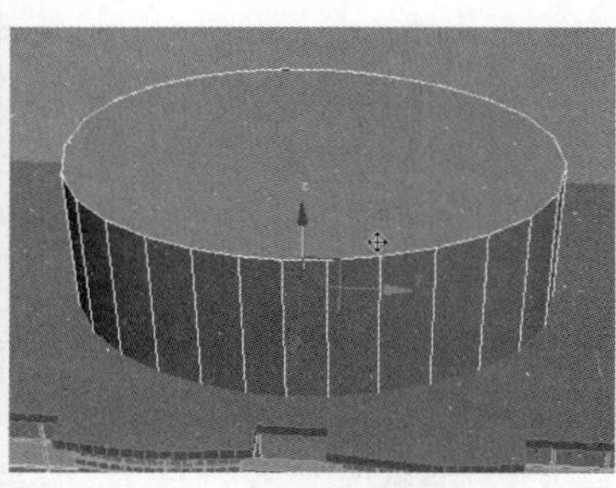

■ 6）将挤出的模型转换为可编辑多边形，进入◁子物体层级，单击 快速切片 按钮，对模型进行快切操作，并删除多余的顶点，效果如图所示。

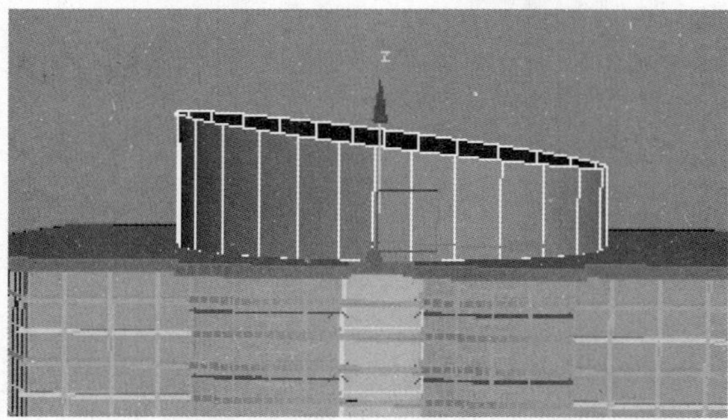

■ 7）单击▶◀按钮，在弹出的对话框中，参数设置如下左图所示，将模型沿 *Y* 轴方向镜像，效果如下右图所示。

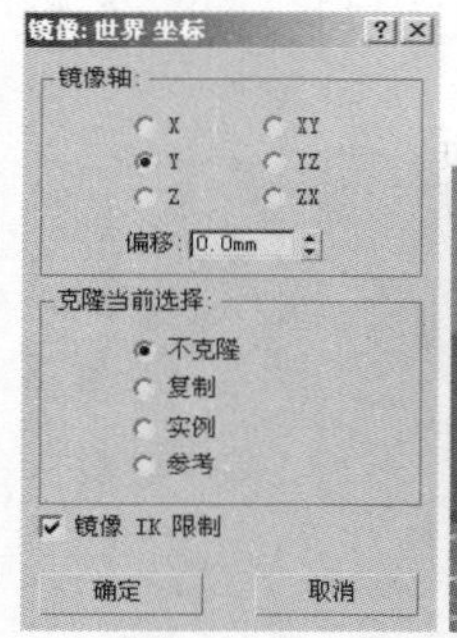

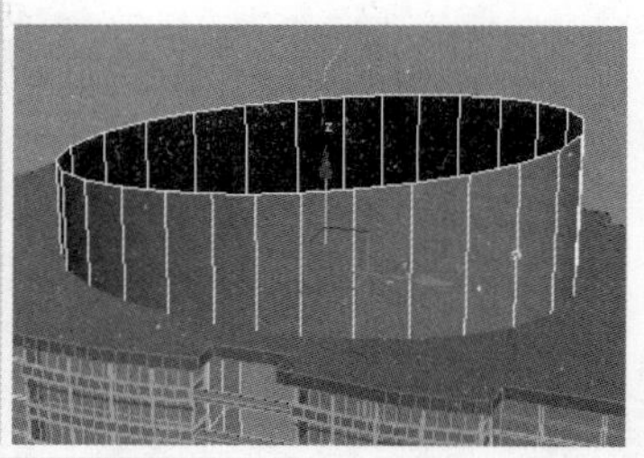

3.6.4 制作大厦的外部模型

下面开始制作大厦的外部模型。

■ 1）选择如下左图所示的模型，对模型进行复制、移动及旋转的操作，得到如下右图所示的模型。

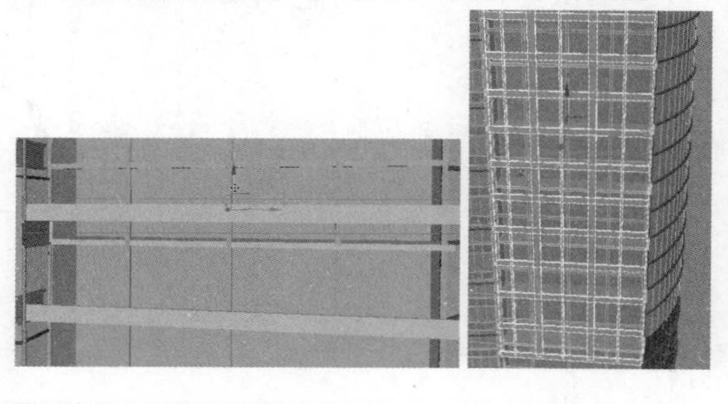

■ 2）选择上一步操作的所有模型，选择【组 > 成组】命令，弹出如下左图所示的对话框。将模型划分为一组，选定组，单击▶◀按钮，弹出 镜像: 屏幕 坐标 对话框，参数设置如下右图所示。对组进行镜像复制，并调节模型的位置，效果如下（下左）图所示。删除多余的模型，效果如下（下右）图所示。

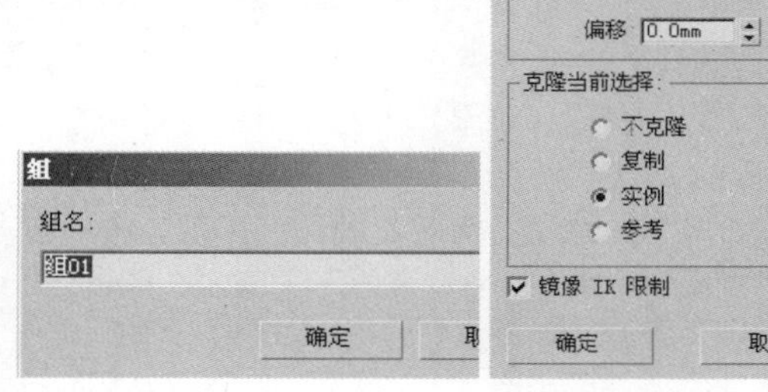

■ 3）进入【创建】面板，单击 长方体 按钮，创建一个长方体模型，将长方体转换为可编辑多边形，对长方体进行复制并编辑顶点，效果如下图所示。

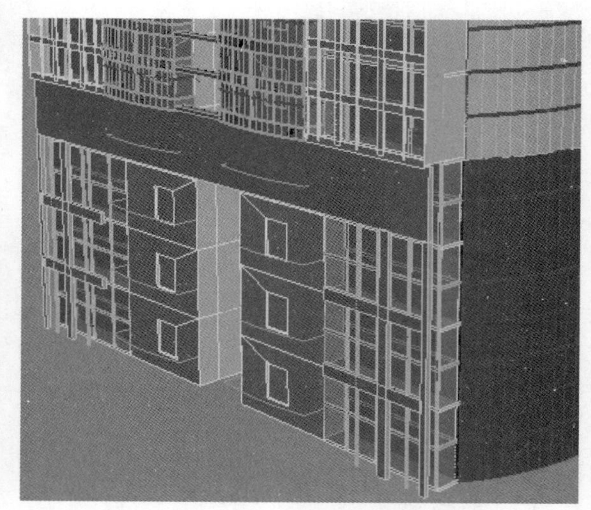

■ 4）进入【创建】面板，单击 圆柱体 按钮，创建一个圆柱体模型，将圆柱体的 边数 调整为10，单击鼠标右键，在弹出的快捷菜单中选择 转换为可编辑多边形 命令，将圆柱体转换为可编辑多边形，对圆柱体进行复制并调节节点，效果如下图所示。

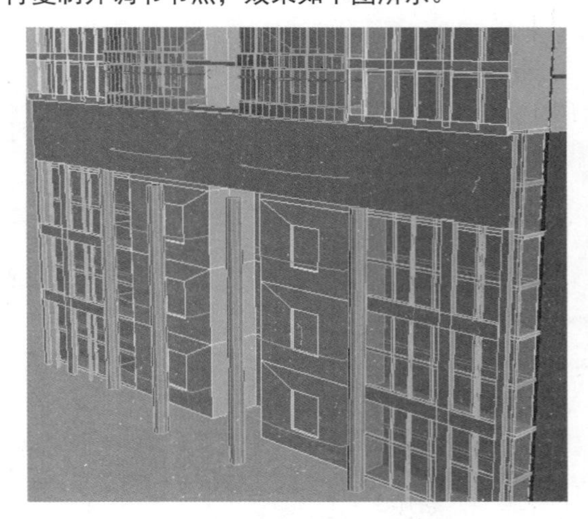

■ 5）制作门模型。进入【创建】面板，单击 弧 按钮，在场景中创建弧形样条线，效果如下左图所示。然后复制出一条弧形曲线，选择其中的一条曲线，使用快捷键Alt+Q，将弧形样条线独立显示，并转换为可编辑样条线，单击 创建线 按钮，为弧形创建线，效果如下右图所示。

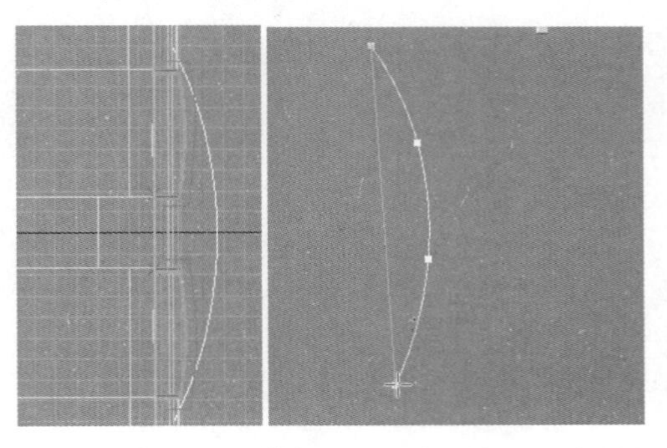

■ 6）为弧形线加载 挤出 修改器，挤出的参数设置如下左图所示，对另一条弧形曲线使用同样的方法进行挤出，效果如下右图所示。

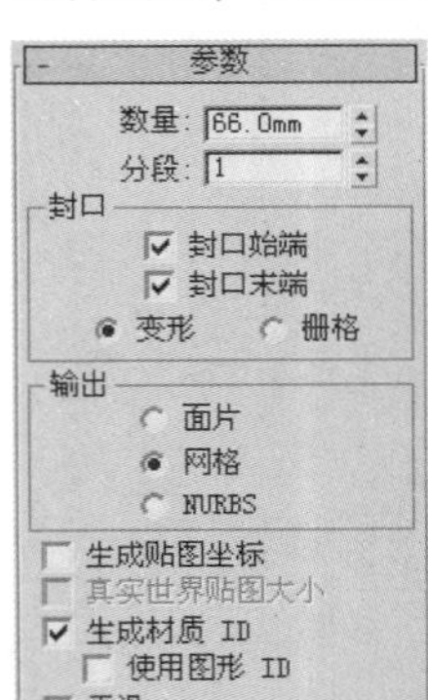

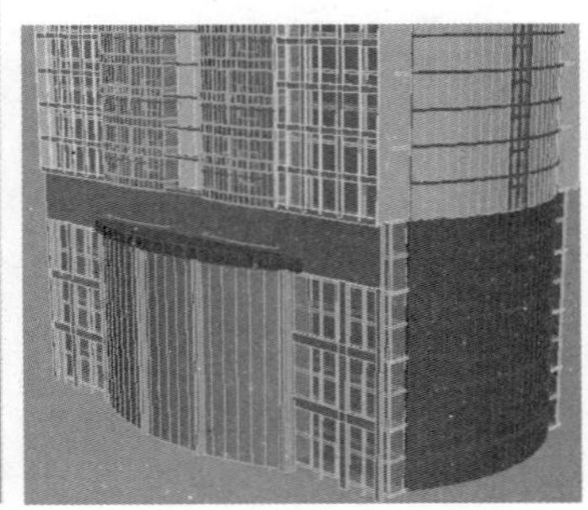

3.6.5 制作走廊的顶部模型

■ 1）进入【创建】面板，单击 长方体 按钮，在场景中创建出走廊顶部，效果如下左图所示。接下来创建走廊的柱子模型，进入【创建】面板，单击 圆柱体 按钮，在场景中创建一个圆柱体模型。将圆柱体转换为可编辑多边形，对圆柱体进行编辑并复制，效果如下右图所示。

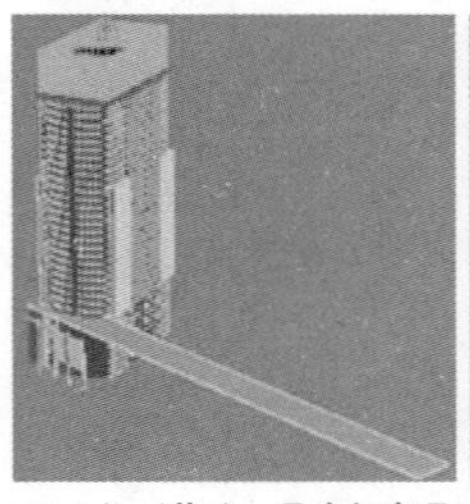

■ 2）进入【创建】面板，单击 线 按钮，在场景中创建一条样条曲线，如下左图所示。为样条曲线加载 挤出 修改器，挤出的参数设置如下右图所示，效果如下（下左）图所示。按M键，进入材质编辑器，为刚挤出的模型附上材质，将 不透明度 后面的数值调整为65，使模型显示为半透明效果，效果如下（下右）图所示。

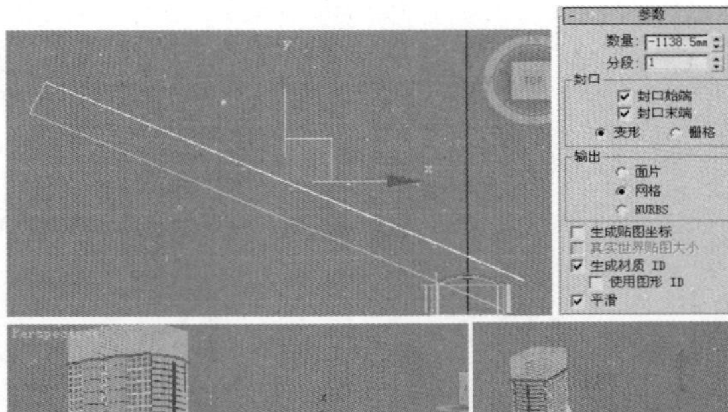

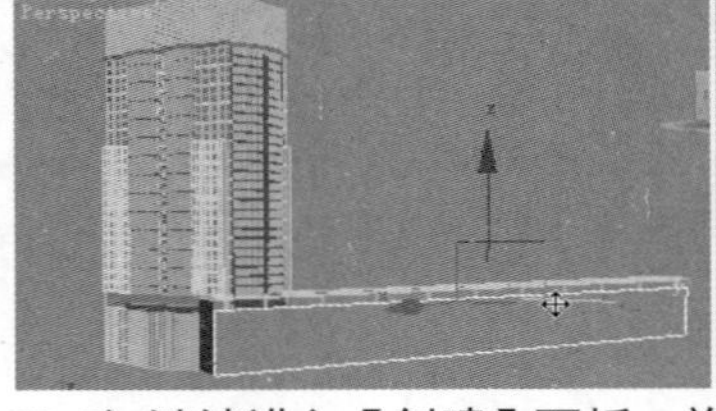

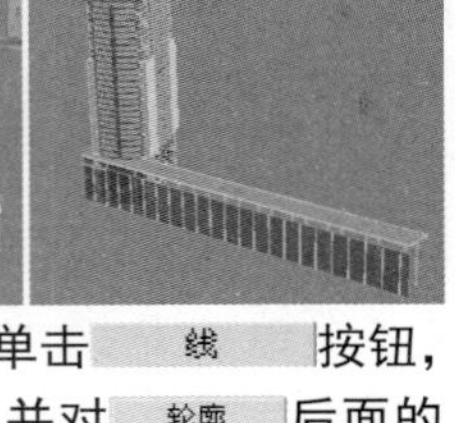

■ 3）继续进入【创建】面板，单击 线 按钮，在场景中创建一个样条曲线，并对 轮廓 后面的参数进行调整，效果如下左图所示。然后为样条曲线加载 挤出 修改器，挤出的参数设置如下右图所示。挤出的效果如下（下左）图所示。对挤出的长方体盒子进行复制，效果如下（下右）图所示。

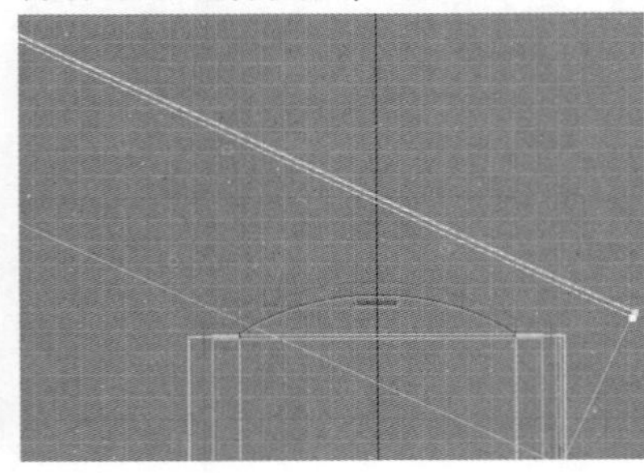

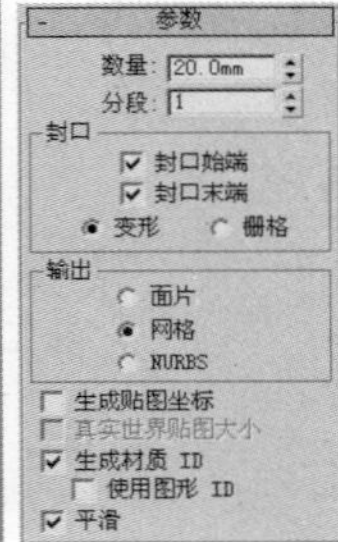

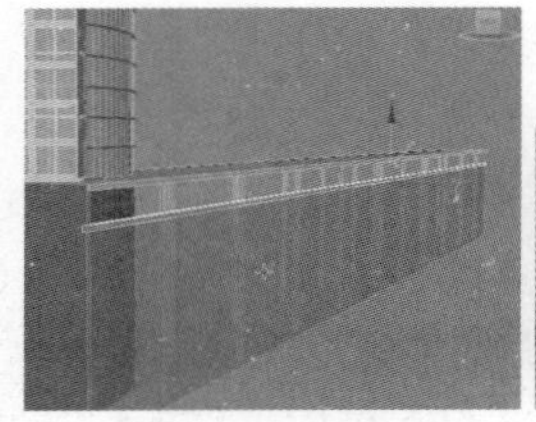

■ 4）选择走廊顶部的长方体模型，对长方体进行旋转、移动和复制，调节节点到如下左图所示的位置。选择长方体盒子，对长方体进行复制，并调节节点到如下中图所示的位置。最终效果如下右图所示。

■ 5）继续进入【创建】面板，单击 文本 按钮，在场景中写上需要的文字。为文字加载 挤出 修改器，对文字进行挤出，效果如下左图所示。对文字进行复制，效果如下右图所示。

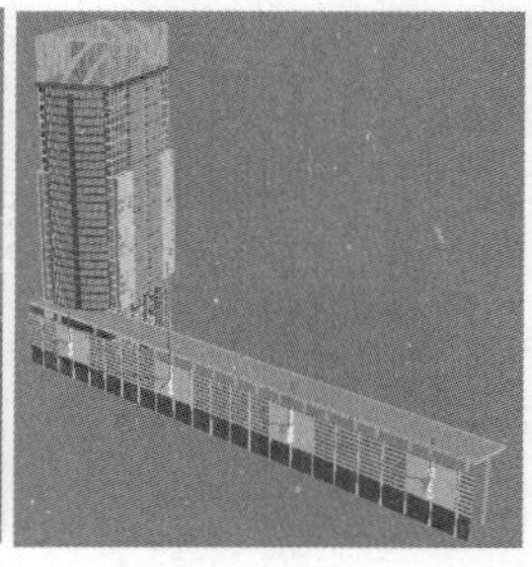

■ 6）现在开始创建旁边的大厦模型。进入 标准基本体 ，单击 长方体 按钮，在场景中创建一个长方体模型。长方体的参数设置如下左图所示，效果如下右图所示。

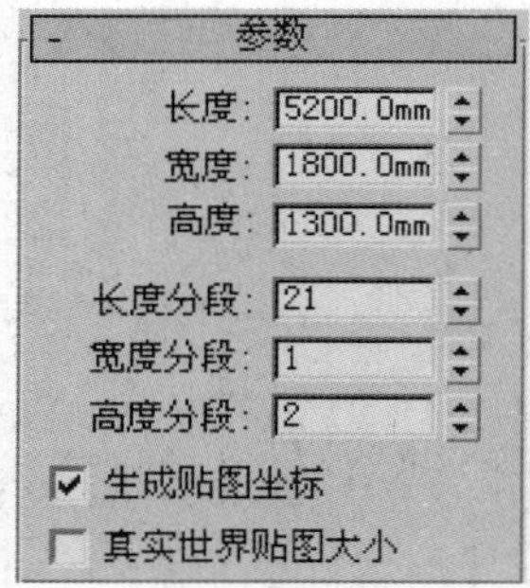

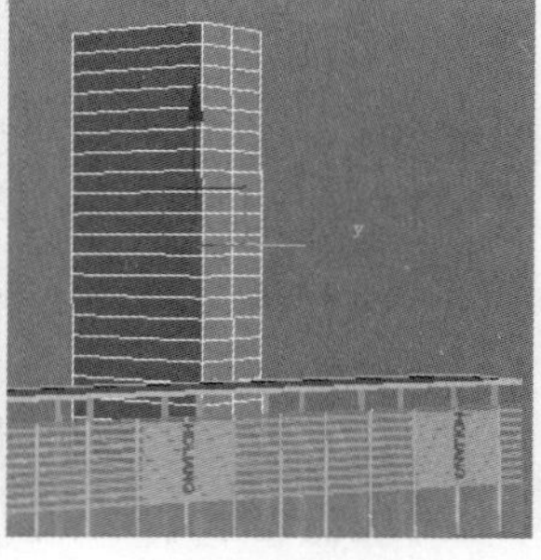

■ 7）单击鼠标右键，在出现的快捷菜单中选择 转换为可编辑多边形 命令，将长方体转换为可编辑多边形。选择如下左图所示的面，将面删除。选择如下右图所示的边，然后单击 循环 按钮，选择需要的边。单击 切角 后面的小方块，对边进行两次切角操作，切角量分别为14mm、3mm，如下（下左）图所示，效果如下（下右）图所示。

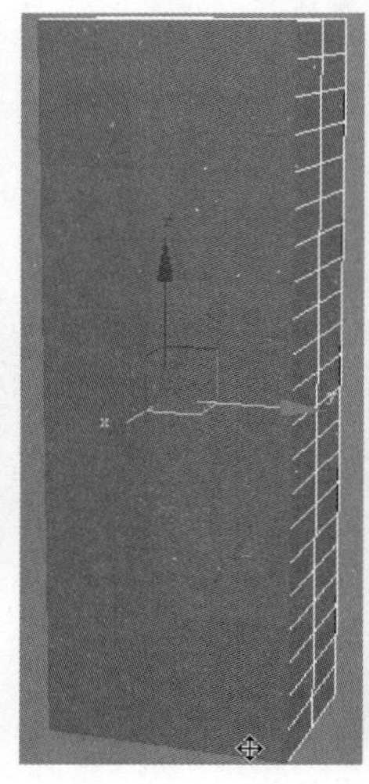

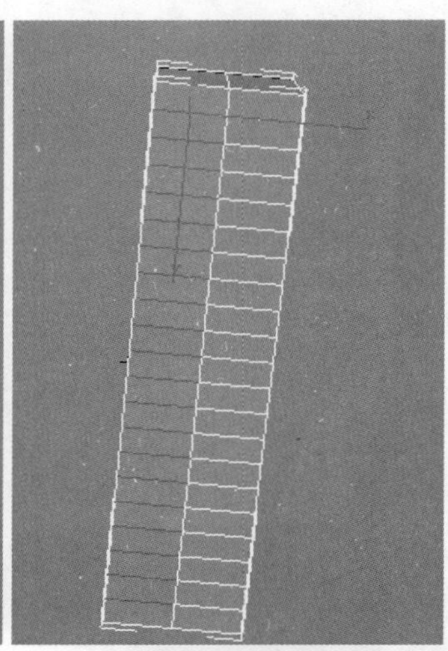

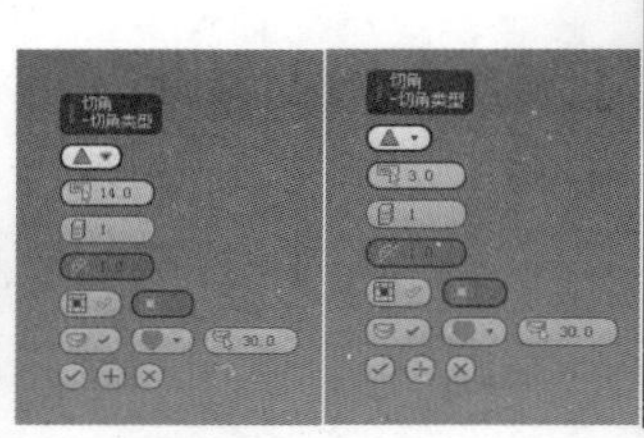

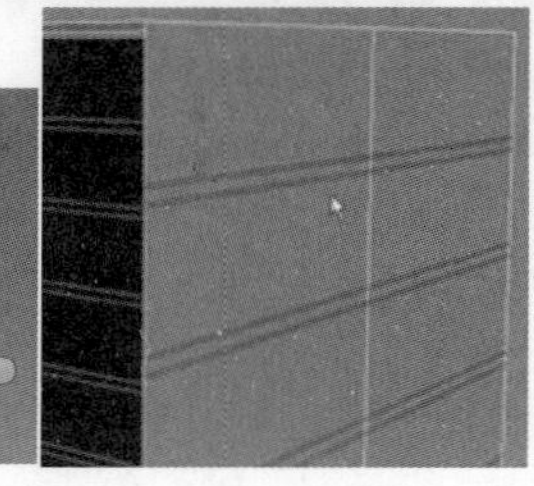

注意

更新视图中的文本来匹配编辑框中的当前设置。仅当选中【手动更新】复选框时，此按钮才可用。启用【手动更新】选项后，输入编辑框中的文本未在视图中显示，单击【更新】按钮时才会显示。

■ 8）选择如下左图所示的面，单击 挤出 后面的小方块，在弹出的 挤出多边形 对话框中，参数设置如下右图所示。

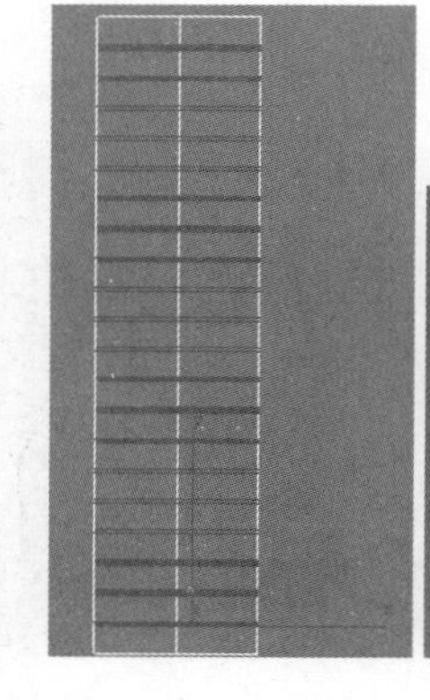

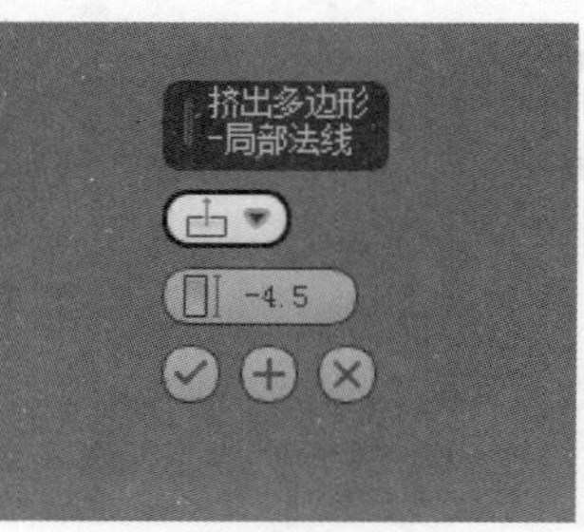

■ 9）选择如下左图所示的面，单击 挤出 □ 后面的小方块，在弹出的 挤出多边形 对话框中，参数设置如下右图所示。挤出的效果如下（下左）图所示。选择如下（下右）图所示的面，将面删除。

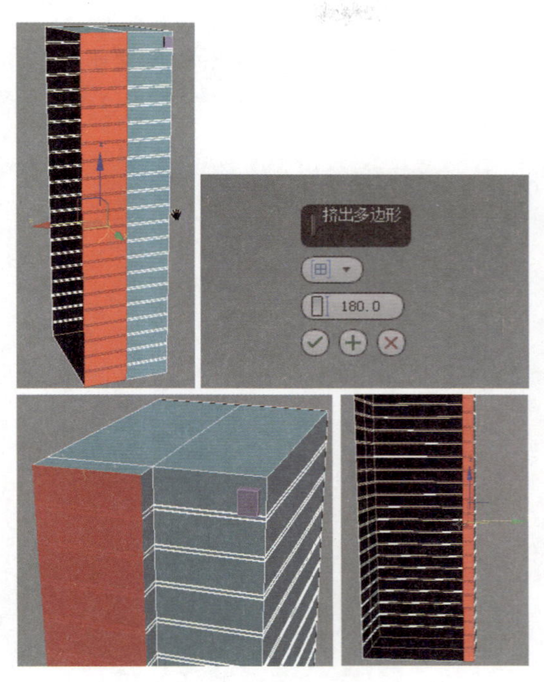

■ 10）为大厦制作窗户模型。进入【创建】面板，单击 长方体 按钮，创建一个长方体模型，长方体的参数设置如下左图所示。对长方体进行移动并复制，效果如下右图所示。

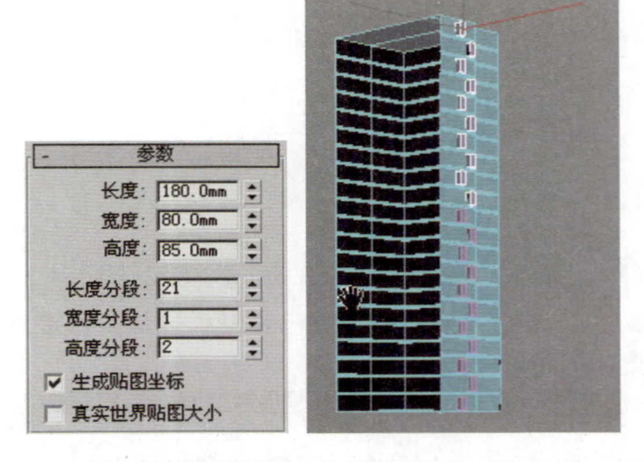

■ 11）将小长方体转换为可编辑多边形，单击 附加 按钮，将小长方体附加到一起。选择大厦主体，进入 复合对象 面板，单击 ProBoolean 按钮，在 拾取布尔对象 卷展栏中单击 开始拾取 按钮，再单击之前附加到一起的长方体模型，对模型进行布尔运算。将模型转换为可编辑多边形，效果如下左图所示。选择如下右图所示的面，单击 分离 按钮，将面分离出来。选择被分离出来的面，使用M键，打开材质编辑器，给面附加材质。材质面板如下（下左）图所示。效果如下（下右）图所示。

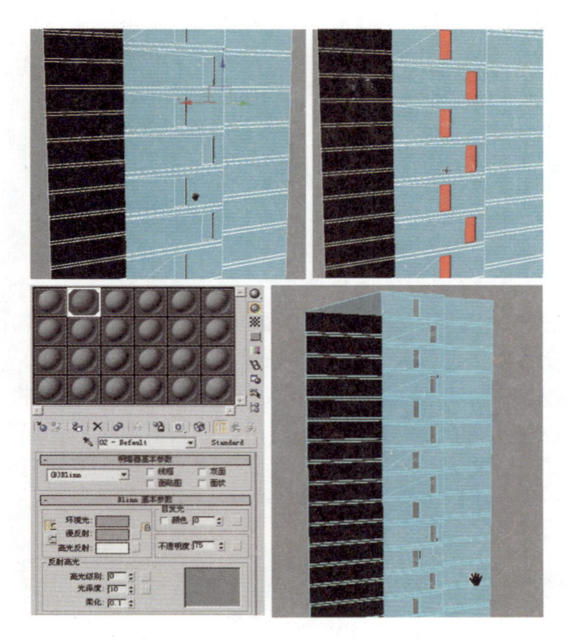

■ 12）继续进入【创建】面板，单击 长方体 按钮，创建一个长方体模型，将长方体转换为可编辑多边形，对长方体进行复制并编辑，效果如下左图所示。继续单击 线 按钮，创建样条曲线，如下右图所示。为样条曲线加载 挤出 修改器，修改器参数设置如下（下左）图所示，移动并复制挤出所得到的模型，继续进入【创建】面板，单击 平面 按钮，在场景中创建平面模型，将平面的分段调整为1，如下（下右）图所示。

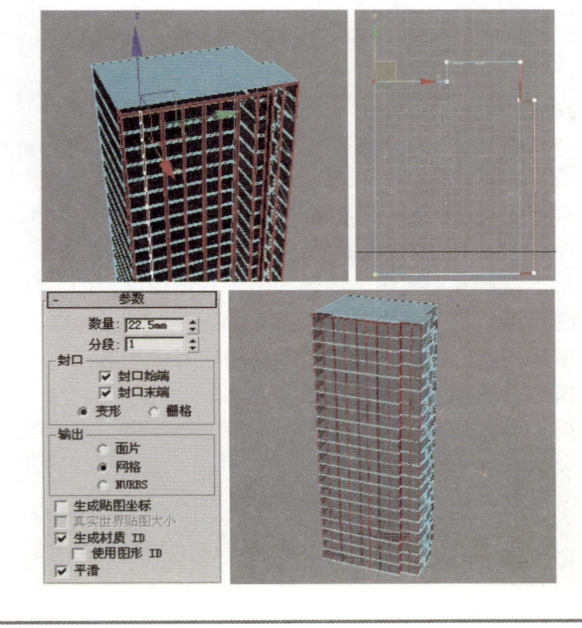

■ 13）创建大厦楼顶。进入【创建】面板，单击 长方体 按钮，创建一个长方体模型，参数设置如下左图所示，效果如下右图所示。

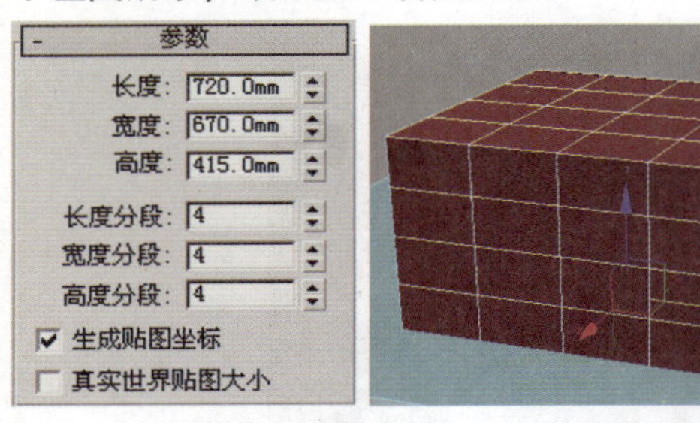

■ 14）将长方体原地复制一个，选择其中的一个长方体模型，为其加载 晶格 修改器，修改器参数设置如下左图所示，选择未添加修改器的长方体，按M键，进入材质编辑器，给模型附上材质，将 不透明度 后面的参数调整为75，效果如下右图所示。

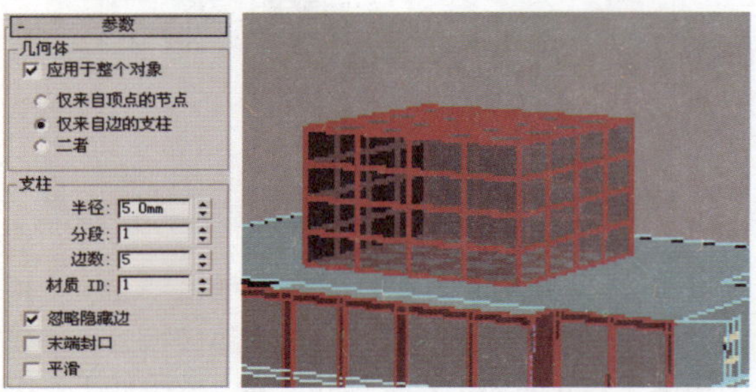

■ 15）选择如下左图所示的场景，按住Shift键拖动鼠标，复制模型，效果如下右图所示。

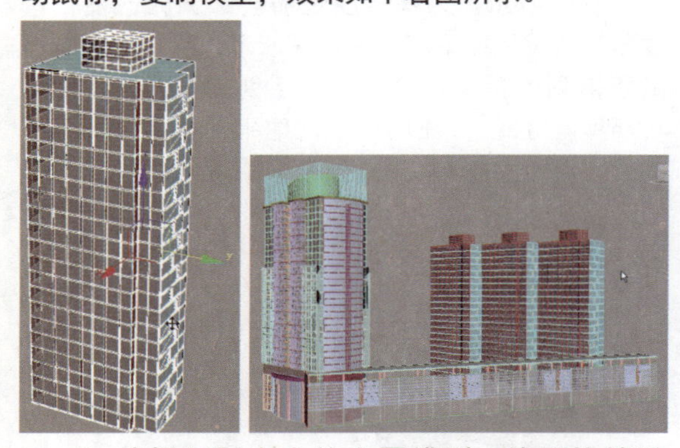

■ 16）选择复制出来的大厦模型，使用快捷键Alt+Q，将模型独立显示。然后进入【创建】面板，单击 长方体 按钮，创建一个长方体模型，如下左图所示。将长方体转换为可编辑多边形，选择如下中图所示的面。单击 挤出 按钮对模型进行3次挤出，效果如下右图所示。

■ 17）退出子物体层级，选择如下左图所示的模型。单击鼠标右键，在弹出的快捷菜单中选择【克隆】命令，弹出 克隆选项 对话框，参数设置如下右图所示，对模型进行原地复制。对复制出来的模型加载 晶格 修改器，修改器面板参数设置如下（下左）图所示。按M键，将未添加修改器的模型附上材质。并且将 不透明度 参数调整为75，效果如下（下右）图所示。

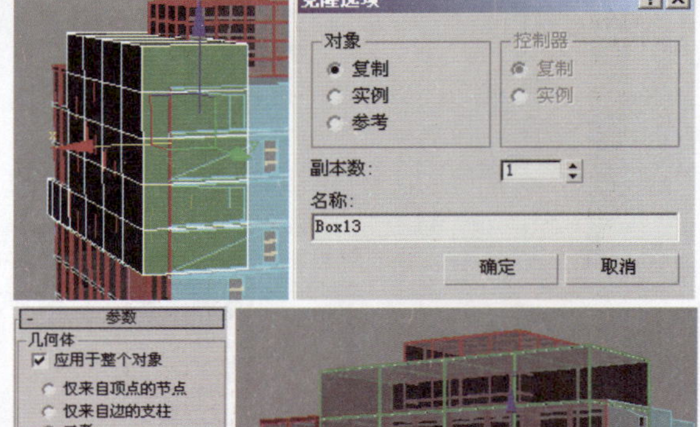

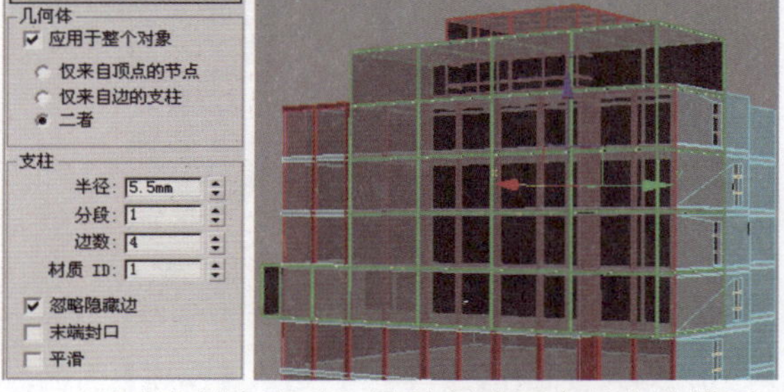

■ 18）进入【创建】面板，继续创建两个长方体模型。对长方体进行复制，并添加 晶格 修改器，与前面所使用方法一样，效果如下图所示。

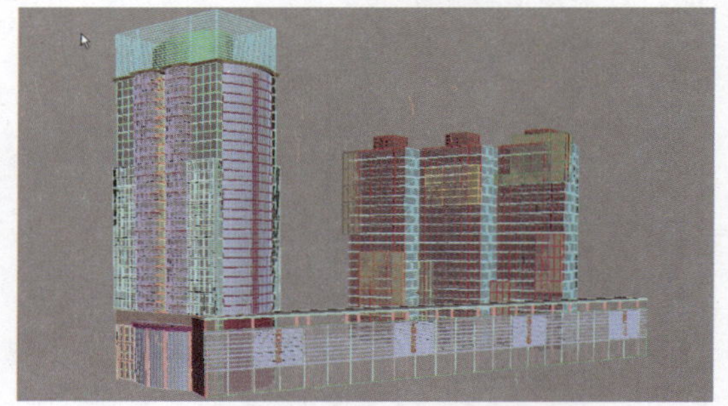

■ 19）至此，整个模型就已经制作完成，最终效果如下图所示。

第4章 3ds Max的基本材质

3ds Max 可以实现逼真的材质效果，为实际设计工作及影视片头提供了真实的视觉艺术。真实世界中的材质千变万化，种类繁多。我们在制作材质时，首先要针对 VRay 基本材质进行全面剖析，它包含了 6 大控件，分别是基本参数、BRVF、选项、贴图、反射插值和折射插值。

4.1 材质贴图基础

形成三维图像需要具备多个因素，模型、灯光、材质和贴图等，材质和贴图能够让模型以多种不同的外观呈现在我们面前。比如一个球体，可以给它设置金属材质，也可以给它设置木纹材质，这样我们得到的图像效果就完全不同了。材质和贴图的概念不同，材质是指物体表面的质地，也就是光滑度、透明度、发光度等，贴图则是指物体表面的纹理。

4.1.1 认识3ds Max的材质贴图

材质类型决定了材质整体属性的选择方向。大千世界物体表面的属性千变万化，当想要用 3ds Max 来制作出一个材质表面属性时，首先要找到一种适合的材质类型，这是制作材质的大方向。如果方向选择错误的话，即使努力调节贴图属性和效果，最终结果也可能会南辕北辙。所以，选择一种材质类型对于一个材质的调节是很重要的一步。

3ds Max 的材质有：Ink'n Paint 材质类型、变形器材质类型、标准材质类型、虫漆材质类型、顶/底材质类型、多维/子对象材质类型、高级照明覆盖材质类型、光线跟踪材质类型、合成材质类型、混合材质类型、建筑材质类型、壳材质类型、双面材质类型、外部参照材质类型、天光/投影材质类型，以及各种外挂程序的材质类型，比如 VRay 渲染器的几种材质类型。

贴图类型就是物体表面的纹理，设置时很简单，但操作贴图坐标比较复杂。就像一个人体贴图，你需要对人物表面（包括指甲、眼球、嘴唇等）完全准确的对位，这需要很高的贴图水平才能做到，本章就要学习这些技术。

3ds Max 的贴图类型虽然比较多，但主要有以下几种类型：位图、程序纹理图案、反射/折射类和图像修改类。只要掌握了规律，其实就像是木头纹理和石头纹理的区别，完全可以触类旁通、举一反三。3ds Max 的贴图有：位图贴图类型、墙面贴图类型、细胞贴图类型、棋盘格贴图类型、COMBUSTION 专用贴图类型、合成贴图类型、凹痕贴图类型、衰减贴图类型、平面镜贴图类型、渐变色贴图类型、渐变扩展贴图类型、大理石贴图类型、遮罩贴图类型、混合贴图类型、噪波贴图类型、输出增量贴图类型、粒子年龄贴图类型、粒子模糊贴图类型、花岗岩贴图类型、行星表面贴图类型、光线追踪贴图类型、折射/反射贴图类型、RGB 增量贴图类型、RGB 染色贴图类型、烟雾贴图类型、斑点贴图类型、油彩贴图类型、灰泥浆贴图类型、漩涡贴图类型、透镜贴图类型、顶点颜色贴图类型、水贴图类型、木纹贴图类型，以及外挂贴图类型，比如 VRay 渲染器的几种贴图类型。

4.1.2 3ds Max材质贴图的操作流程

在 3ds Max 中完成模型的建立后，就要给模型附加材质和贴图了。制作贴图前需要检查模型的网格效果，如果网格很密集，则贴图效果会比较好。但密集的网格体会给贴图工作带来比较麻烦的操作过程，因为要想准确地贴图，必须使用贴图坐标工具进行网格展开。网格展开往往需要手动进行，所以正确的方法是先进行低面数模型贴图，然后进行模型的网格体细分工作。物体皱褶处较多的地方可能需要贴图的尺寸比平展的地方大，就像衣服的皱纹处展开后会产生更大的面积一样，这个道理大家都明白。建模时尽量使用四边形面片，这样会使物体较为光滑，而且给后面的贴图工作提供方便。如下左图所示为网格展开后的物体贴图。一般情况下，需要打开材质编辑器进行材质设置，如下右图所示。

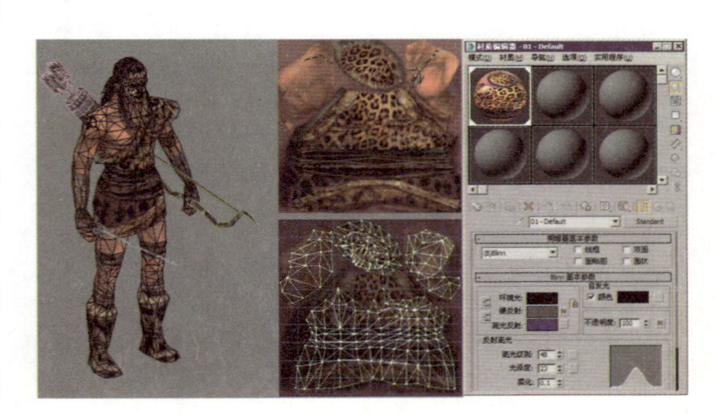

将样本球的材质和贴图参数设置完成后，单击按钮，将材质附给被选中的物体。这是一个简单的材质操作流程。也可以将材质保存，然后在任意场景中导入材质编辑器。材质编辑器是控制材质的一个面板，所有的材质贴图设置都在这里面进行，打开它的按键为 M。

当要改变材质类型时，只要单击材质编辑器的类型按钮，就会弹出【材质/贴图浏览器】对话框，里面有很多材质类型可供选择，如下右图所示。

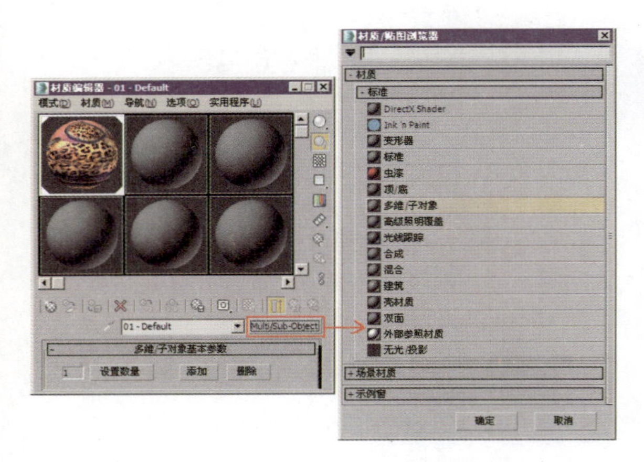

材质类型设置完成后，下一步就是要控制物体表面的属性了。可以设置【高光级别】、【不透明度】或【明暗器】类型等。

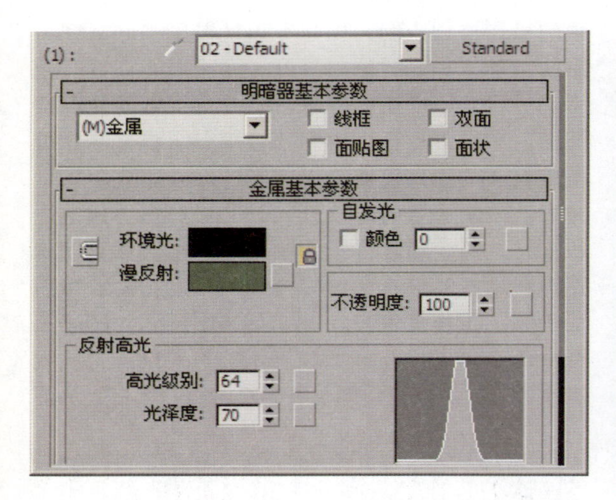

基本属性设置完成后，接下来就可以考虑赋予物体什么样的表面纹理了，也就是贴图。贴图可以附在任何通道上，通道就是材质的各个属性信息，比如：【漫反射】、【高光级别】、【不透明度】、【反射】、【凹凸】等。

在材质编辑器中要控制一个材质的表面属性，可能会有很多的表面参数可以设置。大多数时候用数值来表示一种属性的强弱，这些属性同样也可以用一张位图或是程序纹理来进行控制，称为材质属性通道。在材质编辑器中有两种形式可以进入材质属性通道，一种是单击属性面板上的小方块，单击这个按钮同样会弹出【材质/贴图浏览器】对话框，里面有很多贴图类型可供选择。

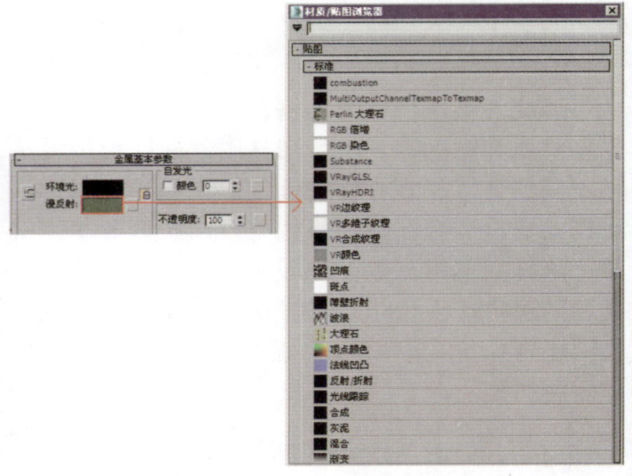

另外一种是专门的 Maps 卷展栏，它集中把可以控制的材质属性通道都放到一起，这样用起来比较方便。要想决定一个材质有哪些特性，就要在一个一个加载贴图的通道中添加贴图或是程序纹理。单击 None 按钮同样会弹出【材质/贴图浏览器】对话框，用法是相同的。

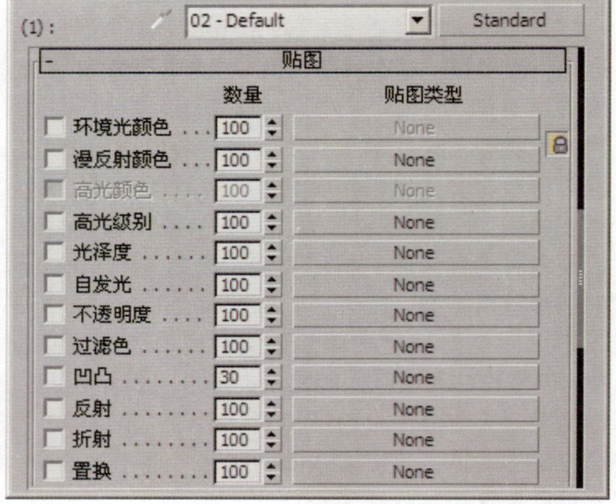

比如在【贴图】卷展栏中单击【漫反射颜色】旁边的 None 按钮，弹出【材质/贴图浏览器】对话框，选择一个【位图】贴图类型。【位图】贴图类型是用来引入一个一般的位图的贴图类型，是 3ds Max 贴图中最基础的一种，也是最常用的贴图类型。进入贴图选取对话框中，选中一个要添加的贴图，然后单击 打开(O) 按钮。这样，一个贴图就被指定到了材质的【漫反射】通道上。

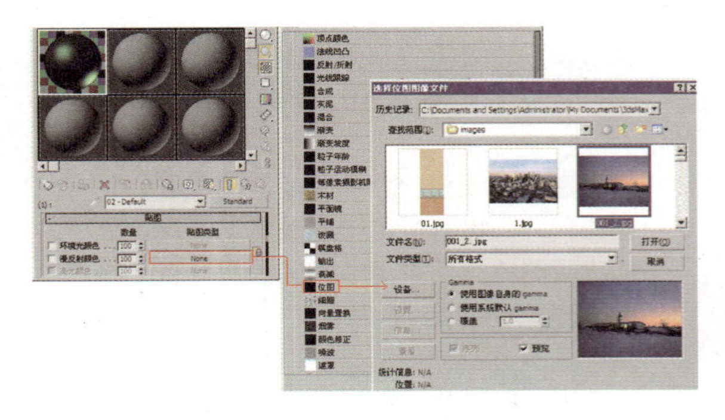

剩下的操作就是对这个贴图进行调整了，比如调整重复度、尺寸、颜色等。完成所有的工作后，选择场景中的物体，单击按钮将该材质赋予被选择物体即可。

在不同通道上设置的贴图将产生不同的表面效果，下图所示为各种属性通道的贴图效果。

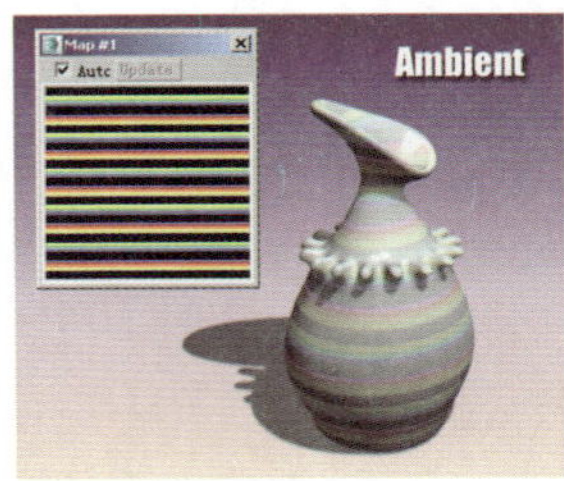

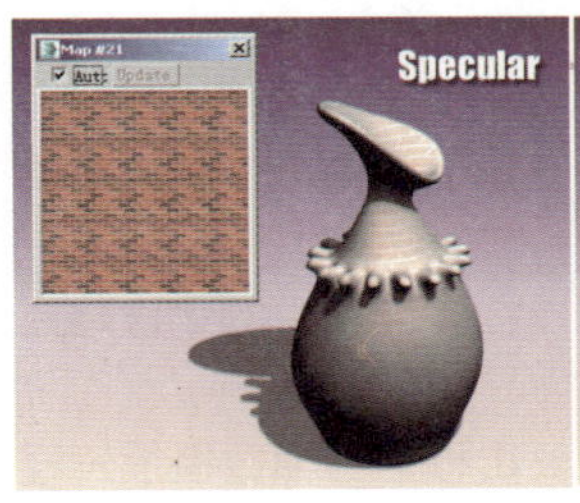

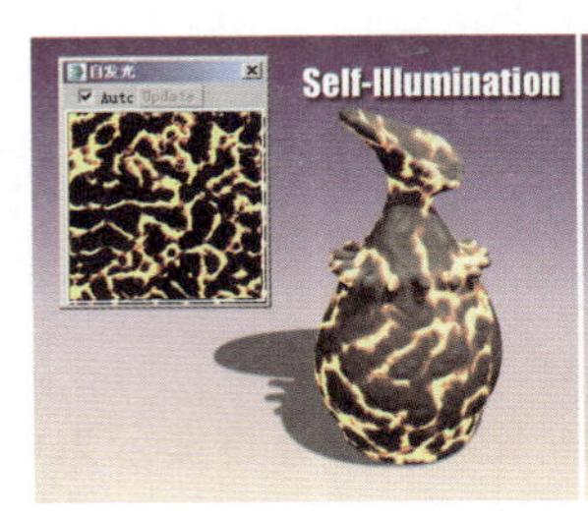

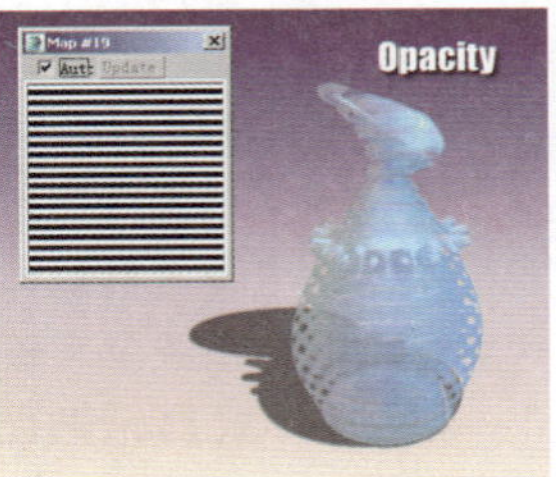

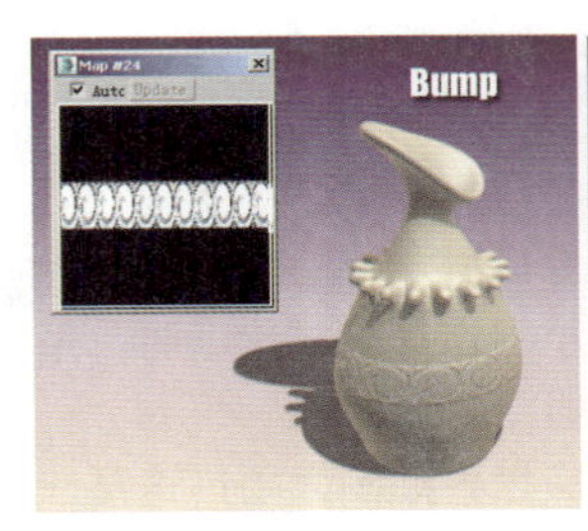

各种通道也可以共同使用，产生叠加的效果，如下图所示。

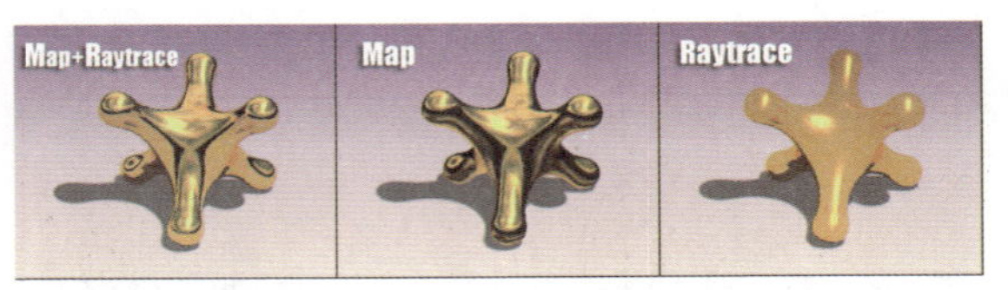

4.2 材质编辑器

材质编辑器是3ds Max中功能强大的模块，是制作材质、赋予贴图及生成多种特效的地方。虽然材质的制作可在材质编辑器中完成，但必须指定到特定场景中的物体上才起作用。我们可以对构成材质的大部分元素指定贴图，例如可将【环境光】、【漫反射】和【高光级别】用贴图来替换，也可以用贴图来影响物体的透明度，以及用贴图来影响物体的自体发光品质等。本节从介绍材质编辑器入手，由浅至深，逐步讲解基本材质、基本贴图材质、贴图类型与贴图坐标及复合材质等问题。

单击工具栏上的【材质编辑器】按钮，随后弹出材质编辑器。

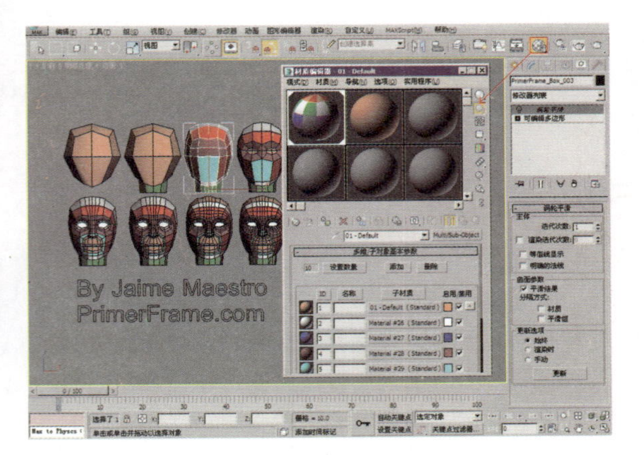

材质编辑器是一个浮动对话框，可以用鼠标单击其最上方的蓝色区域移动它，也可以用鼠标放大或缩小它，还可以单击其右上角的最小化按钮，使其缩小为一个图标。

单击材质编辑器上方6个样本球中的任意一个，可以看到这个样本球被一个亮白框罩住，这意味着这个样本球所表示的材质可以被输送到视图中的三维模型表面之上了，如下左图所示。

单击样本球下面水平命令图标行中的【将材质赋予选定物体】按钮，可以看到材质编辑器闪动了一下，同时视图中刚才亮白显示的三维模型被赋予了样本球上的颜色，并且样本球内出现了 4 个小斜角，如下右图所示。表示这个材质是视图中物体使用的材质。现在我们已初步理解了材质编辑器，单击右上角的【关闭】按钮关闭它。

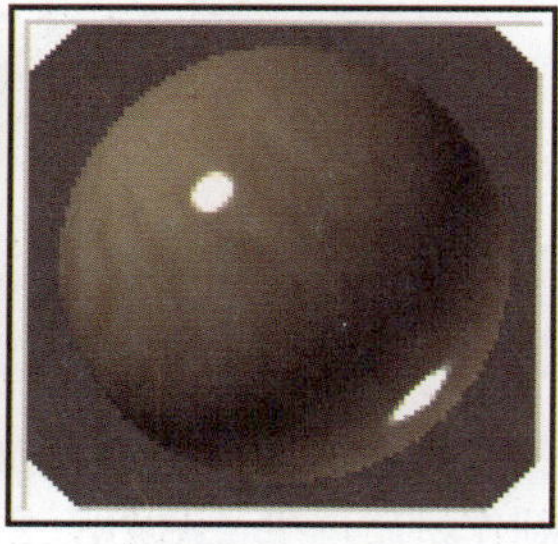

下面是材质编辑器中一些常用工具按钮。

样本类型：用于控制示例窗中样本的形态，包括球体、柱体、立方体和自定义形体。

背光：为示例窗中的样本增加一个背光效果。

背景：为示例窗增加一个彩色方格背景，主要用于透明材质和不透明贴图效果的调节。通过【材质编辑选项】控制，可以为它单独指定一个图像作为背景，如下左图所示。

样本重复贴图：用来测试贴图重复的效果，只对视窗中的贴图效果显示产生影响，如下右图所示。

视频颜色检查：对于 NTSC 制式和 PAL 制式的视频，色彩饱和度有一些限制，如果超过这个限制，画面会产生颜色转换后变得模糊或者粗糙的效果。检查材质表面色彩是否有超过视频限制的，因为单纯从材质避免还是不够的，因为最后渲染的效果还决定于场景中的灯光，通过渲染控制器中的视频颜色检查功能可以控制最后渲染图像是否超过限制。

制作预览动画：用于预览动画材质的效果，对于进行了动画设置的材质，可以选取它来观看当前动态材质的效果，如下左图所示。

预览范围：设置动画渲染的帧数。

所有：以当前场景的帧数作为动画渲染的帧数。

自定义范围：定义从哪个帧数到哪个帧数作为动画渲染的帧数。

帧速率：设置渲染和播放的速度。

间隔帧数：设置预览动画进行渲染时的间隔帧数。

播放速度：设置预览动画播放的速度。

图像尺寸：设置所渲染的预览动画尺寸大小。

输出百分比：用来调节动画的尺寸百分比。

播放预览动画：播放刚才生成的预览动画。

保存预览动画：将刚才完成的预览动画保存。

选项：单击此按钮将打开如下右图所示的对话框。

下面是【材质编辑器选项】对话框中一些主要的参数。

手动更新：选择该复选框，场景中的物体将自动更新。

不显示动画：选择该复选框，在帧数播放过程中，样本球不会播放动画，只有在停下来后才在所在帧切换效果。

抗锯齿：在示例窗中进行抗锯齿渲染处理材质。

逐步优化：选择该复选框可以将材质以精细模式显示，这个设置针对印刷和播放级的渲染作品比较实用，但对系统要求较高。

以 2D 形式显示贴图：在视图中允许显示 2D 贴图效果。

自定义背景：用户自己指定一个图像作为范本窗的背景，系统默认背景为方格画面。

显示多维/子对象材质传播警告：应用多维/子对象材质时，弹出警告对话框。

自动选择纹理贴图大小：选择该复选框时，系统将使用真实世界比例来显示材质。

对几何体采样使用真实世界贴图大小：这是一

个全局设置，允许手动选择使用的纹理坐标的样式。选中该复选框时，样本球显示真实世界坐标。

【顶光】颜色：用来调节样本球材质顶部灯光色彩。

倍增：用来调节光强度。

默认：单击该按钮，灯光恢复为系统默认设置。

【背光】颜色：用来调节样本球材质背部灯光色彩。

环境灯光：设置样本球所受环境光的强度，这个参数属于微调参数。

背景强度：设置样本球背景的显示强度。

渲染采样大小：设置渲染样本球的最大尺寸。

默认纹理大小：设置纹理显示的最大尺寸。

DirectX 明暗器：提供了硬件显卡的实时质感。

强制软件渲染：启用此选项后，会强制DirectX9 明暗器材质使用选中的软件来对样本球进行渲染。禁用此选项后如果该材质的局部强制软件渲染切换没有启用，将使用【DirectX9 明暗器】中指定的 *.FX 文件进行渲染。默认设置为禁用状态。

明暗处理选定对象：启用【强制软件渲染】选项后，只有选中的对象会被 DirectX9 明暗器材质着色。如果没有启用【强制软件渲染】选项，此选项将不可用。默认设置为禁用状态。

文件名：用户自己指定一个场景中的模型名称，以它的造型作为样本球的材质范本显示。

加载摄影机和/或灯光：从用户的文件中读取摄影机和灯光来指定给样本球的显示。

示例窗数目：提供 3×2、5×3、6×4 这 3 种划分的方式。

选择材质：单击此按钮，会弹出一个选择框，所有附有该材质的物体都会高亮显示，单击 Select 钮即可将它们一同选择。

获取材质：打开【材质/贴图浏览器】对话框，进行材质和贴图的选择，如下左图所示。

放置材质到场景：在编辑完材质之后将它重新应用到场景的物体上。

指定材质给当前选择：将当前激活示例窗中的材质指定给当前选择的物体。

重设定贴图/材质到默认设置：对当前示例窗的编辑项目进行重新设定。

制作材质复本：这个按钮只对同步材质起作用，单击它，会将当前同步材质复制成一个相同参数的非同步材质，并且名称相同。

存入材质库：单击此按钮，会将当前材质保存到当前的材质库中。

在视图中显示贴图：单击此按钮可以在场景中显示该材质的贴图效果。

显示最终或当前结果：单击按钮可以使材质范本框显示出最后的混合效果；单击按钮可以使材质范本框只显示当前层级贴图效果。

去父级材质：向上移动一个材质层级。

去下一个同级材质：它可以使你快速移动到另一个同级材质中。

材质/贴图导航器：单击此按钮可以打开【材质/贴图导航器】对话框，它以一个浮动框的形式存在，通过层级式的链状结构图来显示当前材质的整个情况，如下右图所示。

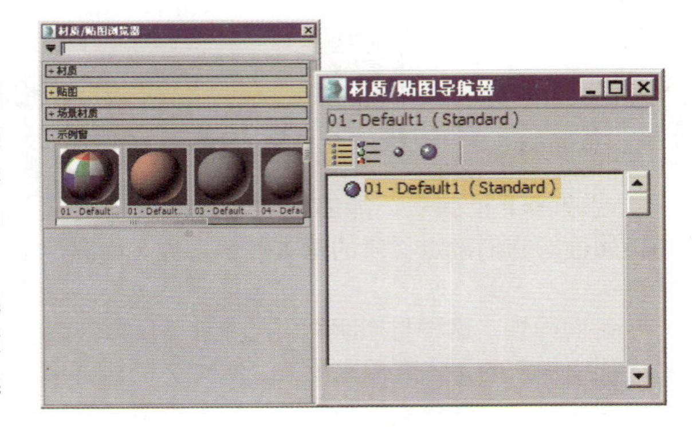

4.3 3ds Max材质类型

通过类型按钮可以打开【材质/贴图浏览器】对话框，从中选择各种材质类型。

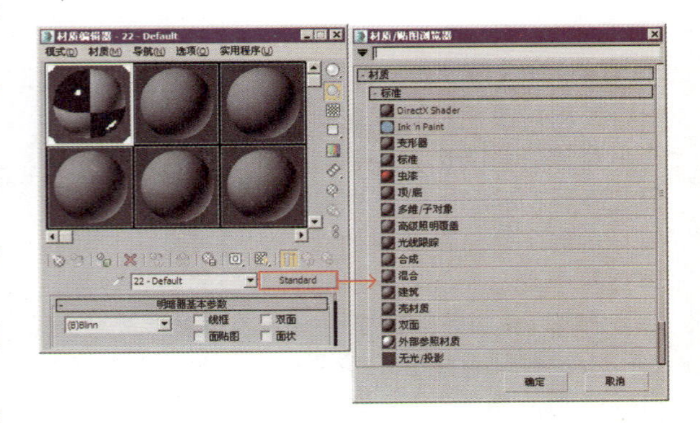

如果不添加外挂插件，3ds Max 本身有 15 种材质类型和 36 种贴图类型。下面介绍材质类型的使用方法。

标准材质参数主要由【明暗器基本参数】、基本参数、【扩展参数】和【贴图】4 个卷展栏来控制。

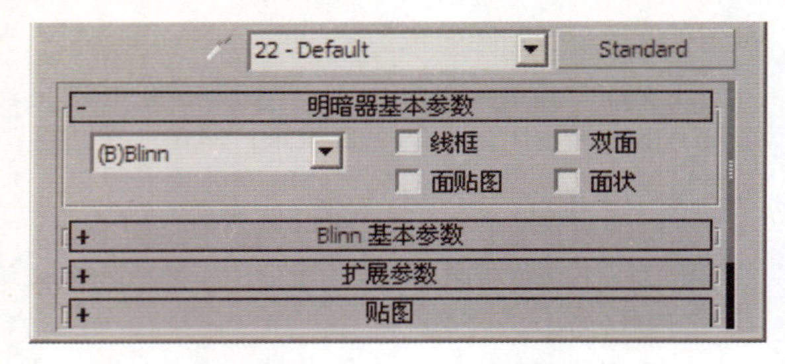

1. 【明暗器基本参数】卷展栏

明暗器下拉列表：能够指定 8 种不同的材质渲染属性，它们确定材质的基本性质。这 8 种属性如下：

各向异性：这种材质阴影类型是在 3ds Max 发展过程中加入的，主要用来解决 3ds Max 的非圆形高光问题。在早期版本的 3ds Max 中，基本上只有简单的圆形高光分布，这使得对一些如不锈钢金属非圆形高光材质就感到有些束手无策了，于是编写了这样一种材质阴影类型来解决问题。它可以方便地调节材质高光的 UV 比例，就是说可以产生出一种椭圆形甚至是线形的高光

Blinn：它是 3ds Max 中比较古老的材质阴影类型之一，参数简单，主要用来模拟高光比较硬朗的塑料制品。

金属：在 3ds Max 中要制作一个金属材质，要在它的反射上做文章，首先要选择一种和金属的高光方式相对应的材质阴影类型。其实 3ds Max 中几乎每种材质阴影类型都可以用来做金属效果，但是还是 Metal/Strauss 材质阴影类型比较适合。

多层：是一种高级的材质阴影类型。它同时具有两个 Anisotropic 材质阴影类型的高光效果，并且是可以叠加的，可以产生十字交叉的高光效果。

Oren-Nayar- Blinn：它是一种新型的复杂材质阴影类型，是由 Blinn 材质编辑器发展而来的，在 Blinn 的基础上添加了 Roughness 参数和 Diffuse Level 参数，可以用于制作高光并不是很明显的如陶土、木材、布料等材质。

Phong：和 Blinn 的基本参数都相同，效果也十分接近，只是在背光的高光形状上略有不同。Blinn 为圆状的高光，而 Phong 则呈梭形；所以一般用 Blinn 表现反光较剧烈的材质，用 Phong 表现反光比较柔和的材质，但是区别不是很大，读者请酌情处理。一般说来，Phong 表现凹凸、反射、反光、不透明等效果的计算比较精确。

Strauss：这是用来模拟金属的一种材质阴影类型，是在 3ds Max 的发展过程中引入的，用来解决金属材质阴影类型不好控制的问题。但只是相对来说好控制了一些，参数很简单，只有几个，可以说比较实用、简洁，不过用的人并不多。原因可能是它只能做一些简单的材质阴影类型，本身没有太多的特点。

半透明明暗器：主要是为了解决没有半透明材质阴影类型的问题。也就是说这种材质阴影类型可以模拟像蜡烛、玉石、纸张等半透明材质，可以在材质的背面看到通透的灯光效果，也可以模拟如人的耳朵等在背光下面的效果。

线框：以网格线框的方式来渲染物体，它只是表现出物体的线架结构，对于线框的粗细，由【扩展参数】卷展栏中的【线框】选项来调节，【尺寸】值用于确定它的粗细，可以选择【像素】和【单位】两种单位。

双面：用于将物体法线相反的一面也进行渲染，通常为了简化计算，只渲染物体法线为正方的表面（即可视的外表面），这时大多数物体都适用，但有些敞开面的物体，其内壁会看不到任何材质效果，这时就必须打开双面设置。

面贴图：将材质指定给造型的所有面，如果是一个贴图材质，则物体表面的贴图坐标将失效，贴图会均匀分布在物体的每一个表面上。

面状：就像表面是平面一样，渲染表面的每一面。

2. 基本参数卷展栏

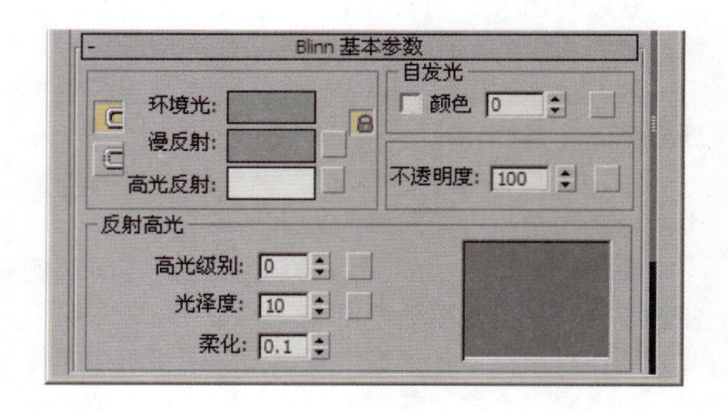

环境光：控制物体表面阴影区的颜色。
漫反射：控制物体表面过渡区的颜色。
高光反射：控制物体表面高光区的颜色。
自发光：使材质具备自身发光效果。

不透明度：设置材质的不透明度，默认值为100，即不透明，降低值可使透明度增加，值为0时变为完全透明。

高光级别：确定材质表面反光面积的大小。

光泽度：确定材质表面反光的强度。

这两个值是共同作用的，【高光级别】值越高，表示反光面积越小，而【光泽度】值越高表示反光强度越大。

柔化：对高光区的反光进行柔化处理，使它变得柔和。

3. 【扩展参数】卷展栏

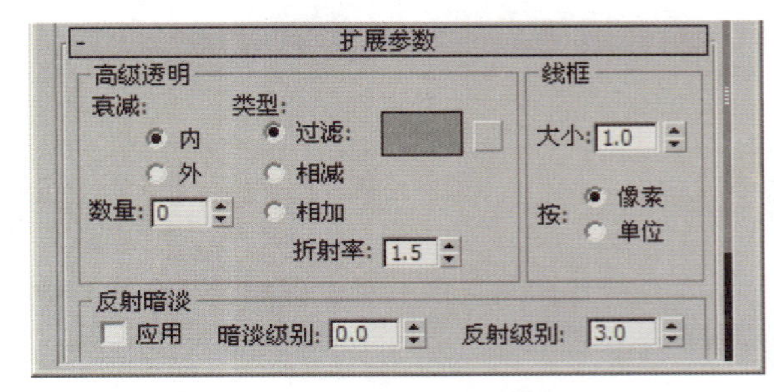

向内衰减：由边缘向中心增加透明。

向外衰减：由中心向边缘增加透明。

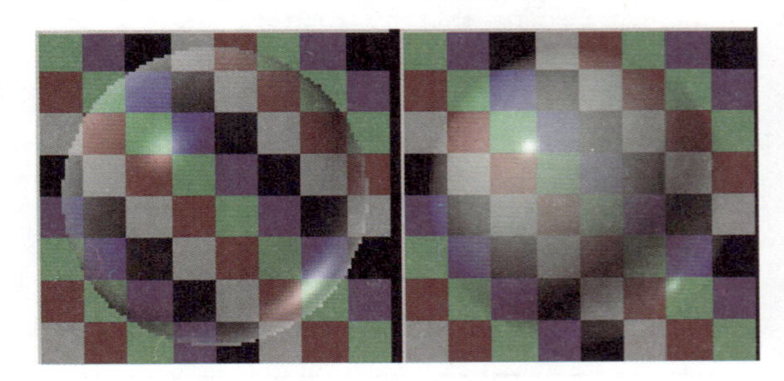

数量：控制增加透明程度的大小。

过滤：以过滤色来确定透明的色彩，它会根据过滤色在背景色上的倍增色来确定透明材质的表面色。

相减：相减不透明度可以从背景颜色中减去材质的颜色，以便使该材质背后的颜色变深。

相加：根据背景色进行递增色彩的处理。

折射率：设置折射贴图和光线跟踪的折射率，默认值为1.5。

大小：设置线框的粗细值。下图为不同大小值的效果。

应用：选中该复选框则使反射产生暗淡效果，如下图所示。

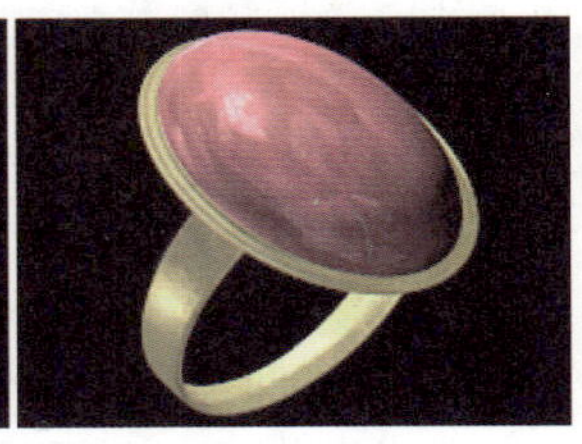

暗淡级别：设置阴影中的暗淡量。该值为0.0时，反射贴图在阴影中为全黑；该值为0.5时，反射贴图为半暗淡；该值为1.0时，反射贴图不经过暗淡处理。

反射级别：用于控制阴影以外区域的反射强度。一般情况下，默认值为3.0会使明亮区域的反射保持正常效果。

4. 【贴图】卷展栏

贴图

	数量	贴图类型
环境光颜色	100	None
漫反射颜色	100	None
高光颜色	100	None
高光级别	100	None
光泽度	100	None
自发光	100	None
不透明度	100	None
过滤色	100	None
凹凸	30	None
反射	100	None
折射	100	None
置换	100	None

数量：设置贴图的数量大小，除【凹凸】贴图最大值为999，最小值为-999以外，一般最大值均为100，最小值均为0。

贴图类型：显示贴图类型和贴图名称。

环境光颜色：这种阴影色贴图一般不单独使用，默认它与【漫反射颜色】贴图联合使用，为物体的阴影区贴图，平时它与【漫反射颜色】贴图锁定在一起，如果你想对它单独进行贴图，首先要在基本参数卷展栏中打开【漫反射】右侧的锁定钮，解除它们之间的锁定关系，然后才能对它进行贴图设置。

漫反射颜色：主要用于表现材质的纹理效果，例如：若想指定一个有砖纹表面的立方体，只需用一张不透明的砖纹贴图完全覆盖立方体物体表面就可以了。

高光颜色：贴图的图像只会出现在反射高光区域中。

高光级别：可以选择一个贴图来改变反射高光的强度。贴图中的白色像素产生全部反射高光；黑色像素将完全移除反射高光；中间值相应地减少反射高光。

光泽度：决定曲面的哪些区域更具有光泽，哪些区域不太有光泽，具体情况取决于贴图中颜色的强度。贴图中的黑色像素将产生全面的光泽；白色像素将完全消除光泽；中间值会减少高光的大小。

自发光贴：一种将贴图图像以自发光的形式贴在物体表面的材质，图像中纯黑色的区域不会对材质产生任何发光效果，纯黑到纯白之间的区域会根据自身的色相亮度产生发光效果，发光的地方不受灯光及投影影响。

过滤色：该材质一般用于过滤各种专有颜色。例如：制作一个玻璃杯子，可以先指定杯子的白色为过滤色，然后将它赋予三维物体，我们看到的效果就是彩色花纹玻璃杯效果。还可以将该效果应用于光线追踪效果，将它的过滤色指定为光线过滤，可以制作出体光透过空隙的效果。

凹凸：通过图像的明暗强度来影响材质表面的光滑程度，从而产生凹凸的表面效果，一般数值为正数时，白色图像产生凸起，黑色图像产生凹陷，中间色产生过渡；参数值为负数时，产生相反的凹凸效果。它的优点是能够很快根据图形的表面特性渲染出逼真的凹凸效果，但是它也有很多缺点。例如：当你仔细观察它的边缘时，会发现它不能将物体转弯处的立体感也表现出来，如果要真正表现物体的凹凸效果，最好用 Displace 图像置换功能。

反射：反射贴图是一种高级的贴图方式，它可以产生逼真、精彩的场景效果。它运用先进的光学反射信号原理模拟场景渲染，虽然速度奇慢，但是效果确实非常令人信服。

折射：该材质能在渲染物体表面产生对周围景物色彩的折射映像，折射贴图模拟空气和水等物质的光线折射效果。使用【反射/折射】贴图作为折射贴图，只能产生对背景图像的折射表现，这种贴图方式对于速展很慢的计算机是致命的打击，因为一旦将该材质赋予物体，等待渲染效果出来就不仅仅是几十分钟的时间成本了。

置换：置换贴图是根据图像的黑白灰色调的深浅值置换成为挤压力度值，从而对被贴图物体产生性质代换的一种贴图方式。

其他的材质类型设置方法基本相似，只是它们有各自不同的特点而已。

4.4 基本贴图参数介绍

3ds Max 内置的贴图类型有 36 种，如果加上外挂渲染器的材质可能会更多，下图所示为贴图类型。

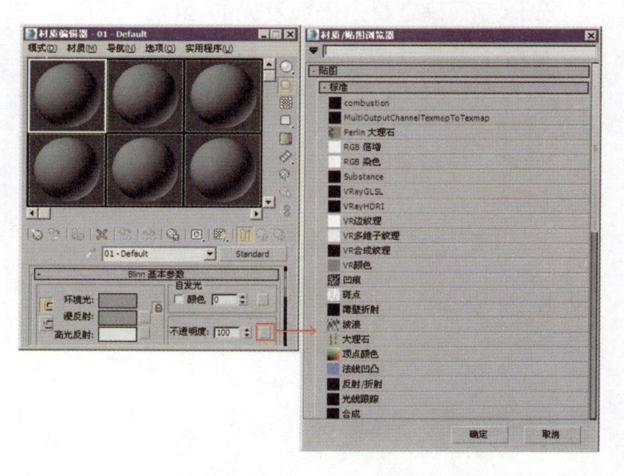

下面介绍最常用的一种位图贴图，它的参数卷展栏是最常见的。

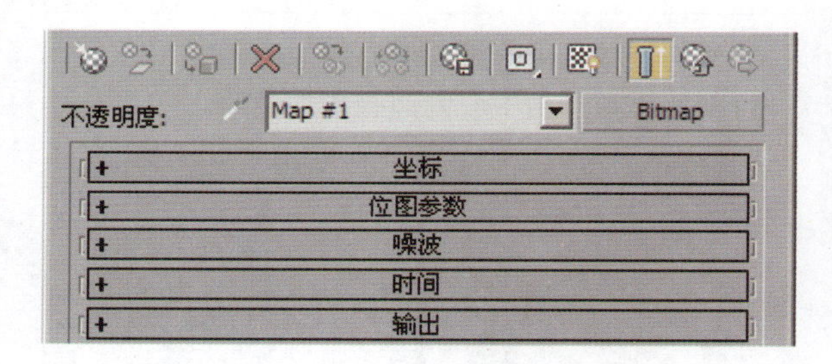

1. 【坐标】匹配卷展栏

这个卷展栏中的参数用来对贴图大小和方向进行调整，在这里可以设置坐标类型和贴图的重复等。

纹理：设置使用贴图的纹理坐标方式。

环境：设置使用环境的坐标方式，在打开【贴图】下拉列表后，下面将有更多的方式可以选择。

▼ 显示贴图通道：用来指定使用多少号的通道进行设置，这个部分需要和UVW贴图坐标方式一起使用。

▼ 顶点颜色通道：这是用物体的顶点颜色来定义坐标的方式。一般情况下，可以在物体的PLOY模式下找到对物体顶点的颜色设置。

▼ 世界*XYZ*平面：按照世界坐标系的方式来给物体指定贴图坐标。

▼ 对象*XYZ*平面：坐标方向指定的是物体自身的坐标系统。

如果使用的是【环境】坐标方式，将会有不同的选项，【环境】贴图方式一般用在整个背景贴图，其下拉列表如下图所示。

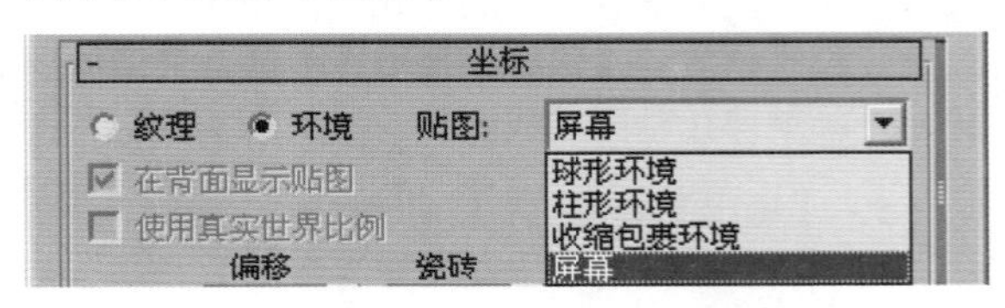

▼ 【球形环境】方式：这个坐标用一个球体一样的物体作为贴图，所有的物体都包含在里面了，在环境中经常用到。

▼ 【柱形环境】方式：和球形一样，只是这次是用一个圆柱作为包裹的物体，也比较常用。

▼ 【收缩包裹环境】方式：这个比较特别，好像用了一个袋子将整个世界包裹了起来，然后会产生一个袋子口的方向，是一种比较不常用的坐标方式。

▼ 【屏幕】方式：这是一个简单的贴图坐标方式，直接将图片的坐标和屏幕进行统一，也就是平铺展开的样子。

在背面显示贴图：用来显示贴图到物体的相对面上去的方式，一般情况下是开启的，只有取消了重复的时候才会生效。在使用时最好配合 UVW 贴图的平面坐标方式。

使用真实世界比例：启用此选项之后，使用真实的【宽度】和【高度】值，而不是使用 UV 值将贴图应用于对象。

下图所示是用来给贴图指定坐标变换的参数，其中包括【偏移】、【镜像】复选框。UV 用于指定纵横方向。UV、VW、WU 是不同的坐标方向。

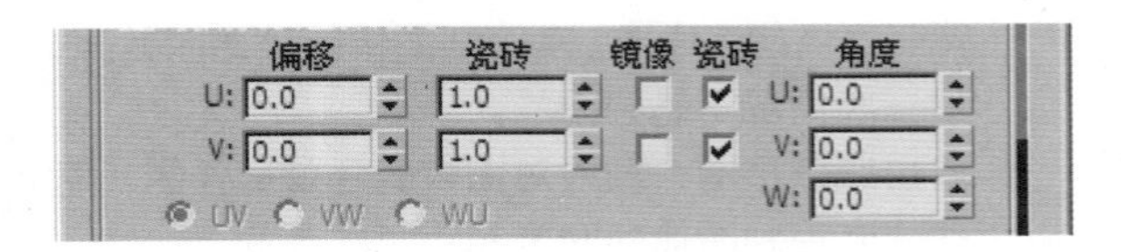

模糊：用来对图片进行模糊处理，使用这个参数能将贴图进行模糊处理。

模糊偏移：影响贴图的锐度或模糊度，而与贴图与视图的距离无关。如果需要将贴图的细节进行软化处理或者散焦处理以达到模糊图像的效果，使用此选项。

2. 【噪波】卷展栏

这是一个用来设置图像噪波效果的卷展栏。

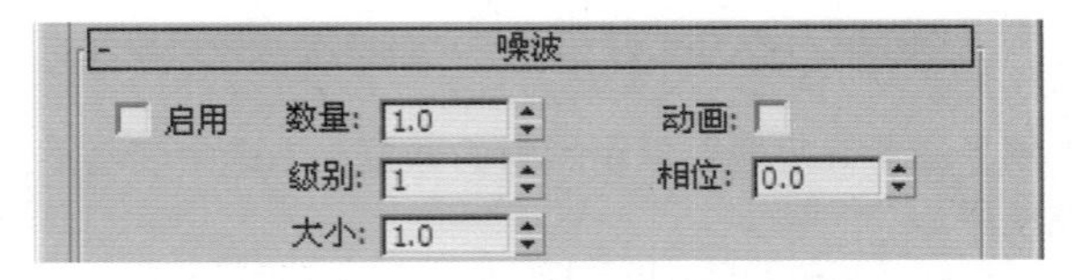

数量：设置整体的噪波强度，也就是控制噪波的剧烈程度。

级别：设置水平值用来控制噪波的细分级别，级别越高，看到的效果越分散。

大小：设置整体噪波的大小。

动画：是否打开动画的设置选项，下面的【相位】值是用来决定整个噪波的位移情况的。

3. 【位图参数】卷展栏

用来设置图片的一些基本的参数。

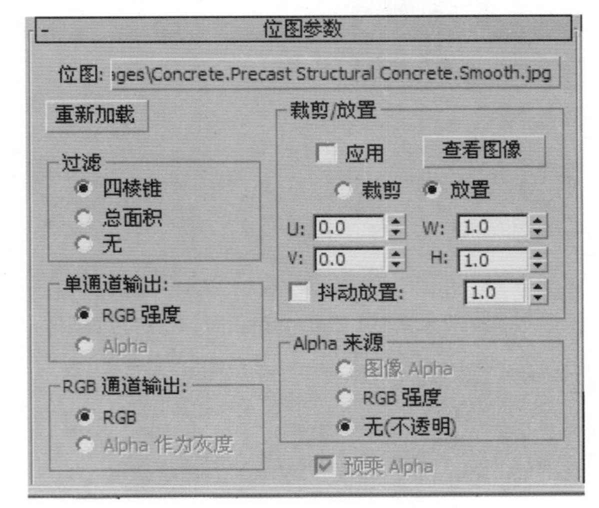

【位图】右边的方框是用来打开贴图浏览器的，使用贴图浏览器可以方便地寻找所需的贴图，这个浏览器和一般的 Windows 的【文件】菜单中的打开文件命令基本一样。

重新加载：用来更新调入的贴图，当同名的贴图被替换后，可以用这个按钮来更新。

过滤：对位图抗锯齿的过滤，包括 3 个选项。

▼ 四棱椎：一般情况下，使用此选项。

▼ 全部区域：这个效果要比前一个要好，但是需要占用系统资源也更多，渲染的时间也更长。

▼ 无：不使用任何过滤方式。

单通道输出：可选择使用位图文件的颜色RGB或使用位图文件的Alpha通道。Alpha通道一般用来决定一个位图的透明属性，本身也是一个黑白的图像形式，有些文件是可以直接包含Alpha通道的，如：TGA格式和PNG格式。

RGB通道输出：可以选择一张彩色位图的输出方式，应用它的色彩，也可以把它当成黑白的Alpha通道，也就是对彩色文件只保留成为黑白的图像。

裁剪/放置：用来对画面的大小进行裁剪，【应用】用于确定是否使用裁剪的开关，未选中表示不使用。

▼ 【裁剪】是使用选择区域对图像进行裁剪。

▼ 【放置】是在裁剪时锁定像素来改变像素的纵横比例。

▼ 查看图像：可打开【裁剪调整】对话框，U、V为纵横位置的数值，W、H为宽度和高度。

▼ 【抖动放置】用于确定自动放置位置，用一个随机的数值来控制位置和尺寸，在动画中可能会用到。

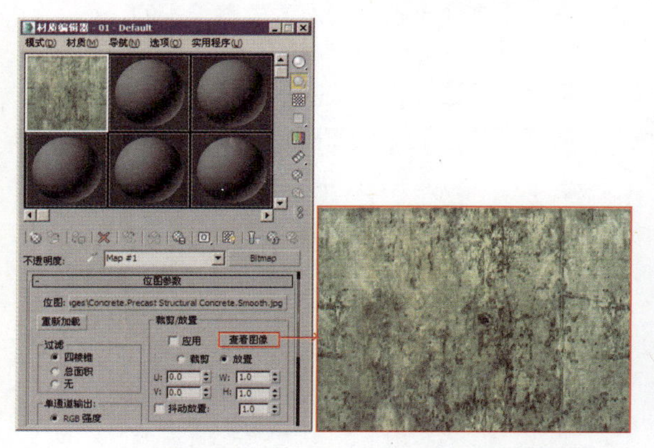

Alpha来源：使用Alpha通道的方式来处理图像。

▼ 图像Alpha：使用图像自身的Alpha通道来决定透明度。

▼ RGB强度：使用RGB图像转换为黑白位图来控制透明度。

预乘Alpha：用图像自身的RGB通道乘以自身Alpha通道。这在处理半透明区域时有很重要的意义，可以处理出来很好的半透明效果，如果不使用可能会产生一些黑边等不正确的效果。

4. 【时间】卷展栏

该卷展栏用来控制动画材质的速度和循环方式。

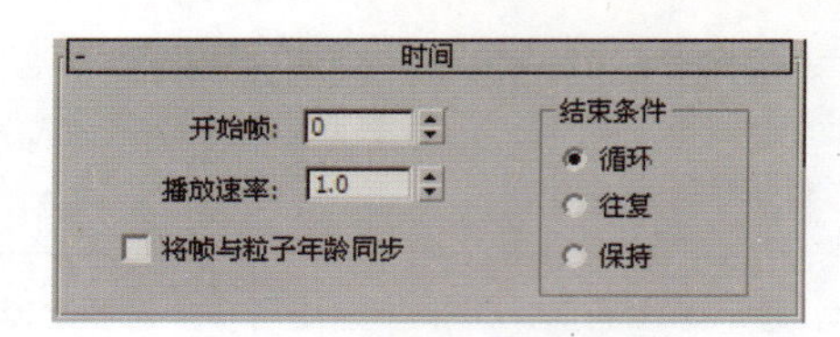

开始帧：开始播放动画的帧数。

播放速率：控制播放动画文件的速度（例如，1.0为正常速度，2.0为快两倍，0.333为正常速度的1/3）。

将帧与粒子年龄同步：将位图序列的帧与贴图所应用的粒子年龄同步。利用这种效果，每个粒子从出生开始显示该序列，而不是被指定于当前帧。默认设置为禁用状态。

结束条件：选择以何种方式进行动画循环。【循环】是进行反复的播放，即播放过后从头开始重新播放；【往复】是以乒乓的方式进行循环，到了一端后反过来播放；【保持】是维持不动，只播放到最后一帧就停止动画播放。

5. 【输出】卷展栏

用于调整图像的输出亮度等参数。

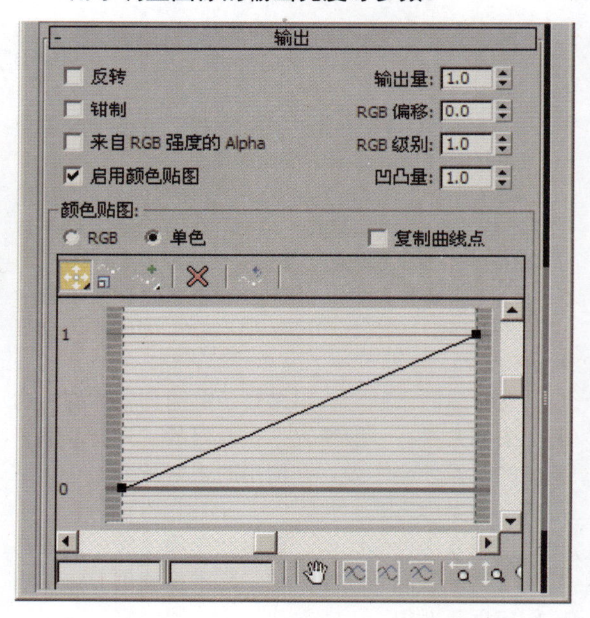

反转：反转图像的色彩。

钳制：限制色彩的值不可以超过1，当超过1时，用白色进行代替，可以达到一种自发光的效果。

来自RGB强度的Alpha：使用RGB明度信息产生出一个Alpha通道，来控制图像的半透明效果。该选项一般情况下是关闭的。

启用颜色贴图：曲线对图像的色彩起作用，可以用曲线来控制图像的明度和色彩的改变。

输出量：可以用这个数值来控制输出的总量，

对色度和亮度共同起作用。在很多的情况下会用到这个功能，如在使用一个木纹时，如果颜色过于强烈和明亮，就可以用这个参数减弱效果。

RGB 偏移：色彩的偏移值增加和减少能达到对明度的加强和减弱。当色彩增加时，会变白，有自发光的效果；当色彩减低时会变黑。

RGB 级别：也可以理解为饱和度，这个数值控制了色彩的多少，也就是纯度。正常情况下提高这个数值会使饱和度变得更高，也就是色彩更艳丽；降低这个数值会使色彩变化得更为灰暗，当很低时就完全成为了灰色。

凹凸量：设置针对凹凸贴图起作用的增加和减少值，达到调节凹凸效果的目的。

利用色彩贴图曲线视图，还可以对不同的色彩和明度区域进行单独调节，分为【RGB】彩色方式和【单色】方式。曲线上的点对应着下面的明度和色彩的变化，如果将这个区域的点上升，那么对应的图像中的颜色也会一同改变。

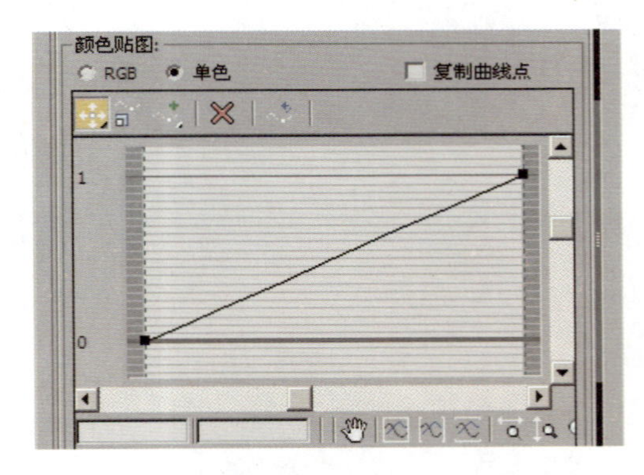

【复制曲线点】复选框：当切换到【RGB】贴图时，将复制添加到单色图的点。如果是对【RGB】贴图进行此操作，这些点会被复制到【单色】贴图中。可以对这些控制点设置动画，但是不能对 Bezier 控制柄设置动画。

移动工具：使用这个工具可以方便地在 *XY* 轴向上移动调节点。

纵向移动工具：同时缩放控制杆，可以使调节点纵向移动，不会影响横向的位置。

横向移动工具：可以使调节点横向移动，不会影响纵向的位置。

加入可硬控制点：添加一个硬角方式的控制点进去。

加入可曲线控制点：添加一个 Bezier 光滑曲线方式的控制点进去。曲线方式的调节点有两种，一种是 Bezier 光滑方式，曲线的两端是固定的，只要调节一边控制杆就会影响到另外的一边，调节点两端的控制杆永远在一条线上，即这一点的切线上；另外一种是 Bezier 硬角方式，也就是说可以单独调节控制杆的方向，使曲线产生出比较硬的转折角。在切换控制点的类型时，只要在控制点上单击鼠标右键就可以了。

删除控制点工具：对选择的控制点进行删除。

删除曲线工具：可以对曲线进行复原，它将删除所有的点，恢复原来的曲线。

平移视图工具：可以对视图进行移动操作。

最大化曲线显示：用来将所有的曲线都显示出来。

横向最大化曲线显示：用来将所有的曲线都横向最大化显示出来。

纵向最大化曲线显示：用来将所有的曲线都纵向最大化显示出来。

水平放缩视图：对视图进行水平方向的放缩。

纵向放缩视图：对视图进行纵向的放缩。

全局放缩视图：对视图进行纵横向同时放缩。

区域放缩视图：对视图进行选择区域的放缩。

第5章 认识VRay渲染器

VRay 渲染器是著名的 Chaos Group 公司新开发的产品（该公司开发了 Phoenix 和 SimCloth 等插件）。VRay 主要用于渲染一些特殊的效果，如：次表面散射、光线跟踪、散焦、全局照明等。VRay 的特点在于快速设置而不是快速渲染，所以要合理地调节其参数。VRay 渲染器的参数并不复杂，完全内嵌在材质编辑器和渲染设置中，这与 FinalRender、Brazil 等渲染器很相似。

5.1 VRay渲染器的特色

VRay 渲染器有 Basic Package 和 Advanced Package 两种版本。Basic Package 具备基础功能，且价格较低，适合学生和业余艺术家使用；Advanced Package 包含几种特殊功能（全局照明、软阴影、毛发、卡通、快速的金属和玻璃材质等），适合专业作图人员使用。

本书将使用 Advanced Package 版本。

1. 真实的光线跟踪效果（反射 / 折射效果）

VRay 的光线跟踪效果来自于优秀的渲染计算引擎，如：准蒙特卡洛、发光贴图、灯光贴图和光子贴图。如下图所示为优秀的光线跟踪特效的作品。

2. 快速的半透明材质（次表面散射 SSS）效果

VRay 的半透明效果非常真实，只需设置烟雾颜色即可。下图所示是一些反映次表面散射 SSS 的作品。

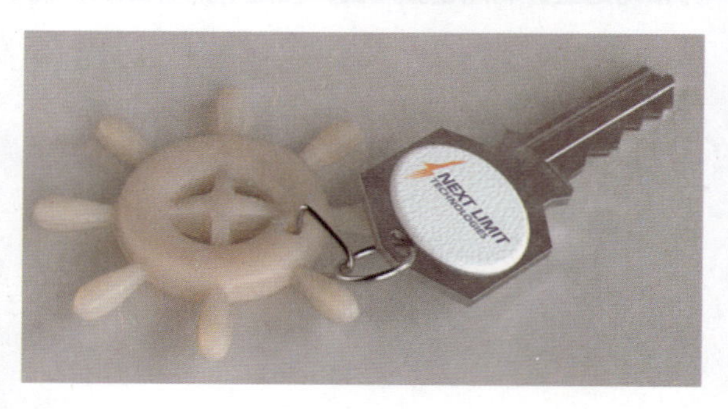

3. 真实的阴影效果

VRay 的专用灯光阴影会自动产生真实且自然的阴影，VRay 还支持 3ds Max 默认的灯光，并提供了 VRayShadow 专用阴影。下图所示是一些反映真实的阴影效果的作品。

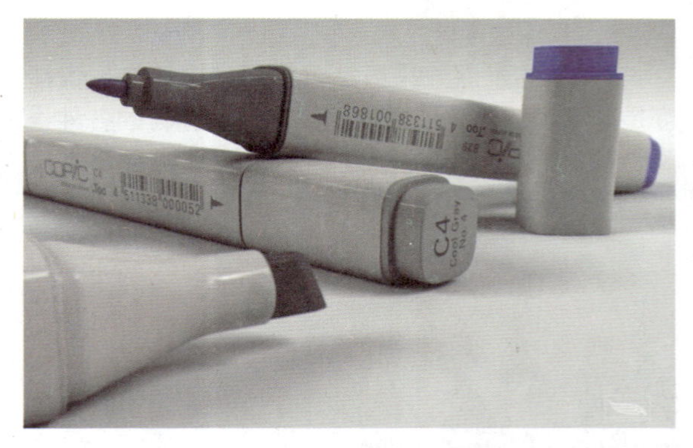

4. 真实的光影效果（环境光和HDRI图像功能）

VRay的环境光支持HDRI图像和纯色调，比如给出淡蓝色，就会产生蓝色的天光。HDRI图像则会产生更加真实的光线色泽。VRay还提供了类似VRay-太阳和VRay-环境光等用于控制真实效果的天光模拟工具。下图所示是一些反映真实光影效果的作品。

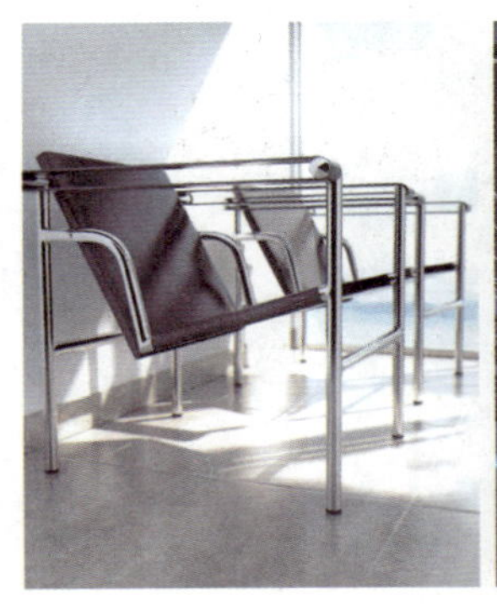

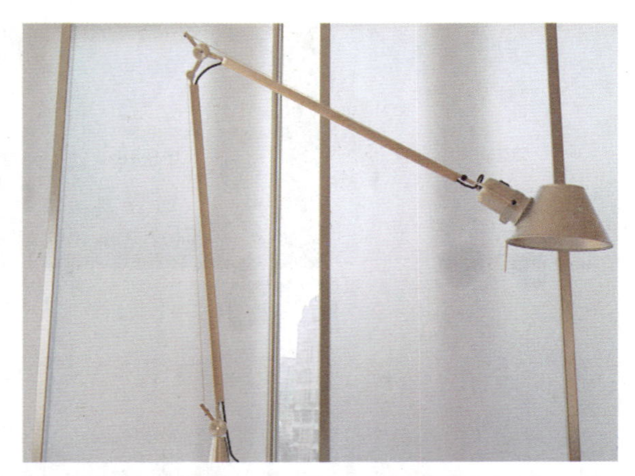

5. 焦散特效

VRay的焦散特效非常简单，只需激活焦散功能选项，再给出相应的光子数量，即可开始渲染焦散，前提是物体必须有反射和折射。下图所示是一些反映焦散特效的作品。

6. 快速真实的全局照明效果

VRay的全局照明是它的核心部分，可以控制一次光照和二次间接照明，得到的将是无与伦比的光影漫射真实效果，而且渲染速度的可控性很强。下图所示是一些反映真实的全局照明效果的作品。

7．运动模糊效果

VRay 的运动模糊效果可以让运动的物体和摄影机镜头达到影视级的真实度，下图所示是一些反映运动模糊效果的作品。

8．景深效果

VRay 的景深效果虽然渲染起来比较慢，但精度是非常高的，它还提供了类似镜头颗粒的各种景深特效，比如让模糊部分产生六棱形的镜头光斑等。下图所示是一些反映景深效果的作品。

9．置换特效

VRay 的置换特效是一个亮点，它可以与贴图共同完成建模达不到的物体表面细节。下图所示是一些反映置换特效的作品。

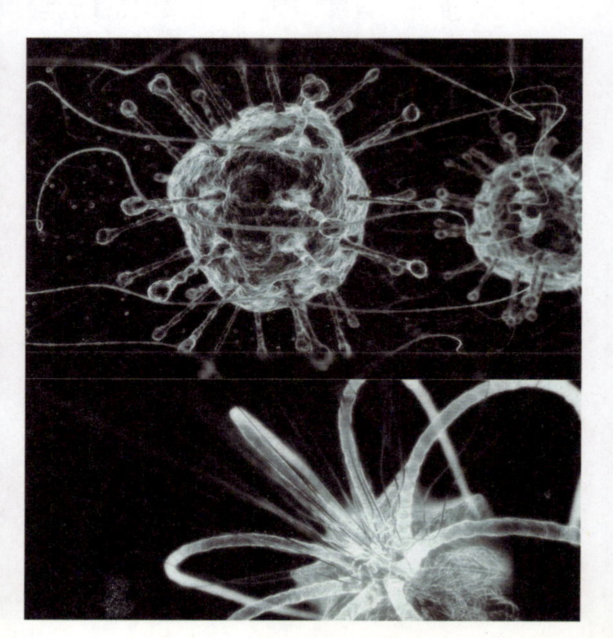

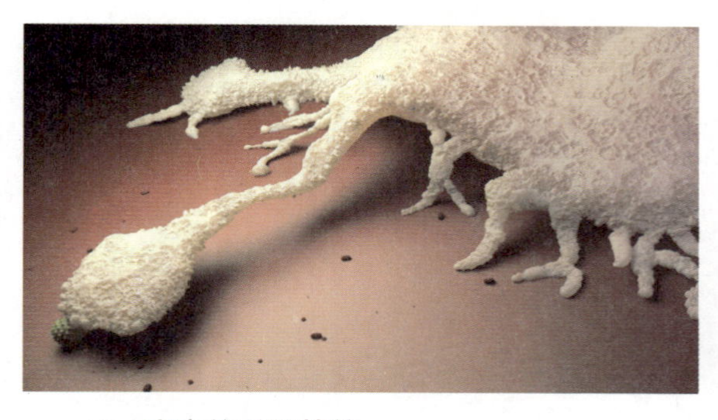

10．真实的毛发特效

VRay的毛发工具是新增的制作毛发特效的工具，它可以制作任何漂亮的毛发特效，比如一个羊毛地毯、一片草地等。下图所示是一些反映毛发特效的作品。

了解了VRay渲染器的诸多优点之后，我们就来深入学习它的用法。

5.2 设置VRay渲染器

每种渲染器安装后都有自己的模块，比如FinalRender渲染器，完全安装后可以在3ds Max很多地方找到它的身影：灯光创建面板、材质编辑器、渲染设置对话框和摄影机创建面板等。如果安装后不指定渲染器，则无法工作。VRay渲染器的设置方法也一样。

下面介绍如何设置VRay渲染器。首先正确安装VRay渲染器，因为3ds Max在渲染时使用的是自身默认的渲染器默认扫描线渲染器，所以要手动设置VRay渲染器为当前渲染器。

■ 1）打开3ds Max软件。

■ 2）按F10键，或在工具栏中单击按钮，打开渲染设置：默认扫描线渲染器对话框。

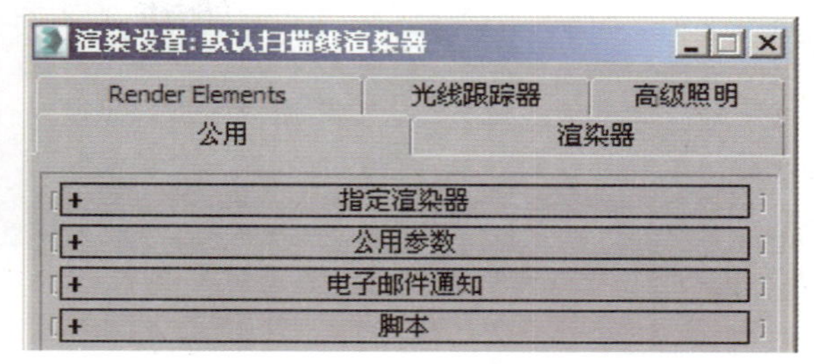

■ 3）在 公用 选项卡中的 指定渲染器 卷展栏中单击默认扫描线渲染器后面的…按钮，弹出选择渲染器对话框，在这个对话框中，我们可以看到已经安装好的V-Ray Adv 2.10.01渲染器。

■ 4）选择【V-Ray Adv 2.10.01】渲染器，然后单击【确定】按钮。此时渲染设置:后面的渲染器名称变成了V-Ray Adv 2.10.01。对话框上方的标题栏也变成了V-Ray Adv 2.10.01渲染器的名称。这说明3ds Max目前的工作渲染器为VRay渲染器。

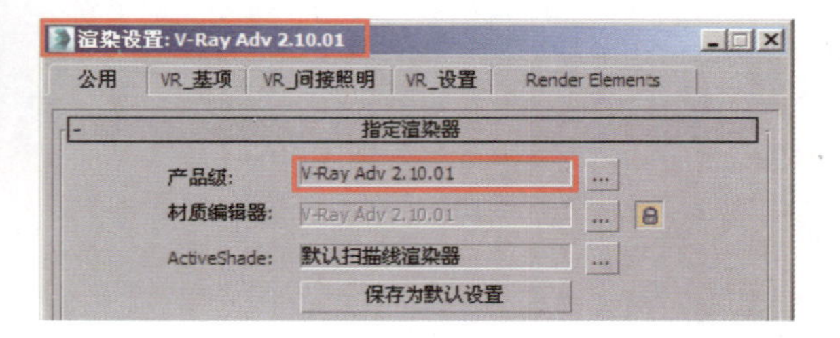

■ 5）VRay渲染器安装完成后重新启动3ds Max软件，此时VRay渲染器即可正常工作了。打开一个场景中带有VRay材质的文件，如果没有将VRay设置为当前渲染器，此时材质编辑器中的VRay专用材质是黑色的。

只有设置当前渲染器为VRay，材质编辑器的VRay专用材质才能正常显示，才能够使用新的VRay专用材质。如果想让3ds Max在默认状态下使用VRay渲染器，可以在产品级:对话框中设置好VRay渲染器后，单击 保存为默认设置 按钮，存储默认设置。这样，下次打开3ds Max后，系统默认的渲染器就是VRay。

5.3 全局光照

3ds Max 没有【全局光照】渲染器的时候是一种线性扫描渲染，当用户为场景设置一个灯光时就会发现这与现实相差很远。在这种渲染方式下，光线不被物体反射或折射，因此不像真实世界里通常一盏灯能照亮一间卧室，很多人制作一个场景要打几十盏灯，而制作动画时灯光数量更多。本节将介绍【全局光照】的概念。

以前版本的 3ds Max 提供的算法也不太准确，它们估算落在表面上的光，而非准确地计算它。要想使计算精确，就需要【光线跟踪】和【全局光照】。

光线跟踪渲染在表面之间追踪射线，射线不断被某些对象表面反射到其他对象表面，直到从场景中消失。光线跟踪追踪从观察点到各个表面的射线矢量，若反射面是镜面，就会有辅助射线被反射以捕捉反射光的可见部分；若射线遇到另一个镜面，便又被反射直至射线被弹出场景或被非镜面吸收。这是典型的光线跟踪映象重反射的生成过程，因此虽然渲染出来的图像可能很漂亮，但这也是光线跟踪渲染慢的原因。

全局光照渲染方法的效果绝佳，但计算量相当大，要比光线跟踪所用时间都长。光线跟踪反射只取一个观察点，被反射的射线最终找到一个结束点；而辐射模型中的反射能量在场景中不断反弹，能量逐级减弱。

3ds Max 内置渲染器极其普通，光线跟踪和全局光照的渲染速度也相对比较慢。这就决定了它不适合对图像质量追求完美的人使用。3ds Max 5 以前，内置渲染器的全局光照、自然光和真实阴影等是一片空白，而这些都是一幅完美的三维作品的重要组成部分。外挂渲染器弥补了内置渲染器的这些不足。在 3ds Max 上使用了这些渲染器以后，渲染效果有了很大提高。

VRay 是一种结合了光线跟踪和全局光照的渲染器，其真实的光线计算可以创建专业的照明效果，可用于建筑设计、灯光设计、展示设计等多个领域。

下图所示为 3ds Max 的扫描线光照和 VRay 全局光照的光源反弹示意图。

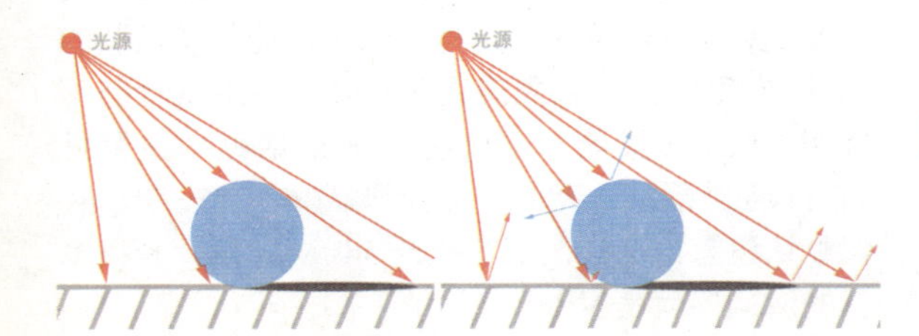

下图所示为 3ds Max 的扫描线和 VRay 全局光光照的渲染效果图。

5.4 光线的反射、穿透和折射

本节将介绍光线的反射、折射和穿透原理，目的是为了提高我们对光线的认识及打灯光的技巧。

5.4.1 光线反射

光线反射是指光碰到物体表面的回弹。现实生活中的物体多多少少都会有反射的属性，反射有镜面反射和漫射两种方式。我们所看见的任何物体都受这两种反射方式的影响。不考虑物体对光线的吸收，光线照射在物体上时，如果物体像镜面一样反射了 60% 的光线，那么另外 40% 的光线则是漫射。

下图所示为光线的反射示意图。

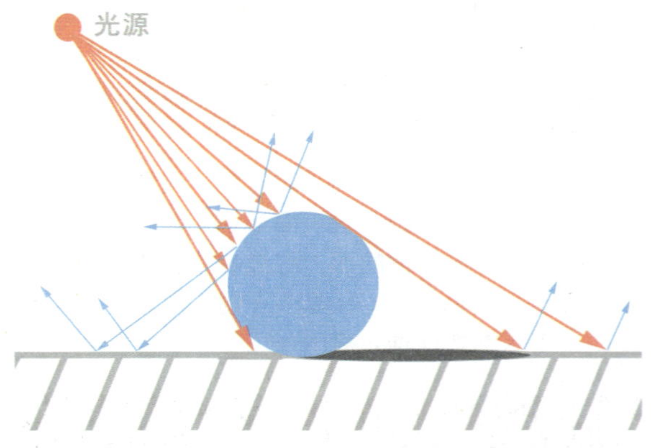

反射是体现三维物体质感的一个关键因素，合理地使用反光板、墙壁、环境贴图等可以增强渲染效果的可信度。在 3ds Max 中，物体的反射贴图设置在【贴图】卷展栏的【反射】选项区域，反射强度为 0~100。像玻璃这样的物体，通常情况下将反射的贴图设置为【光线跟踪】类型，反射强度设置为 30。

全局照明通过物体和物体之间的光线漫射原理，不但可以扩散光线，还可以使物体的颜色互相影响，如：黄色和红色的球放在一起，它们周围的地面上将相应地产生黄色和红色，而它们之间也会互相传染，这种现象在 VRay 中称为颜色混合，效果如下图所示。

下图所示为物体的颜色互相影响的又一个实例。

将上图使用 Photoshop 的色阶编辑工具进行调节，可以发现红色墙面和白色墙面之间的颜色相互影响。

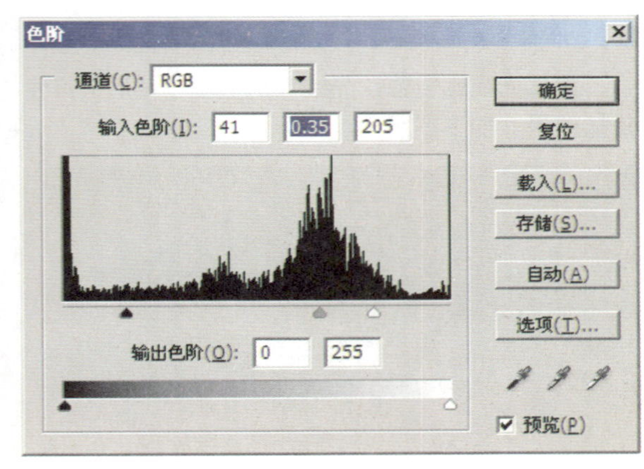

反射光线可以在物体附近产生焦散效果，如下图所示。

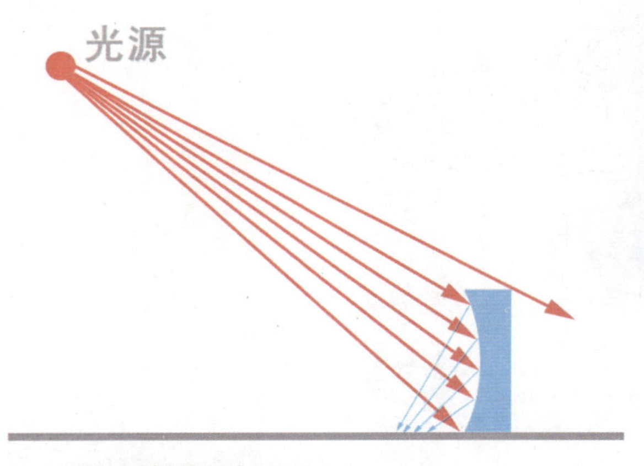

焦散反射效果如下图所示。

5.4.2 光线穿透

当光线遇到透明物体的时候，一部分光线会产生反弹，而另一部分光线会产生穿透的现象。如下图所示为光线穿透的示意图。

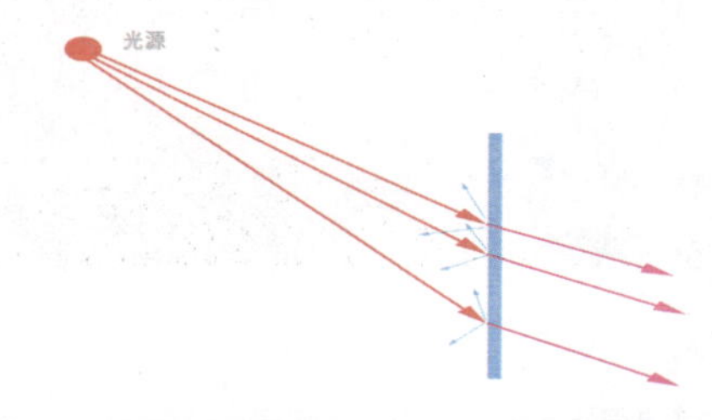

如果光线比较强，光线穿透透明物体后会产生焦散效果，如下图所示。

如果物体是半透明的蜡质材料，光线会在物体内部产生散射，称为“次表面散射”。即光线照射到物体后，进入物体内部，经过在物体内的散射从物体表面的其他顶点/像素离开物体的现象。比如皮肤、玉等都有这种效果。

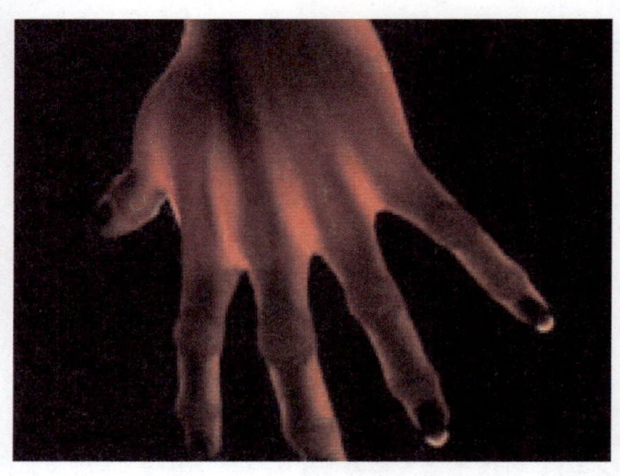

5.4.3 光线折射

折射是指光从一个载体到另一个载体时光线发生弯曲和改变方向的现象，如：从空气到玻璃或水中，光线会发生弯曲。VRay 渲染器专用材质的光线跟踪特性是该软件最具吸引力的功能之一，光线跟踪使画面的真实感达到了一个新的高度。

如下图所示为光线穿透物体的示意图。

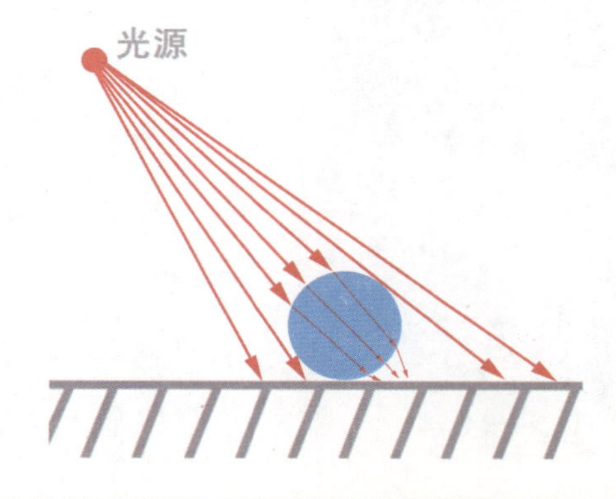

如下图所示为玻璃的折射效果。

在 3ds Max 的材质编辑器中有一个 IOR 参数，这就是折射率参数，折射率是指当光线进入表面时，介质改变光线线路的能力。该参数实际是一个系数，通常折射率对于真空来说是 1.0000，空气是 1.0003。

5.5 VRay渲染器的真实光效

VRay 渲染器的光效之所以非常真实，是因为它使用了光子的多次反弹原理，光子通过多次反弹产生真实世界中的光线漫射效果，使原本阴影处的黑色变得通透可见。下面就来简单了解一下 VRay 提供的这几种真实光效控制参数。

5.5.1 全局光照

VRay 渲染器的真实光效来自于优秀的全局光照引擎。在 VRay 渲染器中有一个全局光照卷展栏 V-Ray:: 间接照明(全局照明)（按 F10 键即可打开该对话框），光子的一级和二级反弹就是在这里控制的。当选中了 开启 复选框后，VRay 的全局光照引擎开始产生作用，之前它相当于 3ds Max 的默认扫描线渲染器。

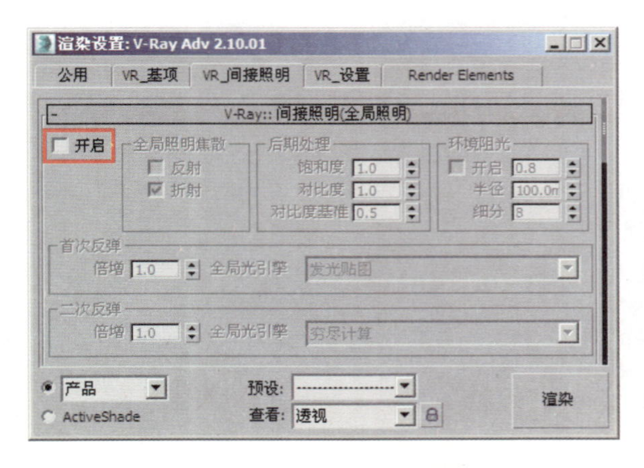

如下图所示为选中 开启 复选框前后的效果对比。选中 开启 复选框后，系统将自动打开光子反弹运算功能。当然，VRay 给我们很多可控参数来调节这些光子反弹的次数和强度。

5.5.2 一次光线反弹

VRay 的一次光线反弹表示光线射入物体表面时第一次反弹到其他物体上产生的光照亮度，这种反弹不会产生光线漫射效果。初次反弹的倍增参数默认是 1，这是正常亮度，降低或增加该参数则会使场景光照亮度变暗或变亮。

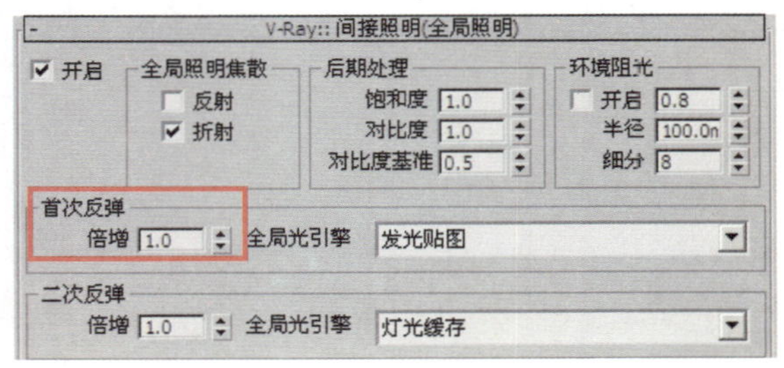

如下图所示为一次光线反弹的效果和示意图。

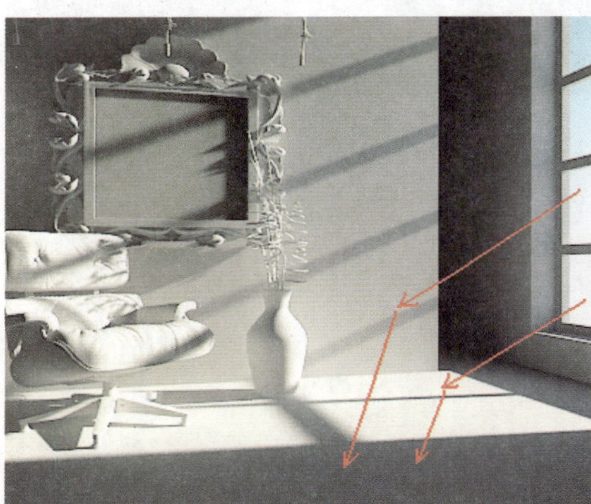

5.5.3 二次光线反弹

VRay 的二次光线反弹其实是一种漫射效果。在现实世界中，是光线进行一次光线反弹后在物体上的另一次反弹，不会像一次反弹那样强烈，呈渐弱的方式衰减。在 VRay 的二次反弹参数中，这种强度是可以调节的。

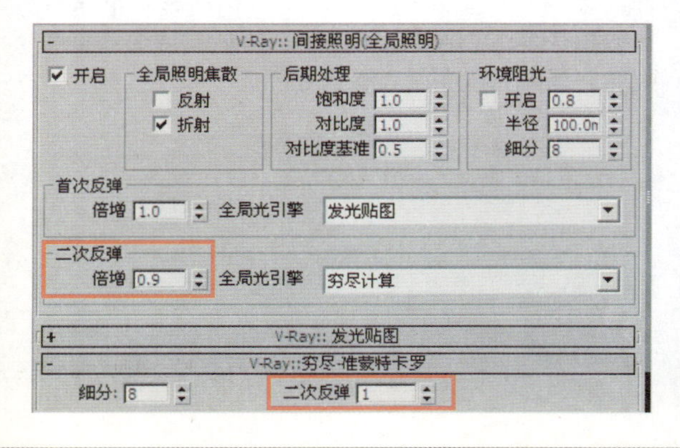

如下图所示为一次反弹和二次反弹的效果对比和示意图。

5.5.4 光线反弹次数

光线反弹次数在 V-Ray::穷尽-准蒙特卡罗 卷展栏中可以设置，二次反弹次数越高，光子的效果越细腻。

如下图所示为不同二次反弹参数的效果对比。

5.5.5 VRay环境

VRay 自带了一个能够产生大气环境的参数，它可以利用指定的颜色给场景打一层天光。

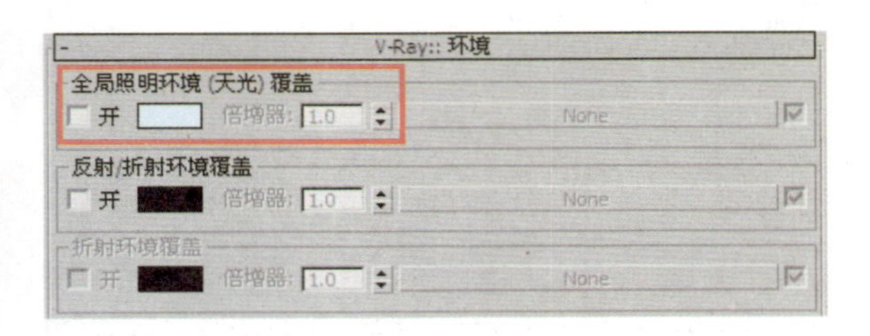

在真实世界里，大部分时间天光呈淡蓝色，黄昏时呈暖色。天空无云时，阴影总是蓝的，因为此时阴影部分的光线是蓝色的天空光，制作出的图像颜色也必然偏蓝。同样，在多云的天气里，特别是当太阳被浓云遮住，天空大部分是蓝光，或是当天空被高空的薄雾均匀地遮住的时候，做出的图片也应该偏蓝。

日出不久和夕阳西下时，太阳呈黄色或红色。这是由于大气中很厚的雾气和尘埃层将光线散射，只有较长的红黄光波才能穿透，使清晨和黄昏的光线具有独特的色彩。在这种光线下所反映的景物，其色彩比在白色光线下所反映的显得更暖一些。

全局照明环境(天光)覆盖这个参数就是用于模拟这些天光色的。当我们指定了天光色后，天光漫射的发散方向来自于四面八方。下图所示为环境天光示意图。

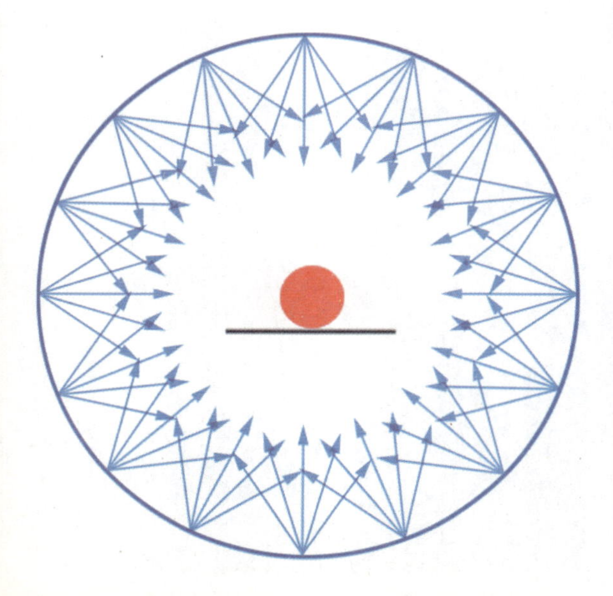

要想使用天光功能，必须先在V-Ray:: 间接照明(全局照明)卷展栏中选中【开启】复选框，然后就可以在V-Ray:: 环境卷展栏中进行天光指定了。

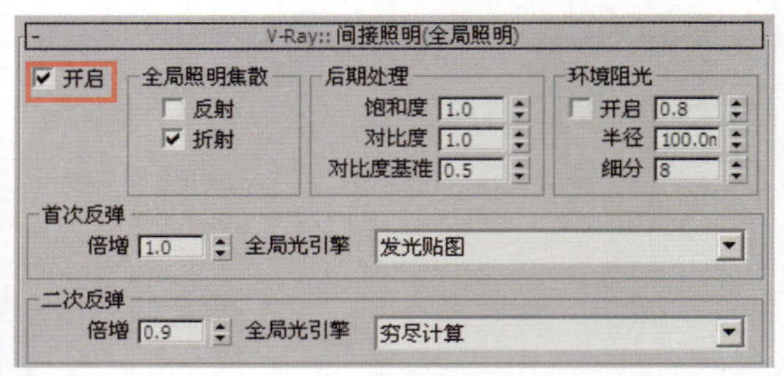

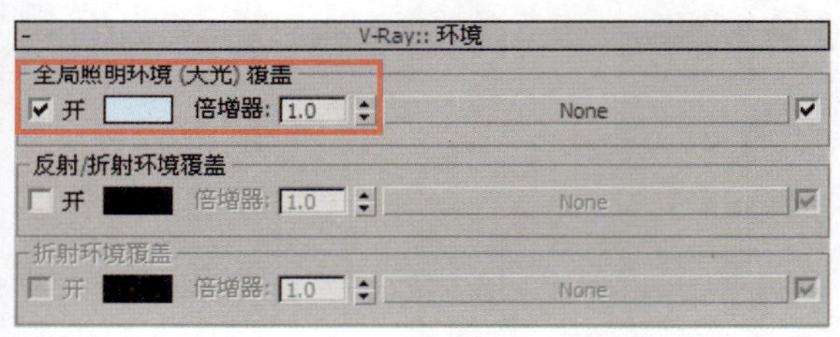

如下图所示为场景打开天光前后的效果对比。

5.6 VRay灯光照明技术

在 VRay 中，只要打开间接照明开关，就会产生真实的全局照明效果，VRay 渲染器对 3ds Max 的大部分内置灯光支持得非常好（skylight 和 IESsky 不支持）。VRay 渲染器自带了专用灯光，它们是 VRay 灯光、VRayIES 和 VRay 阳光。

VRay 的灯光系统和 3ds Max 的区别就在于是否具有面光。现实世界中的所有光源都是有体积的，体积灯光主要表现在范围照明和柔和投影。而 3ds Max 的标准灯光都是没有体积的，光度学灯有几种是有体积的，其实阴影并不是按体积计算的，需要使用区域投影，区域投影只是对面光的一种模拟。

5.7 VRay灯光

VRay 灯光是 VRay 渲染器的专用灯光，它可以设置为纯粹的不被渲染的照明虚拟体，也可以被渲染出来，甚至可以作为环境天光的入口。VRay 灯光的最大特点是可以自动产生极其真实的自然光影效果。VRay 灯光可以创建平面光、球体光和半球光。VRay 灯光可以双面发射，也可以在渲染图像上不可见，还可以更加均匀地向四周发散，忽略灯光法线方向（如果不忽略会在法线方向发射更多的光线，只有平面模式才看得出，许多时候忽略比较接近现实情况），也可以没有灯光衰减（默认强度为 30，不衰减为 1，这个衰减是以平方数递减的，虽然现实近乎这样，但一般情况还是不用衰减）。

VRay 灯光的参数控制面板如下图所示。

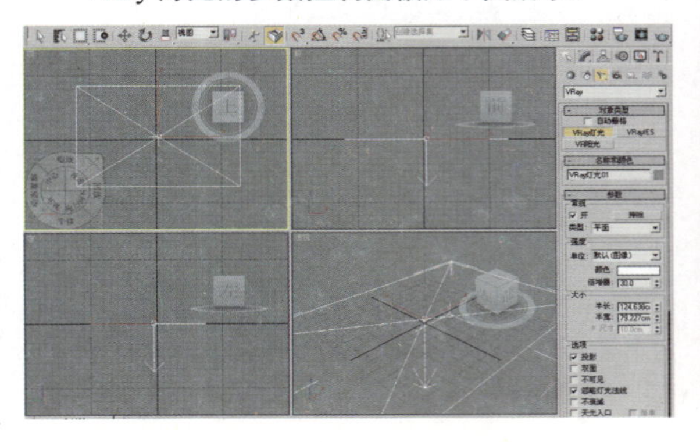

▼ 开：控制VRay灯光照明的开关与否。

▼ 双面：在灯光被设置为平面类型的时候，这个选项决定是否在平面的两边都产生灯光效果。这个选项对球形灯光没有作用。如下图所示的是关闭和启用【双面】选项对场景的影响。

▼ 不可见：用于设置在最后的渲染效果中光源形状是否可见，如下图所示的是启用【不可见】选项对场景的影响。

▼ 忽略灯光法向：一般情况下，光源表面在空间的任何方向上发射的光线都是均匀的，在不选中这个复选框的情况下，VRay会在光源表面的法线方向上发射更多的光线，下图所示的是取消选中和选中【忽略灯光法向】复选框对场景的影响。

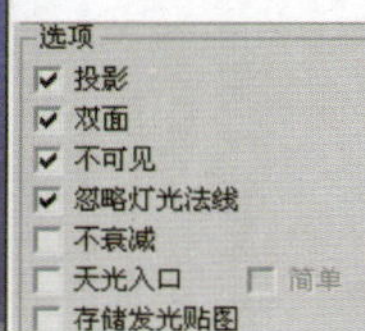

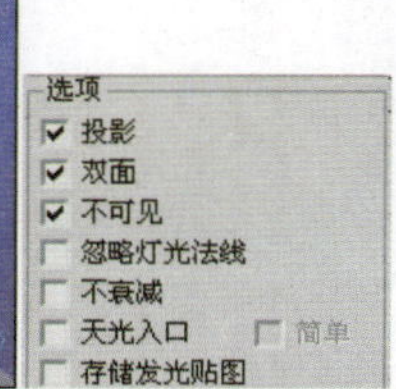

▼ 不衰减：在真实的世界中，远离光源的表面会比靠近光源的表面显得更暗。选中这个复选框后，灯光的亮度将不会因为距离而衰减。如下图所示为取消选中和选中该复选框时的测试效果图。

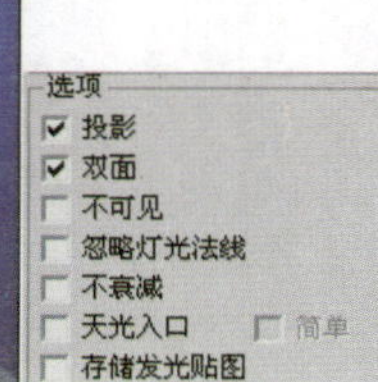

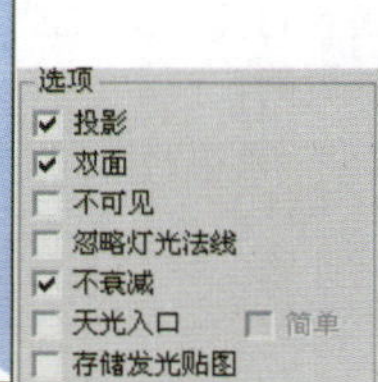

▼ 颜色：设置灯光的颜色。如下图所示是灯光色彩的测试图。

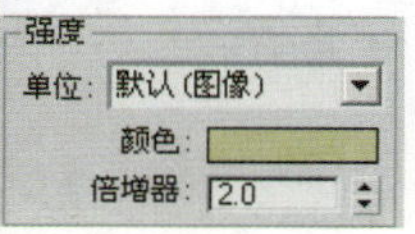

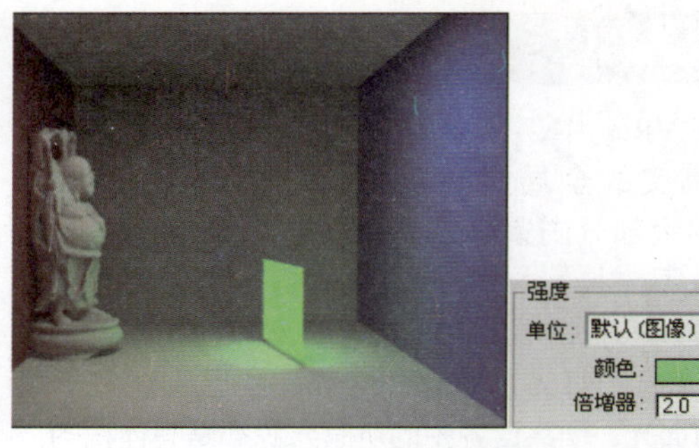

▼ 倍增器：设置灯光颜色的倍增值。如下图所示为不同倍增值测试效果图。

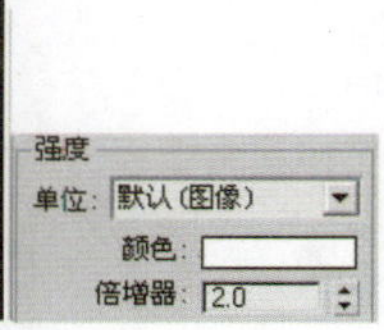

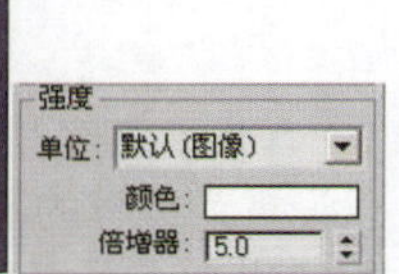

▼ 天空光入口：选中这个复选框后，前面设置的颜色和倍增值都将被VRay忽略，代之以环境的相关参数设置。如下图所示为选中【天光入口】复选框测试的效果，VRay灯光的光照被环境光所取代，VRay灯光仅扮演了一个光线方位的角色。

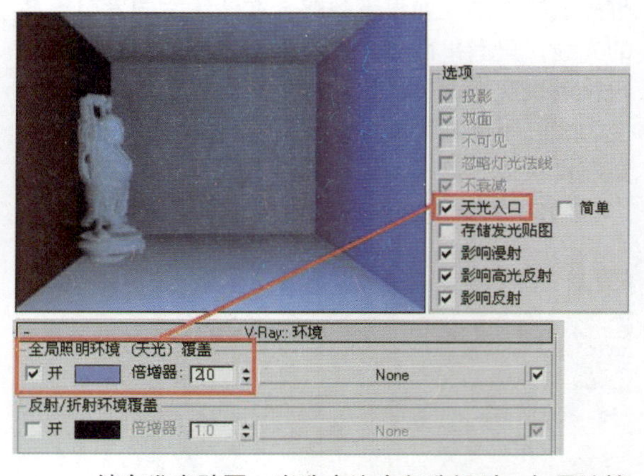

▼ 储存发光贴图：当选中这个复选框时，如果计算GI的方式使用的是发光贴图方式，系统将计算VRay灯光的光照效果，并将计算结果保存在发光贴图中。把间接光的计算结果存到发光贴图中备用，这是一个不错的选

择，可以提速不少，但是也明显受到发光贴图精度的制约，如果发光贴图计算参数比较高，那么还是可以使用的。另外一个问题就是这样会导致物体间接触的地方可能有漏光现象，这个情况可以选中渲染对话框中【VRay发光贴图】卷展栏中的检查采样的可见性来解决。

▼ 光滑表面阴影：选中这个复选框后，VRay将使多边形表面产生更平滑的阴影。光滑表面阴影可用来避免低面数多边形的阴影斑点。

▼ 平面：将VRay灯光设置成长方形。效果如下图所示。

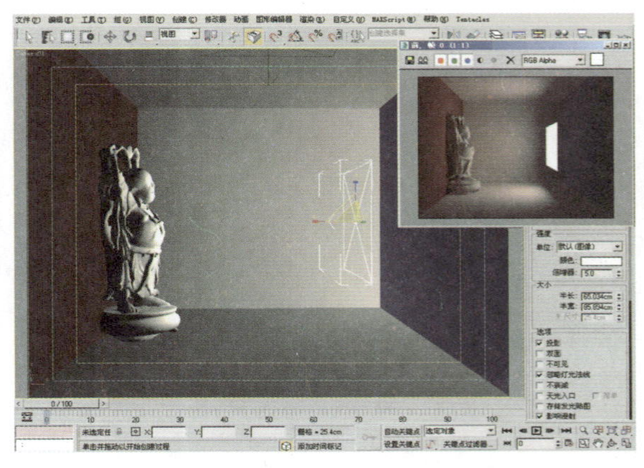

▼ 圆盖：将VRay灯光设置成圆盖形状。如下图所示。

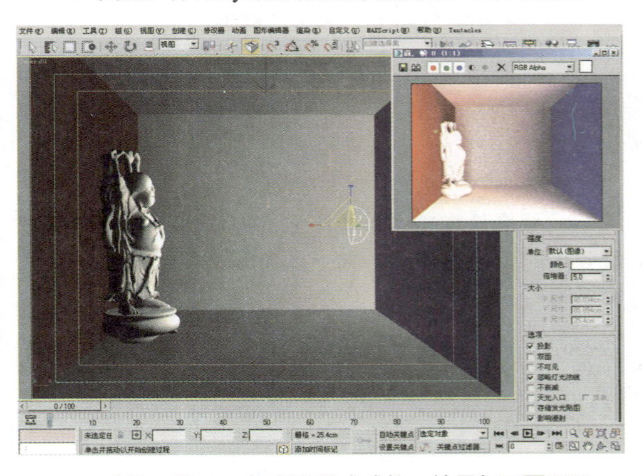

▼ 球状：将VRay灯光设置成球状。效果如下图所示。

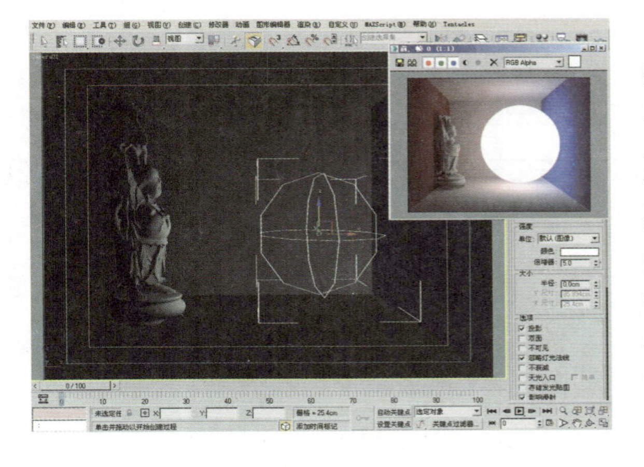

▼ U向尺寸：设置光源的U向尺寸（如果光源为球状，这个参数相应地为设置球的半径）。

▼ V向尺寸：设置光源的V向尺寸（如果光源为球状，这个参数没有效果）。

▼ W向尺寸：当前这个参数设置没有效果，它是一个预留的参数，如果将来VR支持长方体的光源类型，它可以用来设置其W向的尺寸。

▼ 样本细分：设置在计算灯光效果时使用的样本数量，较高的取值将产生平滑的效果，但是会耗费更多的渲染时间。如下图所示为不同样本细分的测试图。细分控制计算精度，其值低了会出现噪波颗粒。

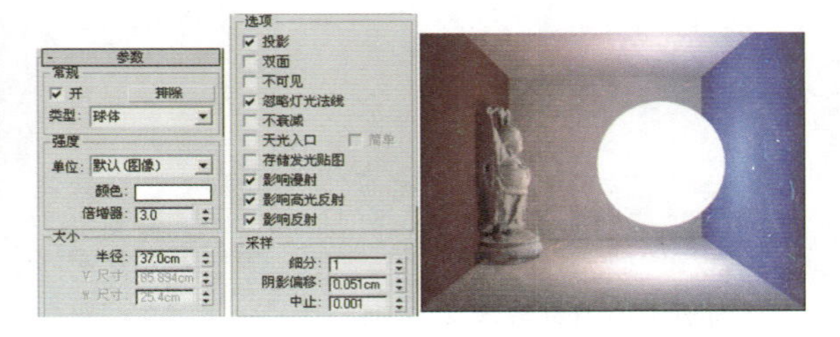

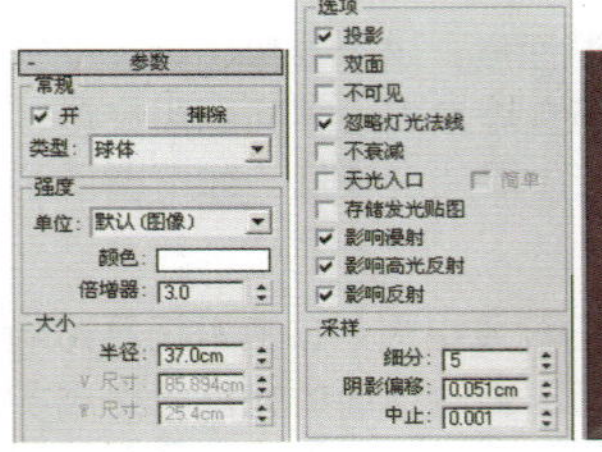

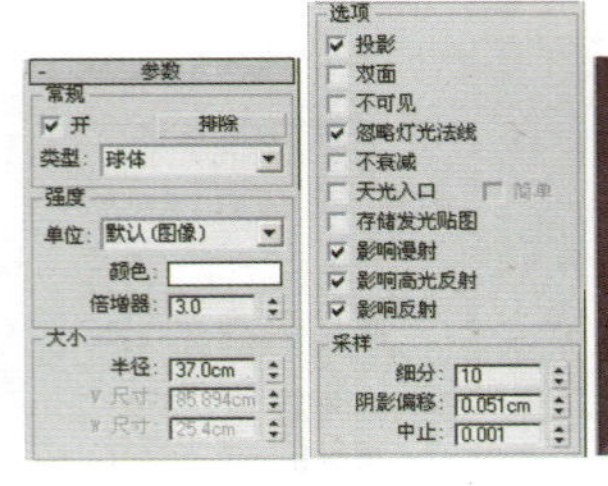

VRay 的全局光计算速度受灯光数目影响较大，灯越多计算越慢，做夜景肯定比日景慢很多。但是，发光体的数目对速度影响则不大，所以尽可能使用发光体而不要使用灯光。比如说灯槽，放一个面光VRay 灯光，这是最慢的（面光比同样的发光片慢很多，也是灯光里最慢的），或者简单地放个泛光灯，快了不少，但是效果一般。最好的做法是为灯槽发光的部分赋予一定的自发光材质，这样虽然看起来不太容易控制强度，但是如果是一个异型灯或者房间里有数十个这种灯的话，就会方便多了。

5.8 VRay阳光

VRay 阳光是 VRay 渲染器新加的灯光种类，功能比较简单，主要用于模拟场景的太阳光照射。如下图所示为 VRay 阳光的参数设置面板。

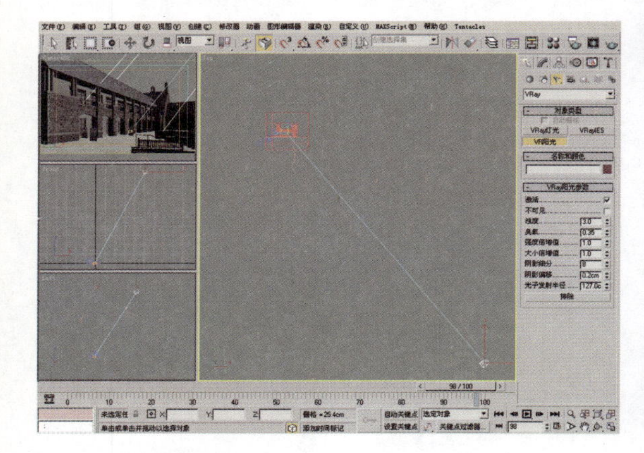

面板中各项参数含义如下：

▼ 激活：灯光的开关。

▼ 浊度：设置空气的混浊度，这个参数越大，空气越不透明（光线越暗），而且会呈现出不同的阳光色，早晨和黄昏混浊度较大，正午混浊度较低。如下图所示为不同大气混浊度的测试图。

▼ 臭氧：设置臭氧层的稀薄指数。该值对场景影响较小，值越小，臭氧层越薄，到达地面的光能辐射越多（光子漫射效果越强）。如下图所示为不同臭氧参数测试图，从图中可以看到阴影区域的亮度变化。

▼ 强度倍增值：设置阳光的亮度，一般情况下设置较小的值足够使用。如下图所示为不同强度倍增值测试图。

▼ 尺寸倍增值：设置太阳的尺寸。

▼ 阴影细分：设置阴影的采样值，值越高，画面越细腻，但渲染速度会越慢。

▼ 阴影偏移：设置物体阴影的偏移距离，值为1.0时阴影正常，大于1.0时阴影远离投影对象，小于1.0时阴影靠近投影对象。如下图所示为不同阴影偏移测试图。

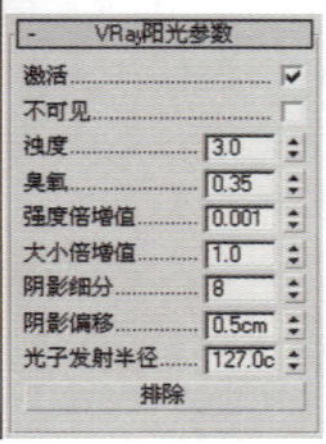

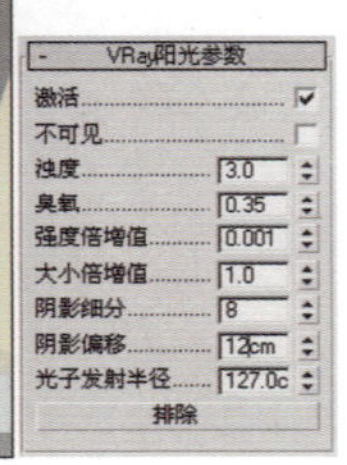

5.9 VRay天光贴图

VRay 阳光灯光经常配合 VRay 天光专用环境贴图同时使用，改变 VRay 阳光灯光位置的同时，VRay 天光也会随之自动变化模拟出天空变化。VRay 天光是一种天空球贴图，属于贴图类型。

下面结合 VRay 阳光灯光来介绍 VRaySky 贴图参数的使用方法。用 VRay 阳光灯光类型在场景中设置灯光，如下图所示。

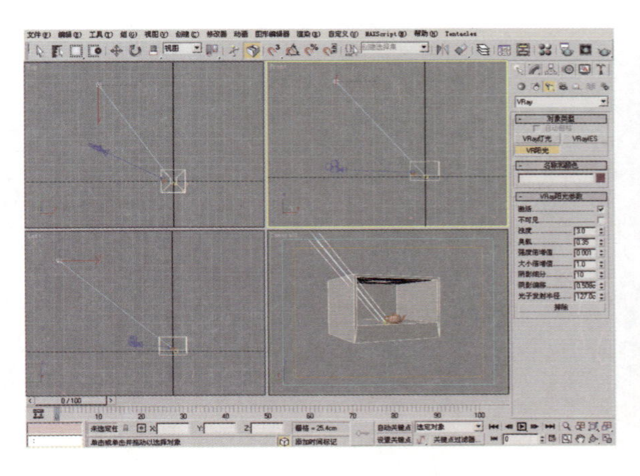

■ 1）首先从【环境】选项卡中加载 VRay 天光贴图，如下图所示。

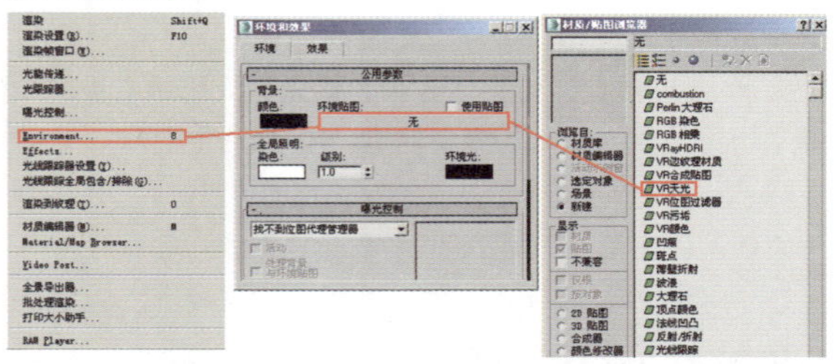

■ 2）然后将【环境】选项卡中的贴图关联复制到材质编辑器中，就可以进行参数调整了。

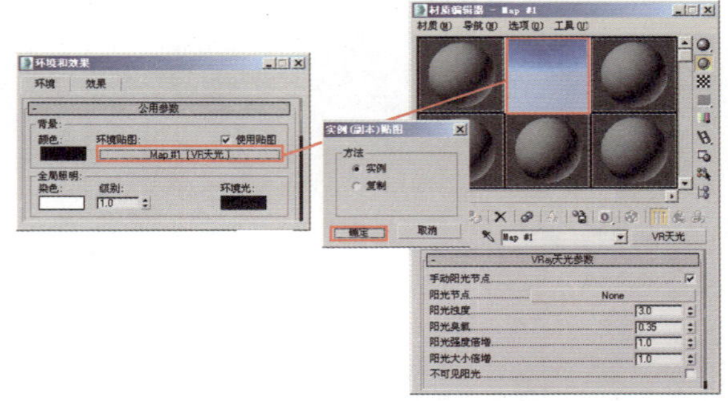

■ 3）单击材质编辑器中的 None 按钮，选择场景中的 VRay 阳光灯光。这样就将太阳和天空连接在一起了，当我们移动 VRay 阳光的位置时，天空球也会随之转动和变换天空色。下图所示为不同灯光位置的天空球贴图效果。

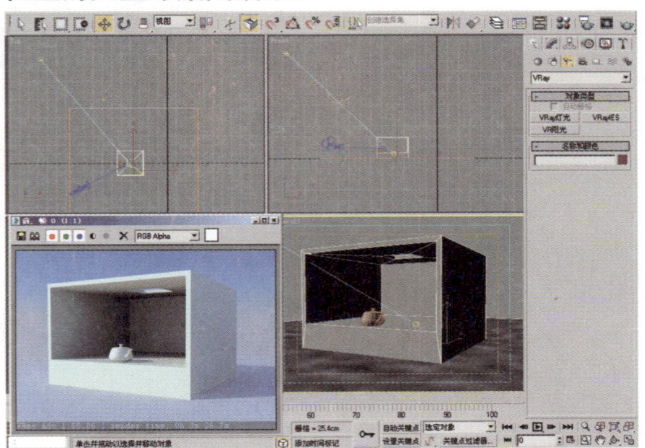

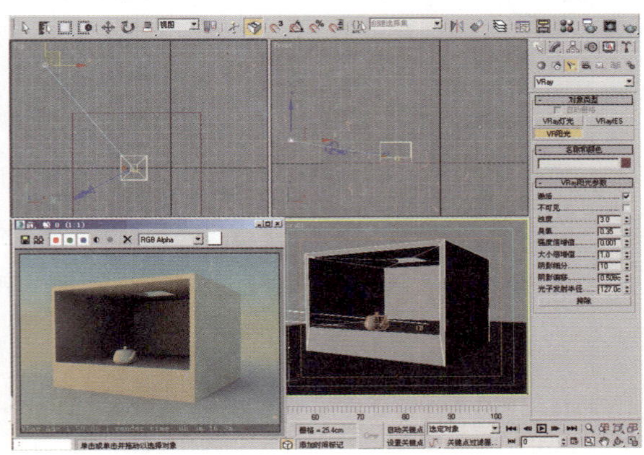

VRay 天光贴图的参数如下：

▼ 手动阳光节点：选中右边的复选框后即可指定场景中的灯光。

▼ 阳光节点：指定场景中的灯光为太阳中心点的位置。下图所示为指定场景中的VRay阳光为中心点。

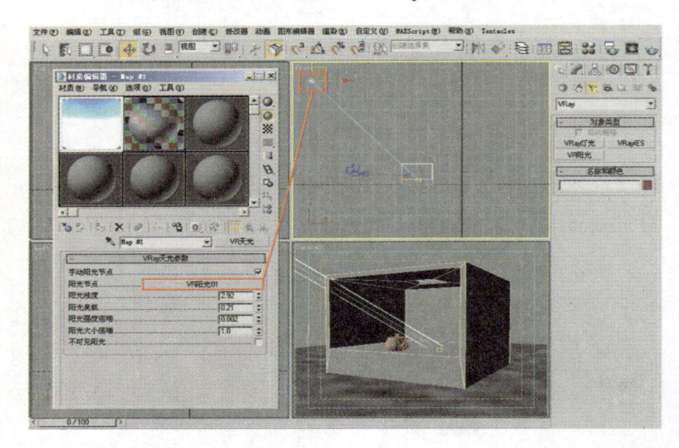

▼ 阳光浊度：设置空气的混浊度，2.0为最晴朗的天空。下图所示为不同混浊度参数测试效果。

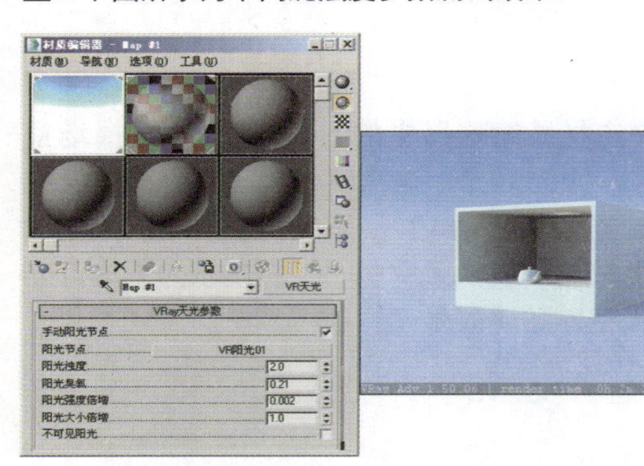

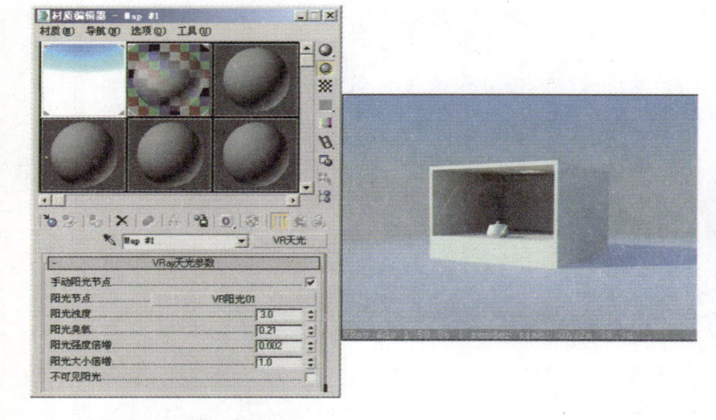

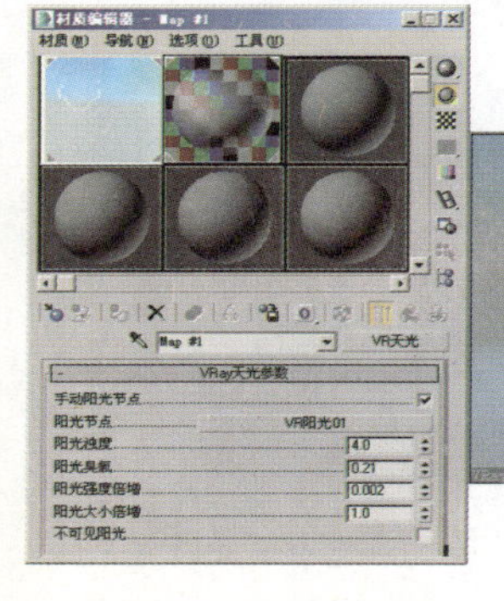

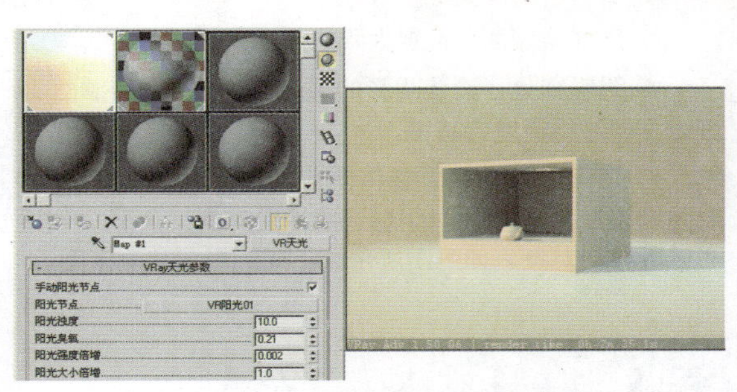

▼ 阳光臭氧：设置臭氧层的稀薄指数，该设置对场景影响不大。下图所示为不同臭氧层参数测试效果，大家可以观察房间内部的光线反弹效果，该参数为0时室内最亮。

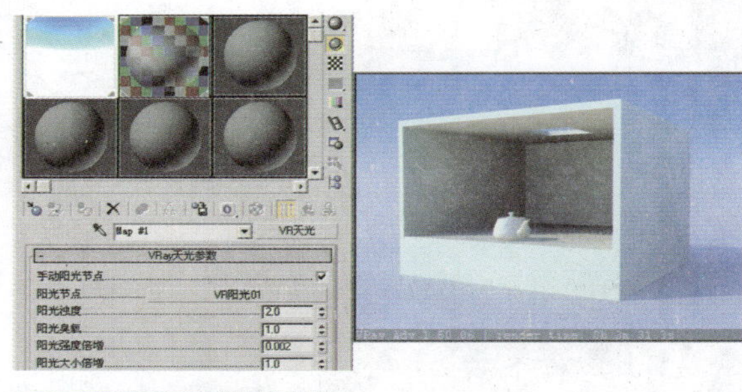

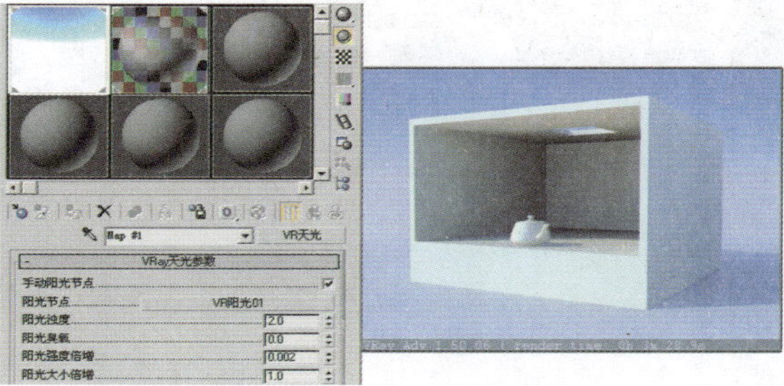

▼ 阳光强度倍增：设置太阳的亮度。下图所示为不同亮度倍增值参数测试效果。

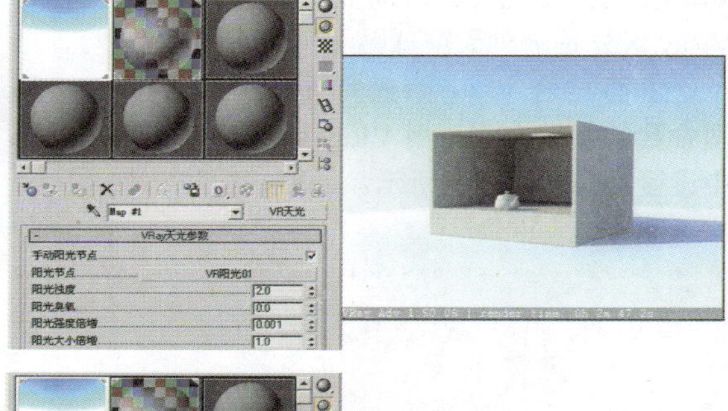

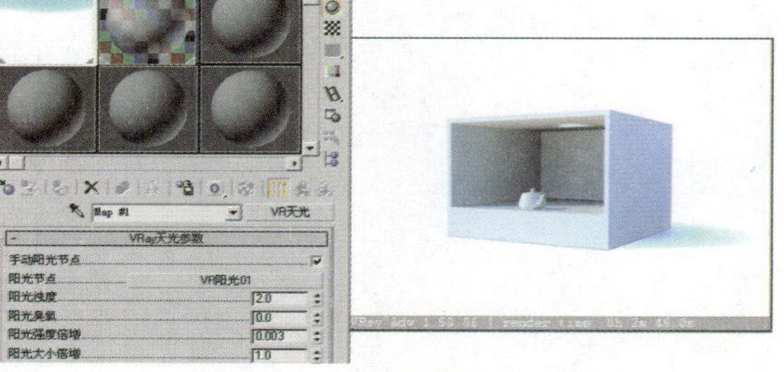

▼ 阳光大小倍增：设置太阳的尺寸。

第6章 VRay渲染设置精讲

VRay渲染设置比较复杂，有多个参数卷展栏，初学者最常用的卷展栏为【V-Ray:: 图像采样器（反锯齿）】和【V-Ray:: 间接照明（GI）】。其中【V-Ray:: 图像采样器（反锯齿）】卷展栏用于控制画面的质量（渲染精细程度），【V-Ray:: 间接照明（GI）】卷展栏用于开启全局光系统，以及使用的全局光照引擎。【V-Ray:: 授权】和【关于 V-Ray】卷展栏用于显示渲染器的信息。

6.1 V-Ray::帧缓冲区

平时使用VRay渲染器渲染场景的时候都会用F10键打开渲染设置对话框，VRay渲染器有它自己的帧缓存设置，而且操作起来更为方便。下面具体讲解VRay的帧缓存渲染设置。

■ 1）按F10键打开渲染设置对话框，在【V-Ray:: 帧缓冲区】卷展栏中可以设置VRay的帧缓存。

■ 2）选中【启用内置帧缓冲区】复选框，使用VRay渲染器的帧缓存器。

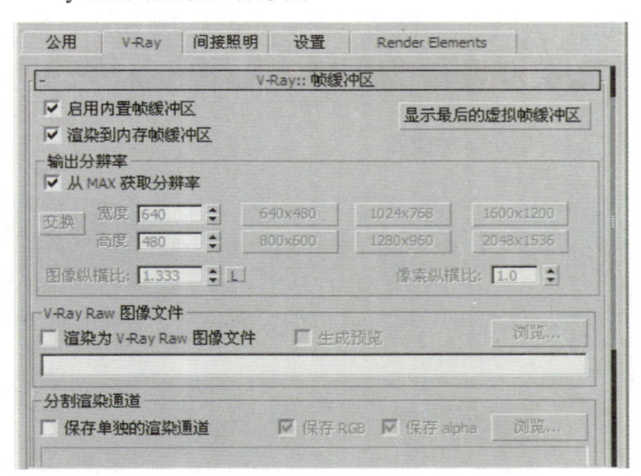

提示

选中这个复选框后，3ds Max将使用VRay渲染器的帧缓存系统。当然，3ds Max自身的帧缓存仍然存在，也可以被创建，不过选中这个复选框后，VRay渲染器不会渲染任何数据到3ds Max自身的帧缓存窗口。

■ 3）为了防止过分占用系统内存，VRay推荐把3ds Max自身的分辨率设为一个比较小的值，并且关闭虚拟帧缓存。在【公用】选项卡，取消选中【渲染帧窗口】复选框。

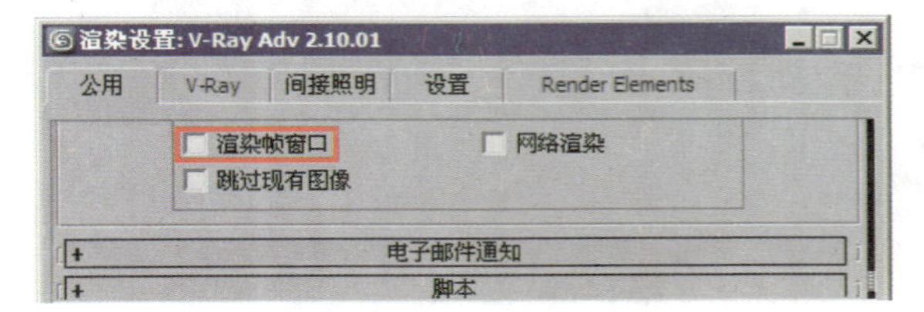

下面介绍【V-Ray:: 帧缓冲区】卷展栏中的参数。

从MAX获取分辨率：选中这个复选框的时候，VRay将使用设置的3ds Max的分辨率。

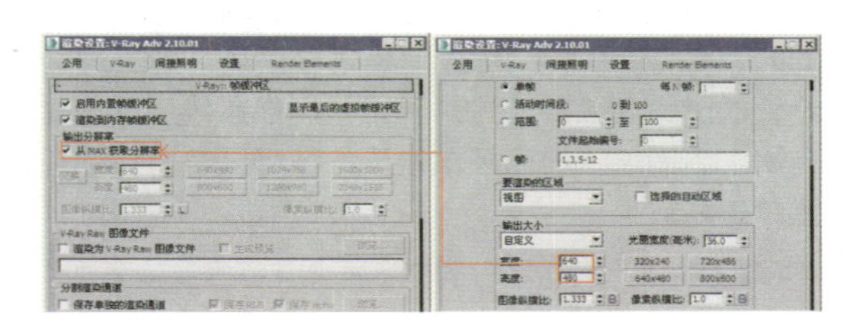

输出分辨率：这个复选框在取消选中【从MAX获得分辨率】复选框的时候可以被激活，用户可以根据需要设置VR渲染器使用的分辨率。

显示最后的虚拟帧缓冲区：单击该按钮会显示上次渲染的VFB窗口。

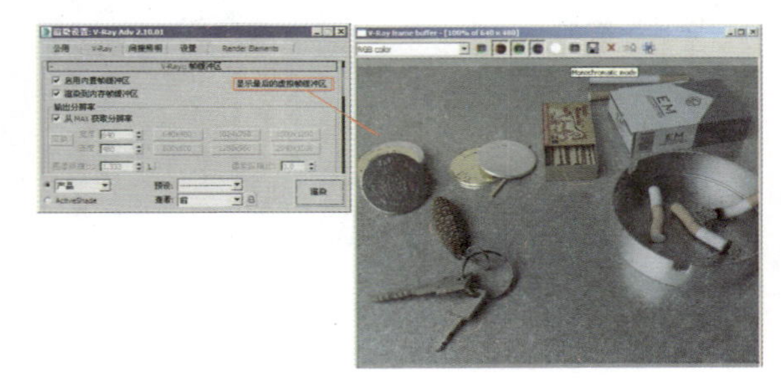

渲染到内容帧缓冲区：选中此复选框的时候将创建VR的帧缓存，并使用它来存储颜色数据，以便在渲染时或者渲染后观察。

渲染为V-Ray Raw图像文件：该选项类似于3ds Max的渲染图像输出，不会在内存中保留任何数据。

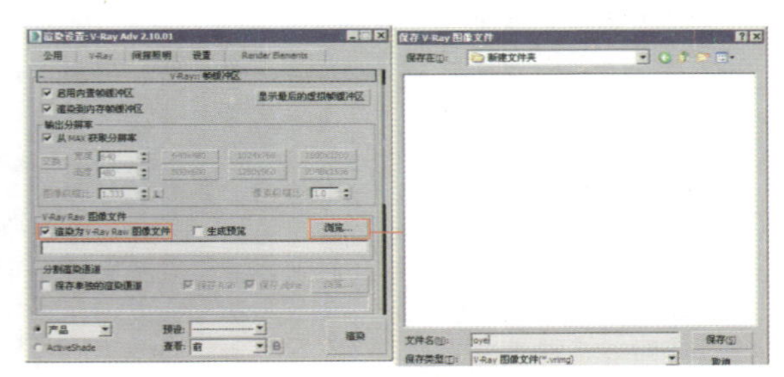

为了观察系统是如何渲染的，可以选中下面的【生成预览】复选框生成预览。

保存单独的渲染通道：选中该复选框允许用户在缓存中指定的特殊通道作为一个单独的文件保存在指定的目录中。

■ 4）选中【渲染到内存帧缓冲区】复选框后，单击 Render 按钮渲染场景，此时会弹出 VFB 窗口。

■ 5）这里面比较实用的就是【跟踪鼠标渲染】按钮 了，它可以让渲染器优先计算鼠标光标所在的位置。在渲染的时候因为系统计算全局光速度较慢，所以想先看到画面的某一块就会用到该按钮。

单击该按钮，当鼠标在 VRay 的帧缓存窗口拖动时，会强迫 VRay 优先渲染这些区域，而不理会设置的渲染块顺序。这对于场景局部参数调试非常有用。下图所示显示了单击该按钮后，在窗口中随意单击的效果。

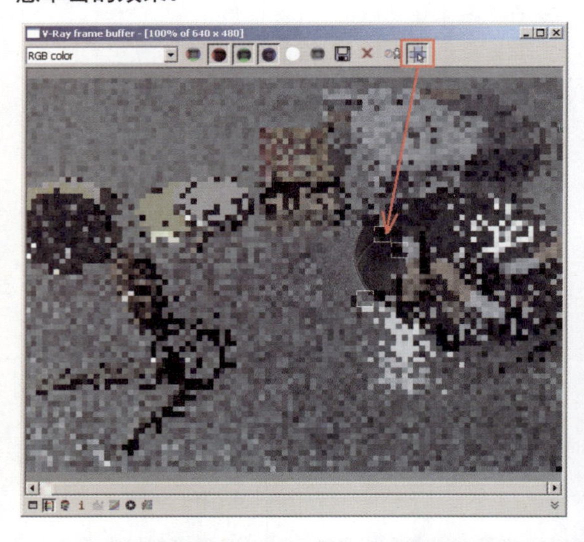

6.2 V–Ray::全局开关

下面介绍【V-Ray::全局开关】卷展栏中的参数。这个卷展栏用于控制 VRay 的一些全局参数设置。

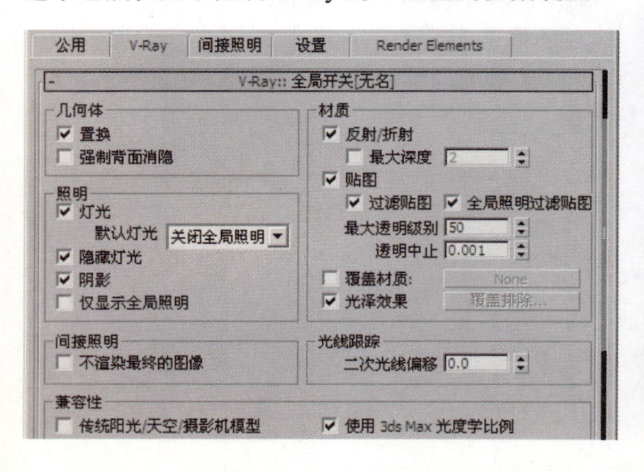

1.【几何体】选项区域

置换：决定是否使用 VRay 的置换贴图。这个选项不会影响 3ds Max 自身的置换贴图，下图所示为选中和取消选中【置换】复选框的效果对比。

2.【照明】选项区域

灯光：用于决定是否使用全局的灯光。这个选项是 VRay 场景灯光的总开关（这里的灯光不包含 3ds Max 默认的灯光），如果未选中此复选框的话，系统不会渲染手动设置的任何灯光，即使这些灯光处于打开状态，系统将自动使用默认灯光渲染场景。不希望渲染场景中的直接灯光的时候，只需取消选中这个复选框即可，下图所示为选中和取消选中该复选框的效果对比。

默认灯光：用于确定是否使用 3ds Max 的默认灯光，如下图所示为打开和关闭该选项的效果。

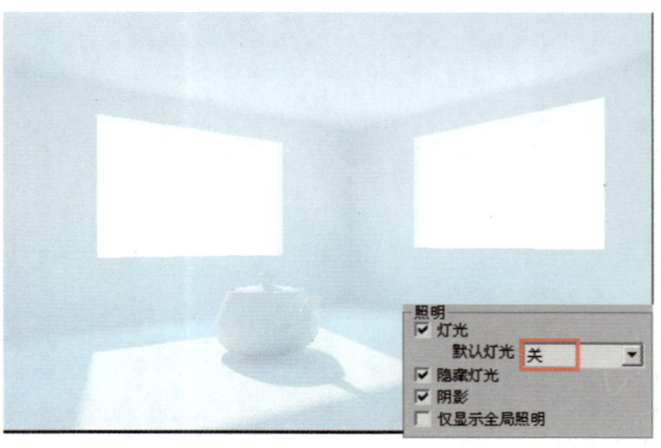

隐藏灯光：选中该复选框的时候，系统会渲染隐藏的灯光效果，而不会考虑灯光是否被隐藏。

阴影：用于决定是否渲染灯光产生的阴影，如下图所示为选中和取消选中该复选框的效果对比。

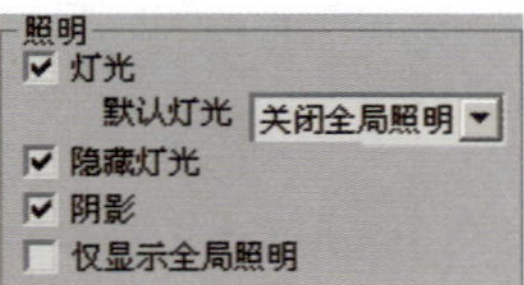

仅显示全局照明：选中此复选框的时候，直接光照将不包含在最终渲染的图像中。但系统在计算全局光的时候直接光照仍然会被计算，最后只显示间接照明的效果。

3.【材质】选项区域

反射/折射：确定是否计算 VRay 贴图或材质中光线的反射/折射效果，如下图所示为选中和取消选中该复选框的效果。

最大深度：用于用户设置 VRay 贴图或材质中反射/折射的最大反弹次数。在未选中的时候，反射/折射的最大反弹次数使用材质/贴图的局部参数来控制。当选中此复选框的时候，所有的局部参数设置将会被它所取代。如下图所示为不同最大深度的效果对比。

贴图：用于确定是否使用纹理贴图，如下图所示为选中和取消选中该复选框的效果对比。

过滤贴图：用于确定是否使用纹理贴图过滤，如下图所示为选中和取消选中该复选框的效果。

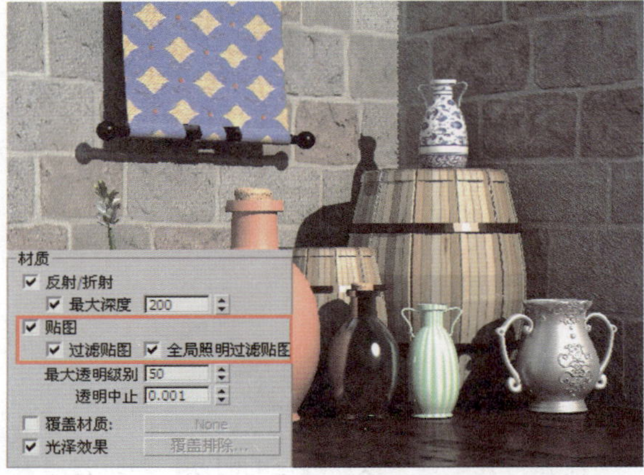

最大透明级别：控制透明物体被光线追踪的最大深度。

透明中止：控制对透明物体的追踪何时中止。如果光线透明度的累计低于这个设定的极限值，系统将会停止追踪。如下图所示为不同参数值的效果对比。

覆盖材质：选中这个复选框的时候，允许用户通过使用后面的材质槽指定的材质来替代场景中所有物体的材质来进行渲染。这个选项在调节复杂场景的时很有用。如果不指定材质，将自动使用 3ds Max 标准材质的默认参数来替代。

注意

【材质】选项区域的各项参数用于整体控制场景的渲染效果，在测试渲染阶段非常有用。一般的用法是，先取消选中【反射】、【折射】等复选框进行测试渲染，最终渲染成品图时再将这些耗内存的复选框激活。

4. 间接照明区域

不渲染最终的图像：选中此复选框的时候，VRay 只计算相应的全局光照贴图（光子贴图、灯光贴图和发光贴图），这对于渲染动画过程很有用，如下图所示为启用和关闭该选项的效果。

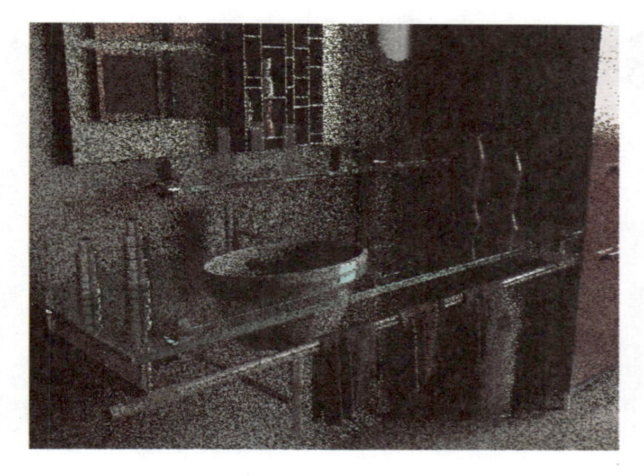

5. 光线跟踪区域

二次光线偏移：设置光线发生二次反弹时的偏移距离。

6.3 V-Ray::图像采样器（反锯齿）

在 VRay 渲染器中，图像采样器的概念是指采样和过滤的一种算法，并产生最终的像素数组来完成图形的渲染。VRay 渲染器提供了几种不同的采样算法，尽管会增加渲染时间，但是所有的采样器都支持 3ds Max 标准的抗锯齿过滤算法。用户可以在固定采样器、自适应确定性蒙特卡洛采样器和自适应细分采样器中根据需要选择其中的一种使用。如下图所示为【V-Ray:: 图像采样器（反锯齿）】卷展栏。

渲染设置: V-Ray Adv 2.10.01
公用 | V-Ray | 间接照明 | 设置 | Render Elements
V-Ray:: 图像采样器(反锯齿)
图像采样器
类型: 固定
抗锯齿过滤器
开 区域 使用可变大小的区域过滤器来计算抗锯齿。
大小: 1.5
产品 预设: ---------- 渲染
ActiveShade 查看: 前

1. 固定采样器

这是 VRay 中最简单的采样器，对于每一个像素它使用一个固定数量的样本。它只有一个参数——【细分】，这个值确定每一个像素使用的样本数量。当取值为 1 的时候，表示在每一个像素的中心使用一个样本；当取值大于 1 的时候，将按照低差异的蒙特卡洛序列来产生样本。如下图所示为不同细分值的效果。

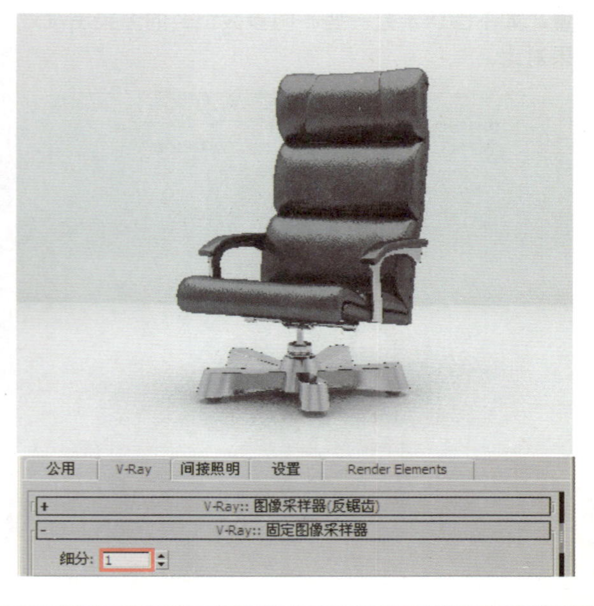

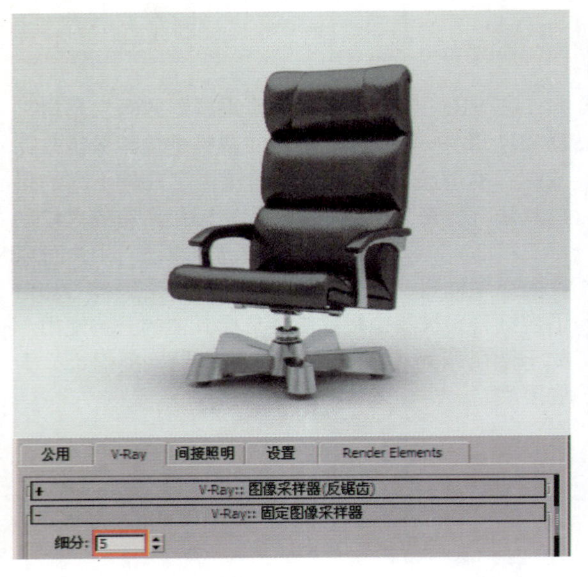

2. 自适应确定性蒙特卡洛采样器

这个采样器根据每个像素和它相邻像素的亮度差异产生不同数量的样本。值得注意的是这个采样器与VR的DMC采样器是相关联的，它没有自身的极限控制值，不过可以使用VR的DMC采样器中的【噪波阈值】参数来控制质量。

对于那些具有大量微小细节，如VRayFur物体，或模糊效果（景深、运动模糊）的场景或物体，这个采样器是首选。它也比下面提到的自适应细分采样器占用的内存要少。

最小细分：定义每个像素使用的样本的最小数量。一般情况下，很少需要设置这个参数超过1，除非有一些细小的线条无法正确表现。

最大细分：定义每个像素使用的样本的最大数量。如下图所示是一些不同参数组合的渲染测试效果对比。

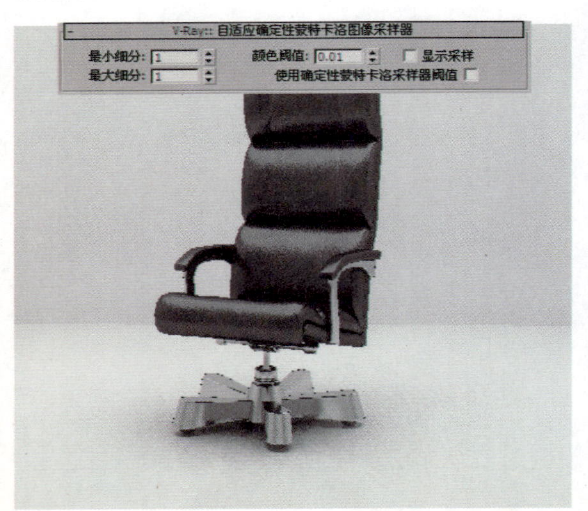

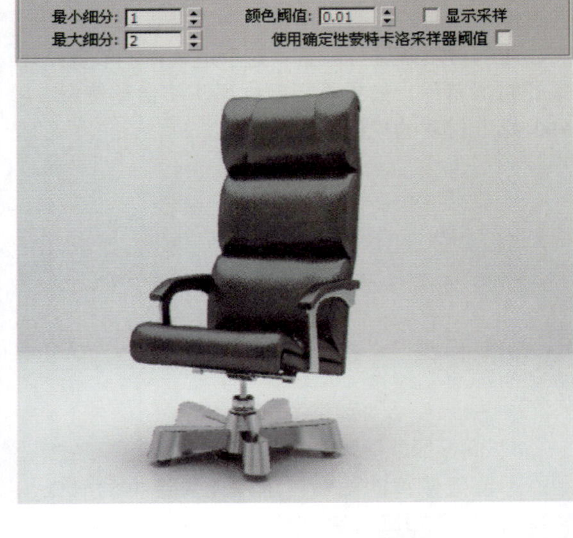

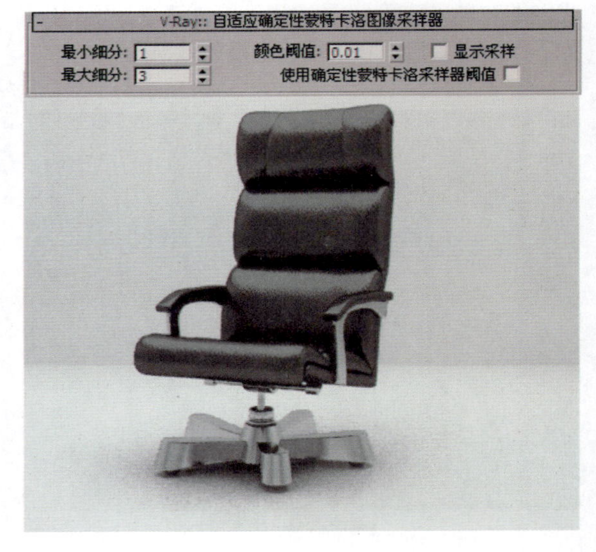

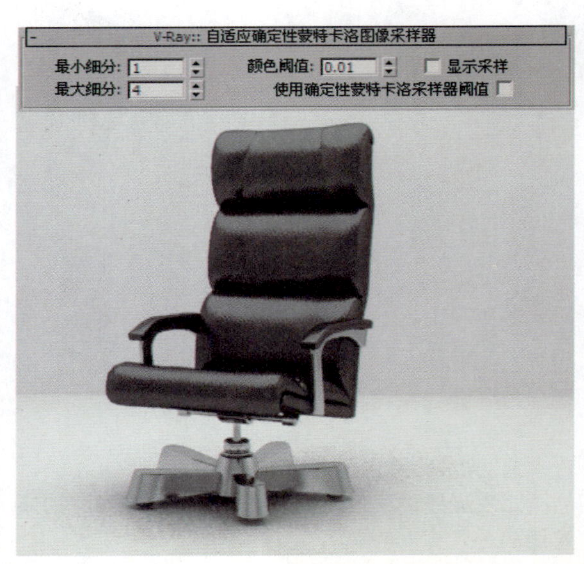

3．自适应细分采样器

这是一个具有强大功能的高级采样器。在没有VRay模糊特效（直接GI、景深、运动模糊等）的场景中，它是最好的首选采样器。它使用较少的样本（这样就减少了渲染时间）就可以达到其他采样器使用较多样本所能够达到的质量。但是，在具有大量细节或者模糊特效的情形下会比其他两个采样器更慢，图像效果也更差。比起其他采样器，它也会占用更多的内存。

最小比率：定义每个像素使用的样本的最小数量。值为0意味着一个像素使用一个样本，值为-1意味着每两个像素使用一个样本，值为-2则意味着每4个像素使用一个样本，以此类推。

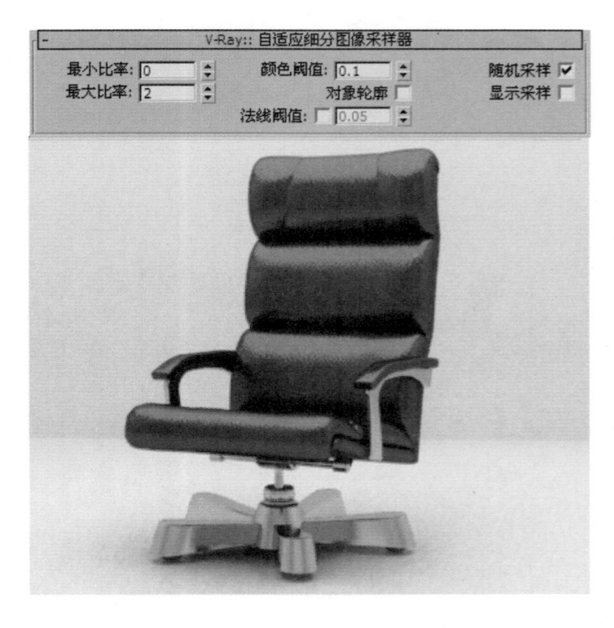

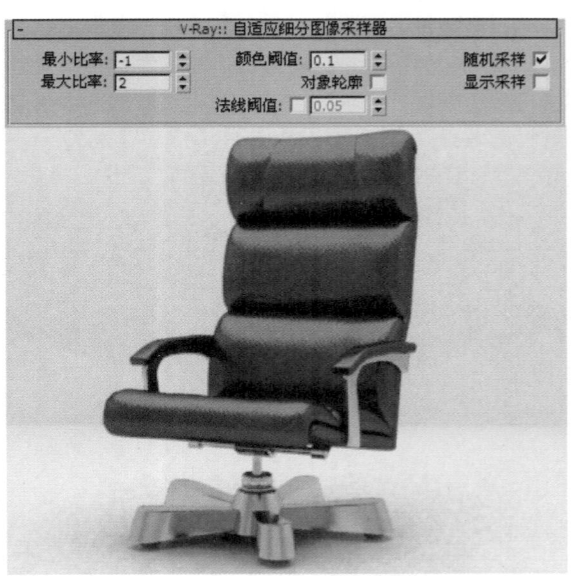

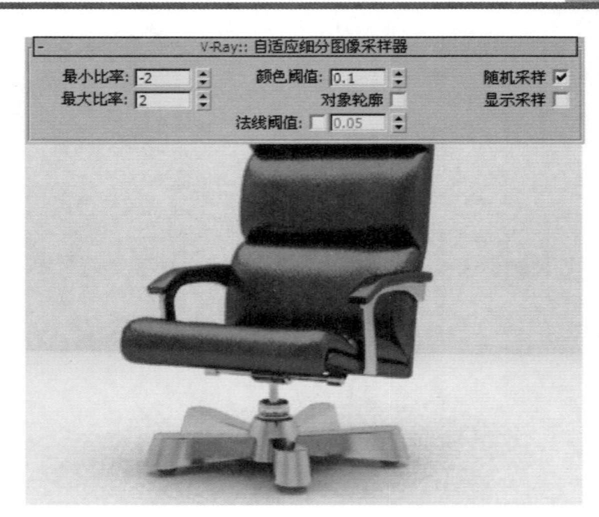

最大比率：定义每个像素使用的样本的最大数量。值为0意味着一个像素使用一个样本，值为1意味着每个像素使用4个样本，值为2则意味着每个像素使用8个样本，以此类推。

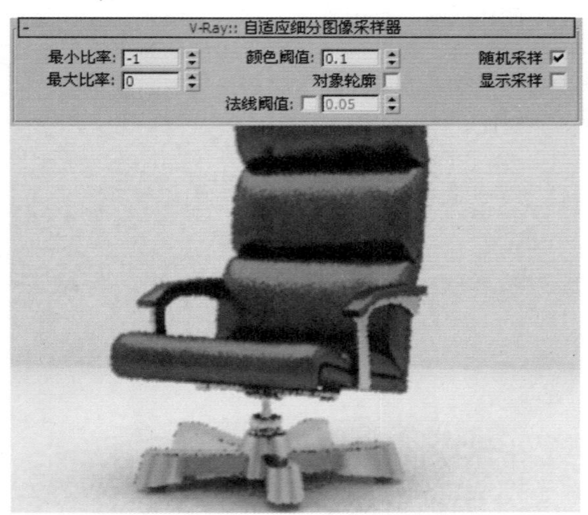

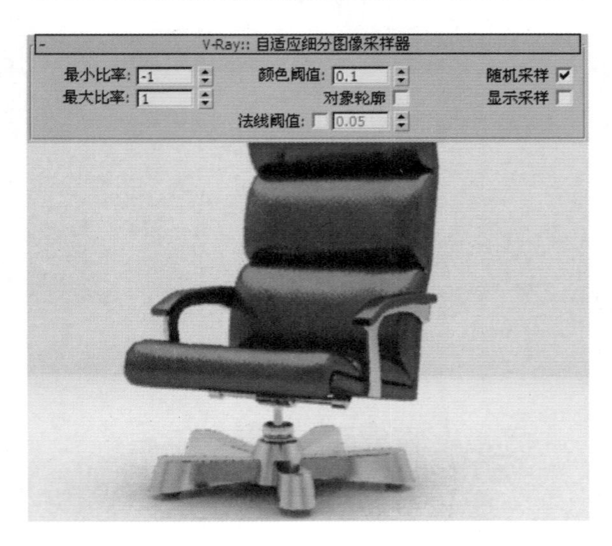

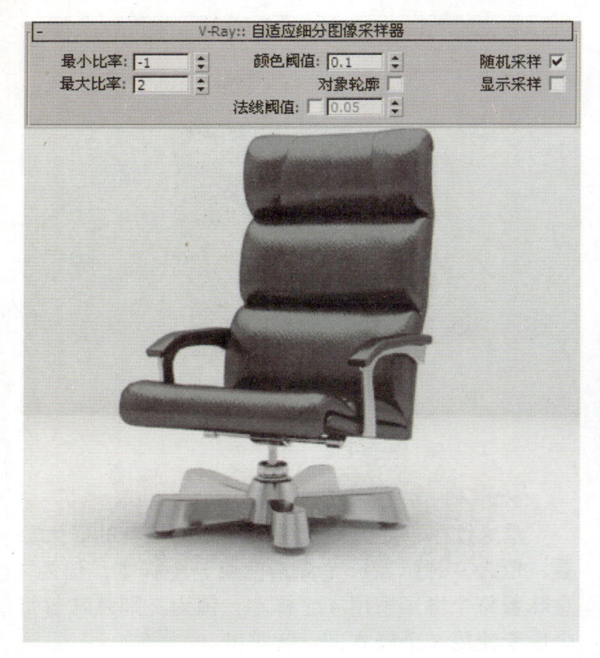

颜色阈值：用于确定采样器在像素亮度改变方面的灵敏性。较低的值会产生较好的效果，但会花费较多的渲染时间，如下图所示为不同颜色阈值的效果对比。

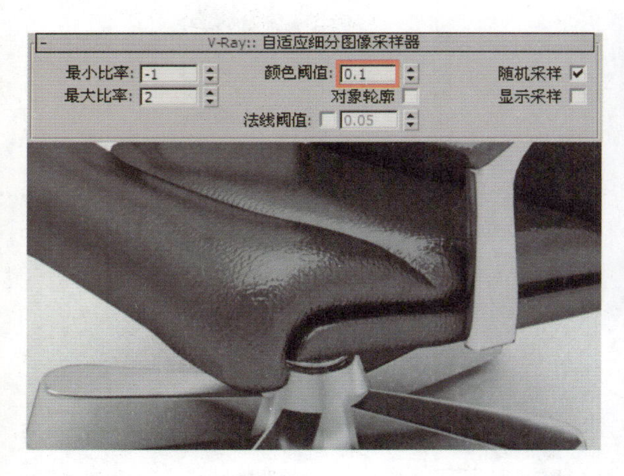

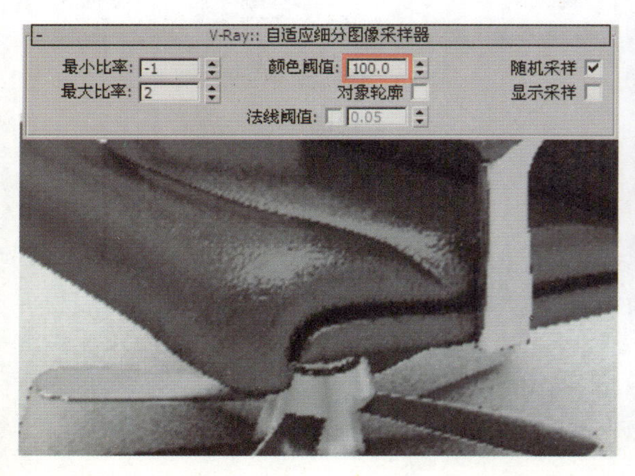

随机采样：略微转移样本的位置以便在垂直线或水平线条附近得到更好的效果，如下图所示为打开和关闭该选项的效果对比。

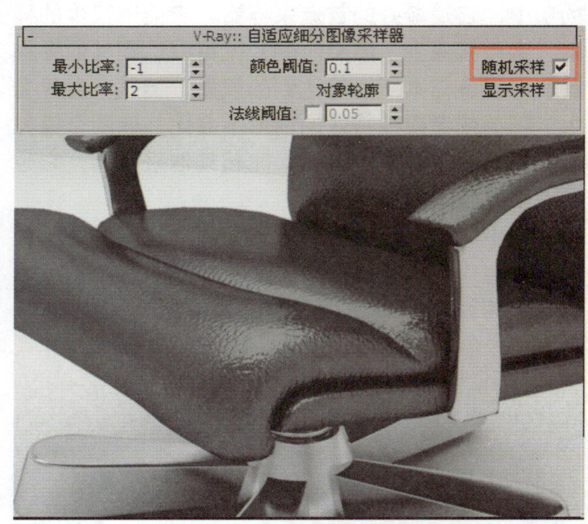

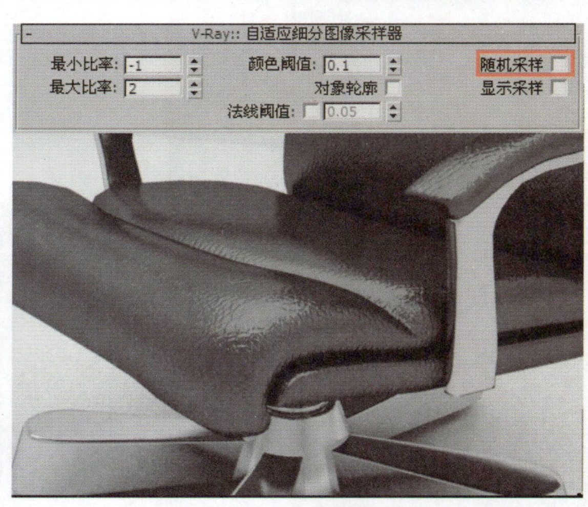

对象轮廓：选中此复选框的时候，使得采样器强制在物体的边进行超级采样，而不管它是否需要进行超级采样，如下图所示为选中和取消选中该复选框的效果。

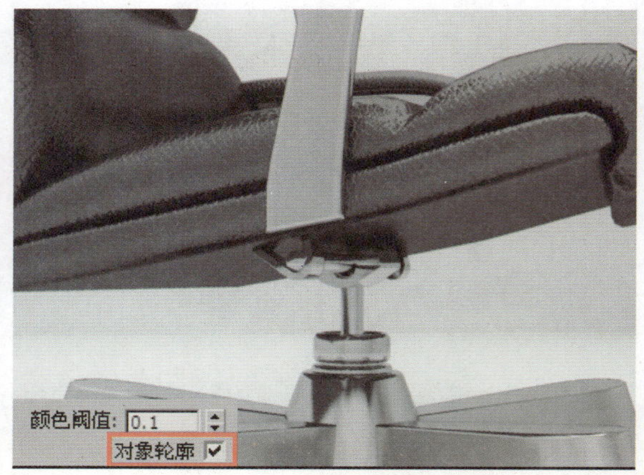

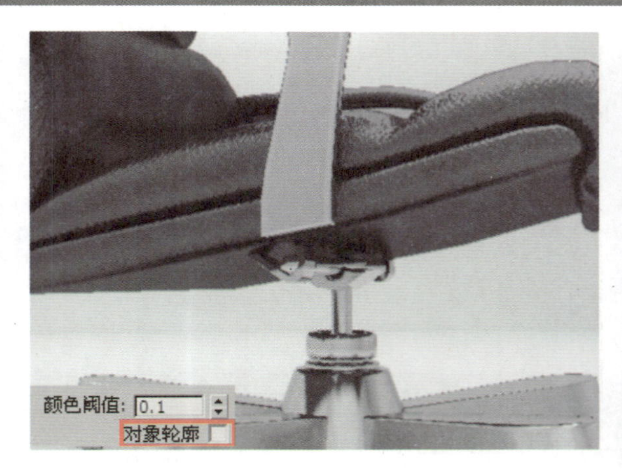

提示

【对象轮廓】选项在使用景深或运动模糊的时候会失效。

前面介绍了 VRay 的 3 种采样器，到底哪一种采样器最好呢？答案是要根据不同场景的具体要求选用不同的采样器。

对于仅有一点模糊效果的场景或纹理贴图，选择自适应细分采样器比较好。

当一个场景具有高细节的纹理贴图或大量几何体细节，而只有少量模糊特效的时候，选用自适应确定性蒙特卡洛采样器比较好，特别是这种场景需要渲染动画的时候，会避免画面的抖动。

对于具有大量的模糊特效或高细节的纹理贴图的场景，使用固定采样器是兼顾图像质量和渲染时间的最佳选择。

如下图所示是 3 种采样器关于纹理细节的效果图渲染对比测试（注意房顶上的纹理）。

4．抗锯齿过滤器

除不支持【图形匹配】类型外，VRay 支持所有 3ds Max 内置的抗锯齿过滤器。所有采样器种类如下图所示。

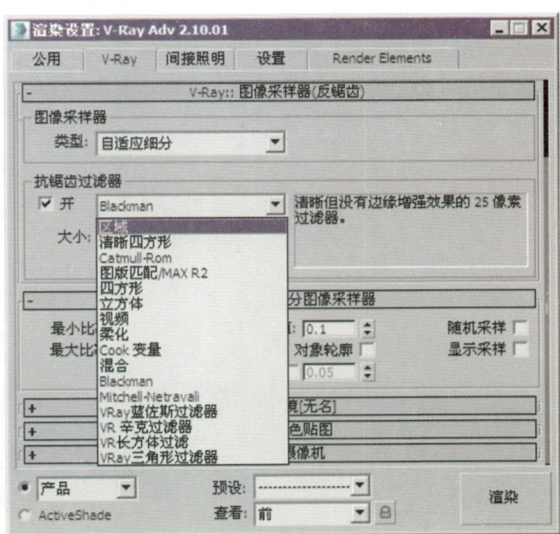

如下图所示是各采样器的渲染测试图，大家注意观察模型的渲染质量和图像下方的渲染时间。

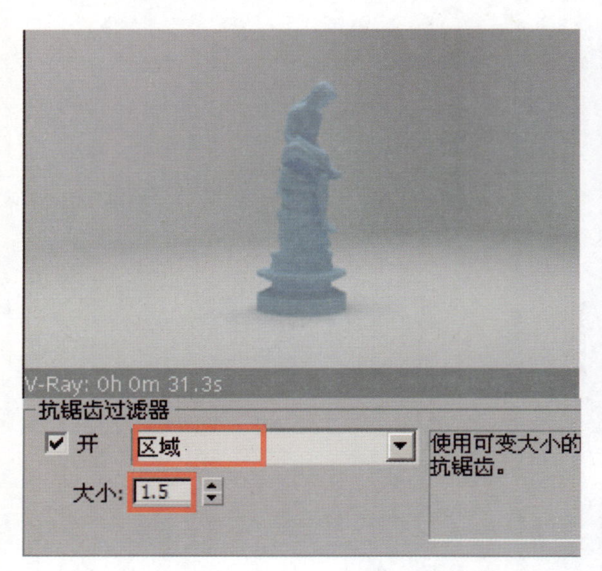

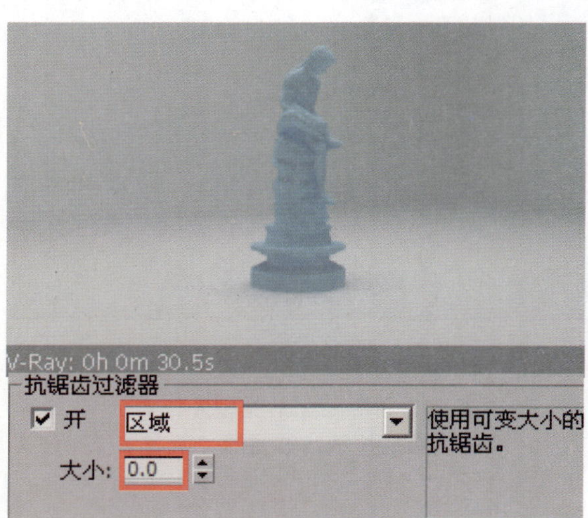

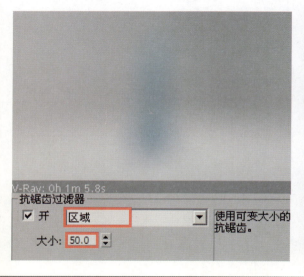

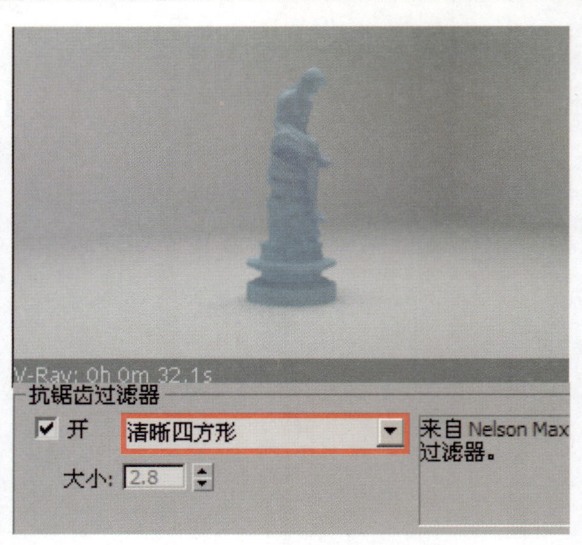

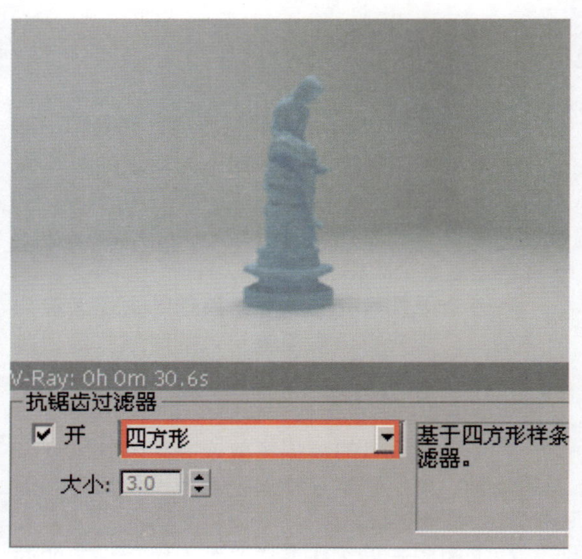

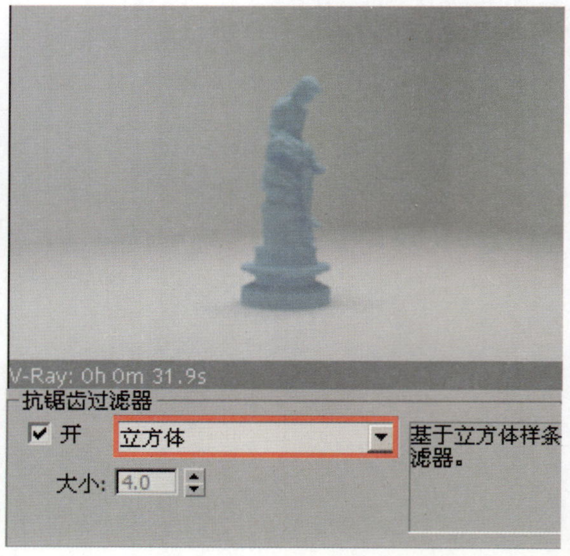

V-Ray: 0h 0m 32.0s
抗锯齿过滤器
开
视频
大小: 4.0
针对 NTSC 和 PA
了优化的 25 像素

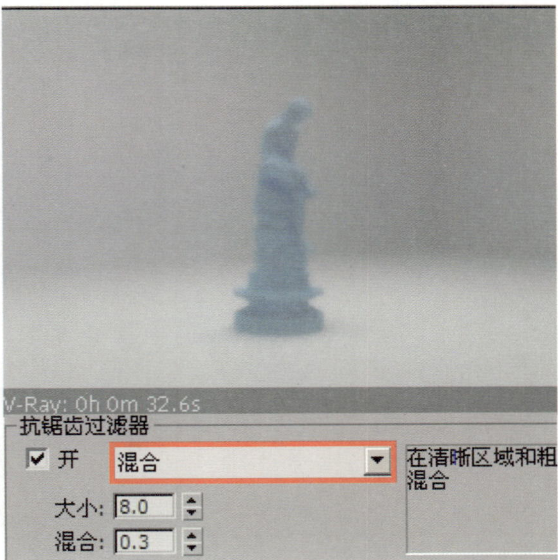
V-Ray: 0h 0m 32.6s
抗锯齿过滤器
开
混合
大小: 8.0
混合: 0.3
在清晰区域和粗
混合

V-Ray: 0h 0m 33.0s
抗锯齿过滤器
开
柔化
大小: 6.0
可调整的高斯柔
度模糊。

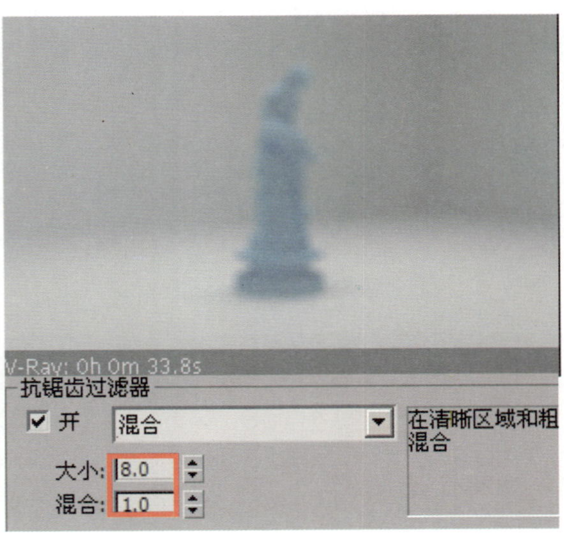
V-Ray: 0h 0m 33.8s
抗锯齿过滤器
开
混合
大小: 8.0
混合: 1.0
在清晰区域和粗
混合

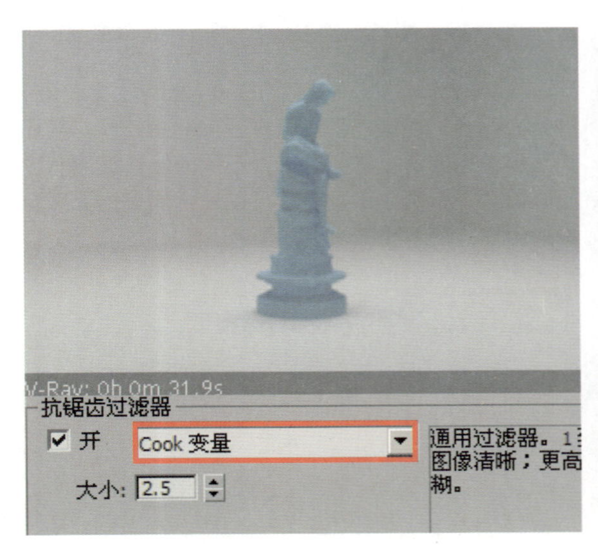
V-Ray: 0h 0m 31.9s
抗锯齿过滤器
开
Cook 变量
大小: 2.5
通用过滤器。1
图像清晰；更高
糊。

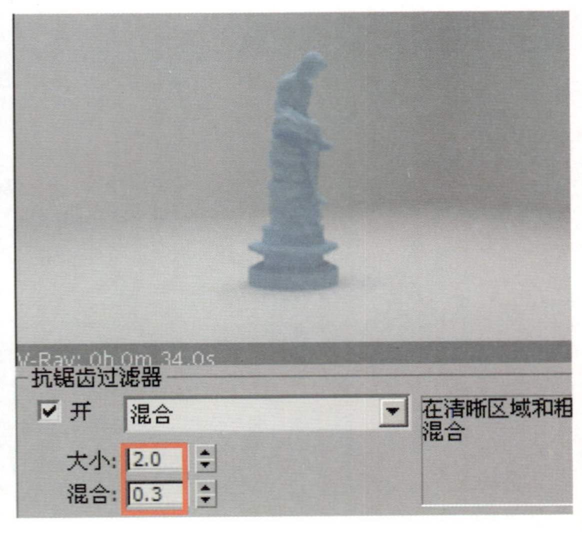
V-Ray: 0h 0m 34.0s
抗锯齿过滤器
开
混合
大小: 2.0
混合: 0.3
在清晰区域和粗
混合

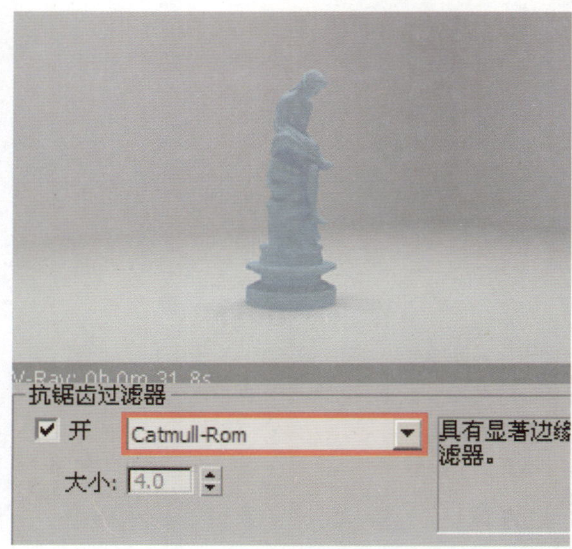

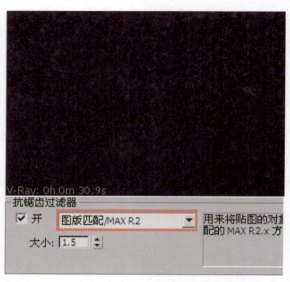

6.4 V–Ray::间接照明（GI）

【V-Ray:: 间接光照（GI）】卷展栏是 VRay 的核心部分，在这里面可以打开全局光效果。全局光照引擎也在这里进行选择，不同的场景材质对应相应的运算引擎，正确设置可以使全局光计算速度更加合理，使渲染效果更加出色。

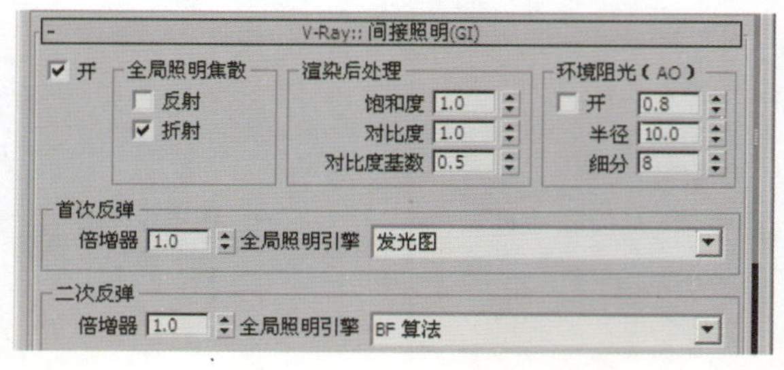

开：确定是否计算场景中的间接光照明，如下图所示为未选中和选中【开】复选框的效果对比。

1．全局照明焦散区域

全局照明焦散描述的是GI产生的焦散这种光学现象。它可以由天光、自发光物体等产生。但是由直接光照产生的焦散不受这里的参数的控制，可以使用单独的【焦散】卷展栏中的参数来控制直接光照的焦散。

全局照明反射焦散：间接光照射到镜射表面的时候会产生反射焦散。默认情况下它是关闭的，因为它对最终的GI计算影响很小，而且还会产生一些不希望看到的噪波。

全局照明折射焦散：间接光穿过透明物体(如玻璃)时会产生折射焦散。注意，这与直接光穿过透明物体而产生的焦散是不一样的。

2．渲染后处理区域

这里主要是对间接光照明在增加到最终渲染图像前进行一些额外的修正。这些默认的设定值可以确保产生物理精度效果，当然用户也可以根据自己的需要进行调节。建议一般情况下使用默认参数值，这里不再赘述。

下面介绍间接照明的首次反弹和二次反弹。

在VRay中，间接光照明被分成两大块来控制：首次反弹和二次反弹。当一个点在摄影机中可见或者光线穿过反射/折射表面的时候，就会产生首次反弹。当点包含在GI计算中的时候就产生次级漫反射反弹。

3．【首次反弹】选项区域

首次反弹就是光线照射在物体上产生的第一次光子反射，如下图所示。

倍增器：该参数决定为最终渲染图像提供多少初级漫射反弹。默认值1.0可以得到一个最准确的效果。如下图所示为倍增值为1.0和倍增值为2.0的效果对比。

【全局照明引擎】下拉列表：为首次反弹选择一种 GI 渲染引擎，如下图所示。

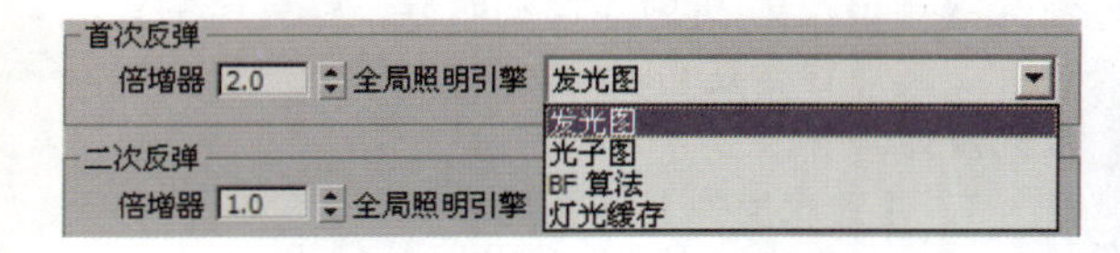

4．【二次反弹】选项区域

如下图所示为二次反弹的示意图。

如下图所示为关闭和打开次级漫射反弹的效果对比。

倍增器：确定在场景照明计算中二次反弹的效果。默认值 1.0 可以得到一个很准确的效果。如下图所示为倍增值为 1.0 和倍增值为 0.5 的效果。

二次反弹方法选择下拉列表：在这个下拉列表中用户可以为次级漫射反弹选择一种 GI 渲染引擎，如下图所示。

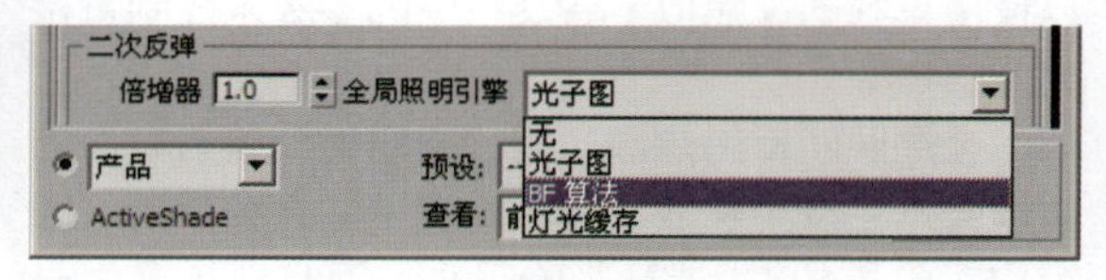

5．【GI 渲染引擎】选项区域

下面介绍 VRay 提供的产生间接照明的 GI 渲染引擎。

发光图：这个方法表示在计算场景中物体漫射表面发光的时候会采取一种有效的贴图来处理画面。

其优点如下：

- ▼ 发光贴图的运算速度非常快。
- ▼ 噪波效果非常简洁明快。
- ▼ 可以重复利用保存的发光贴图，用于其他镜头中。

其缺点如下：

▼ 在间接照明过程中会损失一些细节。

▼ 如果使用了较低的设置，渲染动画时会有些闪烁。

▼ 发光贴图会导致内存的额外损耗。

▼ 使用间接照明运算运动模糊时会产生噪波，影响画质。

光子图：这种方法对于存在大量灯光或较少窗户的室内或半封闭场景来说是较好的选择。如果直接使用，通常并不会产生足够好的效果。但是，它可以作为场景中灯光的近似值来计算，从而加速发光贴图过程中的间接照明计算。

其优点如下：

▼ 光子贴图可以非常快的速度产生场量中灯光的近似值。

▼ 与发光贴图一样，光子贴图也可以被保存或者被重新调用，特别是在渲染不同视角的图像或动画的过程中可以加快渲染速度。

其缺点如下：

▼ 光子贴图一般没有一个直观的效果。

▼ 需要占用额外的内存。

▼ 在计算过程中，运动模糊中运动物体的间接照明计算有时不完全正确。

▼ 光子贴图需要真实的灯光来参与计算，无法对环境光（如天光）产生的间接照明进行计算。

BF 算法：这个方法在计算场景中物体模糊反射表面的时候会快一些。

其优点如下：

▼ 发光贴图运算速度快。

▼ 模糊反射效果很好。

▼ 对于景深和运动模糊的运算效果较快。

其缺点如下：

▼ 在计算间接照明时会比较慢。

▼ 如果使用了较高的设置，渲染效果会较慢。

灯光缓存：这是一种近似于场景中全局光照明的技术，与光子贴图类似，但是没有其他的局限性。灯光贴图是一种通用的全局光解决方案，广泛地用于室内和室外场景的渲染计算。它可以直接使用，也可以被用于使用发光贴图或直接计算时的光线二次反弹计算。

其优点如下：

▼ 灯光贴图很容易设置，只需要追踪摄影机可见的光线。这一点与光子贴图相反，后者需要处理场景中的每一盏灯光，通常对每一盏灯光还需要单独设置参数。

▼ 灯光贴图的灯光类型没有局限性，几乎支持所有类型的灯光（包括天光、自发光、光度学灯光等，当然前提是VRay渲染器支持这些灯光类型）。

▼ 灯光贴图对于细小物体的周边和角落可以产生正确的效果。

▼ 在大多数情况下，灯光贴图可以直接、快速、平滑地显示场景中灯光的预览效果。

其缺点如下：

▼ 目前灯光贴图仅仅支持VRay的材质。

▼ 和光子贴图一样，灯光贴图也不能自适应，发光贴图则可以计算用户定义的固定的分辨率。

▼ 灯光贴图对bump贴图类型的支持不够好，如果你想使用bump贴图来达到一个好的效果，请选用发光贴图或直接计算GI类型。

▼ 灯光贴图也不能完全正确计算运动模糊中的运动物体。

下面提供了一些测试渲染图片，以方便对这些渲染引擎进行搭配使用。

使用 BF 算法，4 次反弹：因为只计算了 4 次光线反弹，所以图像有些噪波，如下图所示，而且渲染时间较长。

使用灯光缓存 +BF 算法，4 次反弹：因为只计算了 4 次光线反弹，所以图像显得有些暗，但噪波颗粒已经没有了，如下图所示。

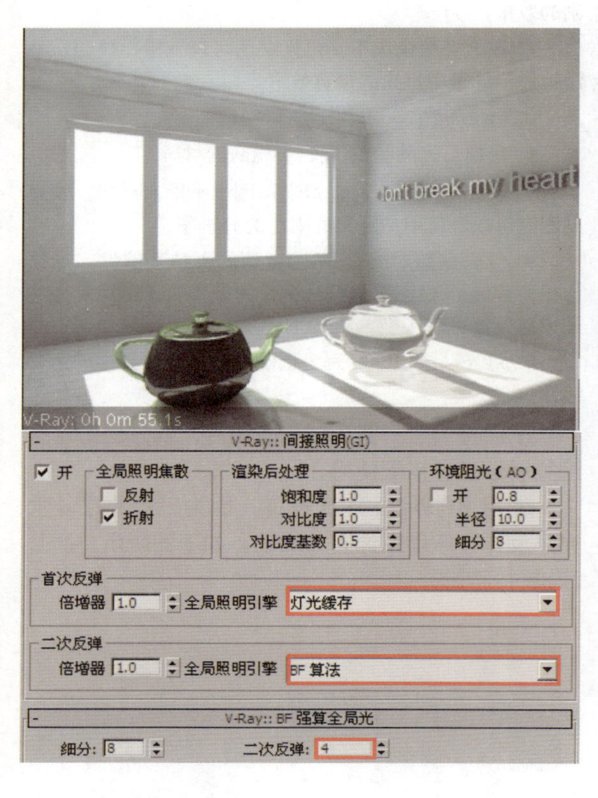

使用灯光缓存：渲染速度快，阴影有些模糊，如下图所示。

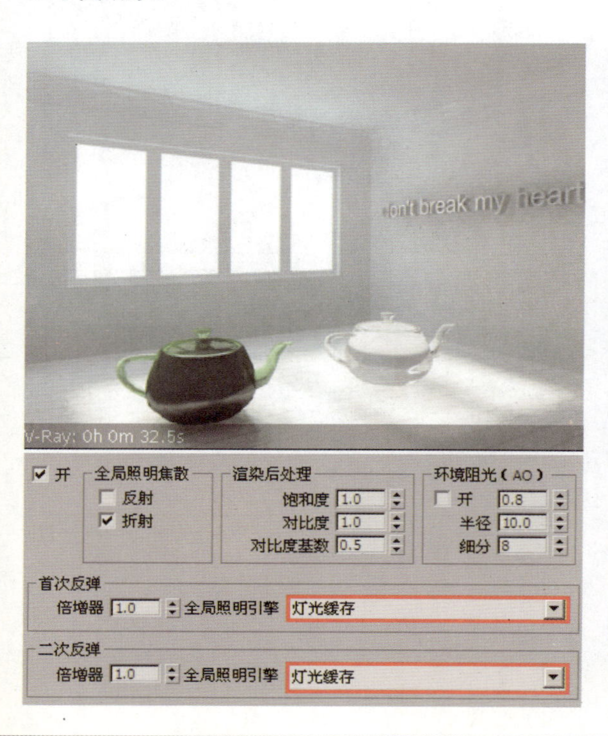

使用灯光缓存 + 直接光照：渲染效果如下图所示。

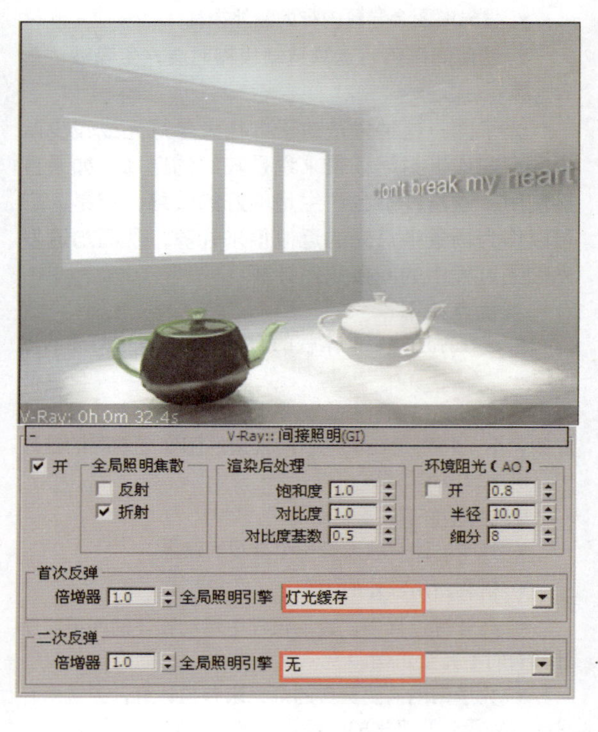

使用 BF 算法 + 灯光缓存：效果如下图所示，虽然有一点噪波颗粒，但比单独使用 BF 算法快很多。

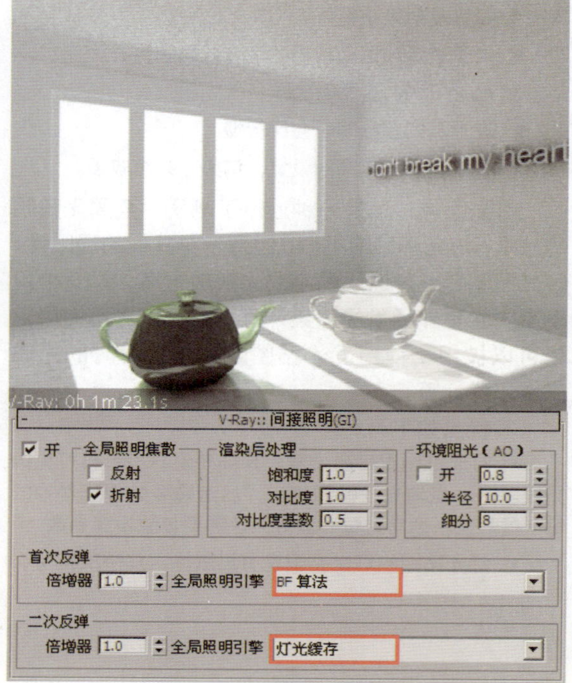

使用发光图+灯光缓存：渲染效果如下图所示，画面质量和渲染时间达到最佳平衡。

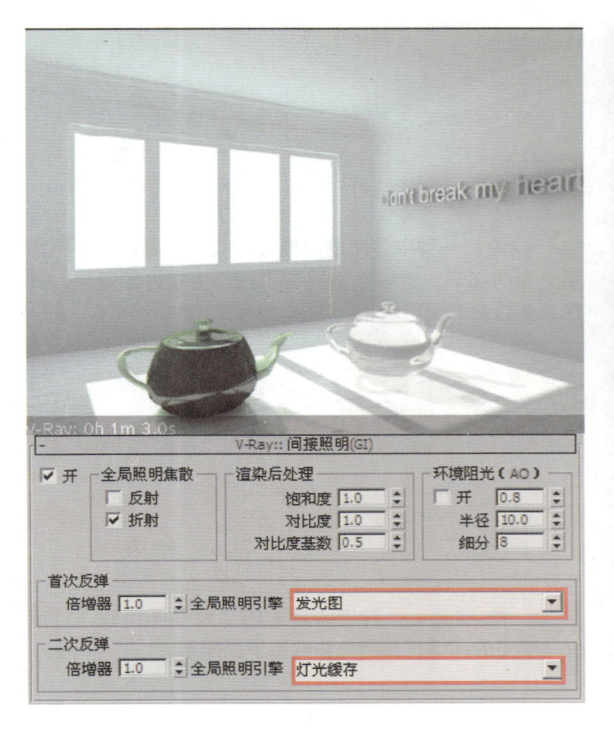

使用光子图：注意玻璃球体的焦散和黑暗的角落，如下图所示。

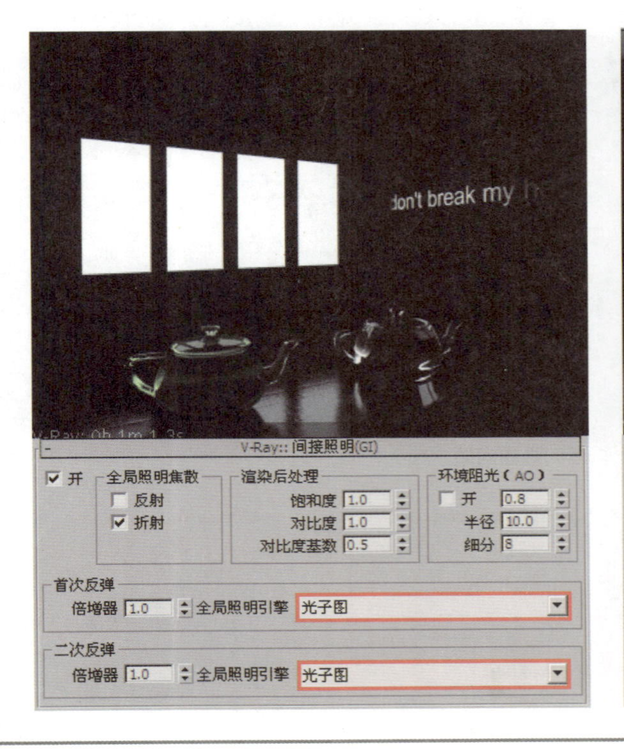

使用光子图+直接照明：效果如下图所示。

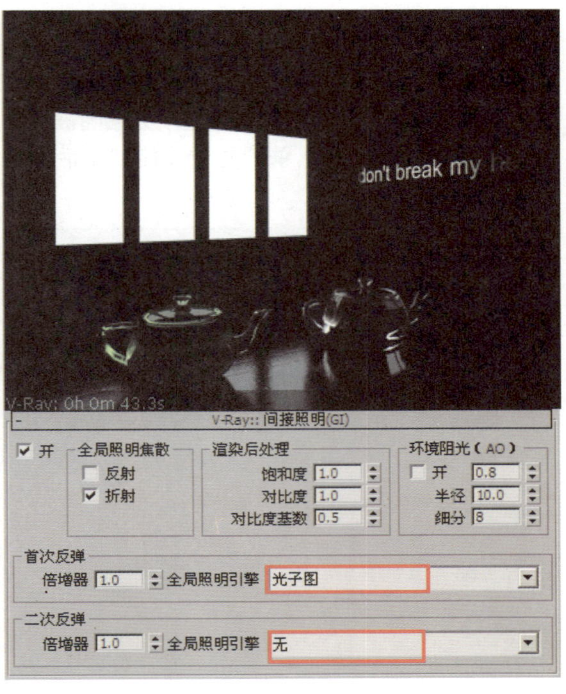

使用发光图+光子图：效果如下图所示。

6.5 GI渲染引擎设置

下面介绍 4 种 GI 渲染引擎的参数设置。

6.5.1 发光图设置

在【V-Ray:: 发光图】卷展栏中可以调节发光贴图的各项参数，该卷展栏只有在发光贴图被指定为当前初级漫射反弹引擎的时候才能被激活，如下图所示。

1. 【内建预置】选项区域

当前预置：系统提供了 8 种系统预设的模式。

▼ 自定义：选择该模式可以根据自己的需要设置不同的参数，这也是默认的选项。

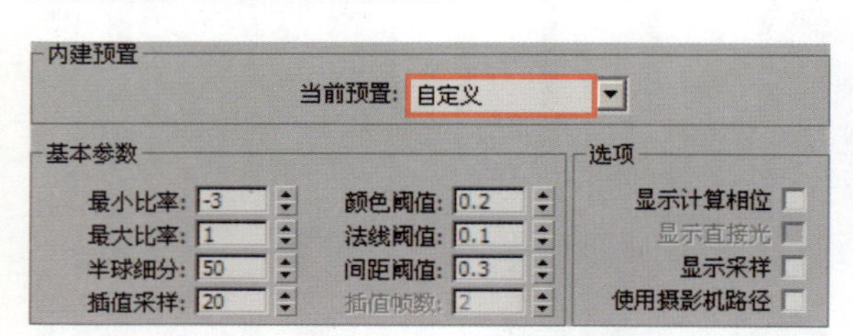

▼ 非常低：这个预设模式仅仅对预览目的有用，只表现场景中的普通照明。

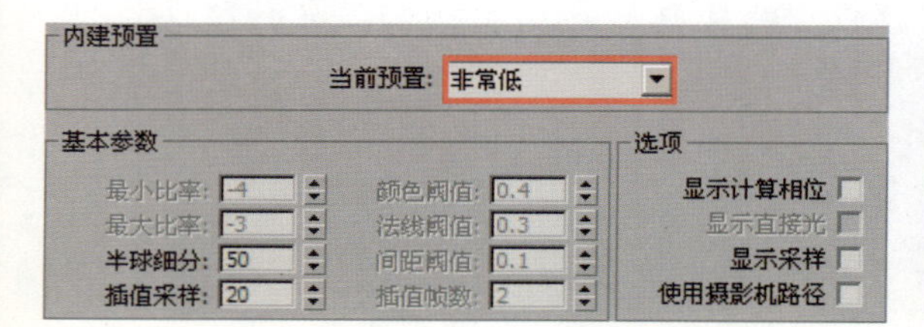

▼ 低：一种低质量的用于预览的预设模式，其相关参数如下图所示。

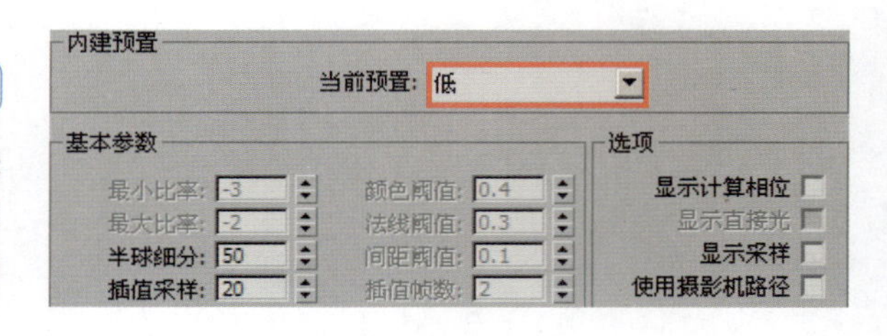

▼ 中：一种中等质量的预设模式。如果场景中不需要太多的细节，大多数情况下可以产生较好的效果，其相关参数如下图所示。

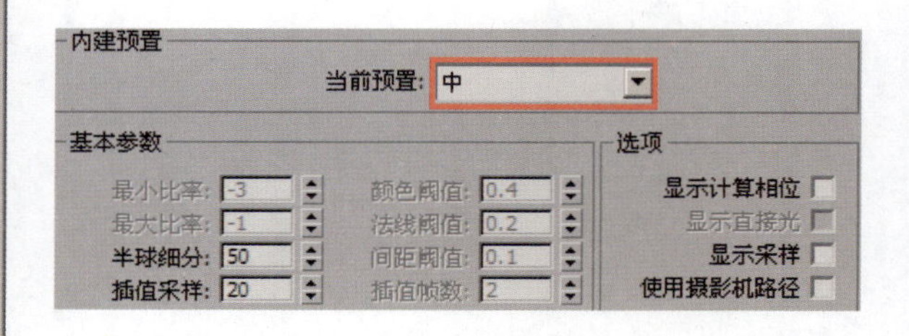

▼ 中-动画：一种中等质量的预设动画模式，可减少动画中的闪烁，其相关参数如下图所示。

▼ 高：一种高质量的预设模式，大多数情况下使用这种模式，即使是具有大量细节的动画。

▼ 高-动画：主要用于解决【高】预设模式下渲染动画闪烁的问题。

▼ 非常高：一种极高质量的预设模式，一般用于有大量极细小的细节或极复杂的场景，其具体参数如下图所示。

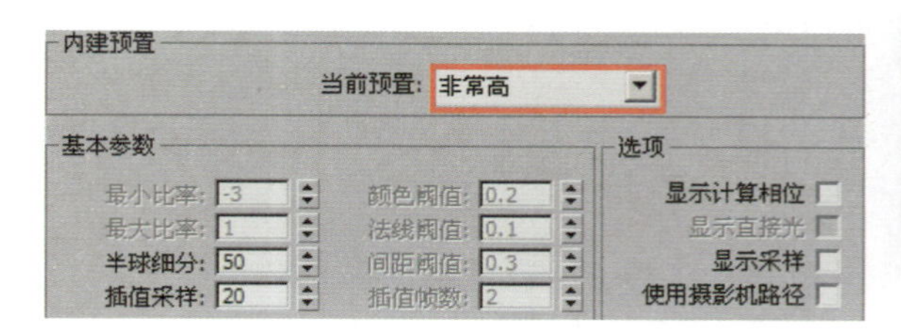

2. 【基本参数】选项区域

最小比率：该参数确定GI首次传递的分辨率。如下图所示是一些测试对比图（同时开启了【显示采样】选项，大家可以观察到采样密度）。

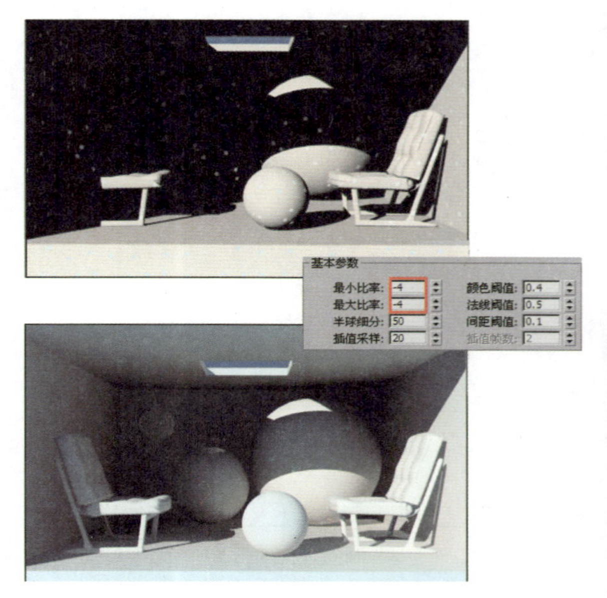

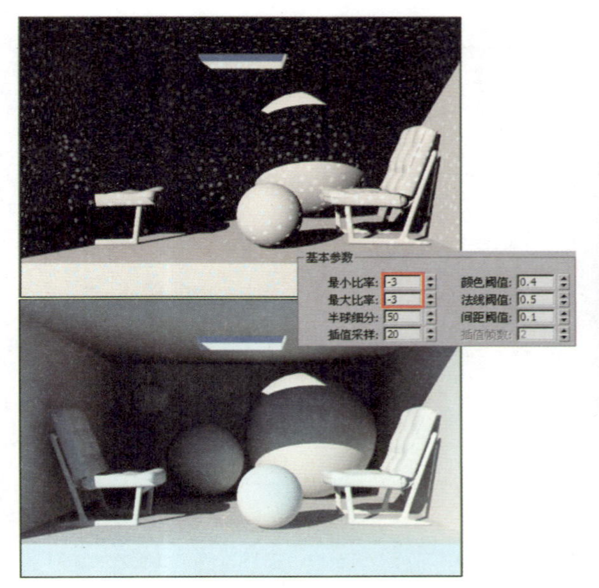

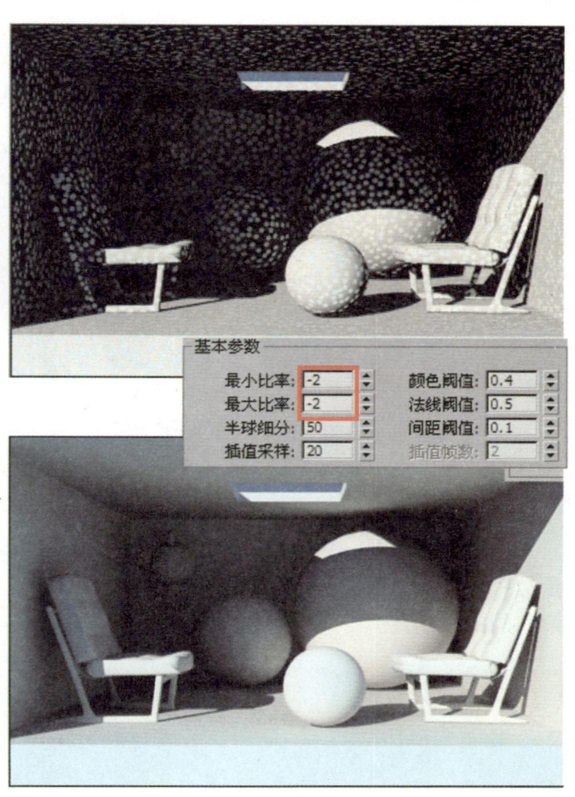

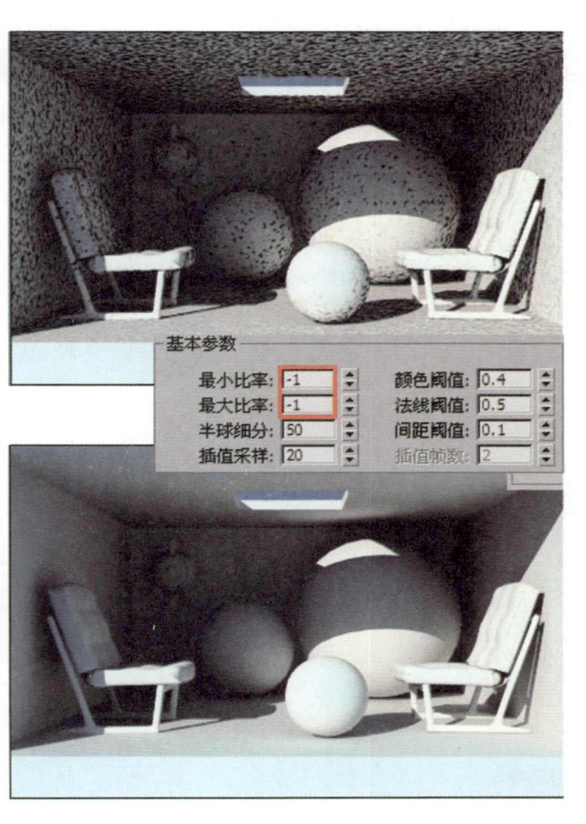

最大比率：该参数用于确定 GI 传递的最终分辨率。如果【最大比率】小于【最小比率】，则不会产生光能传递的效果。如下图所示是测试图。

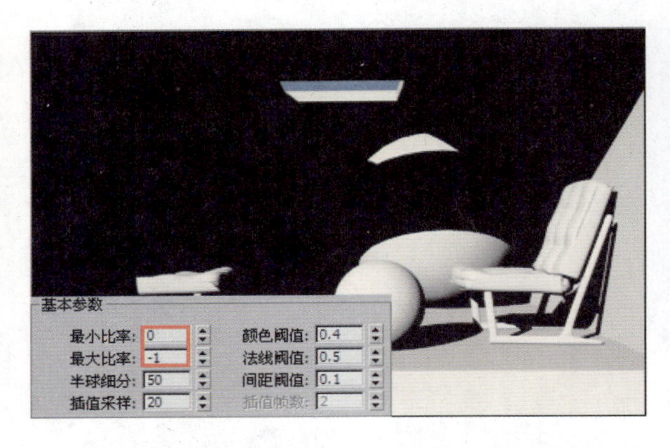

如下图所示是一些【最大比率】和【最小比率】参数搭配的测试图，大家可以观察它们的效果和渲染时间的差别。

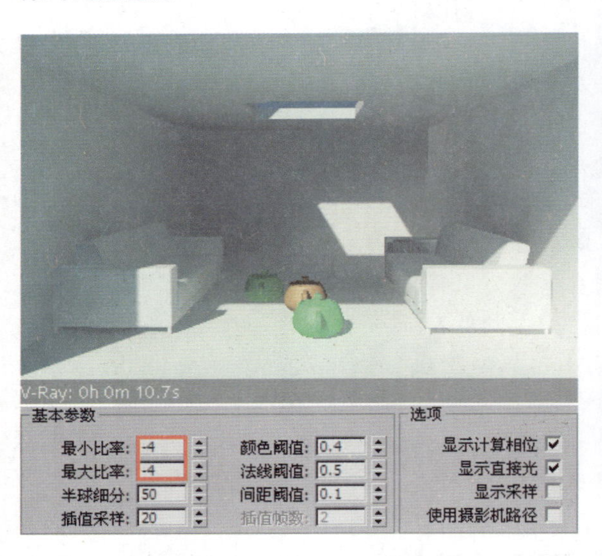

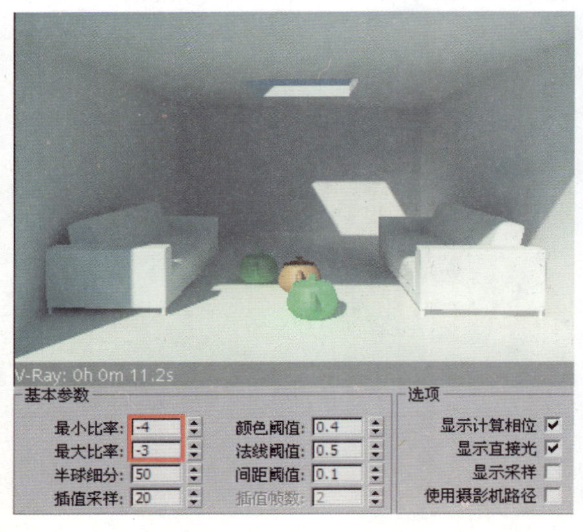

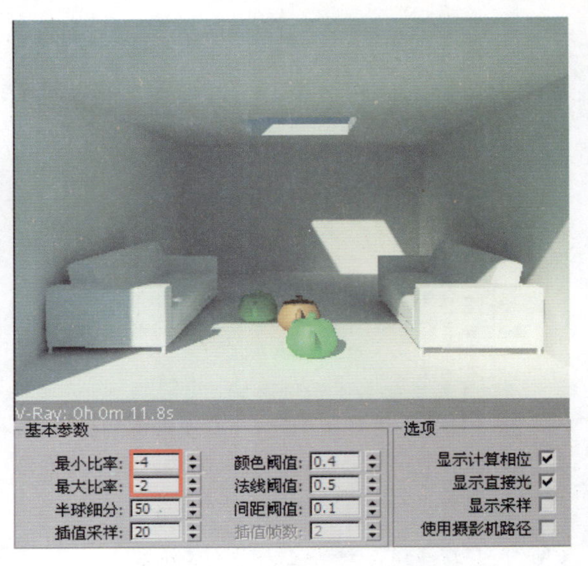

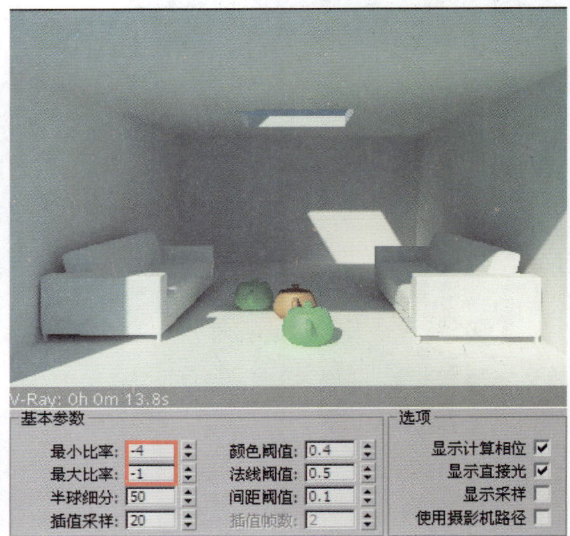

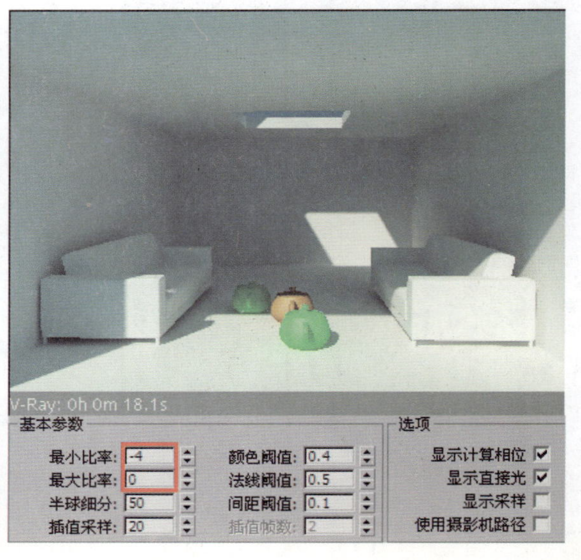

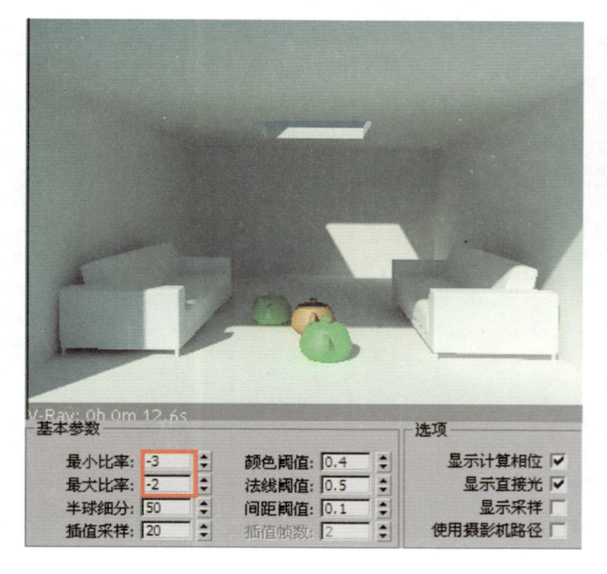
V-Ray: 0h 0m 12.6s
基本参数
最小比率: -3
最大比率: -2
半球细分: 50
插值采样: 20
颜色阈值: 0.4
法线阈值: 0.5
间距阈值: 0.1
插值帧数: 2
选项
显示计算相位
显示直接光
显示采样
使用摄影机路径

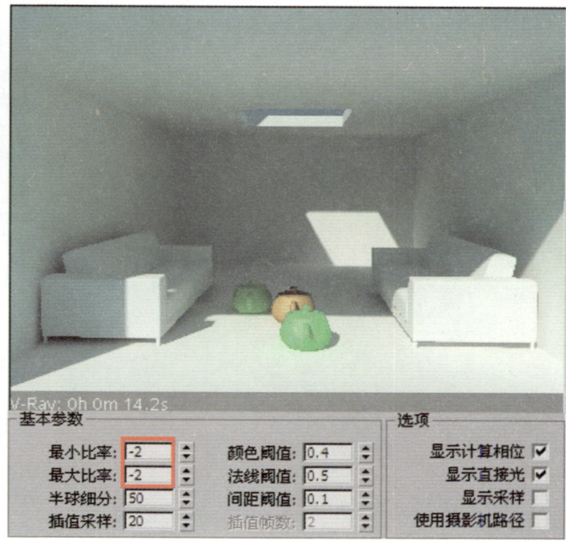
V-Ray: 0h 0m 14.2s
基本参数
最小比率: -2
最大比率: -2
半球细分: 50
插值采样: 20
颜色阈值: 0.4
法线阈值: 0.5
间距阈值: 0.1
插值帧数: 2
选项
显示计算相位
显示直接光
显示采样
使用摄影机路径

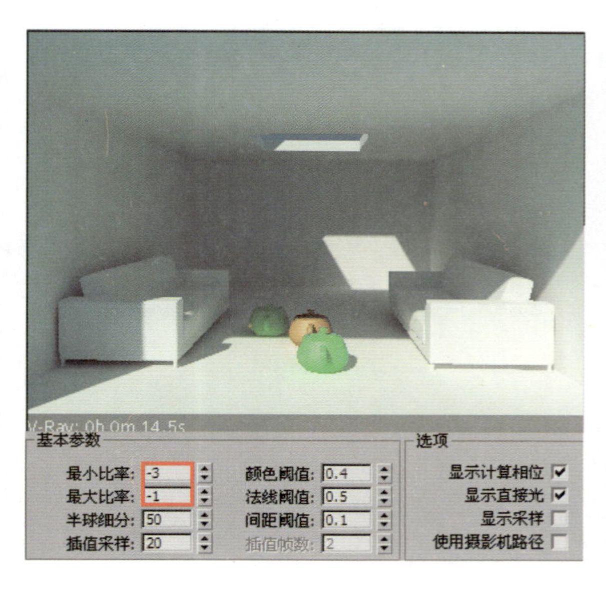
V-Ray: 0h 0m 14.5s
基本参数
最小比率: -3
最大比率: -1
半球细分: 50
插值采样: 20
颜色阈值: 0.4
法线阈值: 0.5
间距阈值: 0.1
插值帧数: 2
选项
显示计算相位
显示直接光
显示采样
使用摄影机路径

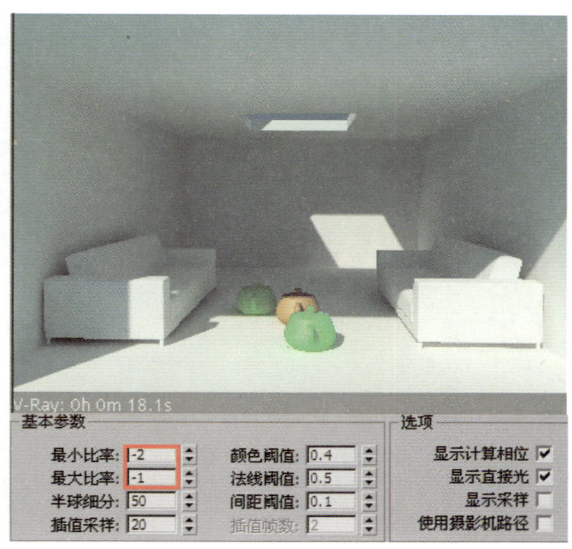
V-Ray: 0h 0m 18.1s
基本参数
最小比率: -2
最大比率: -1
半球细分: 50
插值采样: 20
颜色阈值: 0.4
法线阈值: 0.5
间距阈值: 0.1
插值帧数: 2
选项
显示计算相位
显示直接光
显示采样
使用摄影机路径

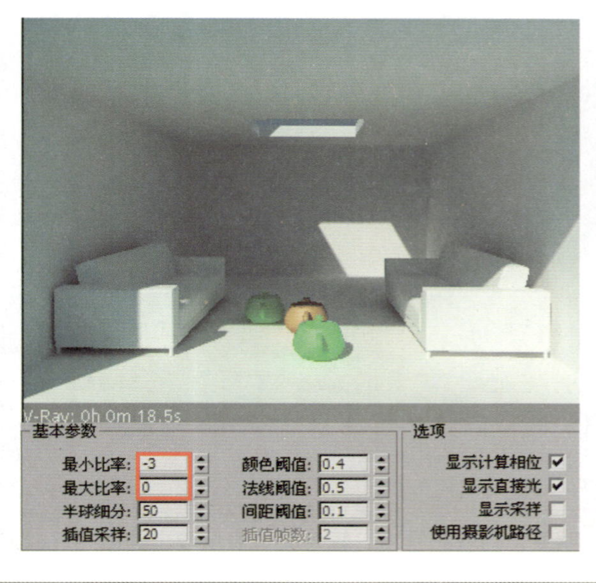
V-Ray: 0h 0m 18.5s
基本参数
最小比率: -3
最大比率: 0
半球细分: 50
插值采样: 20
颜色阈值: 0.4
法线阈值: 0.5
间距阈值: 0.1
插值帧数: 2
选项
显示计算相位
显示直接光
显示采样
使用摄影机路径

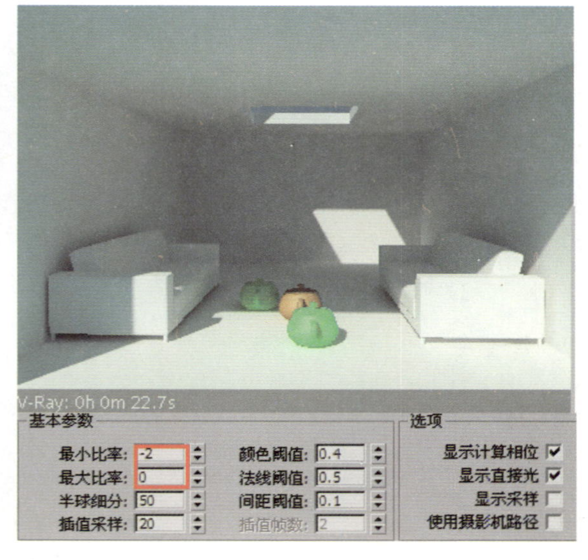
V-Ray: 0h 0m 22.7s
基本参数
最小比率: -2
最大比率: 0
半球细分: 50
插值采样: 20
颜色阈值: 0.4
法线阈值: 0.5
间距阈值: 0.1
插值帧数: 2
选项
显示计算相位
显示直接光
显示采样
使用摄影机路径

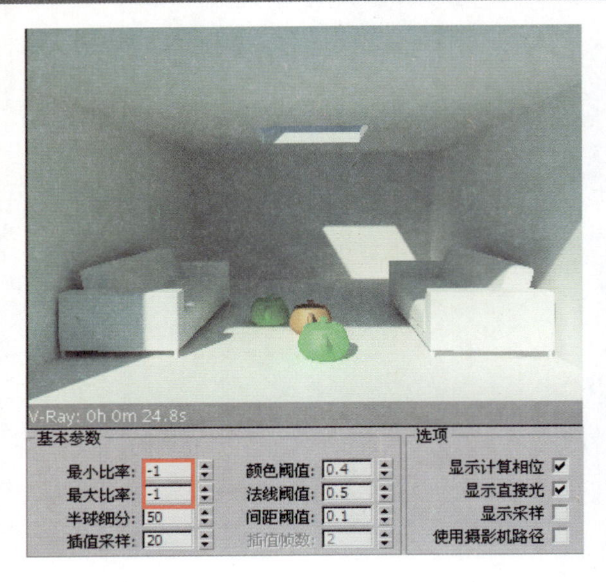

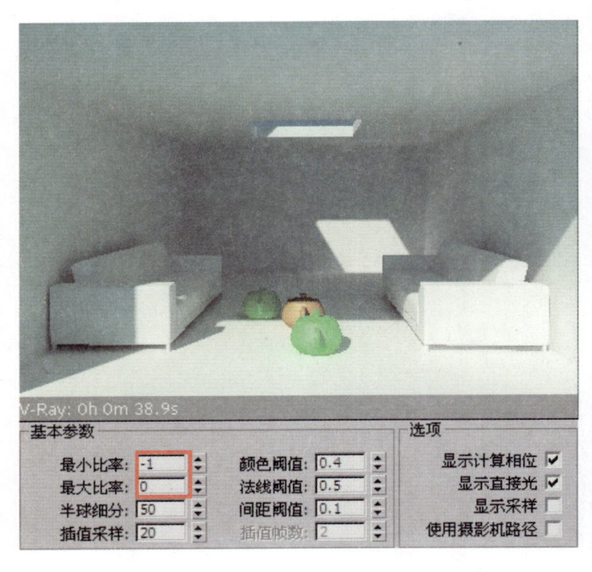

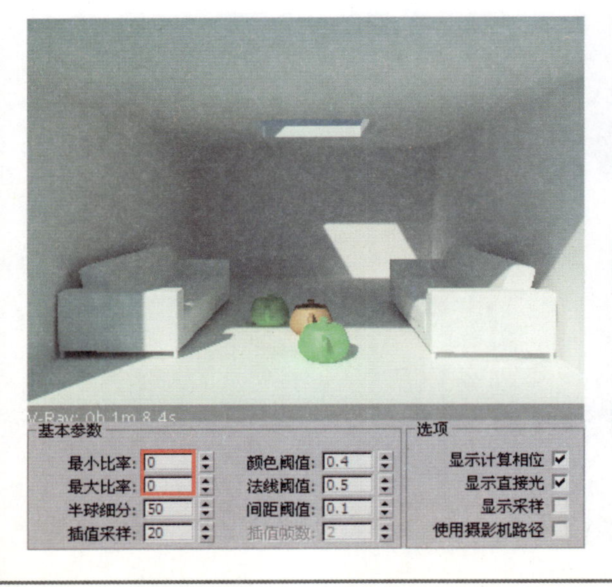

将场景中的灯光换成VR灯光，当选中【存储发光图】复选框的时候，如果计算GI的方式使用的是发光贴图方式，系统将计算VRay灯光的光照效果，并将计算结果保存在发光贴图中。如下图所示是测试图效果对比。

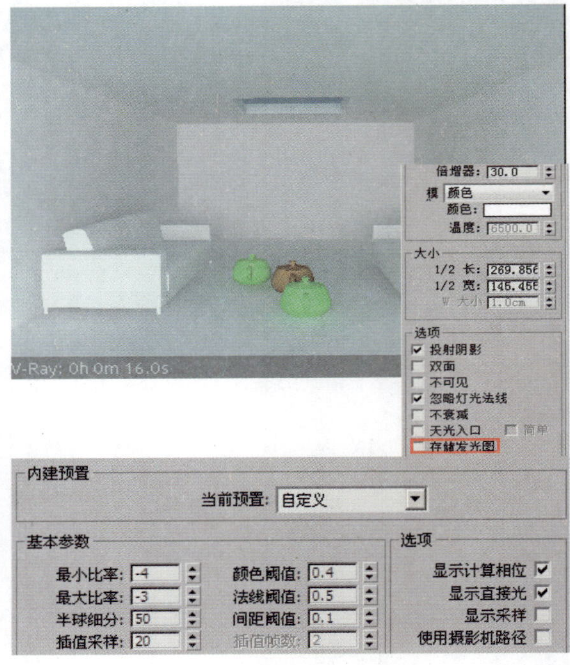

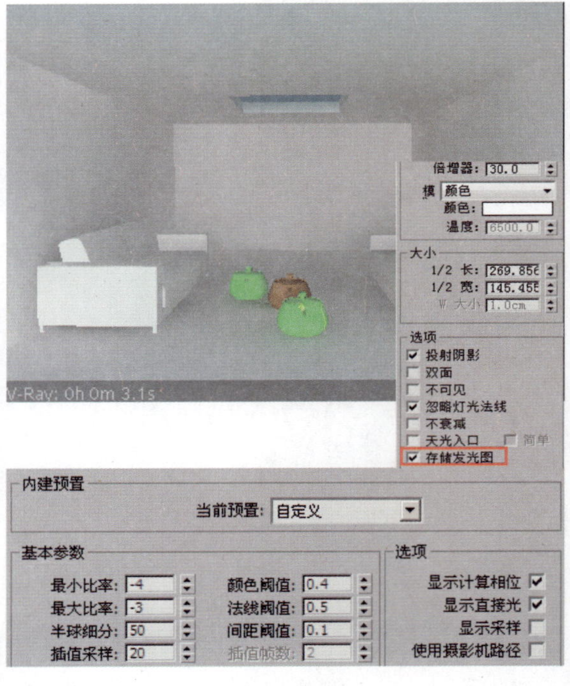

颜色阈值：该参数确定发光贴图算法对间接照明变化的敏感程度。较大的值表示较小的敏感性。

法线阈值：该参数用于确定发光贴图算法对表面法线变化的敏感程度。

间距阈值：该参数用于确定发光贴图算法对两个表面距离变化的敏感程度。

半球细分：该参数决定单独的 GI 样本质量。较小的取值可以获得较快的速度，但可能会产生黑斑；较大的取值可以得到平滑的图像。它并不代表被追踪光线的实际数量，光线的实际数量接近于该参数的平方值，并受 QMC 采样器相关参数的控制。

如下图所示为的不同半球细分值测试效果图。

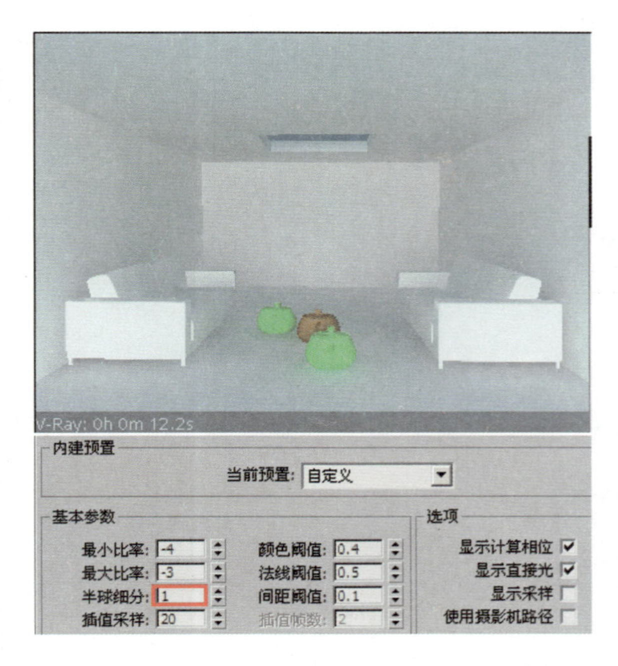

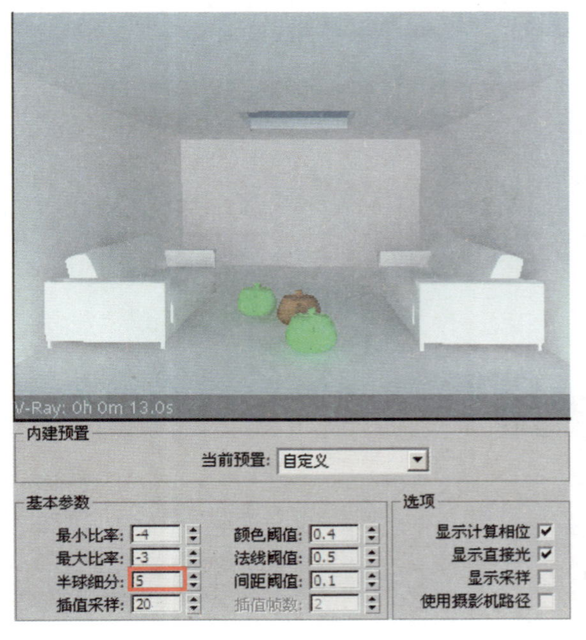

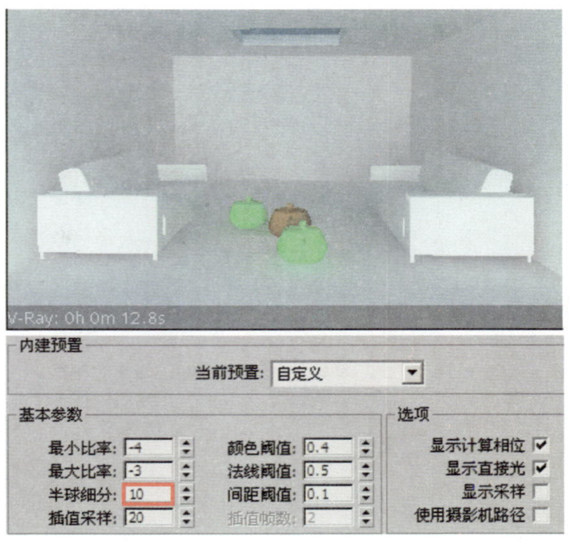

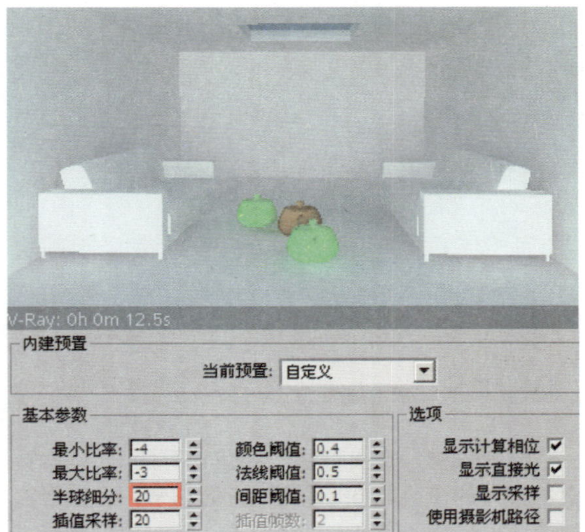

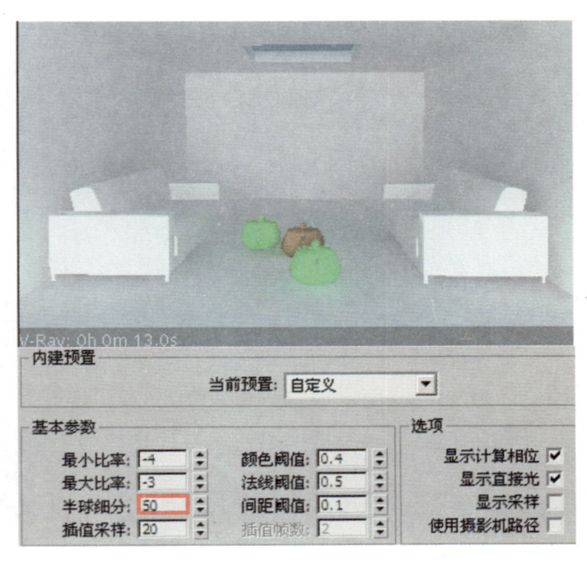

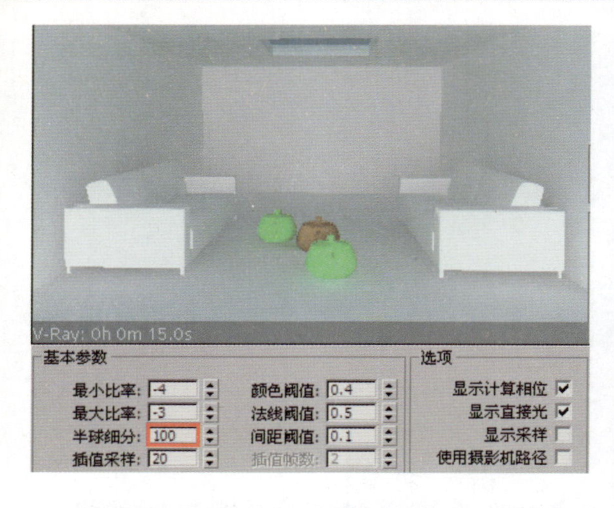

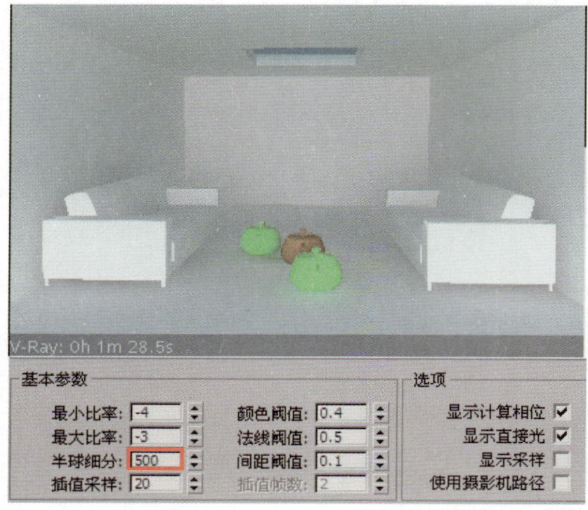

插值采样：定义被用于插值计算的 GI 样本数量。较大的值会趋向于模糊 GI 的细节，虽然最终的效果很光滑；较小的取值会产生更光滑的细节，但是也可能会产生黑斑。

如下图所示为不同插值样本值测试效果图。

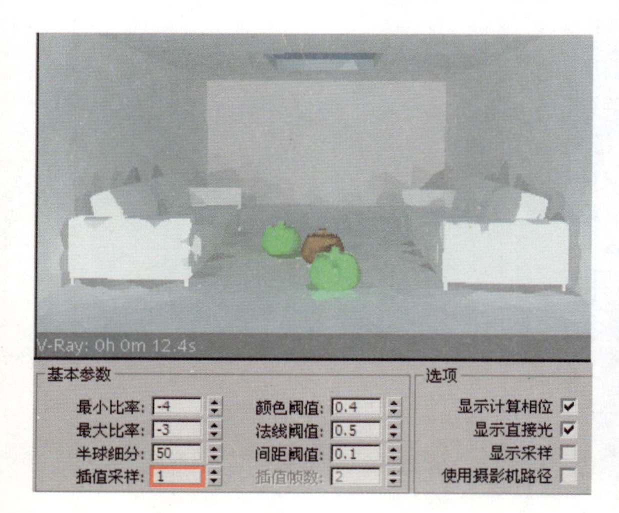

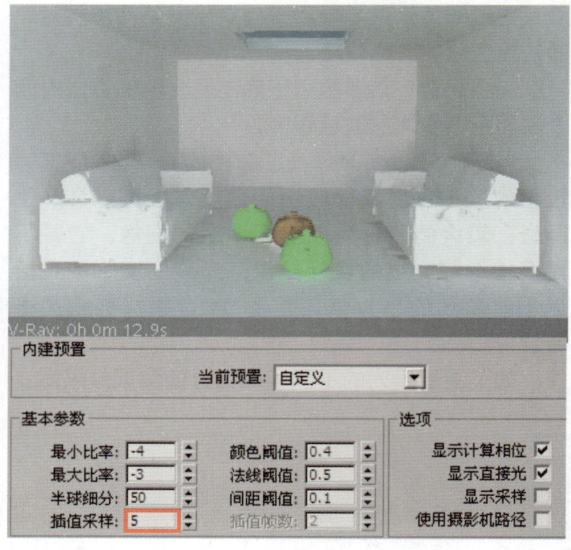

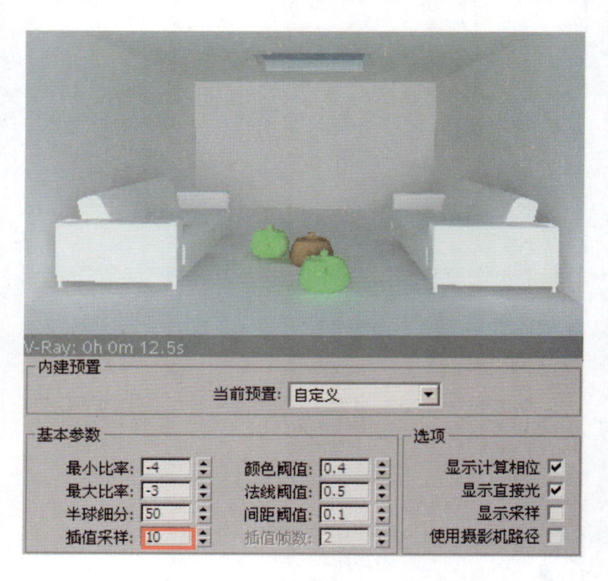

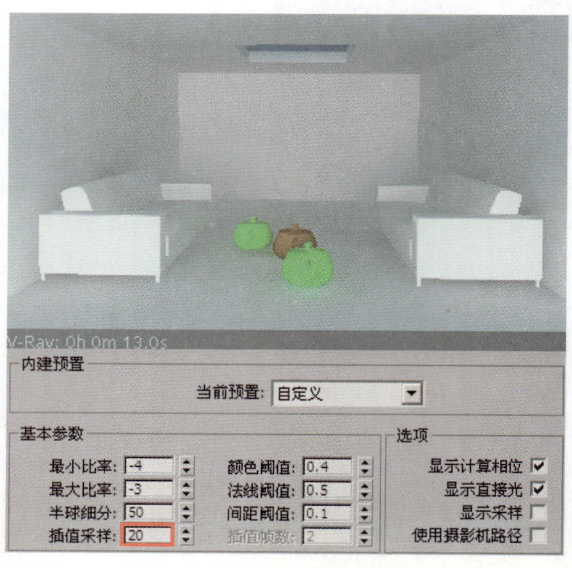

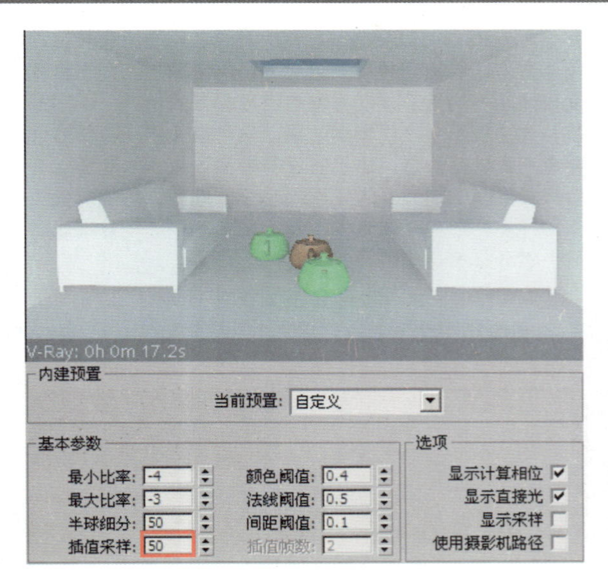

显示计算相位：选中此复选框，VRay 在计算发光贴图的时候将显示发光贴图的传递，同时会减慢一点渲染计算速度，特别是在渲染大的图像时。

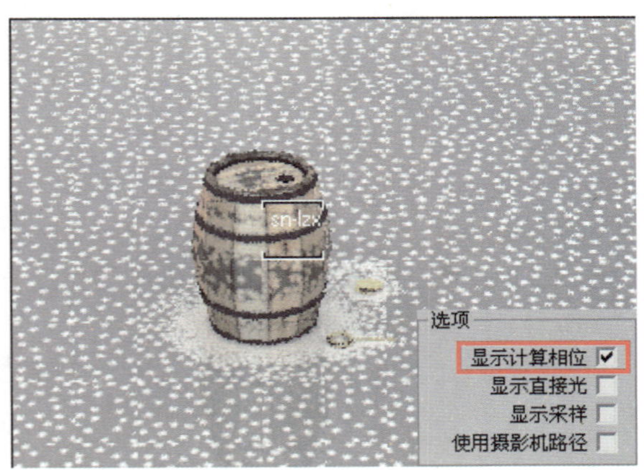

显示直接光：只在选中【显示计算相位】复选框的时候才能被激活。它将促使 VRay 在计算发光贴图的时候显示直接照明。

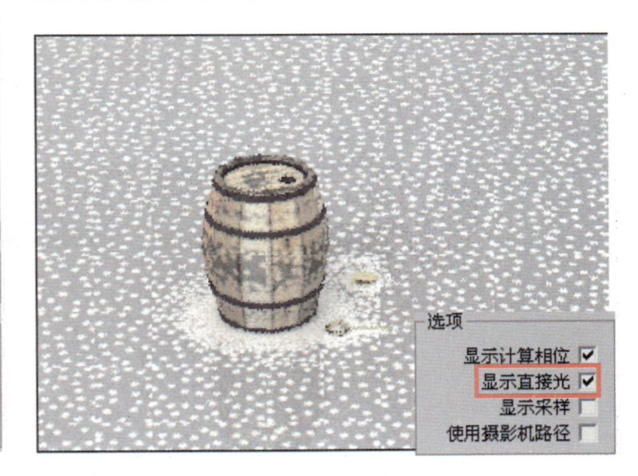

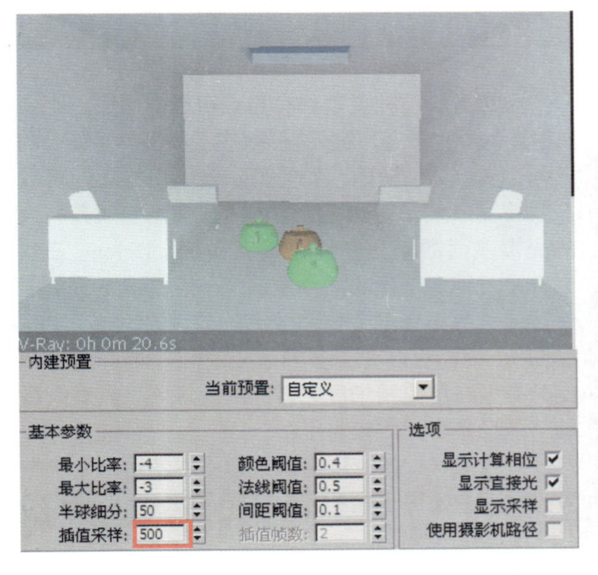

显示采样：选中此复选框时 VRay 将在 VFB 窗口以小圆点的形态直观地显示发光贴图中使用的样本情况。

3．【高级选项】选项区域

插值类型：系统提供了4种类型供选择，如下图所示。

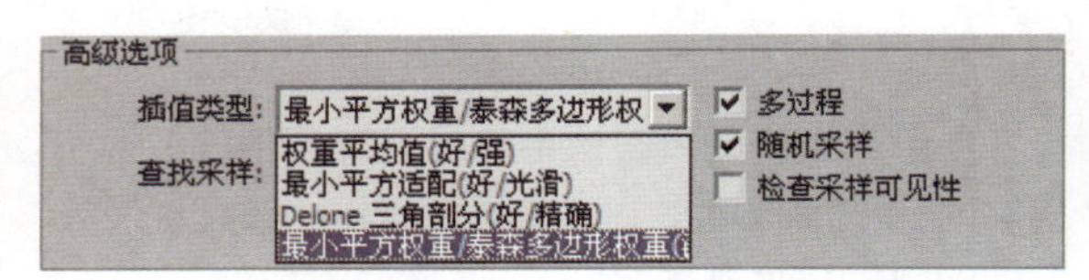

▼ 权重平均值（好/强）：该值设置发光贴图中GI样本点到插补点的距离和法向差异进行简单的混合。

如下图所示，这是在发光图中使用了加权平均值的图像结果。

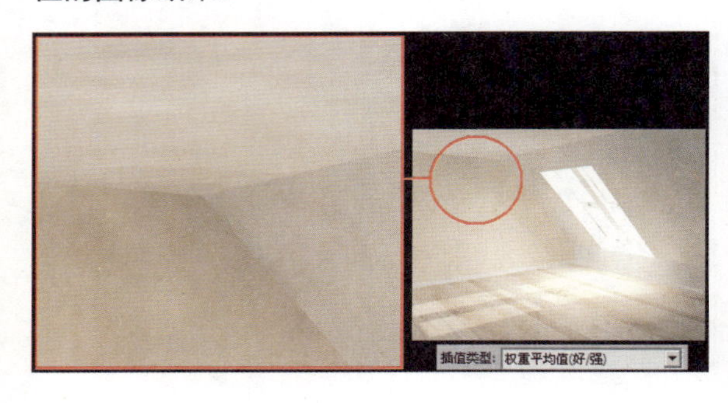

▼ 最小平方适配（好/光滑）：这是默认的设置类型，它将计算一个在发光贴图样本之间最合适的GI的值。可以产生比加权平均值更平滑的效果，同时渲染会变慢。

如下图所示，这是在发光图中使用了【最小平方适配（好 / 光滑）】的图像结果。

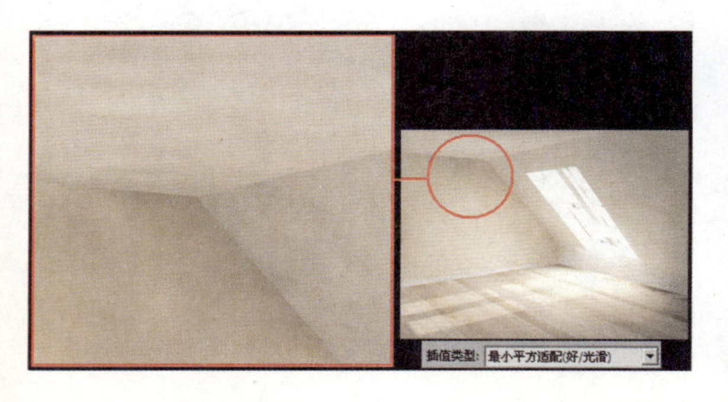

▼ Delone 三角剖分（好/精确）：几乎所有其他的插补方法都有模糊效果，确切地说，它们都趋向于模糊间接照明中的细节，同样都有密度偏置的倾向。不同的是，此选项不会产生模糊效果，它可以保护场景细节，避免产生密度偏置。由于它没有模糊效果，因此看上去会产生更多的噪波。为了得到充分的细节，可能需要更多的样本，这可以通过增加发光贴图的半球细分值或者最小QMC采样器中的噪波临界值来完成。

如下图所示，这是在发光图中使用了三角测量法的图像结果。

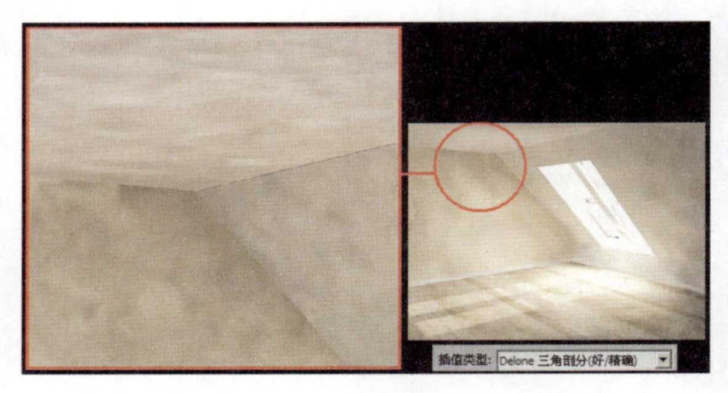

▼ 最小平方权重/泰森多边形权重：这种方法是对最小平方适配方法缺点的修正，它的渲染速度相当缓慢，不建议采用。

如下图所示，这是在发光图中使用了最小平方加权法的图像结果。

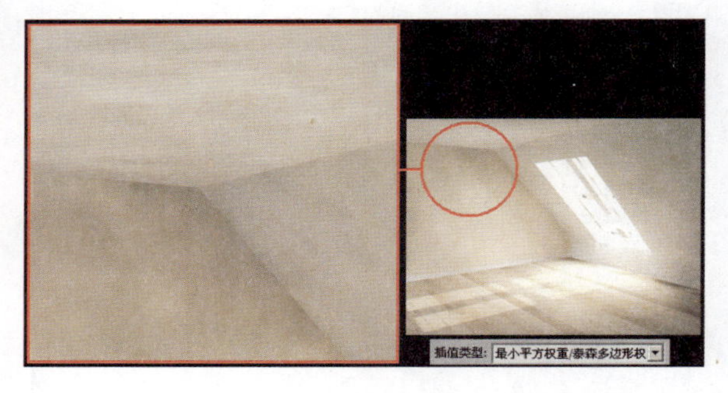

虽然各种插补类型都有它们自己的用途，比如【最小平方权重 / 泰森多边形权重】类型和【Delone 三角剖分（好 / 精确）】类型。最小平方适配可以产生模糊效果，得到光滑的效果，使用它对具有大的光滑表面的场景来说是很完美的。Delone 三角剖分是一种更精确的插补方法，一般情况下，需要设置较大的半球细分值和较高的最大比率值 (发光贴图)，因而也需要更多的渲染时间。Delone 三角剖分类型在渲染精细度比较高的图像时（具有大量细节的场景中）比较有用。

查找采样：该选项在渲染过程中使用，它决定发光贴图中被用于插补点的选择方法。系统提供了 4 种方法供选择。

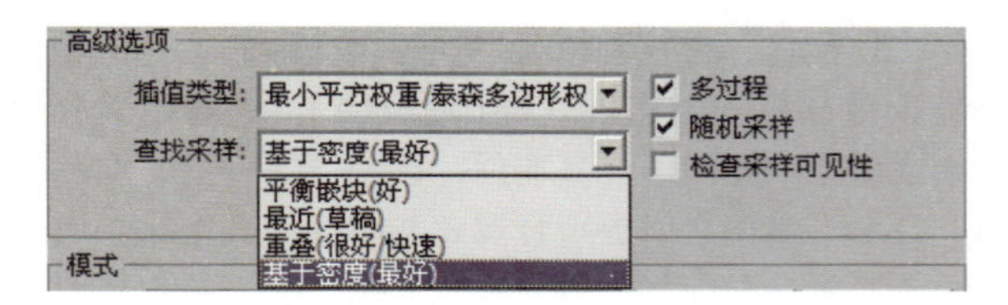

▼ 平衡嵌块（好）：针对Nearest方法产生密度偏置的一种补充。它把插补点在空间划分成4个区域，并在它们之间寻找相等数量的样本。它比简单的【最近】方法要慢，但是效果要好很多。其缺点是有时候在查找样本的过程中，可能会拾取远处与插补点不相关的样本。如下图所示是这种方法的精度效果。

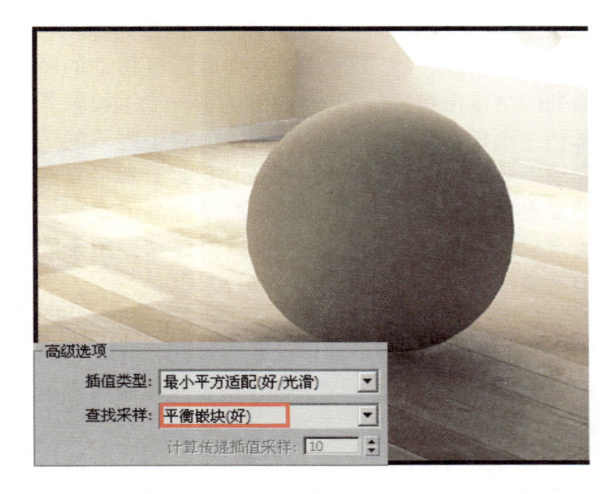

▼ 最近（草稿）：这种方法将简单地选择发光贴图中那些最靠近插补点的样本，这是最快的一种查找方法。这个方法的缺点是当发光贴图中某些地方样本密度发生改变的时候，它将在高密度区域选取更多的样本数量。如下图所示是这种方法的精度效果。

▼ 重叠（很好/快速）：这种方法是作为解决上面介绍的两种方法的缺点而存在的。它需要对发光贴图的样本有一个预处理的步骤，也就是对每一个样本进行影响半径的计算。当在任意点进行插补的时候，将会选择周围影响半径范围内的所有样本。其优点就是在使用模糊插补方法的时候，产生连续的平滑效果，它也比另外两种方法要快速。如下图所示是这种方法的精度效果。

▼ 基于密度（最好）：这是4种方法中效果最好的，也是速度最慢的一种渲染方法。如下图所示是这种方法的精度效果。

【最近(草稿)】渲染速度是4种方法中最快的，但大多数时候用于预览，【平衡嵌块（好）】和【重叠（很好/快速）】在多数情况下可以用于最终渲染，【基于密度（最好）】是4种方法中最好的。

注意

在使用一种模糊效果的插补的时候，样本查找的方法选择是最重要的；而在使用Delone三角剖分的时候，样本查找的方法对效果没有太大影响。

计算传递插补采样：在发光贴图计算过程中使用，它描述的是已经被采样算法计算的样本数量。较好的取值范围是 10 ～ 25，较低的数值可以加快计算传递，但会导致信息存储不足。较高的取值将减慢速度，增加更多的附加采样。

多过程：在发光贴图计算过程中使用，启用时将使 VRay 使用所有计算的发光贴图样本。

随机采样：在发光贴图计算过程中使用，启用时图像样本将随机放置，关闭时将在屏幕上产生排列成网格的样本。

检查采样可见性：在渲染过程中使用，使 VRay 仅使用发光贴图中的样本，样本在插补点直接可见。可以有效防止灯光穿透两面接受完全不同照明的薄壁物体时产生的漏光现象。由于 VRay 要追踪附加的光线来确定样本的可见性，所以它会减慢渲染速度。如下图所示为检查采样可见性关闭和打开的效果对比。

4. 【模式】选项区域

这个选项区域允许用户选择使用发光贴图，其相关参数如下图所示。

块模式：在这种模式下，一个分散的发光贴图被运用在每一个渲染区域（渲染块）。这在使用分布式渲染的情况下尤其有用，因为它允许发光贴图在几台计算机之间进行计算。与单帧模式相比，块模式可能会有点慢，因为在相邻两个区域的边界周围的边都要进行计算。

单帧：默认的模式，在这种模式下对于整个图像计算一个单一的发光贴图，每一帧都计算新的发光贴图。在分布式渲染的时候，每一个渲染服务器都各自计算它们自己针对整体图像的发光贴图。这是渲染移动物体的动画时采用的模式，但是用户要确保发光贴图有较高的质量，以避免图像闪烁。

多帧增量：这个模式在渲染摄影机移动的帧序列的时候很有用。VRay 将会为第一个渲染帧计算一个新的全图像的发光贴图，而对于剩下的渲染帧，VRay 设法重新使用或优化已经计算的存在的发光贴图。如果发光贴图具有足够高的质量，也可以避免图像闪烁。这个模式也能够被用于网络渲染。

从文件：使用这种模式，在渲染序列的开始帧，VRay 简单地导入一个提供的发光贴图，并在动画的所有帧中都是用这个发光贴图。整个渲染过程不会计算新的发光贴图。

添加到当前贴图：在这种模式下，VRay 将计算全新的发光贴图，并把它增加到内存中已经存在的贴图中。

增量添加到当前贴图：在这种模式下，VRay 使用内存中已存在的贴图，仅在某些没有足够细节的地方对其进行优化。

【浏览】按钮：在选择【从文件】模式的时候，单击该按钮可以从硬盘上选择一个发光贴图文件导入。

【保存】按钮：单击该按钮将保存当前计算的发光贴图到内存中已经存在的发光贴图文件中。前提是选中【在渲染结束后】选项区域中的【不删除】复选框，否则 VRay 会自动在渲染任务完成后删除内存中的发光贴图。

【重置】按钮：单击该按钮可以清除存储在内存中的发光贴图。

5. 【在渲染结束后】选项区域

这个选项区域控制 VRay 渲染器在渲染过程结束后如何处理发光贴图，其相关参数如下图所示。

在渲染结束后		
☑ 不删除		
☑ 自动保存:		浏览
☐ 切换到保存的贴图		

不删除：该选项默认是选中的，表示发光贴图将保存在内存中，直到下一次渲染前，如果取消选中此复选框，VRay会在渲染任务完成后删除内存中的发光贴图。

自动保存：选中该复选框，在渲染结束后，VRay将发光贴图文件自动保存到用户指定的目录。如果希望在网络渲染的时候每一个渲染服务器都使用同样的发光贴图，该功能尤其有用。

切换到保存的贴图：该选项只有在选中【自动保存】复选框的时候才能被选中，选中此复选框的时候，VRay渲染器也会自动设置发光贴图为【从文件】模式。

6.5.2 全局光子图设置

全局光子贴图有点类似于发光贴图，它也用于表现场景中的灯光，是一个3D空间点的集合。但是光子贴图的产生使用了另外一种不同的方法，它是建立在追踪场景中光源发射的光线微粒（即光子）的基础上的，这些光子在场景中来回反弹，撞击各种不同的表面，这些碰撞点被存储在光子贴图中。

光子贴图和发光贴图不同，对于发光贴图，混合临近的GI样本通常采用简单的插补，而对于光子贴图，则需要一个特定点的光子密度计算。密度计算的概念是光子贴图的核心，VRay可以使用几种不同的方法来完成光子密度的计算。每一种方法都有它各自的优点和缺点，一般说来这些方法都是建立在光子基础上的。由光子贴图产生的场景照明的精确性要低于发光贴图（尤其是在具有大量细节的场景中）。发光贴图是自适应的，光子贴图则不是。光子贴图的主要缺陷是会产生边界黑斑，这种边界黑斑效果大多数时候出现在角落周围和物体的边缘，比实际情况要显得暗。发光贴图也会出现这种边界黑斑，但是它的自适应功能会大大减轻这种效果。光子贴图的另外一个缺点是无法模拟天光的照明，这是因为光子需要一个真实存在的表面才能发射。

另外，光子贴图也是视角独立的，能被快速地计算，当与其他更精确的场景照明计算方法（如直接光照计算或发光贴图）结合在一起的时候，可以得到相当完美的效果。光子贴图的形成会受到场景中灯光的光子设置的制约。

光子贴图和发光贴图这类技术虽然好用，但渲染动画或者大幅图像之类的工作就显得力不从心了（渲染速度太慢），此时需要使用网络渲染技术。

在【V-Ray:: 全局光子图】卷展栏中进行光子图设置，其相关参数如下图所示。

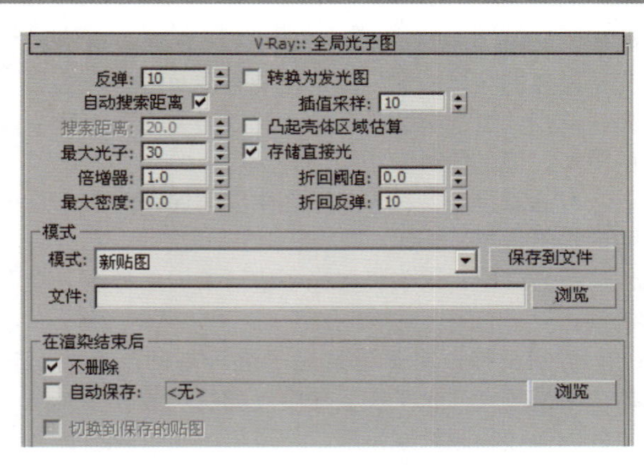

下面是【V-Ray:: 全局光子图】卷展栏中参数的含义。

反弹：控制光线反弹的近似次数，较大的反弹次数会产生更真实的效果，但是也会花费更多的渲染时间和占用更多的内存。

自动搜索距离：选中此复选框的时候，VRay会估算一个距离来搜寻光子。有时候估算的距离是合适的，在某些情况下它可能会偏大（这会增加渲染时间）或者偏小（这会使图像产生噪波）。

搜索距离：该选项只有在未选中【自动搜索距离】复选框的时候才可使用，该参数可设置一个搜寻光子的距离。

提示

该值取决于场景的尺寸，较低的取值会加快渲染速度，但是会产生较多的噪波。较高的取值会减慢渲染速度，但可以得到平滑的效果。

最大光子：该参数决定在场景中计算的光子的数量，较高的取值会得到平滑的图像，但是会增加渲染时间。

倍增器：用于控制光子贴图的亮度。

最大密度：该参数用于控制光子贴图的分辨率。VRay需要随时存储新的光子到光子贴图中，如果有任何光子位于最大密度指定的距离范围之内，它将自动开始搜寻；如果当前光子贴图中已经存在一个相配的光子，VRay会增加新的光子能量到光子贴图中，否则VRay将保存这个新光子到光子贴图中。

转换为发光图：选中该复选框后将会促使VRay预先计算储存在光子贴图中的光子，优点是在渲染过程中可以使用较少的光子，而且同时保持平滑效果。

插值采样：选中【转换为发光图】复选框后，该选项用于确定从光子贴图中进行发光插补使用的样本的数量。

凸起壳体区域估算：在取消选中该复选框的

时候，VRay 将只使用单一化的算法来计算这些被光子覆盖的区域，这种算法可能会在角落处产生黑斑。选中此复选框后，基本上可以避免因此而产生的黑斑，但是同时会减慢渲染速度。

存储直接光：在光子贴图中同时保存直接光照明的相关信息。

折回阈值：用于设置光子进行来回反弹的倍增阈值。

折回反弹：用于设置光子进行来回反弹的次数。数值越大，光子在场景中反弹的次数越多，产生的图像效果越细腻平滑，但渲染时间也就越长。

【模式】选项区域：在该选项区域中，可以把当前使用的光子贴图保存在硬盘上，方便以后调用。

如下图所示为不同反弹次数测试效果。

如下图所示为不同最大光子值测试效果。

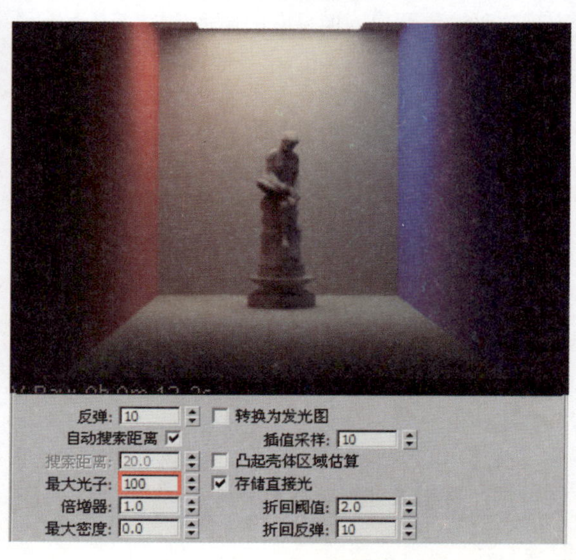

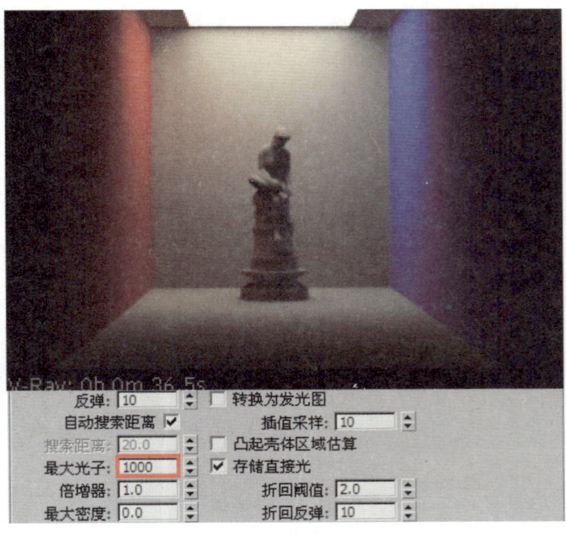

如下图所示为不同倍增器值测试效果。

V-Ray: 0h 0m 12.3s
反弹: 10
转换为发光图
自动搜索距离
插值采样: 10
搜索距离: 20.0
凸起壳体区域估算
最大光子: 100
存储直接光
倍增器: 1.0
折回阈值: 2.0
最大密度: 0.0
折回反弹: 10

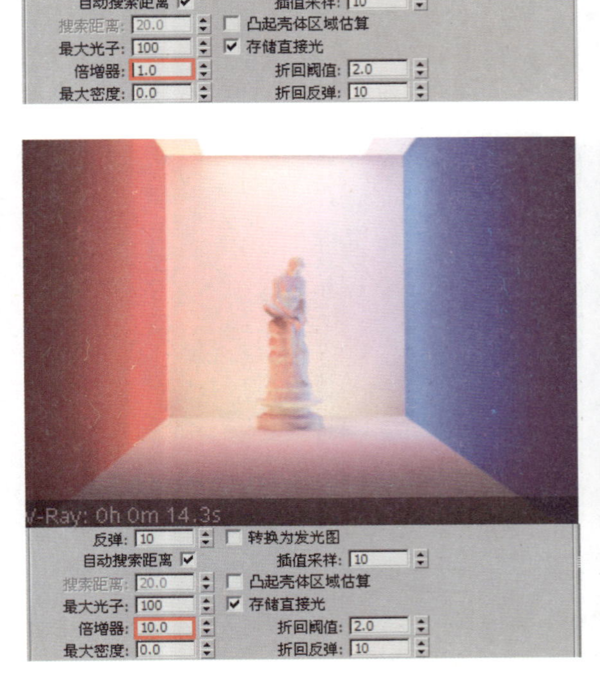

如下图所示为不同最大密度值测试效果。

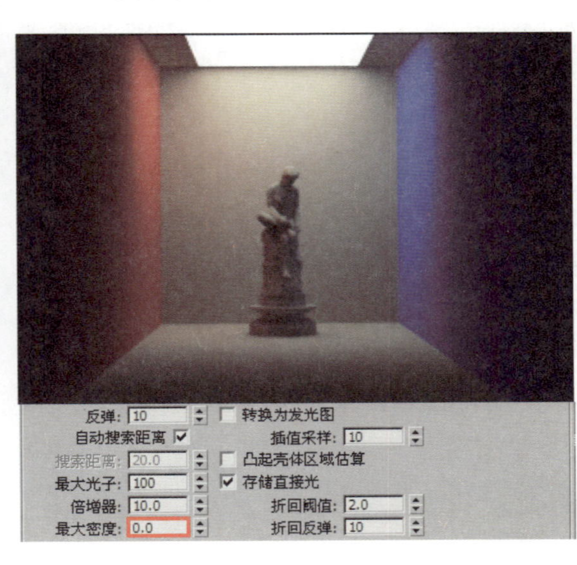

如下图所示为不同差值采样值测试效果。

如下图所示为未选中和选中【凸起壳体区域估算】复选框测试效果对比。

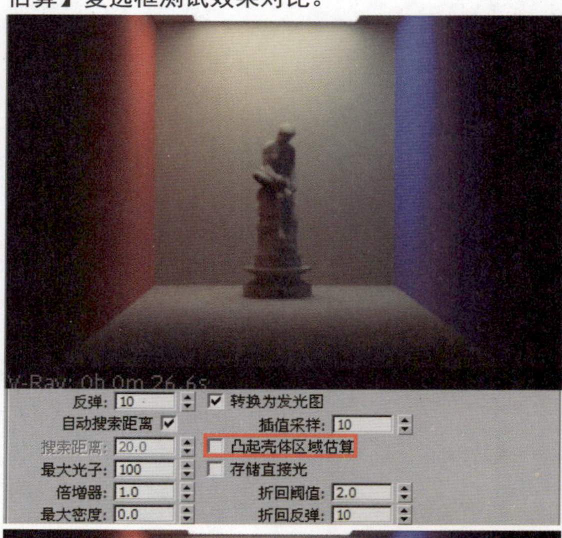

如下图所示为未选中和选择【存储直接光】复选框测试效果对比。

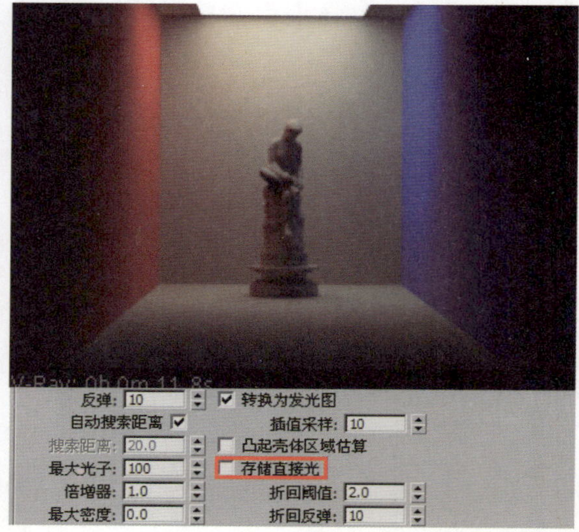

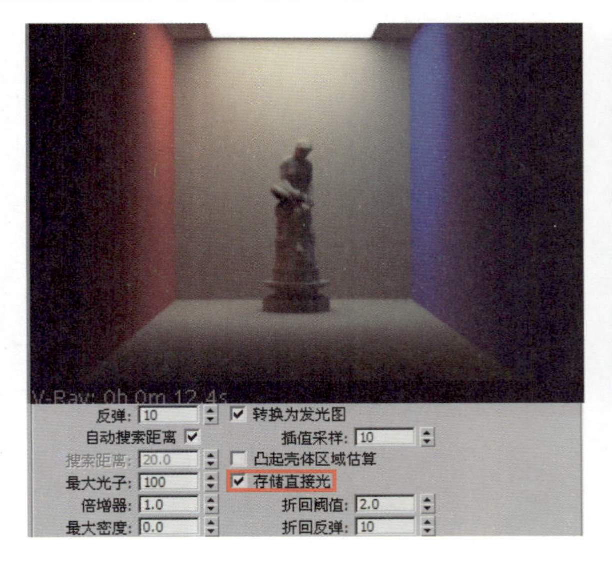

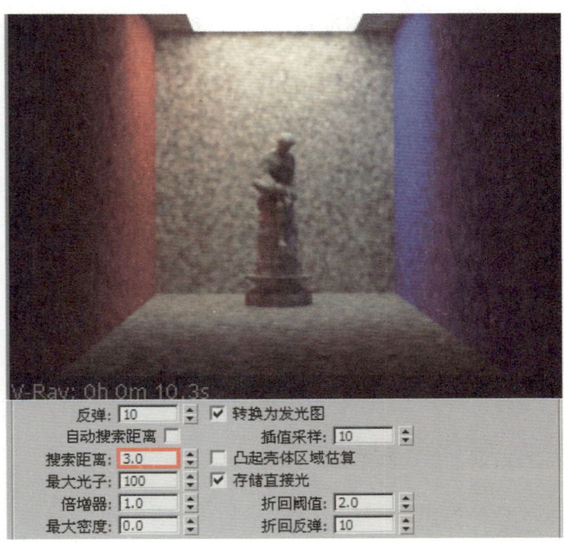

如下图所示为不同搜索距离值测试效果。

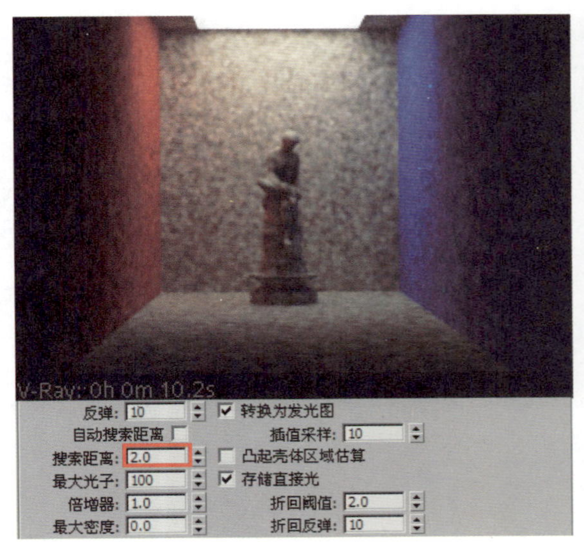

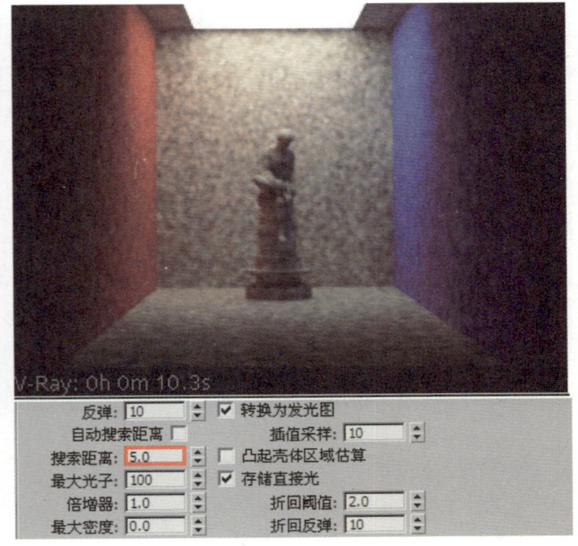

如下图所示为不同搜索距离+最大密度组合测试效果。

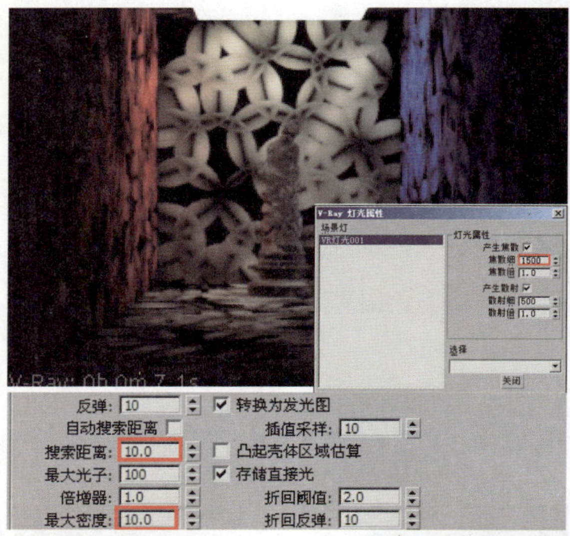

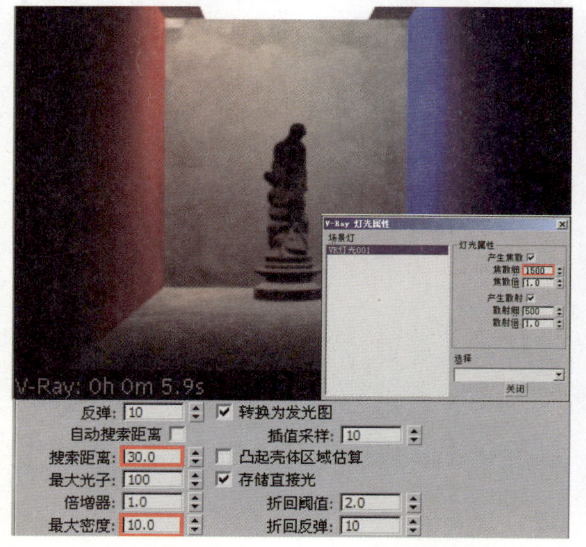

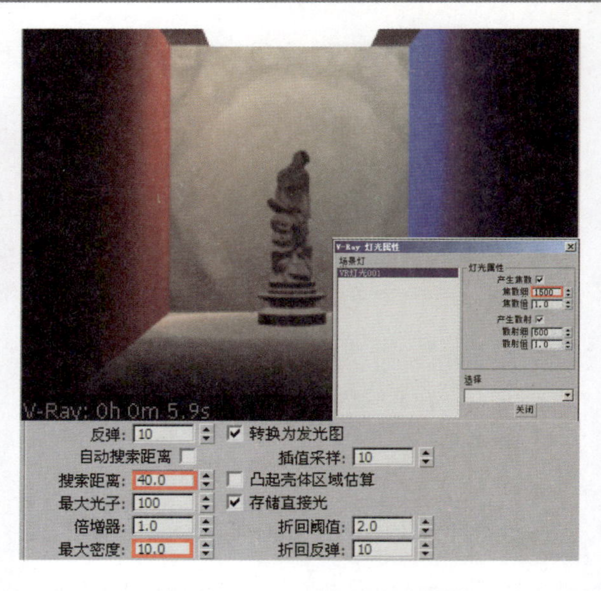

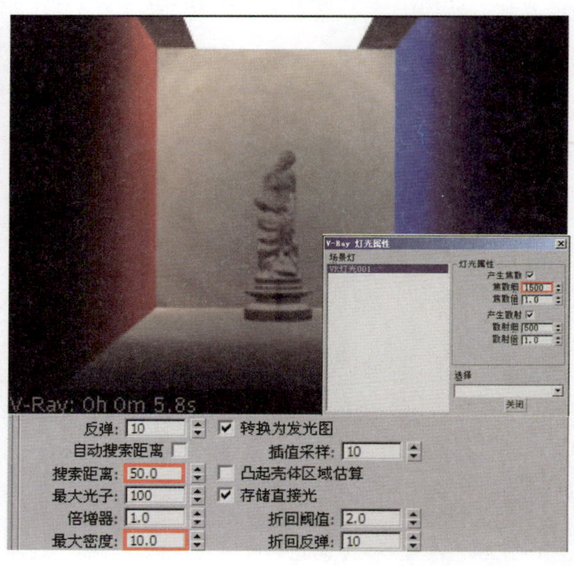

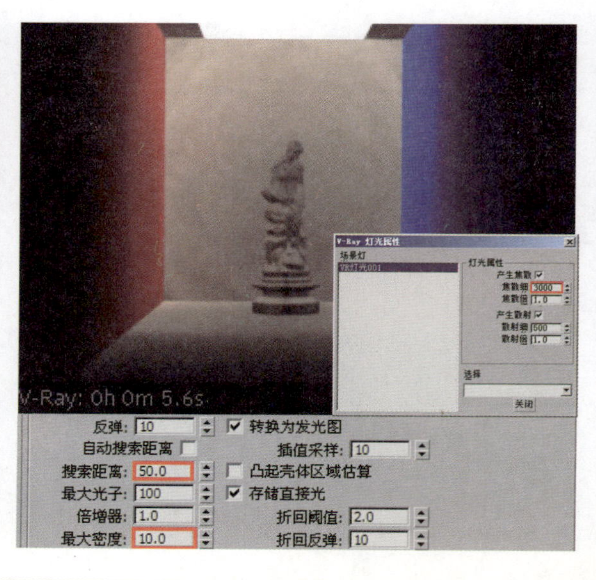

6.5.3 BF强算全局光设置

【V-Ray:: BF 强算全局光】卷展栏只有在用户选择 BF 算法渲染引擎作为初级或次级漫射反弹引擎的时候才能被激活。

使用 BF 算法来计算全局光是一种效果较好的模式，它会单独验算每一个点的全局光照明，因而速度很慢，但是效果也是最精确的，尤其是需要表现大量细节的场景。

为了加快 BF 强算全局光的速度，用户在使用它作为初级漫射反弹引擎的时候，可以在计算次级漫射反弹的时候选择较快速的方法（例如使用光子贴图或灯光贴图渲染引擎），如下图所示为【V-Ray:: BF 强算全局光】卷展栏。

BF 强算全局光渲染引擎只有两个参数。

细分：设置计算过程中使用的近似的样本数量。

注意

该数值并不是VRay发射的追踪光线的实际数量，这些光线的数量近似于该参数的平方值，同时也会受到QMC采样器的限制。

二次反弹：该参数只有当将次级漫射反弹设为 BF 算法的时候才被激活。它设置计算过程中次级光线反弹的次数。

6.5.4 灯光缓存设置

只有在【V-Ray:: 间接照明（GI）】卷展栏的【全局照明引擎】下拉列表中选择了【灯光缓存】渲染引擎后，才显示【V-Ray:: 灯光缓存】卷展栏，如下图所示。【灯光缓存】是 4 个渲染引擎最后开发出来的，用【灯光缓存】结合【发光图】可以使计算的速度比【发光图】+【BF 算法】快好几倍，而且也能获得令人满意的效果。

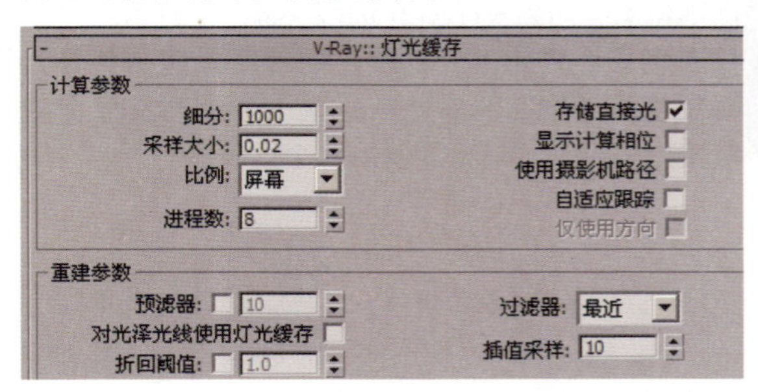

下面学习灯光缓存渲染引擎的参数。

细分：设置灯光信息的细腻程度（确定有多少条来自摄影机的路径被追踪），一般开始做图时设置为 100 进行快速渲染测试，正式渲染时设置为 1000 ～ 1500，速度应该是很快的。

如下图所示为不同细分值的测试效果。

采样大小：决定灯光贴图中样本的间隔。较小的值意味着样本之间相互距离较近，灯光贴图将保护灯光锐利的细节，不过会产生噪波，并且占用较多的内存。根据灯光贴图模式的不同，这个参数可以使用世界单位，也可以使用相对图像的尺寸。该参数设置得越小，画面越细腻，一般情况下正式出图设置为 0.01 以下。

如下图所示为不同采样大小的测试效果。

比例：该下拉列表中有【屏幕】和【世界】两个选项，主要用于确定样本尺寸和过滤器尺寸。

屏幕：这个比例是按照最终渲染图像的尺寸来确定的，取值为1意味着样本比例和整个图像一样大，靠近摄影机的样本比较小，而远离摄影机的样本则比较大。注意这个比例不依赖于图像分辨率。这个参数适合于静帧场景和每一帧都需要计算灯光贴图的动画场景。

世界：这个选项意味着在场景中的任何一个地方都使用固定的世界单位，也会影响样本的品质——靠近摄影机的样本会被经常采样，也会显得更平滑，反之亦然。当渲染摄影机动画时，使用这个参数可能会产生更好的效果，因为它会在场景的任何地方强制使用恒定的样本密度。

如下图所示为分别选择【屏幕】和【世界】选项的测试效果。

存储直接光：在光子贴图中同时保存直接光照明的相关信息。这个选项对于有许多灯光，使用发光贴图或直接计算 GI 方法作为初级反弹的场景特别有用。因为直接光照明包含在灯光贴图中，而不再需要对每一个灯光进行采样。不过请注意，只有场景中灯光产生的漫反射照明才能被保存。要想使用灯光贴图来近似计算 GI，同时又想保持直接光的锐利，请不要使用这个选项。

提示

这里需要特别说明一下灯光缓存设置中的【存储直接光】，选中该复选框，对生成灯光缓存贴图的速度几乎没什么影响，但是在计算发光图的时候会快1倍多，不过角落的阴影会有些瑕疵（在靠近光源的角落有漏光现象，可以用后期软件来弥补一下）。

显示计算相位：选中该复选框，VRay在计算灯光贴图的时候将显示光传效果，如下图所示。

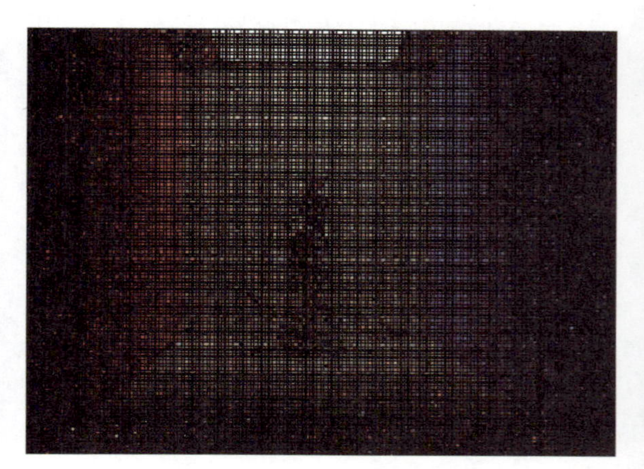

自适应追踪：下面是一些有关【自适应追踪】的测试。这些图片都采用了相同的细分数，最上方的图片采用了默认的规则采样，第二幅图使用了自适应采样。可以发现在多数情况下，使用了自适应采样方式会比默认的规则方式分配更多的采样数给那些最需要得到采样的重要部位，特别是在那些采用了面积光+GI焦散的场景中，效果会更明显（见第四幅图）。

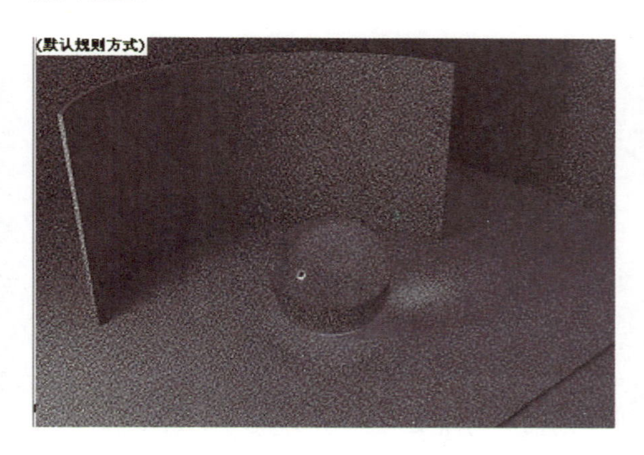

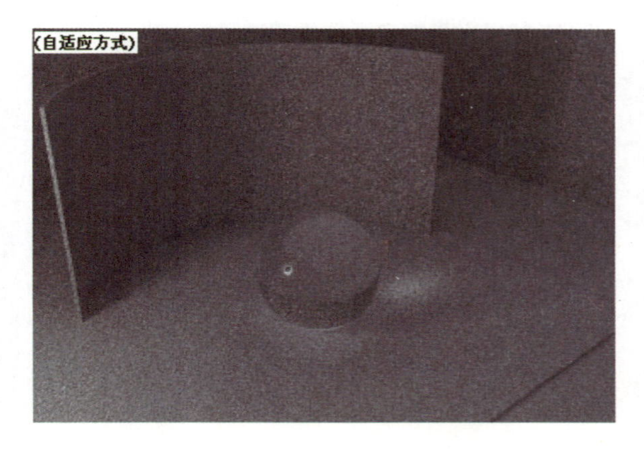

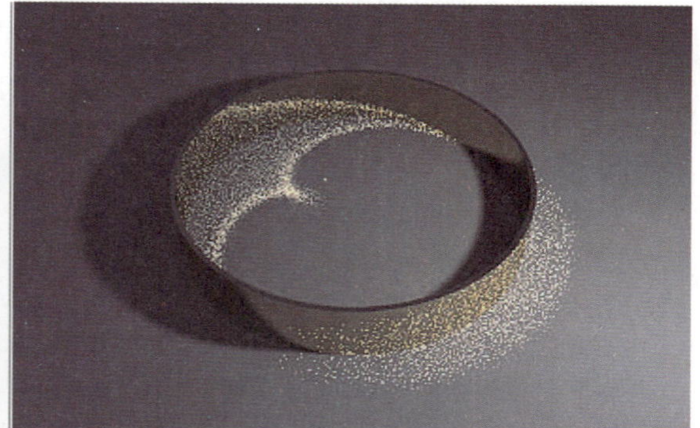

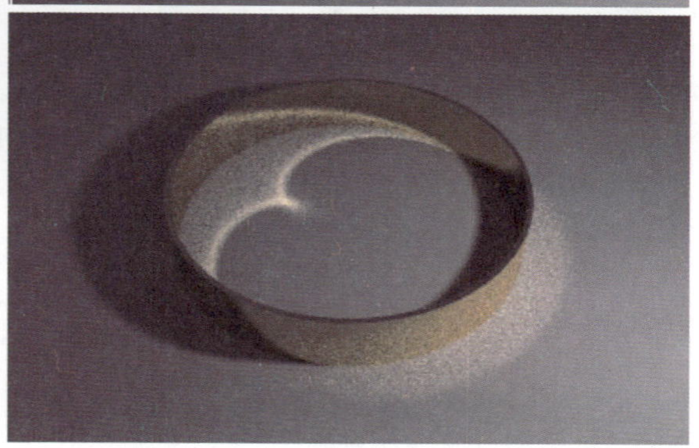

进程数：设置灯光贴图计算的次数。如果计算机的CPU不是双核或没有超线程技术，建议把这个值设为1，可以得到最好的结果。

预滤器：选中该复选框，在渲染前灯光贴图中的样本会被提前过滤。注意，它与下面将要介绍的灯光贴图的过滤是不一样的。那些过滤是在渲染中进行的。预过滤的工作流程是：依次检查每一个样本，如果需要就修改它，以便其达到附近样本数量的平均水平。更多的预过滤样本将产生较多模糊和较少噪波的灯光贴图。一旦新的灯光贴图从硬盘上导入或被重新计算，预过滤就会被计算。

过滤器：这个选项确定灯光贴图在渲染过程中使用的过滤器类型。过滤器是确定在灯光贴图中以内插值替换的样本是如何发光的。

下面是3种过滤器选择：

▼ 无：不使用过滤。在这种情况下，最靠近着色点的样本被作为发光值使用，这是一种最快的选项，但是如果灯光贴图具有较多的噪波，那么在拐角附近可能会产生斑点。你可以使用上面提到的预过滤来减少噪波。如果灯光贴图仅被用于测试或者只作为次级反弹被使用的话，这个是最好的选择。

▼ 最近：过滤器会搜寻最靠近着色点的样本，并取它们的平均值。它对于使用灯光贴图作为次级反弹是有用的，它的特性是可以自适应灯光贴图的样本密度，并且几乎是以一个恒定的常量来被计算的。灯光贴图中有多少最靠近的样本被搜寻是由插补样本的参数值来决定的。

▼ 固定：过滤器会搜寻距离着色点某一确定距离内的灯光贴图的所有样本，并取平均值。它可以产生比较平滑的效果，其搜寻距离是由过滤尺寸参数决定的，较大的取值可以获得较模糊的效果，其典型取值是样本尺寸的2～6倍。

对光泽光线使用灯光缓存：如果启用该选项，灯光贴图将会把光泽效果一同进行计算，这样有助于加强光泽反射效果。

【模式】和【在渲染结束】选项区域的用法与发光图渲染引擎基本相同，可以对灯光贴图进行保存。

使用【穿行】模式将意味着对整个摄影机动画计算一个灯光贴图，仅仅只有激活时间段的摄影机运动被考虑在内，此时建议使用世界比例，灯光贴图只在渲染开始的第一帧被计算，并在后面的帧中被反复使用而不会被修改。

其他的参数对渲染影响意义不大，这里就不再赘述。

6.6 焦散参数

在真实世界里，当光线通过曲面进行反射或在透明表面折射时，会产生小面积光线聚焦，从而产生光线焦散效果。焦散效果是三维软件近几年才有的一种计算真实光线跟踪的高级特效，它最先应用在 Mental Ray 渲染器中。当光照射在光滑或者透明的物体上时，会在物体周围产生光能的传递和接收，如下图所示是产生光能传递的焦散效果图。VRay、Mental Ray、Final Render、Brazil 和 Render Man（MaxMan）都可以制作出类似的效果。

一般情况下，焦散效果分为光能传递和光能接收，在计算机中用光子的多少来表现焦散的强弱。现实生活中物体都是可以进行光能传递和接收的，但在制作三维作品时我们可以人为地关闭某一物体的传递或者接收选项，以达到节约渲染时间的目的。

下面介绍【V-Ray:: 焦散】卷展栏中的参数。

VRay 渲染器支持焦散效果的渲染，为了产生这种效果，在场景中必须同时具有合适的产生焦散的物体和接收焦散物体。【V-Ray:: 焦散】卷展栏中的参数如下图所示。

V-Ray:: 焦散
开　倍增器: 1.0　光子图 0 采样数
搜索距离: 5.0
最大光子: 60
最大密度: 0.0
模式
模式: 新贴图　保存到文件
文件: <无>　浏览
在渲染结束后
不删除
自动保存: <无>　浏览
切换到保存的贴图

倍增器：控制焦散的强度，它是一个全局控制参数，对场景中所有产生焦散特效的光源都有效。如果希望不同的光源产生不同强度的焦散，请使用局部参数设置。

搜索距离：当 VRay 追踪撞击在物体表面的某些点的某个光子的时候，会自动搜寻位于周围区域同一平面的其他光子，实际上这个搜寻区域是一个中心位于初始光子位置的圆形区域，其半径就是由这个搜寻距离确定的。

最大光子：当 VRay 追踪撞击在物体表面的某些点的某一个光子的时候，也会将周围区域的光子计算在内，然后根据这个区域内的光子数量来均分照明。如果光子的实际数量超过了最大光子数的设置，VRay 也只会按照最大光子数来计算。

最大密度：设置光子焦散效果的密度。

模式：控制发光贴图的模式。

选用【新贴图】模式的时候，光子贴图将会被重新计算，其结果将会覆盖先前渲染过程中使用的焦散光子贴图。

保存到文件：可以将当前使用的焦散光子贴图保存在指定文件夹中。

文件：允许导入先前保存的焦散光子贴图来计算。

不删除：当未选中此复选框的时候，在场景渲染完成后，VRay 会将当前使用的光子贴图保存在内存中，否则这个贴图会被删除，内存被清空。

自动保存：选中此复选框后，在渲染完成后，VRay 自动保存使用的焦散光子贴图到指定的目录。

切换到保存的贴图：在选中【自动保存】复选框时它才被激活，它会自动促使 VR 渲染器转换到【从文件】模式，并使用最后保存的光子贴图来进行焦散的计算。

这里提供了一些应用不同焦散参数的效果图及倍增器测试图。

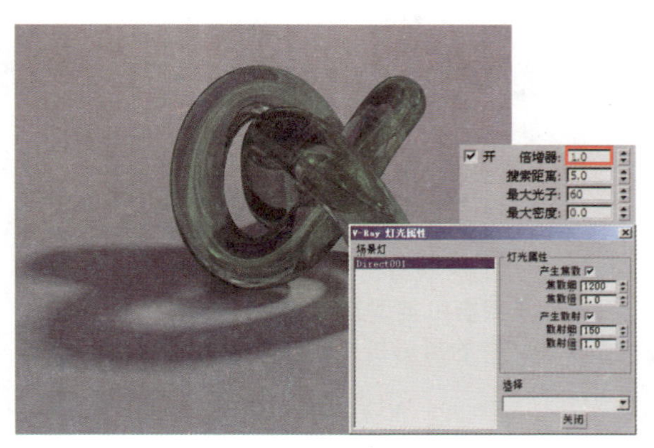

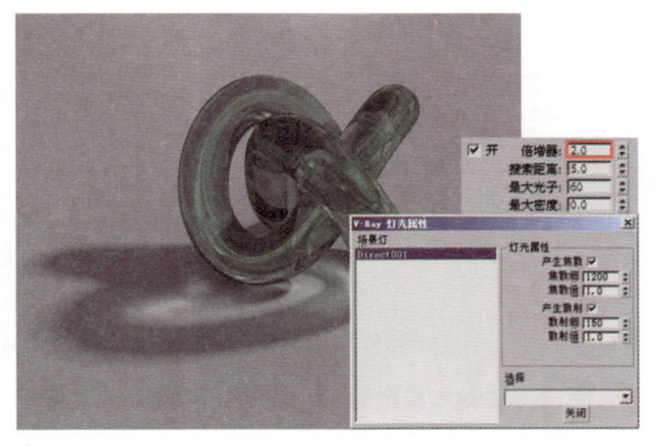

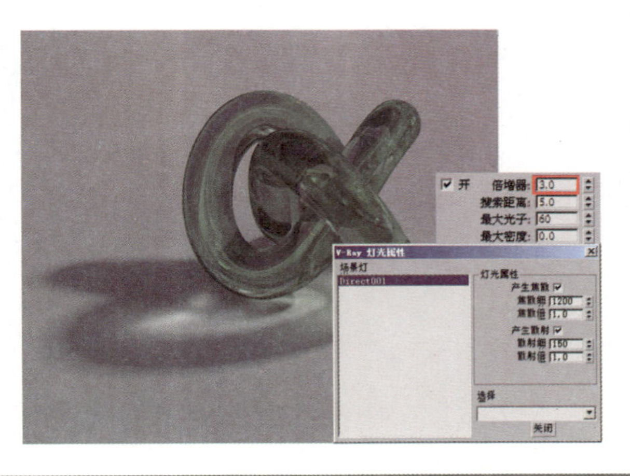

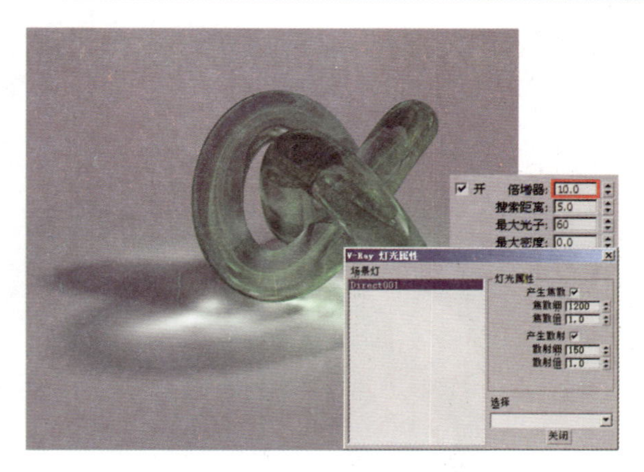

6.7 环境

【V-Ray:: 环境】卷展栏的功能是在全局照明环境（天光）和反射/折射环境计算中为环境指定颜色或贴图，其相关参数如下图所示。

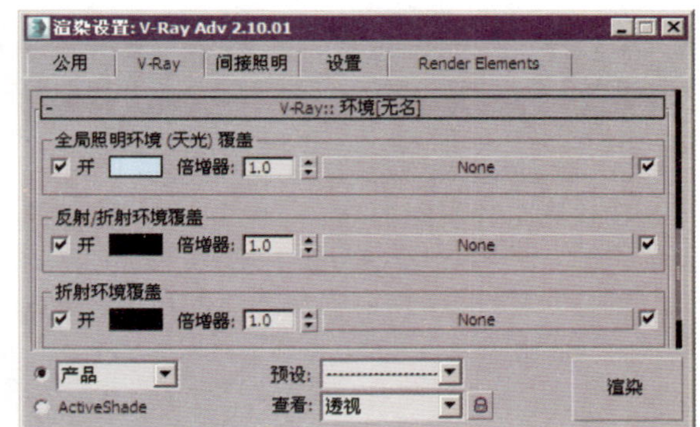

下面是环境设置的参数介绍。

1. 【全局照明环境（天光）覆盖】选项区域

此选项区域可以在计算间接照明的时候替代 3ds Max 的环境设置，这种改变 GI 环境的效果类似于天空光。

只有选中【全局照明环境（天光）覆盖】下的【开】复选框（替代 3ds Max 的环境），其下的参数才会被激活，在计算 GI 的过程中，VRay 才能使用指定的环境色或纹理贴图，否则系统将使用 3ds Max 默认的环境参数设置。

颜色：允许指定背景颜色（即天空光的颜色）。

倍增器：设置天空颜色的亮度倍增值。

如果为环境指定了使用纹理贴图，那么这个倍增值不会影响贴图。如果使用的环境贴图自身无法调节亮度，可以为它指定一个 VRayHDRI 贴图来控制其亮度。

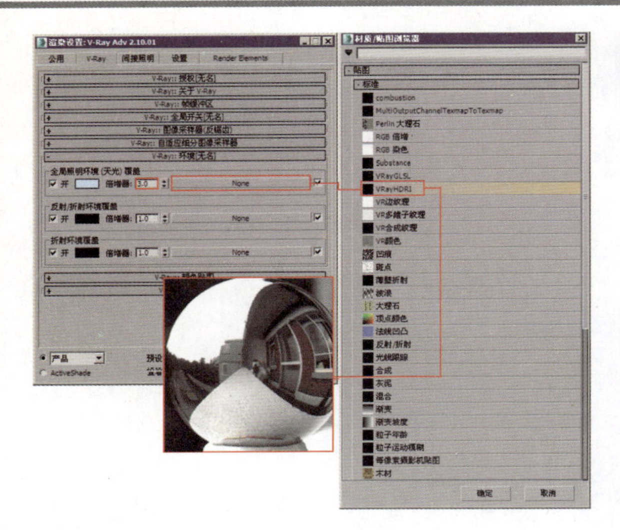

2. 【反射/折射环境覆盖】选项区域

在计算反射/折射的时候替代 3ds Max 自身的环境设置。也可以选择在每一个材质或贴图的基础设置部分来替代 3ds Max 的反射/折射环境。参数与【全局照明环境（天光）覆盖】区域的相同。

6.8 摄影机

下面介绍【V-Ray:: 摄影机】卷展栏中【摄影机类型】选项区域的参数设置。

【V-Ray:: 摄影机】卷展栏用于控制场景中的几何体投射到图形上的方式。其相关参数如下图所示。

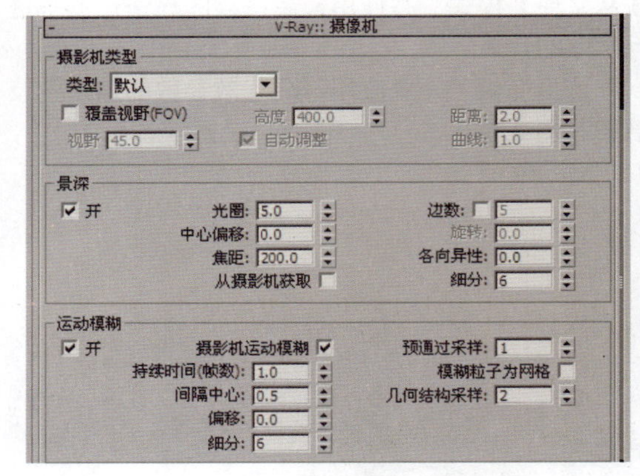

1. 【摄影机类型】选项区域

VRay 中的摄影机是确定场景如何投射到屏幕上的。

▼ 类型：VRay支持几种摄影机类型，包括默认、球形、圆柱（点）、圆柱（正交）、盒、鱼眼和变形球（旧式）。

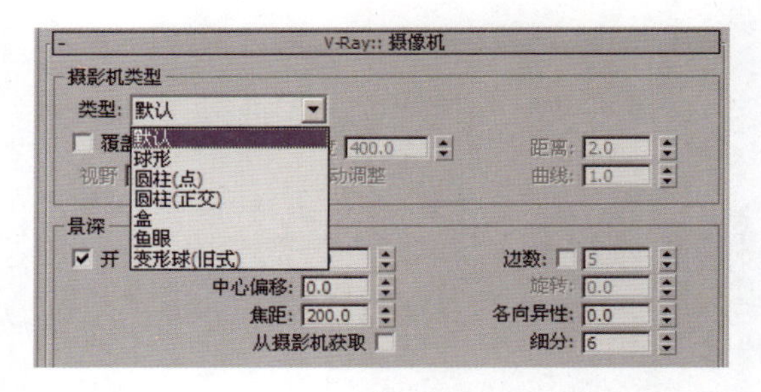

▼ 默认：这个类型是一种标准的针孔摄影机，原理和产生的效果如下图所示。

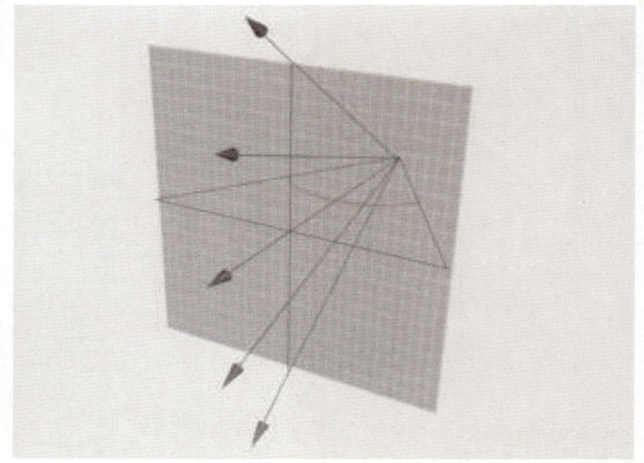

▼ 球形：这个类型是一种球形的摄影机，也就是说它的镜头是球形的，原理和产生效果如下图所示。

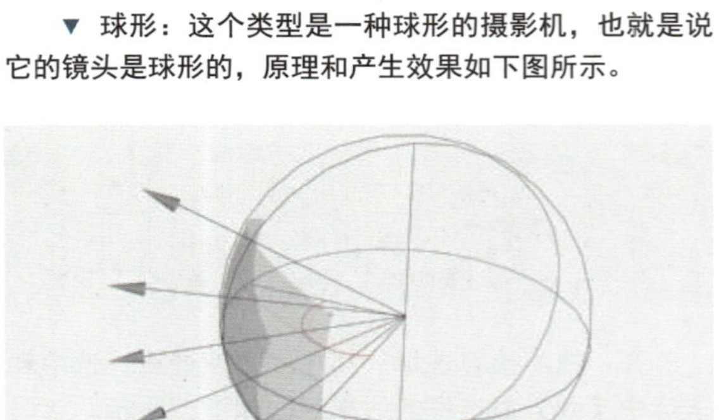

▼ 圆柱（点）：使用这种类型的摄影机的时候，所有光线都有一个共同的来源——它们都是从圆柱的中心被投射的。在垂直方向上可以被当作针孔摄影机，而在水平方向上则可以被当作球状的摄影机，实际上相当于两种摄影机效果的叠加，原理和产生的效果如下图所示。

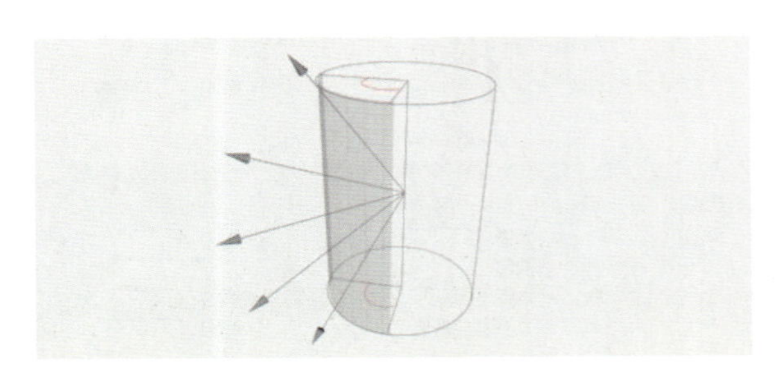

▼ 圆柱（正交）：这种类型的摄影机在垂直方向类似正交视角，在水平方向则类似于球状摄影机，原理和产生的效果如下图所示。

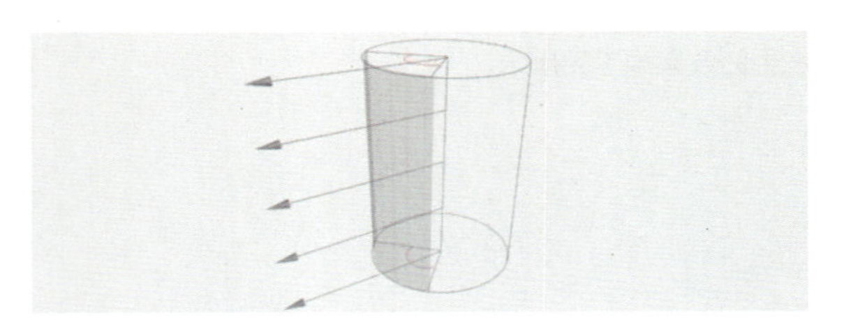

▼ 盒：这种类型实际上就相当于在正方体的每一个面放置一架标准类型的摄影机，对于产生立方体类型的环境贴图是非常好的选择，对于GI也可能是有益的——可以使用这个类型的摄影机来计算发光贴图，并保存下来，然后再使用标准类型的摄影机，导入发光贴图，这可以产生在任何方向都锐利的GI，其原理和产生的效果如下图所示。

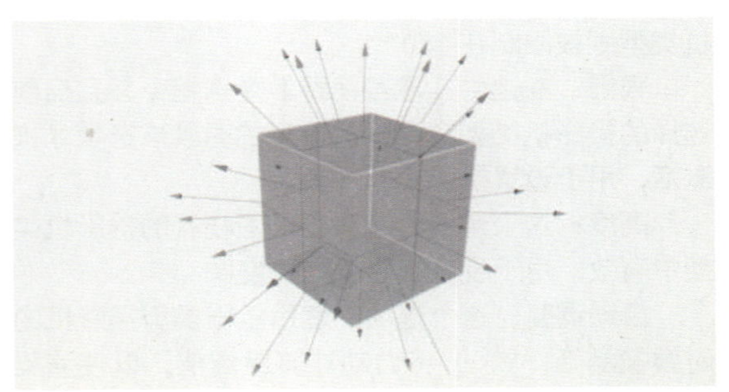

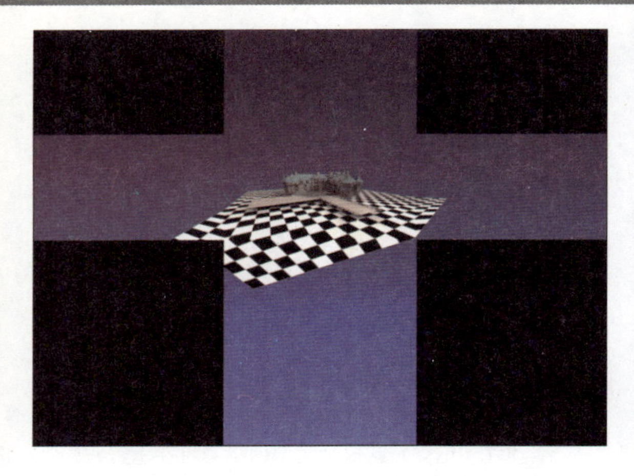

▼ 鱼眼：这种特殊类型的摄影机类似一个标准的针孔摄影机指向一个完全反射的球体（球半径恒定为1.0），然后这个球体反射场景到摄影机的快门，原理和产生的效果如下图所示。

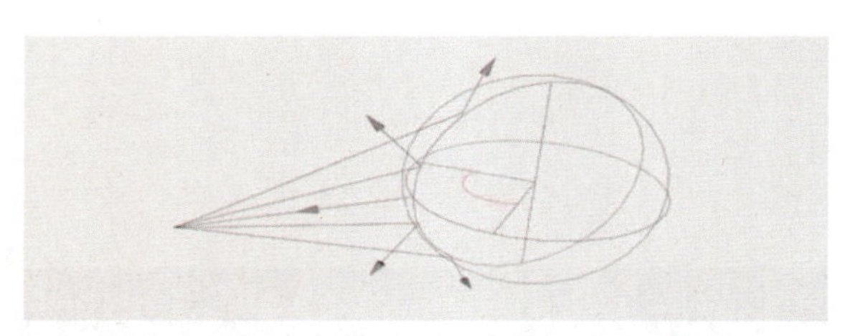

覆盖视野：使用这个选项可以替代3ds Max的视角。这是因为VRay中有些摄影机类型可以扩展视角范围为0°～360°，而3ds Max默认的摄影机类型则被限制在180°。

视野：在选中【覆盖视野】复选框，并且当前选择的摄影机类型支持视角设置的时候该选项才被激活，用于设置摄影机的视角。

高度：这个选项只有在正交圆柱状的摄影机类型中有效，用于设定摄影机的高度。

自动调整：这个选项在使用鱼眼类型摄影机的时候被激活，VRay将自动计算距离值，以便渲染图像适配图像的水平尺寸。

距离：这个参数是针对鱼眼摄影机类型的，计算从摄影机到反射球体中心的距离。

曲线：这个参数也是针对鱼眼摄影机类型的，这个参数控制渲染图像扭曲的轨迹。值为1.0表示真实世界中的鱼眼摄影机，值接近于0的时候扭曲将会被增强，在接近2.0的时候扭曲会减少。

2. 【景深】选项区域

景深是在摄影机镜头或其他成像器前沿着能够取得清晰图像的成像器轴线所测定的物体距离范围。景深效果体现在三维图像中就是对准焦距的物体和没有对准焦距的物体之间的清晰度差别。

【景深】选项区域的参数如下图所示。

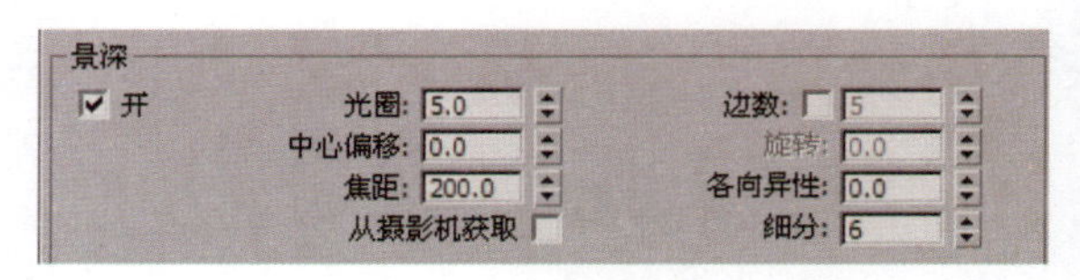

开：选中该复选框，将产生景深效果，选中和未选中【开】复选框的效果对比如下图所示。

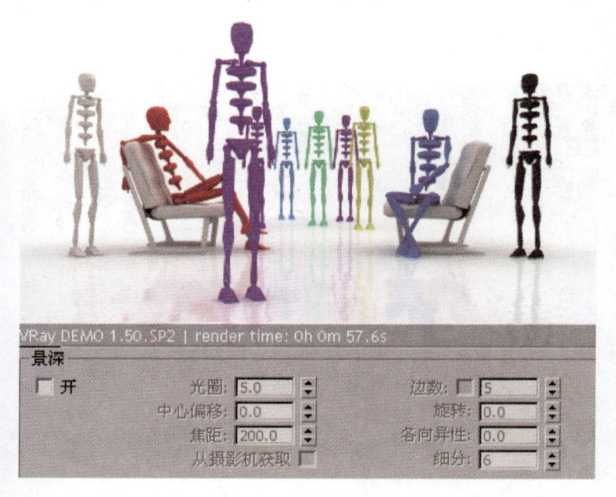

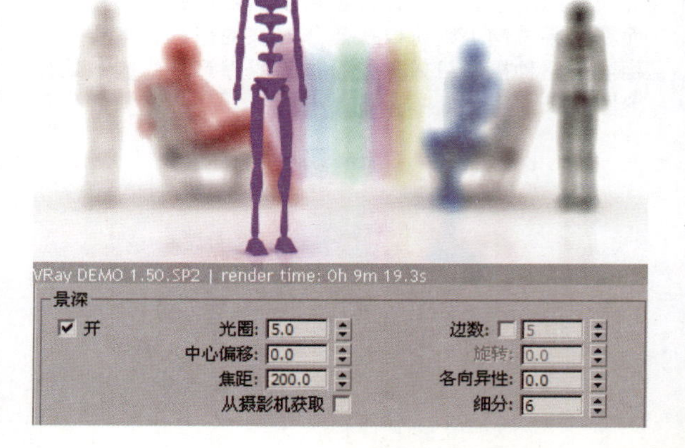

光圈：使用世界单位定义虚拟摄影机的光圈尺寸。较小的光圈值将减小景深效果，较大的参数值将产生更多的模糊效果。

如下图所示是不同光圈值测试效果对比图。

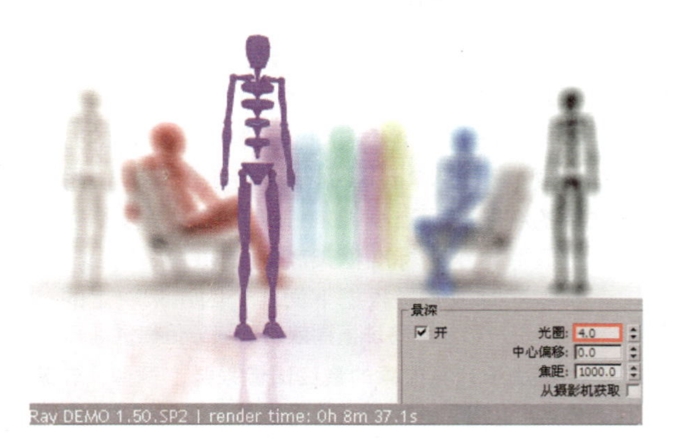

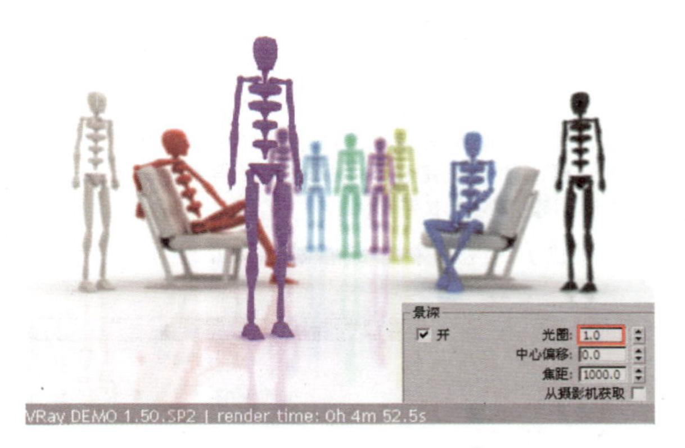

中心偏移：这个参数决定景深效果的一致性，值为 0 表示光线均匀地通过光圈，正值表示光线趋向于向光圈边缘集中，负值则表示向光圈中心集中。

焦距：确定从摄影机到物体被完全聚焦的距离。靠近或远离这个距离的物体都将被模糊处理。

从摄影机获取：当选中这个复选框的时候，如果渲染的是摄影机视图，焦距由摄影机的目标点确定。如下图所示为测试场景摄影机目标点的位置。

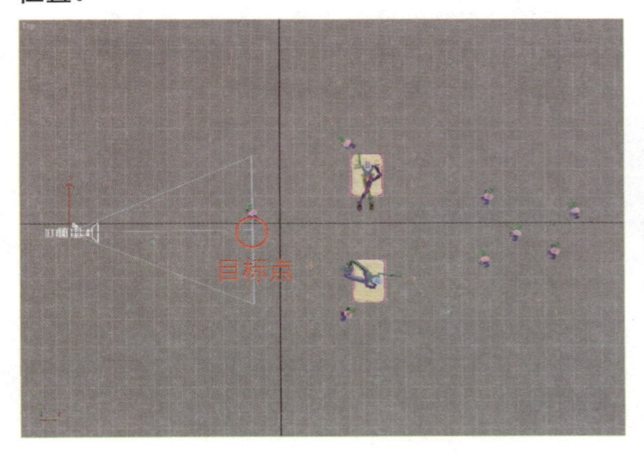

边数：使用这个选项可模拟真实世界摄影机的多边形形状的光圈。如果不选中这个选项，系统则使用一个自定的圆形来作为光圈形状。

旋转：指定光圈形状的方位。

各向异性：设置光圈形状的变化。当区域化变量在不同方向呈现不同特征时，变异函数在不同方向也具有不同的特性，这种现象称为各向异性。

细分：这个参数用于控制最终效果图的质量。

3. 【运动模糊】选项区域

运动模糊是景物图像中的移动效果。它比较明显地出现在长时间曝光或场景内的物体快速移动的图像中，也就是物体在运动时产生的瞬间视觉模糊效果。

摄影机的工作原理是在很短的时间里把场景在胶片上曝光。场景中的光线投射在胶片上，引起化学反应，最终产生图片，这就是曝光。如果在曝光的过程中，场景发生变化，则会产生模糊的画面。如下图所示是【运动模糊】选项区域的参数。

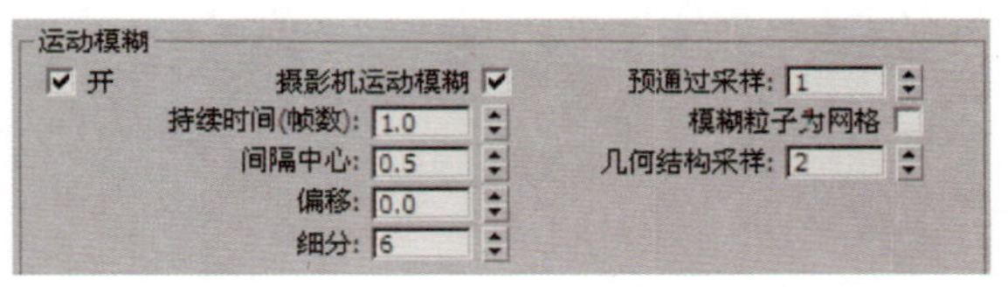

在【V-Ray:: 摄影机】卷展栏中选中【运动模糊】选项区域的【开】复选框，可将运动模糊功能打开。如下图所示是未使用和使用运动模糊的效果对比。

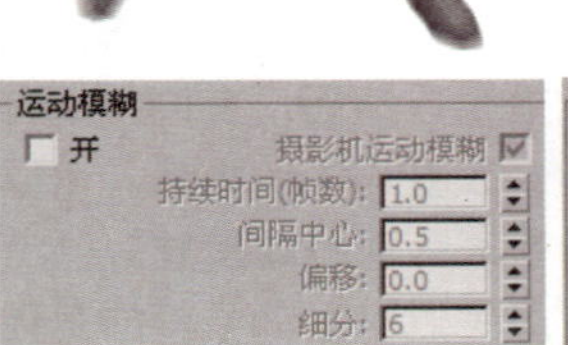

持续时间（帧数）：该参数可以延长渲染的曝光时间，也就是设置摄影机快门打开的时候指定在帧中持续的时间。

如下图所示是不同持续时间（帧数）测试效果。

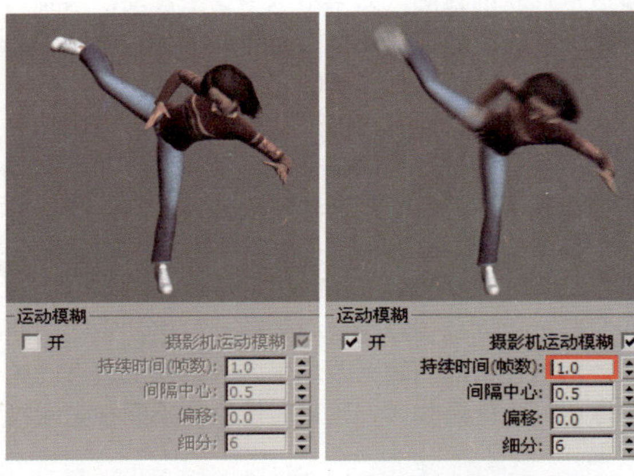

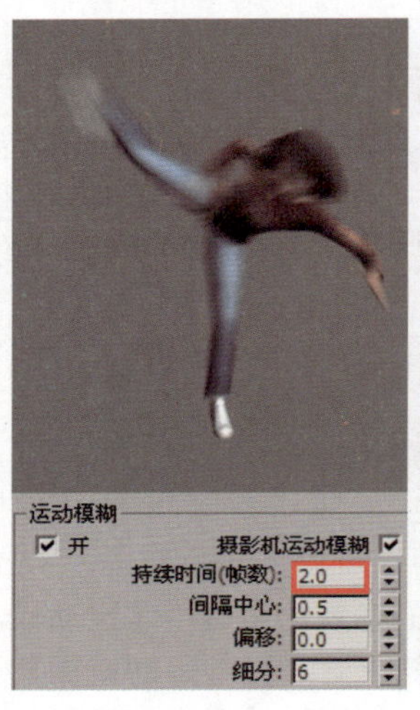

间隔中心：指定关于 3ds Max 动画帧的运动模糊的时间间隔中心。值为 0.5 表示运动模糊的时间间隔中心位于动画帧之间的中部，值为 0 则表示位于精确的动画帧位置。

偏移：控制运动模糊效果的偏移，值为 0 表示灯光均匀地通过全部运动模糊间隔。正值表示光线趋向于间隔末端，负值则表示光线趋向于间隔起始端。

预通过采样：设置在计算发光贴图的过程中在时间段有多少样本被计算。

模糊粒子为网格：用于控制粒子系统的模糊效果，当选中此复选框的时候，粒子系统会被作为正常的网格物体来产生模糊效果。然而，有许多的粒子系统在不同的动画帧中会改变粒子的数量。可以不选中它，使用粒子的速率来计算运动模糊。

几何结构采样：设置产生近似运动模糊的几何学片断的数量，物体被假设在两个几何学样本之间进行线性移动，对于快速旋转的物体，你需要增加这个参数值才能得到正确的运动模糊效果。

细分：用于控制运动模糊的成像质量。

6.9 确定性蒙特卡洛采样器

确定性蒙特卡洛采样器。它可以说是 VRay 的核心，贯穿于 VRay 的每一种【模糊】计算中。确定性准蒙特卡洛采样器采样一般用于确定获取什么样的样本，以及最终哪些样本被光线跟踪。

与那些任意一个【模糊】计算使用分散的方法采样不同的是，VRay 根据一个特定的值，使用一种独特的统一的标准框架来确定有多少及多精确的样本被获取。这个标准框架就是 DMC 采样器。

样本实际数量是根据下面 3 个因素来决定的：

- 由用户指定的特殊模糊效果的细分值提供。
- 取决于计算效果的最终图像采样，例如，较暗的、平滑的反射需要的样本数就比明亮的要少，原因在于最终的效果中反射效果相对较弱。远处的面积灯需要的样本数量比近处的要少。这种基于实际使用的样本数量来计算最终效果的技术称为重要性采样。
- 从一个特定的值获取的样本的差异——如果那些样本彼此之间不是完全不同的，那么可以使用较少的样本来计算；如果是完全不同的，为了得到好的效果，就必须使用较多的样本来计算。

下面介绍卷展栏中的参数，如下图所示。

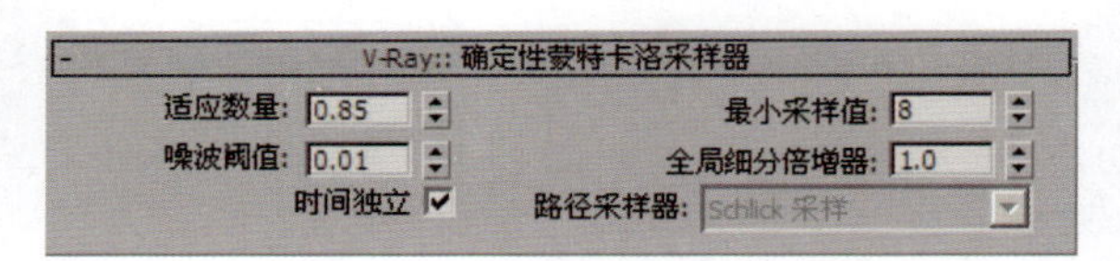

适应数量：用于控制重要性采样使用的范围。默认的取值是 1，表示重要性采样的使用在尽可能大的范围内，0 则表示不进行重要性采样，换句话说，样本的数量会保持在一个相同的数量上，而不管模糊效果的计算结果如何。减少这个值会减慢渲染速度，但同时会减少噪波和黑斑。

最小采样值：确定在早期终止算法被使用之前必须获得的最少的样本数量。较高的取值将会减慢渲染速度，但同时会使早期终止算法更可靠。

噪波阈值：在计算一种模糊效果是否足够好的时候，控制 VRay 的判断能力。在最后的结果中直接转化为噪波。较小的取值表示较少的噪波、使用更多的样本及更好的图像质量。

全局细分倍增器：在渲染过程中这个选项会倍增任何地方任何参数的细分值。可以使用这个参数来快速增加或减少任何地方的采样质量。在使用 DMC 采样器的过程中，可以将它作为全局的采样质量控制。

6.10 V-Ray::颜色贴图

【V-Ray:: 颜色贴图】选项的参数卷展栏如下图所示。

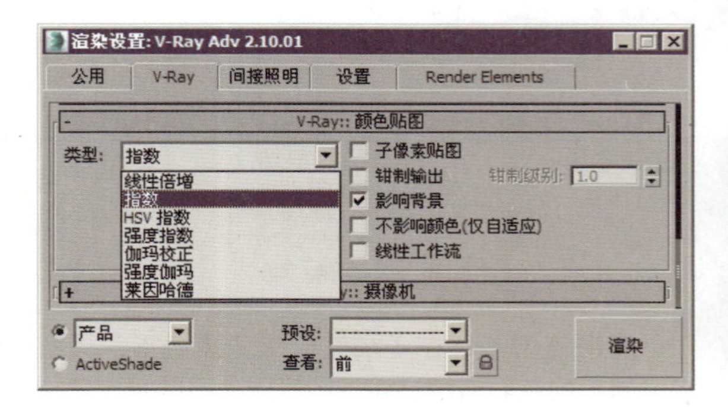

类型：定义色彩转换使用的类型，有7个选项。

▼ 线性倍增：这种模式将基于最终图像色彩的亮度来进行简单的倍增，那些太亮的颜色成分（在1.0~255之间）将会被限制。但是这种模式可能会导致靠近光源的点过分明亮。

▼ 指数：该模式将基于亮度来使之更饱和。这对防止非常明亮的区域（例如光源的周围区域等）曝光是很有用的。该模式不限制颜色范围，而是让它们更饱和。

▼ HSV 指数：与上面提到的指数模式非常相似，但是它会保护色彩的色调和饱和度。

▼ 强度指数：用于调整色彩的饱和度，当图像亮度增强时，在不曝光的条件下增强色彩的饱和度。

▼ 伽玛校正：现在很多显卡上都有伽玛色彩校正设置，这个参数用于校正计算机系统的色彩偏差。

▼ 强度伽玛：用于调整伽玛色彩的饱和度。

▼ 莱因哈德：它是一种混合于【指数】和【线性倍增】之间的色彩贴图类型。这是一种非常实用的色彩贴图类型，因为常常在使用【指数】时感到图像的饱和度不够，而使用【线性倍增】时又感到色调太浓，这时候就需要在这两种类型中找到平衡点，而【莱因哈德】模式就提供了这样的选择。当选择色彩贴图类型为【莱因哈德】并设置加深值为0时，它将近乎于【指数】类型；设置加深值为1.0时，它将近乎于【线性倍增】类型。

1. 类型为：指数

2. 类型为：线性倍增

3. 类型为：莱因哈德
加深=0.0

4. 类型为：莱因哈德
加深=0.3

5. 类型为：莱因哈德
加深=0.5

6. 类型为：莱因哈德
加深=0.8

7. 类型为：莱因哈德　　加深=1.0

如下图所示，显示了分别使用5种颜色贴图的效果。在图中可以很清楚地看到使用【线性倍增】模式可以限制色彩范围，将过于明亮的颜色设定为白色，所以明亮的区域会显得有些曝光，【指数】和【HSV 指数】模式都可以避免该问题，【指数】趋向于降低饱和度，而【HSV 指数】模式则保护色调和饱和度。还可以观察【强度指数】和【伽玛校正】的对比效果。

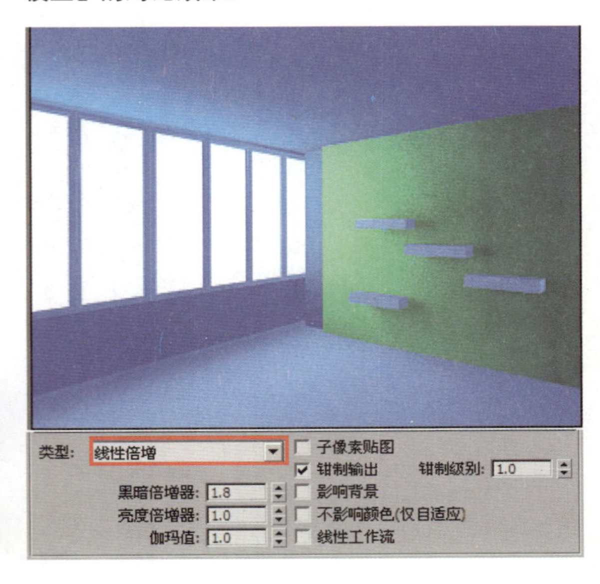

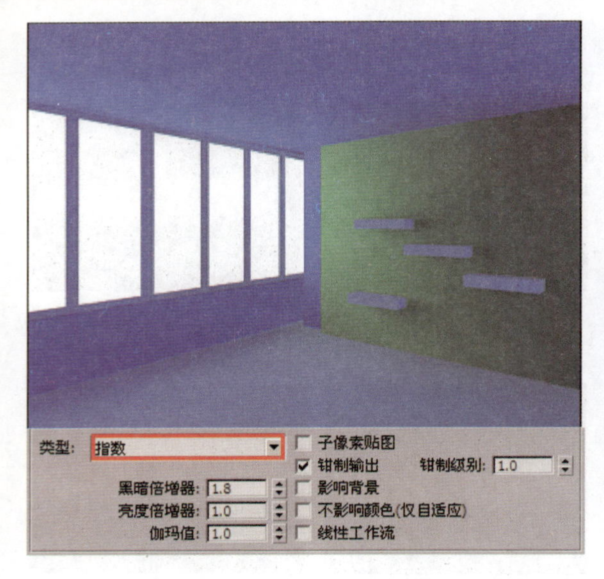

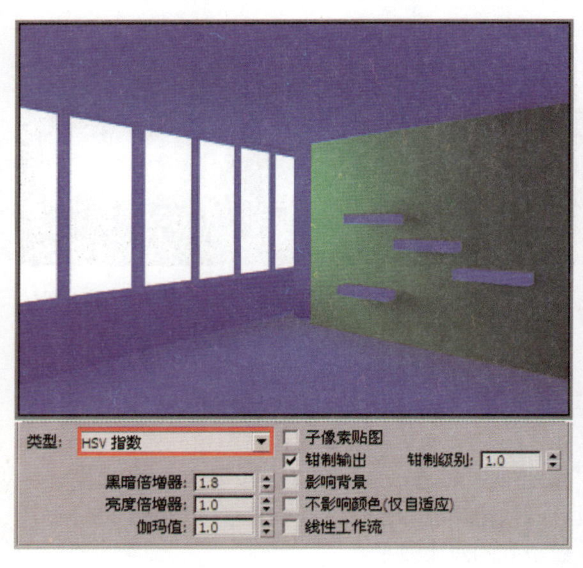

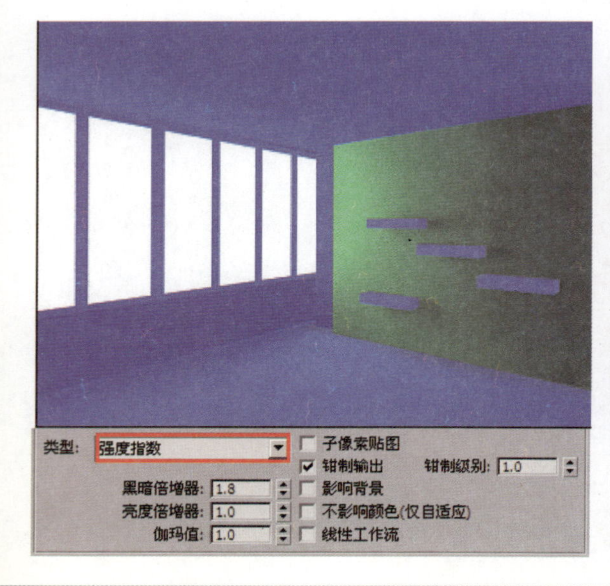

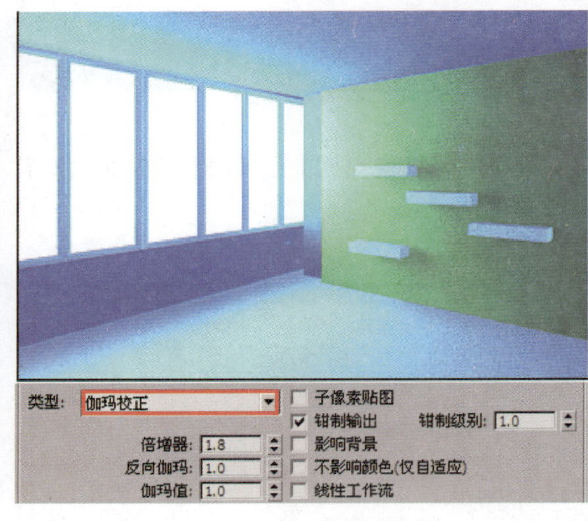

黑暗倍增器：在【线性倍增】模式下，该值控制暗度的色彩倍增。如下图所示为不同暗度倍增值的测试图，仔细观察物体阴影暗部的亮度变化。

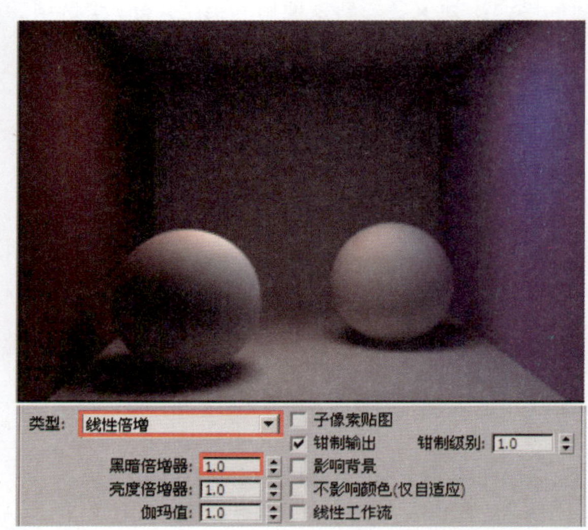

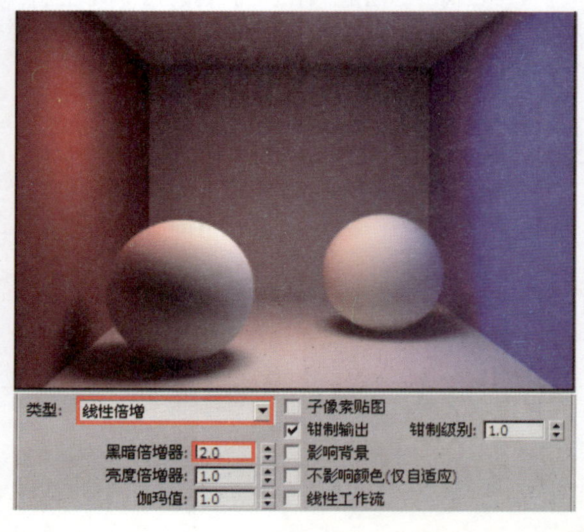

亮度倍增器：在【线性倍增】模式下，该值控制亮度的色彩倍增。如下图所示为不同亮度倍增值的测试图，可以观察物体亮部的光线变化。

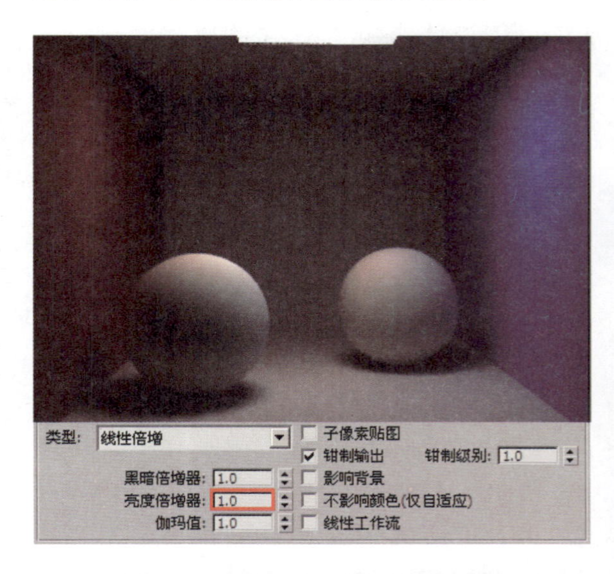

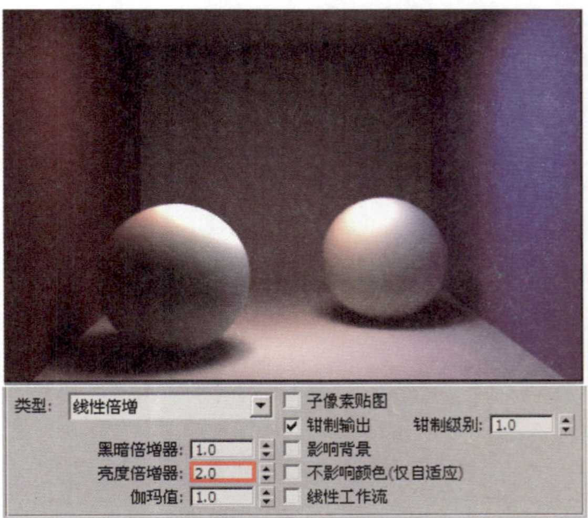

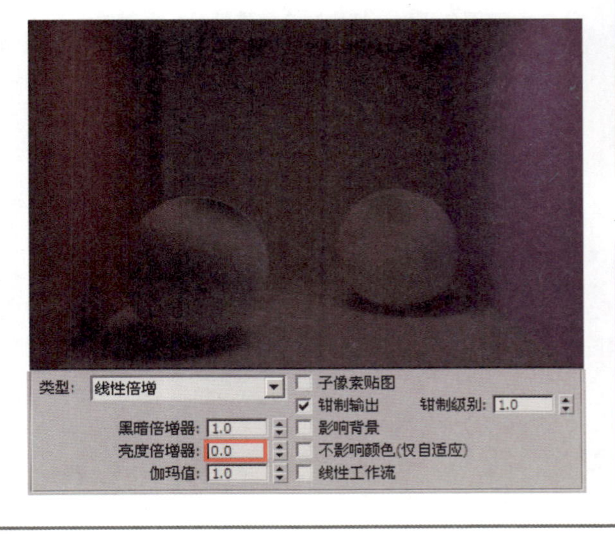

钳制输出：有时候参数设置超过系统 Gamma 值后会产生输出错误，选中这个复选框则可以进行强制性的图像输出。

影响背景：在选中该复选框的时候，当前的色彩贴图控制会影响背景颜色。

如下图所示为未选中和选中此复选框的测试效果图。

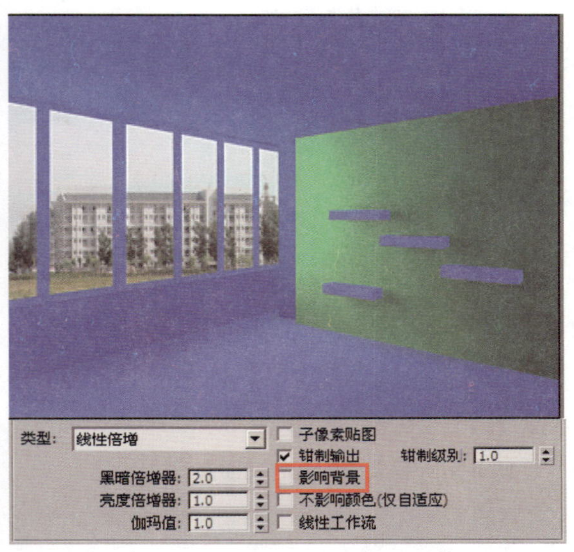

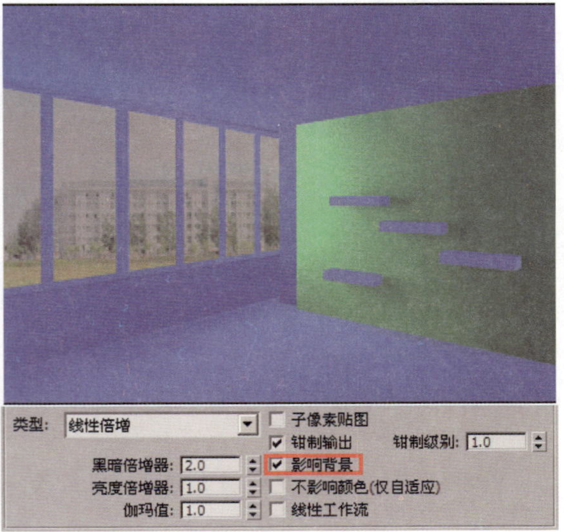

注意

【影响背景】复选框适合在一次性生成的场景中使用，使用时尽量将影响背景的玻璃材质隐藏，这样可避免背景贴图的色泽产生不自然的变化。如果最终渲染后的静帧图像允许进行Photoshop后期处理，【影响背景】复选框则不对最终结果产生决定性作用，在Photoshop中将背景用图片替换即可。

第7章 VRay室内外材质贴图技术

尽管 VRay 渲染器对 3ds Max 的材质支持得非常好（但所有和光线跟踪相关的贴图，VRay 都不支持，比如：投影、反射，代之以 VRayShadow、VRay 贴图），VRay 自带了几种材质类型和贴图类型，使用起来要比 3ds Max 的材质更为快捷方便（尤其是在反射/折射的控制方面尤为突出）。

如下图所示为材质类型。

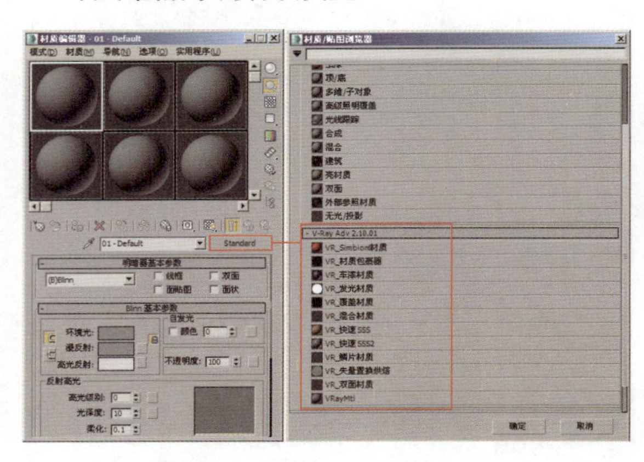

如下图所示为 VRay 的贴图类型。

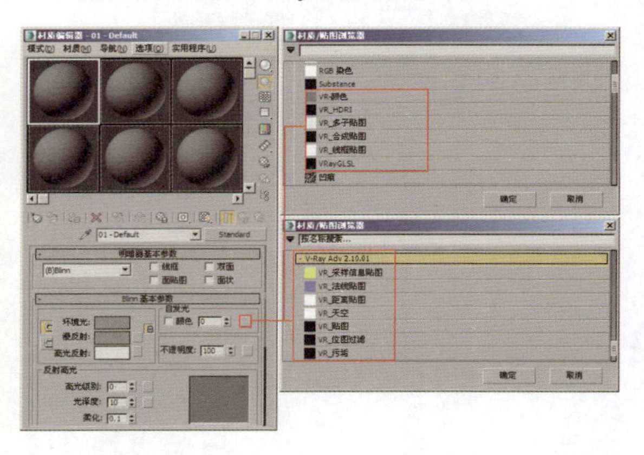

下面重点学习几种材质。

7.1 VRayMtl材质类型

VRayMtl 材质类型是最常用的，所以首先介绍它，参数卷展栏如下图所示。

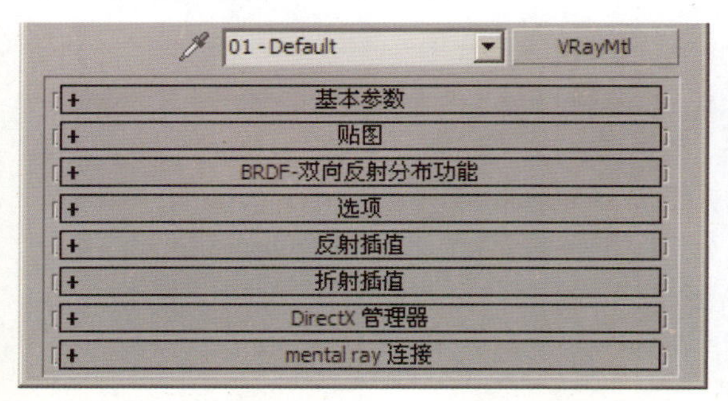

【基本参数】卷展栏的参数如下图所示。

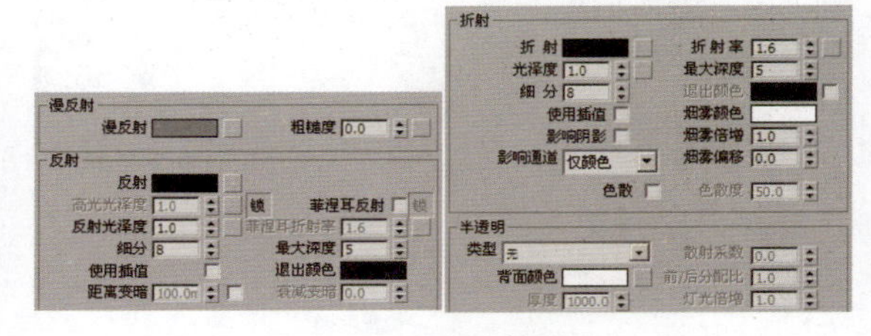

- ▼ 漫反射：设置材质的漫反射颜色。
- ▼ 反射：设置反射的颜色。

如下图所示为不同反射颜色测试图。

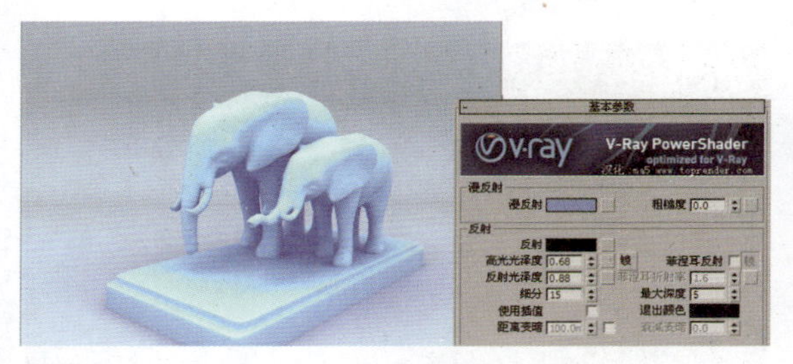

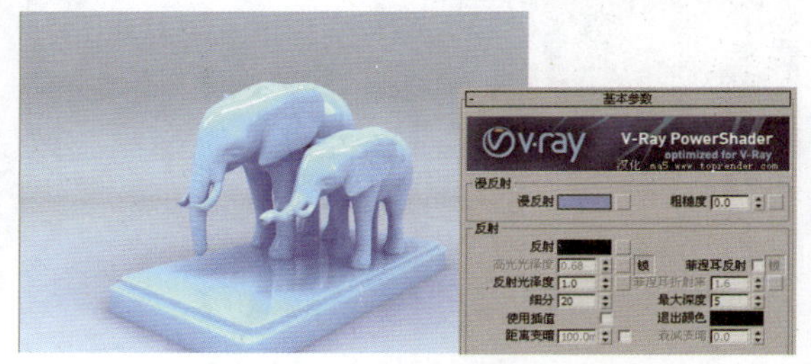

▼ 菲涅尔反射：选中这个复选框后，反射的强度将取决于物体表面的入射角，自然界中有一些材质（如玻璃）的反射就是这种方式。不过要注意的是这个效果还取决于材质的折射率。

如下图所示为未选中和选中【菲涅尔反射】复选框的测试图。

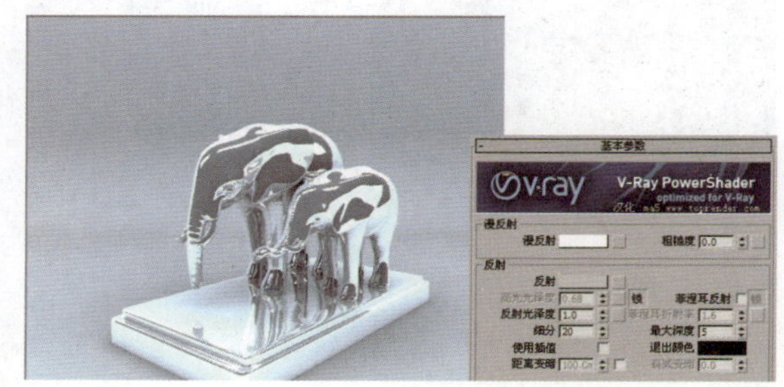

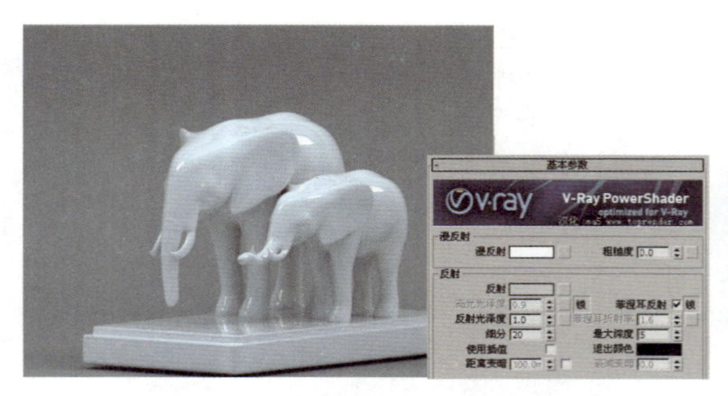

如下图所示也是未选中和选中【菲涅尔反射】复选框对物体颜色的测试图。

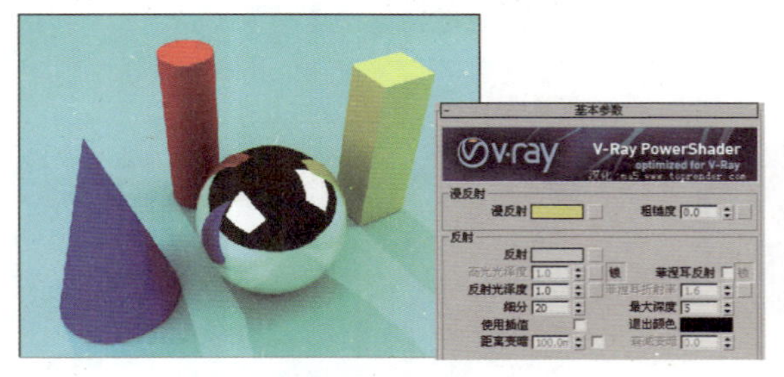

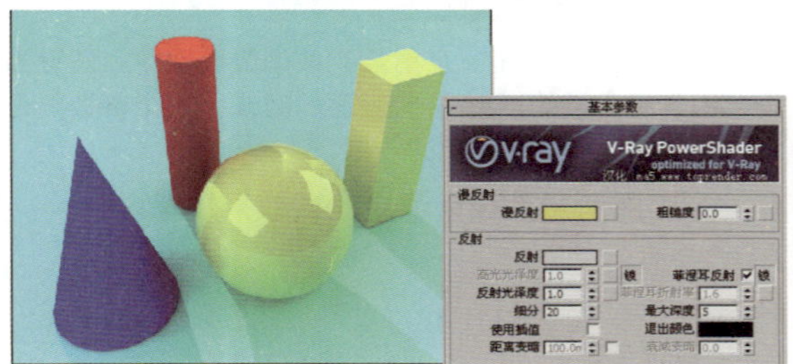

▼ 菲涅尔折射率：这个参数在菲涅耳反射选项后面的锁按钮弹起的时候被激活，可以单独设置菲涅尔反射的反射率。

如下图所示为不同菲涅尔折射率测试图，可以观察圆球中心的反射效果。

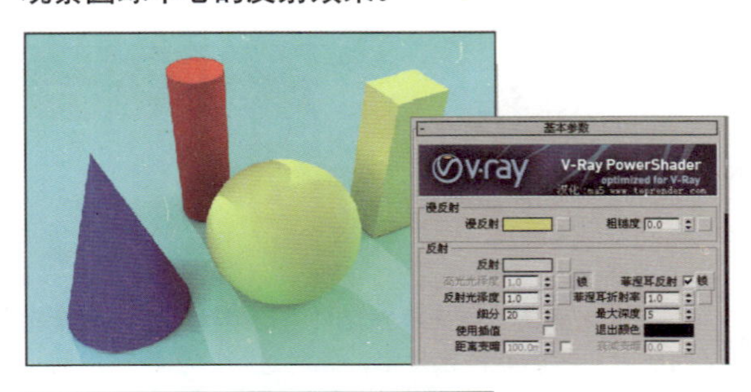

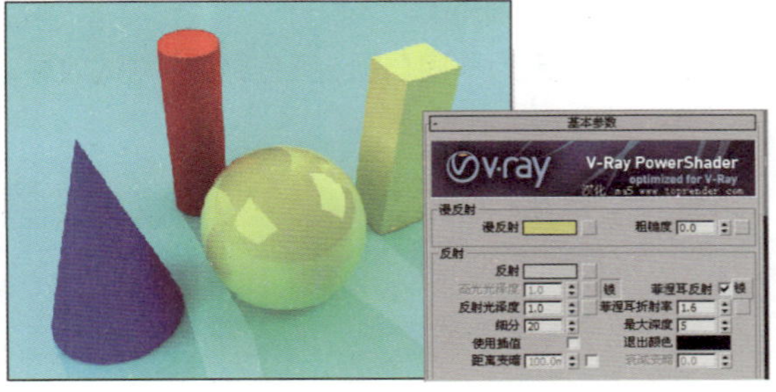

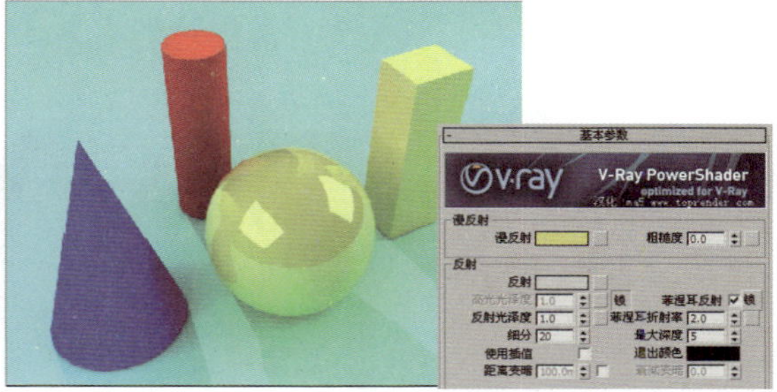

▼ 高光光泽度：该选项可控制VRay材质的高光状态。默认情况下锁按钮为按下状态，【高光光泽度】处于非激活状态，此时保持其他参数不变，减小光泽反射的数值，使得反射产生一点模糊效果。在其他参数不变的条件下，反射颜色决定高光颜色。

如下图所示为不同高光光泽度值的测试图。

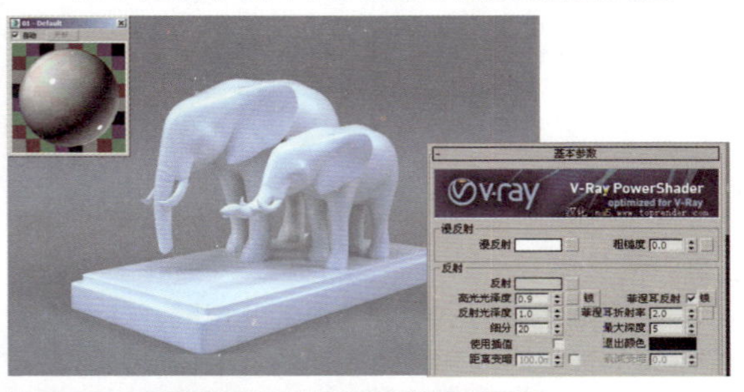

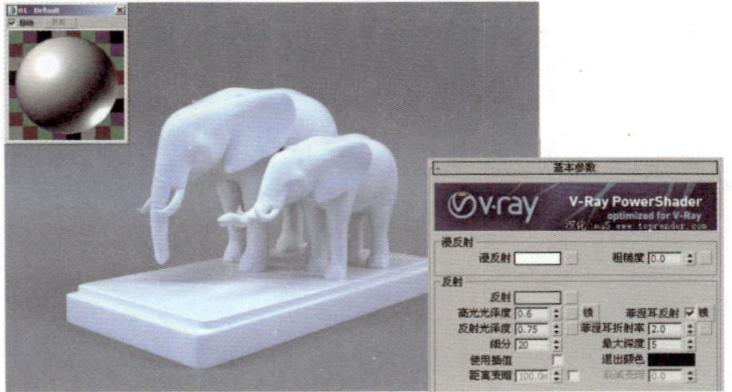

▼ 锁形按钮：即锁定按钮，弹起的时候，【高光光泽度】选项被激活，此时高光的效果由这个选项控制，不再受模糊反射的控制。

▼ 反射光泽度：这个参数用于设置反射的锐利效果。值为1意味着是一种完美的镜面反射效果，随着取值的减小，反射效果会越来越模糊。平滑反射的品质由下面的细分参数来控制。

如下图所示为不同反射光泽度值的测试图。

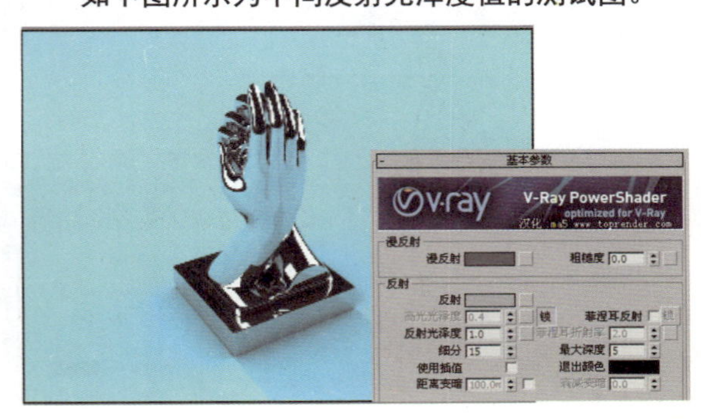

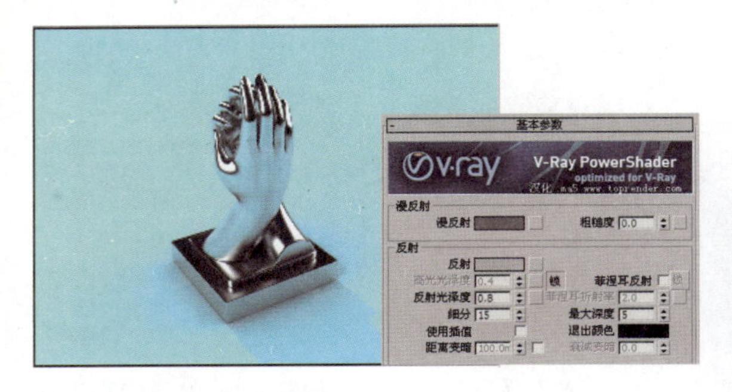

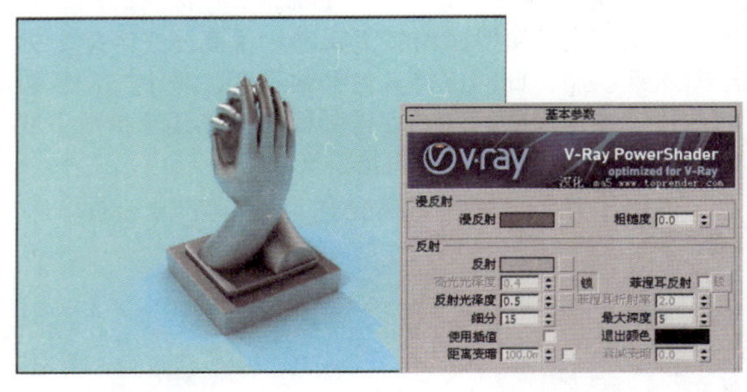

▼ 细分：控制平滑反射的品质。较小的取值将加快渲染速度，但是会导致出现更多的噪波。

如下图所示为不同细分值的测试图，注意观察图下方的渲染时间和物体表面的反射精度。

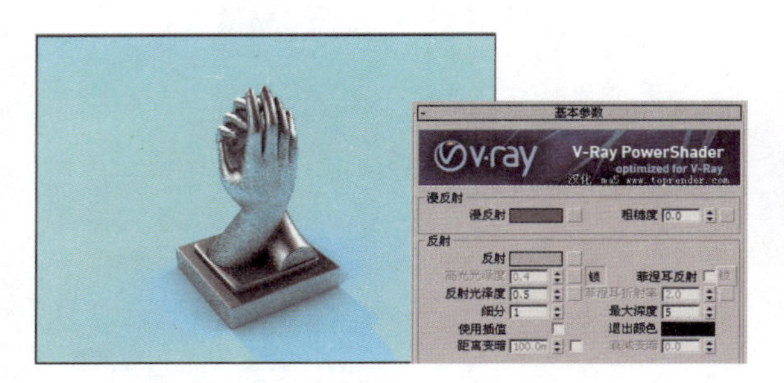

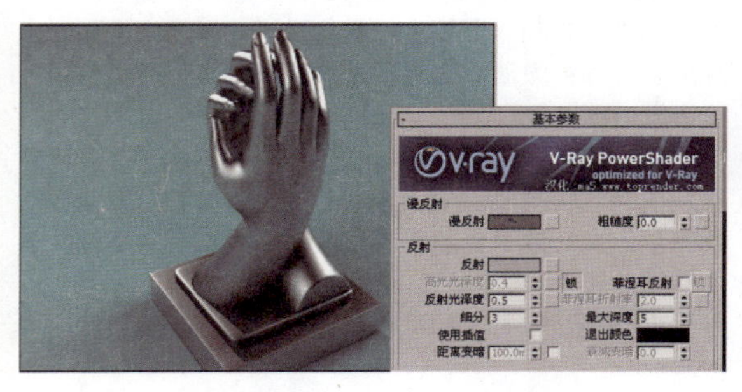

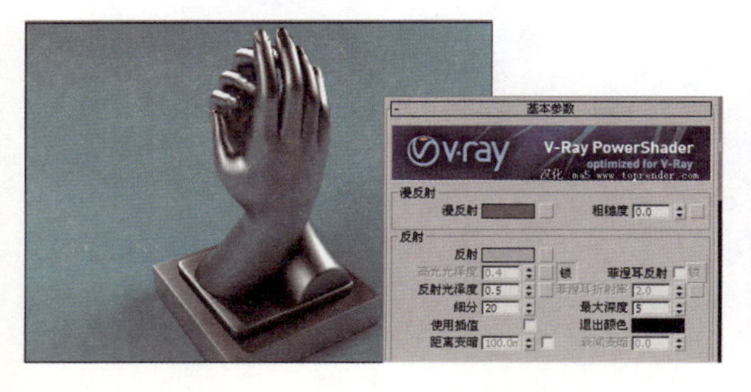

▼ 使用插值：VRay能够使用一种类似于发光贴图的缓存方案来加快模糊反射的计算速度。选中这个复选框表示使用缓存方案。

如下图所示为使用插值测试的效果。

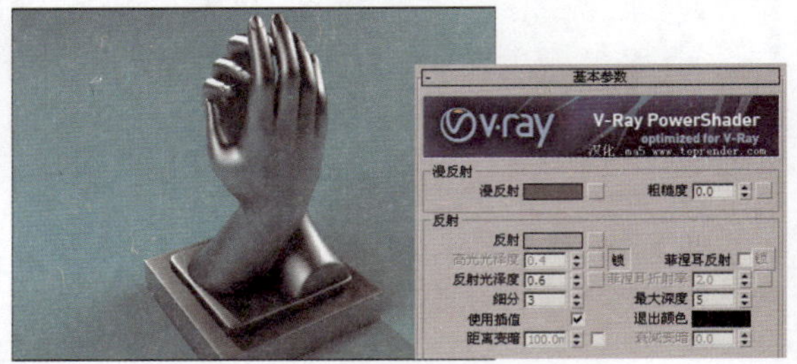

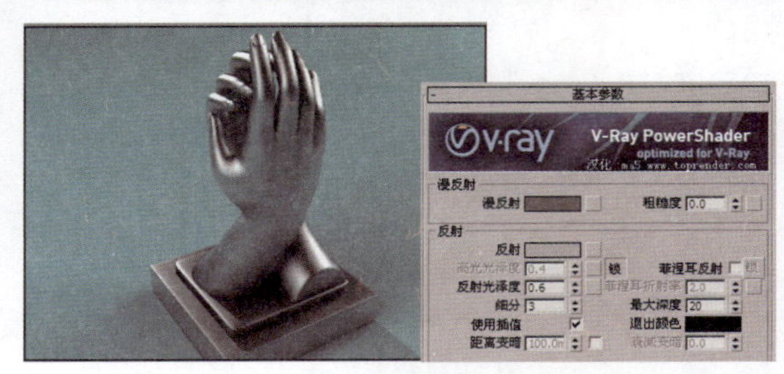

▼ 最大深度：定义反射能完成的最大次数。注意当场景中具有大量的反射/折射表面的时候，这个参数要设置得足够大才会产生真实的效果。

如下图所示为最大深度测试效果。

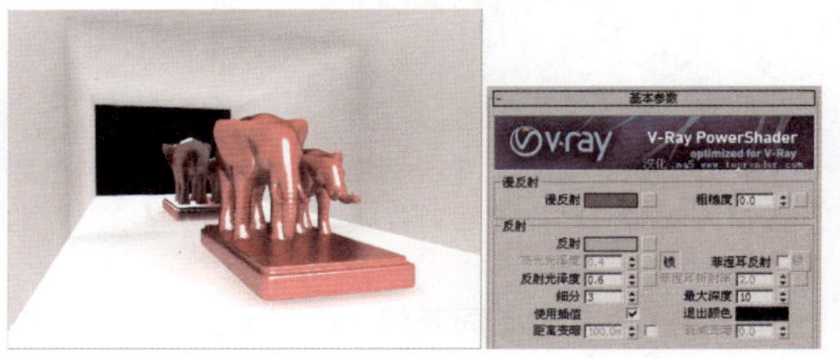

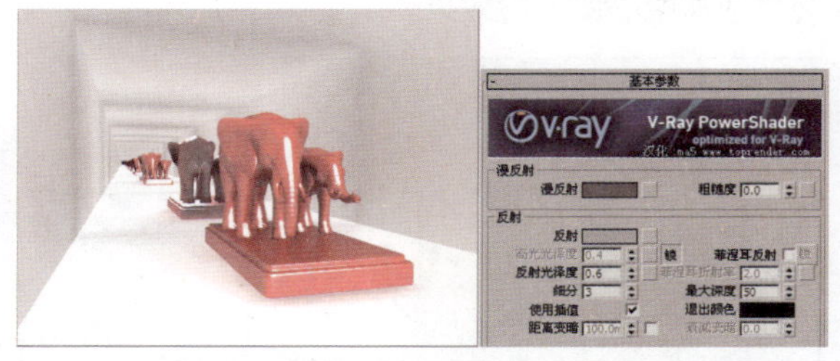

▼ 退出颜色：当光线在场景中反射达到最大深度定义的反射次数后就停止反射，此时这个颜色将被返回，并且不再追踪远处的光线。

如下图所示为不同【退出颜色】值的测试效果。

▼ 散射系数：定义在物体内部散射的数量。值为0意味着光线会在任何方向上被散射，值为1.0则意味着在次表面散射的过程中光线不能改变散射方向。

▼ 前/后分配比：控制光线散射的方向。值为0意味着光线只能向前散射（在物体内部远离表面），值为0.5则意味着光线向前或向后是相等的，值为1则意味着光线只能向后散射（朝向表面，远离物体）。

【BRDF-双向反射分布功能】卷展栏是控制物体表面反射特性的常用工具，用于定义物体表面的光谱和空间反射特性。如下图所示。

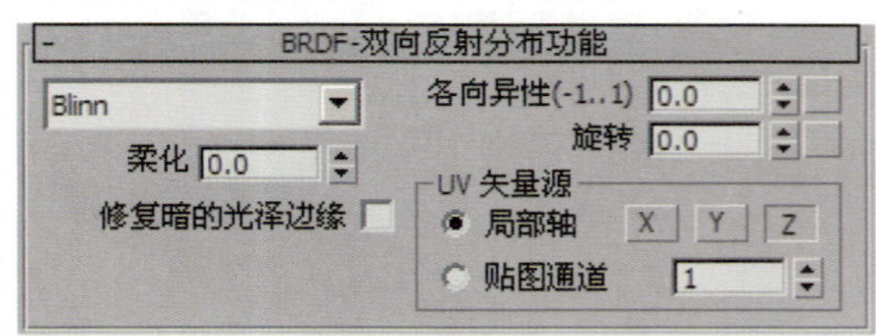

VRay 渲染器支持 3 种 BRDF 高光模式，它们分别是 Phong、Blinn 和 Ward，下图显示了它们之间的不同之处。

▼ 各向异性：设置高光的各向异性。如下图所示是不同各向异性的效果。

▼ 旋转：设置高光的旋转角度。如下图所示是不同旋转值的效果。

▼ UV矢量源：可以设置为物体自身的*X*/*Y*/*Z*轴，也可以通过贴图通道来设置。

【选项】卷展栏设置 VRay 材质的一般选项，如图所示。

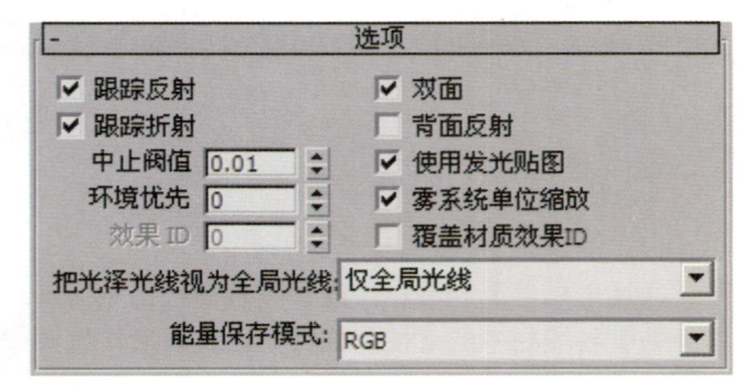

▼ 跟踪反射：控制光线是否追踪反射。

▼ 跟踪折射：控制光线是否追踪折射。

▼ 双面：控制VRay是否设定几何体的面都是双面。

▼ 背面反射：该选项强制VRay始终追踪光线（甚至包括光照面的背面）。

如下图所示为背面反射测试图（右图为选中【背面反射】复选框的渲染效果）。

▼ 中止阀值：用于定义反射/折射追踪的最小极限值。当反射/折射对一幅图像的最终效果的影响很小时，将不会进行光线的追踪。

▼ 使用发光贴图：使用发光贴图计算。

▼ 把光泽光线视为全局光线：当VRay材质的反射和折射功能打开时，VRay会使用一些光线来追踪物体的表面光泽度，而使用另外的光线来计算漫射。选中该复选框时，将强制VRay对材质的漫射和光泽度只追踪一束光线。在这种情况下，VRay将会自动分配某些光线来追踪漫射，而其余部分来追踪光泽度。有3个选项：

★ 仅全局光线：仅将光泽度作为全局光光线。

★ 从不：不当作全局光光线使用。

★ 始终：光迹追踪和光泽度光线总是共同使用。

▼ 能量保存的模式：系统提供了两种选择，即RGB颜色和单色。

除了使用数值控制相关参数外，还可以通过贴图来进行更复杂的参数控制。其参数含义与3ds Max标准的贴图含义相同。【贴图】卷展栏的参数如下图所示。

贴图			
漫反射	100.0	✔	None
粗糙度	100.0	✔	None
反射	100.0	✔	None
高光光泽度	100.0	✔	None
反射光泽	100.0	✔	None
菲涅耳折射率	100.0	✔	None
各向异性	100.0	✔	None
各向异性旋转	100.0	✔	None
折射	100.0	✔	None
光泽度	100.0	✔	None
折射率	100.0	✔	None
透明	100.0	✔	None
凹凸	30.0	✔	None
置换	100.0	✔	None
不透明度	100.0	✔	None
环境		✔	None

【反射插值】卷展栏中的参数只有在选中【基本参数】卷展栏中的【使用插值】复选框后才发挥作用。它的所有参数都与发光贴图的参数含义类似，大家可以参考前面关于发光贴图的参数部分。

反射插值			
最小采样比:	-3	最大采样比:	0
颜色阈值:	0.25	插补采样:	20
法线阈值:	0.4		

【折射差值】卷展栏中的参数只有在选中【基本参数】卷展栏中的【使用插值】复选框后才发挥作用。

折射插值			
最小采样比:	-3	最大采样比:	0
颜色阈值:	0.25	插补采样:	20
法线阈值:	0.4		

下面制作玻璃和陶瓷质感的茶壶，效果如下图所示。

本例设有两盏灯，分别透过圆环形窗户投射到场景中，产生了面积光效果，灯光在顶视图和透视图的布局如下图所示，读者可以对应参考。为了体现光滑的背景及漂亮的玻璃反射，这里使用了弧线曲面作为桌面，并在静物上方设置了一个屋顶，从上面的渲染图可以看到玻璃静物的背景和光滑反射效果。本例的关键技术在于玻璃材质的反射和折射参数设置，使用了菲涅尔反射技术，该设置可以让反射图像变得很真实。

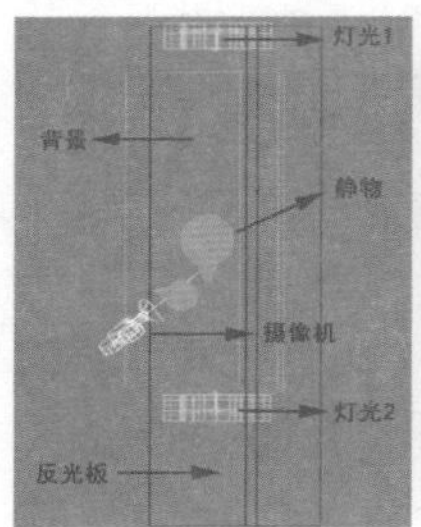

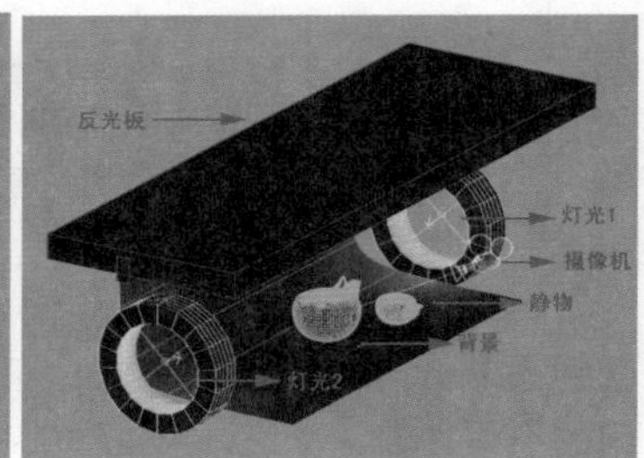

■ 1）打开Ch09\Scenes\glass.max文件，这是一个玻璃茶壶的场景文件。

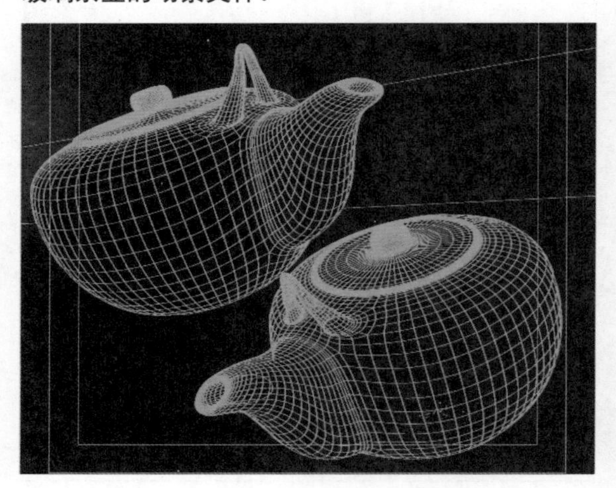

■ 2）按 F10 键打开渲染设置对话框，设置渲染器为 VRay 渲染器，如下图所示。

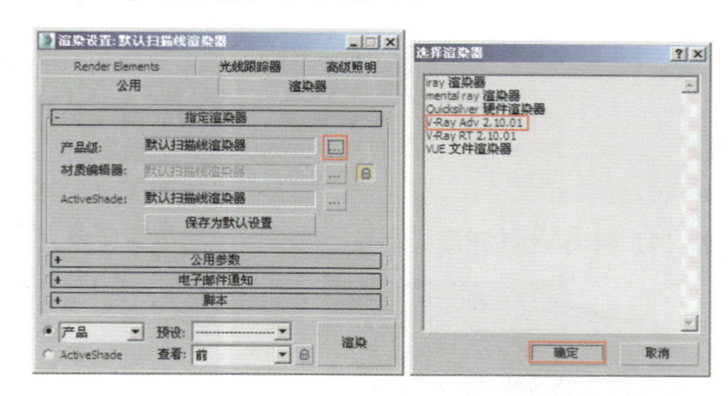

■ 3）建立一盏 VRay_光源灯光，如下图所示。VRay_光源是 VRay_渲染器的专用灯光，VRay_光源可让场景中产生非常漂亮且真实的光照阴影效果。

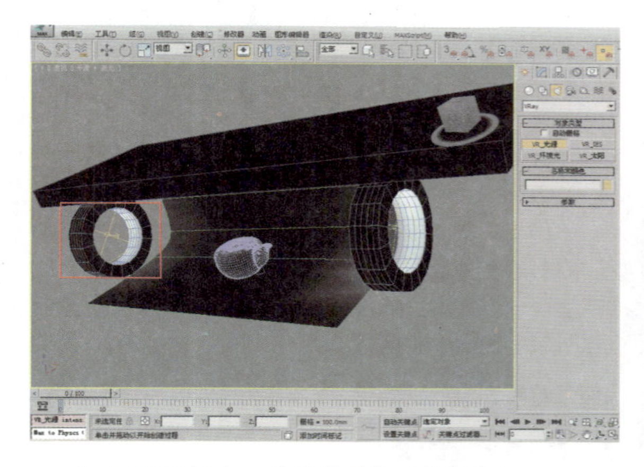

■ 4）在面板中，参数设置如下图所示。

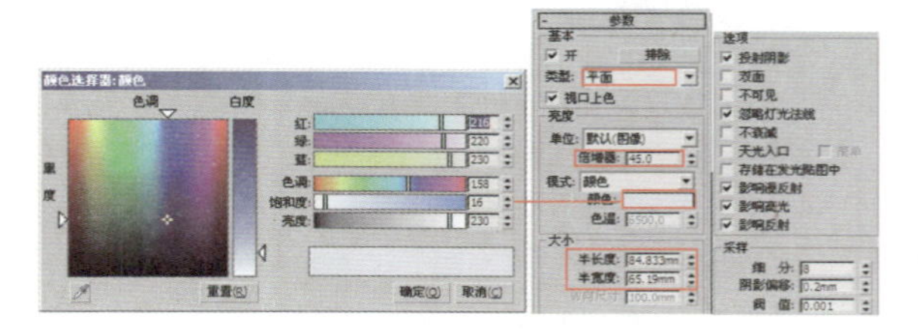

■ 5）切换到前视图中，按住 Shift 键的同时拖动灯光，将其复制到另外一个窗口，并将箭头方向指向场景，如下图所示。

下面设置画面顶端的茶壶反射材质，这是一个不透明黑色陶瓷材质。

■ 6）按 M 键打开材质编辑器，选择一个空白的材质样本球，单击 Standard 按钮，在弹出的 材质编辑器 对话框中选择 VRayMtl 材质样式。

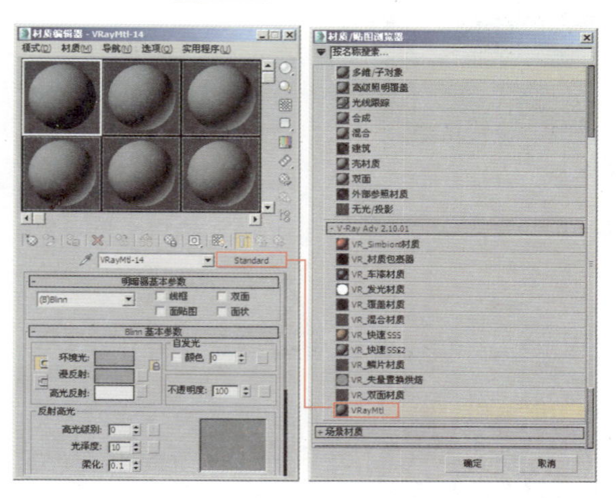

■ 7）在 VRayMtl 参数面板，参数设置如下图所示。注意选中【菲涅尔反射】复选框。将该材质赋予第一个茶壶模型。

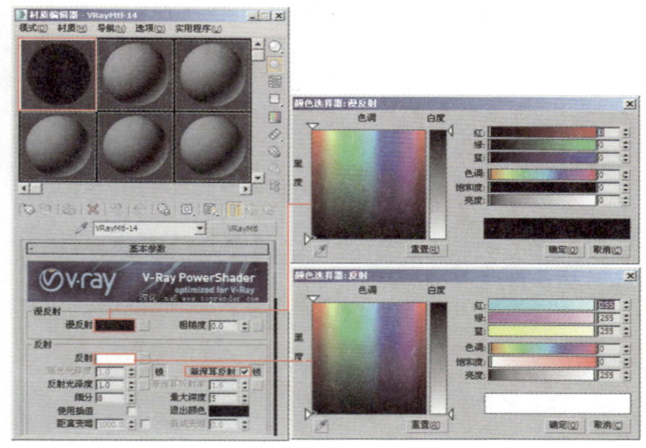

■ 8）按 M 键打开材质编辑器，选择一个空白的材质样本球，单击 Standard 按钮，在弹出的 材质编辑器 对话框中同样选择 VRayMtl 材质样式。在 VRayMtl 参数面板，参数设置如下图所示。

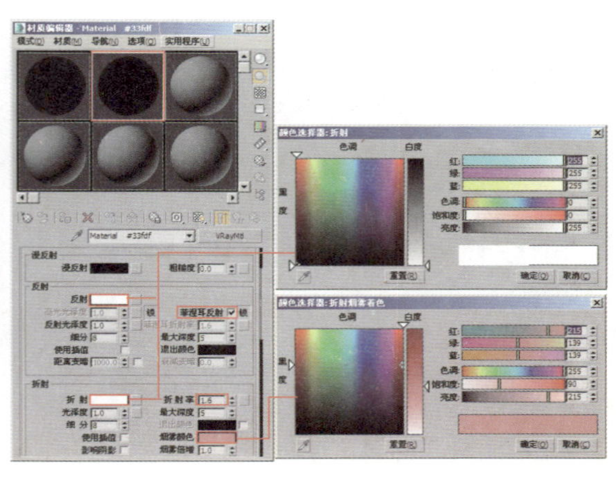

■ 9）将该材质赋予第一个茶壶模型。设置背景物体和反光板物体为普通的白色材质。

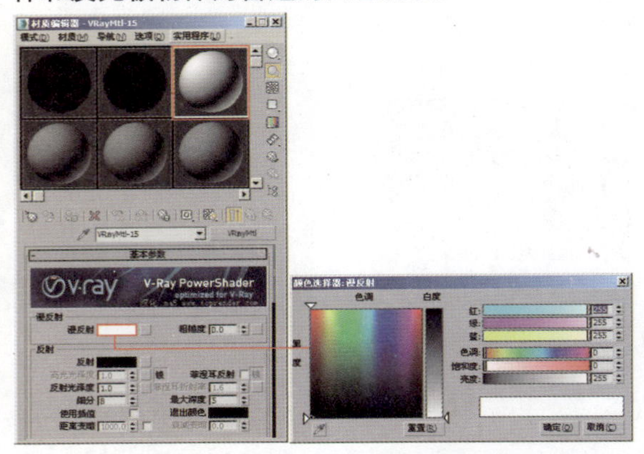

■ 10）按F10键打开 渲染设置: V-Ray Adv 2.10.01 对话框，进入 VR_基项 选项卡，在 V-Ray:: 图像采样器(抗锯齿) 卷展栏中设置图像采样参数，如下图所示。

V-Ray:: 图像采样器(抗锯齿)
图像采样器
类型: 自适应DMC
抗锯齿过滤器
开启 Catmull-Rom 具有显著边缘增强效果的 25 像素过滤器。
大小: 4.0
V-Ray:: 自适应DMC图像采样器
最小细分: 1 颜色阈值: 0.01 显示采样
最大细分: 4 使用DMC采样器阈值

■ 11）在 V-Ray:: 间接照明(全局照明) 卷展栏中设置间接光照参数，如下图所示。

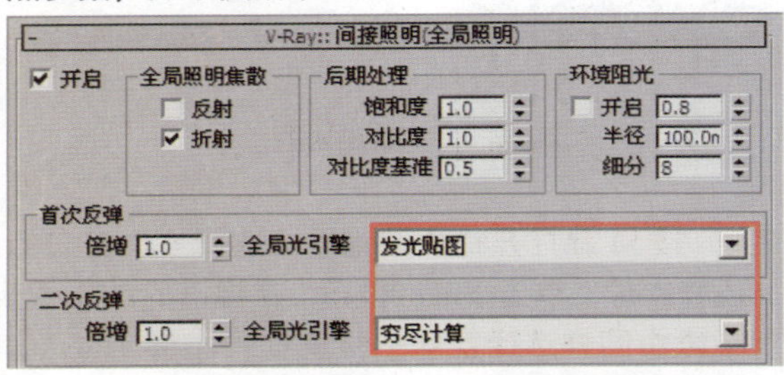

■ 12）在 V-Ray:: 发光贴图 卷展栏中设置发光贴图参数，如下图所示。

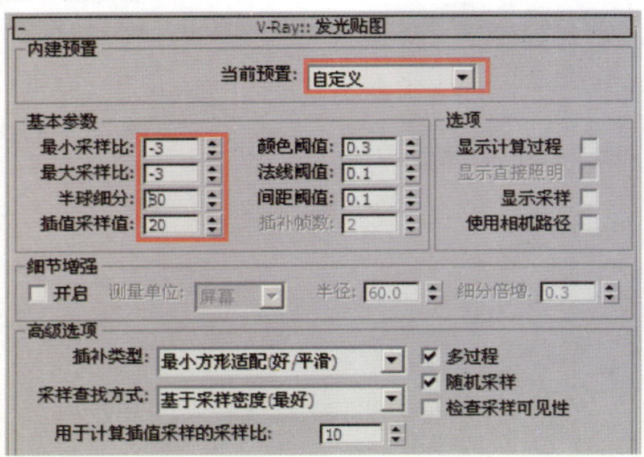

■ 13）在 V-Ray:: 颜色映射 卷展栏中设置颜色贴图，如下图所示。

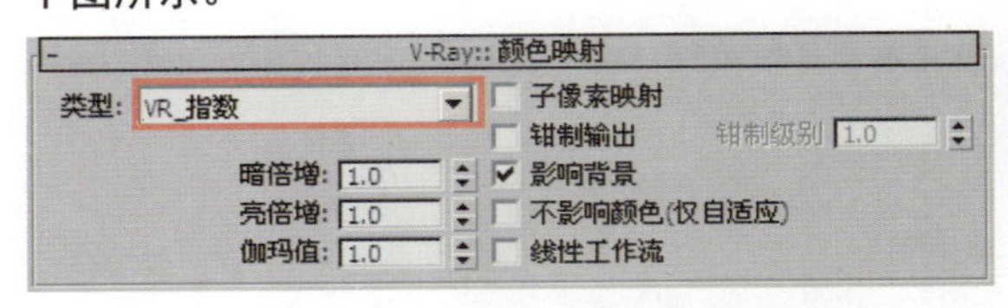

■ 14）单击 渲染 按钮渲染场景，渲染效果如下图所示。

7.2 VR_发光材质

【VR_发光材质】是一种灯光材质，通过给基本材质增加全局光效果来达到自发光的目的，比如制作一个有体积的发光体（日光灯管）。下图所示是该材质的参数面板。

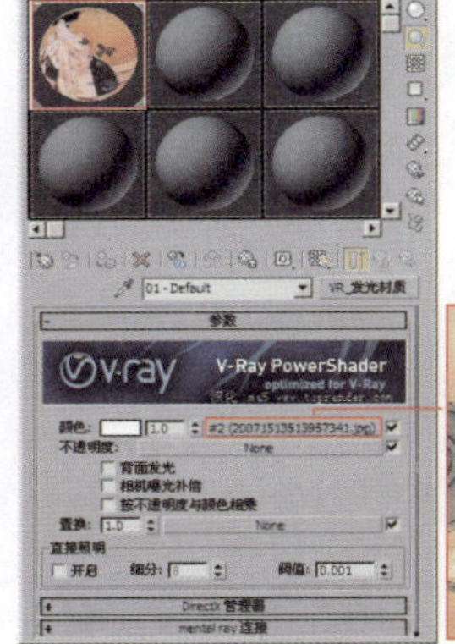

颜色：当没有设置贴图时，该拾色器对材质的光线起决定性作用。下图所示为不同颜色测试效果。

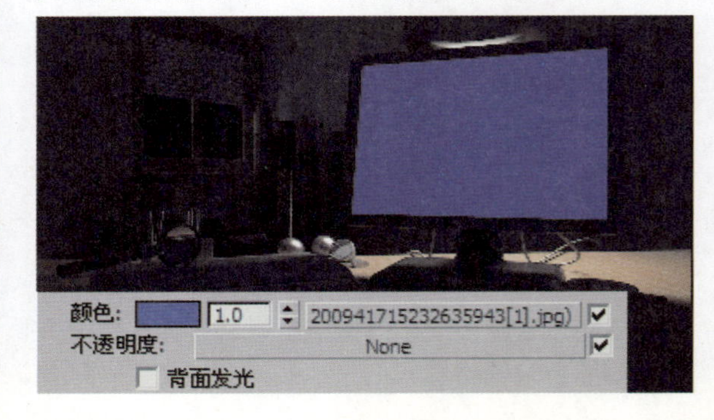

倍增值：设置颜色的发光效果倍增。

下图所示为不同倍增值测试效果。

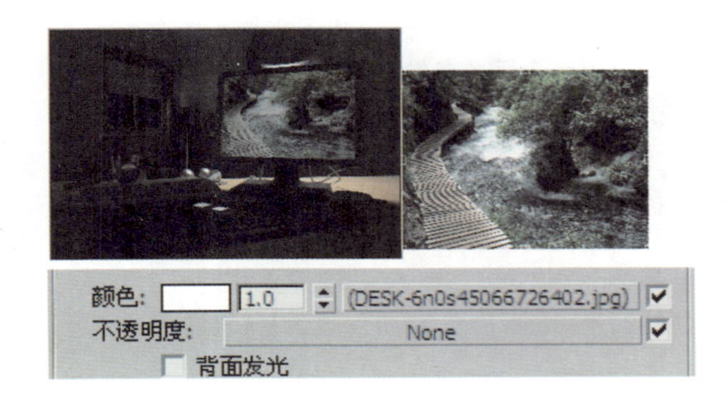

贴图：可以设置各种作为发光材质的贴图。

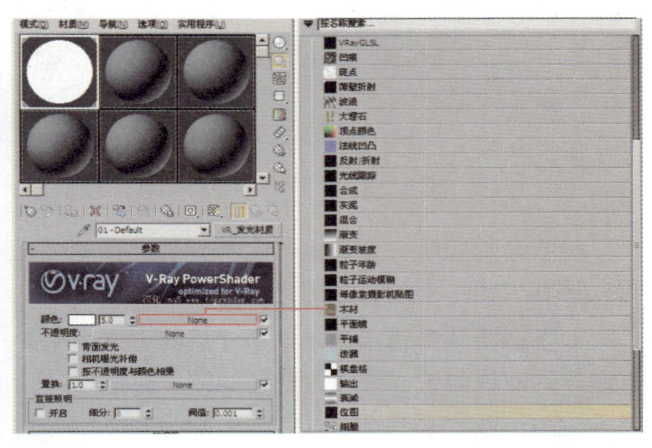

7.3 VR_材质包裹器材质

VRay渲染器也提供了一个专用材质，即【VRay_材质包裹器】材质，它可以嵌套VRay支持的任何一种材质类型，并且可以有效地控制VRay的光能传递和接收。【VR_材质包裹器】材质还可以控制阴影贴图（这个功能类似3ds Max内置的 无光/投影 材质，因为在VRay渲染器中 无光/投影 是不可用的）。【VR_材质包裹器】材质最大的好处是可以控制色散（色溢现象），或者可将它指定给天空球体，利用嵌套的3ds Max标准材质的自发光或【VR_发光材质】来照亮场景。【VR_材质包裹器参数】卷展栏如下图所示。

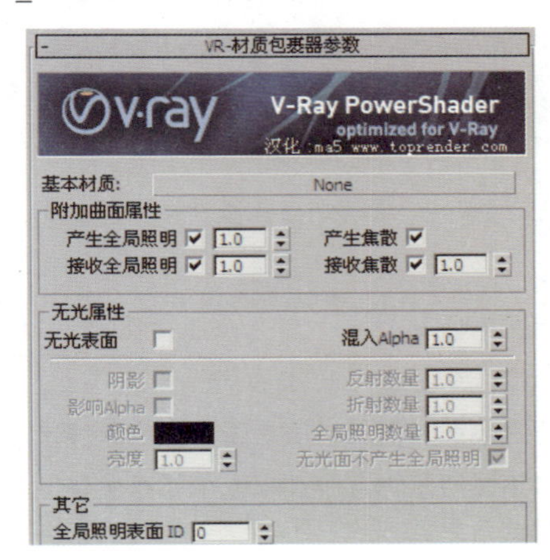

基本材质：设置用于嵌套的材质。

产生全局照明：设置产生全局光及其强度（也可以将其关闭，不产生全局光效果）。

如下图所示为选中【产生全局光照】复选框后不同的参数值测试效果（这里将【基本材质】设置为【VR_发光材质】）。

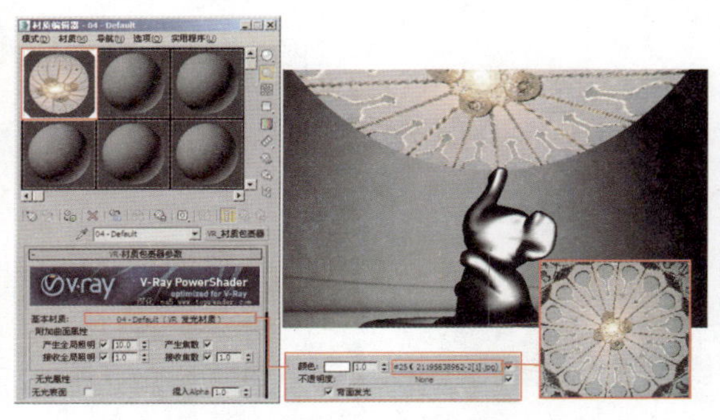

接收全局照明：设置接收全局光及其强度（也可以将其关闭，不接收全局光效果）。

如下图所示为选中和未选中【接收全局照明】复选框的效果测试（请注意物体的效果变化）。

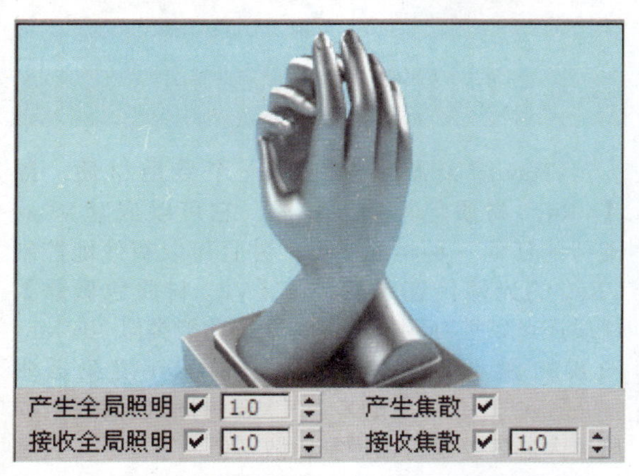

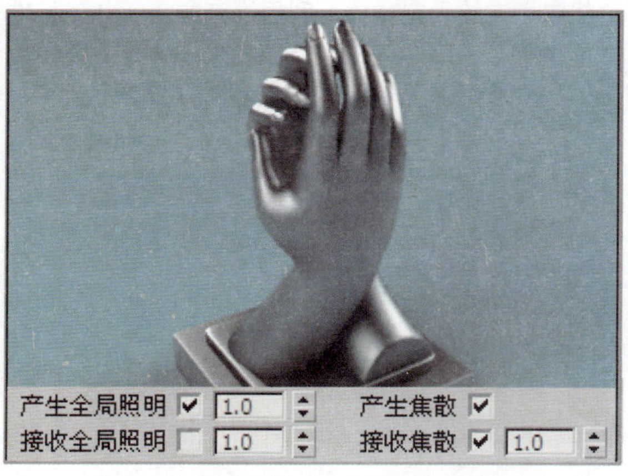

产生焦散：设置材质是否产生焦散效果。

如下图所示为选中和未选中【产生焦散】复选框的测试效果。

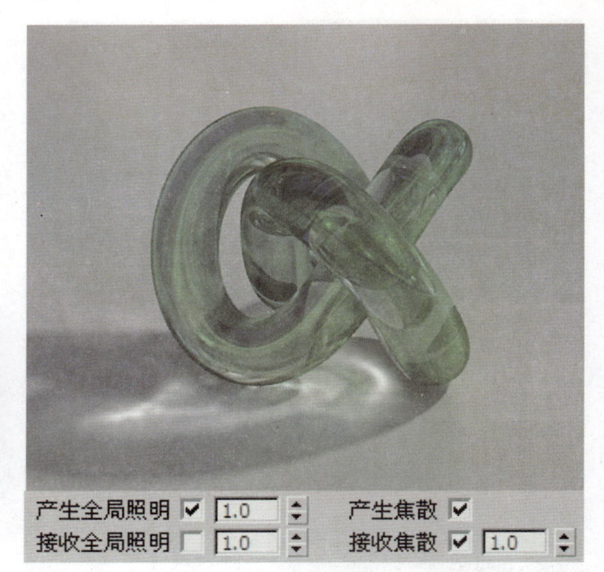

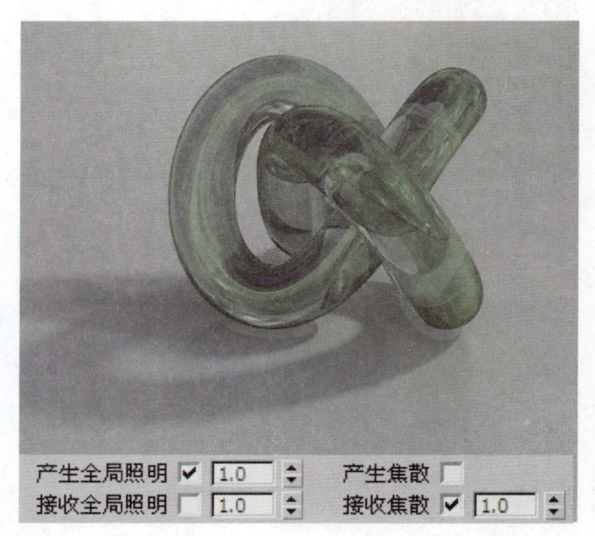

接收焦散：设置材质是否接收焦散效果。

注意：这两个选项与【产生全局照明】和【接受全局照明】基本相似，用于控制场景中某个物体产生或接收焦散效果的选项。

焦散倍增器：设置焦散效果的产生和接收强度。

【天光属性】选项区域设置物体表面为具有阴影遮罩属性的材质。选中【天光表面】复选框后该选项区域下面的参数才有效。【阴影】和【影响Alpha】两个参数比较重要。

阴影：使物体仅留下阴影信息。

影响 Alpha：遮罩信息影响通道效果。

如下图所示为一个 3ds Max 场景文件，设置其背景为一幅贴图，3ds Max 场景文件是一个普通材质的背景，用【VRay_材质包裹器】材质进行了包裹。

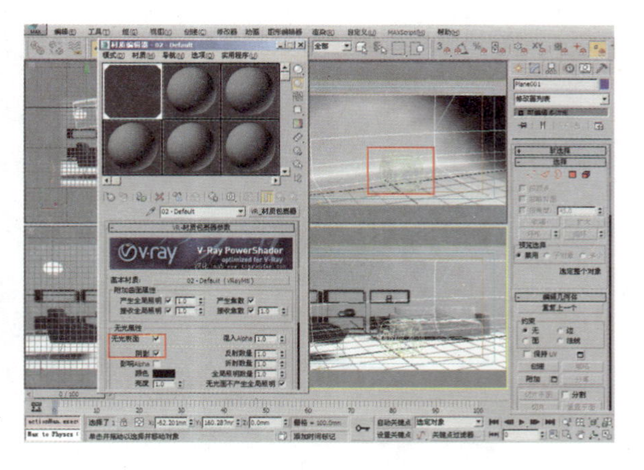

渲染后的效果如下图所示。

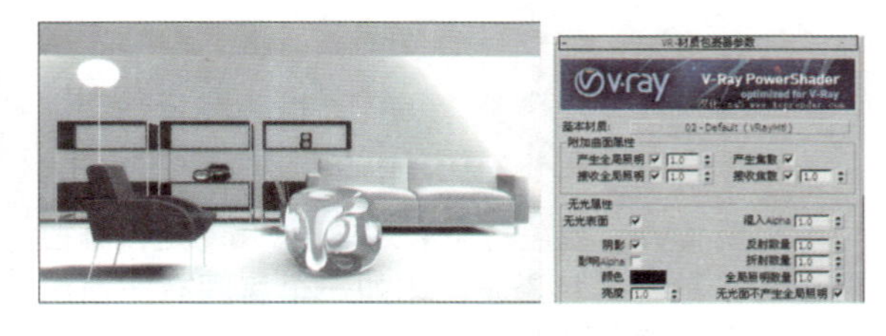

如下图所示为未选中【天光表面】复选框的效果。

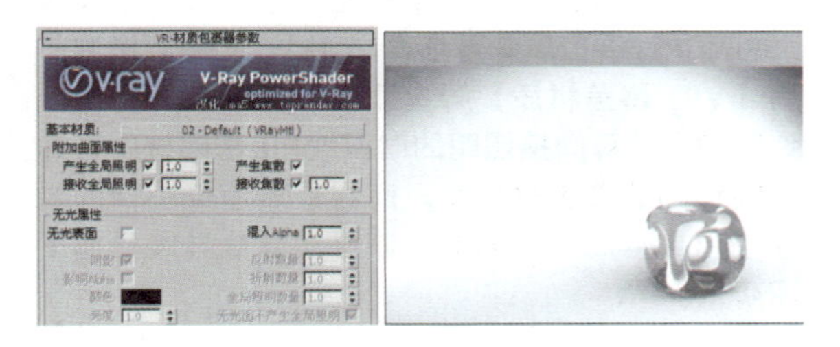

7.4 VR_双面材质

【VR_ 双面材质】类型是 VRay 专用的材质，用于表现两面不一样的材质贴图效果，可以设置其双面相互渗透的透明度。这个材质非常简单易用，材质设置卷展栏如下图所示。

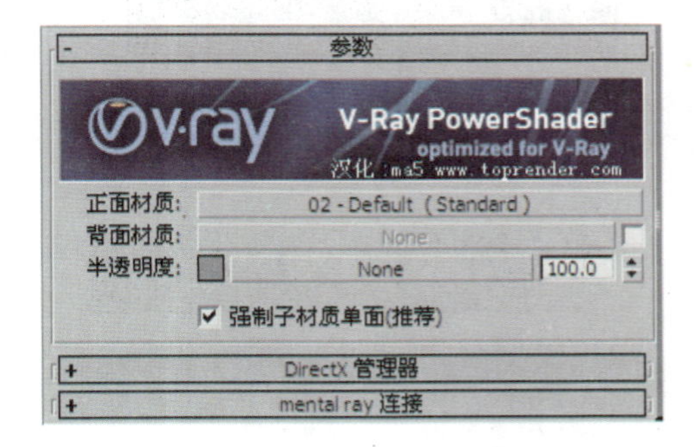

正面材质：设置物体前面的材质为任意材质类型。

背面材质：设置物体背面的材质为任意材质类型，选中右侧的复选框后即可设置背面材质。下图所示为物体的双面材质效果。

半明度：设置两种材质的透明度，取值 0 表示不透明，参数越高越透明。如下图所示为不同的透明度测试效果。

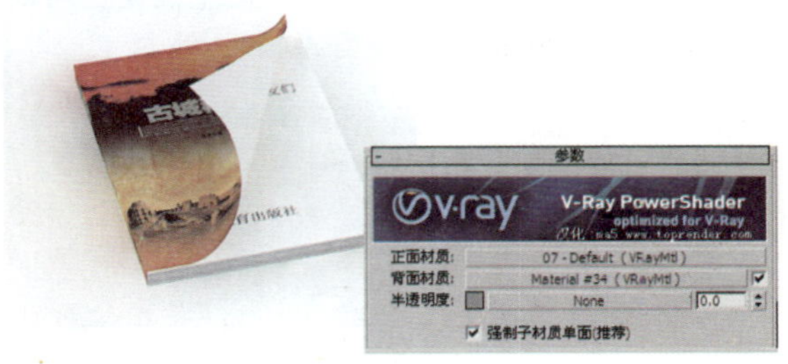

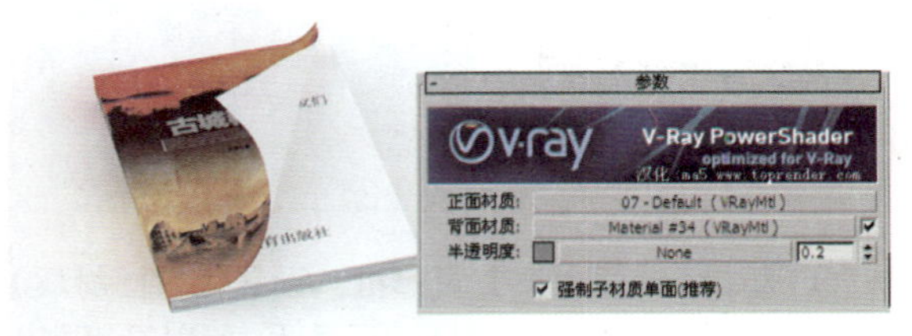

下面制作一个双面材质的实例。

■ 1）打开 Ch09\Scenes\vray-2sided.max 场景文件，这是一个书籍的场景，贴图已经设置完毕。最上面的一本书已经翻开了一页，我们要表现它的双面材质效果。

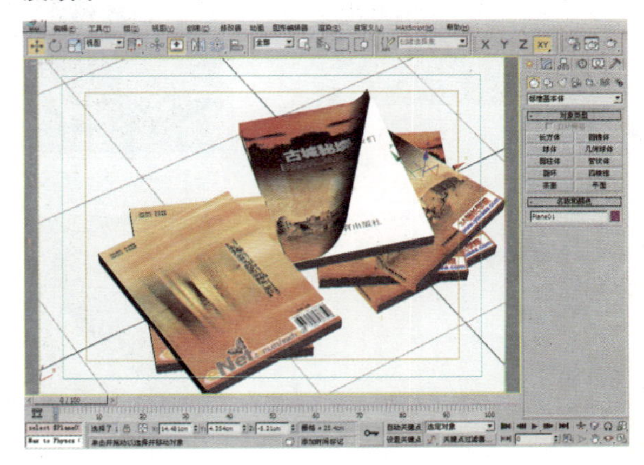

■ 2）选择最上面一本书的封面物体。按 M 键打开材质编辑器，单击按钮吸取封面物体的材质，我们现在要修改这个材质为双面材质。

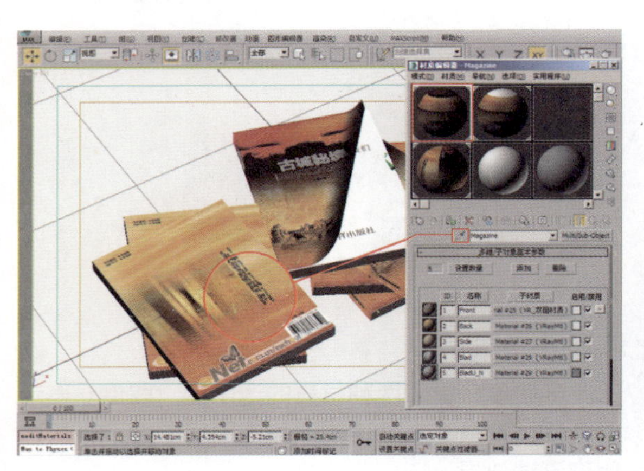

■ 3）单击 VRayMtl 按钮，打开【材质/贴图浏览器】对话框，选择 VR_双面材质 材质类型。

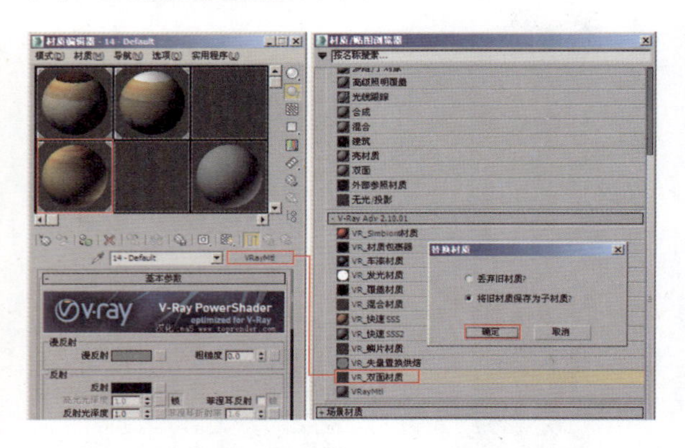

■ 4）选中【背面材质】复选框，设置【背面材质】为一种浅纸色。本例中的封面不透明，所以设置【半透明度】为 0。

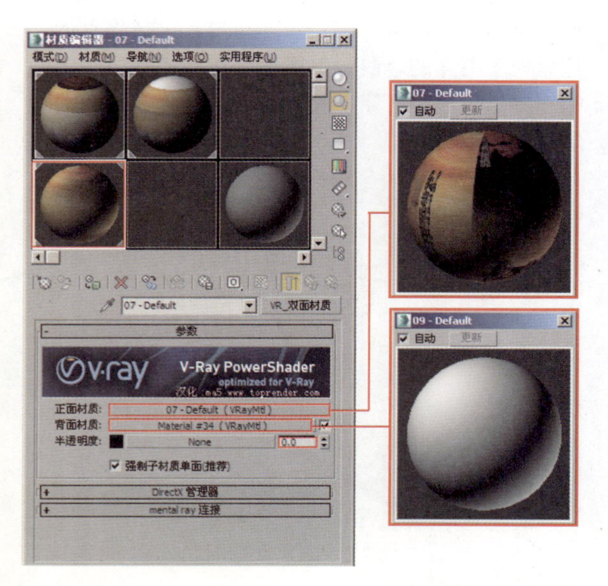

■ 5）渲染摄影机视图，将看到一个双面材质的封面效果，效果如下图所示。

7.5 VR_覆盖材质

出现【VR_覆盖材质】之前，VRay 是很难控制色彩扩散的（色溢），比如一个房间有一面积很大的蓝色墙壁，那么整个屋子都会泛蓝，这是没办法改变的，除非先把它改成白色计算光照贴图，然后再改回蓝色渲染成图，这样做非常麻烦（FinalRender 渲染器很早就有这个控制了）。而【VR_覆盖材质】解决了这个问题。GI 材质允许我们在计算间接照明的时候使用【基础材质】(如上面讲到的白色材质），而在最后渲染图像的时候使用【全局光材质】，该材质参数卷展栏如下图所示。

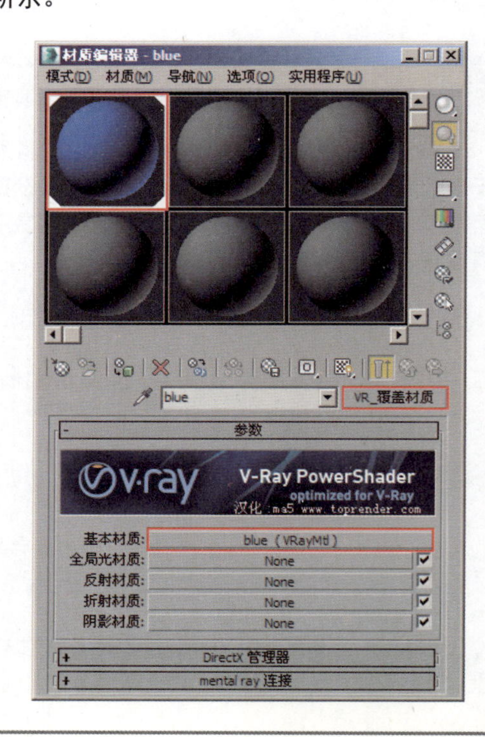

基本材质：表现物体质感的材质。

全局光材质：用于进行全局光照计算的材质，这个材质一般情况下是使用【基本材质】复制来的，只是改变其颜色。

下面通过一个实例来学习并研究【VR_覆盖材质】的用法。

■ 1）首先打开 Ch09\Scenes\Blur.max 文件，这是有一面蓝色墙壁的场景，其他的白色墙壁和地面被蓝色墙面影响比较严重，如下图所示。

■ 2）下面使用【VR_覆盖材质】控制蓝色墙面的色溢。将蓝色材质更改为【VR_覆盖材质】类型（保留蓝色材质为基本材质），如下图所示。

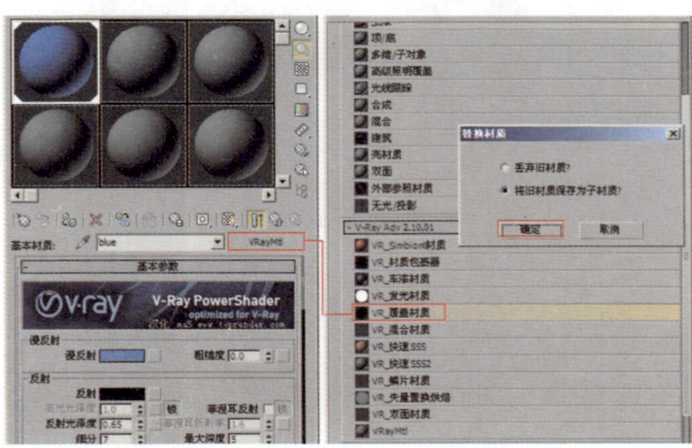

■ 3）将【基本材质】复制一份到【全局光材质】上，并将【全局光材质】的蓝色修改为白色，如下图所示。

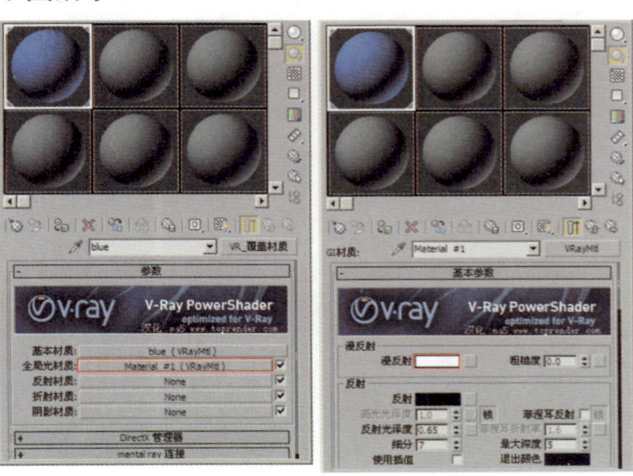

■ 4）现在重新渲染场景，蓝色墙壁对四周白色墙壁的影响消失了，如下图所示。

真实世界中物体对周围的颜色影响是存在的，所以需要给【全局光材质】材质设置轻微的蓝色，既可控制色溢，又可达到真实效果，如下图所示。

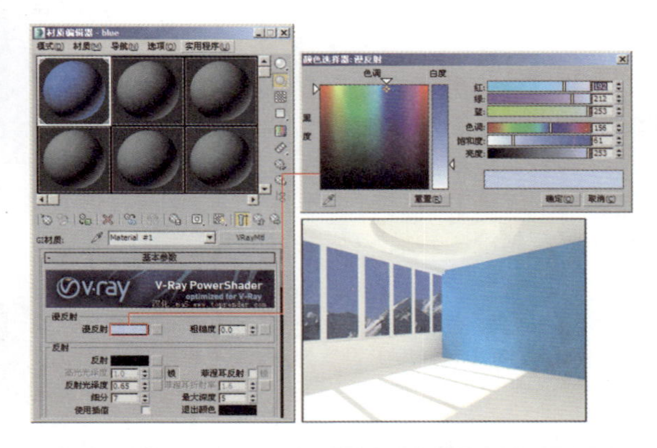

7.6 VR_贴图

【VR_贴图】的主要作用就是在 3ds Max 标准材质或第三方材质中增加反射/折射，其用法类似于 3ds Max 中光线跟踪类型的贴图，在 VRay 中是不支持这种贴图类型的，需要使用的时候以 VR_贴图代替。

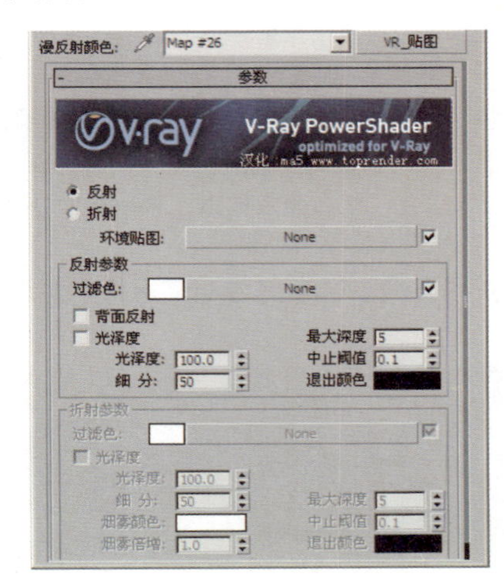

反射：选择它表示 VR_ 贴图作为反射贴图使用，相应地下面的参数控制组也被激活。

折射：选择它表示 VR_ 贴图作为折射贴图使用，相应地下面的参数控制组也被激活。

环境贴图：允许用户选择环境贴图。如下图所示，左图是在环境贴图上使用了 HDRI 贴图的效果，右图是没有贴图的效果。

【反射参数】选项区域在使用反射类型的时候被激活。

过滤色：用于定义反射的倍增值，白色表示完全反射，黑色表示没有反射效果。

在背面反射：强制 VRay 在物体的两面都反射。

【光泽度】选项组：用于打开或关闭光泽度（实际上是反射模糊效果）效果的产生。

▼ 光泽度：控制材质表面的光泽度，值为100表示没有反射模糊，值为0表示产生一种非常模糊的效果。如下图所示是将【光泽度】设置为80和100的效果对比。

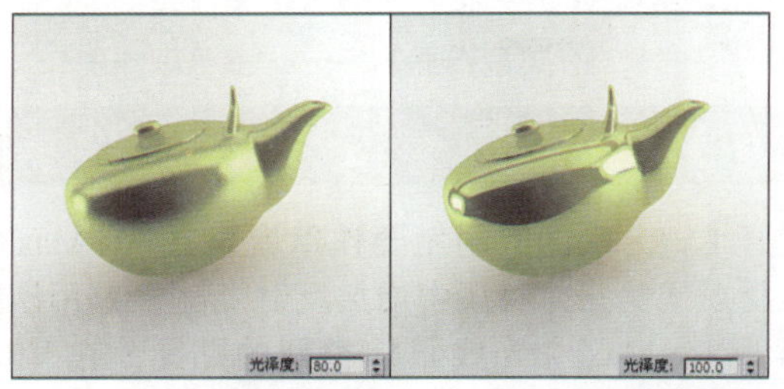

▼ 细分：定义场景中用于计算材质反射模糊的采样数量。

▼ 最大深度：定义反射完成的最多次数。

▼ 中止阈值：一般情况下，对最终渲染图像影响较小的反射是不会被追踪的，这个参数用于定义这个极限值。

▼ 退出颜色：定义在场景中光线反射达到最大深度的设定值以后会以什么颜色被返回来，此时并不会停止追踪光线，只是光线不再反射。

【折射参数】选项区域在使用折射类型的时候被激活。

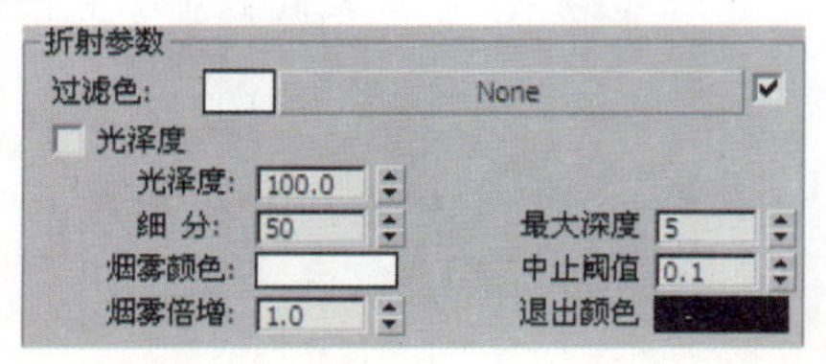

▼ 烟雾颜色：设置半透明的颜色（次表面散射效果），比如玉石效果的透光色。

▼ 烟雾倍增：设置雾颜色倍增值，取值越小，则物体越透明。

其他参数与上面讲的反射参数含义基本一样。

下面学习一种黄金材质的做法，巩固一下所学的【VR_ 贴图】知识。

■ 1）首先打开 Ch09\Scenes\studiosetupfree.max 场景文件，这是一个渲染器、灯光和模型已经设置好的场景，效果如下图所示。

■ 2）按 M 键打开材质编辑器，选择一个空白样本球，设置基本材质颜色为黄金色。

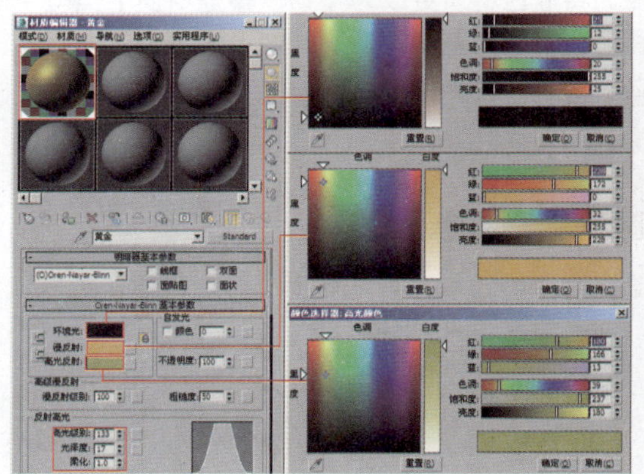

■ 3）在【贴图】卷展栏中单击【反射】旁边的 None 按钮，在弹出的 材质/贴图浏览器 对话框中设置材质样式为 VR_贴图，参数设置如下图所示。

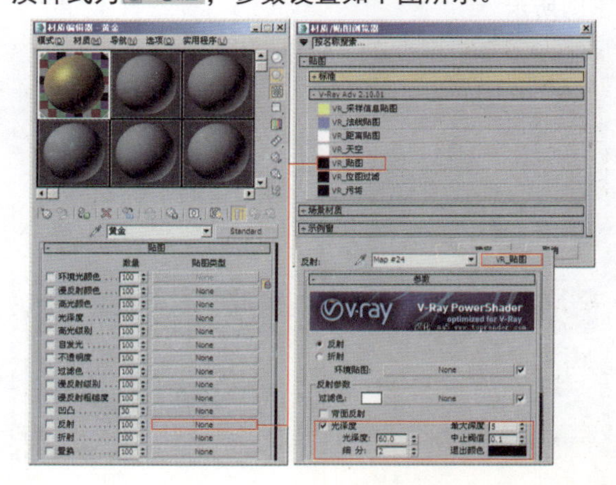

■ 4）将该材质赋予茶壶物体，渲染效果如下图所示。在 VRay 渲染器中，【VR_ 贴图】材质代替了过去 3ds Max 自带的【光线跟踪】材质。

■ 5）为了让物体反射真实的环境，需要设置一个 HDRI 贴图给反射环境。在【VR_ 贴图】材质面板中单击【环境】旁边的 None 按钮，在弹出的 材质/贴图浏览器 对话框中设置贴图样式为 VR_HDRI，设置一个 HDRI 贴图，参数设置界面如下图所示。

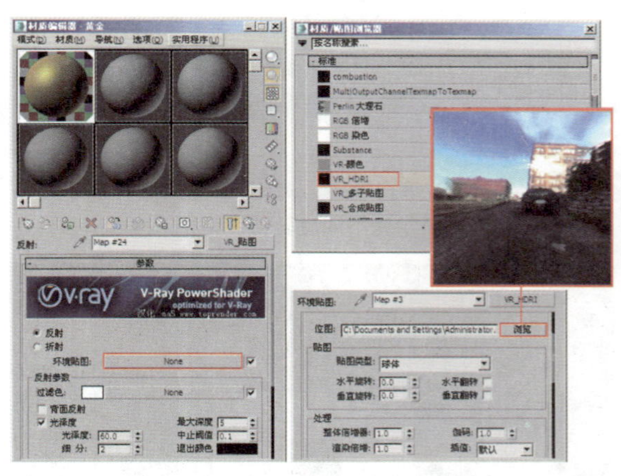

真实环境的反射渲染效果如下图所示。在这里 HDRI 只影响该贴图的反射，对光照效果和其他贴图不产生影响。

7.7 VR_HDRI贴图

HDRI 贴图类型只支持 .hdr 文件，其他格式的贴图文件虽然可以调用，但不能起到照明的作用。HDRI 文件是一种高动态范围图像，HDRI 全名是 High Dynamic Rang Image，简单地说，就是带有颜色亮度信息的图片格式。它具备常规图片所不具备的现实世界的亮度信息。使用 HDRI 图片作为照明，可以使场景非常接近真实世界的亮度范围，照明效果极其逼真，因此在近几年成为 CG 行业当中的热点。在 3ds Max 6 推出时，已经正式支持 HDRI 文件，不再需要任何插件。VRay 对 HDRI 支持得很好，我们只需选择 Bitmap 贴图类型，将文件类型改为 .hdr 即可启用 HDRI 文件。

当使用 HDRI 作为天空光的光源时，整个场景能够被这幅图片照亮，在 HDRI 中的灯光能够被当作真实灯光对待，像真实灯光一样投射阴影，下图所示为 HDRI 模拟光效和背景。

VRay-HDRI 参数设置面板如下图所示。

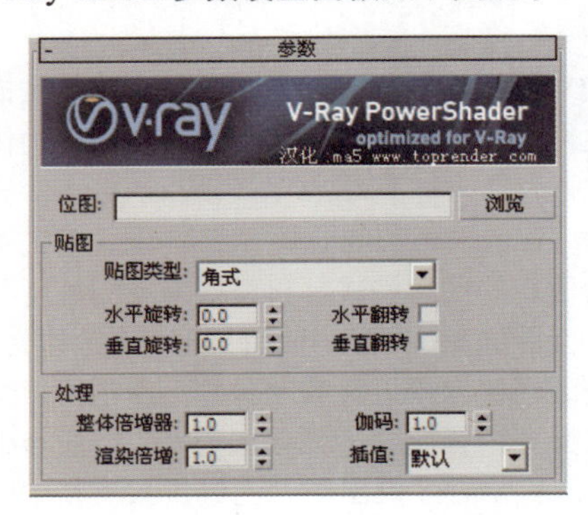

浏览：单击该按钮可设置 HDRI 贴图。

【处理】选项区域：用于调节整体照明强度。

下图所示为 HDRI 图像，以及为 HDRI 设置不同倍增值的测试效果。

▼ 水平旋转/垂直旋转：对HDRI图像进行水平和垂直旋转。如下图所示为不同旋转值测试图。

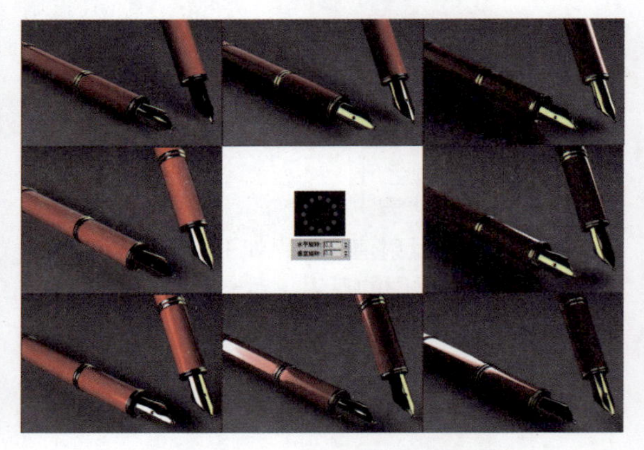

▼ 水平翻转/垂直翻转：将HDRI图像进行水平或垂直翻转。

▼ 贴图类型：以前网上免费下载的HDRI都要经过使用HDRI Shop转换成经纬线后才可以使用。但是在【VR_HDRI贴图】中提供了【贴图类型】下拉列表，可以根据使用的HDRI格式进行正确的选择，包括【角式】、【立方体】、【球体】、【反射球】和【3ds Max标准的】贴图通道样式。

下面通过一个实例来学习 HDRI 贴图的用法，让一个三维物体站在 HDRI 贴图中的地面上。在这里将解决 HDRI 灯光、镜头匹配和阴影这 3 个问题。

■ 1）首先打开 3ds Max 2015，按 F10 键打开【渲染设置】对话框，设置 VRay 为当前渲染器。在 V-Ray:: 全局开关 卷展栏中取消选中【默认灯光】复选框，使用 HDRI 进行照明。

■ 2）在 V-Ray:: 间接照明(全局照明) 卷展栏中选中【开】复选框，打开间接照明功能，这样就产生了光线二次反弹效果，也就是全局光。

■ 3）在 V-Ray:: 环境 卷展栏中设置环境照明为【VR_HDRI】贴图样式，如下图所示。

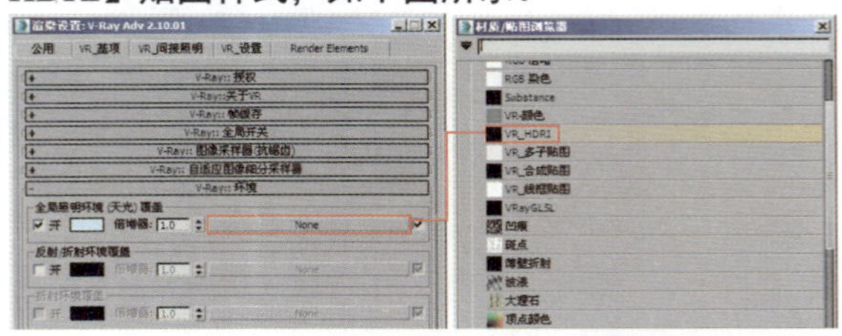

■ 4）按 M 键打开材质编辑器，将 V-Ray:: 环境 卷展栏中的【VR_HDRI】贴图拖到一个空白样本球上进行关联复制。单击 VRay-HDRI 材质设置对话框中的 浏览 按钮，设置贴图为 Ch09\Maps\galileo_probe.hdr 文件，如下图所示。

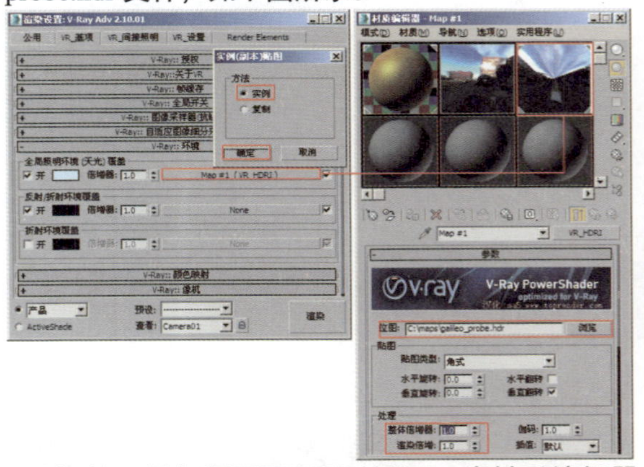

■ 5）按 8 键打开 环境和效果 对话框，将材质编辑器的【VR_HDRI】材质拖到【环境贴图】按钮上进行关联复制，这样做的目的是让背景使用与场景照明一致的图像。

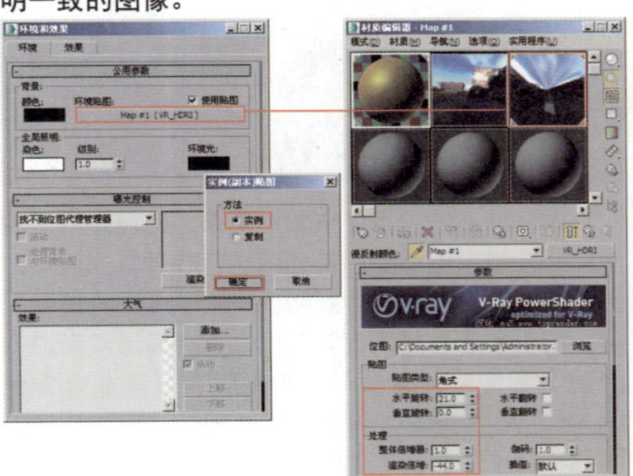

■ 6）下面在视图中制作场景，制作前需要显示正确的 HDRI 图像作为参照物。按快捷键 Alt+B 打开 视口背景 对话框，选中【使用环境背景】复选框，然后选中【显示背景】复选框并激活【所有视图】选项，使背景视图显示 HDRI 图像。

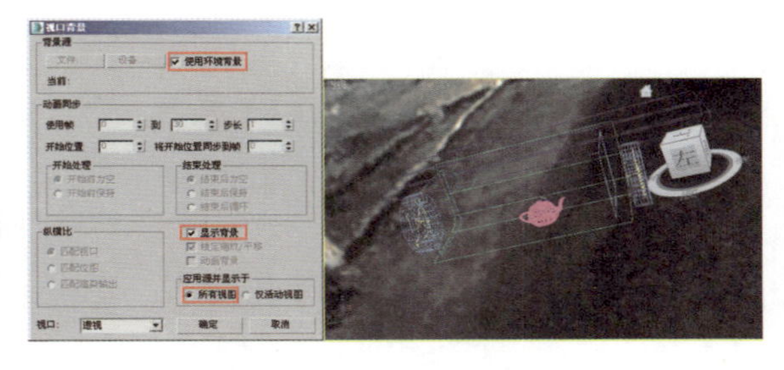

■ 7）选择主菜单中的【创建 > 摄影机】命令，在当前视角建立相应的摄影机。

■ 8）下面要制作一个匹配地面，用于场景的参考。用、、等工具找到一个易于匹配的地面参照物，比如本例中的地毯。建立一个平面物体，移动旋转使其与地毯位置吻合。

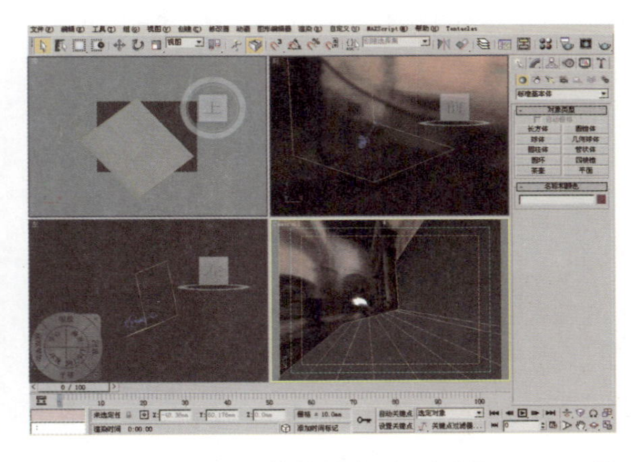

■ 9）匹配【平面】的位置之后，用、、等工具或用【VR_HDRI】材质卷展栏中的【水平旋转】和【垂直旋转】参数得到满意的视图效果。此时看平面物体已经作为地面物体存在了。

下面在场景中建立一个雕塑，使其站立在宫殿的地面上，由于地面进行了位置匹配，也就是说可以让雕塑站立在平面物体上。

■ 10）导入一个雕塑物体，此时雕塑物体和地面没有对齐。单击工具栏中的按钮，再单击平面物体，打开对齐对话框，先进行方向对齐。

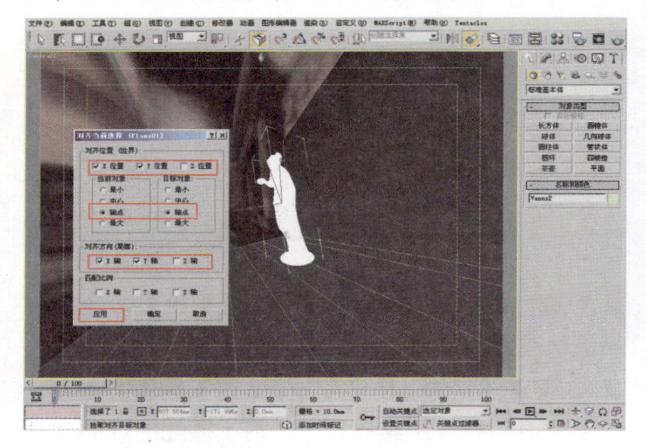

■ 11）再让雕塑的底座与地面对齐。

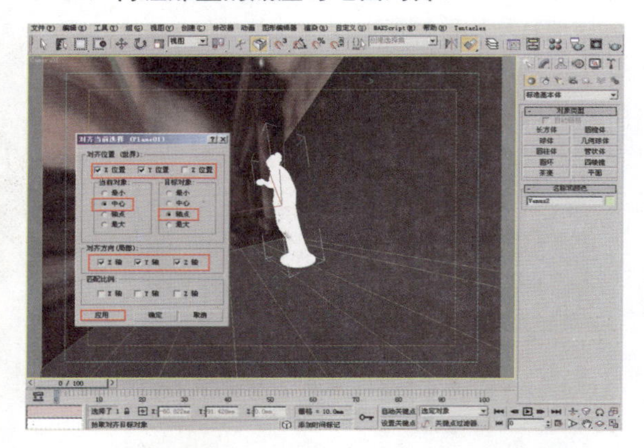

■ 12）给雕塑设置普通的白色材质（这样可易于观察灯光效果），将平面物体隐藏后渲染视图，效果如下图所示。雕塑很准确地站在 HDRI 贴图中的地面上了。下面要解决阴影问题，需要为平面物体设置阴影遮罩属性的材质，但雕塑右边的墙壁上应该有雕塑透射的阴影。

■ 13）解决办法是修改平面物体的形状。将平面物体塌陷为多边形物体，然后调整其节点位置。这样的形状足以产生墙壁上的投影了，为了让投影更加完整，可以让雕塑底座稍微上移一点，不要和平面物体交叉。

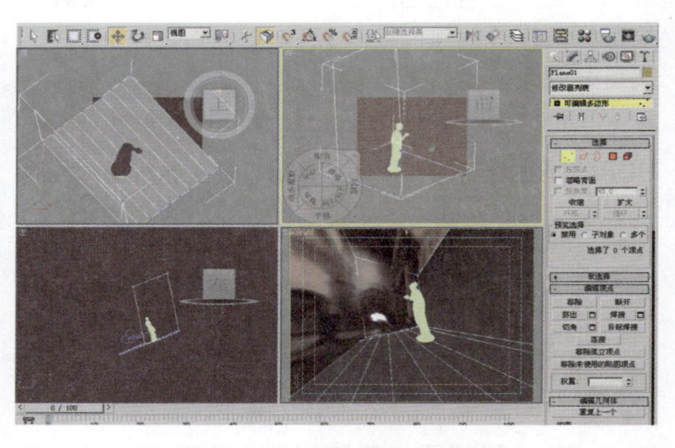

■ 14）为平面物体设置阴影遮罩属性的材质，制作方法可以在前面的 VRay_ 材质包裹器材质一节中找到，下图所示为具体的参数。

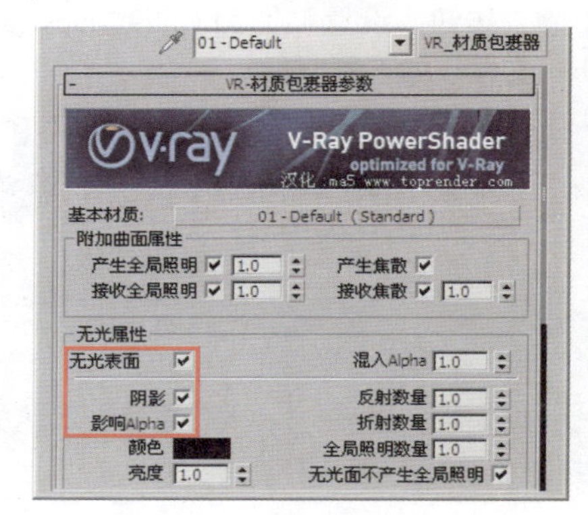

■ 15）最终渲染效果如下图所示。

本例涉及的技术环节较为复杂，纯粹是为了教学。一般情况下配合场景光源进行辅助灯光照明，因为场景完全用 HDRI 照明会产生较多的噪波及黑斑；有时用于材质的反射贴图（适合只渲染带通道的前景物体），背景环境用得很少（除非是专业 HDRI 图像仪器制作的高分辨率图像，我们经常用的都是网上下载的免费图像文件，分辨率很低）。

7.8 VR_线框贴图

【VR-线框贴图】非常简单，其效果类似于3ds Max的线框材质。【VR_线框贴图】的优点是可以选择渲染隐藏边，3ds Max的贴图不可以。但是它和3ds Max的线框材质不同的是它是一种贴图，因此可以创建一些特殊效果。

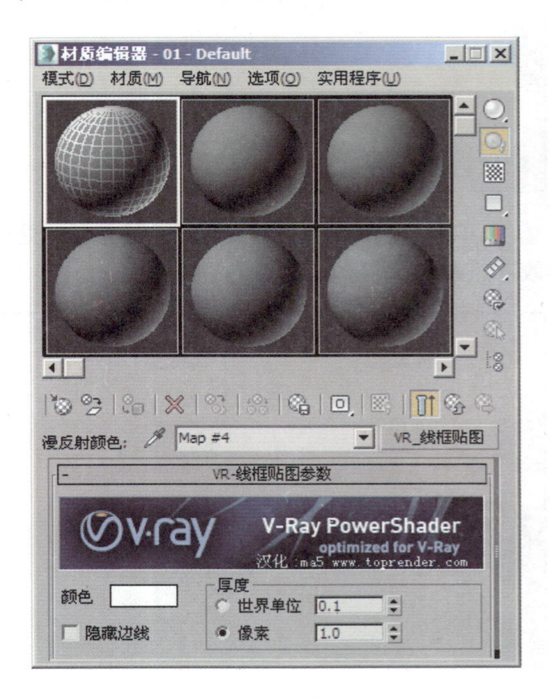

颜色：用于设置边的颜色。

隐藏边线：选中此复选框的时候将渲染物体的所有边，否则仅渲染可见边。

厚度：定义边线的厚度，使用【世界单位】或【像素】来定义。

下面学习制作特殊的室内效果。这个例子需要分别对前后景进行渲染，然后通过Photoshop进行效果合成，制作出结构效果图。

■ 1）打开Ch07\Scenes\07.max场景文件。默认情况下渲染效果如下图所示，是一个普通的效果图。现在需要表现其空间网格结构，让前景沙发产生透明线框的效果，和房间融为一体。

■ 2）将前景沙发物体隐藏后进行渲染，效果如下图所示。

■ 3）给前景沙发和背景物体不同的黑白纯色材质，渲染出带通道的图，如下图所示。

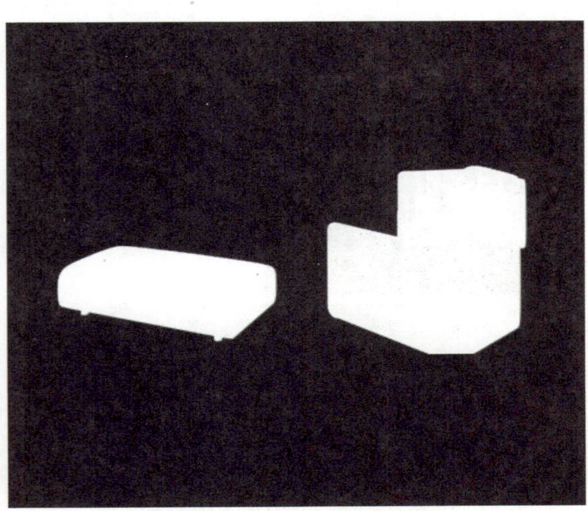

■ 4）在 Photoshop 中合成前景沙发和背景图像（用通道作为抠像），让沙发产生半透明效果，如下图所示。

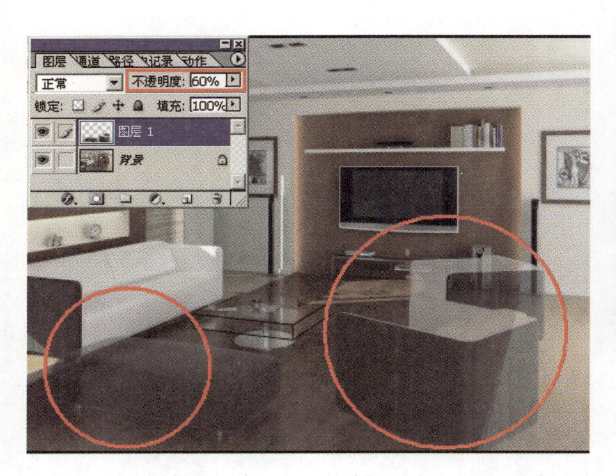

■ 5）在 3ds Max 中设置【VR_线框贴图】，用于渲染背景的线框通道，如下图所示。

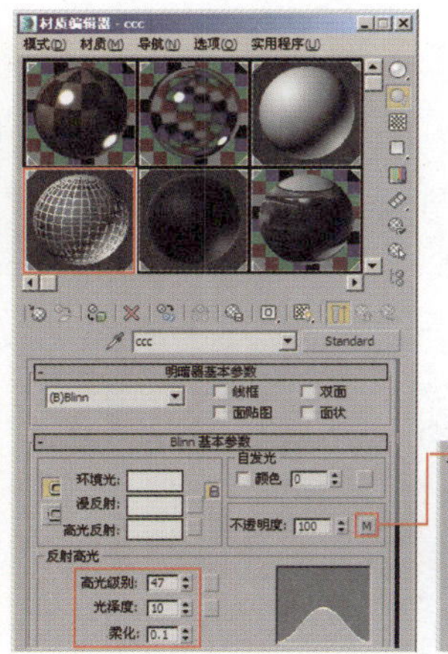

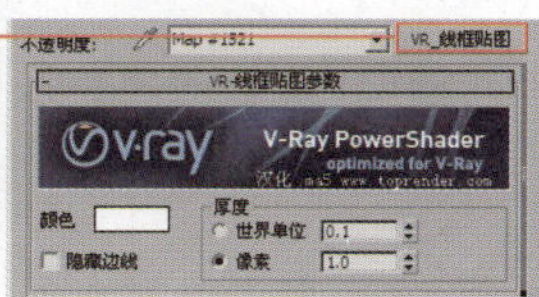

■ 6）渲染的线框通道用在 Photoshop 中对背景图像进行选择，如下图所示。

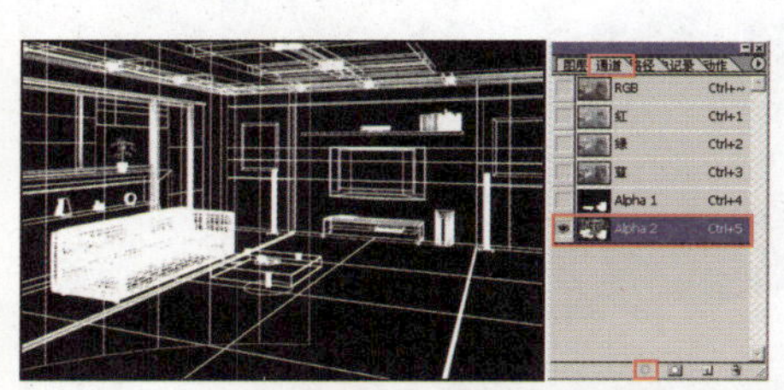

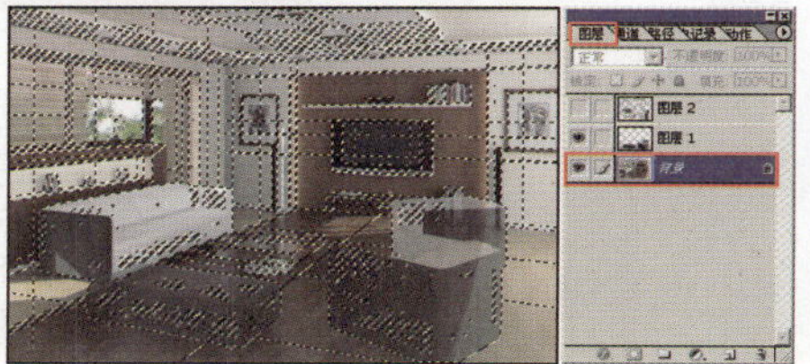

■ 7）按快捷键 Ctrl+H 隐藏选择虚线，选择【图像 > 调整 > 曲线】命令进行亮度变换，如下图所示。

■ 8）下图所示为减选了沙发处密集线条后的处理效果，更具艺术效果。

■ 9）下一步就要处理前景的沙发线条了。渲染前景沙发线框通道，用于给前景沙发图层处理亮度变换，效果如下图所示。

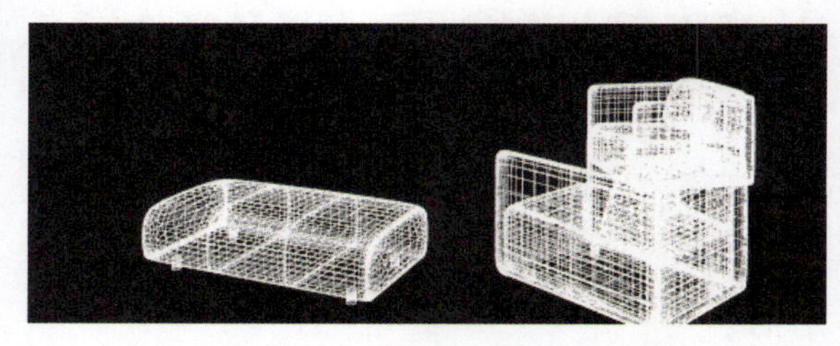

第8章 宽敞简约洗手间效果图

本章介绍一款宽敞简约洗手间的设计方案。场景的旁边有宽大的窗户，方便阳光照射进来。整幅场景采用横向构图。场景材质以陶瓷材质和不锈钢材质为主，营造出干净、整洁的视觉效果；再加上宽大的窗户背景，使整个洗手间场景显得宽敞明亮。场景整体既让人感觉清新，又能让人感觉到丝丝温暖。

场景最终渲染效果图和模型渲染效果图如下图所示。

场景空间的灯光布局如下图所示。

配色应用：

制作要点：

■ 1.通过制作本例来体验VRay渲染器强大的渲染功能。

■ 2.学习洗手间材质的设置和搭配。

■ 3.了解场景窗口暖色补光灯光的设置方法。

最终场景：Ch08\Scenes\ 宽敞简约洗手间 ok.max

贴图素材：Ch08\Maps

难易程度：★★★☆☆

8.1 测试渲染设置

对采样值和渲染参数进行最低级别的设置，可以达到既能够观察渲染效果，又能快速渲染的目的。下面进行测试渲染的参数设置。

■ 1）打开 Ch08\Scrnrs\ 宽敞简约洗手间 .max 文件。这是一个洗手间的场景模型，场景内的模型包括墙体、地板、穿衣镜、水槽、坐便器、花瓶，以及一些摆设品。

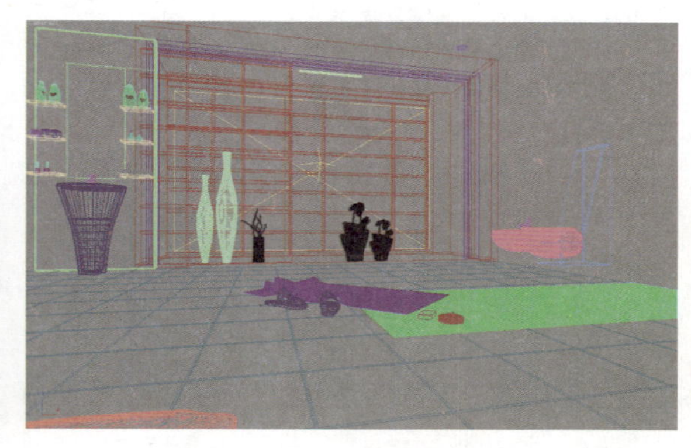

■ 2）按 F10 键打开渲染设置对话框，首先设置【V-Ray Adv 1.50.SP2】为当前渲染器，如下图所示。

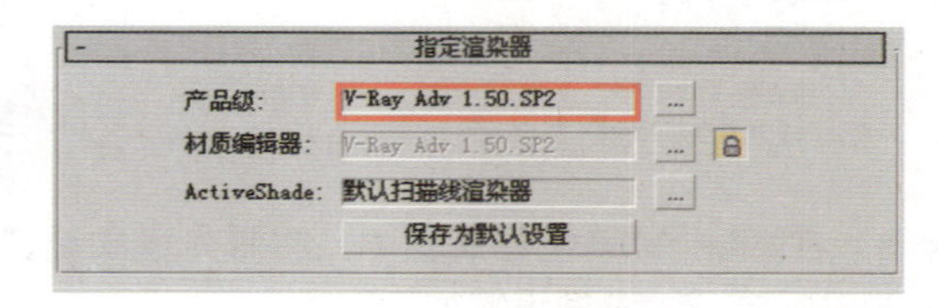

■ 3. 在 V-Ray:: 全局开关 卷展栏中设置总体参数。因为要调整灯光，所以在这里关闭了默认的灯光 默认灯光，以及 反射/折射 和 光泽效果，后面这两项都是非常影响渲染速度的。

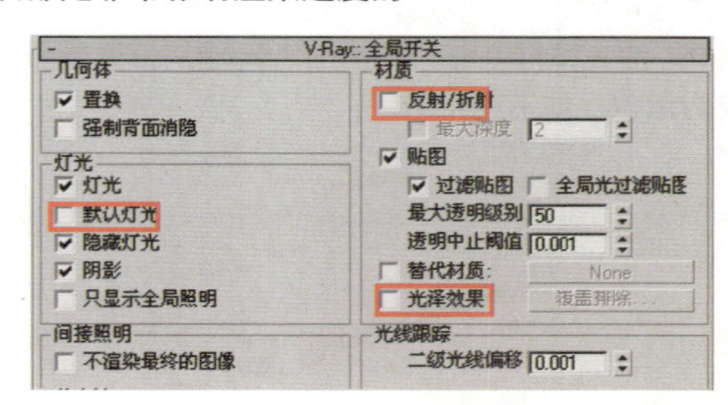

■ 4）在V-Ray:: 图像采样器(抗锯齿)卷展栏中，参数设置如下图所示，这是抗锯齿采样设置。

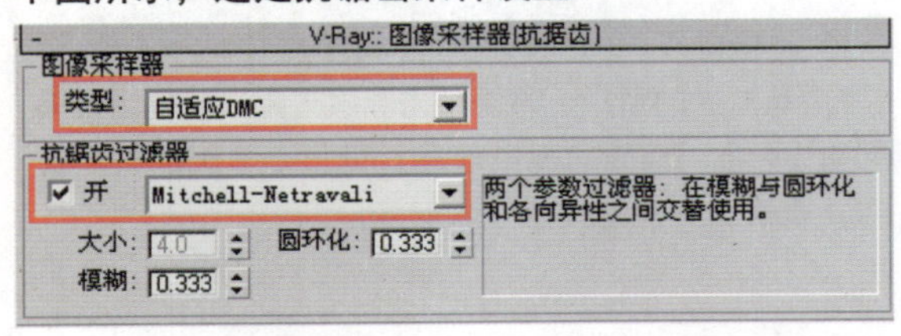

■ 5）在V-Ray:: 间接照明(GI)卷展栏中，参数设置如下图所示，这是间接照明设置。

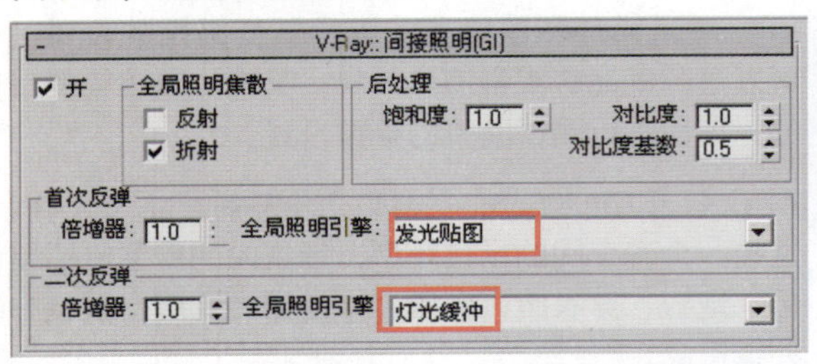

■ 6）在V-Ray:: 发光贴图卷展栏中，设置当前预置为中－动画方式，这种采样值适合作为测试渲染时使用。然后设置当前预置为【自定义】，这是发光贴图参数设置。

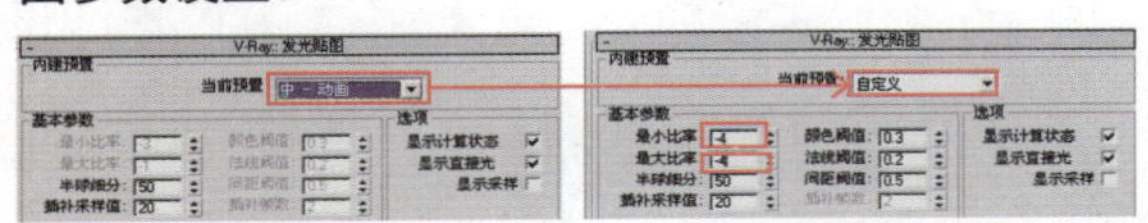

■ 7）在V-Ray:: 灯光缓冲卷展栏中，参数设置如下图所示。

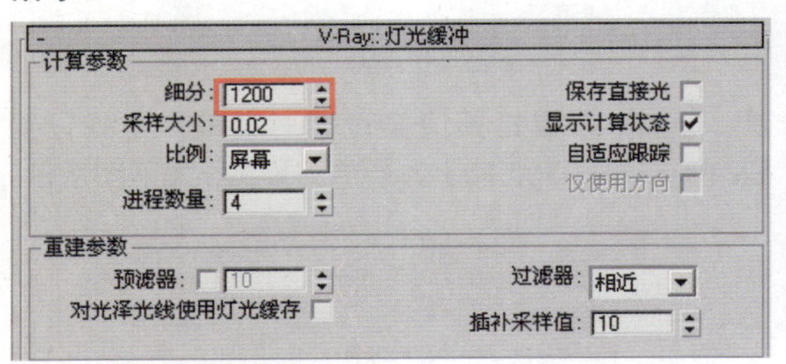

■ 8）在V-Ray:: 色彩映射卷展栏中，将曝光模式设置为混合曝光方式，参数设置如下图所示。

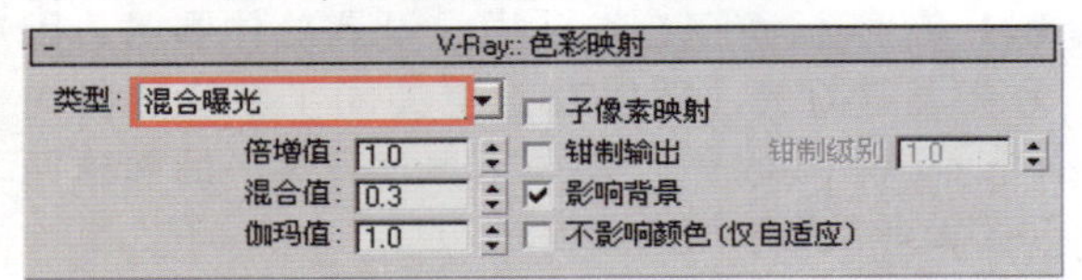

■ 9）按 8 键打开环境和效果对话框，设置背景颜色为黑色，如下图所示。

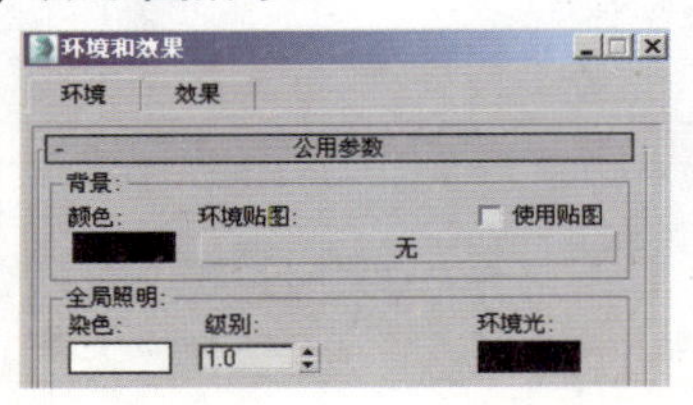

8.2 场景灯光设置

由于之前关闭了默认的灯光，所以需要建立灯光。本例使用 VRayLight 面光源进行窗口补光。

■ 1）首先制作一个统一的模型测试材质。按 M 键打开材质编辑器，选择一个空白样本球，设置材质的样式为VRayMtl，如下图所示。

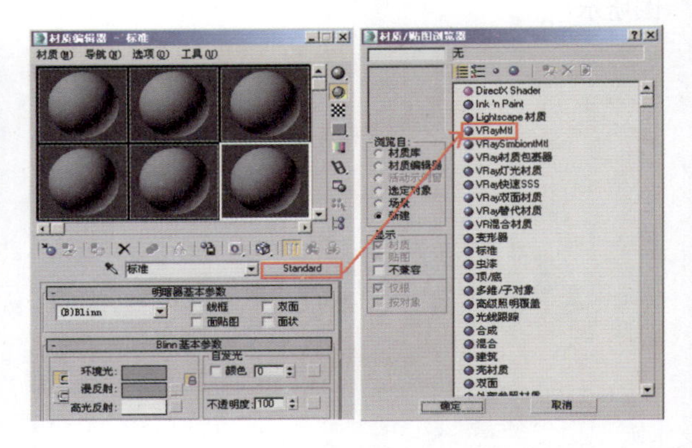

■ 2）在 VRayMtl 材质面板设置【漫反射】的颜色为浅灰色，如下图所示。

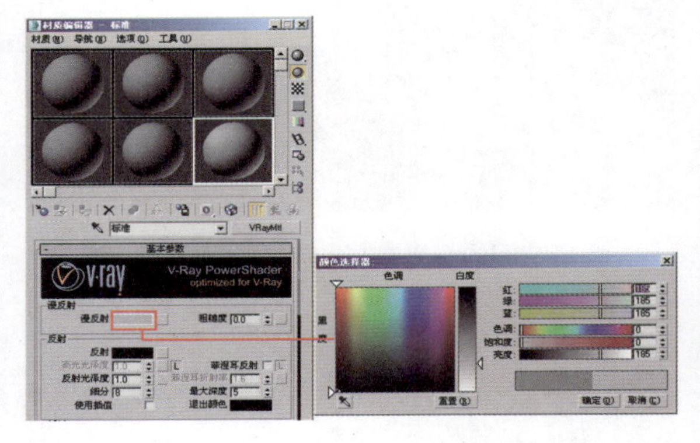

■ 3）按 F10 键打开渲染设置对话框，在V-Ray:: 全局开关卷展栏中选中替代材质复选框，将该材质拖动到None按钮上，这样就给整体场景设置了一个临时的测试用的材质。

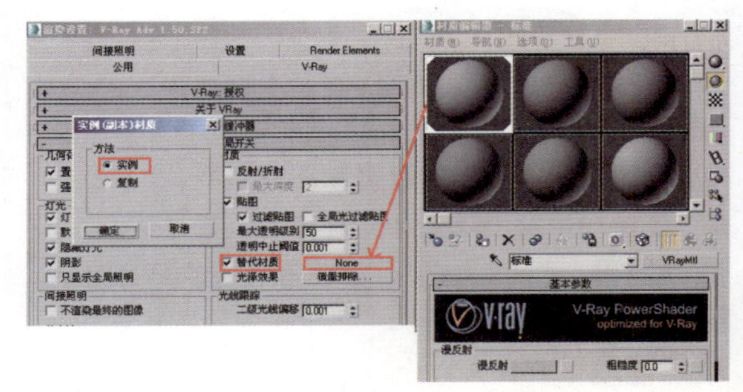

■ 4）设置窗口补光。在【创建】命令面板单击 VRay灯光 按钮，在窗口处创建一盏 VRay 灯光，用来进行窗口补光，具体的位置如下图所示。

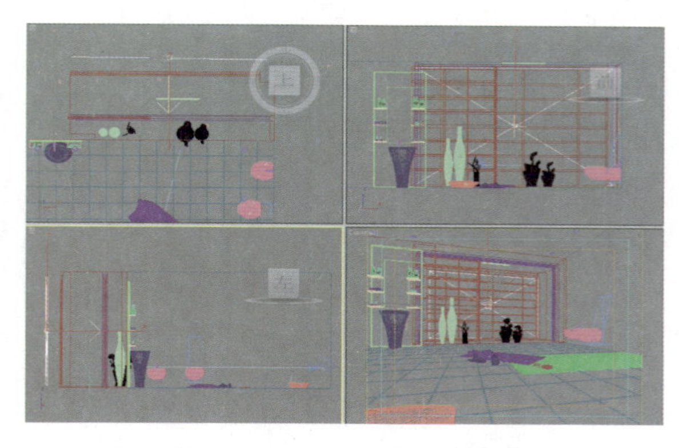

■ 5）在【修改】面板设置面光源参数，如下图所示。

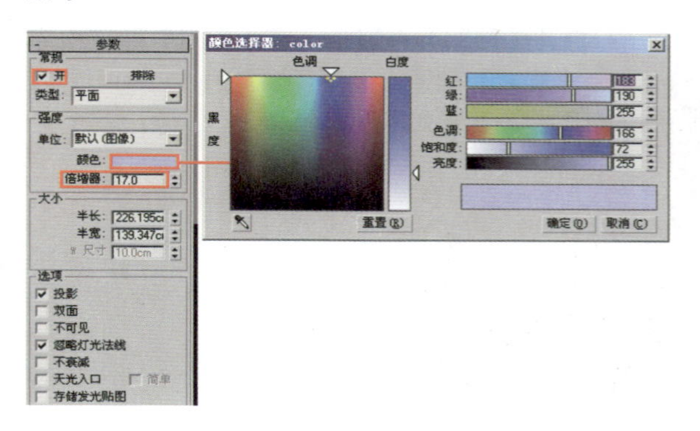

■ 6）按快捷键 Shift+Q 对场景进行渲染，此时的渲染效果如下图所示。至此，场景灯光设置完成。

8.3 场景材质设置

下面逐一设置场景的材质，从影响整体效果的材质（如墙面、地面等）开始，到较大的洗手间用品（如镜子、水槽、坐便器等），最后到较小的物体（如场景内的摆设品等）。

8.3.1 设置渲染参数

上一节介绍了快速渲染的抗锯齿参数，目的是为了在能够观察到光效的前提下快速出图。本节涉及材质效果，所以要更改一种适合观察材质效果的设置。

■ 按 F10 键打开渲染设置对话框，在 V-Ray:: 全局开关 卷展栏中选中 反射/折射 复选框，取消选中 替代材质 复选框，如下图所示（这里仍然将 光泽效果 关闭，因为它实在是太影响渲染速度了）。

有了以上这两个设置，就可以进行下面的材质设置了。

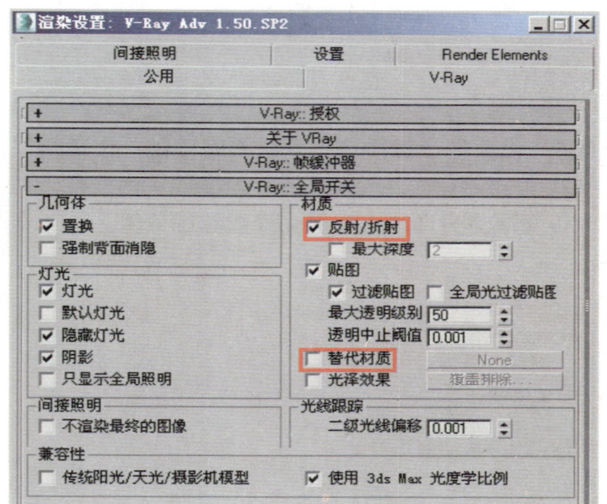

8.3.2 设置墙面和地面材质

墙面材质为灰白色乳胶漆材质和黄色乳胶漆材质，地面材质包括橙色大理石地板材质和木质凉席的材质。

■ 1）先设置灰白色乳胶漆材质。打开材质编辑器，设置材质样式为 VRayMtl 。设置【漫反射】颜色为灰白色，具体参数设置如下图所示。

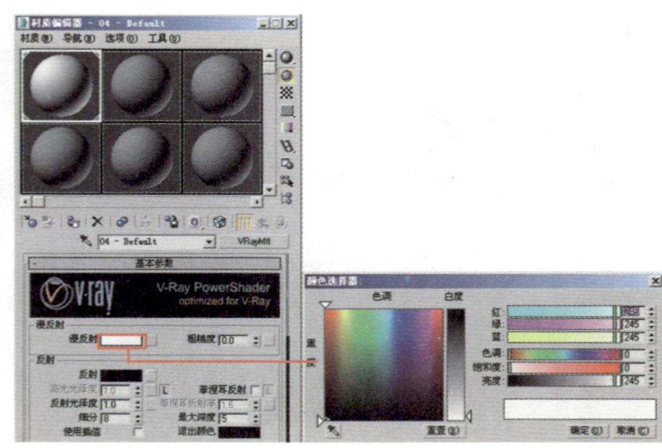

■ 2）接下来设置黄色乳胶漆材质。打开材质编辑器，设置材质样式为 VRayMtl，设置【漫反射】颜色为黄色，具体参数设置如下图所示。

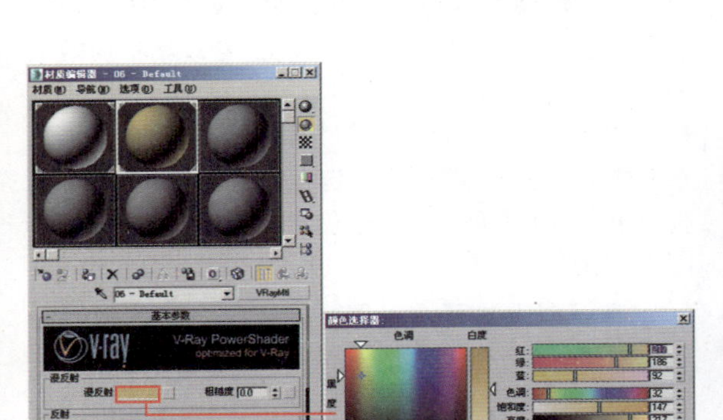

■ 3）设置地板材质。打开材质编辑器，设置材质样式为 VRayMtl，设置【漫反射】颜色为橙色，同时设置高光光泽度、反射光泽度和细分值。

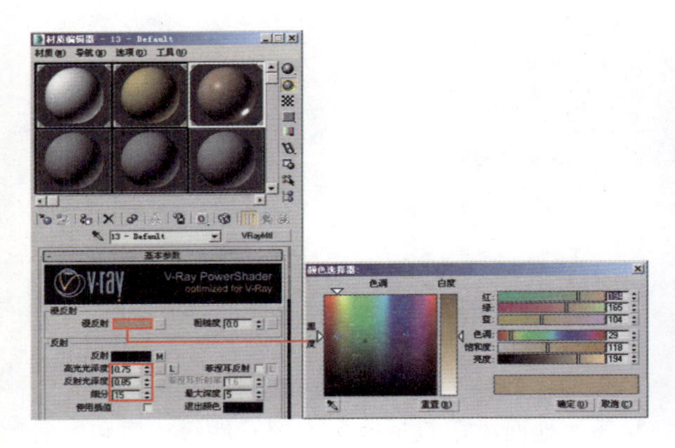

■ 4）打开【贴图】卷展栏，在【反射】通道中添加一个【衰减】贴图，设置衰减类型为【Fresnel】方式，具体参数设置如下图所示。

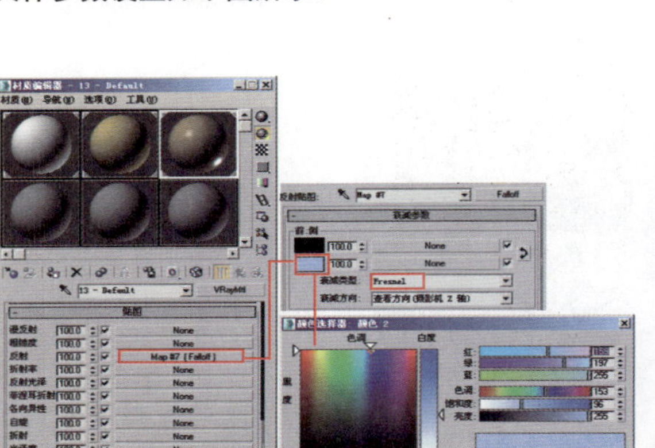

■ 5）设置凉席材质。打开材质编辑器，设置材质样式为 VRayMtl。设置【漫反射】贴图为 Ch08\Maps\ww-236.jpg 文件，同时设置高光参数、模糊反射效果和细分值，具体参数设置如下图所示。

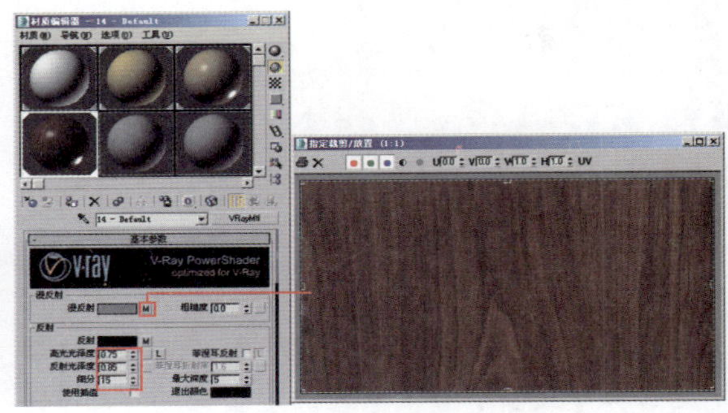

■ 6）打开【贴图】卷展栏，在【反射】通道中添加一个【衰减】贴图，设置衰减类型为【Fresnel】方式，具体参数设置如下图所示。

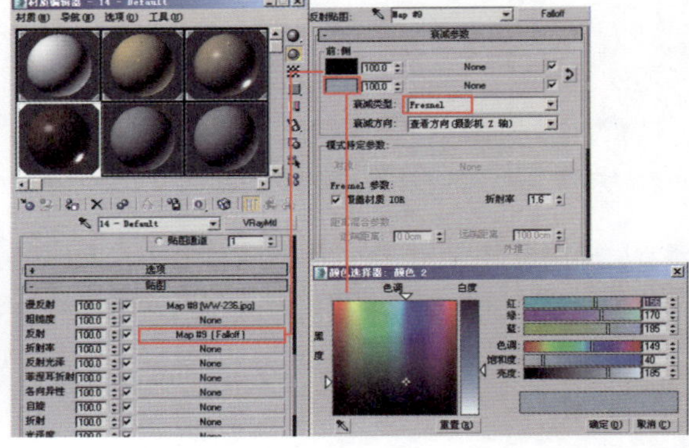

■ 7）在【贴图】卷展栏的【凹凸】通道中添加贴图，设置贴图为 Ch08\Maps\ww-236.jpg 文件，设置贴图强度为 30，具体参数设置如下图所示。

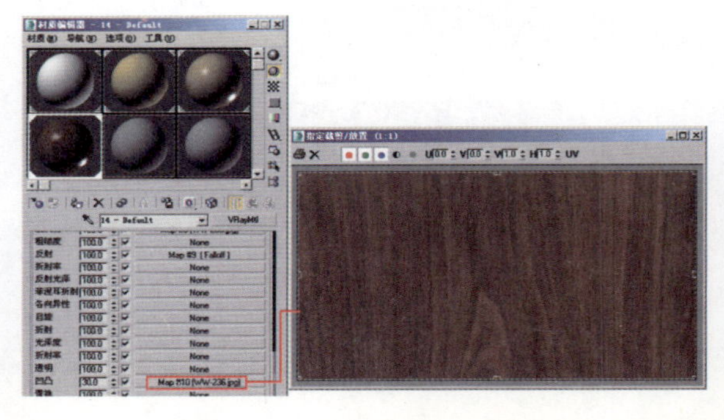

■ 8）将所设置的材质赋予对应的模型，渲染效果如下图所示。

8.3.3 设置窗户材质

窗户材质由木质窗框材质和塑料材质组成。

■ 1）设置窗框材质。打开材质编辑器，设置材质样式为 VRayMtl，设置【漫反射】贴图为 Ch08\Maps\ww-212.jpg 文件，具体参数设置如下图所示。

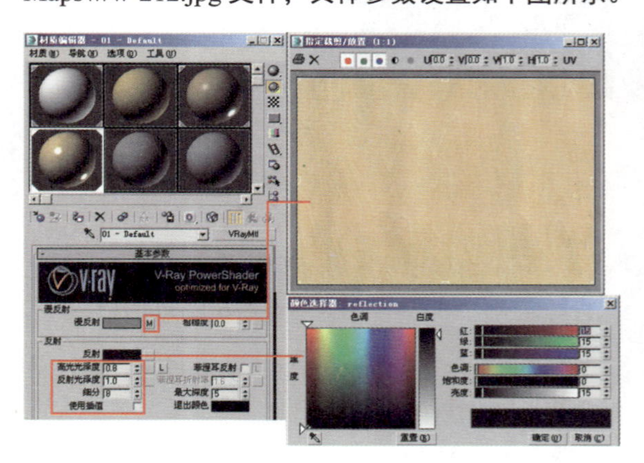

■ 2）打开【贴图】卷展栏，在【凹凸】通道添加贴图，设置贴图为 Ch08\Maps\ww-212.jpg 文件，设置贴图强度为 20，具体参数设置如下图所示。

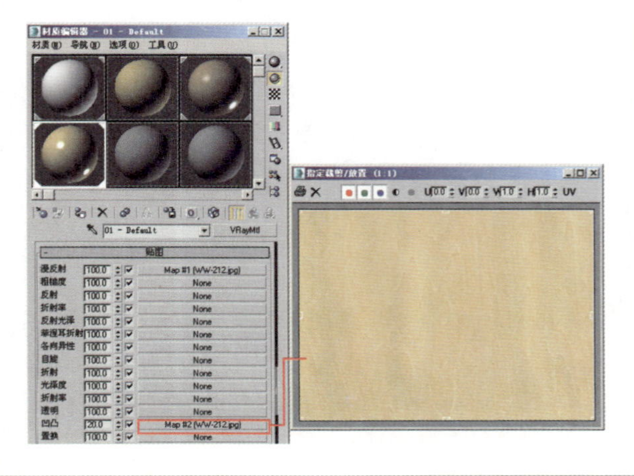

■ 3）接下来设置塑料材质。打开材质编辑器，设置材质样式为 VRayMtl，设置【漫反射】颜色为深黄色，具体参数设置如下图所示。

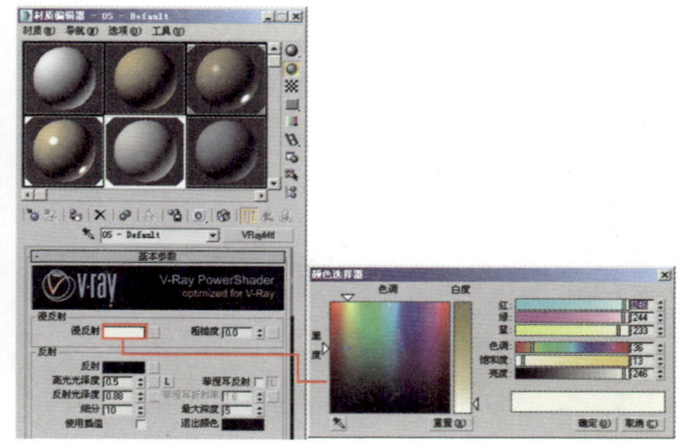

■ 4）设置折射参数，如下图所示。

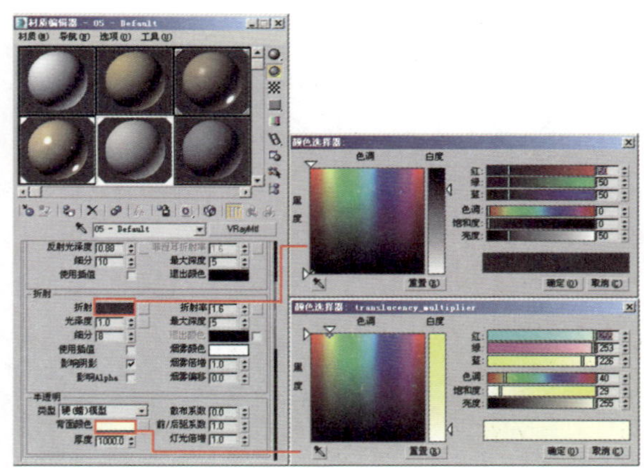

■ 5）将所设置的材质赋予窗户模型，渲染效果如下图所示。

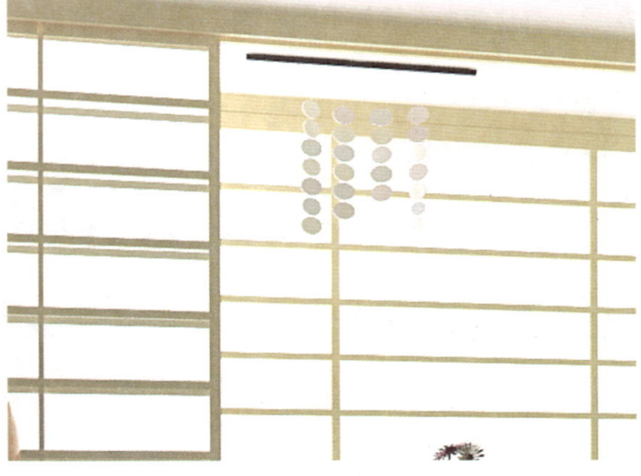

8.3.4 设置镜子材质

镜子在生活中经常见到，其材质特点鲜明。

■ 1）打开材质编辑器，设置材质样式为 VRayMtl，设置【漫反射】颜色为灰色，具体参数设置如下图所示。

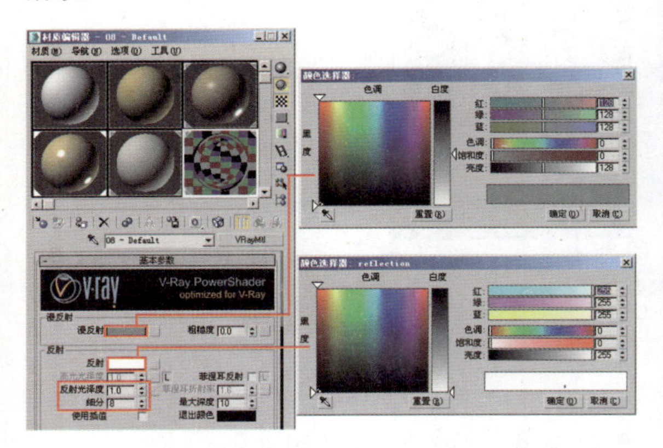

■ 2）将所设置的材质赋予镜子模型，渲染效果如下图所示。

8.3.5 设置不锈钢和陶瓷材质

不锈钢和陶瓷材质都是以体现反射为主的材质。

■ 1）首先设置不锈钢材质。打开材质编辑器，设置材质样式为 VRayMtl，设置【漫反射】颜色为黑色，具体参数设置如下图所示。

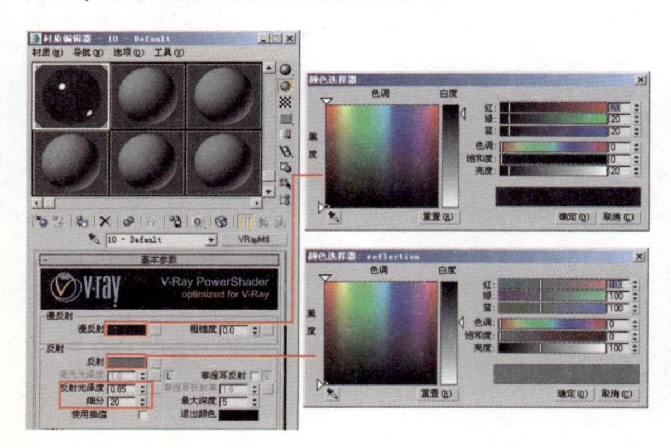

■ 2）设置陶瓷材质。打开材质编辑器，设置材质样式为 VRayMtl，设置【漫反射】颜色为白色，具体参数设置如下图所示。

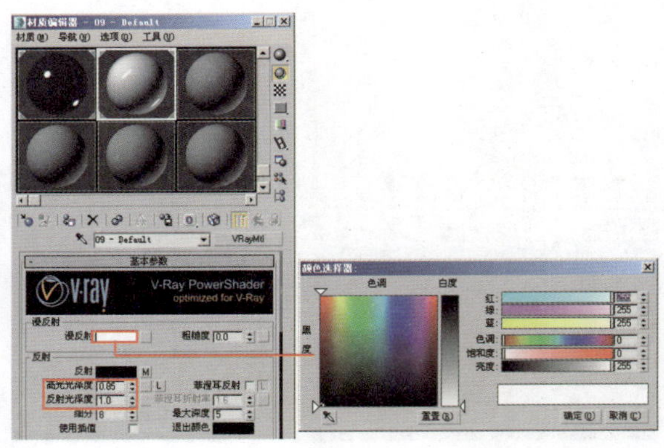

■ 3）打开【贴图】卷展栏，在【反射】通道中添加一个【衰减】贴图，设置衰减类型为【Fresnel】方式，具体参数设置如下图所示。

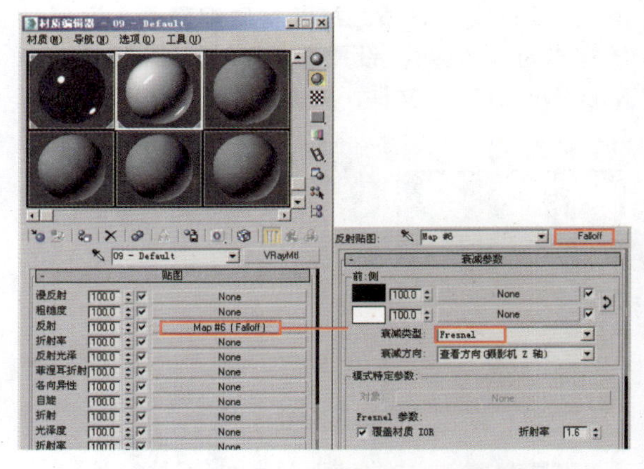

■ 4）打开【双向反射分布函数】卷展栏，具体参数设置如下图所示。

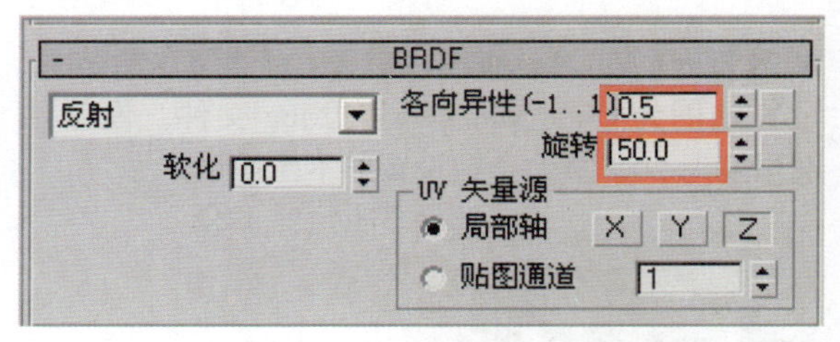

■ 5）将所设置的材质赋予对应模型，渲染效果如下图所示。

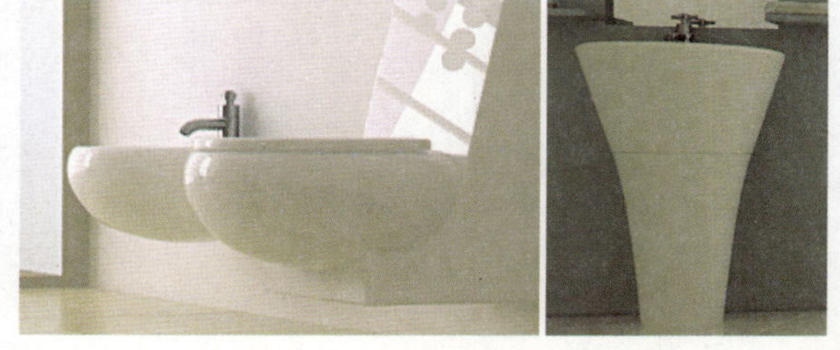

8.3.6 设置抹布和拖鞋材质

本小节设置抹布和拖鞋材质，拖鞋材质分两部分设置。

■ 1）首先设置抹布材质。打开材质编辑器，设置材质样式为 VRayMtl 。设置【漫反射】颜色为蓝色，具体参数设置如下图所示。

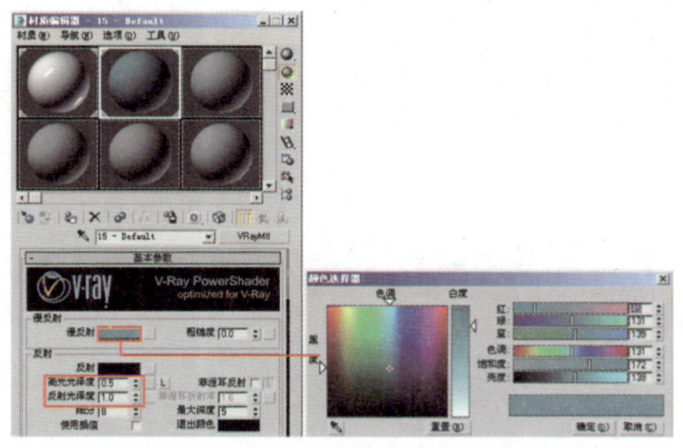

■ 2）打开【贴图】卷展栏，设置【置换】贴图为 Ch08\Maps\bw-050.jpg 文件，设置贴图强度为 5.0，具体参数设置如下图所示。

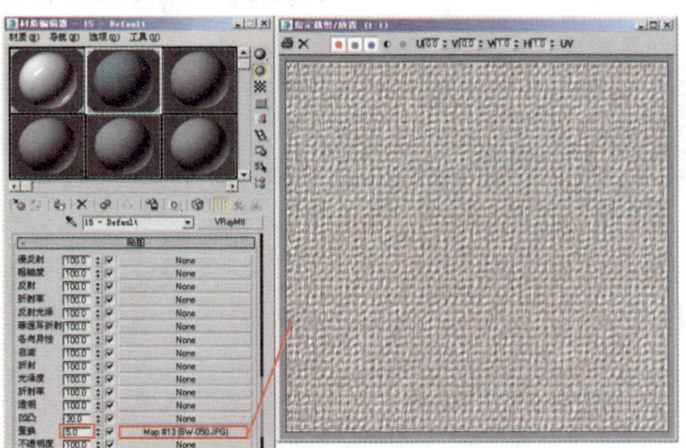

■ 3）接下来设置拖鞋材质。将拖鞋材质设置为 Multi/Sub-Object 材质，由两部分组成，分别为 ID1 和 ID2。

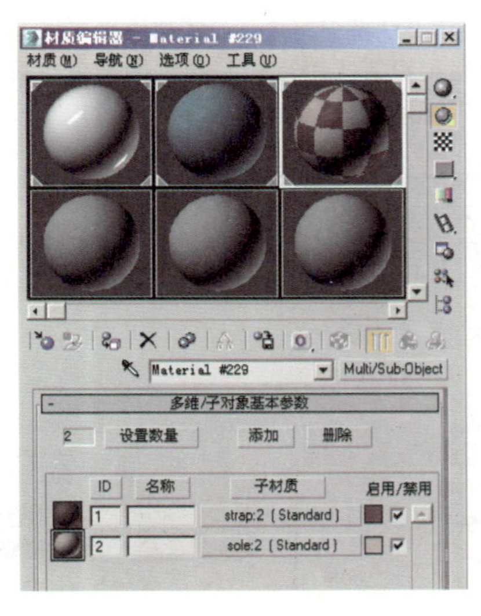

■ 4）设置 ID1 部分材质。设置材质样式为【标准】材质，设置明暗器类型为【（P）Phong】方式，设置【漫反射】颜色为红色，具体参数设置如下图所示。

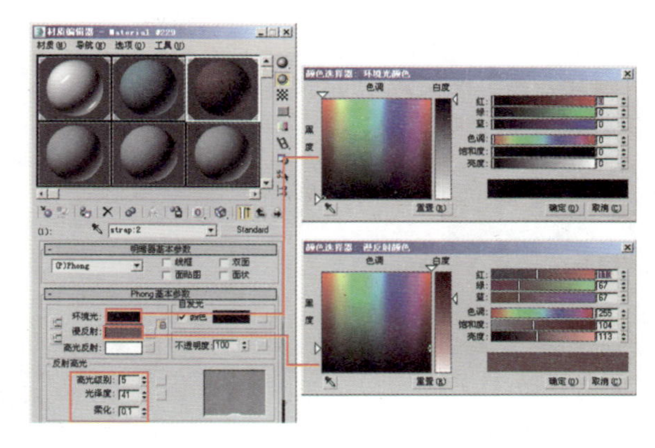

■ 5）设置 ID2 部分材质。设置材质样式为【标准】材质，设置明暗器类型为【(P)Phong】方式，设置【漫反射】颜色为褐色，具体参数设置如下图所示。

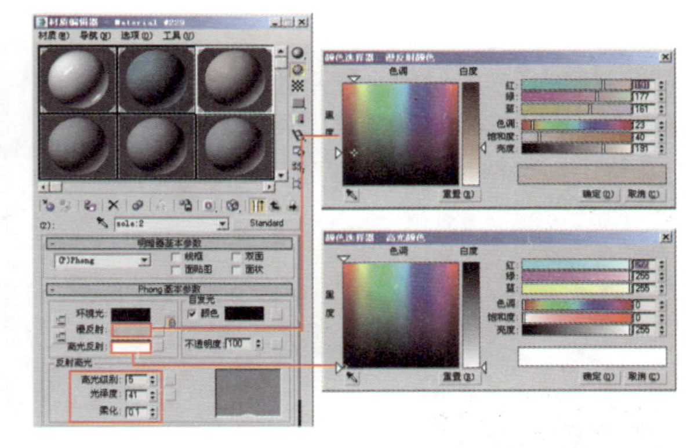

■ 6）将所设置的材质赋予抹布和拖鞋模型，渲染效果如下图所示。

8.3.7 设置香烟及烟灰缸材质

香烟及烟灰缸的材质类型为【多维 / 子对象】材质。

■ 1）首先设置烟盒材质。打开材质编辑器，设置材质样式为 Multi/Sub-Object，由 5 部分组成，设置每个【漫反射】贴图为 Ch08\Maps\arch40_093_01.jpg 文件。

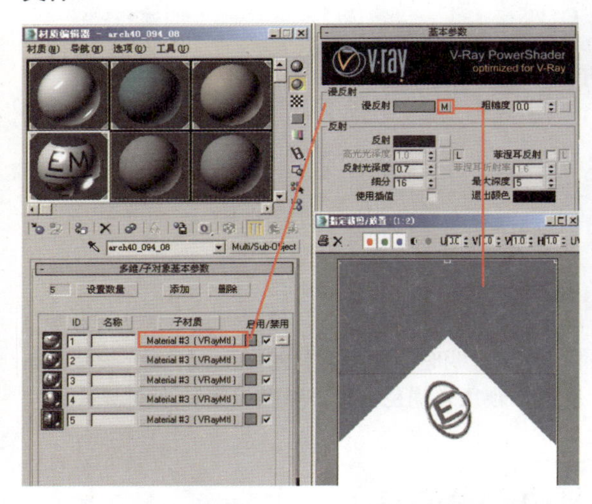

■ 2）设置烟灰缸材质。打开材质编辑器，设置材质样式为 VRayMtl，设置【漫反射】颜色为灰色。

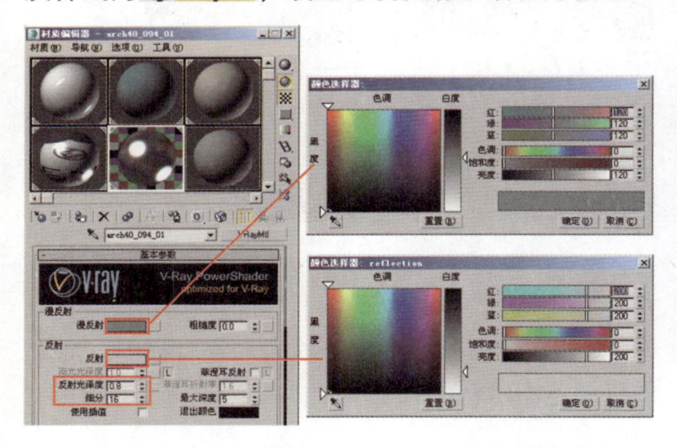

■ 3）接下来设置烟蒂材质，将烟蒂材质设置为 Multi/Sub-Object 材质，由 3 部分组成，分别为 ID1、ID2 和 ID3，如下图所示。

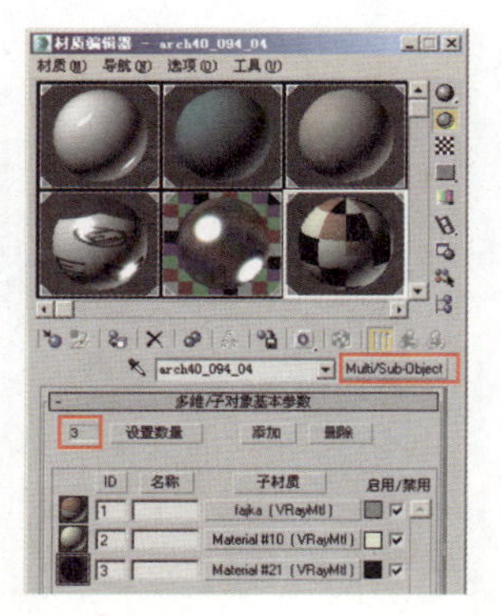

■ 4）设置 ID1 部分材质。设置材质样式为 VRayMtl 专用材质，设置【漫反射】贴图为 Ch08\Maps\arch40_094_04.jpg 文件，具体参数设置如下图所示。

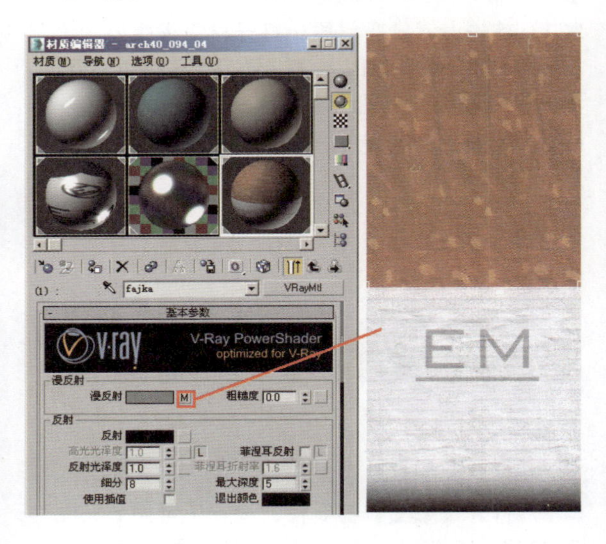

■ 5）设置 ID2 部分材质。设置材质样式为 VRayMtl 专用材质，设置【漫反射】颜色为浅黄色，具体参数设置如下图所示。

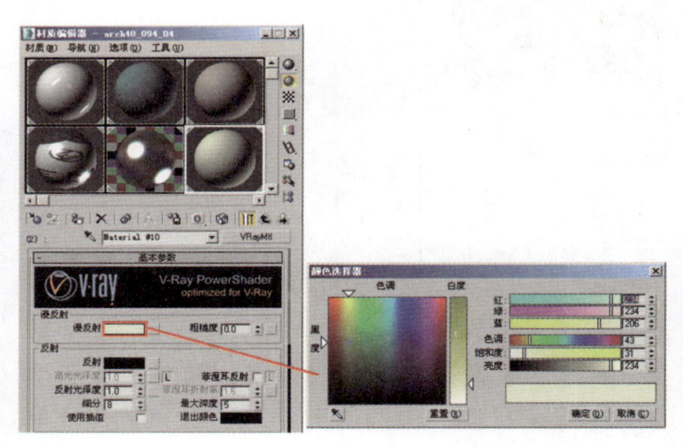

■ 6）设置 ID3 部分材质。设置材质样式为 VRayMtl 专用材质，设置【漫反射】颜色为黑色，具体参数设置如下图所示。

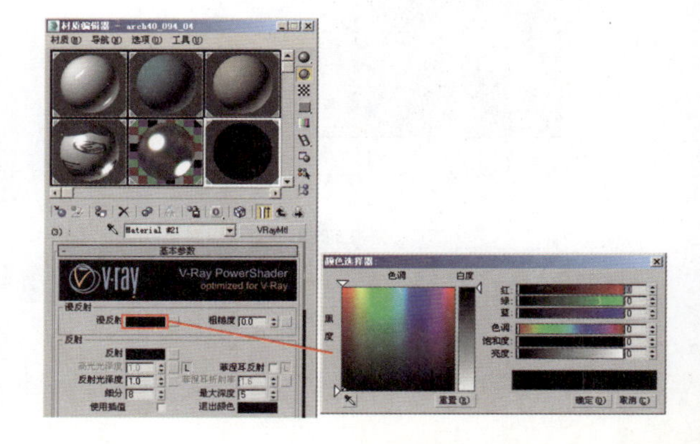

■ 7）将所设置的材质赋予对应的模型，渲染效果如下图所示。

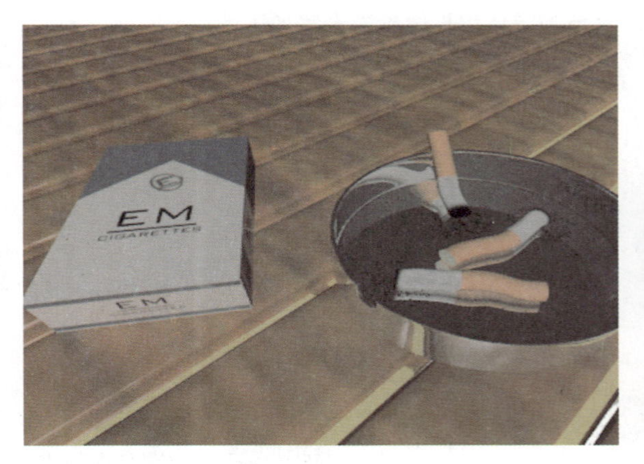

8.3.8 设置花瓶材质

花瓶材质包括瓶底材质、花瓶材质和干花材质。

■ 1）首先设置瓶底材质。打开材质编辑器，设置材质样式为 VRayMtl 专用材质，设置【漫反射】颜色为黑色，参数设置如下图所示。

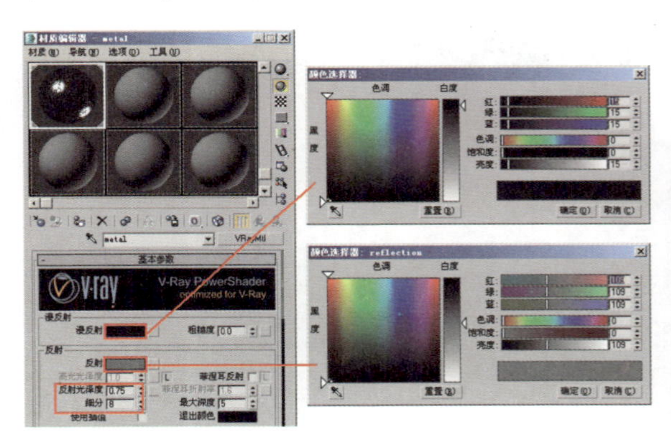

■ 2）打开【贴图】卷展栏，在【凹凸】通道中添加一个【烟雾】贴图，设置贴图强度为 6.0，具体参数设置如下图所示。

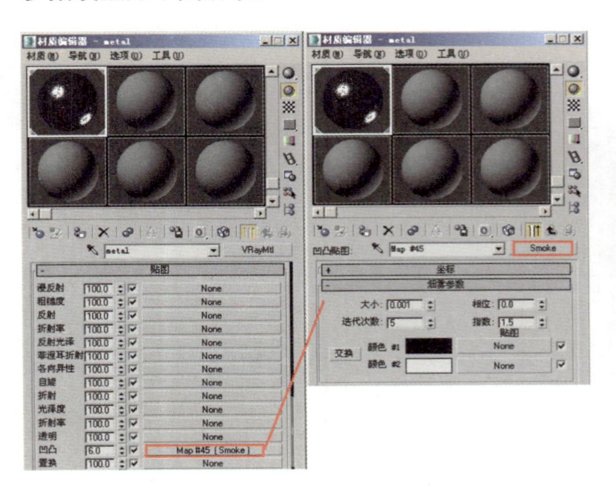

■ 3）设置玻璃瓶体材质。打开材质编辑器，设置材质样式为 VRayMtl 专用材质，设置【漫反射】颜色为紫色、【反射】颜色为白色，具体参数设置如下图所示。

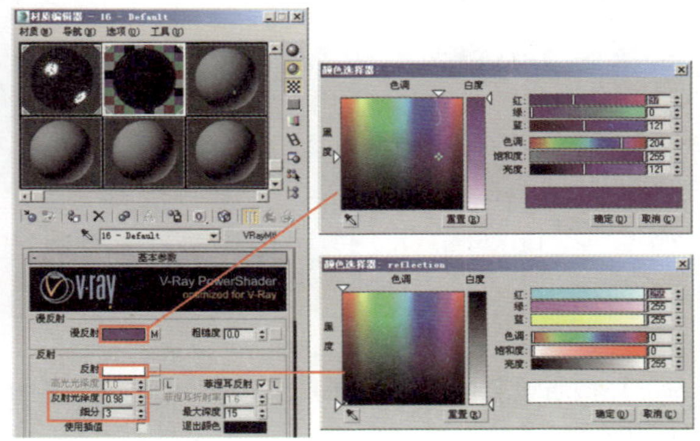

■ 4）在【漫反射】通道中添加一个【衰减】贴图，设置衰减类型为【Fresnel】方式，设置衰减颜色，具体参数设置如下图所示。

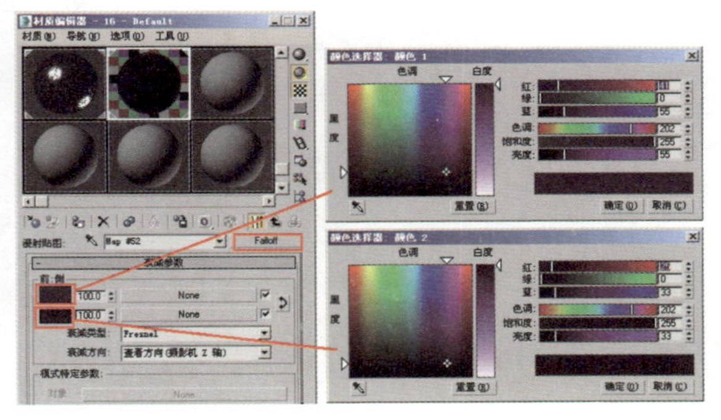

■ 5）设置折射参数和雾色效果，如下图所示。

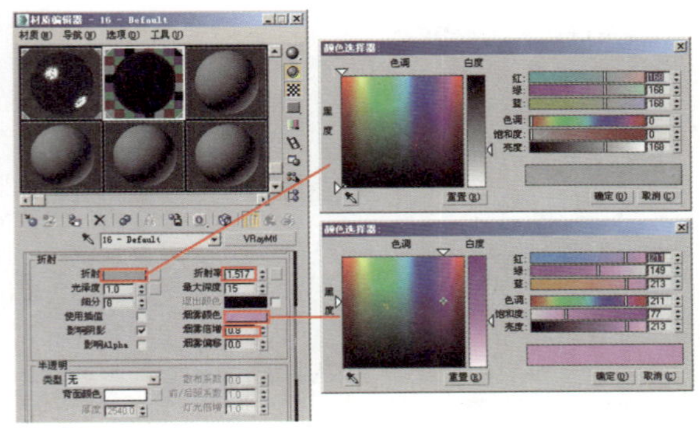

■ 6）设置干花材质。打开材质编辑器，设置材质样式为 VRayMtl 专用材质，设置【漫反射】颜色为黑色，具体参数设置如下图所示。

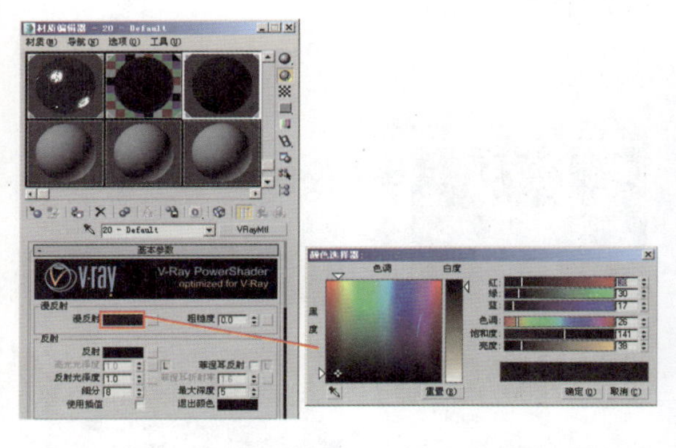

■ 7）将所设置的材质赋予花瓶模型，渲染效果如下图所示。

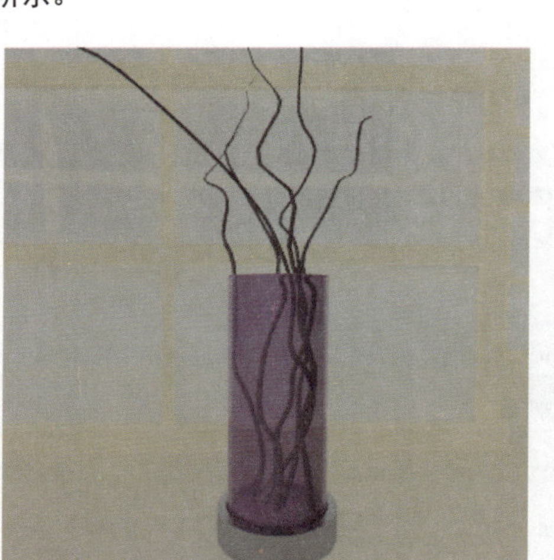

8.3.9 设置指甲油材质

指甲油材质包括瓶盖、瓶体材质和指甲油材质。

■ 1）首先设置瓶盖材质。打开材质编辑器，设置材质样式为 VRayMtl 专用材质，设置【漫反射】颜色为深灰色，具体参数设置如下图所示。

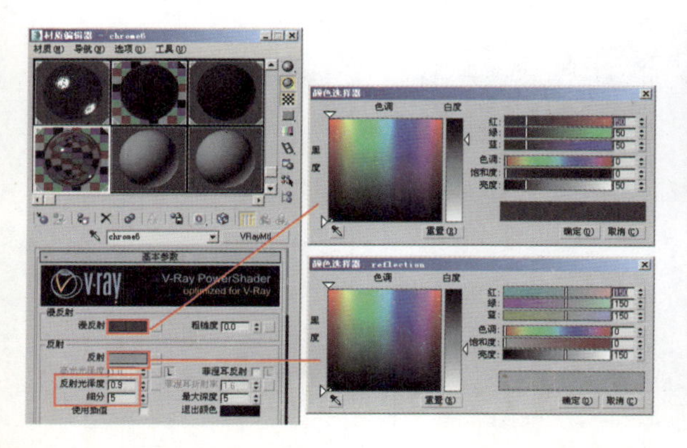

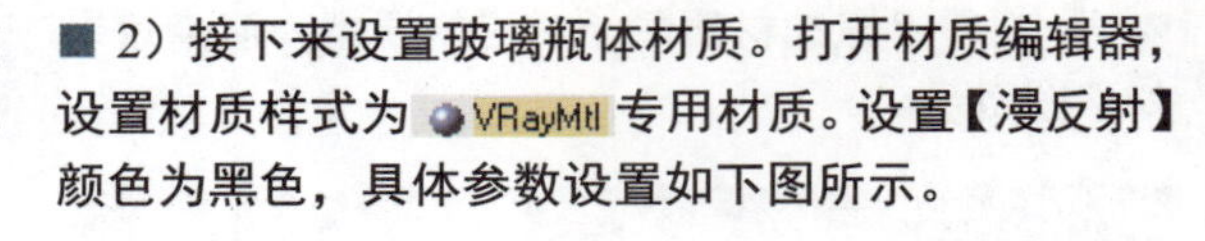

■ 2）接下来设置玻璃瓶体材质。打开材质编辑器，设置材质样式为 VRayMtl 专用材质。设置【漫反射】颜色为黑色，具体参数设置如下图所示。

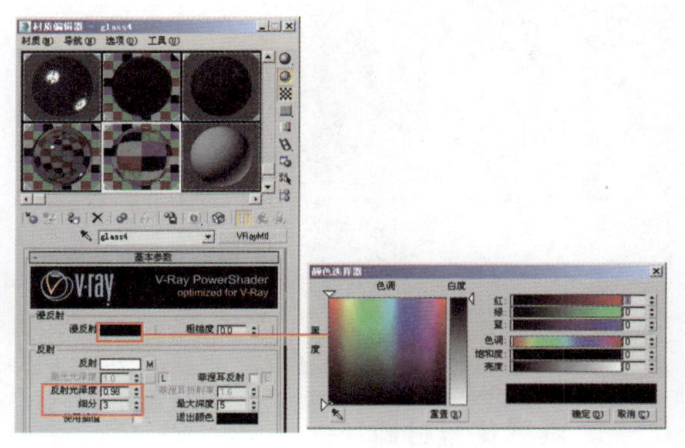

■ 3）设置玻璃的折射参数，如下图所示。

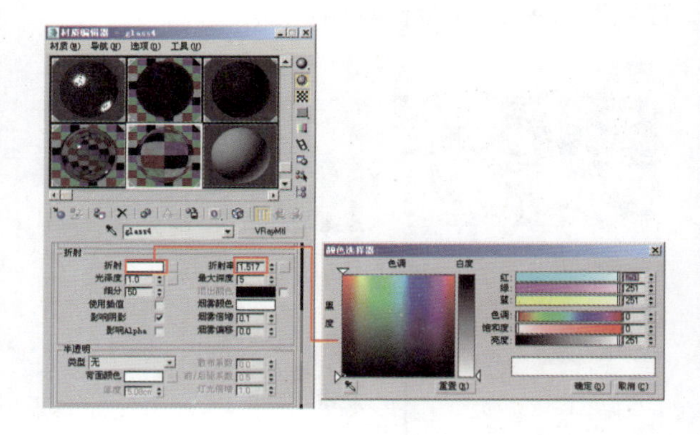

■ 4）打开【贴图】卷展栏，在【反射】通道中添加一个【衰减】贴图，设置衰减类型为【Fresnel】方式，具体参数设置如下图所示。

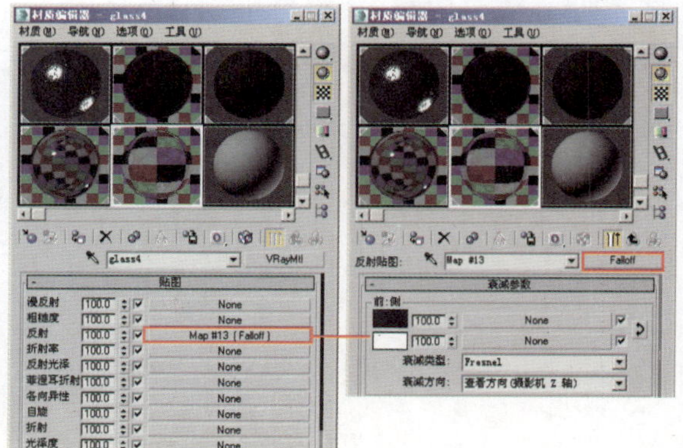

■ 5）设置指甲油材质。打开材质编辑器，设置材质样式为VRay材质包裹器，如下图所示。

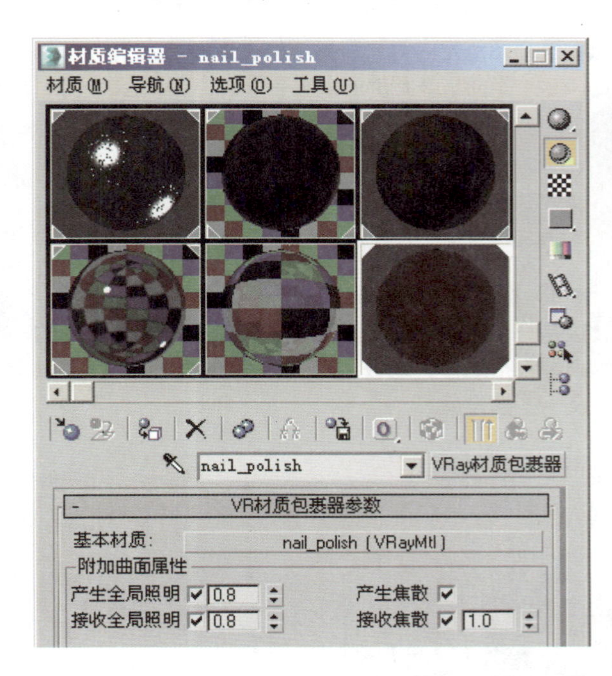

■ 6）设置基本材质。打开材质编辑器，设置材质样式为 VRayMtl 专用材质，设置【漫反射】颜色为黑色，具体参数设置如下图所示。

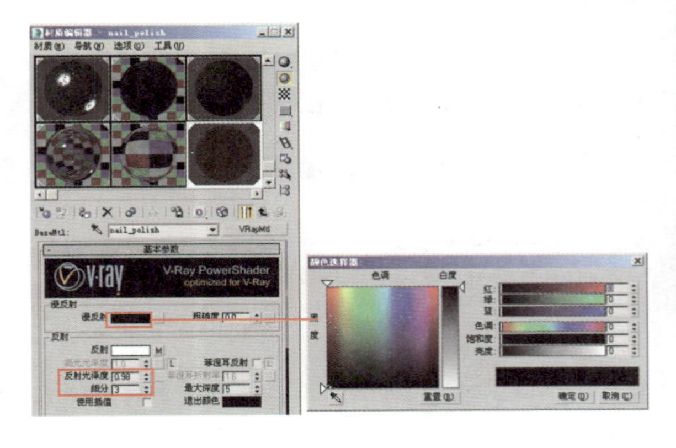

■ 7）设置折射参数，如下图所示。

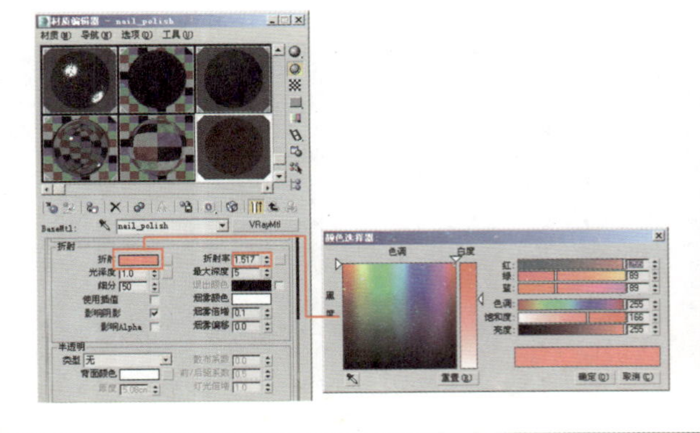

■ 8）打开【贴图】卷展栏，在【反射】通道中添加一个【衰减】贴图，设置衰减类型为【Fresnel】方式，具体参数设置如下图所示。

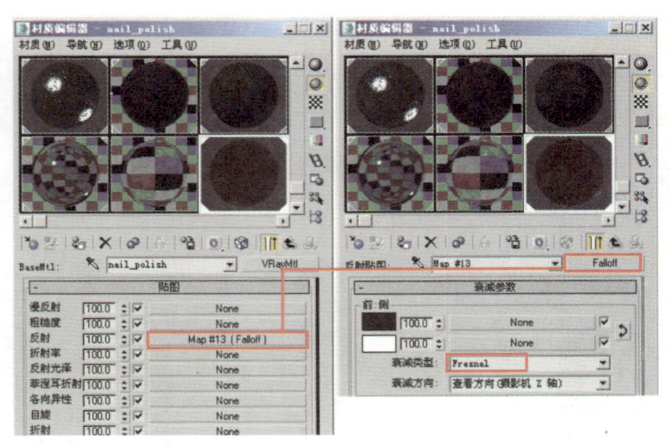

■ 9）将所设置的材质赋予指甲油模型，场景渲染效果如下图所示。

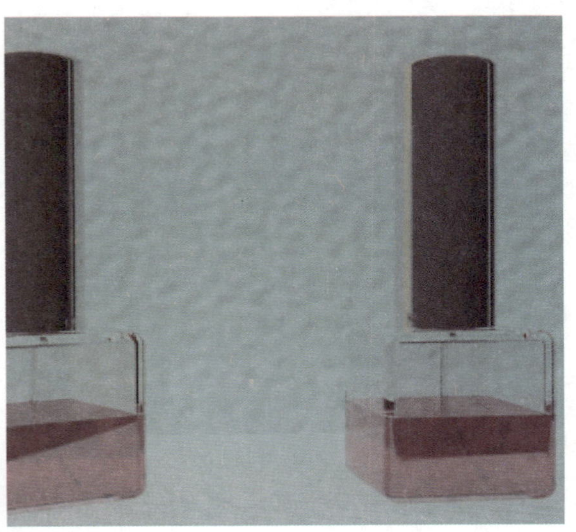

■ 10）场景中的其他材质（如花瓶、洗发水、陶瓷摆设品等），读者可以参考上述方法进行设置，这里不再赘述。然后使用前面章节介绍的高级渲染方法进行参数设置，最终渲染效果如下图所示。

第9章 阳光温馨浴室效果图

本章介绍一款阳光浴室效果图的设计方法，重点在于介绍浴室内灯光和材质的设置方法，其中灯光的设计重点在于射灯的设计上，这是本例的重点之处。在材质的设置上讲求以暖色调为主，营造出一款暖色调阳光浴室场景。

本场景最终渲染效果图和线框渲染效果图如下图所示。

本场景的灯光布局如下图所示。

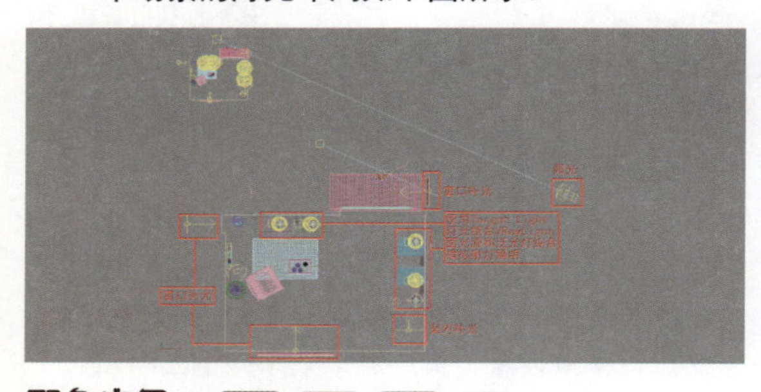

配色应用：

制作要点：

■ 1.掌握场景横向构图的方法和室内物品的摆设。

■ 2.学习场景中以乳胶漆和大理石墙体为背景的材质的设置方法。

■ 3.掌握场景灯光的设置方法和技巧。

最终场景：Ch09\Scenes\ 阳光温馨浴室 ok.max

贴图素材：Ch09\Maps

难易程度：★★★★☆

9.1 测试渲染设置

■ 1）打开 Ch09\Scenes\ 阳光温馨浴室 .max 文件。这是一个暖色调的阳光浴室的场景模型，场景内的模型包括墙体、地板、椅子、洗脸盆、落地灯，以及一些摆设品。

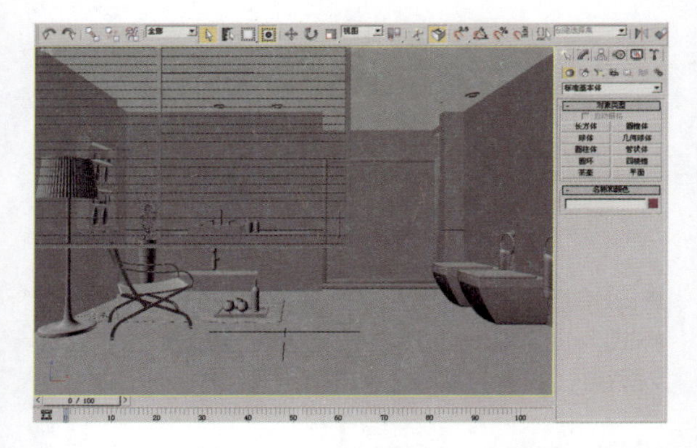

■ 2）按 F10 键打开渲染设置对话框，首先设置【V_Ray Adv 2.10.01】为当前渲染器，如下图所示。

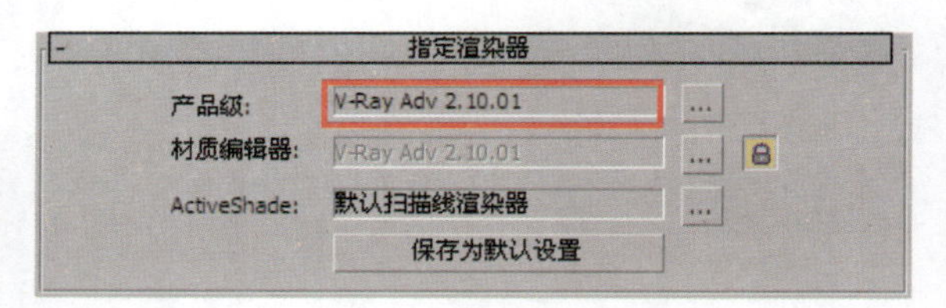

■ 3）在 V-Ray:: 全局开关 卷展栏中设置总体参数。因为要调整灯光，所以在这里关闭默认的灯光，以及【反射/折射】和【光泽效果】，后面这两项是非常影响渲染速度的。

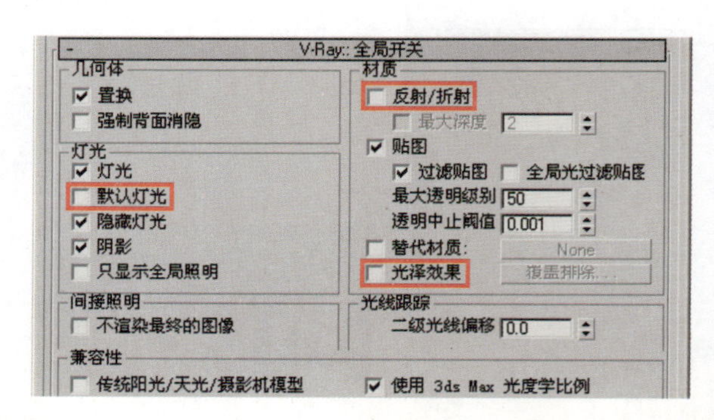

■ 4）在 V-Ray:: 图像采样器(抗锯齿) 卷展栏中，设置图像采样器的【类型】为【自适应 DMC】方式，设置抗锯齿采样器类型为【Catmull-Rom】方式，如下图所示，这是抗锯齿采样设置。

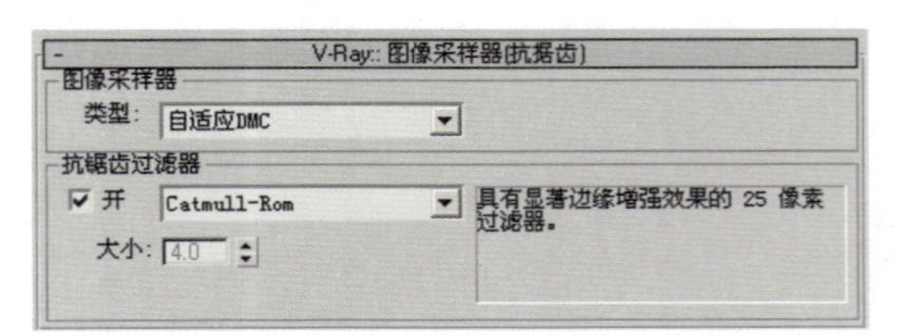

■ 5）在 V-Ray:: 间接照明(GI) 卷展栏中，设置初级漫反射反弹类型为【发光图】方式，设置次级漫反射反弹类型为【灯光缓存】方式，如下图所示，这是间接照明设置。

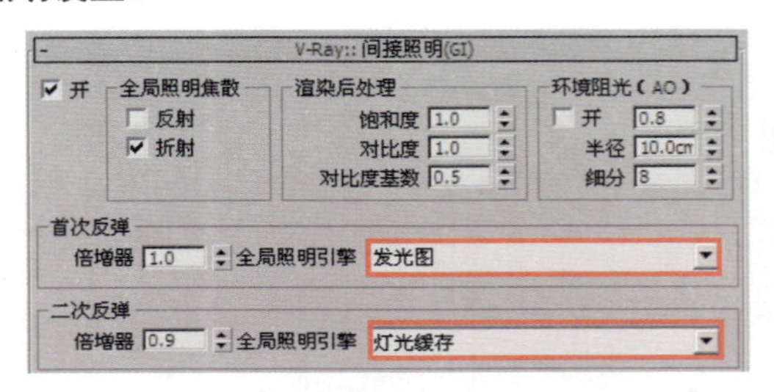

■ 6）在 V-Ray:: 发光图[无名] 卷展栏中，设置【当前预置】为【自定义】，如下图所示，这是发光贴图参数设置。

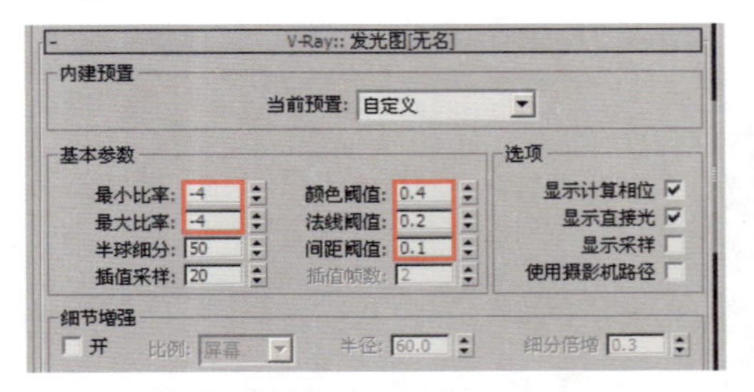

■ 7）在 V-Ray:: 灯光缓存 卷展栏中，设置发光贴图，如下图所示。

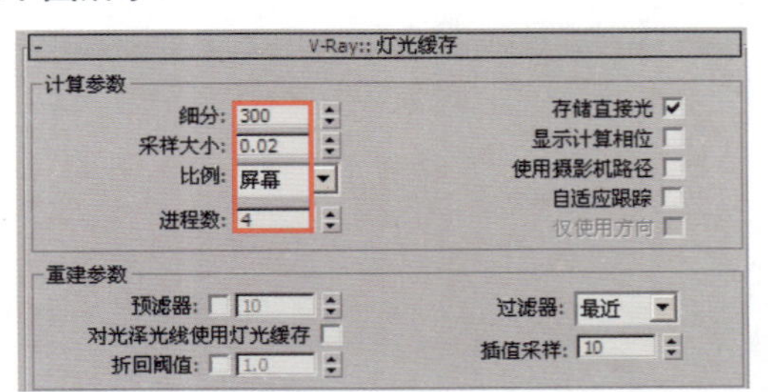

■ 8）在 V-Ray:: 颜色贴图 卷展栏中，设置曝光模式为【指数】方式，具体参数设置如下图所示。

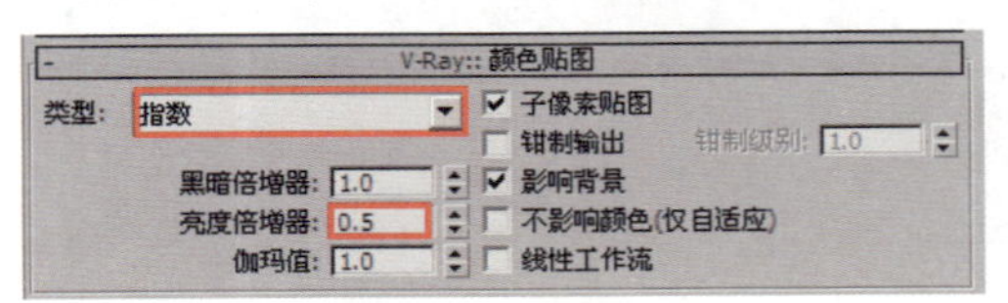

■ 9）按 8 键打开 环境和效果 对话框，设置颜色为浅蓝色，如下图所示。

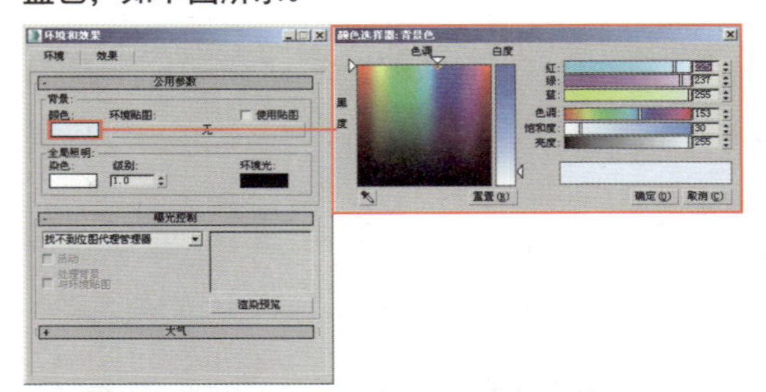

9.2 场景灯光设置

■ 1）首先制作一个统一的模型测试材质。按 M 键打开材质编辑器，选择一个空白样本球，设置材质的样式为 VRayMtl 。

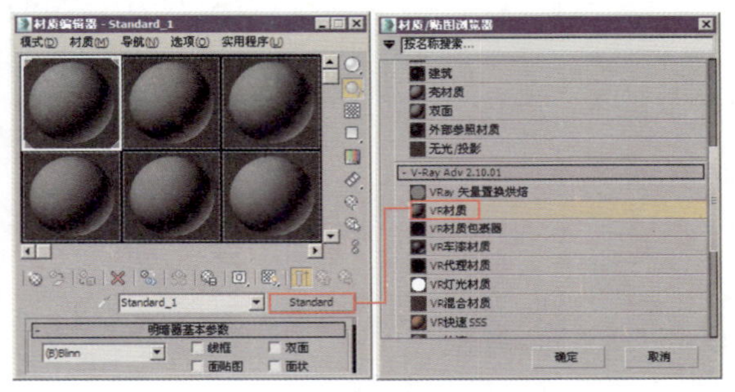

■ 2）在 VRayMtl 材质面板设置【漫反射】的颜色为浅灰色，如下图所示。

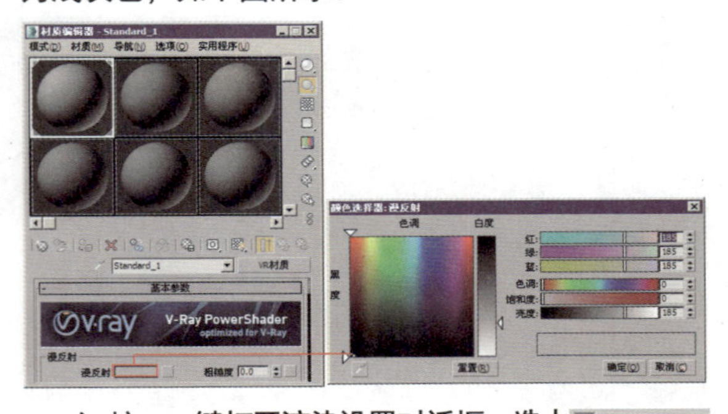

■ 3）按 F10 键打开渲染设置对话框，选中 Override mtl 复选框，将该材质拖动到 None 按钮上，这样就给整体场景设置了一个临时的测试用的材质。

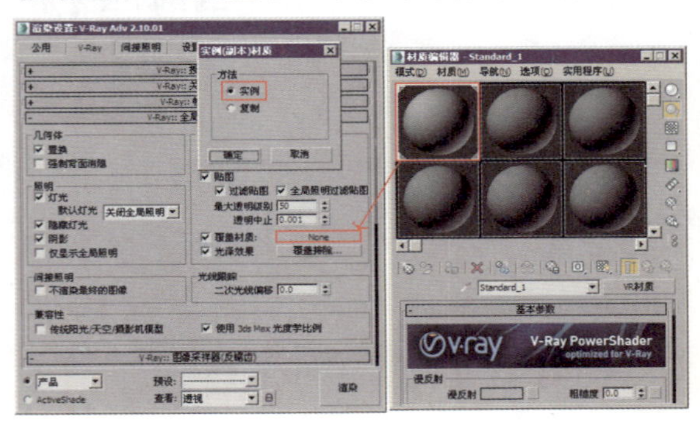

■ 4）首先设置阳光照明。在【创建】命令面板 单击 目标灯光 按钮，在室外创建一盏目标平行光，用来模拟阳光，具体位置如下图所示。

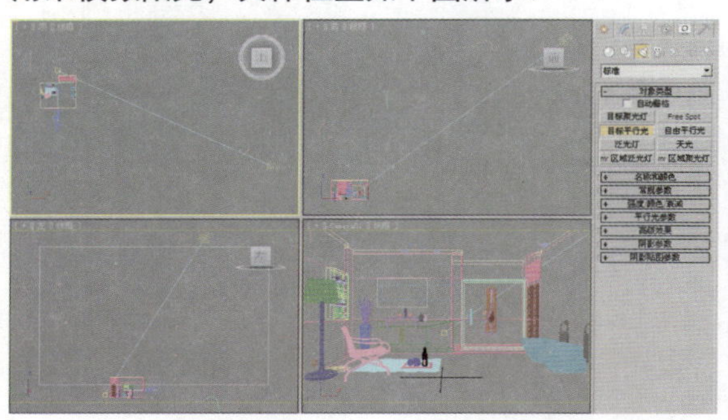

■ 5）在【修改】命令面板中设置目标平行光参数，如下图所示。

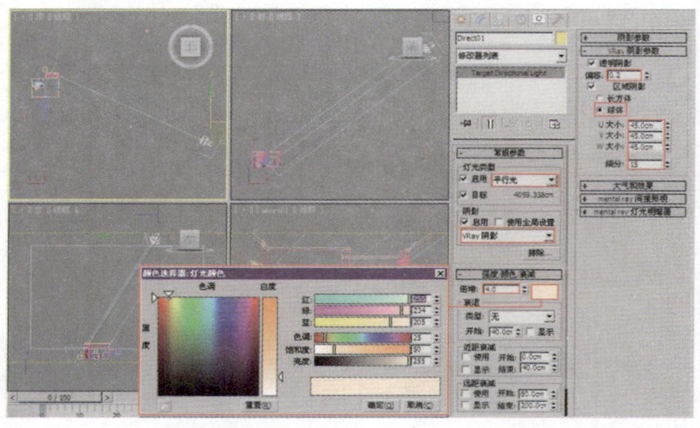

■ 6）按F9键对场景进行渲染，此时的渲染效果如下图所示。

■ 7）接下来设置窗口补光。在【创建】命令面板 单击 VR灯光 按钮，在窗口处建立4盏VRay灯光，用来进行窗口的暖色补光，具体的位置如下图所示。

■ 8）在【修改】命令面板中设置面光源参数，如下图所示。

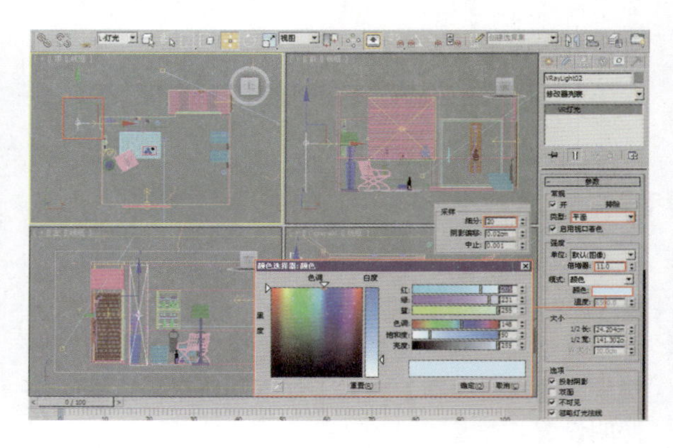

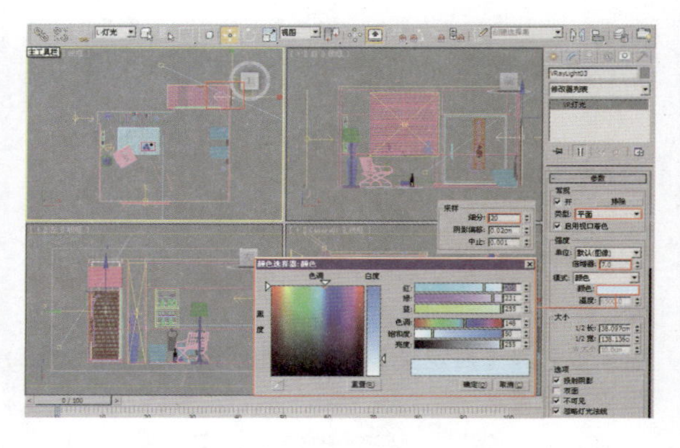

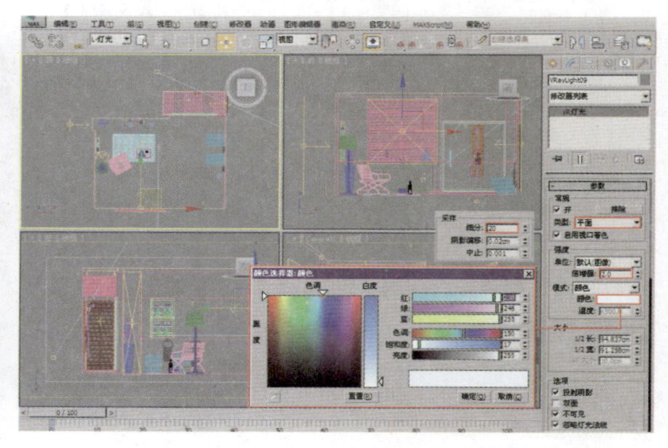

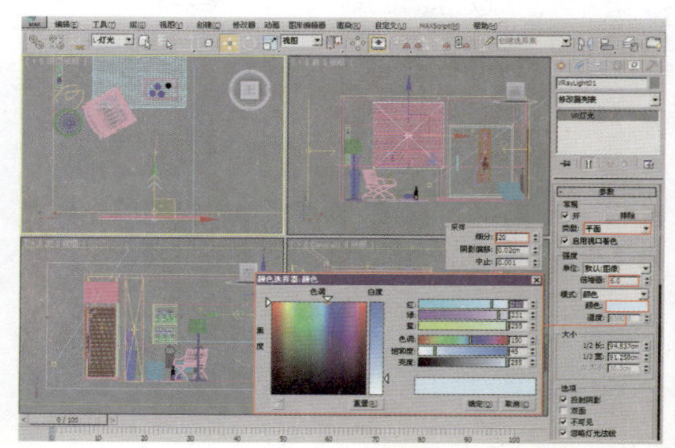

■ 9）按 F9 键对场景进行渲染，此时的渲染效果如下图所示。

■ 10）接下来设置室内补光。在【创建】命令面板单击 VR灯光 按钮，在室内建立一盏 VRay 灯光，用来进行室内补光，具体的位置如下图所示。

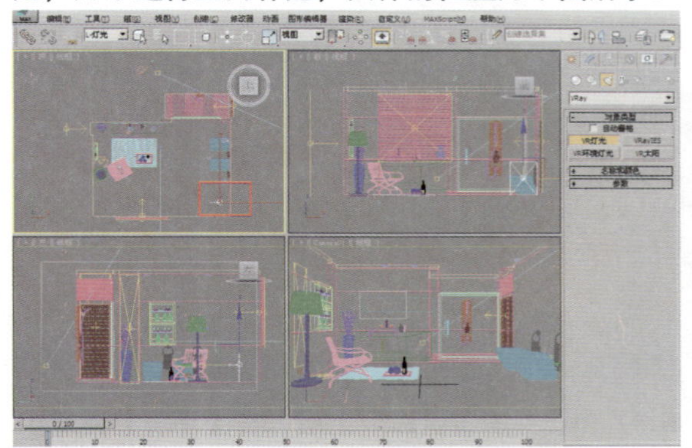

■ 11）在【修改】命令面板中设置面光源参数。

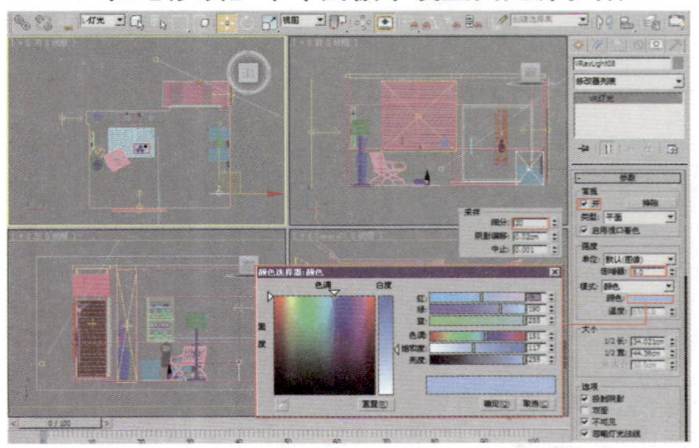

■ 12）按 F9 键对场景进行渲染，此时的渲染效果如下图所示。

■ 13）在【创建】命令面板单击 VR灯光 按钮，在室内建立 4 盏 VRay 灯光；在【创建】命令面板单击【泛光灯】按钮，在室内创建 4 盏泛光灯；单击 目标灯光 按钮，在室内创建 4 盏目标灯光，共同模拟射灯照明，位置如下图所示。

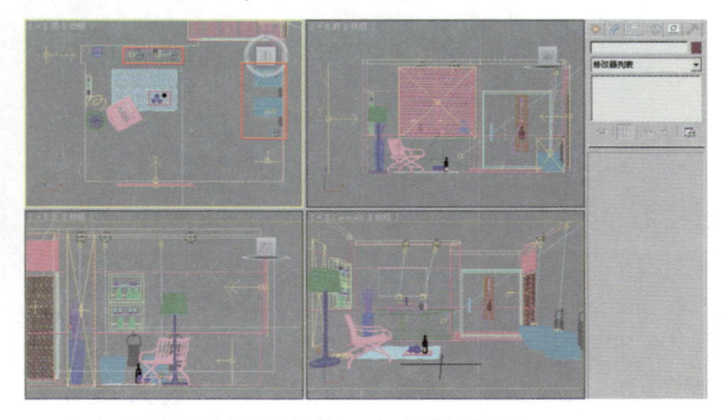

■ 14）设置面光源参数，如下图所示。

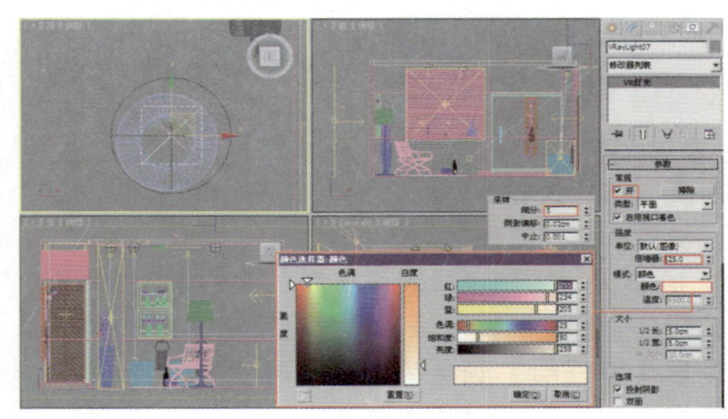

■ 15）设置泛光灯参数，如下图所示。

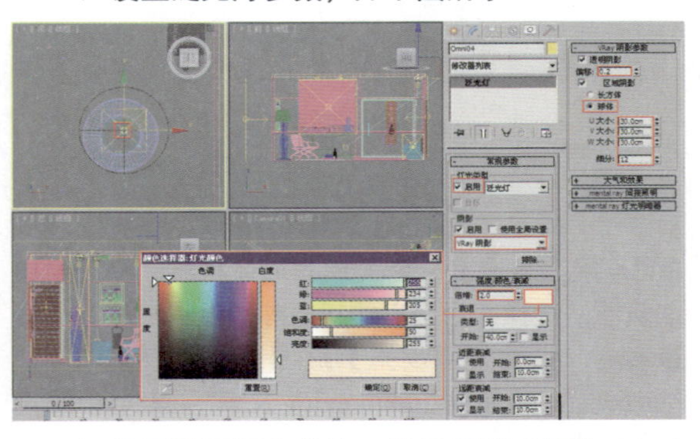

■ 16）设置目标灯光参数，并设置光域网为 Ch09\Maps\11.ies 文件。

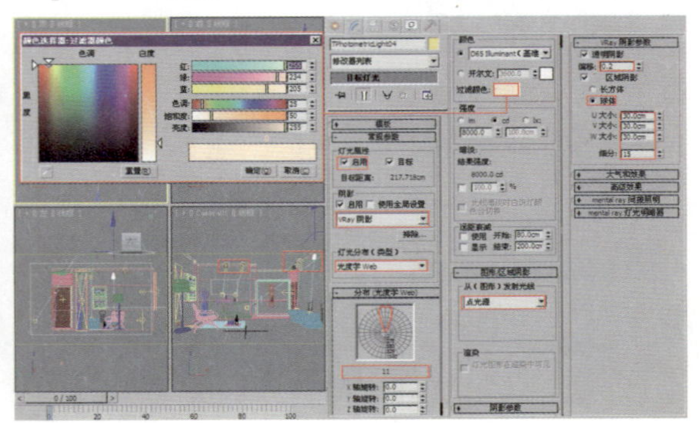

■ 17）重新对摄影机视图进行渲染，效果如下图所示。至此，场景灯光设置完成。

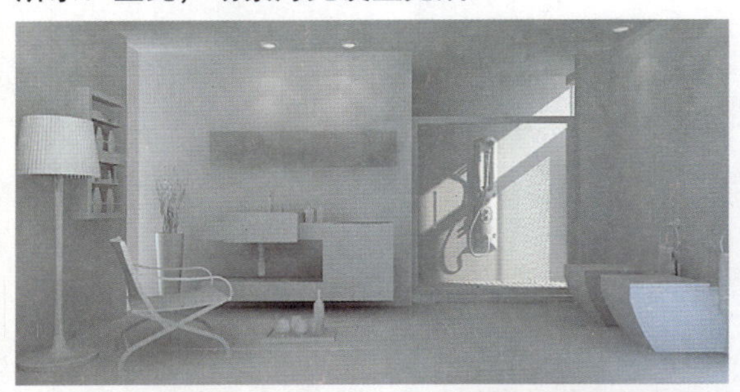

9.3 场景材质设置

下面逐一设置场景的材质，从影响整体效果的材质（如墙面、地面等）开始，到较大的浴室用品（如椅子、落地灯、洗脸盆等），最后到较小的物体（如场景内的摆设品等）。

9.3.1 设置墙面材质

墙体材质包括白色乳胶漆材质、白色大理石材质、黄色大理石材质、青灰色瓷砖材质、印花玻璃材质和水泥材质。

■ 1）首先设置白色乳胶漆材质。打开材质编辑器，选择一个空白的材质球，设置材质样式为 VR材质，设置【漫反射】颜色为白色，并设置反射参数、高光值、模糊反射效果和高光值。

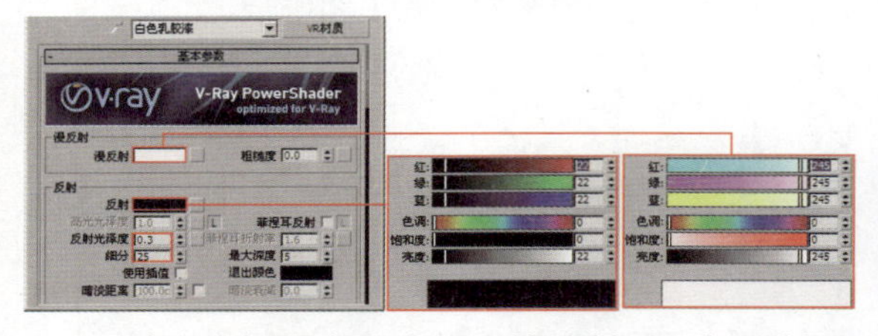

■ 2）接下来设置白色大理石墙体材质。打开材质编辑器，选择一个空白的材质球，设置材质样式为 VR材质，设置【漫反射】贴图为 Ch09\Maps\复件 Finishes.painting.paint.bump.jpg 文件，具体参数设置如下图所示。

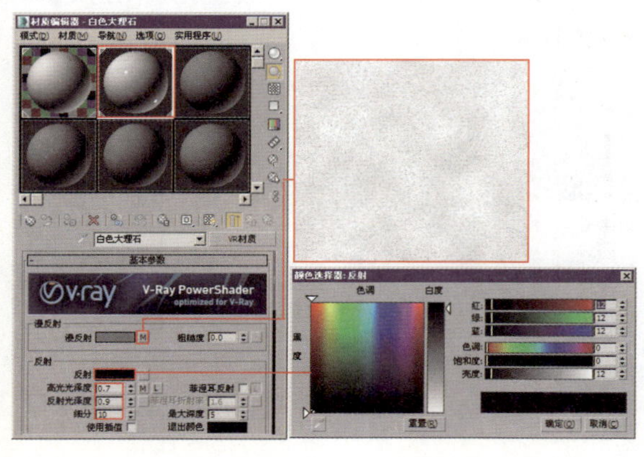

■ 3）打开【贴图】卷展栏，设置【高光光泽】贴图为 Ch09\Maps\005 水晶白 .jpg 文件，具体参数设置如下图所示。

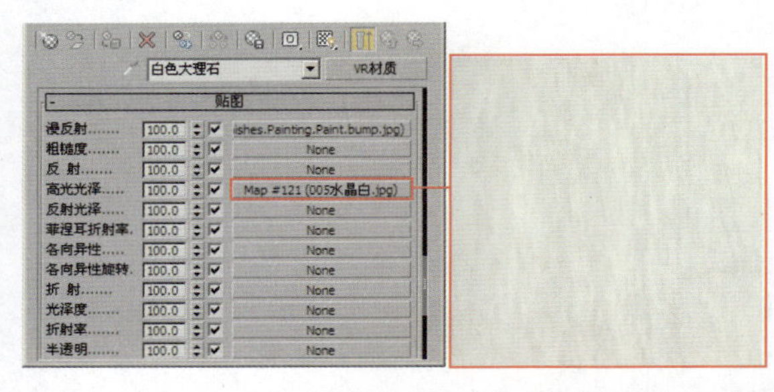

■ 4）单击按钮返回最上层，设置【凹凸】贴图为 Ch09\Maps\复件 finishes.painting.paint.bump.jpg 文件，设置贴图强度为 15。

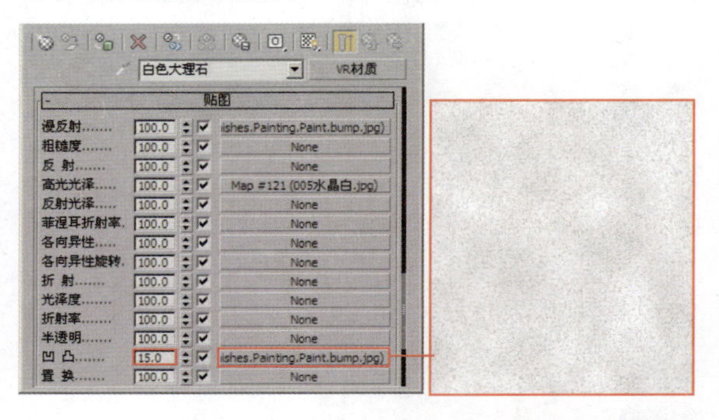

■ 5）单击按钮返回最上层，在【环境】通道中添加一个【输出】贴图。

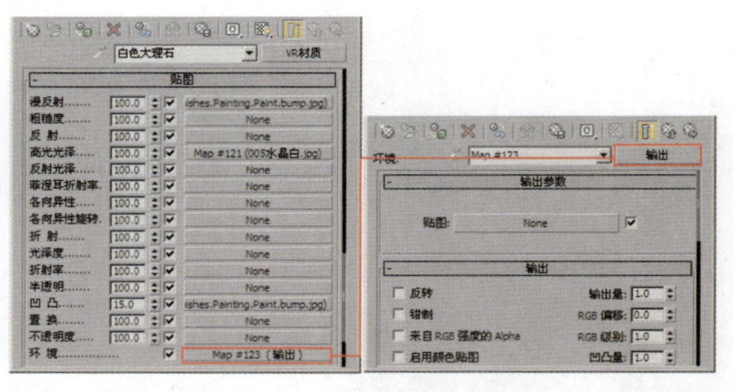

■ 6）接下来设置黄色大理石墙体材质。打开材质编辑器，选择一个空白的材质球，设置材质样式为 VR材质包裹器材质。

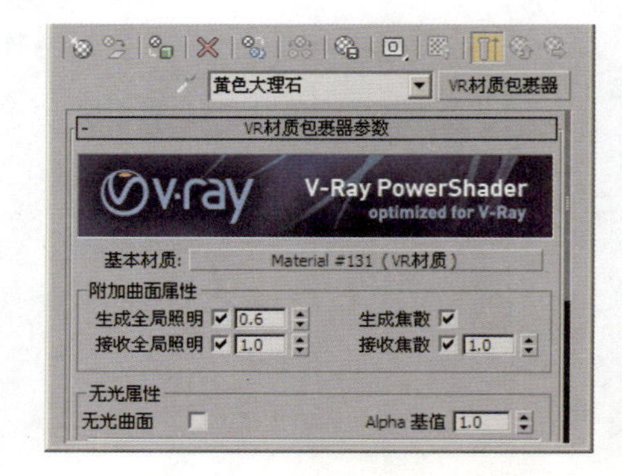

■ 7）设置【基本材质】部分材质，设置材质样式为 VR材质，设置【漫反射】贴图为 Ch09\Maps\01.jpg 文件，并设置反射参数、高光值和细分值。

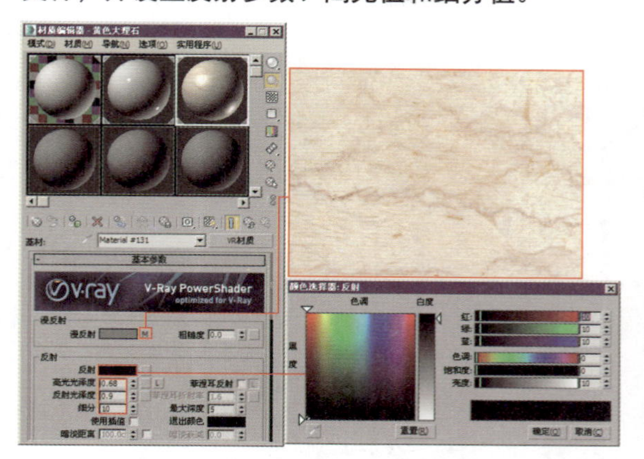

■ 8）打开【贴图】卷展栏，设置【凹凸】贴图为 Ch09\Maps\01.jpg 文件，设置贴图强度为 30，同时在【环境】通道中添加一个【输出】贴图，具体参数设置如下图所示。

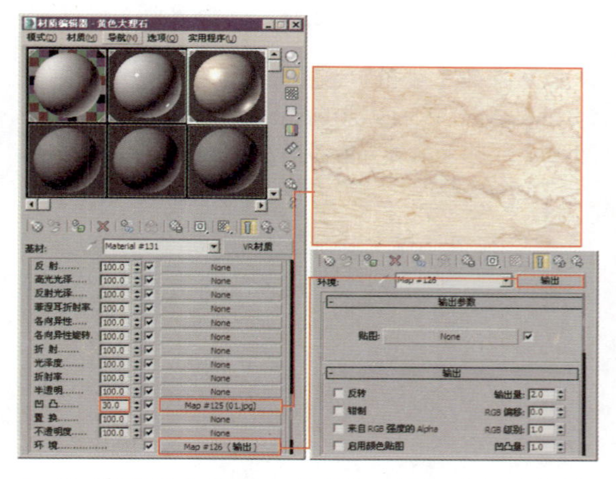

■ 9）接下来设置青灰色瓷砖材质。打开材质编辑器，选择一个空白的材质球，设置材质样式为 VR材质包裹器材质。

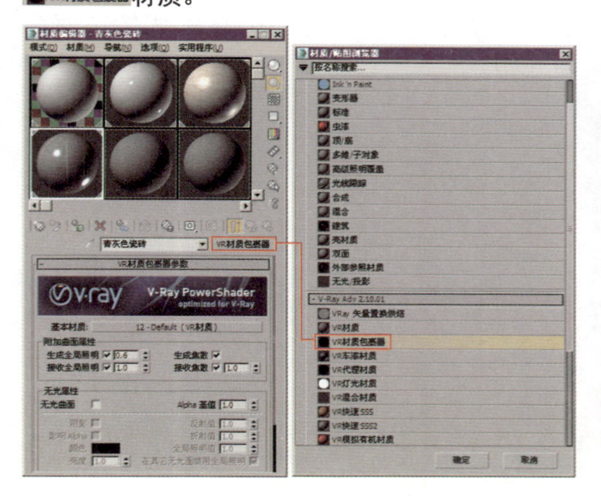

■ 10）设置【基本材质】部分材质，设置材质样式为 VR材质，在【漫反射】通道中添加一个【平铺】贴图，具体参数设置如下图所示。

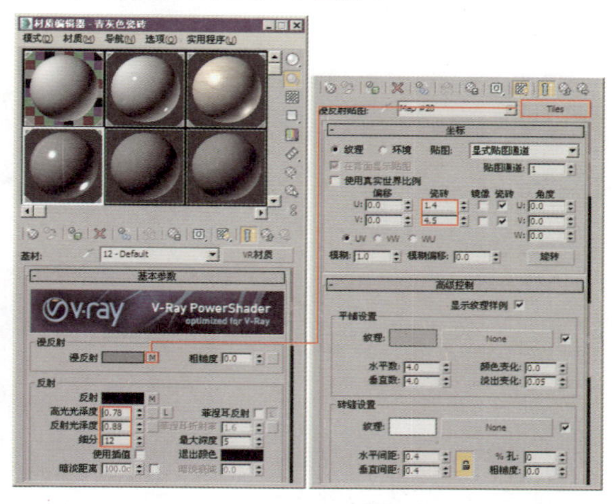

■ 11）打开【贴图】卷展栏，在【反射】通道中添加一个【衰减】贴图，设置【衰减】贴图的【前】颜色为黑色，设置【侧】颜色为蓝色，设置【衰减类型】为【Fresnel】方式，具体参数设置如下图所示。

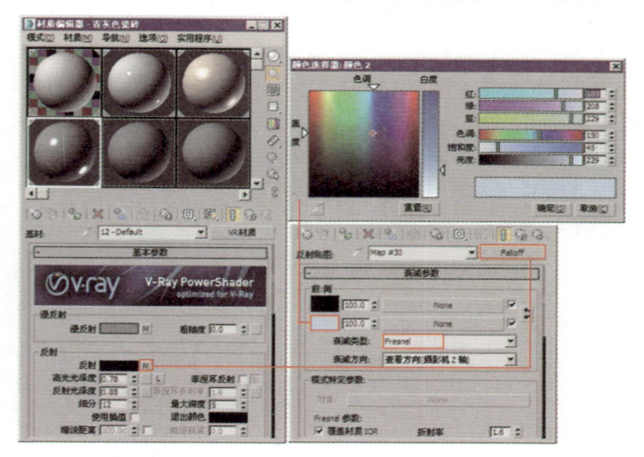

■ 12）单击按钮返回最上层，在【凹凸】通道中添加一个【平铺】贴图，设置贴图强度为 30，具体参数设置如下图所示。

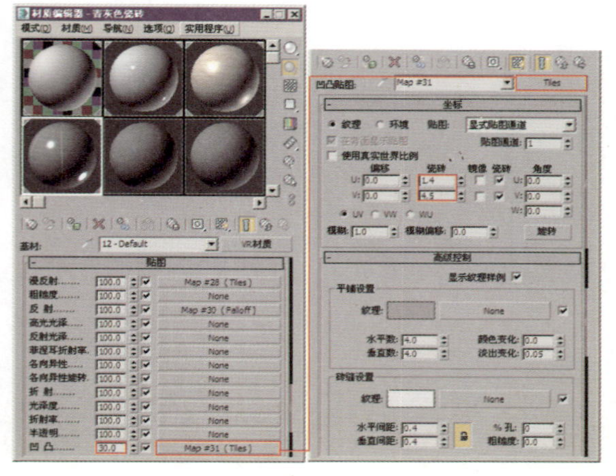

■ 13）设置水泥材质。打开材质编辑器，选择一个空白的材质球，设置材质样式为 VR材质，设置【漫反射】贴图为 Ch09\Maps\2023902-embed.jpg 文件，具体参数设置如下图所示。

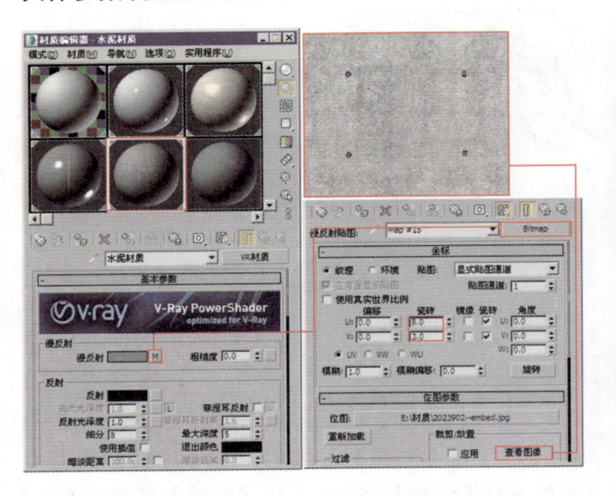

■ 14）打开【贴图】卷展栏，设置【凹凸】贴图为 Ch09\Maps\2023902-embed.jpg 文件，设置贴图强度为 35，具体参数设置如下图所示。

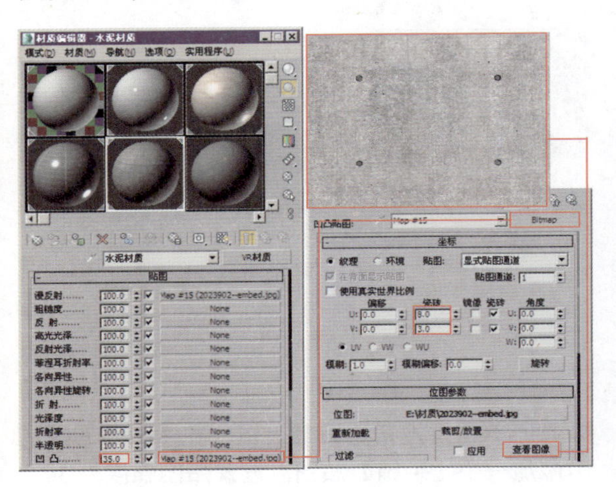

■ 15）设置印花玻璃材质。打开材质编辑器，选择一个空白的材质球，设置材质样式为 VRay2SidedMtl 材质。

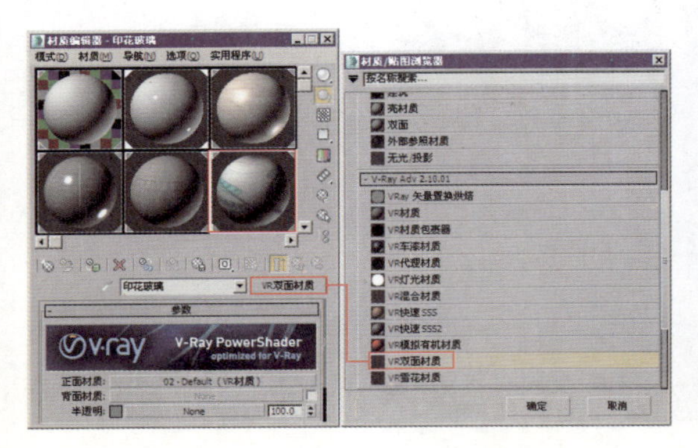

■ 16）设置【正面材质】部分材质。设置材质样式为 VR材质，设置【漫反射】贴图为 Ch09\Maps\856247-01-embed.jpg 文件，具体参数设置如下图所示。

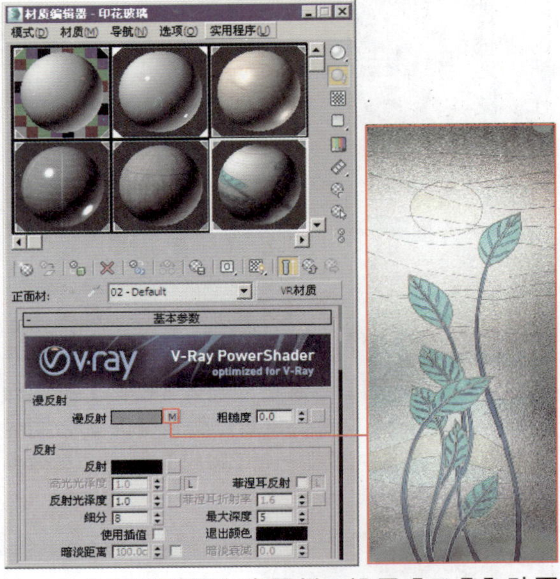

■ 17）打开【贴图】卷展栏，设置【凹凸】贴图为 Ch09\Maps\856247-01-embed.jpg 文件，设置贴图强度为 40，具体参数设置如下图所示。

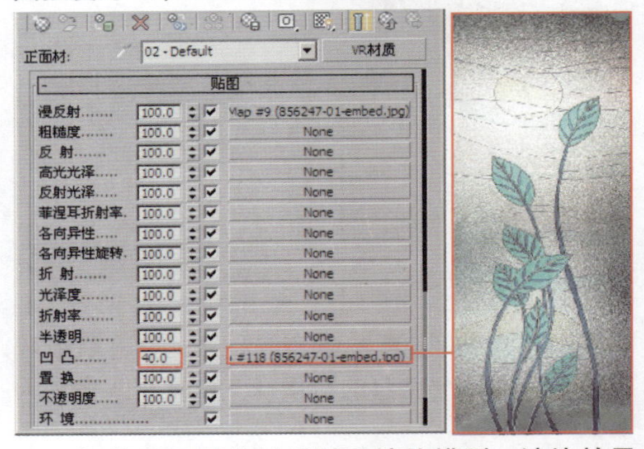

■ 18）将所设置的材质赋予墙体模型，渲染效果如下图所示。

9.3.2 设置地面材质

地面材质包括木质地板材质和地毯材质。

■ 1）首先设置木质地板材质。打开材质编辑器，选择一个空白的材质球，设置材质样式为 VR材质，设置【漫反射】贴图为 Ch09\Maps\13274949.jpg 文件，具体参数设置如下图所示。

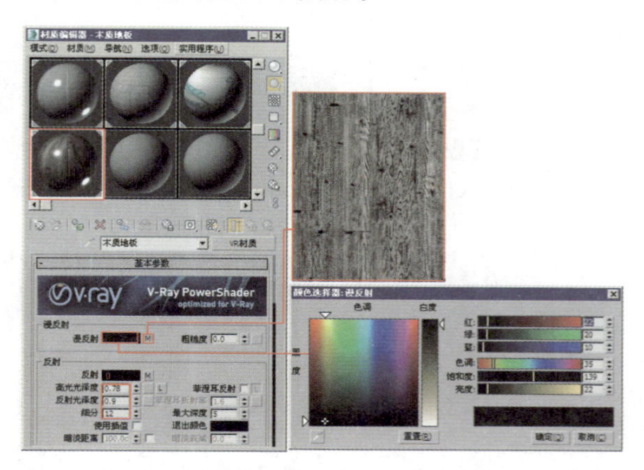

■ 2）在【反射】通道中添加一个【衰减】贴图，设置【衰减】贴图的【前】颜色为黑色，设置【侧】颜色为浅蓝色，设置【衰减类型】为【Fresnel】方式。

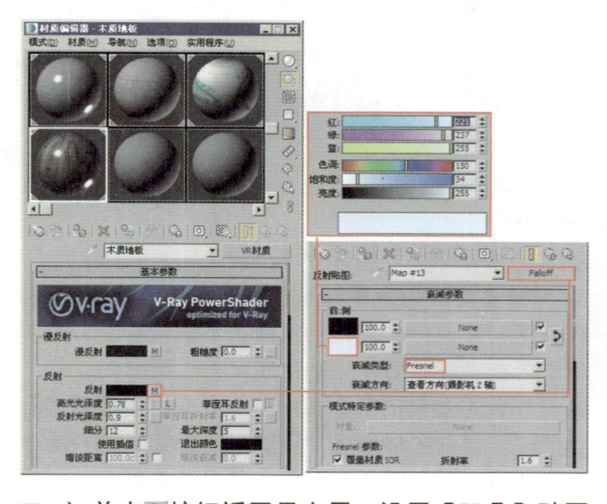

■ 3）单击按钮返回最上层，设置【凹凸】贴图为 Ch09\Maps\ww-045a.jpg 文件，设置贴图强度为 30，具体参数设置如下图所示。

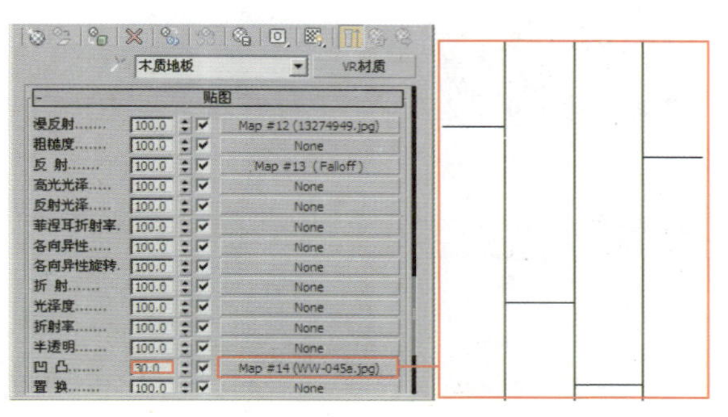

■ 4）接下来设置地毯材质。打开材质编辑器，选择一个空白的材质球，设置材质样式为 VR材质，设置【漫反射】贴图为 Ch09\Maps\06.tif 文件，具体参数设置如下图所示。

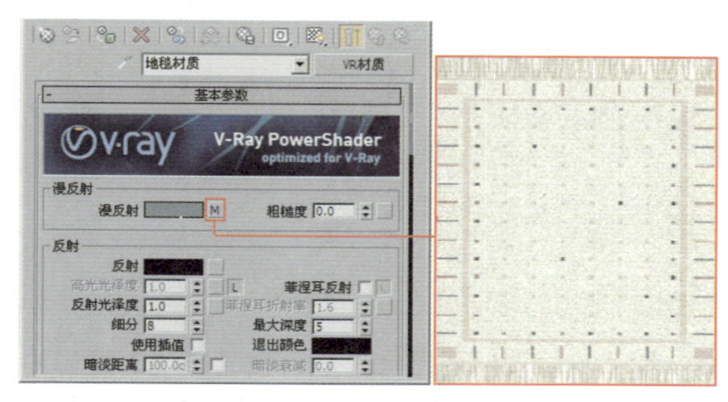

■ 5）打开【贴图】卷展栏，设置【不透明度】贴图为 Ch09\Maps\03m.tif 文件，设置贴图强度为 100。

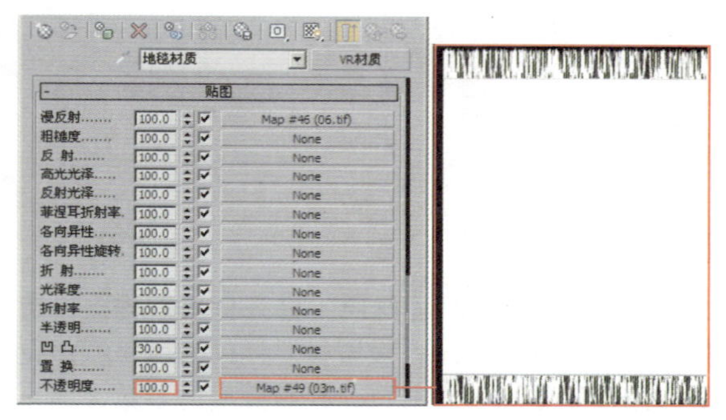

■ 6）将所设置的材质赋予地板和地毯模型，渲染效果如下图所示。

9.3.3 设置马桶、吊环和毛巾材质

马桶材质为白色塑料材质，吊环材质为不锈钢材质，毛巾材质为绒布料材质。

■ 1）首先设置马桶材质。打开材质编辑器，选择一个空白的材质球，设置材质样式为 VR材质，在【漫反射】通道中添加一个【输出】贴图。

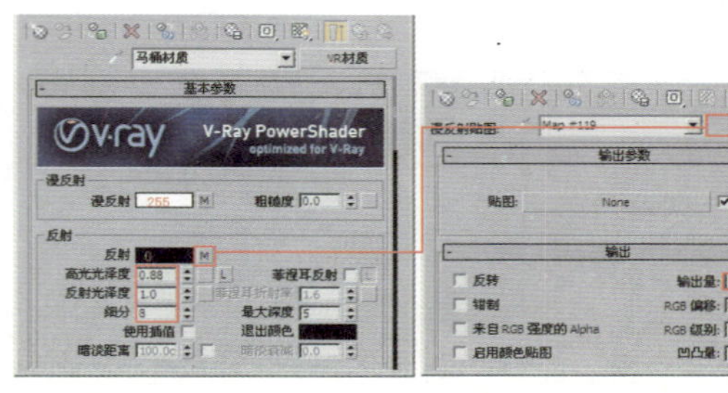

■ 2）打开【贴图】卷展栏，在【反射】通道中添加一个【衰减】贴图，设置【衰减类型】为【Fresnel】方式，具体参数设置如下图所示。

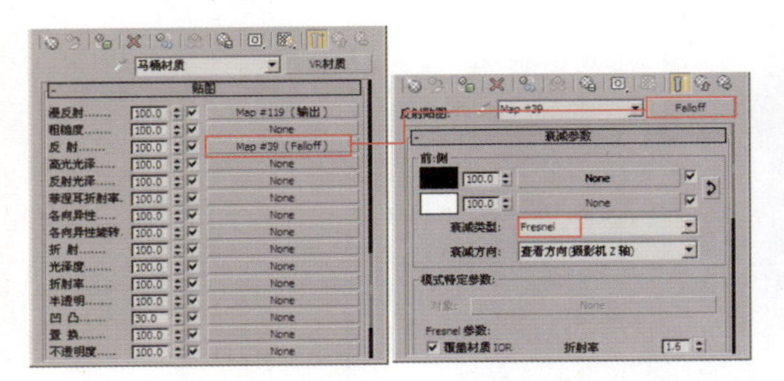

■ 3）单击按钮返回最上层，在【环境】通道中添加一个【输出】贴图，具体参数设置如下图所示。

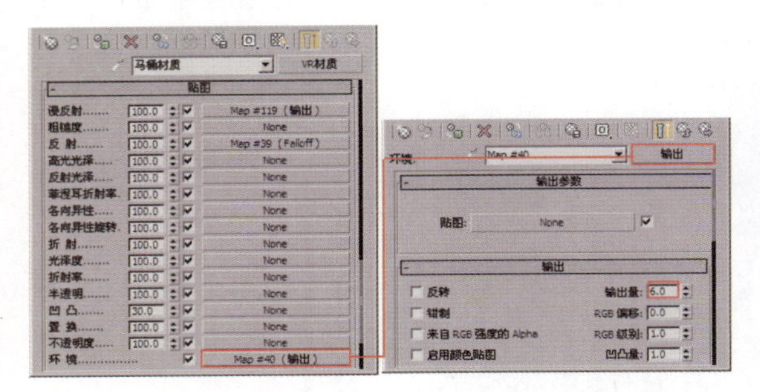

■ 4）设置不锈钢吊环材质。打开材质编辑器，选择一个空白的材质球，设置材质样式为 VR材质，设置【漫反射】颜色为灰色，并设置反射参数、高光值、模糊反射效果和细分值。

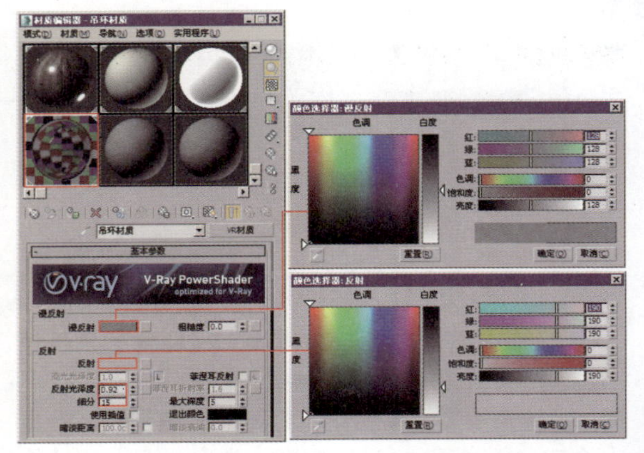

■ 5）打开【双向反射分布函数】卷展栏，参数设置如下图所示。

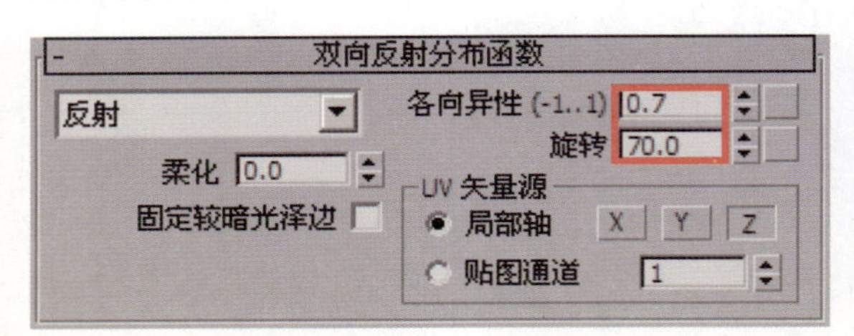

■ 6）接下来设置毛巾材质。打开材质编辑器，选择一个空白的材质球，设置材质样式为 VR材质，设置【漫反射】颜色为白色，具体参数设置如下图所示。

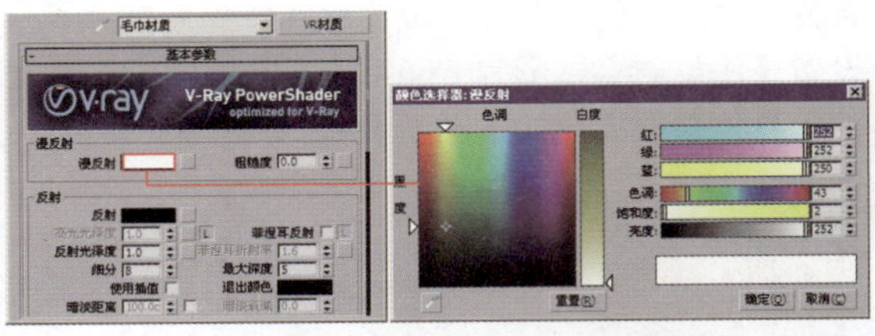

■ 7）打开【贴图】卷展栏，设置【置换】贴图为 Ch09\Maps\arch30_033_bumpdisp.jpg 文件，设置贴图强度为 5.0，具体参数设置如下图所示。

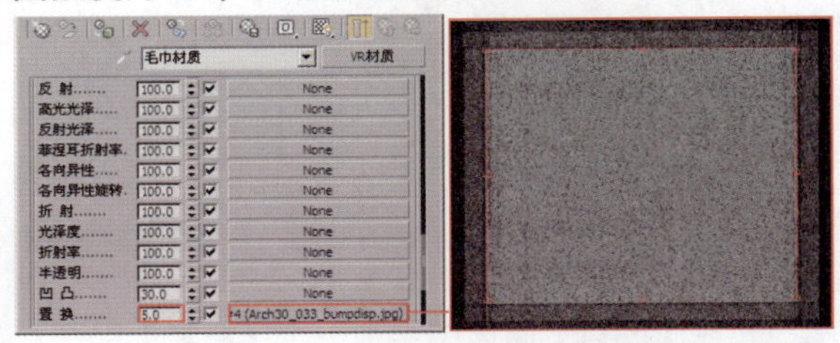

■ 8）将所设置的材质赋予马桶、吊环和毛巾模型，渲染效果如下图所示。

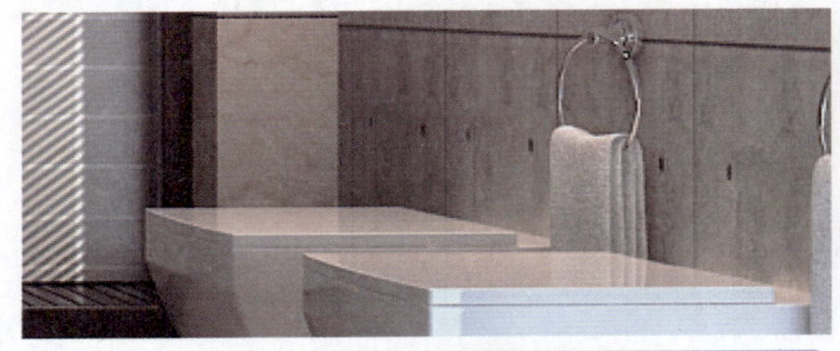

9.3.4 设置椅子和梳洗台材质

椅子材质由金属材质和绒布质椅垫材质组成。梳洗区材质包括木质柜台材质、不锈钢材质、白瓷材质、玻璃杯材质及牙刷材质。

■ 1）首先设置椅子金属材质。打开材质编辑器，选择一个空白的材质球，设置材质样式为 VR材质，设置【漫反射】颜色为灰色，并设置反射参数、高光值、模糊反射效果和细分值。

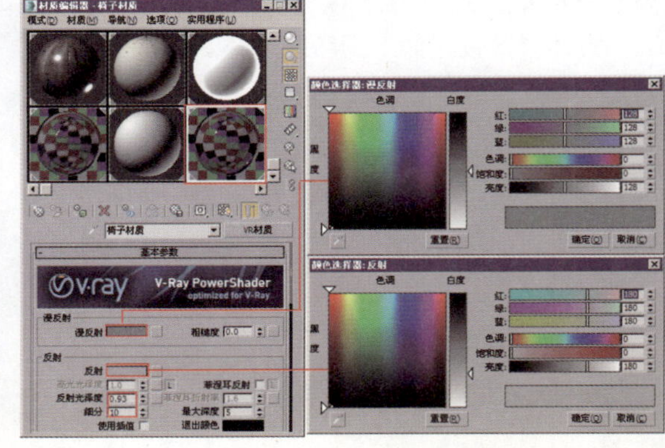

■ 2）接下来设置椅垫材质。打开材质编辑器，选择一个空白的材质球，设置材质样式为 VR材质，在【漫反射】通道中添加一个【衰减】贴图，设置【前】颜色为黑色，设置【侧】颜色为灰色，设置【衰减类型】为【Fresnel】方式，具体参数设置如下图所示。

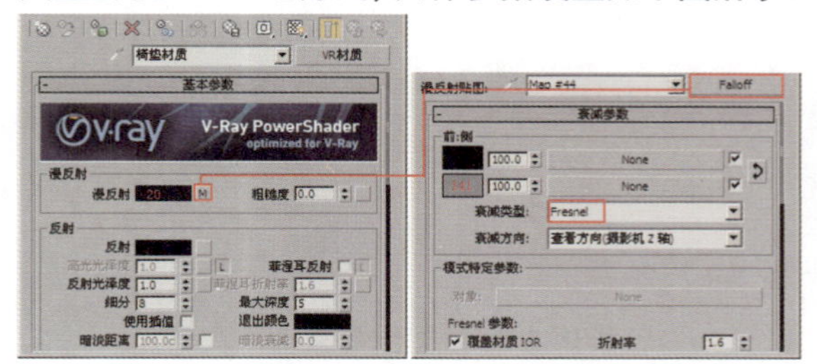

■ 3）打开【贴图】卷展栏，在【凹凸】通道中添加一个【噪波】贴图，设置大小值为 0.27，设置凹凸贴图强度为 30。

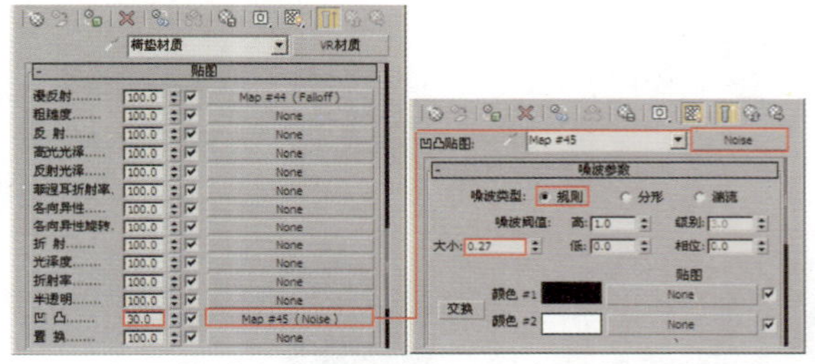

■ 4）设置梳洗台木质柜台材质。打开材质编辑器，选择一个空白的材质球，设置材质样式为 VR材质，设置【漫反射】贴图为 Ch09\Maps\archinteriors10_002_wood.jpg 文件。

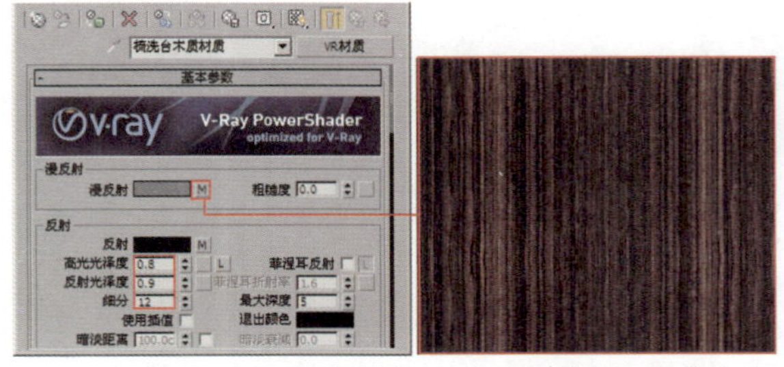

■ 5）打开【贴图】卷展栏，在【反射】通道中添加一个【衰减】贴图，设置【前】颜色为黑色，设置【侧】颜色为浅蓝色，设置【衰减类型】为【Fresnel】方式。

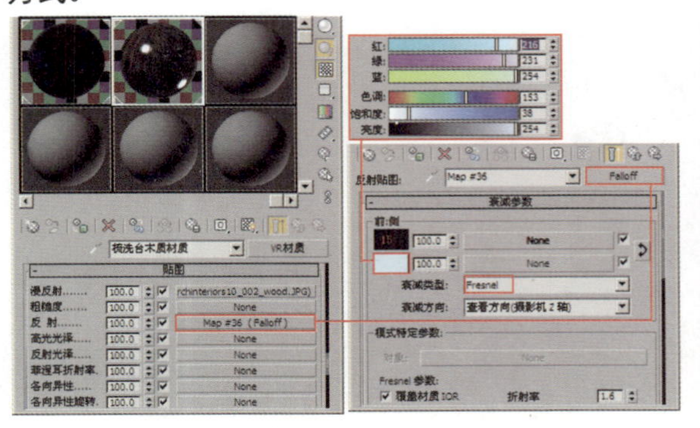

■ 6）单击按钮返回最上层，设置【凹凸】贴图为 Ch09\Maps\archinteriors10_002_wood.jpg 文件，设置贴图强度为 20，具体参数设置如下图所示。

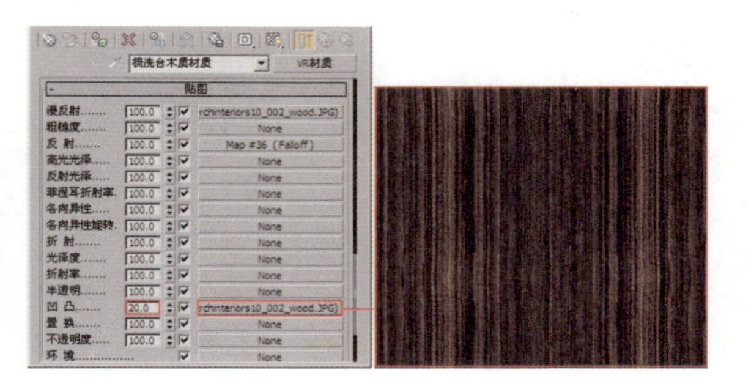

■ 7）白瓷材质参数设置同马桶材质，这里不再赘述。接下来设置不锈钢材质。打开材质编辑器，选择一个空白的材质球，设置材质样式为 VR材质，设置【漫反射】颜色为灰色，并设置反射参数、高光值、模糊反射效果和细分值。

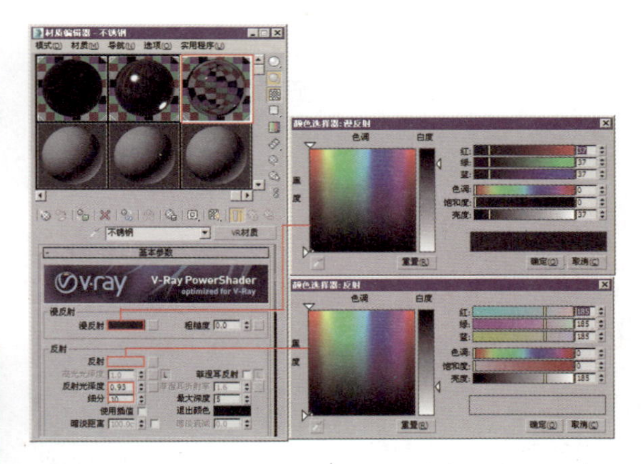

■ 8）接下来设置玻璃杯材质。打开材质编辑器，选择一个空白的材质球，设置材质样式为 VR材质，设置【漫反射】颜色为灰色，并设置反射参数、高光值、模糊反射效果和细分值。

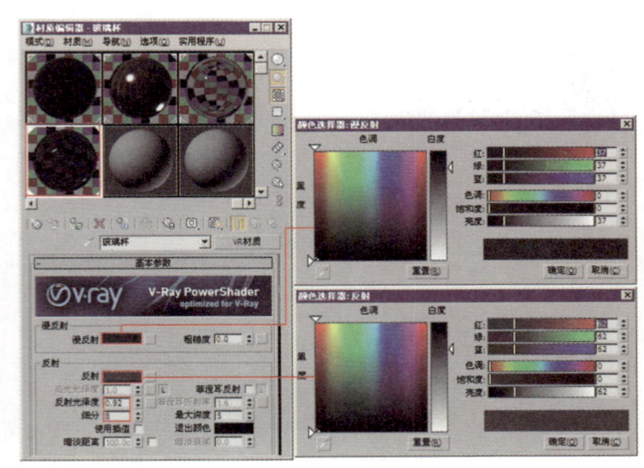

■ 9）设置玻璃的折射参数和雾色效果。

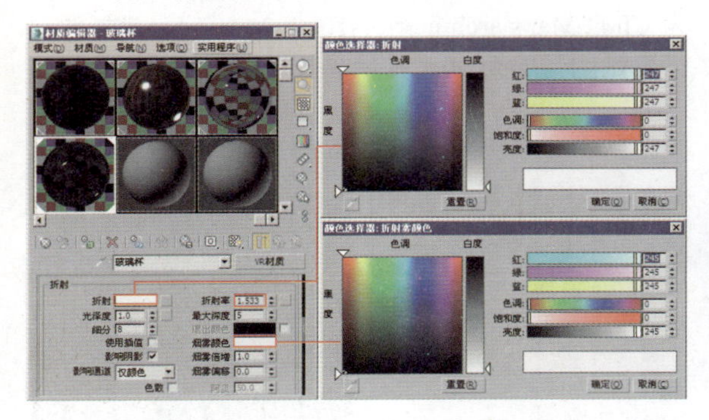

■ 10）打开【双向反射分布函数】卷展栏，参数设置如下图所示。

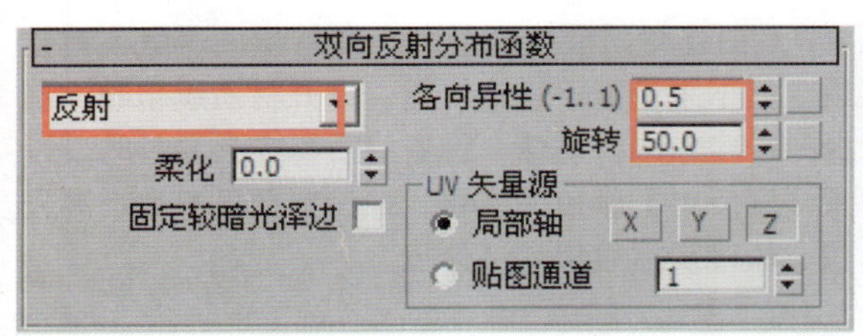

■ 11）接下来设置牙刷的手柄材质。打开材质编辑器，选择一个空白的材质球，设置材质样式为 VR材质，设置【漫反射】颜色为蓝色，具体参数设置如下图所示。

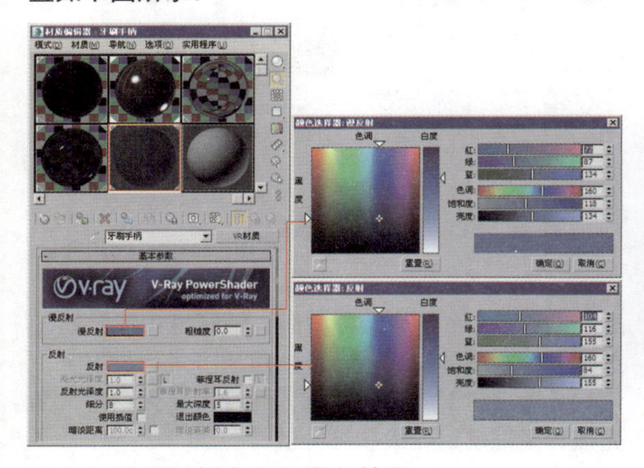

■ 12）设置折射参数和雾色效果。

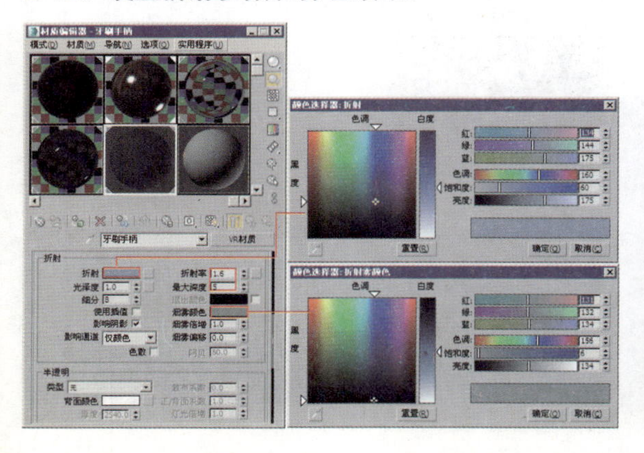

■ 13）接下来设置牙刷头部材质。打开材质编辑器，选择一个空白的材质球，设置材质样式为 VR材质，设置【漫反射】颜色为白色，具体参数设置如下图所示。

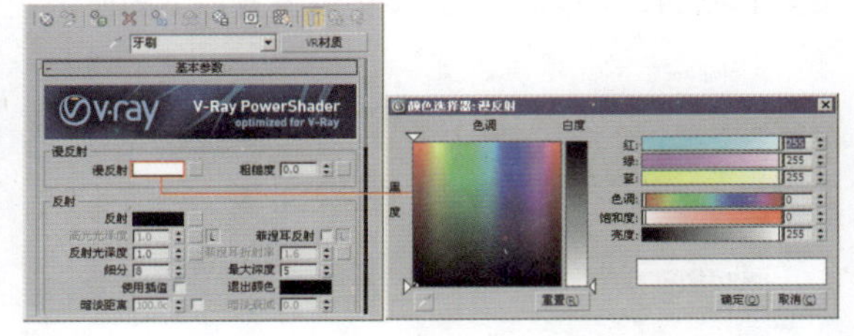

■ 14）设置折射参数和雾色效果。

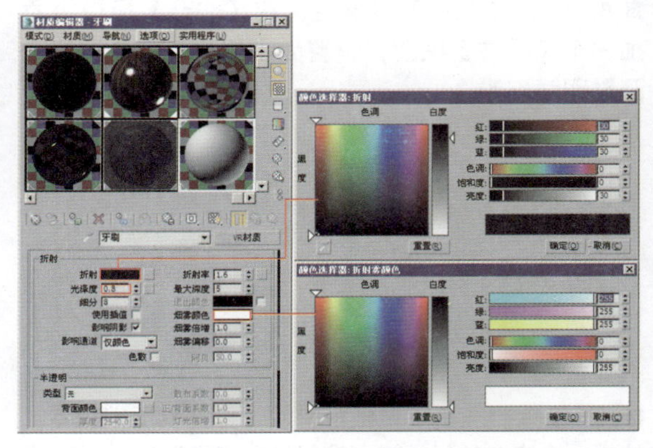

■ 15）将所设置的材质赋予椅子和梳洗台模型，渲染效果如下图所示。

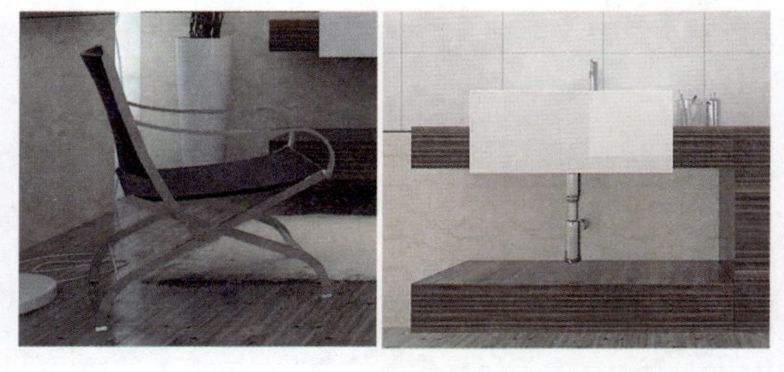

■ 16）场景中的其他材质（如：花瓶、洗护用品及照衣镜等），读者可以参考上述相似材质的设置方法进行制作，这里不再赘述，最终渲染效果如下图所示。

第10章 休闲阳光榻榻米效果图

本章将介绍一款不规则休闲空间的设计方案。整体的家居结构为非对称型，当天光从窗口射进室内时，给人一种舒心的感觉，加上白色墙壁的反射效果，使不大的空间内散发出暖人的气氛。场景的色彩搭配讲求一种优雅的风格，虽空间不大，但使人居于其中，却不压抑，色彩单一，却不单调，另有一番绝妙的感觉。

本例场景最终渲染效果图和模型渲染效果图如下图所示。

配色应用：

制作要点：

■ 1.掌握休闲空间的规划和设计理念。

■ 2.学习休闲空间现代风格的材质设计。

■ 3.了解以室内光源为辅光，混合日景照明效果的制作。

最终场景：Ch10\Scenes\ 休闲阳光榻榻米 ok.max

贴图素材：Ch10\Maps

难易程度：★★★★☆

10.1 创建目标摄影机

本节来为场景创建一台目标摄影机，以确定合适的视图角度。

■ 1）打开 Ch10\Scenes\ 休闲阳光榻榻米 .max 文件。这是一个不规则状的榻榻米场景文件，场景内的模型包括墙体、地面、电视、坐垫及一些其他的摆设品等。

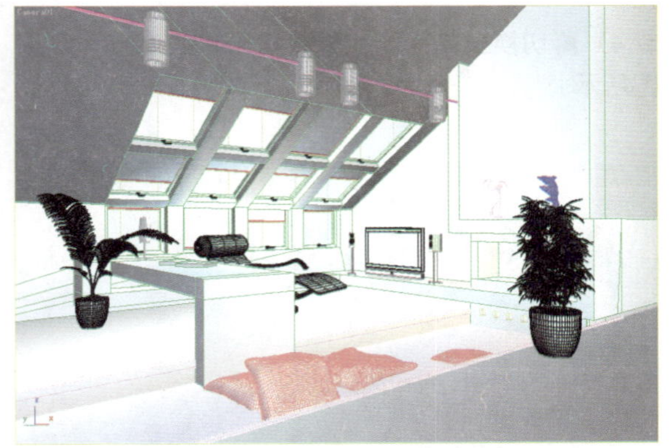

■ 2）本场景空间的灯光布局如下图所示。可以看到场景中使用了 VRay 阳光来模拟主光源（阳光），使用了 VRay 灯光面光源进行窗口补光和室内补光，以及模拟火炉照明。

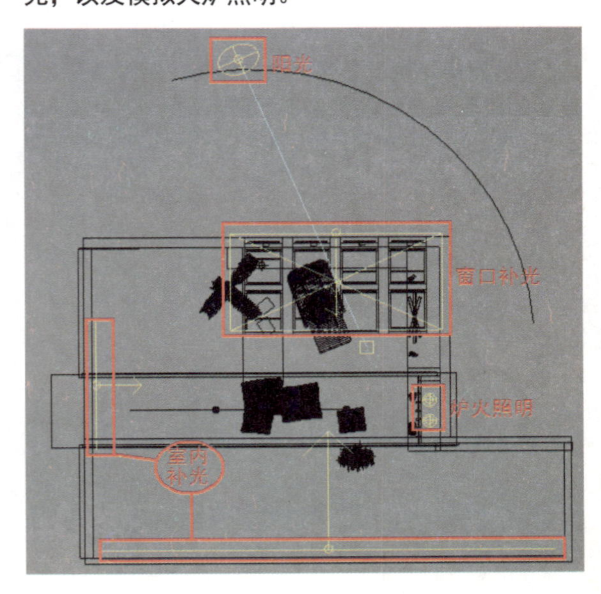

■ 3）在 3ds Max 操作界面中，单击【创建】面板中的【摄影机】按钮，单击 目标 按钮，在顶视图中创建一个目标摄影机 Camera01，位置如下图所示。

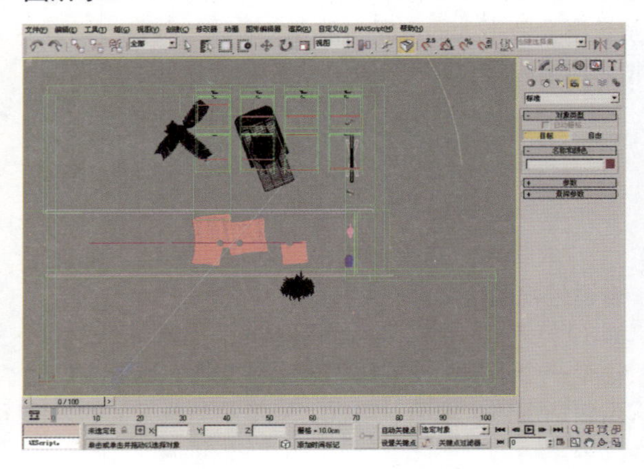

■ 4）再切换到前视图，调整摄影机的高度，如下图所示。

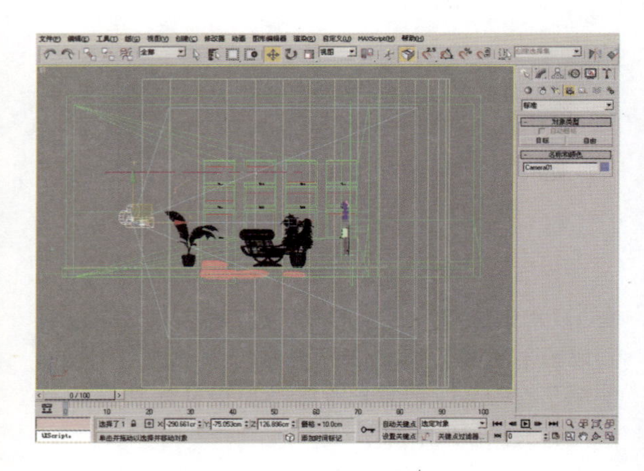

■ 5）设置摄影机的参数，这样摄影机就放置好了，最后的摄影机视图效果如下图所示。

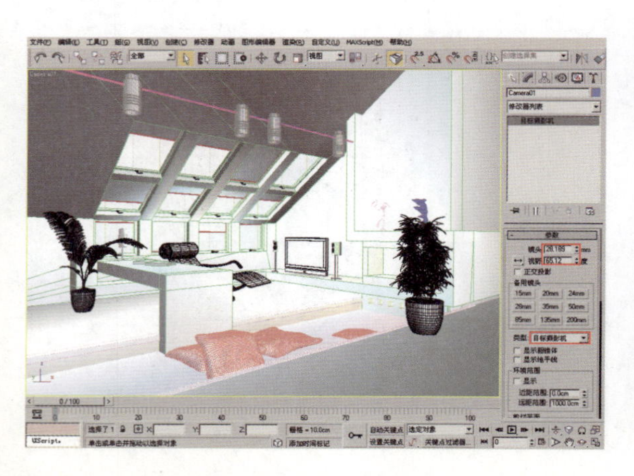

■ 6）接着确定渲染比例。按下 F10 键，弹出渲染设置对话框，为了前期提高渲染速度，这里将渲染尺寸设置为一个较小的尺寸 480×360，保证比例固定在 1.33。最后，在摄影机视图左上角单击鼠标右键，在弹出的菜单中选择【显示安全框】命令，让视窗正确显示出最终的渲染尺寸。这样就最终完成了摄影机的创建。

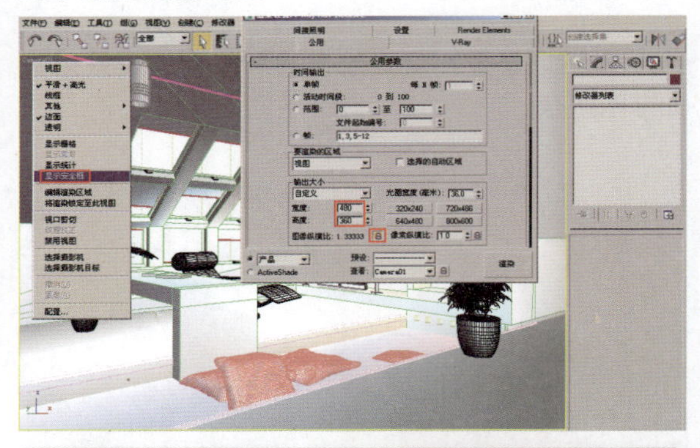

10.2 测试渲染设置

■ 1）按 F10 键打开渲染对话框，首先设置 VRay 为当前渲染器，如下图所示。

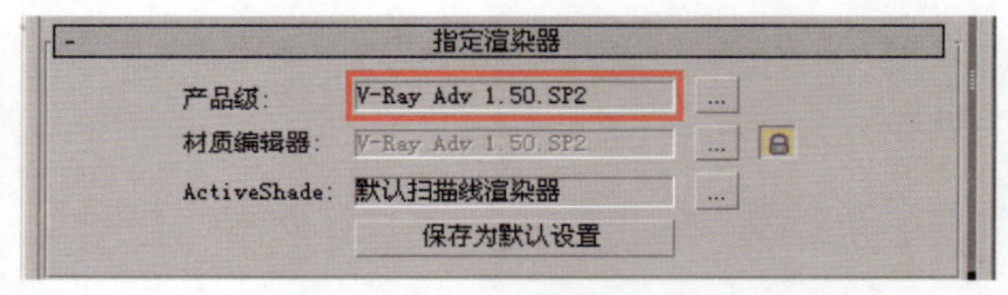

■ 2）在 V-Ray:: 全局开关 卷展栏中设置总体参数，如下图所示。因为我们要调整灯光，所以在这里关闭了默认的灯光。然后取消选择【反射/折射】和【光泽效果】复选框，这两项都是非常影响渲染速度的。

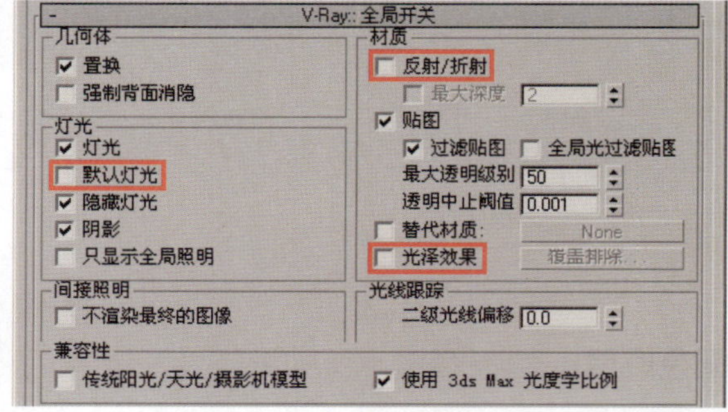

■ 3）在 V-Ray:: 图像采样器(抗锯齿) 卷展栏中，设置相关参数，这是抗锯齿采样设置。

V-Ray:: 图像采样器(抗锯齿)

图像采样器

类型：自适应DMC

抗锯齿过滤器

☑ 开　Catmull-Rom　具有显著边缘增强效果的 25 像素过滤器。

大小：4.0

■ 4）激活 间接照明 选项卡，在 V-Ray:: 间接照明(GI) 卷展栏中设置相关参数，这是间接照明设置。

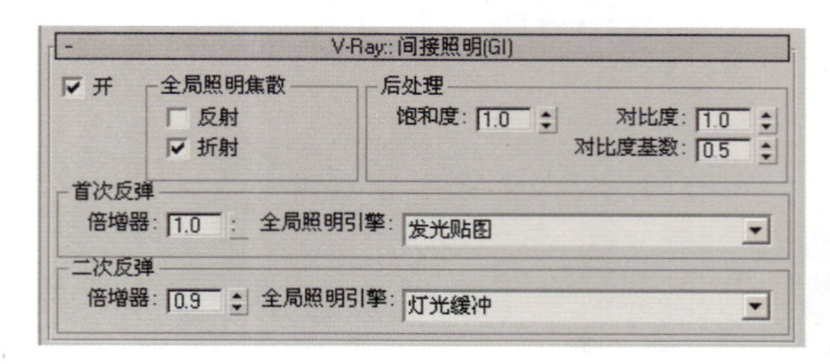

■ 5）在 V-Ray:: 发光贴图 卷展栏中，将当前预置设置为【自定义】，并调整【最大比率】和【最小比率】的值为 -4，这是发光贴图参数设置。

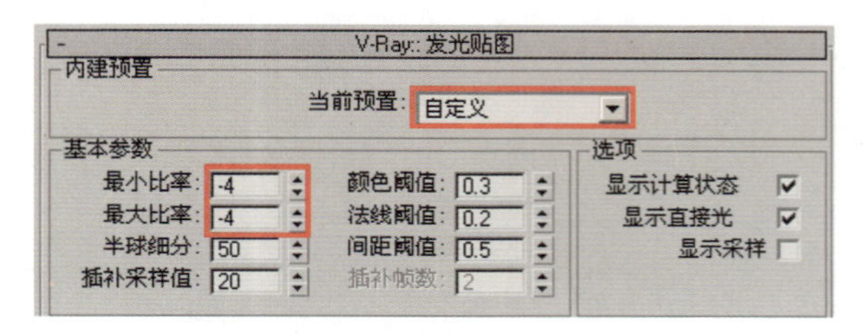

■ 6）在 V-Ray:: 灯光缓冲 卷展栏中设置相关参数，如下图所示。

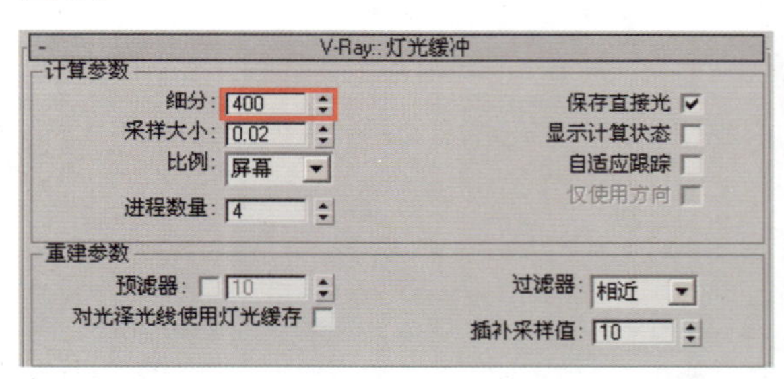

■ 7）按 8 键打开 环境和效果 对话框，设置背景贴图，如下图所示。

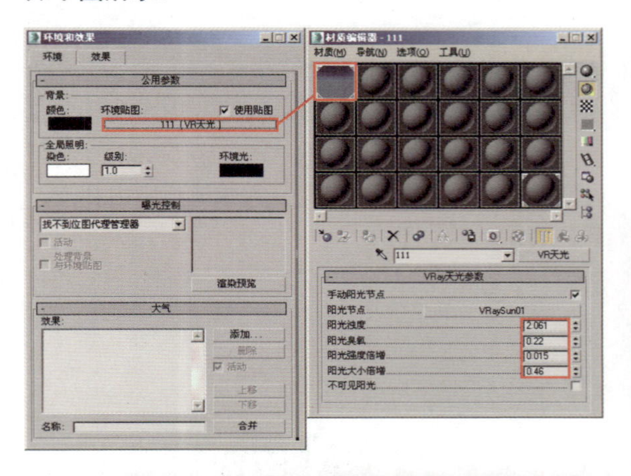

10.3 场景灯光设置

本例用目标平行光作为主光源（阳光），以天光的方式照进窗口，以 VRay 面光源作为窗口补光和室内补光。

■ 1）首先制作一个统一的模型测试材质。按 M 键打开材质编辑器，选择一个空白样本球，设置材质的样式为 VRayMtl，如下图所示。

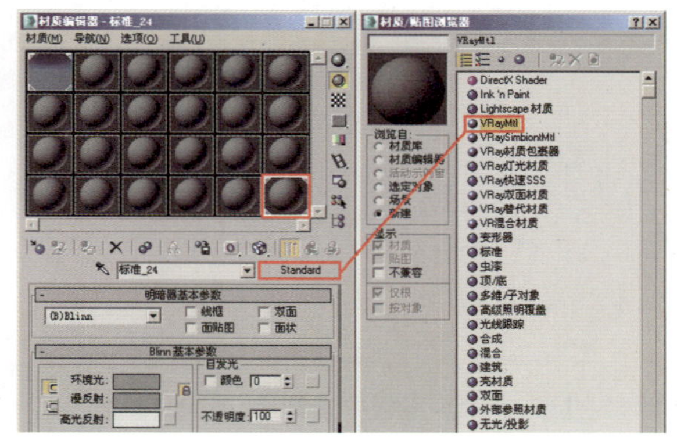

■ 2）在 VRayMtl 材质面板设置【漫反射】的颜色为浅灰色，如下图所示。

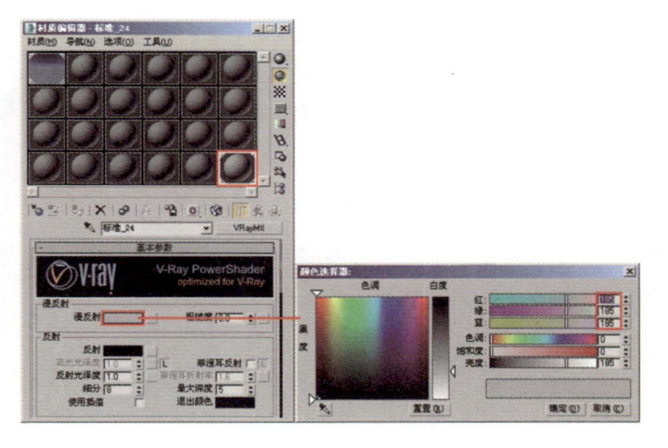

■ 3）按 F10 键打开渲染设置对话框，激活 替代材质: 复选框，将该材质拖动到 None 按钮上，这样就给整体场景设置了一个临时的测试用的材质，如下图所示。

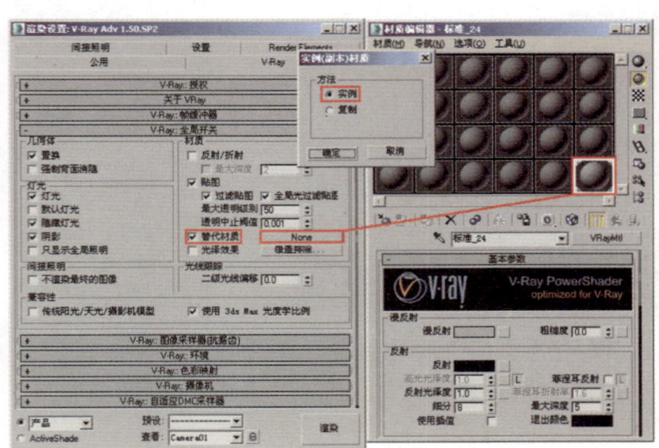

■ 4）在【创建】命令面板中，单击 VR阳光 按钮，在视图中创建一盏 VRay 阳光灯光，用来模拟阳光照射，位置如下图所示。

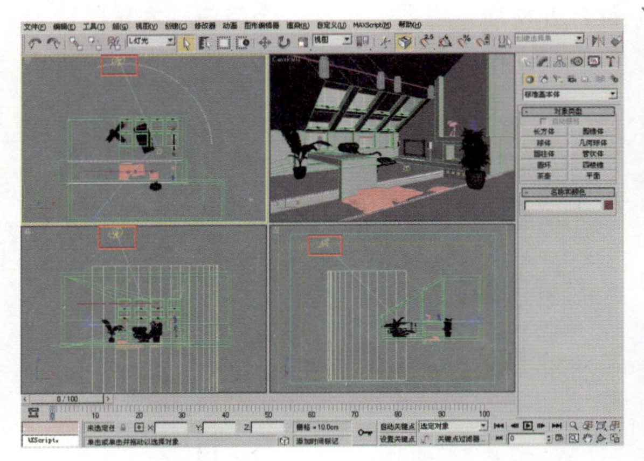

■ 5）在【修改】命令面板中设置 VRay 阳光参数。

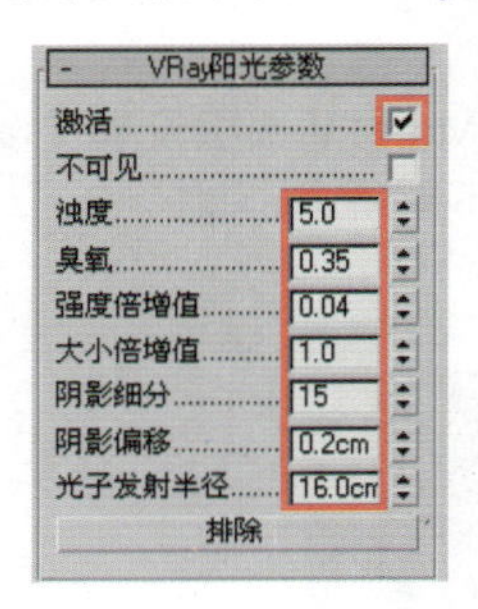

注意

VRay阳光是VRay渲染器新添加的灯光种类，功能比较简单，主要用于模拟场景的太阳光照射。

■ 6）按快捷键 Shift+Q 进行渲染，此时的效果如下图所示。可以看到，此时室内光线很暗淡，这是因为只进行了室外的照明，接下来进行窗口补光。

■ 7）在【创建】命令面板中单击 VRay灯光 按钮，在窗口处建立两盏 VRay 灯光，用来进行窗口补光，位置如下图所示。

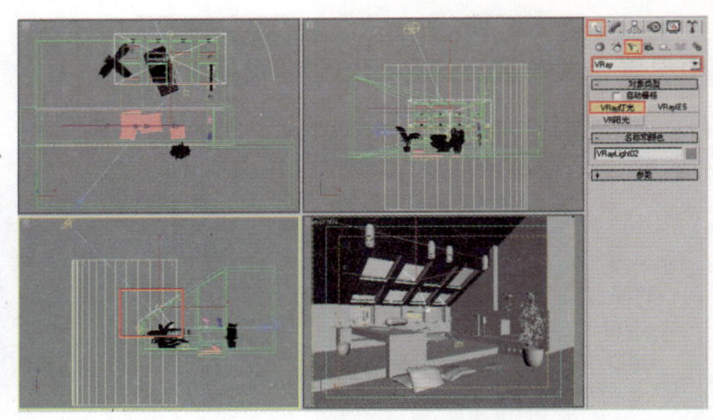

■ 8）在【修改】面板中设置面光源参数，如下图所示。

■ 9）重新对摄影机视图渲染，此时渲染效果如下图所示。

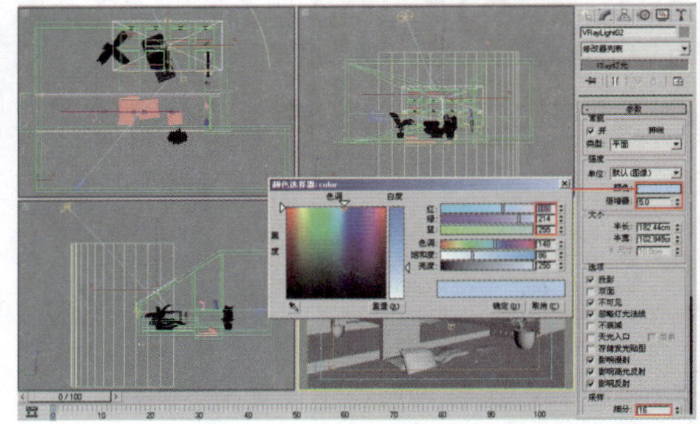

■ 10）在【创建】命令面板中单击 VRay灯光 按钮，在室内建立两盏 VRay 灯光，用来进行室内补光，具体的位置如下图所示。

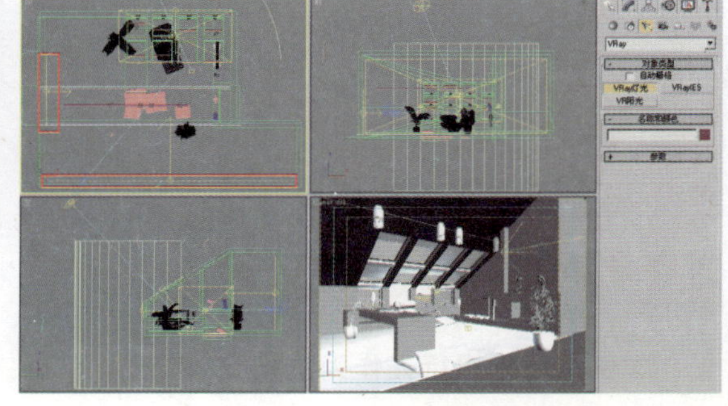

■ 11）在【修改】面板设置面光源参数，如下图所示。

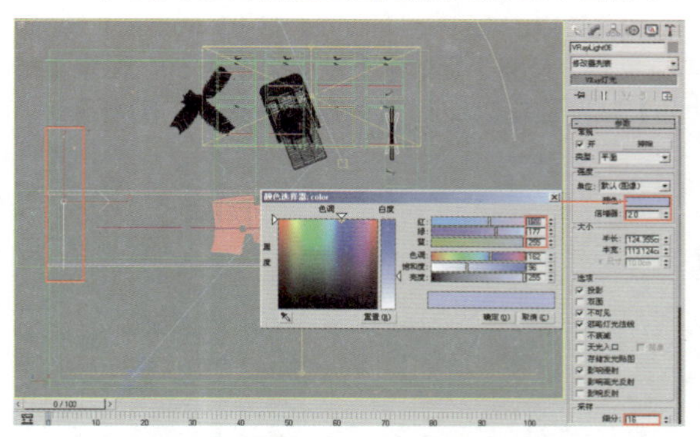

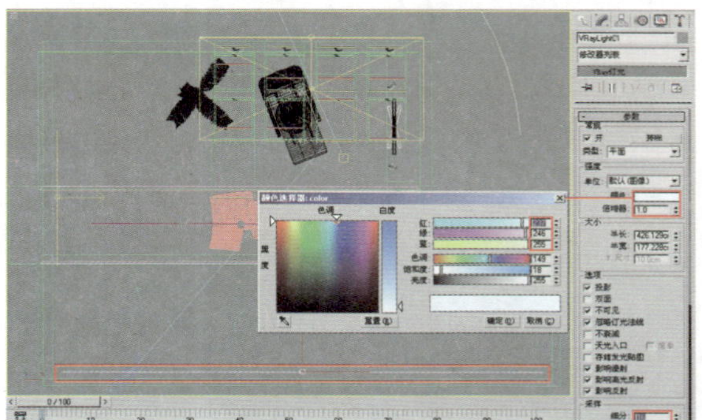

■ 12）按快捷键 Shift+Q 对摄影机进行渲染，效果如下图所示。

■ 13）接下来设置炉火照明。在【创建】命令面板 中单击 VRay灯光 按钮，在室内建立两盏 VRay 灯光，用来模拟炉火照明，具体的位置如下图所示。

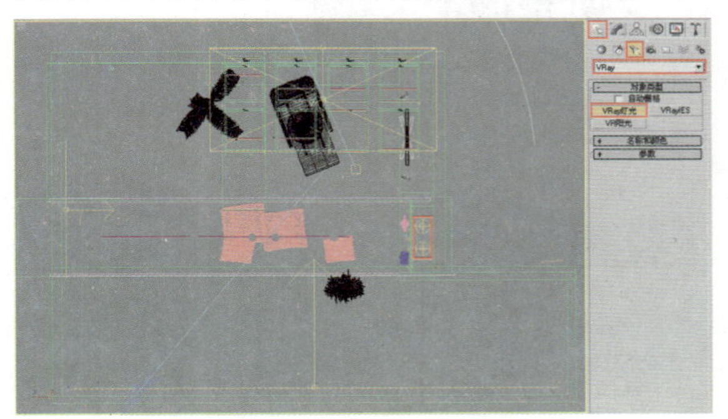

■ 14）在【修改】面板中设置面光源参，数下如图所示。

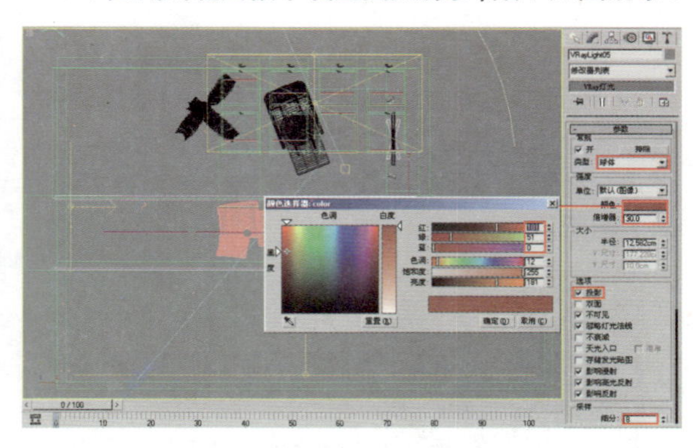

■ 15）重新对摄影机视图进行渲染，此时的渲染效果如下图所示，至此，场景灯光设置完成。

10.4 场景材质设置

下面逐一设置场景的材质，从影响整体效果的材质（如墙面、地面等）开始，到较大的家居用品（如椅子、电视等），最后到较小的物体（如场景内的装饰品等）。

10.4.1 设置渲染参数

■ 按 F10 键打开渲染设置对话框，在 V-Ray:: 全局开关 卷展栏中激活 反射/折射 复选框，将 替代材质 复选框关闭（这里仍然将【光泽效果】复选框关闭，因为它太影响渲染速度）。

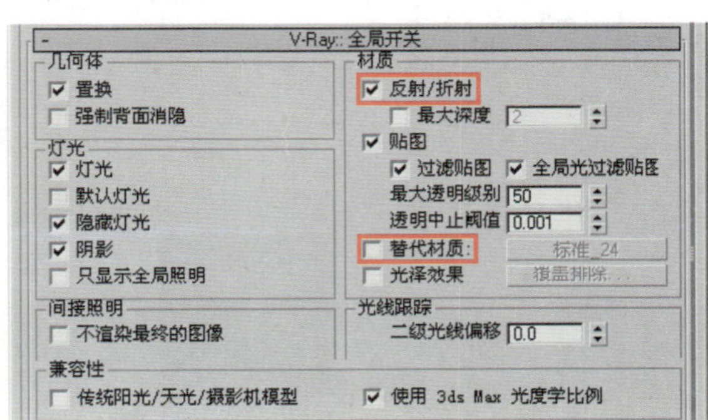

10.4.2 设置墙体材质

墙体材质包括白色乳胶漆材质和水泥材质。

■ 1）设置白色乳胶漆墙体材质。打开材质编辑器，选择一个空白的材质球，设置材质样式为 VRayMtl 样式，设置【漫反射】颜色为白色，具体参数设置如下图所示。

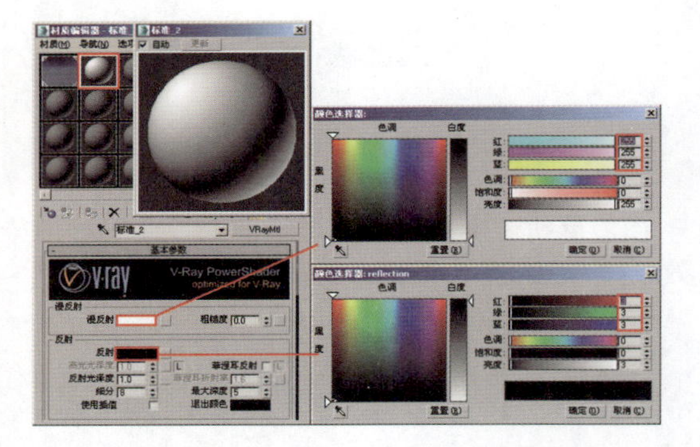

■ 2）设置水泥材质。打开材质编辑器，选择一个空白的材质球，设置材质样式为 VRayMtl 样式，在【漫反射】通道中添加一个【RGB 相乘】贴图，在【颜色 #1】通道中添加一个【RGB 染色】贴图，具体参数设置如下图所示。

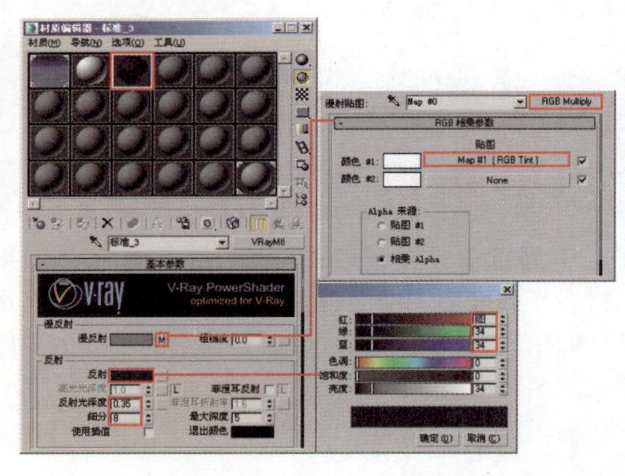

■ 3）在【RGB 染色】贴图通道添加位图，设置位图为 Ch10\Maps\archinteriors_08_03_wall_046.jpg 文件，具体参数设置如下图所示。

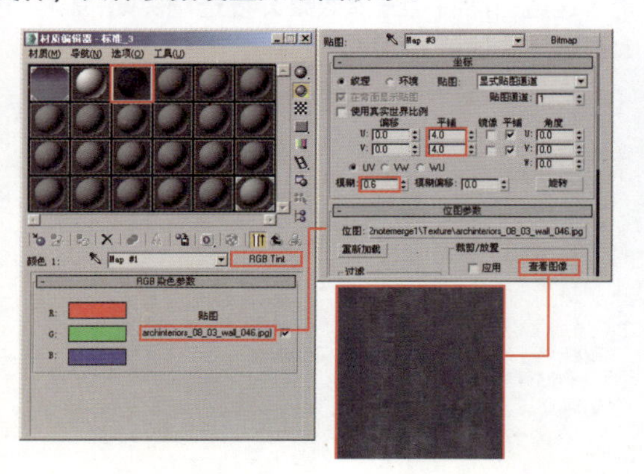

■ 4）打开【贴图】卷展栏，设置【折射率】和【凹凸】贴图为 Ch10\Maps\archinteriors_08_03_wall_051_bump.jpg 文件，设置【折射率】贴图强度为 50，设置【凹凸】贴图强度为 20，具体参数设置如下图所示。

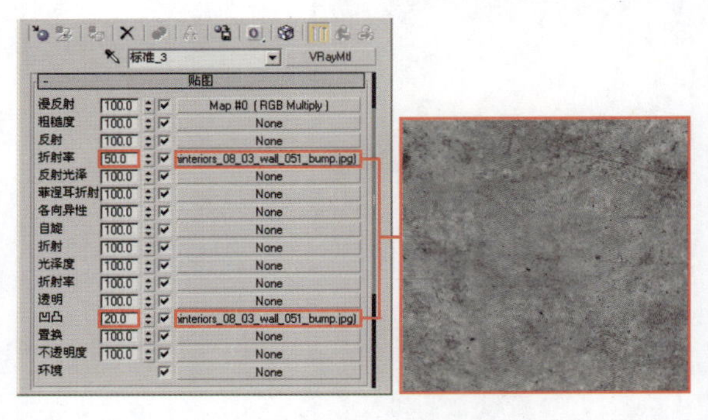

■ 5）将所设置的材质赋予墙体模型，渲染效果如下图所示。

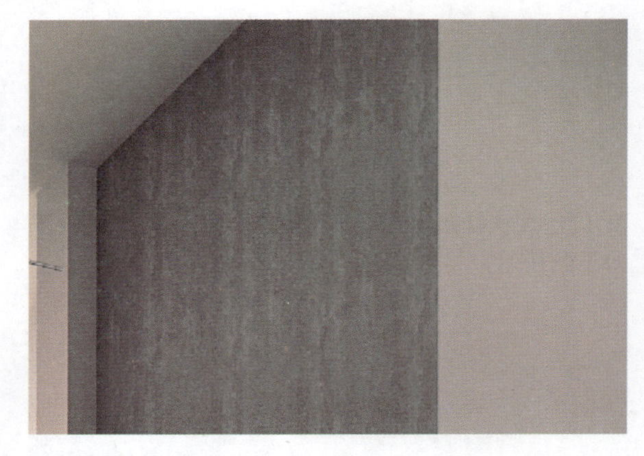

10.4.3 设置地板材质

地板材质分为黄色木质地板材质和深色木质地板材质。

■ 1）设置黄色木质地板材质。打开材质编辑器，选择一个空白的材质球，设置材质样式为 VRayMtl 样式，设置【漫反射】贴图为 Ch10\Maps\20070621_bc249d63e1d39a33d222cdd65pxjuvrx.jpg 文件，具体参数设置如下图所示。

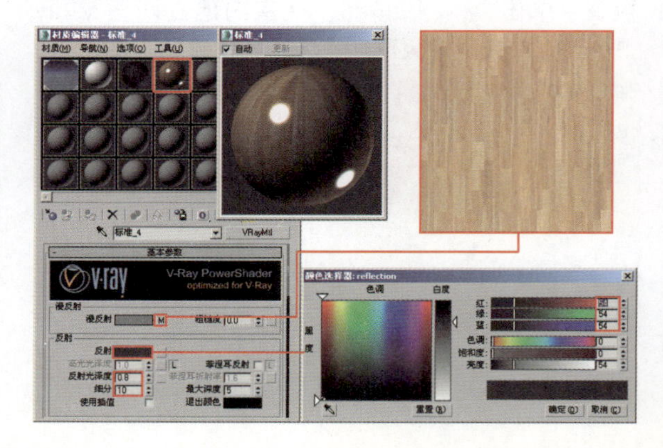

■ 2）设置深色木质地板材质。打开材质编辑器，选择一个空白的材质球，设置材质样式为 VRayMtl 样式，设置【漫反射】贴图为 Ch10\Maps\archinterior9_08_floor.jpg 文件，具体参数设置如下图所示。

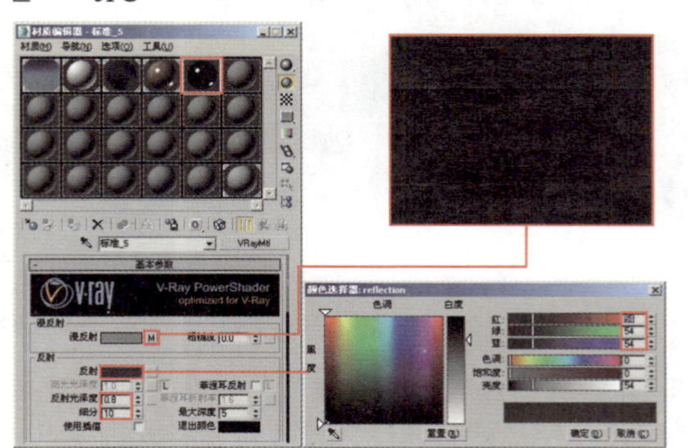

■ 3）打开【贴图】卷展栏，在【凹凸】通道添加贴图，设置贴图为 Ch10\Maps\archinterior9_08_floor_bump.jpg 文件，设置贴图强度为 30，具体参数设置如下图所示。

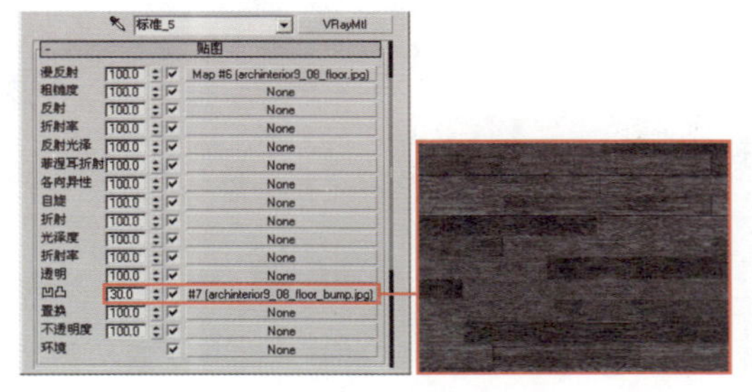

■ 4）将所设置的材质赋予地板模型，渲染效果如下图所示。

10.4.4 设置坐垫材质

坐垫材质为布质材质，分为浅黄色和黄色。

■ 1）设置坐垫材质。打开材质编辑器，选择一个空白的材质球，设置材质样式为 VRayMtl 样式，设置【漫反射】贴图颜色为浅黄色，具体参数设置如下图所示。

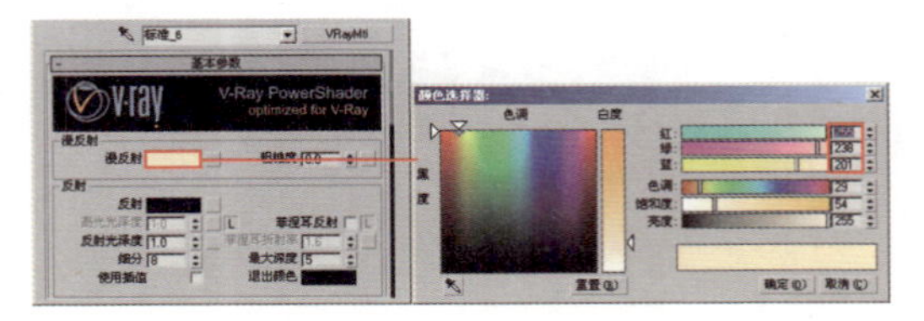

■ 2）打开【贴图】卷展栏，设置【凹凸】贴图为 Ch10\Maps\02.jpg 文件，设置贴图强度为 150，具体参数设置如下图所示。

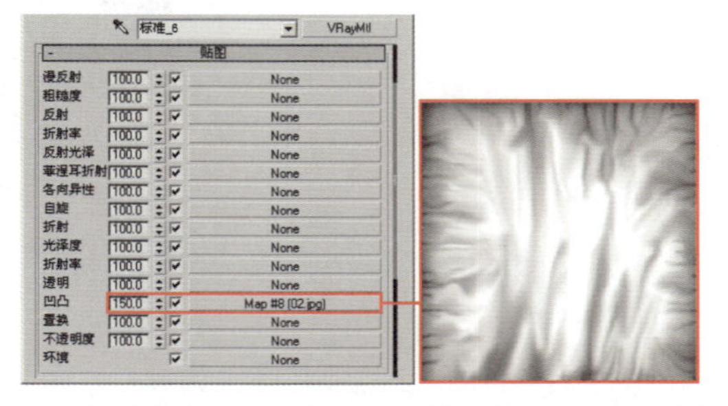

■ 3）将所设置的材质赋予坐垫模型，渲染效果如下图所示。

10.4.5 设置椅子材质

椅子材质包括拉丝不锈钢材质和不锈钢材质。

■ 1）设置拉丝不锈钢材质。打开材质编辑器，选择一个空白的材质球，设置材质样式为 VRayMtl 样式，设置【漫反射】贴图颜色为灰色，具体参数设置如下图所示。

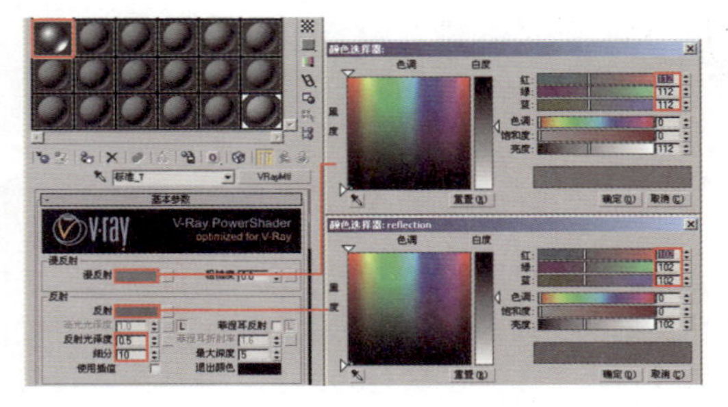

■ 2）设置不锈钢材质。打开材质编辑器，选择一个空白的材质球，设置材质样式为 VRayMtl 样式，设置【漫反射】贴图颜色为浅灰色，具体参数设置如下图所示。

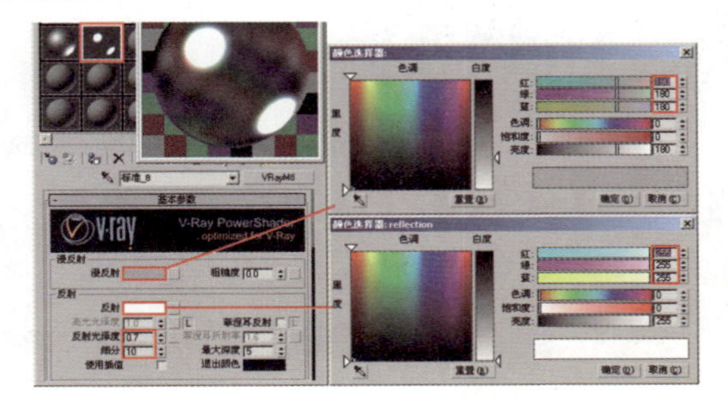

■ 3）将所设置的材质赋予椅子材质，渲染效果如下图所示。

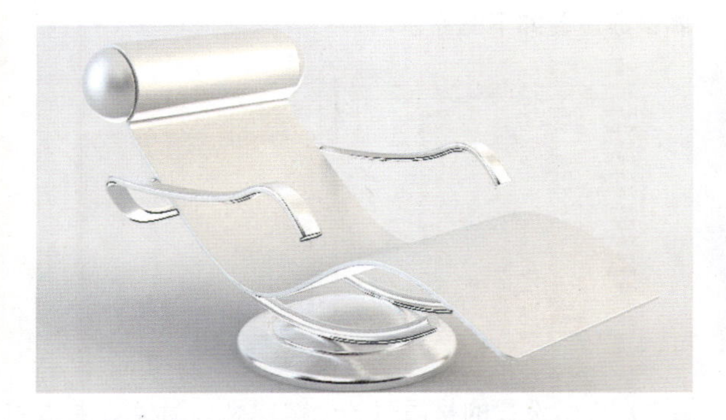

10.4.6 设置电视机和音箱材质

电视材质包括黑色外壳材质、电视屏幕材质、开关区黑色材质和白色底座材质；音箱材质主要为红色木质材质。

■ 1）设置黑色电视外壳材质。打开材质编辑器，选择一个空白的材质球，设置材质样式为VRayMtl样式，设置【漫反射】贴图颜色为黑色，具体参数设置如下图所示。

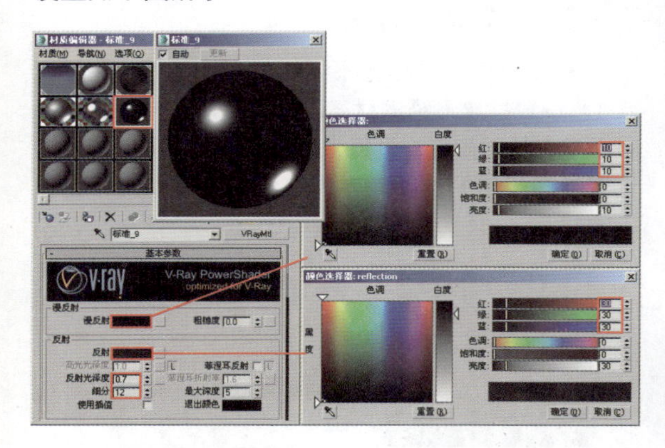

■ 2）设置电视屏幕材质。打开材质编辑器，选择一个空白的材质球，设置材质样式为VRayMtl样式，设置【漫反射】贴图颜色为黑色，具体参数设置如下图所示。

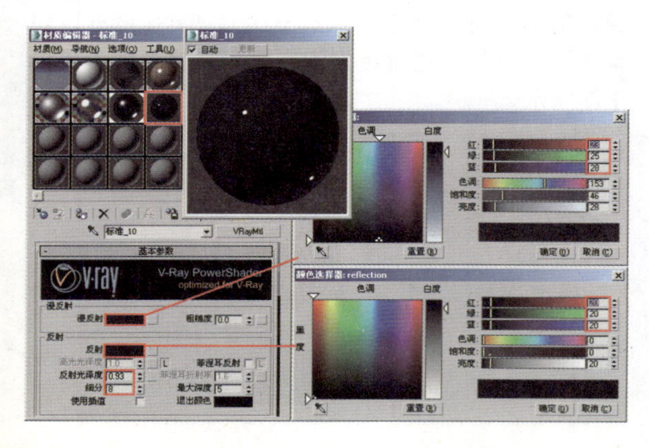

■ 3）设置开关区黑色材质。打开材质编辑器，选择一个空白的材质球，设置材质样式为VRayMtl样式，设置【漫反射】贴图颜色为黑色。

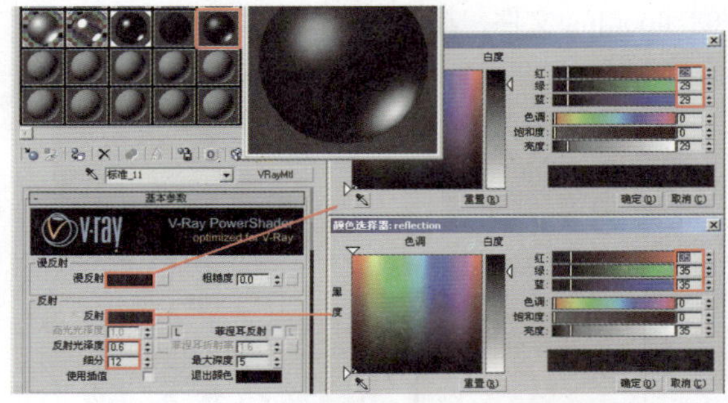

■ 4）设置白色电视底座材质。打开材质编辑器，选择一个空白的材质球，设置材质样式为VRayMtl样式，设置【漫反射】贴图颜色为灰色，具体参数设置如下图所示。

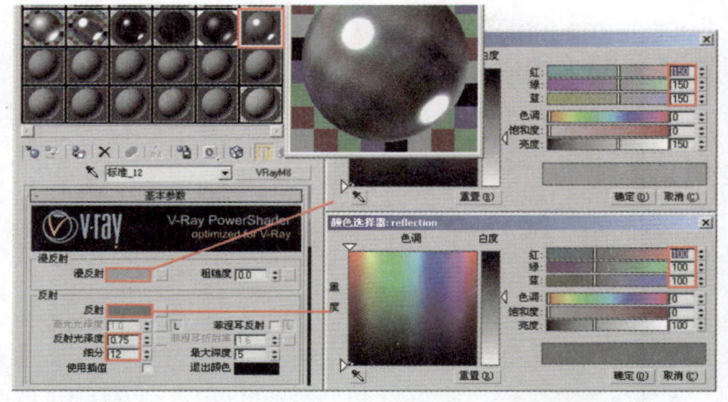

■ 5）设置红色木质音箱材质。打开材质编辑器，选择一个空白的材质球，设置材质样式为VRayMtl样式，设置【漫反射】贴图为Ch10\Maps\archinteriors_11_01_01.jpg文件，具体参数设置如下图所示。

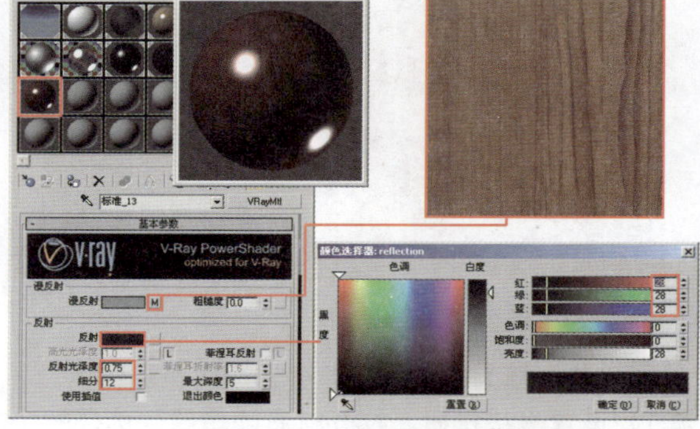

■ 6）将所设置的材质赋予电视和音箱模型，渲染效果如下图所示。

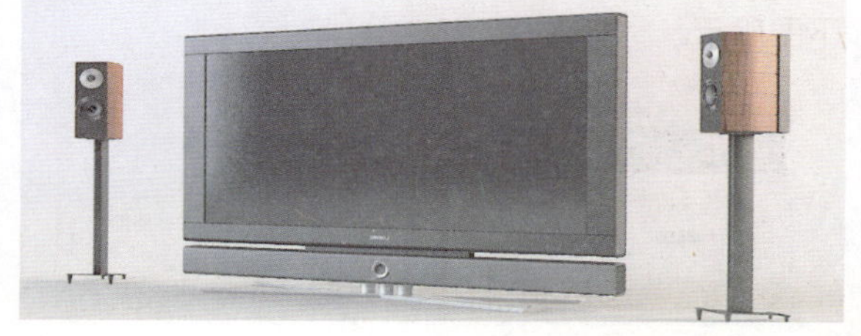

10.4.7 设置不锈钢雕塑和射灯材质

下面设置具有高反射强度的不锈钢材质和不锈钢射灯材质。

■ 1）设置不锈钢雕塑材质。打开材质编辑器，选择一个空白的材质球，设置材质样式为 VRayMtl 样式，设置【漫反射】贴图颜色为黑色，参数设置如下图所示。

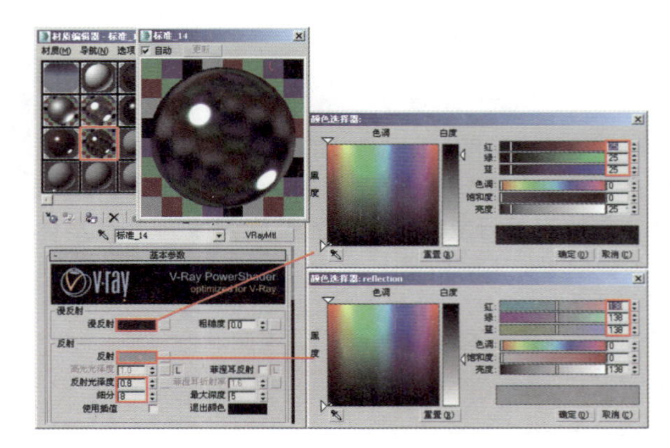

■ 2）将所设置的材质赋予雕塑模型，渲染效果如下图所示。

■ 3）打开材质编辑器，打开材质编辑器，选择一个空白的材质球，设置材质样式为 VRayMtl 样式，设置【漫反射】贴图颜色为白色，参数设置如下图所示。

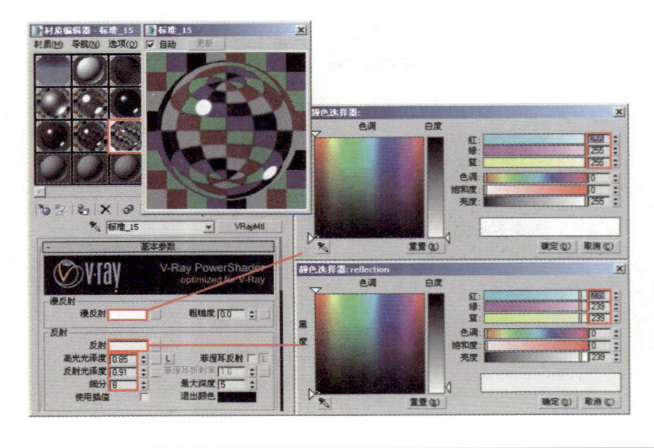

■ 4）将所设置的材质赋予雕塑模型，渲染效果如下图所示。

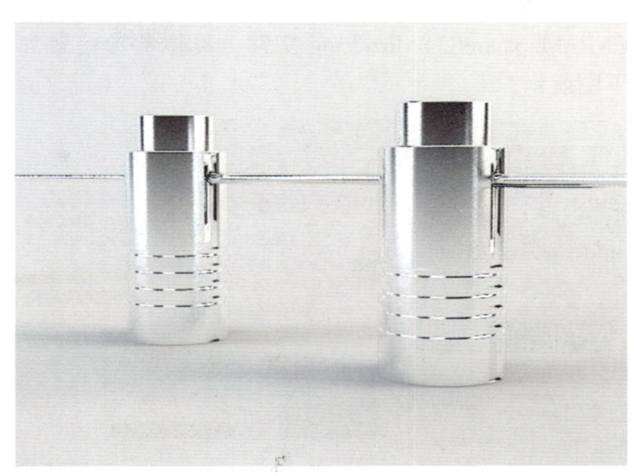

10.4.8 设置盆景材质

盆景材质包括白瓷花盆材质，泥土材质、枝干材质和树叶材质。

■ 1）设置白色花盆材质。打开材质编辑器，选择一个空白的材质球，设置材质样式为 VRayMtl 样式，设置【漫反射】贴图颜色为白色，参数设置如下图所示。

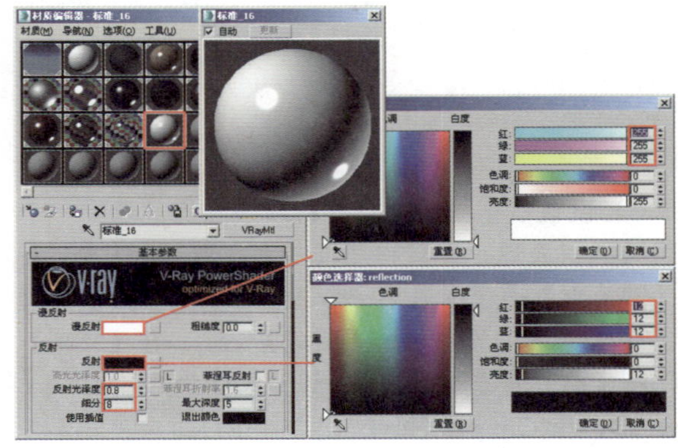

■ 2）打开【贴图】卷展栏，在【凹凸】通道中添加一个灰泥贴图，设置贴图强度为 100，具体参数设置如下图所示。

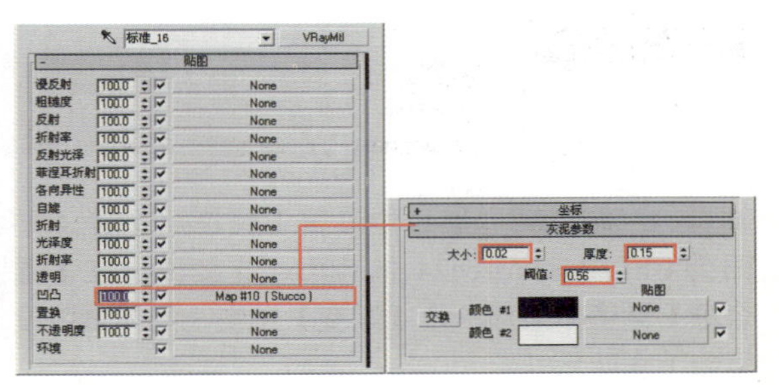

■ 3）设置泥土材质。打开材质编辑器，选择一个空白的材质球，设置材质样式为 VRayMtl 样式，在【漫反射】通道中添加一个【衰减】贴图，设置贴图为 Ch10\Maps\arch24_dirt-2.jpg 文件，具体参数设置如下图所示。

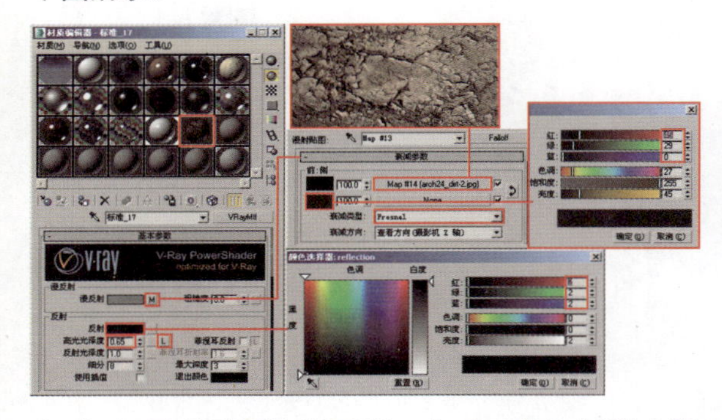

■ 4）打开【贴图】卷展栏，在【凹凸】通道中添加 Ch10\Maps\arch24_dirt.jpg 文件，具体参数设置如下图所示。

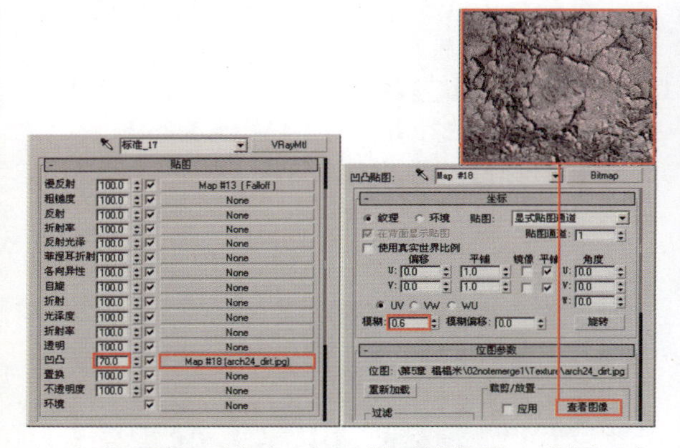

■ 5）设置枝干材质。打开材质编辑器，选择一个空白的材质球，设置材质样式为 VRayMtl 样式，在【漫反射】通道中添加一个【混合】贴图，在【颜色 #1】通道中添加一个【衰减】贴图，在【衰减】贴图【前】通道添加贴图，设置贴图为 Ch10\Maps\arch24_dirt-2.jpg 文件。

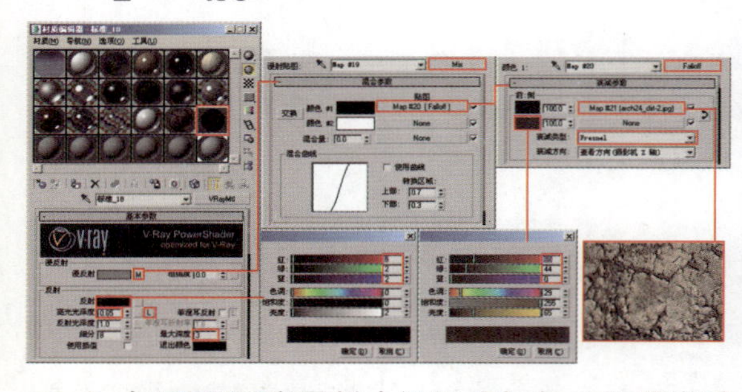

■ 6）在 混合参数 卷展栏中设置【颜色 #2】通道贴图为 Ch10\Maps\arch24_leaf-01b.jpg 文件；在【混合量】通道中添加一个【渐变】贴图，具体参数设置如下图所示。

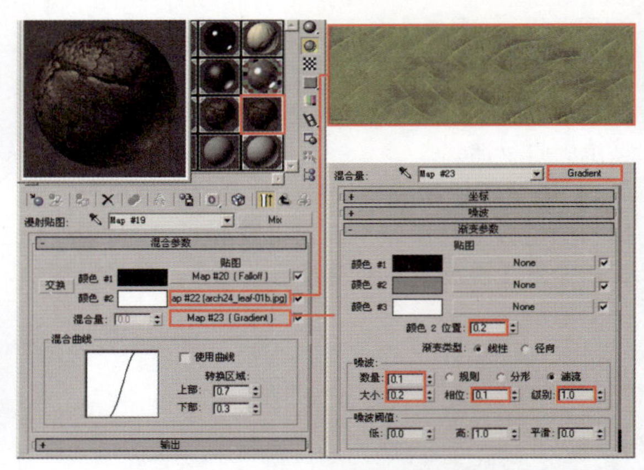

■ 7）打开【贴图】卷展栏，将【漫反射】通道中的【混合】贴图拖放至【凹凸】通道按钮上，选择【实例】单选按钮进行复制，并设置贴图强度为 70，具体参数设置如下图所示。

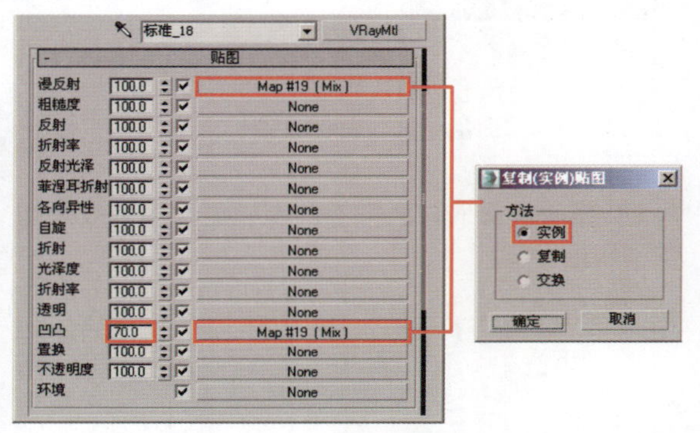

■ 8）设置树叶材质。打开材质编辑器，选择一个空白的材质球，设置材质样式为 VRayMtl 样式。在【漫反射】通道中添加一个【衰减】贴图，在【衰减】贴图通道中添加一个【渐变】贴图，具体参数设置如下图所示。

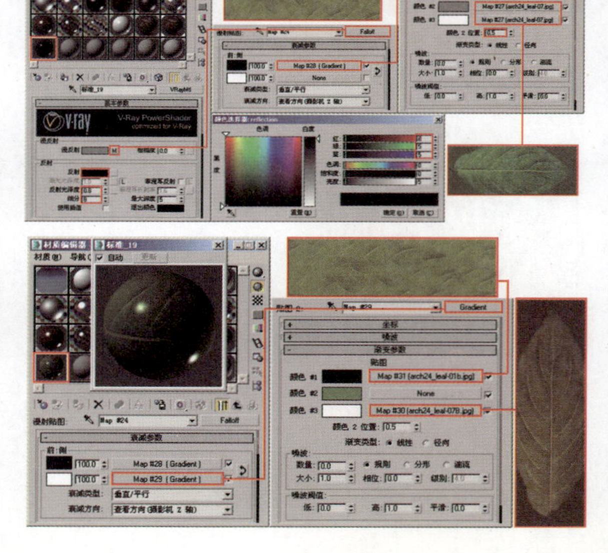

■ 9）将设置的材质赋予盆景模型，渲染效果如下图所示。

10.4.9 设置室外环境

■ 1）在【创建】命令面板中单击下的 平面 按钮，在窗外建立一个面片物体，使摄影机视角能够看到这个面片，如下图所示。

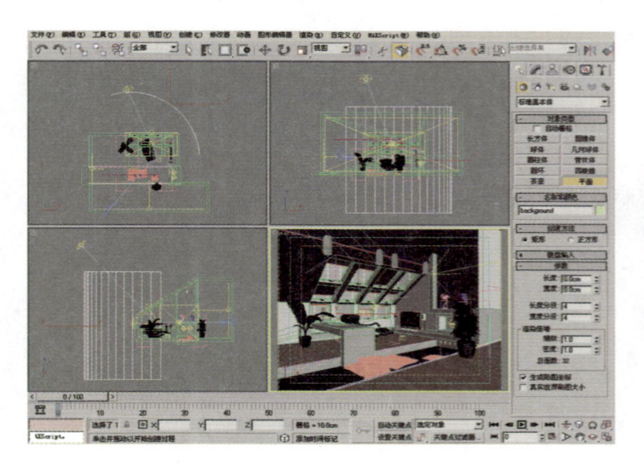

■ 2）下面设置面片物体的贴图，在材质编辑器中单击 Standard 按钮，在弹出的对话框中选择 VRay灯光材质 类型，这是发光材质。

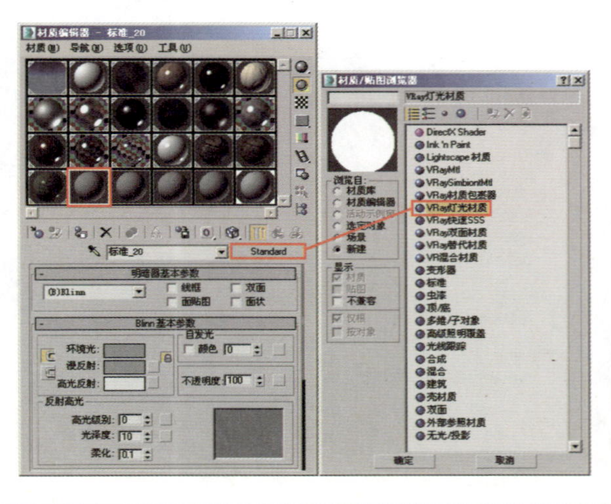

■ 3）设置发光贴图为 Ch10\Maps\archinteriors_vol6_004_picture_03.jpg 文件。

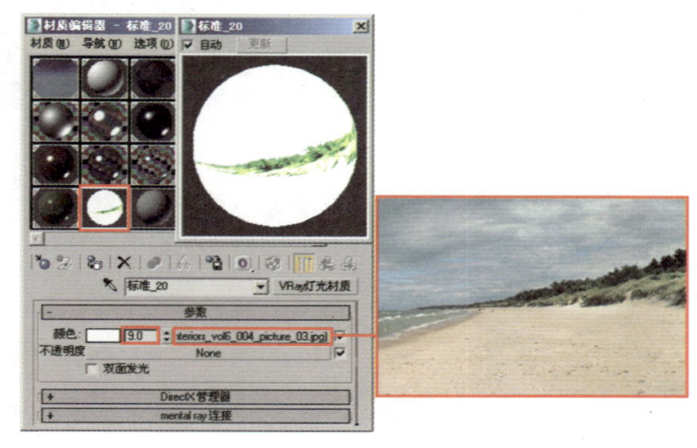

■ 4）将该材质赋予面片物体。此时的渲染效果如下图所示。

■ 5）场景中的其他物体，如：柜子上的台灯、窗帘，书籍等，大家可以根据前面介绍的材质制作方法进行设置。最后使用较大的渲染尺寸进行渲染即可。

第11章 现代大气风格室内效果图

本章介绍一款现代大气风格的室内效果图制作，分为两个部分，分别是客厅和餐厅。室内整体家居以黑色、黄色和红色为主，搭配房间中灯光的金色调，给人一种暖洋洋的感觉。接下来从室内灯光的设置、沙发的质地、墙壁和地面的材质，以及生活用品的摆设，来阐述餐厅和客厅的设计思路。

客厅和餐厅的渲染效果图如下图所示。

配色应用：

制作要点：

■ 1.掌握室内客厅和餐厅的规划和设计理念。

■ 2.学习室内客厅和餐厅的灯光布置。

■ 3.了解现代风格的客厅、餐厅的材质设计。

最终场景： Ch11\Scenes\现代风格室内 ok.max

贴图素材： Ch11\Maps

难易程度： ★★★★☆

11.1 测试渲染设置

对采样值和渲染参数进行最低级别的设置，可以达到既能够观察渲染效果，又能快速渲染的目的。下面进行测试渲染的参数设置。

■ 1）按F10键打开渲染设置对话框，首先设置【VRay Adv 2.11.01】为当前渲染器。

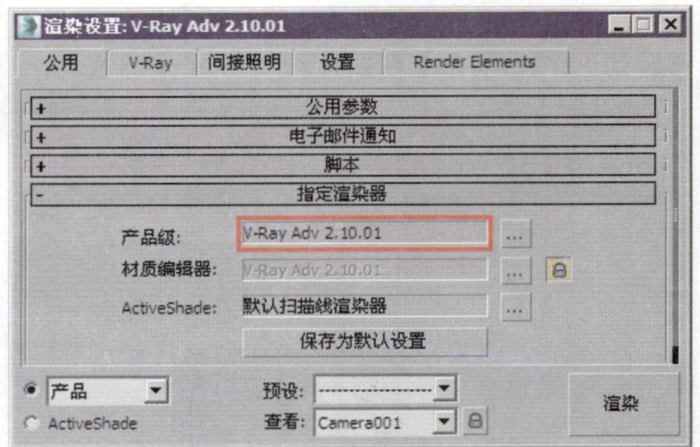

■ 2）在 V-Ray:: 全局开关[无名] 卷展栏中设置总体参数。因为要调整灯光，所以在这里关闭了默认的灯光，以及【反射/折射】和【光泽效果】复选框，这两项都是非常影响渲染速度的。

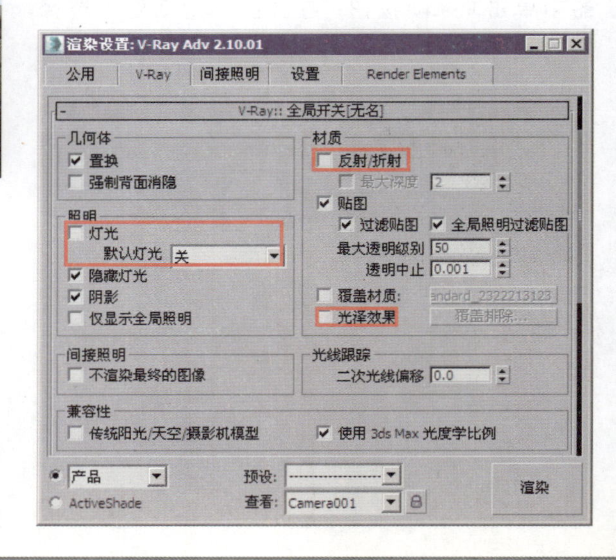

■ 3）在 V-Ray:: 图像采样器(反锯齿) 卷展栏中，设置相关参数，这是抗锯齿采样设置。

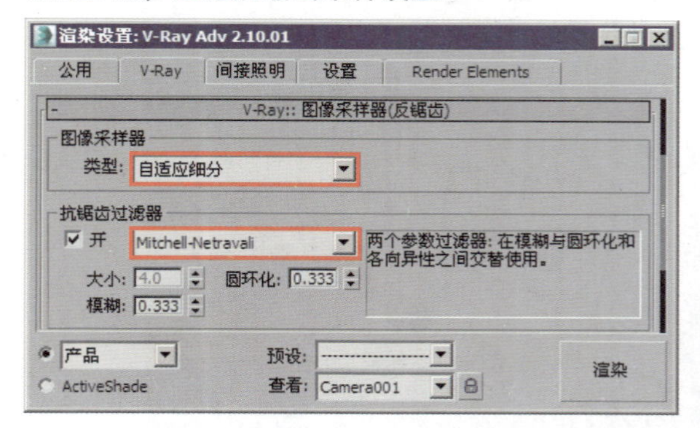

■ 4）在 V-Ray:: 间接照明(GI) 卷展栏中，设置相关参数，这是间接照明设置。

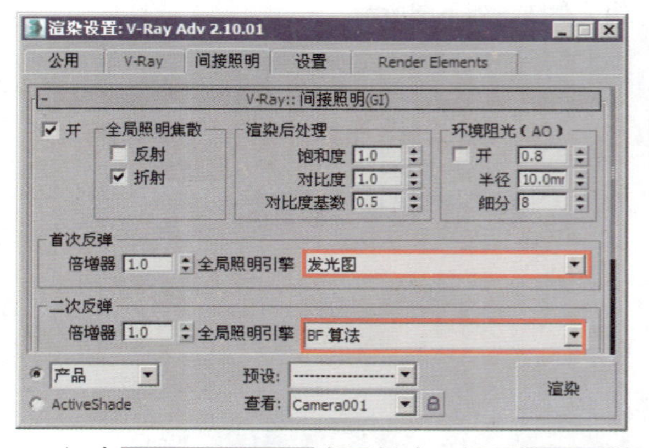

■ 5）在 V-Ray:: 发光图[无名] 卷展栏中，设置 当前预置: 为 中 - 动画 方式，这种采样值适合作为测试渲染时使用。然后设置 当前预置: 为【自定义】，这是发光贴图参数设置。

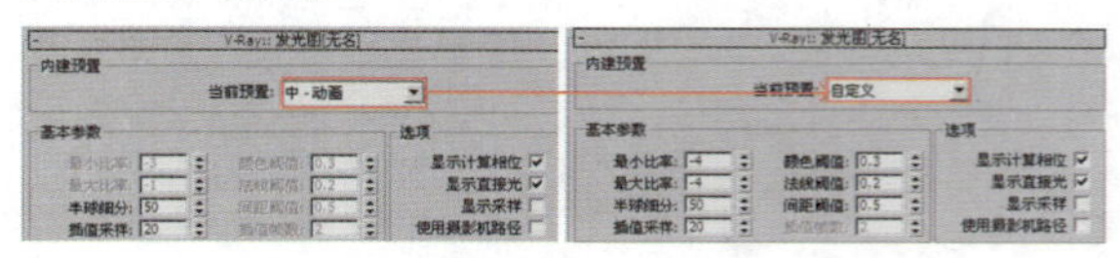

■ 6）在 V-Ray:: BF 强算全局光 卷展栏中设置【细分】值为 8，设置【二次反弹】值为 3。

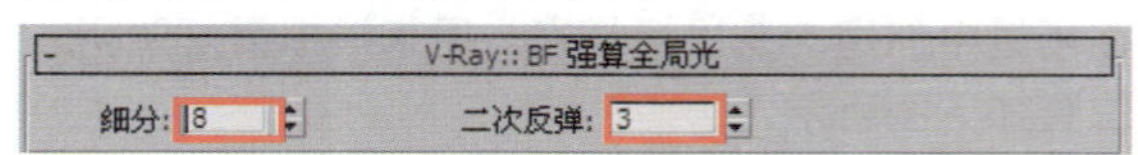

■ 7）在 V-Ray:: 颜色贴图 卷展栏中设置曝光模式为【线性倍增】，具体参数设置如下图所示。

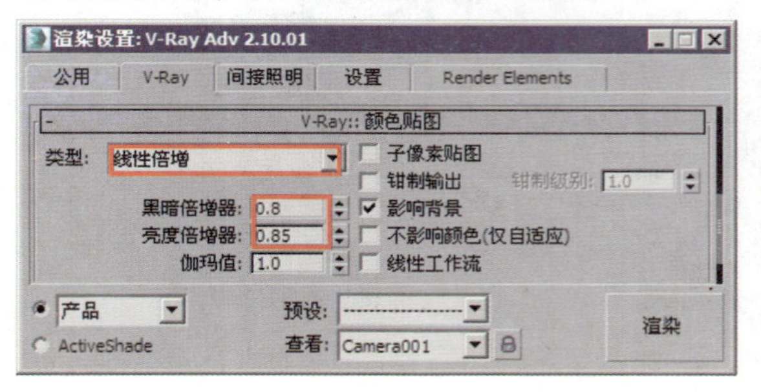

11.2 客厅场景灯光设置

客厅场景灯光主要包括窗外透光、室内补光和模拟射灯照明这 3 种照明方式。

■ 1）首先制作一个统一的模型测试材质。按 M 键打开材质编辑器，选择一个空白样本球，设置材质的样式为 VR材质 。

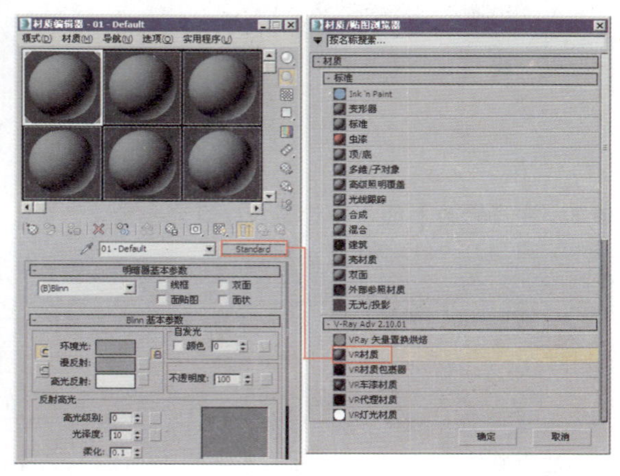

■ 2）在 VRayMtl 材质面板设置【漫反射】的颜色为浅灰色。

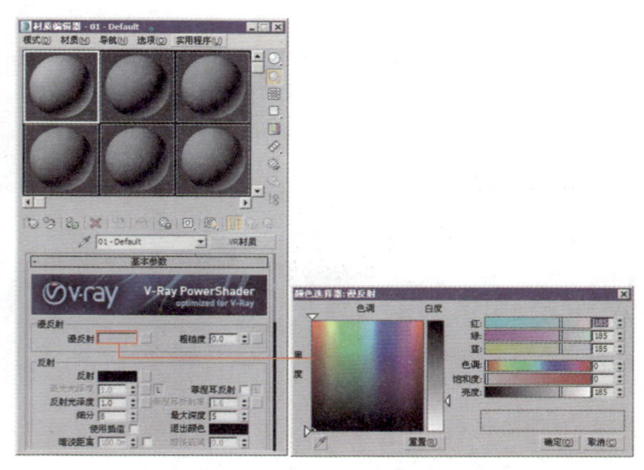

■ 3）按 F10 键打开渲染设置对话框，激活 Override mtl: 复选框，将该材质拖动到 None 按钮上，这样就给整体场景设置了一个临时的测试用的材质。

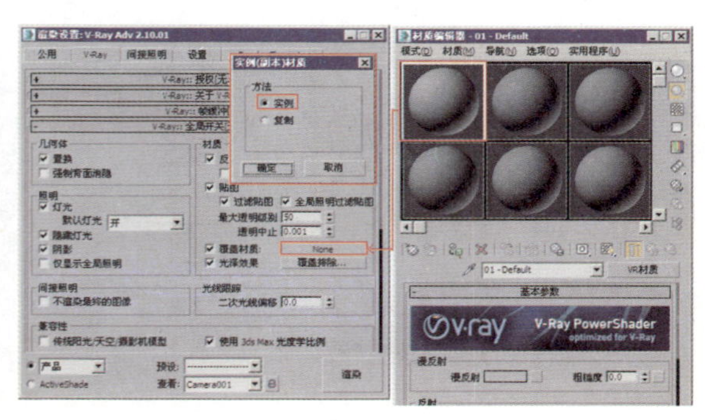

■ 4）下面设置场景灯光，在【创建】命令面板中单击VR灯光按钮，在场景中创建一盏VR灯光，用来进行窗外透光，位置如下图所示。

■ 5）在【修改】面板中设置VR灯光参数。

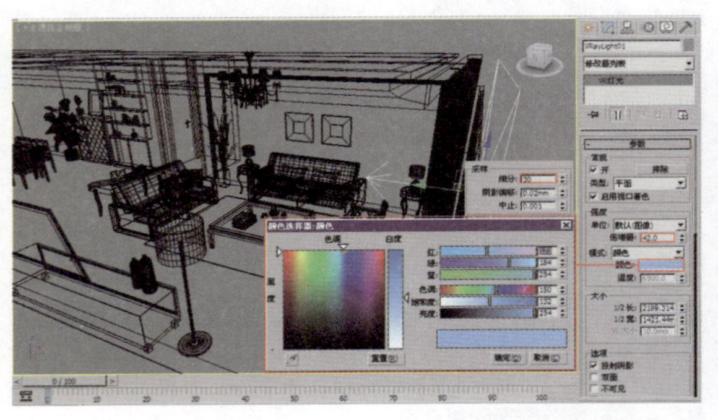

■ 6）继续在【创建】命令面板中单击VR灯光按钮，在场景中创建4盏VR灯光，用来模拟灯槽灯光效果，具体位置如下图所示。

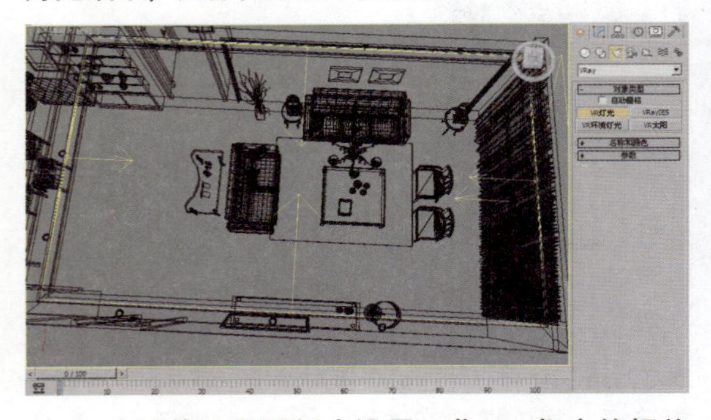

■ 7）在【修改】面板中设置4盏VR灯光的相关参数，如下图所示。

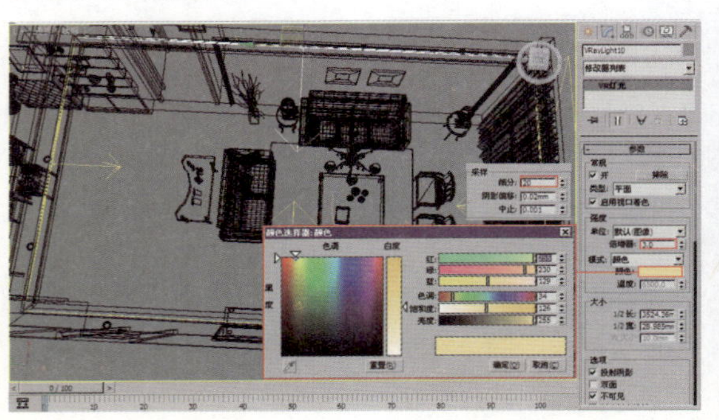

■ 8）在【创建】命令面板中单击VR灯光按钮，在场景中创建两盏VR灯光，用来进行室内补光，具体位置如下图所示。

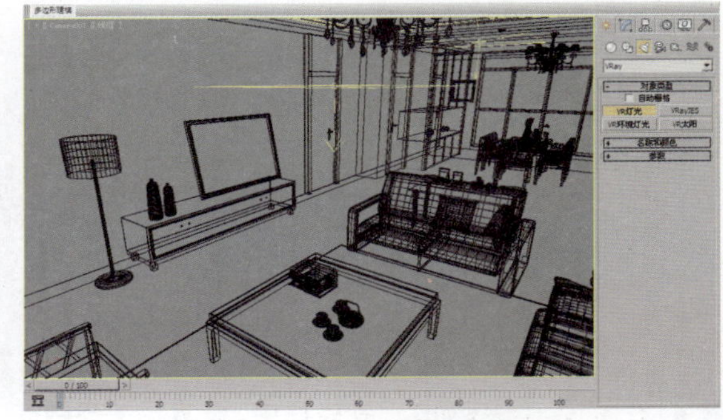

■ 9）在【修改】面板中分别设置两盏VR灯光的相关参数，如下图所示。

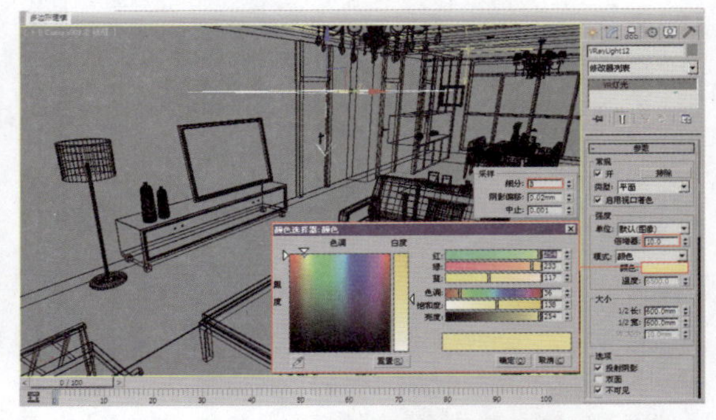

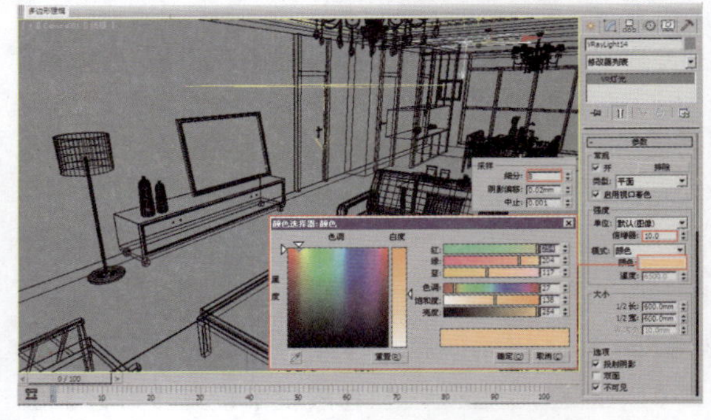

■ 10）在【创建】命令面板中单击目标灯光按钮，在场景中创建5盏目标灯光，用来模拟射灯照明，位置如下图所示。

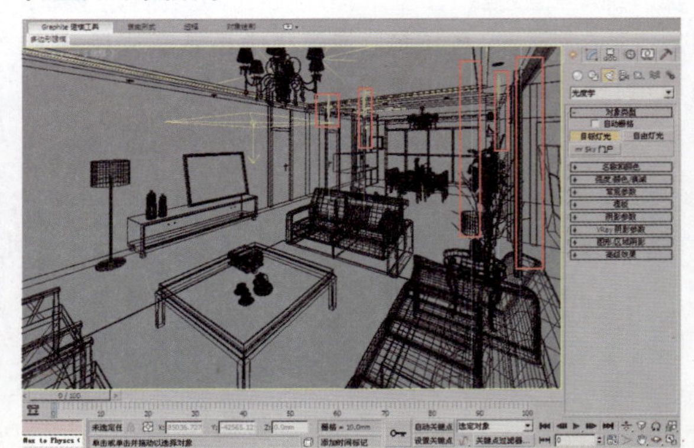

■ 11）在【修改】面板中设置 5 盏目标灯光的相关参数，如下图所示。

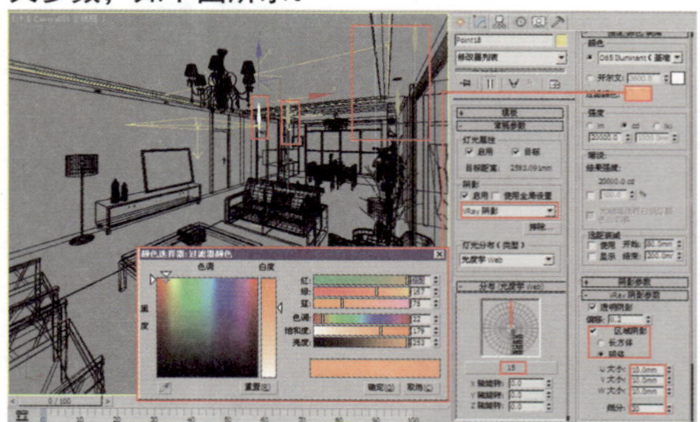

■ 12）在【创建】命令面板中单击 目标灯光 按钮，在场景中创建 4 盏目标灯光，用来模拟射灯照明，位置如下图所示。

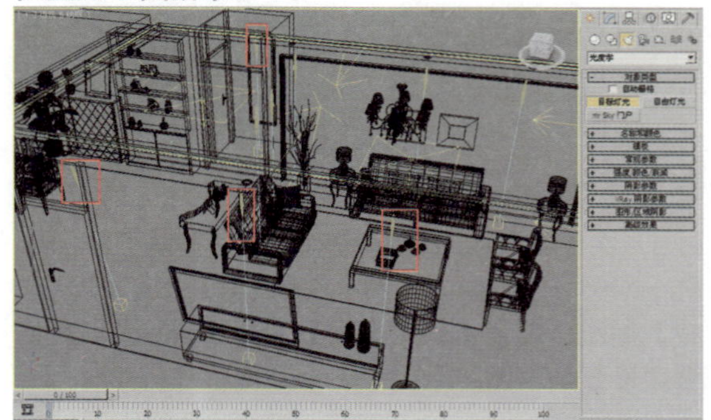

■ 13）在【修改】面板中设置4盏目标灯光的相关参数，如下图所示。

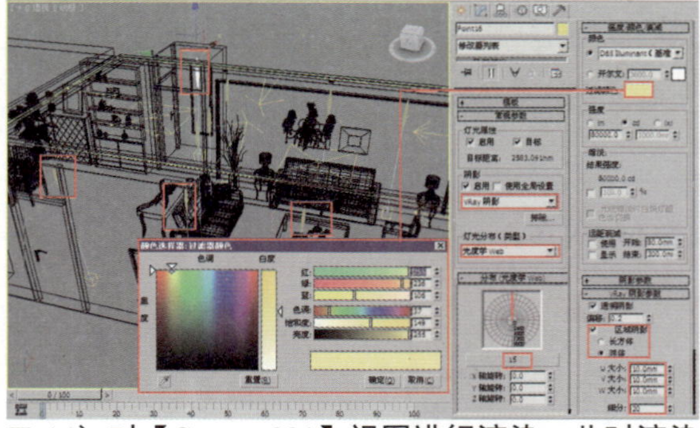

■ 14）对【Camera001】视图进行渲染，此时渲染的效果如下图所示。至此，场景灯光设置完成。

11.3 客厅场景材质设置

下面逐一设置场景中的材质，从影响整体效果的材质（如：墙面、地面等）开始，到较大的家居用品材质（如：沙发、茶几等），最后到较小的物体（如场景内的装饰品等）。

11.3.1 设置渲染参数

上一节介绍了快速渲染的抗锯齿参数设置，目的是为了在能够观察到光效的前提下快速出图。本节涉及材质效果的设置，所以我们要更改一种适合观察材质效果的设置。

按 F10 键打开渲染设置对话框，在 V-Ray:: 全局开关[无名] 卷展栏中选中【反射/折射】复选框，取消选中【覆盖材质】复选框（这里仍然取消选中【光泽效果】复选框，因为它实在是太影响渲染速度了）。

有了以上这两个设置，我们就可以进行下面的材质设置了。

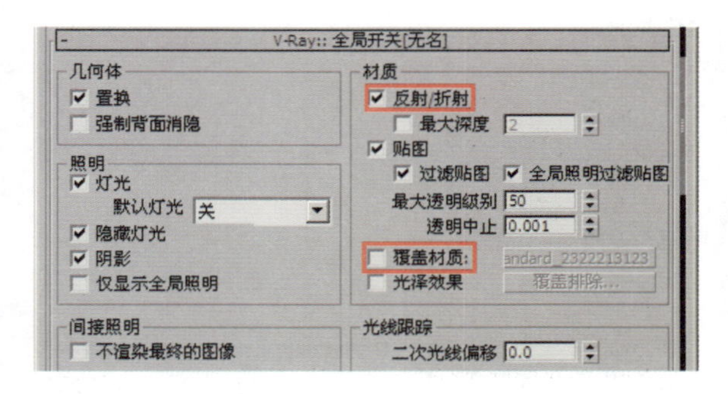

11.3.2 设置墙面材质

墙面材质包括墙纸材质、灰色乳胶漆材质和白色乳胶漆材质。

■ 1）设置墙纸材质。打开材质编辑器，选择一个空白的材质球，设置材质样式为 VR材质 样式，设置【漫反射】颜色为黄色，参数设置如下图所示。

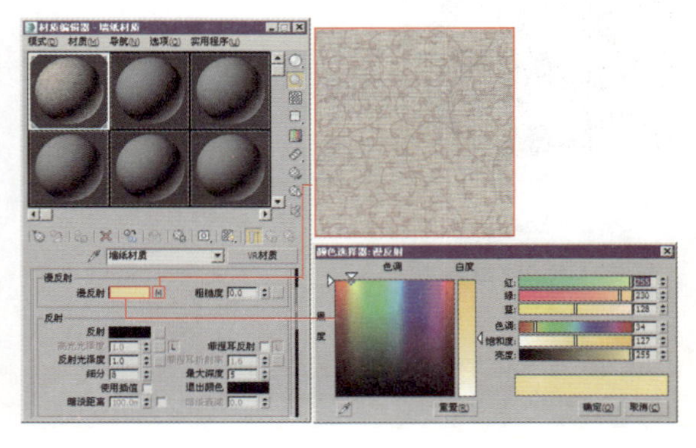

■ 2）打开【贴图】卷展栏，在【凹凸】通道中添加一个【噪波】贴图，设置噪波参数，设置【凹凸】贴图强度为 40，具体参数设置如下图所示。

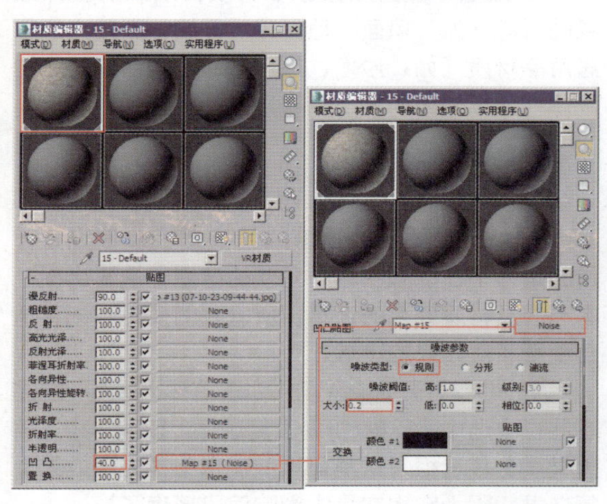

■ 3）设置灰色乳胶漆材质。打开材质编辑器，选择一个空白的材质球，设置材质样式为 VR材质 样式，设置【漫反射】颜色为灰色，参数设置如下图所示。

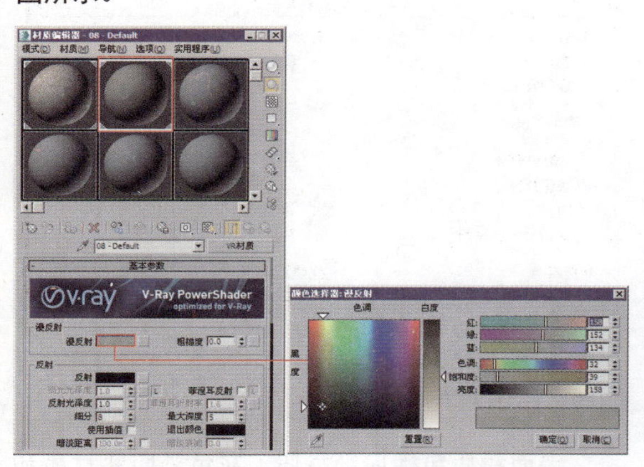

■ 4）设置白色乳胶漆材质。打开材质编辑器，选择一个空白的材质球，设置材质样式为 VR材质 样式，设置【漫反射】颜色为白色，具体参数设置如下图所示。

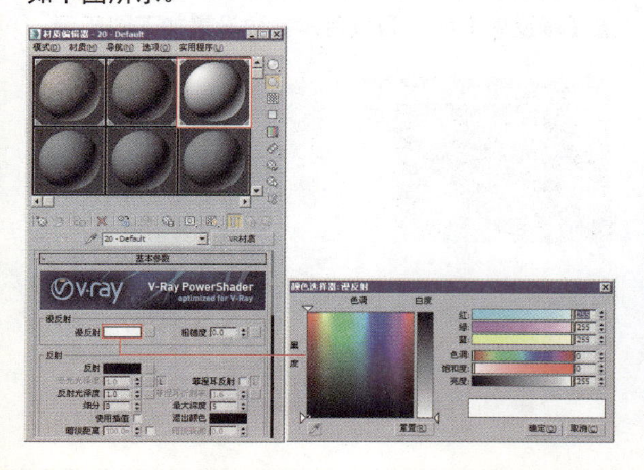

11.3.3 设置地面材质

地面材质包括白色大理石材质和黑色地毯材质。

■ 1）设置白色大理石材质。打开材质编辑器，选择一个空白的材质球，设置材质样式为 VR材质 样式，设置【漫反射】颜色为灰色，参数设置如下图所示。

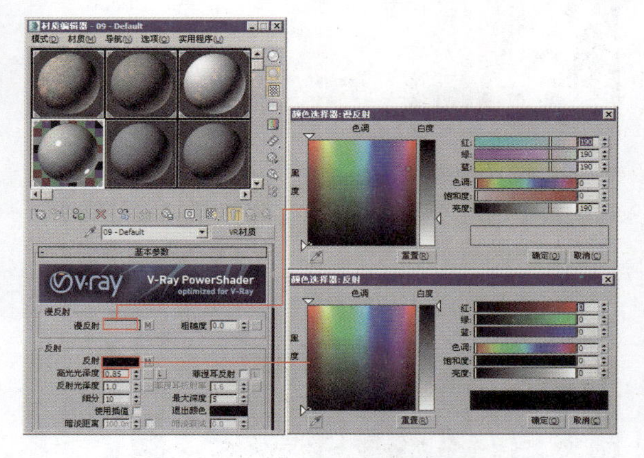

■ 2）在【漫反射】通道添加位图，设置位图为 Ch11\Maps\005 水晶白 .jpg 文件，在【反射】通道添加【衰减】贴图，设置【衰减类型】为【Fresnel】，具体参数设置如下图所示。

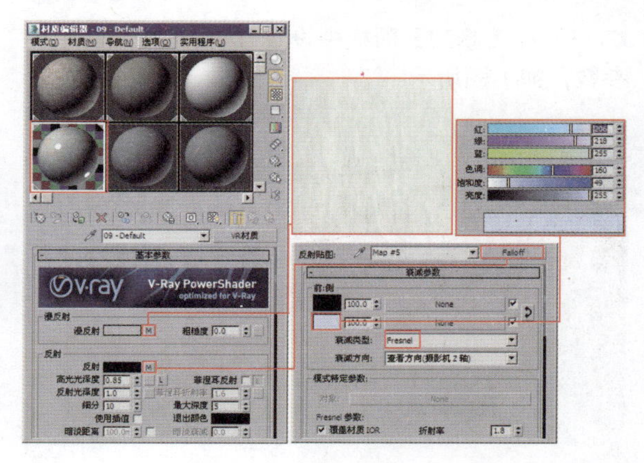

■ 3）打开【贴图】卷展栏，在【凹凸】通道中添加位图，设置位图为 Ch11\Maps\005 水晶白.jpg 文件，设置【凹凸】贴图强度为 5.0，具体参数设置如下图所示。

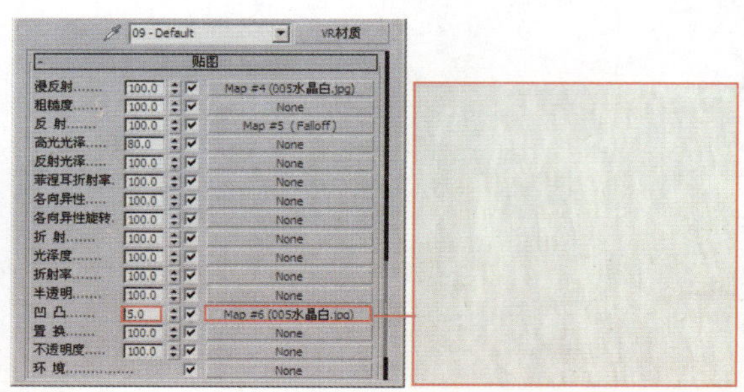

■ 4）设置地毯材质。打开材质编辑器，选择一个空白的材质球，设置材质样式为 VR材质 样式，设置【漫反射】颜色为灰白色，并在【漫反射】通道添加【衰减】贴图，设置【衰减类型】为【Fresnel】，参数设置如下图所示。

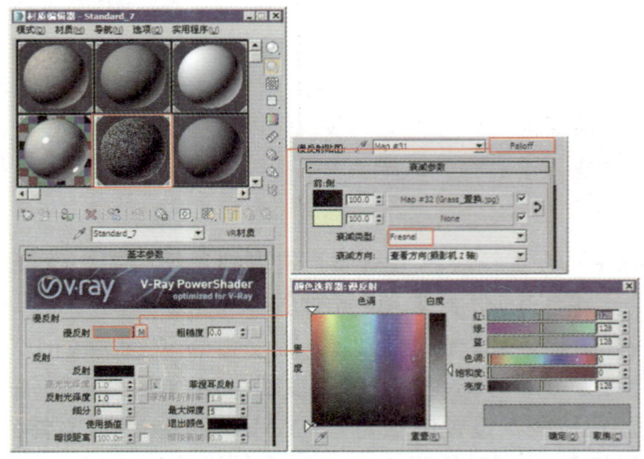

■ 5）在【衰减】贴图【前】通道添加位图，设置位图为 Ch11\Maps\Grass_置换.jpg 文件，设置【侧】通道颜色为黄色，参数设置如下图所示。

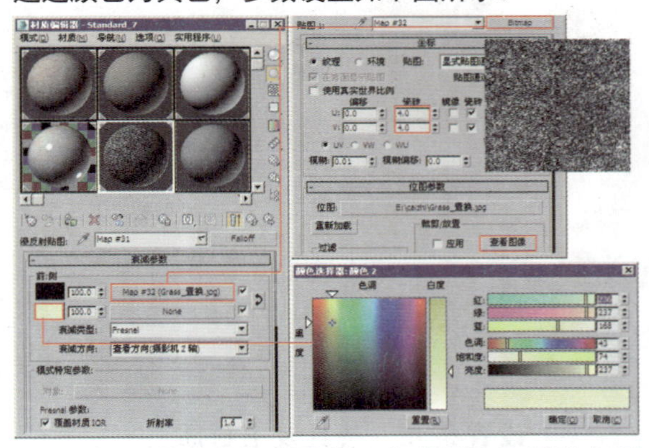

■ 6）打开【贴图】卷展栏，在【置换】通道中添加位图，设置位图为 Ch11\Maps\Grass_置换.jpg 文件，设置【置换】贴图强度为 3.0，具体参数设置如下图所示。

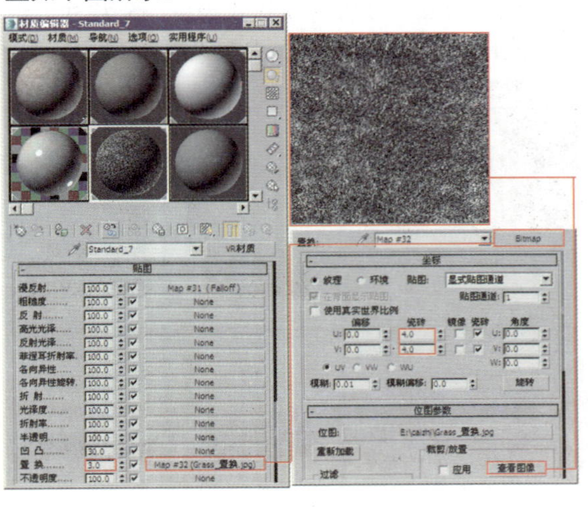

11.3.4 设置沙发和靠垫材质

沙发材质为红棕色绒布材质，靠垫材质包括咖啡色靠垫材质、白色靠垫和花纹靠垫材质。

■ 1）设置沙发材质。打开材质编辑器，选择一个空白的材质球，设置材质样式为 VR材质 样式，在【漫反射】通道添加【衰减】贴图，设置【衰减类型】为【Fresnel】，参数设置如下图所示。

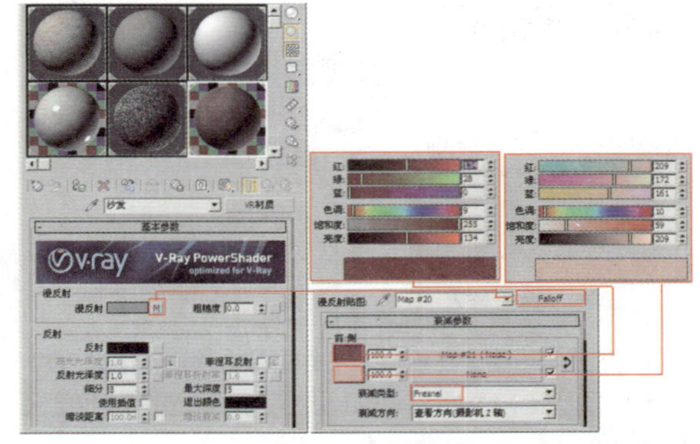

■ 2）在【衰减】贴图【前】通道添加【噪波】贴图，设置噪波参数；在【噪波】贴图【颜色 #2】通道添加位图，设置位图为 Ch11\Maps\Archinteriors_08_03_suede_B.jpg 文件，参数设置如下图所示。

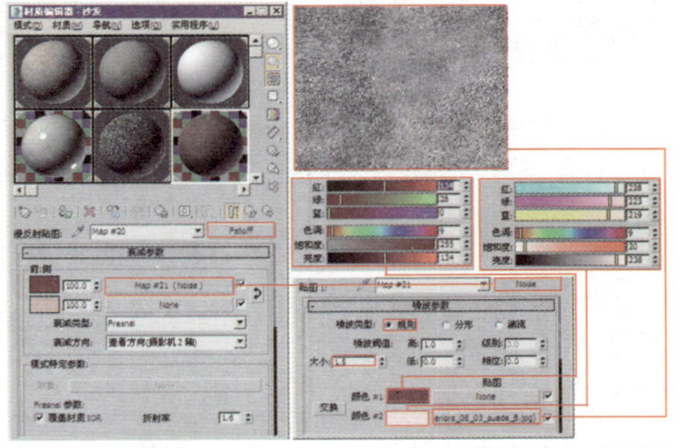

■ 3）打开【贴图】卷展栏，在【凹凸】通道中添加【噪波】贴图，在【噪波】贴图【颜色 #2】通道添加位图，设置位图为 Ch11\Maps\Archinteriors_08_03_suede_B.jpg 文件，设置【凹凸】贴图强度为 20.0，具体参数设置如下图所示。

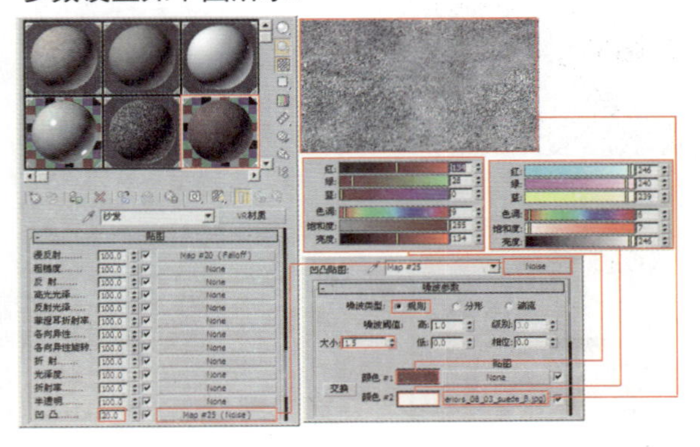

■ 4）设置靠垫材质。打开材质编辑器，选择一个空白的材质球，设置材质样式为VR材质样式，在【漫反射】通道添加【衰减】贴图，设置【衰减类型】为【Fresnel】，参数设置如下图所示。

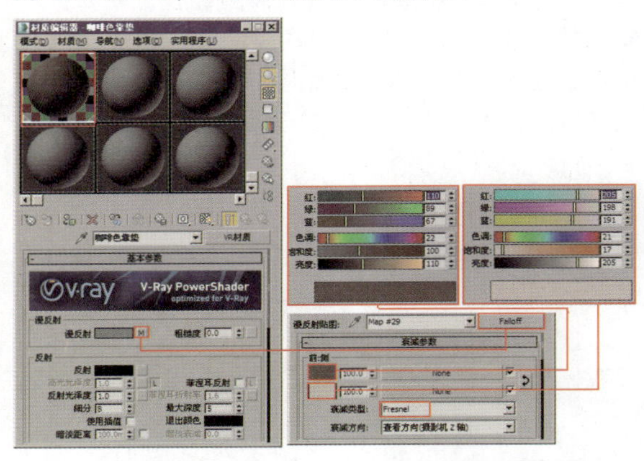

■ 5）打开【贴图】卷展栏，在【凹凸】通道添加位图，设置位图为Ch11\Maps\bed-zt.jpg文件，设置【凹凸】贴图强度为80，参数设置如下图所示。

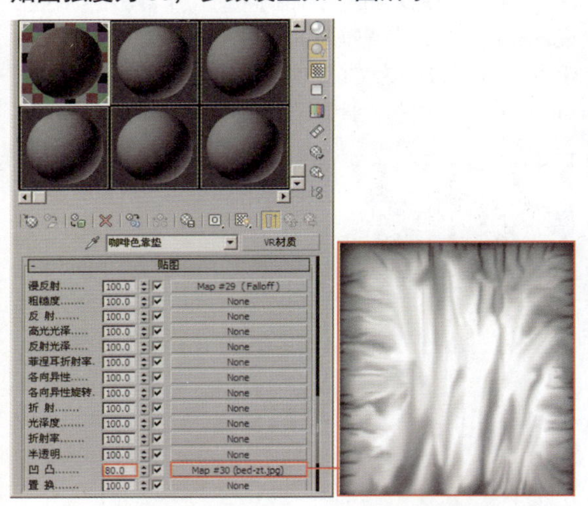

■ 6）设置白色靠垫材质。打开材质编辑器，选择一个空白的材质球，设置材质样式为VR材质样式，在【漫反射】通道添加【衰减】贴图，设置【衰减类型】为【Fresnel】，参数设置如下图所示。

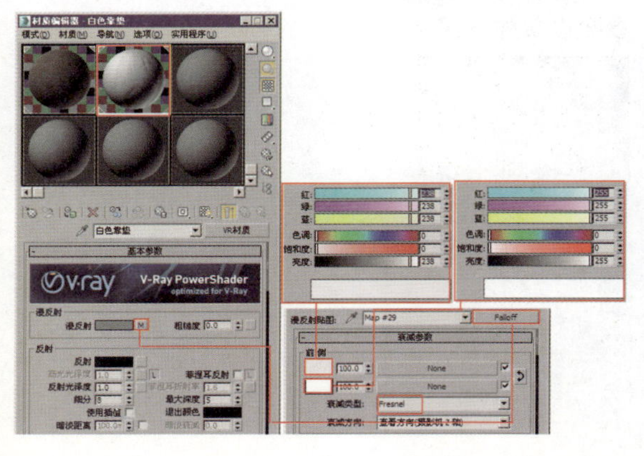

■ 7）打开【贴图】卷展栏，在【凹凸】通道添加位图，设置位图为Ch11\Maps\bed-zt.jpg文件，设置【凹凸】贴图强度为80，参数设置如下图所示。

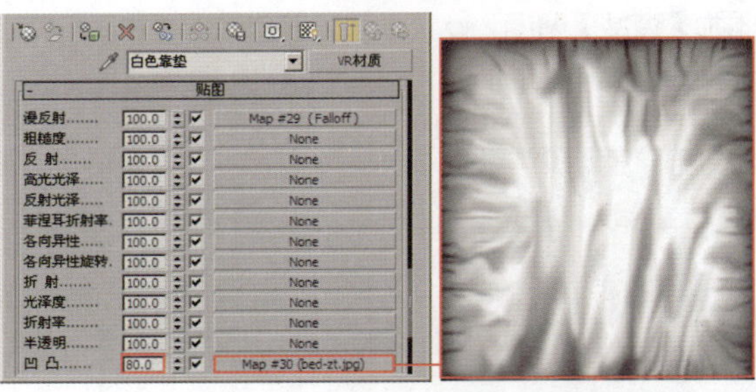

■ 8）设置花纹靠垫材质。打开材质编辑器，选择一个空白的材质球，设置材质样式为VR材质样式，在【漫反射】通道添加位图，设置位图为Ch11\Maps\hBD03269E249-1.jpg文件，在【凹凸】通道添加位图，设置位图为Ch11\Maps\bed-zt.jpg文件，设置【凹凸】贴图强度为150，参数设置如下图所示。

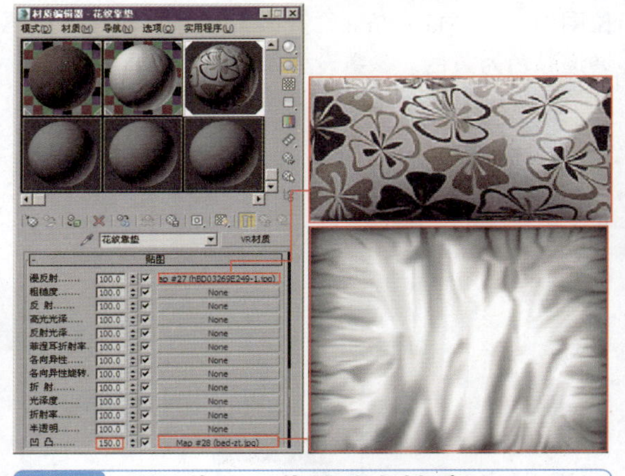

11.3.5 设置茶几、茶具及书材质

茶几材质为黑色木质材质，茶具材质为白色陶瓷材质，书材质为纸质材质。

■ 1）设置茶几材质。打开材质编辑器，选择一个空白的材质球，设置材质样式为VR材质样式，设置【漫反射】颜色为黑色，参数设置如下图所示。

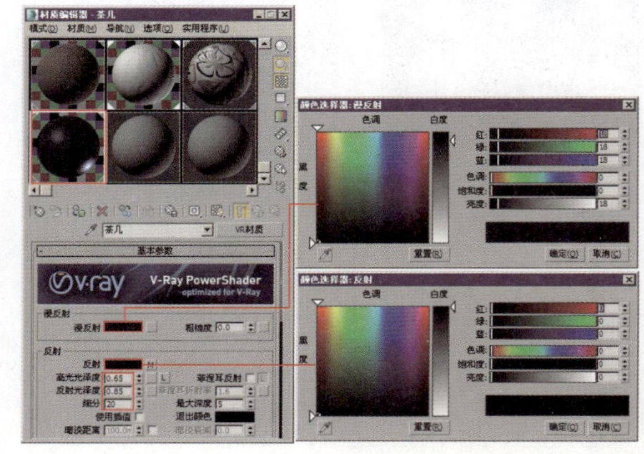

■ 2）打开【贴图】卷展栏，在【反射】通道中添加【衰减】贴图，在【凹凸】通道中添加位图，设置位图为 Ch11\Maps\mw (152).jpg 文件，设置【凹凸】贴图强度为 10，参数设置如下图所示。

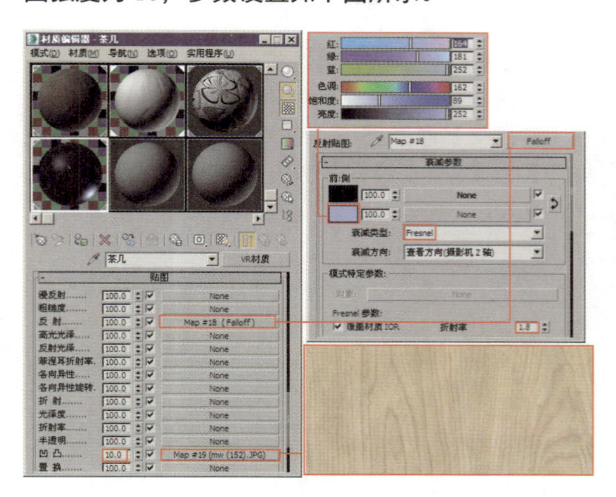

■ 3）设置茶具材质。打开材质编辑器，选择一个空白的材质球，设置材质样式为 VR材质 样式，设置【漫反射】颜色为白色，在【反射】通道添加【衰减】贴图，具体参数设置如下图所示。

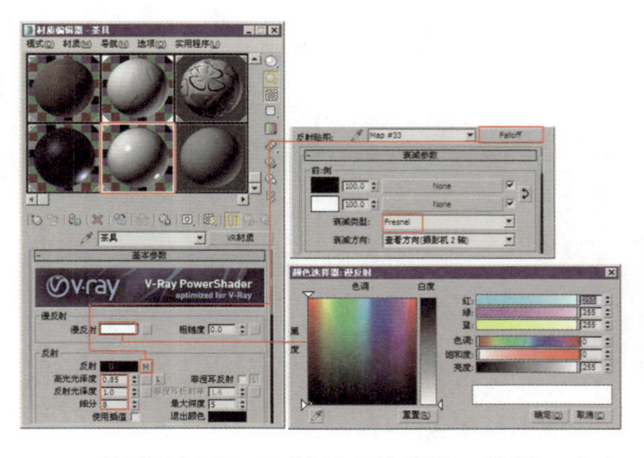

■ 4）设置书材质。打开材质编辑器，选择一个空白的材质球，设置材质样式为 VR材质 样式，设置【漫反射】和【反射】颜色为黑色，参数设置如下图所示。

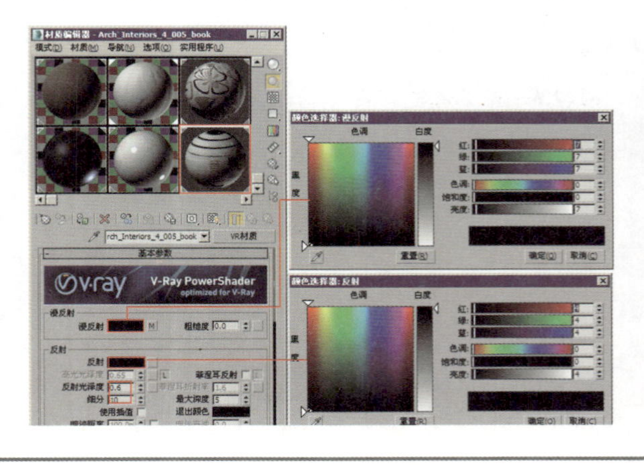

■ 4）打开【贴图】卷展栏，分别在【漫反射】通道、【半透明】通道和【凹凸】通道中添加位图，设置位图为 Ch11\Maps\Arch_Interiors_4_005_book_1.jpg 文件，设置【凹凸】贴图强度为 5.0，参数设置如下图所示。

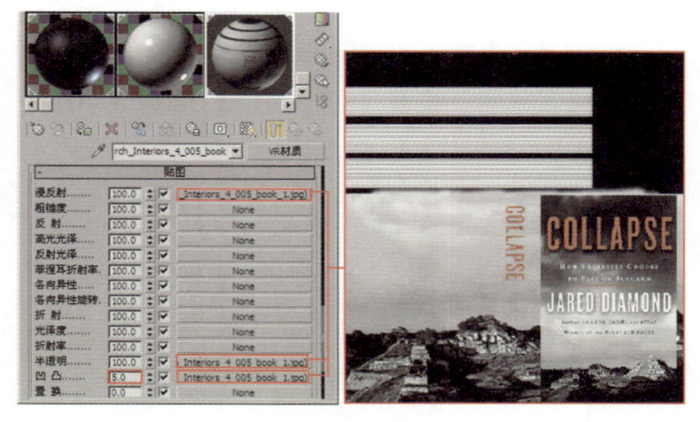

11.3.5 设置柜子和装饰物材质

柜子材质包括黑色木质材质和白色拉环材质，装饰物材质包括白色装饰物材质和绿色装饰物材质。其中黑色木质材质与茶几材质相同，白色装饰物材质与茶具材质相同，这里就不再赘述。接下来讲解白色拉环材质和绿色装饰物材质。

■ 1）设置白色拉环材质。打开材质编辑器，选择一个空白的材质球，设置材质样式为 VR材质 样式，设置【漫反射】颜色为白色，参数设置如下图所示。

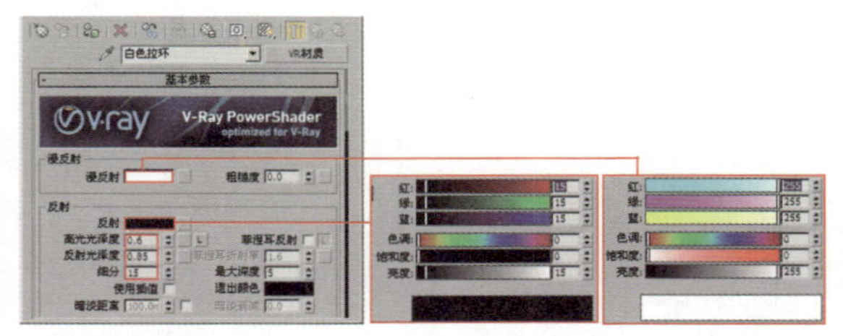

■ 2）设置绿色装饰物材质。打开材质编辑器，选择一个空白的材质球，设置材质样式为 VR材质 样式，设置【漫反射】颜色为绿色，在【反射】通道添加【衰减】贴图，参数设置如下图所示。

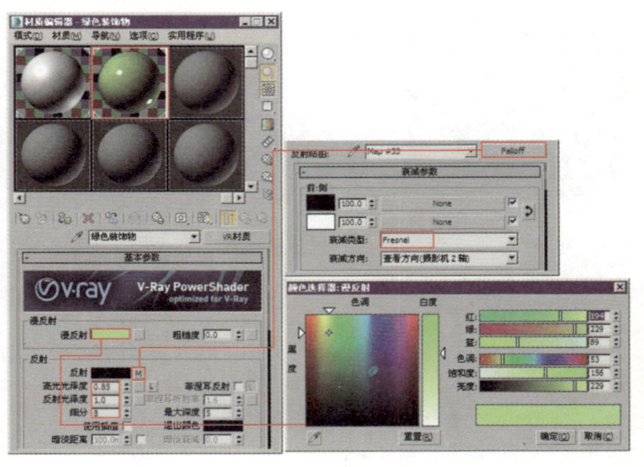

11.3.6 设置镜子材质

镜子材质包括木质镜框材质和玻璃镜面材质。

■ 1）设置木质镜框材质。打开材质编辑器，选择一个空白的材质球，设置材质样式为 VR材质 样式，在【漫反射】通道添加位图，设置位图为Ch11\Maps\mw (152).jpg 文件；在【反射】通道添加【衰减】贴图，设置【衰减类型】为【Fresnel】，参数设置如下图所示。

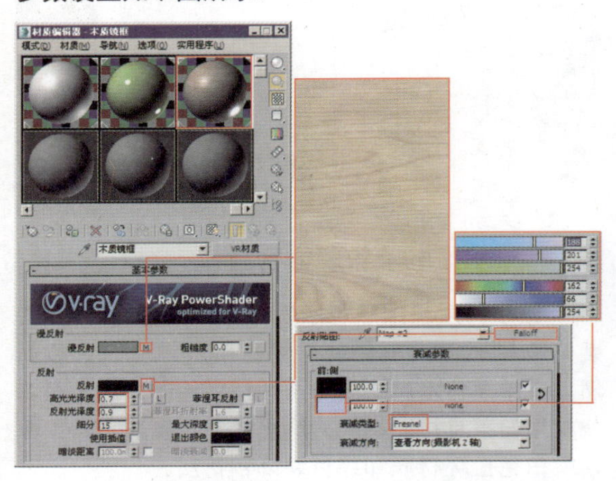

■ 2）打开【贴图】卷展栏，在【凹凸】通道添加位图，设置位图为Ch11\Maps\mw (152).jpg 文件，设置贴图强度为10，参数设置如下图所示。

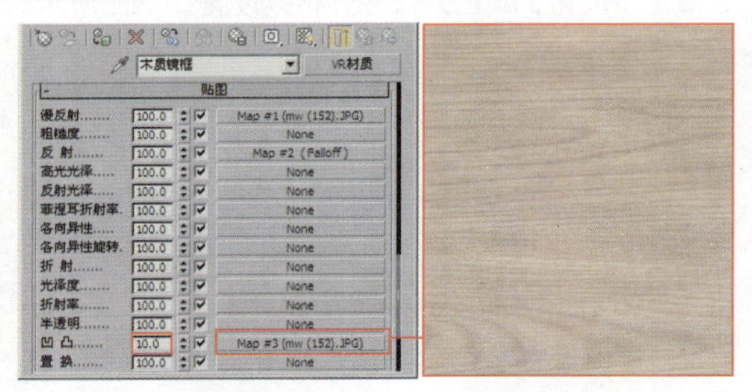

■ 3）设置玻璃镜面材质。打开材质编辑器，选择一个空白的材质球，设置材质样式为 VR材质 样式，设置【漫反射】颜色为灰色，参数设置如下图所示。

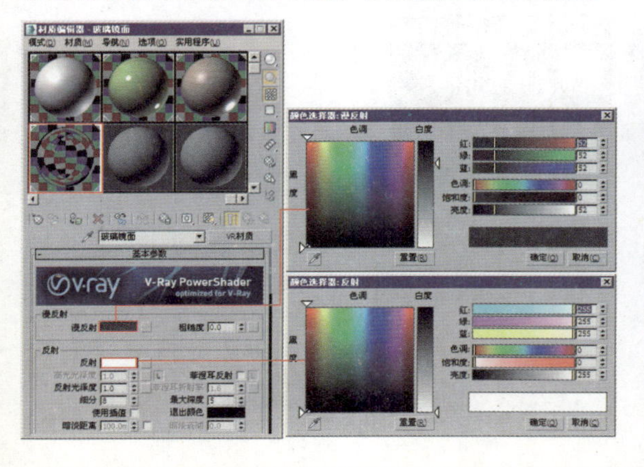

11.3.7 设置椅子材质

椅子材质包括黑色木质材质和黄色坐垫材质。黑色木质材质与茶几材质相同，这里不再赘述。接下来讲解黄色坐垫材质的制作。

■ 1）设置黄色坐垫材质。打开材质编辑器，选择一个空白的材质球，设置材质样式为 VR材质 样式，在【漫反射】通道添加【衰减】贴图，设置【衰减类型】为【Fresnel】，参数设置如下图所示。

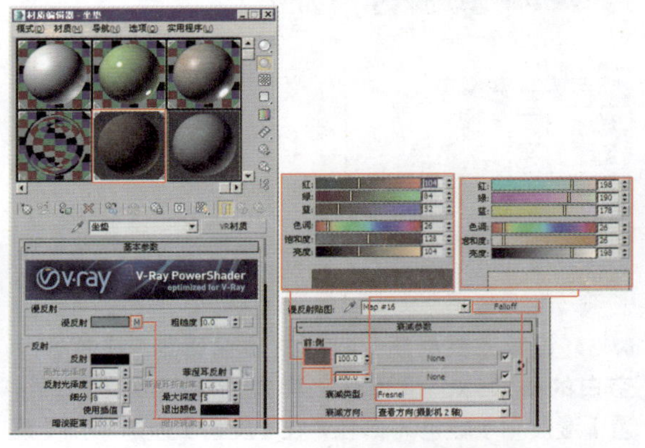

■ 2）打开【贴图】卷展栏，在【凹凸】通道添加位图，设置位图为Ch11\Maps\BW-001.jpg 文件，设置贴图强度为70，参数设置如下图所示。

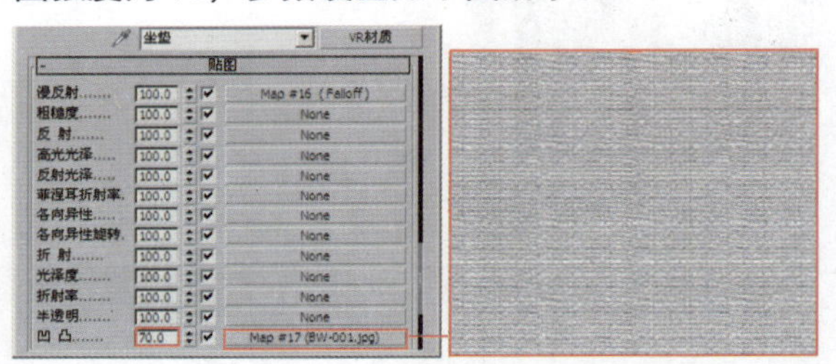

11.3.8 设置台灯材质

台灯材质包括台灯底座材质和灯罩材质。

■ 1）设置台灯底座材质。打开材质编辑器，选择一个空白的材质球，设置材质样式为 VR材质 样式，设置【漫反射】颜色为深灰色，参数设置如下图所示。

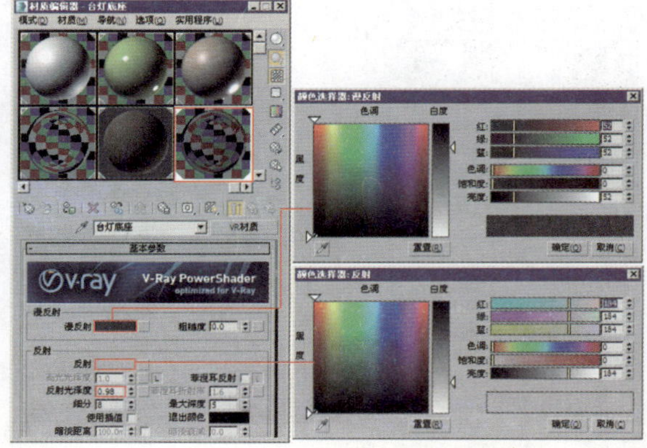

■ 2）设置灯罩材质。打开材质编辑器，选择一个空白的材质球，设置材质样式为 VR材质 样式，设置【漫反射】颜色为白色，参数设置如下图所示。

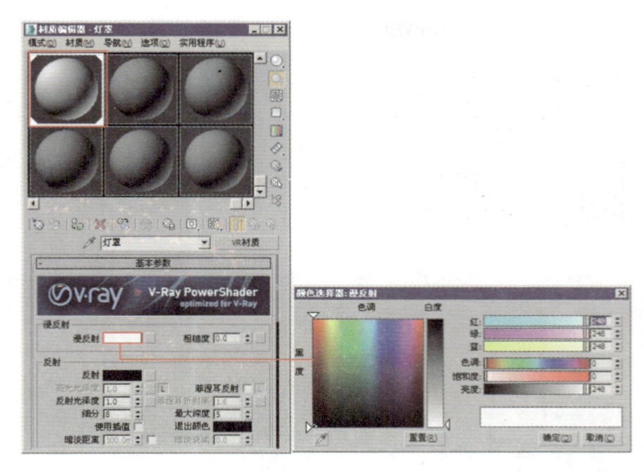

至此，客厅场景材质设置完成，场景中的其他材质读者可以参考上述方法进行设置。

11.4 餐厅场景灯光设置

餐厅场景灯光主要包括窗外透光、室内补光、模拟射灯照明和模拟搁物架灯槽灯光这4种照明。

■ 1）下面设置场景灯光，在【创建】命令面板中单击 VR灯光 按钮，在场景中创建一盏VR灯光，用来进行窗外透光，位置如下图所示。

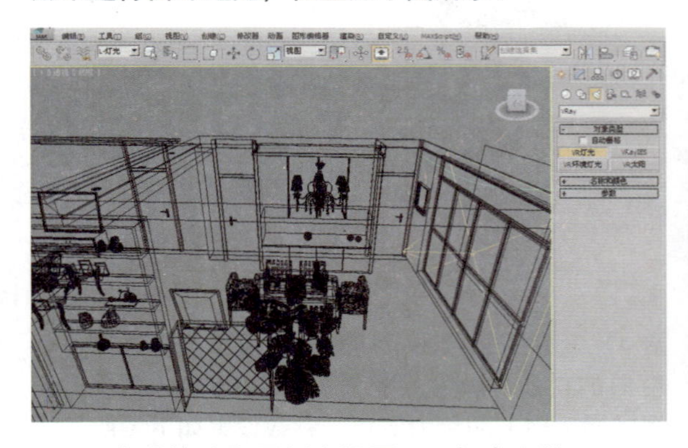

■ 2）在【修改】面板中设置VR灯光参数。

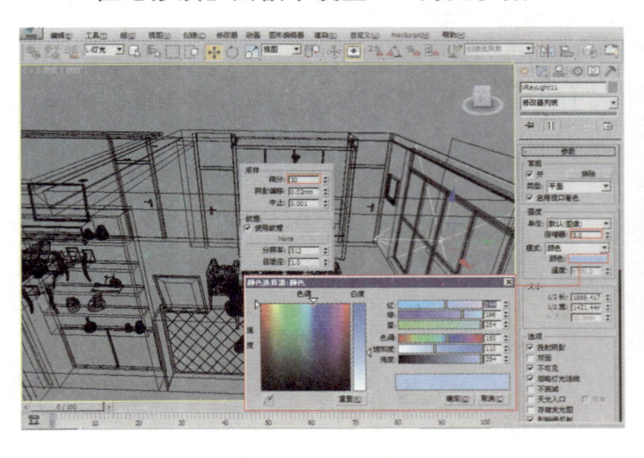

■ 3）继续在【创建】命令面板中单击 VR灯光 按钮，在场景中创建一盏VR灯光，用来进行室内补光，位置如下图所示。

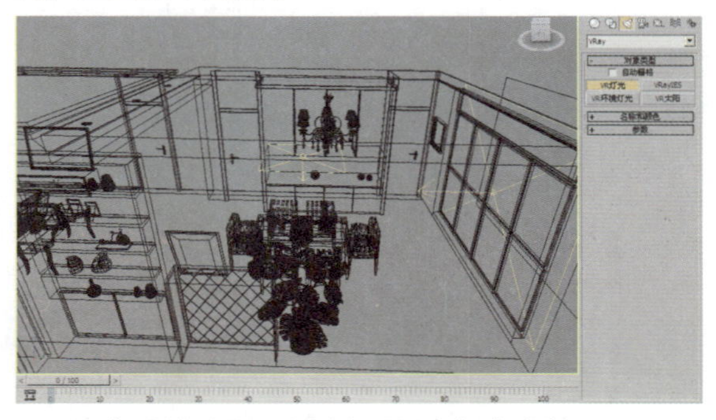

■ 4）在【修改】面板中设置VR灯光参数。

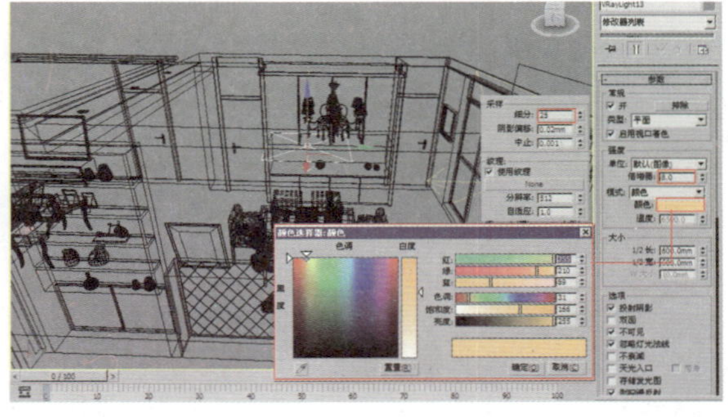

■ 5）在【创建】命令面板中单击 目标灯光 按钮，在场景中创建一盏目标灯光，用来模拟射灯照明，位置如下图所示。

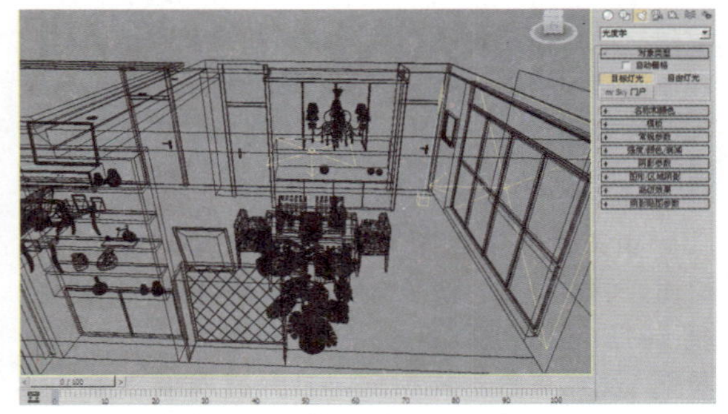

■ 6）在【修改】面板中设置目标灯光参数。

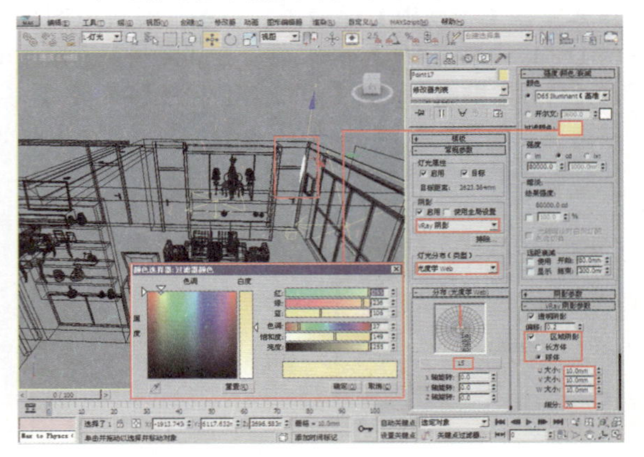

■ 7）设置搁物架灯光。在【创建】命令面板中单击 VR灯光 按钮，在场景中创建4盏VR灯光，用来模拟灯槽灯光，位置如下图所示。

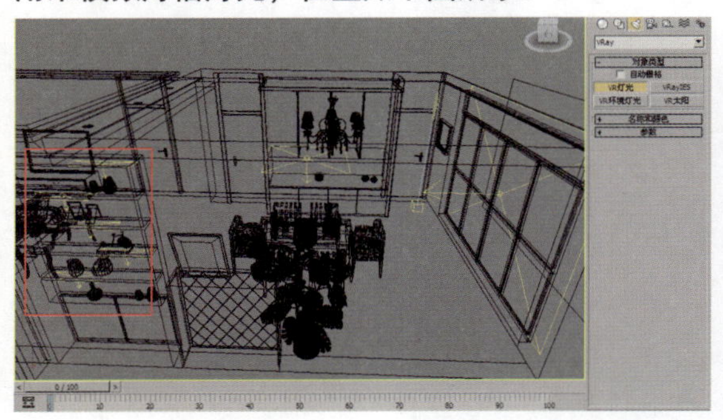

■ 8）在【修改】面板中设置4盏VR灯光参数，如下图所示。

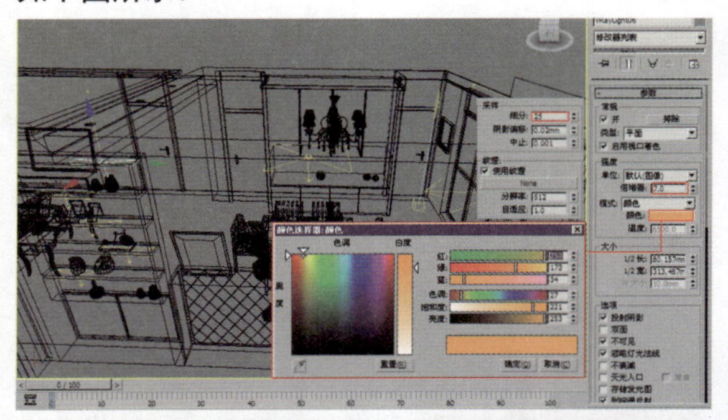

11.5 餐厅场景材质设置

餐厅场景的主要材质有地面材质、墙面材质、桌椅材质、窗户材质和装饰物材质。其中地面材质和墙面材质与客厅中的地面和墙面材质相同，这里就不再赘述。

11.5.1 设置桌子和桌面装饰物材质

桌子材质包括黄色木质材质、透明玻璃台面材质、酒杯材质、碟子材质，桌面装饰物材质包括瓶子材质和植物材质。

■ 1）设置黄色木质材质。打开材质编辑器，选择一个空白的材质球，设置材质样式为 VR材质 样式，在【漫反射】通道添加位图，设置位图为Ch11\Maps\赤杨杉-1.jpg文件；在【反射】通道添加【衰减】贴图，设置【衰减类型】为【Fresnel】，参数设置如下图所示。

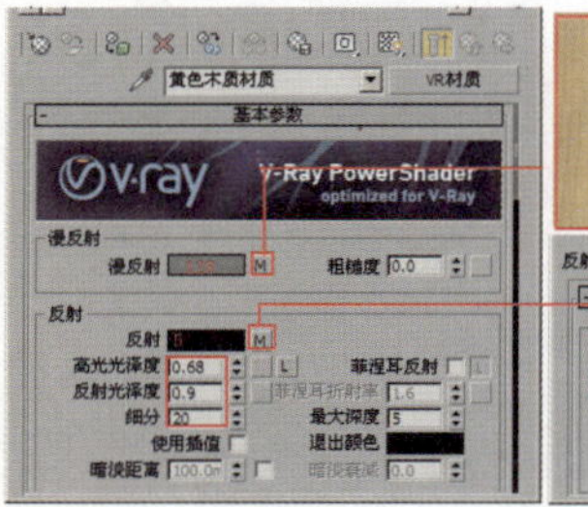

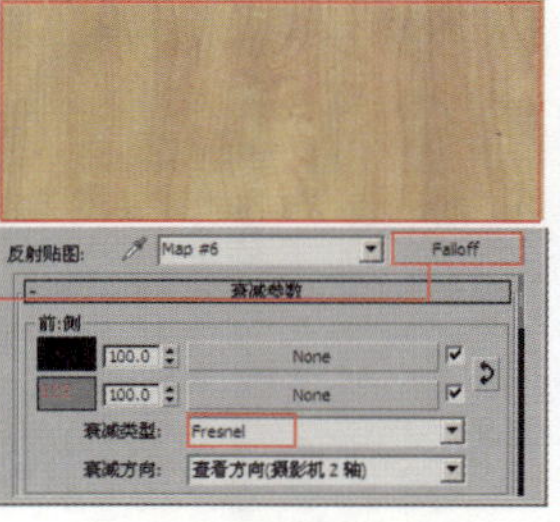

■ 2）打开【贴图】卷展栏，在【凹凸】通道中添加位图，设置位图为Ch11\Maps\赤杨杉-1.jpg文件，设置贴图强度为20，参数设置如下图所示。

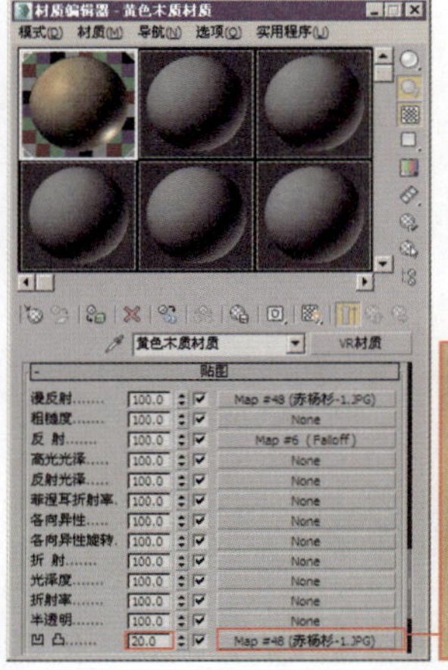

■ 3）设置透明玻璃台面材质。打开材质编辑器，选择一个空白的材质球，设置材质样式为 VR材质 样式，在【反射】通道添加【衰减】贴图，设置【衰减类型】为【Fresnel】，参数设置如下图所示。

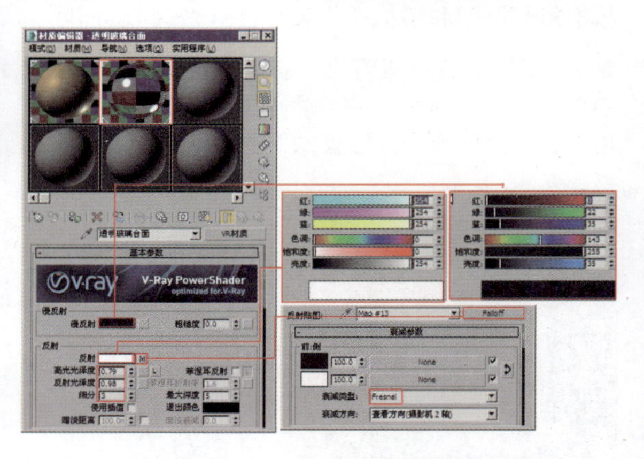

■ 4）设置酒杯材质。打开材质编辑器，选择一个空白的材质球，设置材质样式为 VR材质 样式，设置【漫反射】颜色为蓝色，参数设置如下图所示。

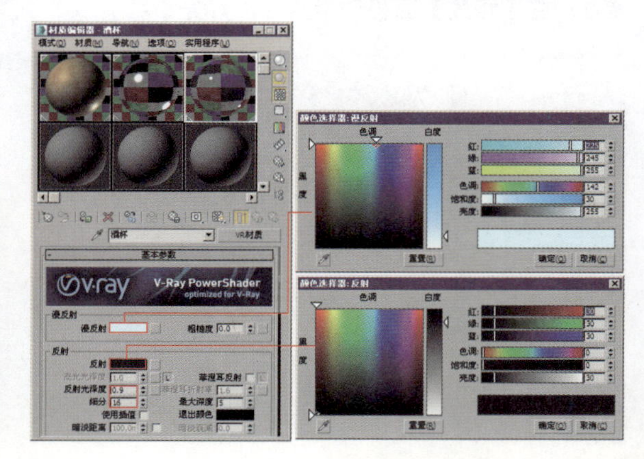

■ 5）设置玻璃的折射参数和雾色效果，具体设置如下图所示。

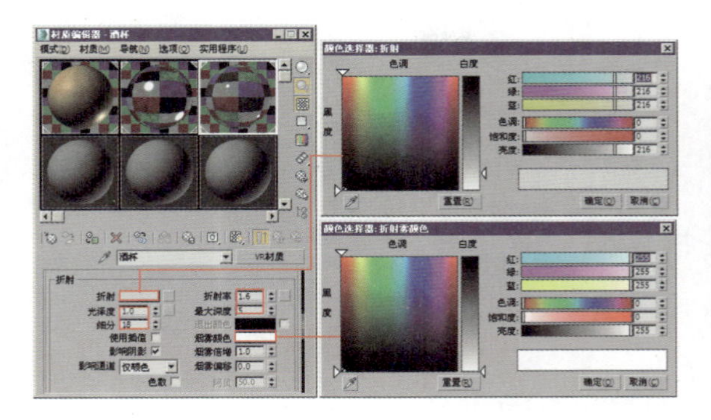

■ 6）设置碟子材质。打开材质编辑器，选择一个空白的材质球，设置材质样式为 VR材质 样式，设置【漫反射】颜色为白色，在【反射】通道添加【衰减】贴图，设置【衰减类型】为【Fresnel】，参数设置如下图所示。

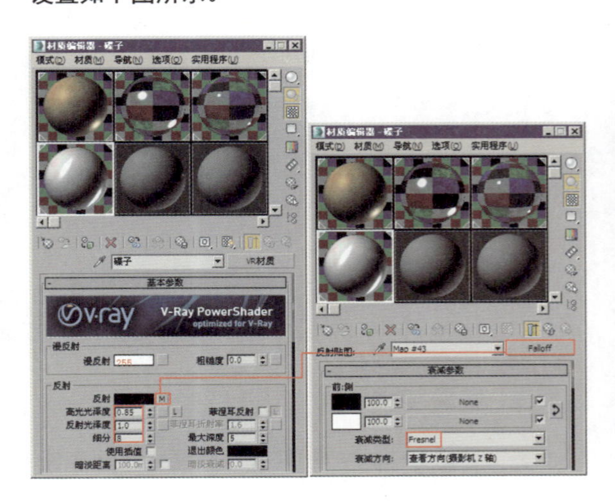

■ 7）接下来设置桌面装饰物材质，先来设置瓶子材质。打开材质编辑器，选择一个空白的材质球，设置材质样式为 VR材质 样式，设置【漫反射】颜色为灰色，参数设置如下图所示。

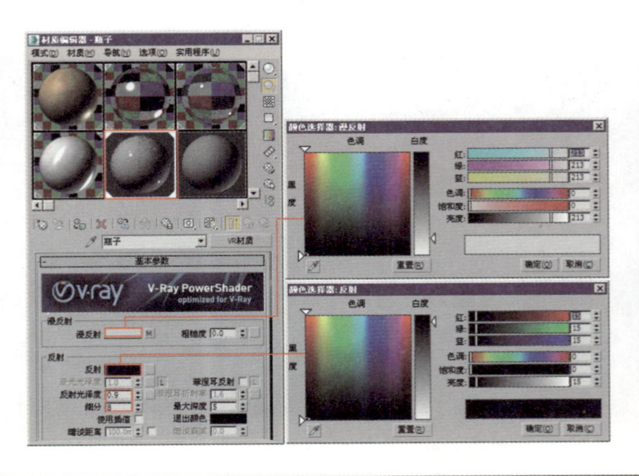

■ 8）打开【贴图】卷展栏，在【漫反射】通道添加【衰减】贴图，设置【衰减类型】为【Fresnel】，并设置衰减颜色，参数设置如下图所示。

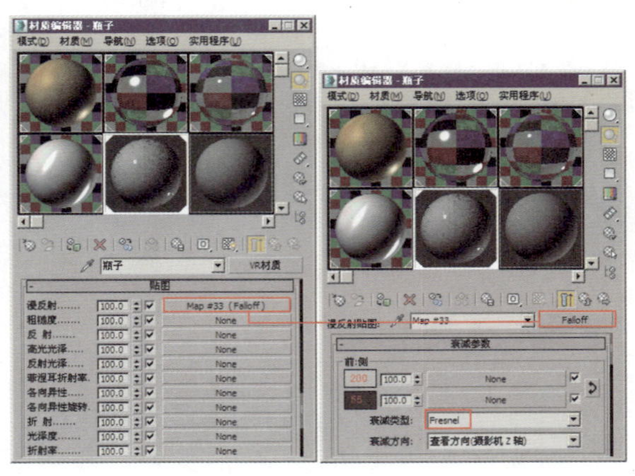

■ 9）继续在【凹凸】通道添加【烟雾】贴图，设置贴图强度为5.0，参数设置如下图所示。

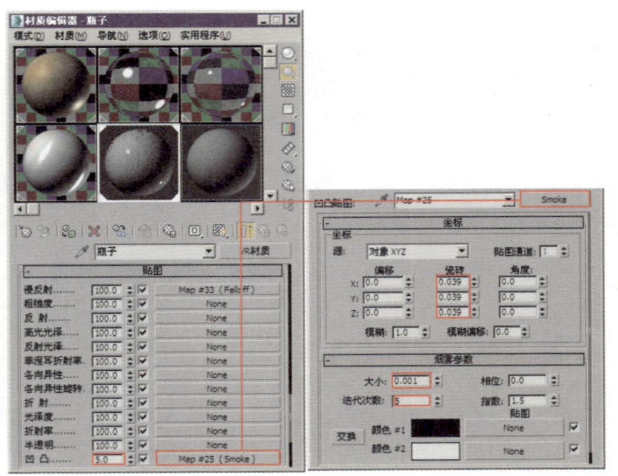

■ 10）设置植物材质。打开材质编辑器，选择一个空白的材质球，设置材质样式为 VR材质 样式，设置【漫反射】颜色为绿色，在【漫反射】通道添加【渐变】贴图，参数设置如下图所示。

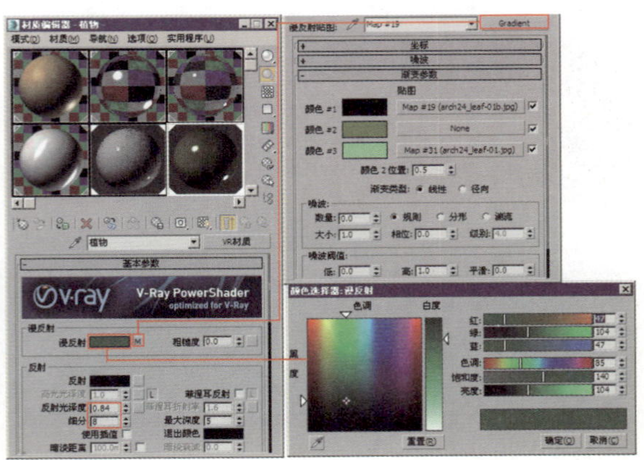

■ 11）设置【渐变】贴图颜色，并在【颜色 #1】通道添加位图，设置位图为 Ch11\Maps\arch24_leaf-01b.jpg 文件，在【颜色 #3】通道添加位图，设置位图为 Ch11\Maps\arch24_leaf-01.jpg 文件，参数设置如下图所示。

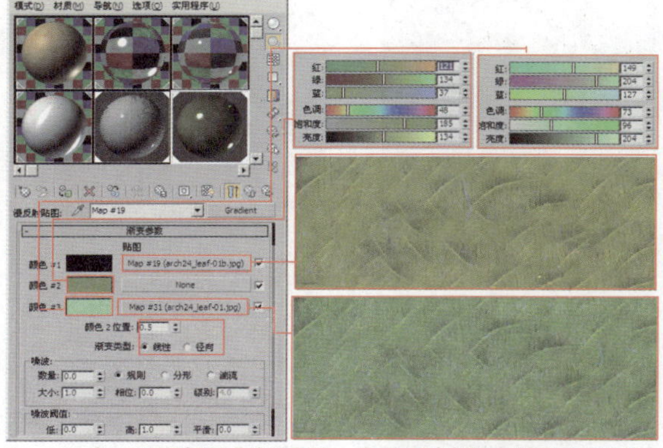

■ 12）打开【贴图】卷展栏，在【折射】通道和【凹凸】通道添加位图，设置位图为 Ch11\Maps\arch24_leaf-01-bump.jpg 文件，设置【凹凸】贴图强度为 25，具体参数设置如下图所示。

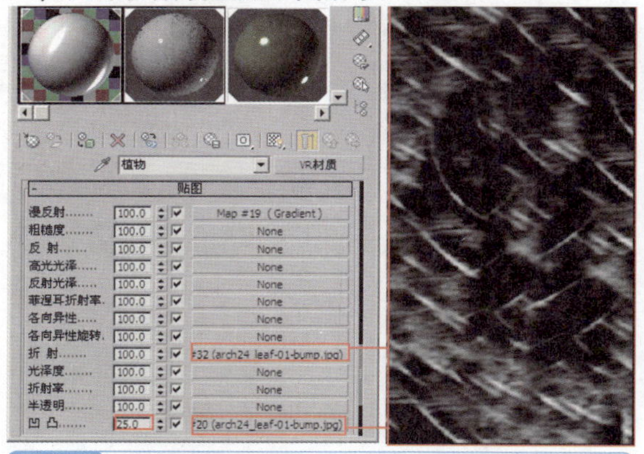

11.5.2 设置椅子材质

椅子材质包括花纹材质和黄色木质材质。其中黄色木质材质与桌子材质相同，这里不再赘述。

■ 1）设置花纹材质。打开材质编辑器，选择一个空白的材质球，设置材质样式为 VR材质 样式，设置【漫反射】颜色为黑色，具体参数设置如下图所示。

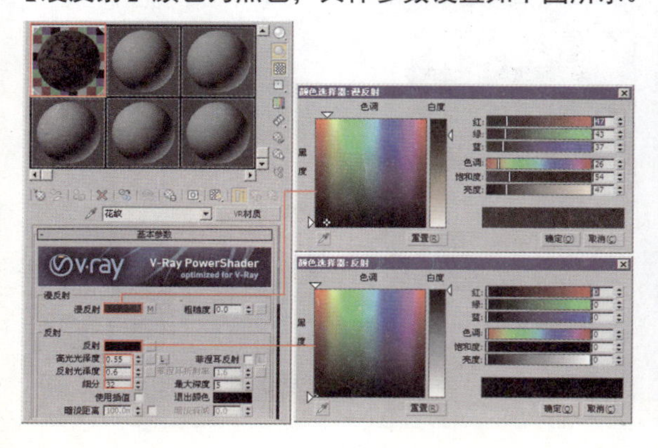

■ 2）在【漫反射】通道添加【衰减】贴图，并设置衰减颜色和衰减类型，在【衰减】贴图【前】通道添加位图，设置位图为 Ch11\Maps\玲珑贴图 1.jpg 文件，具体参数设置如下图所示。

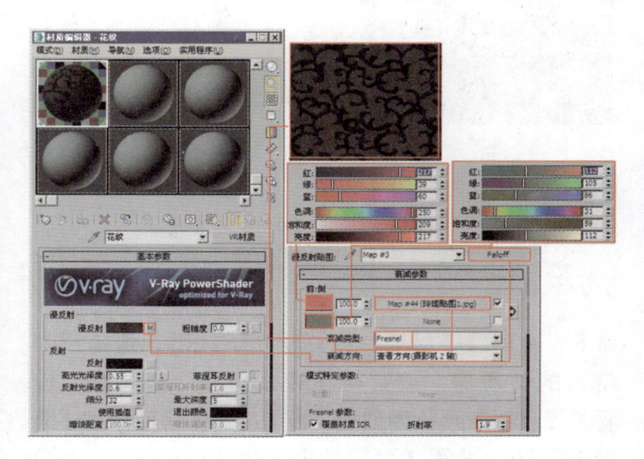

■ 3）打开【贴图】卷展栏，在【凹凸】通道添加位图，设置位图为 Ch11\Maps\www.jpg 文件，设置贴图强度为 60，参数设置如下图所示。

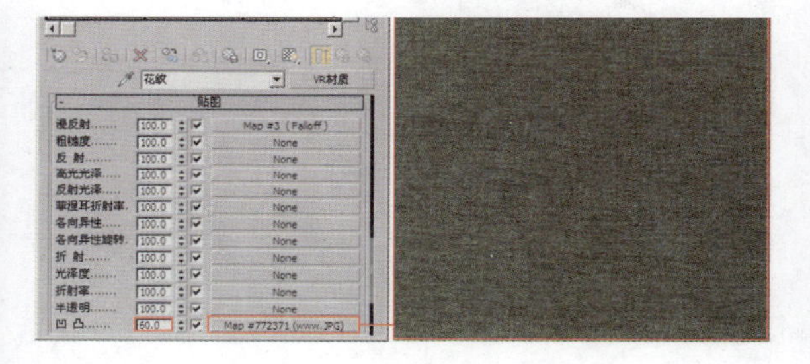

11.5.3 设置盆栽材质

盆栽材质包括叶子材质、枝干材质和花盆材质。

■ 1）设置叶子材质。打开材质编辑器，选择一个空白的材质球，设置材质样式为 VR材质 样式，在【漫反射】通道添加位图，设置位图为 Ch11\Maps\Arch41_017_leaf.jpg 文件，参数设置如下图所示。

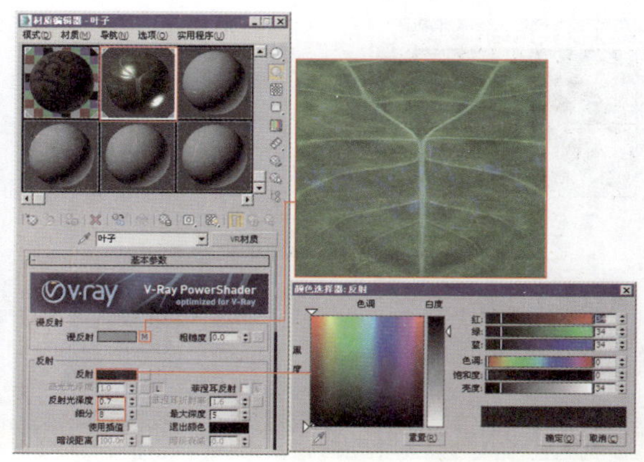

■ 2）打开【贴图】卷展栏，在【凹凸】通道添加位图，设置位图为 Ch11\Maps\Arch41_017_leaf_bump.jpg 文件，设置贴图强度为 30，具体参数设置如下图所示。

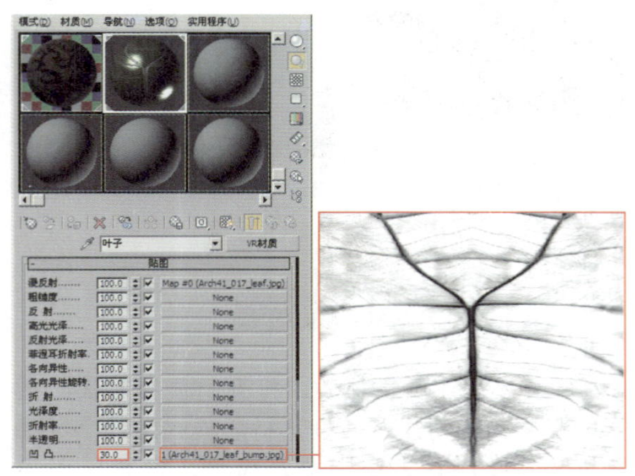

■ 3）设置枝干材质。打开材质编辑器，选择一个空白的材质球，设置材质样式为 VR材质 样式，在【漫反射】通道添加 Ch11\Maps\Arch41_017_bark.jpg 位图文件。

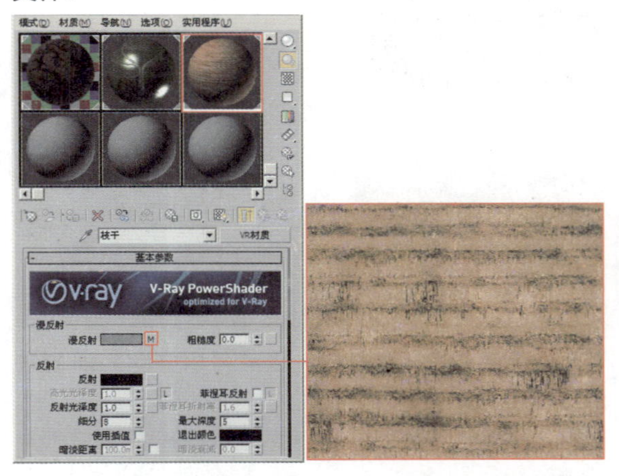

■ 4）打开【贴图】卷展栏，在【凹凸】通道添加 Ch11\Maps\Arch41_017_bark_bump.jpg 位图文件，设置贴图强度为 200。

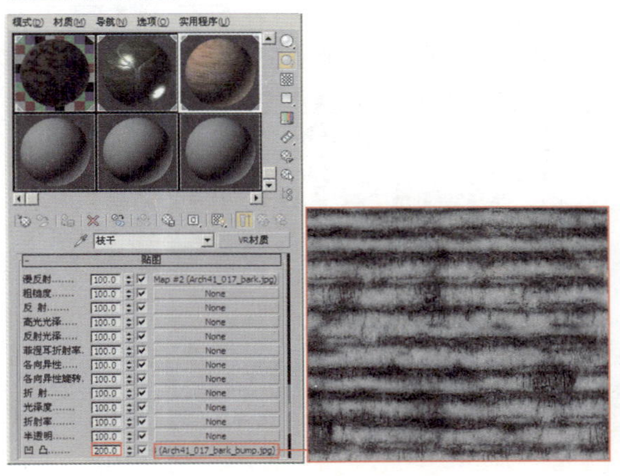

■ 5）设置花盆材质。打开材质编辑器，选择一个空白的材质球，设置材质样式为 VR材质 样式，设置【漫反射】颜色为灰色，具体参数设置如下图所示。

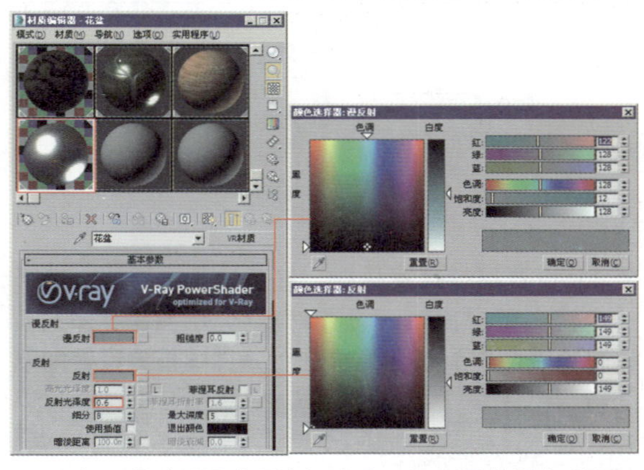

■ 6）打开【贴图】卷展栏，在【凹凸】通道添加位图，设置位图为 Ch11\Maps\Arch41_017_brushed.jpg 文件，设置贴图强度为 40，具体参数设置如下图所示。

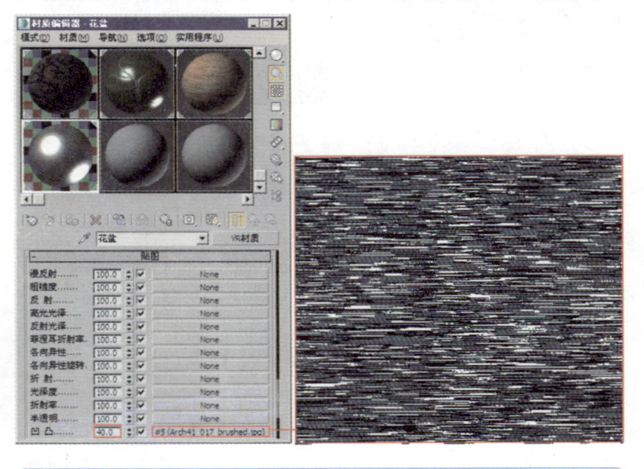

11.5.4 设置吊灯材质

吊灯材质包括吊灯支架材质和吊灯灯罩材质。

■ 1）设置吊灯支架材质。打开材质编辑器，选择一个空白的材质球，设置材质样式为 VR材质 样式，设置【漫反射】颜色为咖啡色，具体参数设置如下图所示。

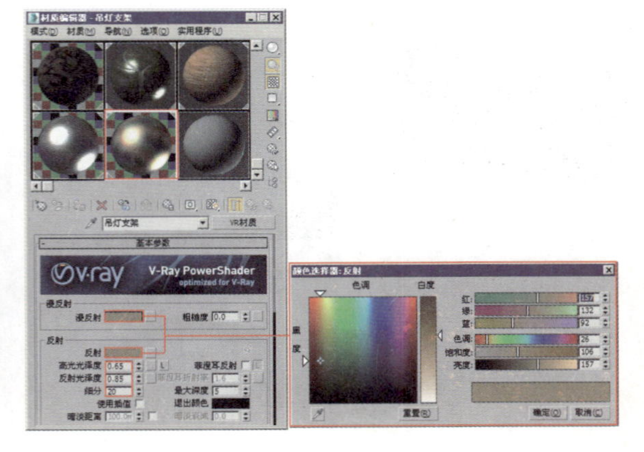

■ 2）打开【双向反射分布函数】卷展栏，设置反射类型为【沃德】，具体参数设置如下图所示。

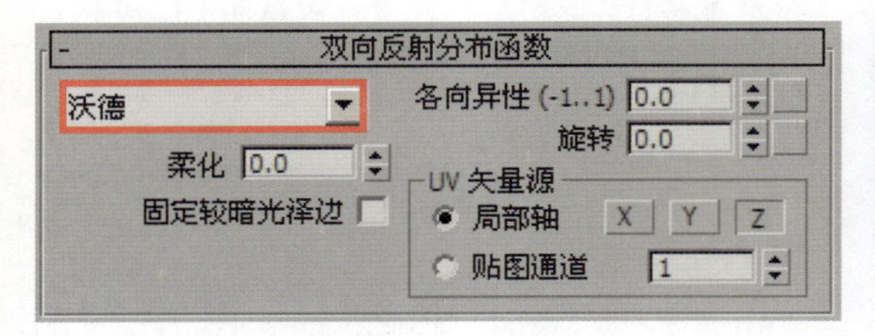

■ 3）设置吊灯灯罩材质。打开材质编辑器，选择一个空白的材质球，设置材质样式为 VR材质 样式，设置【漫反射】颜色为暗红色，具体参数设置如下图所示。

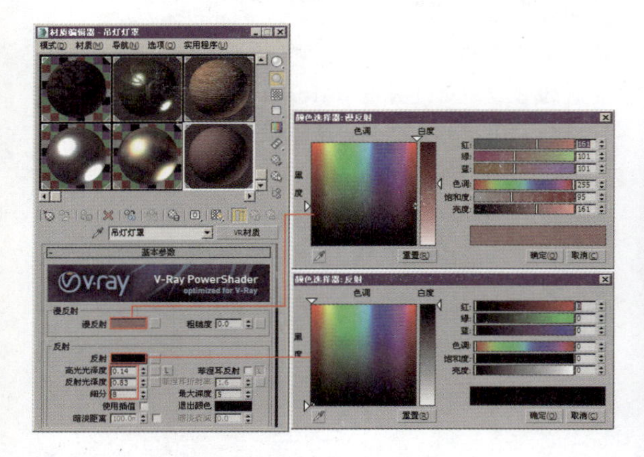

11.5.5 设置窗户和室外环境材质

窗户材质包括黄色木质材质和窗户玻璃材质；室外环境材质是一个 VR 灯光材质。黄色木质材质与之前的餐桌材质相同，这里就不再赘述。

■ 1）设置窗户玻璃材质。打开材质编辑器，选择一个空白的材质球，设置材质样式为 VR材质 样式，设置【漫反射】颜色为蓝色，具体参数设置如下图所示。

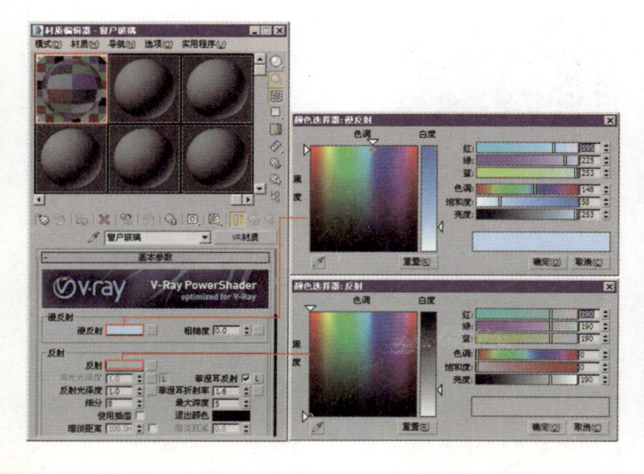

■ 2）在【折射】选项区域设置玻璃的折射参数和雾色效果，具体参数设置如下图所示。

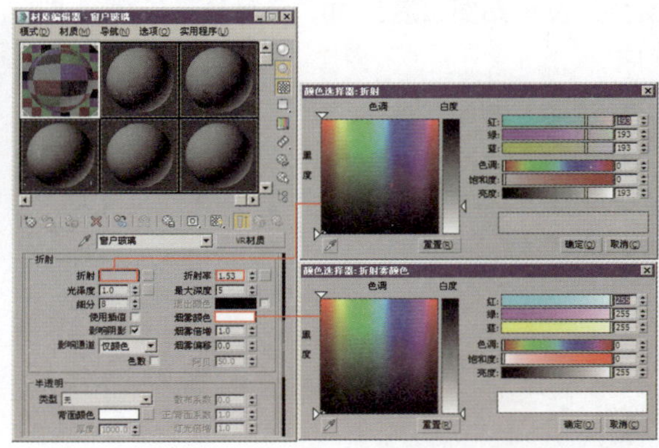

■ 3）设置室外环境材质。打开材质编辑器，选择一个空白的材质球，设置材质样式为 VR灯光材质 样式，在【颜色】通道添加位图，设置位图为 Ch11\Maps\g.jpg 文件，具体参数设置如下图所示。

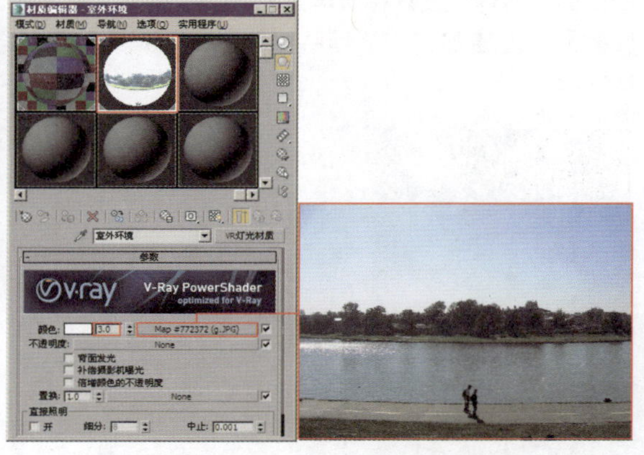

■ 4）场景中的其他材质，读者可以参考之前的方法进行设置。

11.6 场景最终渲染设置

下面进行高级别的渲染设置。

■ 1）按 F10 键打开渲染设置对话框，进入 渲染设置 面板。选择 V-Ray 选项卡，在 V-Ray:: 全局开关[无名] 卷展栏中，选中【光泽效果】复选框。

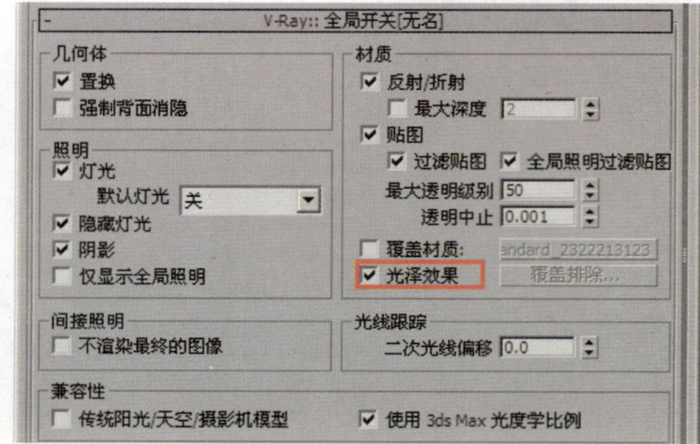

■ 2）选择间接照明选项卡，打开V-Ray::发光贴图卷展栏，在【当前预置】下拉列表中设置光照贴图采样级别为【高】。

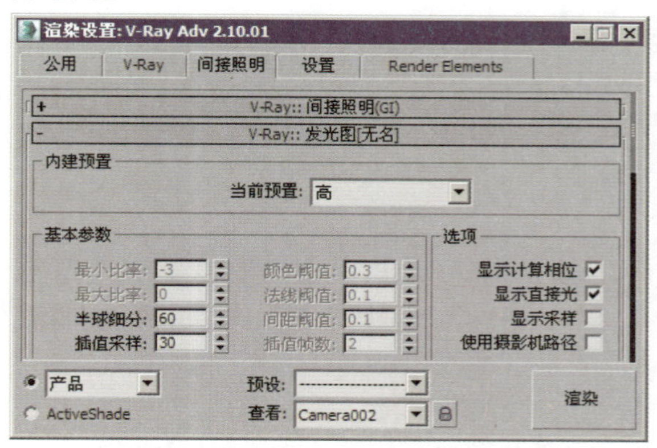

■ 3）在V-Ray::发光贴图卷展栏中的【细节增强】选项区域设置相关参数，如下图所示。

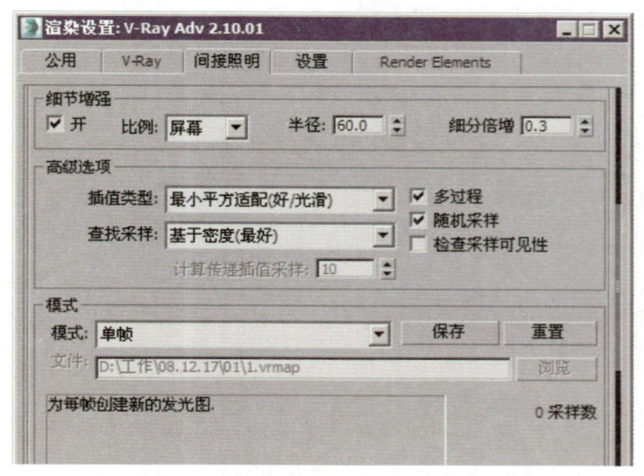

■ 4）在V-Ray::发光贴图卷展栏的【模式】选项区域选择【单帧】模式，选中【自动保存】和【切换到保存的贴图】复选框，单击【自动保存】后面的【浏览】按钮，在弹出的【自动保存发光贴图】对话框中输入要保存的01.vrmap文件名并选择保存路径，如下图所示。

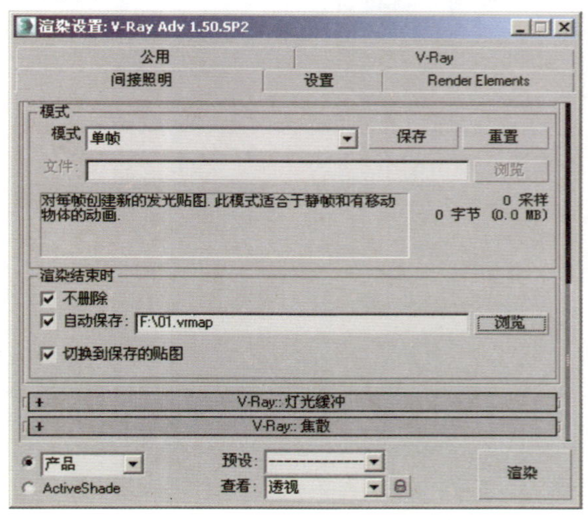

■ 5）选择间接照明选项卡，打开V-Ray::灯光缓冲卷展栏，具体参数设置如下图所示。

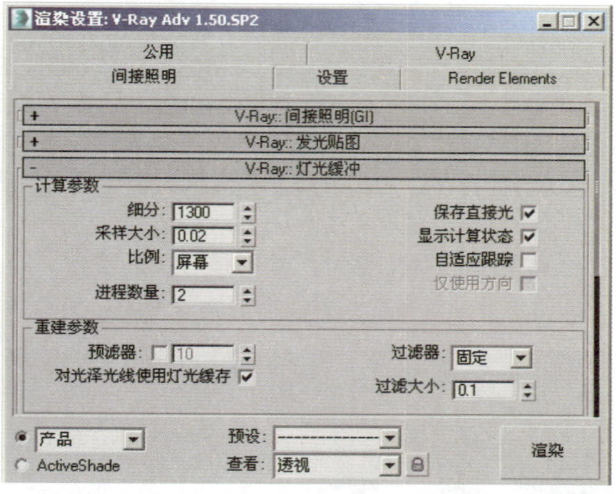

■ 6）在【模式】选项区域选择【单帧】模式，选中【自动保存】和【切换到被保存的缓存】复选框，单击【自动保存】后面的【浏览】按钮，在弹出的【自动保存灯光贴图】对话框中输入要保存的01.vrlmap文件名并选择保存路径。

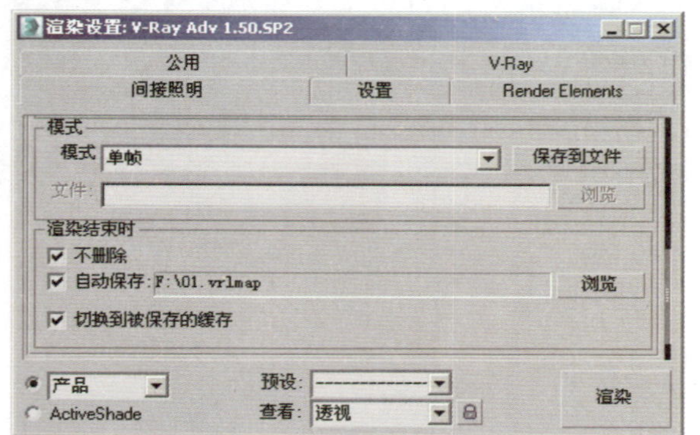

■ 7）在公用选项卡中设置较小的渲染尺寸，对场景进行渲染。

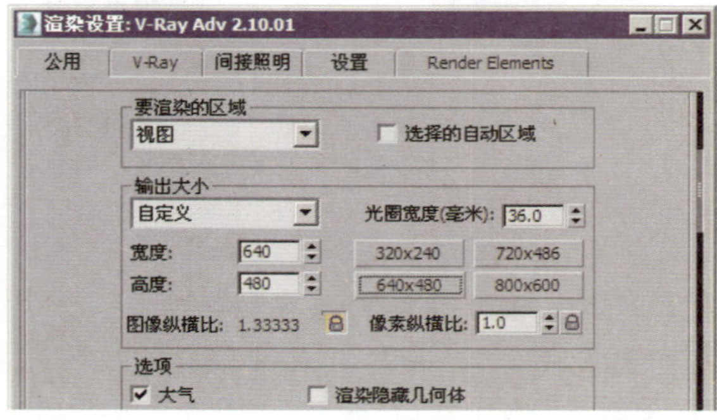

■ 8）由于选中了【切换到被保存的缓存】复选框，所以在渲染结束后，【模式】选项区域的选项将自动切换到【从文件】类型。进行再次渲染时，VRay渲染器将直接调用【从文件】类型中指定的发光贴图文件，这样可以节省很多渲染时间。最后使用较大的渲染尺寸进行渲染即可。

第12章 欧式简约风格室内效果图

本例制作的是欧式简约风格的室内效果图。主要介绍如何使用 VRay 材质和灯光准确地表现天光照射的效果，场景建模工作已经完成，场景中提供了两架摄影机。我们除了要学习灯光和渲染设置之外，重点要学习如何逼真地表现场景中所有物体的质感，包括墙面、大理石地板、窗口透光、台灯、毛毯、餐具、茶几和皮沙发等效果。

本场景有两个部分，分别是客厅和餐厅。如下图所示分别是客厅和餐厅的渲染效果图。

配色应用：

制作要点：

- 1.掌握室内客厅和餐厅的规划和设计理念。
- 2.学习室内客厅和餐厅的灯光布置。
- 3.了解欧式简约风格的客厅、餐厅的材质设计。

最终场景： Ch12\Scenes\ 欧式简约风格室内 ok.max

贴图素材： Ch12\Maps

难易程度： ★★★★☆

12.1 渲染前的准备

下面进行渲染前的准备工作。主要分为摄影机的设置和场景渲染设置。

12.1.1 设置摄影机

1）首先打开 Ch12\Scenes\ 欧式简约风格室内 .max 文件，这是一个欧式简约风格室内模型，有客厅和餐厅两个场景，如下图所示。

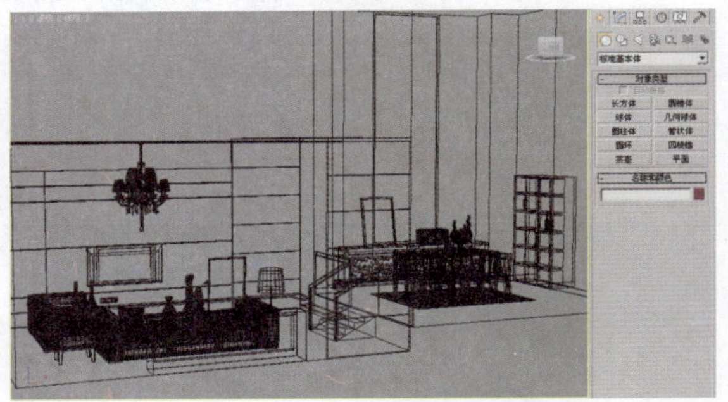

2）场景中使用了 3 个 VRay 物理摄影机，如下图所示。

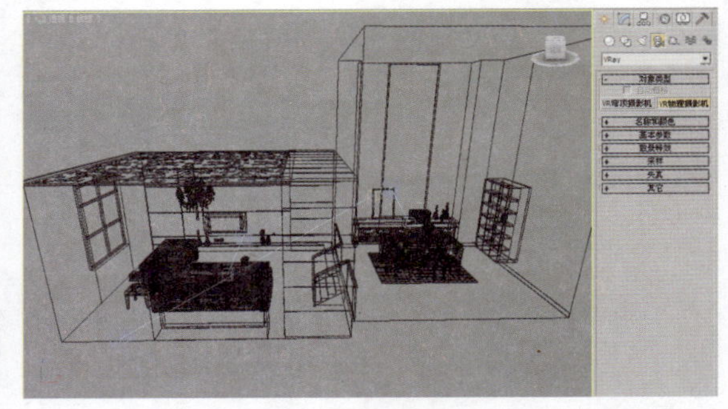

3）在【修改】面板中设置 VRayPhysicalCamera01 的参数，如下图所示。

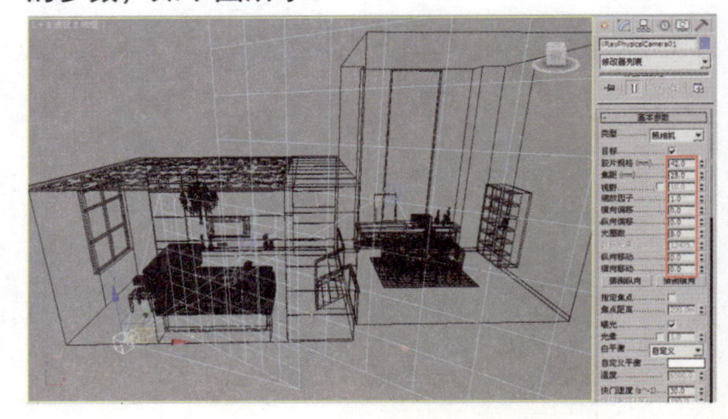

■ 4）继续在【修改】面板中设置 VRayPhysical Camera02 的参数，如下图所示。

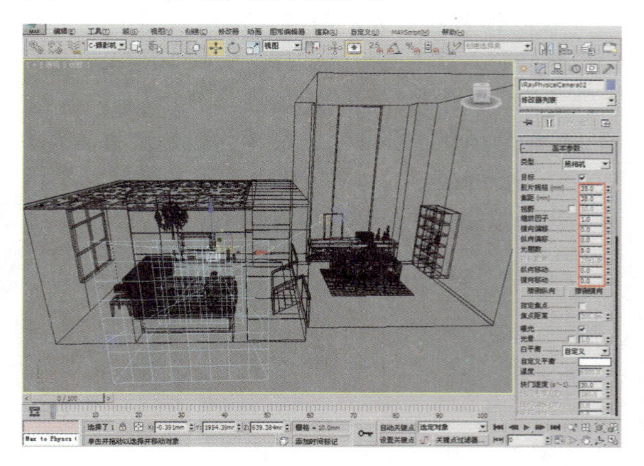

■ 5）继续在【修改】面板中设置 VRayPhysical Camera03 的参数，如下图所示。

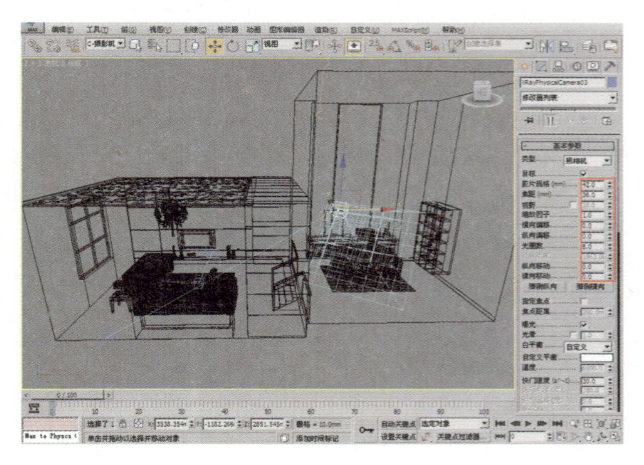

12.1.2 场景渲染设置

■ 1）按 F10 键打开渲染设置对话框，然后在 V-Ray:: 图像采样器(抗锯齿) 卷展栏中，设置相关参数，如下图所示，这是抗锯齿采样设置。

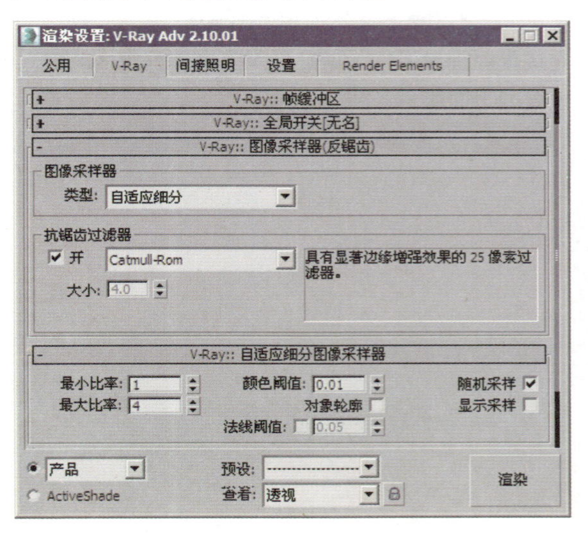

■ 2）在 V-Ray:: 间接照明(全局照明) 卷展栏中，设置相关参数，如下图所示，这是间接照明设置。【倍增值】参数决定为最终渲染图像贡献多少初级漫射反弹，默认值为 1.0 可以得到一个较好的照明效果。

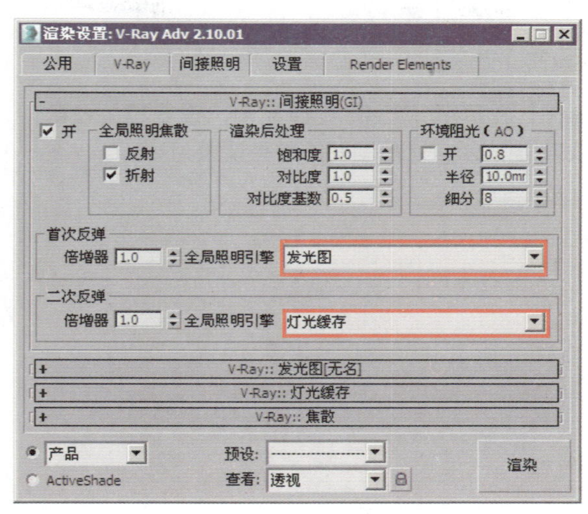

■ 3）在 V-Ray:: 发光贴图 卷展栏中，设置相关参数，如下图所示，这是发光贴图参数设置。

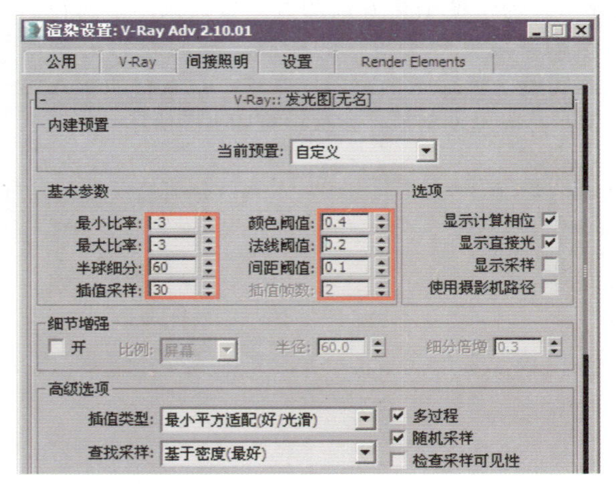

■ 4）在 V-Ray:: 灯光缓存 灯光贴图卷展栏中设置相关参数，如下图所示。

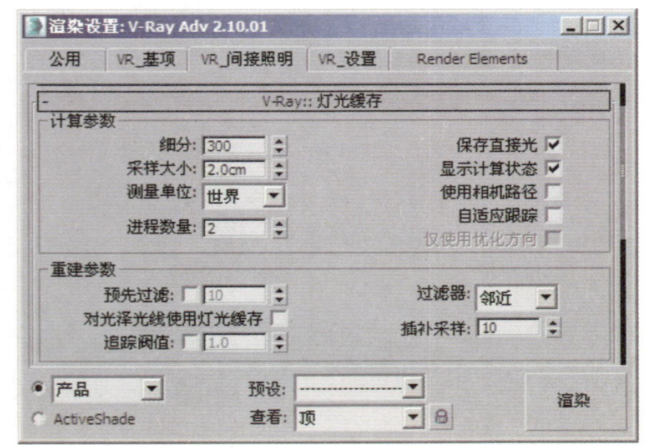

■ 5）在 V-Ray:: DMC采样器 卷展栏中，设置相关参数，如下图所示。这是模糊采样设置。

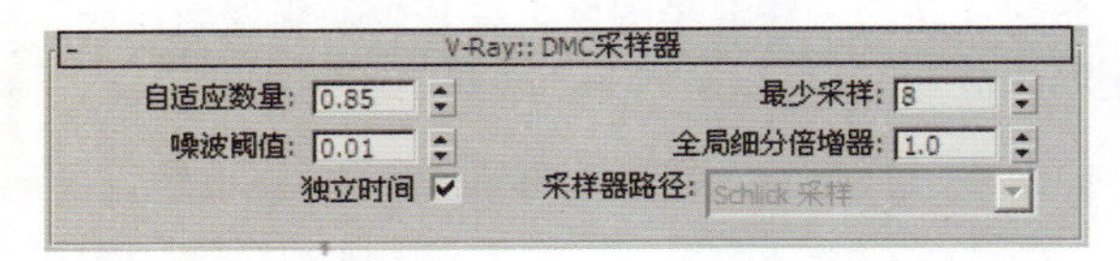

■ 6）在 V-Ray:: 颜色映射 卷展栏中，设置相关参数，如下图所示。这是画面的增亮设置。

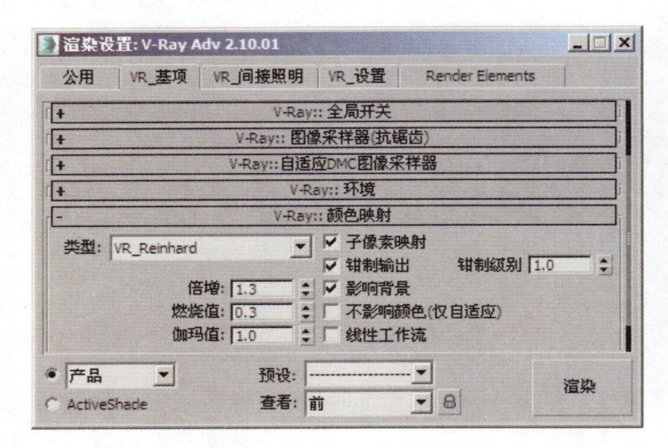

■ 7）为了便于更好地测试场景效果，下面我们给场景设置一个统一的材质。按 M 键打开材质编辑器，选择一个空白样本球，设置材质样式为 VRayMtl 专用材质，参数设置如下图所示。

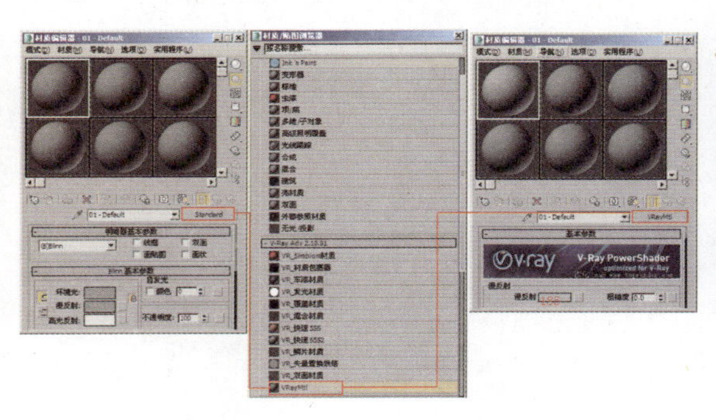

■ 8）打开 V-Ray:: 全局开关 卷展栏，选中 ☑ 替代材质: 复选框，将刚才制作的材质样本球拖动复制到 None 按钮上，如下图所示。这个材质将作为测试灯光用的代理材质。

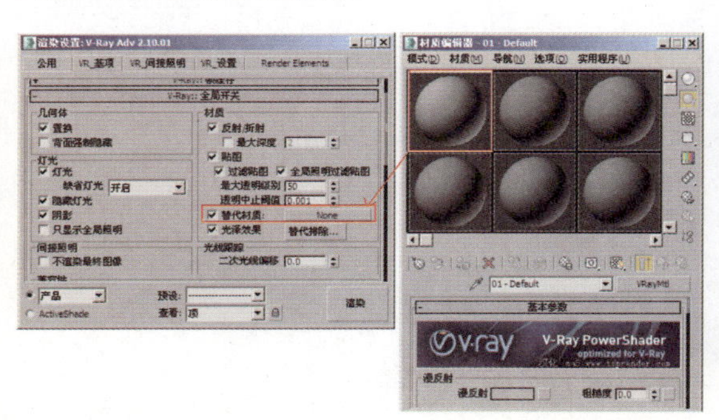

12.2 制作客厅光源效果

在制作客厅灯光的时候，使用目标平行光来模拟阳光照入室内的灯光效果，使用 VR 灯光进行窗外透光，使用泛光灯模拟台灯照明。

■ 1）设置场景主要照明。在【创建】命令面板中单击 目标平行光 按钮，在场景中创建一盏目标平行光，用来模拟阳光光效，位置如下图所示。

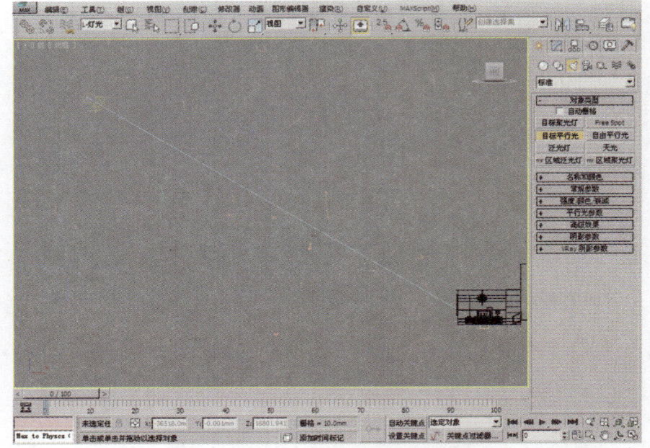

■ 2）在【修改】面板中设置目标平行光灯光参数，如下图所示。

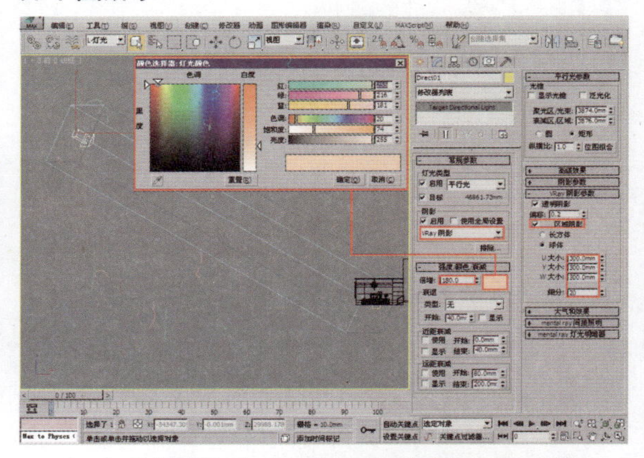

■ 3）在【创建】命令面板中单击 VR灯光 按钮，在场景中创建一盏 VR 灯光，用来进行室内补光，位置如下图所示。

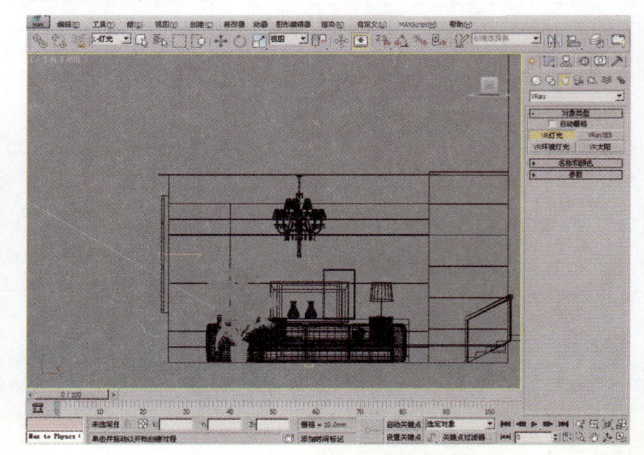

■ 4）在【修改】面板中设置 VR 灯光参数，如下图所示。

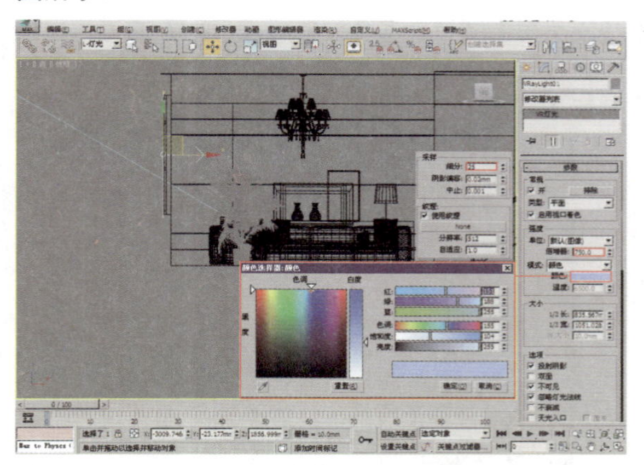

■ 5）在【创建】命令面板中单击 VR灯光 按钮，在场景中创建一盏泛光灯，用来模拟台灯照明，位置如下图所示。

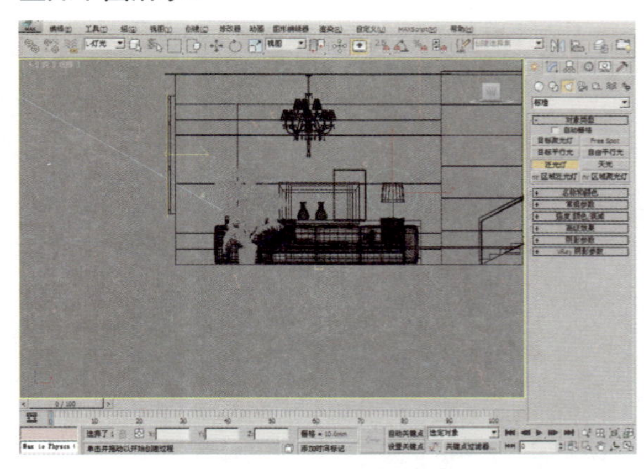

■ 6）在【修改】面板中设置泛光灯参数，如下图所示。

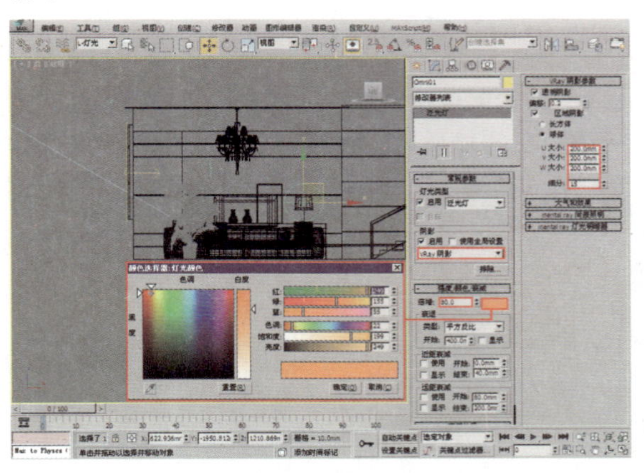

至此，客厅场景灯光设置完毕，接下来制作客厅场景材质。

12.3 制作客厅场景材质

下面逐一设置场景中的材质，为了得到正确的效果，应该先从大色块（如墙面和地面）到小色块（如家具），最后从渲染速度快的物体到渲染速度慢的物体（如反射/折射、模糊反射等）。

12.3.1 设置墙面材质

由于墙的面积最大，所以首先设置墙面材质。墙面材质包括白色乳胶漆材质、灰色水泥材质、黑色大理石材质、木质材质和黑色花纹材质。

■ 1）设置白色乳胶漆材质。打开材质编辑器，选择一个空白的材质球，设置材质样式为 VR材质 样式，设置【漫反射】颜色为白色，具体参数设置如下图所示。

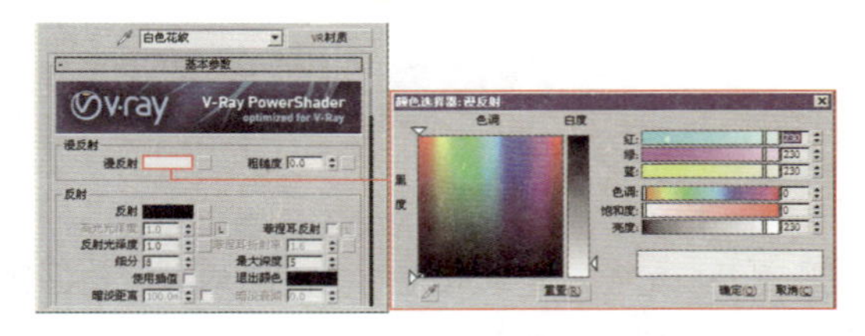

■ 2）设置灰色水泥材质。打开材质编辑器，选择一个空白的材质球，设置材质样式为 VR材质 样式，设置【漫反射】颜色为黑色，具体参数设置如下图所示。

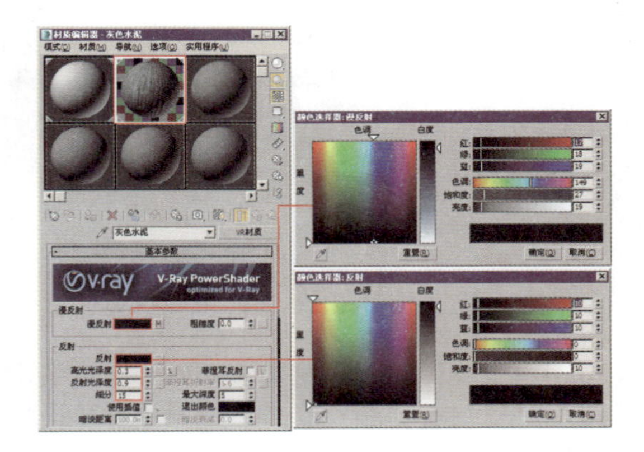

■ 3）打开【贴图】卷展栏，在【漫反射】和【凹凸】通道添加位图，设置位图为 Ch12\Maps\200332412174338491.jpg 文件，设置【漫反射】贴图强度为 80、【凹凸】贴图强度为 35，具体参数设置如下图所示。

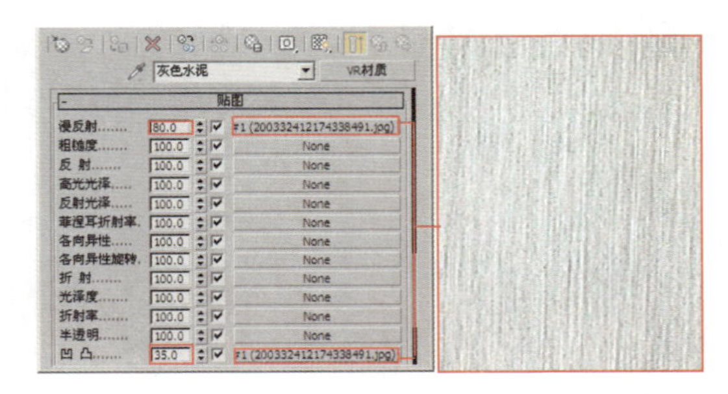

■ 4）设置黑色大理石材质。打开材质编辑器，选择一个空白的材质球，设置材质样式为 VR混合材质 样式，在【材质 1】通道添加 VR材质，设置【漫反射】颜色为黑色，具体参数设置如下图所示。

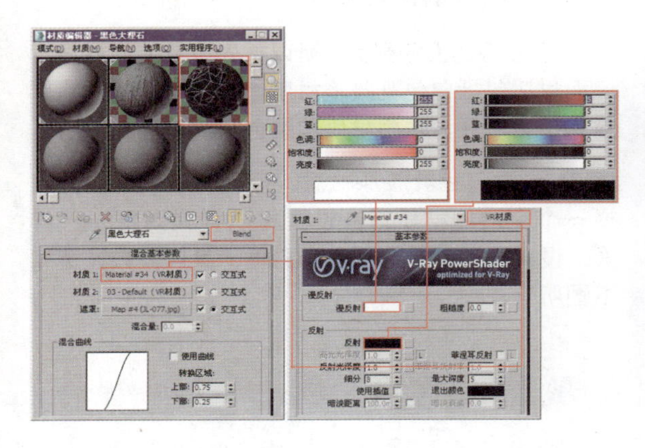

■ 5）在【混合】材质【材质 2】通道添加 VR材质，设置【漫反射】颜色和【反射】颜色均为黑色，具体参数设置如下图所示。

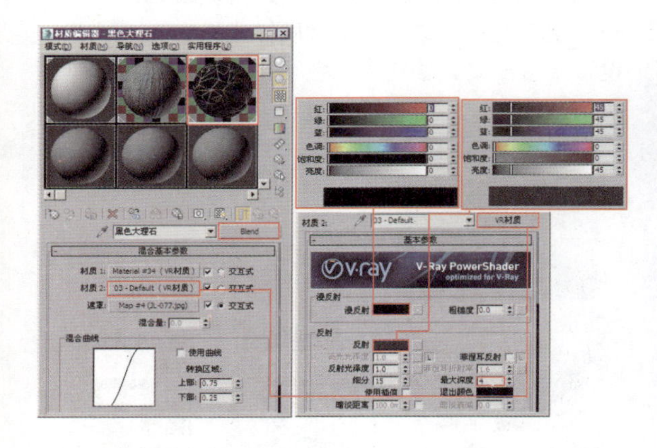

■ 6）在【混合】材质遮罩通道添加位图，设置设置位图为 Ch12\Maps\JL-077.jpg 文件，具体参数设置如下图所示。

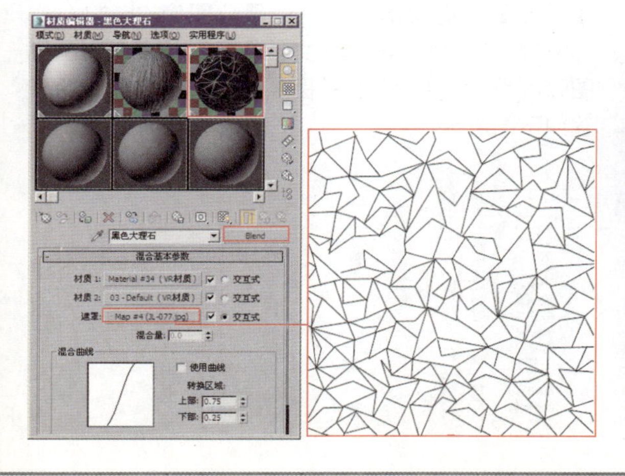

■ 7）设置木质材质。打开材质编辑器，选择一个空白的材质球，设置材质样式为 VR材质 样式，设置【漫反射】颜色为灰色，在【漫反射】通道添加位图，设置位图为 Ch12\Maps\06.jpg 文件，具体参数设置如下图所示。

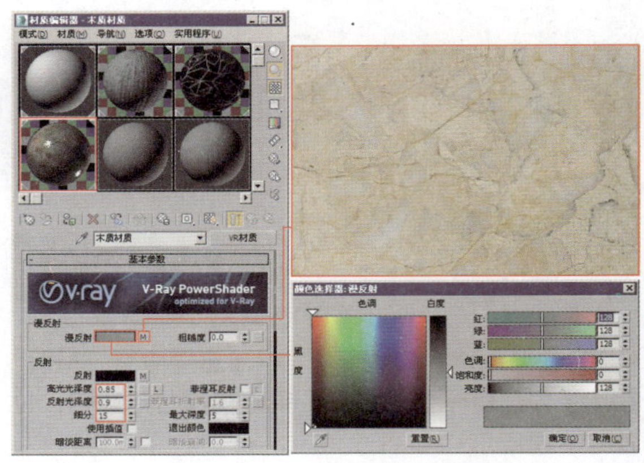

■ 8）在【反射】通道添加【衰减】贴图，设置【衰减类型】为【Fresnel】，参数设置如下图所示。

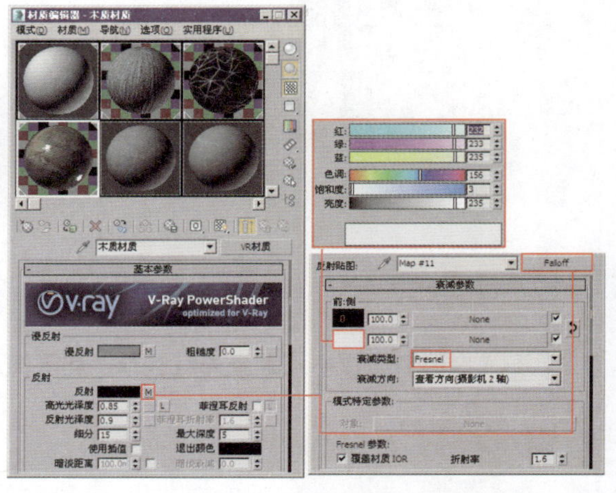

■ 9）设置黑色花纹材质。打开材质编辑器，选择一个空白的材质球，设置材质样式为 VR混合材质 样式，在【材质 1】通道添加 VR材质，设置【漫反射】颜色为灰色，具体参数设置如下图所示。

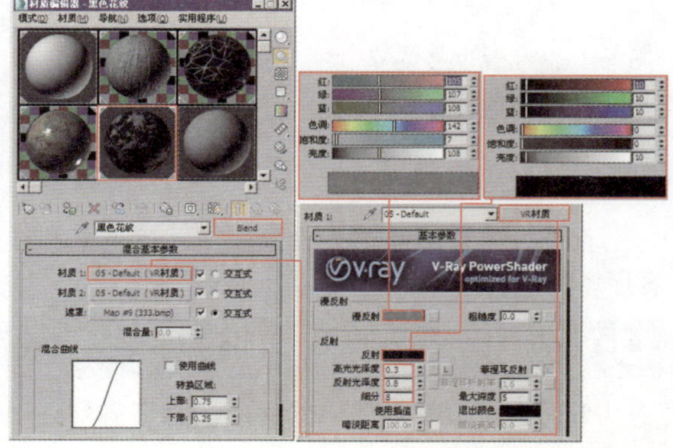

■ 10）在【混合】材质【材质 2】通道添加 VR材质，设置【漫反射】颜色和【反射】颜色均为黑色，并设置【反射】选项区域的相关参数，具体参数设置如下图所示。

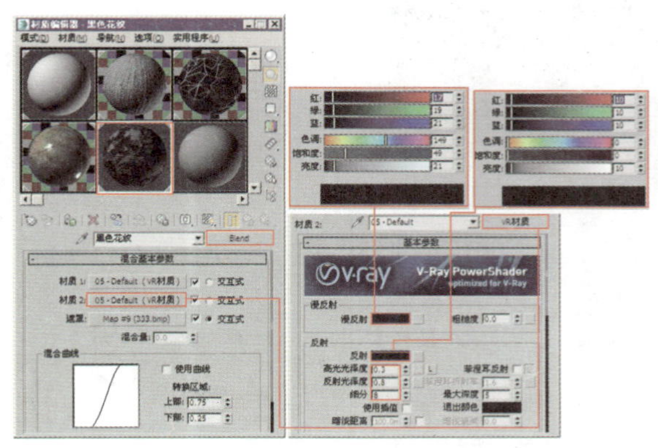

■ 11）在【混合】材质【遮罩】通道添加位图，设置位图为 Ch12\Maps\333.bmp 文件，具体参数设置如下图所示。

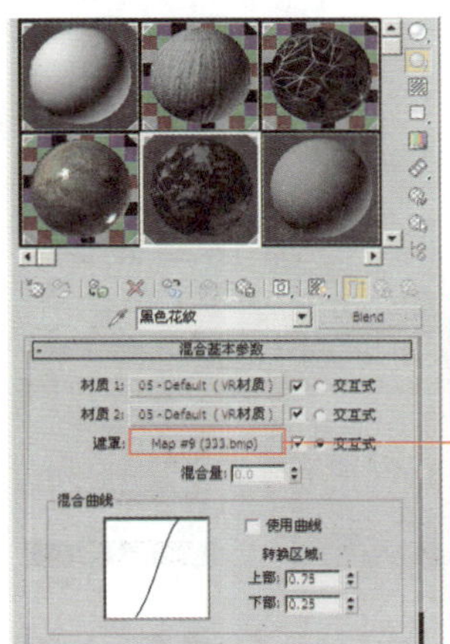

12.3.2 设置地板和地毯材质

下面设置大理石地板材质和暗红色地毯材质。

■ 1）设置大理石材质。打开材质编辑器，选择一个空白的材质球，设置材质样式为 VR材质 样式，设置【漫反射】颜色为黑色，具体参数设置如下图所示。

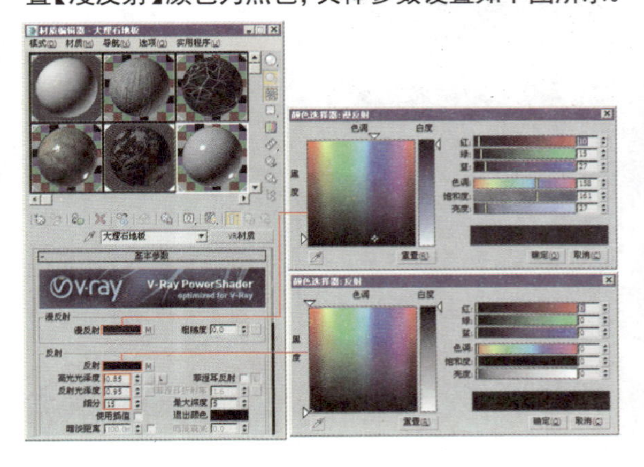

■ 2）在【反射】通道添加【衰减】贴图，设置【衰减类型】为【Fresnel】，设置【衰减】颜色为黑色和蓝色，具体参数设置如下图所示。

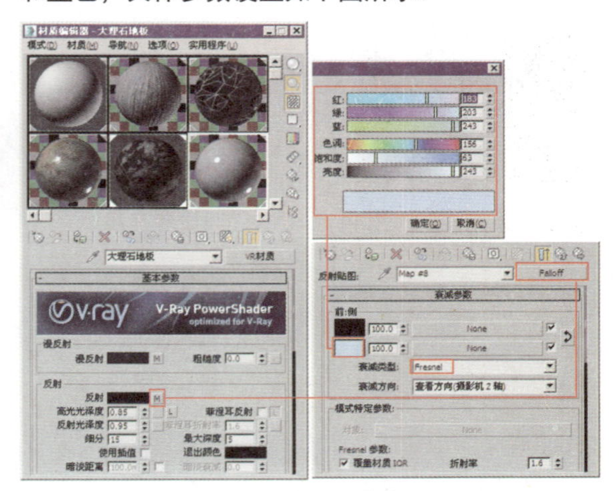

■ 3）打开【贴图】卷展栏，在【漫反射】通道和【凹凸】通道添加位图，设置位图为 Ch12\Maps\ 贴图 7.jpg 文件，并设置【漫反射】贴图强度为 90，【凹凸】贴图强度为 25，具体参数设置如下图所示。

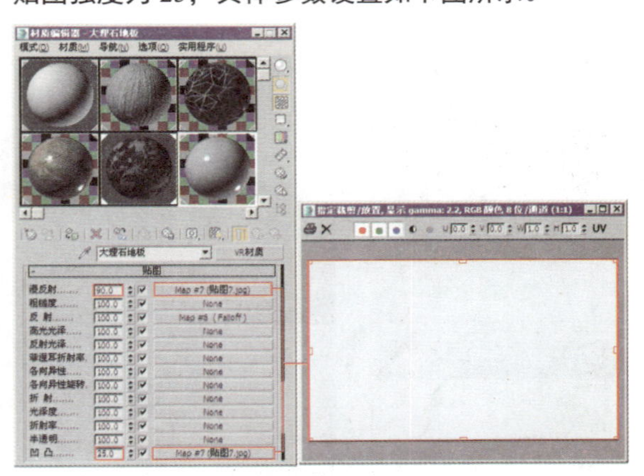

■ 4）设置地毯材质。打开材质编辑器，选择一个空白的材质球，设置材质样式为 VR材质 样式，设置【漫反射】颜色为暗红色，具体参数设置如下图所示。

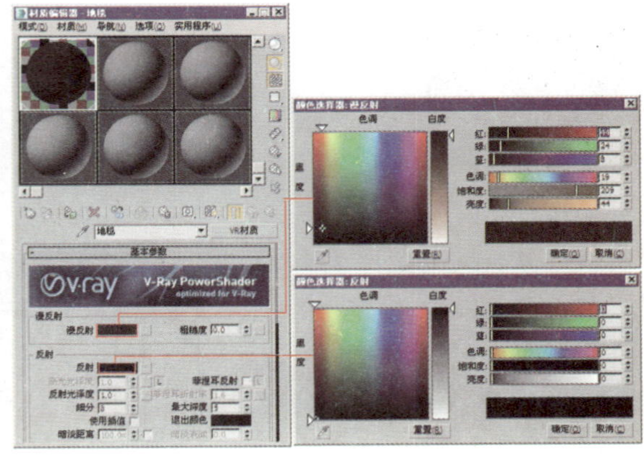

■ 5）打开【贴图】卷展栏，在【置换】通道添加位图，设置位图为Ch12\Maps\BUHA.tif文件，设置【置换】贴图强度为5，具体参数设置如下图所示。

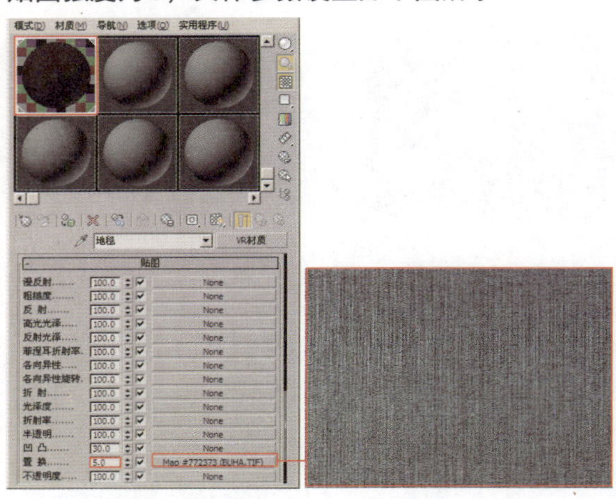

12.3.3 设置沙发和抱枕材质

下面设置沙发和抱枕材质，沙发材质是一种皮革材质，而抱枕材质是一种布纹材质。

■ 1）设置沙发材质。打开材质编辑器，选择一个空白的材质球，设置材质样式为 VR材质 样式，设置【漫反射】颜色为灰色，具体参数设置如下图所示。

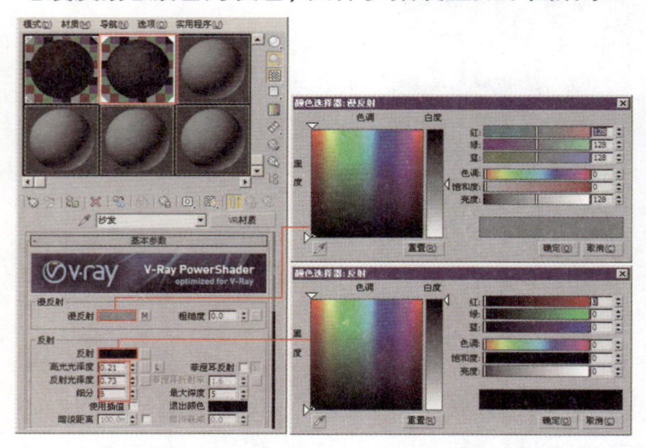

■ 2）在【漫反射】通道添加【衰减】贴图，设置【衰减类型】为【垂直/平行】，并设置衰减颜色，具体参数设置如下图所示。

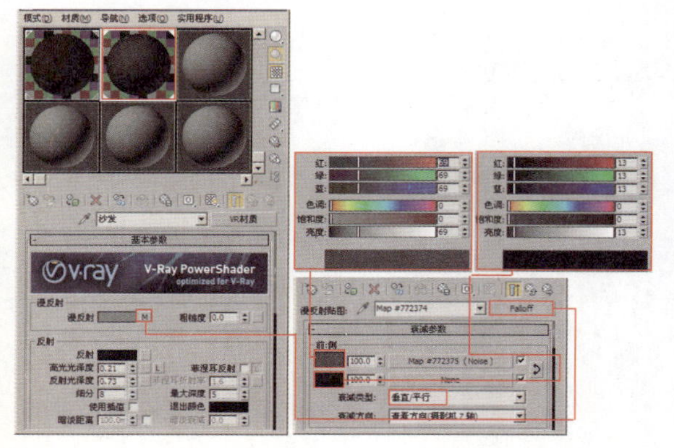

■ 3）打开【贴图】卷展栏，在【凹凸】通道添加【噪波】贴图，设置贴图强度为40，参数设置如下图所示。

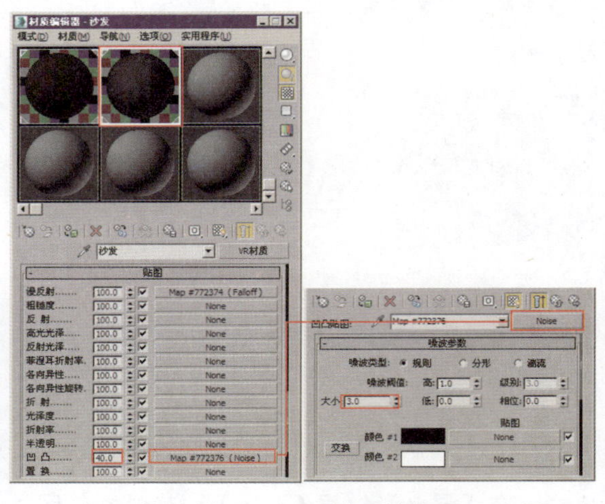

■ 4）设置抱枕材质。打开材质编辑器，选择一个空白的材质球，设置材质样式为 VR材质 样式，设置【漫反射】颜色为白色，具体参数设置如下图所示。

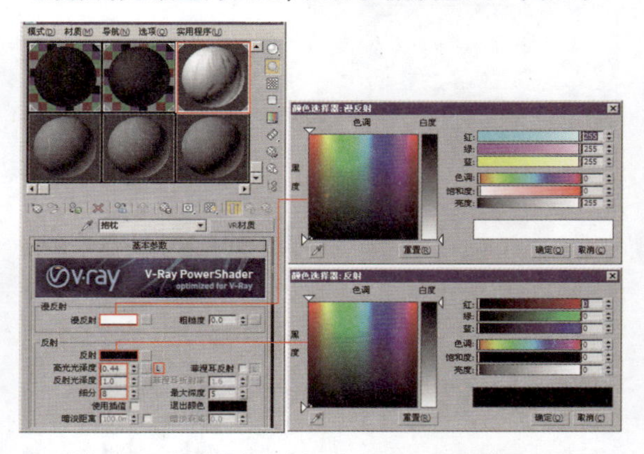

■ 5）打开【贴图】卷展栏，在【凹凸】通道添加位图，设置位图为Ch12\Maps\bed-zt.jpg文件，设置贴图强度为80，具体参数设置如下图所示。

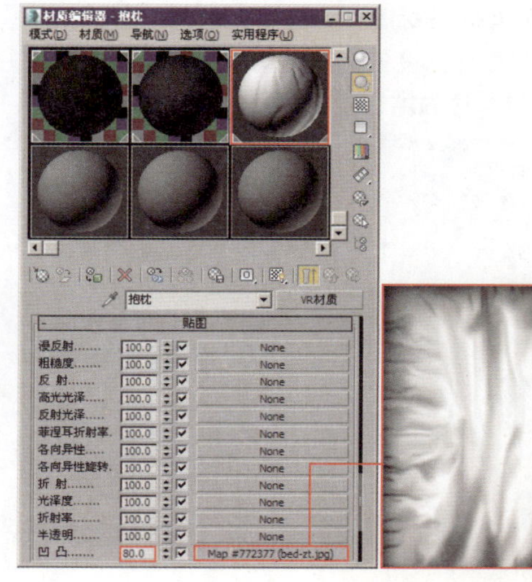

12.3.4 设置茶几材质

茶几材质包括桌子材质、茶具材质和盆栽材质。其中桌子材质包括白色大理石材质和黑色大理石材质；茶具材质包括杯身材质和杯盖材质；盆栽材质包括底盆材质和植物材质。

■ 1）设置白色大理石材质。打开材质编辑器，选择一个空白的材质球，设置材质样式为 VR材质 样式，设置【漫反射】颜色为白色，并在【反射】通道添加【衰减】贴图，具体参数设置如下图所示。

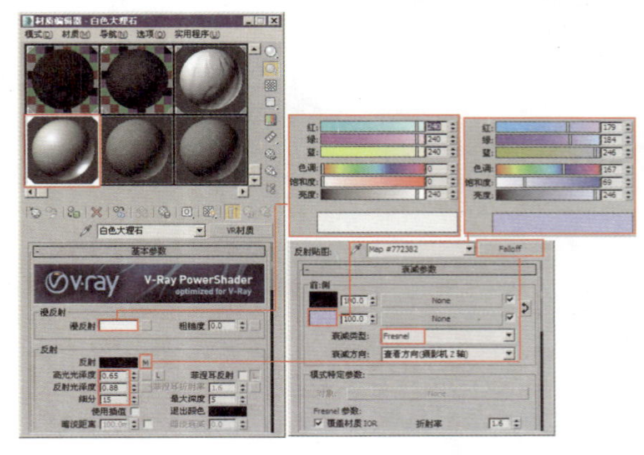

■ 2）设置黑色大理石材质。打开材质编辑器，选择一个空白的材质球，设置材质样式为 VR材质 样式，设置【漫反射】颜色为黑色，并在【反射】通道添加【衰减】贴图，具体参数设置如下图所示。

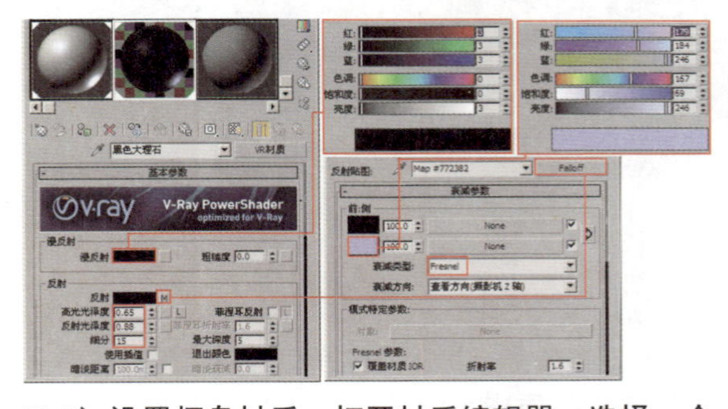

■ 3）设置杯身材质。打开材质编辑器，选择一个空白的材质球，设置材质样式为 多维/子对象 样式，设置【材质 1】材质为 VR材质，具体参数设置如下图所示。

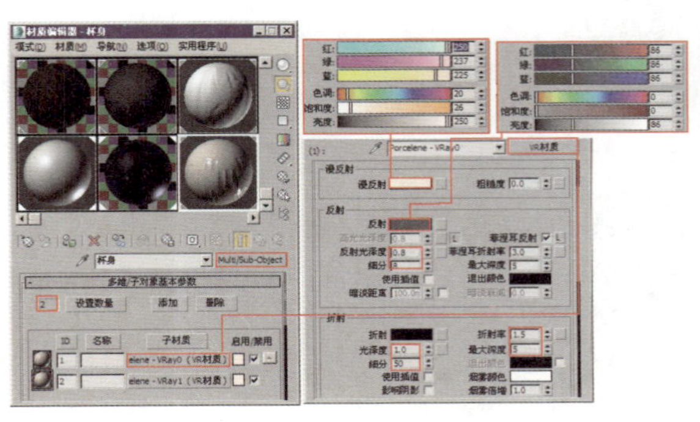

■ 4）打开【贴图】卷展栏，在【凹凸】通道添加位图，设置位图为 Ch12\Maps\Archmodels57_052_bump0.jpg 文件，并设置贴图强度为 30，具体参数设置如下图所示。

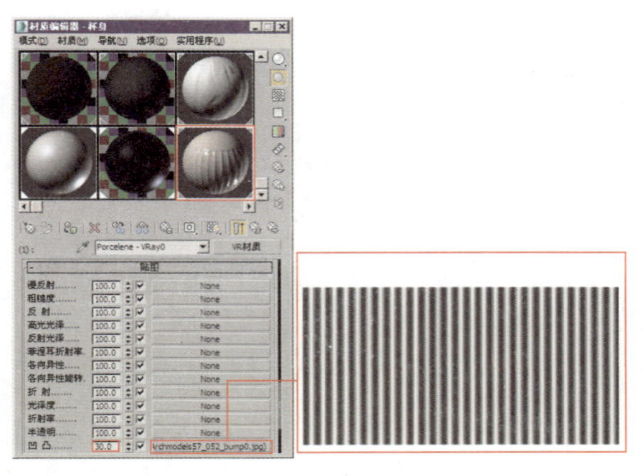

■ 5）设置杯盖材质。打开材质编辑器，选择一个空白的材质球，设置材质样式为 VR材质 样式，设置【漫反射】颜色为黄色，具体参数设置如下图所示。

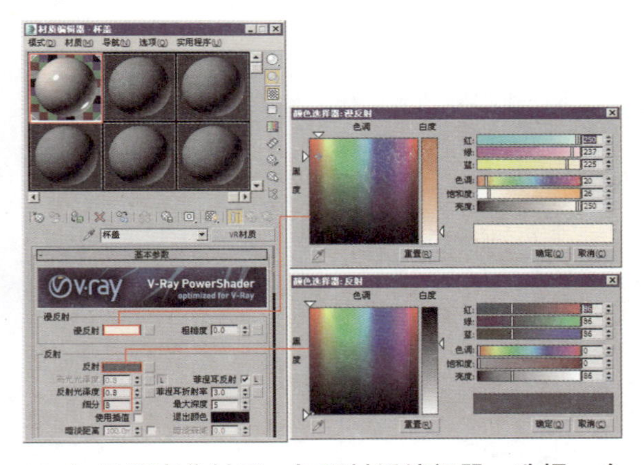

■ 6）设置底盆材质。打开材质编辑器，选择一个空白的材质球，设置材质样式为 VR材质 样式，设置【漫反射】颜色为白色，具体参数设置如下图所示。

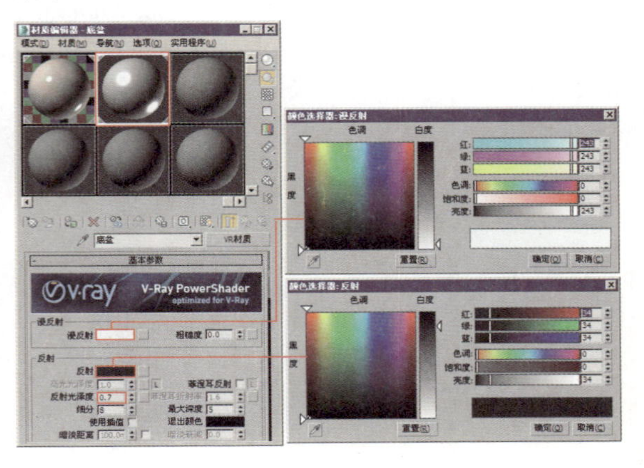

■ 7）设置植物材质。打开材质编辑器，选择一个空白的材质球，设置材质样式为 VR材质 样式，设置【漫反射】颜色为白色，具体参数设置如下图所示。

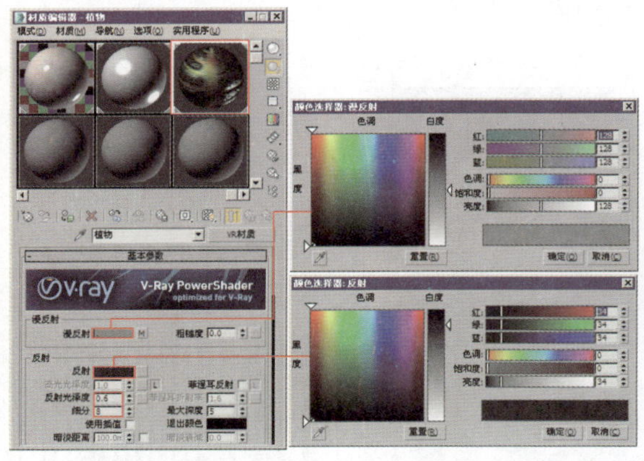

■ 8）在【漫反射】通道添加【混合】贴图，并在【混合】贴图【颜色 #1】、【颜色 #2】和【遮罩】通道添加位图，设置【颜色 #1】通道位图为 Ch12\Maps\Arch41_045_leaf.jpg 文件，设置【颜色 #1】通道位图为 Ch12\Maps\Arch41_045_leaf_2.jpg 文件，设置【颜色 #1】通道位图为 Ch12\Maps\Arch41_045_leaf_mask.jpg 文件。

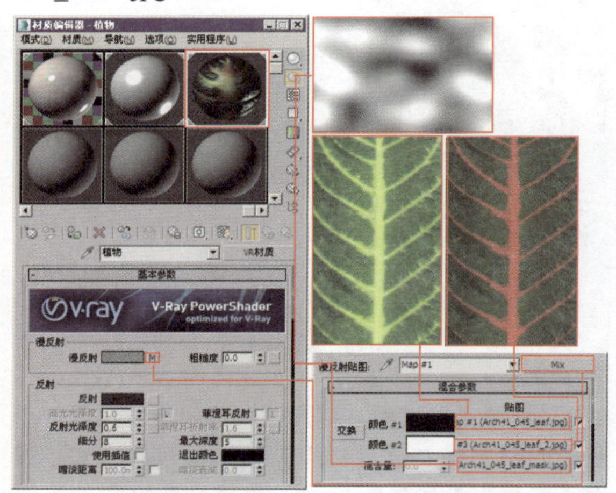

■ 9）打开【贴图】卷展栏，在【凹凸】通道添加位图，设置位图为 Ch12\Maps\Arch41_045_leaf_bump.jpg 文件，设置贴图强度为 200，具体参数设置如下图所示。

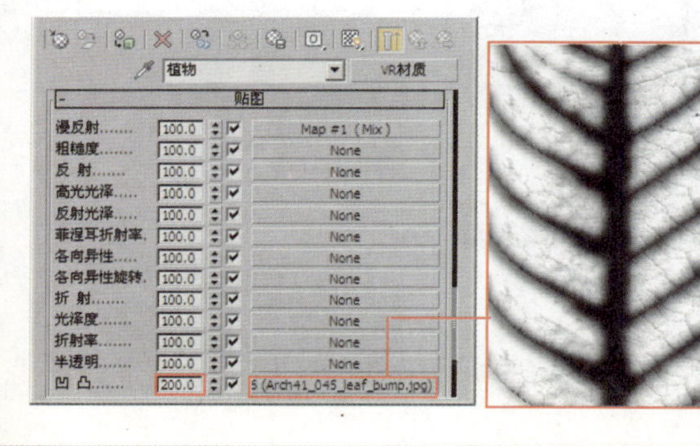

12.3.5 设置电视机和插线板材质

电视机材质包括蓝色屏幕材质和黄色电视机框材质；插线板材质为白色塑料材质。

■ 1）设置蓝色屏幕材质。打开材质编辑器，选择一个空白的材质球，设置材质样式为 VR材质 样式，设置【漫反射】颜色为黑色，具体参数设置如下图所示。

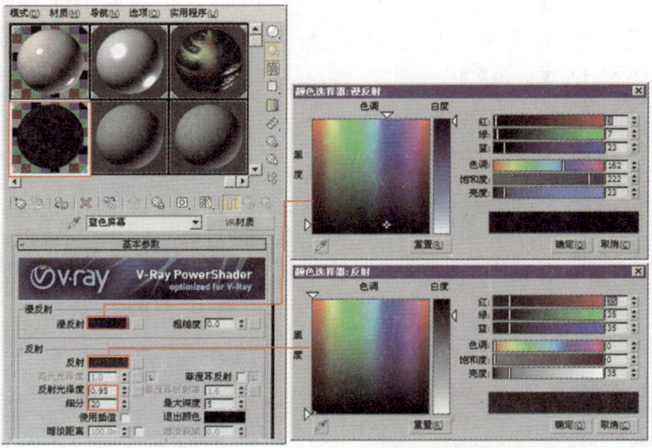

■ 2）设置黄色机框材质。打开材质编辑器，选择一个空白的材质球，设置材质样式为 VR材质 样式，设置【漫反射】颜色为黄色，具体参数设置如下图所示。

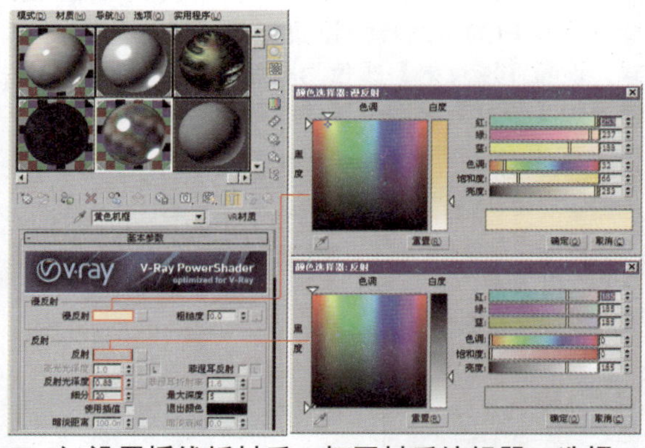

■ 3）设置插线板材质。打开材质编辑器，选择一个空白的材质球，设置材质样式为 VR材质 样式，设置【漫反射】颜色为白色，在【反射】通道添加【衰减】贴图，并设置【衰减类型】为【Fresnel】，具体参数设置如下图所示。

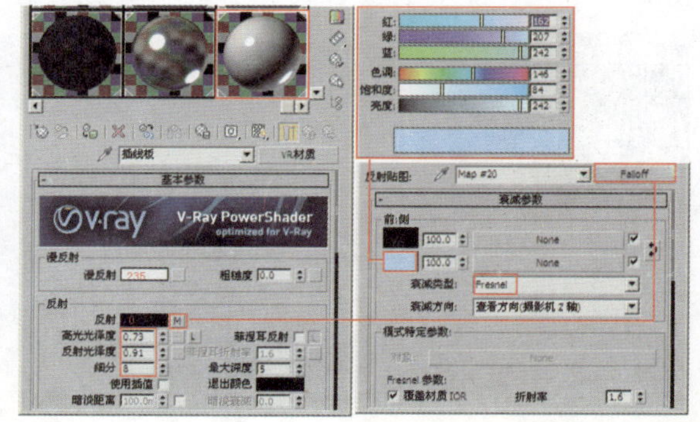

12.3.6 设置台灯和相框材质

台灯材质包括淡红色灯罩材质和不锈钢灯座材质；相框材质包括白色框架材质和相片材质。

■ 1）设置淡红色灯罩材质。打开材质编辑器，选择一个空白的材质球，设置材质样式为 VR材质，设置【漫反射】颜色为淡红色。

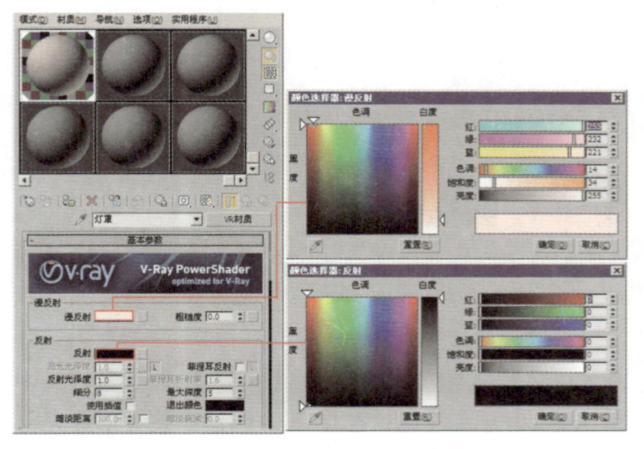

■ 2）设置不锈钢灯座材质。打开材质编辑器，选择一个空白的材质球，设置材质样式为 VR材质 样式，设置【漫反射】颜色为深灰色。

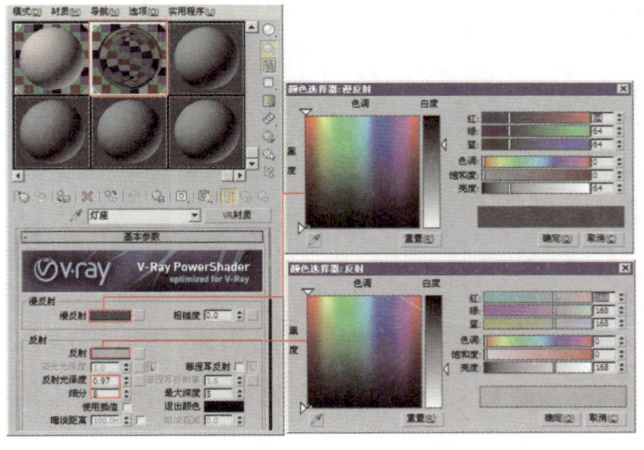

■ 3）设置白色框架材质。打开材质编辑器，选择一个空白的材质球，设置材质样式为 VR材质 样式，设置【漫反射】颜色为白色，并在【反射】通道添加【衰减】贴图，设置【衰减类型】为【Fresnel】。

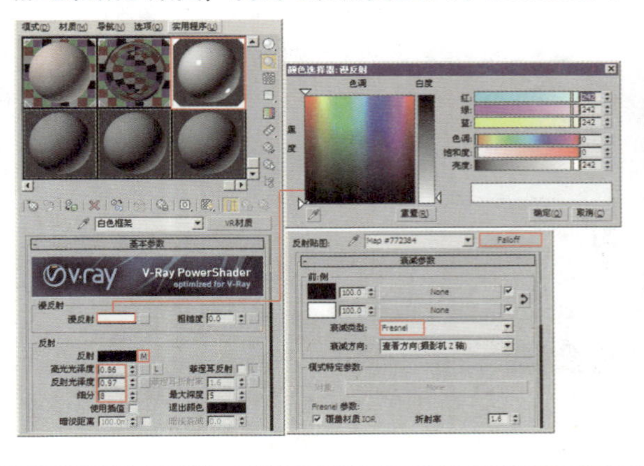

■ 4）设置相片材质。打开材质编辑器，选择一个空白的材质球，设置材质样式为 VR材质 样式，设置【漫反射】颜色为灰色，并在【漫反射】通道添加位图，设置位图为 Ch12\Maps\200810891815922.bmp 文件，参数设置如下图所示。

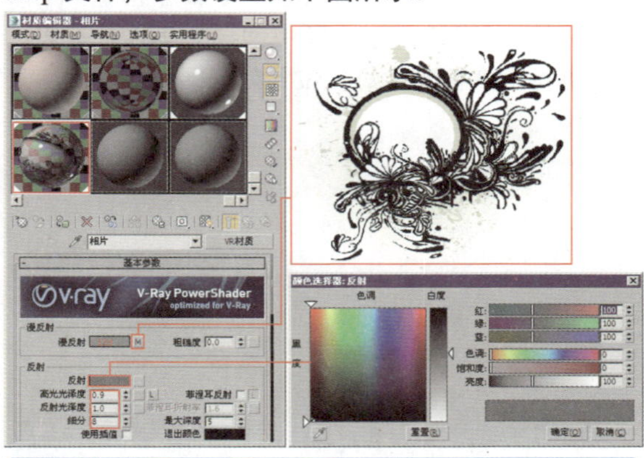

12.3.7 设置吊灯材质

吊灯材质包括不锈钢灯架材质和黄色灯罩材质。

■ 1）设置不锈钢材质。打开材质编辑器，选择一个空白的材质球，设置材质样式为 VR材质 样式，设置【漫反射】颜色为蓝色，具体参数设置如下图所示。

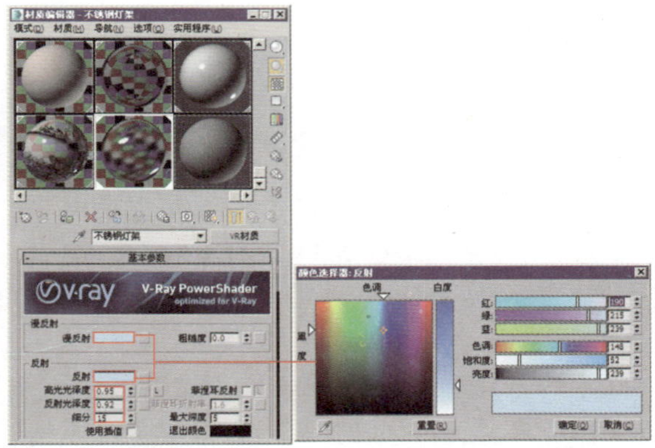

■ 2）设置黄色灯罩材质。打开材质编辑器，选择一个空白的材质球，设置材质样式为 VR材质包裹器 样式，在【基本材质】通道添加【标准】材质，具体参数设置如下图所示。

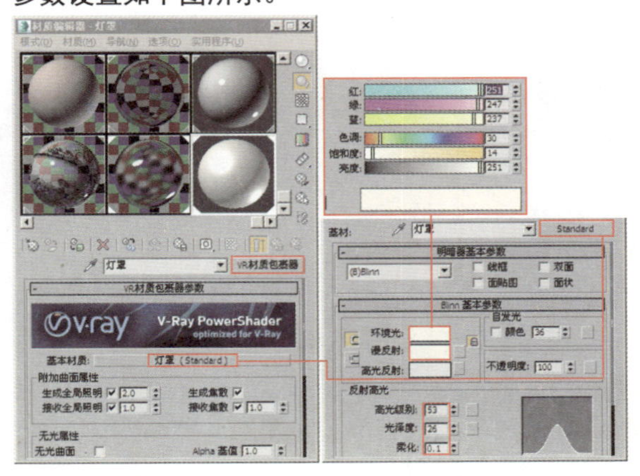

12.4 制作餐厅光源效果

餐厅灯光包括使用VRay灯光进行室内补光和搁物架照明；使用目标灯光模拟射灯照明。

■ 1）设置室内补光。在【创建】命令面板中单击 VR灯光 按钮，在场景中创建一盏VR灯光，用来进行室内补光，灯光位置如下图所示。

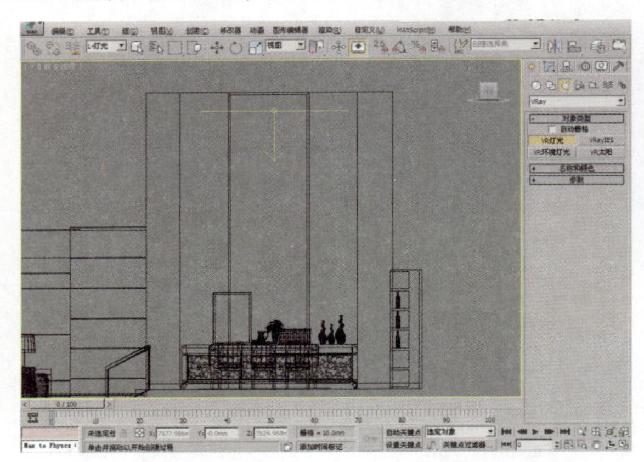

■ 2）在【修改】面板中设置VR灯光的倍增值和灯光颜色，具体参数如下图所示。

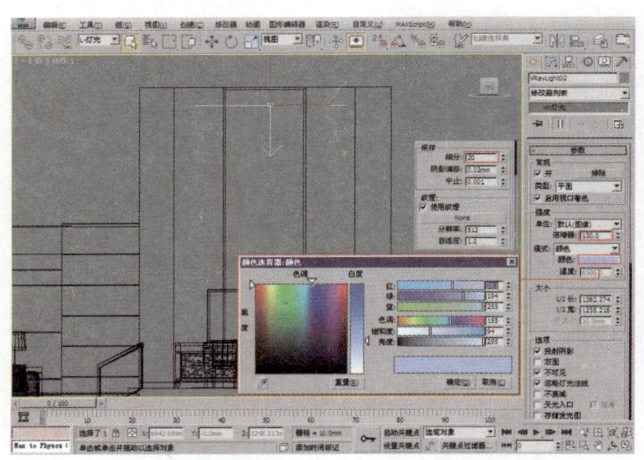

■ 3）设置射灯照明。在【创建】命令面板中单击 目标灯光 按钮，在场景中创建两盏目标灯光，用来模拟室内射灯照明，灯光位置如下图所示。

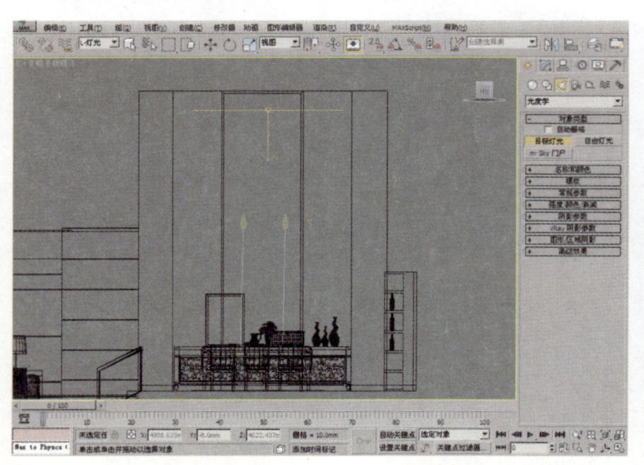

■ 4）在【修改】面板中设置两盏目标灯光的倍增值和灯光颜色，具体参数设置如下图所示。

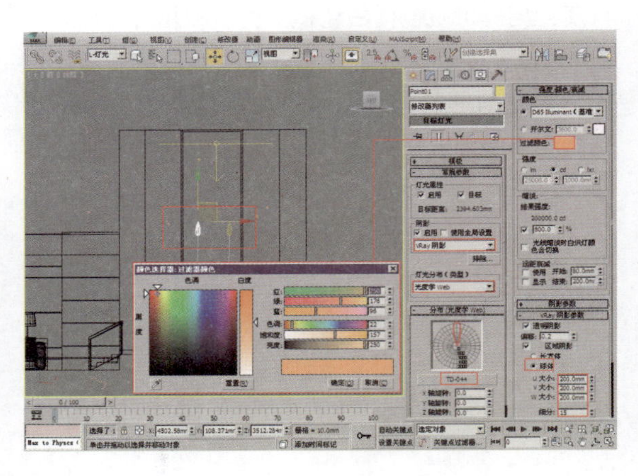

■ 5）设置搁物架照明。在【创建】命令面板中单击 VR灯光 按钮，在场景中创建8盏VR灯光，用来进行搁物架照明，灯光位置如下图所示。

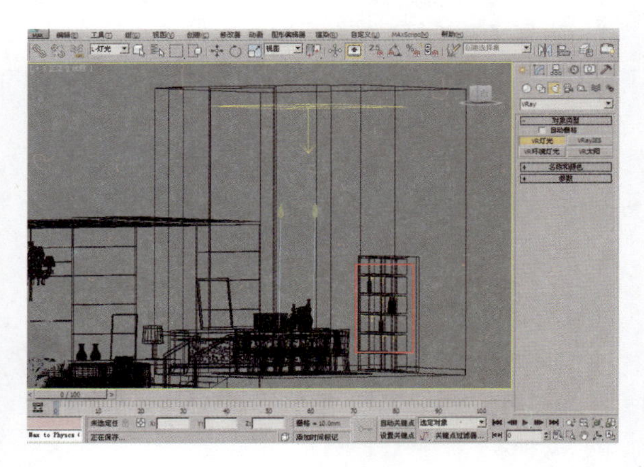

■ 6）在【修改】面板中设置8盏VR灯光的倍增值和灯光颜色等参数，具体设置如下图所示。

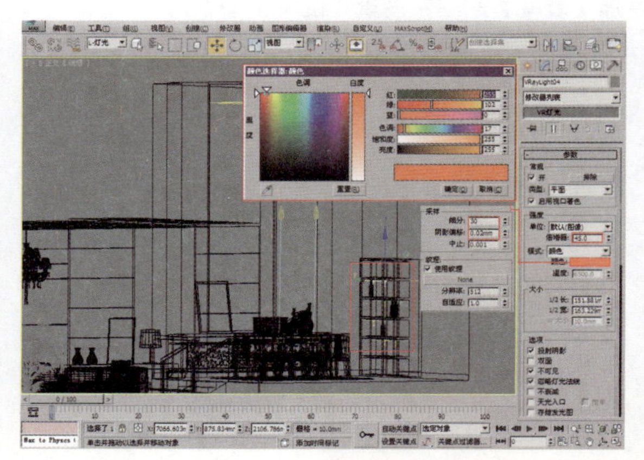

12.5 制作餐厅场景材质

餐厅中的地面、地毯、墙面等材质前面已经讲过，这里就不再赘述。这里主要讲解餐桌餐椅、柜子、搁物架、画框等物品的材质。

12.5.1 设置餐桌餐椅材质

餐桌材质包括黑色木质材质、桌面花纹材质和茶具材质；盆栽材质包括花盆材质和植物材质。餐椅材质包括黑色木质材质和灰色绒布材质。

■ 1）设置黑色木质材质。打开材质编辑器，选择一个空白的材质球，设置材质样式为 VR材质 样式，设置【漫反射】颜色为黑色，并在【反射】通道添加【衰减】贴图，设置【衰减类型】为【Fresnel】，具体参数设置如下图所示。

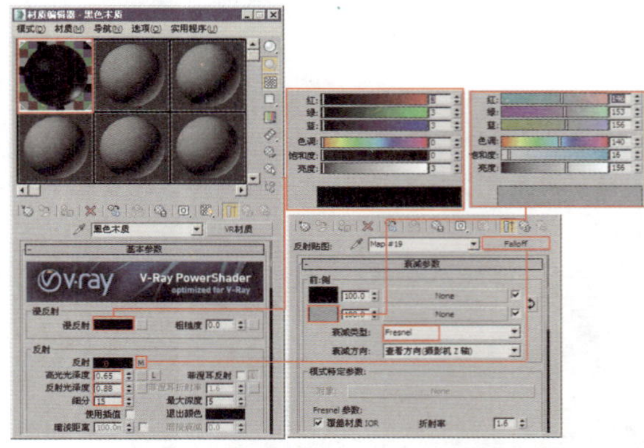

■ 2）设置桌面花纹材质。打开材质编辑器，选择一个空白的材质球，设置材质样式为 VR材质 样式，设置【漫反射】颜色为白色，并在【漫反射】通道添加位图，设置位图为 Ch12\Maps\059.gif 文件，具体参数设置如下图所示。

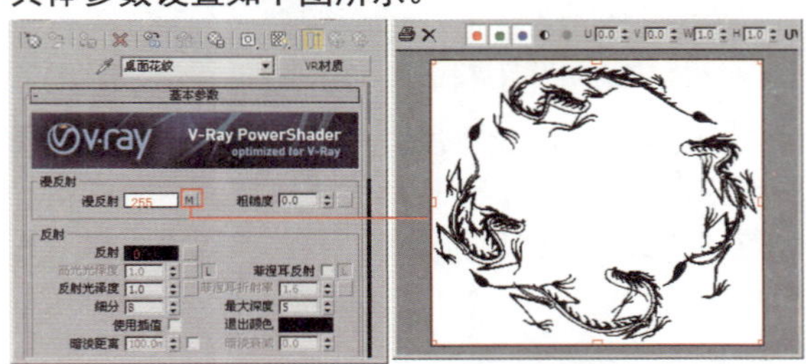

■ 3）设置茶具材质。打开材质编辑器，选择一个空白的材质球，设置材质样式为 VR材质 样式，设置【漫反射】颜色为白色，并在【反射】通道添加【衰减】贴图，设置【衰减类型】为【Fresnel】。

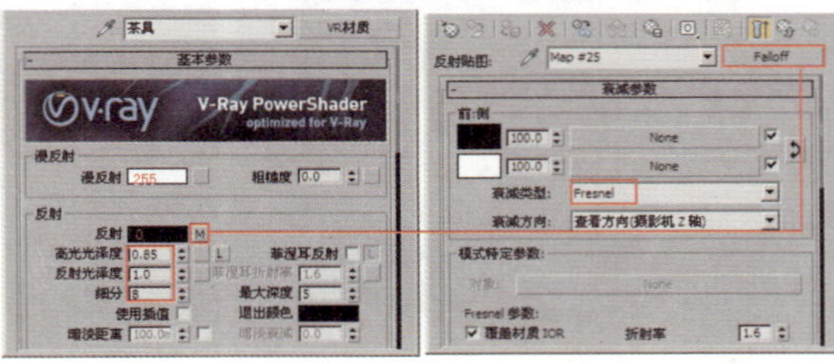

■ 4）设置花盆材质。打开材质编辑器，选择一个空白的材质球，设置材质样式为 VR材质 样式，设置【漫反射】颜色为青色，具体参数设置如下图所示。

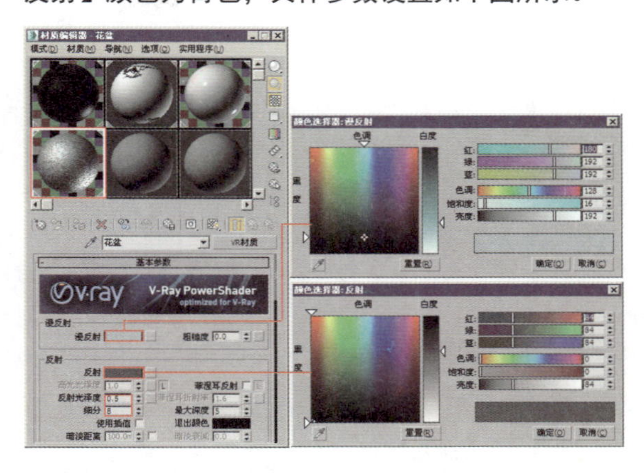

■ 5）打开【贴图】卷展栏，在【凹凸】通道添加【斑点】贴图，设置贴图强度为 5.0，具体参数设置如下图所示。

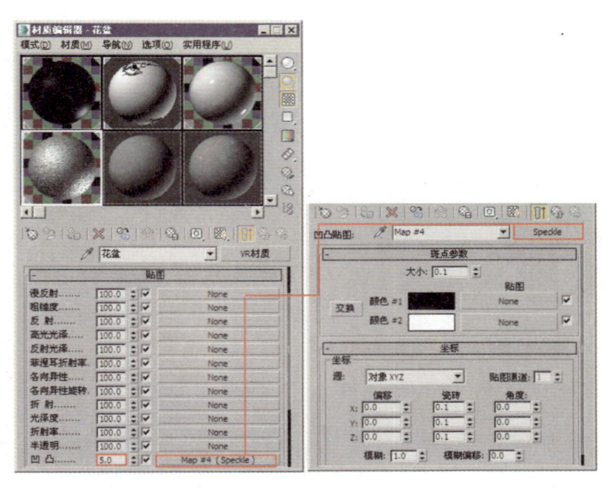

■ 6）设置植物枝干材质。打开材质编辑器，选择一个空白的材质球，设置材质样式为 VR材质 样式，设置【漫反射】颜色为绿色，并在【漫反射】通道添加【渐变坡度】贴图，具体参数设置如下图所示。

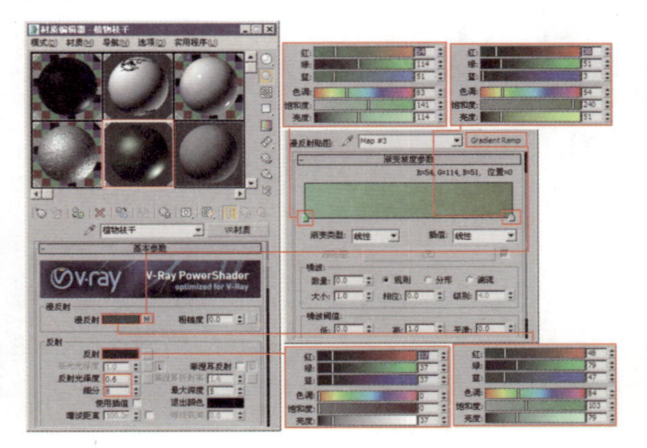

■ 7）设置植物叶子材质。打开材质编辑器，选择一个空白的材质球，设置材质样式为 VR材质 样式，在【漫反射】通道添加位图，设置位图为Ch12\Maps\Arch41_008_leaf_1.jpg 文件，具体参数设置如下图所示。

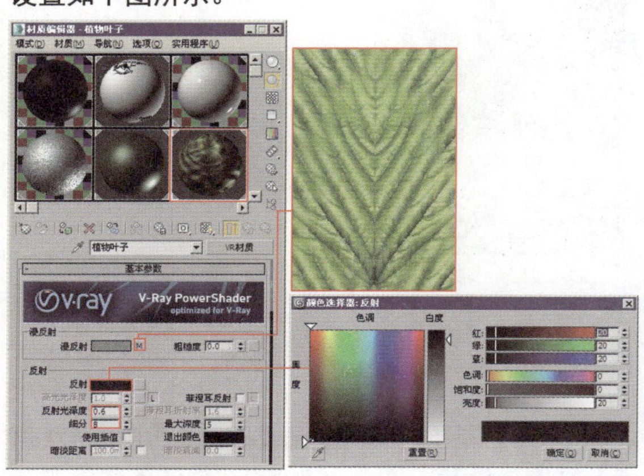

■ 8）设置灰色绒布材质。打开材质编辑器，选择一个空白的材质球，设置材质样式为 VR材质 样式，设置【漫反射】颜色为灰色，并在【漫反射】通道添加【衰减】贴图，设置【衰减类型】为【Fresnel】，具体参数设置如下图所示。

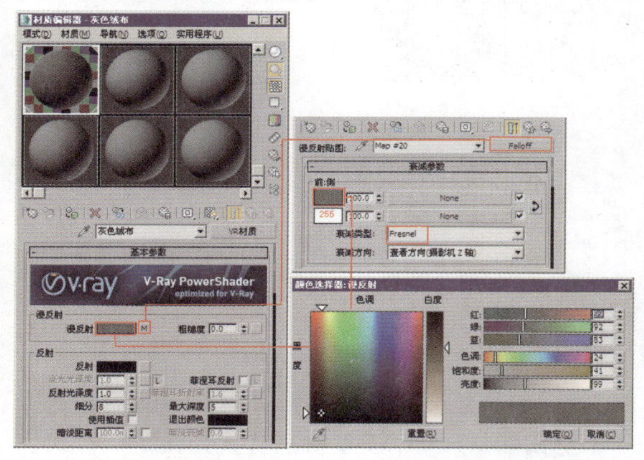

■ 9）打开【贴图】卷展栏，在【凹凸】通道中添加【噪波】贴图，设置贴图强度为 20。

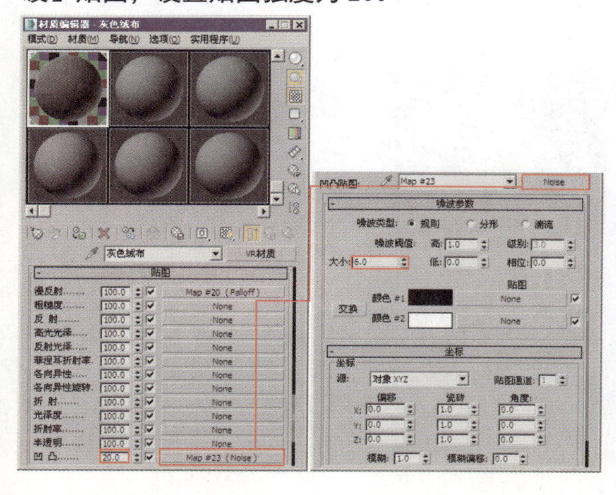

12.5.2 设置柜子和装饰物材质

柜子材质为白色石质材质；装饰物材质包括白色陶瓷材质和黑色陶瓷材质。

■ 1）设置柜子材质。打开材质编辑器，选择一个空白的材质球，设置材质样式为 VR材质 样式，设置【漫反射】颜色为白色，并在【反射】通道添加【衰减】贴图，设置【衰减类型】为【Fresnel】。

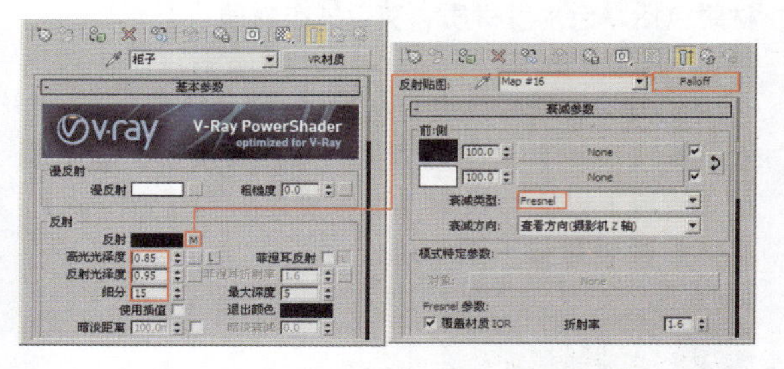

■ 2）设置白色陶瓷材质。打开材质编辑器，选择一个空白的材质球，设置材质样式为 VR材质 样式，设置【漫反射】颜色为白色，具体参数设置如下图所示。

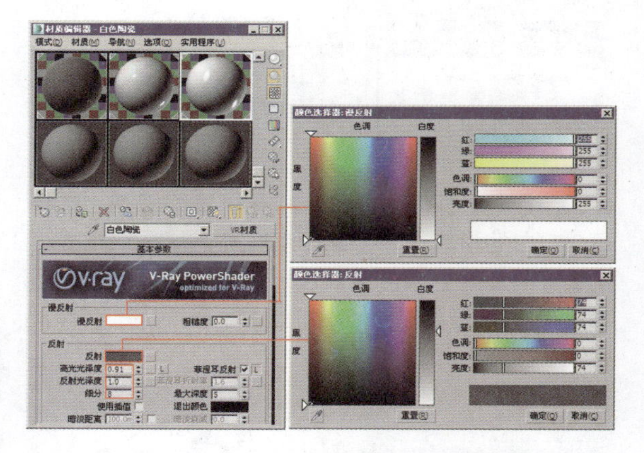

■ 3）设置黑色陶瓷材质。打开材质编辑器，选择一个空白的材质球，设置材质样式为 VR材质 样式，设置【漫反射】颜色为黑色，具体参数设置如下图所示。

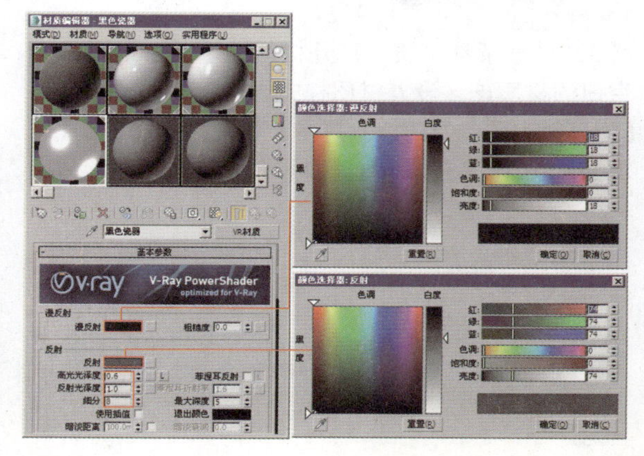

■ 4）打开【贴图】卷展栏，在【环境】通道添加【输出】贴图，具体参数设置如下图所示。

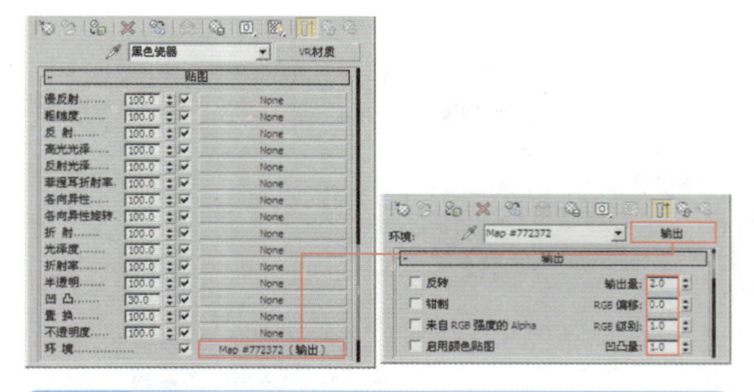

12.5.3 设置首饰盒材质

首饰盒材质包括盒盖材质和盒身材质，两种材质均由【多维/子对象】材质制作而成。

■ 1）设置首饰盒盒盖材质。打开材质编辑器，选择一个空白的材质球，设置材质样式为 多维/子对象 样式，设置【材质 1】通道材质样式为 VR材质 样式，设置【漫反射】颜色为灰色。

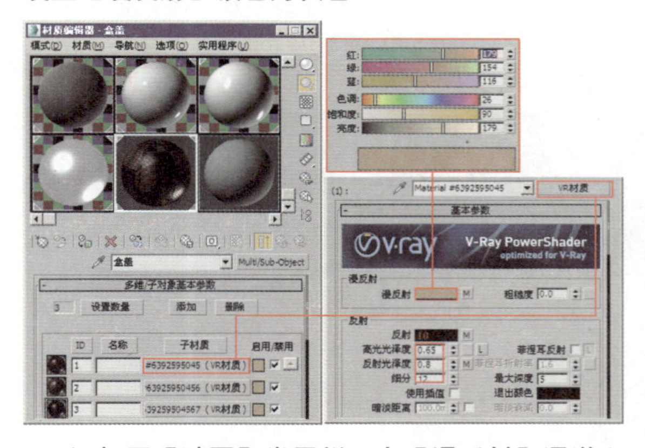

■ 2）打开【贴图】卷展栏，在【漫反射】通道和【凹凸】通道添加位图，设置位图为 Ch12\Maps\arch40_085_02.jpg 文件，在【反射】通道、【反射光泽】通道和【置换】通道添加位图，设置位图为 Ch12\Maps\arch40_085_01_bump.jpg 文件，贴图强度设置如下图所示。

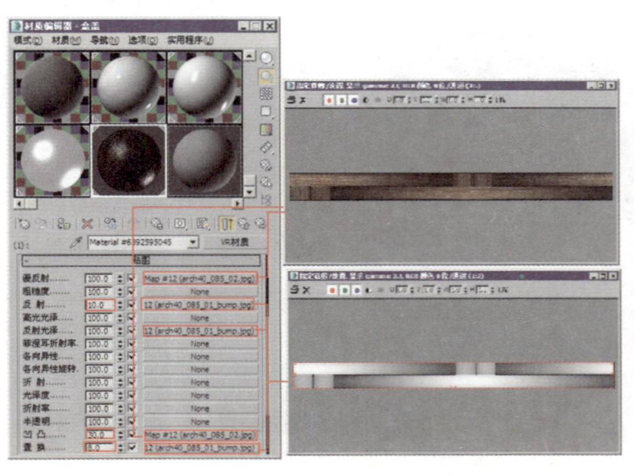

■ 3）设置【混合】贴图【材质 2】通道材质样式为 VR材质 样式，设置【漫反射】颜色为灰色，具体参数设置如下图所示。

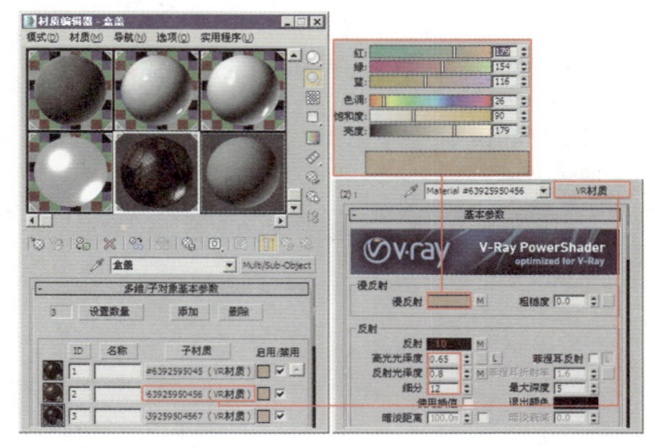

■ 4）打开【贴图】卷展栏，在【漫反射】通道和【凹凸】通道添加位图，设置位图为 Ch12\Maps\arch40_085_03.jpg 文件，在【反射】通道、【反射光泽】通道和【置换】通道添加位图，设置位图为 Ch12\Maps\arch40_085_01_bump.jpg 文件，贴图强度设置如下图所示。

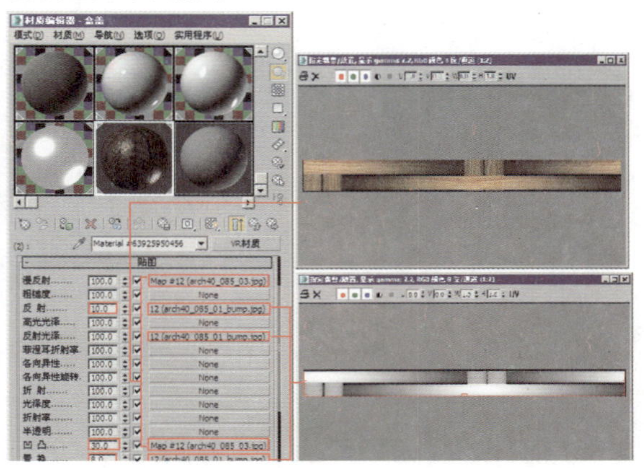

■ 5）设置【混合】贴图【材质 3】通道材质样式为 VR材质 样式，设置【漫反射】颜色为灰色，具体参数设置如下图所示。

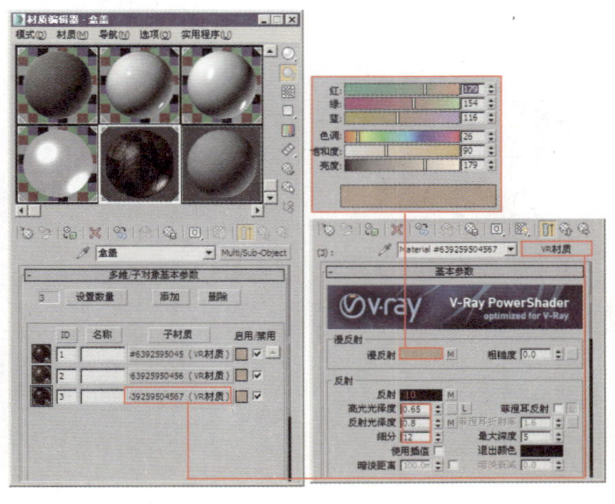

■ 6）打开【贴图】卷展栏，在【漫反射】通道和【凹凸】通道添加位图，设置位图为Ch12\Maps\arch40_085_01.jpg文件，在【反射】通道、【反射光泽】通道和【置换】通道添加位图，设置位图为Ch12\Maps\arch40_085_01_bump.jpg文件，贴图强度设置如下图所示。

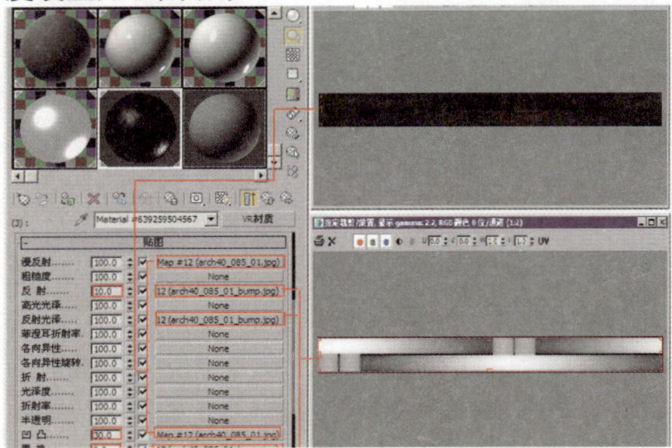

■ 7）设置首饰盒盒身材质。打开材质编辑器，选择一个空白的材质球，设置材质样式为 多维/子对象 样式，设置【材质1】通道材质样式为 VR材质 样式，设置【漫反射】颜色为灰色。

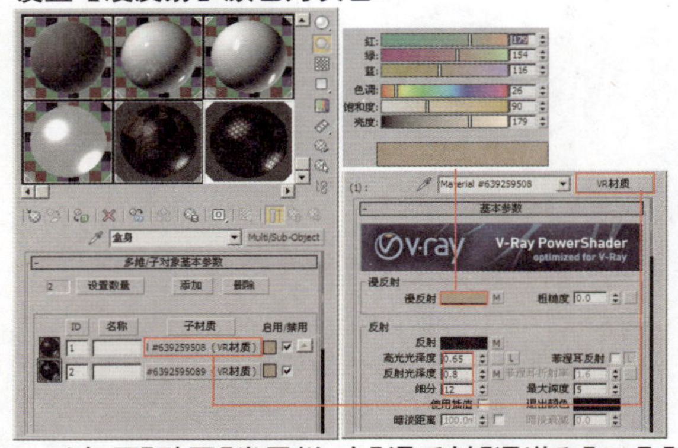

■ 8）打开【贴图】卷展栏，在【漫反射】通道和【凹凸】通道添加Ch12\Maps\arch40_083_04.jpg位图文件，在【反射】通道、【反射光泽】通道和【置换】通道添加Ch12\Maps\arch40_083_04_bump.jpg位图文件，并设置贴图强度。

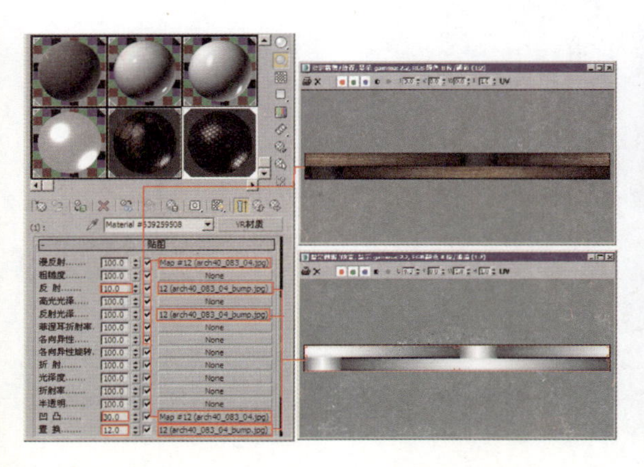

■ 9）设置【混合】贴图【材质2】通道材质样式为 VR材质 样式，设置【漫反射】颜色为灰色，参数设置如下图所示。

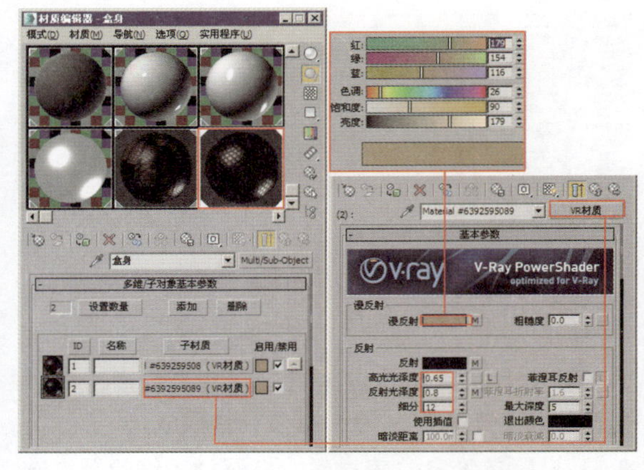

■ 10）打开【贴图】卷展栏，在【漫反射】通道和【凹凸】通道添加位图，设置位图为Ch12\Maps\arch40_083_05.jpg文件，在【反射】通道、【反射光泽】通道和【置换】通道添加位图，设置位图为Ch12\Maps\arch40_083_04_bump.jpg文件，贴图强度设置如下图所示。

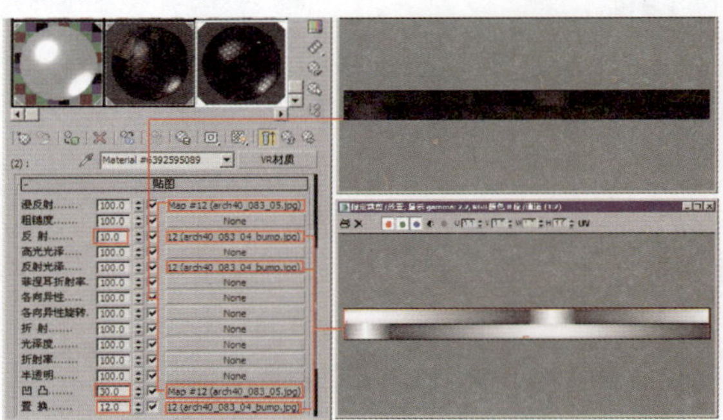

12.5.4 设置相框材质

相框材质包括黑色木质框架材质和相片材质。

■ 1）设置相框框架材质。打开材质编辑器，选择一个空白的材质球，设置材质样式为 VR材质 样式，设置【漫反射】颜色为黑色，参数设置如下图所示。

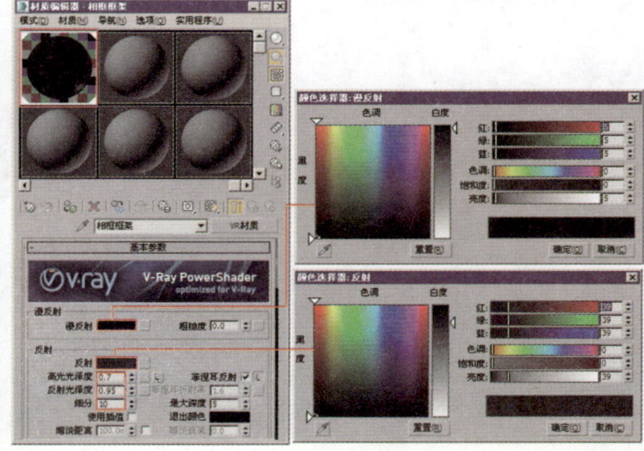

■ 2）设置相片材质。打开材质编辑器，选择一个空白的材质球，设置材质样式为 VR材质 样式，设置【漫反射】颜色为灰色，参数设置如下图所示。

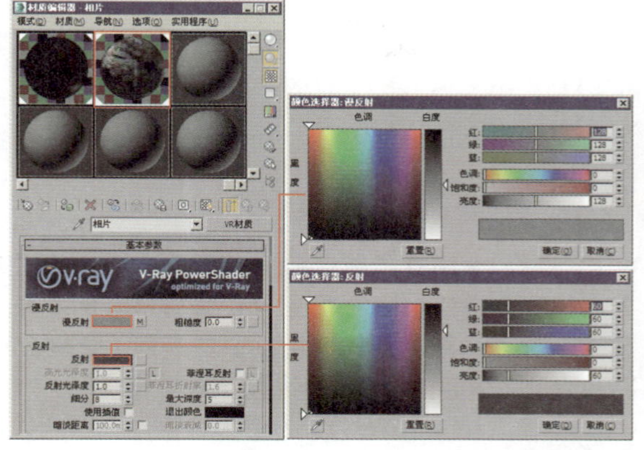

■ 3）打开【贴图】卷展栏，在【漫反射】通道添加位图，设置位图为 Ch12\Maps\mm.bmp 文件，参数设置如下图所示。

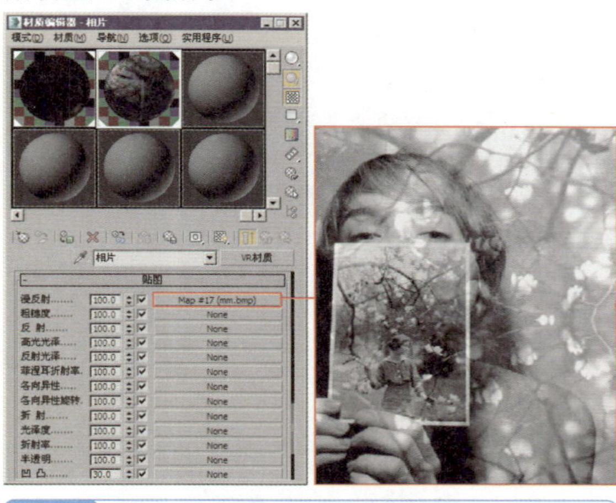

12.5.5 设置搁物架和酒瓶材质

搁物架材质为白色木质材质。酒瓶材质包括瓶盖材质、瓶身材质和标签材质。

■ 1）设置搁物架材质。打开材质编辑器，选择一个空白的材质球，设置材质样式为 VR材质 样式，设置【漫反射】颜色为白色，参数设置如下图所示。

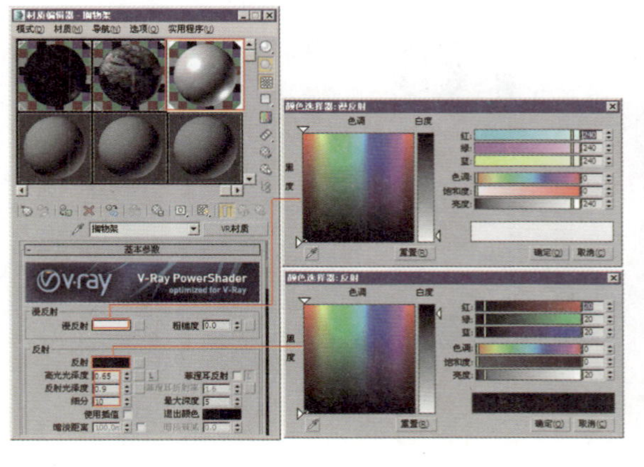

■ 2）设置瓶盖材质。打开材质编辑器，选择一个空白的材质球，设置材质样式为 VR材质 样式，设置【漫反射】颜色为灰色，在【漫反射】通道添加【衰减】贴图，参数设置如下图所示。

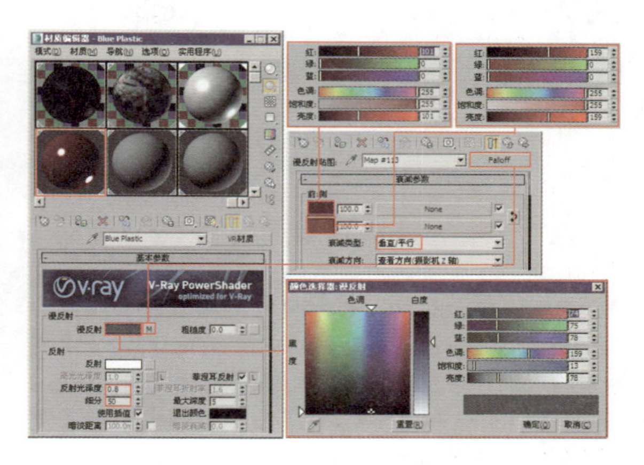

■ 3）在【折射】选项区域，设置材质的烟雾颜色和折射率，如下图所示。

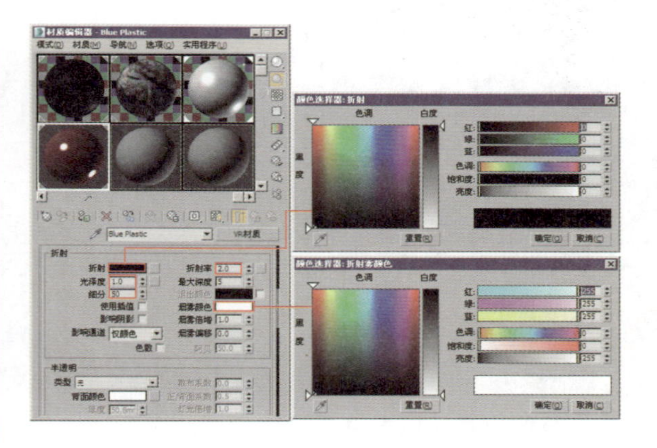

■ 4）设置瓶身材质。打开材质编辑器，选择一个空白的材质球，设置材质样式为 VR材质 样式，设置【漫反射】颜色为黑色，在【反射】通道添加【衰减】贴图，参数保持默认设置，如下图所示。

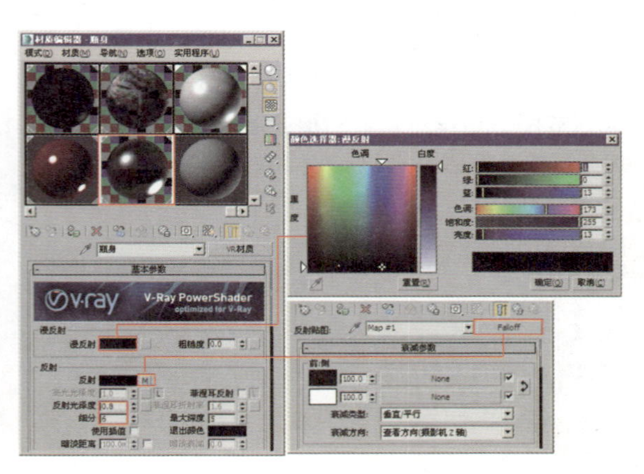

■ 5）在【折射】选项区域，设置材质的烟雾颜色和折射率，如下图所示。

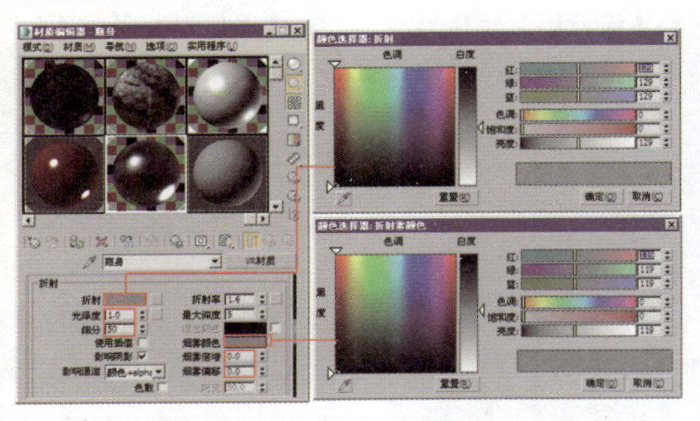

■ 6）设置标签材质。打开材质编辑器，选择一个空白的材质球，设置材质样式为 VR材质 样式，在【漫反射】通道添加位图，设置位图为 Ch12\Maps\Label du_tertre.jpg 文件，在【反射】通道添加【衰减】贴图，参数设置如下图所示。

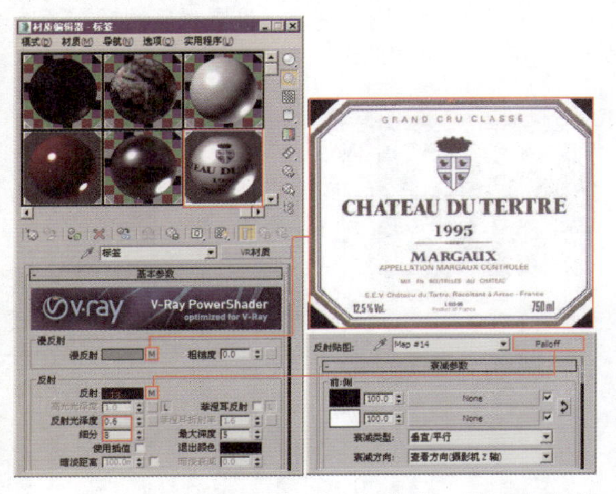

至此，餐厅场景材质设置完成，接下来为整个场景进行最终的渲染设置。

12.6 最终渲染设置

材质设置完成后，就要进行最终成图渲染了，一般情况下渲染尺寸比较大的图像用于印刷。渲染大图的时候需要先保存小尺寸的发光贴图和灯光贴图，然后用这些发光贴图和灯光贴图来渲染大尺寸图，这样可以节约很多渲染时间。

■ 1）按 F10 键打开渲染设置对话框，设置渲染尺寸为 500×315。

输出大小
自定义　光圈宽度(毫米): 36.0
宽度: 500　320x240　720x486
高度: 315　640x480　800x600
图像纵横比: 1.58730　像素纵横比: 1.0

■ 2）在 V-Ray:: 发光贴图 卷展栏中设置高采样值。

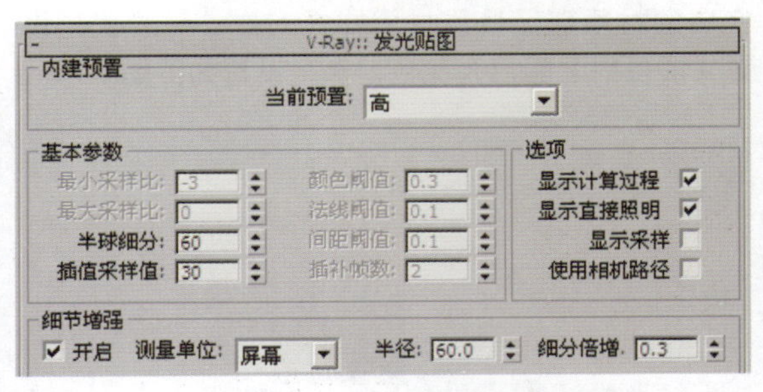

■ 3）选择 单帧 模式，激活 自动保存: 复选框，单击 自动保存: 复选框右侧的 浏览 按钮，设置保存的发光贴图名称。激活 切换到保存的贴图 复选框，让发光贴图渲染完毕后自动保存到 文件: 区域进行使用。

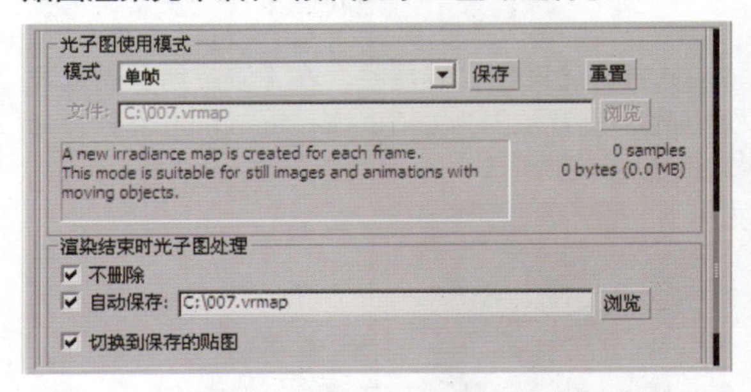

■ 4）在 V-Ray:: 灯光缓存 卷展栏中同样保存灯光贴图，设置方法和发光贴图相同。

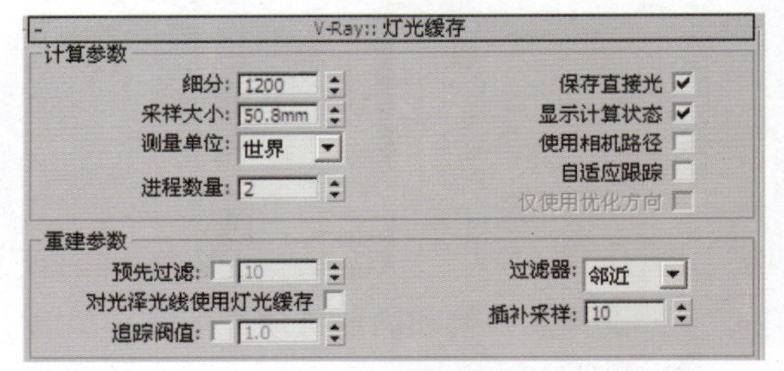

■ 5）单击 渲染 按钮进行渲染。由于刚才激活了 切换到保存的贴图 复选框，所以渲染完成后可以直接将渲染尺寸设置成大尺寸进行渲染出图了（注意此时要关闭 不渲染最终图像 复选框）。最终效果如下图所示。

第13章 复古罗马风格室内效果图

本章介绍复古罗马风格室内效果图的设计方法，重点在于介绍客厅、餐厅和休闲区内灯光和材质的设置方法，其中灯光的设计重点在于射灯和模拟阳光光效的设计上，这是本例的重点，在材质的设置上讲求以暖色调为主，营造一款暖色调室内效果。

本场景有 3 个部分，分别是客厅、餐厅和休闲区。如下图所示为这 3 个区域的渲染效果图。

配色应用：

制作要点：

■ 1.场景家具材质以木质材质、玻璃材质、陶瓷材质为主。

■ 2.学习如何使用目标平行光模拟阳光照明。

■ 3.了解复古罗马风格室内家具的布置和摆放效果。

最终场景：Ch13\Scenes\ 复古罗马风格室内 ok、休闲区 ok.max

贴图素材：Ch13\Maps

难易程度：★★★★★

13.1 测试渲染设置

对采样值和渲染参数进行最低级别的设置，可以达到既能够观察渲染效果，又能快速渲染的目的。下面介绍测试渲染的参数设置。

■ 1）按 F10 键打开渲染设置对话框，首先设置【VRay Adv 2.10.01】为当前渲染器。

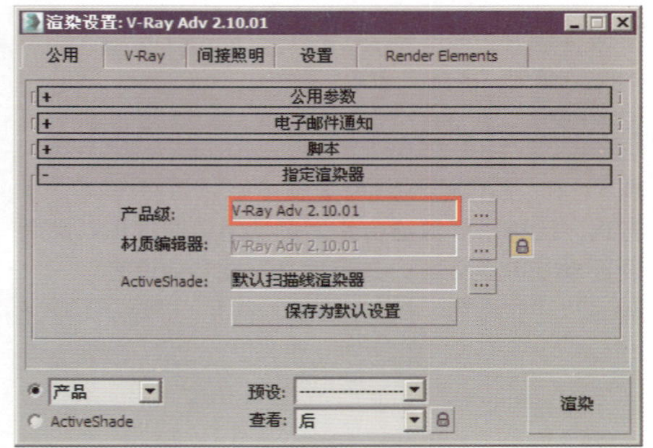

■ 2）在 V-Ray:: 全局开关 卷展栏中设置总体参数。因为要调整灯光，所以在这里关闭了默认的灯光 隐藏灯光，以及 反射/折射 和 光泽效果 复选框，后两项都非常影响渲染速度。

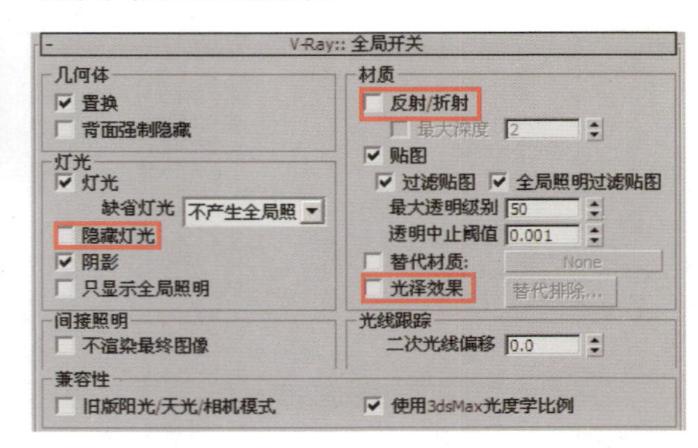

提示

【反射/折射】用于设置是否计算VRay贴图或材质中光线的反射/折射效果。【光泽效果】用于设置是否计算反射/折射的光泽效果。

■ 3）在 V-Ray:: 图像采样器(抗锯齿) 卷展栏中，设置【图像过滤器】类型为【自适应 DMC】方式，设置【抗锯齿过滤器】类型为【Catmull-Rom】方式，这是抗锯齿采样设置。

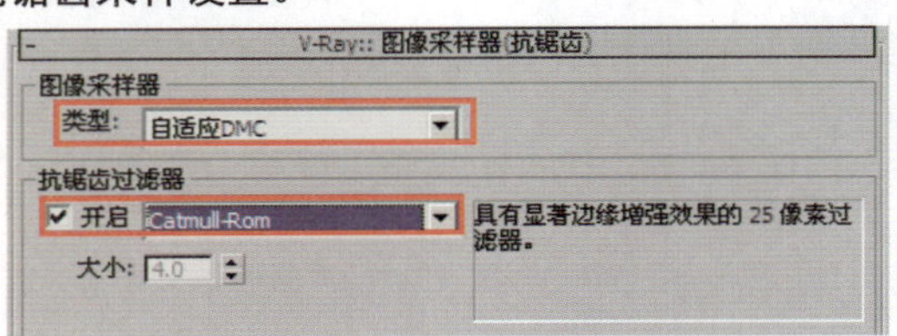

■ 4）在 V-Ray:: 间接照明(全局照明) 卷展栏中设置初级漫反射反弹类型为【发光贴图】方式，设置次级漫反射反弹类型为【灯光缓存】方式，这是间接照明设置。

■ 5）在 V-Ray:: 发光贴图 卷展栏中，设置 当前预置: 为 中 方式，这种采样值适合作为测试渲染时使用。然后设置 当前预置: 为 自定义，这是发光贴图参数设置。

注意

中等：一种中等质量的预设模式，如果场景中不需要太多的细节，大多数情况下可以产生较多的效果。

■ 6）在 V-Ray:: 灯光缓存 卷展栏中设置发光贴图参数。

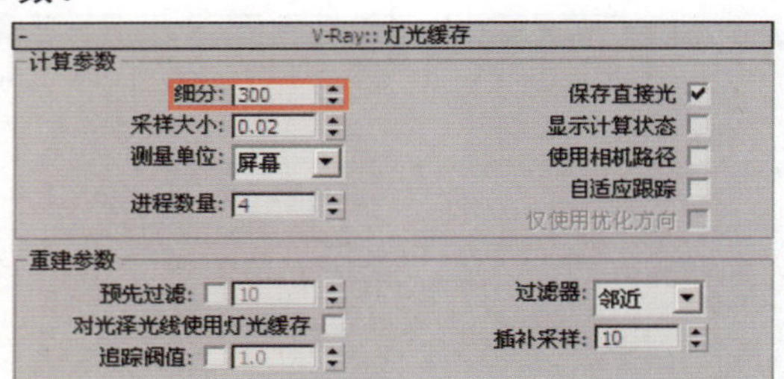

提示

只有在 V-Ray:: 间接照明(全局照明) 卷展栏的 全局光引擎 下拉列表中选择了 灯光缓存 渲染引擎，V-Ray:: 灯光缓存 卷展栏才显示。灯光缓存 是4个渲染引擎中最后开发出来的，用 灯光缓存 结合 发光贴图 可以使计算的速度比 发光贴图+穷尽计算 提高好几倍，而且也能获得令人满意的效果。

■ 7）在 V-Ray:: 颜色映射 卷展栏中设置曝光模式为 VR_Reinhard 方式，具体参数设置如下图所示。

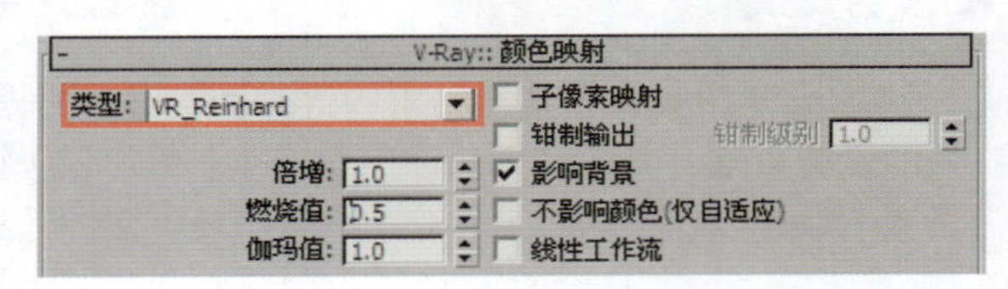

■ 8）按 8 键打开 环境和效果 对话框，设置颜色为浅蓝色，如下图所示。

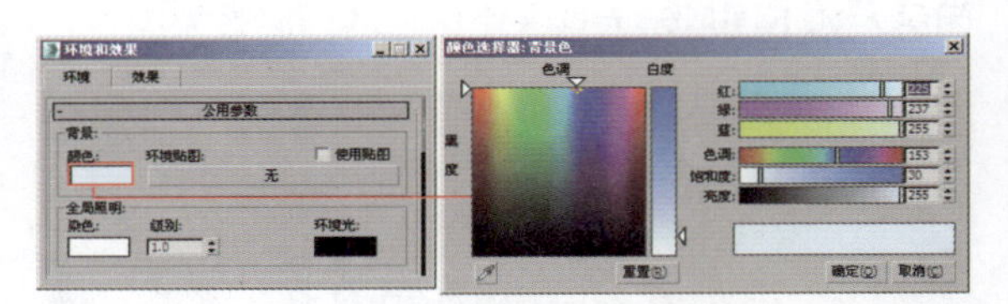

13.2 客厅场景灯光设置

因为之前关闭了默认灯光，所以需要建立灯光。在客厅场景灯光的设置上使用目标平行光模拟阳光照明，使用 VR 灯光进行窗口补光，使用目标灯光模拟射灯照明。

■ 1）首先制作一个统一的模型测试材质。按 M 键打开材质编辑器，选择一个空白样本球，设置材质的样式为 VRayMtl。

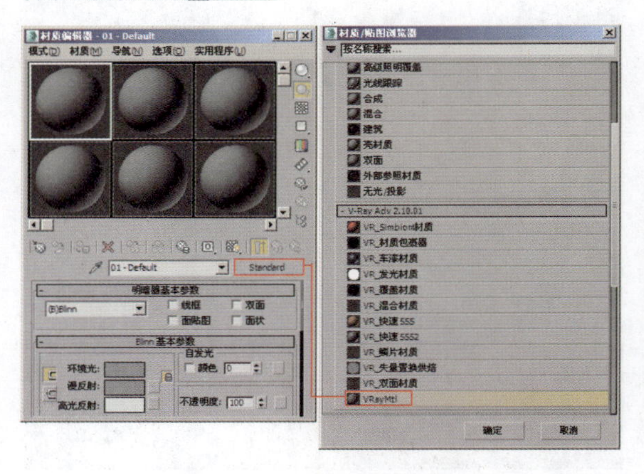

■ 2）在 VRayMtl 材质设置面板设置【漫反射】的颜色为浅灰色，如下图所示。

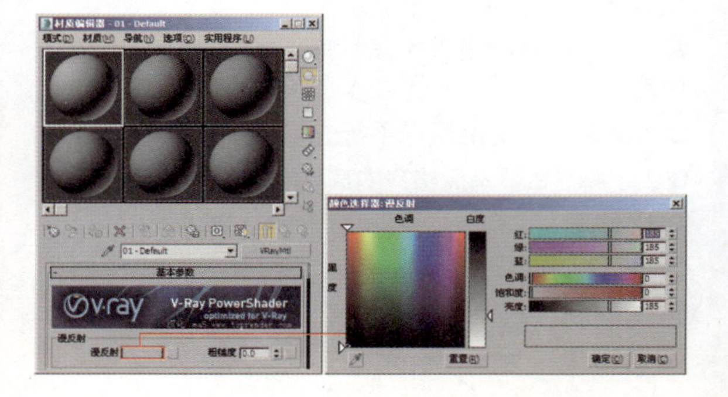

■ 3）按F10键打开渲染设置对话框，激活 ☑ 替代材质: 复选框，将该材质拖动到 None 按钮上，这样就给整体场景设置了一个临时的测试用的材质。

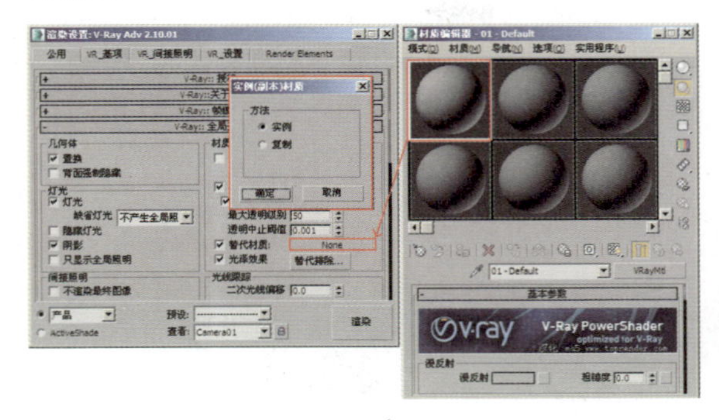

提示

选中 ☑ 替代材质: 复选框的时候，允许用户通过使用后面的材质槽指定的材质来替代场景中所有物体的材质来进行渲染。

■ 4）首先设置阳光照明。在【创建】命令面板中单击 目标平行光 按钮，在室外创建一盏目标平行光，用来模拟阳光，具体位置如下图所示。

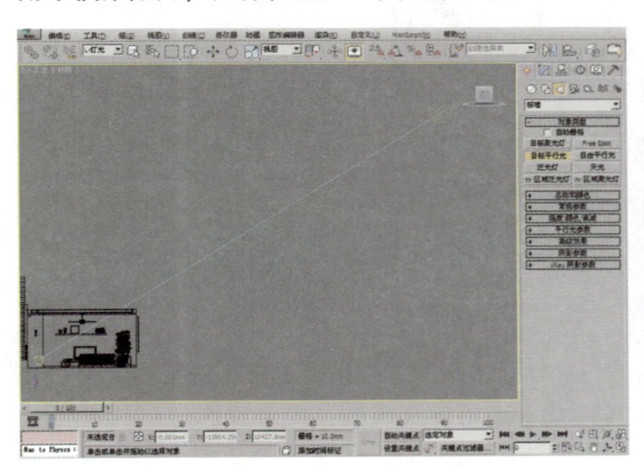

■ 5）在【修改】面板中设置目标平行光的参数，如下图所示。

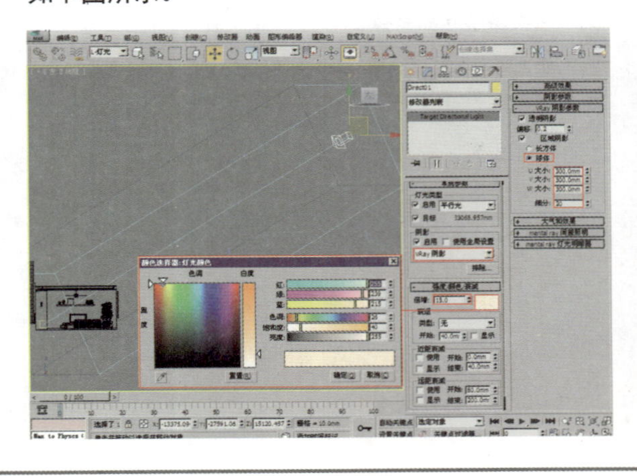

注意

如果设置了3ds Max内置的灯光，为了产生较好的阴影效果，可以选择VRay阴影模式，此时【修改】命令面板中会出现【VRay阴影参数】卷展栏。在这个卷展栏中可以设置与VRay渲染器匹配的阴影参数。

■ 6）设置窗口补光。在【创建】命令面板中单击 VR灯光 按钮，在窗口处创建一盏VR灯光，用来进行窗口补光，具体位置如下图所示。

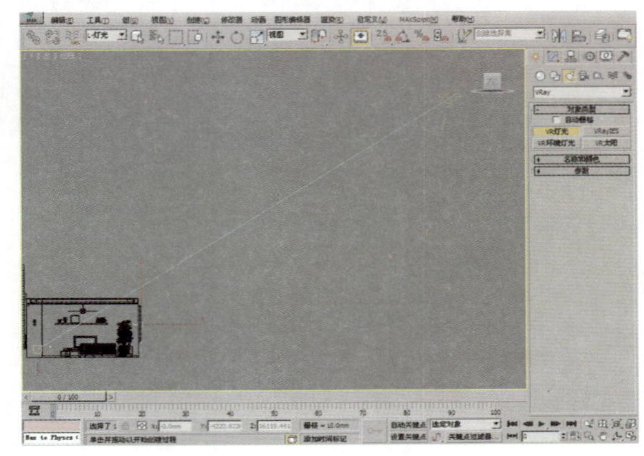

■ 7）在【修改】面板中设置VR灯光的参数。

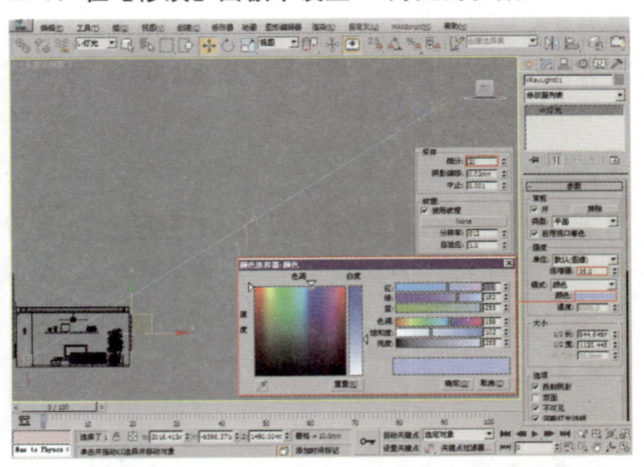

■ 8）在【创建】命令面板中单击 目标灯光 按钮，在窗口处创建一盏目标灯光，用来模拟射灯照明，具体位置如下图所示。

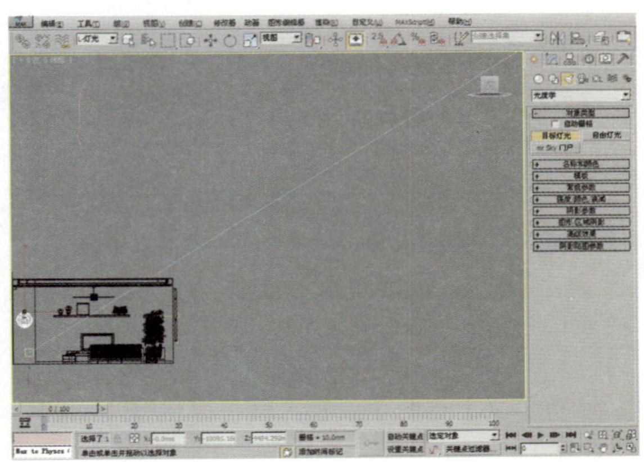

提示

目标灯光像标准的泛灯光一样从几何体点发射光线。用户可以设置灯光分布方式。此灯光有3种分布类型，分别为使用等向、聚光灯和Web分布的目标点灯光，并对以相应的图标。

■ 9）在【修改】面板中设置目标灯光的参数。

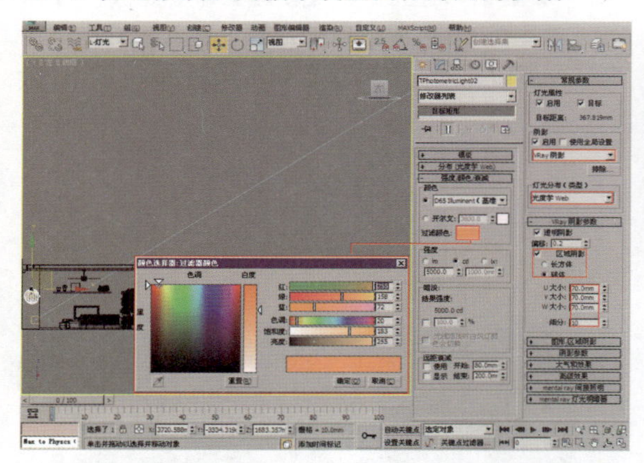

13.3 客厅场景材质设置

上一节介绍了快速渲染的抗锯齿参数，目的是为了在能够观察到光效的前提下快速出图。本节涉及材质效果的制作，所以要更改一种适合观察材质效果的设置。

13.3.1 设置渲染参数

■ 按F10键打开渲染设置对话框，在 V-Ray:: 全局开关 卷展栏中激活 反射/折射 复选框，将 替代材质: 复选框关闭（这里仍然将 光泽效果 复选框关闭，因为它实在是太影响渲染速度了）。

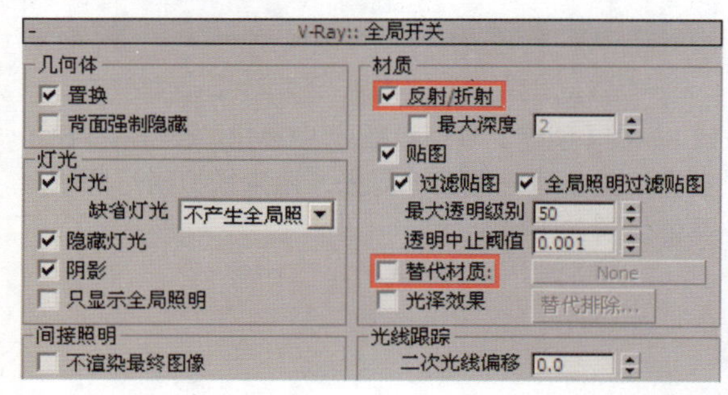

注意

选中【只显示全局照明】复选框的时候，直接光照将不包含在最终渲染的图像中。但系统在计算全局光的时候直接光照仍然会被计算，最后只会显示间接光照明的效果。

有了以上这两个设置，就可以进行下面的材质设置了。

13.3.2 设置墙面材质

墙面材质包括白色乳胶漆材质、灰泥墙体材质、红木材质和印花红木材质。

■ 1）首先设置白色乳胶漆材质。打开材质编辑器，选择一个空白的材质球，设置材质样式为 VR材质，设置【漫反射】颜色为白色。

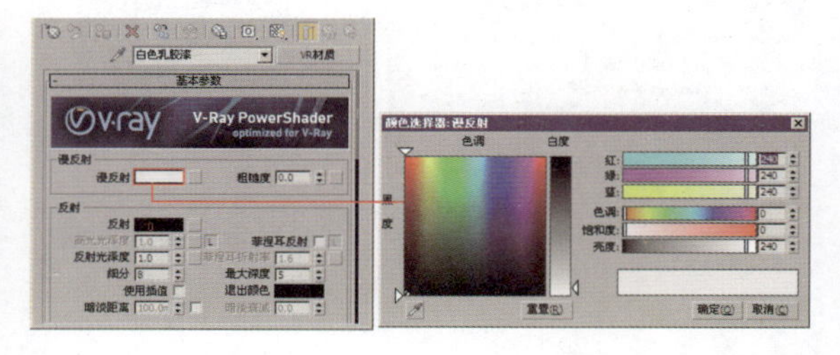

■ 2）接下来设置灰泥墙体材质。打开材质编辑器，选择一个空白的材质球，设置材质样式为 VR材质 专用材质，设置【漫反射】颜色为暗红色，具体参数设置如下图所示。

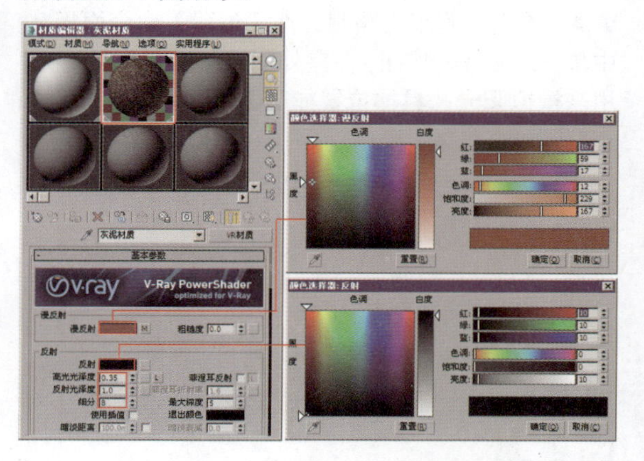

■ 3）打开【贴图】卷展栏，在【漫反射】通道和【凹凸】通道添加位图，设置位图为Ch13\Maps\STUCCO8.jpg文件，设置【漫反射】贴图强度为70、【凹凸】贴图强度为30，参数设置如下图所示。

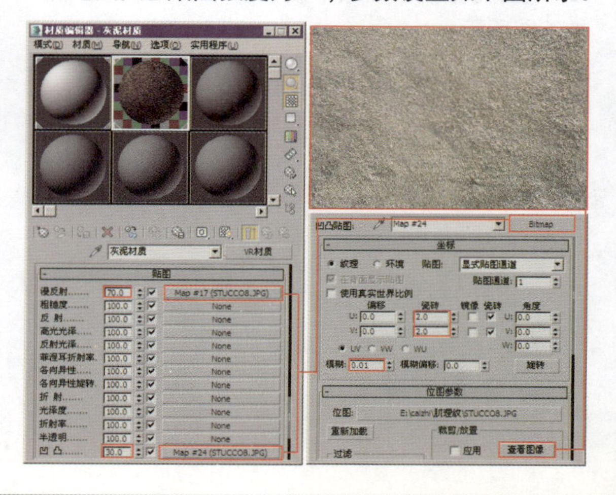

■ 4）设置红木材质。打开材质编辑器，选择一个空白的材质球，设置材质样式为VR材质专用材质，在【反射】通道添加【衰减】贴图，设置【衰减类型】为【Fresnel】，具体参数设置如下图所示。

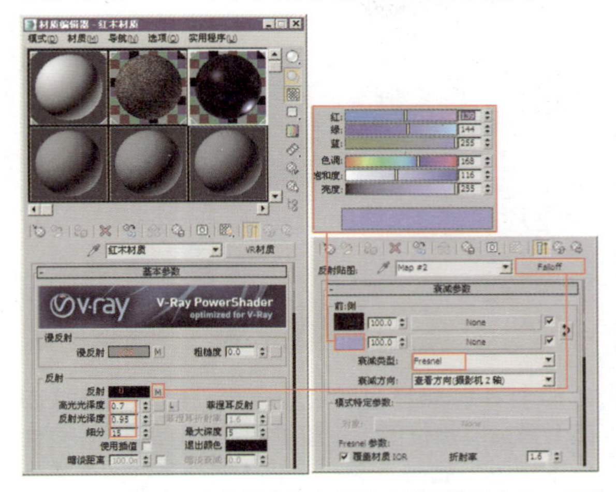

■ 5）打开【贴图】卷展栏，在【漫反射】通道和【凹凸】通道添加位图，设置位图为Ch13\Maps\WW-303.jpg文件，设置【凹凸】贴图强度为35，参数设置如下图所示。

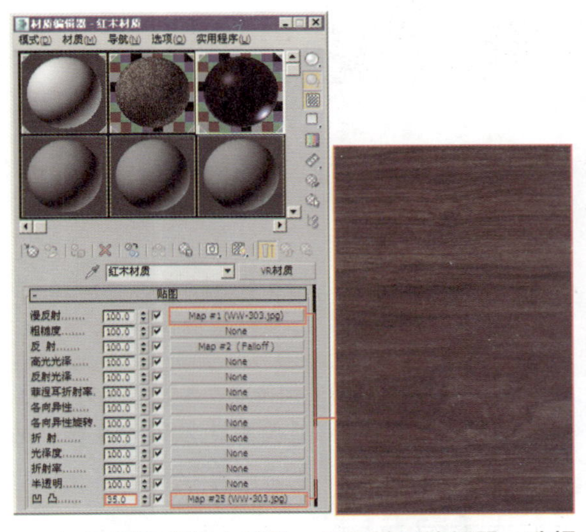

■ 6）设置印花红木材质。打开材质编辑器，选择一个空白的材质球，设置材质样式为VR材质，设置【漫反射】颜色为红色，参数设置如下图所示。

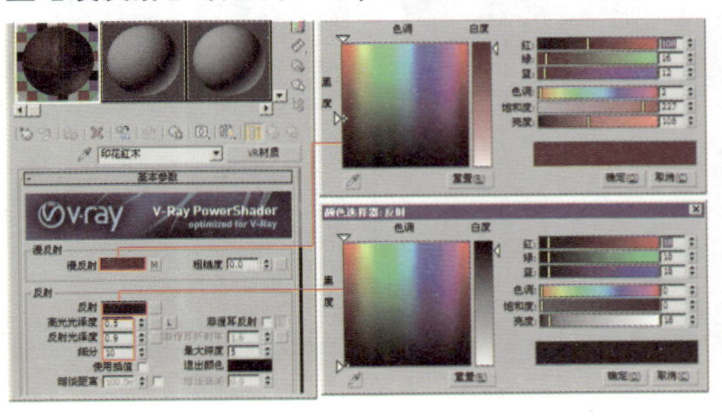

■ 7）打开【贴图】卷展栏，在【漫反射】通道和【凹凸】通道添加位图，设置位图为Ch13\Maps\Finishes.Flooring.Tile.Square.Terra Cotta.jpg文件，设置【漫反射】贴图强度为80，【凹凸】贴图强度为70，参数设置如下图所示。

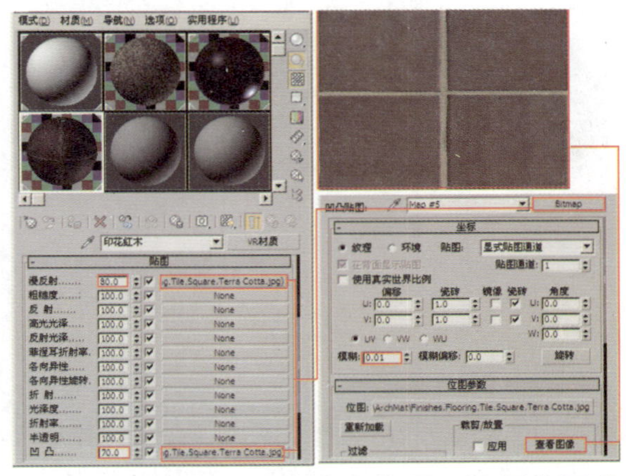

■ 8）在【置换】通道添加位图，设置位图为Ch13\Maps\GRAYAG.JPG文件，设置【置换】贴图强度为-3.0，参数设置如下图所示。

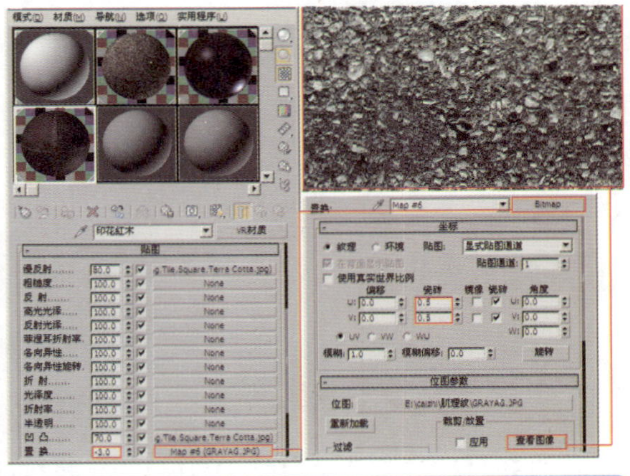

13.3.3 设置地面材质

地面材质包括大理石地板材质、红色木质地板材质和地毯材质。

■ 1）设置大理石地板材质。打开材质编辑器，选择一个空白的材质球，设置材质样式为VR材质专用材质，设置【漫反射】颜色为红色。

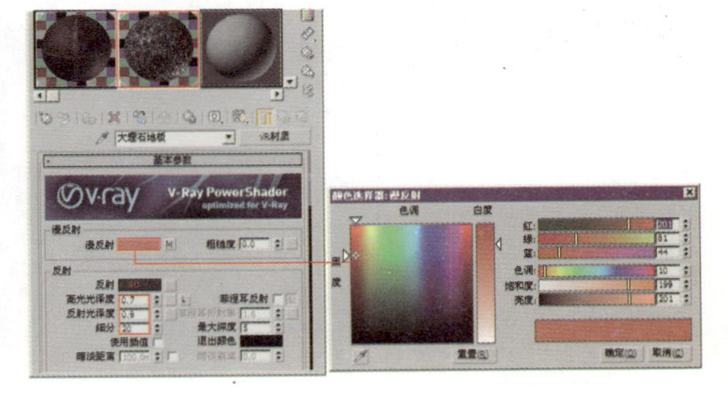

■ 2）打开【贴图】卷展栏，在【漫反射】通道和【凹凸】通道添加位图，设置位图为Ch13\Maps\有缝.jpg文件，设置【漫反射】贴图强度为95、【凹凸】贴图强度为30，参数设置如下图所示。

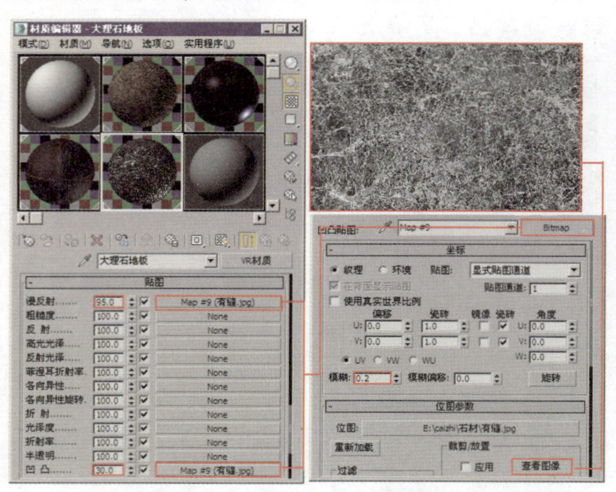

■ 3）设置红色木质地板材质。打开材质编辑器，选择一个空白的材质球，设置材质样式为 VR材质，设置【漫反射】颜色为灰色，参数设置如下图所示。

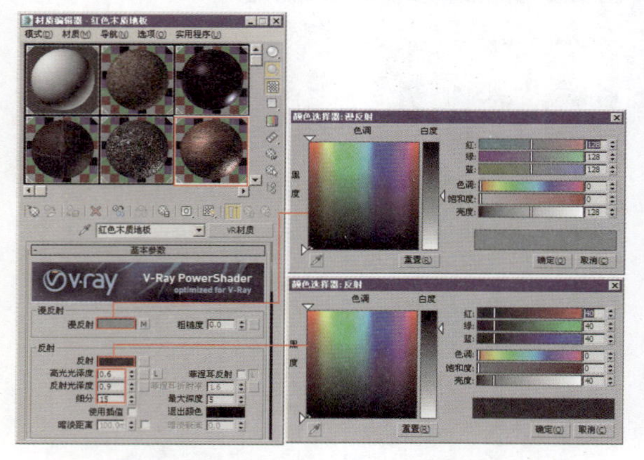

■ 4）打开【贴图】卷展栏，在【漫反射】通道和【凹凸】通道添加位图，设置位图为Ch13\Maps\复件SC-076.jpg文件，设置【凹凸】贴图强度为40。

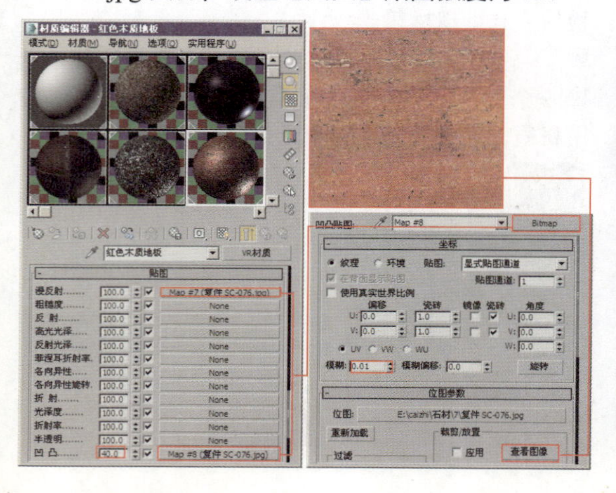

■ 5）设置地毯材质。打开材质编辑器，选择一个空白的材质球，设置材质样式为 VR材质 专用材质，设置【漫反射】颜色为灰色，参数设置如下图所示。

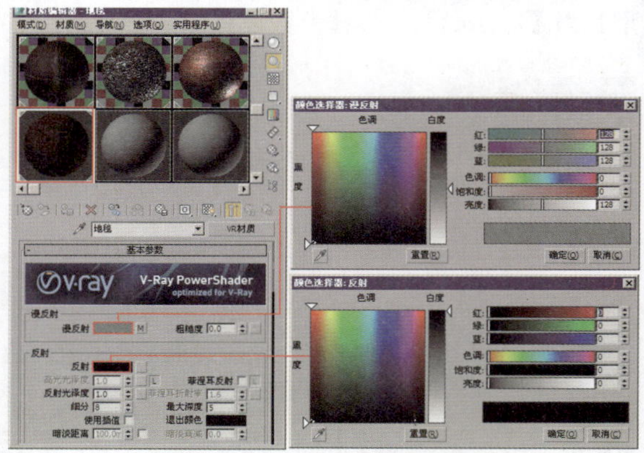

■ 6）打开【贴图】卷展栏，在【漫反射】通道和【凹凸】通道添加位图，设置位图为Ch13\Maps\复件COR5610-21a.jpg文件，设置【凹凸】贴图强度为20，参数设置如下图所示。

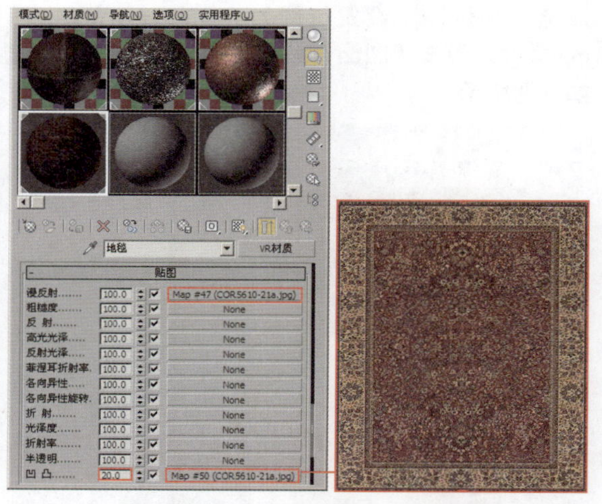

■ 7）在【置换】通道添加位图，设置位图为Ch13\Maps\greeeeas_bump_a.jpg文件，设置【置换】贴图强度为10，参数设置如下图所示。

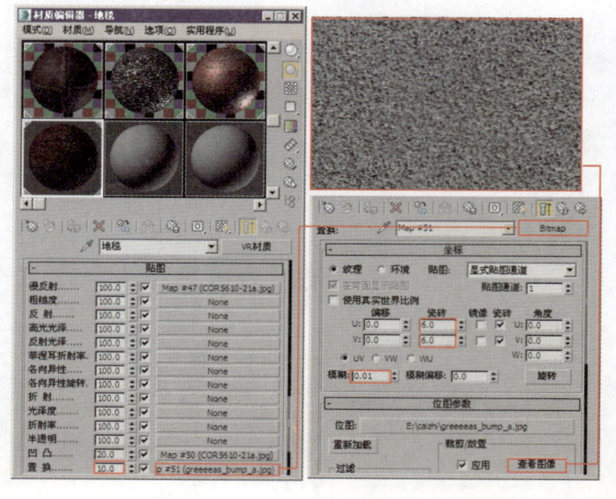

13.3.4 设置沙发材质

沙发材质包括红木材质、蓝白条纹材质、红白条纹材质、白色木质材质和布料材质。其中红木材质在之前已经讲过，这里不再赘述。

■ 1）设置蓝白条纹材质。打开材质编辑器，选择一个空白的材质球，设置材质样式为 Standard 专用材质，设置明暗器类型为【(O)Oren-Nayar-Blinn】，具体参数设置如下图所示。

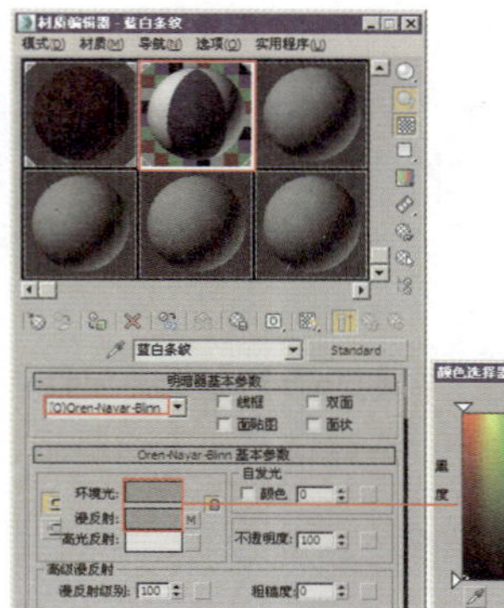

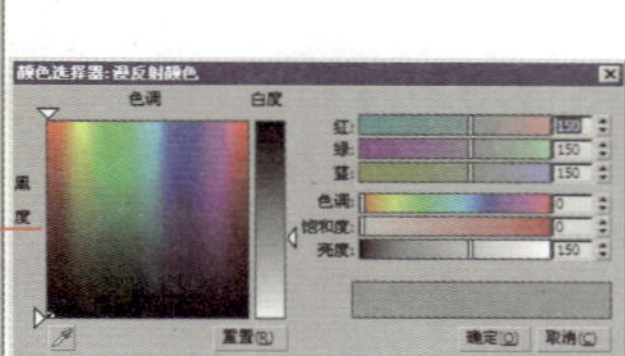

■ 2）在【漫反射】通道添加【衰减】贴图，设置【衰减类型】为【Fresnel】，在【衰减】贴图【前】通道添加位图，设置位图为 Ch13\Maps\ 复件 034.tif 文件，参数设置如下图所示。

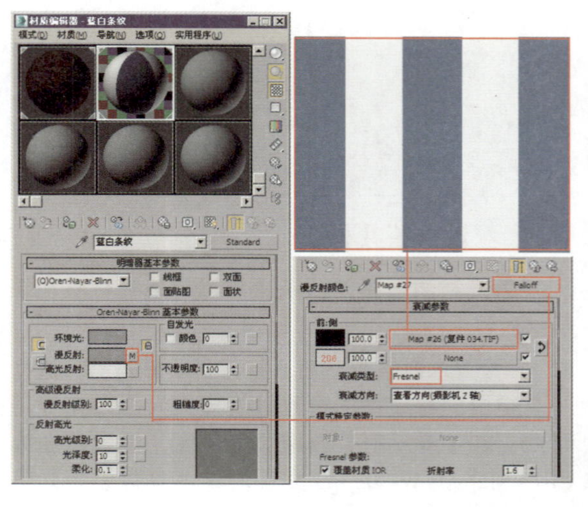

■ 3）打开【贴图】卷展栏，在【凹凸】通道添加【噪波】贴图，设置贴图强度为 30。

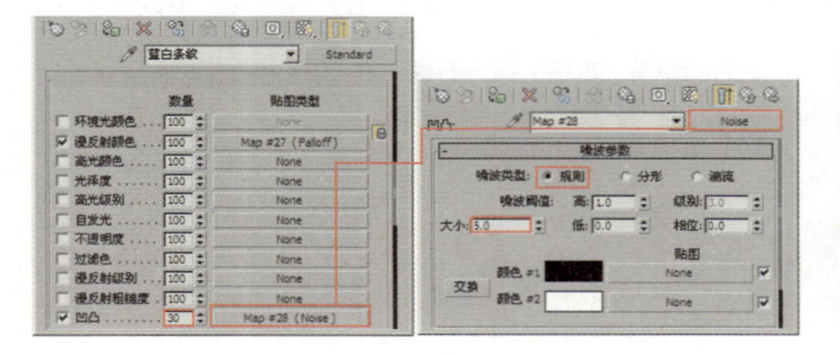

■ 4）设置红白条纹材质。打开材质编辑器，选择一个空白的材质球，设置材质样式为 Standard，设置明暗器类型为【(O)Oren-Nayar-Blinn】，参数设置如下图所示。

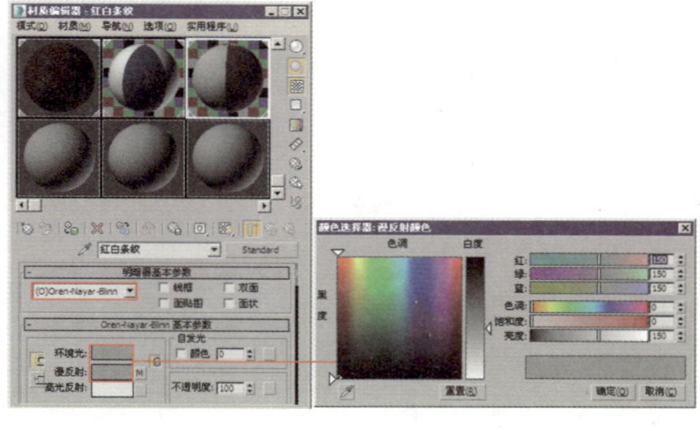

■ 5）在【漫反射】通道添加【衰减】贴图，设置【衰减类型】为【Fresnel】，在【衰减】贴图【前】通道添加位图，设置位图为 Ch13\Maps\ 复件 (2) 028.tif 文件，参数设置如下图所示。

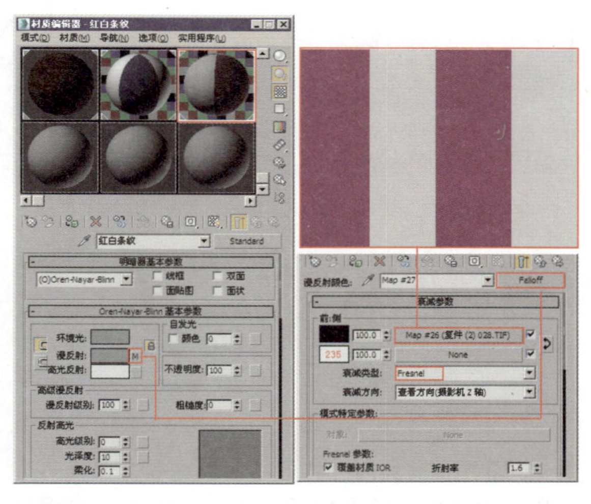

■ 6）打开【贴图】卷展栏，在【凹凸】通道添加位图，设置位图为 Ch13\Maps\bed-zt.jpg 文件，设置贴图强度为 30，具体参数设置如下图所示。

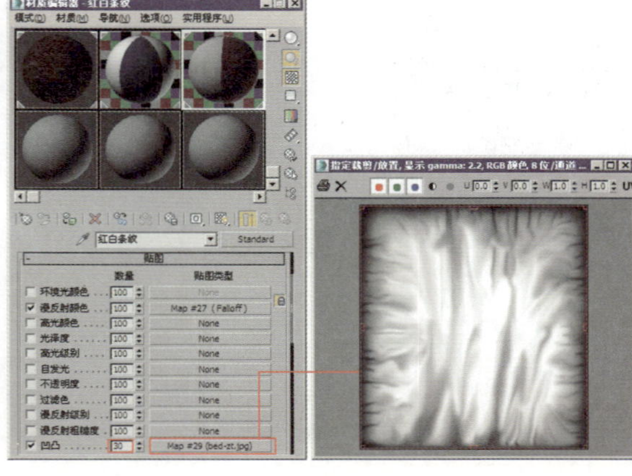

■ 7）设置白色木质材质。打开材质编辑器，选择一个空白的材质球，设置材质样式为 Standard 专用材质，设置明暗器类型为【(O)Oren-Nayar-Blinn】，在【漫反射】通道添加【衰减】贴图。

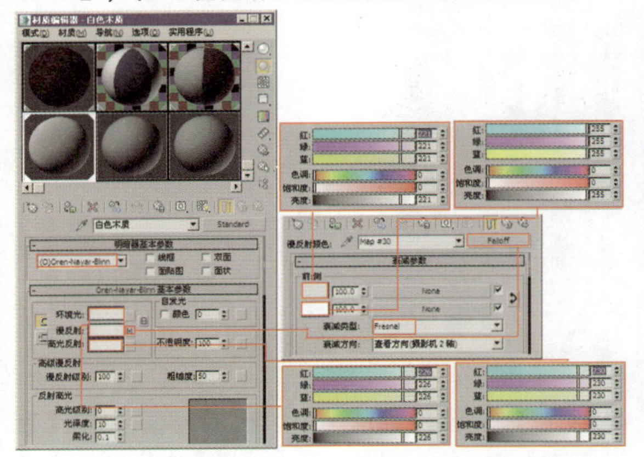

■ 8）打开【贴图】卷展栏，在【凹凸】通道添加【噪波】贴图，设置贴图强度为30，参数设置如下图所示。

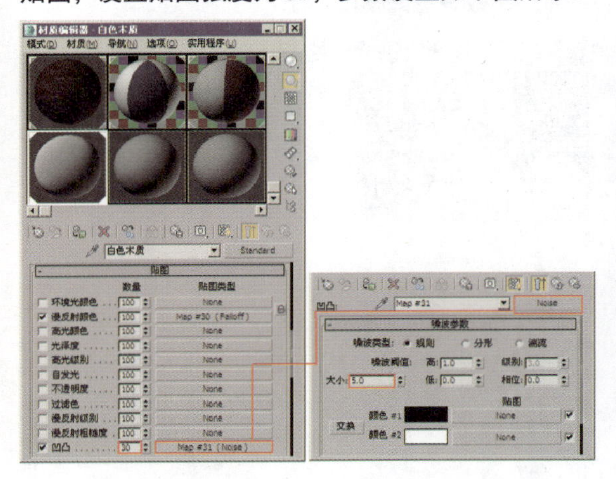

■ 9）设置布料材质。打开材质编辑器，选择一个空白的材质球，设置材质样式为 Standard 专用材质，设置明暗器类型为【(O)Oren-Nayar-Blinn】，参数设置如下图所示。

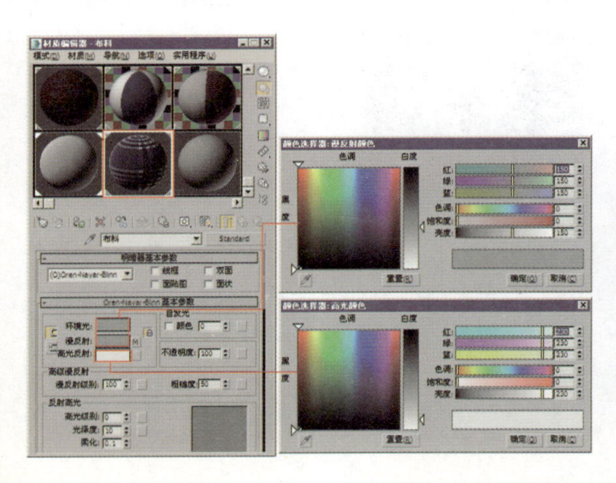

■ 10）在【漫反射】通道添加【衰减】贴图，设置【衰减类型】为【Fresnel】，在【衰减】贴图【前】通道添加位图，设置位图为Ch13\Maps\002.tif文件。

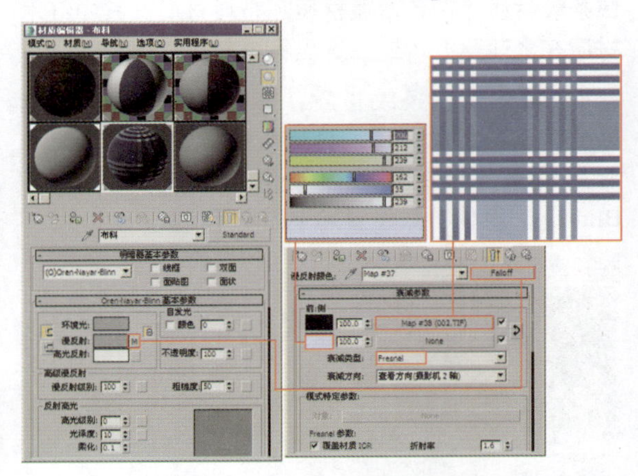

■ 11）打开【贴图】卷展栏，在【凹凸】通道添加【噪波】贴图，设置贴图强度为80，参数设置如下图所示。

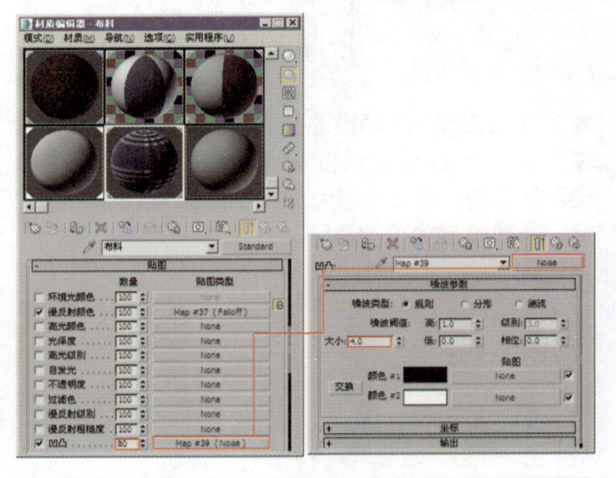

13.3.5 设置茶几材质

茶几材质包括木质茶桌材质、茶杯材质和碟子材质。

■ 1）设置木质茶桌材质。打开材质编辑器，选择一个空白的材质球，设置材质样式为 VR材质 专用材质，在【漫反射】通道添加位图，设置位图为Ch13\Maps\WW-303.jpg文件，具体参数设置如下图所示。

■ 2）打开【贴图】卷展栏，在【反射】通道添加【衰减】贴图，设置【衰减类型】为【Fresnel】，在【凹凸】通道添加位图，设置位图为 Ch13\Maps\WW-303.jpg 文件，设置贴图强度为 35。

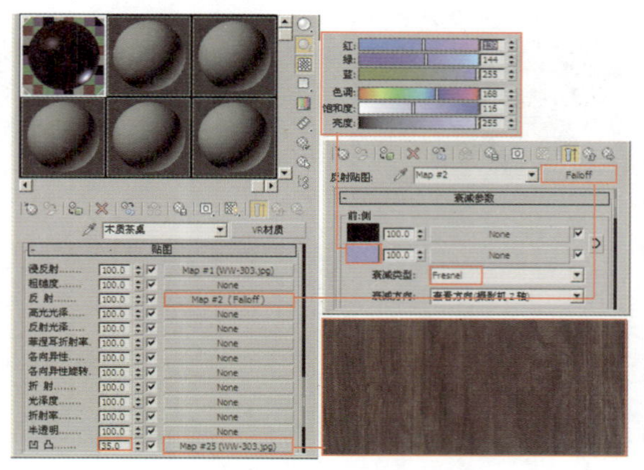

■ 3）设置茶杯材质。打开材质编辑器，选择一个空白的材质球，设置材质样式为 多维/子对象 专用材质，在材质 1 通道添加 VR材质，设置【漫反射】颜色为浅黄色。

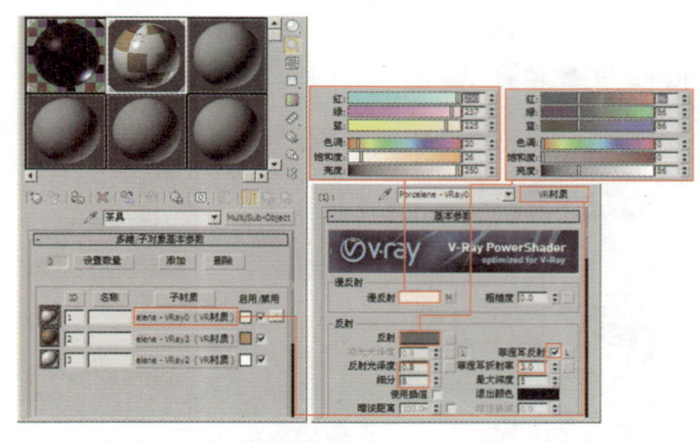

■ 4）打开【贴图】卷展栏，在【漫反射】通道添加位图，设置位图为 Ch13\Maps\Archmodels57_055_diffuse0.jpg 文件；在【凹凸】通道添加位图，设置位图为 Ch13\Maps\Archmodels57_055_bump0.jpg 文件，具体参数设置如下图所示。

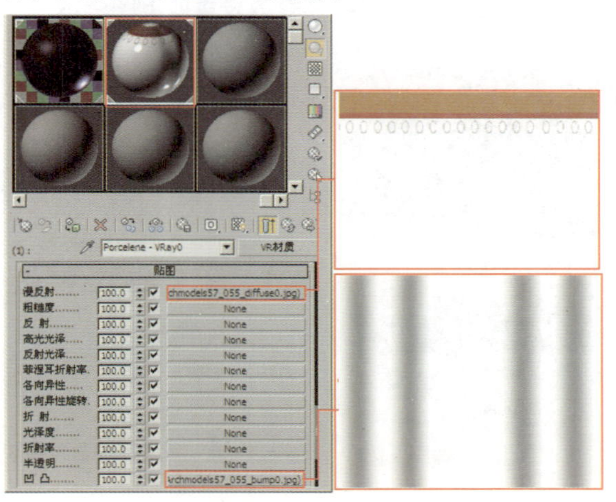

■ 5）在【多维/子对象】材质的材质 2 通道中添加 VR材质，设置【漫反射】颜色为深灰色，具体参数设置如下图所示。

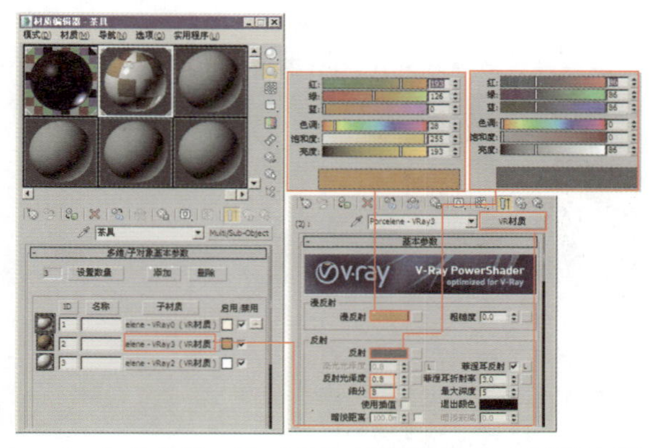

■ 6）在【多维 / 子对象】材质的材质 3 通道中添加 VR材质，设置【漫反射】颜色为白色，具体参数设置如下图所示。

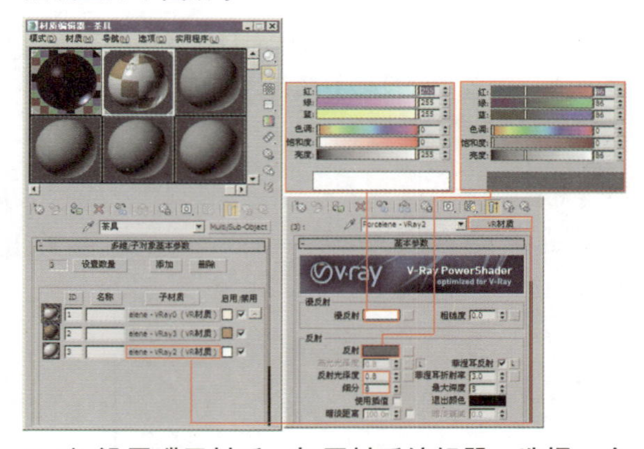

■ 7）设置碟子材质。打开材质编辑器，选择一个空白的材质球，设置材质样式为 多维/子对象 专用材质，在材质 1 通道添加 VR材质，设置【漫反射】颜色为浅黄色，具体参数设置如下图所示。

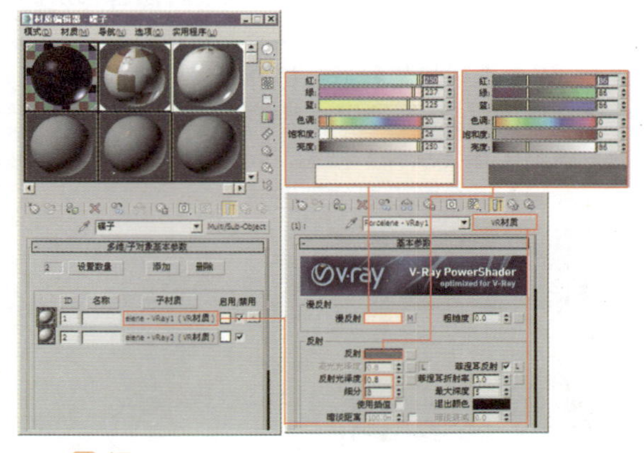

提示

使用【多维/子对象】材质可以通过设置不同的ID号来设置模型不同位置的不同材质。

■ 8）打开【贴图】卷展栏，在【漫反射】通道添加位图，设置位图为 Ch13\Maps\Archmodels57_055_diffuse1.jpg 文件；在【凹凸】通道添加位图，设置位图为 Ch13\Maps\Archmodels57_055_bump1.jpg 文件，具体参数设置如下图所示。

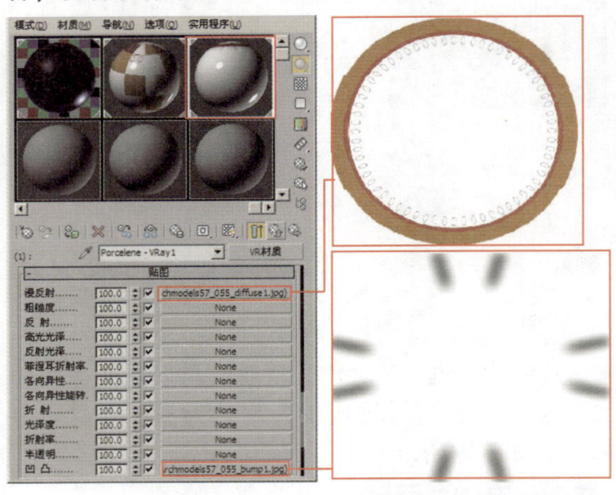

■ 9）在【多维/子对象】材质的材质 2 通道中添加 VR材质，设置【漫反射】颜色为白色。

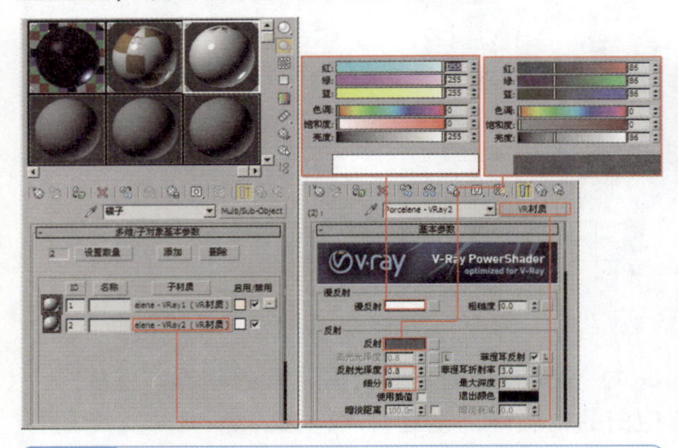

13.3.6 设置电视机和电视机柜材质

电视机柜是红木材质，电视机材质包括屏幕材质、外框材质、底座材质及音响材质。

■ 1）设置电视机柜材质。打开材质编辑器，选择一个空白的材质球，设置材质样式为 VR材质，在【反射】通道添加【衰减】贴图，设置【衰减类型】为【Fresnel】，参数设置如下图所示。

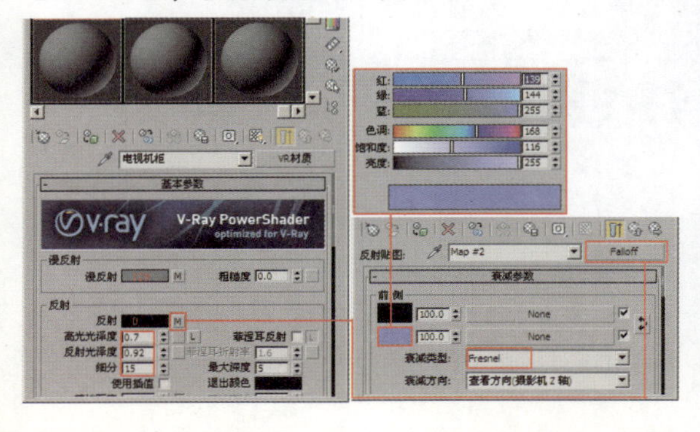

■ 2）打开【贴图】卷展栏，在【漫反射】通道和【凹凸】通道添加位图，设置位图为 Ch13\Maps\WW-303.jpg 文件，设置【凹凸】贴图强度为 35。

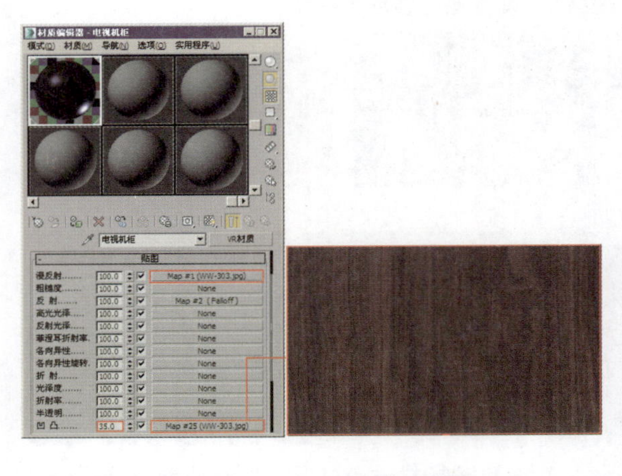

■ 3）设置屏幕材质。打开材质编辑器，选择一个空白的材质球，设置材质样式为 VR材质，设置【漫反射】颜色为黑色，具体参数设置如下图所示。

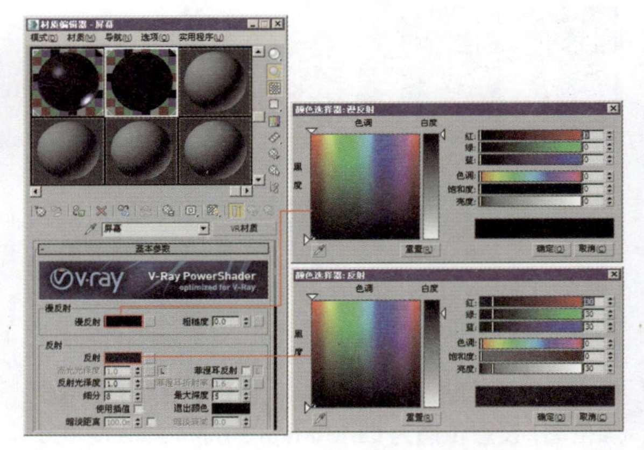

■ 4）设置外框材质。打开材质编辑器，选择一个空白的材质球，设置材质样式为 VR材质，设置【漫反射】颜色为黑色，具体参数设置如下图所示。

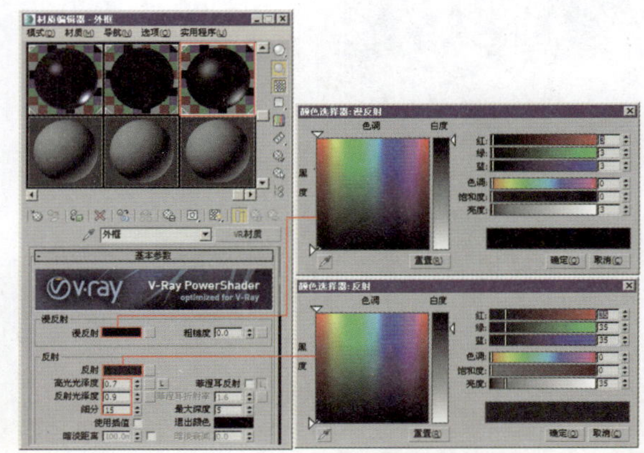

■ 5）设置底座材质。打开材质编辑器，选择一个空白的材质球，设置材质样式为 VR材质，设置【漫反射】颜色为灰色，具体参数设置如下图所示。

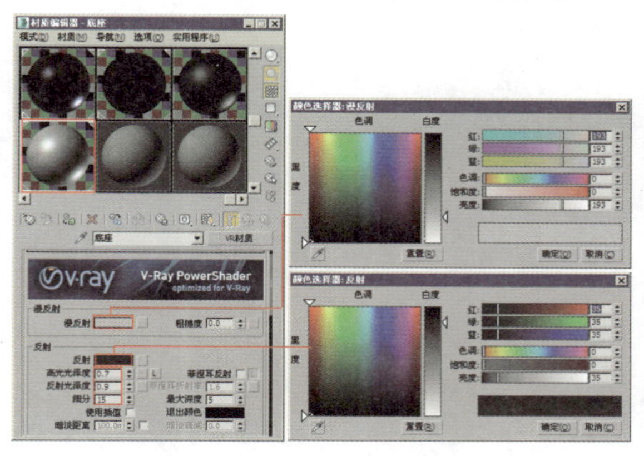

■ 6）设置音箱材质。打开材质编辑器，选择一个空白的材质球，设置材质样式为 VR材质，设置【漫反射】颜色为灰色，具体参数设置如下图所示。

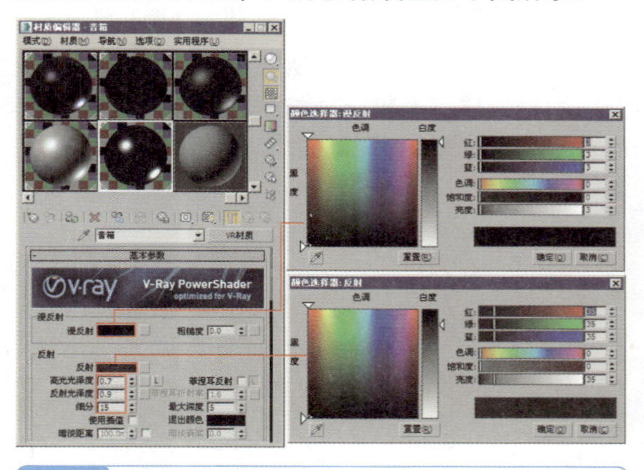

13.3.7 设置盆栽材质

盆栽材质包括花盆材质、泥土材质、枝干材质和叶子材质。

■ 1）设置花盆材质。打开材质编辑器，选择一个空白的材质球，设置材质样式为 VR材质，设置【漫反射】颜色为黑色，具体参数设置如下图所示。

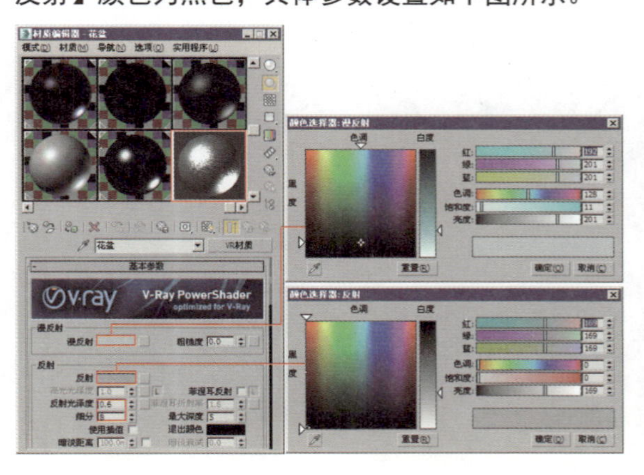

■ 2）打开【贴图】卷展栏，在【凹凸】通道添加位图，设置位图为 Ch13\Maps\Arch41_010_brushed metal.jpg 文件，设置贴图强度为 50。

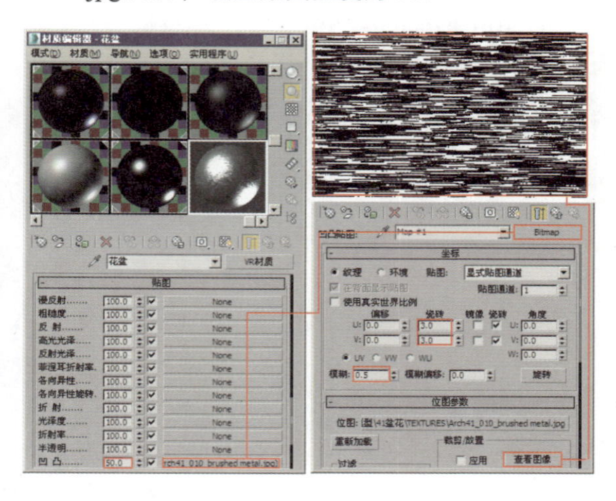

■ 3）设置泥土材质。打开材质编辑器，选择一个空白的材质球，设置材质样式为 VR材质，设置【漫反射】颜色为黄色，在【漫反射】通道添加【衰减】贴图，具体参数设置如下图所示。

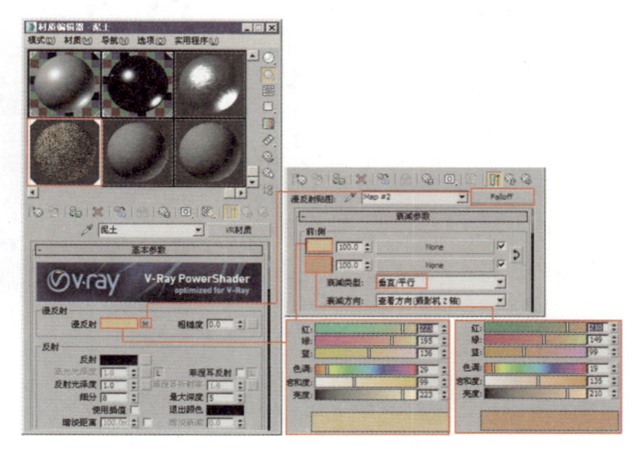

■ 4）打开【贴图】卷展栏，在【凹凸】通道中添加【斑点】贴图，设置贴图强度为 30。

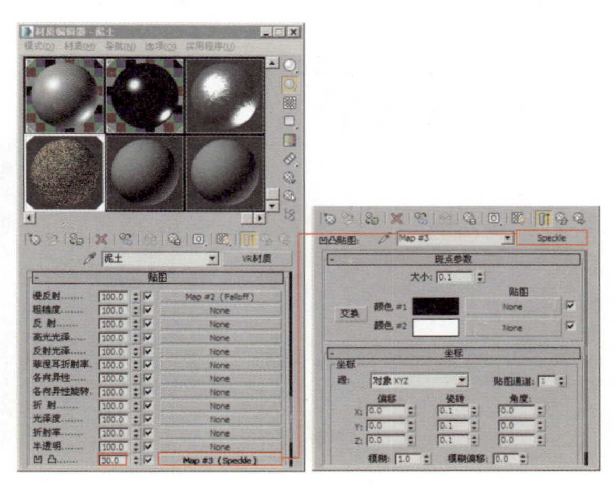

■ 5）设置枝干材质。打开材质编辑器，选择一个空白的材质球，设置材质样式为 VR材质，在【漫反射】通道添加位图，设置位图为 Ch13\Maps\Arch41_010_bark.jpg 文件。

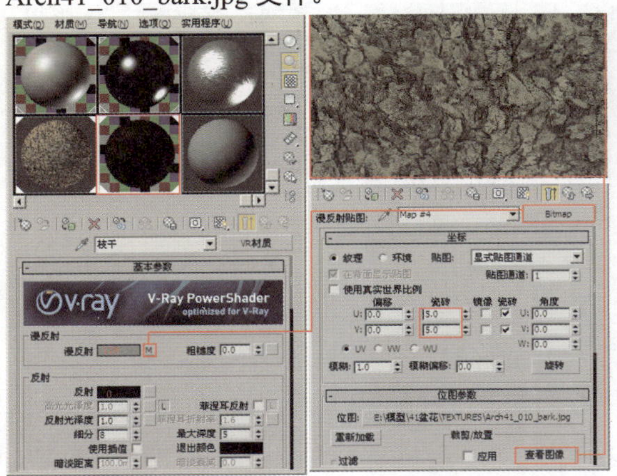

■ 6）打开【贴图】卷展栏，在【凹凸】通道添加位图，设置位图为 Ch13\Maps\Arch41_010_bark_bump.jpg 文件，设置贴图强度为 200。

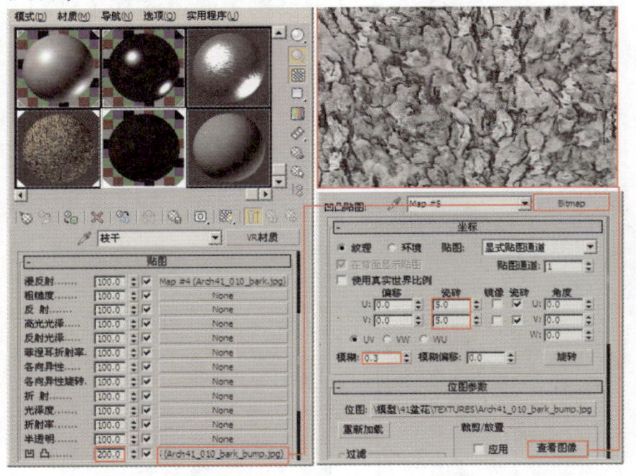

■ 7）设置叶子材质。打开材质编辑器，选择一个空白的材质球，设置材质样式为 VR材质，在【漫反射】通道添加位图，设置位图为 Ch13\Maps\Arch41_010_leaf.jpg 文件，具体参数设置如下图所示。

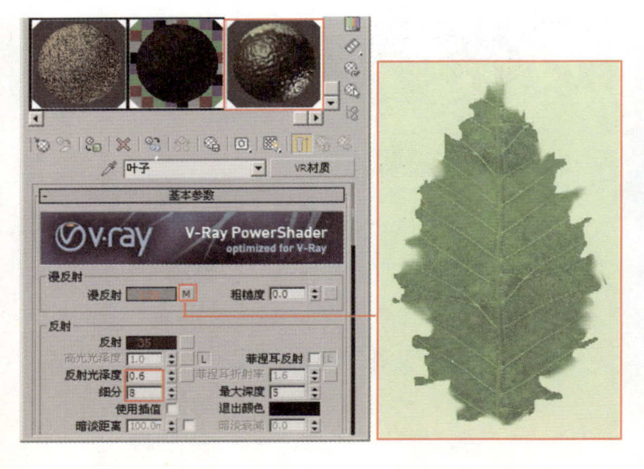

■ 8）打开【贴图】卷展栏，在【凹凸】通道添加【噪波】，设置贴图强度为 80。

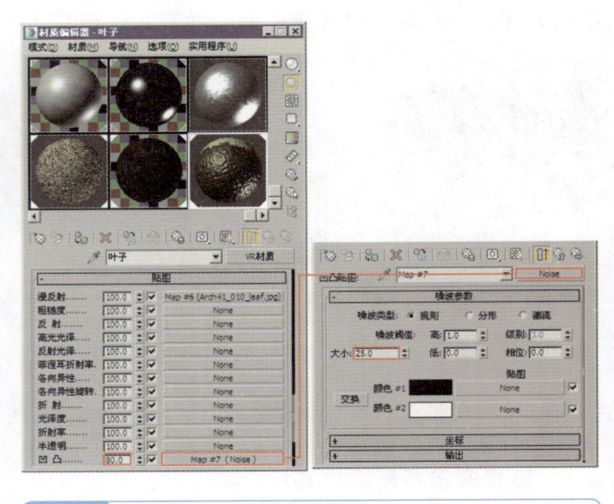

13.3.8 设置壁灯材质

壁灯材质包括渐变灯罩材质和不锈钢底座材质。

■ 1）设置灯罩材质。打开材质编辑器，选择一个空白的材质球，设置材质样式为 VR材质，在【漫反射】通道添加【渐变】贴图，具体参数设置如下图所示。

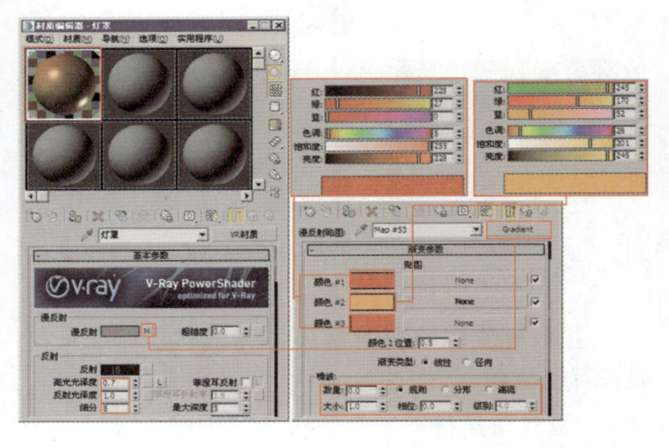

■ 2）在【折射】选项区域，设置材质的折射颜色和烟雾颜色，具体参数设置如下图所示。

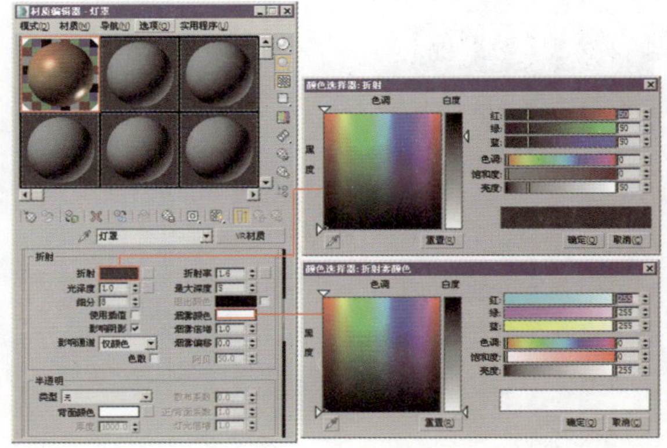

■ 3）设置底座材质。打开材质编辑器，选择一个空白的材质球，设置材质样式为VR材质，设置【漫反射】颜色为灰色，具体参数设置如下图所示。

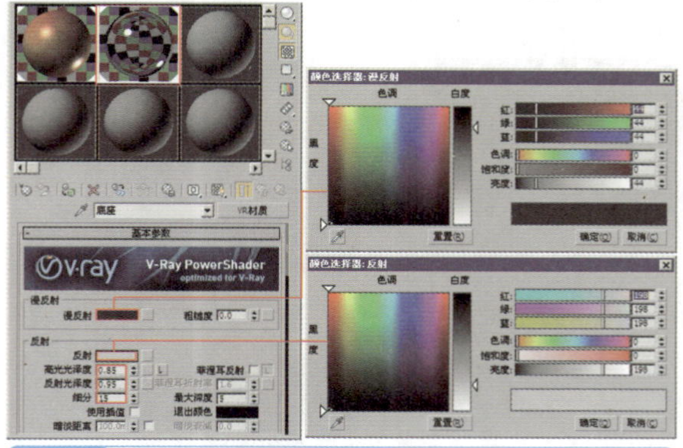

13.3.9 设置装饰物和吊扇材质

装饰物材质为【多维/子对象】材质吊扇材质具体包括木质主体材质、不锈钢叶片材质和白色灯罩材质。

■ 1）设置装饰物材质。打开材质编辑器，选择一个空白的材质球，设置材质样式为多维/子对象专用材质，在材质 1 通道添加VR材质，设置【漫反射】颜色为灰色。

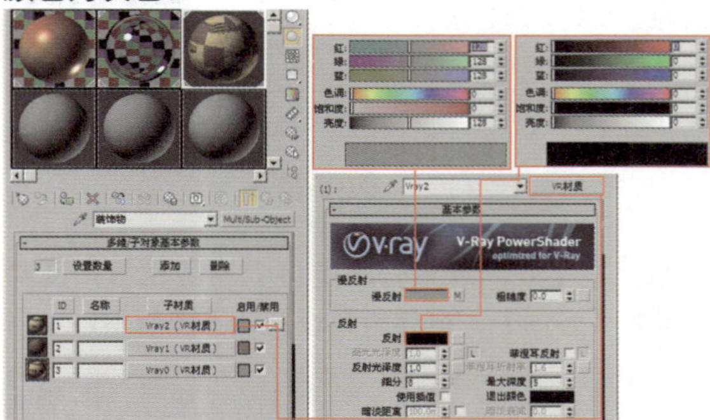

■ 2）打开【贴图】卷展栏，在【漫反射】通道中添加位图，设置位图为 Ch13\Maps\Archmodels57_018_diffuse1.jpg 文件，在【凹凸】通道中添加位图，设置位图为 Ch13\Maps\Archmodels57_018_bump1.jpg 文件，设置贴图强度为 30。

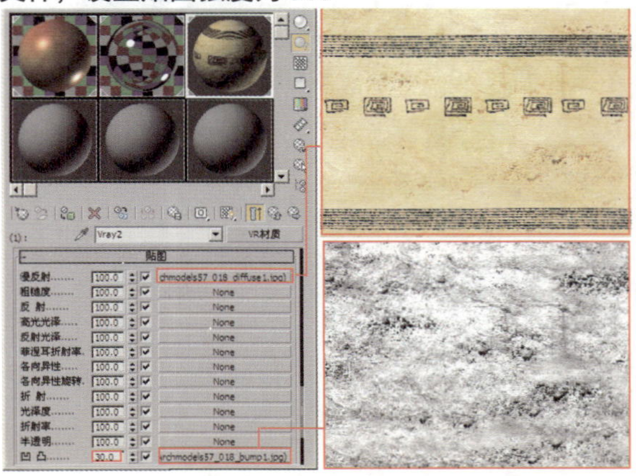

■ 3）在【多维/子对象】材质的材质 2 通道添加VR材质，设置【漫反射】颜色为暗红色。

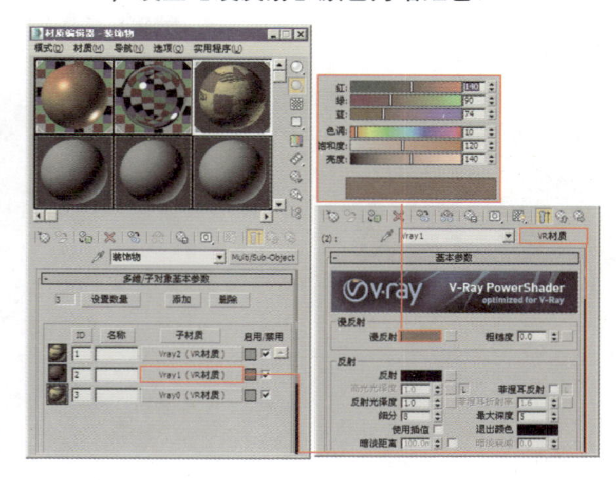

■ 4）打开【贴图】卷展栏，在【凹凸】通道中添加位图，设置位图为 Ch13\Maps\Archmodels57_018_bump0.jpg 文件，设置贴图强度为 30。

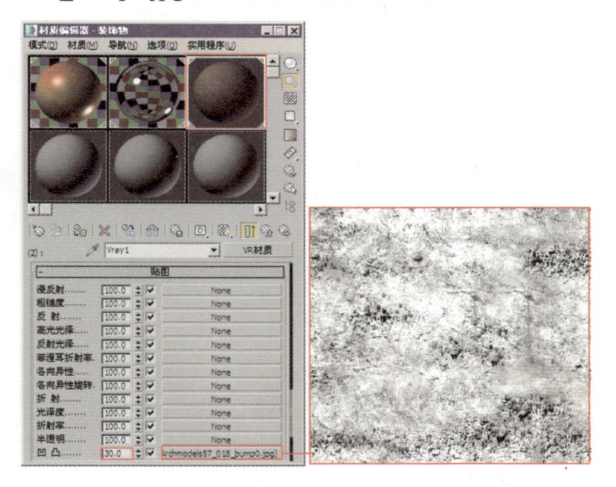

■ 5）在【多维/子对象】材质的材质 3 通道中添加VR材质，在【漫反射】通道添加位图，设置位图为 Ch13\Maps\Archmodels57_018_diffuse0.jpg 文件，参数设置如下图所示。

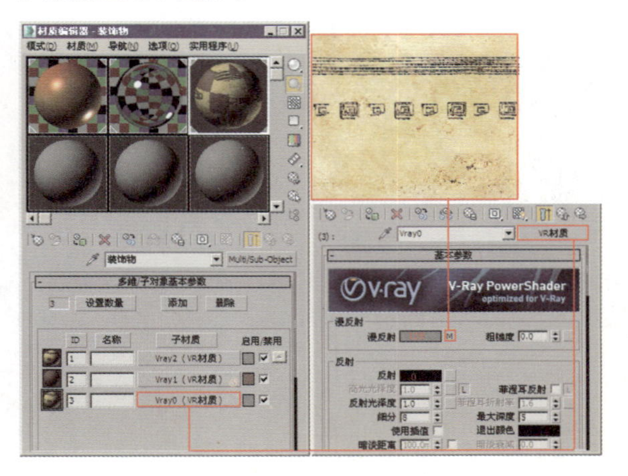

■ 6）打开【贴图】卷展栏，在【凹凸】通道中添加位图，设置位图为 Ch13\Maps\Archmodels57_018_bump0.jpg 文件，设置贴图强度为 30，参数设置如下图所示。

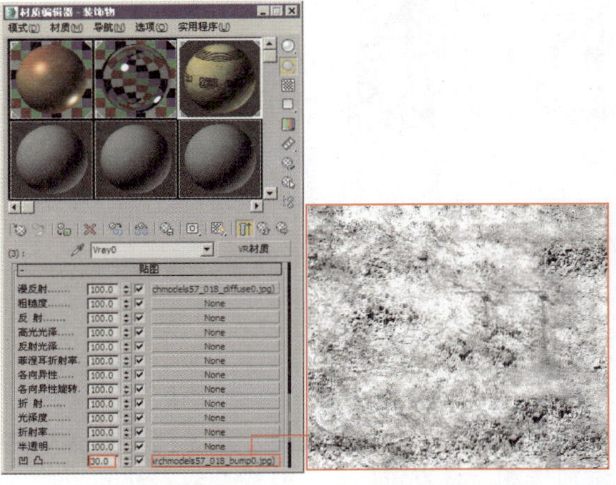

■ 7）设置吊扇主体材质。打开材质编辑器，选择一个空白的材质球，设置材质样式为 VR材质，在【反射】通道添加【衰减】贴图，设置【衰减类型】为【Fresnel】，参数设置如下图所示。

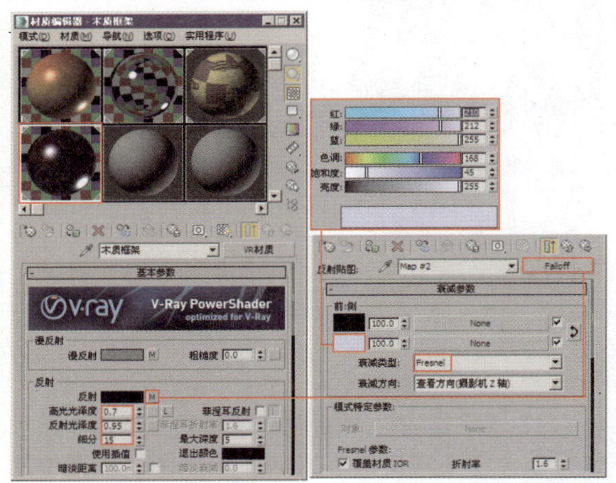

■ 8）打开【贴图】卷展栏，在【漫反射】通道和【凹凸】通道添加位图，设置位图为 Ch13\Maps\WW-238.jpg 文件，设置【凹凸】贴图强度为 35。

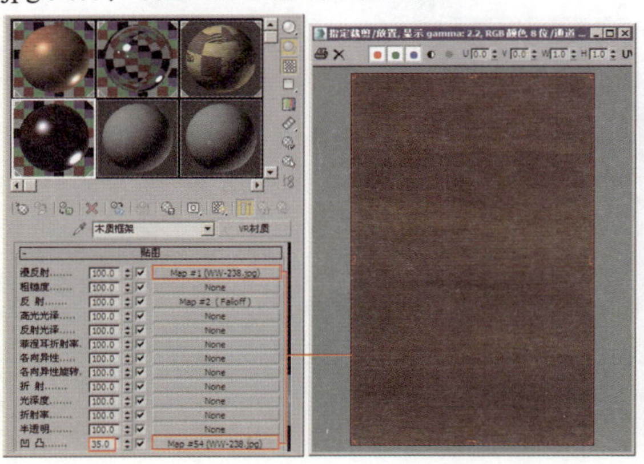

■ 9）设置不锈钢叶片材质。打开材质编辑器，选择一个空白的材质球，设置材质样式为 VR材质，设置【漫反射】颜色为黑色，参数设置如下图所示。

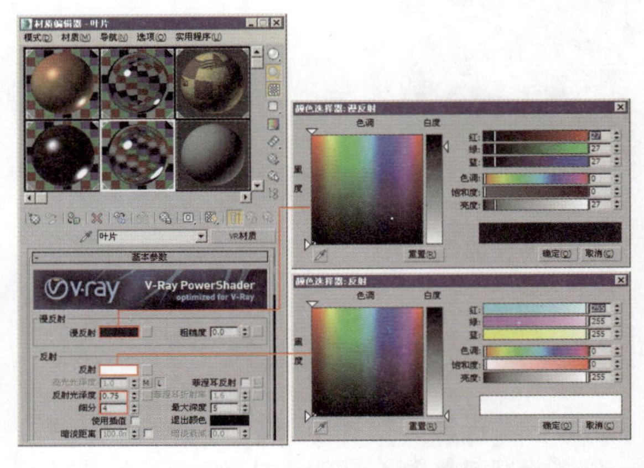

■ 10）在【折射】选项区域设置折射参数和烟雾颜色，参数设置如下图所示。

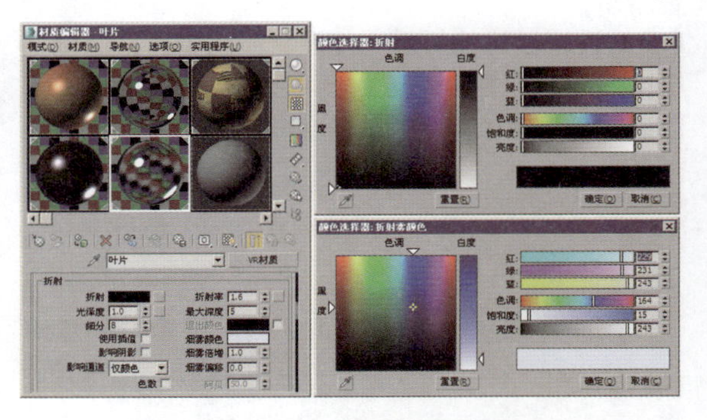

■ 11）在【双向反射分布函数】卷展栏中，设置类型为【多面】，具体参数设置如下图所示。

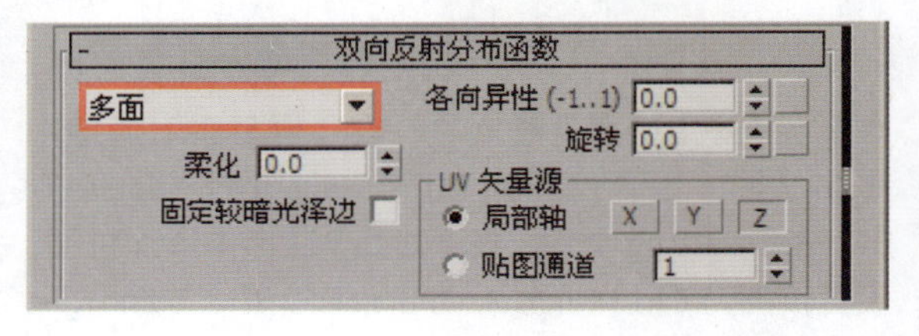

■ 12）打开【贴图】卷展栏，在【高光光泽】通道和【凹凸】通道添加【噪波】贴图，设置【凹凸】贴图强度为 30，参数设置如下图所示。

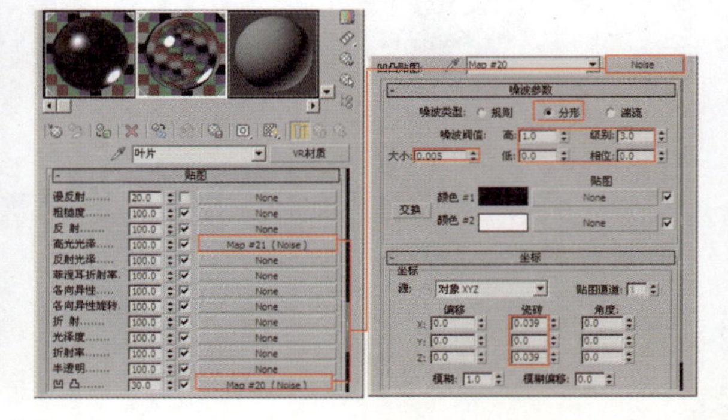

■ 13）设置灯罩材质。打开材质编辑器，选择一个空白的材质球，设置材质样式为 VR材质，设置【漫反射】颜色为浅黄色，参数设置如下图所示。

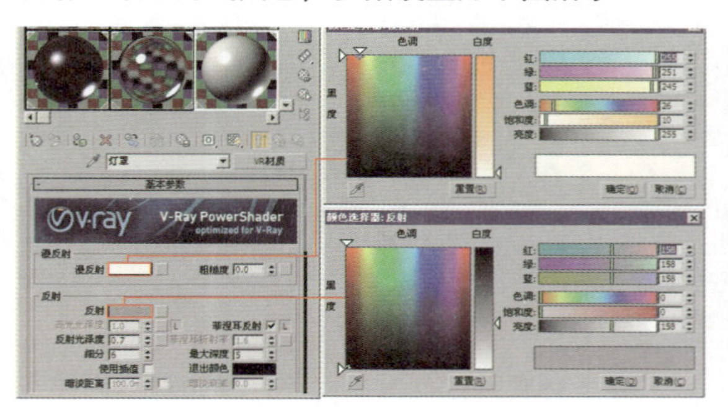

至此，客厅场景材质设置完成，接下来设置餐厅场景灯光。

13.4 餐厅场景灯光设置

在餐厅场景的灯光设置中，使用了两盏 VR 灯光和一盏目标灯光来进行场景照明。两盏 VR 灯光的作用分别是模拟室内补光和模拟炉火照明。

■ 1）设置室内补光。在【创建】命令面板 中单击 VR灯光 按钮，在室内创建一盏 VR 灯光，用来进行室内补光，具体位置如下图所示。

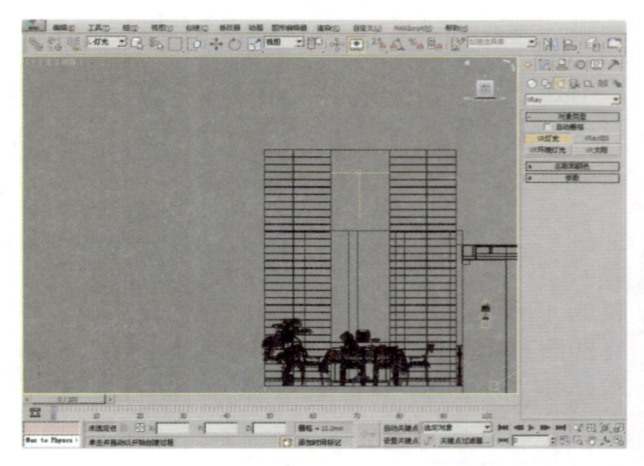

■ 2）在【修改】面板中设置 VR 灯光参数。

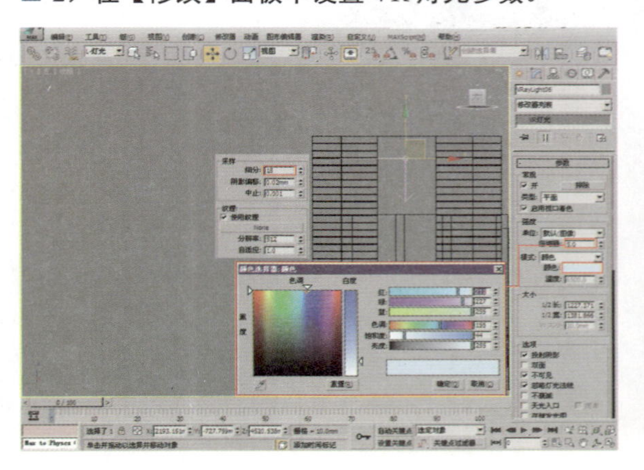

■ 3）在【创建】命令面板 中单击 目标灯光 按钮，在室内创建一盏目标灯光，具体位置如下图所示。

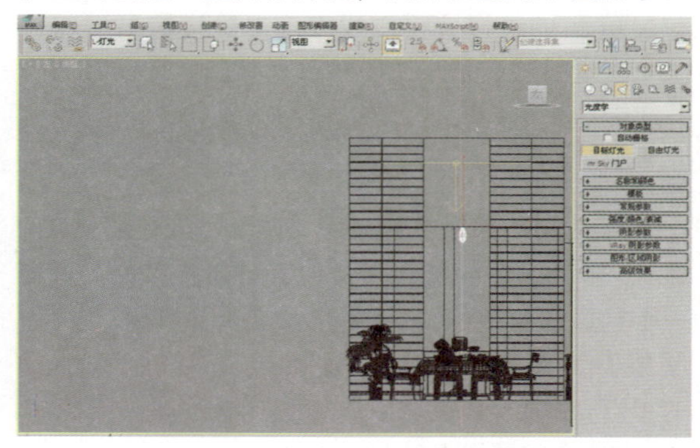

■ 4）在【修改】面板中设置目标灯光的参数。

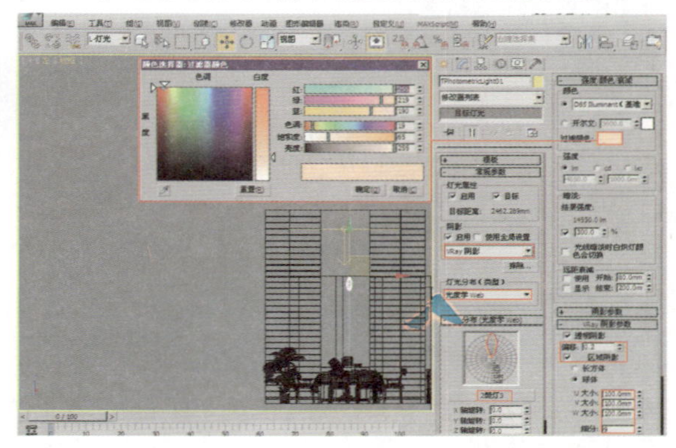

■ 5）在【创建】命令面板 中单击 VR灯光 按钮，在炉子底部创建一盏 VR 灯光，用来模拟炉火照明，具体位置如下图所示。

■ 6）在【修改】面板中设置 VR 灯光参数。

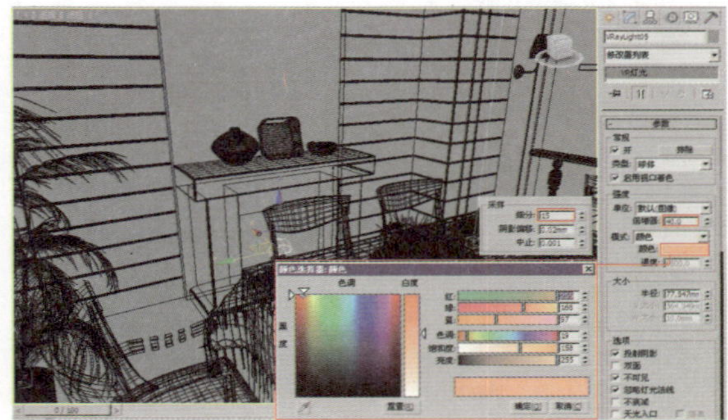

13.5 餐厅场景材质设置

餐厅场景材质相对较少，主要材质有墙面材质、桌椅材质、壁炉材质和盆栽材质。地面材质与客厅地面材质相同，这里不再讲解。

13.5.1 设置墙面材质

墙面材质包括红色砖墙材质和水泥砖墙材质。

■ 1）设置红色砖墙材质。打开材质编辑器，选择一个空白的材质球，设置材质样式为 VR材质，在【漫反射】通道添加位图，设置位图为Ch13\Maps\ST-047.jpg文件，参数设置如下图所示。

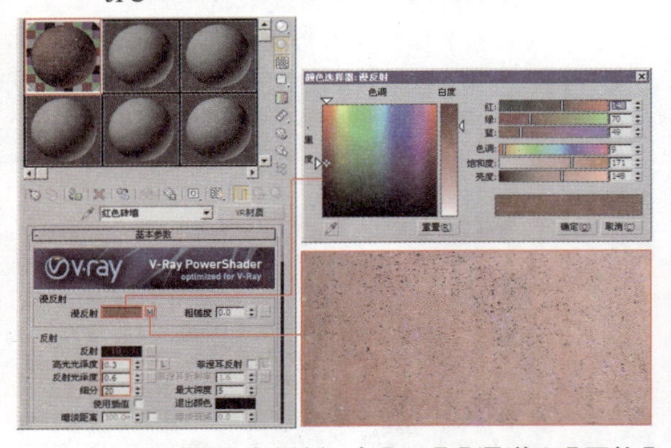

■ 2）打开【贴图】卷展栏，在【凹凸】通道和【置换】通道添加位图，设置位图为Ch13\Maps\254263-29_23_18-embed.jpg文件，设置【凹凸】贴图强度为50，【置换】贴图强度为4.0。

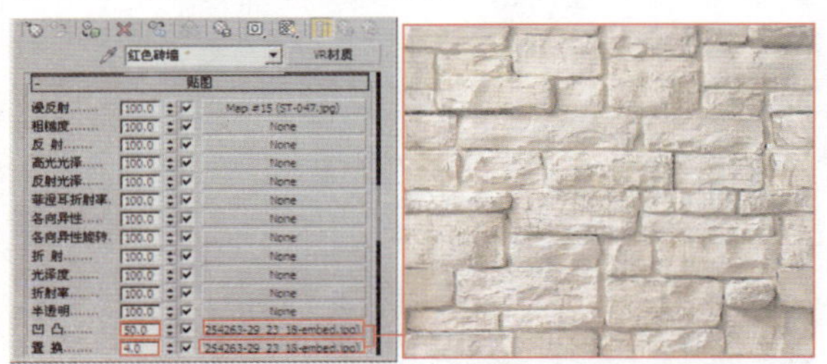

■ 3）设置水泥砖墙材质。打开材质编辑器，选择一个空白的材质球，设置材质样式为 VR材质，设置【漫反射】颜色为青色，参数设置如下图所示。

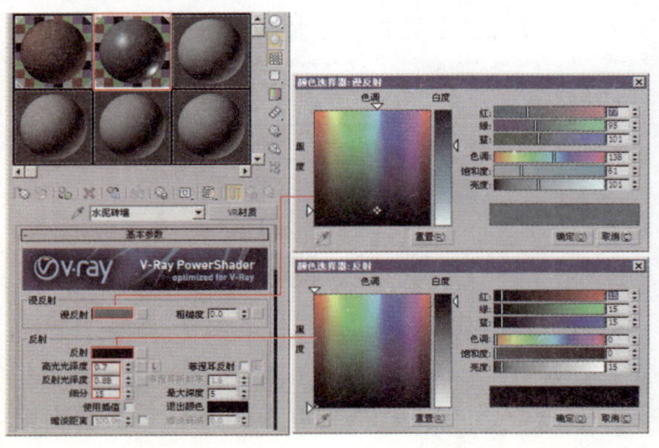

■ 4）打开【贴图】卷展栏，在【凹凸】通道添加位图，设置位图为Ch13\Maps\WW-095a.jpg文件，设置【凹凸】贴图强度为80。

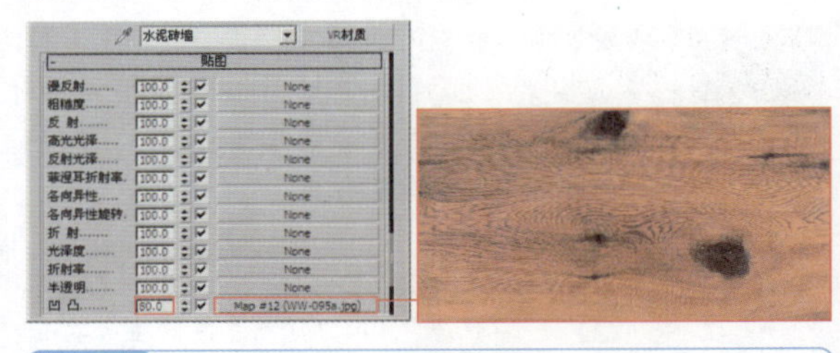

13.5.2 设置桌子和桌布材质

桌子材质为红色木质材质，桌布材质为印花布料材质。

■ 1）设置红色木质材质。打开材质编辑器，选择一个空白的材质球，设置材质样式为 VR材质，在【反射】通道添加【衰减】贴图，设置【衰减类型】为【Fresnel】，参数设置如下图所示。

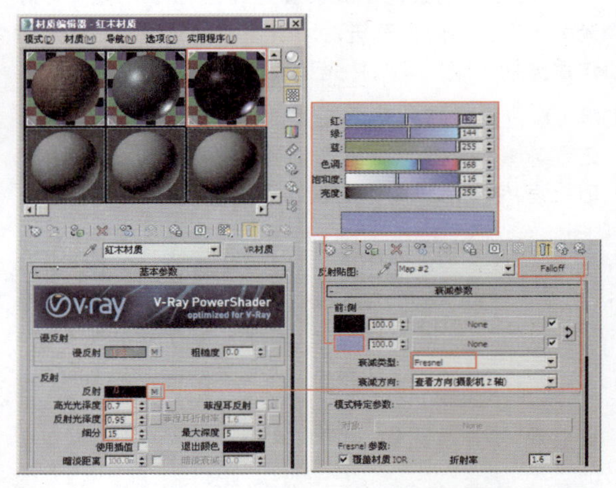

■ 2）打开【贴图】卷展栏，在【漫反射】通道和【凹凸】通道添加位图，设置位图为Ch13\Maps\WW-303.jpg文件，设置【凹凸】贴图强度为35。

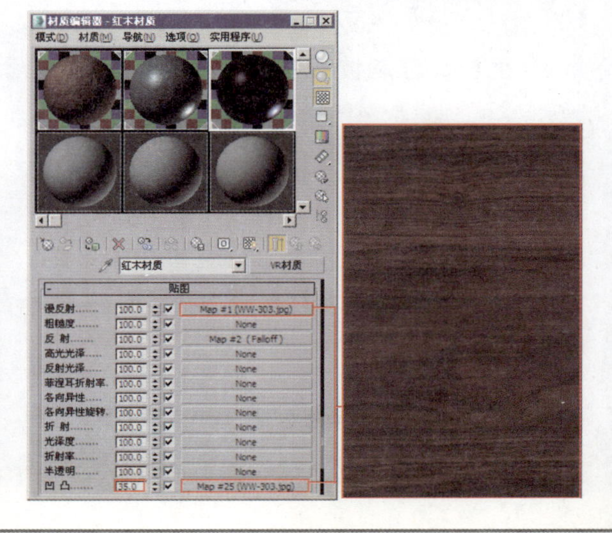

■ 3）设置印花桌布材质。打开材质编辑器，选择一个空白的材质球，设置材质样式为 Standard 专用材质，设置明暗器类型为【(O)Oren-Nayar-Blinn】，在【漫反射】通道添加【衰减】贴图，在【衰减】贴图【前】通道添加位图，设置位图为 Ch13\Maps\07-10-24-09-35-24-125.jpg 文件。

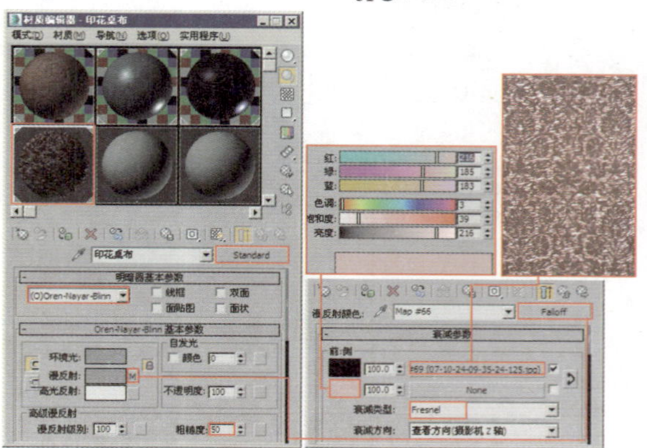

■ 4）打开【贴图】卷展栏，在【凹凸】通道添加位图，设置位图为 Ch13\Maps\复件 布料 081.jpg 文件，设置【凹凸】贴图强度为 150。

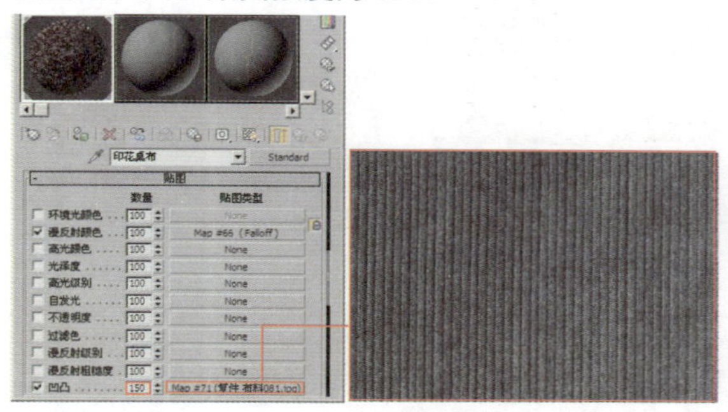

13.5.3 设置桌面上的物品材质

桌面上的物品材质包括餐巾材质、玻璃杯材质、不锈钢碟子材质和盆栽材质，其中盆栽材质包括镂空花篮材质、枝条材质、叶子、花蕊材质和花瓣材质。

■ 1）设置餐巾材质。打开材质编辑器，选择一个空白的材质球，设置材质样式为 VR材质，设置【漫反射】颜色为灰色，参数设置如下图所示。

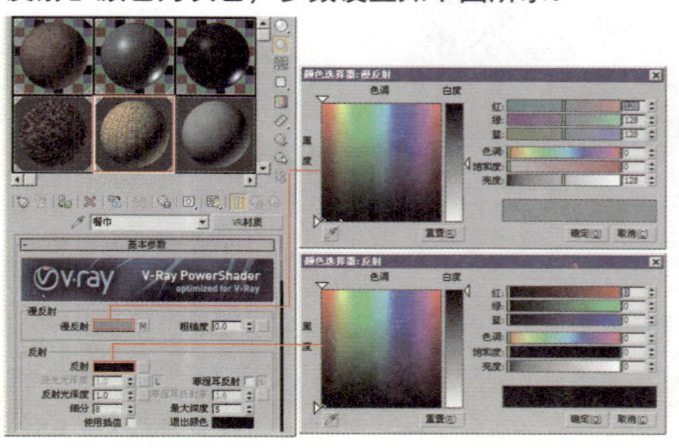

■ 2）打开【贴图】卷展栏，在【漫反射】通道和【凹凸】通道添加位图，设置位图为 Ch13\Maps\BW-009.jpg 文件，设置【凹凸】贴图强度为 20。

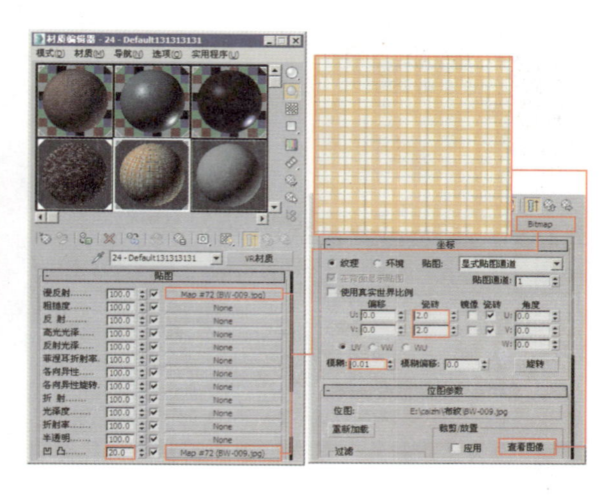

■ 3）设置玻璃杯材质。打开材质编辑器，选择一个空白的材质球，设置材质样式为 VR材质，设置【漫反射】颜色为黑色，具体参数设置如下图所示。

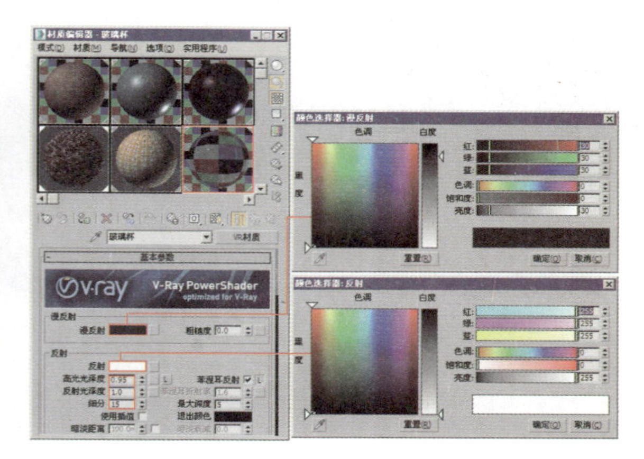

■ 4）在【折射】选项区域，设置折射颜色和烟雾颜色，具体参数设置如下图所示。

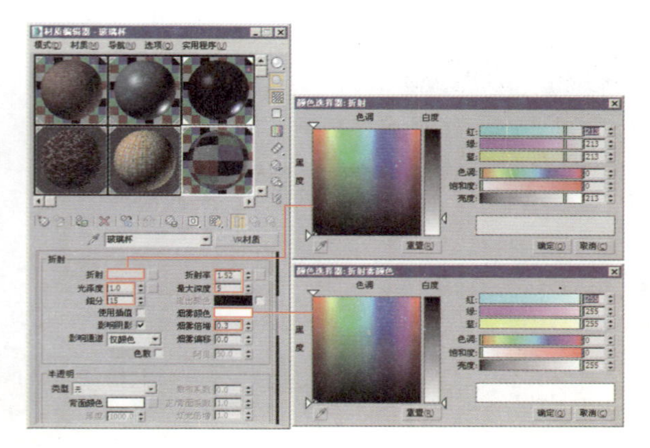

■ 5）设置不锈钢碟子材质。打开材质编辑器，选择一个空白的材质球，设置材质样式为 VR材质，设置【漫反射】颜色为灰色，参数设置如下图所示。

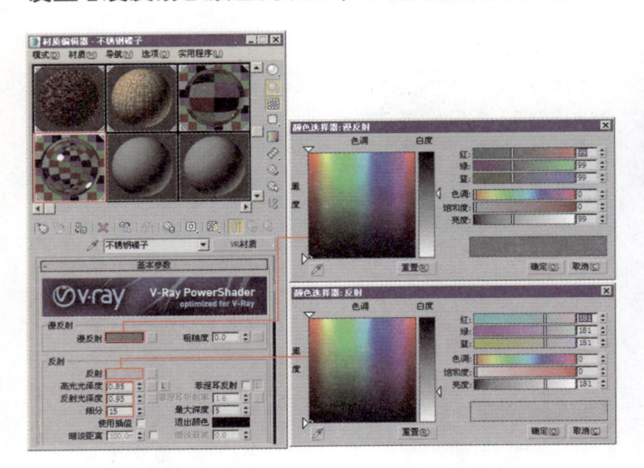

■ 6）设置盆栽材质。首先设置花篮材质，打开材质编辑器，选择一个空白的材质球，设置材质样式为 VR材质，在【漫反射】通道添加位图，设置位图为Ch13\Maps\Archinteriors_08_09_013.JPG文件，参数设置如下图所示。

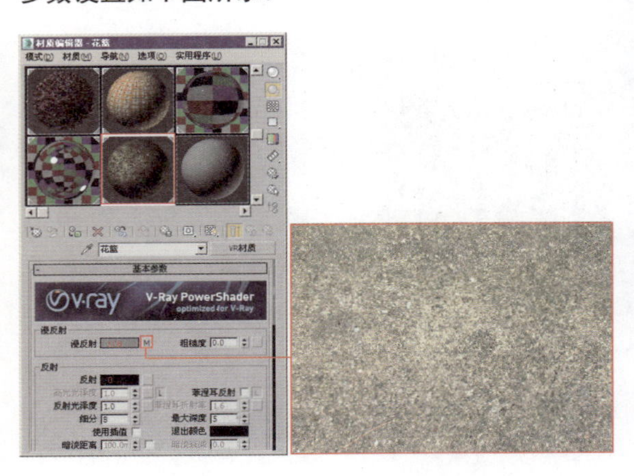

■ 7）设置枝条材质，打开材质编辑器，选择一个空白的材质球，设置材质样式为 VR材质，在【漫反射】通道添加【衰减】贴图，参数设置如下图所示。

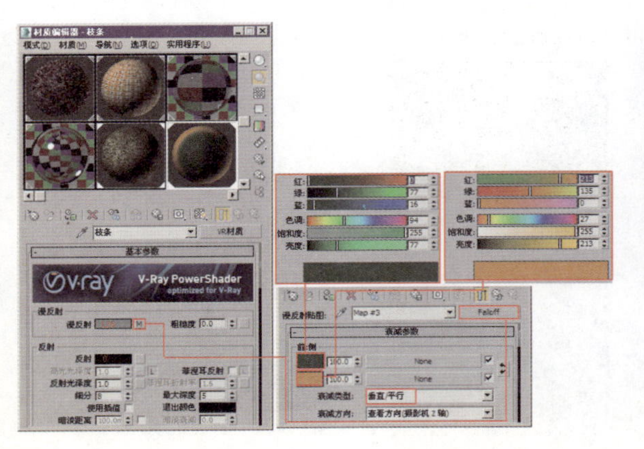

■ 8）设置叶子材质，打开材质编辑器，选择一个空白的材质球，设置材质样式为 VR材质，设置【漫反射】颜色为灰色，参数设置如下图所示。

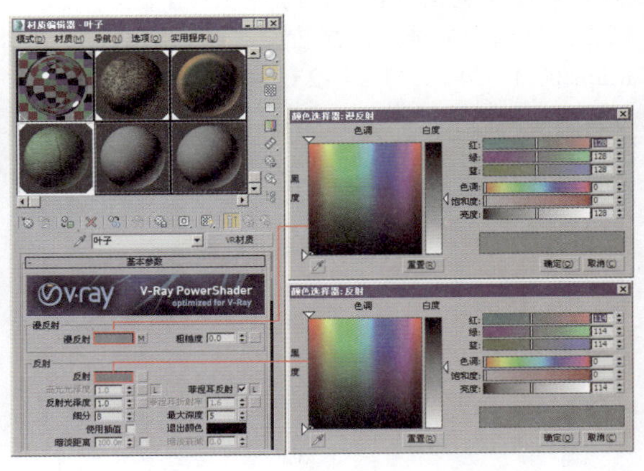

■ 9）在【折射】选项区域设置材质的折射效果，参数设置如下图所示。

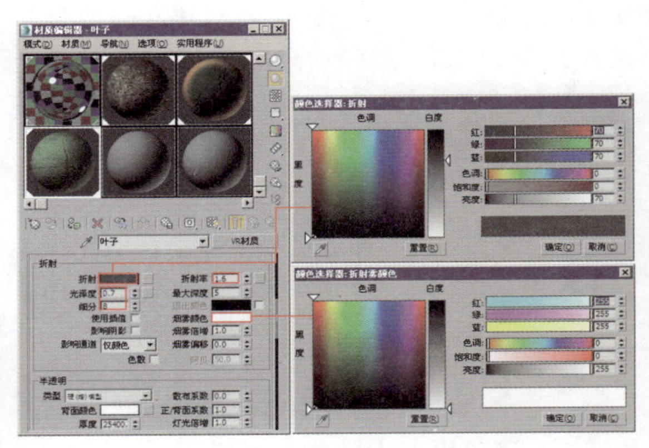

■ 10）打开【贴图】卷展栏，在【漫反射】通道添加位图，设置位图为Ch13\Maps\Archinteriors_08_09_013.JPG文件；在【凹凸】通道添加位图，设置位图为Ch13\Maps\Archinteriors_08_09_013.JPG文件，设置贴图强度为30。

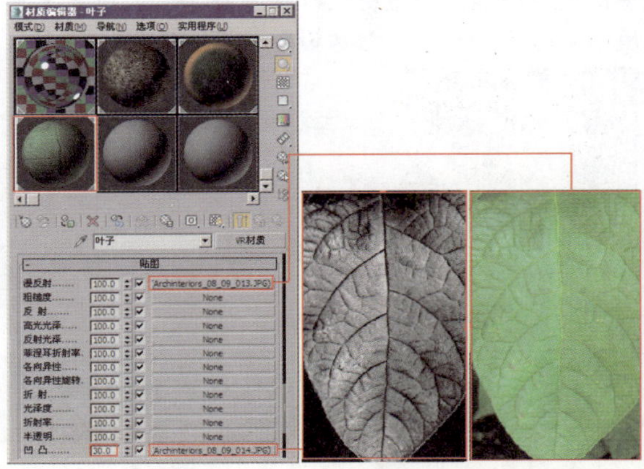

■ 11）设置花蕊材质，打开材质编辑器，选择一个空白的材质球，设置材质样式为 VR材质，在【漫反射】通道添加【衰减】贴图，参数设置如下图所示。

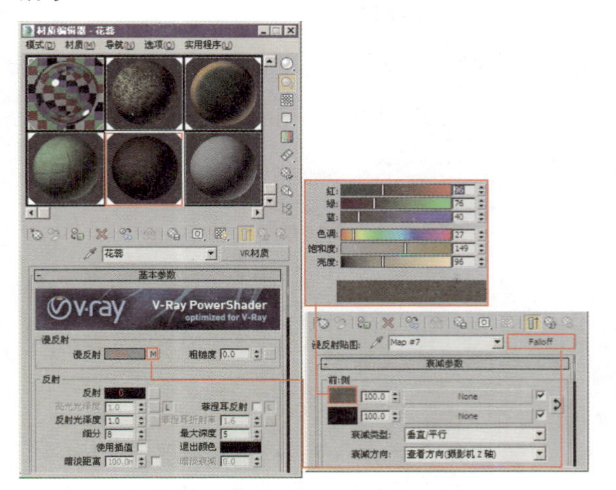

■ 12）设置花瓣材质，打开材质编辑器，选择一个空白的材质球，设置材质样式为 VR材质，设置【漫反射】颜色为黄色，参数设置如下图所示。

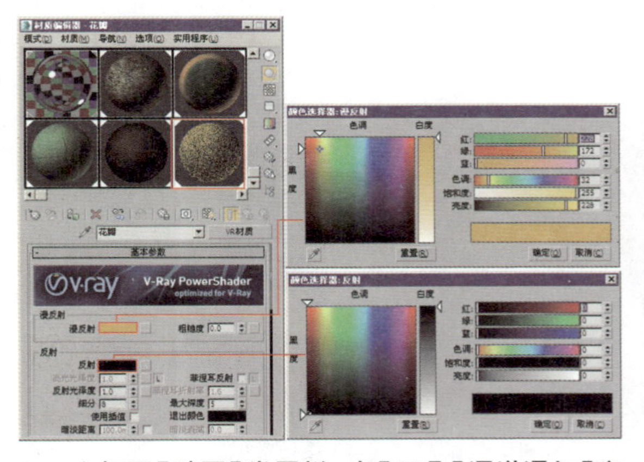

■ 13）打开【贴图】卷展栏，在【凹凸】通道添加【斑点】贴图，设置【凹凸】贴图强度为 30，参数设置如下图所示。

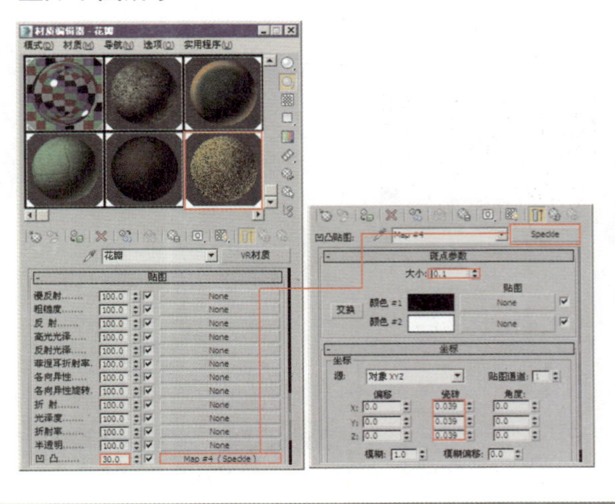

13.5.4 设置椅子材质

椅子材质包括红木材质和坐垫材质。红木材质前面已讲过，这里重点讲解坐垫材质。

■ 1）设置坐垫材质。打开材质编辑器，选择一个空白的材质球，设置材质样式为 混合，在【混合】材质【材质 1】通道添加 VR材质，设置【漫反射】颜色为灰色，参数设置如下图所示。

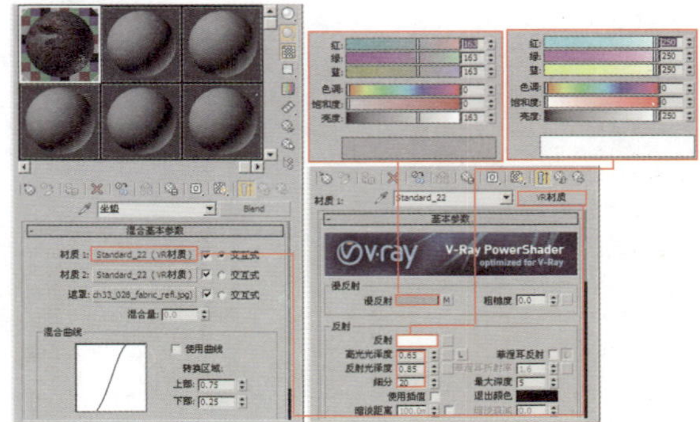

■ 2）打开【贴图】卷展栏，在【漫反射】通道添加位图，设置位图为 Ch13\Maps\ 复件 Arch33_028_fabric_color.jpg 文件；在【凹凸】通道添加位图，设置位图为 Ch13\Maps\Arch33_028_fabric_bump.jpg 文件，设置【凹凸】贴图强度为 -30，参数设置如下图所示。

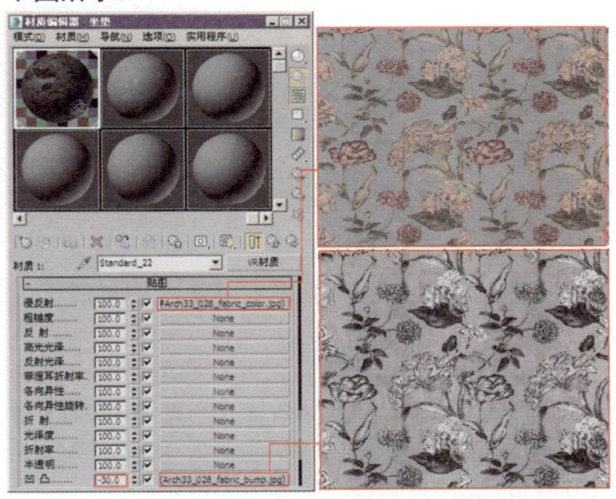

■ 3）在【混合】材质【材质 2】通道添加 VR材质，设置【漫反射】颜色为灰色，参数设置如下图所示。

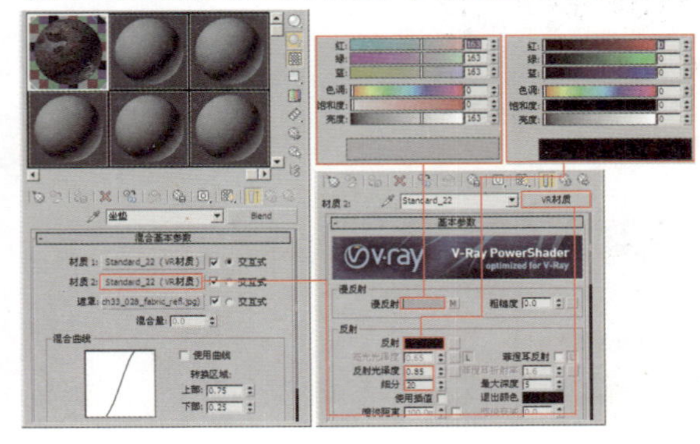

■ 4）打开【贴图】卷展栏，在【漫反射】通道添加位图，设置位图为Ch13\Maps\复件Arch33_028_fabric_color.jpg文件；在【凹凸】通道添加位图，设置位图为Ch13\Maps\Arch33_028_fabric_bump.jpg文件，设置【凹凸】贴图强度为-30，参数设置如下图所示。

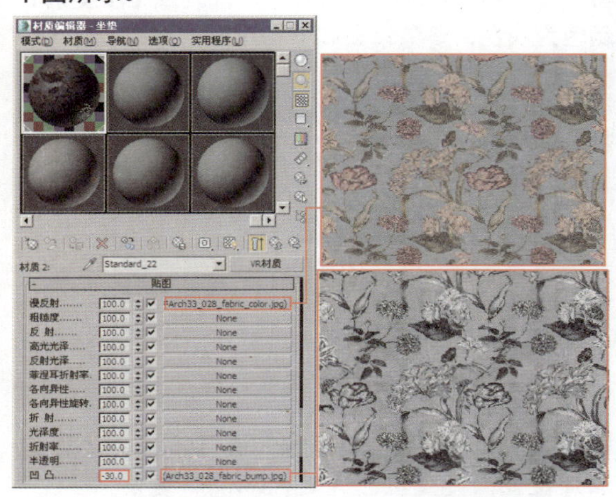

■ 5）在【混合】材质【遮罩】通道添加位图，设置位图为Ch13\Maps\Arch33_028_fabric_refl.jpg文件，参数设置如下图所示。

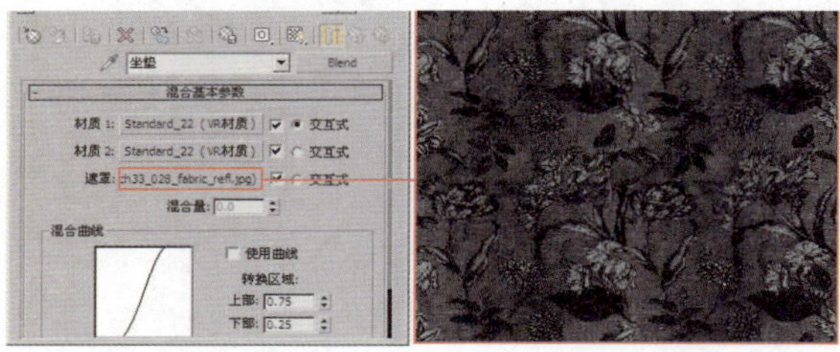

13.5.5 设置壁炉材质

壁炉材质共有3个材质：壁炉主体材质、火焰材质和干柴材质。

■ 1）设置壁炉主体材质。打开材质编辑器，选择一个空白的材质球，设置材质样式为 VR材质，在【漫反射】通道添加位图，设置位图为Ch13\Maps\ST-040.jpg文件，参数设置如下图所示。

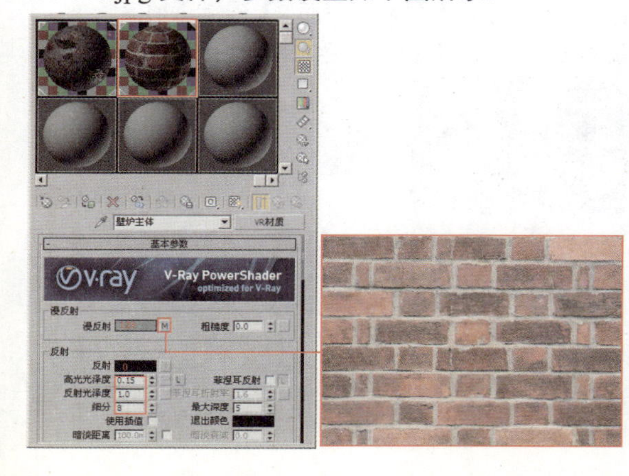

■ 2）打开【贴图】卷展栏，在【凹凸】通道和【置换】通道添加位图，设置位图为Ch13\Maps\ST-040.jpg文件，设置【凹凸】贴图强度为30、【置换】贴图强度为-5.0。

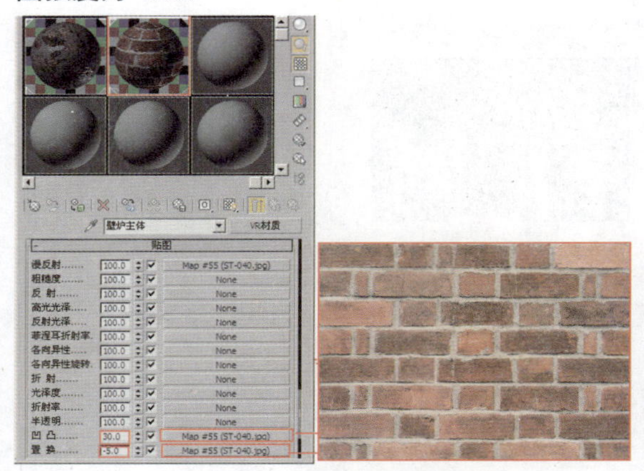

■ 3）设置火焰材质。打开材质编辑器，选择一个空白的材质球，设置材质样式为 VR灯光材质，在【颜色】通道添加位图，设置位图为Ch13\Maps\Arch_Interiors_4_001_fire.jpg文件，在【不透明度】通道添加位图，设置位图为Ch13\Maps\arch_interiors_4_001_fire_mask.jpg文件，参数设置如下图所示。

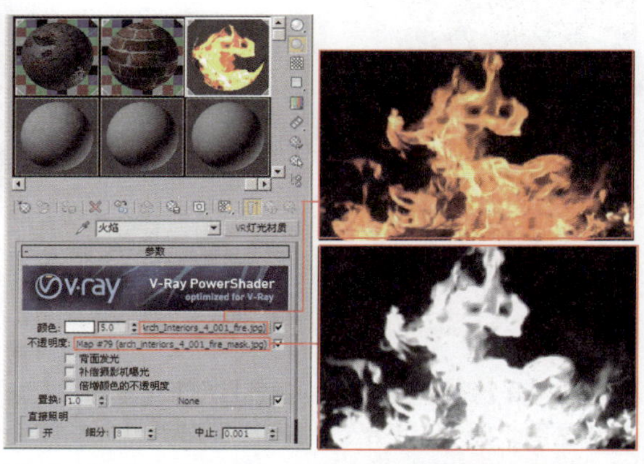

■ 4）设置干柴材质。打开材质编辑器，选择一个空白的材质球，设置材质样式为 VR材质，设置【漫反射】颜色为灰色，参数设置如下图所示。

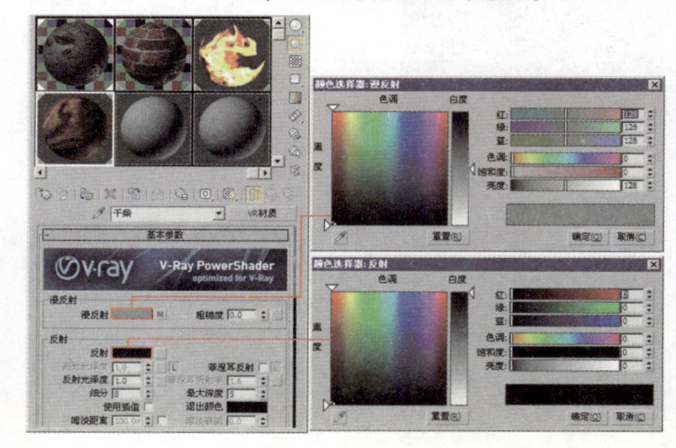

■ 5)打开【贴图】卷展栏，在【漫反射】通道和【凹凸】通道添加位图，设置位图为 Ch13\Maps\47187292.jpg 文件，设置【凹凸】贴图强度为 200，参数设置如下图所示。

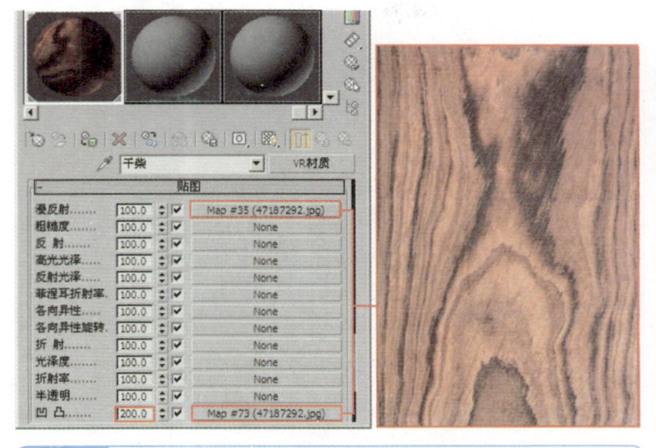

13.5.6 设置壁炉上物品的材质

壁炉上方物品的材质包括：陶瓷装饰物材质、藤编竹筐材质和木质艺术品材质。

■ 1）设置陶瓷装饰物材质，打开材质编辑器，选择一个空白的材质球，设置材质样式为 VR材质，设置【漫反射】颜色为粉色。

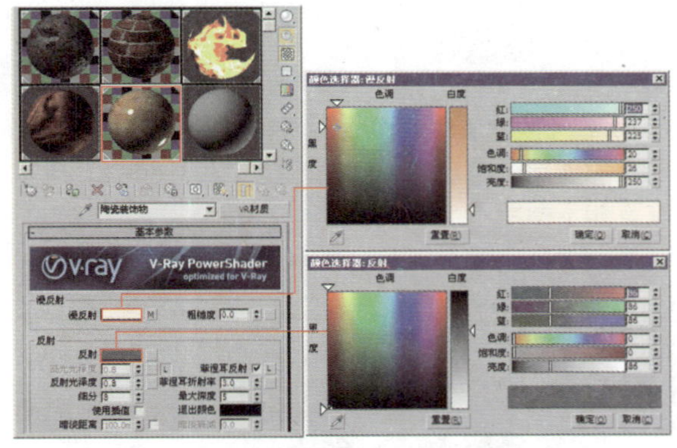

■ 2）打开【贴图】卷展栏，在【漫反射】通道添加位图，设置位图为 Ch13\Maps\Archmodels57_019_diffuse0.jpg 文件；在【凹凸】通道添加位图，设置位图为 Ch13\Maps\Archmodels57_019_diffuse1.jpg 文件，设置【凹凸】贴图强度为 50。

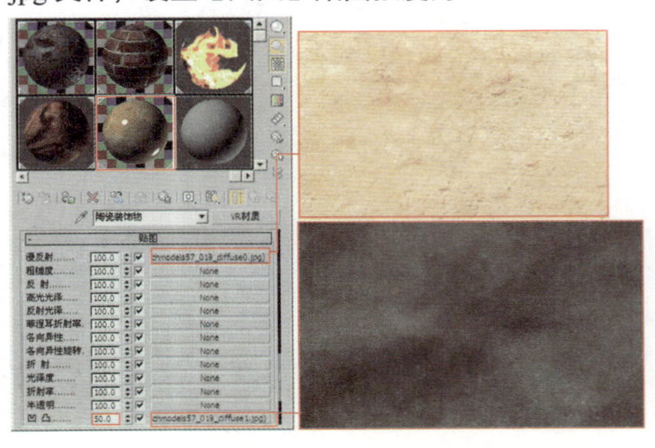

■ 3）设置藤编竹筐材质。打开材质编辑器，选择一个空白的材质球，设置材质样式为 VR材质，在【漫反射】通道添加 Ch13\Maps\ 藤 .jpg 位图文件，参数设置如下图所示。

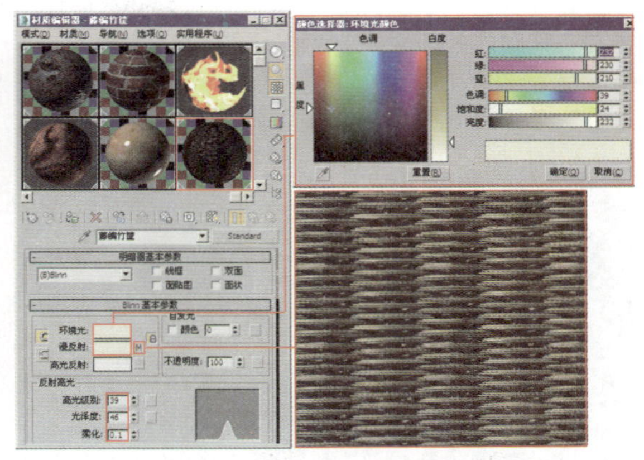

■ 4）打开【贴图】卷展栏，在【凹凸】通道添加【瓷砖】贴图，设置【凹凸】贴图强度为 120。

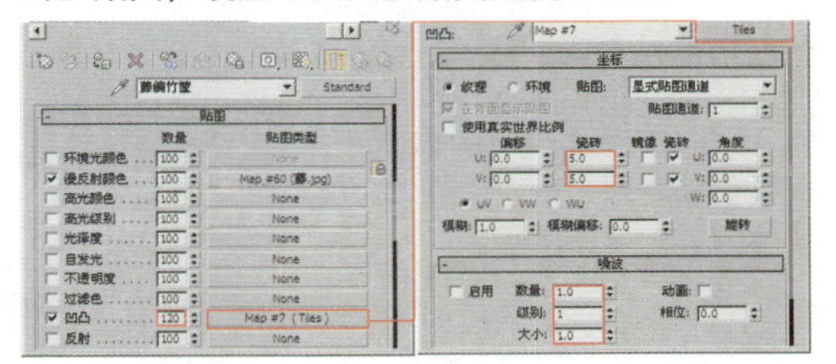

■ 5）设置木质艺术品材质。打开材质编辑器，选择一个空白的材质球，设置材质样式为 VR材质，在【漫反射】通道添加位图，设置位图为 Ch13\Maps\mw (1379).jpg 文件。

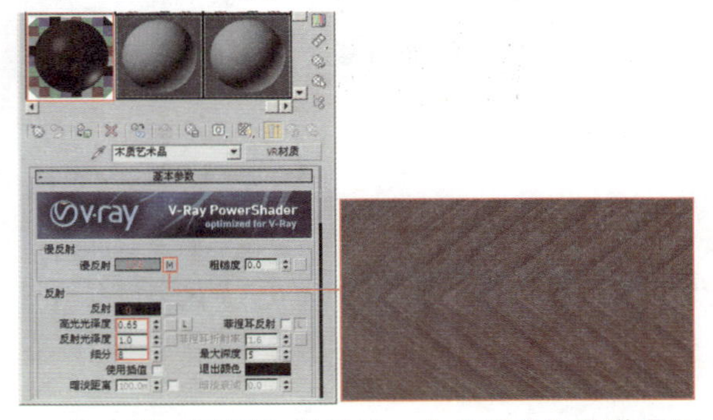

■ 6）打开【贴图】卷展栏，在【凹凸】通道添加位图，设置位图为 Ch13\Maps\mw (1379).jpg 文件，设置贴图强度为 30。

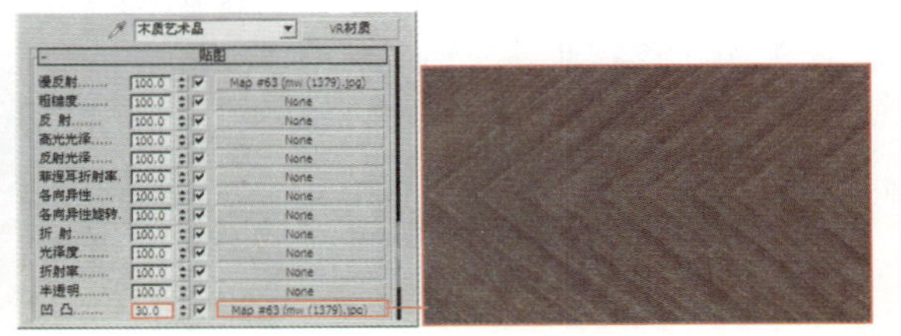

13.6 休闲区灯光设置

休闲区灯光主要包括使用 VR 灯光进行窗外补光和模拟壁灯照明，使用目标灯光模拟射灯照明，使用泛光灯模拟台灯照明。

■ 1）打开 Ch13\Scenes\ 休闲区 .max 场景文件，这是一个休闲区的场景。

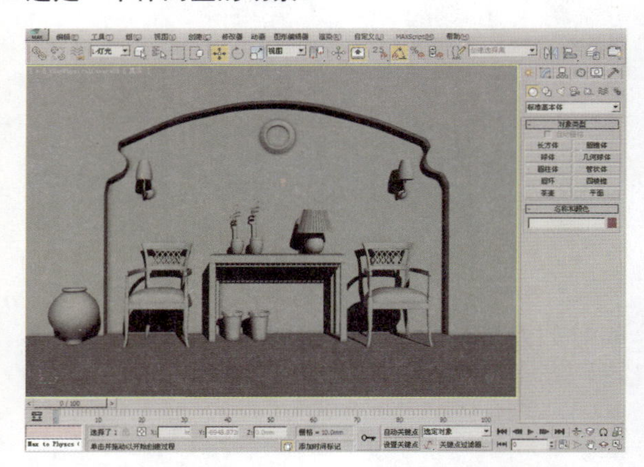

■ 2）在【创建】命令面板 中单击 VR灯光 按钮，在窗口处创建一盏 VR 灯光，用来进行窗口补光，具体位置如下图所示。

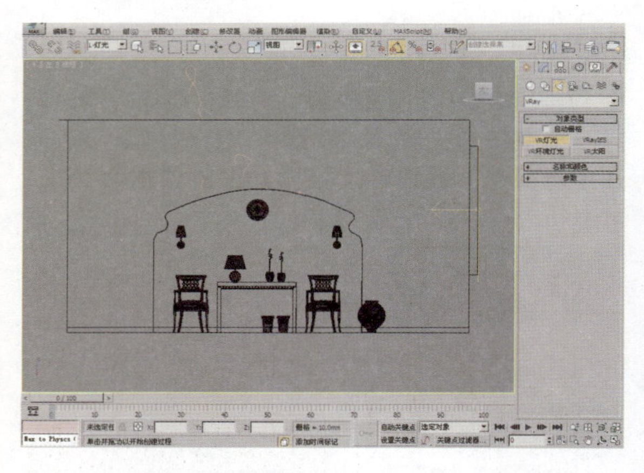

■ 3）在【修改】面板中设置 VR 灯光的参数。

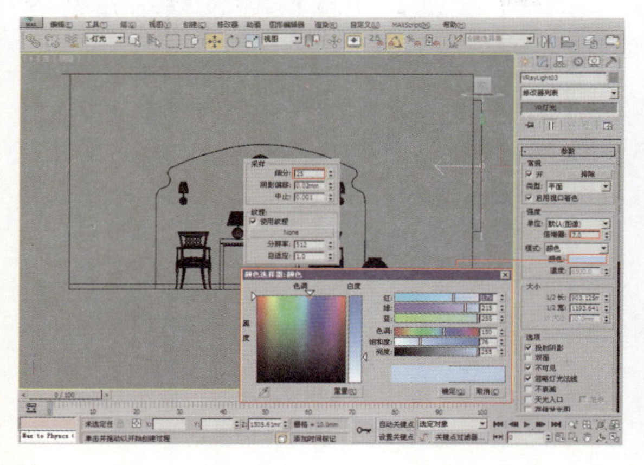

■ 4）在【创建】命令面板 中单击 目标灯光 按钮，在室内创建一盏目标灯光，用来模拟射灯照明，具体位置如下图所示。

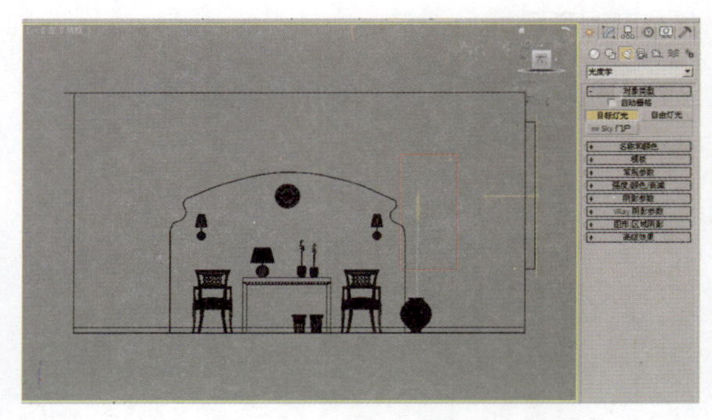

■ 5）在【修改】面板中设置目标灯光的参数。

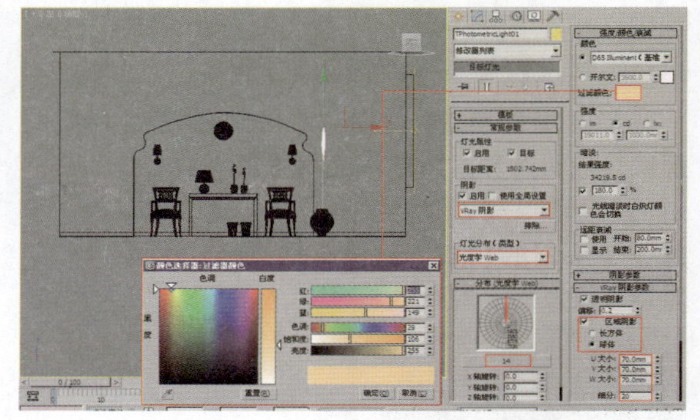

■ 6）在【创建】命令面板 中单击 泛光灯 按钮，在室内创建一盏泛光灯，用来模拟台灯照明，具体位置如下图所示。

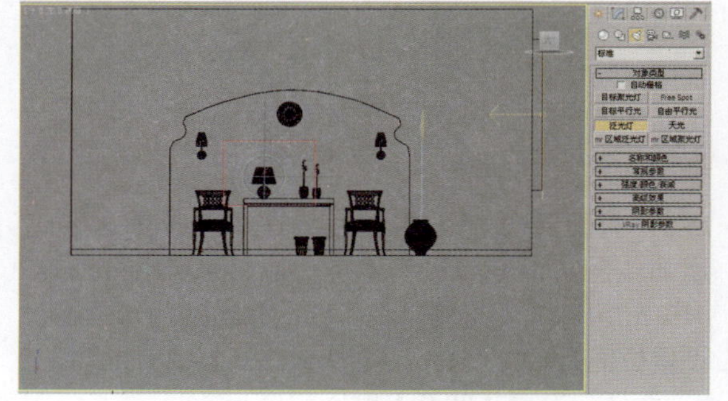

■ 7）在【修改】面板中设置泛光灯参数。

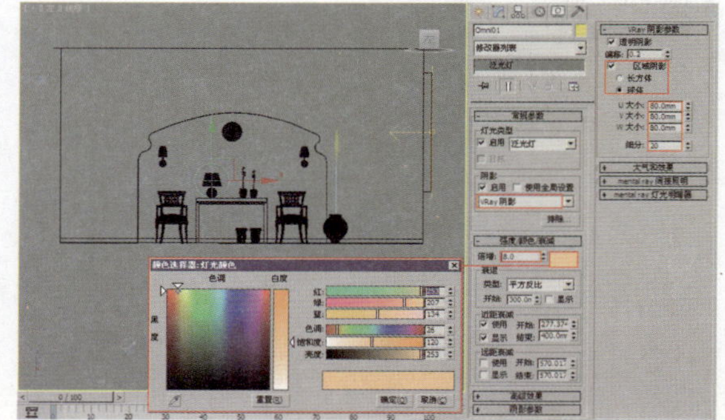

■ 8）在【创建】命令面板中单击 VR灯光 按钮，在两个壁灯处分别创建一盏VR灯光，用来模拟壁灯照明，具体位置如下图所示。

■ 9）在【修改】面板中设置VR灯光的参数。

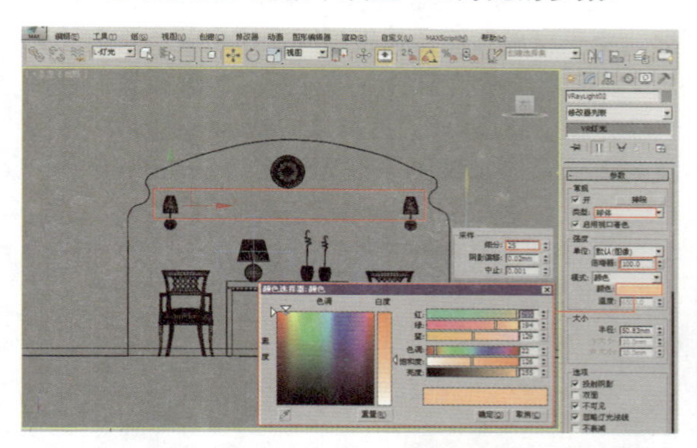

13.7 休闲区材质设置

休闲区场景中的材质主要有墙面材质、地面材质、桌椅材质和一些装饰物材质等。

13.7.1 设置墙面材质

墙面材质包括土黄色墙体材质和木质墙裙材质。

■ 1）设置土黄色墙体材质。打开材质编辑器，选择一个空白的材质球，设置材质样式为 VR材质，设置【漫反射】颜色为红色。

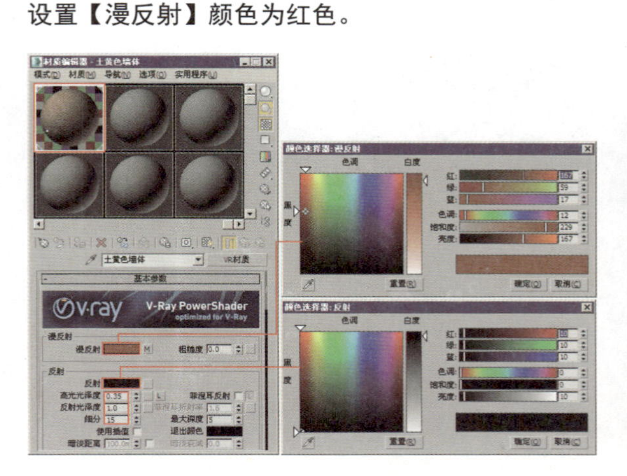

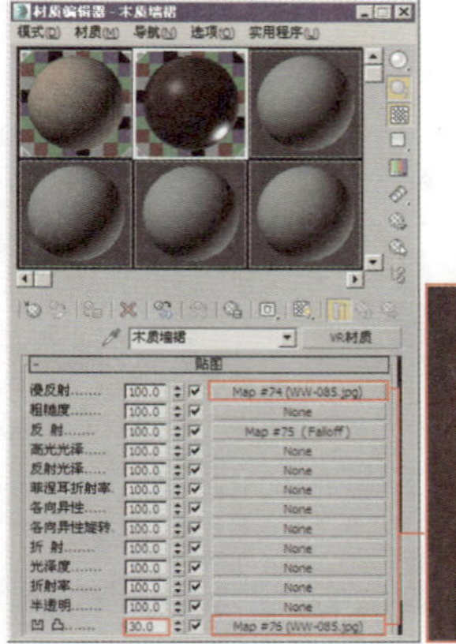

■ 2）打开【贴图】卷展栏，在【漫反射】通道和【凹凸】通道添加位图，设置位图为Ch13\Maps\STUCCO8.JPG文件，设置【漫反射】贴图强度为70、【凹凸】贴图强度为30，如下图所示。

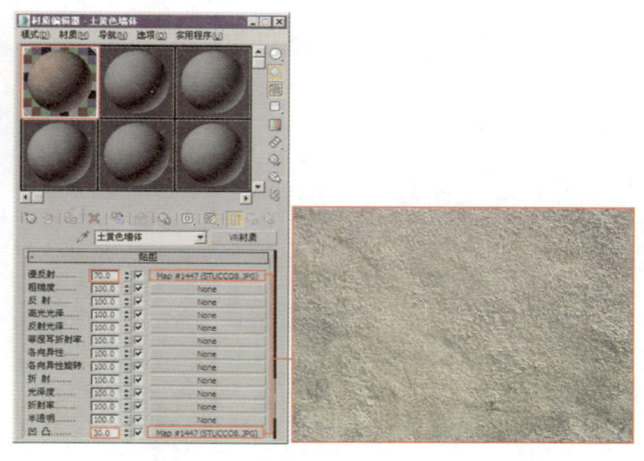

■ 3）设置木质墙裙材质。打开材质编辑器，选择一个空白的材质球，设置材质样式为 VR材质，在【反射】通道添加【衰减】贴图，设置【衰减类型】为【Fresnel】，参数设置如下图所示。

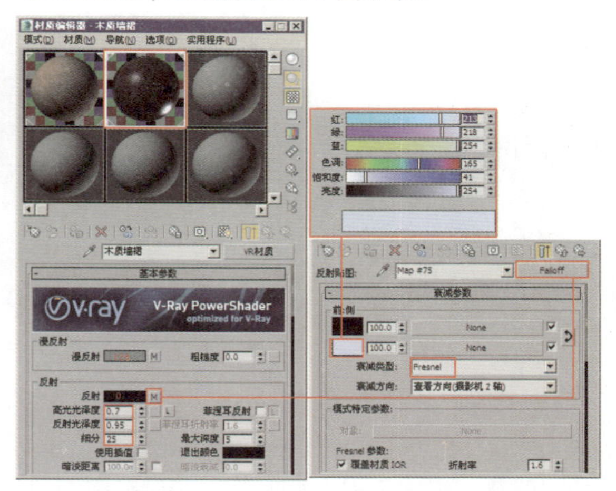

■ 4）打开【贴图】卷展栏，在【漫反射】通道和【凹凸】通道添加位图，设置位图为Ch13\Maps\WW-085.jpg文件，设置【凹凸】贴图强度为30。

13.7.2 设置地面材质

地面材质有两种，分别是大理石地面材质和木质地面材质。

■ 1）设置大理石地面材质。打开材质编辑器，选择一个空白的材质球，设置材质样式为 VR材质，设置【漫反射】颜色为红色。

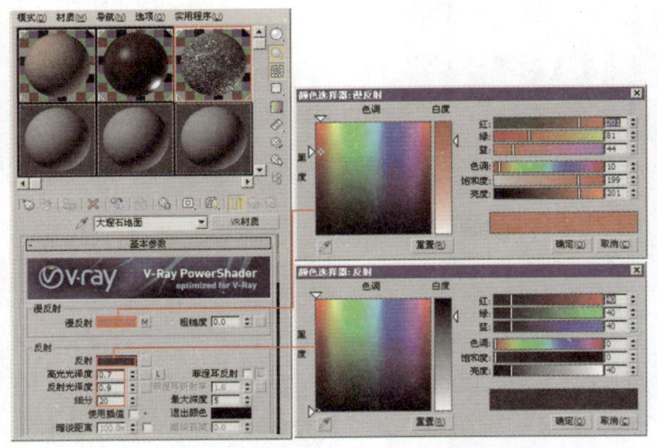

■ 2）打开【贴图】卷展栏，在【漫反射】通道和【凹凸】通道添加位图，设置位图为Ch13\Maps\有缝.jpg文件，设置【漫反射】贴图强度为95、【凹凸】贴图强度为30。

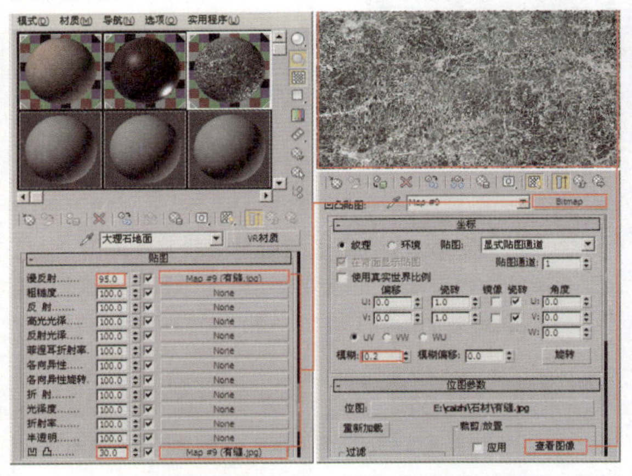

■ 3）设置木质地面材质。打开材质编辑器，选择一个空白的材质球，设置材质样式为 VR材质，设置【漫反射】颜色为灰色。

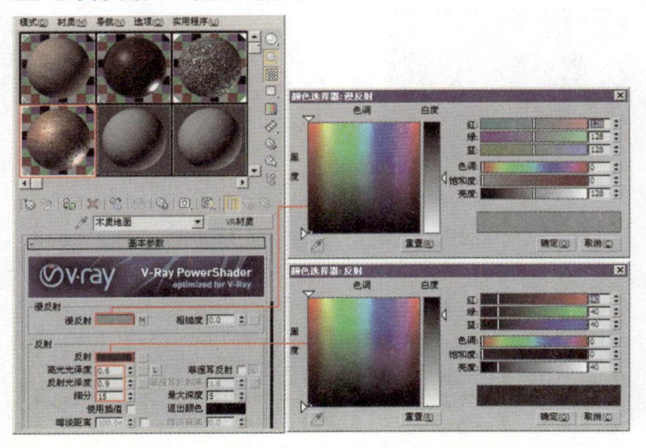

■ 4）打开【贴图】卷展栏，在【漫反射】通道和【凹凸】通道添加位图，设置位图为Ch13\Maps\复件SC-076.jpg文件，设置【凹凸】贴图强度为40。

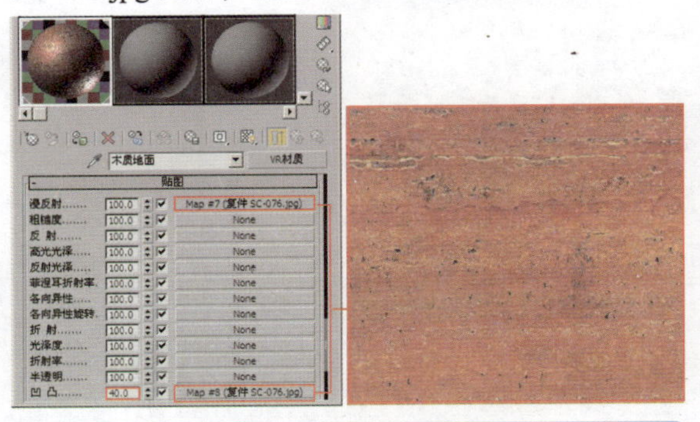

13.7.3 设置椅子和桌子材质

椅子的材质包括木质椅架材质和条纹坐垫材质；桌子材质和墙裙材质相同，这里就不再赘述。

■ 1）设置木质椅架材质。打开材质编辑器，选择一个空白的材质球，设置材质样式为 VR材质，在【漫反射】通道添加位图，设置位图为Ch13\Maps\mw (152).jpg文件；在【反射】通道添加【衰减】贴图，参数设置如下图所示。

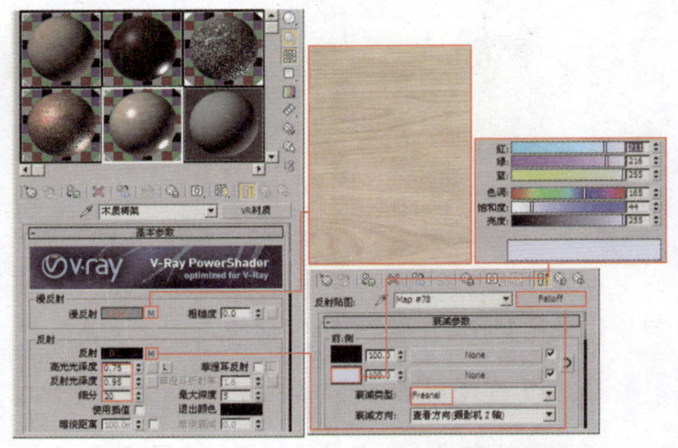

■ 2）设置条纹坐垫材质。打开材质编辑器，选择一个空白的材质球，设置材质样式为 VR材质，在【漫反射】通道添加位图，设置位图为Ch13\Maps\复件034.tif文件。

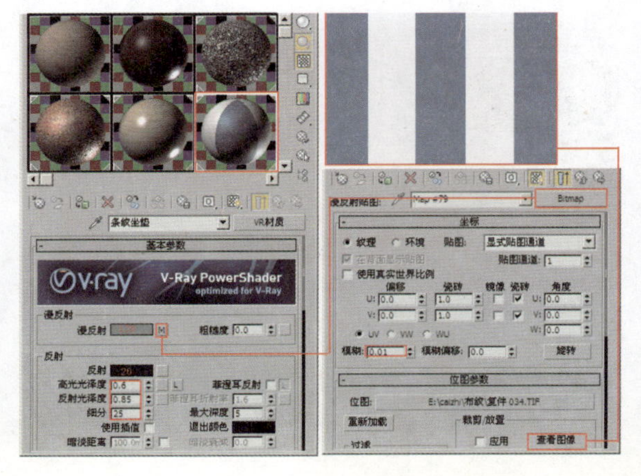

■ 3）打开【贴图】卷展栏，在【凹凸】通道中添加【噪波】贴图，设置贴图强度为 30。

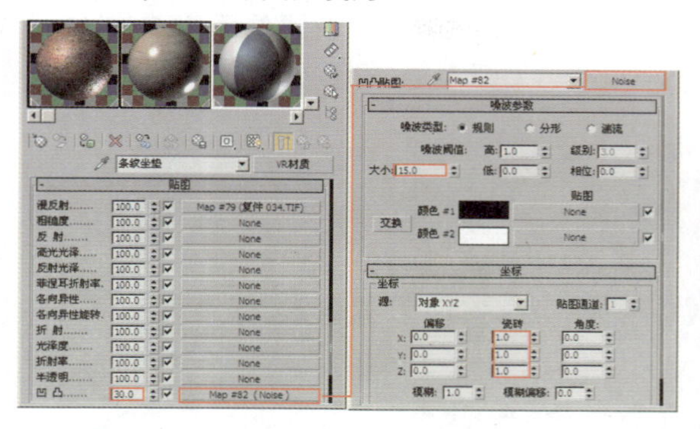

13.7.4 设置装饰物和坛子材质

装饰物材质包括花瓶材质、泥土材质和竹子材质；坛子材质为印花陶瓷材质。

■ 1）设置花瓶材质。打开材质编辑器，选择一个空白的材质球，设置材质样式为 VR材质，在【漫反射】通道添加【衰减】贴图，在【衰减】贴图【前】通道和【侧】通道添加位图，设置位图为 Ch13\Maps\arch24_blue_5.jpg 文件。

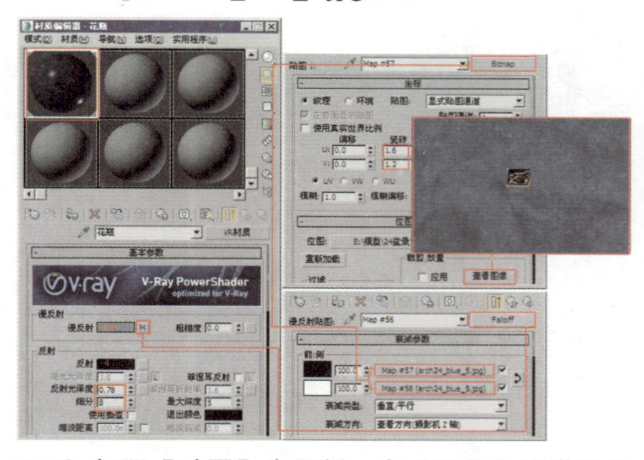

■ 2）打开【贴图】卷展栏，在【凹凸】通道添加位图，设置位图为 Ch13\Maps\arch24_blue_5bump.jpg 文件，设置贴图强度为 30。

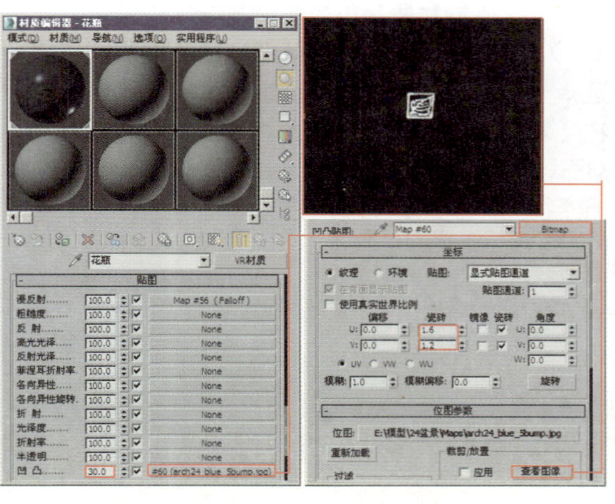

■ 3）设置泥土材质。打开材质编辑器，选择一个空白的材质球，设置材质样式为 VR材质，在【漫反射】通道添加位图，设置位图为 Ch13\Maps\arch24_dirt-2.jpg 文件，参数设置如下图所示。

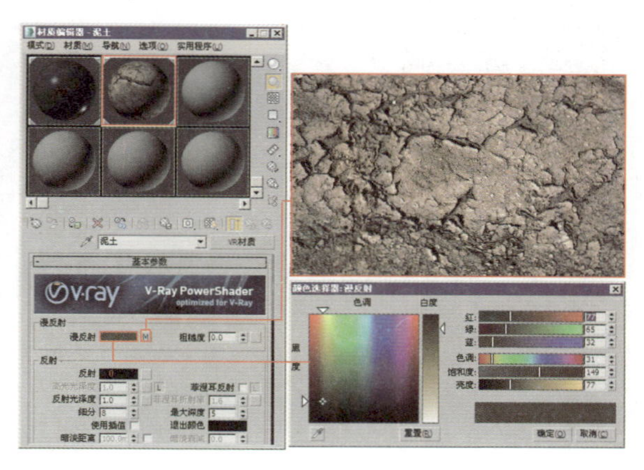

■ 4）设置竹子材质。打开材质编辑器，选择一个空白的材质球，设置材质样式为 VR材质，在【漫反射】通道添加【渐变】贴图，并设置渐变颜色，参数设置如下图所示。

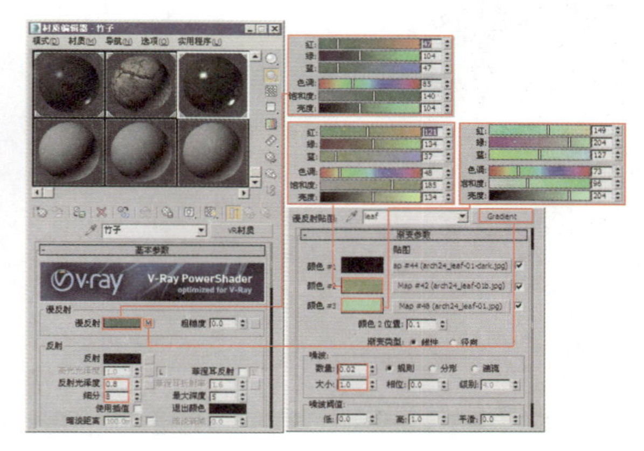

■ 5）在【渐变】贴图的【颜色 #1】通道添加 Ch13\Maps\arch24_leaf-01-dark.jpg 位图文件。

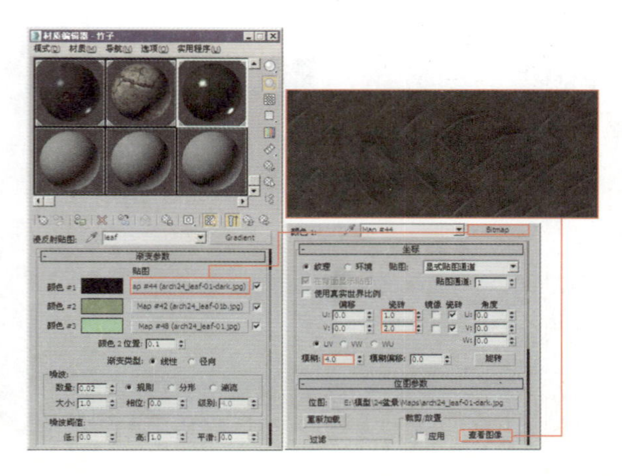

■ 6）在【渐变】贴图的【颜色 #2】通道添加位图，设置位图为 Ch13\Maps\arch24_leaf-01b.jpg 文件，如下图所示。

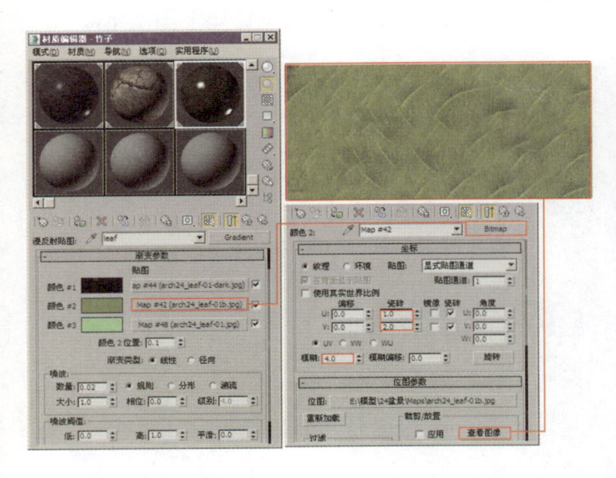

■ 7）在【渐变】贴图的【颜色 #3】通道添加位图，设置位图为 Ch13\Maps\arch24_leaf-01.jpg 文件。

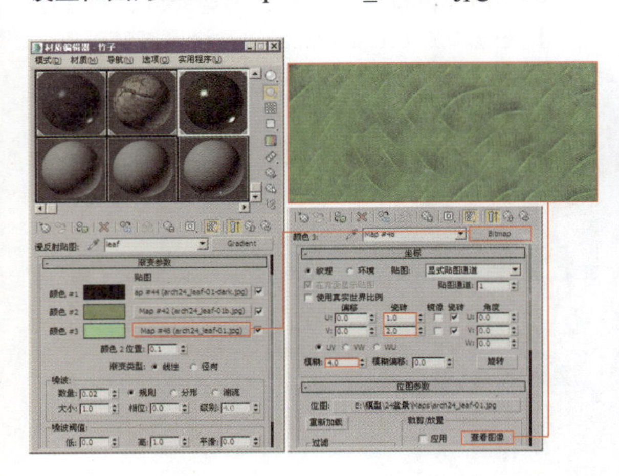

■ 8）打开【贴图】卷展栏，在【凹凸】通道添加位图，设置位图为 Ch13\Maps\arch24_leaf-01-bump.jpg 文件，设置贴图强度为 45。

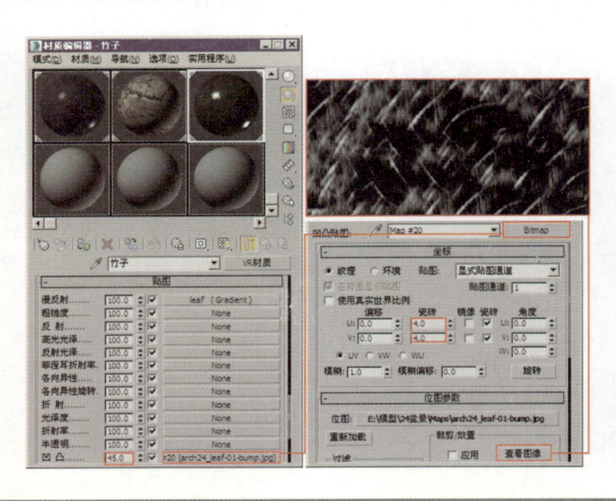

■ 9）设置坛子材质。打开材质编辑器，选择一个空白的材质球，设置材质样式为 VR材质，在【漫反射】通道添加位图，设置位图为 Ch13\Maps\Archmodels57_076B.jpg 文件，参数设置如下图所示。

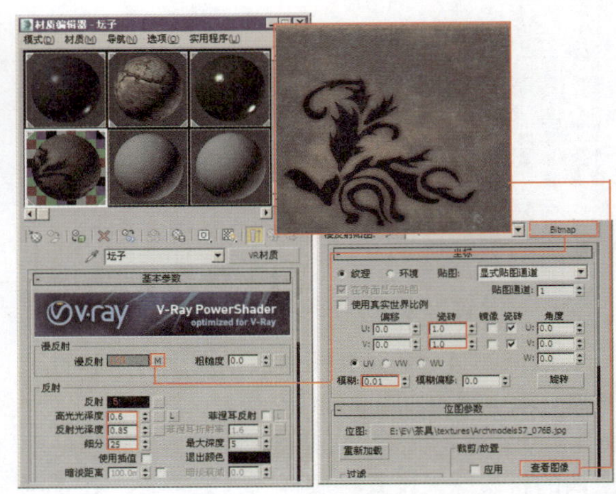

■ 10）打开【贴图】卷展栏，在【凹凸】通道添加位图，设置位图为 Ch13\Maps\Archmodels57_019_bump0.jpg 文件，设置贴图强度为 20。

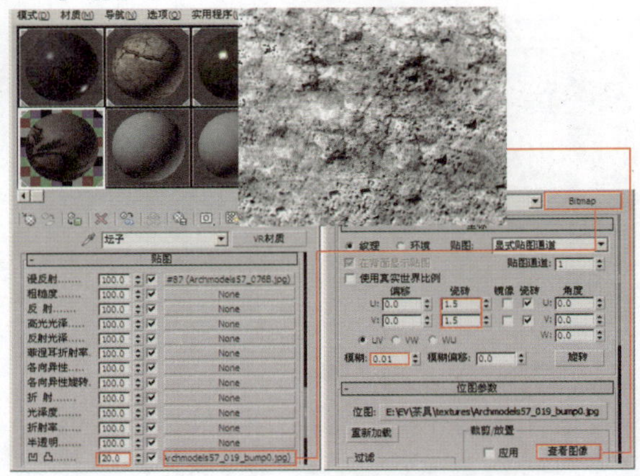

13.7.5 设置台灯和垃圾筐材质

台灯材质包括陶瓷底座和灯罩材质；垃圾筐材质包括筐体材质和垃圾袋材质。

■ 1）设置台灯陶瓷底座材质。打开材质编辑器，选择一个空白的材质球，设置材质样式为 VR材质，在【漫反射】通道添加位图，设置位图为 Ch13\Maps\ 陶瓷花纹 .jpg 文件。

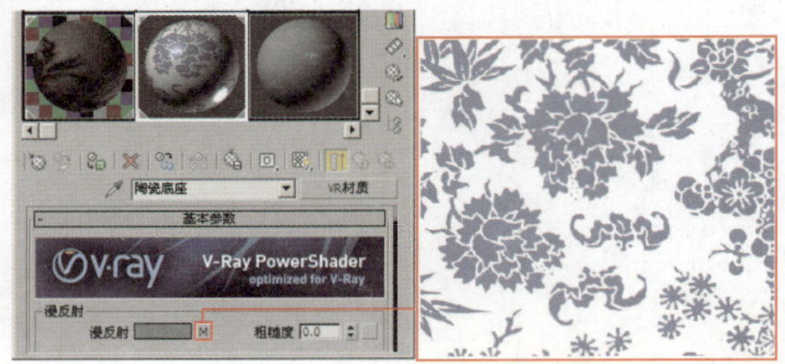

■ 2）在【反射】通道添加【衰减】贴图，设置【衰减类型】为【Fresnel】，具体参数设置如下图所示。

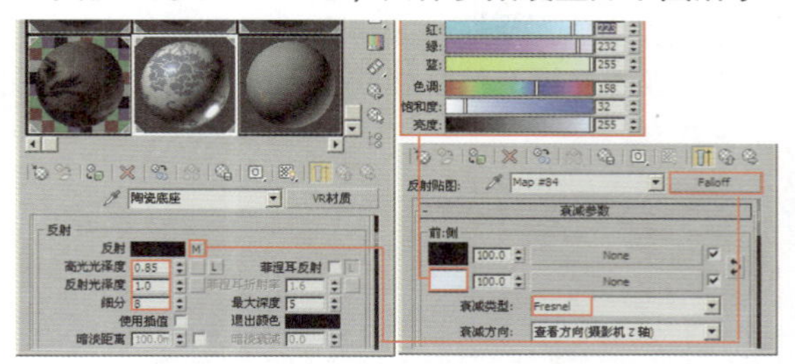

■ 3）打开【双向反射分布函数】卷展栏，设置类型为【沃德】，其他参数设置如下图所示。

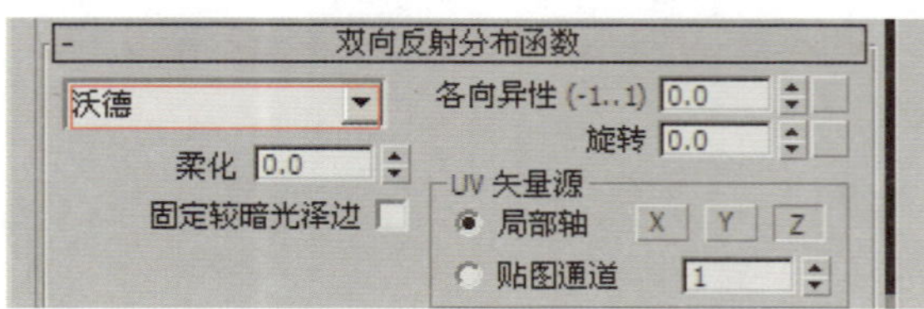

■ 4）设置灯罩材质。打开材质编辑器，选择一个空白的材质球，设置材质样式为 多维/子对象 ，设置材质 1 样式为 VR材质 ，设置【漫反射】颜色为灰色，具体参数设置如下图所示。

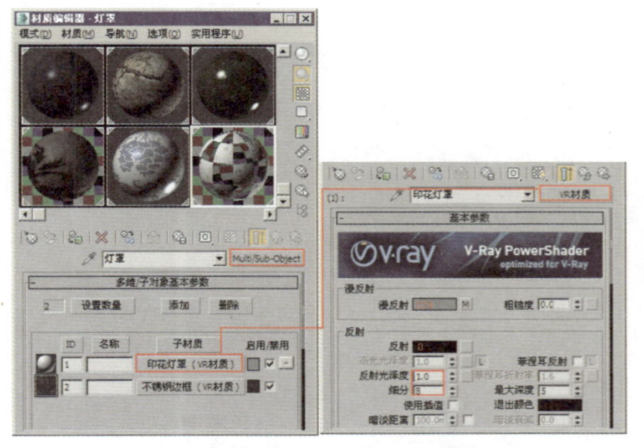

■ 5）打开【贴图】卷展栏，在【漫反射】通道和【凹凸】通道添加位图，设置位图为 Ch13\Maps\BW-113.jpg 文件，设置【凹凸】贴图强度为 30。

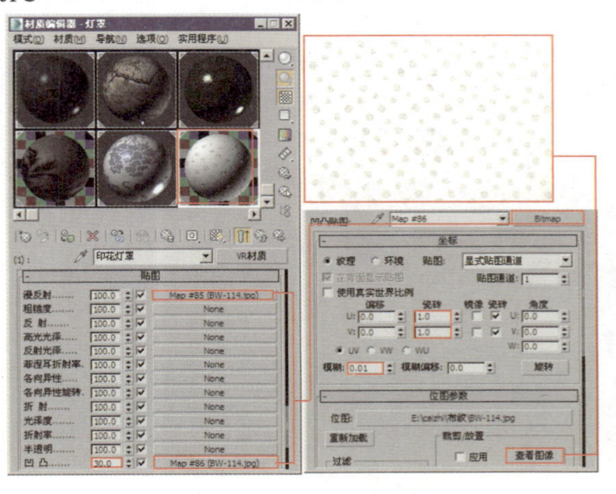

■ 6）设置【多维/子对象】材质的材质 2 样式为 VR材质 ，设置【漫反射】颜色为黑色。

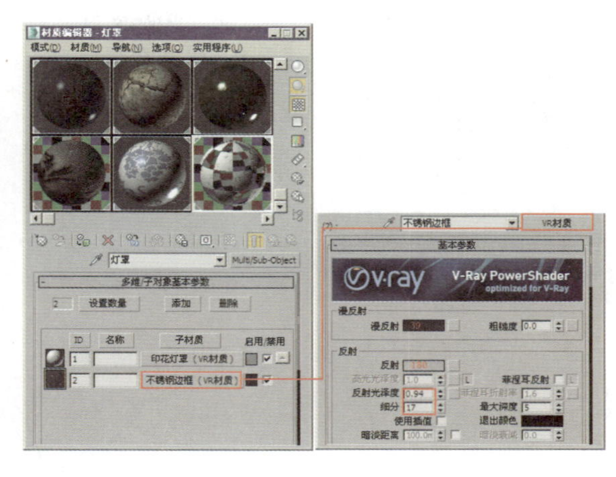

■ 7）设置垃圾筐材质。打开材质编辑器，选择一个空白的材质球，设置材质样式为 多维/子对象 ，设置材质 1 样式为 VR材质 ，设置【漫反射】颜色为土黄色，具体参数设置如下图所示。

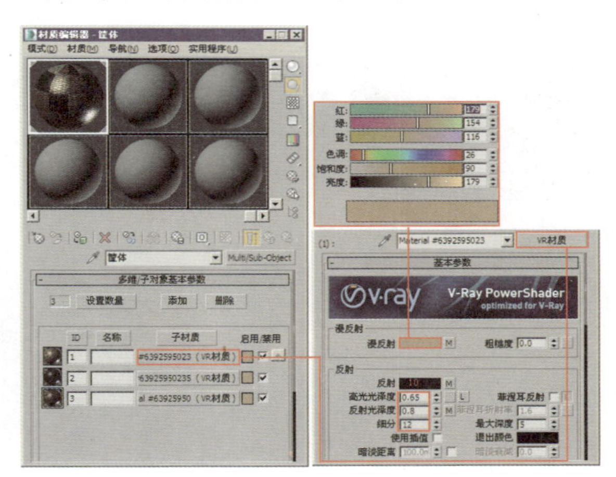

■ 8）打开【贴图】卷展栏，在【漫反射】通道和【凹凸】通道添加位图，设置位图为 Ch13\Maps\arch40_085_03.jpg 文件，设置【凹凸】贴图强度为 30。

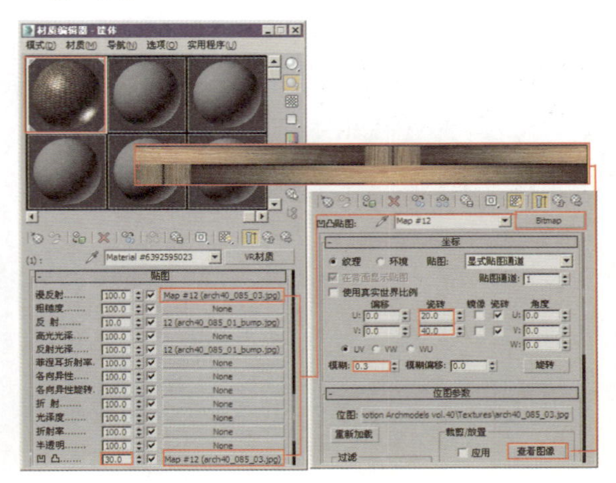

■ 9）保持【贴图】卷展栏的打开状态，在【反射】通道、【反射光泽】和【置换】通道添加位图，设置位图为 Ch13\Maps\arch40_085_01_bump.jpg 文件，设置【反射】贴图强度为 10、【置换】贴图强度为 12。

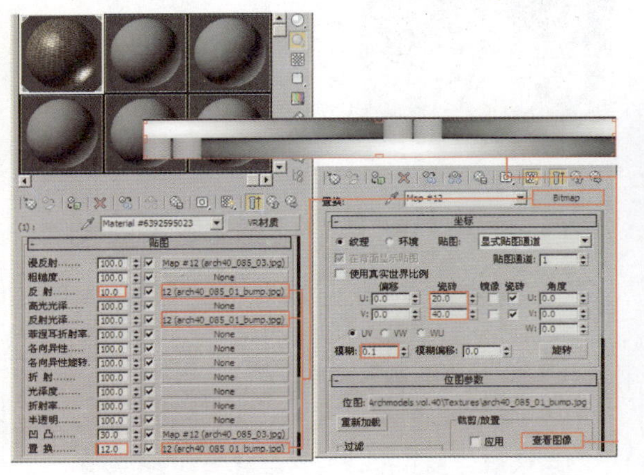

■ 10）设置【多维/子对象】材质的材质 1 样式为 VR材质，设置【漫反射】颜色为土黄色，具体参数设置如下图所示。

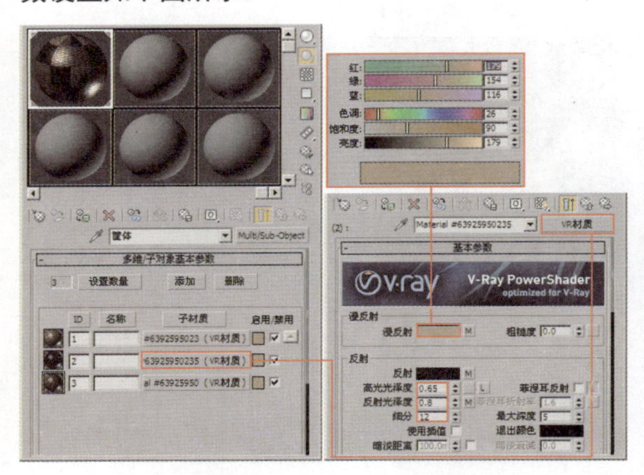

■ 11）打开【贴图】卷展栏，在【漫反射】通道和【凹凸】通道添加位图，设置位图为 Ch13\Maps\arch40_085_01.jpg 文件，设置【凹凸】贴图强度为 30。

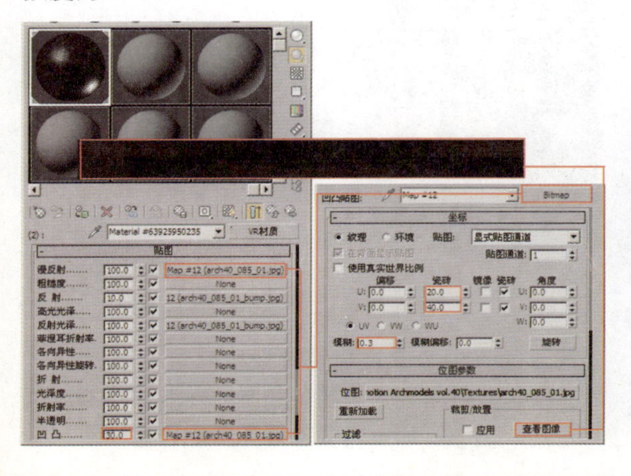

■ 12）保持【贴图】卷展栏的打开状态，在【反射】通道、【反射光泽】和【置换】通道添加位图，设置位图为 Ch13\Maps\arch40_085_01_bump.jpg 文件，设置【反射】贴图强度为 10、【置换】贴图强度为 12。

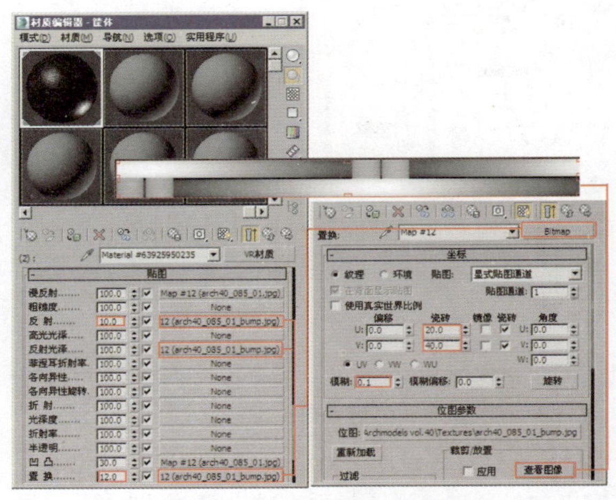

■ 13）设置【多维/子对象】材质的材质 3 样式为 VR材质，设置【漫反射】颜色为土黄色，具体参数设置如下图所示。

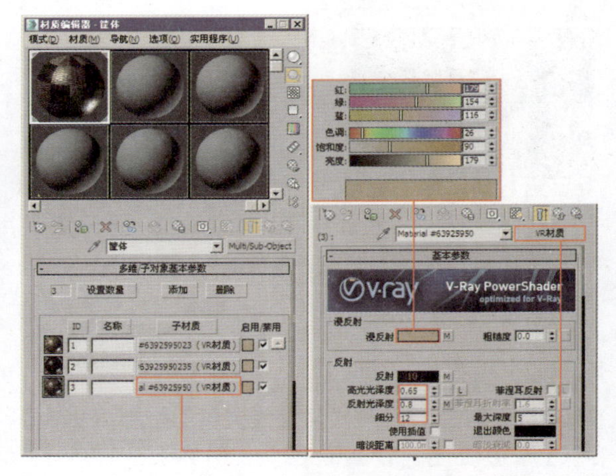

■ 14）打开【贴图】卷展栏，在【漫反射】通道添加位图，设置位图为 Ch13\Maps\arch40_085_02.jpg 文件，设置【凹凸】贴图强度为 30。

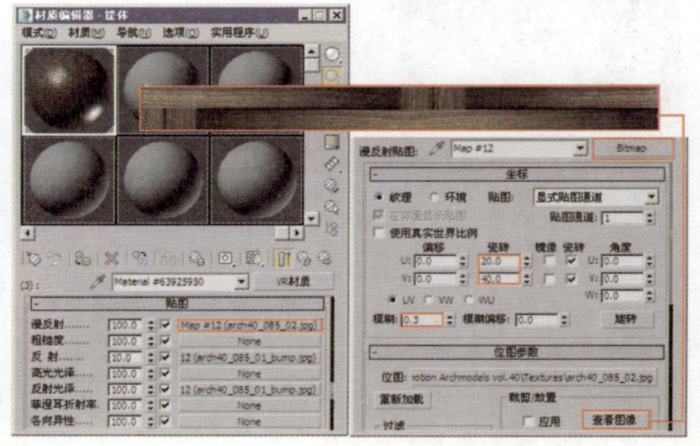

■ 15）保持【贴图】卷展栏的打开状态，在【反射】通道、【反射光泽】、【凹凸】通道和【置换】通道添加位图，设置位图为Ch13\Maps\arch40_085_01_bump.jpg文件，设置【反射】贴图强度为10、【凹凸】贴图强度为30、【置换】贴图强度为12。

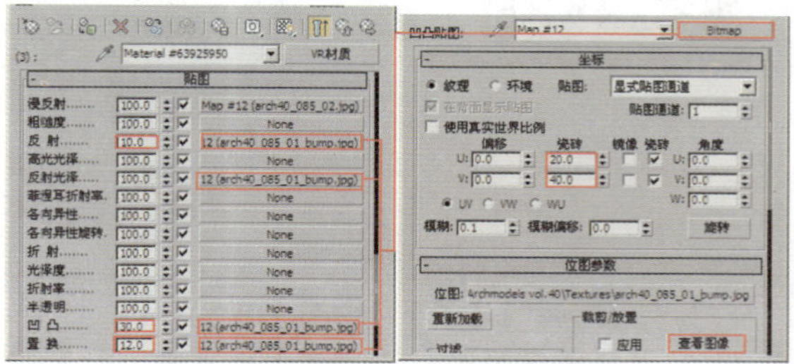

■ 16）设置垃圾袋材质。打开材质编辑器，选择一个空白的材质球，设置材质样式为 VR材质，在【反射】通道添加【衰减】贴图，设置【衰减类型】为【Fresnel】，具体参数设置如下图所示。

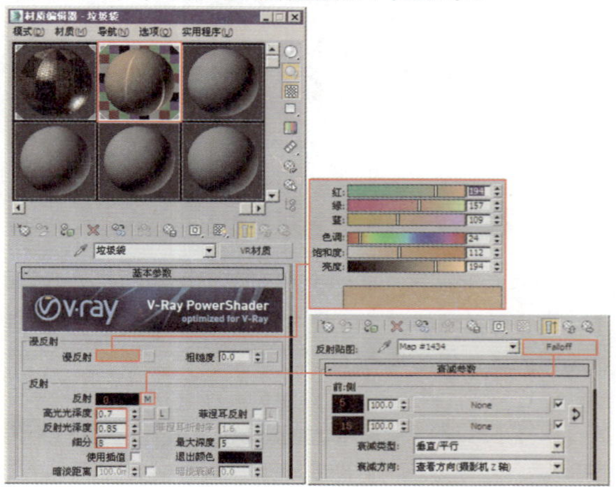

■ 17）打开【贴图】卷展栏，在【置换】通道添加【混合】贴图，在【颜色#1】通道添加位图，设置位图为Ch13\Maps\arch40_083_03.jpg文件；在【颜色#2】通道添加位图，设置位图为Ch13\Maps\arch40_083_02.jpg文件。

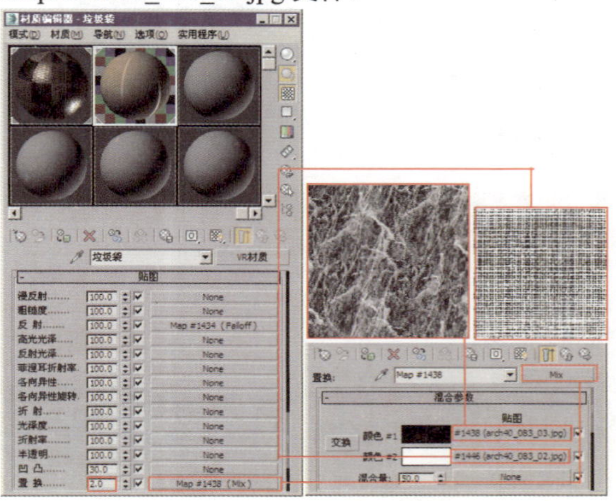

13.7.6 设置壁灯和钟表材质

壁灯材质包括不锈钢底座材质和条纹灯罩材质；钟表材质包括表盘材质、玻璃罩材质和指针材质。其中表盘材质与墙裙材质相同，这里不再赘述。

■ 1）设置壁灯材质。首先设置不锈钢底座材质，打开材质编辑器，选择一个空白的材质球，设置材质样式为 VR材质，设置【漫反射】颜色为深灰色，具体参数设置如下图所示。

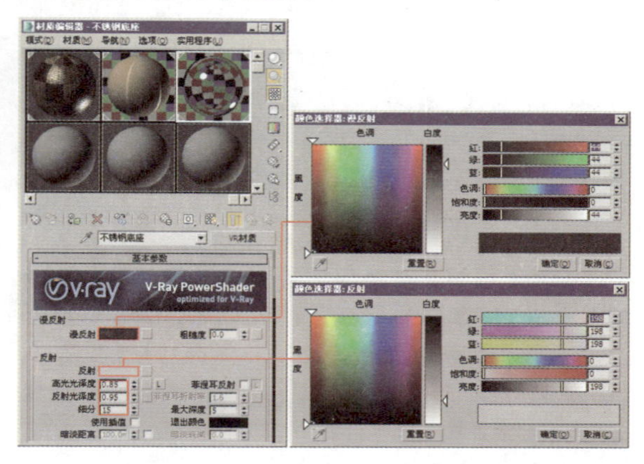

■ 2）设置条纹灯罩材质。打开材质编辑器，选择一个空白的材质球，设置材质样式为 VR材质包裹器，设置【基本材质】通道材质样式为 VR材质，参数设置如下图所示。

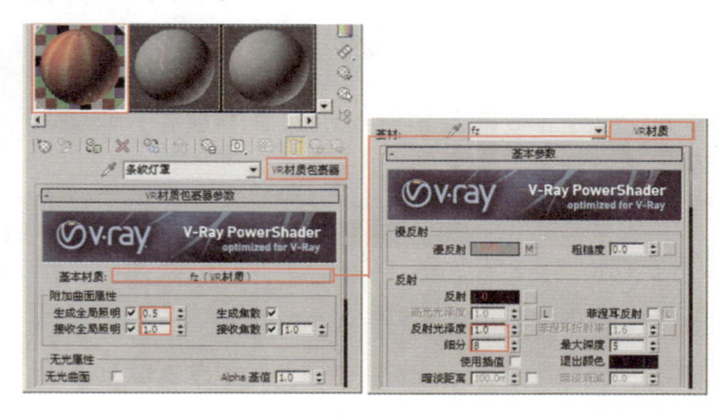

■ 3）在VR材质的【漫反射】通道添加【渐变】贴图，设置渐变颜色。

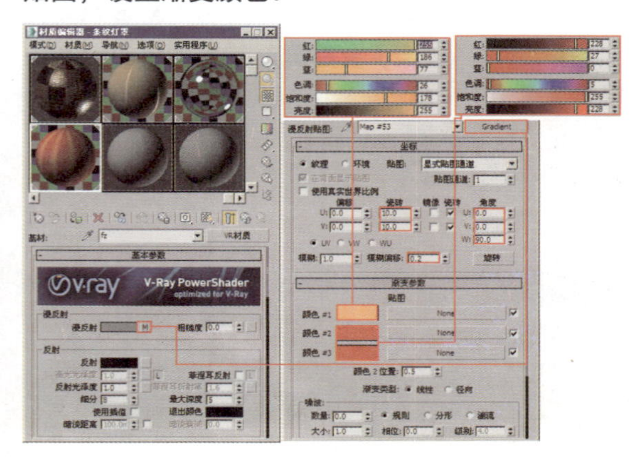

■ 4）设置钟表材质。首先设置玻璃罩材质，打开材质编辑器，选择一个空白的材质球，设置材质样式为 VR材质，设置【漫反射】颜色为浅灰色，参数设置如下图所示。

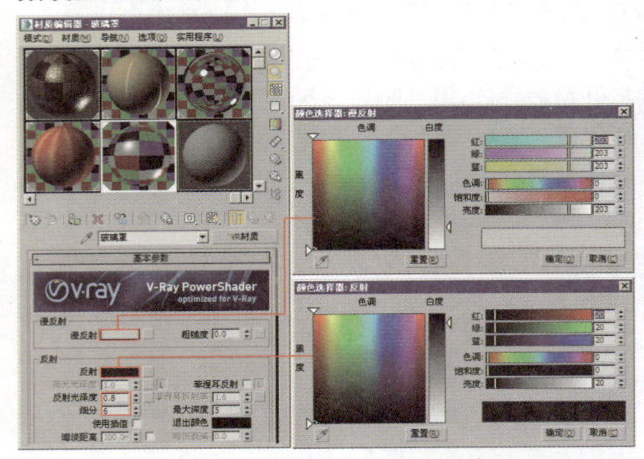

■ 5）在【折射】选项区域设置玻璃罩材质的折射颜色和烟雾颜色。

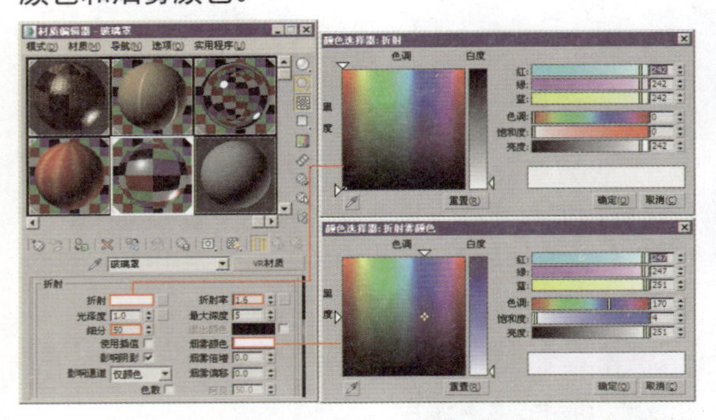

■ 6）打开【双向反射分布函数】卷展栏，设置类型为【沃德】，其他参数设置如下图所示。

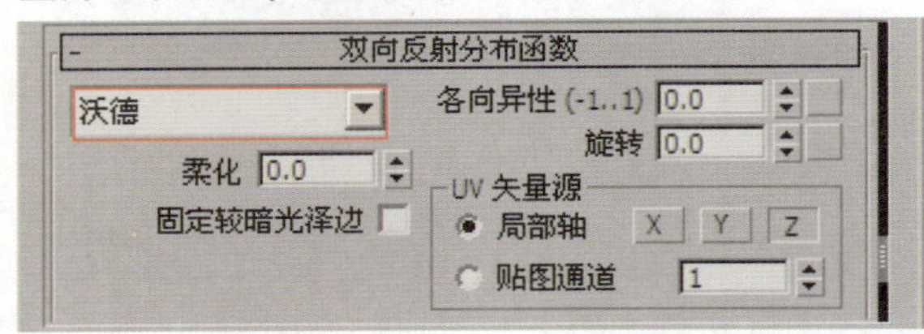

■ 7）设置指针材质。首先设置玻璃罩材质，打开材质编辑器，选择一个空白的材质球，设置材质样式为 VR材质，设置【漫反射】颜色为黑色，具体参数设置如下图所示。

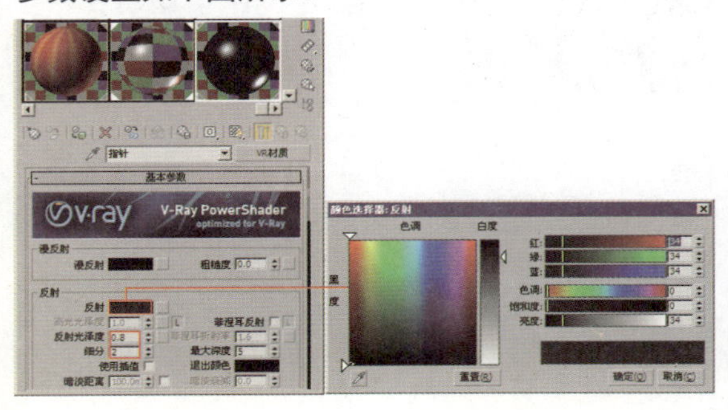

■ 8）在【折射】选项区域设置玻璃罩材质的折射颜色和烟雾颜色，如下图所示。

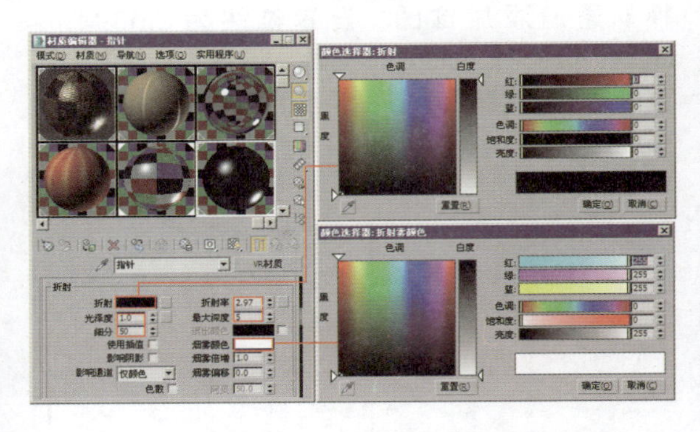

■ 9）打开【双向反射分布函数】卷展栏，设置类型为【沃德】，其他参数设置如下图所示。

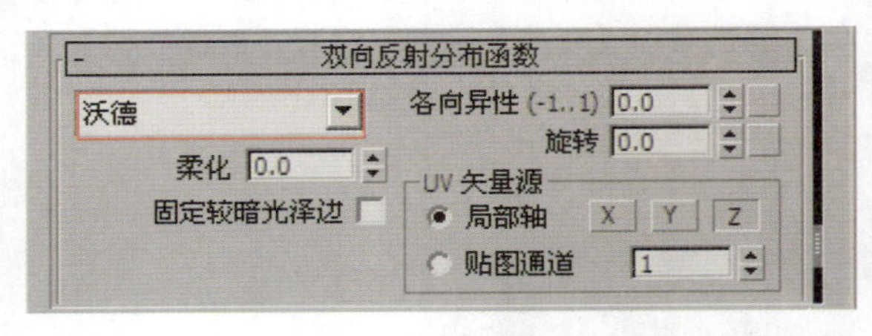

13.8 最终成品渲染

在进行最终成品渲染之前，可以对场景进行渲染测试。这样做的目的是为了提高工作的效率，用低品质进行渲染测试，用高品质完成最终渲染。

■ 1）按F10键打开渲染设置对话框，展开 V-Ray:: 全局开关 卷展栏，参数设置如下图所示。

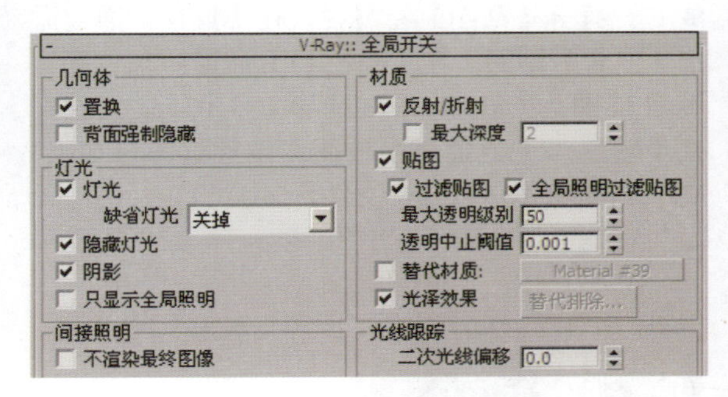

■ 2）在 V-Ray:: 图像采样器(抗锯齿) 卷展栏中，设置【抗锯齿过滤器】为【Catmull-Rom】。

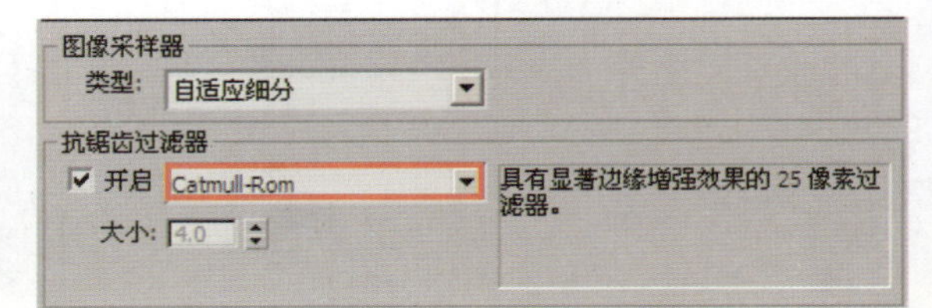

■ 3）进入 V-Ray:: 间接照明(全局照明) 卷展栏，在【二次反弹】选项区域，设置【倍增】值为 0.8。

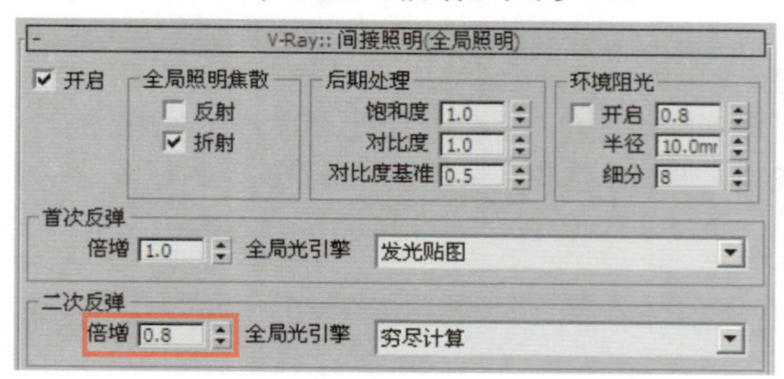

■ 4）进入 V-Ray:: 发光贴图 卷展栏，在 当前预置: 下拉列表中设置光照贴图采样级别为【高】。

V-Ray:: 发光贴图
内建预置
当前预置: 高
基本参数
最小采样比: -3
最大采样比: 0
半球细分: 50
插值采样值: 20
颜色阈值: 0.3
法线阈值: 0.1
间距阈值: 0.1
插补帧数: 2
选项
显示计算过程
显示直接照明
显示采样
使用相机路径
细节增强
开启 测量单位: 屏幕 半径: 60.0 细分倍增: 0.3
高级选项
插补类型: 最小方形适配(好/平滑)
采样查找方式: 基于采样密度(最好)
多过程
随机采样
检查采样可见性

提示

当前预置支持8种设置图像品质的选项，选择任意选项后，可对应设置基本参数中的相关参数。但只有设置为【自定义】选项后才可以设置全部基本参数。

■ 5）在 V-Ray:: 发光贴图 选项卡中，选中 渲染结束时光子图处理 选项区域的 ☑ 不删除 和 ☑ 自动保存: 复选框，单击 ☑ 自动保存: 后面的 浏览 按钮，在弹出的【自动保存光照贴图】对话框中输入要保存的 001.vrmap 文件名，并选择保存路径。

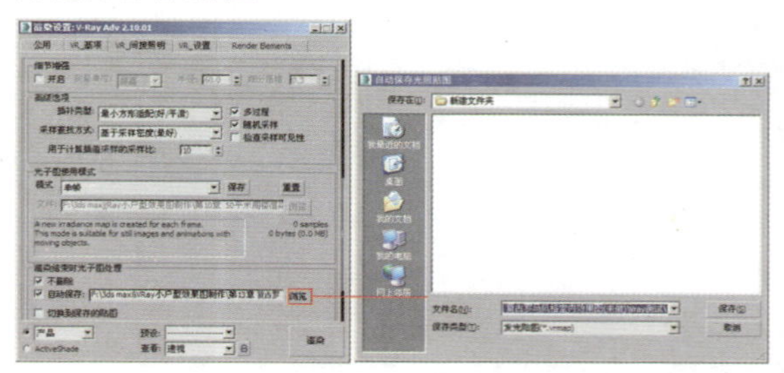

■ 6）进入渲染对话框的 公用 选项卡，设置较小渲染图像尺寸，可以有效地缩短计算时间。

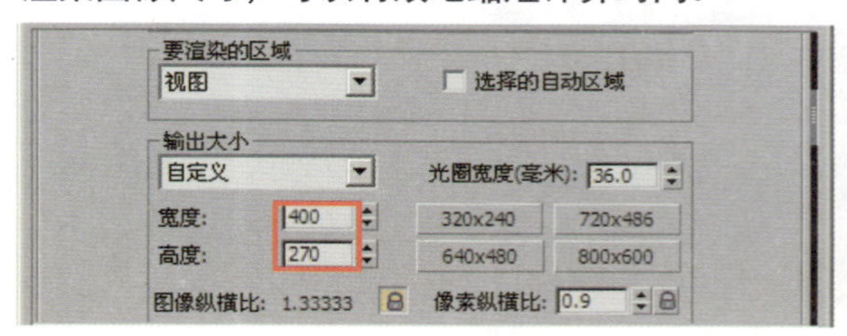

■ 7）当发光贴图计算及渲染完成后，在渲染对话框的 公用 选项卡中设置最终渲染图像的尺寸。

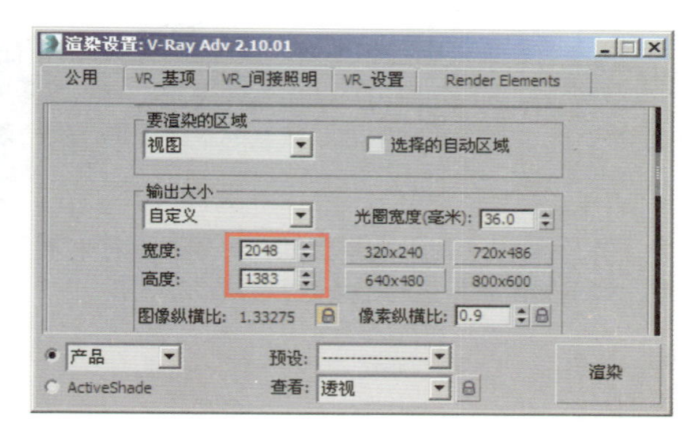

■ 8）最终渲染完成的效果如下图所示。

第14章 温馨小情调风格室内效果图

本章制作一幅温馨小情调风格室内效果图，在整体色彩的设置上讲求以暖色调为主，在窗口处夹杂些许冷色调，着力表现出室外寒冷、室内温暖的视觉效果；在灯光的设计上，以VR灯光配合目标平行光，打造出室内温暖气氛的整体感觉，力争表现出温暖整洁并且带有些许优雅的室内环境。

本章制作了两个场景空间，分别是客厅和餐厅，如下图所示为这两个场景的渲染效果图。

配色应用：

制作要点：

■ 1.掌握温馨小情调风格客厅和餐厅的规划和设计理念。

■ 2.学习客厅、餐厅场景灯光布置和场景材质的设置。

■ 3.使用目标平行光模拟阳光照明。

最终场景： Ch14\Scenes\温馨小情调风格室内 ok.max

贴图素材： Ch14\Maps

难易程度： ★★★★★

14.1 测试渲染设置

对采样值和渲染参数进行最低级别的设置，可以达到既能够观察渲染效果，又能快速渲染的目的。下面讲解测试渲染的参数设置。

■ 1）按F10键打开渲染设置对话框，首先设置【VRay Adv 2.10.01】为当前渲染器。

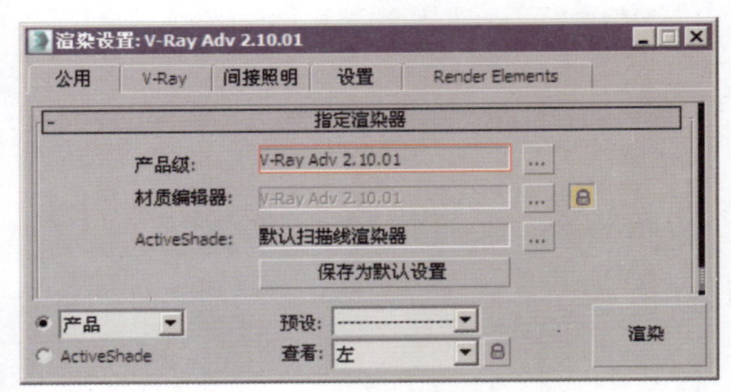

■ 2）在 V-Ray:: 全局开关 卷展栏中设置总体参数。因为要调整灯光，所以在这里关闭了默认的灯光，并取消选中及 反射/折射 和 光泽效果 复选框，后两项都是非常影响渲染速度的。

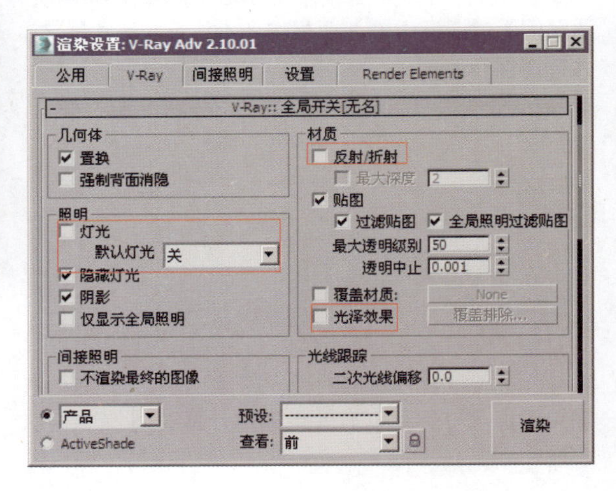

提示

取消选择【光泽效果】复选框后，光泽材质将不起作用，因为光泽参数会严重影响渲染速度，所以应该在最终渲染时才启用该选项。

■ 3）在 V-Ray:: 图像采样器(抗锯齿) 卷展栏中，参数设置如下图所示，这是抗锯齿采样设置。

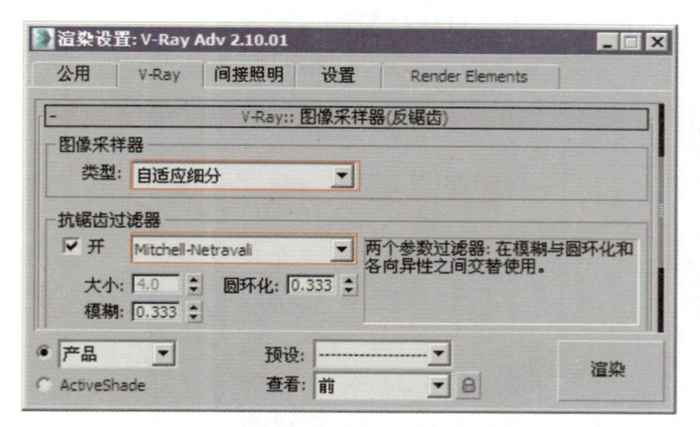

■ 4）在 V-Ray:: 间接照明(全局照明) 卷展栏中，参数设置如下图所示，这是间接照明设置。

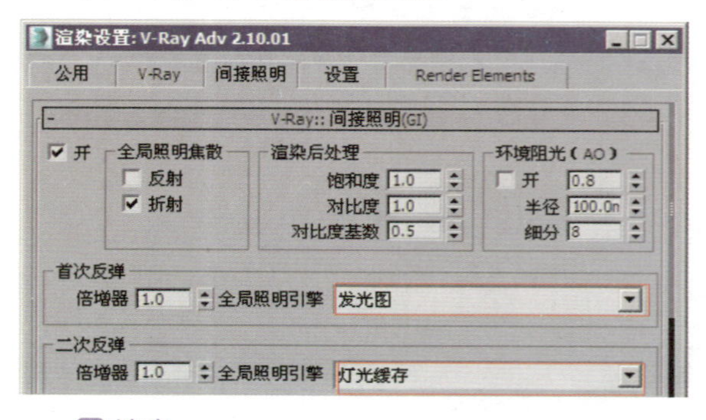

注意

一般情况下，首次反弹不要超过二次反弹，因为本例的场景主要用主光源来进行照明，二次反弹过强会导致阴影处产生黑斑，只能靠较高的采样值来弥补，这样做会影响渲染速度。

■ 5）在 V-Ray:: 发光贴图 卷展栏中，设置 当前预置: 为 中-动画 方式，这种采样值适合作为测试渲染时使用。然后设置 当前预置: 为 自定义 ，这是发光贴图参数设置。

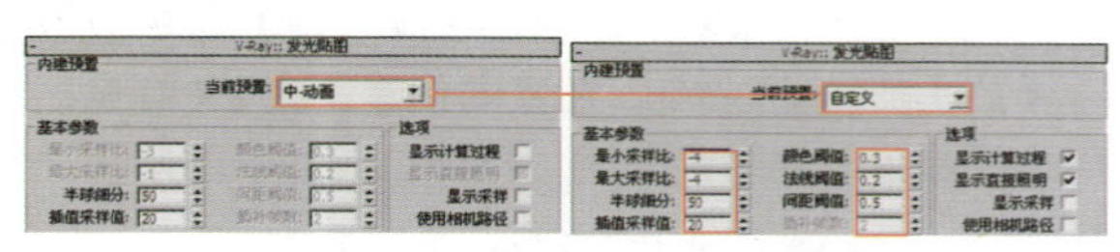

■ 6）在 V-Ray:: 灯光缓存 卷展栏中，设置灯光贴图的参数，如下图所示。

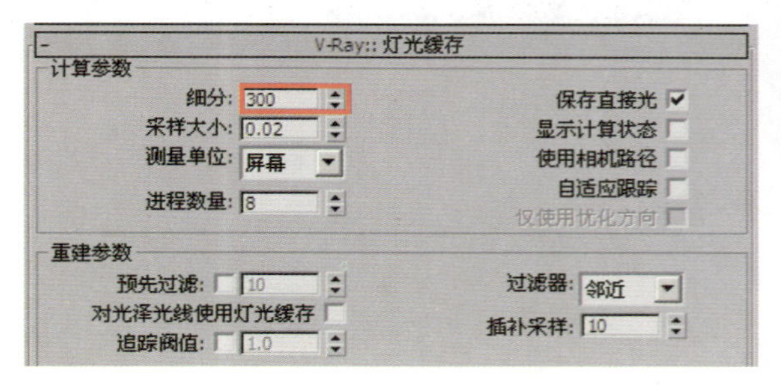

■ 7）在 V-Ray:: 颜色贴图 卷展栏中，设置曝光模式为 线性倍增 方式，具体参数设置如下图所示。

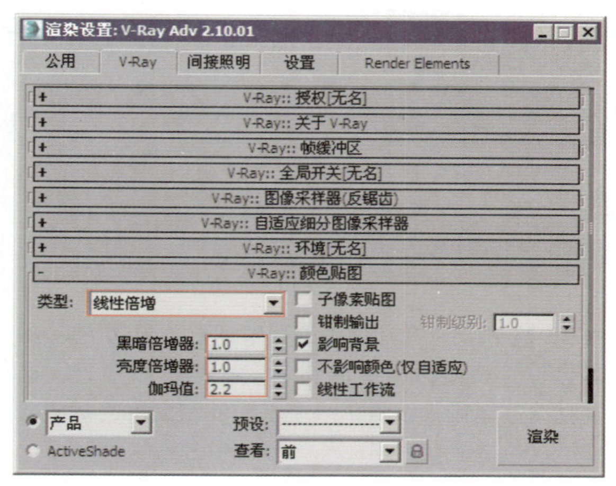

提示

【线性倍增】模式将基于最终图像色彩的亮度来进行简单的倍增，那些太亮的颜色成分（在1～255之间）将会被限制。

■ 8）按8键打开 环境和效果 对话框，设置背景颜色为浅蓝色，如下图所示。

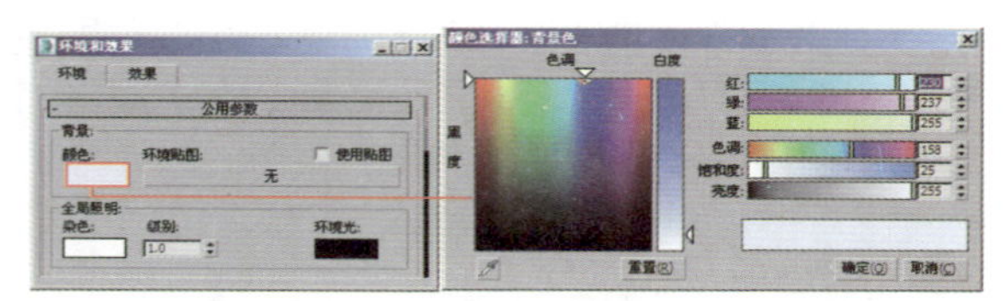

14.2 客厅场景灯光设置

由于之前关闭了默认的灯光，所以需要建立灯光。在灯光的设置上使用 VRay 光源进行窗口的暖色补光和室内补光，以及模拟吊灯照明，使用目标点灯光模拟射灯照明。

■ 1）首先制作一个统一的模型测试材质。按 M 键打开材质编辑器，选择一个空白样本球，设置材质的样式为 VRayMtl 。

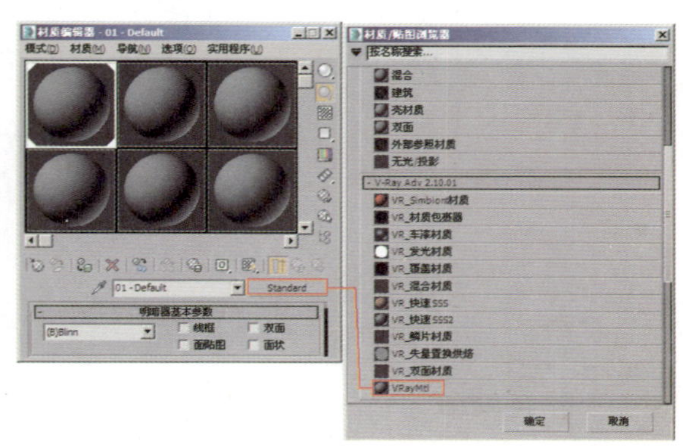

■ 2）在 VRayMtl 材质设置面板设置【漫反射】的颜色为浅灰色，如下图所示。

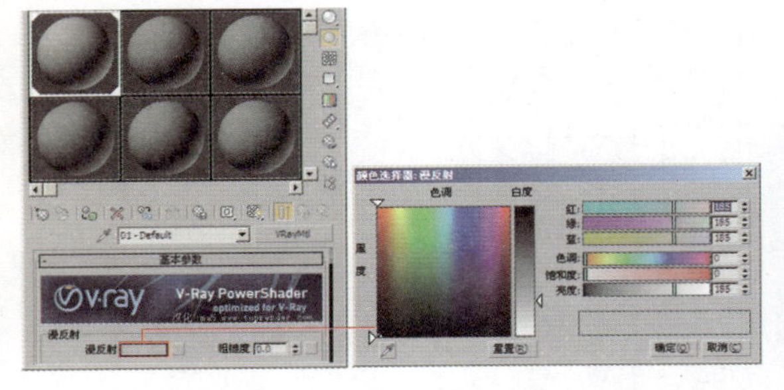

■ 3）按 F10 键打开渲染设置对话框，激活 替代材质 复选框，将该材质拖动到 None 按钮上，这样就给整体场景设置了一个临时的测试用的材质。

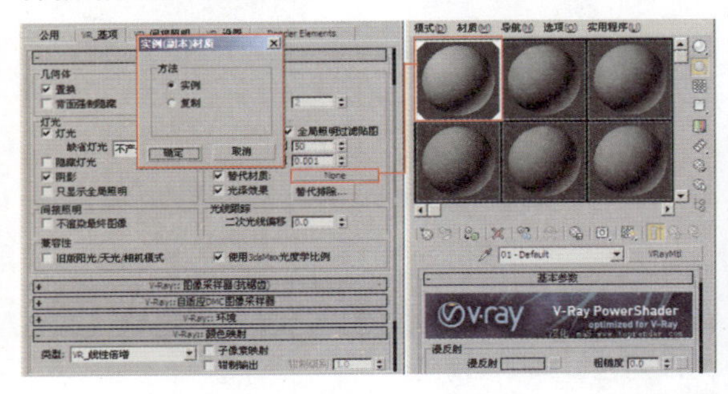

■ 4）首先模拟阳光照明。在【创建】命令面板中单击 目标平行光 按钮，在室外建立一盏目标平行光，用来模拟阳光照明，具体的位置如下图所示。

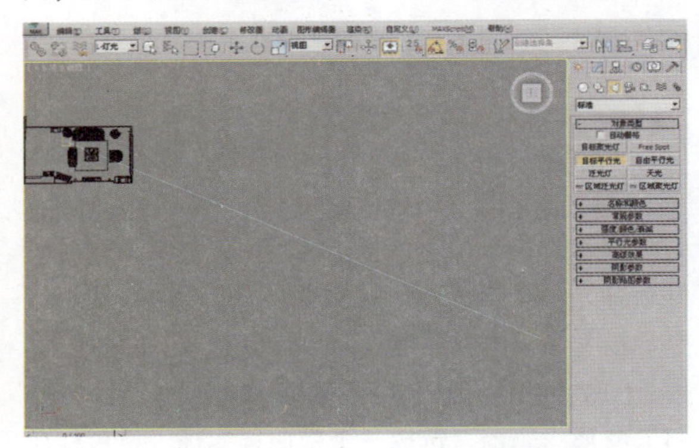

■ 5）在【修改】面板中设置目标平行光参数。

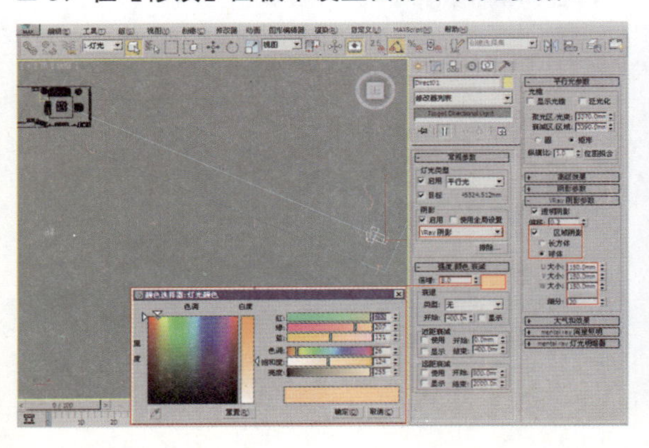

■ 6）设置窗口补光。在【创建】命令面板中单击 VR灯光 按钮，在窗口创建一盏 VR 灯光，用来进行窗口补光，具体位置如下图所示。

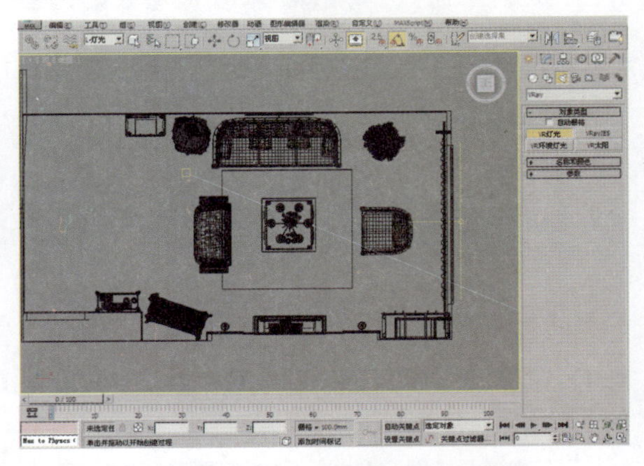

■ 7）在【修改】面板中设置 VR 灯光参数。

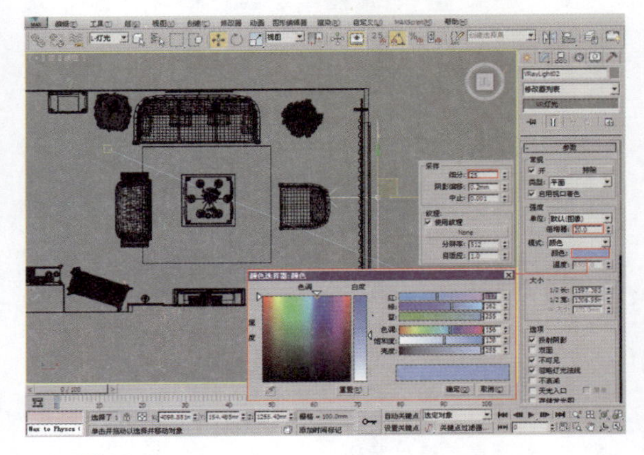

注意

【细分】用于设置灯光信息的细腻程度（确定有多少条来自模拟相机的路径被追踪），一般开始做图时设置为100进行快速渲染测试，正式渲染时设置为1 000~1 500，速度是很快的。

■ 8）模拟台灯和壁灯照明。在【创建】命令面板中单击 VR灯光 按钮，在室内创建 3 盏 VR 灯光，用来模拟台灯和壁灯照明，具体位置如下图所示。

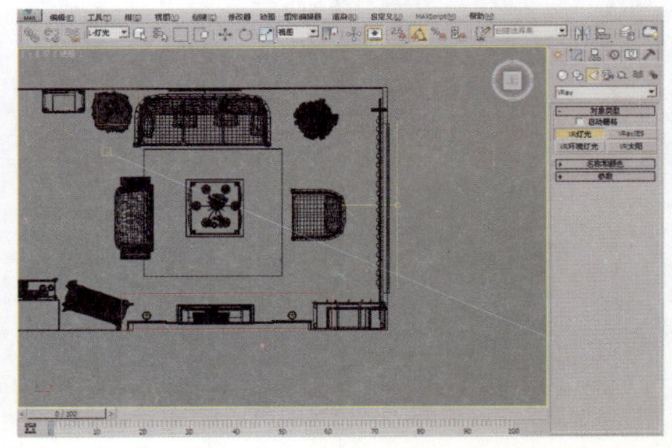

■ 9）在【修改】面板中设置 VR 灯光参数。

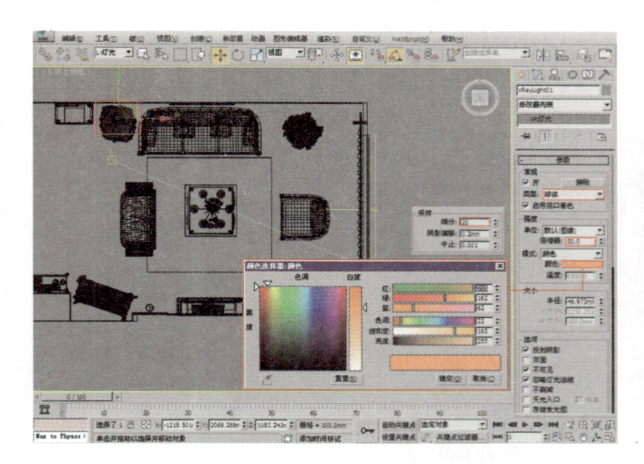

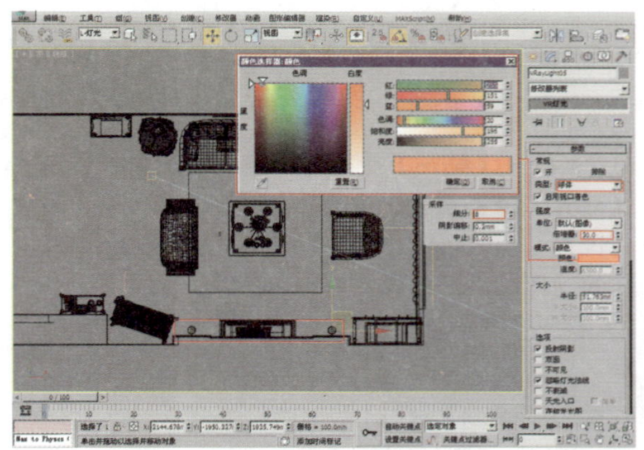

14.3 客厅场景材质设置

下面逐一设置客厅场景材质。从墙面材质、地面材质等大面积材质，到家具材质（如：沙发材质、茶几材质等）等小面积材质，最后到场景摆设品的材质等。

14.3.1 设置墙面材质

墙面材质有 5 种，分别是白色乳胶漆材质、黄色乳胶漆材质、橙色条纹墙纸材质、绿色条纹墙纸材质和墙裙材质。

■ 1）首先设置白色乳胶漆材质。打开材质编辑器，选择一个空白的材质球，设置材质样式为 VR材质，设置【漫反射】颜色为白色，参数设置如下图所示。

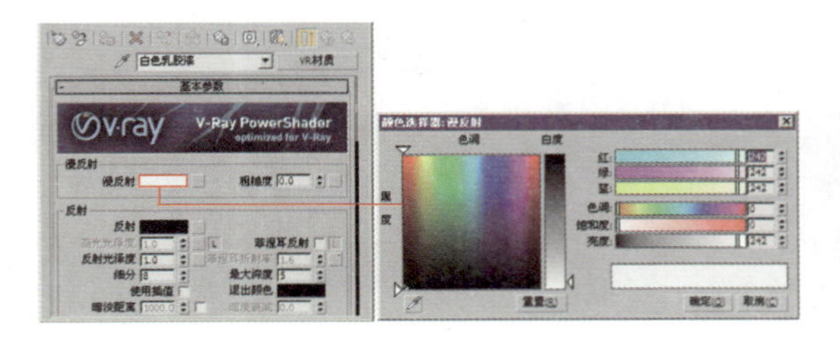

■ 2）设置黄色乳胶漆材质。打开材质编辑器，选择一个空白的材质球，设置材质样式为 VR材质，设置【漫反射】颜色为土黄色，参数设置如下图所示。

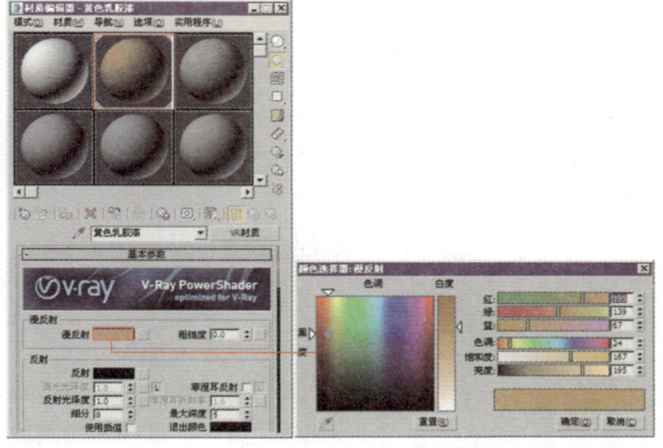

■ 3）设置橙色条纹墙纸材质。打开材质编辑器，选择一个空白的材质球，设置材质样式为 VR材质，在【漫反射】通道添加位图，设置位图为 Ch14\Maps\07-10-23-16-18-29-671.jpg 文件，具体参数设置如下图所示。

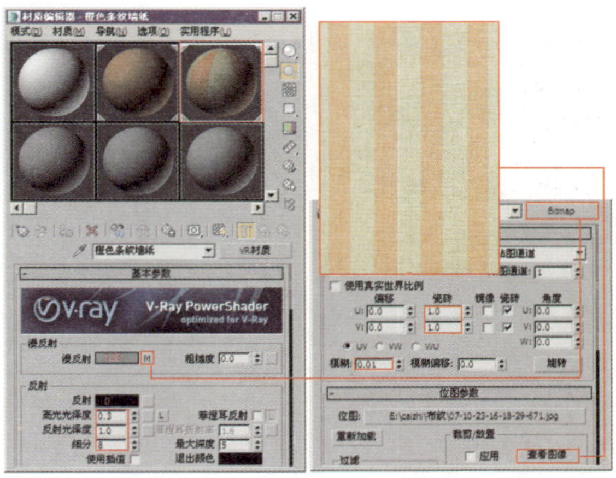

■ 4）打开【贴图】卷展栏，在【凹凸】通道中添加位图，设置位图为 Ch14\Maps\07-10-23-16-18-29-671.jpg 文件，设置贴图强度为 14。

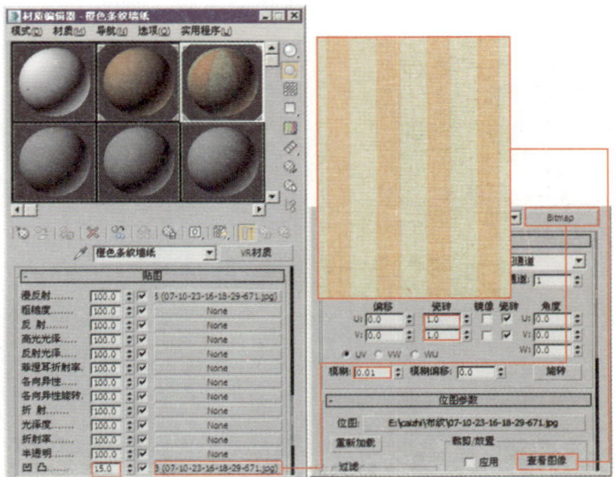

■ 5）设置绿色条纹墙纸材质。打开材质编辑器，选择一个空白的材质球，设置材质样式为 VR材质，设置【漫反射】颜色为灰色，具体参数设置如下图所示。

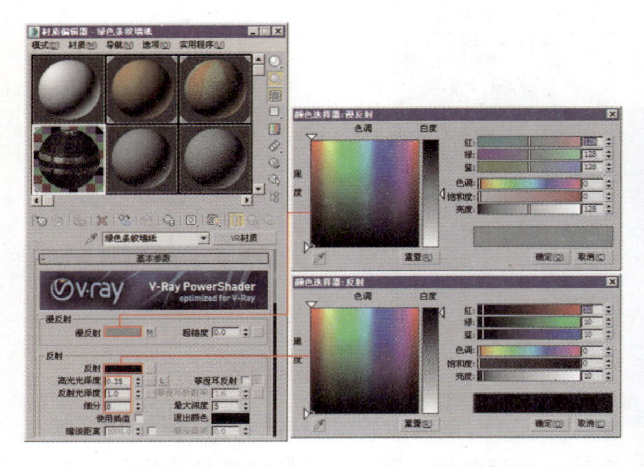

■ 6）打开【贴图】卷展栏，在【漫反射】通道和【凹凸】通道中添加位图，设置位图为 Ch14\Maps\BW-004.jpg 文件，设置【凹凸】贴图强度为 30。

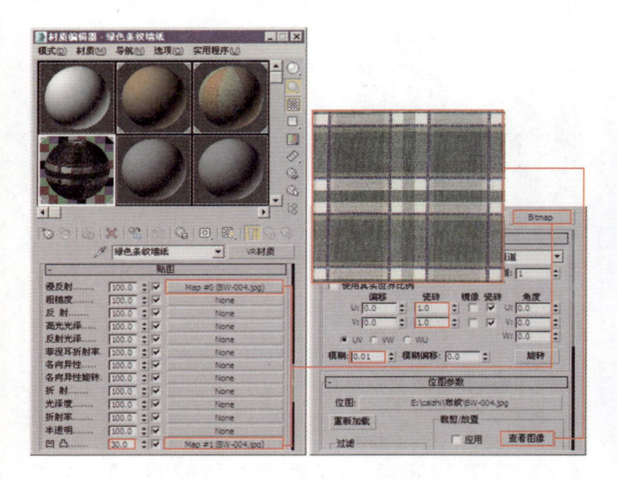

■ 7）设置墙裙材质。打开材质编辑器，选择一个空白的材质球，设置材质样式为 VR材质，设置【漫反射】颜色为白色，具体参数设置如下图所示。

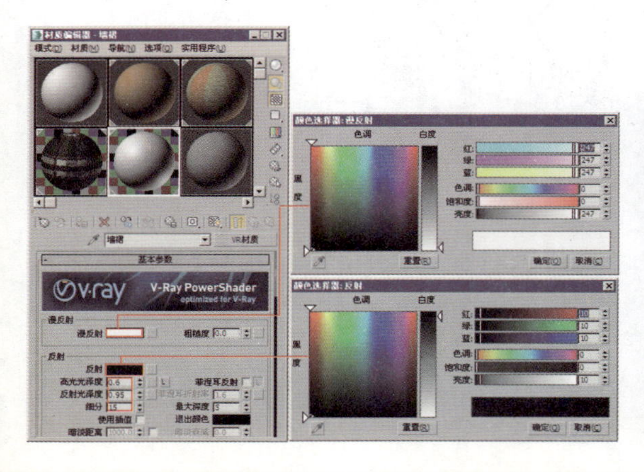

14.3.2 设置地面材质

地面材质包括地板材质和地毯材质。

■ 1）设置地板材质。打开材质编辑器，选择一个空白的材质球，设置材质样式为 VR材质，设置【漫反射】颜色为灰色，具体参数设置如下图所示。

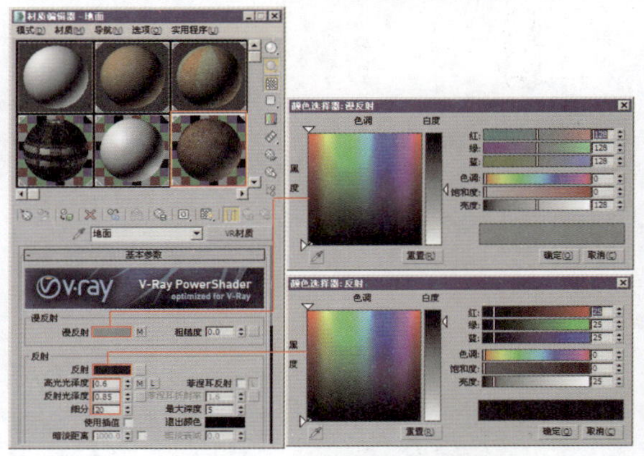

■ 2）打开【贴图】卷展栏，在【漫反射】通道、【高光光泽】通道和【凹凸】通道添加位图，设置位图为 Ch14\Maps\1385379-tc0083-embed.jpg 文件，设置【凹凸】贴图强度为 10。

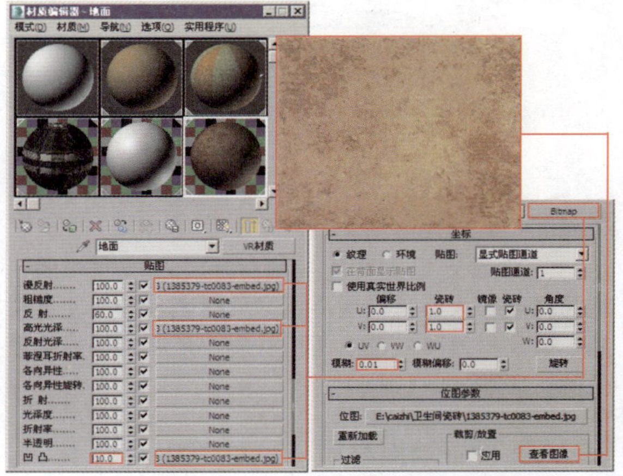

■ 3）设置地毯材质。打开材质编辑器，选择一个空白的材质球，设置材质样式为 Standard 专用材质，设置明暗器类型为【(O)Oren-Nayar-Blinn】，具体参数设置如下图所示。

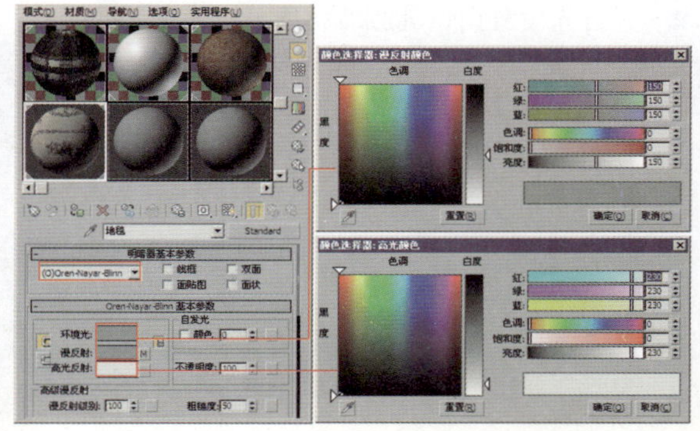

■ 4）打开【贴图】卷展栏，在【漫反射颜色】通道和【凹凸】通道添加位图，设置位图为 Ch14\Maps\DT14.tif 文件，设置【凹凸】贴图强度为 30。

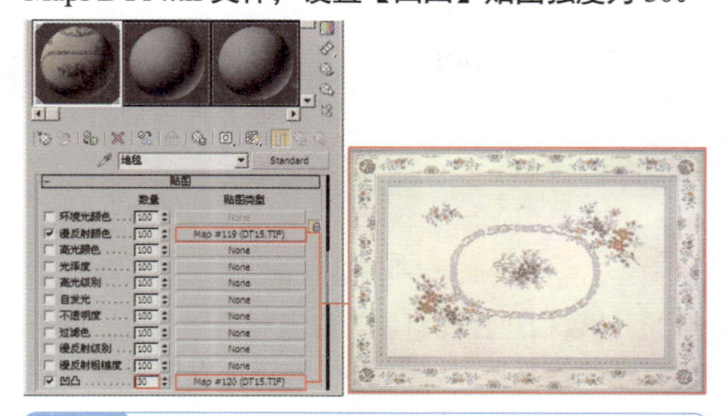

14.3.3 设置沙发材质

地面材质包括沙发主体材质、条纹坐垫材质、印花抱枕材质和条纹抱枕材质。

■ 1）设置沙发主体材质。打开材质编辑器，选择一个空白的材质球，设置材质样式为 VR材质 ，在【反射】通道添加【衰减】贴图，设置【衰减类型】为【Fresnel】，具体参数设置如下图所示。

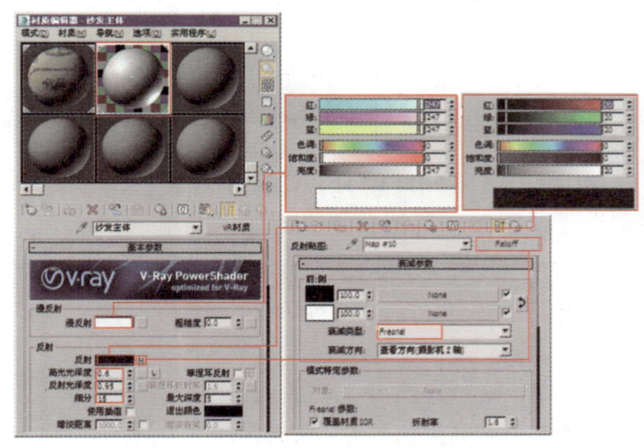

■ 2）设置条纹坐垫材质。打开材质编辑器，选择一个空白的材质球，设置材质样式为 Standard ，设置明暗器类型为【（O）Oren-Nayar-Blinn】，在【漫反射】通道添加【衰减】贴图，在【衰减】贴图【前】通道添加位图，设置位图为 Ch14\Maps\ 复件 041.tif 文件，具体参数设置如下图所示。

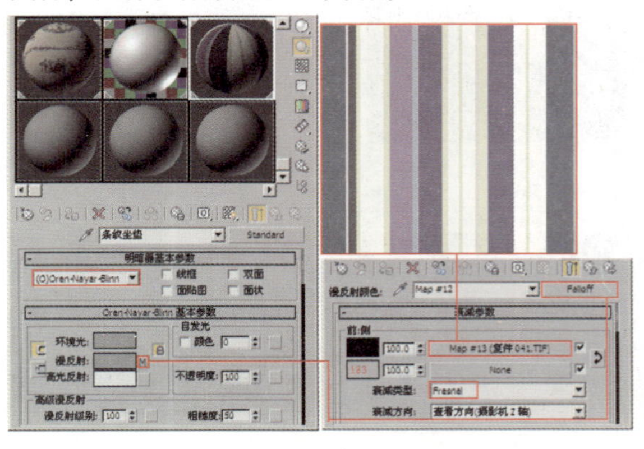

■ 3）打开【贴图】卷展栏，在【凹凸】通道添加位图，设置位图为 Ch14\Maps\Archmodels59_ cloth_007.jpg 文件，设置贴图强度为 80。

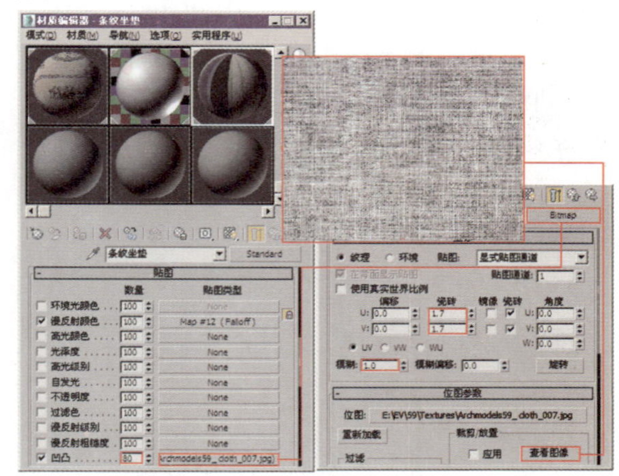

■ 4）设置印花抱枕材质。打开材质编辑器，选择一个空白的材质球，设置材质样式为 VR材质 ，在【漫反射】通道添加位图，设置位图为 Ch14\Maps\ 复件 Archmodels59_ cloth1_023.jpg 文件，具体参数设置如下图所示。

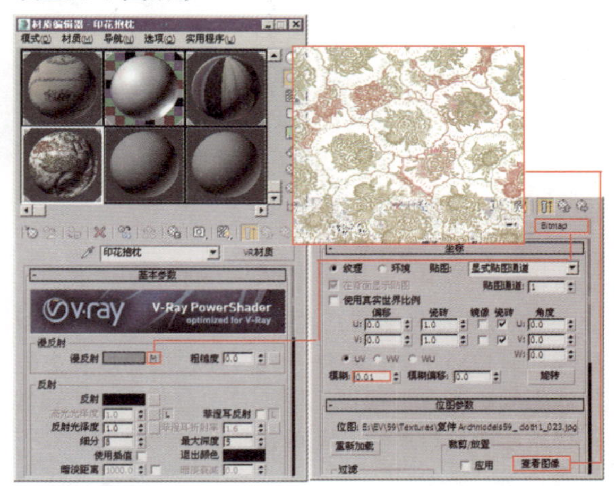

■ 5）打开【贴图】卷展栏，在【凹凸】通道添加位图，设置位图为 Ch14\Maps\bed-zt.jpg 文件，设置贴图强度为 200。

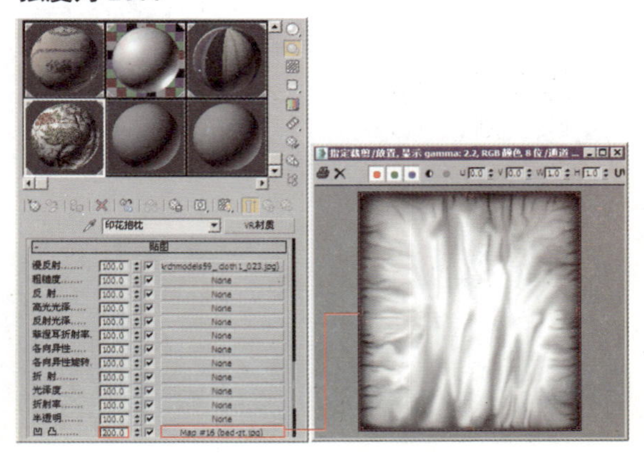

■ 6）设置条纹抱枕材质。打开材质编辑器，选择一个空白的材质球，设置材质样式为VR材质，在【漫反射】通道添加位图，设置位图为 Ch14\Maps\BW-004.jpg 文件。

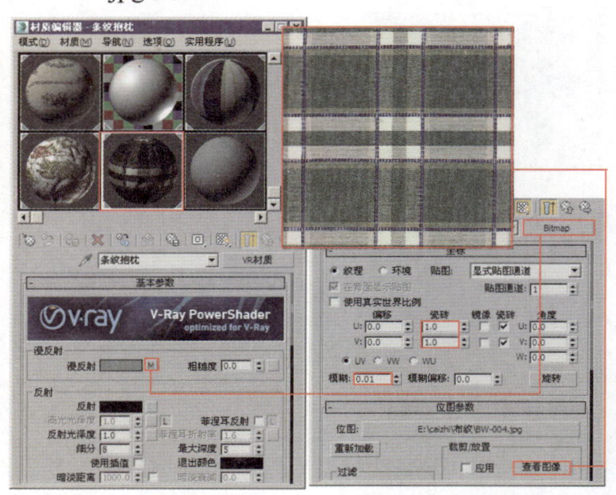

■ 7）打开【贴图】卷展栏，在【凹凸】通道添加位图，设置位图为 Ch14\Maps\bed-zt.jpg 文件，设置贴图强度为 200。

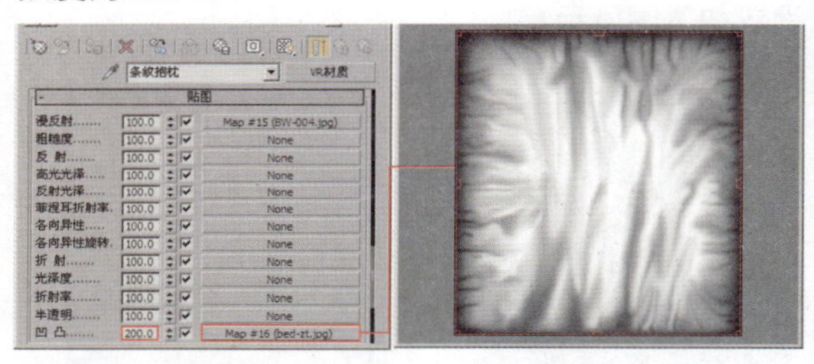

14.3.4 设置茶几及其上摆设品材质

茶几材质包括茶几主体材质、木质茶几面材质和抽屉拉环材质，其中茶几主体材质与沙发主体材质相同。茶几上摆设品材质有陶瓷茶具材质和盆栽材质，盆栽材质包括花瓶材质、绿叶材质和红花材质。

■ 1）设置木质茶几面材质。打开材质编辑器，选择一个空白的材质球，设置材质样式为VR材质，在【反射】通道添加【衰减】贴图，设置【衰减类型】为【Fresnel】，具体参数设置如下图所示。

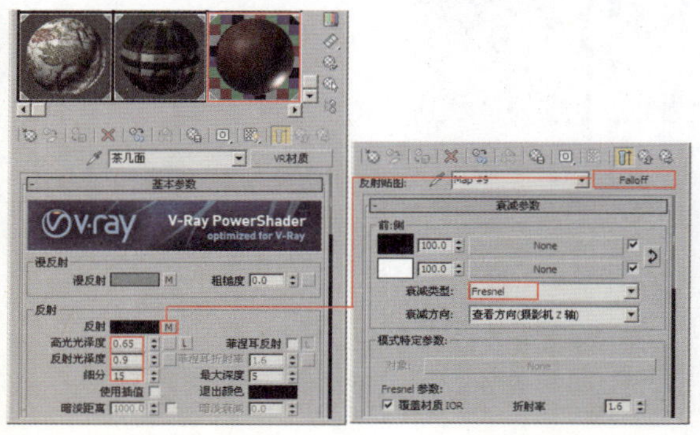

■ 2）打开【贴图】卷展栏，在【漫反射】通道和【凹凸】通道添加位图，设置位图为 Ch14\Maps\WW-263.jpg 文件，设置【凹凸】贴图强度为 20。

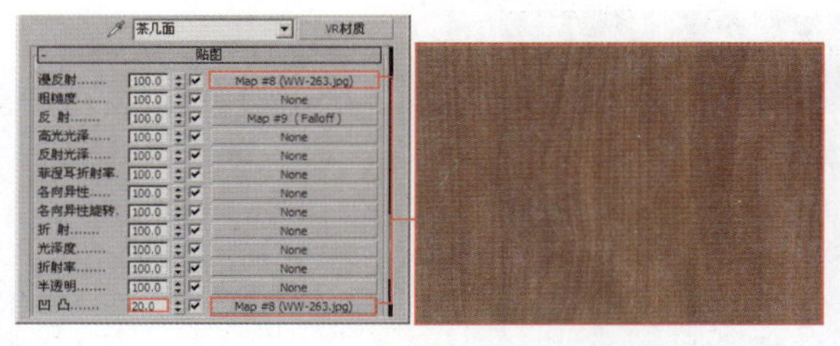

■ 3）设置抽屉拉环材质。打开材质编辑器，选择一个空白的材质球，设置材质样式为VR材质，设置【漫反射】颜色为暗红色。

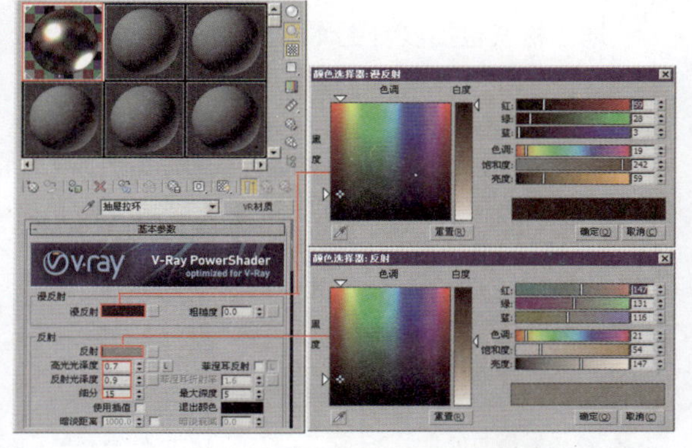

■ 4）打开【双向反射分布函数】卷展栏，设置类型为【沃德】，其他参数设置如下图所示。

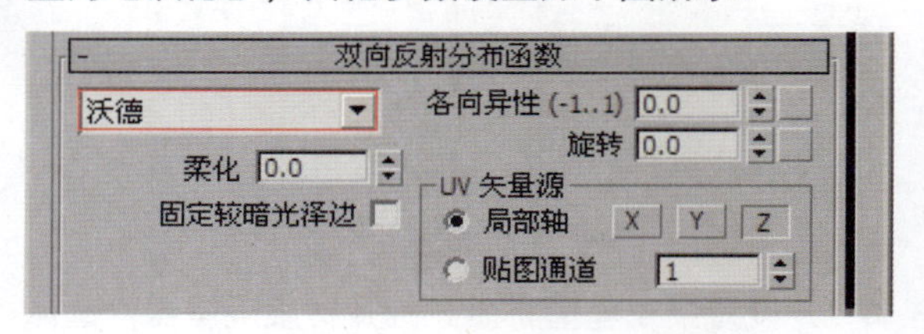

■ 5）设置陶瓷茶具材质。打开材质编辑器，选择一个空白的材质球，设置材质样式为VR材质，在【反射】通道添加【衰减】贴图，设置【衰减类型】为【Fresnel】，具体参数设置如下图所示。

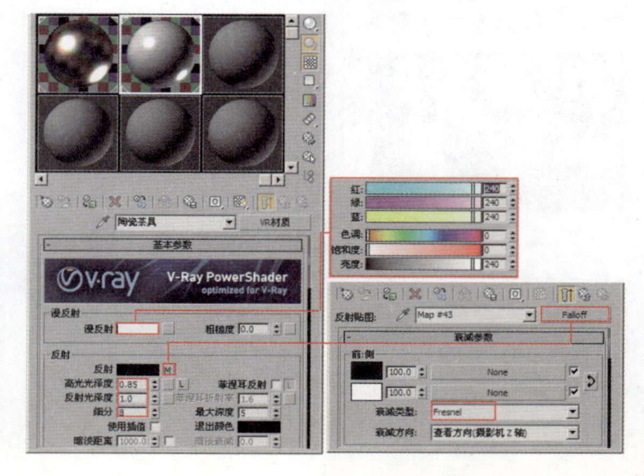

■ 6）设置花瓶材质。打开材质编辑器，选择一个空白的材质球，设置材质样式为VR材质，设置【漫反射】颜色为浅灰色，具体参数设置如下图所示。

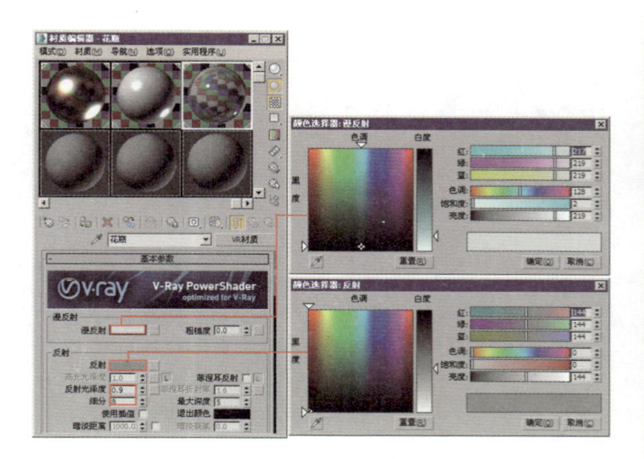

■ 7）设置绿叶材质。打开材质编辑器，选择一个空白的材质球，设置材质样式为VR材质，在【漫反射】通道添加位图，设置位图为Ch14\Maps\Arch41_043_leaf.jpg文件，具体参数设置如下图所示。

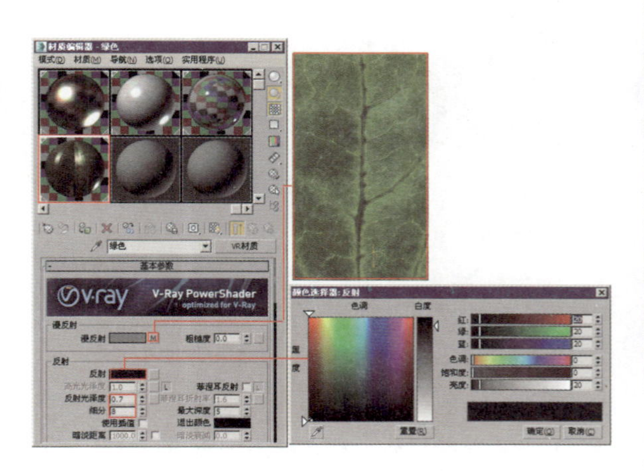

■ 8）在【折射】选项区域设置折射颜色，为绿叶添加一定的折射效果，具体参数设置如下图所示。

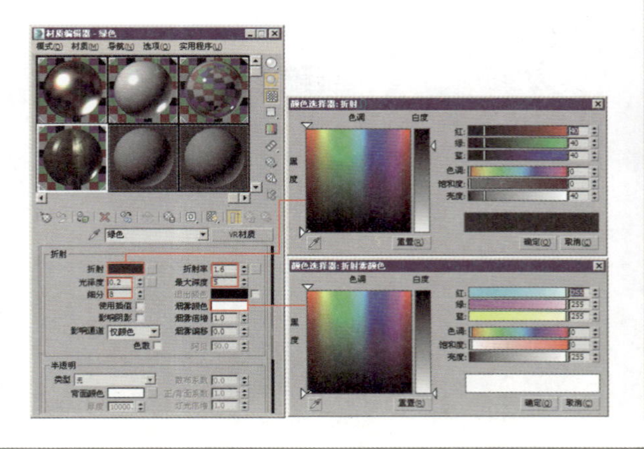

■ 9）打开【贴图】卷展栏，在【凹凸】通道添加位图，设置位图为Ch14\Maps\Arch41_043_leaf_bump.jpg文件，设置贴图强度为1000。

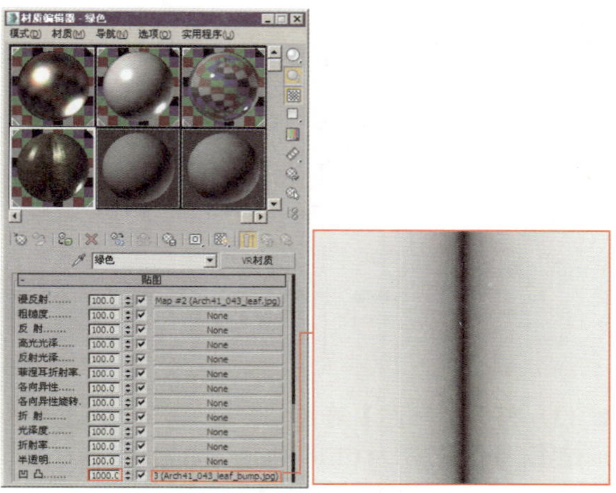

■ 10）设置红花材质。打开材质编辑器，选择一个空白的材质球，设置材质样式为VR材质，设置【漫反射】颜色为红色，具体参数设置如下图所示。

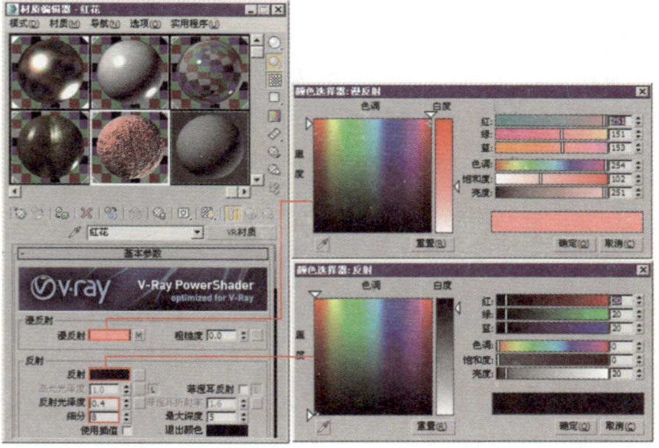

■ 11）在【漫反射】通道添加【衰减】贴图，在衰减贴图【前】通道和【侧】通道添加位图，设置位图为Ch14\Maps\Arch41_041_flower.jpg文件。

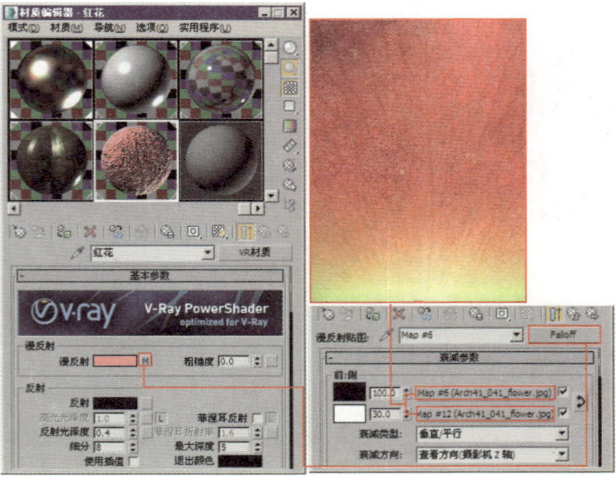

■ 12）在【折射】通道添加位图，设置位图为Ch14\Maps\Arch41_043_flower_mask.jpg文件，具体参数设置如下图所示。

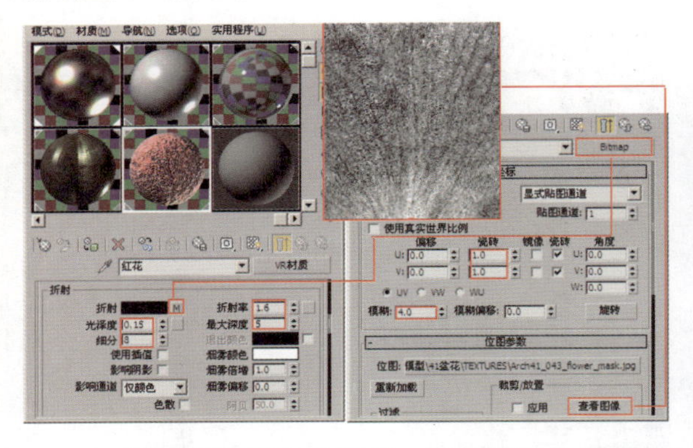

■ 13）打开【贴图】卷展栏，在【凹凸】通道添加位图，设置位图为Ch14\Maps\Arch41_043_flower_mask.jpg文件，设置贴图强度为500。

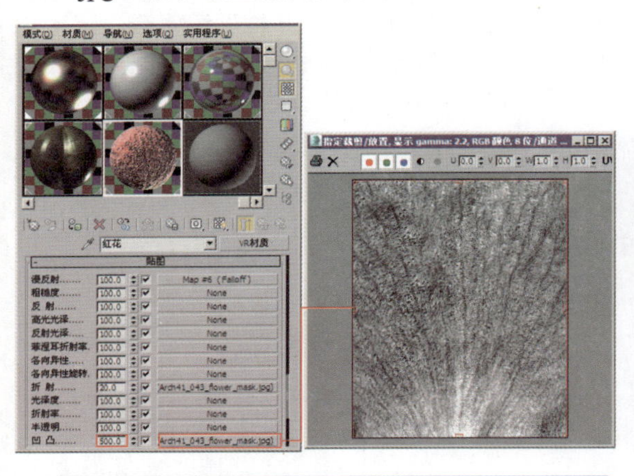

14.3.5 设置窗帘和盆栽材质

窗帘材质包括固定杆材质和窗帘布材质；盆栽材质包括花盆材质、养料材质、枝干材质和叶子材质。

■ 1）设置窗帘固定杆材质。打开材质编辑器，选择一个空白的材质球，设置材质样式为 VR材质，设置【漫反射】颜色为白色。

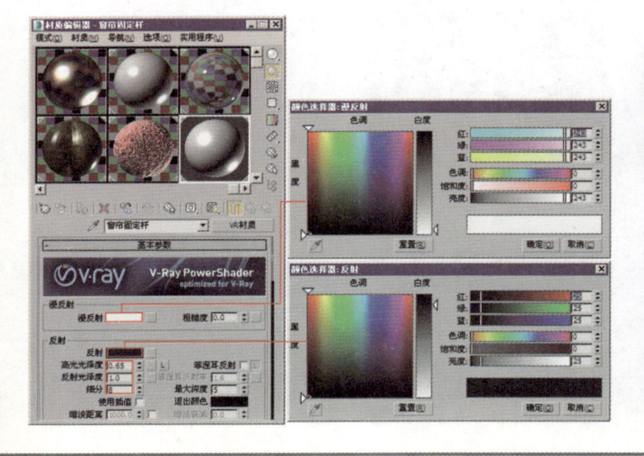

■ 2）设置窗帘布材质。打开材质编辑器，选择一个空白的材质球，设置材质样式为 VR材质，在【漫反射】通道添加位图，设置位图为Ch14\Maps\复件Archmodels59_cloth1_023.jpg文件。

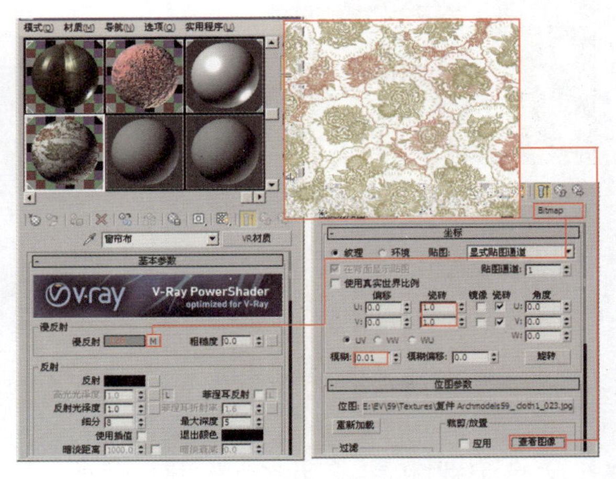

■ 3）在【折射】通道添加【衰减】贴图，并设置衰减颜色，具体参数设置如下图所示。

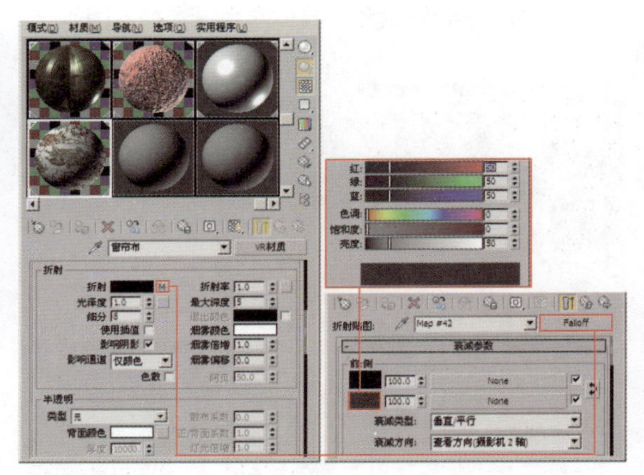

■ 4）设置花盆材质。打开材质编辑器，选择一个空白的材质球，设置材质样式为 VR材质，在【反射】通道添加位图，设置位图为Ch14\Maps\Arch41_006_Scratch.jpg文件，设置贴图强度为20。

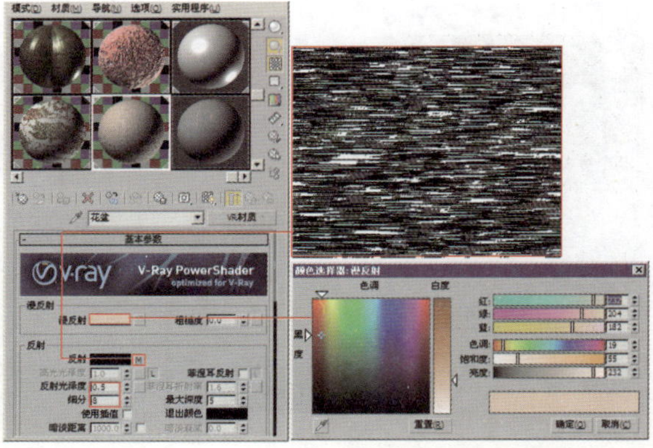

■ 5）打开【贴图】卷展栏，在【凹凸】通道中添加【斑点】贴图，设置【凹凸】贴图强度为3.0。

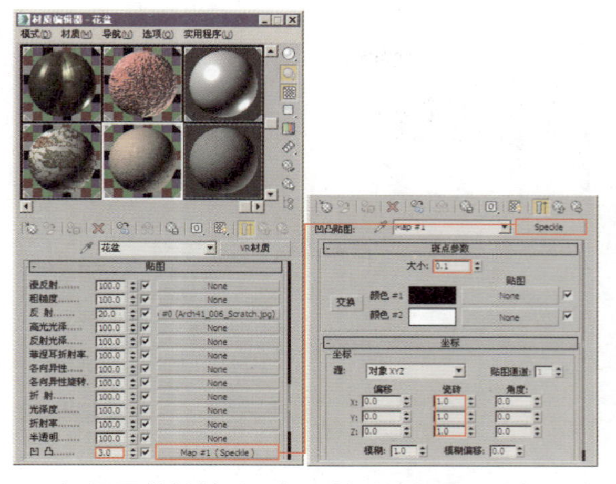

■ 6）设置养料材质。打开材质编辑器，选择一个空白的材质球，设置材质样式为 VR材质，在【漫反射】通道添加位图，设置位图为Ch14\Maps\Arch41_006_ground.jpg文件。

■ 7）打开【贴图】卷展栏，在【凹凸】通道中添加位图，设置位图为Ch14\Maps\Arch41_006_ground_bump.jpg文件，设置贴图强度为500。

■ 8）设置枝干材质。打开材质编辑器，选择一个空白的材质球，设置材质样式为 VR材质，设置【漫反射】颜色为灰色，具体参数设置如下图所示。

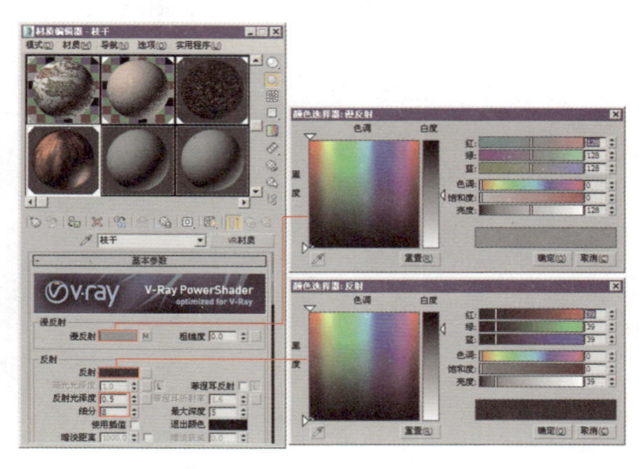

■ 9）打开【贴图】卷展栏，在【漫反射】通道添加【混合】贴图，在【颜色#1】通道和【颜色#2】通道添加位图，设置位图为Ch14\Maps\Arch41_006_bark.jpg文件，在【混合量】通道添加位图，设置位图为Ch14\Maps\Arch41_006_bark_mask.jpg文件。

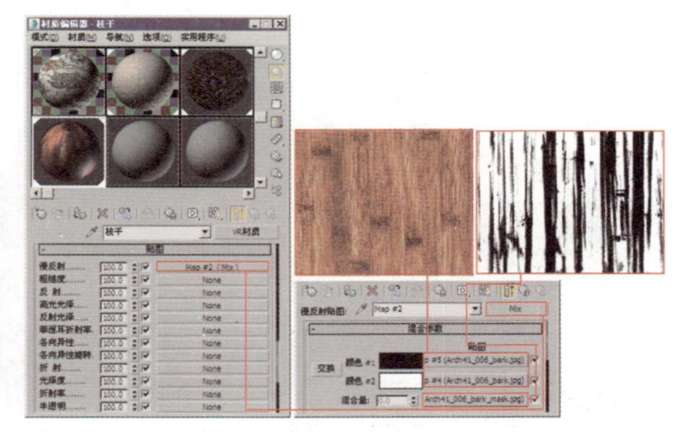

■ 10）设置叶子材质。打开材质编辑器，选择一个空白的材质球，设置材质样式为 VR材质，设置【漫反射】颜色为灰色，具体参数设置如下图所示。

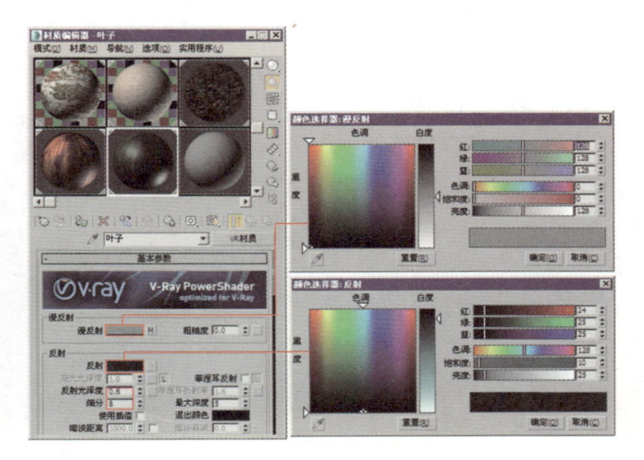

■ 11）打开【贴图】卷展栏，在【漫反射】通道添加【混合】贴图，在【颜色 #1】通道和【颜色 #2】通道添加位图，设置位图为 Ch14\Maps\Arch41_006_leaf.jpg 文件，在【混合量】通道添加位图，设置位图为 Ch14\Maps\Arch41_006_leaf_mask.jpg 文件。

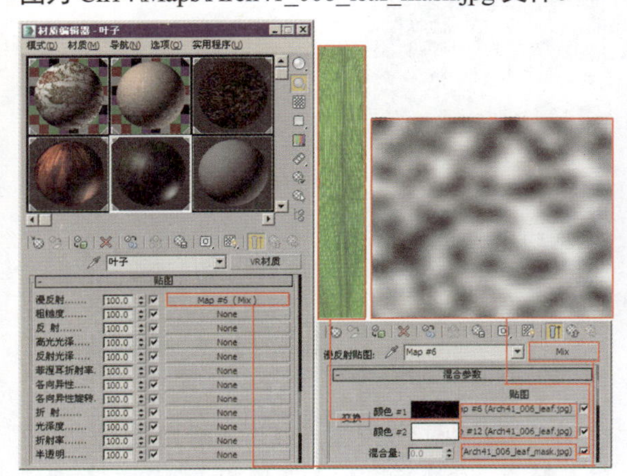

14.3.6 设置台灯和桌子材质

台灯材质包括台灯主体材质、灯罩材质和灯罩边缘材质；桌子材质包括桌子底座材质和桌布材质，其中桌子底座材质和沙发主体材质相同，不再赘述。

■ 1）设置台灯主体材质。打开材质编辑器，选择一个空白的材质球，设置材质样式为 VR材质，在【反射】通道添加【衰减】贴图，设置【衰减类型】为【Fresnel】。

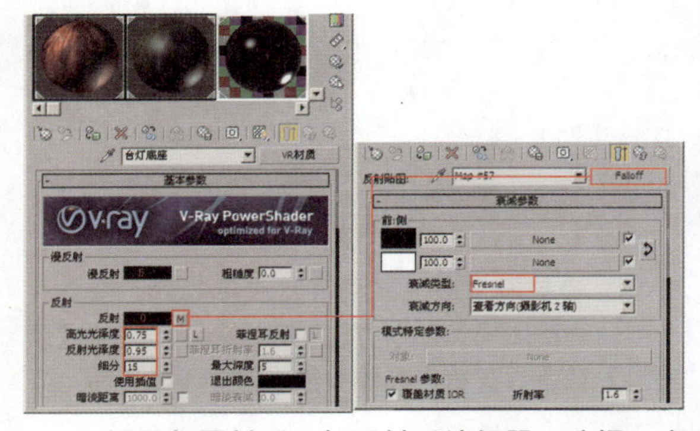

■ 2）设置灯罩材质。打开材质编辑器，选择一个空白的材质球，设置材质样式为 VR材质，设置【漫反射】颜色为橙色。

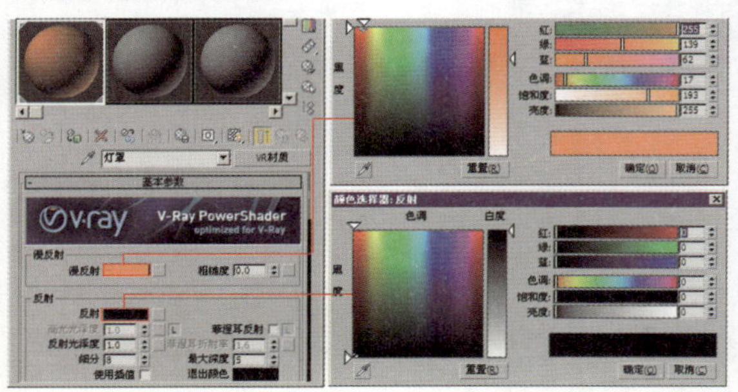

■ 3）设置灯罩边缘材质。打开材质编辑器，选择一个空白的材质球，设置材质样式为 VR材质，设置【漫反射】颜色为白色。

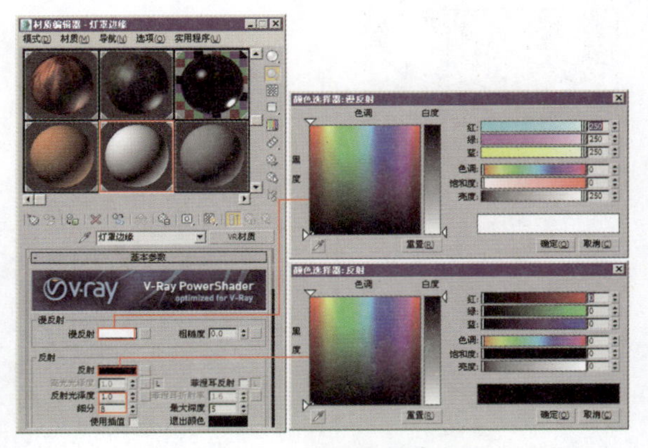

■ 4）设置桌布材质。打开材质编辑器，选择一个空白的材质球，设置材质样式为 VR材质，在【漫反射】通道添加【衰减】贴图，在【衰减】贴图【前】通道添加位图，设置位图为 Ch14\Maps\07-10-24-09-54-05-421.jpg 文件，参数设置如下图所示。

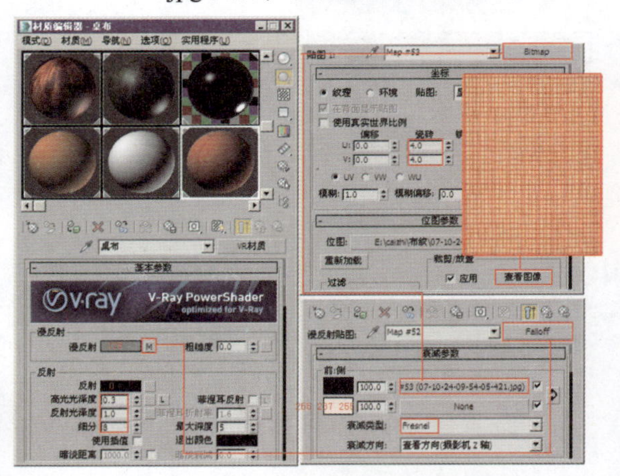

■ 5）打开【贴图】卷展栏，在【凹凸】通道添加位图，设置位图为 Ch14\Maps\07-10-24-09-54-05-421.jpg 文件，设置贴图强度为 30。

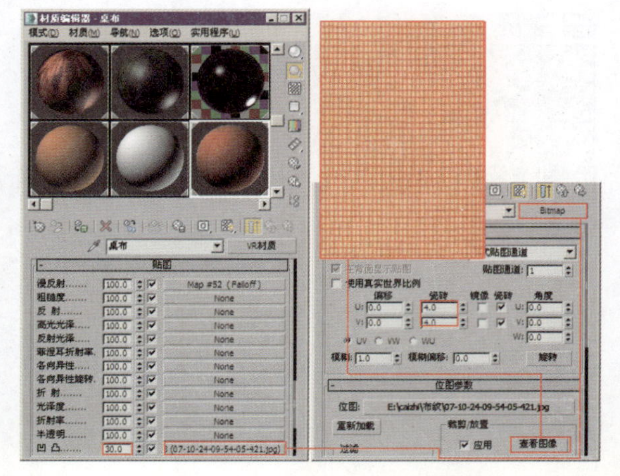

14.4 餐厅场景灯光设置

餐厅场景灯光设置相对比较简单，这里设置了两盏灯光，分别是VR灯光和自由灯光，进行窗外补光和壁灯照明。

■ 1）首先进行窗外补光。在【创建】命令面板中单击 VR灯光 按钮，在室外建立一盏VR灯光，用来进行窗外补光，具体的位置如下图所示。

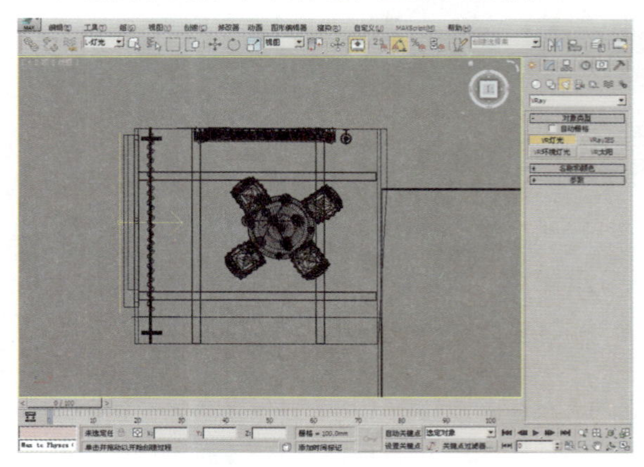

■ 2）在【修改】面板中设置VR灯光参数。

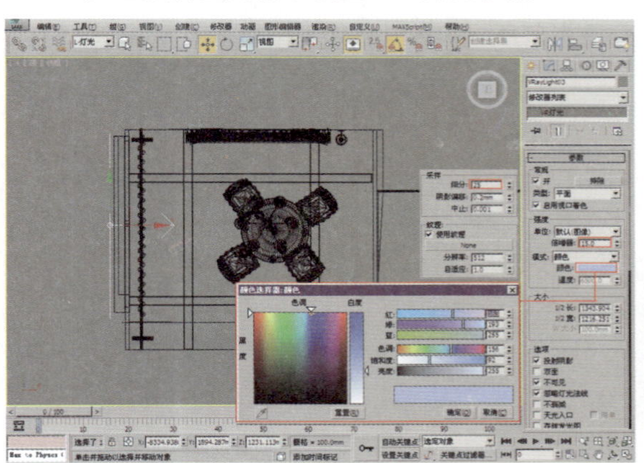

■ 3）接下来模拟壁灯照明。在【创建】命令面板中单击 自由灯光 按钮，在室外建立一盏自由灯光，用来模拟壁灯照明，具体的位置如下图所示。

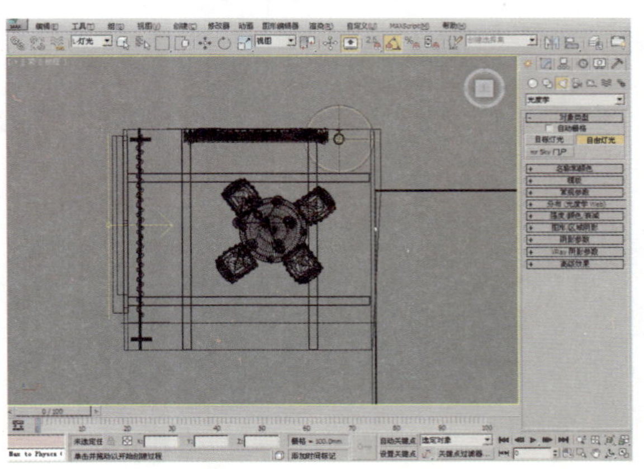

■ 4）在【修改】面板中设置自由灯光参数。

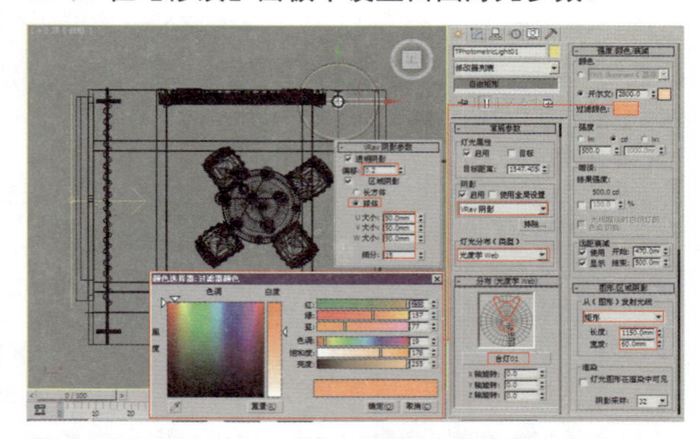

14.5 餐厅场景灯光设置

下面设置餐厅场景材质。通过VRay渲染器专用材质，学习透明玻璃、椅子、桌子、窗帘、台灯等物体材质的制作。

14.5.1 设置桌椅、茶具材质

椅子材质为印花椅套材质；桌子材质为红木桌面材质和白色桌腿材质；茶具材质为印花陶瓷材质。

■ 1）设置印花椅套材质。打开材质编辑器，选择一个空白的材质球，设置材质样式为 VR材质，在【漫反射】通道添加【衰减】贴图，在【衰减】贴图的【前】通道添加位图，设置位图为Ch14\Maps\复件Archmodels59_ cloth1_023.jpg文件，参数设置如下图所示。

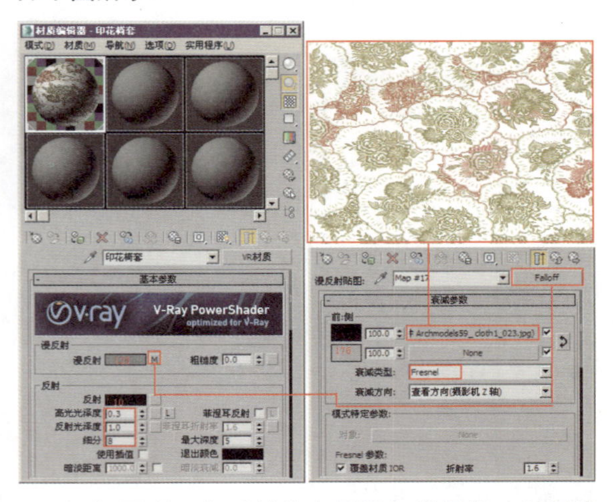

■ 2）打开【双向反射分布函数】卷展栏，设置类型为【沃德】，其他参数设置如下图所示。

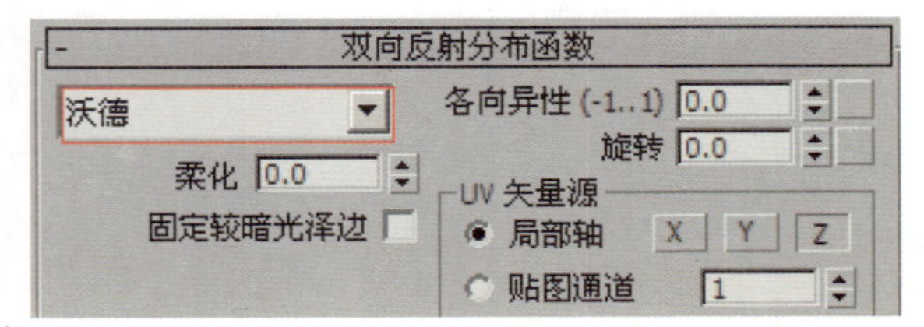

■ 3）打开【贴图】卷展栏，在【凹凸】通道添加位图，设置位图为 Ch14\Maps\Archmodels59_ cloth_ bump_023.jpg 文件，设置贴图强度为 40。

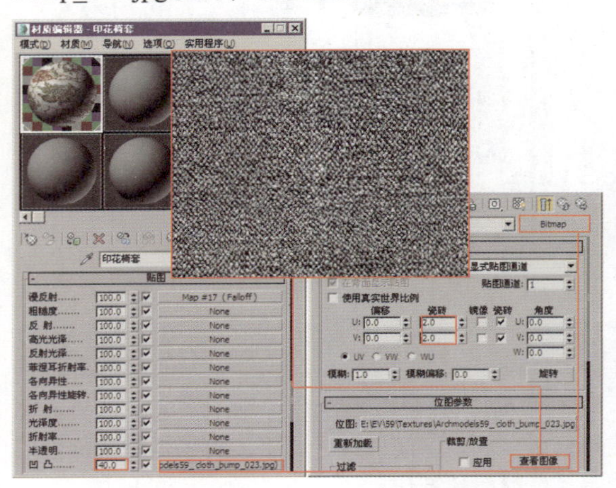

■ 4）设置红木桌面材质。打开材质编辑器，选择一个空白的材质球，设置材质样式为 VR材质，在【反射】通道添加【衰减】贴图，设置【衰减类型】为【Fresnel】，具体参数设置如下图所示。

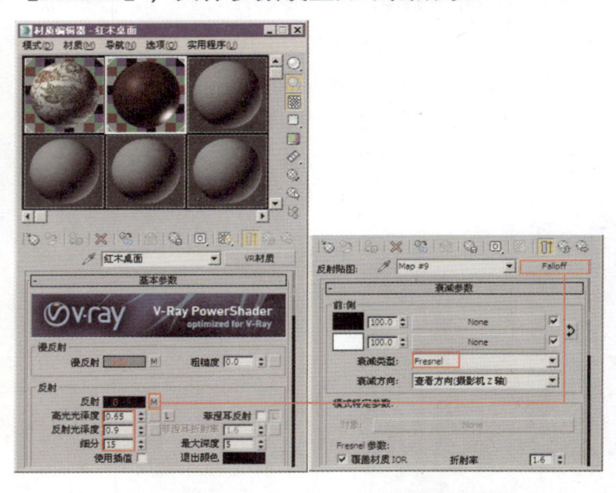

■ 5）打开【贴图】卷展栏，在【漫反射】通道和【凹凸】通道添加位图，设置位图为 Ch14\Maps\WW-263.jpg 文件，设置【凹凸】贴图强度为 20。

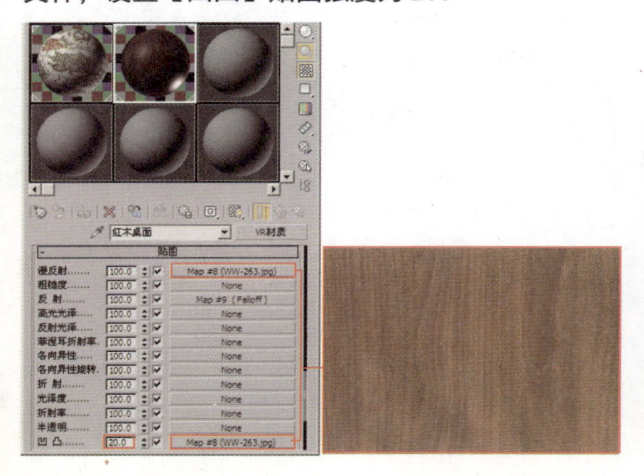

■ 6）设置白色桌腿材质。打开材质编辑器，选择一个空白的材质球，设置材质样式为 VR材质，在【反射】通道添加【衰减】贴图，设置【衰减类型】为【Fresnel】，参数设置如下图所示。

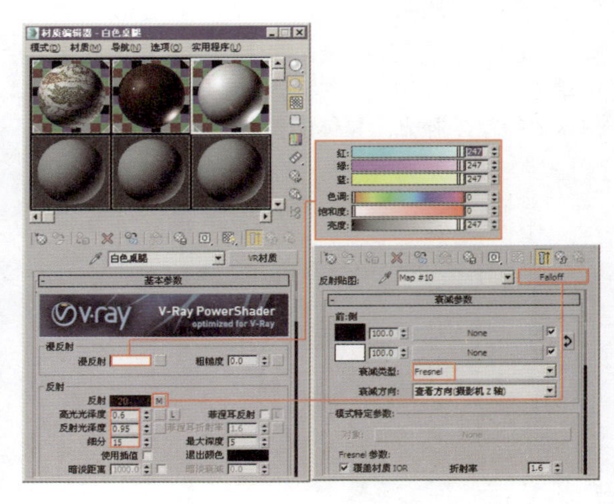

■ 7）设置茶杯材质。打开材质编辑器，选择一个空白的材质球，设置材质样式为 多维/子对象，设置材质 1 通道材质样式为 VR材质 样式，设置【漫反射】颜色为白色，参数设置如下图所示。

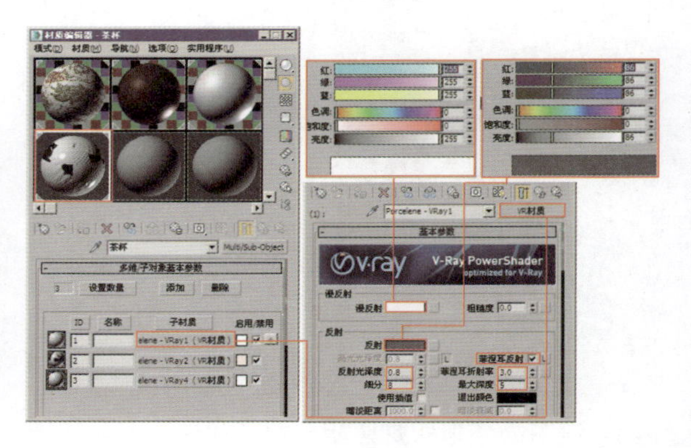

■ 8）设置【多维/子对象】材质的材质 2 通道材质样式为 VR材质，设置【漫反射】颜色为浅黄色。

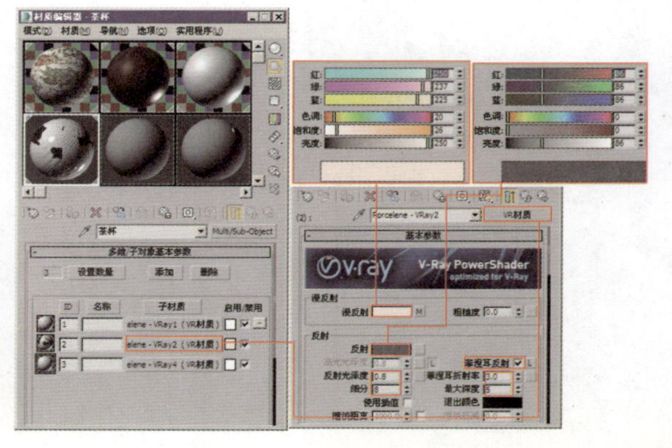

■ 9）打开【贴图】卷展栏，在【漫反射】通道和【凹凸】通道中添加位图，设置位图为 Ch14\Maps\Archmodels57_024_diffuse2.jpg 文件，设置【凹凸】贴图强度为 30。

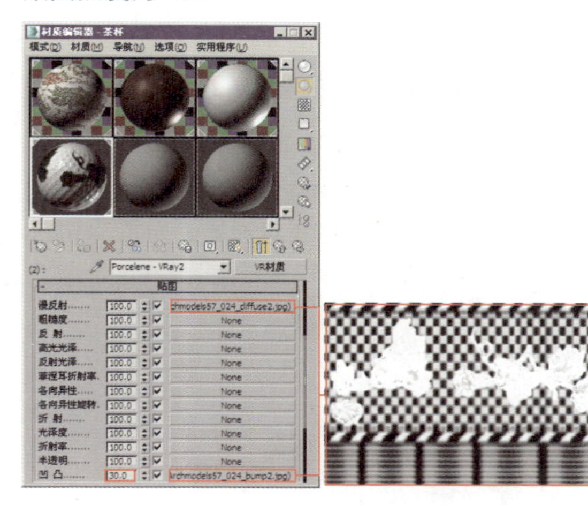

■ 10）设置【多维/子对象】材质的材质 3 通道材质样式为 VR材质，设置【漫反射】颜色为白色。

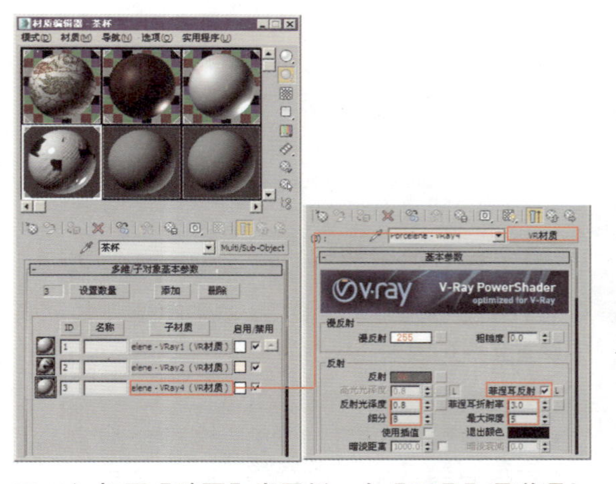

■ 11）打开【贴图】卷展栏，在【凹凸】通道添加位图，设置位图为 Ch14\Maps\Archmodels57_024_bump3.jpg 文件，设置贴图强度为 30。

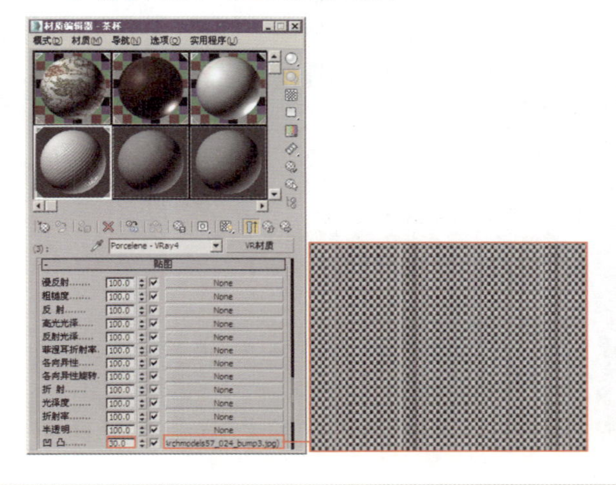

14.5.2 设置吊灯材质

吊灯材质包括黑色灯架材质、印花灯罩材质和吊灯装饰物材质。

■ 1）设置灯架材质。打开材质编辑器，选择一个空白的材质球，设置材质样式为 VR材质，设置【漫反射】颜色为黑色，参数设置如下图所示。

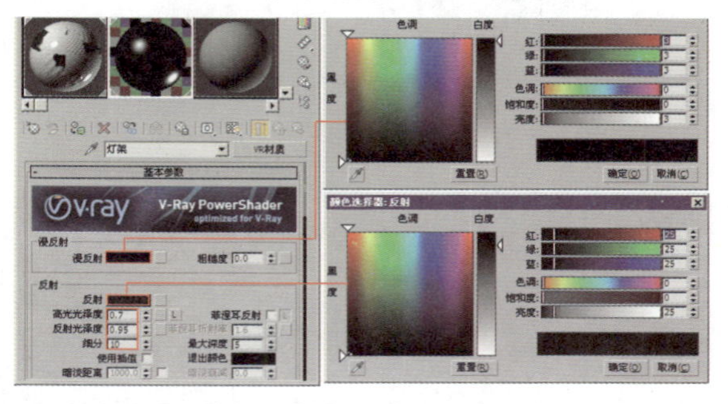

■ 2）设置印花灯罩材质。打开材质编辑器，选择一个空白的材质球，设置材质样式为 多维/子对象，设置材质 1 通道材质样式为 VR材质，设置【漫反射】颜色为灰色，参数设置如下图所示。

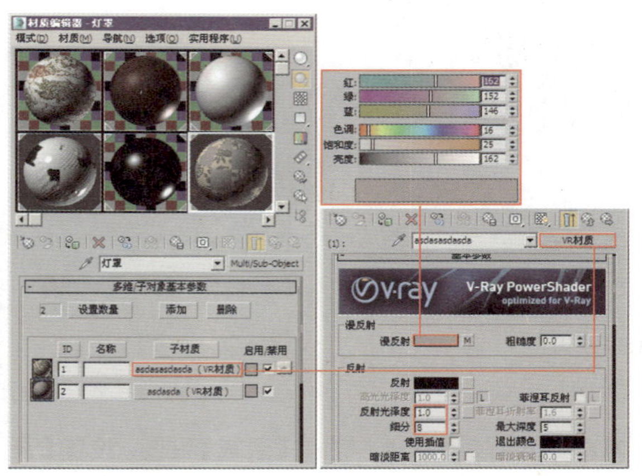

■ 3）打开【贴图】卷展栏，在【漫反射】通道添加位图，设置位图为 Ch14\Maps\012.tif 文件；在【折射】通道添加【衰减】贴图，设置【衰减类型】为【Fresnel】。

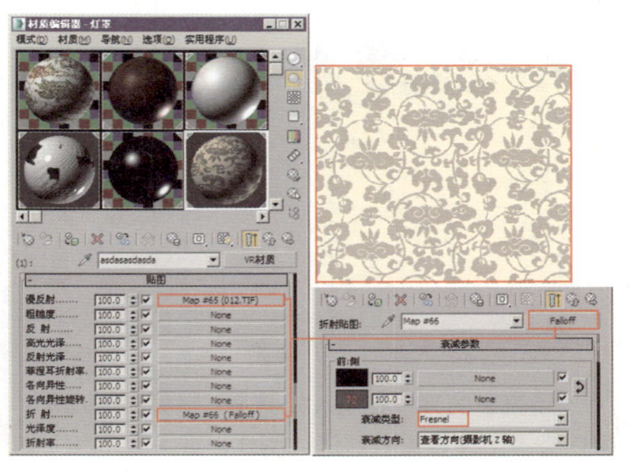

■ 4）设置【多维/子对象】材质材质 2 通道材质样式为 VR材质，设置【漫反射】颜色为灰色。

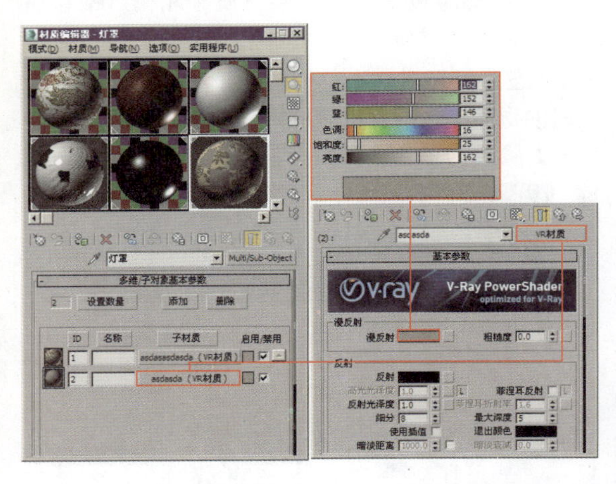

■ 5）设置吊灯装饰物材质。打开材质编辑器，选择一个空白的材质球，设置材质样式为 VR材质，设置【漫反射】颜色为黄色，参数设置如下图所示。

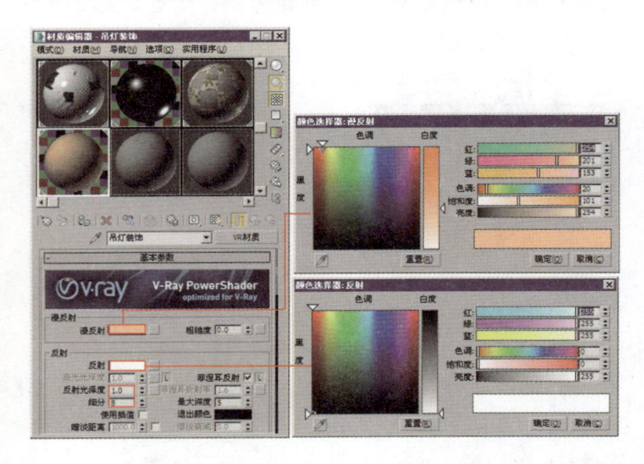

■ 6）在【折射】通道中添加【衰减】贴图，设置【衰减类型】为【Fresnel】，其他参数保持默认。

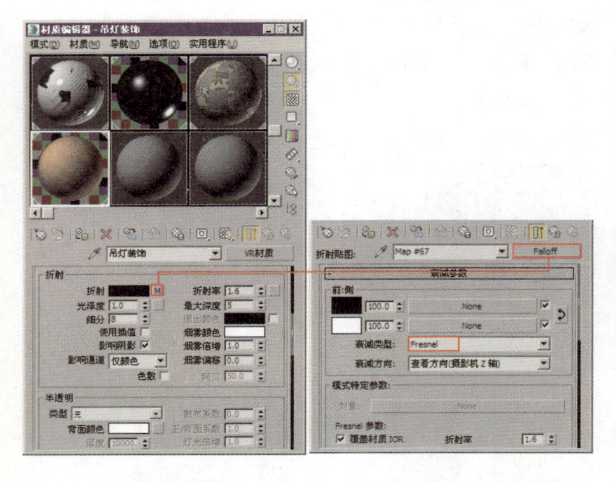

场景中的其他材质（如壁画、壁灯、花瓶等）可以参考上述设置方法进行制作。

14.6 最终成品渲染

本例刚开始的渲染设置均为测试渲染的设置，目的是加快制作速度。下面进行最终成品图渲染设置。

14.6.1 设置抗锯齿和过滤器

■ 1）按 F10 键打开渲染设置对话框。

■ 2）在 V-Ray:: 图像采样器(抗锯齿) 卷展栏中，参数设置如下图所示。设置【抗锯齿过滤器】为【Catmull-Rom】，可以让画面更加锐化。

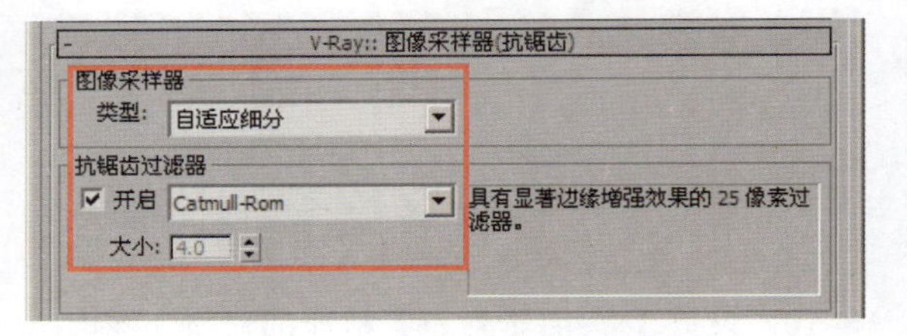

注意

在VRay渲染器中，图像采样器的概念是指采样和过滤的一种算法，并产生最终的像素数组来完成图形的渲染。VRay渲染器提供了几种不同的采样算法，尽管会增加渲染时间，但是所有的采样器都支持3ds Max标准的抗锯齿过滤算法。

14.6.2 设置渲染级别

■ 进入 V-Ray:: 发光贴图 卷展栏，在 当前预置: 下拉列表中设置光照贴图采样级别为 高。

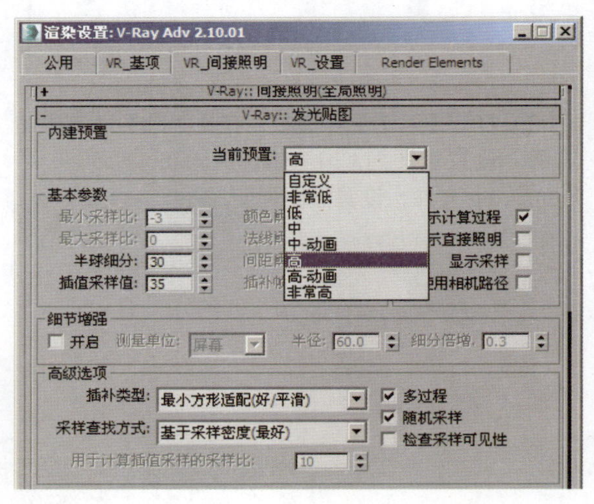

提示

在 V-Ray:: 发光贴图 卷展栏中可以调节发光贴图的各项参数，该卷展栏只有在发光贴图被指定为当前初级漫射反弹引擎的时候才能被激活。

14.6.3 设置保存发光贴图

■ 1）在V-Ray:: 发光贴图面板，激活渲染结束时光子图处理区域中的☑不删除和☑自动保存:复选框，单击☑自动保存:后面的浏览按钮，在弹出的自动保存光照贴图对话框中输入要保存的A-01.vrmap文件名并选择保存路径。

■ 2）激活☑切换到保存的贴图复选框，当渲染结束后，保存的光照贴图将自动转换到【从文件】模式，如下图所示。

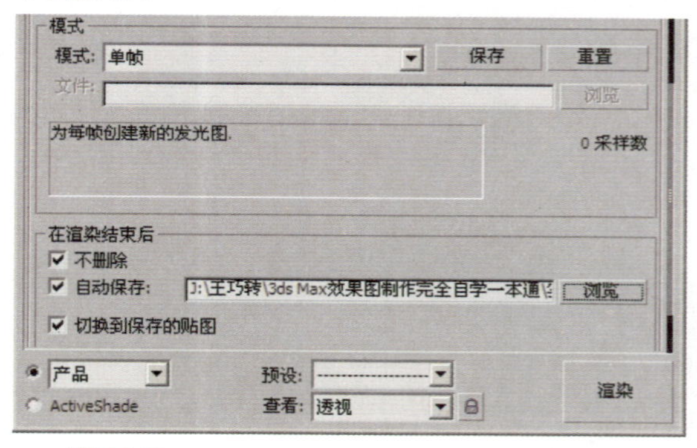

—— 注意 ——

切换到其他相机视图渲染，VRay渲染器已经省去了光照计算的步骤。如果改变了间接照明参数，则需要重新渲染光照贴图，选择【单帧】模式即可。

■ 3）进入渲染对话框的公用选项卡，设置较小的渲染图像尺寸，可以有效地缩短计算时间。

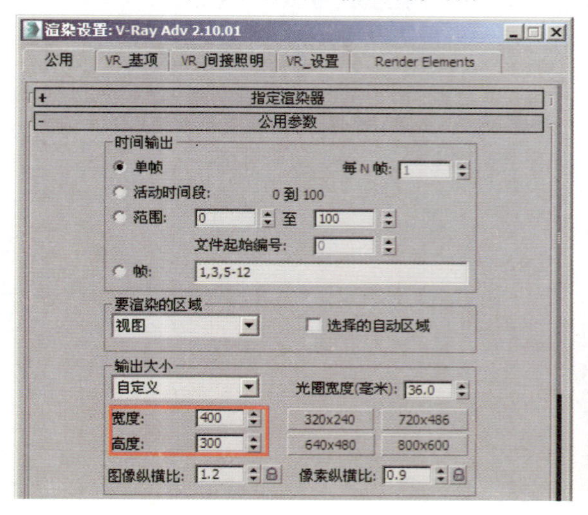

—— 提示 ——

以上阶段为图像制作阶段，要想用VRay渲染出高质量的大图真得动些脑筋。因为毕竟是商业作品，需要的是快速交付客户。如果不考虑技巧，用VRay渲染3000×3000像素点的高质量大图，很有可能耗时在30个小时以上，所有的前期工作到最后将成为不可能完成的任务。

14.6.4 最终渲染

■ 1）当发光贴图计算及其渲染完成后，在渲染对话框的公用面板设置最终渲染图像的尺寸，如下图所示。

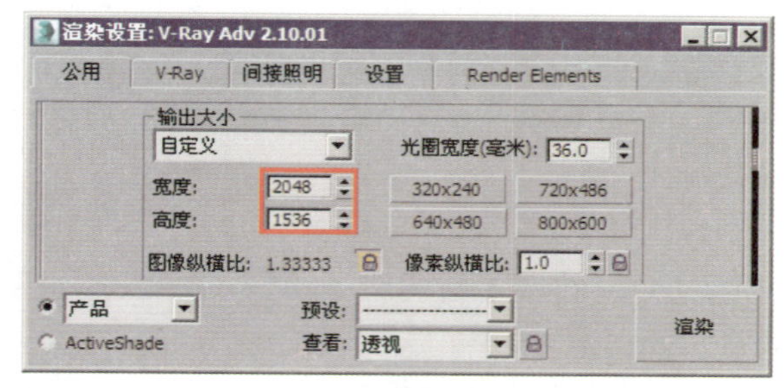

■ 2）最终渲染完成的效果如下图所示。

第15章 室外楼体效果图制作

本例展示的一个室外大楼的夜景场景渲染效果图制作，场景中包括小型的楼层、地面等。因为整幅场景比较高，所以采用纵向构图。在材质的设置上以玻璃材质、窗框材质、墙面材质、地面材质、金属材质为主，其他材质还包括楼梯材质、楼板材质等。在灯光设置方面只设置了 4 盏自由聚光灯，用来作为路灯照明。

本案例渲染效果图如下图所示。

本场景的灯光布局如下图所示，场景中使用了自由聚光灯模拟路灯照明。

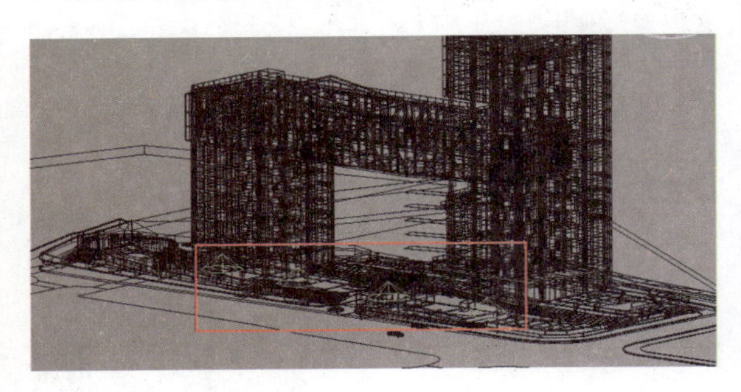

配色应用：

制作要点：

■ 1.掌握室外楼体材质的制作方法及制作技巧。

■ 2.掌握如何表现室外夜景的方法。

■ 3.学会在Photoshop中制作出最终的渲染效果图。

最终场景：Ch15\Scenes\ 室外楼体 ok.max

贴图素材：Ch15\Maps

难易程度：★★★★☆

15 .1 测试渲染设置

■ 1）打开 Ch15\Scenes\ 室外楼体 .max 文件。这是一个室外大厦空间场景，场景内的模型主要为大型楼层和地面，如下图所示。

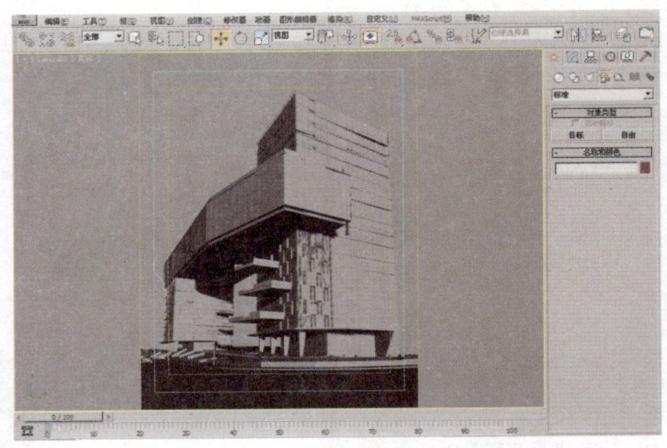

■ 2）按 F10 键打开渲染设置对话框，首先设置【V_Ray Adv 2.10.01】为当前渲染器。

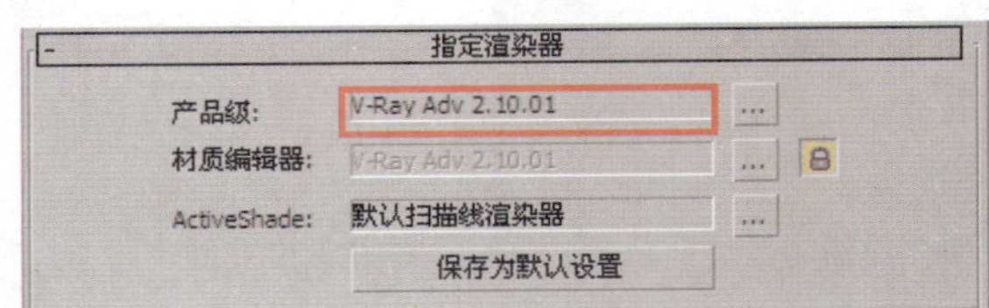

■ 3）在 V-Ray:: 全局开关[无名] 卷展栏中设置总体参数。因为后面要调整灯光，所以在这里关闭了默认的灯光。然后取消选择【反射 / 折射】和【光泽效果】复选框，这两项都是非常影响渲染速度的。

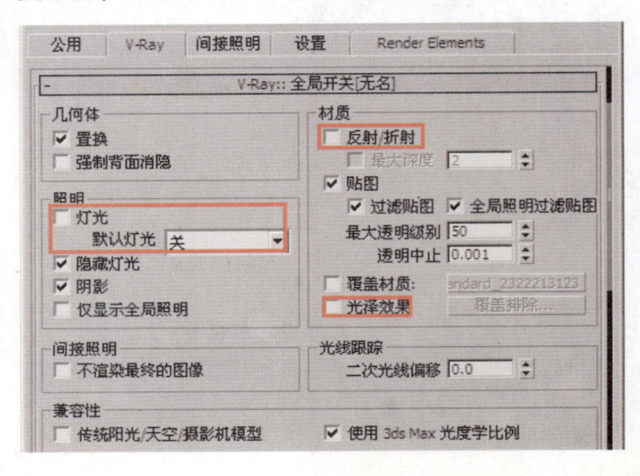

■ 4）在 V-Ray:: 图像采样器(反锯齿) 卷展栏中，参数设置如下图所示，这是抗锯齿采样设置。

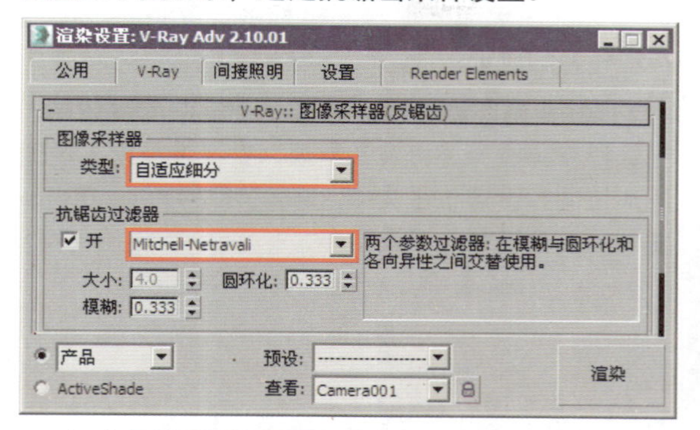

■ 5）在 V-Ray:: 间接照明(GI) 卷展栏中的参数设置如下图所示，这是间接照明设置。

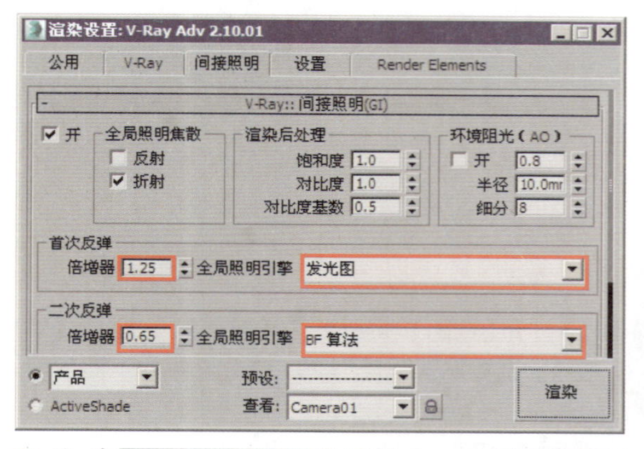

■ 6）在 V-Ray:: 发光图[无名] 卷展栏中，设置 当前预置: 为 中 - 动画 方式，这种采样值适合在测试渲染时使用。然后设置 当前预置: 为【自定义】，这是发光贴图参数设置。

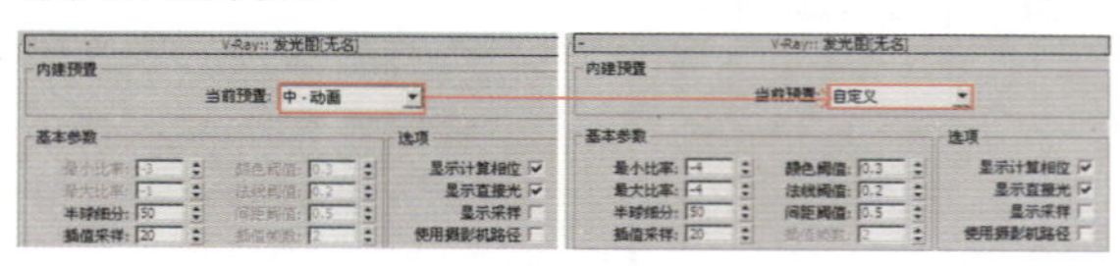

■ 7）在 V-Ray:: BF 强算全局光 卷展栏中设置【细分】值为 8，设置【二次反弹】值为 3。

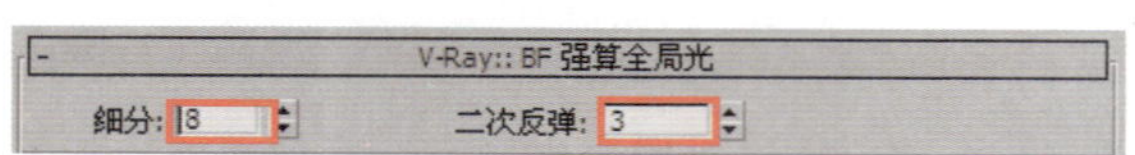

■ 8）在 V-Ray:: 颜色贴图 卷展栏中设置曝光模式为【线性倍增】方式，参数设置如下图所示。

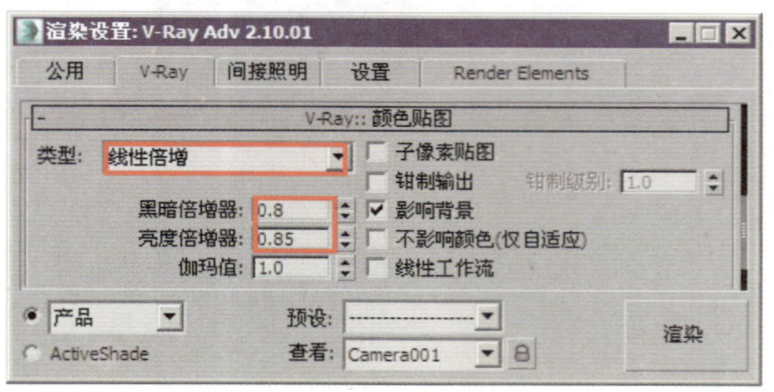

15.2 场景灯光设置

■ 1）首先制作一个统一的模型测试材质。按 M 键打开材质编辑器，选择一个空白样本球，设置材质的样式为 VR材质 。

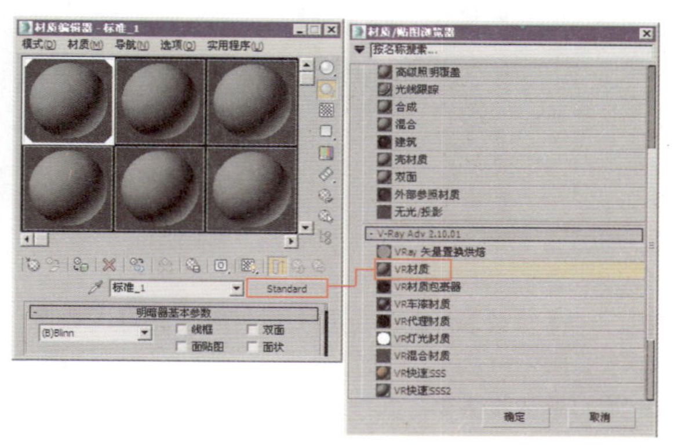

■ 2）在 VRayMtl 材质设置面板，设置【漫反射】的颜色为浅灰色。

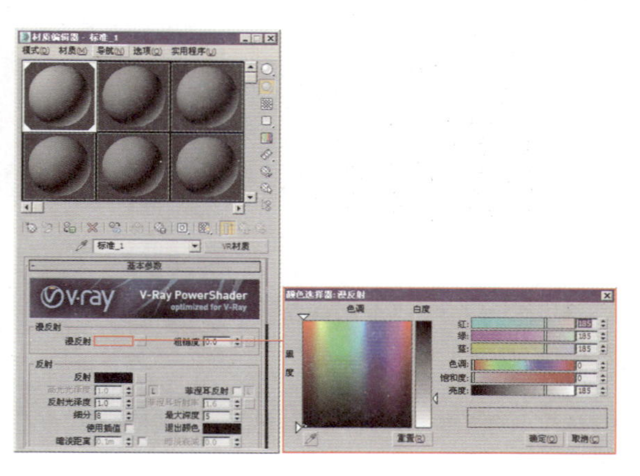

■ 3）按 F10 键打开渲染设置对话框，选中 Override mtl: 复选框，将该材质拖动到 None 按钮上，这样就给整体场景设置了一个临时的测试用的材质。

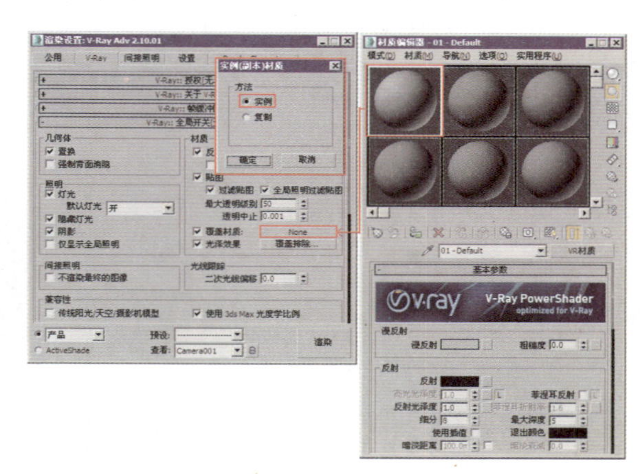

■ 4）下面设置场景灯光，在【创建】命令面板中单击 Free Spot 按钮，在场景中创建4盏自由聚光灯，用来模拟路灯照明，位置如下图所示。

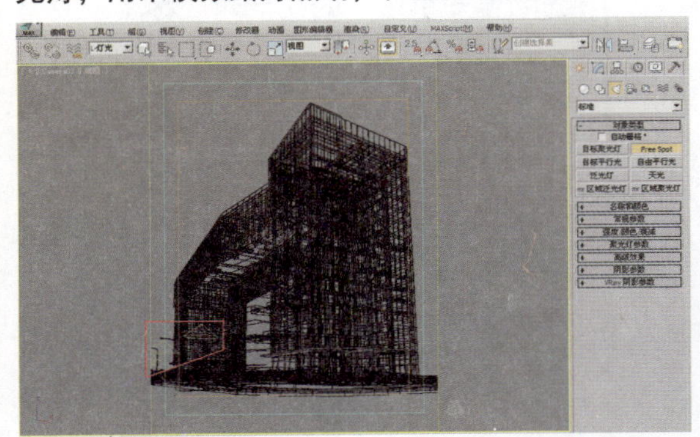

■ 5）在【修改】面板中设置4盏自由聚光灯的参数，如下图所示（因为4盏灯光参数相同，这里只提供一盏的参数设置）。

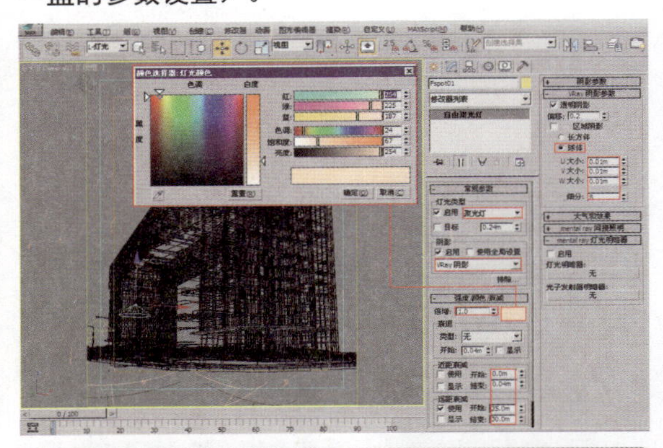

15.3 场景材质设置

下面逐一设置场景的材质，从影响整体效果的材质（如墙面、地面等）开始，到其他材质（如楼板、窗框等）。

15.3.1 设置渲染参数

首选，按F10键打开渲染设置对话框，在 V-Ray:: 全局开关[无名] 卷展栏中选中 反射/折射 复选框，取消选中 覆盖材质: 复选框（这里仍然取消选中 光泽效果 复选框关闭，因为它实在是太影响渲染速度了）。

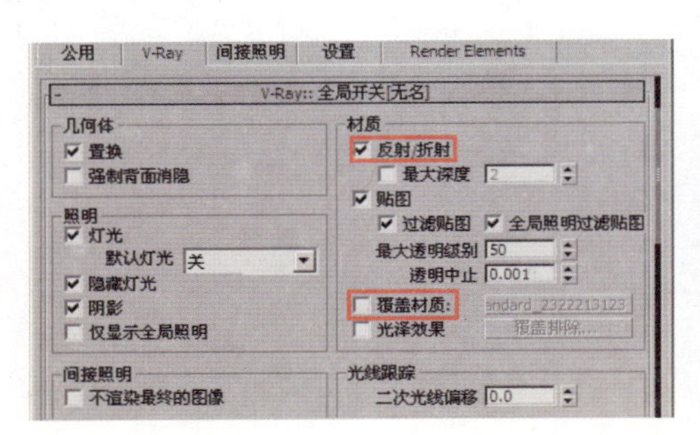

15.3.2 设置大理石墙面材质

大理石墙面表面具有微弱的高光效果，同时存在一定的纹理效果。

■ 1）打开材质编辑器，选择一个空白的材质球，设置材质样式为【标准】材质，在【漫反射】通道添加位图，设置位图为Ch15\Maps\114stone_dls.jpg文件，参数设置如下图所示。

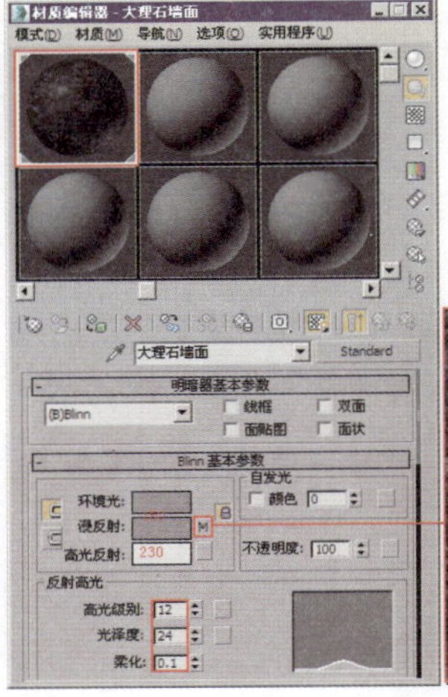

■ 2）打开【贴图】卷展栏，在【反射】通道添加【VR贴图】，设置贴图强度为29，参数设置如下图所示。

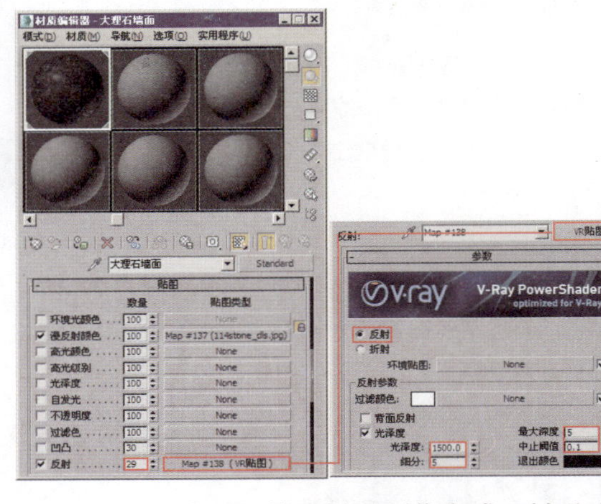

■ 3）至此，大理石墙面材质制作完成，材质球效果和渲染效果如下图所示。

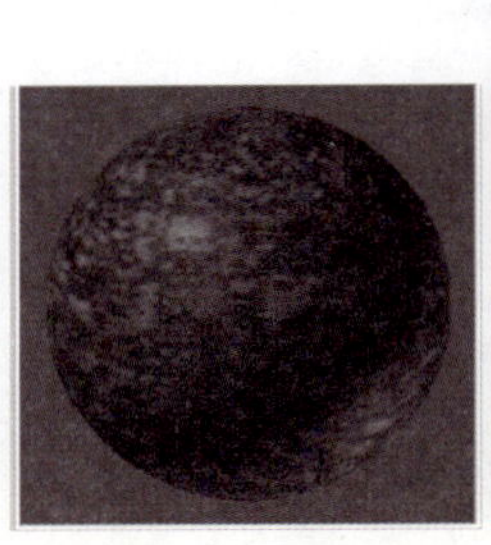

15.3.3 设置大楼支架材质

大楼支架材质为深色金属材质，表面高光效果较为明显。

■ 1）打开材质编辑器，选择一个空白的材质球，设置材质样式为【标准】材质，设置明暗器类型为【(P)Phong】，设置【漫反射】颜色为深蓝色，具体参数设置如下图所示。

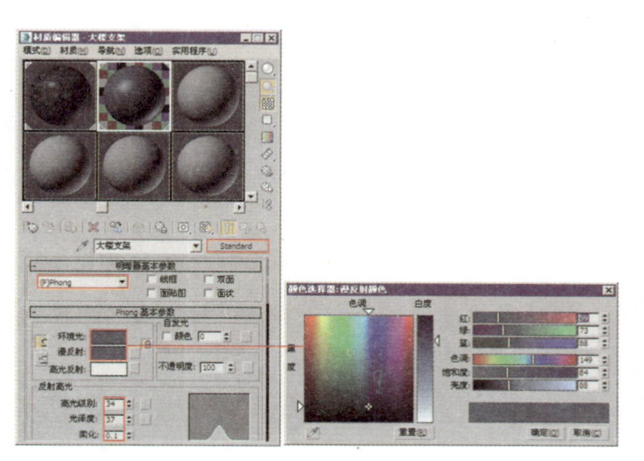

■ 2）打开【贴图】卷展栏，在【反射】通道添加【VR贴图】，设置贴图强度为29，参数设置如下图所示。

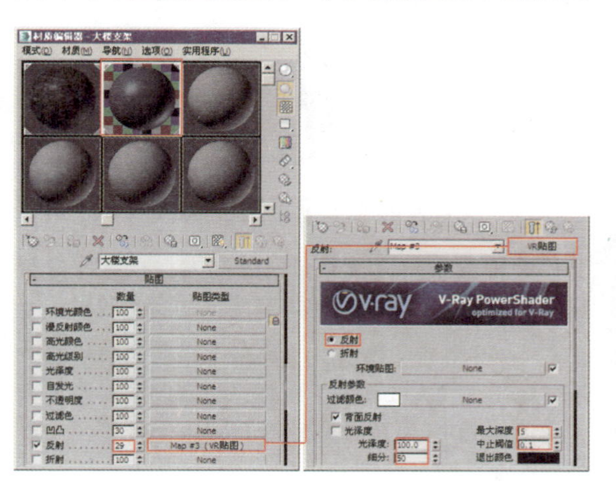

■ 3）到此，大楼支架材质制作完成，材质球效果和渲染效果如下图所示。

15.3.4 设置楼板材质

楼板材质的材质类型为【顶/底】材质，设置【顶】材质类型为【标准】材质，设置【底】材质类型为【混合】材质。

■ 1）设置楼板材质。打开材质编辑器，选择一个空白的材质球，设置材质样式为顶/底材质，设置【顶】通道材质样式为【标准】材质。

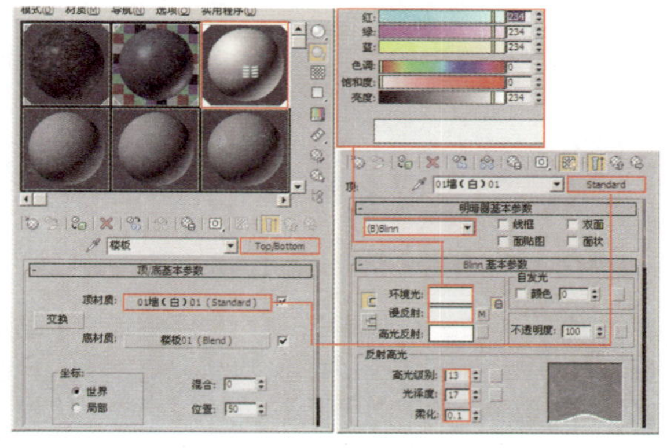

■ 2）打开【贴图】卷展栏，在【漫反射颜色】通道添加位图，设置位图为 Ch15\Maps\177beton.jpg 文件，具体参数设置如下图所示。

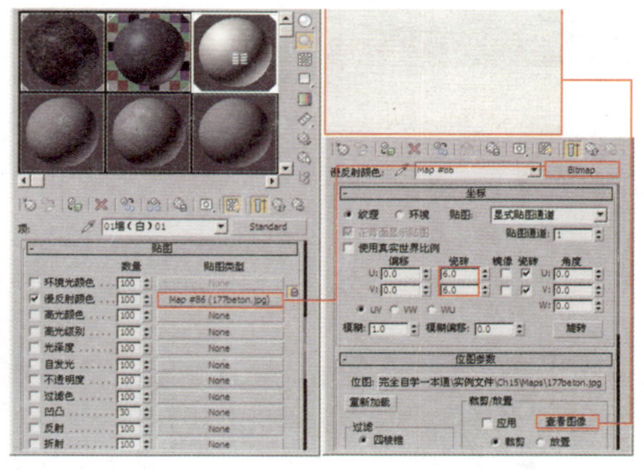

■ 3）设置【顶/底】材质【底】通道材质类型为【混合】材质类型，分别设置【混合】材质的【材质1】、【材质2】和【遮罩】通道参数。

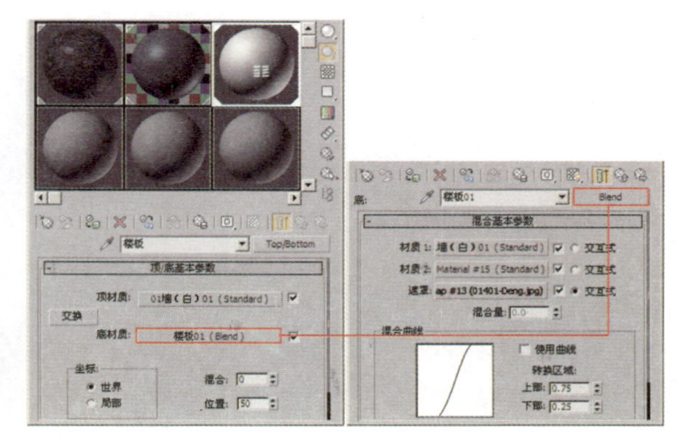

■ 4）设置【混合】材质【材质 1】通道的材质类型为【标准】材质，设置明暗器类型为【(B)Blinn】，设置【漫反射】颜色为浅灰色，参数设置如下图所示。

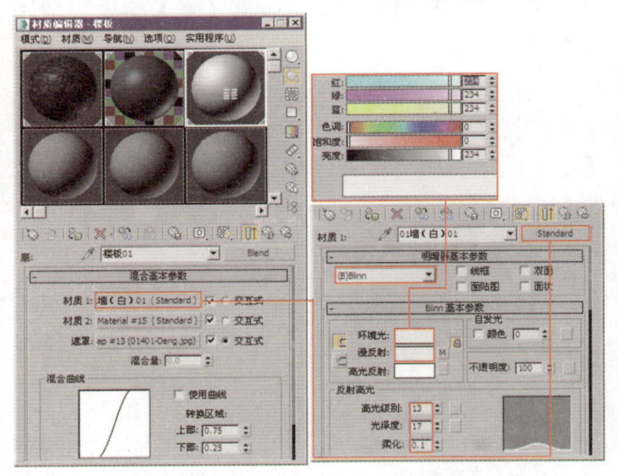

■ 5）打开【贴图】卷展栏，在【漫反射颜色】通道添加位图，设置位图为 Ch15\Maps\177beton.jpg 文件，参数设置如下图所示。

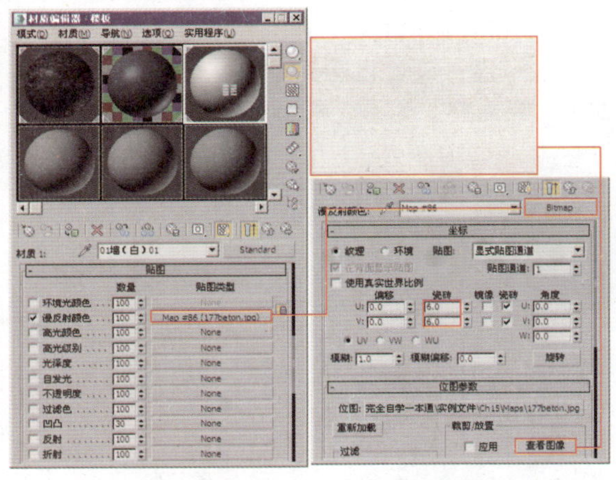

■ 6）设置【混合】材质【材质 2】通道的材质类型为【标准】材质，设置明暗器类型为【(B)Blinn】，设置【漫反射】颜色为浅灰色，参数设置如下图所示。

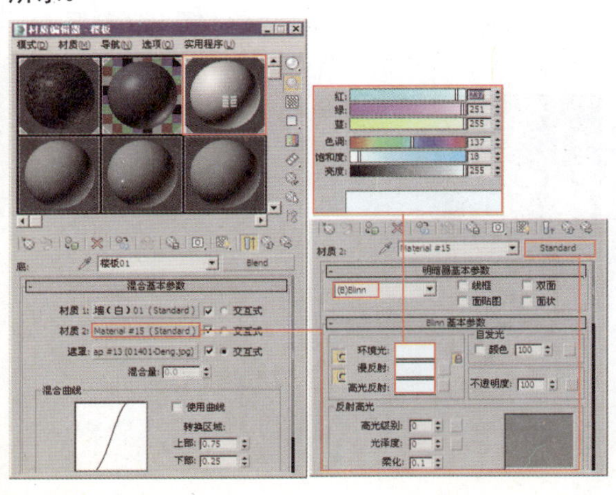

■ 7）在【混合】材质的【遮罩】通道添加位图，设置位图为 Ch15\Maps\01401-Deng.jpg 文件，参数设置如下图所示。

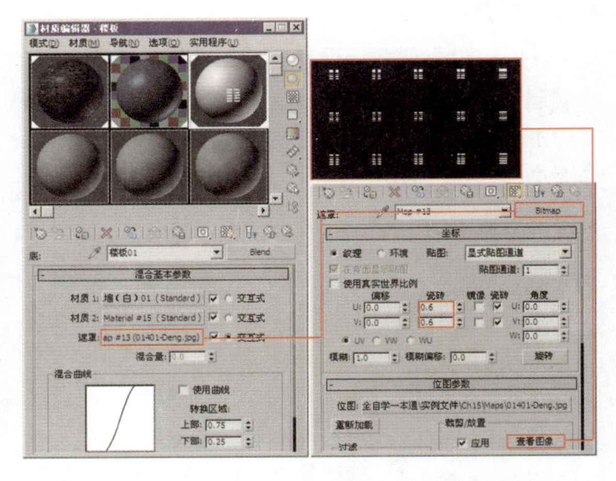

■ 8）到此，楼板材质制作完成，材质球效果和渲染效果如下图所示。

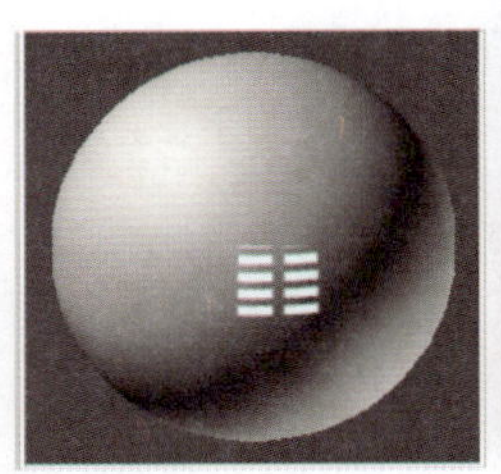

15.3.5 设置X形支架和窗框材质

X 形支架表面具有微弱的高光，颜色为青灰色；窗框颜色为黑色，也具有极弱的高光效果。

■ 1）打开材质编辑器，选择一个空白的材质球，设置材质样式为【标准】材质，设置明暗器类型为【(B)Blinn】，设置【漫反射】颜色为青灰色，具体参数设置如下图所示。

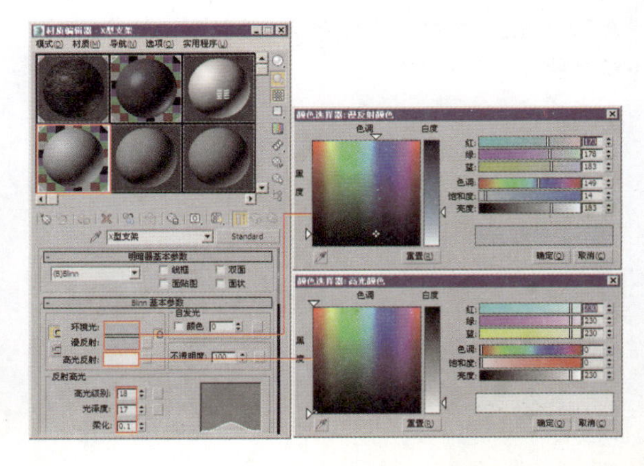

■ 2）打开材质编辑器，选择一个空白的材质球，设置材质样式为【标准】材质，设置明暗器类型为【(B)Blinn】，设置【漫反射】颜色为黑色，具体参数设置如下图所示。

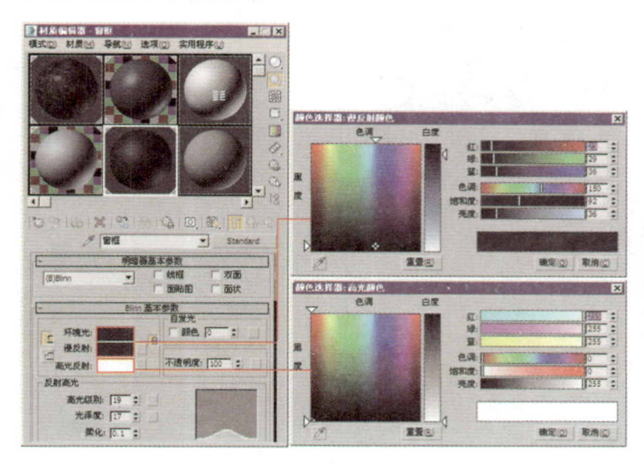

■ 3）打开【扩展参数】卷展栏，设置【过滤】颜色为黑色，其他参数保持默认。

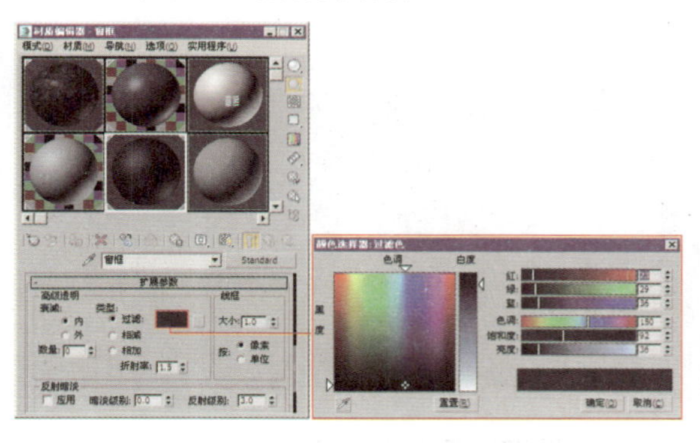

■ 4）至此，X形支架材质和窗框材质制作完成，材质球效果分别如下图所示。

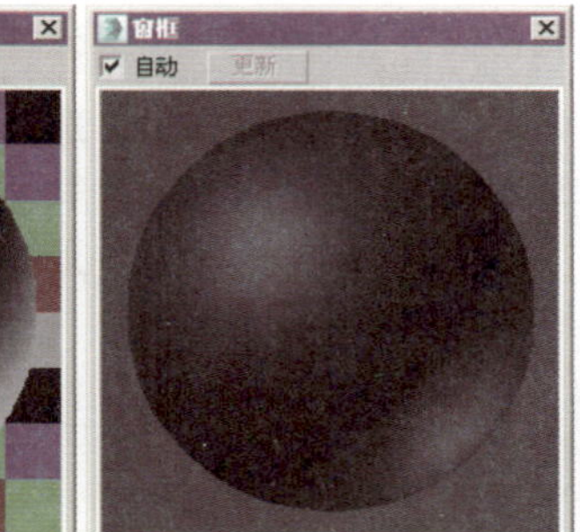

■ 5）材质渲染效果如下图所示。

15.3.6 设置室内桌椅和穿空板材质

室内桌椅表面具有微弱的高光，颜色为青灰色；穿空板材质为金属材质。

■ 1）打开材质编辑器，选择一个空白的材质球，设置材质样式为【标准】材质，设置明暗器类型为【(B)Blinn】，设置【漫反射】颜色为青灰色，具体参数设置如下图所示。

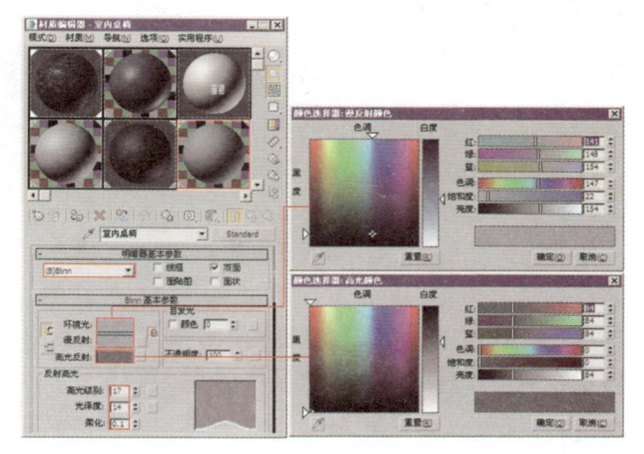

■ 2）打开【扩展参数】卷展栏，设置【过滤】颜色为白色，其他参数保持默认。

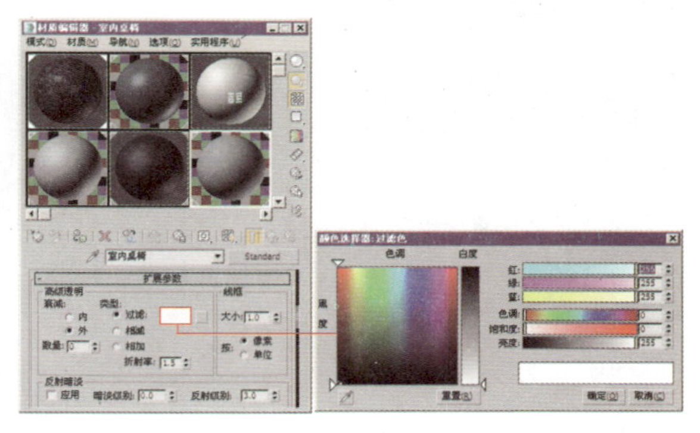

■ 3）打开【贴图】参数卷展栏，在【反射】通道添加【VR贴图】，设置贴图强度为30，具体参数设置如下图所示。

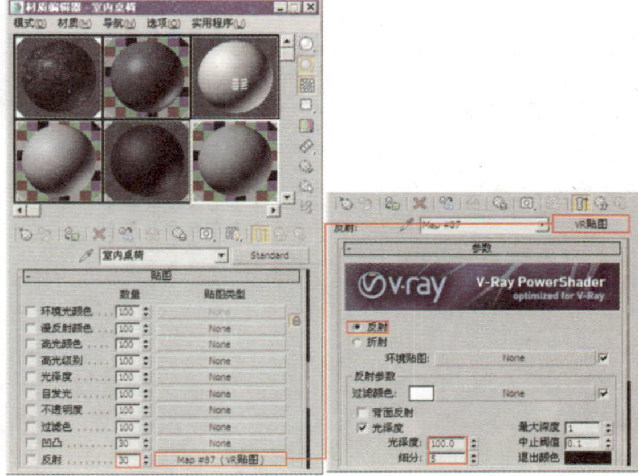

■ 4）打开材质编辑器，选择一个空白的材质球，设置材质样式为【标准】材质，设置明暗器类型为【(B)Blinn】，设置【漫反射】颜色为青灰色，具体参数设置如下图所示。

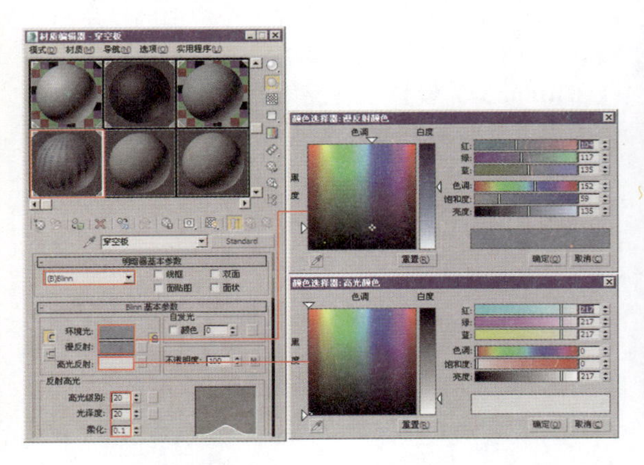

■ 5）打开【扩展参数】卷展栏，设置【过滤】颜色为青灰色，其他参数保持默认。

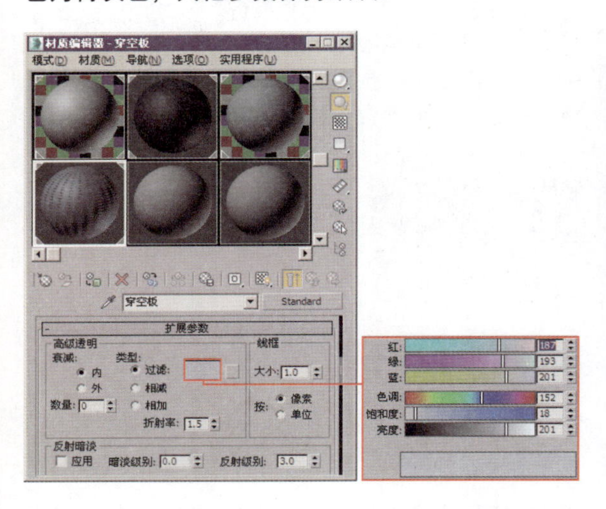

■ 6）打开【贴图】参数卷展栏，在【反射】通道添加【VR贴图】，设置贴图强度为30，参数设置如下图所示。

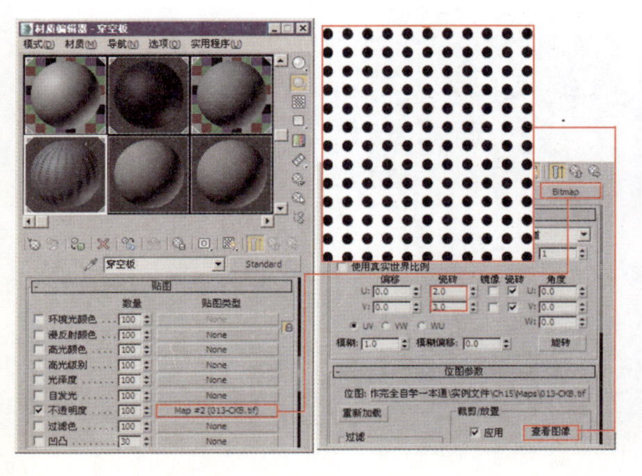

■ 7）打开【贴图】参数卷展栏，在【反射】通道添加【VR贴图】，设置贴图强度为11，参数设置如下图所示。

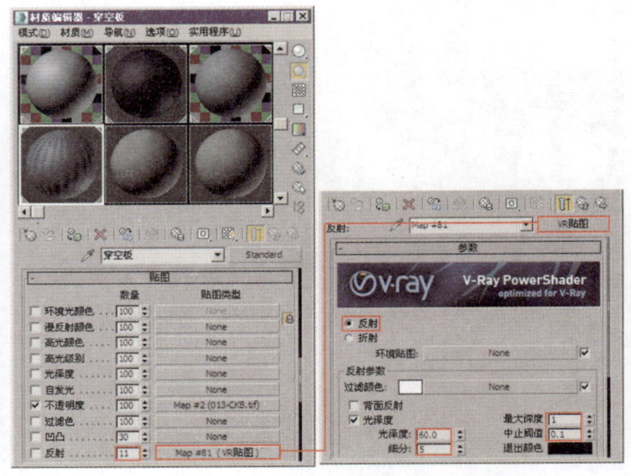

■ 8）至此，室内桌椅材质和穿空板材质制作完成，材质球效果分别如下图所示。

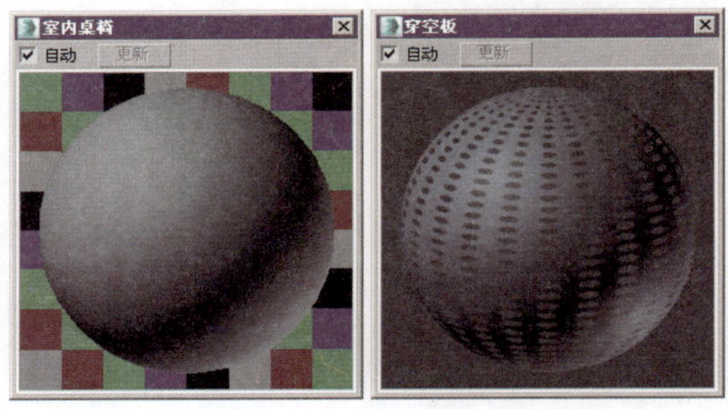

15.3.7 设置太阳能板和发光楼板材质

太阳能板材质表面具有较高的高光效果；发光楼板材质类型为VR灯光材质。

■ 1）打开材质编辑器，选择一个空白的材质球，设置材质样式为【标准】材质，设置明暗器类型为【(B)Blinn】，设置【漫反射】颜色为青色，具体参数设置如下图所示。

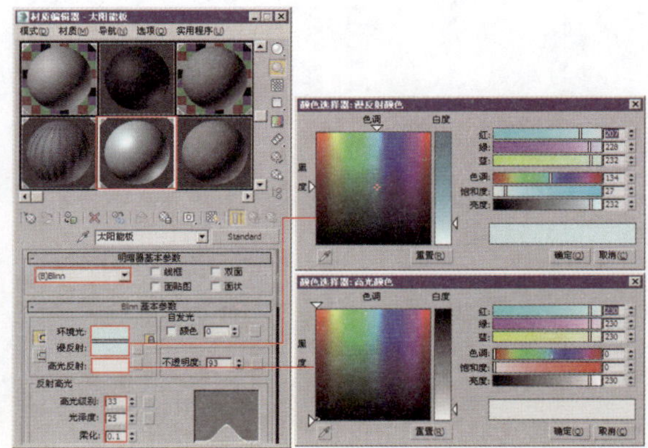

■ 2）打开【贴图】参数卷展栏，在【反射】通道添加【VR贴图】，设置贴图强度为20，参数设置如下图所示。

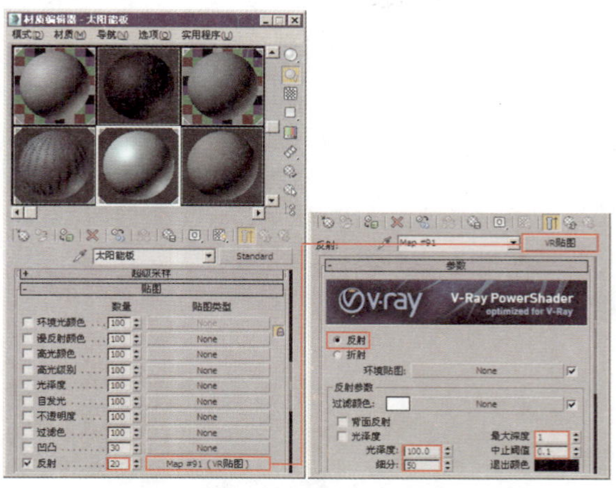

■ 3）打开材质编辑器，选择一个空白的材质球，设置材质样式为 VR灯光材质，设置【漫反射】颜色为淡黄色，具体参数设置如下图所示。

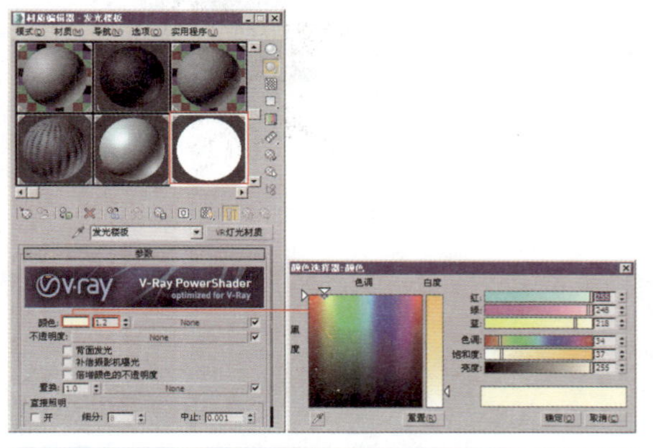

15.3.8 设置玻璃幕墙和天空球材质

玻璃幕墙材质表面有较强的高光效果，有一定的透明度；天空球材质类型为【VR代理材质】。

■ 1）打开材质编辑器，选择一个空白的材质球，设置材质样式为【标准】材质，设置明暗器类型为【(B)Blinn】，设置【漫反射】颜色为黑色。

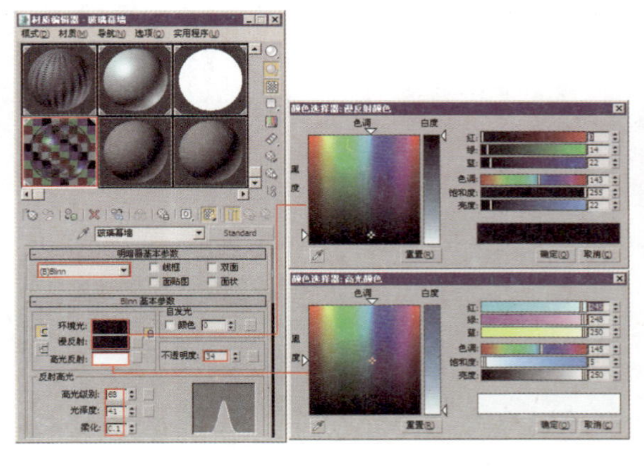

■ 2）打开【扩展参数】卷展栏，设置【过滤】颜色为青色，其他参数保持默认。

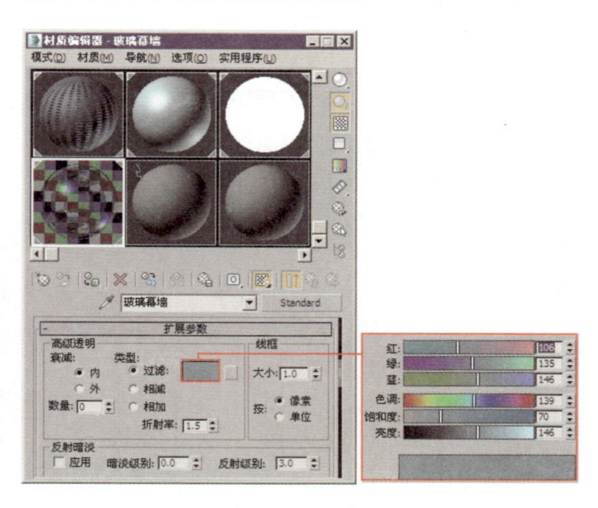

■ 3）打开【贴图】卷展栏，在【反射】通道添加【VR贴图】，设置贴图强度为43，参数设置如下图所示。

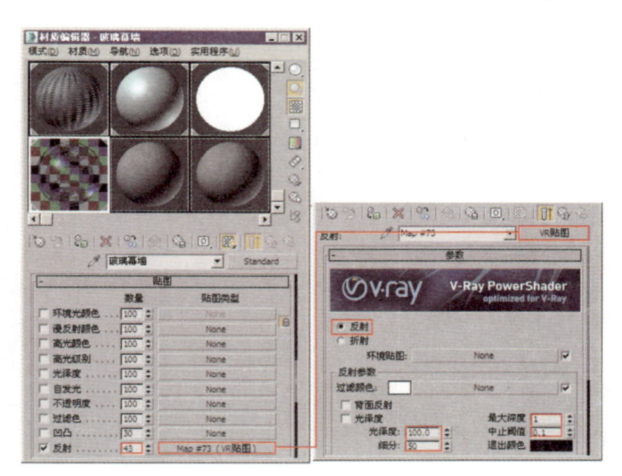

■ 4）打开材质编辑器，选择一个空白的材质球，设置材质样式为 VR代理材质，设置【基本材质】类型为【标准】材质，设置明暗器类型为【(B)Blinn】，设置【漫反射】颜色为蓝色。

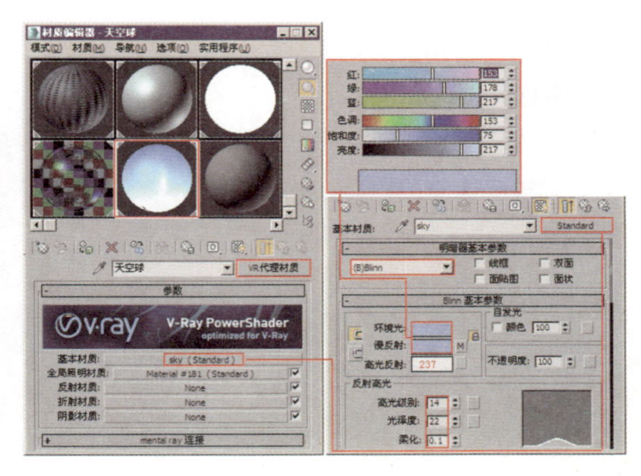

■ 5）打开【贴图】卷展栏，在【漫反射颜色】通道和【反射】通道添加位图，设置位图为 Ch15\Maps\sky01.jpg 文件，设置【反射】贴图强度为 20。

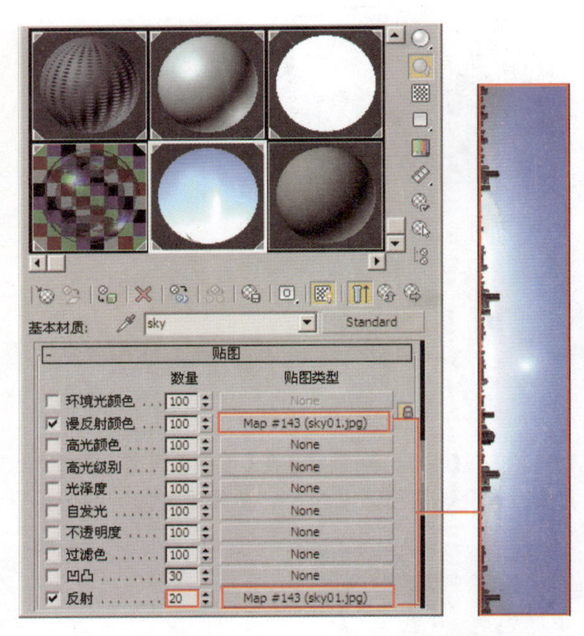

■ 6）设置【全局照明材质】类型为【标准】材质，设置明暗器类型为【(B)Blinn】，设置【漫反射】颜色为蓝色，参数设置如下图所示。

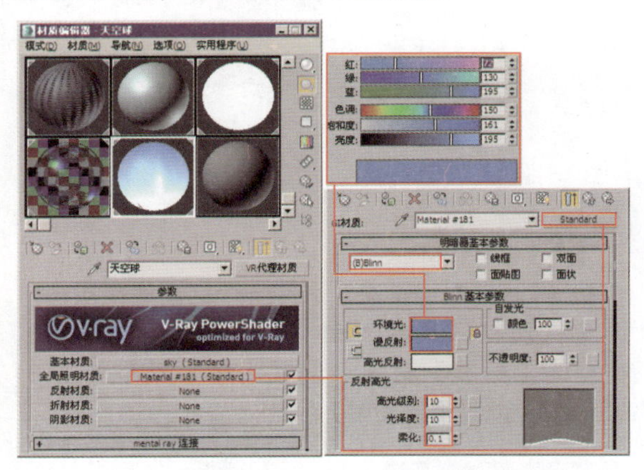

■ 7）至此，玻璃幕墙材质和天空球材质制作完成，材质球效果分别如下图所示。

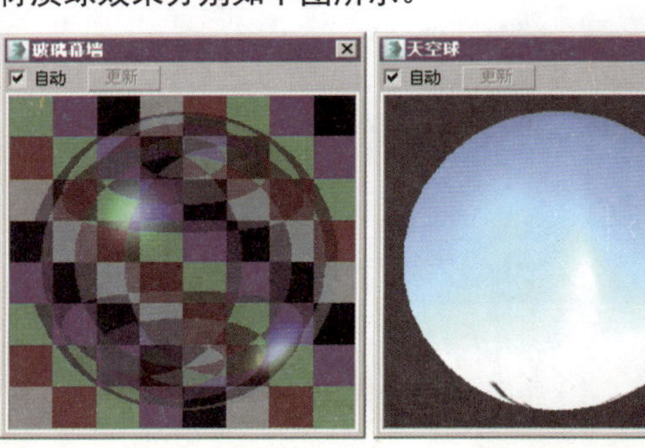

15.3.9 设置地面材质

地面材质种类较多，包括水泥地面、黄色大理石地面、黄色铺砖地面、水泥砖地面、彩色大理石地面、台阶等 11 种材质，下面就来逐一讲解。

■ 1）设置水泥地面材质。打开材质编辑器，选择一个空白的材质球，设置材质样式为【标准】材质，设置明暗器类型为【(B)Blinn】，设置【漫反射】颜色为深灰色，具体参数设置如下图所示。

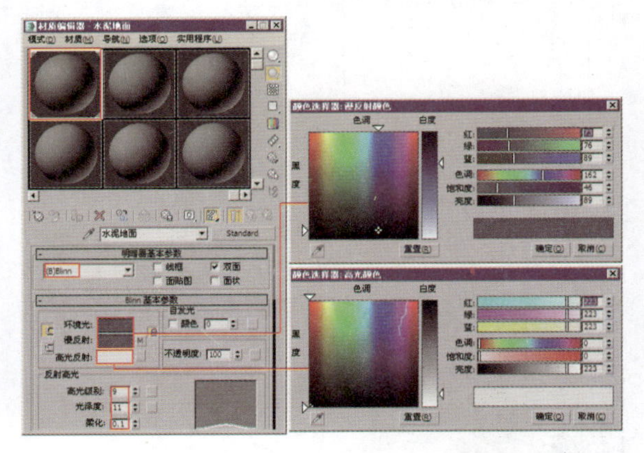

■ 2）打开【贴图】卷展栏，在【漫反射颜色】通道添加位图，设置位图为 Ch15\Maps\126beton.jpg 文件。

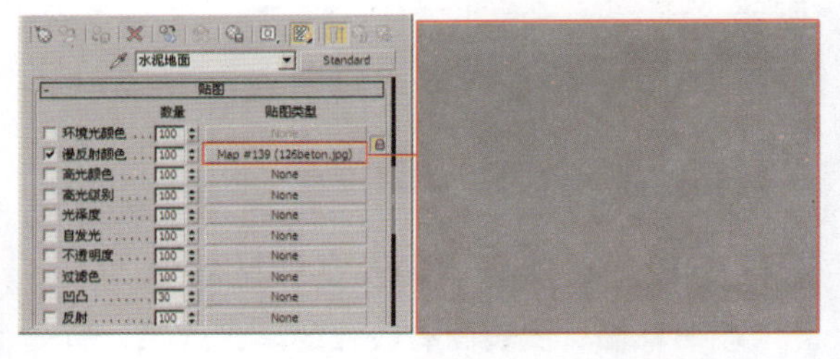

■ 3）设置黄色大理石地面材质。打开材质编辑器，选择一个空白的材质球，设置材质样式为【标准】材质，设置明暗器类型为【(B)Blinn】，设置【漫反射】颜色为黄色，具体参数设置如下图所示。

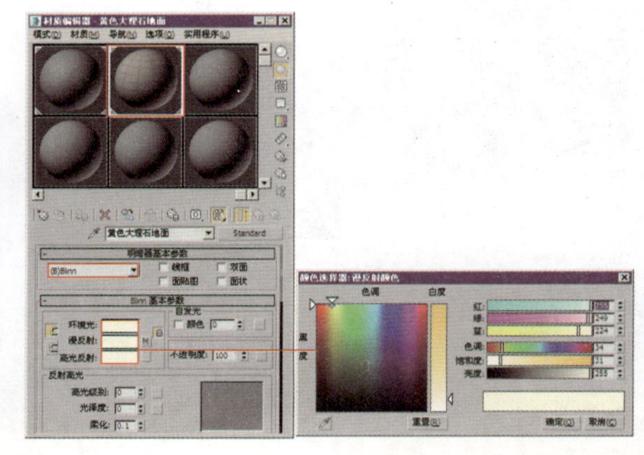

■ 4）打开【贴图】卷展栏，在【漫反射颜色】通道添加位图，设置位图为 Ch15\Maps\573ground_dz.jpg 文件，参数设置如下图所示。

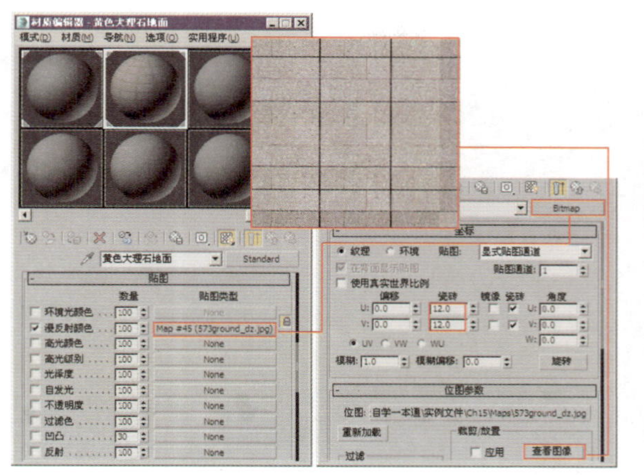

■ 5）设置黄色铺砖地面材质。打开材质编辑器，选择一个空白的材质球，设置材质样式为【标准】材质，设置明暗器类型为【(B)Blinn】，设置【漫反射】颜色为黄色，具体参数设置如下图所示。

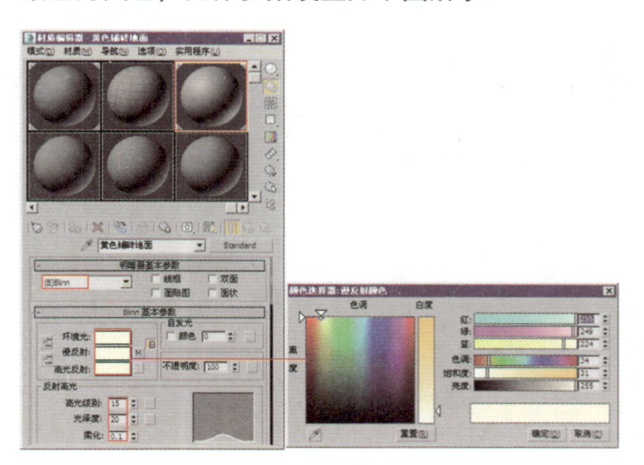

■ 6）打开【贴图】卷展栏，在【漫反射颜色】通道添加位图，设置位图为 Ch15\Maps\551ground_dz.JPG 文件，参数设置如下图所示。

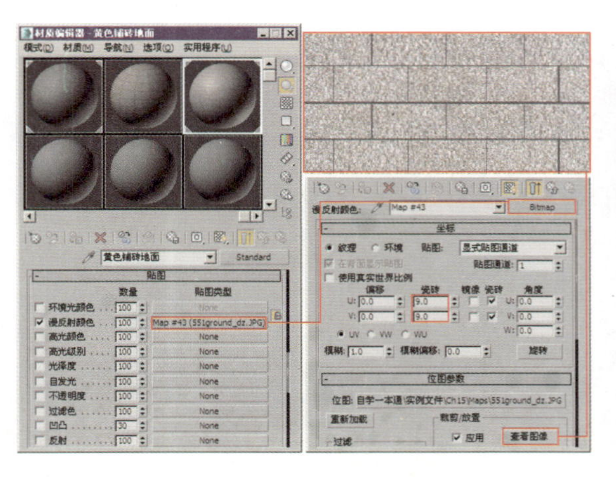

■ 7）设置水泥砖地面材质。打开材质编辑器，选择一个空白的材质球，设置材质样式为【标准】材质，设置明暗器类型为【(B)Blinn】，设置【漫反射】颜色为黄色，具体参数设置如下图所示。

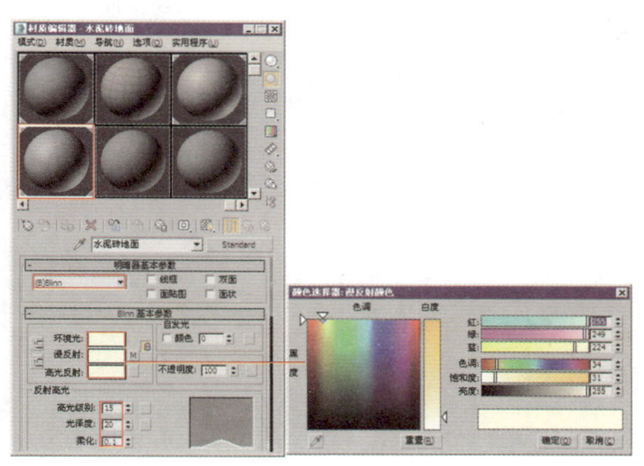

■ 8）打开【贴图】卷展栏，在【漫反射颜色】通道添加位图，设置位图为 Ch15\Maps\649ground_dz.jpg 文件，参数设置如下图所示。

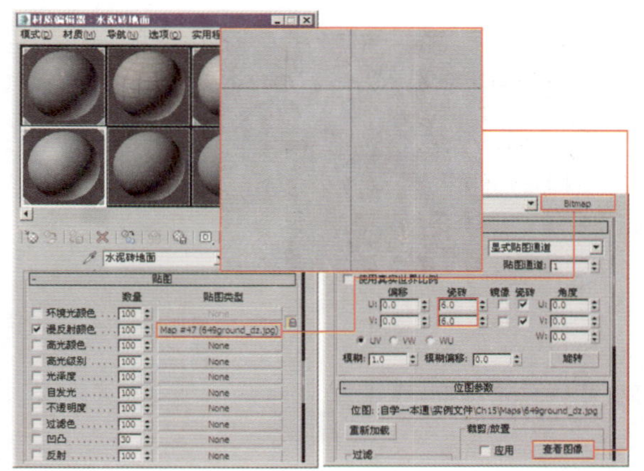

■ 9）设置彩色大理石地面材质。打开材质编辑器，选择一个空白的材质球，设置材质样式为【标准】材质，设置明暗器类型为【(B)Blinn】，设置【漫反射】颜色为黄色，具体参数设置如下图所示。

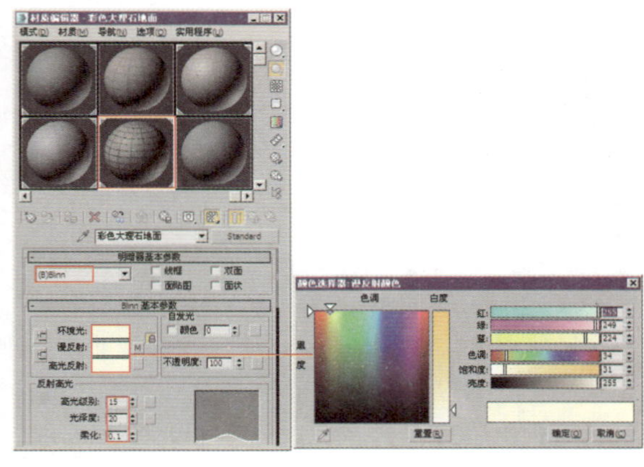

■ 10）打开【贴图】卷展栏，在【漫反射颜色】通道添加位图，设置位图为 Ch15\Maps\583ground_dz.jpg 文件，参数设置如下图所示。

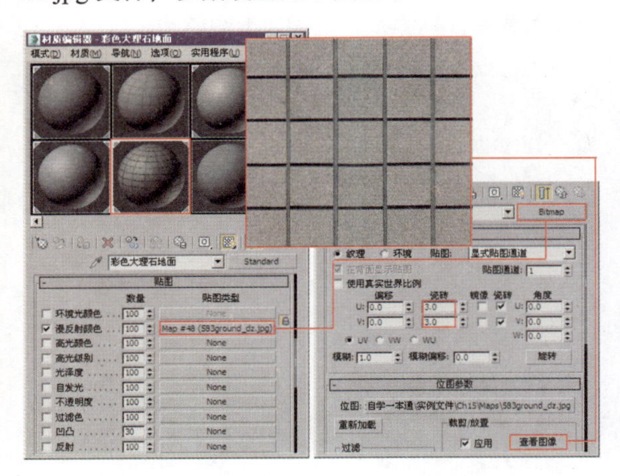

■ 11）设置台阶材质。打开材质编辑器，选择一个空白的材质球，设置材质样式为【标准】材质，设置明暗器类型为【(B)Blinn】，设置【漫反射】颜色为灰色，参数设置如下图所示。

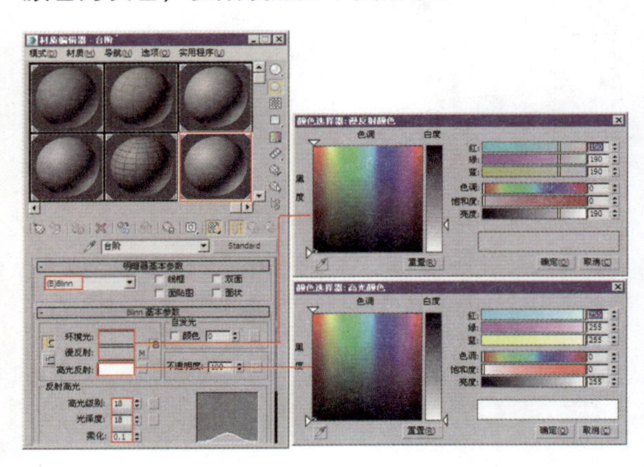

■ 12）打开【贴图】卷展栏，在【漫反射颜色】通道添加位图，设置位图为 Ch15\Maps\166beton.jpg 文件，参数设置如下图所示。

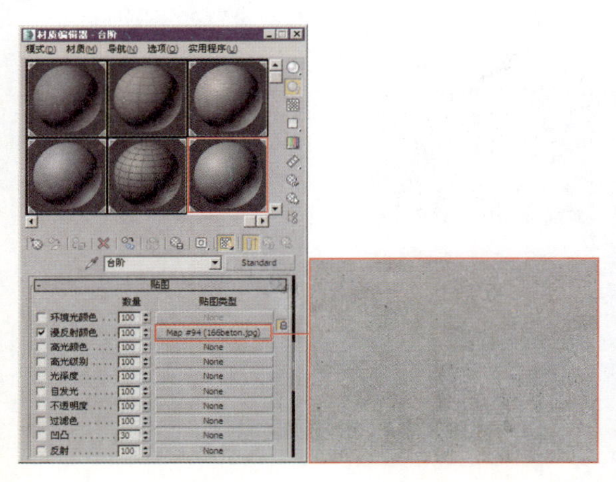

■ 13）设置青色水泥砖材质。打开材质编辑器，选择一个空白的材质球，设置材质样式为【标准】材质，设置明暗器类型为【(B)Blinn】，设置【漫反射】颜色为黄色。

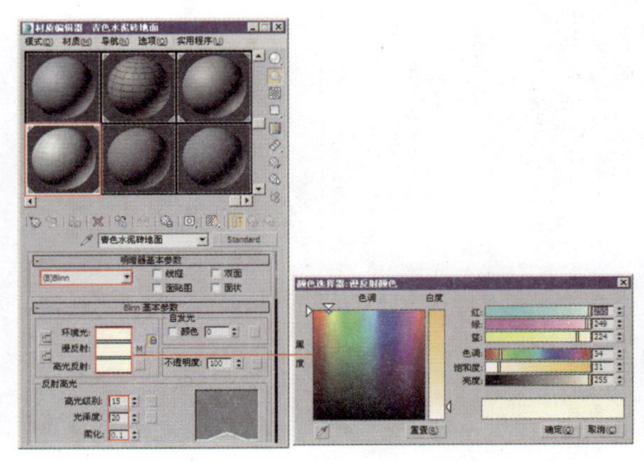

■ 14）打开【贴图】卷展栏，在【漫反射颜色】通道添加位图，设置位图为 Ch15\Maps\571ground_dz.jpg 文件，参数设置如下图所示。

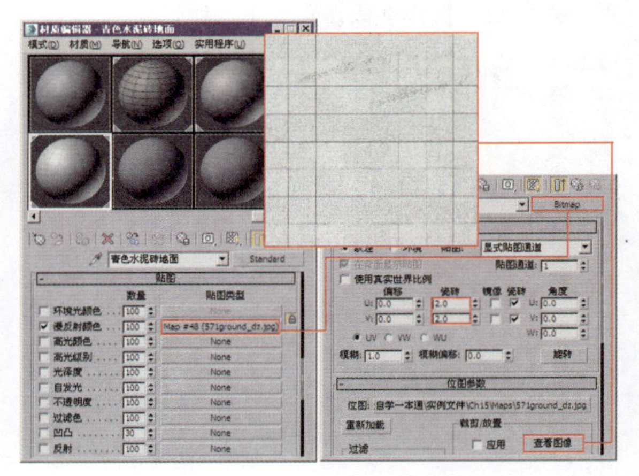

■ 15）设置木质材质。打开材质编辑器，选择一个空白的材质球，设置材质样式为【标准】材质，设置明暗器类型为【(B)Blinn】，设置【漫反射】颜色为土黄色。

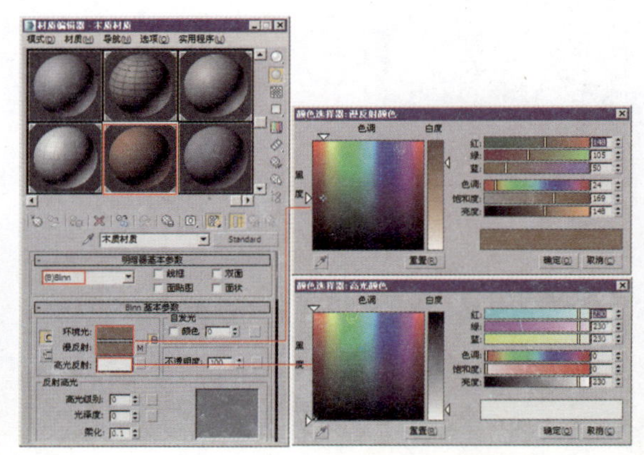

■ 16）打开【贴图】卷展栏，在【漫反射颜色】通道和【凹凸】通道添加位图，设置位图为 Ch15\Maps\18504-Floor.jpg 文件，设置【凹凸】贴图强度为 10。

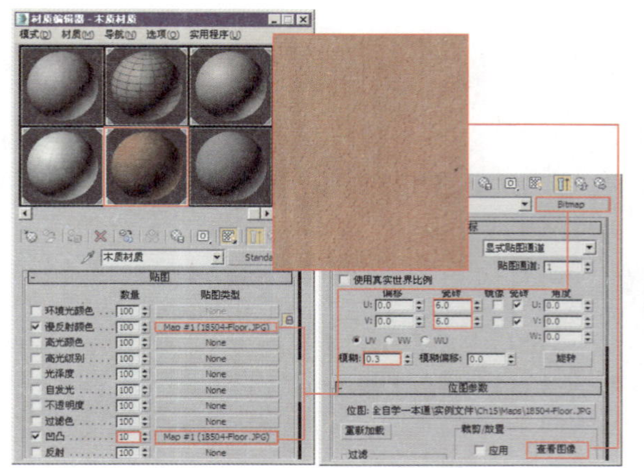

■ 17）设置草地材质。打开材质编辑器，选择一个空白的材质球，设置材质样式为 VR代理材质，设置【基本材质】类型为【标准】材质，设置明暗器类型为【(B)Blinn】，设置【漫反射】颜色为土灰色，具体参数设置如下图所示。

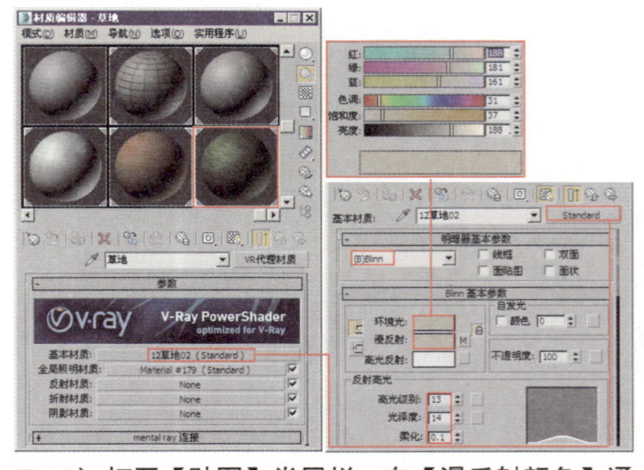

■ 18）打开【贴图】卷展栏，在【漫反射颜色】通道添加位图，设置位图为 Ch15\Maps\floor_grass3.jpg 文件，参数设置如下图所示。

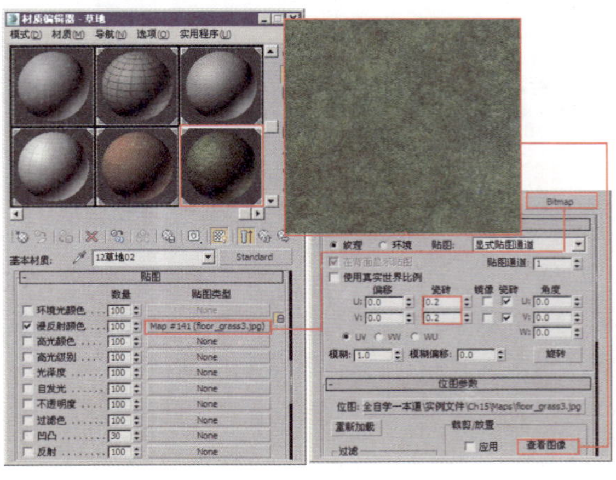

■ 19）设置【全局照明材质】类型为【标准】材质，设置明暗器类型为【(B)Blinn】，设置【漫反射】颜色为灰色，具体参数设置如下图所示。

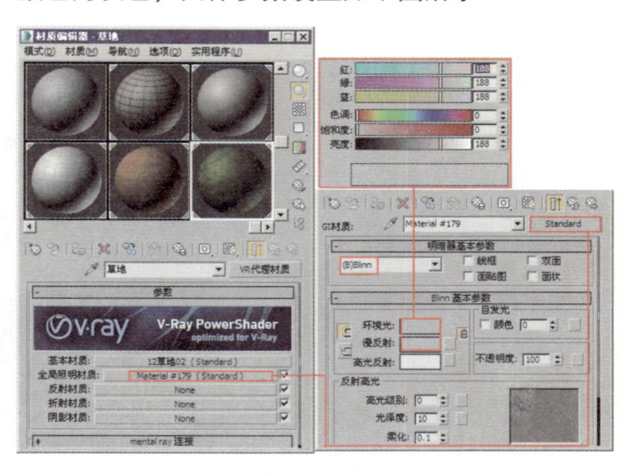

■ 20）设置停车位材质。打开材质编辑器，选择一个空白的材质球，设置材质样式为 VR代理材质，设置【基本材质】类型为【标准】材质，设置明暗器类型为【(B)Blinn】，设置【漫反射】颜色为绿色，具体参数设置如下图所示。

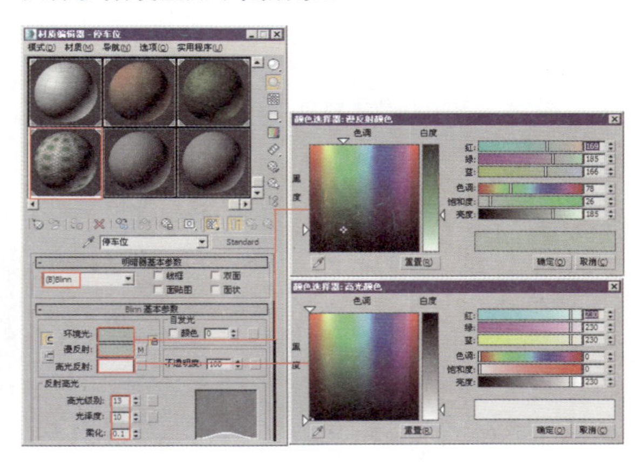

■ 21）打开【贴图】卷展栏，在【漫反射颜色】通道添加位图，设置位图为 Ch15\Maps\062ground_dz.jpg 文件。

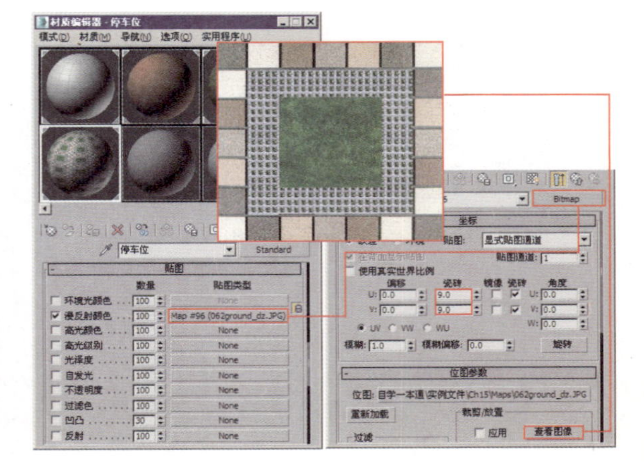

■ 22）设置路面材质。打开材质编辑器，选择一个空白的材质球，设置材质样式为 混合 材质，设置【材质 1】类型为【标准】材质，设置明暗器类型为【(B)Blinn】，设置【漫反射】颜色为深灰色，具体参数设置如下图所示。

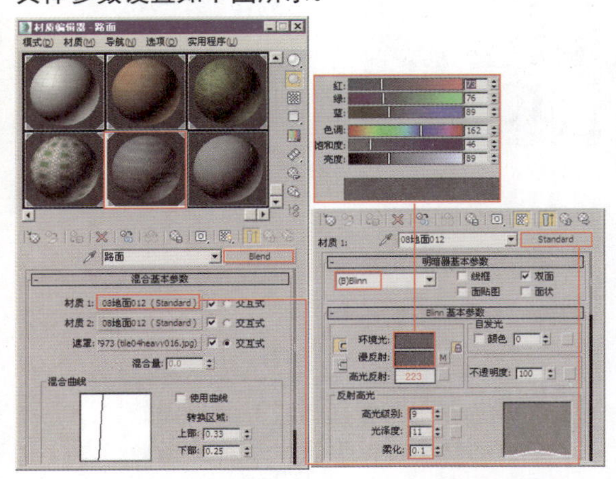

■ 23）打开【贴图】卷展栏，在【漫反射颜色】通道添加位图，设置位图为 Ch15\Maps\ 马路 .jpg 文件。

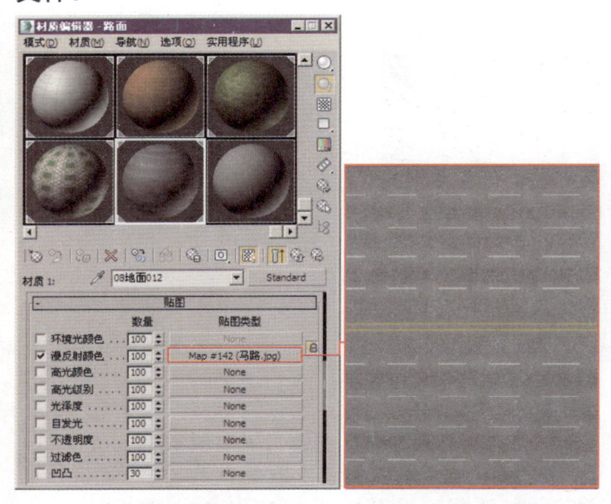

■ 24）在【贴图】卷展栏中的【反射】通道中添加【VR贴图】，设置【反射】贴图强度为 0。

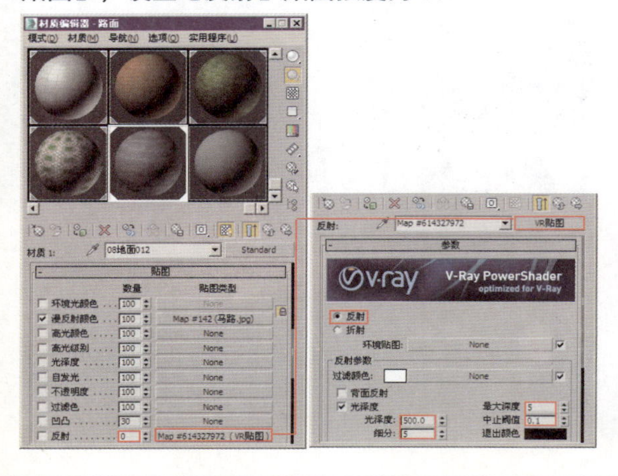

■ 25）复制【混合】材质【材质 1】通道的材质至【材质 2】通道，在【混合】材质【遮罩】通道添加位图，设置位图为 Ch15\Maps\tile04heavy016.jpg 文件，参数设置如下图所示。

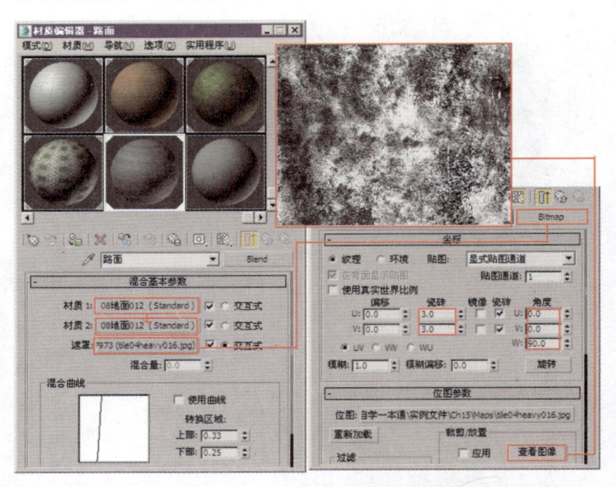

15.4 高级别渲染设置

下面进行高级别的渲染设置。

■ 1）按 F10 键打开渲染设置对话框。

■ 2）在 V-Ray:: 全局开关 卷展栏中，选中 ☑ 光泽效果 复选框。

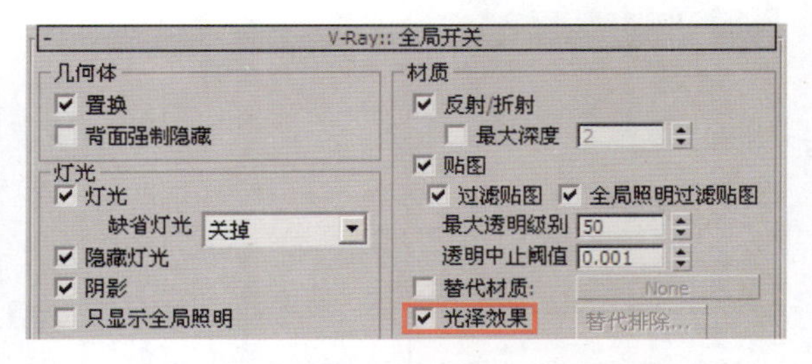

■ 3）进入 V-Ray:: 发光贴图 卷展栏，在 当前预置: 下拉列表中设置光照贴图采样级别为【高】。

V-Ray:: 发光贴图
内建预置
当前预置: 高
基本参数
最小采样比: -3
最大采样比: 0
半球细分: 20
插值采样值: 20
颜色阈值: 0.3
法线阈值: 0.1
间距阈值: 0.1
插补帧数: 2
选项
显示计算过程
显示直接照明
显示采样
使用相机路径

提示

【高】是一种高质量的预设模式，大多数情况下使用这种模式，即使是具有大量细节的动画。

■ 4）在 细节增强 选项区域设置参数，这样可以让图像产生大量的细节，但渲染速度会很慢。

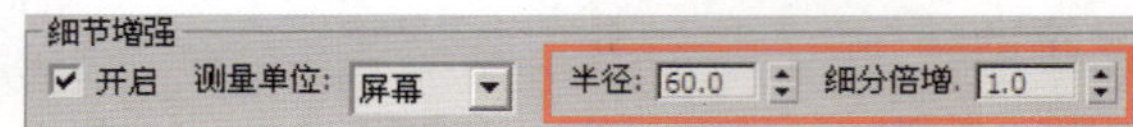

■ 5）在 V-Ray:: 发光贴图 卷展栏，在 模式 下拉列表选择【单帧】模式，激活 ☑ 自动保存: 和 ☑ 切换到保存的贴图 复选框，单击 ☑ 自动保存: 后面的 浏览 按钮，在弹出的【自动保存光照贴图】对话框中输入要保存的 005.vrmap 文件名，并选择保存路径。

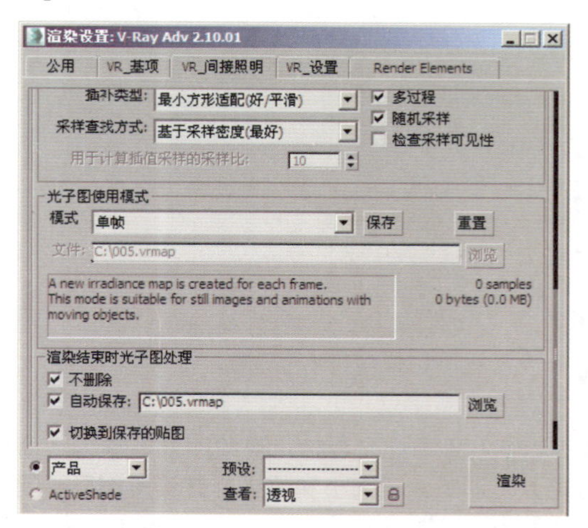

■ 6）在 V-Ray:: 灯光缓存 卷展栏中，参数设置如下图所示。

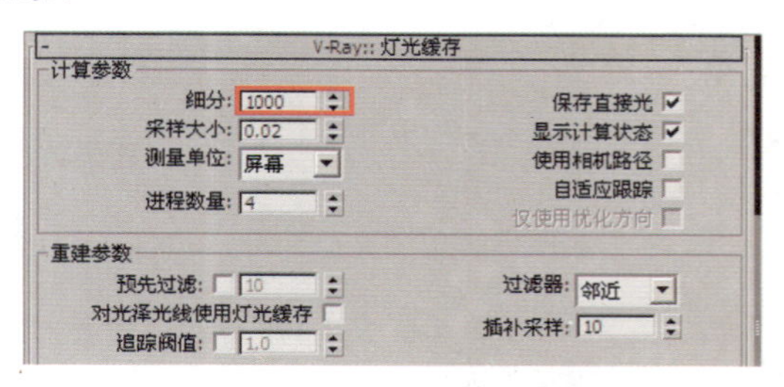

■ 7）在 模式: 下拉列表选择 单帧 模式，激活 ☑ 自动保存: 和 ☑ 切换到被保存的缓存 复选框，单击 ☑ 自动保存: 后面的 浏览 按钮，在弹出的【自动保存光照贴图】对话框中输入要保存的 005.vrlmap 文件名，并选择保存路径。

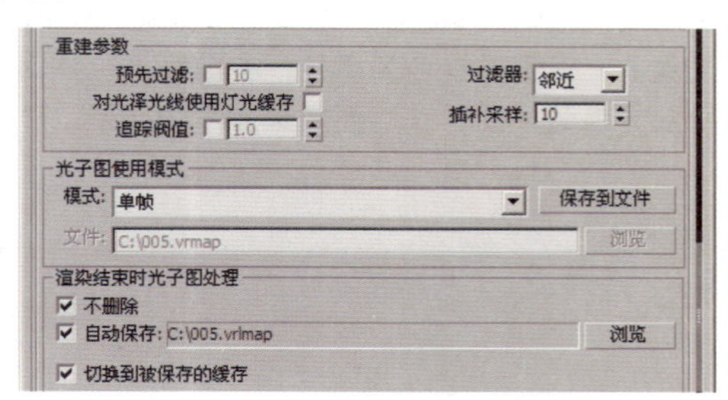

■ 8）在 公用 选项卡中设置较小的渲染尺寸进行渲染。

■ 9）由于选中了 ☑ 切换到被保存的缓存 复选框，所以在渲染结束后，【光子图使用模式】选项区域的选项将自动切换到【从文件】模式。在进行再次渲染时，VRay 渲染器将直接调用【文件】文本框中指定的发光贴图文件，这样可以节省很多渲染时间。最后使用较大的渲染尺寸进行渲染即可。

15.5 Photoshop后期处理

■ 1）启动 Photoshop，打开 Ch15\ 后期素材 \ 室外楼梯 .tga 文件，效果如下图所示。

■ 2）按下快捷键 Ctrl+J，复制【背景】图层，得到【图层 1】图层，隐藏【背景】图层。

■ 3）在工具栏单击【魔棒工具】，选中场景的天空部分，按下 Delete 键，将其删除，效果如下图所示。

■ 4）继续使用【魔棒工具】，选中场景的剩余天空部分，按下 Delete 键，将其删除。

■ 5）接下来为场景添加一张天空背景，更改图层名称为【天空】，将【天空】图层移至【图层 1】下方，页面效果如下图所示。（素材路径：Ch15\ 后期素材）

■ 6）加入远景建筑素材，更改图层名称为【远景建筑】，将【远景建筑】图层移至【图层 1】下方，并调节素材大小和位置，页面效果如下图所示。

■ 7）加入远景树木素材，更改图层名称为【远景树木】，将【远景树木】图层移至【图层 1】下方，并调节素材大小和位置，页面效果如下图所示。

■ 8）加入商场灯光素材，更改图层名称为【商场灯光】，调节素材大小和位置，并设置图层【混合模式】为【线性减淡（添加）】，设置【不透明度】为 75%，页面效果如下图所示。

■ 9）在【商场灯光】图层上添加图层蒙版，选择【画笔工具】，设置前景色为黑色，在蒙版上涂抹，将素材部分隐藏。此时，页面效果如下图所示。

■ 10）加入花坛植物素材，更改图层名称为【花坛植物】，调节素材大小和位置，页面效果如下图所示。

■ 11）加入人物素材，更改图层名称为【人物】，调节素材大小和位置，页面效果如下图所示。

■ 12）加入近景植物素材，更改图层名称为【近景植物】，调节素材大小和位置，页面效果如下图所示。

■ 13）加入地面和汽车素材，更改图层名称为【地面和汽车】，调节素材大小和位置，页面效果如下图所示。

■ 14）素材添加完毕。接下来按下快捷键 Crtl+Alt+Shift+E 盖印图层，效果如下图所示。

■ 15）最后，为场景添加【照片滤镜】，设置滤镜类型为【冷却滤镜（80）】，【浓度】为 20%，对照片进行整体色调的调整。此时，页面效果如下图所示。

第16章　田园风格别墅效果图制作

本实例是一个阳光下的田园风格别墅效果图制作。投射在别墅上的阳光，让别墅极具质朴阳光风情，也突出了本实例的特点。大面积红色砖墙、台阶处的石材地面让空间变得自然、质朴。通过红木门窗，以及大量的花草、植物材质对整个别墅进行处理，赋予了别墅强烈的田园气息。

在本例中将学习灯光布置和渲染的设置方法，通过本例的学习掌握如何使用 VRay 渲染器表现一套完整的室外田园风格别墅效果，场景渲染效果如下图所示。

在 Photoshop 中经过后期处理之后的案例最终渲染效果图如下图所示。

配色应用：

制作要点：

■ 1.了解室外田园风格别墅的基本构成，分清主次。

■ 2.掌握白天室外灯光的设置方法。

■ 3.掌握室外田园风格别墅材质特点，统一色调。

最终场景：Ch16\Scenes\ 田园风格别墅 ok.max

贴图素材：Ch16\Maps

难易程度：★★★★☆

16.1 设置场景灯光

本例表现白天的效果，用一盏目标平行光来模拟自然太阳光，并设置整体布光效果。

16.1.1 别墅测试渲染设置

在布置场景灯光时，先进行简单的测试渲染参数的设置。

■ 1）按 F10 键打开渲染设置对话框，在 V-Ray:: 全局开关 卷展栏中，参数设置如下图所示。

V-Ray:: 全局开关
几何体：☑ 置换　☐ 背面强制隐藏
灯光：☑ 灯光　缺省灯光 关掉　☑ 隐藏灯光　☑ 阴影　☐ 只显示全局照明
间接照明：☐ 不渲染最终图像
材质：☑ 反射/折射　☐ 最大深度 2　☑ 贴图　☑ 过滤贴图　☑ 全局照明过滤贴图　最大透明级别 50　透明中止阈值 0.001　☐ 替代材质：None　☑ 光泽效果　替代排除...
光线跟踪：二次光线偏移 0.0
兼容性：☐ 旧版阳光/天光/相机模式　☑ 使用3dsMax光度学比例

■ 2）在 V-Ray:: 图像采样器(抗锯齿) 卷展栏中，参数设置如下图所示。

V-Ray:: 图像采样器(抗锯齿)
图像采样器：类型：固定
抗锯齿过滤器：☑ 开启 区域　大小：1.5　使用可变大小的区域过滤器来计算抗锯齿。

提示

【固定】比率采样器是VRay渲染器中最简单的采样器，对于每一个像素它使用一个固定数量的样本。它只有一个参数【细分】，这个值确定每个像素使用的样本数量。当取值为1的时候，表示在每一个像素的中心使用一个样本。当取值大于1的时候，将按照低差异的蒙特卡洛序列来产生样本。

■ 3）在 V-Ray:: 间接照明(全局照明) 卷展栏中，参数设置如下图所示。

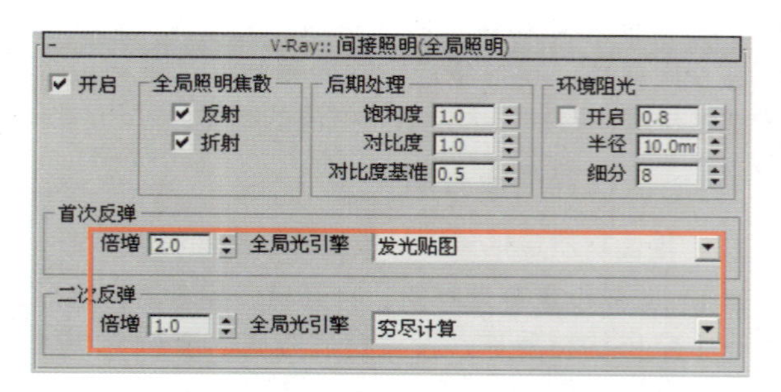

■ 4）在 V-Ray:: 发光贴图 卷展栏中，参数设置如下图所示。

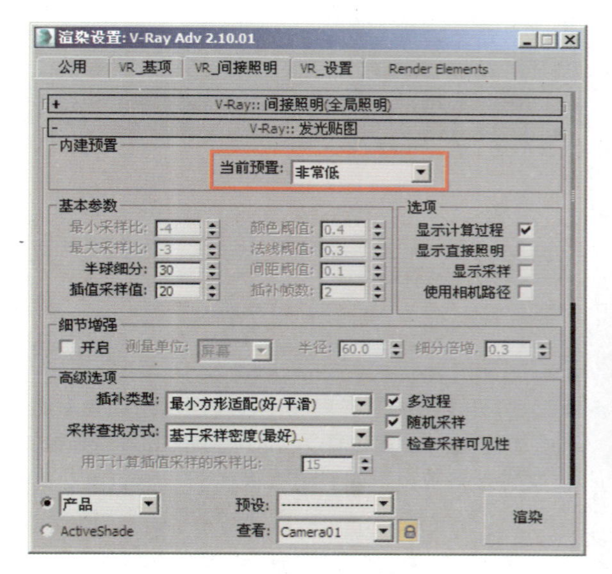

■ 5）在 V-Ray::穷尽-准蒙特卡洛 卷展栏中，参数设置如下图所示，设置计算过程中使用的近似样本数量。

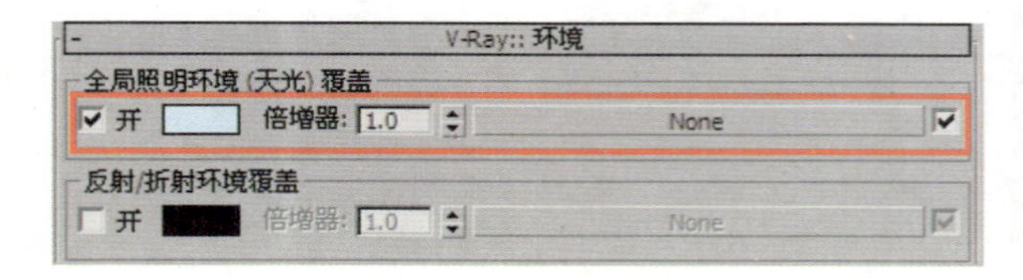

注意

使用准蒙特卡洛算法来计算GI是一种效果较好的模式，它会单独验算每一个点的全局光照明，因而速度很慢，但是效果也是最精确的，尤其是需要表现大量细节的场景。

■ 6）打开 V-Ray:: 环境 卷展栏，在 全局照明环境（天光）覆盖 选项区域选中 ☑ 开 复选框，如下图所示。

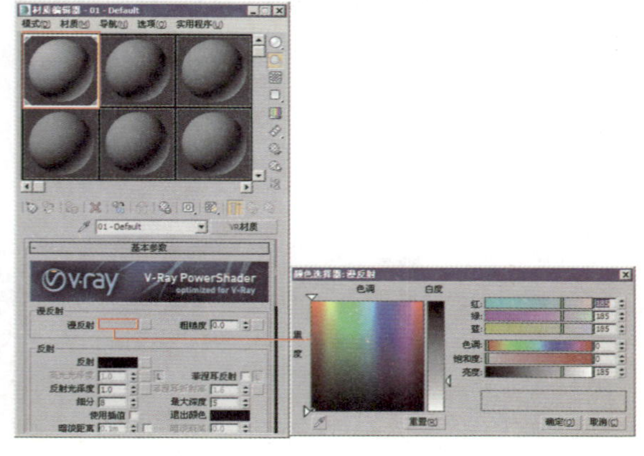

■ 7）在 V-Ray:: DMC采样器 卷展栏中，参数设置如下图所示。这是模糊采样设置。

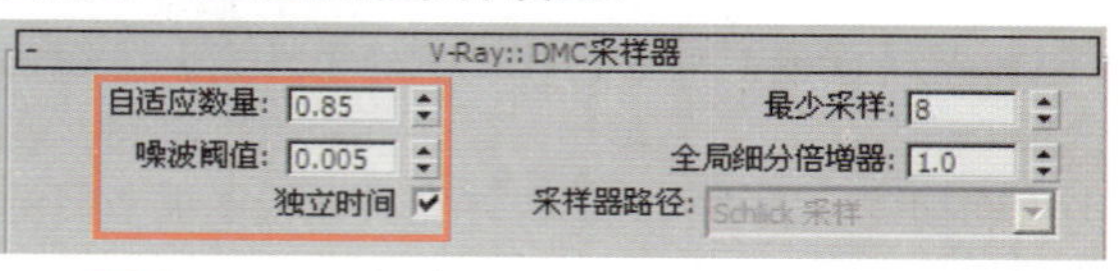

提示

因为本例大量使用了模糊反射，如不加以控制，渲染速度则会减慢。

■ 8）在 V-Ray:: 颜色映射 卷展栏中，设置 类型 为【线性倍增】方式，如下图所示。

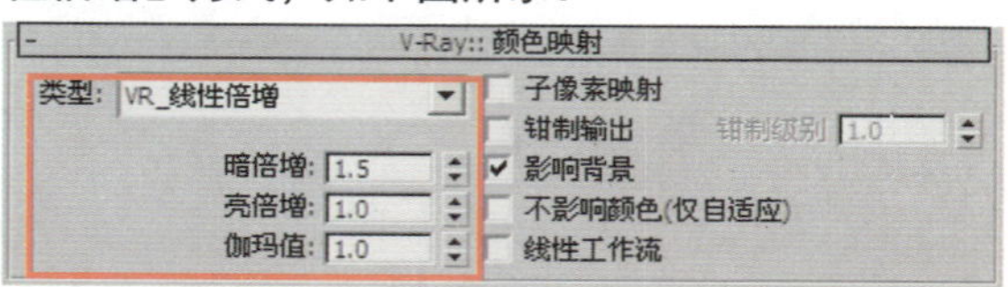

■ 9）为了测试真实的 VRay 光子效果，首先为场景中的所有物体设置一种 VRayMtl 单色材质。按 M 键进入材质编辑器，打开材质编辑器，选择一个空白样本球，单击 Standard 按钮，在弹出的 材质/贴图浏览器 对话框中选择 VRayMtl 材质类型。

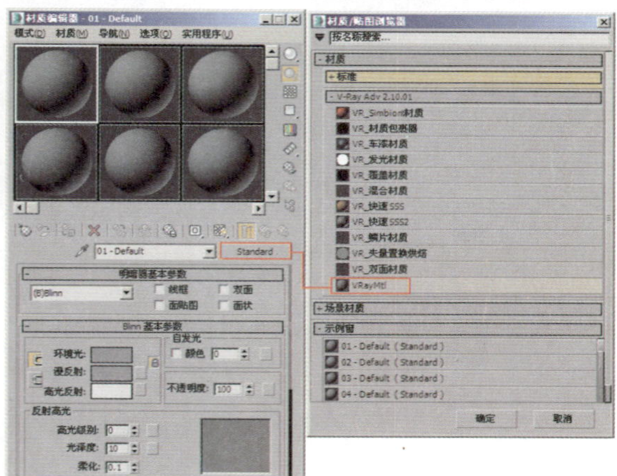

■ 10）材质参数设置如下图所示。选择场景中所有的物体，单击材质编辑器工具栏中的按钮，将该材质赋予选择的物体。

16.1.2 布置场景灯光

■ 1）在【创建】命令面板中的【灯光】区域选择标准类型，单击目标平行光按钮，在前视图创建一盏平行光源，并在其他视图调节目标点的位置。

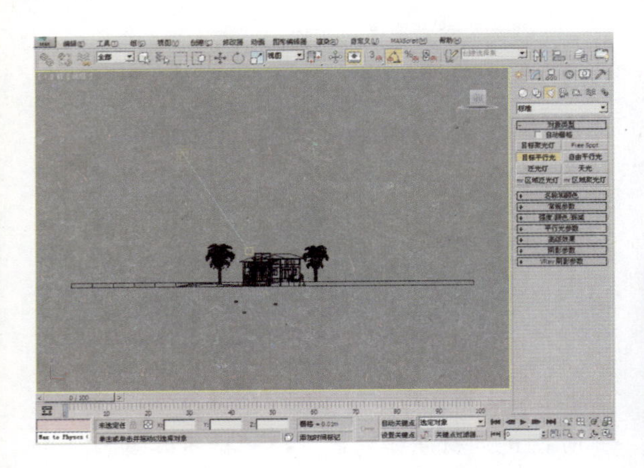

■ 2）在【修改】面板中设置目标平行光参数。

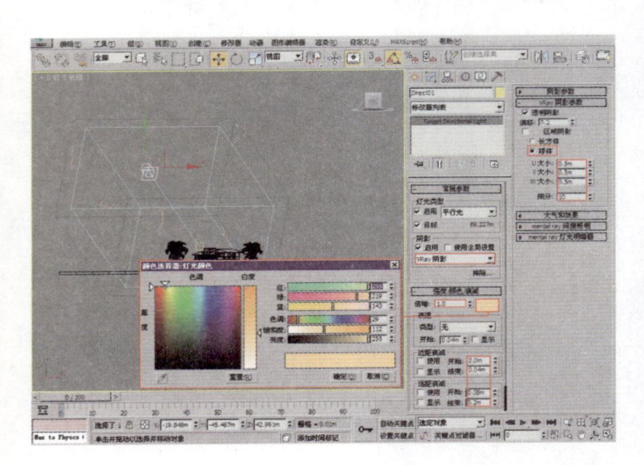

■ 3）在进行渲染之前，先设置场景的背景颜色。选择主菜单渲染(R)下的环境(E)...命令，在弹出的【环境和效果】对话框中，在【环境贴图】通道添加位图，设置位图为 Ch16\Maps\22 拷贝 .jpg 文件，参数设置如下图所示。

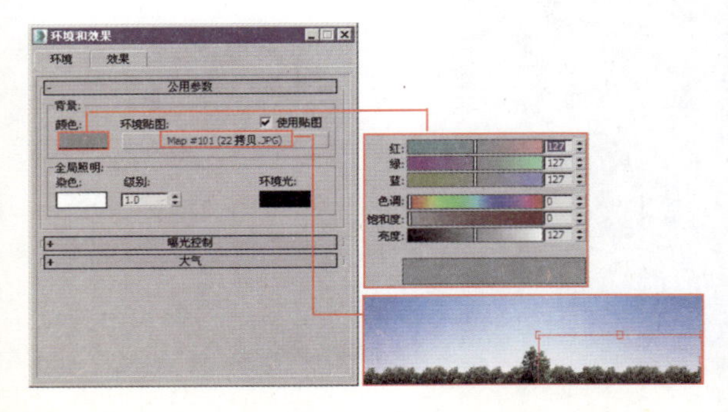

16.2 设置场景材质

下面设置场景物体的材质。通过 VRay 渲染器专用材质，学习草地、铺砖路面、红色砖墙、红木材质、石材、大理石等材质的制作。

16.2.1 设置地面材质

地面材质包括草地材质和铺砖路面材质。

■ 1）首先设置草地材质。打开材质编辑器，选择一个空白的材质球，设置材质样式为VR代理材质材质，设置【基本材质】类型为【标准】材质，设置明暗器类型为【(B)Blinn】，设置【漫反射】颜色为灰色，具体参数设置如下图所示。

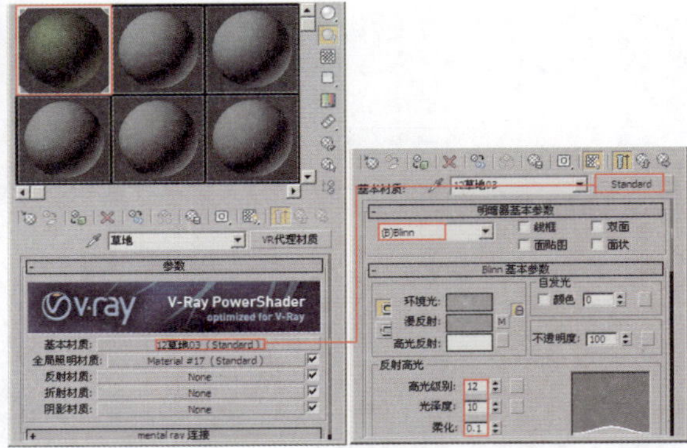

■ 2）打开【贴图】卷展栏，在【漫反射颜色】通道添加位图，设置位图为 Ch16\Maps\floor_grass3.jpg 文件，参数设置如下图所示。

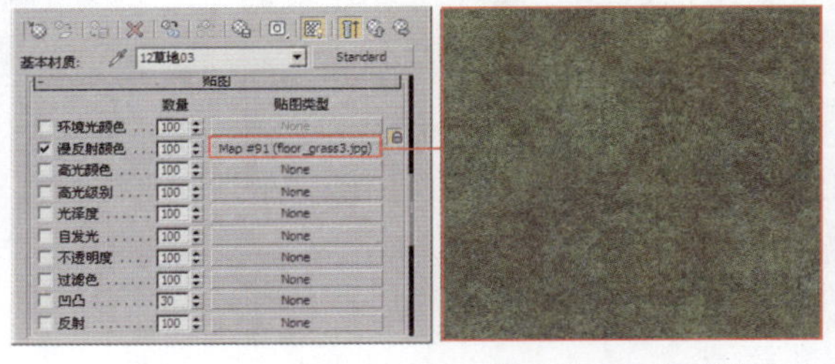

■ 3）设置【VR 代理材质】的【全局照明材质】通道材质类型为【标准】材质，设置明暗器类型为【(B)Blinn】，设置【漫反射】颜色为灰色。

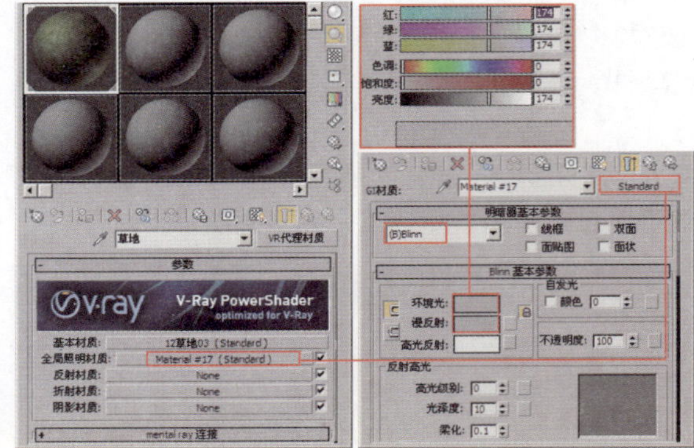

■ 4）设置铺砖路面材质。打开材质编辑器，选择一个空白的材质球，设置材质样式【标准】材质，设置明暗器类型为【(B)Blinn】，设置【漫反射】颜色为灰色。

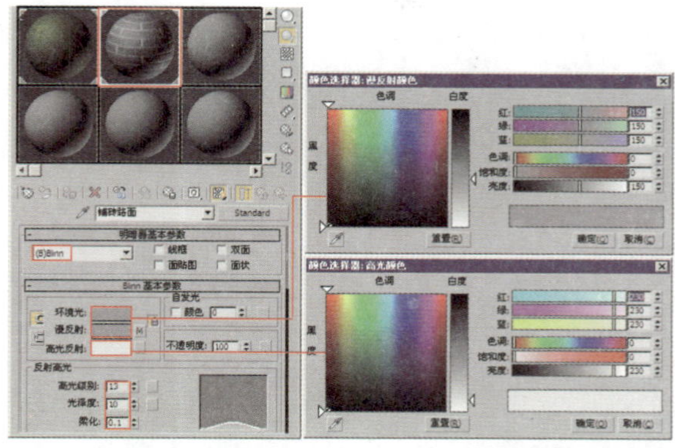

■ 5）打开【贴图】卷展栏，在【漫反射颜色】通道和【凹凸】通道中添加位图，设置位图为Ch16\Maps\307brick11-b.jpg，设置【凹凸】贴图强度为30，如下图所示。

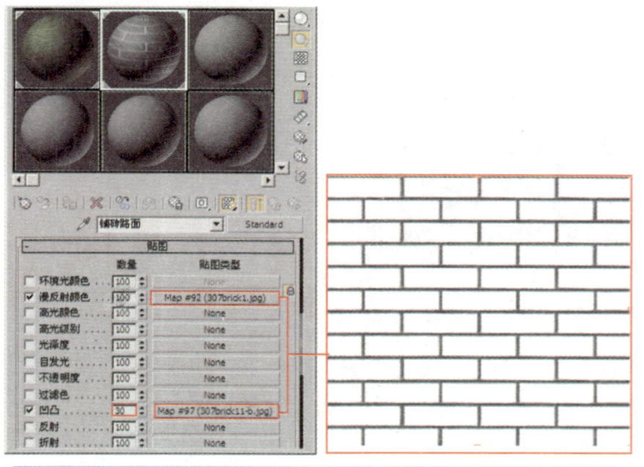

16.2.2 设置花坛材质

花坛材质包括花坛底座材质、花坛边沿材质和石材材质。

■ 1）设置花坛底座材质。打开材质编辑器，选择一个空白的材质球，设置材质样式【标准】材质，设置明暗器类型为【(B)Blinn】，设置【漫反射】颜色为深灰色，参数设置如下图所示。

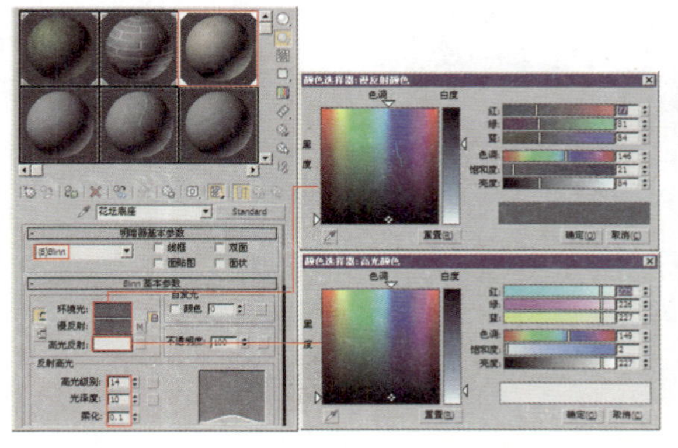

■ 2）打开【贴图】卷展栏，在【漫反射颜色】通道中添加位图，设置位图为Ch16\Maps\plaster+09_d100 copy.jpg文件，参数设置如下图所示。

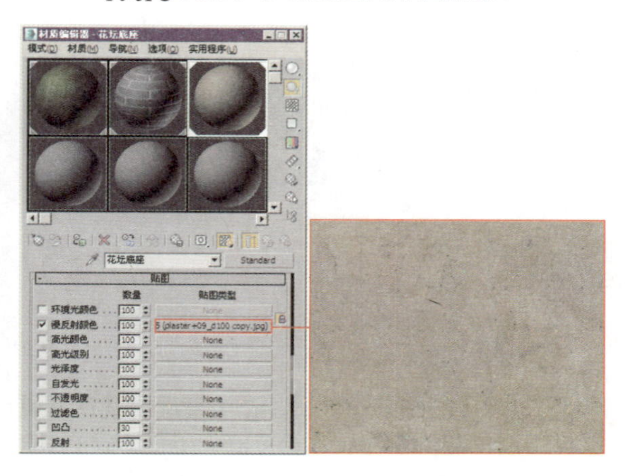

■ 3）设置花坛边沿材质。打开材质编辑器，选择一个空白的材质球，设置材质样式【标准】材质，设置明暗器类型为【(B)Blinn】、【漫反射】颜色为灰色。

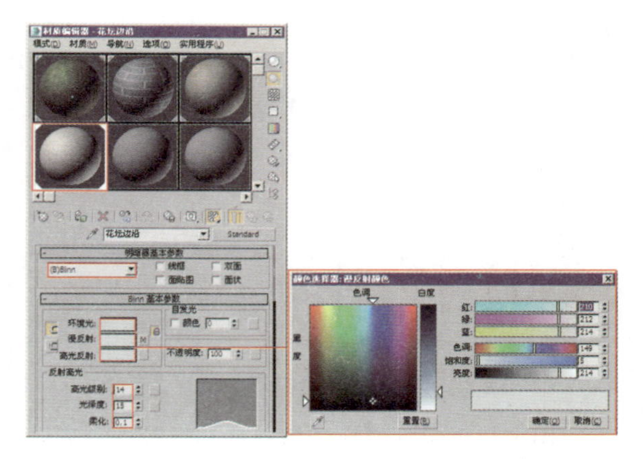

■ 4）打开【贴图】卷展栏，在【漫反射颜色】通道中添加位图，设置位图为Ch16\Maps\007beton.jpg文件，参数设置如下图所示。

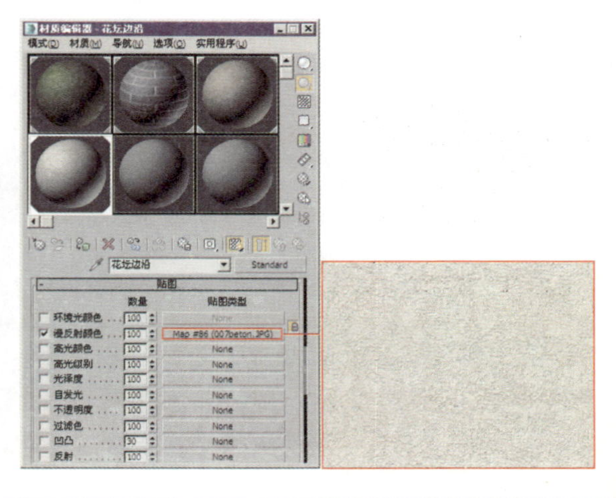

■ 5）设置石材材质。打开材质编辑器，选择一个空白的材质球，设置材质样式【标准】材质，设置明暗器类型为【(B)Blinn】。设置【漫反射】颜色为土黄色，参数设置如下图所示。

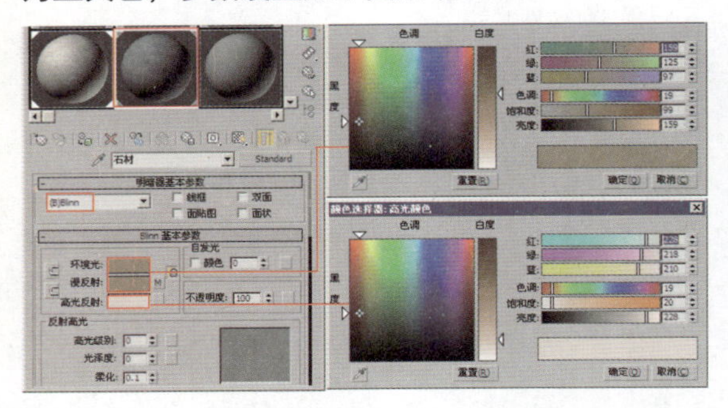

■ 6）打开【贴图】卷展栏，在【漫反射颜色】通道中添加位图，设置位图为 Ch16\Maps\BLOCK05 副本拷贝 .jpg 文件，参数设置如下图所示。

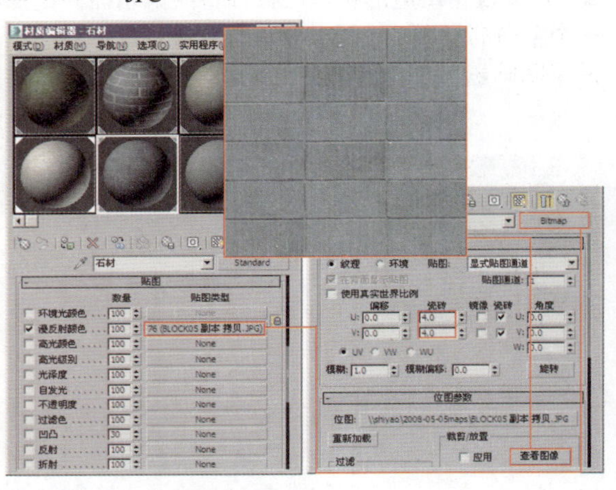

16.2.3 设置墙面和屋顶材质

墙面材质包括红色砖墙材质和乳胶漆材质。屋顶材质表面没有高光效果。

■ 1）设置红色砖墙材质。打开材质编辑器，选择一个空白的材质球，设置材质样式【标准】材质，设置明暗器类型为【(B)Blinn】，设置【漫反射】颜色为土黄色，参数设置如下图所示。

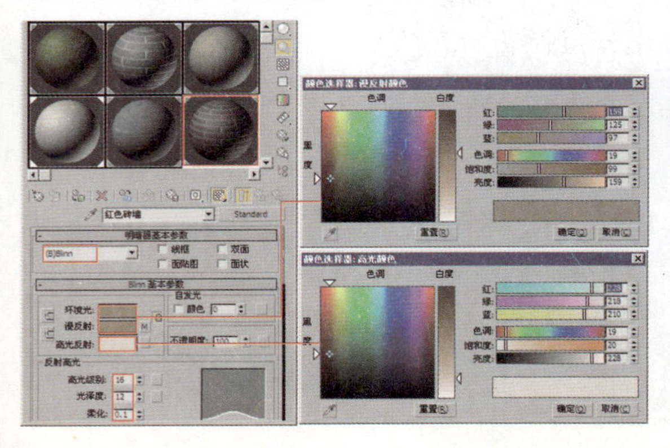

■ 2）打开【贴图】卷展栏，在【漫反射颜色】通道中添加位图，设置位图为 Ch16\Maps\bricks 00231.jpg 文件，参数设置如下图所示。

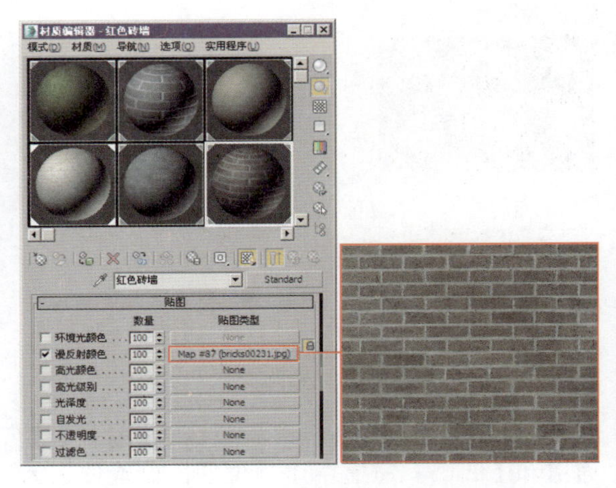

■ 3）继续在【贴图】卷展栏中设置，在【凹凸】通道添加位图，设置位图为 Ch16\Maps\bricks002b.jpg 文件，设置贴图强度为 30。

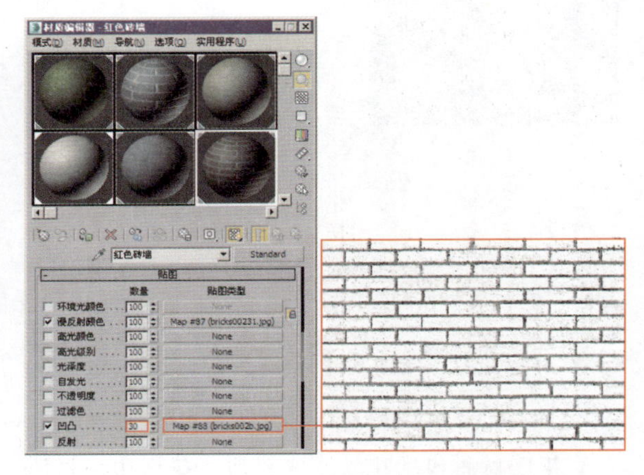

■ 4）设置乳胶漆材质。打开材质编辑器，选择一个空白的材质球，设置材质样式【标准】材质，设置明暗器类型为【(B)Blinn】，设置【漫反射】颜色为浅黄色，参数设置如下图所示。

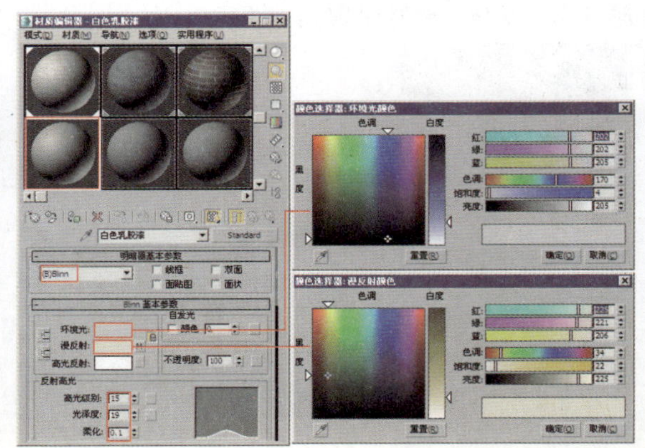

■ 5）打开【贴图】卷展栏，在【漫反射颜色】通道中添加位图，设置位图为 Ch16\Maps\167beton1.jpg 文件，参数设置如下图所示。

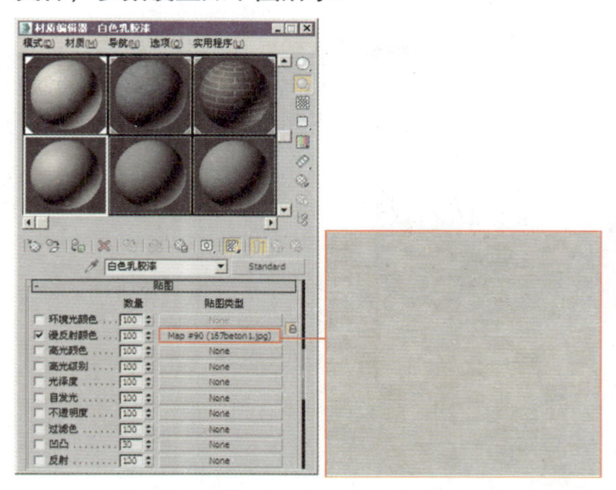

■ 6）设置屋顶材质。打开材质编辑器，选择一个空白的材质球，设置材质样式【标准】材质，设置明暗器类型为【(B)Blinn】，设置【漫反射】颜色为灰色，参数设置如下图所示。

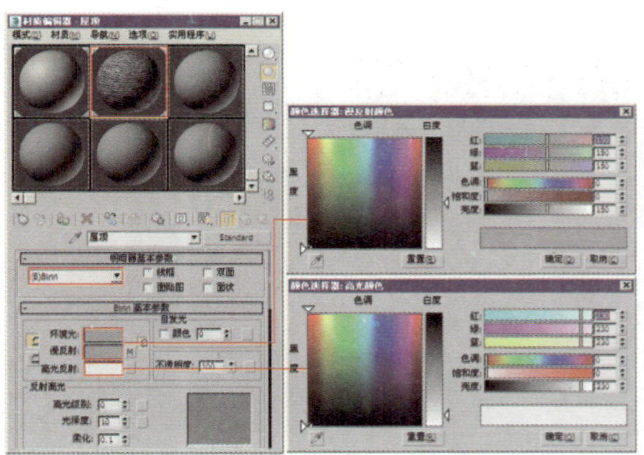

■ 7）打开【贴图】卷展栏，在【漫反射颜色】通道和【凹凸】通道中添加位图，设置位图为 Ch16\Maps\021tiles.jpg 文件，设置【凹凸】贴图强度为120，参数设置如下图所示。

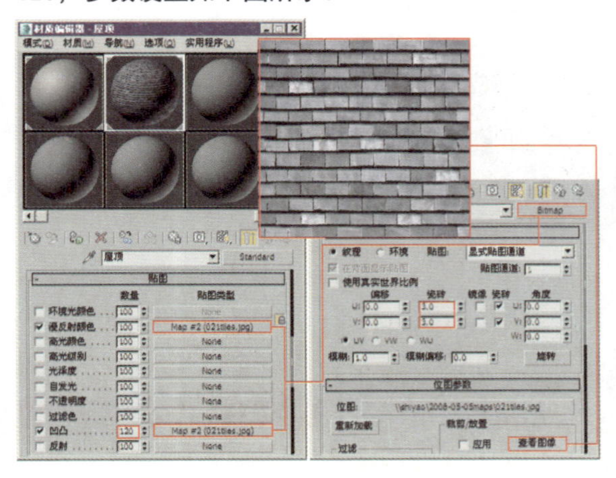

16.2.4 设置门窗和玻璃材质

门窗材质为红色木质材质，玻璃材质具有一定的透明度和光泽度。

■ 1）设置门窗材质。打开材质编辑器，选择一个空白的材质球，设置材质样式【标准】材质，设置明暗器类型为【(B)Blinn】，设置【漫反射】颜色为土黄色，参数设置如下图所示。

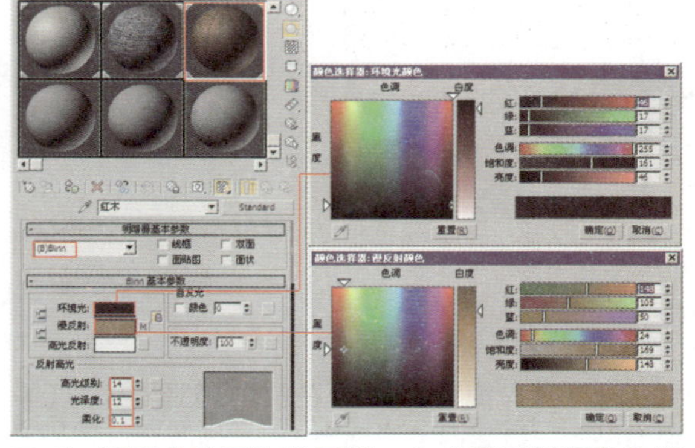

■ 2）打开【贴图】卷展栏，在【漫反射颜色】通道添加位图，设置位图为 Ch16\Maps\035Wood-1.jpg 文件，参数设置如下图所示。

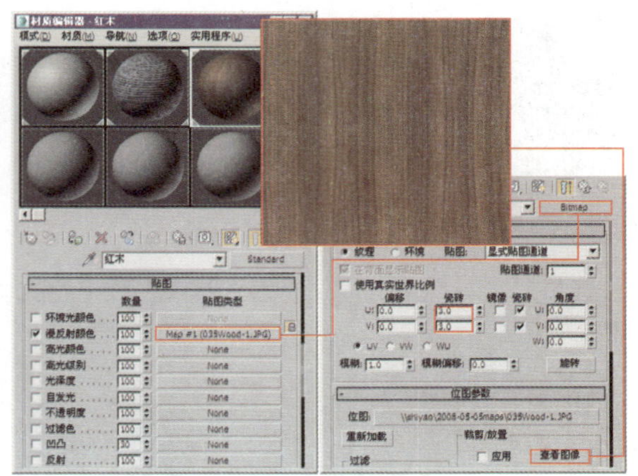

■ 3）设置玻璃材质。打开材质编辑器，选择一个空白的材质球，设置材质样式【标准】材质，设置明暗器类型为【(P)Phong】，设置【漫反射】颜色为黑色，参数设置如下图所示。

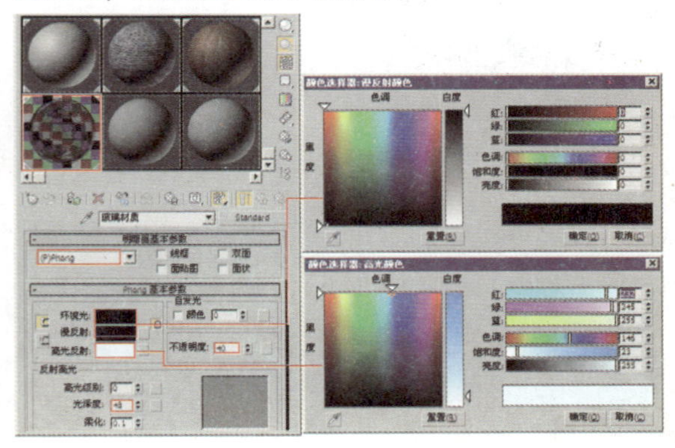

■ 4）打开【扩展参数】卷展栏，设置【过滤】颜色为灰色、【反射级别】为3.0，其他参数保持默认。

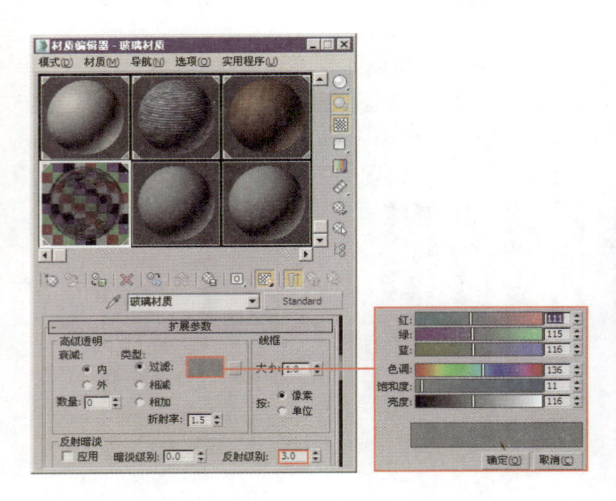

■ 5）打开【贴图】卷展栏，在【凹凸】通道添加【噪波】贴图，设置贴图强度为1，具体参数设置如下图所示。

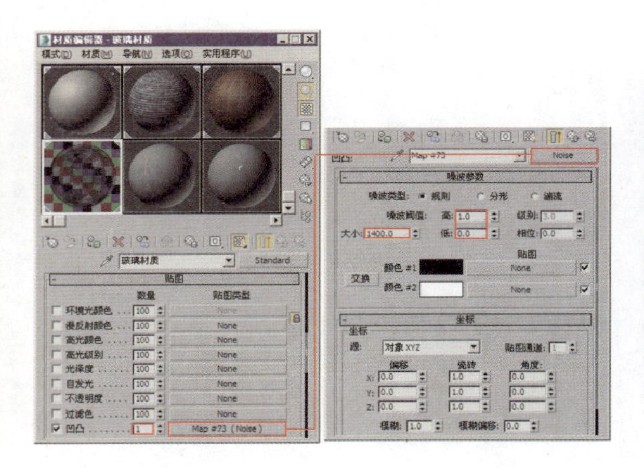

■ 6）在【反射】通道添加【VR贴图】，设置贴图强度为42，具体参数设置如下图所示。

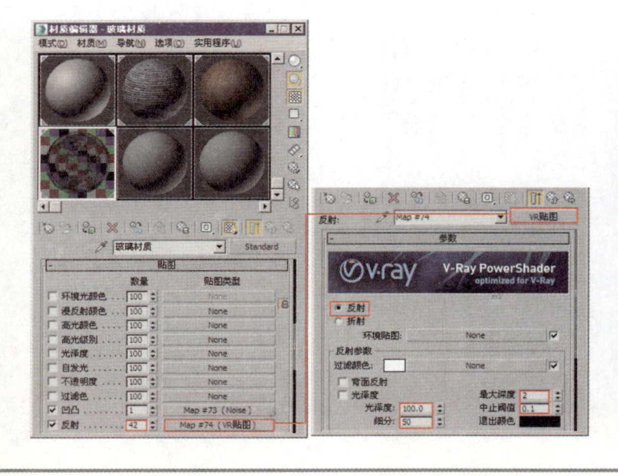

16.2.5 设置椰子树材质

椰子树材质包括树干材质和树叶材质。

■ 1）设置树干材质。打开材质编辑器，选择一个空白的材质球，设置材质样式【标准】材质，设置明暗器类型为【(B)Blinn】，设置【漫反射】颜色为深灰色，参数设置如下图所示。

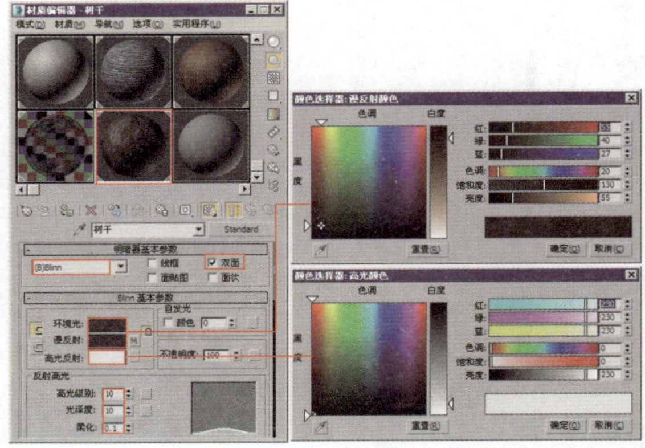

■ 2）打开【贴图】卷展栏，在【漫反射颜色】通道添加位图，设置位图为Ch16\Maps\Arch42_023_bark.jpg文件。

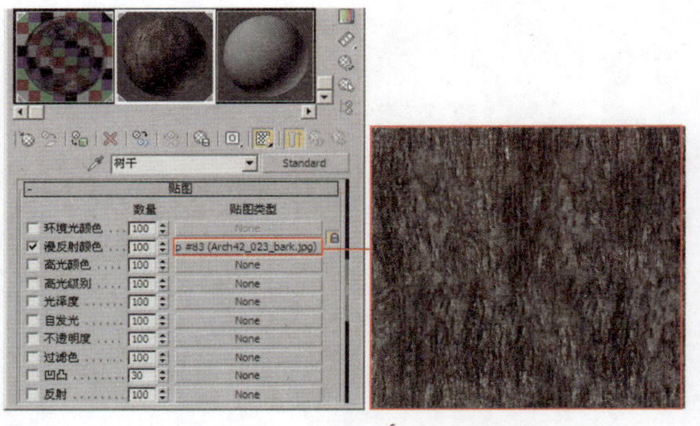

■ 3）设置树叶材质。打开材质编辑器，选择一个空白的材质球，设置材质样式为VR代理材质，设置【基本材质】类型为【标准】材质，设置明暗器类型为【(B)Blinn】，设置【漫反射】颜色为灰色，具体参数设置如下图所示。

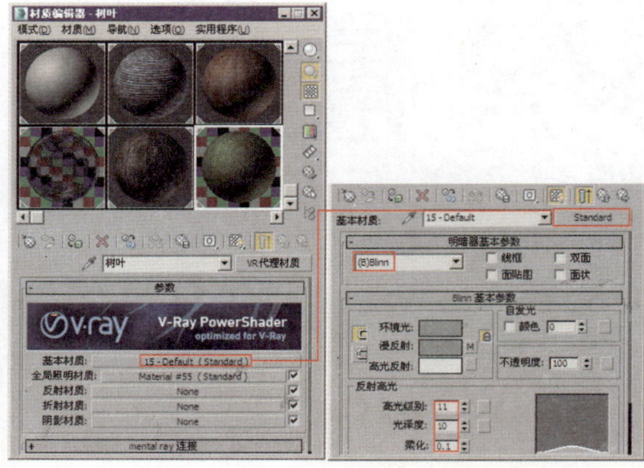

■ 4）打开【贴图】卷展栏，在【漫反射颜色】通道添加位图，设置位图为 Ch16\Maps\floor_grass3.jpg 文件，参数设置如下图所示。

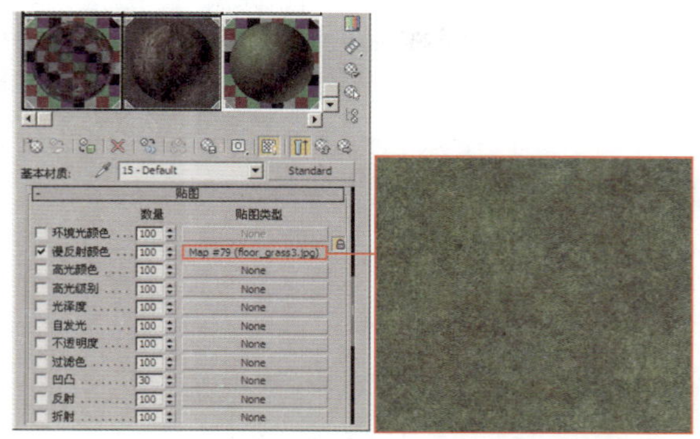

■ 5）设置【VR 代理材质】的【全局照明材质】通道材质类型为【标准】材质，设置明暗器类型为【(B)Blinn】，设置【漫反射】颜色为灰色，参数设置如下图所示。

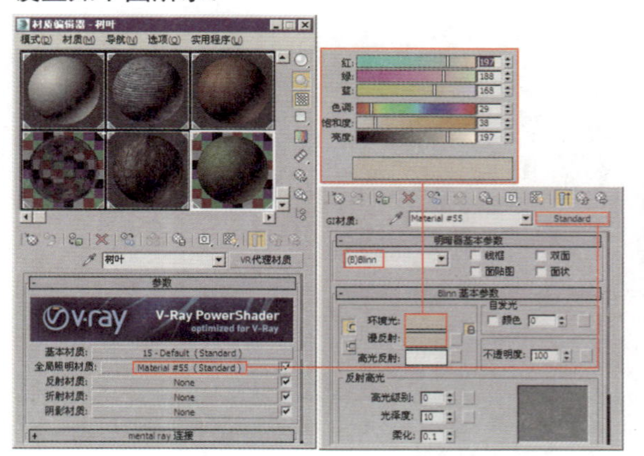

16.3 最终成品渲染

本例刚开始的渲染设置均为测试渲染的参数设置，目的是加快制作速度。下面进行最终成品图的渲染设置。

16.3.1 设置抗锯齿和过滤器

■ 1）按 F10 键打开渲染设置对话框。

■ 2）在 V-Ray:: 图像采样器(抗锯齿) 卷展栏中，参数设置如下图所示。设置【抗锯齿过滤器】为【Catmull-Rom】，可以让画面更加锐化。

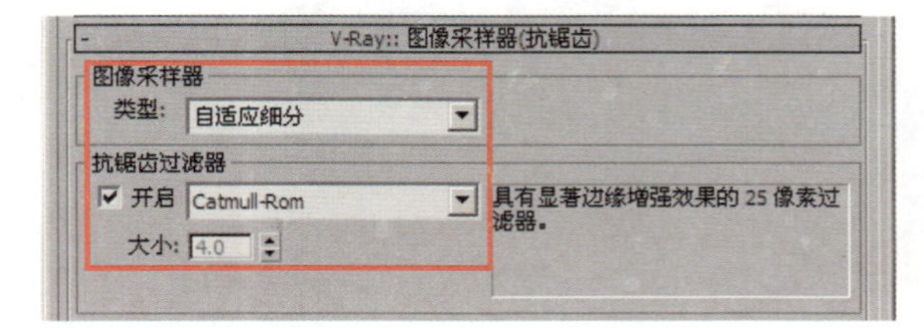

注意

在VRay渲染器中，图像采样器的概念是指采样和过滤的一种算法，并产生最终的像素数组来完成图形的渲染。VRay渲染器提供了几种不同的采样算法，尽管会增加渲染时间，但是所有的采样器都支持3ds Max标准的抗锯齿过滤算法。

16.3.2 设置渲染级别

■ 进入 V-Ray:: 发光贴图 卷展栏，在 当前预置: 下拉列表中设置光照贴图采样级别为高。

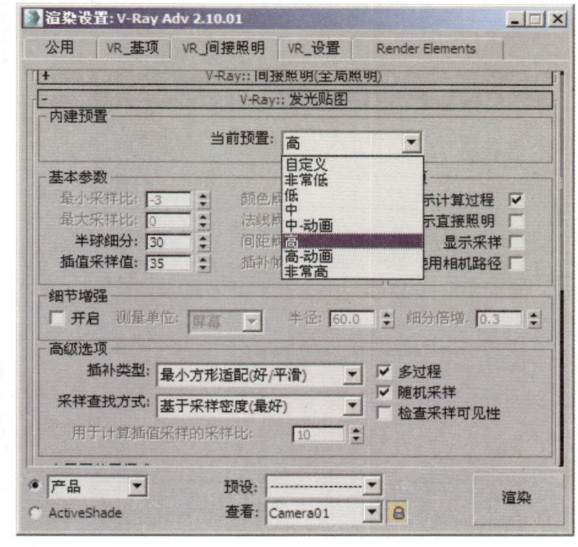

提示

在 V-Ray:: 发光贴图 卷展栏中可以调节发光贴图的各项参数，该卷展栏只有在发光贴图被指定为当前初级漫射反弹引擎的时候才能被激活。

16.3.3 设置保存发光贴图

■ 1）在V-Ray:: 发光贴图卷展栏，选中渲染结束时光子图处理选项区域中的 不删除 和 自动保存: 复选框，单击 自动保存: 后面的 浏览 按钮，在弹出的【自动保存光照贴图】对话框中输入要保存的 A-01.vrmap 文件名，并选择保存路径。

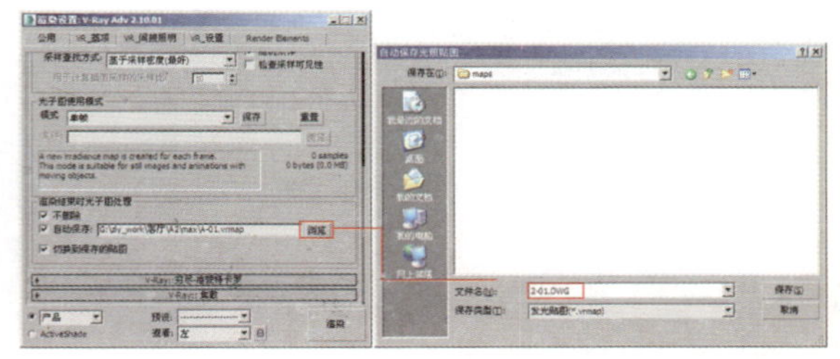

■ 2）选中 ☑ 切换到保存的贴图 复选框，当渲染结束后，保存的光照贴图将自动转换到【自动保存】文本框中，如下图所示。

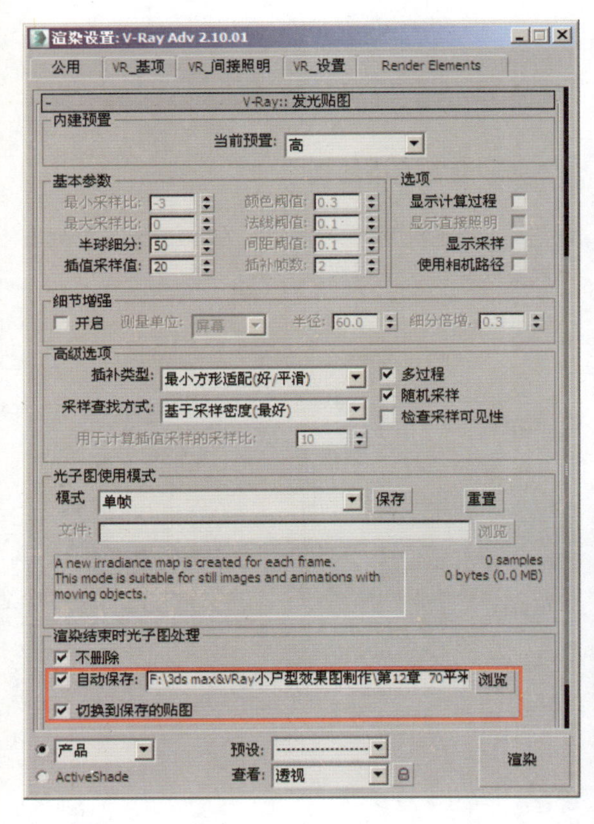

注意

切换到其他相机视图渲染，VRay渲染器已经省去了光照计算的步骤。如果改变了间接照明参数，则需要重新渲染光照贴图，选择【单帧】模式即可。

■ 3）进入渲染对话框的 公用 选项卡，设置较小的渲染图像尺寸，可以有效地缩短计算时间。

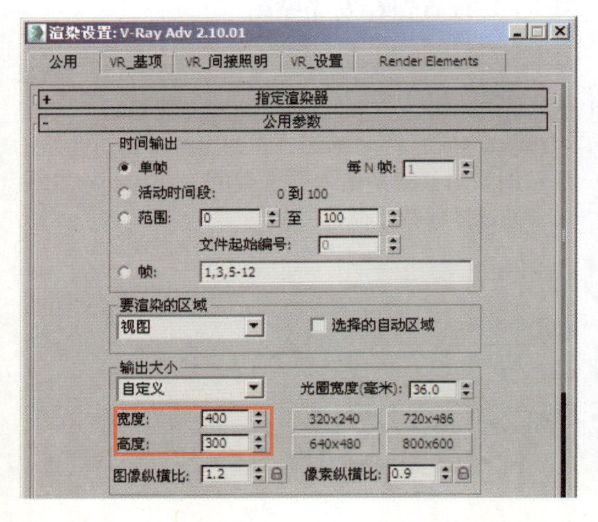

16.3.4 最终渲染

■ 1）当发光贴图计算及其渲染完成后，在渲染对话框的 公用 选项卡中，设置最终渲染图像的尺寸。

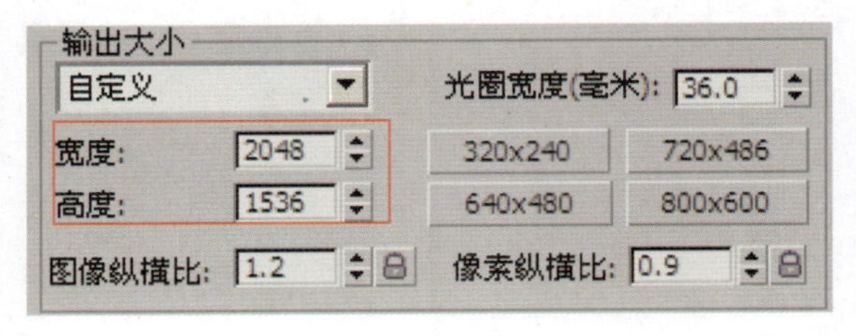

■ 2）最终渲染完成的效果如下图所示。

16.4 Photoshop后期处理

■ 1）启动 Photoshop，打开 Ch16\ 后期素材 \ 田园风格别墅 .tga 文件。

■ 2）按下快捷键Ctrl+J，复制【背景】图层，得到【图层 1】图层，隐藏【背景】图层。

■ 3）在工具栏中单击【魔棒工具】，选中场景中的天空部分，按下 Delete 键，将其删除。

■ 4）继续使用【魔棒工具】，选中场景中的剩余天空部分，按下 Delete 键，将其删除，效果如下图所示。

■ 5）接下来为场景添加一张天空背景，更改图层名称为【天空】，将【天空】图层移至【图层 1】下方，页面效果如下图所示。（素材路径：Ch16\ 后期素材）

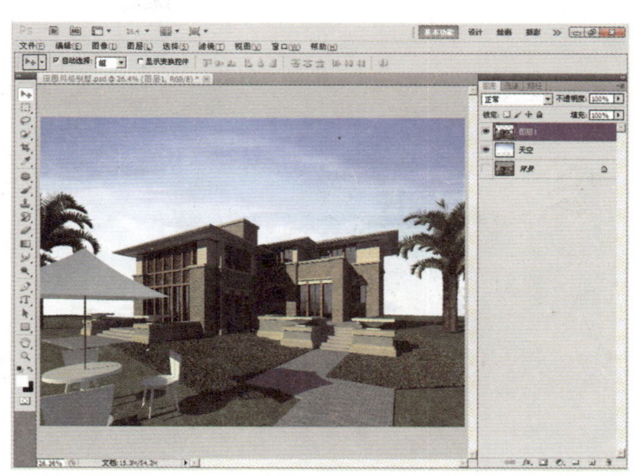

■ 6）接下来为场景添加山脉素材，更改图层名称为【山脉】，将【山脉】图层移至【图层 1】下方，并调节素材大小和位置，页面效果如下图所示。

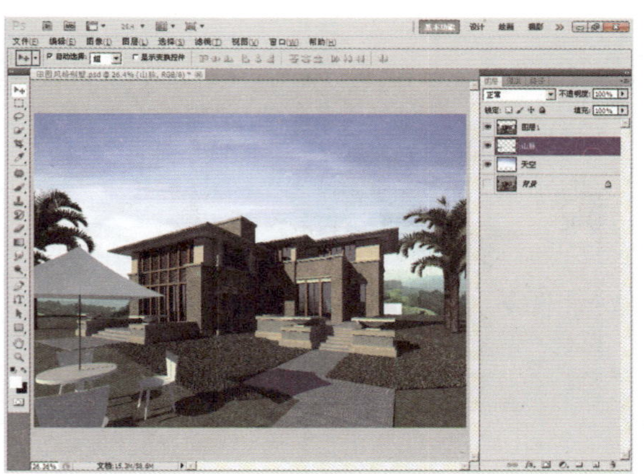

■ 7）设置【山脉】图层的【混合模式】为【正片叠底】、【不透明度】为 76%，此时页面效果如下图所示。

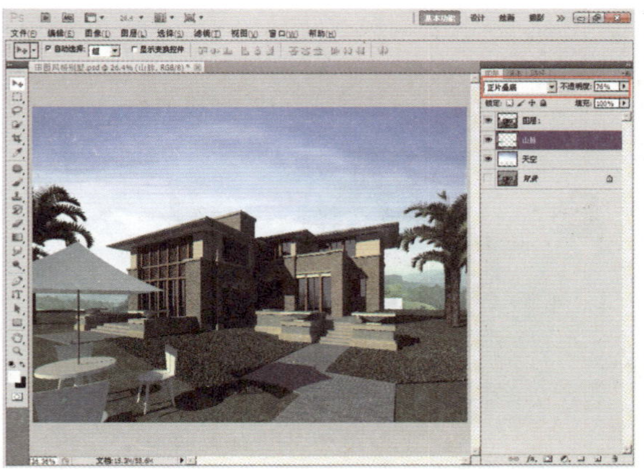

■ 8）接下来为场景添加远景植物素材，更改图层名称为【远景植物】，将【远景植物】图层移至【图层 1】下方，并调节素材大小和位置。

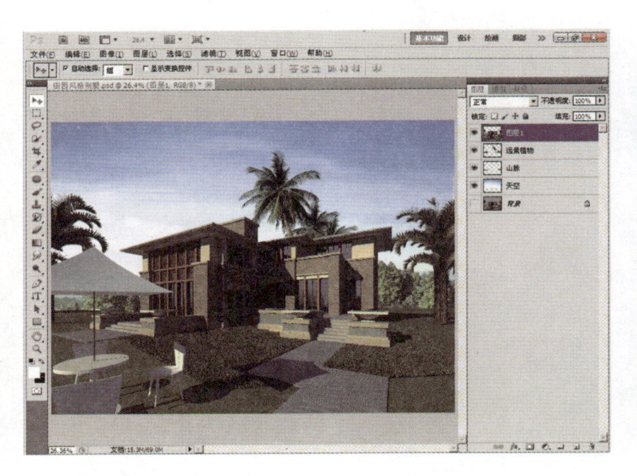

■ 9）接下来为场景添加花坛花卉素材，更改图层名称为【花坛花卉】，并调节素材大小和位置，效果如下图所示。

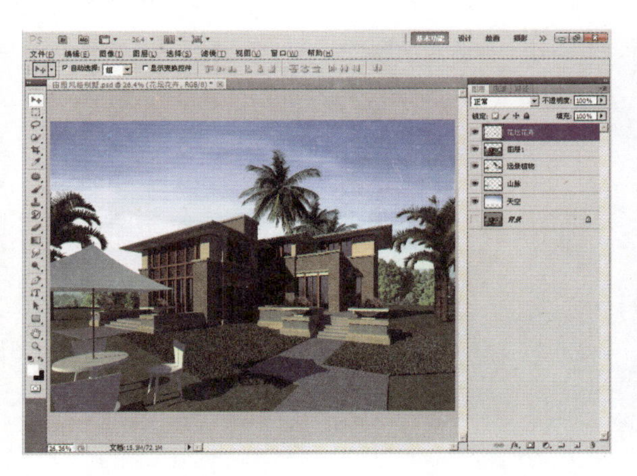

■ 10）接下来为场景添加近景植物素材，更改图层名称为【近景植物】，并调节素材大小和位置，效果如下图所示。

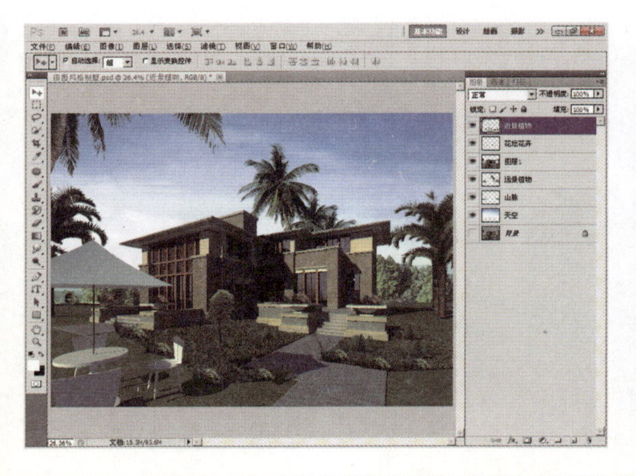

■ 11）接下来为场景添加飞鸟素材，更改图层名称为【飞鸟】，并调节素材大小和位置，效果如下图所示。

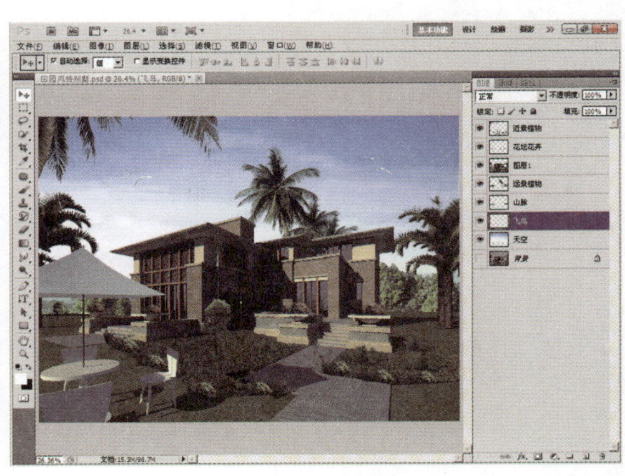

■ 12）素材添加完毕后，接下来按下 Crtl+Alt+Shift+E 组合键盖印图层，效果如下图所示。

■ 13）最后，为场景调整色彩平衡，设置【色调】为【中间调】，对照片进行整体色调的调整。此时，效果如下图所示。

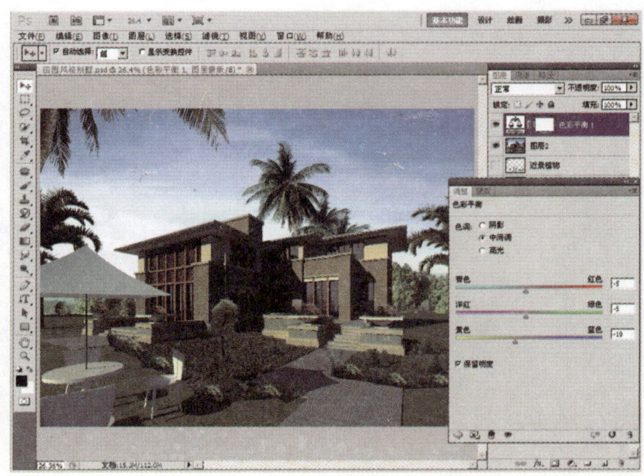

第17章 商务办公楼效果图制作

本例是一个冷暖光影效果交叉的商务办公楼效果图制作，整个空间的主色调为青色，是一种冷色调的颜色，没有太强的视觉冲击力，显得清爽、惬意且柔和。整个场景材质的设置配合休闲桌椅的使用，将商务和休闲表现得恰到好处，搭配上清晨阳光灯光的设置，更能显出商务办公楼“在休闲中工作的”的氛围。

通过本案例的学习，应该掌握如何使用 VRay 渲染器表现商务办公楼的效果，如下图所示为场景渲染效果。

本场景的灯光布局如下图所示，使用了目标平行光模拟太阳光。

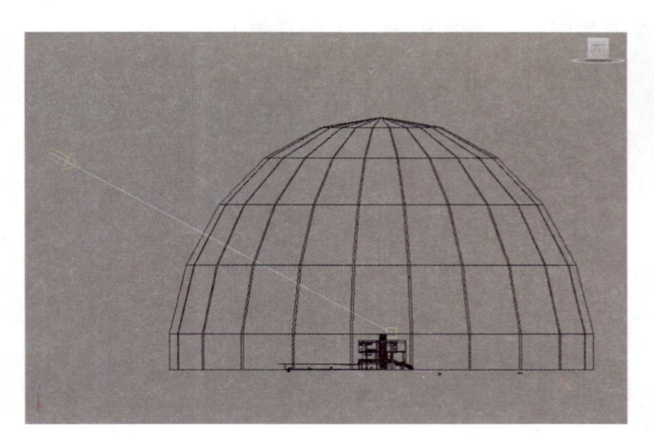

配色应用：

制作要点：

■ 1.了解商务办公楼的设计理念和设计方法。

■ 2.掌握场景材质的制作和色彩搭配。

■ 3.掌握场景灯光参数的设置方法和技巧。

最终场景：Ch17\Scenes\ 商务办公楼 ok.max

贴图素材：Ch17\Maps

难易程度：★★★★☆

17.1 渲染前的准备

下面进行渲染前的准备工作。主要分为摄影机的设置和场景渲染设置。

17.1.1 创建摄影机

首先给场景放置摄影机，确定摄影机视图。

■ 1）首先打开 Ch17\Scenes\ 商务办公楼 .max 文件。这是一个办公楼白天的模型，如下图所示。

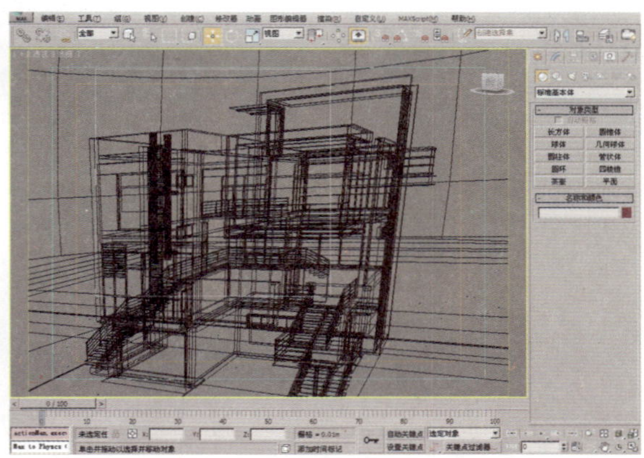

■ 2）在顶视图中创建一个目标摄影机，放置好摄影机的位置，如下图所示。

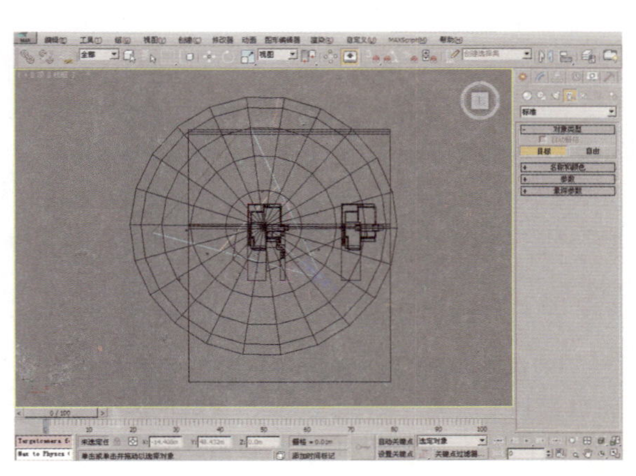

■ 3）再切换到左视图，调整摄影机的高度，如下图所示。

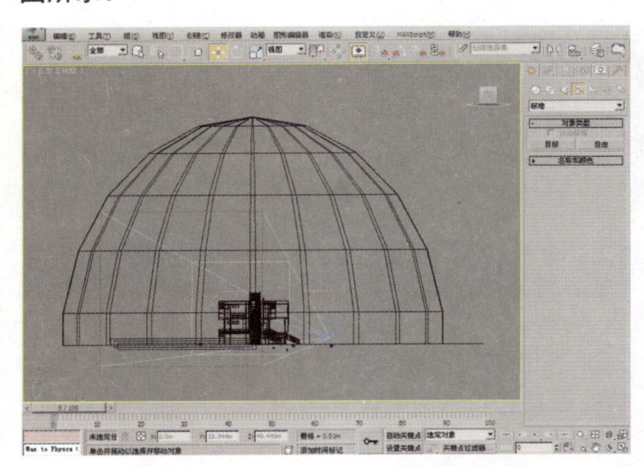

■ 4）设置摄影机的参数，摄影机视图效果如下图所示。

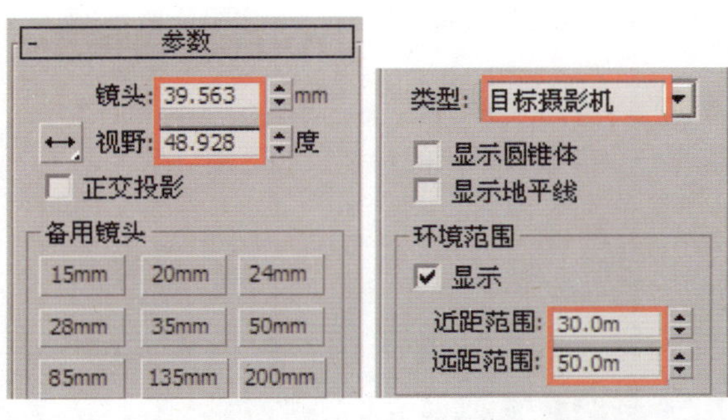

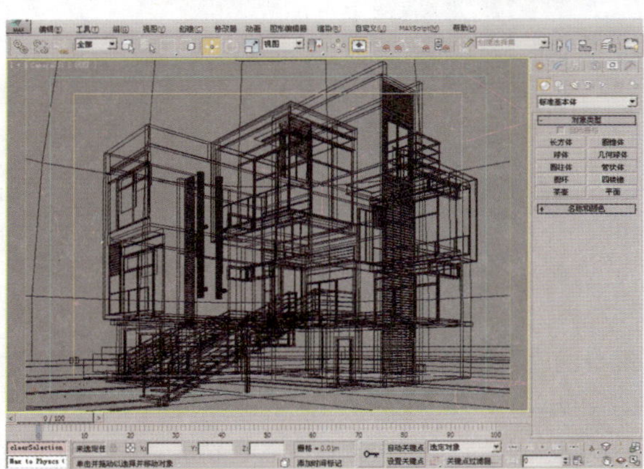

提示

目标摄影机用于观察目标点附近的场景内容，它包含摄影机和目标点两部分，这两部分可以同时调整，也可以单独进行调整。可以分别对摄影机和摄影机目标点设置动画，从而产生各种有趣的效果。

17.1.2 测试渲染设置

对采样值和渲染参数进行最低级别的设置，可以达到既能够观察渲染效果，又能快速渲染的目的。下面进行测试渲染的参数设置。

■ 1）按F10键打开渲染设置对话框，首先设置【V-Ray Adv 2.10.01】为当前渲染器，如下图所示。

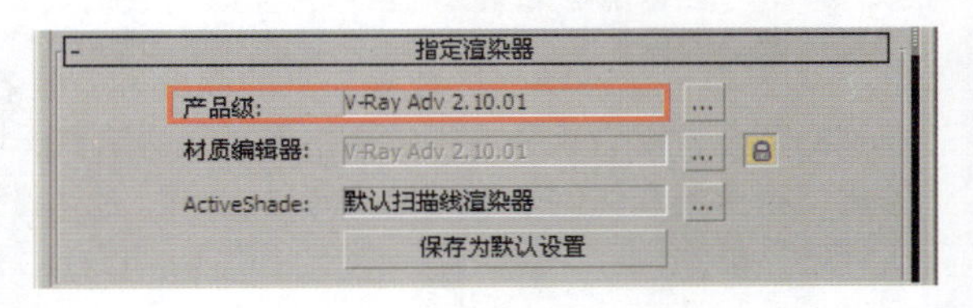

■ 2）在 V-Ray:: 全局开关 卷展栏中设置总体参数。因为要调整灯光，所以在这里关闭了默认的灯光，并取消选中 反射/折射 和 光泽效果 复选框，后两项都是非常影响渲染速度的。

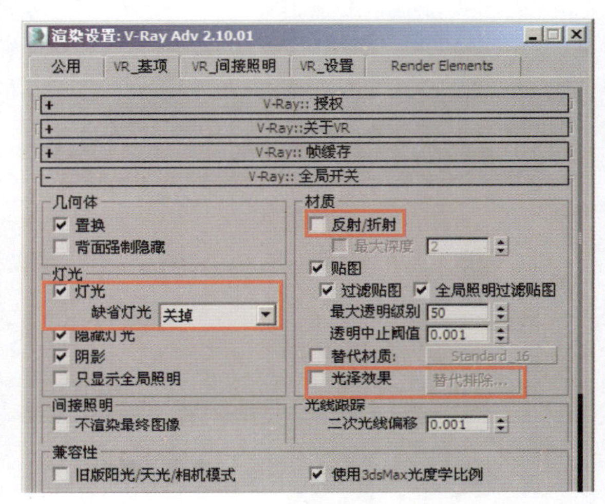

■ 3）在 V-Ray:: 图像采样器(抗锯齿) 卷展栏中，参数设置如下图所示，这是抗锯齿采样设置。

V-Ray:: 图像采样器(抗锯齿)
图像采样器
类型: 自适应细分
抗锯齿过滤器
开启 Mitchell-Netravali
两个参数过滤器：在模糊与圆环化和各向异性之间交替使用。
大小: 4.0 圆环 0.333
模糊: 0.333
V-Ray:: 自适应图像细分采样器
最小采样比: -1 颜色阈值: 0.1 随机采样
最大采样比: 2 对象轮廓 显示采样
法线阈值: 0.05

■ 4）在 V-Ray:: 间接照明(全局照明) 卷展栏中，参数设置如下图所示，这是间接照明设置。

V-Ray:: 间接照明(全局照明)
开启
全局照明焦散：反射 折射
后期处理：饱和度 0.9 对比度 0.92 对比度基准 0.5
环境阻光：开启 0.8 半径 25.4cm 细分 8
首次反弹 倍增 1.0 全局光引擎 发光贴图
二次反弹 倍增 1.0 全局光引擎 灯光缓存

注意

间接光照卷展栏是VRay的核心部分，在这里面可以打开全局光效果。全局光照引擎也是在这里选择，不同的场景材质对应相应的运算引擎，正确设置可以使全局光计算速度更加合理，使渲染效果更加出色。

■ 5）在 V-Ray:: 发光贴图 卷展栏中，设置 当前预置: 为【中等】，这种采样值适合作为测试渲染时使用。然后设置 当前预置: 为【自定义】，这是发光贴图参数设置。

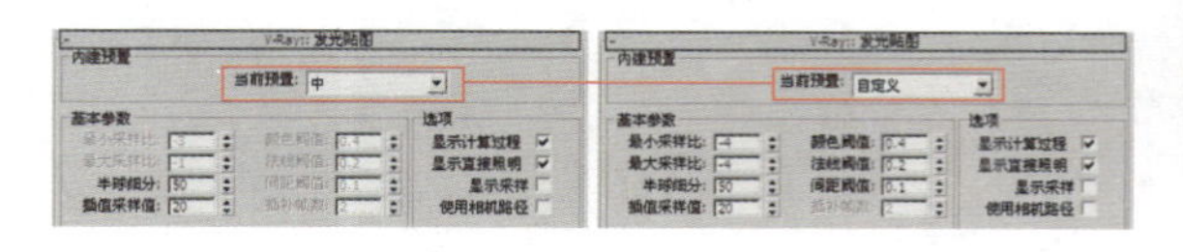

提示

在【间接照明】的首次反弹引擎中，选择发光贴图后，可以对其进行设置，并且该贴图只存在于首次反弹引擎中。

■ 6）在 V-Ray:: 灯光缓存 卷展栏中，参数设置如下图所示。

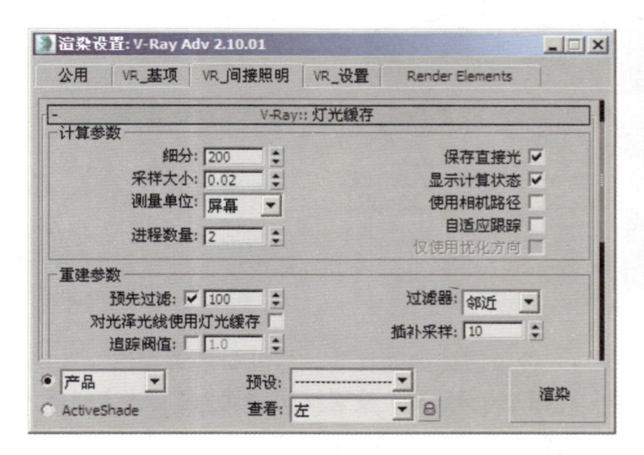

■ 7）按 8 键打开 环境和效果 对话框，设置背景颜色为纯黑色。

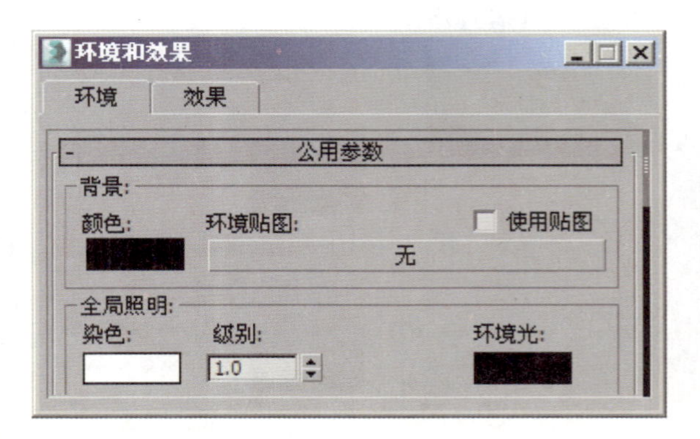

17.2 场景灯光设置

由于之前关闭了默认的灯光，所以需要建立灯光。本例用面光源进行窗口补光和室内补光，用点光源和面光源来模拟吊灯和壁灯光源。

■ 1）首先制作一个统一的模型测试材质。按 M 键打开材质编辑器，选择一个空白样本球，设置材质的样式为 VRayMtl 。

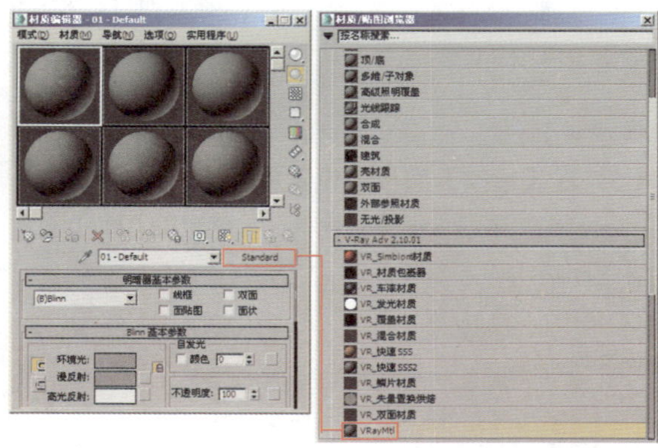

■ 2）在 VRayMtl 材质设置面板设置【漫反射】的颜色为浅灰色，如下图所示。

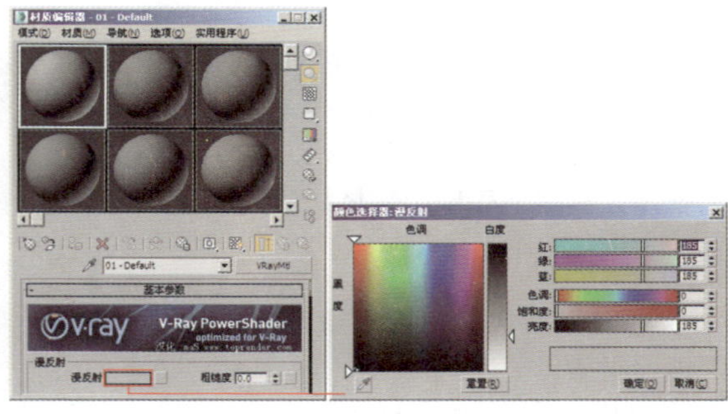

注意

【漫反射】颜色用于设置物体本身的颜色，如果将这个材质作为整个场景的测试材质，那么场景中所有物体的颜色都为该材质的漫反射颜色。

■ 3）按 F10 键打开渲染设置对话框，选中 替代材质: 复选框，将该材质拖动到 None 按钮上，这样就给整体场景设置了一个临时的测试用的材质。

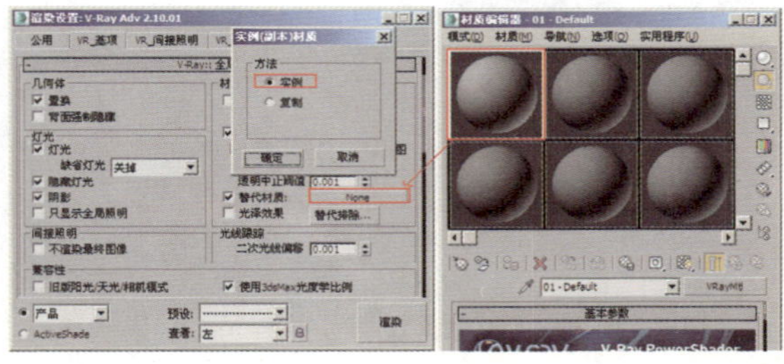

■ 4）下面设置场景灯光，在【创建】命令面板中单击 目标平行光 按钮，在场景中创建一盏目标平行光，用来模拟太阳光，位置如下图所示。

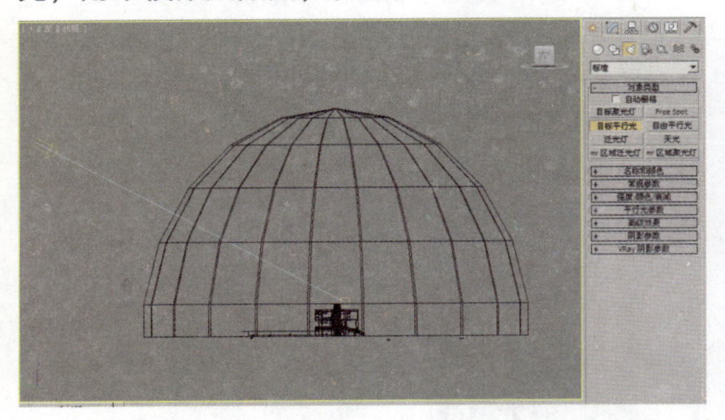

■ 5）在【修改】面板中设置目标平行光参数。

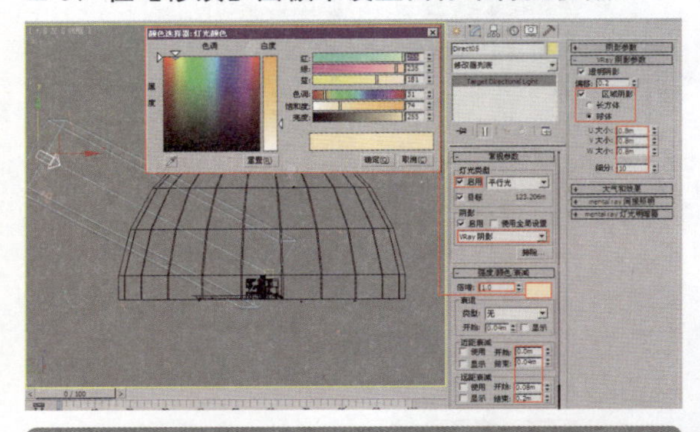

17.3 场景材质设置

在设置场景材质时，要以物理世界中的物体为依据，真实地表现出物体材质的属性。

17.3.1 设置地面材质

地面材质包括草地材质、铺砖地面材质和水泥地面材质。

■ 1）设置草地材质。打开材质编辑器，选择一个空白的材质球，设置材质样式为 VR代理材质，设置【基本材质】类型为【标准】材质，设置明暗器类型为【(B)Blinn】，设置【漫反射】颜色为灰色，具体参数设置如下图所示。

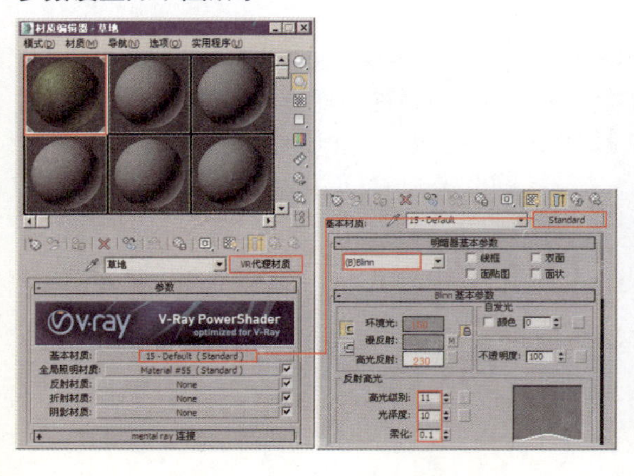

■ 2）打开【贴图】卷展栏，在【漫反射颜色】通道添加位图，设置位图为 Ch17\Maps\floor_grass3.jpg 文件，参数设置如下图所示。

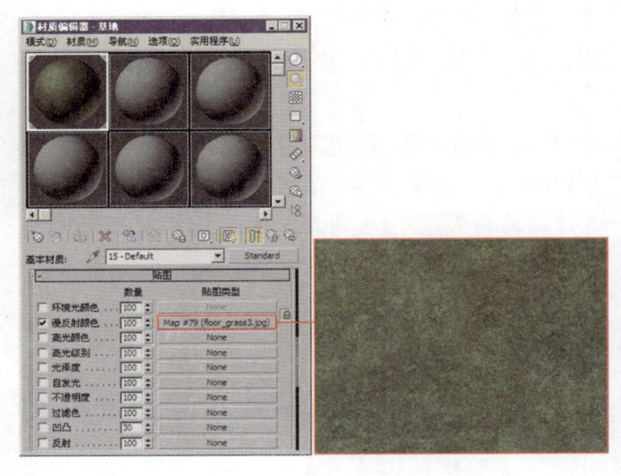

■ 3）设置【全局照明材质】类型为【标准】材质，设置明暗器类型为【(B)Blinn】，设置【漫反射】颜色为土黄色，具体参数设置如下图所示。

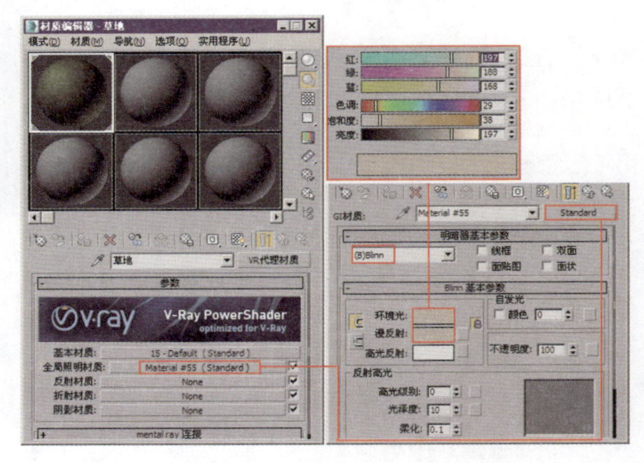

■ 4）设置铺砖地面材质。打开材质编辑器，选择一个空白的材质球，设置材质样式为【标准】材质，设置明暗器类型为【(B)Blinn】，设置【漫反射】颜色为灰色，具体参数设置如下图所示。

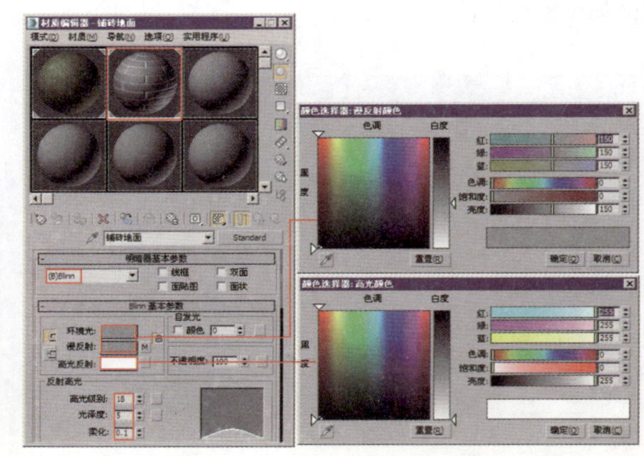

■ 5）打开【贴图】卷展栏，在【漫反射颜色】通道添加位图，设置位图为 Ch17\Maps\307brick1.jpg 文件，如下图所示。

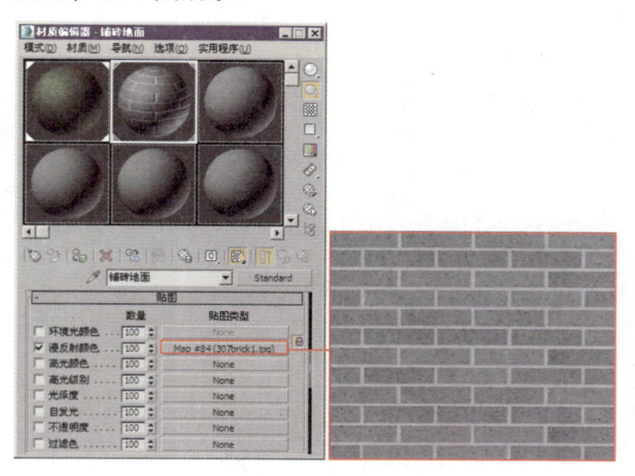

■ 6）保持【贴图】卷展栏的打开状态，在【凹凸】通道添加位图，设置位图为 Ch17\Maps\307brick11-b.jpg 文件，设置贴图强度为 46，如下图所示。

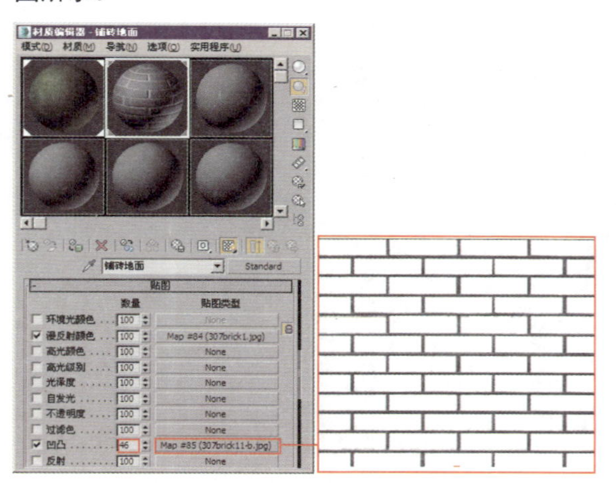

■ 7）设置水泥地面材质。打开材质编辑器，选择一个空白的材质球，设置材质样式为【标准】材质，设置明暗器类型为【(B)Blinn】，设置【漫反射】颜色为灰色，具体参数设置如下图所示。

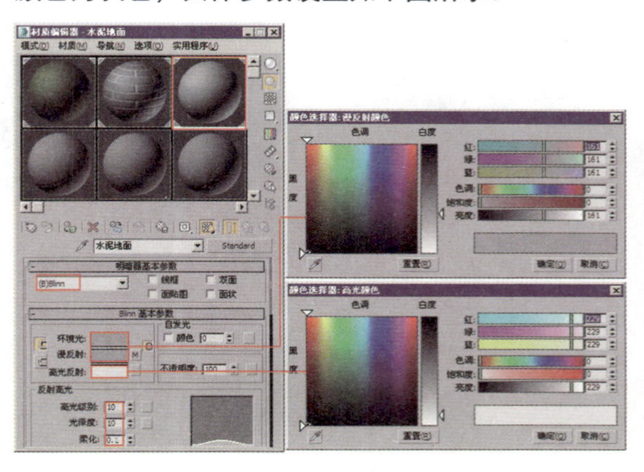

■ 8）打开【贴图】卷展栏，在【漫反射颜色】通道中添加位图，设置位图为 Ch17\Maps\232stone_hgs.jpg 文件，具体参数设置如下图所示。

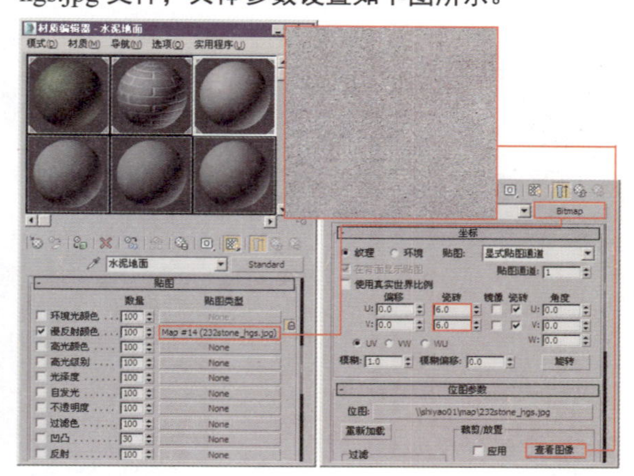

17.3.2 设置墙面材质

墙面材质包括白色乳胶漆材质、水泥砖墙面材质、深色横条板材质、浅色横条板材质、花纹材质这 5 种材质。

■ 1）首先设置白色乳胶漆材质。打开材质编辑器，选择一个空白的材质球，设置材质样式为【标准】材质，设置明暗器类型为【(B)Blinn】，设置【漫反射】颜色为浅灰色，参数设置如下图所示。

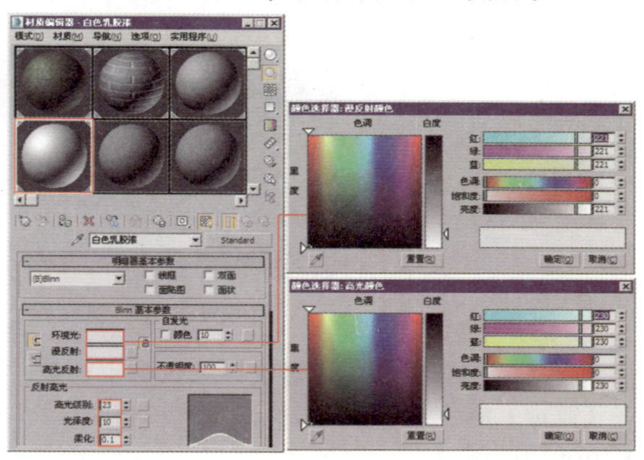

■ 2）设置水泥砖墙面材质。打开材质编辑器，选择一个空白材质球，设置材质样式为【标准】材质，设置明暗器类型为【(B)Blinn】，设置【漫反射】颜色为白色，参数设置如下图所示。

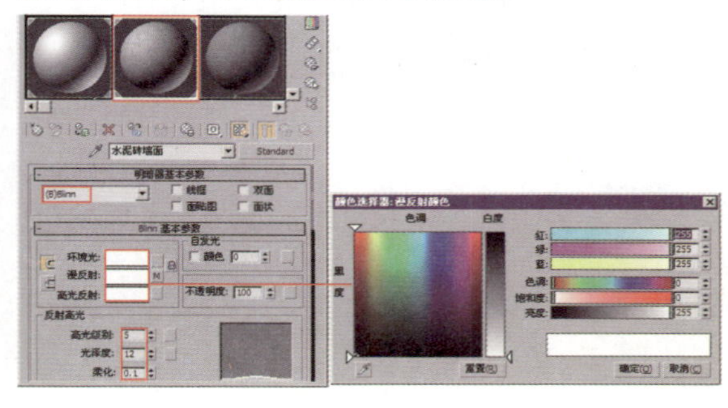

■ 3）打开【贴图】卷展栏，在【漫反射颜色】通道和【凹凸】通道中添加位图，设置位图为Ch17\Maps\044beton1.jpg文件，设置【凹凸】贴图强度为30。

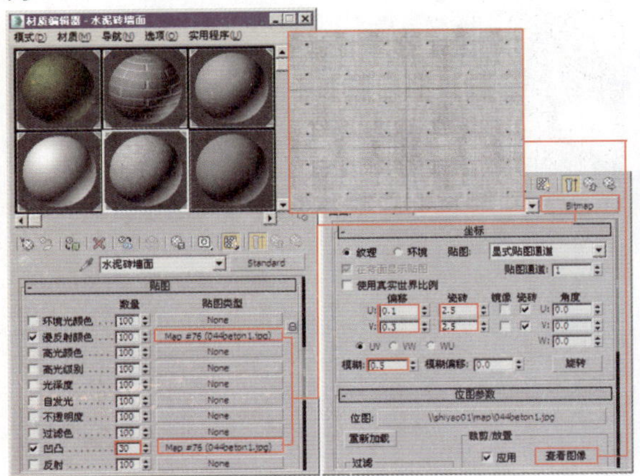

■ 4）设置深色横条板材质。打开材质编辑器，选择一个空白材质球，设置材质样式为【标准】材质，设置明暗器类型为【(B)Blinn】，设置【漫反射】颜色为橘色，参数设置如下图所示。

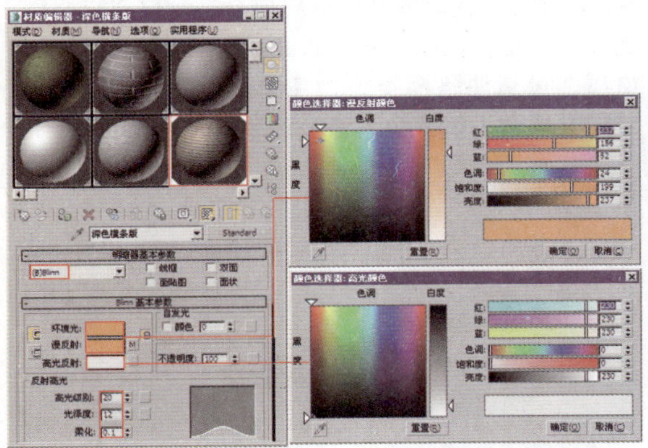

■ 5）打开【贴图】卷展栏，在【漫反射颜色】通道添加【平铺】贴图，设置纹理颜色为土黄色，在【纹理】颜色通道添加位图，设置位图为Ch17\Maps\019Wood-1.jpg文件。

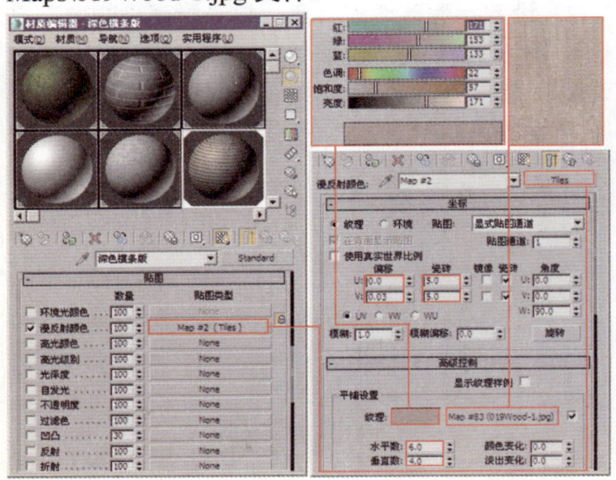

■ 6）设置浅色横条板材质。打开材质编辑器，选择一个空白材质球，设置材质样式为【标准】材质，设置明暗器类型为【(B)Blinn】，设置【漫反射】颜色为白色，参数设置如下图所示。

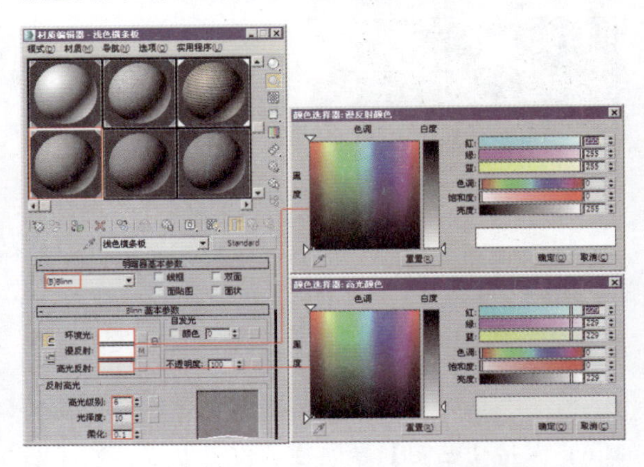

■ 7）打开【贴图】卷展栏，在【漫反射颜色】通道添加位图，设置位图为Ch17\Maps\046beton.jpg文件，参数设置如下图所示。

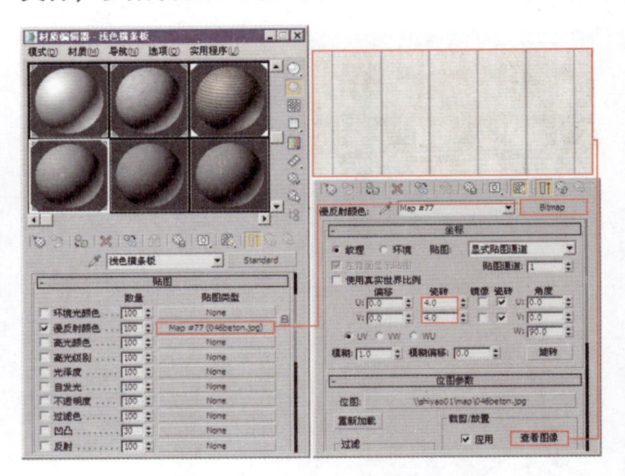

■ 8）设置花纹石材材质。打开材质编辑器，选择一个空白材质球，设置材质样式为【标准】材质，设置明暗器类型为【(B)Blinn】，设置【漫反射】颜色为白色，参数设置如下图所示。

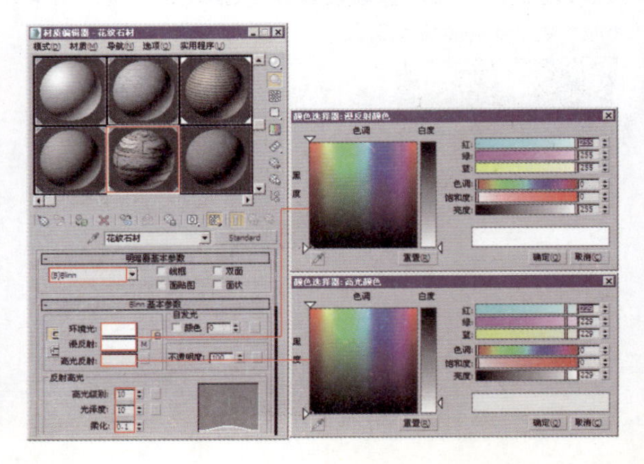

■ 9）打开【贴图】卷展栏，在【漫反射颜色】通道添加位图，设置位图为 Ch17\Maps\252stone_whs1.jpg 文件，参数设置如下图所示。

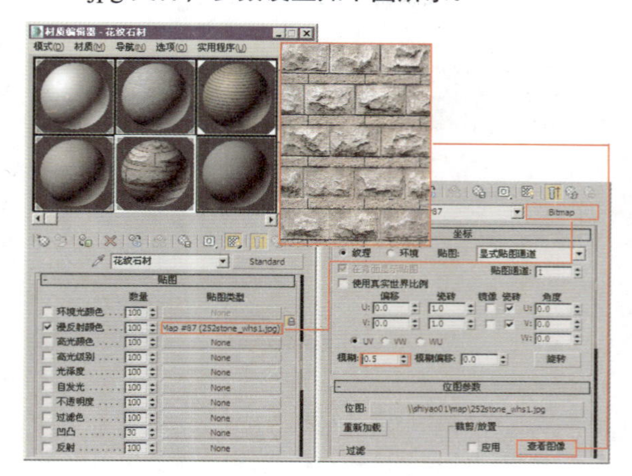

17.3.3 设置楼梯材质

楼梯材质包括扶手材质和台阶材质，其中台阶材质包括金属铝板材质、踏板材质；扶手材质为白色乳胶漆材质，与墙面材质相同，这里不再赘述。

■ 1）设置金属铝板材质。打开材质编辑器，选择一个空白材质球，设置材质样式为【标准】材质，设置明暗器类型为【(M) 金属】，设置【漫反射】颜色为蓝色，参数设置如下图所示。

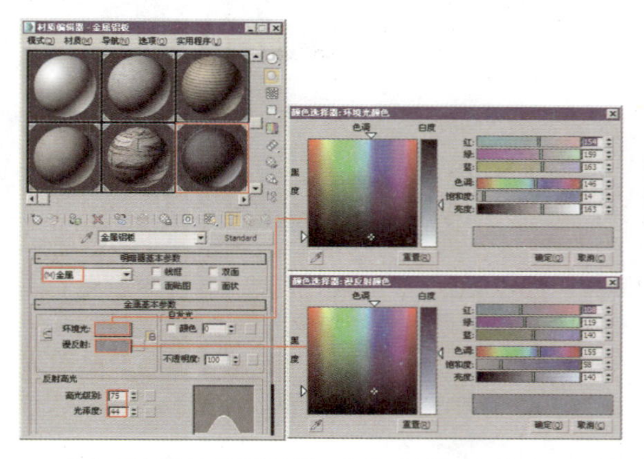

■ 2）打开【贴图】卷展栏，在【反射】通道添加【VR 贴图】，设置贴图强度为 48，参数设置如下图所示。

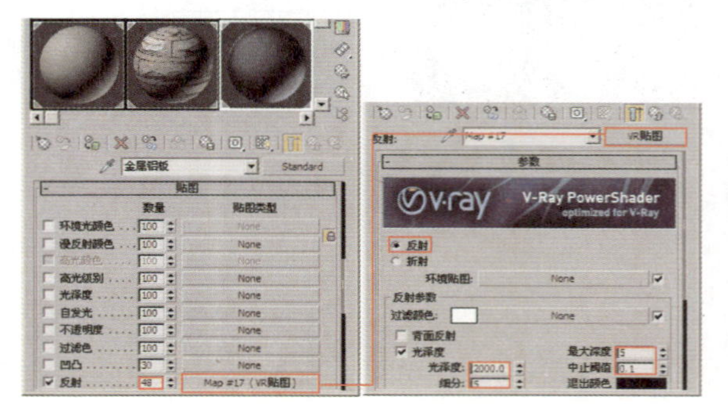

■ 3）设置踏板材质。打开材质编辑器，选择一个空白材质球，设置材质样式为【标准】材质，设置明暗器类型为【(M) 金属】，设置【漫反射】颜色为灰色，参数设置如下图所示。

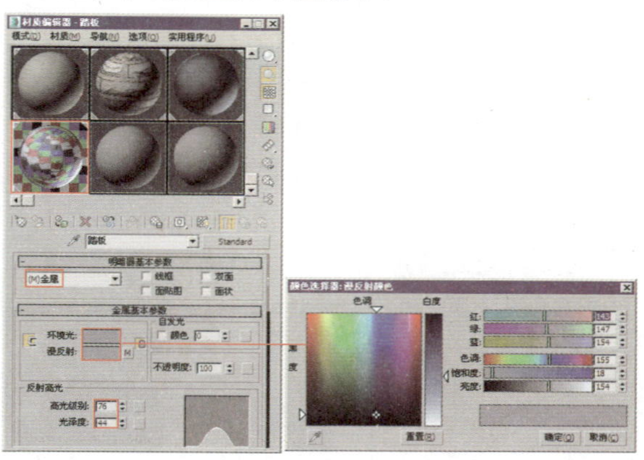

■ 4）打开【贴图】卷展栏，在【漫反射颜色】通道和【凹凸】通道添加位图，设置位图为 Ch17\Maps\003ground_jspd.jpg 文件，设置【凹凸】贴图强度为 30，参数设置如下图所示。

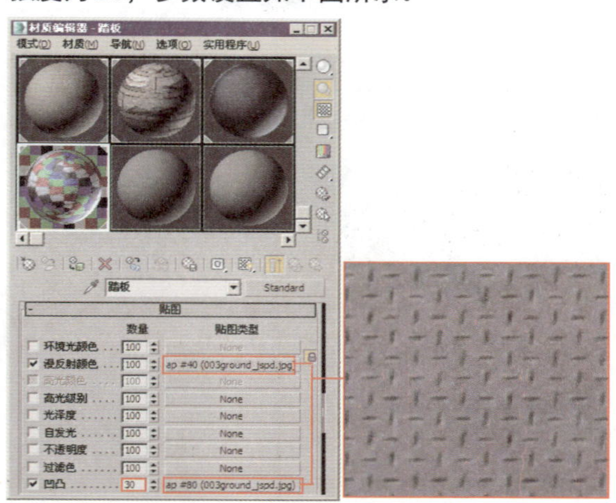

■ 5）保持【贴图】卷展栏的打开状态，在【反射】通道添加【VR 贴图】，设置贴图强度为 84，具体参数设置如下图所示。

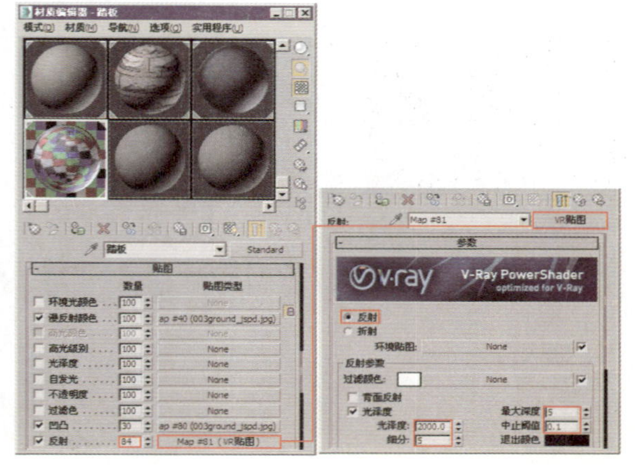

17.3.4 设置玻璃和窗框材质

玻璃材质有较高的光泽度，有一定的透明度；窗框材质是金属材质。

■ 1）首先设置玻璃材质。打开材质编辑器，选择一个空白材质球，设置材质样式为【标准】材质，设置明暗器类型为【(B)Blinn】，设置【漫反射】颜色为黑色、【高光反射】颜色为淡蓝色。

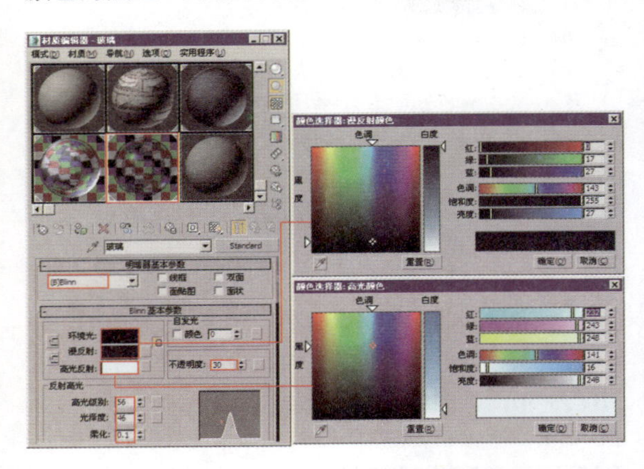

■ 2）打开【扩展参数】卷展栏，设置【过滤】颜色为青色，其他参数保持默认。

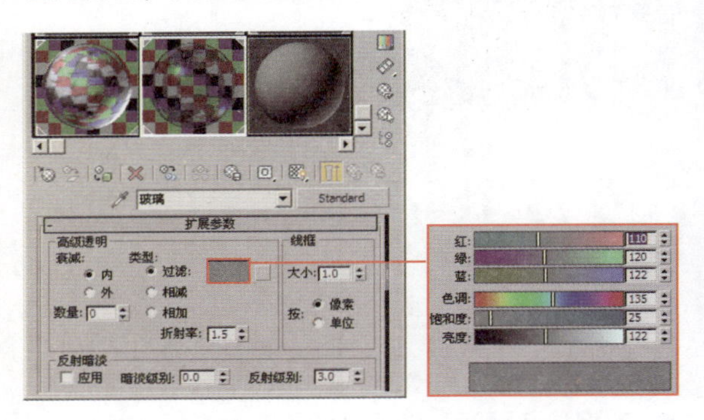

■ 3）打开【贴图】卷展栏，在【反射】通道添加【VR贴图】，设置贴图强度为40，参数设置如下图所示。

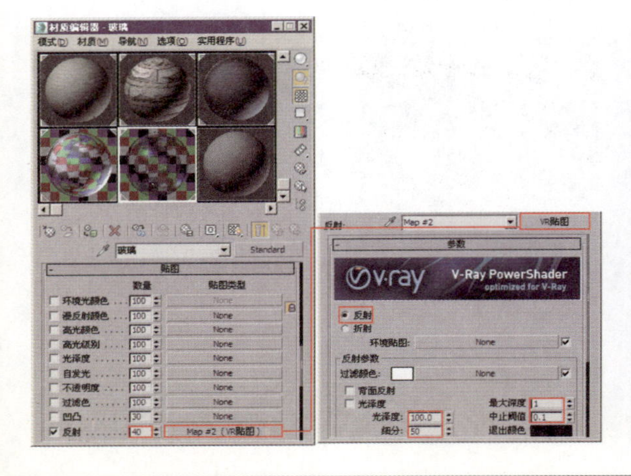

■ 4）设置窗框材质。打开材质编辑器，选择一个空白材质球，设置材质样式为【标准】材质，设置明暗器类型为【(B)Blinn】，设置【漫反射】颜色为青色，具体参数设置如下图所示。

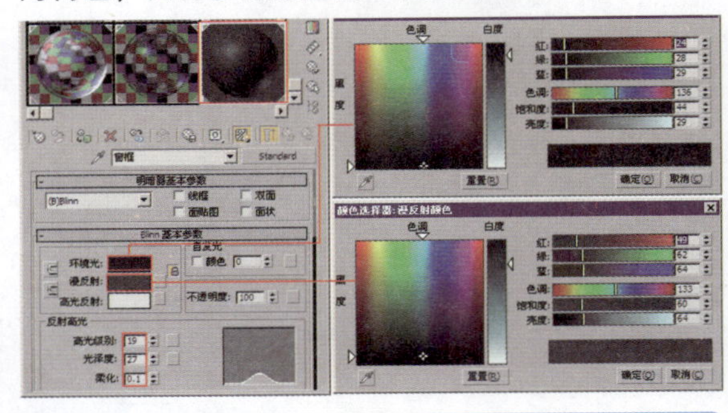

17.3.5 设置车库门材质

车库门的光泽度相对较低，有一定的表面纹理。

■ 1）设置侧车库门材质。打开材质编辑器，选择一个空白材质球，设置材质样式为【标准】材质，设置明暗器类型为【(B)Blinn】，设置【漫反射】颜色为灰色，参数设置如下图所示。

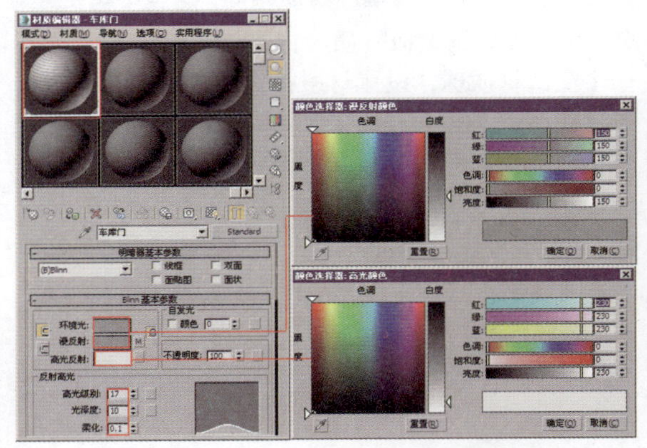

■ 2）打开【贴图】卷展栏，在【漫反射颜色】通道和【凹凸】通道中添加位图，设置位图为Ch17\Maps\WALL-CGB.jpg文件，设置【凹凸】贴图强度为30，参数设置如下图所示。

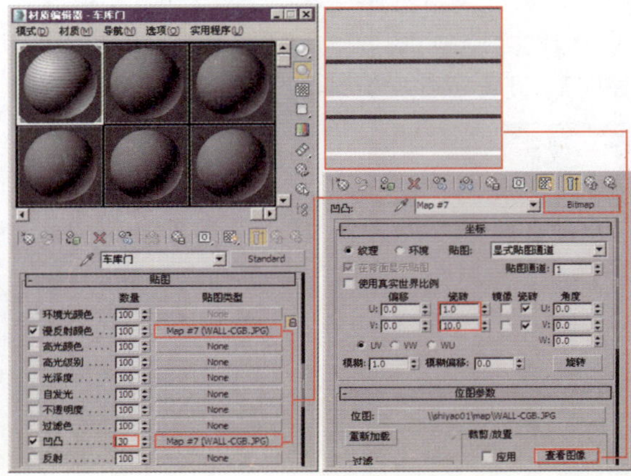

17.4 高级别渲染设置

下面进行高级别的渲染设置。

■ 1）按 F10 键打开渲染设置对话框。

■ 2）在 V-Ray:: 全局开关 卷展栏中，选中 光泽效果 复选框，如下图所示。

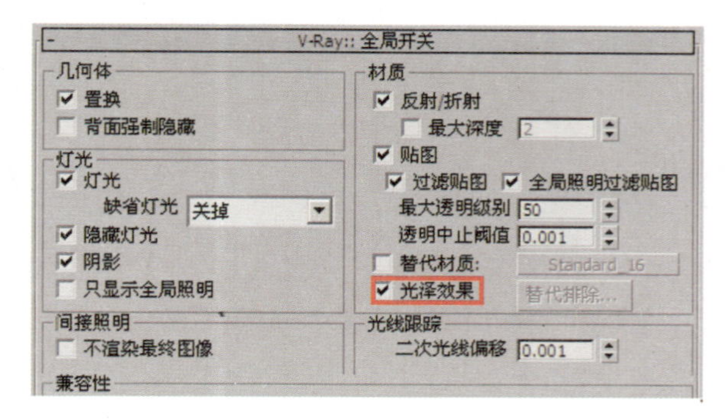

■ 3）进入 V-Ray:: 发光贴图 卷展栏，在 当前预置: 下拉列表中设置光照贴图采样级别为【高】。

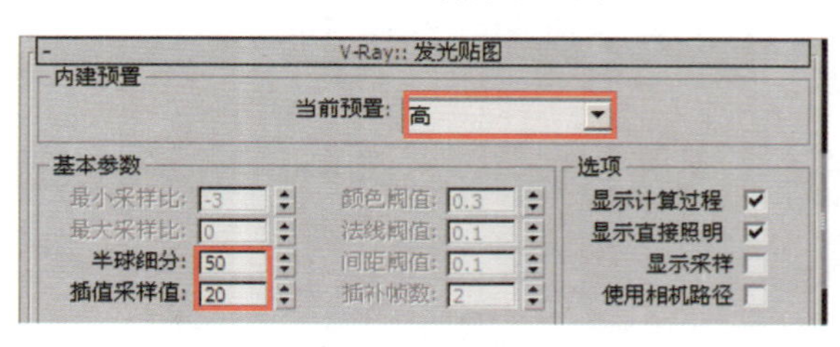

■ 4）在 细节增强 选项区域的参数设置如下图所示，这样可以让图像产生大量的细节，但渲染速度会很慢。

■ 5）在 V-Ray:: 间接照明(全局照明) 卷展栏中，在 模式 下拉列表中选择 单帧 模式，选中 自动保存: 和 切换到保存的贴图 复选框，单击 自动保存: 后面的 浏览 按钮，在弹出的【自动保存光照贴图】对话框中输入要保存的 005.vrmap 文件名并选择保存路径。

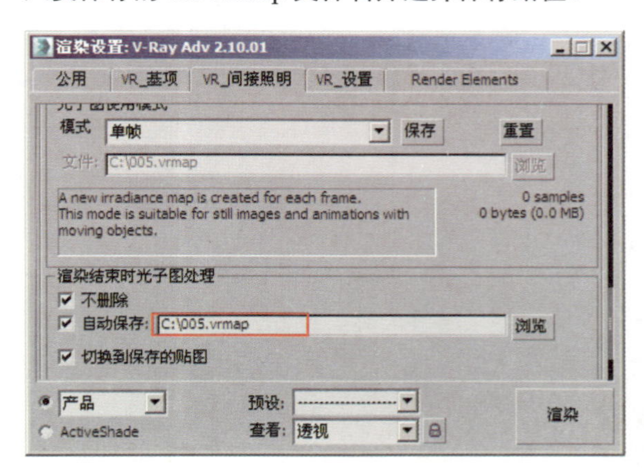

■ 6）进入 V-Ray:: 灯光缓存 卷展栏，参数设置如下图所示。

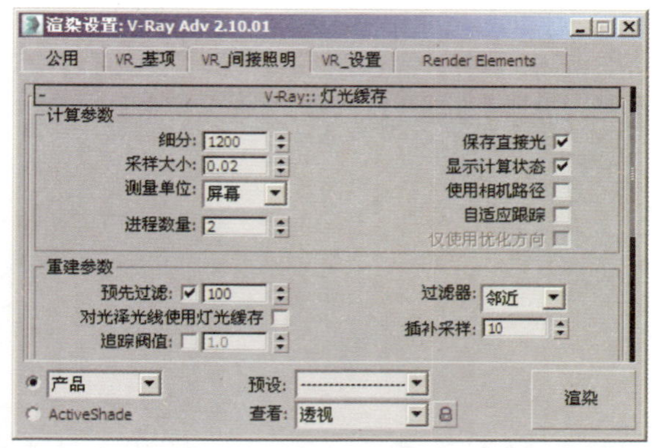

■ 7）在模式下拉列表中选择单帧模式，选中 自动保存: 和 切换到保存的贴图 复选框，单击 自动保存: 后面的 浏览 按钮，在弹出的【自动保存光照贴图】对话框中输入要保存的 005.vrlmap 文件名并选择保存路径。

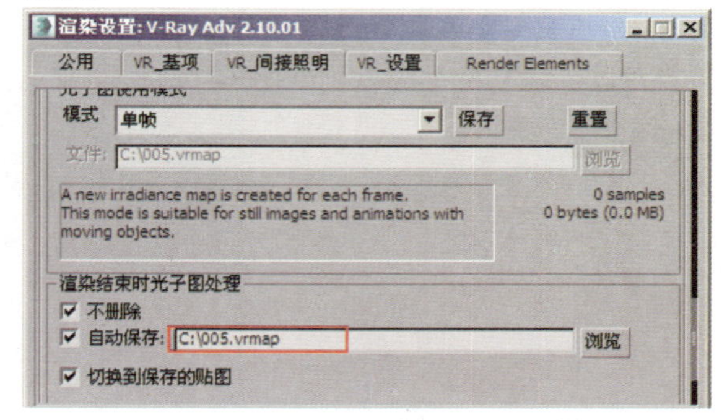

■ 8）在【公用】选项卡中设置较小的尺寸进行渲染。

■ 9）由于选中了 切换到保存的贴图 复选框，所以在渲染结束后，模式将自动切换到【从文件】。在进行再次渲染时，VRay 渲染器将直接调用【文件】文本框中指定的发光贴图文件，这样可以节省很多渲染时间。最后使用较大的渲染尺寸进行渲染即可，如下图所示。

17.5 Photoshop后期处理

■ 1）启动 Photoshop，打开 Ch17\ 后期素材 \ 商务办公楼 .tga 文件，按下快捷键 Ctrl+J，复制【背景】图层，得到【图层 1】图层，隐藏【背景】图层。

■ 2）在工具栏中单击【魔棒工具】，选中场景的天空部分，按下 Delete 键，将其删除。

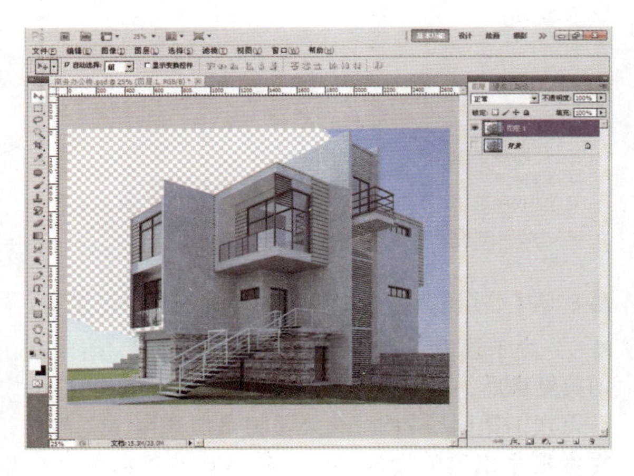

■ 3）继续使用【魔棒工具】，选中场景的剩余天空部分，按下 Delete 键，将其删除。

■ 4）接下来为场景添加一张天空背景，更改图层名称为天空，将【天空】图层移至【图层 1】下方，效果如下图所示。（素材路径：Ch17\ 后期素材）

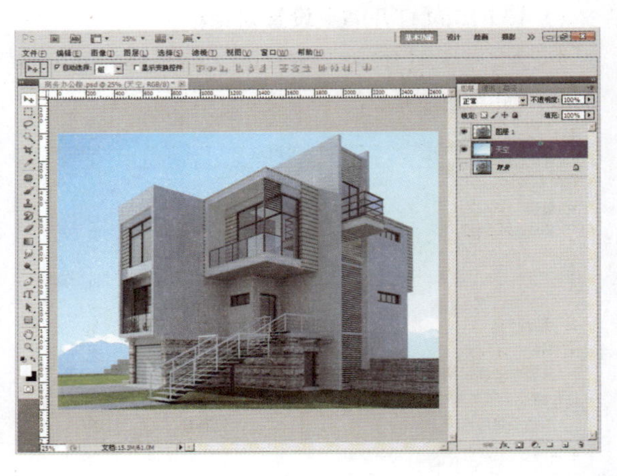

■ 5）为场景添加一张远景植物素材，更改图层名称为【远景植物】，将【远景植物】图层移至【图层 1】下方，页面效果如下图所示。

■ 6）为场景添加一张近景植物素材，更改图层名称为【近景植物】，调节素材的大小和位置，页面效果如下图所示。

■ 7）为场景添加一张近景树木素材，更改图层名称为【近景树木】，调节素材的大小和位置，效果如下图所示。

■ 8）为场景添加一张汽车素材，更改图层名称为【汽车】，将【汽车】图层拖至【近景植物】图层下，并调节素材的大小和位置，页面效果如下图所示。

■ 9）为场景添加近景人物和远景人物素材，分别更改图层名称，调节素材的大小和位置，效果如下图所示。

■ 10）为场景添加飞鸟素材，更改图层名称为【飞鸟】，调节素材的大小和位置，效果如下图所示。

■ 11）素材添加完毕。接下来按下快捷键 Crtl+Alt+Shift+E 盖印图层，效果如下图所示。

■ 12）最后，调整场景的色彩平衡，设置【色调】为【中间调】，对照片进行整体色调的调整。调整完成后，页面效果如下图所示。

第18章 城市鸟瞰效果图制作

这是一款城市夜景鸟瞰的设计方案，采用黄昏效果灯光，力图设计成一款充满时尚、快生活的城市黄昏效果。整个场景的建筑在色调的设计上采用冷色调的色彩作为底色，在太阳光和霓虹灯灯光的设计上以暖色调为主，冷暖结合，很好地表现出了黄昏中城市鸟瞰效果图。

本例渲染效果如下图所示。

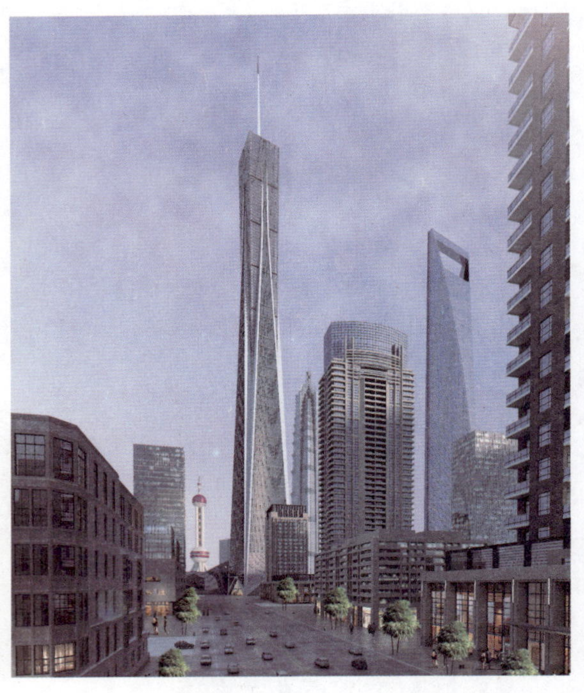

本场景的灯光布局如下图所示，场景中使用了目标平行光模拟太阳光，使用VR灯光模拟楼层照明。

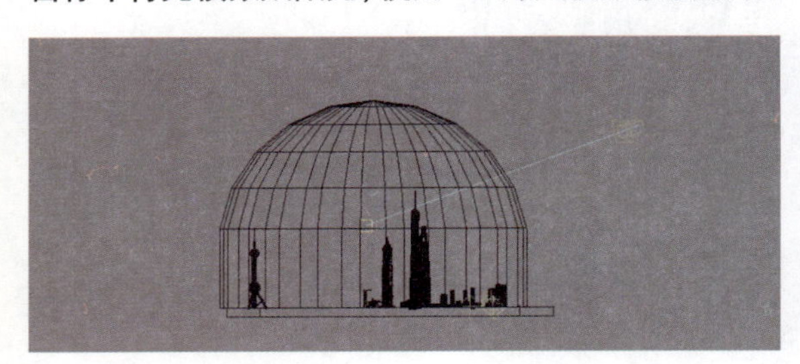

配色应用：

制作要点：

■ 1.掌握纵向构图方法和城市建筑的结构特点。

■ 2.学习本例中建筑材质的设置方法和设置技巧。

■ 3.分清场景中的主次灯光，明确想要制作的灯光效果。

最终场景： Ch18\Scenes\ 城市鸟瞰 ok.max

贴图素材： Ch18\Maps

难易程度： ★★★★★

18.1 测试渲染设置

对采样值和渲染参数进行最低级别的设置，可以达到既能够观察渲染效果，又能快速渲染的目的。下面进行测试渲染的参数设置。

■ 1）按F10键打开渲染设置对话框，首先设置【V-Ray Adv 2.10.01】为当前渲染器，如下图所示。

指定渲染器
产品级:
V-Ray Adv 2.10.01
材质编辑器:
V-Ray Adv 2.10.01
ActiveShade:
默认扫描线渲染器
保存为默认设置

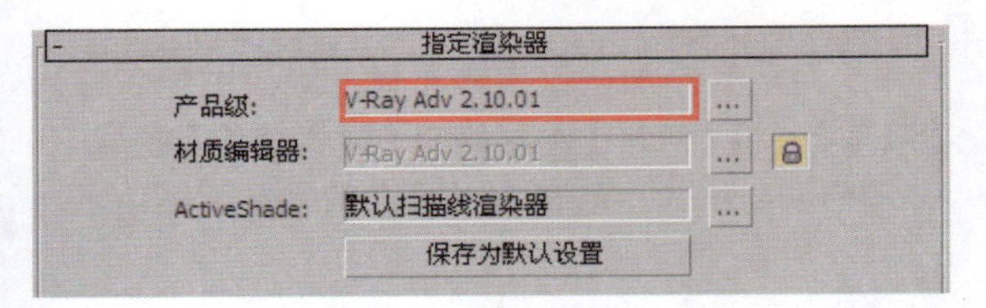

■ 2）在 V-Ray:: 全局开关 卷展栏中设置总体参数。因为要调整灯光，所以在这里关闭了默认的灯光 隐藏灯光 ，并取消选中 反射/折射 和 光泽效果 复选框，这两项都是非常影响渲染速度的。

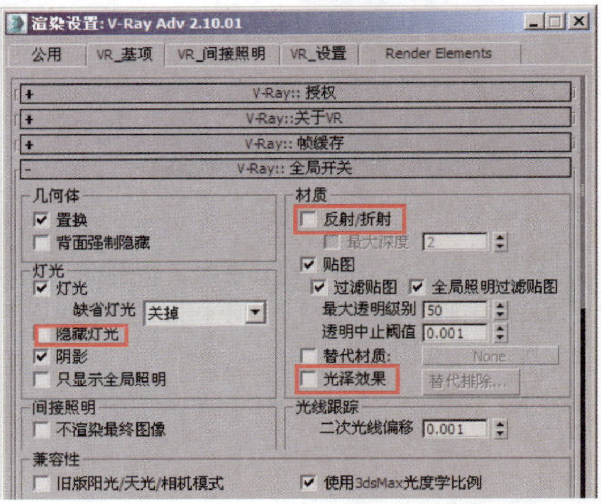

渲染设置: V-Ray Adv 2.10.01
公用
VR_基项
VR_间接照明
VR_设置
Render Elements
V-Ray:: 授权
V-Ray::关于VR
V-Ray:: 帧缓存
V-Ray:: 全局开关
几何体
置换
背面强制隐藏
灯光
灯光
缺省灯光
关掉
隐藏灯光
阴影
只显示全局照明
间接照明
不渲染最终图像
兼容性
旧版阳光/天光/相机模式
材质
反射/折射
最大深度
2
贴图
过滤贴图
全局照明过滤贴图
最大透明级别
50
透明中止阈值
0.001
替代材质:
None
光泽效果
替代排除...
光线跟踪
二次光线偏移
0.001
使用3dsMax光度学比例

■ 3）在 V-Ray:: 图像采样器(抗锯齿) 卷展栏中，参数设置如下图所示，这是抗锯齿采样设置。

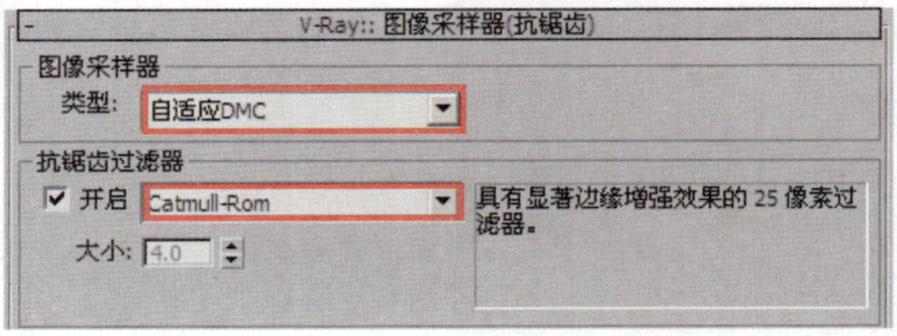

V-Ray:: 图像采样器(抗锯齿)
图像采样器
类型:
自适应DMC
抗锯齿过滤器
开启
Catmull-Rom
具有显著边缘增强效果的 25 像素过滤器。
大小:
4.0

■ 4）在 V-Ray:: 间接照明(全局照明) 卷展栏中的参数设置如下图所示，这是间接照明设置。

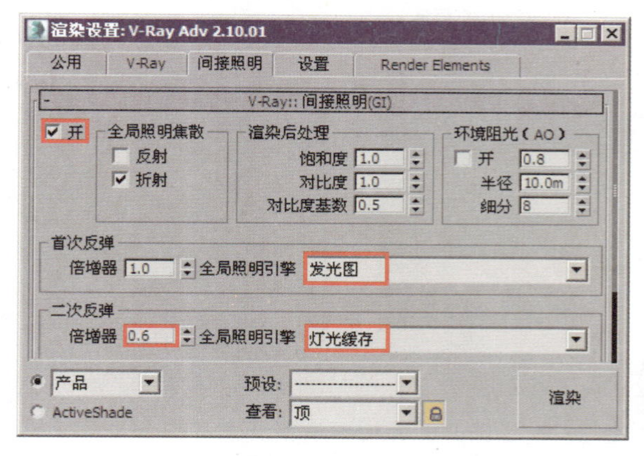

■ 5）在 V-Ray:: 发光贴图 卷展栏中，设置 当前预置: 为 中，这种采样值适合测试渲染时使用。然后设置 当前预置: 为 自定义，如下图所示，这是发光贴图参数设置。

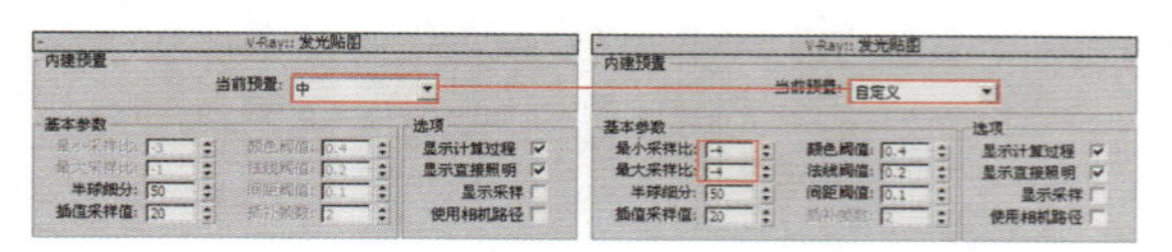

提示

【当前预设】系统提供了8种系统预设的模式。选择【自定义】模式可以根据自己需要设置不同的参数，这也是默认的选项。

■ 6）在 V-Ray:: 灯光缓存 灯光贴图卷展栏中，参数设置如下图所示。

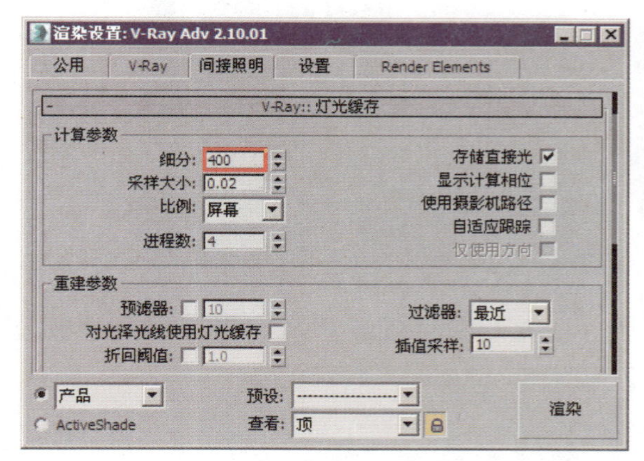

■ 7）按 8 键打开 环境和效果 对话框，设置背景颜色为天蓝色。

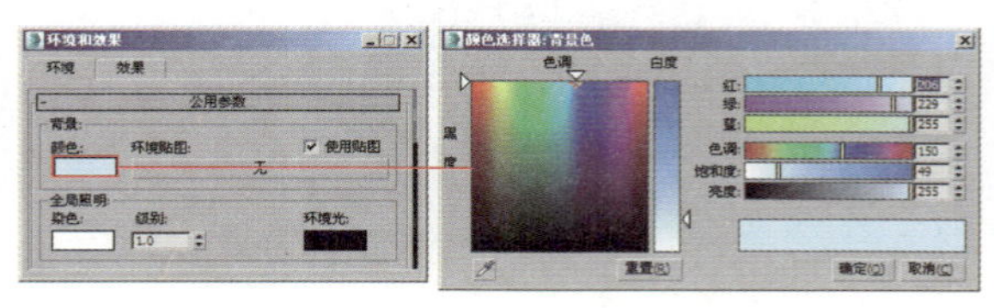

18.2 场景灯光设置

由于之前关闭了默认的灯光，所以需要建立灯光。本例用目标灯光作为主光源，以天光的方式照进窗口；以 VRay 光源作为窗口补光和室内补光，使用目标灯光进行吊灯照明和射灯照明。

■ 1）首先制作一个统一的模型测试材质。按 M 键打开材质编辑器，选择一个空白样本球，设置材质的样式为 VRayMtl 。

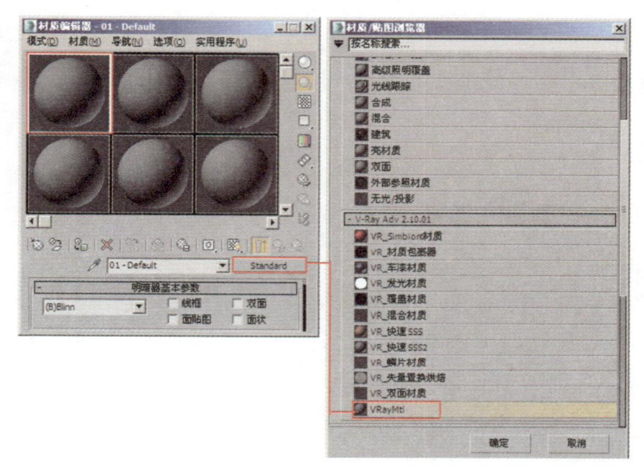

■ 2）在 VRayMtl 材质设置面板设置【漫反射】的颜色为浅灰色，如下图所示。

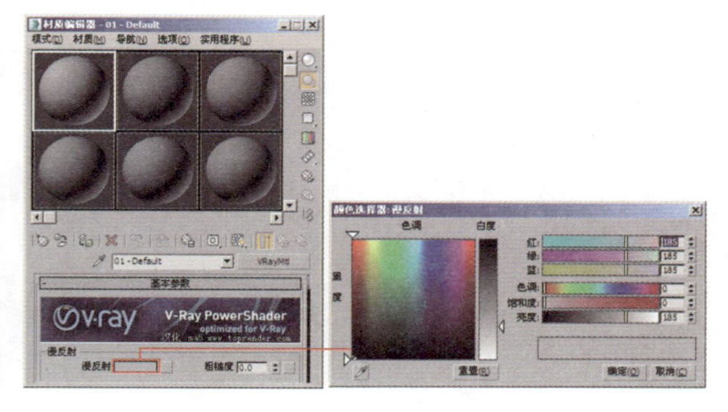

■ 3）按 F10 键打开渲染设置对话框，选中 替代材质: 复选框，将该材质拖动到 None 按钮上，这样就给整体场景设置了一个临时的测试用的材质。

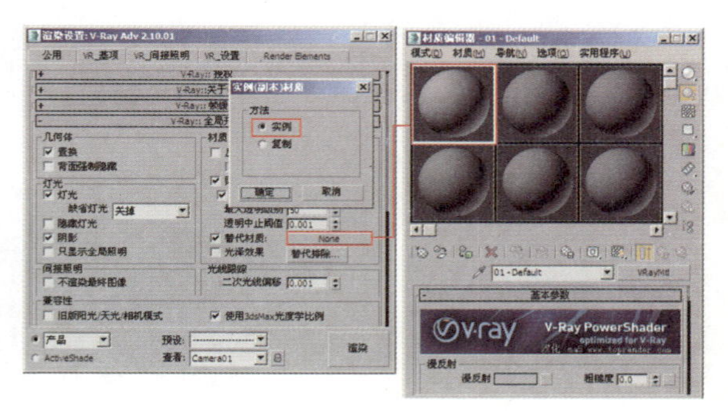

■ 4）在【创建】命令面板 中单击 目标平行光 按钮，在视图中创建一盏目标平行光，用来模拟太阳光，具体位置如下图所示。

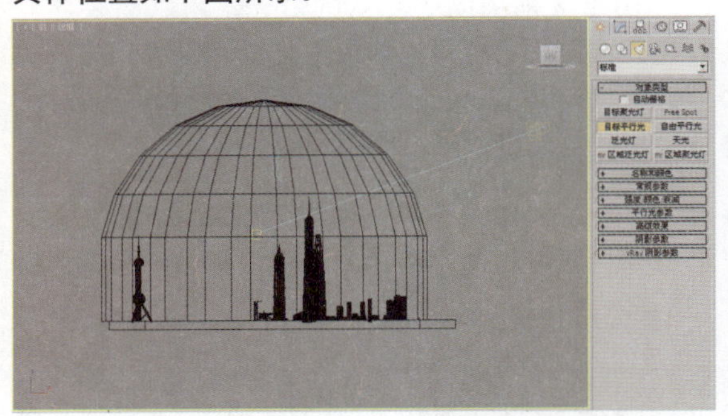

■ 5）在【修改】面板中设置目标平行光的参数，如下图所示。

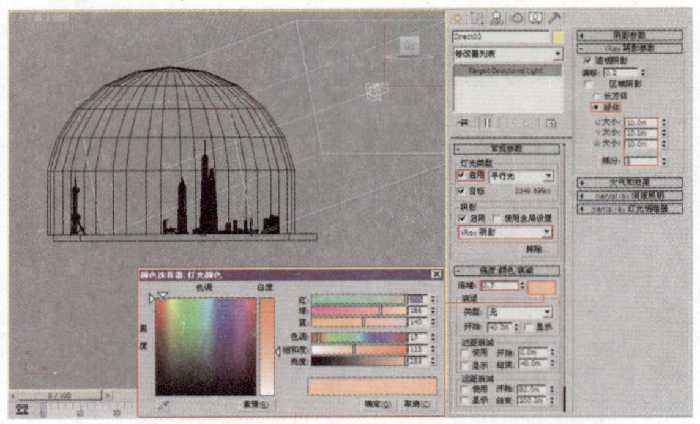

■ 6）在【创建】命令面板 中单击 泛光灯 按钮，在视图中创建两盏泛光灯，用来模拟楼层照明，具体位置如下图所示。

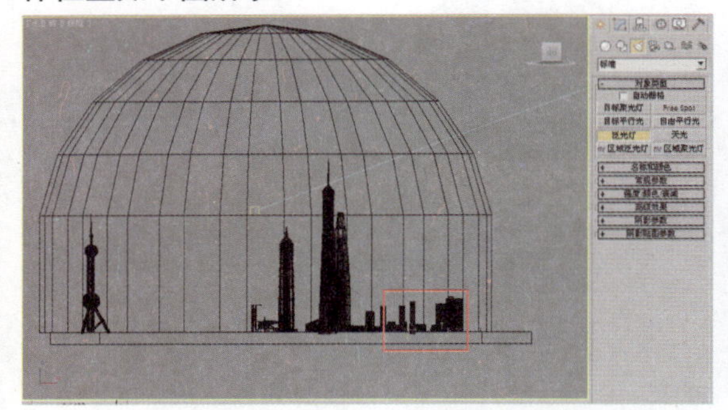

■ 7）在【修改】面板中设置两盏泛光灯的参数，如下图所示。

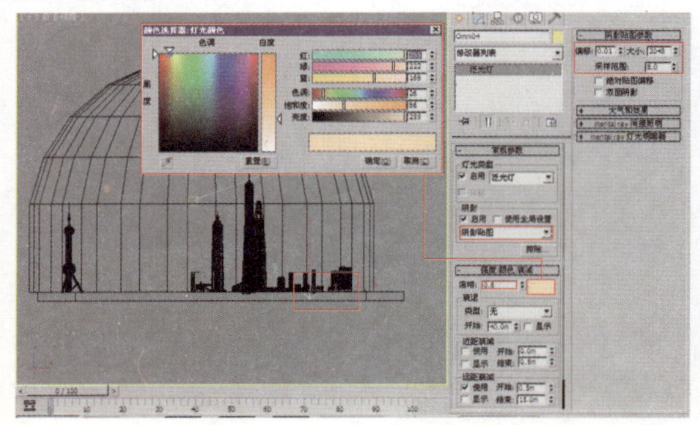

■ 8）继续在【创建】命令面板 中单击 泛光灯 按钮，在视图中创建一盏泛光灯，用来模拟楼层照明，位置如下图所示。

■ 9）在【修改】面板中设置泛光灯的参数。

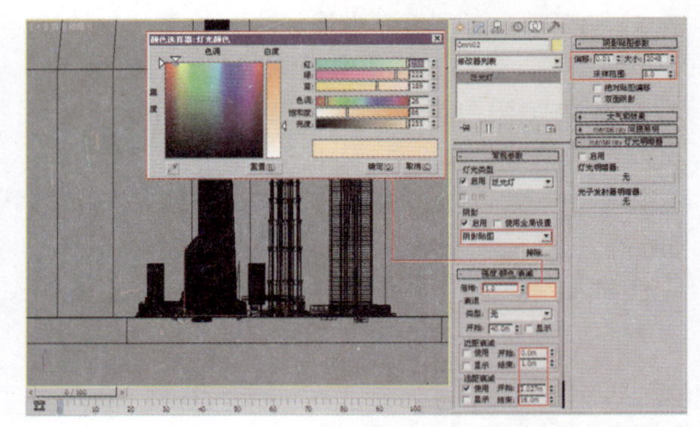

■ 10）在【创建】命令面板 中单击 泛光灯 按钮，在视图中创建 3 盏泛光灯，用来模拟楼层照明，具体位置如下图所示。

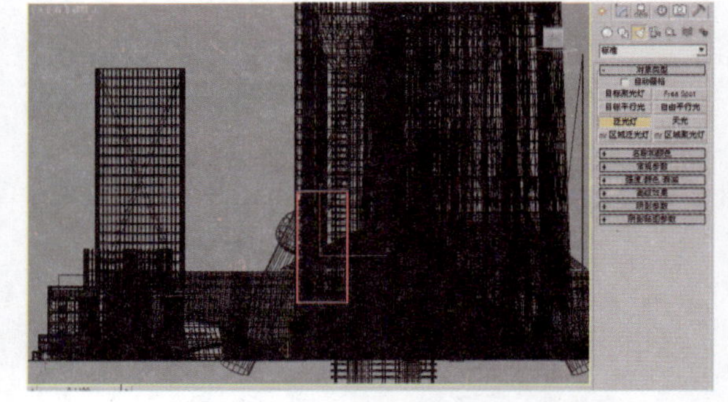

■ 11）在【修改】面板中设置 3 盏泛光灯的参数。

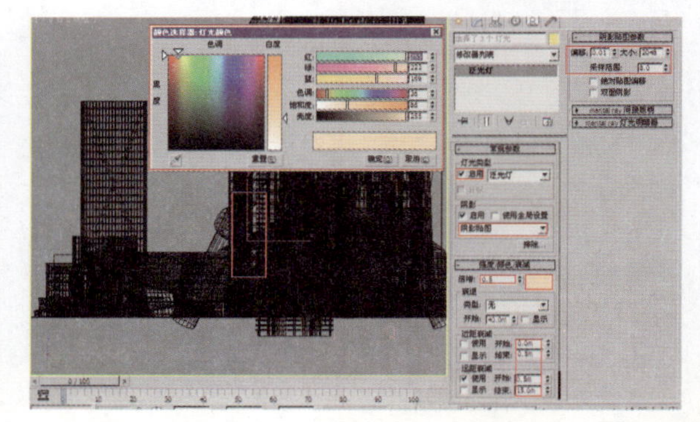

18.3 场景材质设置

下面逐一设置场景的材质，从影响整体效果的材质（如墙面、地面等）开始，到较大的建筑用品（如窗户、玻璃幕墙等），最后到较小的物体（如场景内的路灯等）。

18.3.1 设置地面材质

地面材质有两种，分别是水泥板地面材质和青石板地面材质。

■ 1）设置水泥板地面材质。打开材质编辑器，选择一个空白的材质球，设置材质样式为【混合】材质，设置【混合】材质【材质 1】通道的材质类型为【标准】材质，设置明暗器类型为【(B) Blinn】，设置【漫反射】颜色为黑色，参数设置如下图所示。

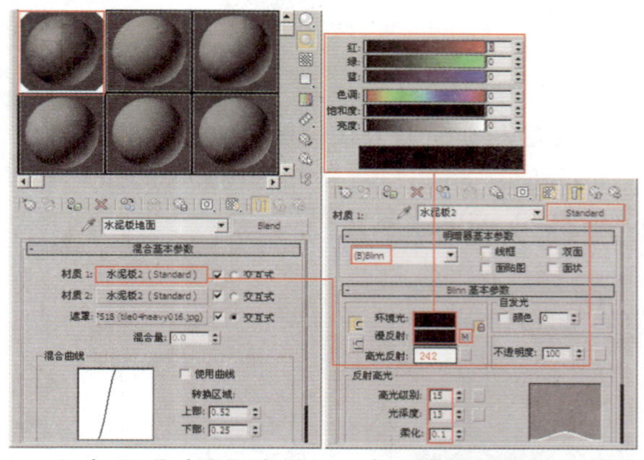

■ 2）打开【贴图】卷展栏，在【漫反射颜色】通道添加位图，设置位图为 Ch18\Maps\653ground_dz.jpg 文件，具体参数设置如下图所示。

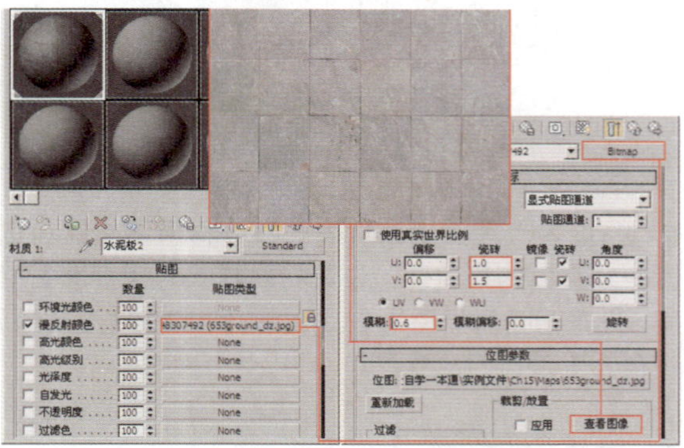

■ 3）在【凹凸】通道添加位图，设置位图为 Ch18\Maps\653ground_dzb.jpg 文件，贴图强度为 30。

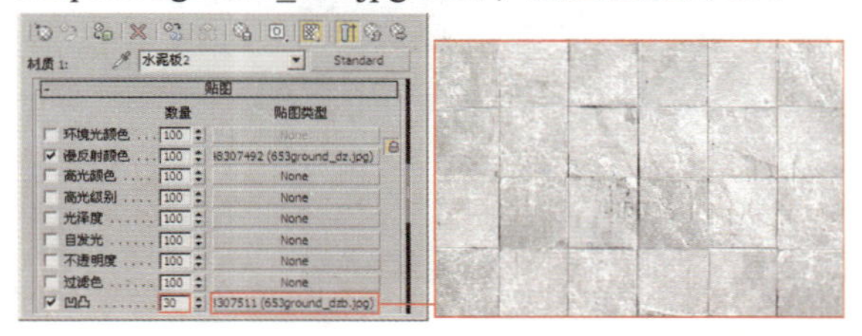

■ 4）在【反射】通道添加【VR 贴图】，设置贴图强度为 48，具体参数设置如下图所示。

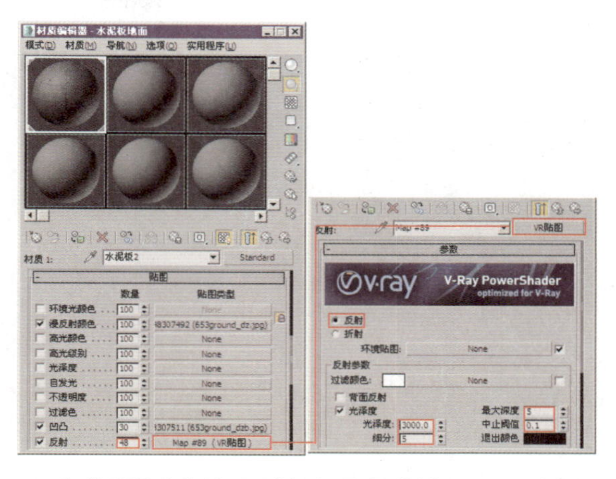

■ 5）将【混合】材质【材质 1】通道材质，以【实例】方式复制到【材质 2】通道上，在【遮罩】通道添加位图，设置位图为 Ch18\Maps\tile04heavy016.jpg，具体参数设置如下图所示。

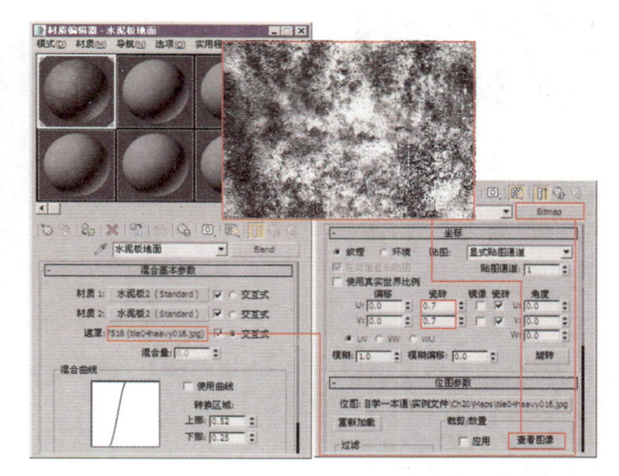

■ 6）设置青石板地面材质。打开材质编辑器，选择一个空白的材质球，设置材质样式为【标准】材质，设置明暗器类型为【(B)Blinn】，设置【漫反射】颜色为灰色，具体参数设置如下图所示。

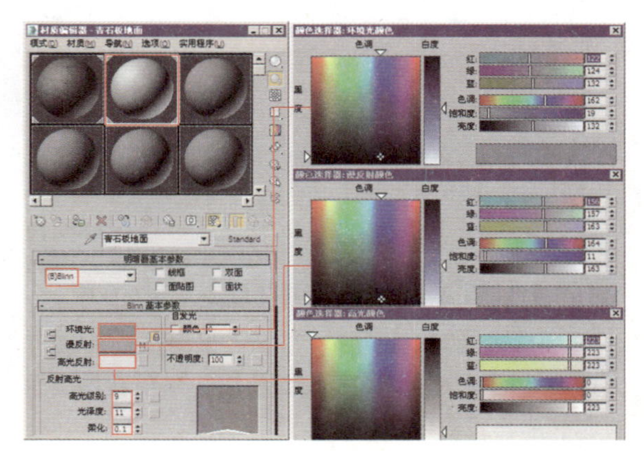

■ 7）打开【贴图】卷展栏，在【漫反射颜色】通道添加位图，设置位图为 Ch18\Maps\126beton.jpg 文件，如下图所示。

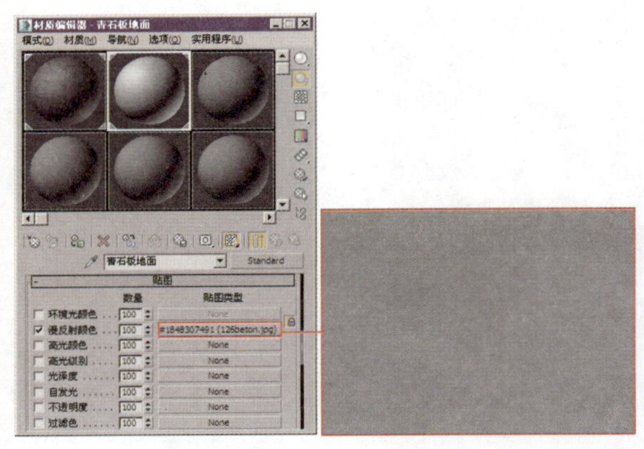

■ 8）在【凹凸】通道添加【噪波】贴图，设置贴图强度为 20，具体参数设置如下图所示。

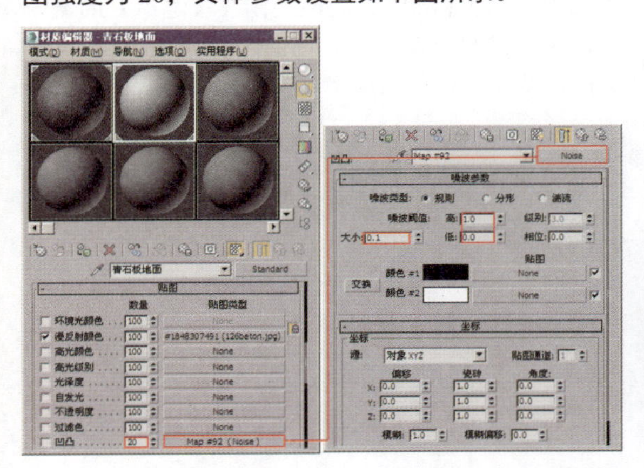

■ 9）在【反射】通道添加【VR 贴图】，设置贴图强度为 20，具体参数设置如下图所示。

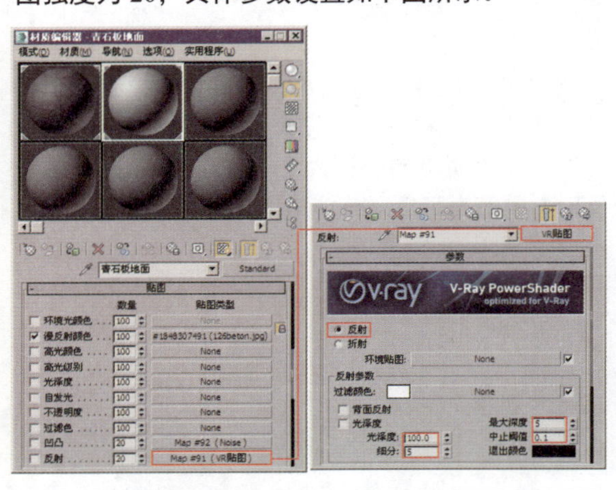

18.3.2 设置底层建筑墙面材质

底层建筑墙面材质主要有：米白墙面材质、大理石墙面材质、水泥板墙面材质、米色石材墙面材质和黑色金属墙面材质。

■ 1）设置米白墙面材质。打开材质编辑器，选择一个空白的材质球，设置材质样式为【标准】材质，设置明暗器类型为【(B)Blinn】，设置【漫反射】颜色为灰色，参数设置如下图所示。

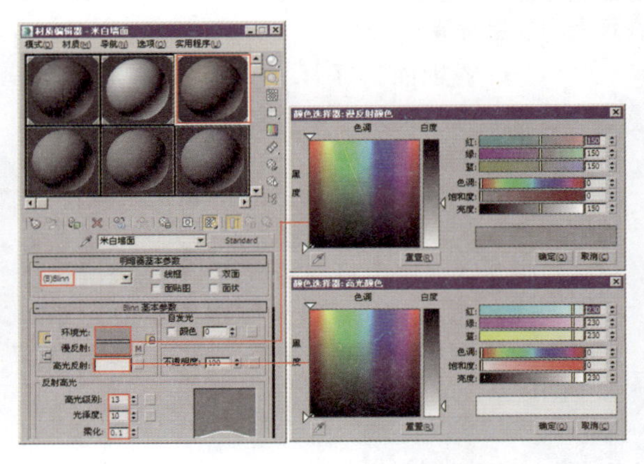

■ 2）打开【贴图】卷展栏，在【漫反射颜色】通道和【凹凸】通道添加位图，设置位图为 Ch18\Maps\bricks_009x04.jpg 文件，设置【凹凸】贴图强度为 30，参数设置如下图所示。

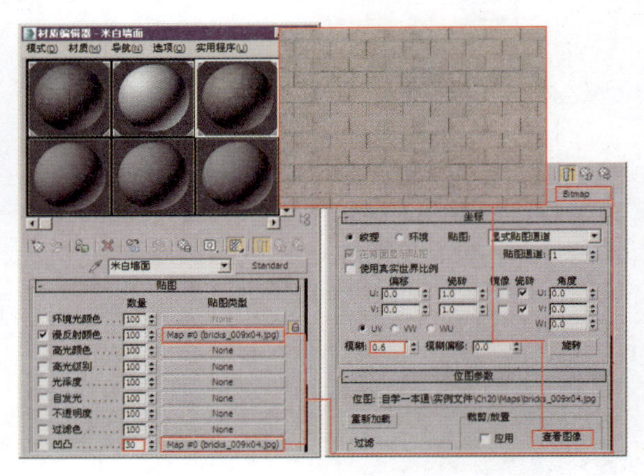

■ 3）设置大理石墙面材质。打开材质编辑器，选择一个空白的材质球，设置材质样式为【标准】材质，设置明暗器类型为【(B)Blinn】，设置【漫反射】颜色为土黄色。

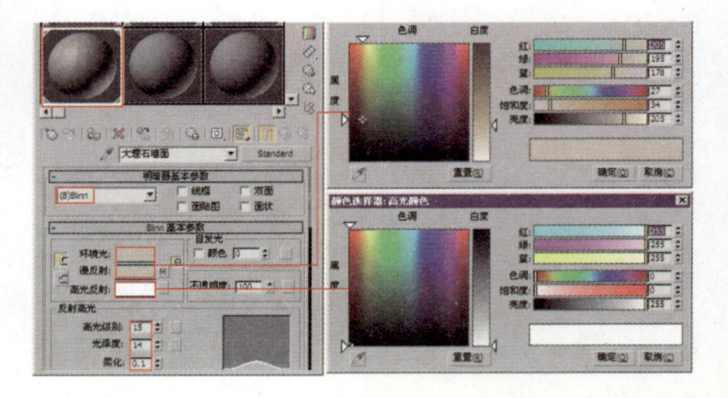

■ 4）打开【贴图】卷展栏，在【漫反射颜色】通道添加位图，设置位图为 Ch18\Maps\H-st-005.JPG 文件，参数设置如下图所示。

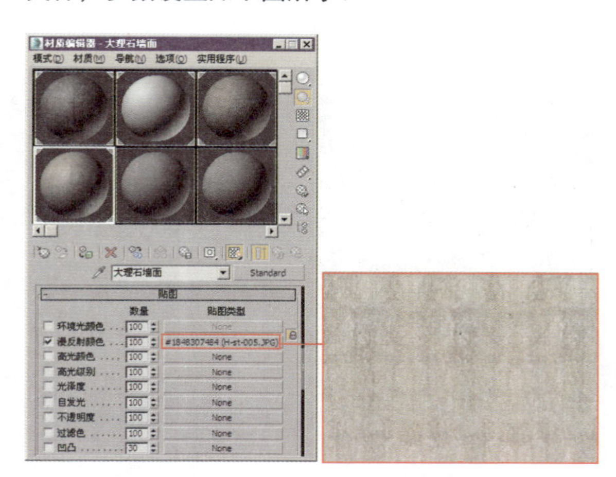

■ 5）设置水泥板墙面材质。打开材质编辑器，选择一个空白的材质球，设置材质样式为【标准】材质，设置明暗器类型为【(B)Blinn】，设置【漫反射】颜色为灰白色。

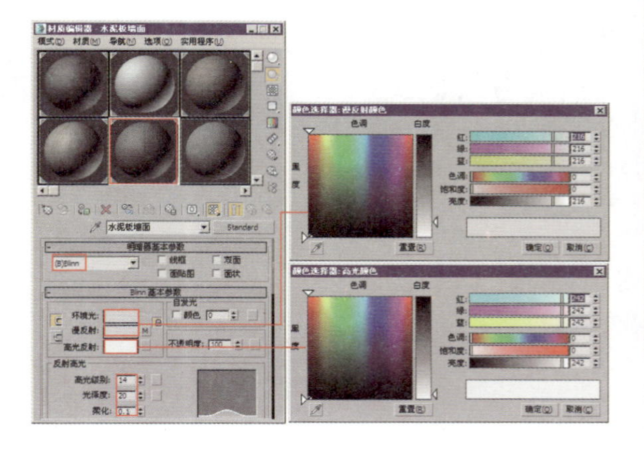

■ 6）打开【贴图】卷展栏，在【漫反射颜色】通道添加位图，设置位图为 Ch18\Maps\183beton.jpg 文件，参数设置如下图所示。

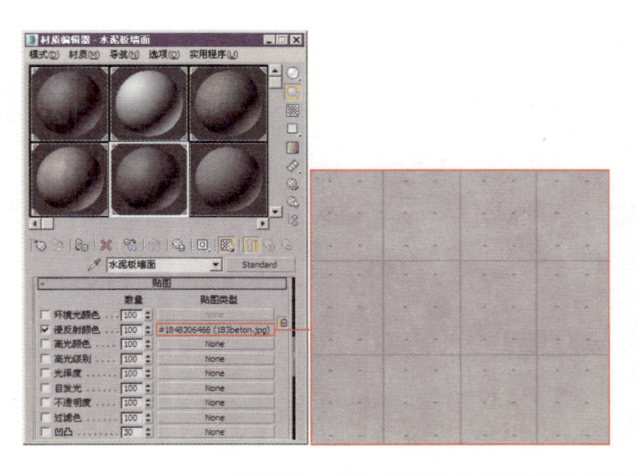

■ 7）设置米色石材墙面材质。打开材质编辑器，选择一个空白的材质球，设置材质样式为【标准】材质，设置明暗器类型为【(B)Blinn】，设置【漫反射】颜色为灰色。

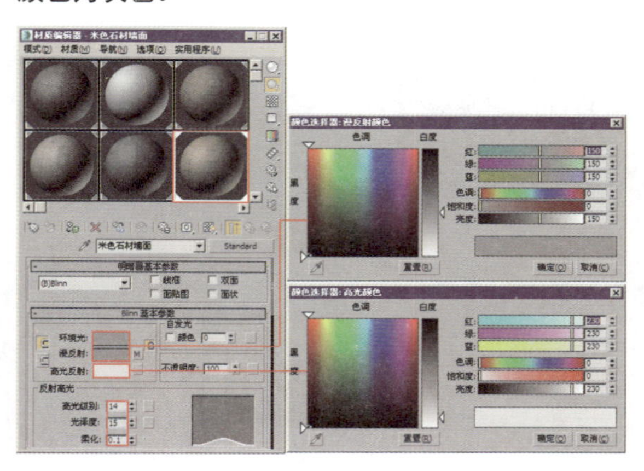

■ 8）打开【贴图】卷展栏，在【漫反射颜色】通道添加【平铺】贴图，具体参数设置如下图所示。

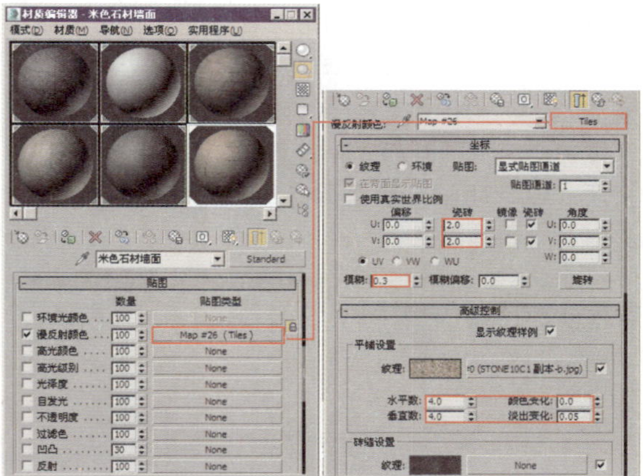

■ 9）在【平铺】贴图【纹理】通道中添加位图，设置位图为 Ch18\Maps\STONE10C1 副本 -b.jpg 文件，具体参数设置如下图所示。

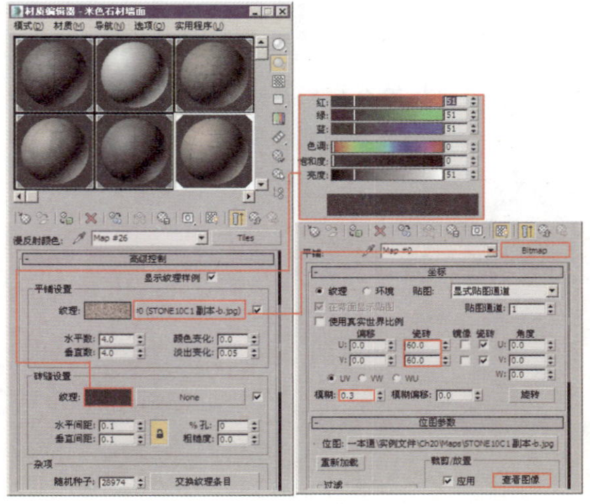

■ 10）设置黑色金属材质。打开材质编辑器，选择一个空白的材质球，设置材质样式为【标准】材质，设置明暗器类型为【(P)Phong】，设置【漫反射】颜色为灰色。

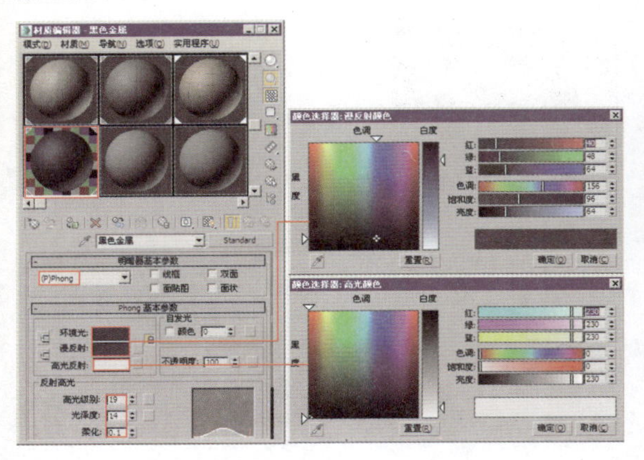

18.3.3 设置底层建筑玻璃材质

底层建筑墙面材质主要包括透明玻璃幕墙材质、清玻璃材质、半透明玻璃材质、花色玻璃幕墙材质和青色玻璃幕墙材质。

■ 1）设置透明玻璃幕墙材质。打开材质编辑器，选择一个空白的材质球，设置材质样式为【标准】材质，设置明暗器类型为【(B)Blinn】，设置【漫反射】颜色为黑色。

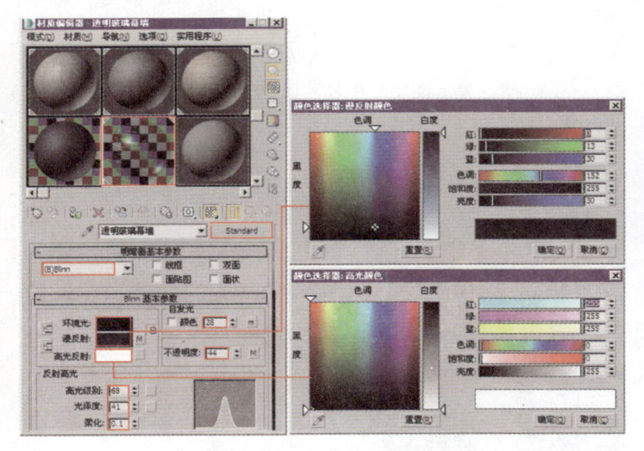

■ 2）打开【扩展参数】卷展栏，设置【过滤】颜色为青色，具体参数设置如下图所示。

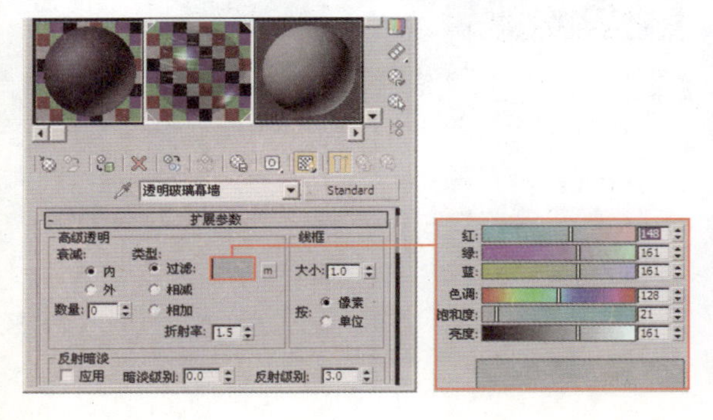

■ 3）打开【贴图】卷展栏，在【漫反射颜色】通道、【自发光】通道、【不透明度】通道和【过滤色】通道添加位图，设置位图为Ch18\Maps\玻璃1261.jpg文件，并设置贴图强度。

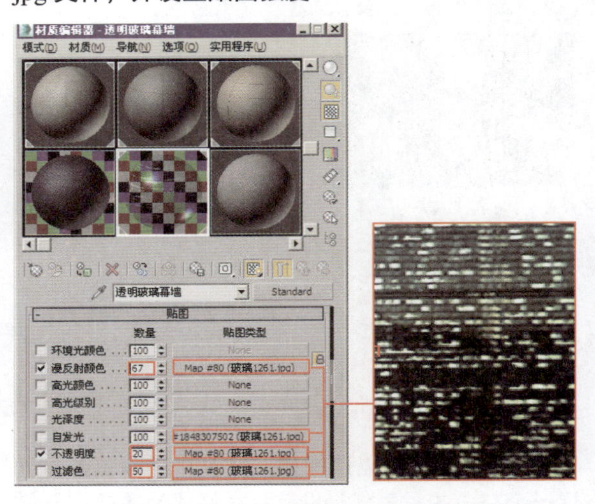

■ 4）在【贴图】卷展栏中的【反射】通道添加【VR贴图】，设置贴图强度为40，参数设置如下图所示。

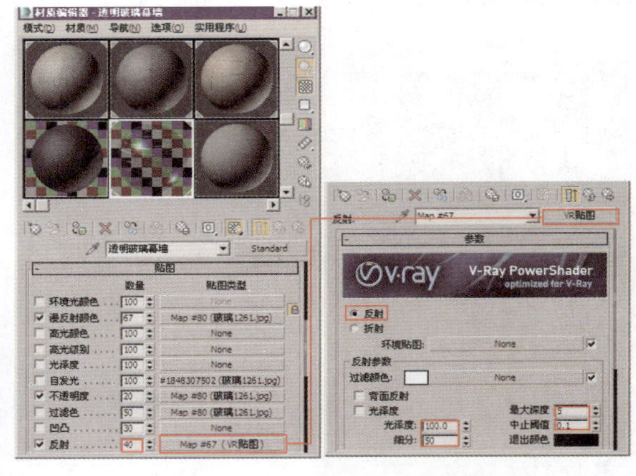

■ 5）设置清玻璃材质。打开材质编辑器，选择一个空白的材质球，设置材质样式为【标准】材质，设置明暗器类型为【(B)Blinn】，设置【漫反射】颜色为黑色。

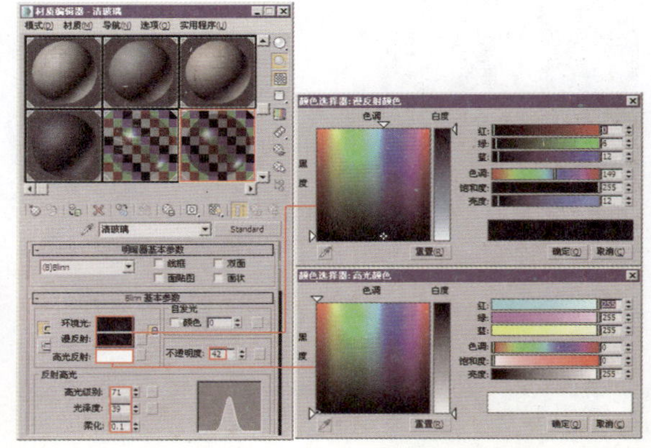

■ 6）打开【扩展参数】卷展栏，设置【过滤】颜色为青色，具体参数设置如下图所示。

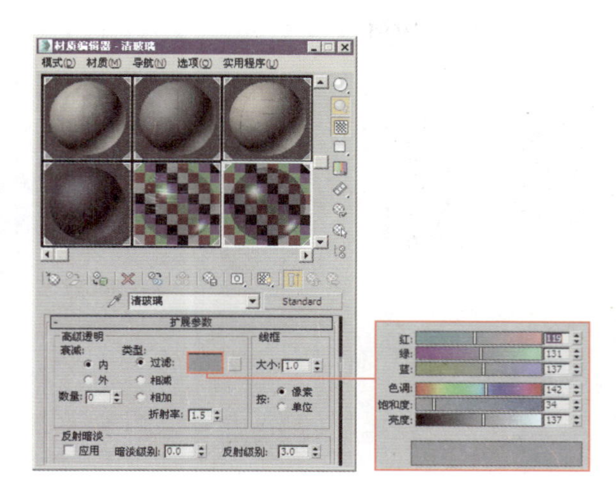

■ 7）打开【贴图】卷展栏，在【反射】通道添加【VR贴图】，设置贴图强度为44，参数设置如下图所示。

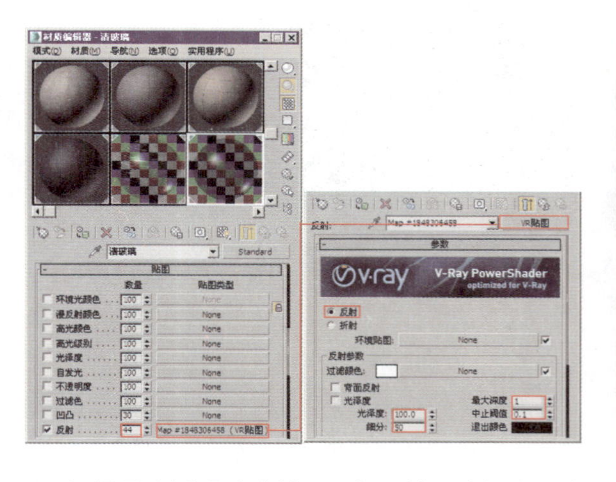

■ 8）设置半透明玻璃材质。打开材质编辑器，选择一个空白的材质球，设置材质样式为【标准】材质，设置明暗器类型为【(P)Phong】，设置【漫反射】颜色为黑色。

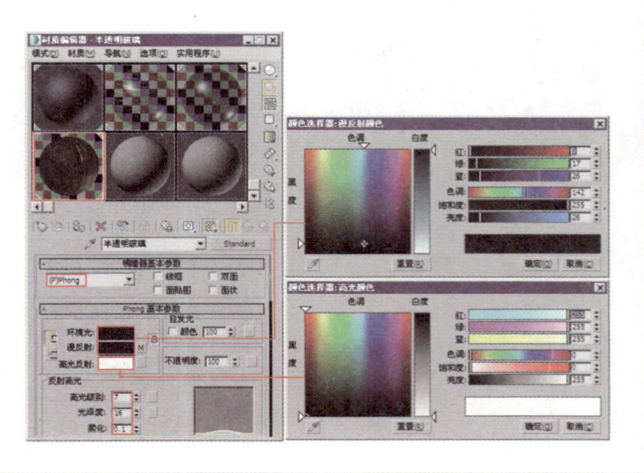

■ 9）打开【扩展参数】卷展栏，设置【过滤】颜色为青色，具体参数设置如下图所示。

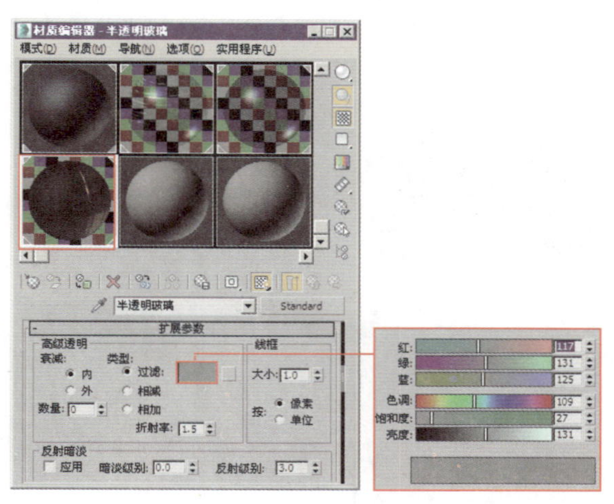

■ 10）打开【贴图】卷展栏，在【漫反射颜色】通道添加位图，设置位图为Ch18\Maps\build347n.JPG文件，具体参数设置如下图所示。

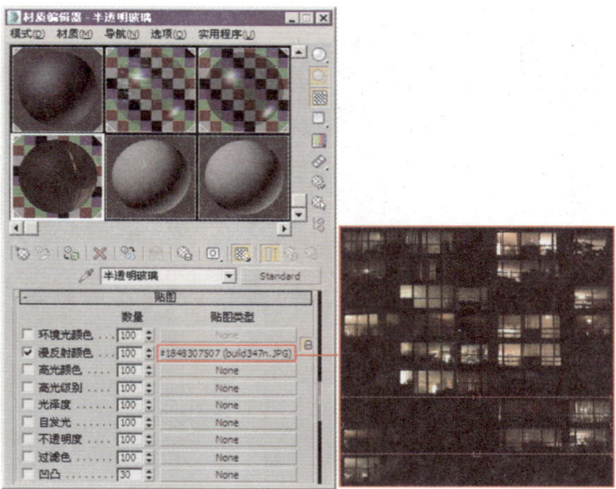

■ 11）在【贴图】卷展栏的【反射】通道添加【VR贴图】，设置贴图强度为17，具体参数设置如下图所示。

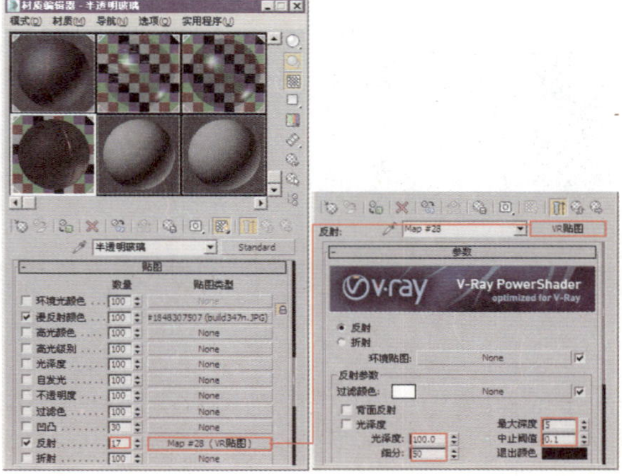

■ 12）设置花色玻璃幕墙材质。打开材质编辑器，选择一个空白的材质球，设置材质样式为【标准】材质，设置明暗器类型为【(B)Blinn】，设置【漫反射】颜色为黑色。

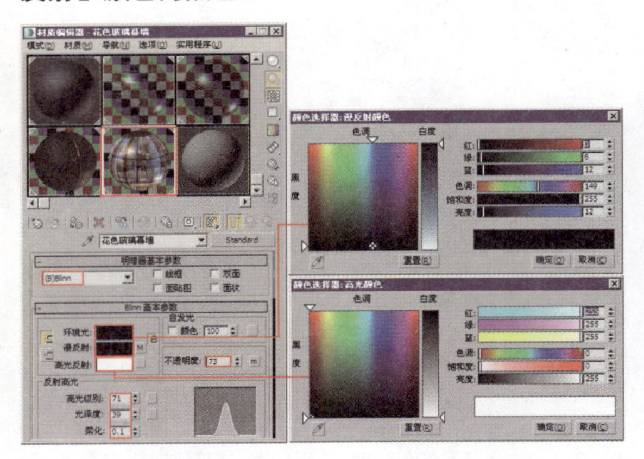

■ 13）打开【扩展参数】卷展栏，设置【过滤】颜色为青色，具体参数设置如下图所示。

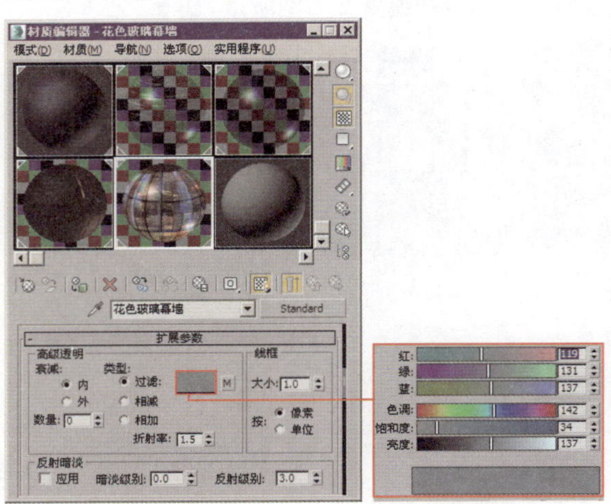

■ 14）打开【贴图】卷展栏，在【漫反射颜色】通道、【不透明度】通道、【过滤色】通道和【反射】通道中添加位图，设置位图为Ch18\Maps\113glass_business.jpg文件，设置【反射】贴图强度为20。

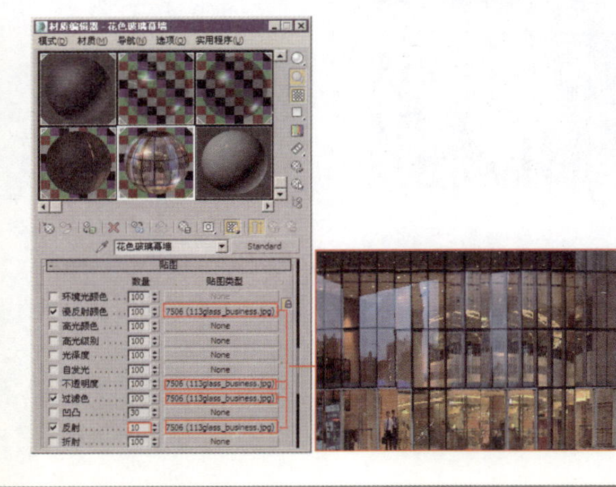

■ 15）设置青色玻璃幕墙材质。打开材质编辑器，选择一个空白的材质球，设置材质样式为【标准】材质，设置明暗器类型为【(B)Blinn】，设置【漫反射】颜色为黑色。

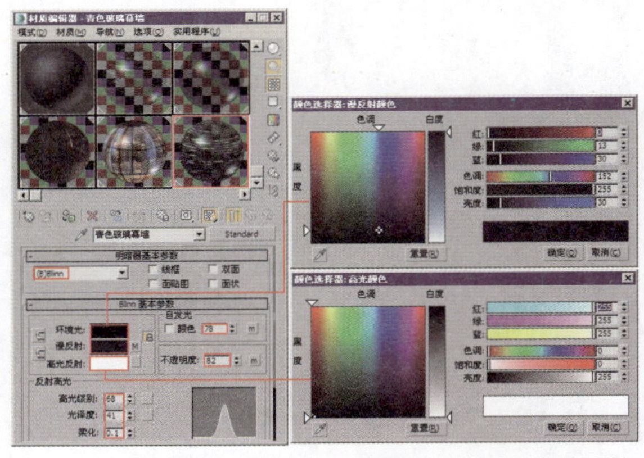

■ 16）打开【扩展参数】卷展栏，设置【过滤】颜色为青色，具体参数设置如下图所示。

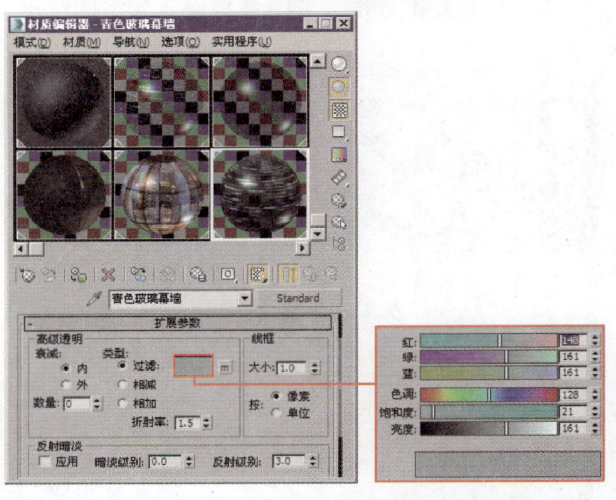

■ 17）打开【贴图】卷展栏，在【漫反射颜色】通道、【自发光】通道、【不透明度】通道和【过滤色】通道中添加位图，设置位图为Ch18\Maps\玻璃1261.jpg文件，并设置贴图强度。

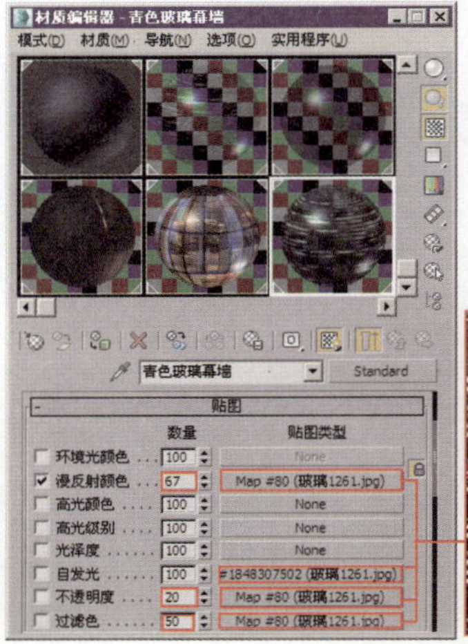

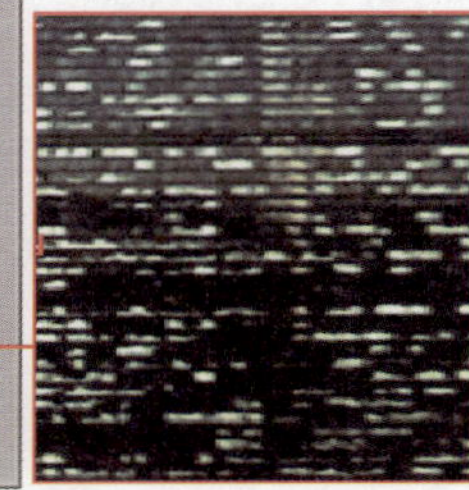

■ 18）在【贴图】卷展栏的【反射】通道中添加【VR贴图】，设置贴图强度为40，参数设置如下图所示。

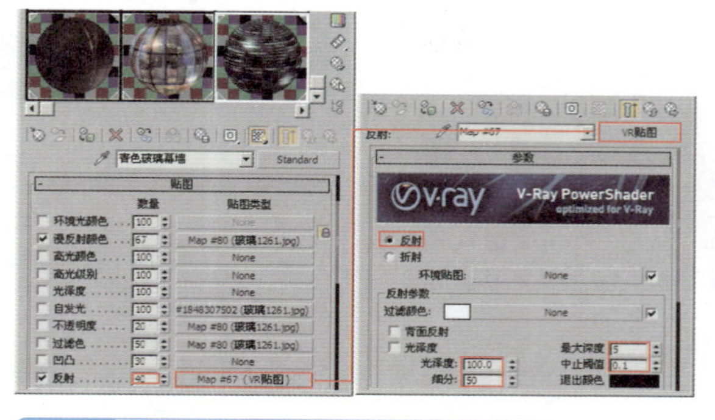

18.3.4 设置高层建筑整体材质

高层建筑主要材质包括蓝色金属材质、大厦整体材质、玻璃幕墙材质、窗玻璃材质、混凝土材质、青色金属材质等多种材质。

■ 1）设置蓝色金属材质。打开材质编辑器，选择一个空白的材质球，设置材质样式为【标准】材质，设置明暗器类型为【(P)Phong】，设置【漫反射】颜色为蓝色。

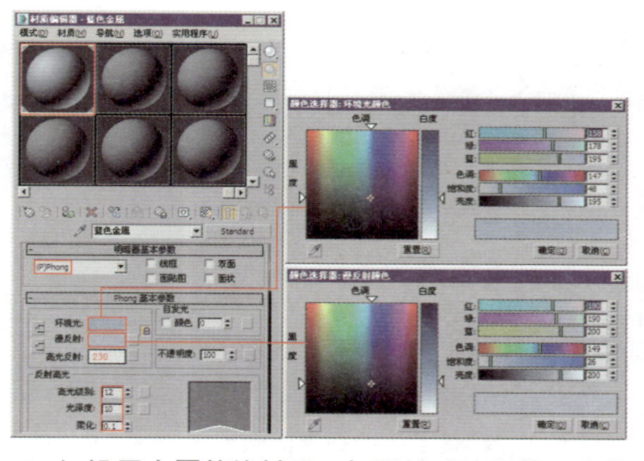

■ 2）设置大厦整体材质。打开材质编辑器，选择一个空白的材质球，设置材质样式为【标准】材质，设置明暗器类型为【(B)Blinn】，设置【漫反射】颜色为灰色。

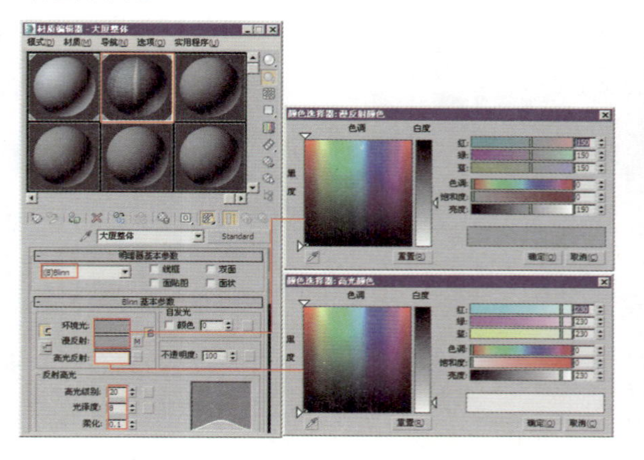

■ 3）打开【贴图】卷展栏，在【漫反射颜色】通道添加位图，设置位图为Ch18\Maps\金茂大厦01.jpg文件，具体参数设置如下图所示。

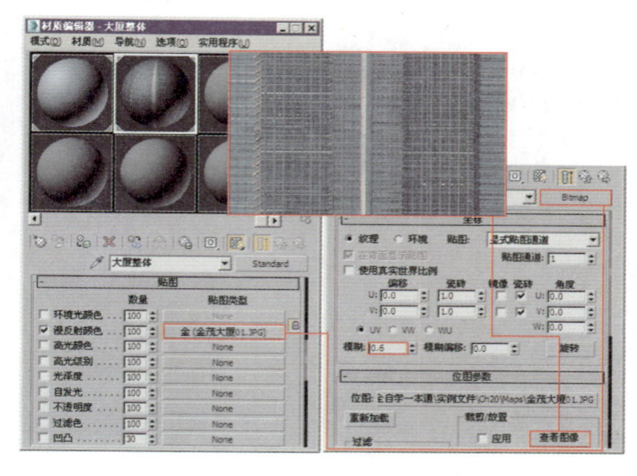

■ 4）在【贴图】卷展栏的【反射】通道中添加【VR贴图】，设置贴图强度为33，参数设置如下图所示。

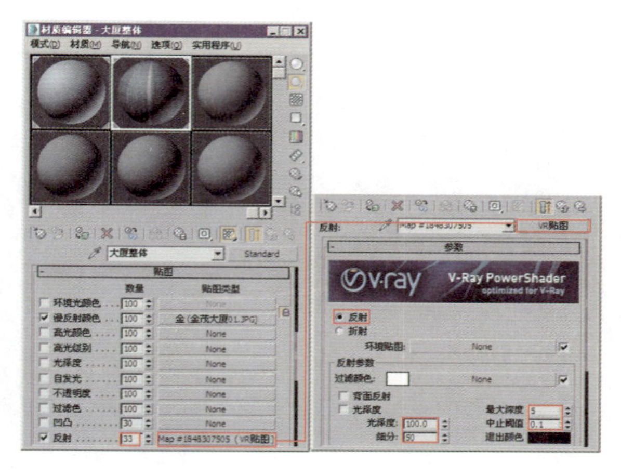

■ 5）设置玻璃幕墙材质。打开材质编辑器，选择一个空白的材质球，设置材质样式为【混合】材质，设置【混合】材质【材质1】通道的材质类型为【标准】材质，设置【漫反射】颜色为黑色。

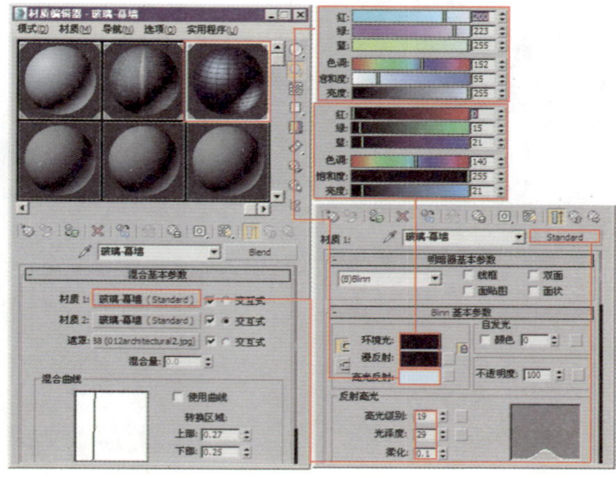

■ 6）打开【扩展参数】卷展栏，设置【过滤】颜色为灰色，具体参数设置如下图所示。

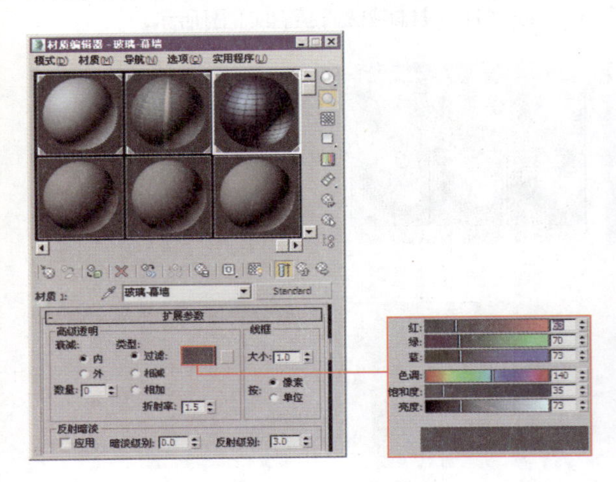

■ 7）设置【混合】材质【材质 2】通道的材质类型为【标准】材质，设置明暗器类型为【(B)Blinn】，设置【漫反射】颜色为深蓝色。

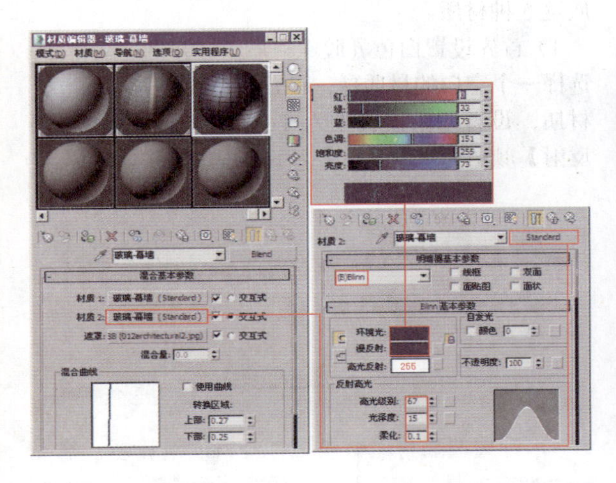

■ 8）打开【扩展参数】卷展栏，设置【过滤】颜色为深灰色，具体参数设置如下图所示。

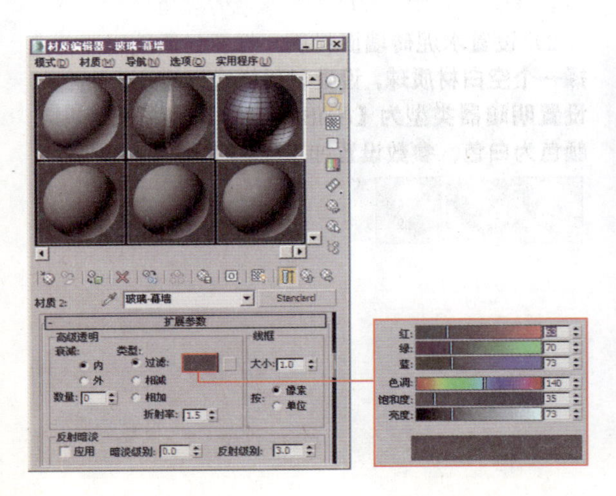

■ 9）打开【贴图】卷展栏，在【凹凸】通道中添加【噪波】贴图，设置【凹凸】贴图强度为 1，具体参数设置如下图所示。

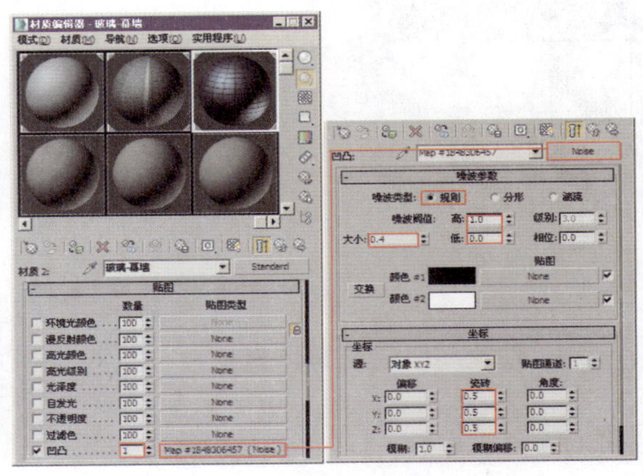

■ 10）在【贴图】卷展栏的【反射】通道中添加【VR贴图】，设置贴图强度为 46，具体参数设置如下图所示。

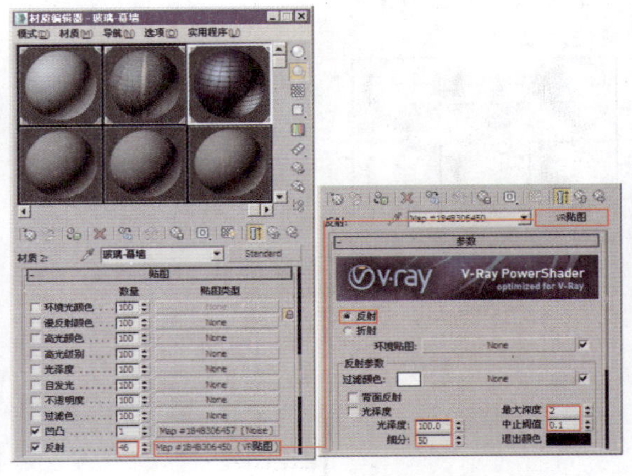

■ 11）在【混合】贴图的【遮罩】通道添加位图，设置位图为 Ch18\Maps\012architectural2.jpg 文件，如下图所示。

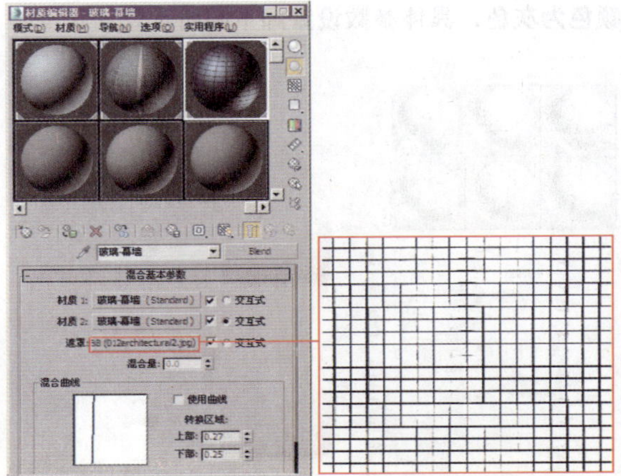

■ 12）设置窗玻璃材质。打开材质编辑器，选择一个空白的材质球，设置材质样式为【标准】材质，设置明暗器类型为【(B)Blinn】，设置【漫反射】颜色为黑色。

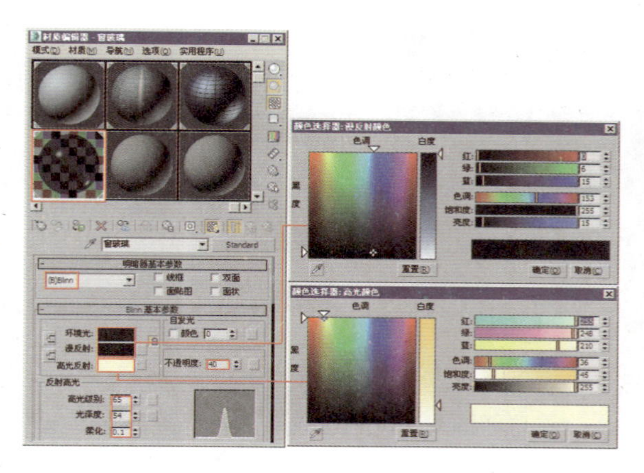

■ 13）打开【扩展参数】卷展栏，设置【过滤】颜色为深蓝色，具体参数设置如下图所示。

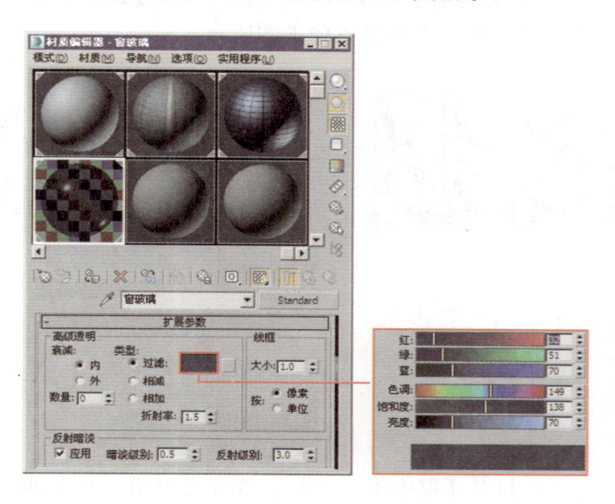

■ 14）打开【贴图】卷展栏，在【凹凸】通道中添加【噪波】贴图，设置贴图强度为1，具体参数设置如下图所示。

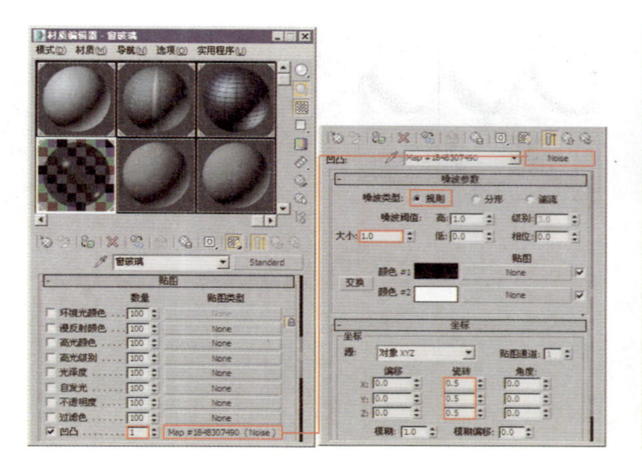

■ 15）在【贴图】卷展栏的【反射】通道中添加【VR贴图】，设置贴图强度为31，具体参数设置如下图所示。

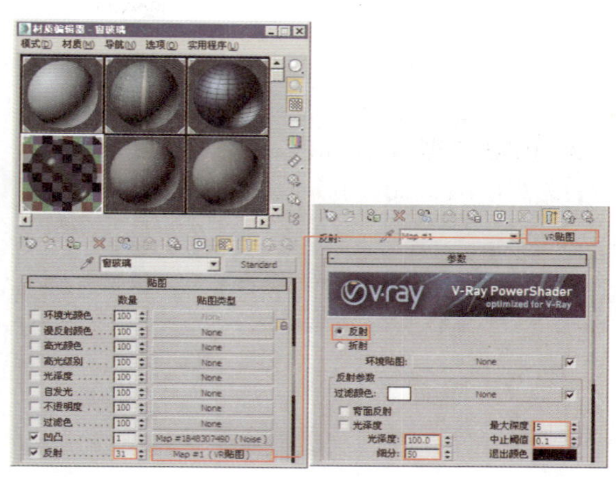

■ 16）设置混凝土材质。打开材质编辑器，选择一个空白的材质球，设置材质样式为【标准】材质，设置明暗器类型为【(B)Blinn】，设置【漫反射】颜色为土黄色。

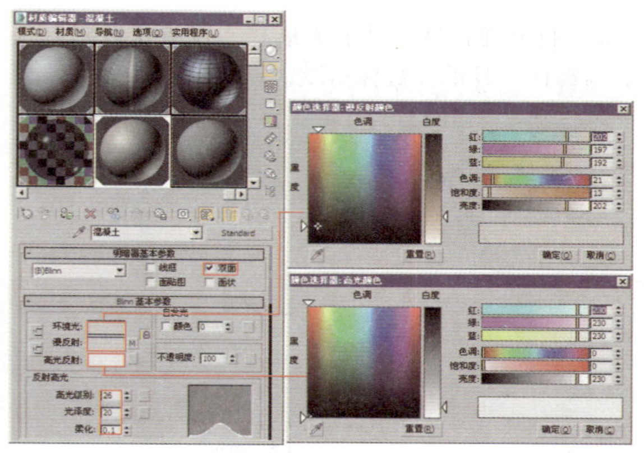

■ 17）打开【贴图】卷展栏，在【漫反射颜色】通道添加位图，设置位图为Ch18\Maps\stone+sandstone+01_d100 copy.jpg文件，具体参数设置如下图所示。

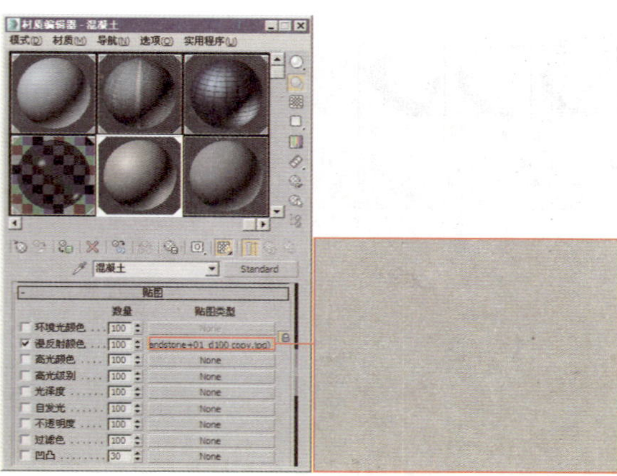

■ 18）设置青色金属材质。打开材质编辑器，选择一个空白的材质球，设置材质样式为【标准】材质，设置明暗器类型为【(P)Phong】，设置【漫反射】颜色为青色。

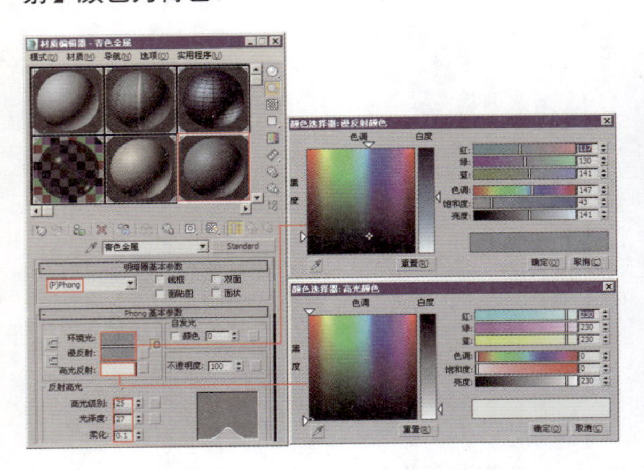

■ 19）设置红色玻璃材质。打开材质编辑器，选择一个空白的材质球，设置材质样式为【标准】材质，设置明暗器类型为【(B)Blinn】，设置【漫反射】颜色为红色。

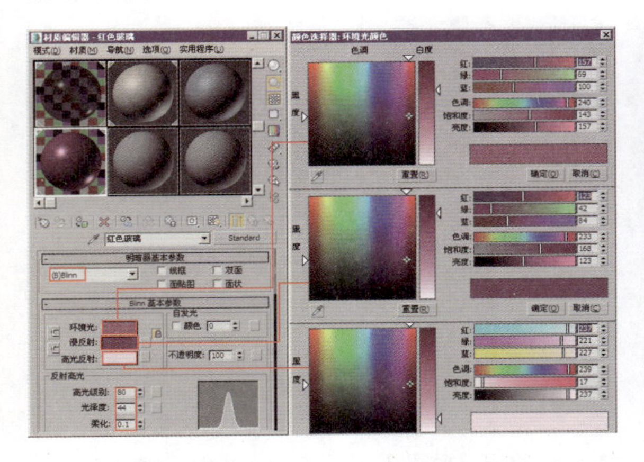

■ 20）打开【扩展参数】卷展栏，设置【过滤】颜色为淡紫色，具体参数设置如下图所示。

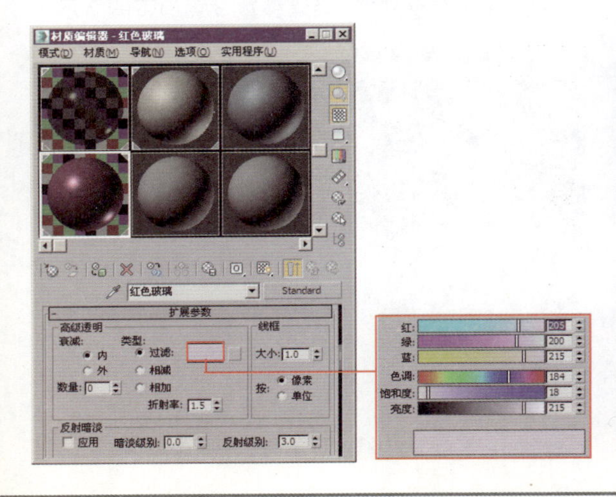

■ 21）设置米色金属材质。打开材质编辑器，选择一个空白的材质球，设置材质样式为【标准】材质，设置明暗器类型为【(P)Phong】，设置【漫反射】颜色为土黄色。

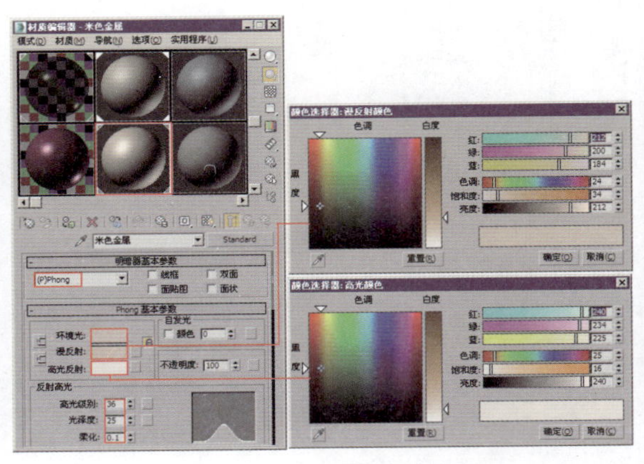

■ 22）设置广告玻璃材质。打开材质编辑器，选择一个空白的材质球，设置材质样式为【标准】材质，设置明暗器类型为【(B)Blinn】，设置【漫反射】颜色为黑色。

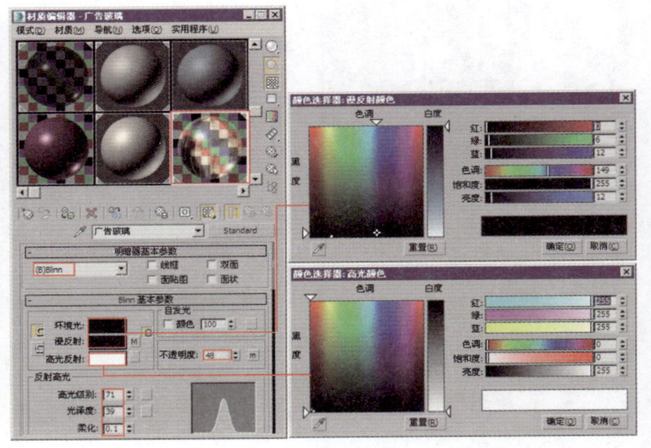

■ 23）打开【扩展参数】卷展栏，设置【过滤】颜色为青色，具体参数设置如下图所示。

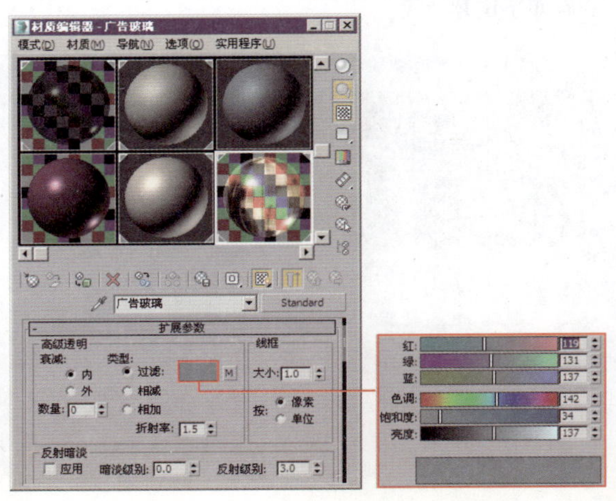

■ 24）打开【贴图】卷展栏，在【漫反射颜色】、【过滤色】和【反射】通道添加位图，设置位图为 Ch18\Maps\202glass_business1.jpg 文件，在【不透明度】通道添加位图，设置位图为 Ch18\Maps\113glass_business.jpg 文件，具体参数设置如下图所示。

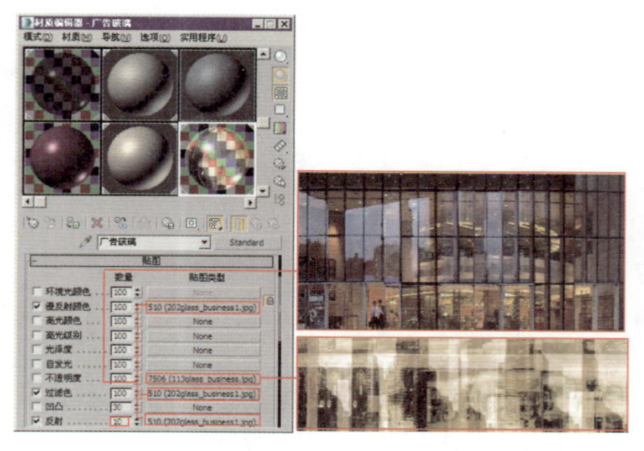

■ 25）设置白色油漆材质。打开材质编辑器，选择一个空白的材质球，设置材质样式为【标准】材质，设置明暗器类型为【(B)Blinn】，设置【漫反射】颜色为白色。

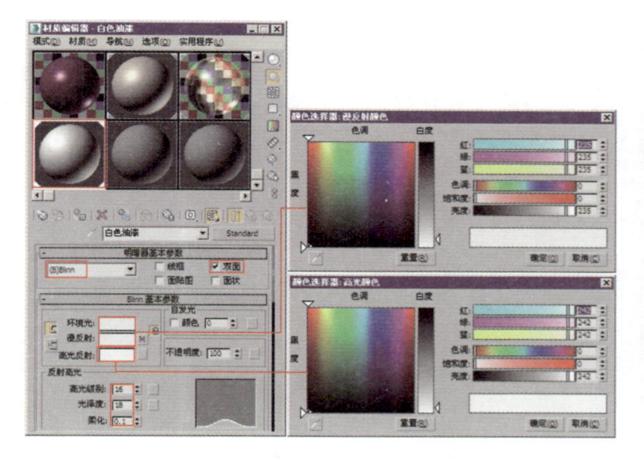

■ 26）打开【贴图】卷展栏，在【漫反射颜色】通道添加位图，设置位图为 Ch18\Maps\paint17.jpg 文件，具体参数设置如下图所示。

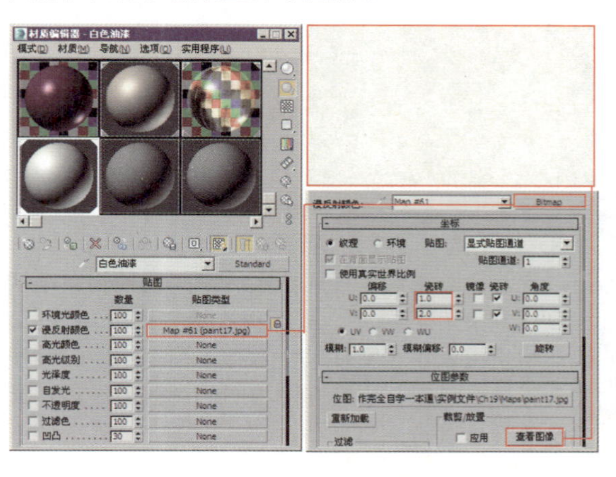

■ 27）设置天空球材质。打开材质编辑器，选择一个空白的材质球，设置材质样式为【标准】材质，设置明暗器类型为【(B)Blinn】，设置【漫反射】颜色为灰色。

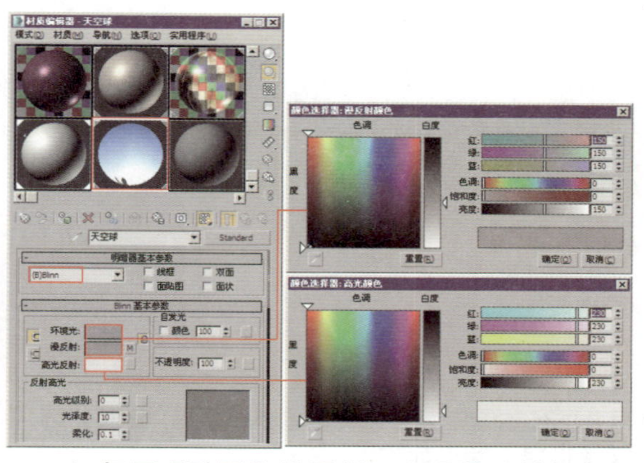

■ 28）打开【贴图】卷展栏，在【漫反射颜色】通道和【反射】通道添加位图，设置位图为 Ch18\Maps\237sky_Hemisperical.jpg 文件，设置【反射】贴图强度为 28。

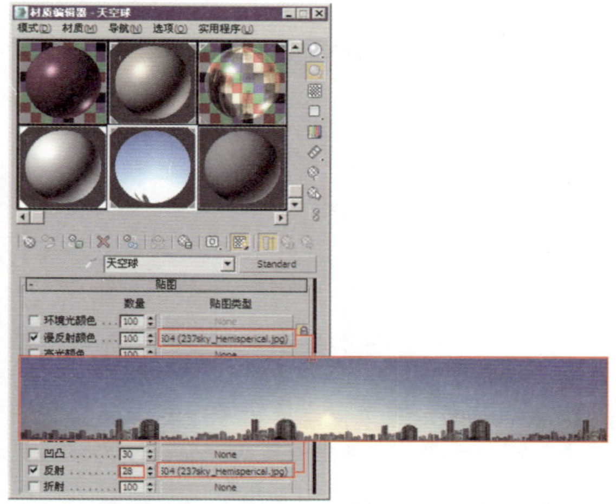

18.4 场景最终渲染设置

下面进行高级别的渲染设置。

■ 1）按 F10 键打开渲染设置对话框。选择 V-Ray 选项卡，在 V-Ray:: 全局开关[无名] 卷展栏中，选中【光泽效果】复选框。

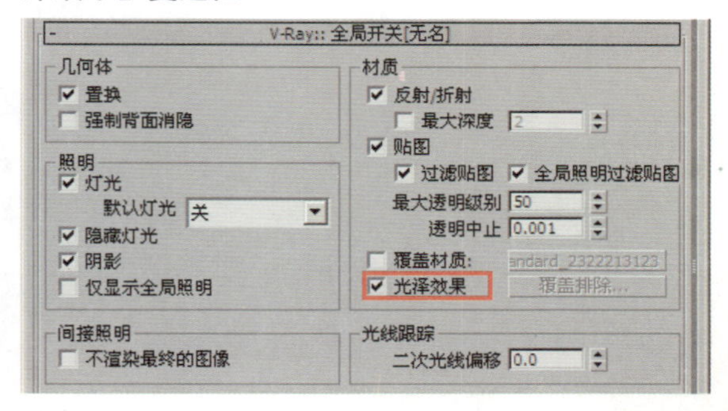

■ 2）选择 间接照明 选项卡，进入 V-Ray:: 发光贴图 卷展栏，在【当前预置】下拉列表中设置光照贴图采样级别为【高】，如下图所示。

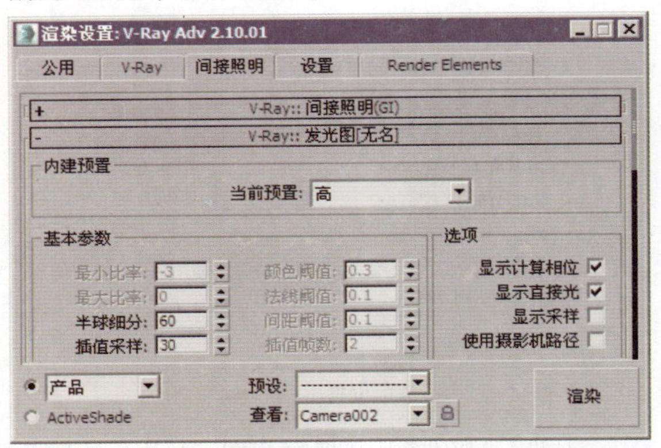

■ 3）在 V-Ray:: 发光贴图 卷展栏中的【细节增强】选项区域设置参数，如下图所示。

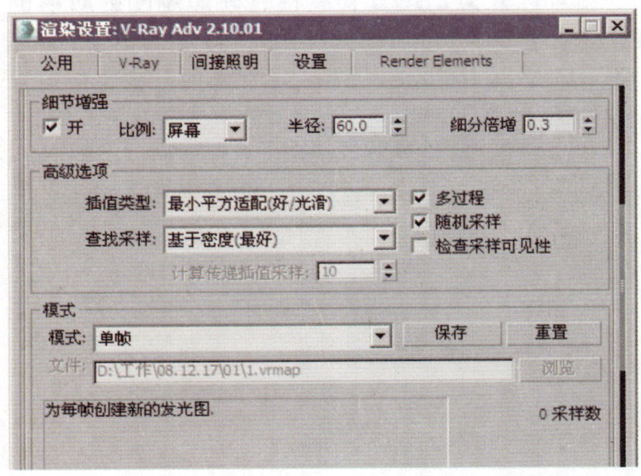

■ 4）在 V-Ray:: 发光贴图 卷展栏的【模式】下拉列表中选择【单帧】模式，选中【自动保存】和【切换到保存的贴图】复选框，单击【自动保存】后面的【浏览】按钮，在弹出的【自动保存发光贴图】对话框中输入要保存的 01.vrmap 文件名并选择保存路径，如下图所示。

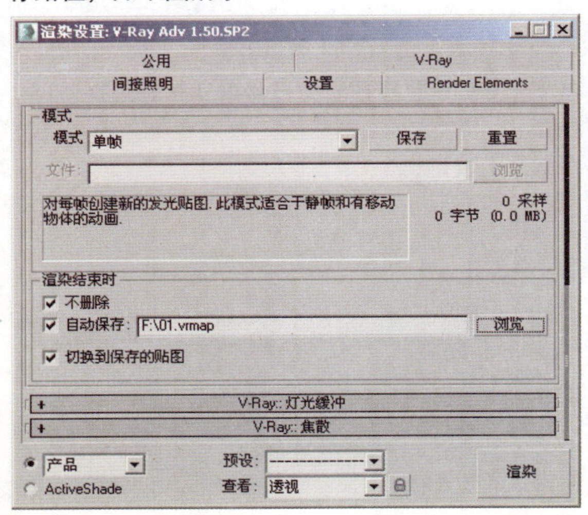

■ 5）选择 间接照明 选项卡，进入 V-Ray:: 灯光缓冲 卷展栏，参数设置如下图所示。

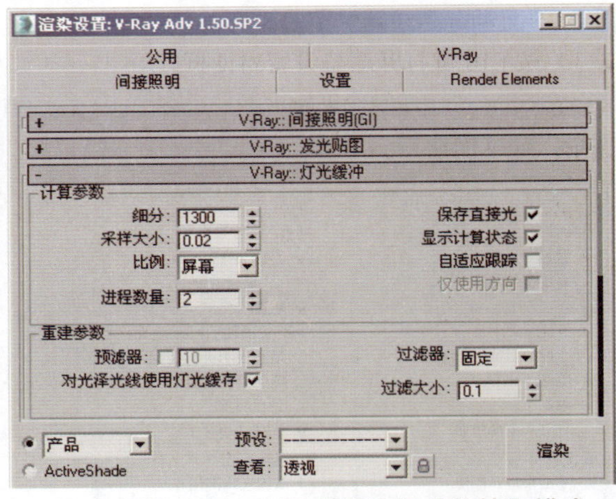

■ 6）在【模式】下拉列表中选择【单帧】模式，选中【自动保存】和【切换到被保存的缓存】复选框，单击【自动保存】后面的【浏览】按钮，在弹出的【自动保存灯光贴图】对话框中输入要保存的 01.vrlmap 文件名并选择保存路径，如下图所示。

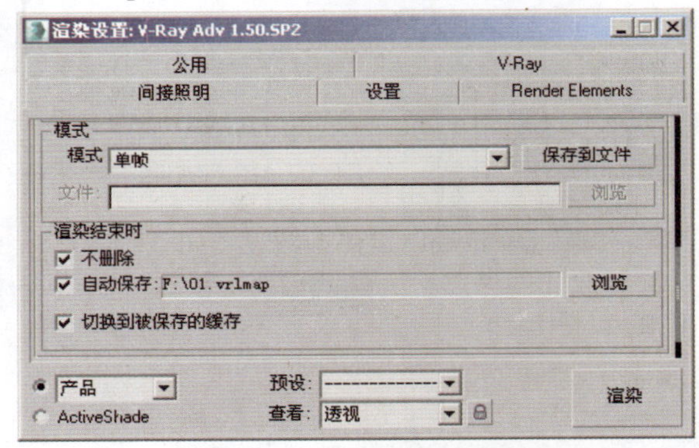

■ 7）在 公用 选项卡中设置较小的渲染尺寸进行渲染。

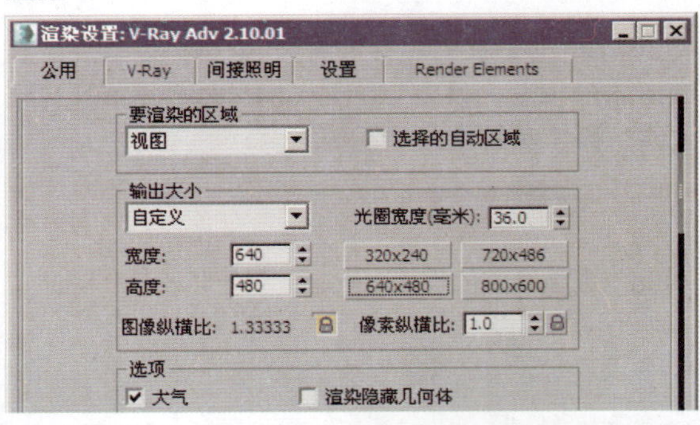

■ 8）由于选中了【切换到被保存的缓存】复选框，所以在渲染结束后，模式选项区域的选项将自动切换到【从文件】模式。进行再次渲染时，VRay 渲染器将直接调用【文件】文本框中指定的发光贴图文件，这样可以节省很多渲染时间。最后使用较大的渲染尺寸进行渲染即可。

18.5 Photoshop后期处理

■ 1）启动 Photoshop，打开 Ch18\后期素材\城市鸟瞰效果图制作 .tga 文件。

■ 2）按下快捷键 Ctrl+J，复制【背景】图层，得到【图层 1】，隐藏【背景】图层。

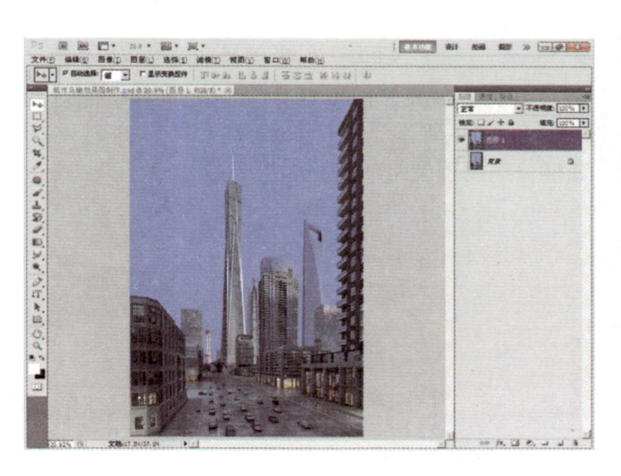

■ 3）在工具栏中单击【魔棒工具】，选中场景的天空部分，按下 Delete 键，将其删除。

■ 4）继续使用【魔棒工具】，选中场景的剩余天空部分，按下 Delete 键，将其删除。

■ 5）选中【图层 1】，按下快捷键 Ctrl+J 复制图层，得到【图层 1 副本】图层，设置该图层的【混合模式】为【滤色】、【不透明度】为 34%，效果如下图所示。

■ 6）接下来为场景添加一张天空背景，更改图层名称为【天空】，将【天空】图层移至【图层 1】图层下方，效果如下图所示。（素材路径：Ch18\后期素材）

■ 7）接下来为场景添加人物素材，更改图层名称为【人物】，并调节素材大小和位置。

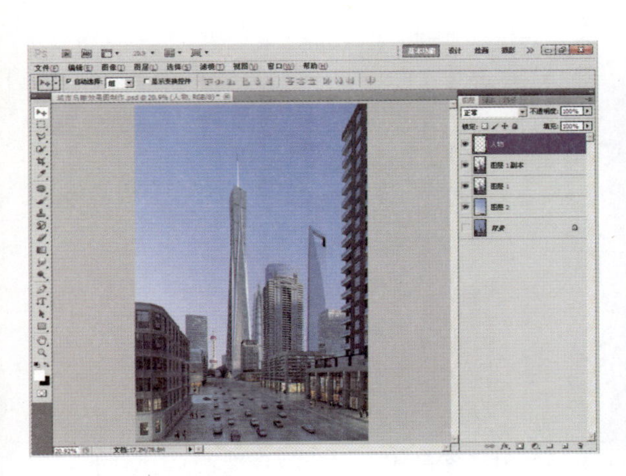

■ 8）为场景添加行道树素材，更改图层名称为【行道树】，并调节素材大小和位置，效果如下图所示。

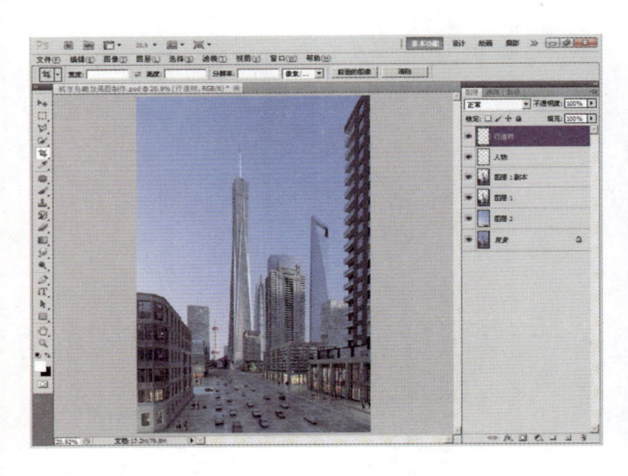

■ 9）将导入的行道树素材复制多个，分别放置在道路两旁，注意放置整齐。

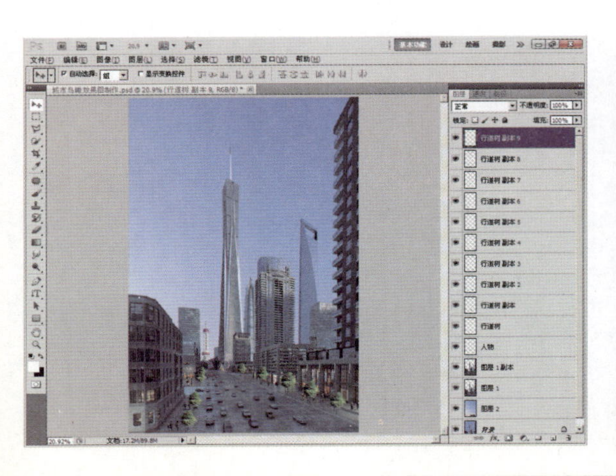

■ 10）单击【图层】面板下方的【创建新组】按钮，创建一个组，更改名称为【行道树】，将所有的行道树图层放入组内，效果如下图所示。

■ 11）接下来，为天空添加云彩。新建图层，更改图层名称为【云彩】，设置填充颜色为黑色。选择【滤镜>渲染>分层云彩】命令，效果如下图所示。

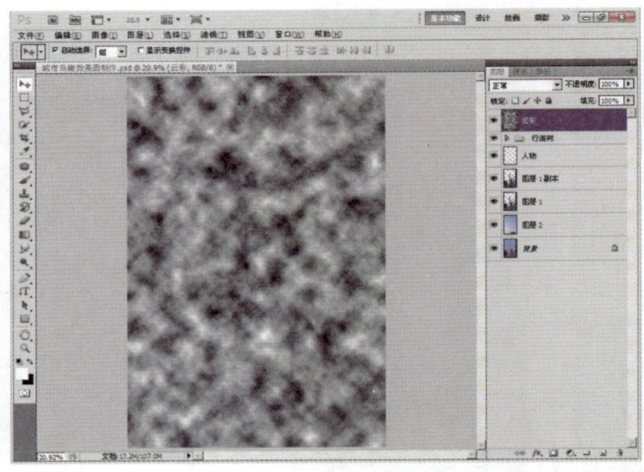

■ 12）设置【云彩】图层的【混合模式】为【滤色】，设置【不透明度】为50%，并将【云彩】图层移至【图层1】下方，此时页面效果如下图所示。

■ 13）为【云彩】图层添加图层蒙版，使用【画笔工具】设置前景色为黑色，在蒙版上进行涂抹，隐藏部分云彩，使云彩更加真实。

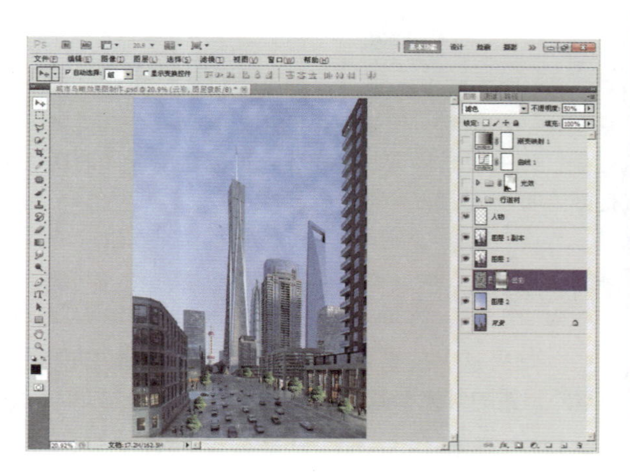

■ 14）素材添加完毕，接下来按下快捷键 Crtl+Alt+Shift+E 盖印图层，效果如下图所示。

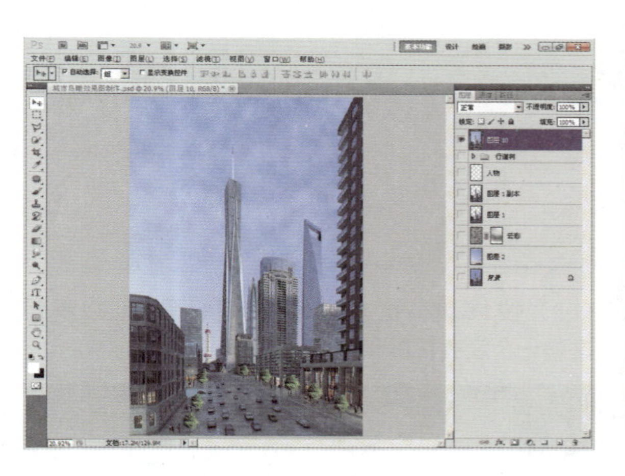

■ 15）新建【光效】图层，填充颜色为黑色。选择【滤镜 > 渲染 > 镜头光晕】命令，为场景添加光效。此时，页面效果如下图所示。

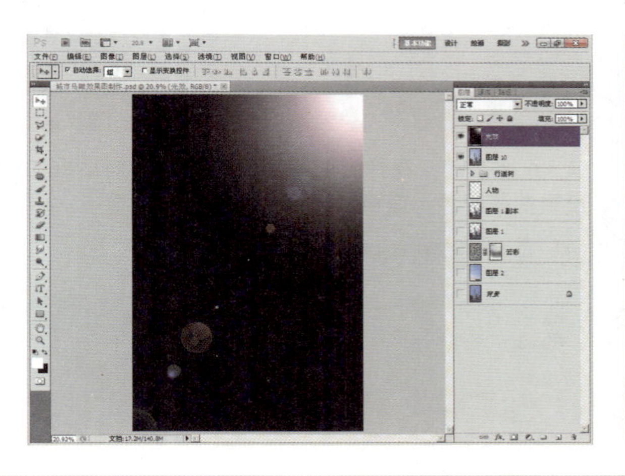

■ 16）设置【光效】图层的【混合模式】为【滤色】、【不透明度】为 58%，效果如下图所示。

■ 17）为场景添加【曲线】调整图层，调节场景整体的明暗度，具体参数设如下图所示。

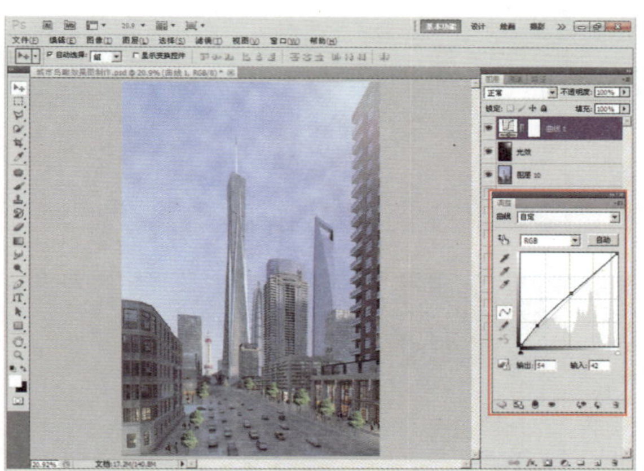

■ 18）最后，为场景添加【渐变映射】调整图层，使场景对比更加明显，并设置图层的【混合模式】为【柔光】、【不透明度】为 35%，具体参数设置如下图所示。

第19章　日、夜景公建效果图制作

本例主要对同一个场景分别制作出日景和夜景的效果，通过这种方式让读者对这两种灯光和材质的处理有一个深刻的理解。

夜景效果图的制作和日景效果图制作有很大区别，主要表现在布光上，可以说日景效果图主要是对结构的表现，而夜景效果图讲究气氛的营造。从制作的角度看，日景效果图相对容易一些，尤其是渲染器的出现，几乎默认的设置都能达到很好的效果，但是夜景讲究的是布光。如果两个人同时制作一张夜景效果图，最后的效果一般差别很大，就是因为每个人的布光思路不一样。

如下图所示是日、夜景的最终效果图。下面讲解如何一步一步实现。

配色应用：

制作要点：

■ 1.学习日景和夜景场景灯光的设置。

■ 2.学习日景和夜景场景材质的设置。

■ 3.学习日景和夜景场景效果图的后期制作。

最终场景：Ch19\Scenes\日景公建 ok.max、夜景公建 ok.max

贴图素材：Ch19\Maps

难易程度：★★★★★

19.1 创建日景光源

灯光是表现室外场景的重要环节，本节设置室外日景的灯光参数。

■ 1）打开 Ch19\Scenes\日景公建 .max 文件，场景中已经有创建好的摄影机，如下图所示。

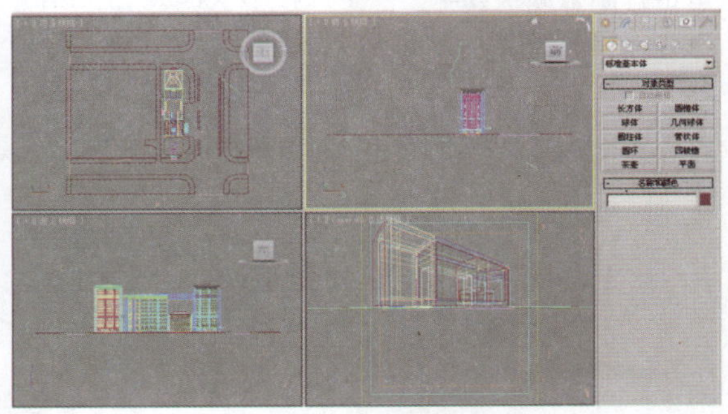

■ 2）按 F9 键，快速渲染摄影机视图，可以看到这是一个没有材质和灯光的白模。

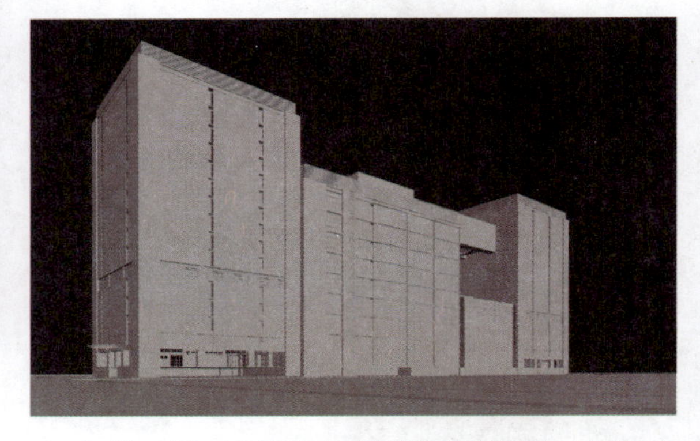

■ 3）按 8 键，在弹出的【环境和效果】对话框中设置背景颜色为蓝色。

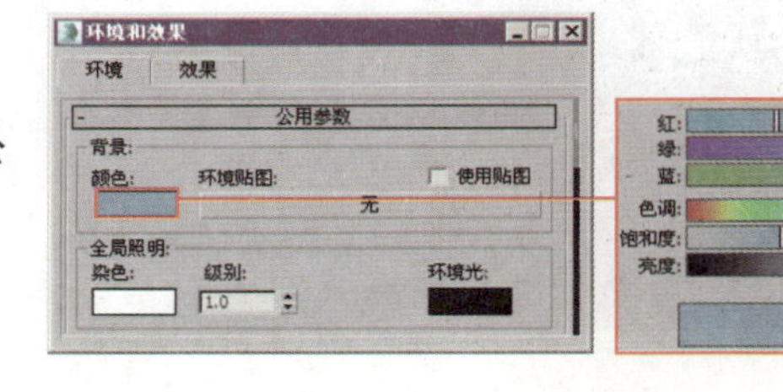

■ 4）在顶视图创建一盏目标聚光灯，作为这个场景中的主光源，灯光的位置如下图所示。

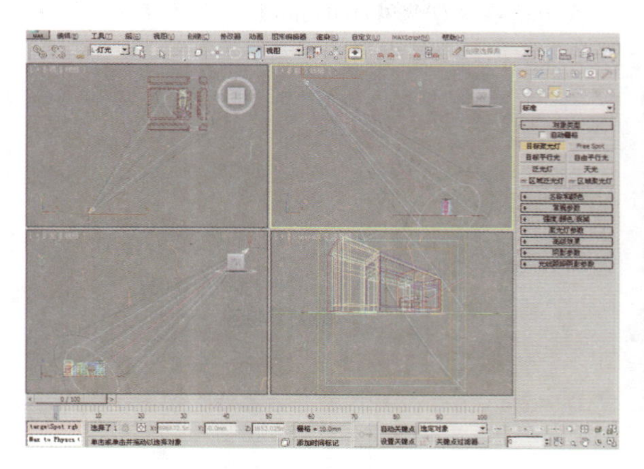

■ 5）进入【修改】面板，设置灯光参数，如下图所示。

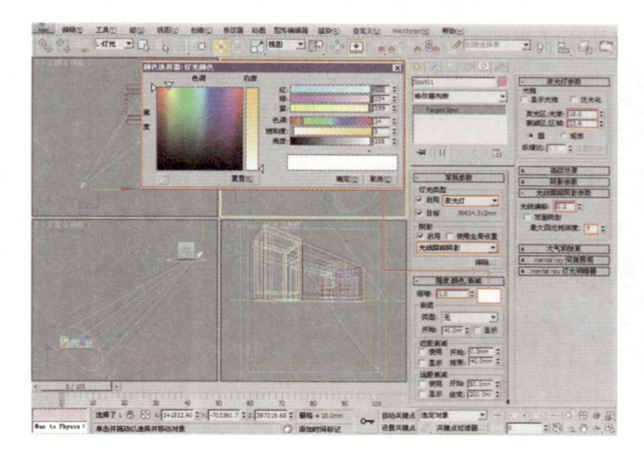

■ 6）渲染摄影机视图，观察灯光效果，如下图所示。

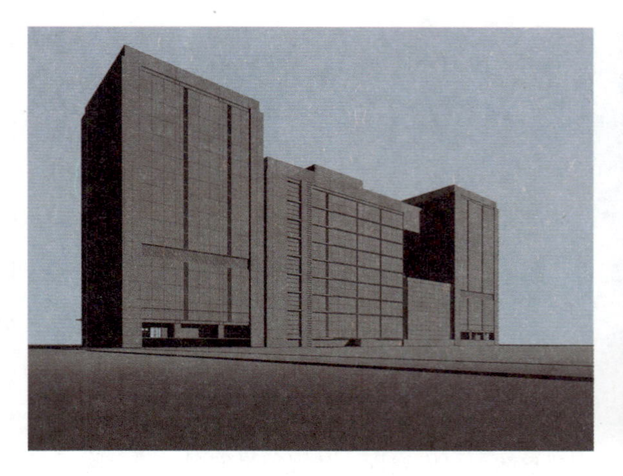

下面创建辅助光源。为了让画面更细腻，有层次感，用灯光矩阵来模拟暗部的漫反射。

■ 7）在顶视图创建一盏目标聚光灯，将其复制出3盏（共4盏），位置如下图所示。

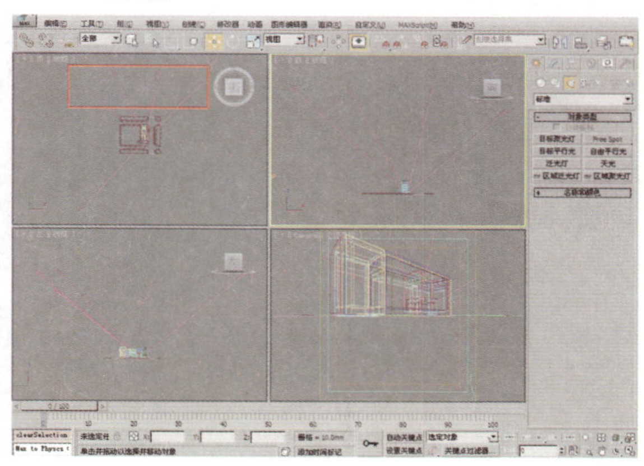

■ 8）进入【修改】面版，设置灯光参数，如下图所示。

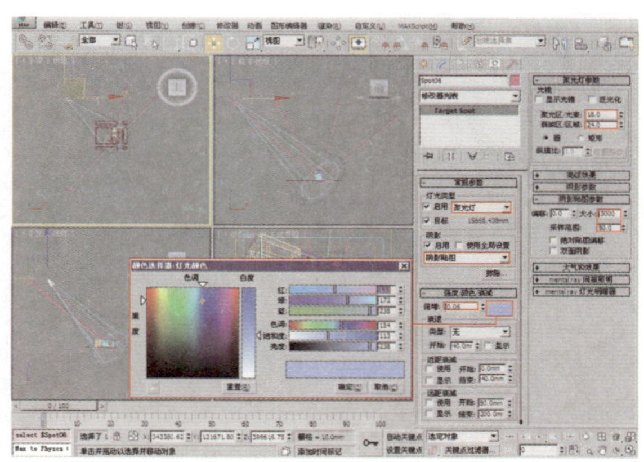

■ 9）渲染摄影机视图，观察灯光效果，如下图所示。

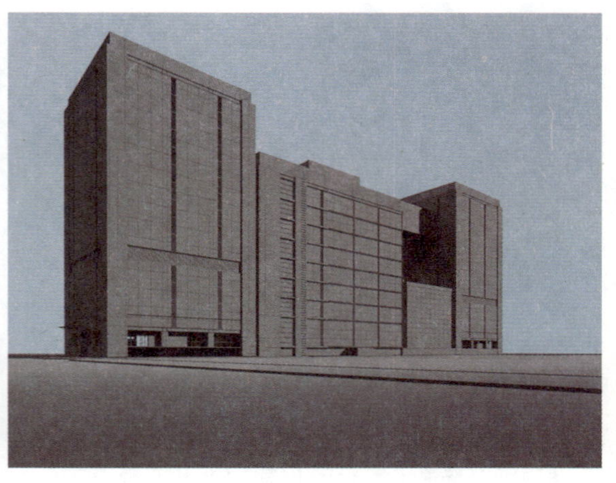

暗部已经有了变化，但效果还不理想。下面继续添加辅助光。

■ 10）将刚创建的4盏目标聚光灯复制出8盏，如下图所示。

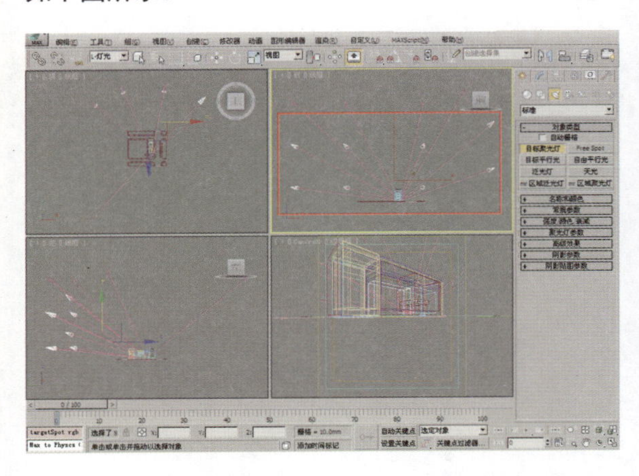

■ 11）进入【修改】面版，设置灯光参数，如下图所示。

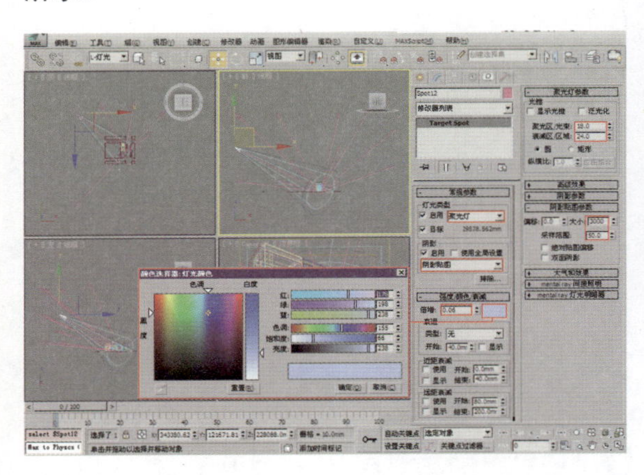

■ 12）渲染摄影机视图，观察灯光效果，如下图所示。

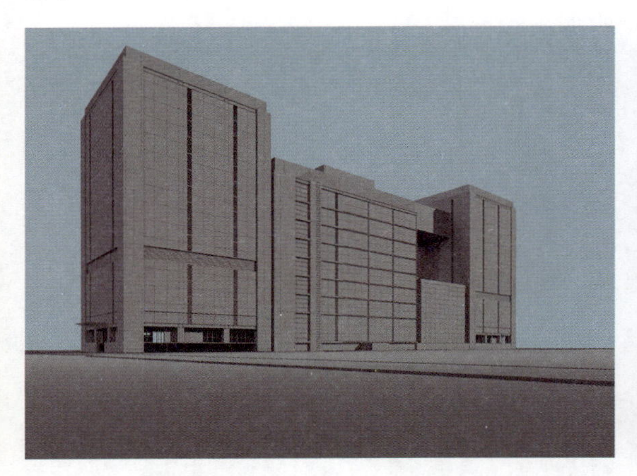

暗部的效果基本已经到位。因为要表现的是日景，所以场景的整体亮度显得有些不够。下面在主光源的方向添加一盏泛光灯来增加场景的亮度，也使画面对比度增强，更有层次感。

■ 13）在主光源方向添加一盏泛光灯，如下图所示。

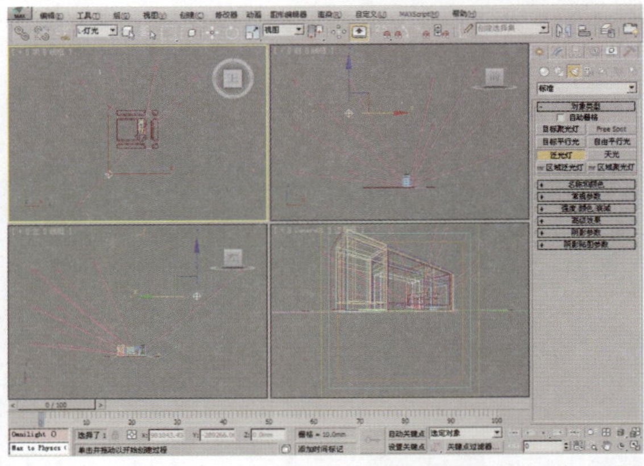

■ 14）进入【修改】面板，设置灯光参数，如下图所示。

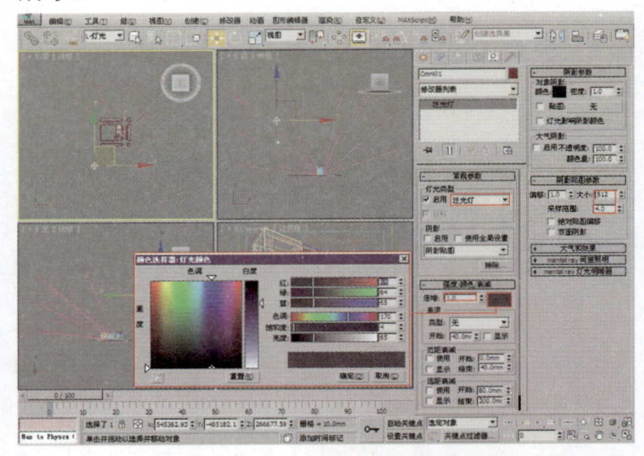

在设置这盏灯光的颜色时要尽量使用暗一点的颜色。因为建筑正面有大面积的玻璃物体，这样有助于平衡整个画面的亮度，不至于使画面的局部曝光过度。

■ 15）渲染摄影机视图，观察灯光效果，如下图所示。

整个建筑的灯光效果到此已经基本差不多了。观察这幅图可以发现，其视角是仰视，建筑物朝下的面过暗，看不到更多的细节。下面在建筑的下面加一盏泛光灯，将建筑物的底面照亮。

■ 16）如下图所示，在建筑的下面加一盏泛光灯。

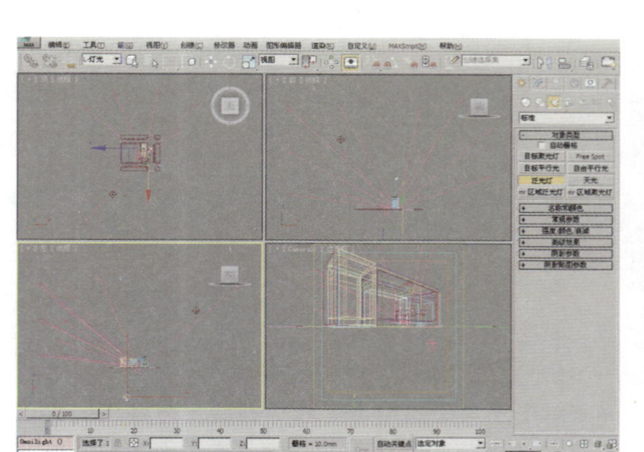

■ 17）进入【修改】面版，设置灯光参数，如下图所示。

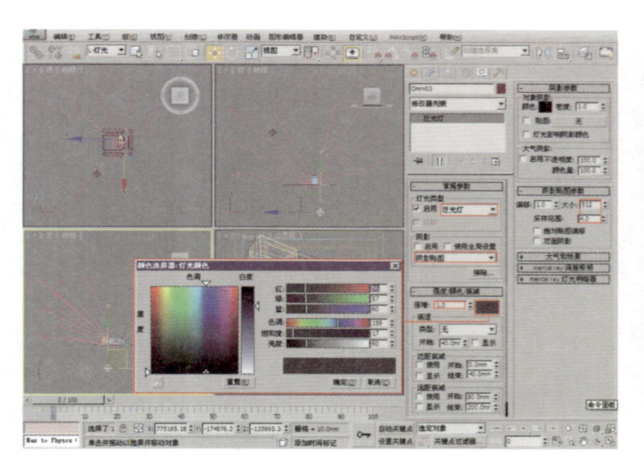

■ 18）渲染摄影机视图，观察灯光效果，如下图所示。

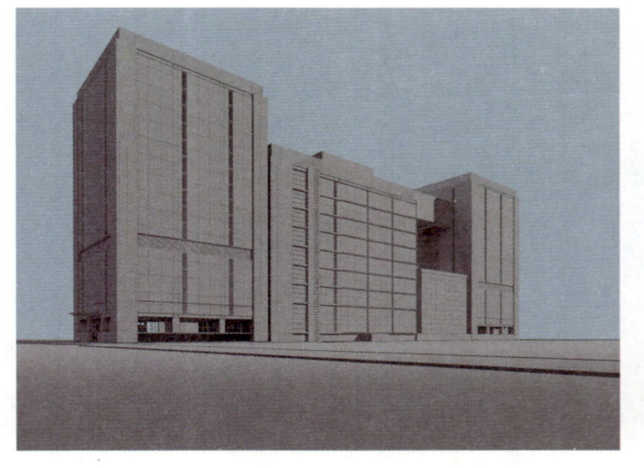

■ 19）在下图所示的位置加一盏自由平行光（此灯用来模拟光线透过玻璃的衰减，所以此灯的光效在赋予材质之后才能观察到）。

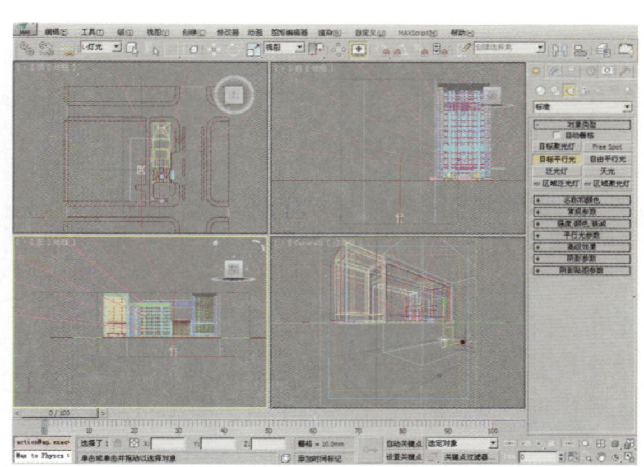

■ 20）进入【修改】面板，设置灯光参数，如下图所示。

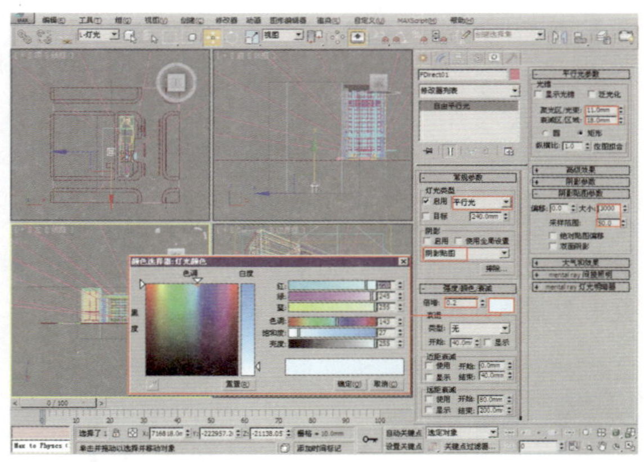

■ 21）快速渲染摄影机视图，观察灯光最终效果，如下图所示。

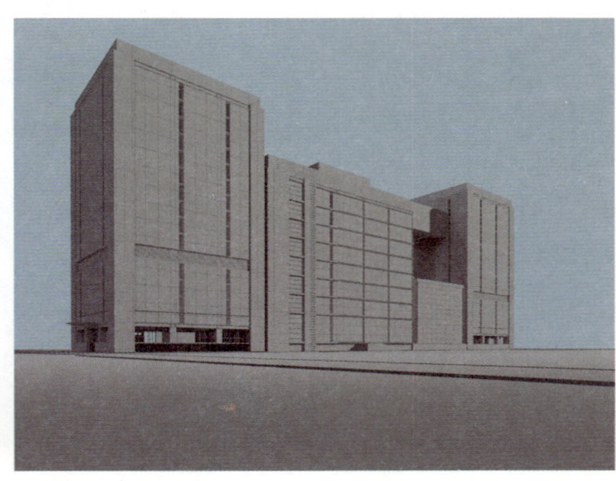

19.2 建筑材质的制作

材质与灯光是密不可分的，接下来制作建筑的材质。

19.2.1 制作线框材质

本节制作线框材质。

■ 1）打开本书配套光盘“日景公建.max”文件。为了操作方便，可以将灯光和摄影机隐藏。按下M键，打开材质编辑器，选择【black】材质球；单击按钮，再单击【选择】按钮，确保物体处于被选择状态；激活任一视图，然后单击鼠标右键，在弹出的快捷菜单中选择【隐藏未选定对象】命令。

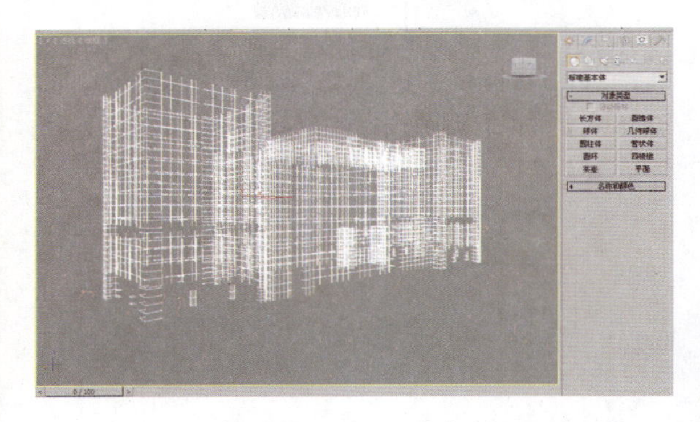

■ 2）在材质编辑器中，设置材质样式为【标准】材质，设置明暗器类型为【(P)Phong】，设置【漫反射】颜色为黑色，具体参数设置如下图所示。

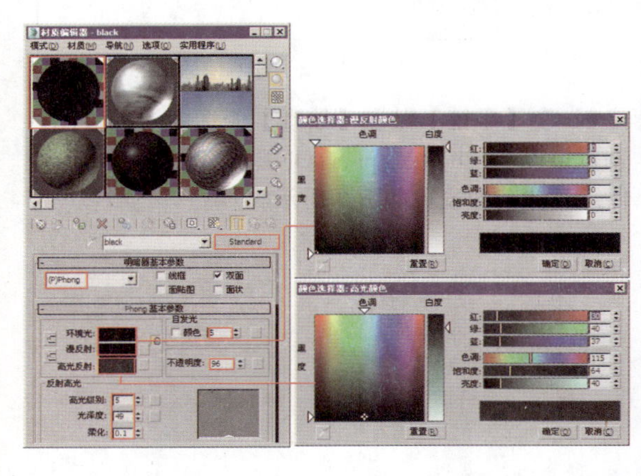

■ 3）打开【扩展参数】卷展栏，设置【过滤】颜色为白色，具体参数设置如下图所示。

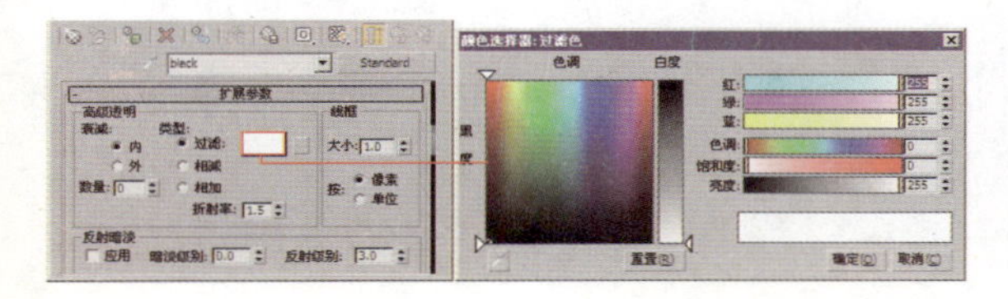

■ 4）按下F9键快速渲染视图，观察渲染中的材质效果，效果如下图所示。

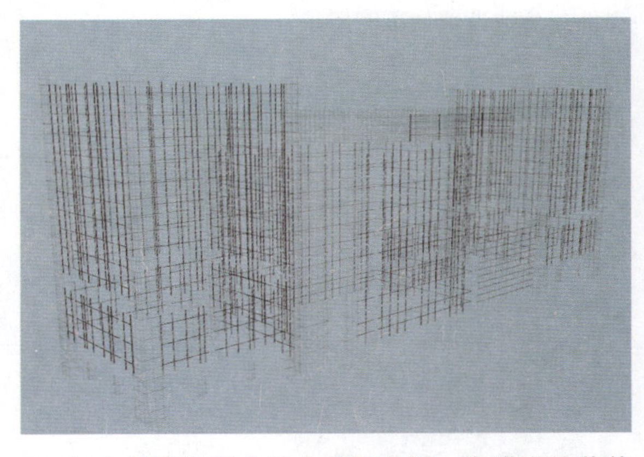

■ 5）在任意视图中单击鼠标右键，在弹出的菜单中选择【全部取消隐藏】命令，在视图中显示所有物体。

■ 6）按M键打开材质编辑器，选择【lu】材质球，单击按钮，在弹出的对话框中单击【选择】按钮，然后再单击鼠标右键，在弹出的菜单中选择【隐藏未选定对象】命令，隐藏未被选择的物体。

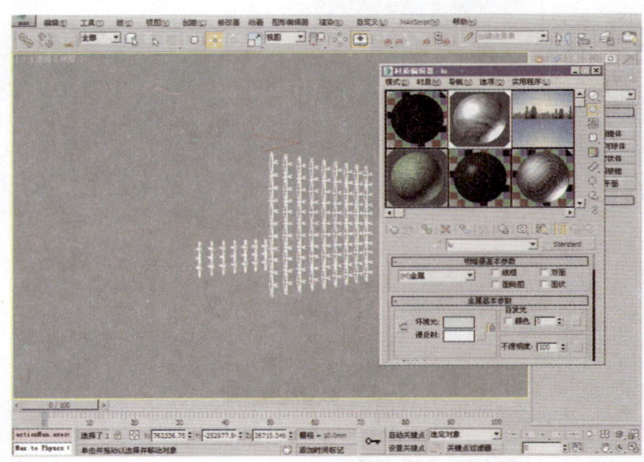

■ 7）在材质编辑器中，设置材质样式为【标准】材质，设置明暗器类型为【(M)金属】，设置【漫反射】颜色为白色，具体参数设置如下图所示。

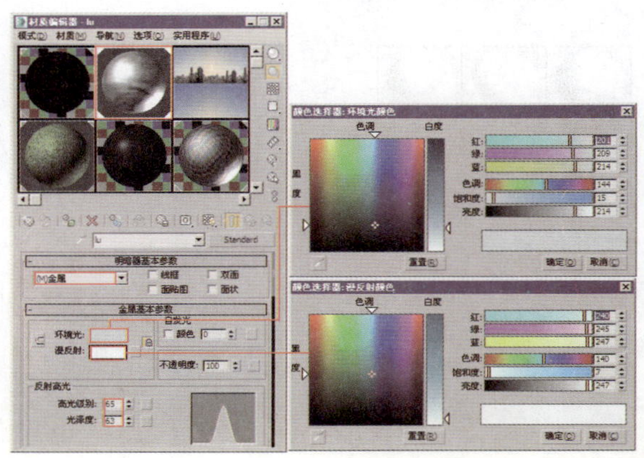

■ 8）打开【贴图】卷展栏，在【反射】通道中添加位图，设置位图为 Ch19\Maps\REFMAP.gif 文件，设置贴图强度为 30。

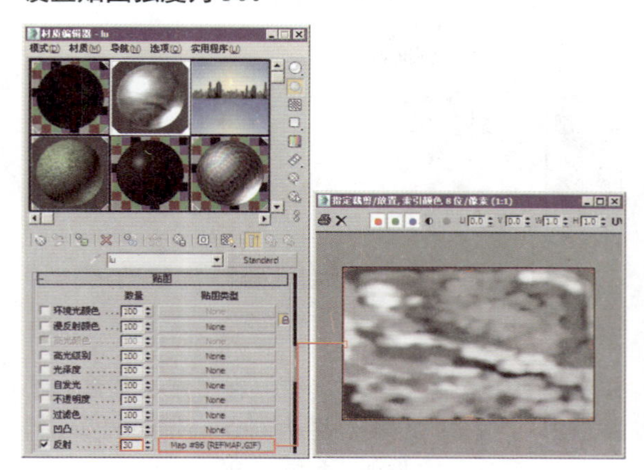

■ 9）渲染视图，观察制作的材质效果。

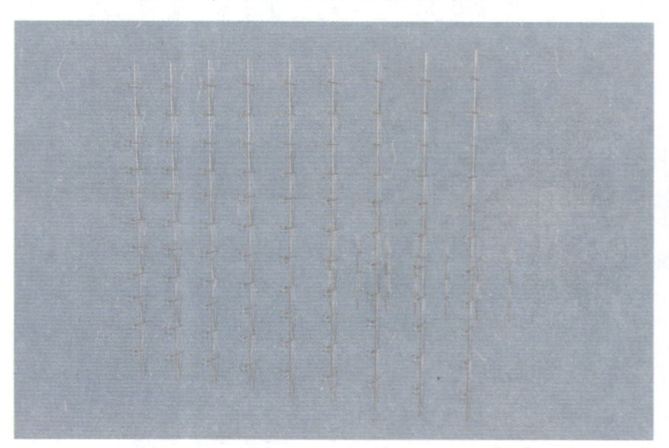

■ 10）在任意视图中单击鼠标右键，在弹出的菜单中选择【全部取消隐藏】命令，在视图中显示所有物体。

19.2.2 制作玻璃材质

下面制作玻璃材质。

■ 1）按 M 键打开材质编辑器，选择【玻璃】材质球，单击按钮，在弹出的对话框中单击【选择】按钮，然后再单击鼠标右键，在弹出的菜单中选择【隐藏未选定对象】命令，隐藏未被选择的物体。

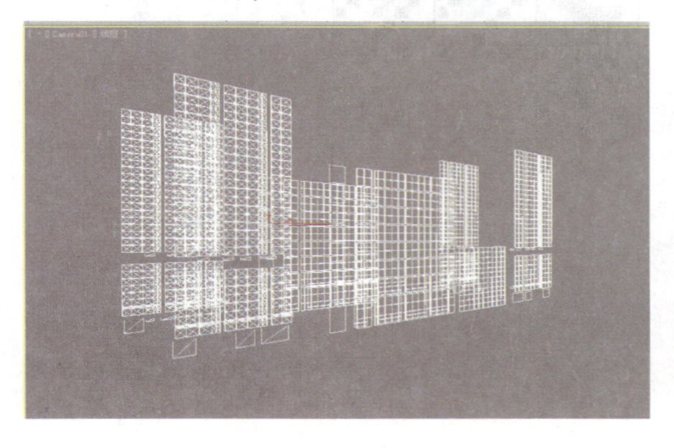

■ 2）在材质编辑器中，设置材质样式为【标准】材质，设置明暗器类型为【(B)Blinn】，设置【漫反射】颜色为青色，具体参数设置如下图所示。

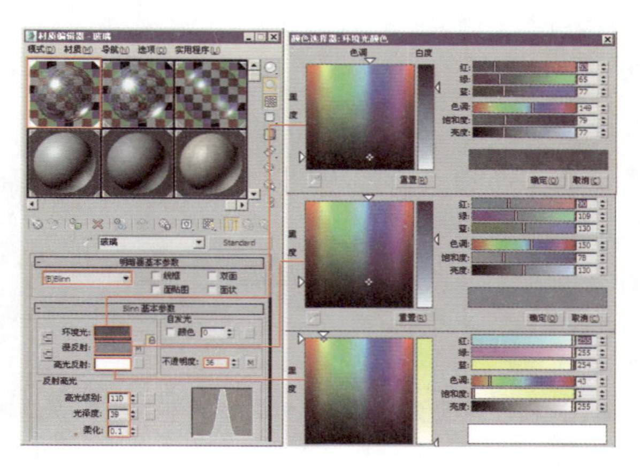

■ 3）打开【扩展参数】卷展栏，设置【过滤】颜色为深灰色，具体参数设置如下图所示。

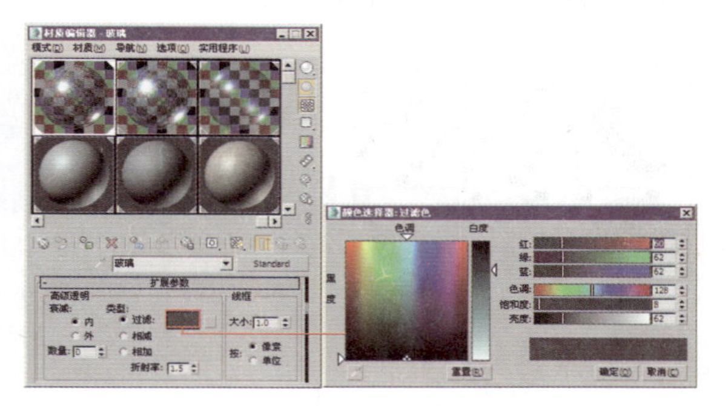

■ 4）打开【贴图】卷展栏，分别在【漫反射颜色】通道和【不透明度】通道添加位图，设置位图为 Ch19\Maps\glass-j.jpg 文件，并设置【不透明度】贴图强度为 20。

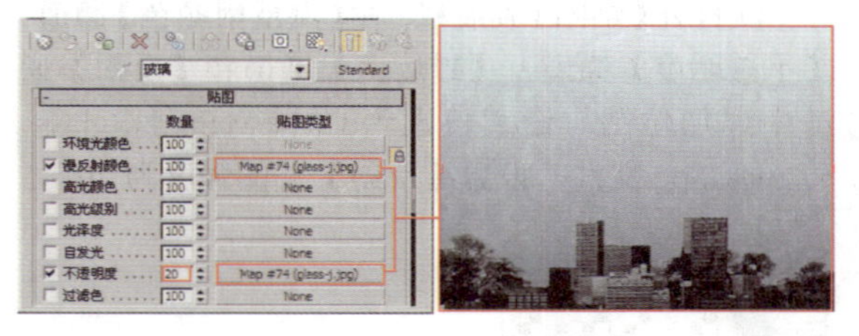

■ 5）保持【贴图】卷展栏的打开状态，在【反射】通道中添加【光线跟踪】贴图，设置贴图强度为 29，具体参数设置如下图所示。

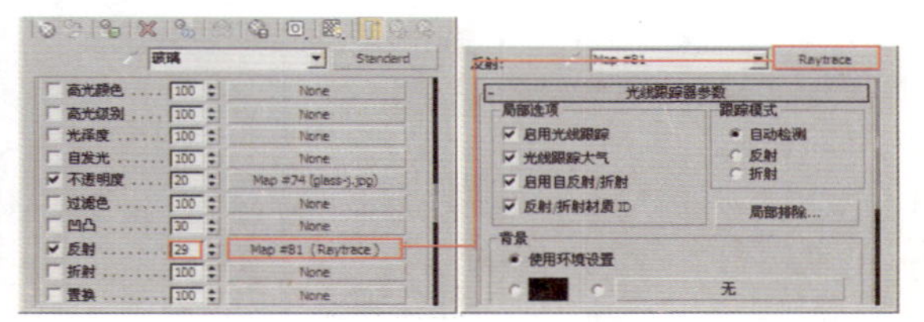

■ 6）快速渲染视图，观察制作的材质效果，如下图所示。

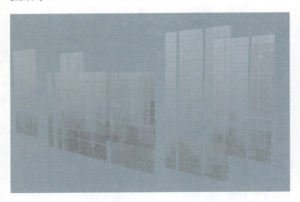

■ 7）在任意视图中单击鼠标右键，在弹出的菜单中选择【全部取消隐藏】命令，在视图中显示所有物体。

■ 8）按 M 键打开材质编辑器，选择【玻璃 22】材质球，单击按钮，在弹出的对话框中单击【选择】按钮，然后再单击鼠标右键，在弹出的菜单中选择【隐藏未选定对象】命令，隐藏未被选择的物体。

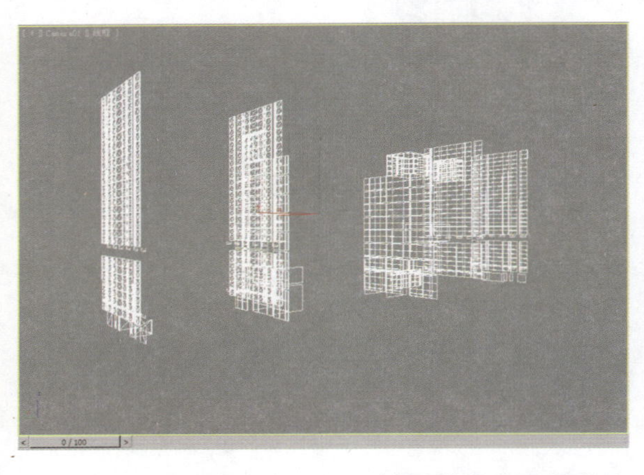

■ 9）在材质编辑器中，设置材质样式为【标准】材质，设置明暗器类型为【(B)Blinn】，设置【漫反射】颜色为青色，具体参数设置如下图所示。

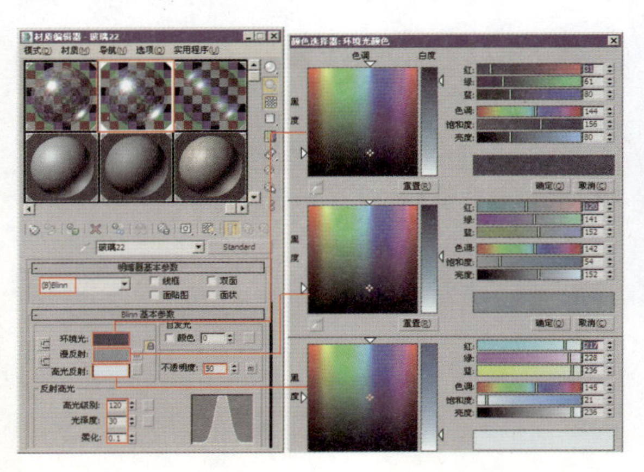

■ 10）打开【扩展参数】卷展栏，设置【过滤】颜色为青色，具体参数设置如下图所示。

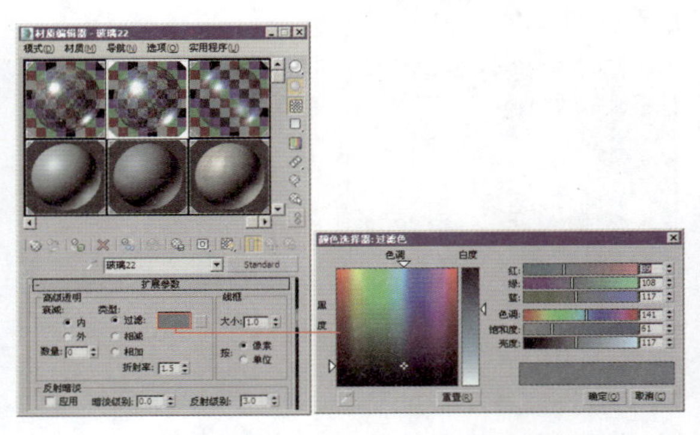

■ 11）打开【贴图】卷展栏，在【漫反射颜色】通道添加位图，设置位图为 Ch19\Maps\00-back-1 copy.jpg 文件，设置贴图强度为 90。

■ 12）保持【贴图】卷展栏的打开状态，在【不透明度】通道和【反射】通道中添加【光线跟踪】贴图，设置【不透明度】贴图强度为 20，设置【反射】贴图强度为 36，具体参数设置如下图所示。

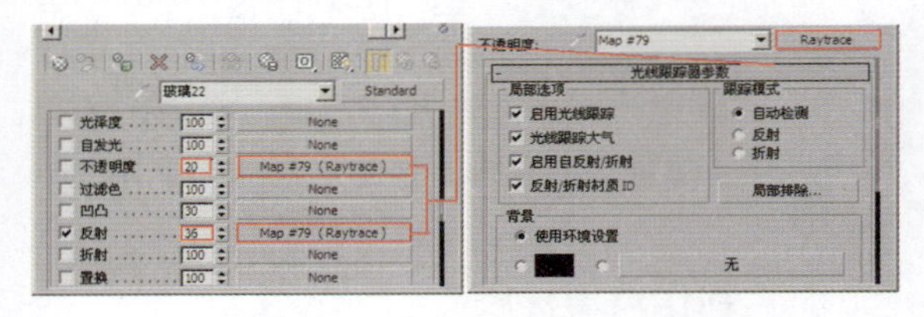

■ 13）快速渲染视图，观察制作的材质效果，如下图所示。

■ 14）在任意视图中单击鼠标右键，在弹出的菜单中选择【全部取消隐藏】命令，在视图中显示所有物体。

■ 15）按M键打开材质编辑器，选择【玻璃内】材质球，单击按钮，在弹出的对话框中单击【选择】按钮，然后再单击鼠标右键，在弹出的菜单中选择【隐藏未选定对象】命令，隐藏未被选择的物体。

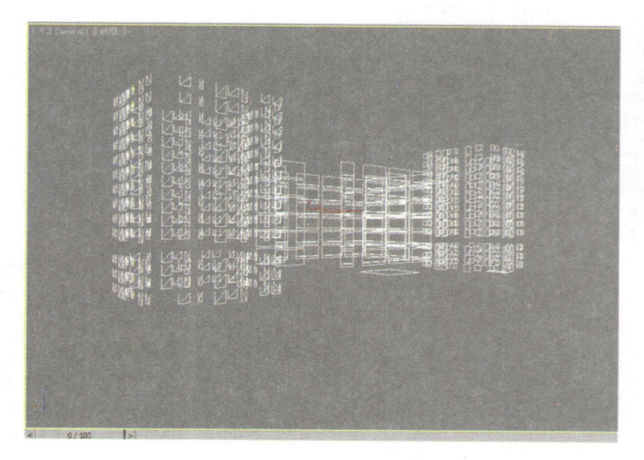

■ 16）在材质编辑器中，设置材质样式为【标准】材质，设置明暗器类型为【(B)Blinn】，设置【漫反射】颜色为青色，具体参数设置如下图所示。

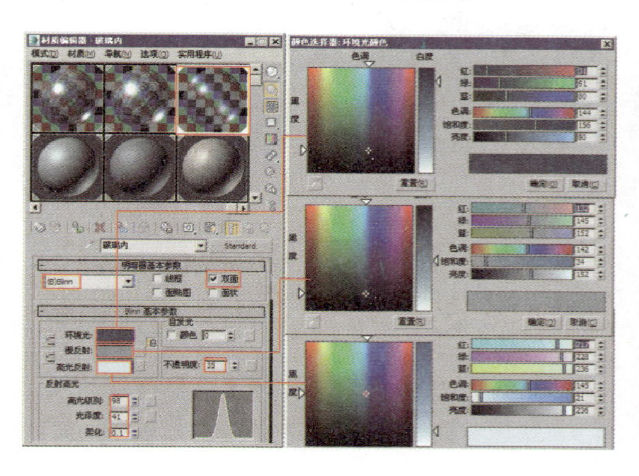

■ 17）打开【扩展参数】卷展栏，设置【过滤】颜色为青色，具体参数设置如下图所示。

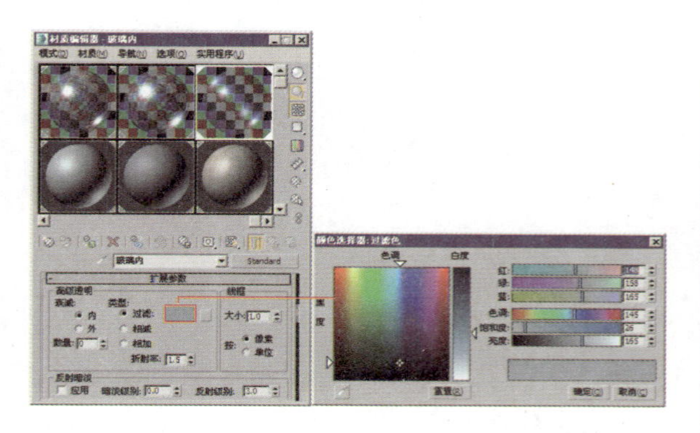

■ 18）快速渲染视图，观察制作的材质效果，如下图所示。

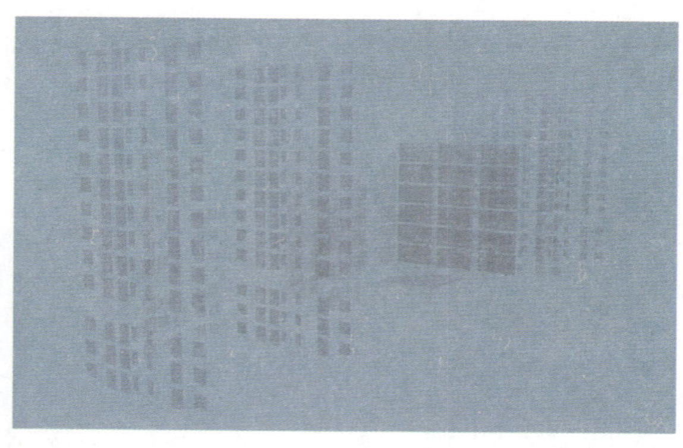

■ 19）在任意视图中单击鼠标右键，在弹出的菜单中选择【全部取消隐藏】命令，在视图中显示所有物体。

19.2.3 制作金属材质

下面制作金属材质。

■ 1）按M键打开材质编辑器，选择【金属】材质球，单击按钮，在弹出的对话框中单击【选择】按钮，然后再单击鼠标右键，在弹出的菜单中选择【隐藏未选定对象】命令，隐藏未被选择的物体。

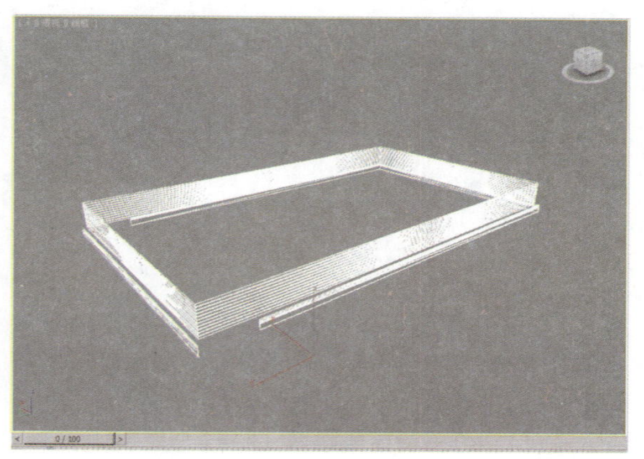

■ 2）在材质编辑器中，设置材质样式为【标准】材质，设置明暗器类型为【(M)金属】，设置【漫反射】颜色为浅灰色，具体参数设置如下图所示。

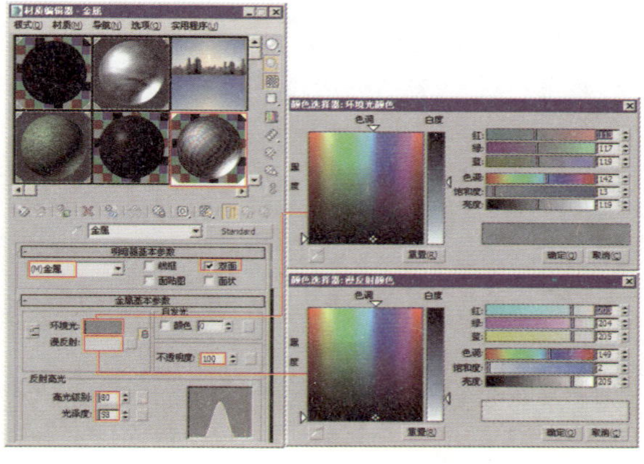

■ 3）打开【贴图】卷展栏，在【反射】通道添加【光线跟踪】贴图，设置贴图强度为40。

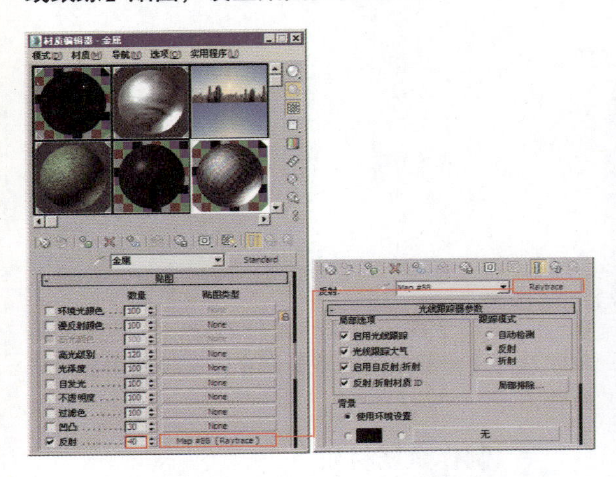

■ 4）快速渲染视图，观察制作的材质效果，如下图所示。

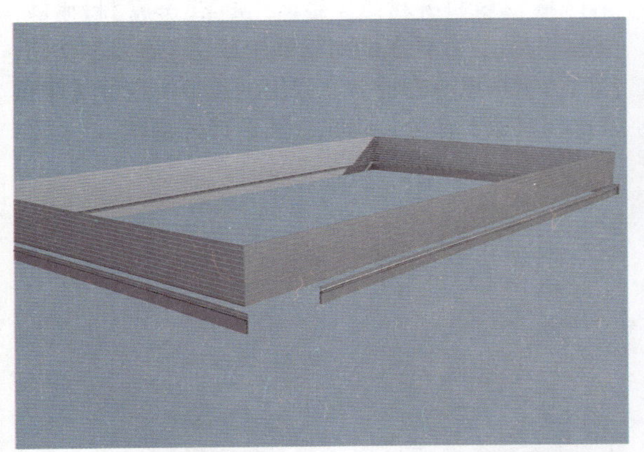

■ 5）在任意视图中单击鼠标右键，在弹出的菜单中选择【全部取消隐藏】命令，在视图中显示所有物体。

■ 6）按M键打开材质编辑器，选择【金属3】材质球，单击按钮，在弹出的对话框中单击【选择】按钮，然后再单击鼠标右键，在弹出的菜单中选择【隐藏未选定对象】命令。隐藏未被选择的物体。

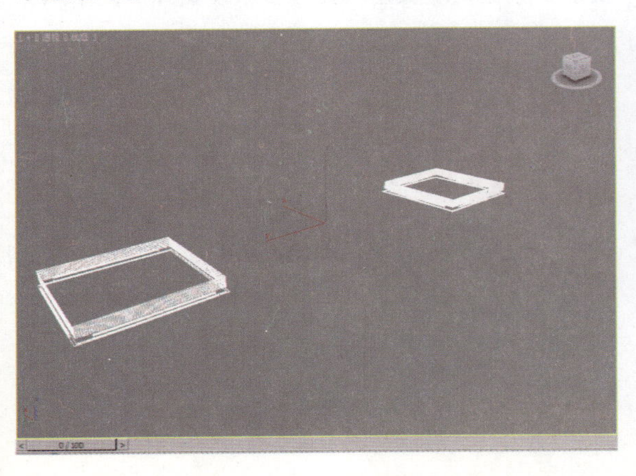

■ 7）在材质编辑器中，设置材质样式为【标准】材质，设置明暗器类型为【(M)金属】，设置【漫反射】颜色为灰色，具体参数设置如下图所示。

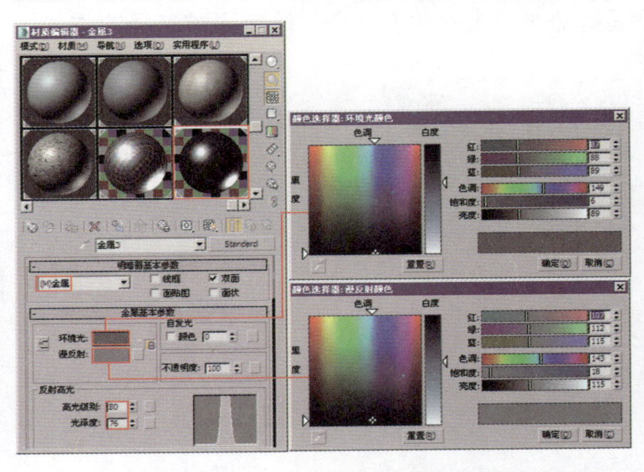

■ 8）打开【贴图】卷展栏，在【反射】通道中添加【光线跟踪】贴图，设置贴图强度为30，具体参数设置如下图所示。

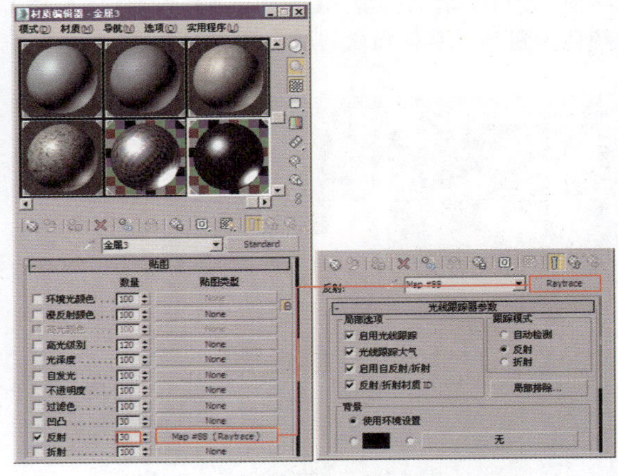

■ 9）快速渲染视图，观察制作的材质效果，如下图所示。

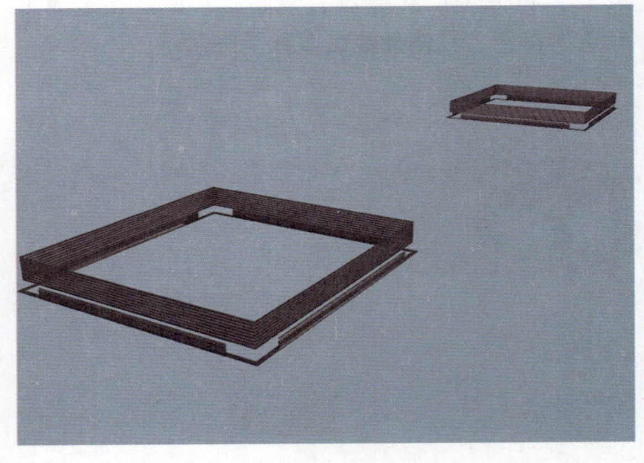

■ 10）在任意视图中单击鼠标右键，在弹出的菜单中选择【全部取消隐藏】命令，在视图中显示所有物体。

■ 11）按M键打开材质编辑器，选择【金属2】材质球，单击按钮，在弹出的对话框中单击【选择】按钮，然后再单击鼠标右键，在弹出的菜单中选择【隐藏未选定对象】命令，隐藏未被选择的物体。

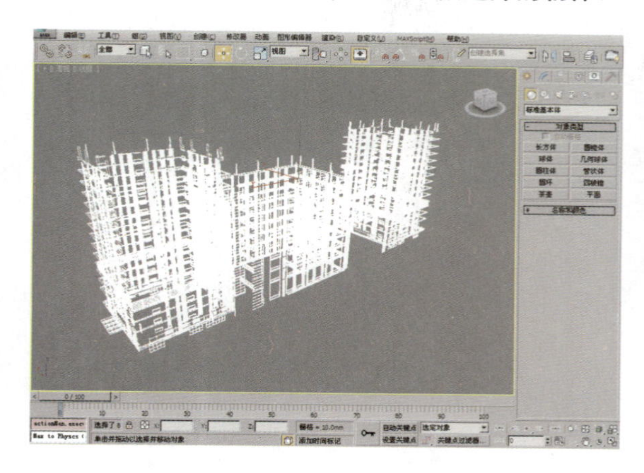

■ 12）在材质编辑器中，设置材质样式为【标准】材质，设置明暗器类型为【(M)金属】，设置【漫反射】颜色为灰白色，参数设置如下图所示。

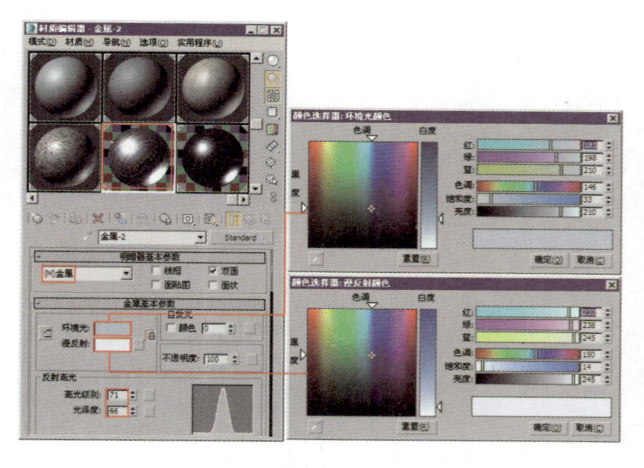

■ 13）打开【贴图】卷展栏，在【反射】通道中添加【光线跟踪】贴图，设置贴图强度为30，参数设置如下图所示。

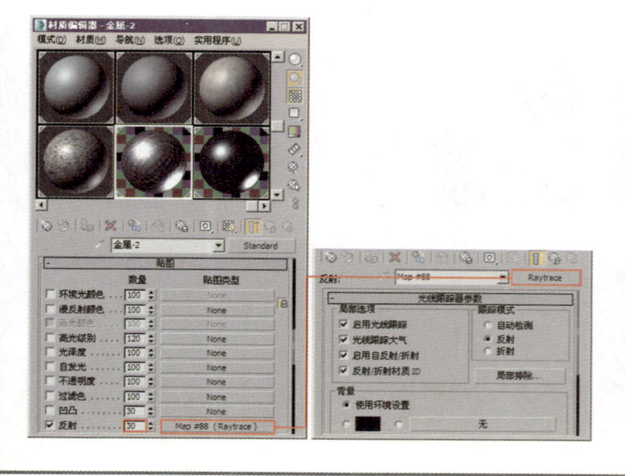

■ 14）渲染视图，材质效果如下图所示。

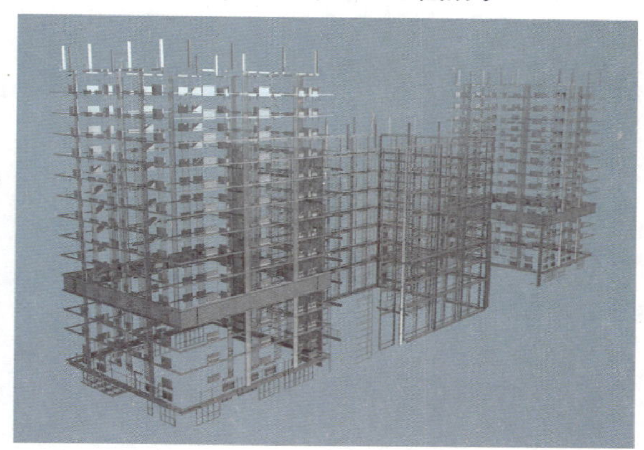

■ 15）在任意视图中单击鼠标右键，在弹出的菜单中选择【全部取消隐藏】命令，在视图中显示所有物体。

19.2.4 制作石材材质

接下来制作石材材质。

■ 1）按M键打开材质编辑器，选择【石材】材质球，单击按钮，在弹出的对话框中单击【选择】按钮，然后再单击鼠标右键，在弹出的菜单中选择【隐藏未选定对象】命令，隐藏未被选择的物体。

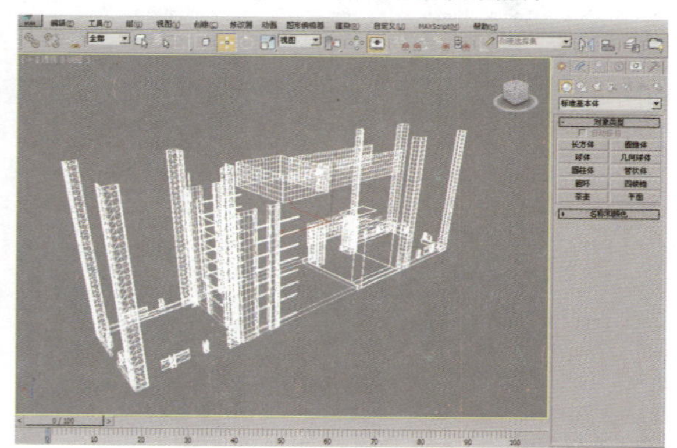

■ 2）在材质编辑器中，设置材质样式为【标准】材质，明暗器类型为【(B)Blinn】，设置【漫反射】颜色和【高光反射】颜色。

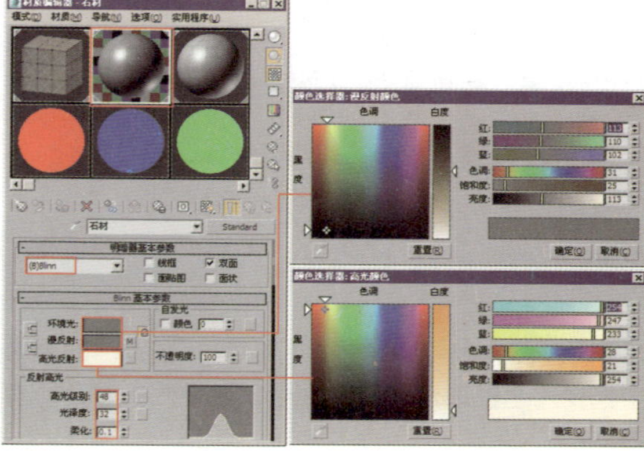

■ 3）打开【贴图】卷展栏，在【漫反射颜色】通道添加位图，设置位图为 Ch19\Maps\H-st-005-2.jpg 文件，参数设置如下图所示。

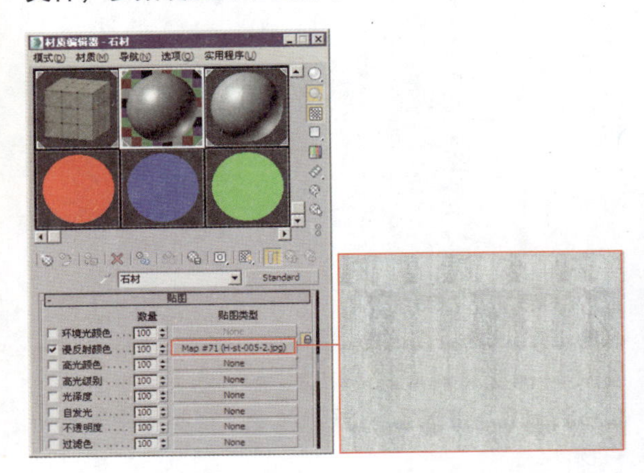

■ 4）保持【贴图】卷展栏的打开状态，在【凹凸】通道添加【斑点】贴图，设置贴图强度为 1，在【反射】通道中添加【光线跟踪】贴图，设置贴图强度为 20。

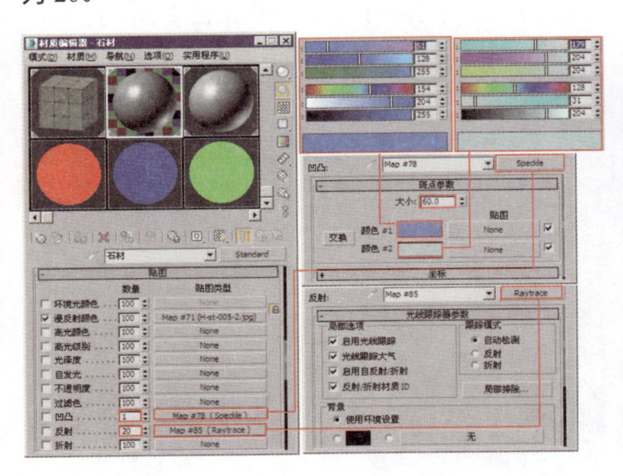

■ 5）渲染视图，材质效果如下图所示。

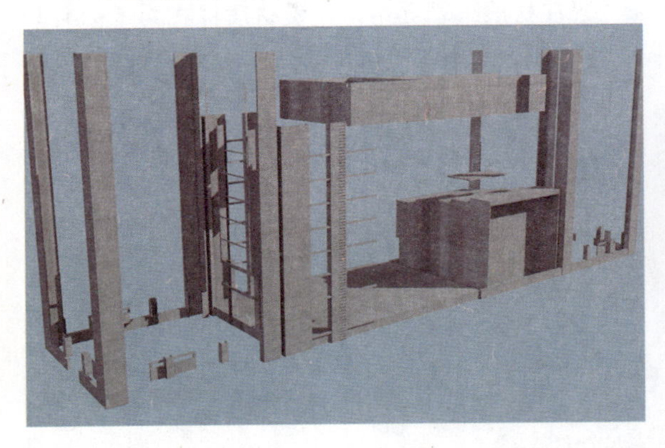

■ 6）在任意视图中单击鼠标右键，在弹出的菜单中选择【全部取消隐藏】命令，在视图中显示所有物体。

19.2.5 制作草地材质

下面制作草地材质。

■ 1）按 M 键打开材质编辑器，选择【草地】材质球，单击按钮，在弹出的对话框中单击【选择】按钮，然后再单击鼠标右键，在弹出的菜单中选择【隐藏未选定对象】命令，隐藏未被选择的物体。

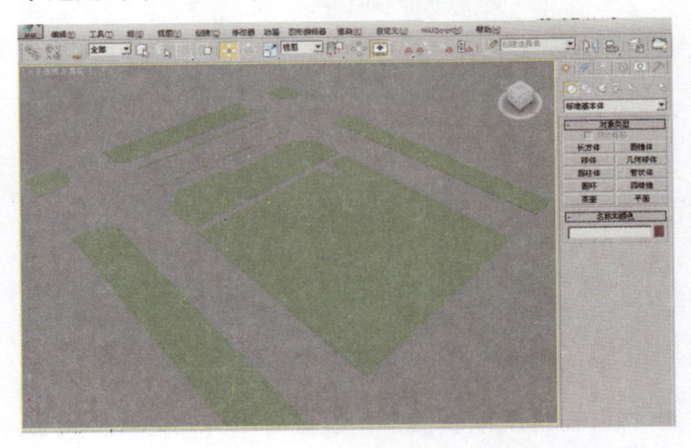

■ 2）在材质编辑器中，设置材质类型为【标准】材质，设置明暗器类型为【(B)Blinn】，设置【漫反射】颜色为绿色，具体参数设置如下图所示。

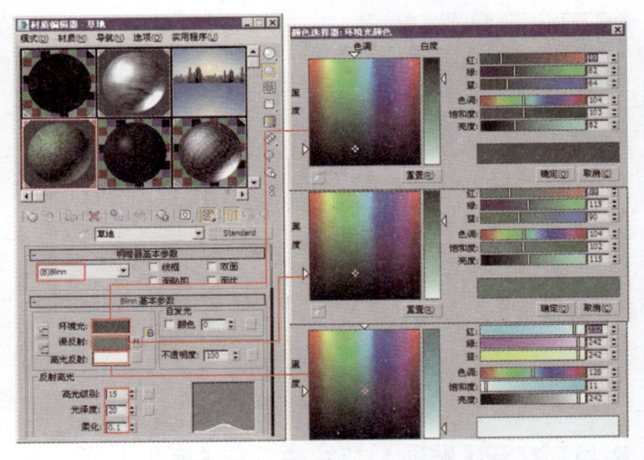

■ 3）打开【贴图】卷展栏，在【漫反射颜色】通道添加位图，设置位图为 Ch19\Maps\gras07L copy.jpg 文件，具体参数设置如下图所示。

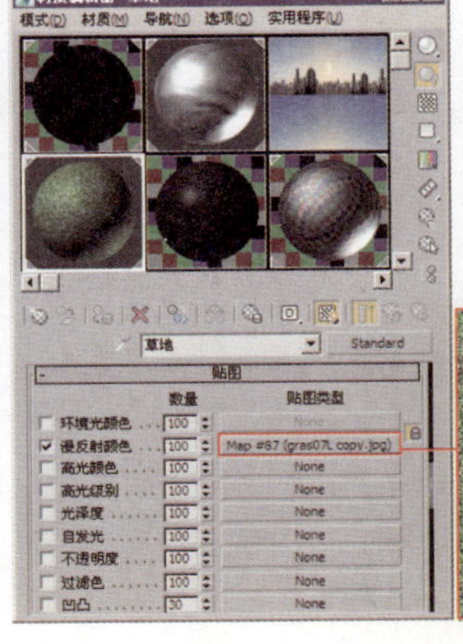

■ 4）渲染视图，观察材质效果，如下图所示。

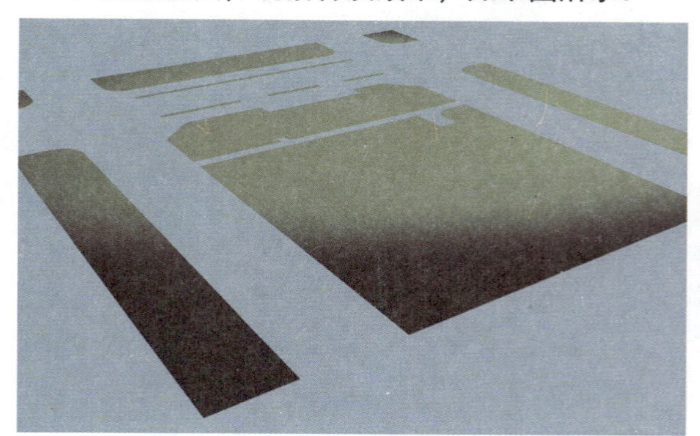

■ 5）在任意视图中单击鼠标右键，在弹出的菜单中选择【全部取消隐藏】命令，在视图中显示所有物体。

19.2.6 制作楼板材质

下面制作楼板材质。

■ 1）按M键打开材质编辑器，选择【楼板】材质球，单击按钮，在弹出的对话框中单击【选择】按钮，然后再单击鼠标右键，在弹出的菜单中选择【隐藏未选定对象】命令，隐藏未被选择的物体。

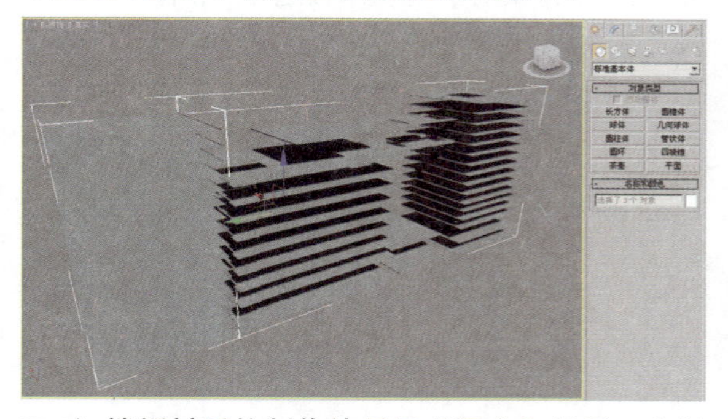

■ 2）楼板材质的制作使用了【混合】材质。在材质设置面板中单击 Standard 按钮，在弹出的【材质/贴图浏览器】对话框中双击 混合 材质类型，在【替换材质】对话框中选择【丢弃旧材质】单选按钮，单击【确定】按钮。然后将材质名称改为【楼板】。

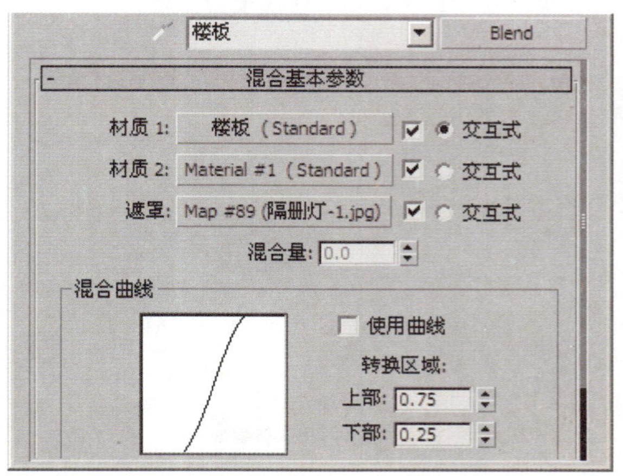

■ 3）设置【混合】材质【材质1】的材质类型为【标准】材质，设置明暗器类型为【(B)Blinn】，设置【漫反射】颜色为青色，具体参数设置如下图所示。

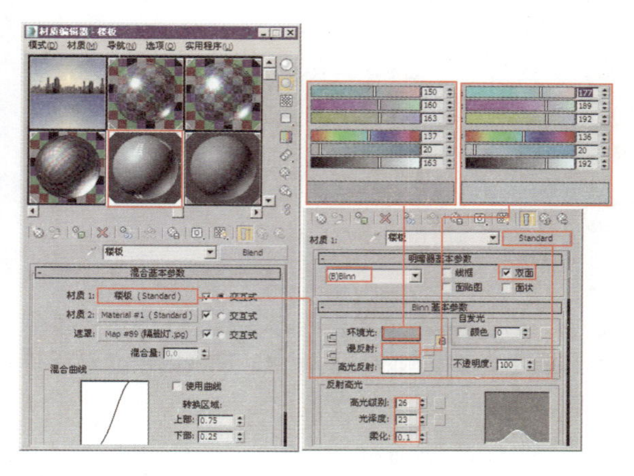

■ 4）设置【混合】材质【材质2】的材质类型为【标准】材质，设置明暗器类型为【(B)Blinn】，设置【漫反射】颜色为白色，具体参数设置如下图所示。

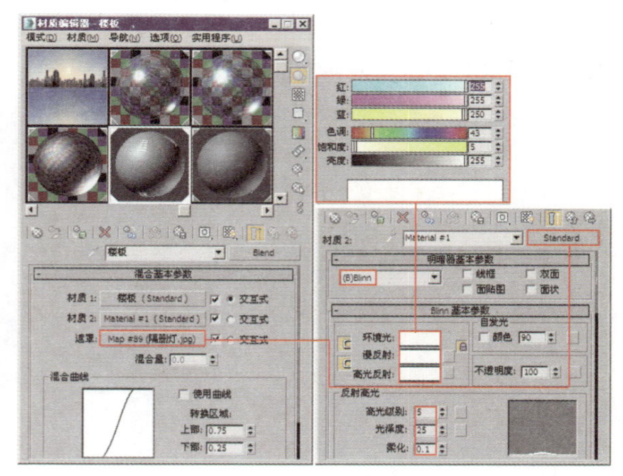

■ 5）设置【混合】材质【材质2】的材质类型为【标准】材质，设置明暗器类型为【(B)Blinn】，设置【漫反射】颜色为白色，具体参数设置如下图所示。

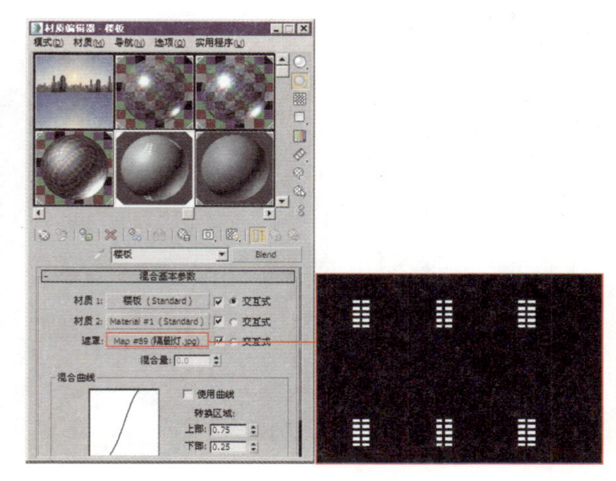

■ 6）快速渲染视图，观察楼板效果，如下图所示。

■ 7）在任意视图中单击鼠标右键，在弹出的菜单中选择【全部取消隐藏】命令，在视图中显示所有物体。

19.2.7 制作路面材质

下面制作路面材质。

■ 1）按M键打开材质编辑器，选择【路面】材质球，单击按钮，在弹出的对话框中单击【选择】按钮，然后再单击鼠标右键，在弹出的菜单中选择【隐藏未选定对象】命令，隐藏未被选择的物体。

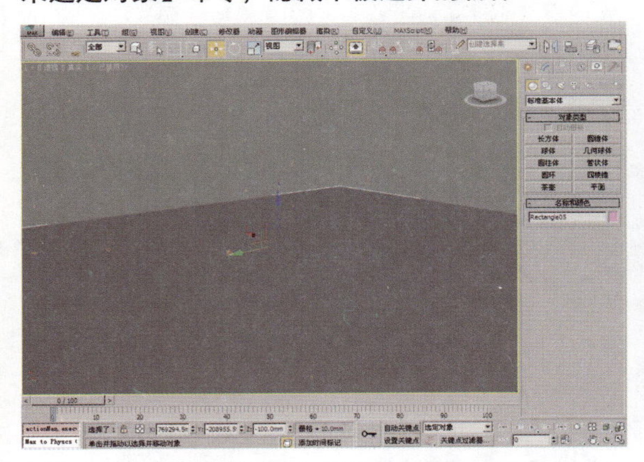

■ 2）在材质编辑器中，设置材质类型为【标准】材质，设置明暗器类型为【(B)Blinn】，设置【漫反射】颜色为青色，具体参数设置如下图所示。

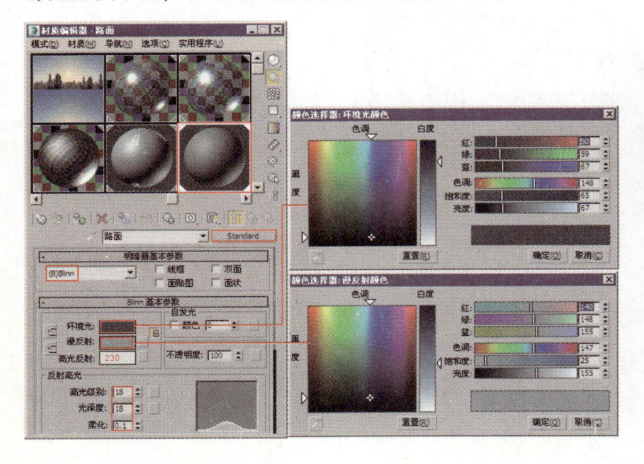

■ 3）渲染视图，观察材质效果，如下图所示。

■ 4）在任意视图中单击鼠标右键，在弹出的菜单中选择【全部取消隐藏】命令，在视图中显示所有物体。

19.2.8 制作其他材质

下面制作其他材质。

■ 1）按M键打开材质编辑器，选择【路牙】材质球，单击按钮，在弹出的对话框中单击【选择】按钮，然后再单击鼠标右键，在弹出的菜单中选择【隐藏未选定对象】命令，隐藏未被选择的物体。

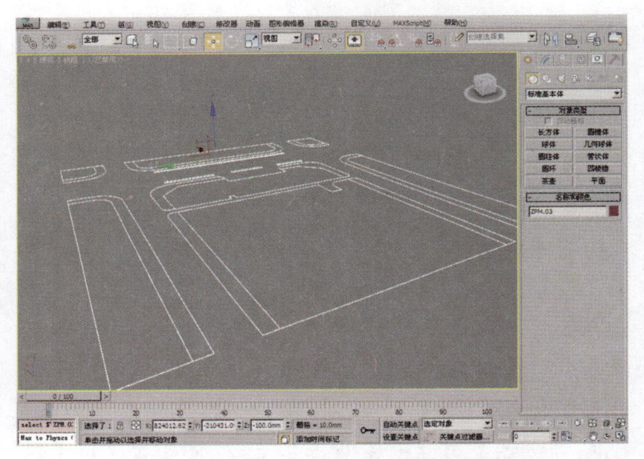

■ 2）在材质编辑器中，设置材质类型为【标准】材质，设置明暗器类型为【(B)Blinn】，设置【漫反射】颜色为白色，具体参数设置如下图所示。

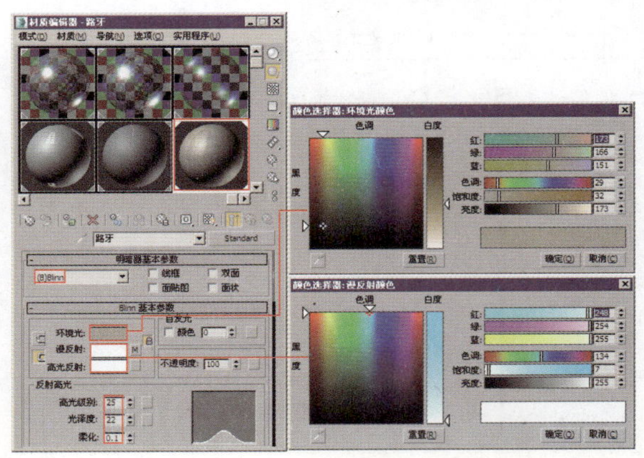

■ 3）打开【贴图】卷展栏，在【漫反射颜色】通道和【凹凸】通道中添加位图，设置位图为 Ch19\Maps\H-st-005.JPG 文件，设置【凹凸】贴图强度为 30，具体参数设置如下图所示。

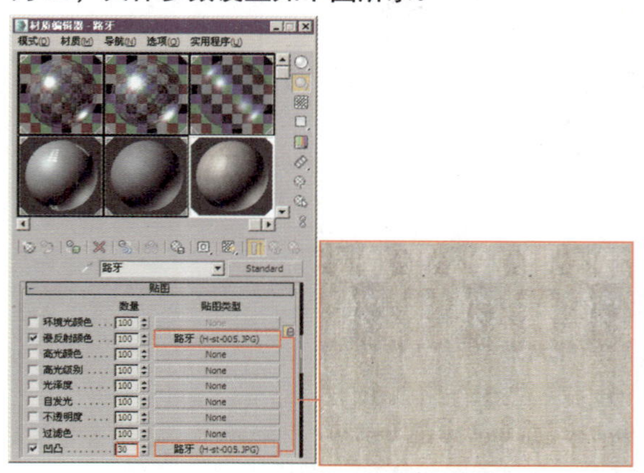

■ 4）快速渲染视图，观察路牙的材质效果，如下图所示。

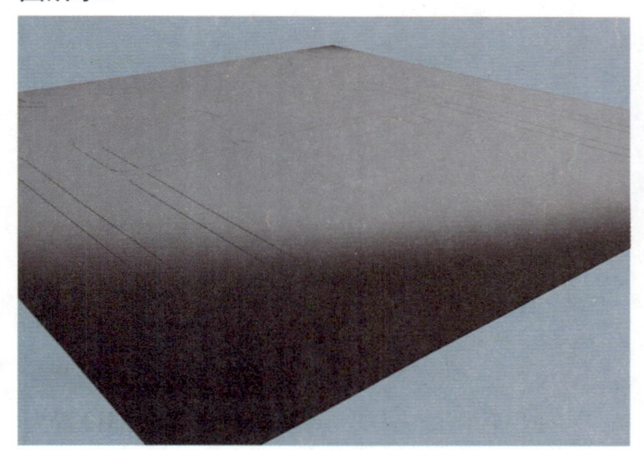

■ 5）在任意视图中单击鼠标右键，在弹出的菜单中选择【全部取消隐藏】命令，在视图中显示所有物体。

■ 6）按 M 键打开材质编辑器，选择【台阶】材质球，单击按钮，在弹出的对话框中单击【选择】按钮，然后再单击鼠标右键，在弹出的菜单中选择【隐藏未选定对象】命令，隐藏未被选择的物体。

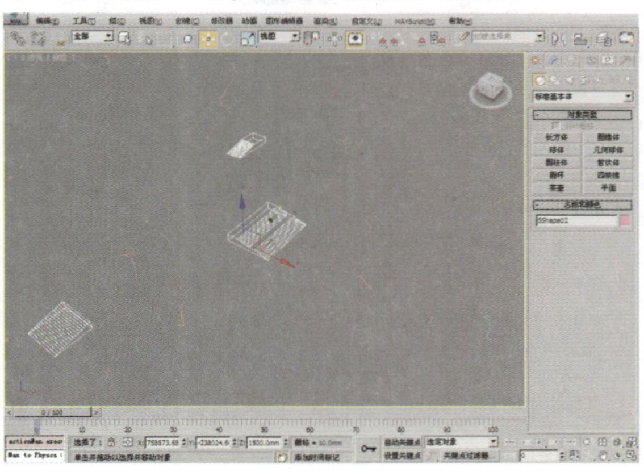

■ 7）在材质编辑器中，设置材质类型为【标准】材质，设置明暗器类型为【(B)Blinn】，设置【漫反射】颜色为浅灰色，具体参数设置如下图所示。

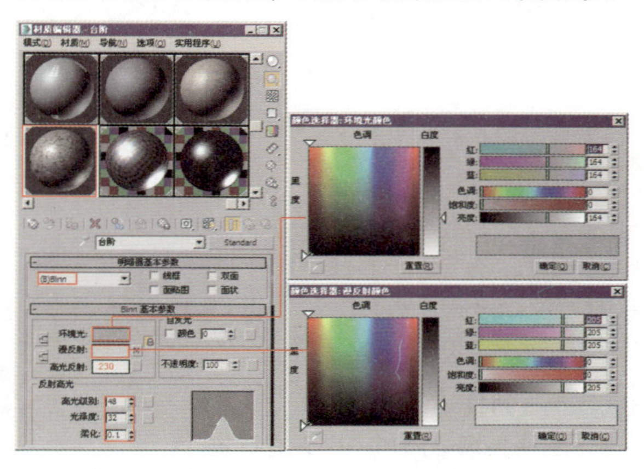

■ 8）打开【贴图】卷展栏，在【漫反射颜色】通道添加位图，设置位图为 Ch19\Maps\HGY_085.jpg 文件，具体参数设置如下图所示。

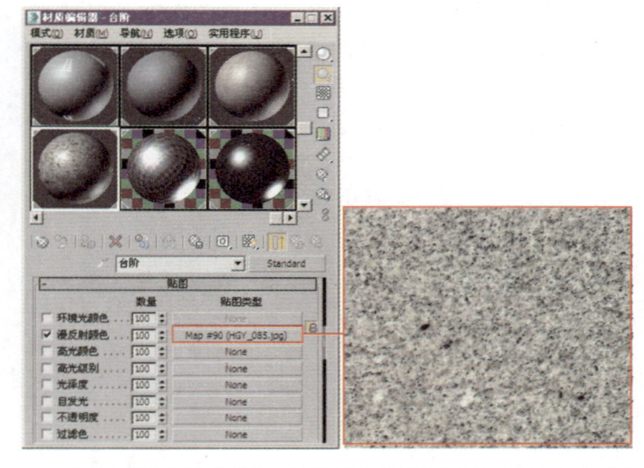

■ 9）快速渲染视图，观察台阶的材质效果，如下图所示。

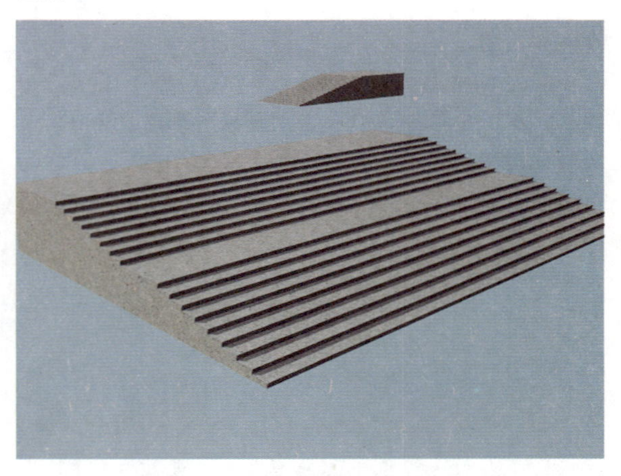

■ 10）在任意视图中单击鼠标右键，在弹出的菜单中选择【全部取消隐藏】命令，在视图中显示所有物体。

■ 11）材质制作完毕后，渲染摄影机视图，观察整体效果，如下图所示。

19.2.9 制作天空背景

下面为场景添加一个天空背景。

■ 1）按 8 键，在弹出的【环境和效果】对话框中单击【环境贴图】通道按钮，选择 sky3copy.jpg 位图文件；再按 M 键弹出材质编辑器，将环境贴图通道拖至材质编辑器中的默认材质样本球，选择【关联】复制，这样就可以在材质编辑器中对环境进行编辑了。

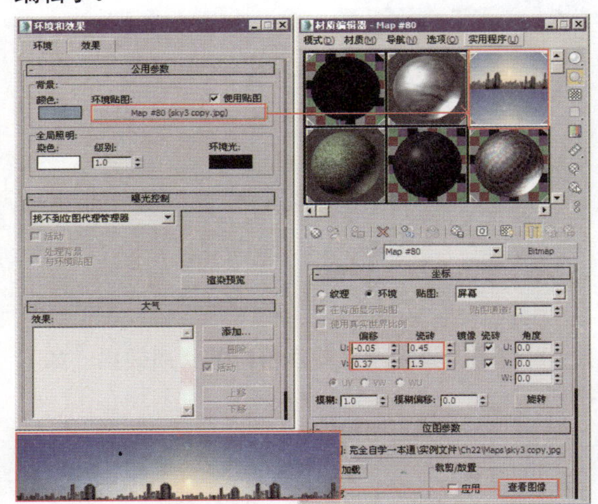

■ 2）接下来需要渲染一张大图，用于在 Photoshop 进行后期处理。

为了便于对建筑效果图进行后期调整及色调微调，需要一个材质通道，现在就来制作它的材质通道。

■ 3）打开本书配套光盘中的日景公建 color.max 文件。在【选择过滤】中选择【灯光】，然后选择场景中所有灯光。选择【工具 > 灯光】命令，选择【配置】下的【所有灯光】单选按钮，并将所有灯光关闭。

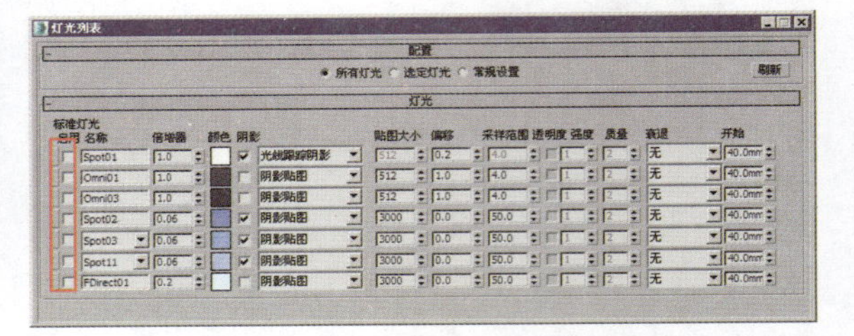

■ 4）按 M 键，在弹出的材质编辑器中选择【石材】材质，具体参数设置如下图所示。

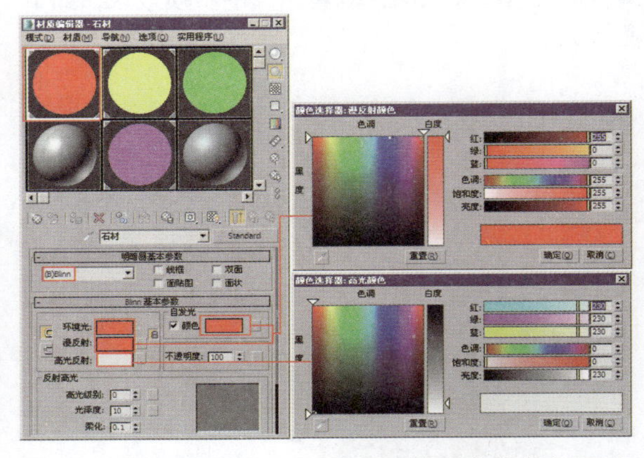

■ 5）使用相同的方法，将其他材质也全部设置为不同的纯色。

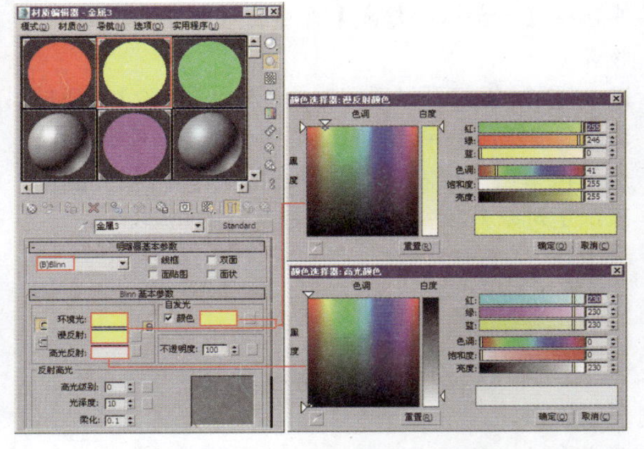

在设置材质通道的色彩时，色彩饱和度要尽量高一些，并将【不透明度】设置为 100，更不要忘了将【贴图】卷展栏中【贴图】通道上的所有贴图去掉，设置与正图等大的渲染尺寸。千万不要移动摄影机视图中的渲染框，否则渲染出的通道无法与正图对位。

■ 6）通道渲染效果如下图所示。至此渲染工作暂告一段落，下面进行后期处理。

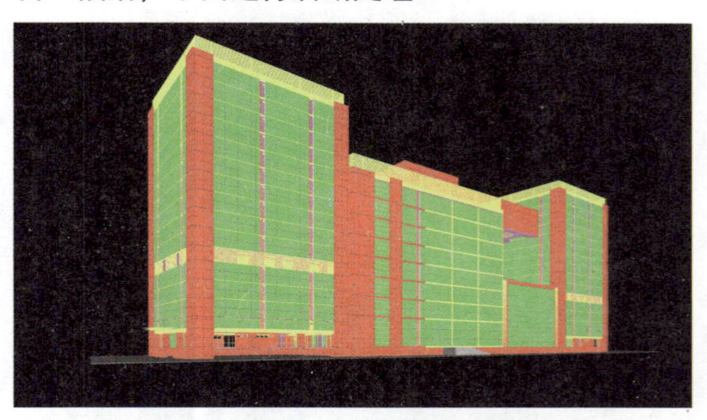

19.3 Photoshop日景后期处理

本节对制作好的效果图进行后期处理。

■ 1）启动 Photoshop，打开 Ch19\后期素材 \okday.tga 和 okcolor.tga 文件。

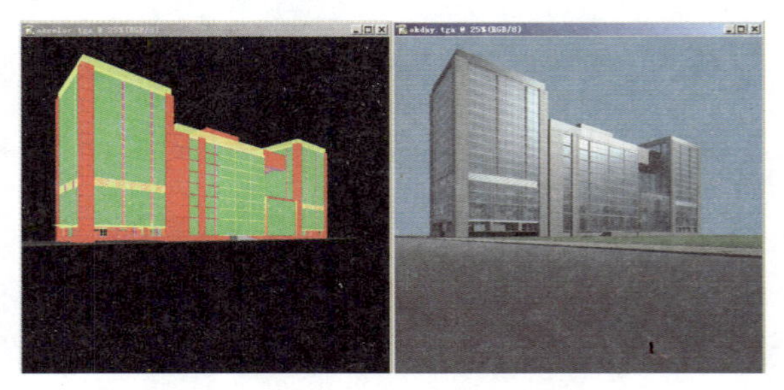

■ 2）按住鼠标左键将 okday.tga 文件拖移至 okcolor.tga 文件上，Photoshop 会自动创建图层，正图与通道会自动对齐。

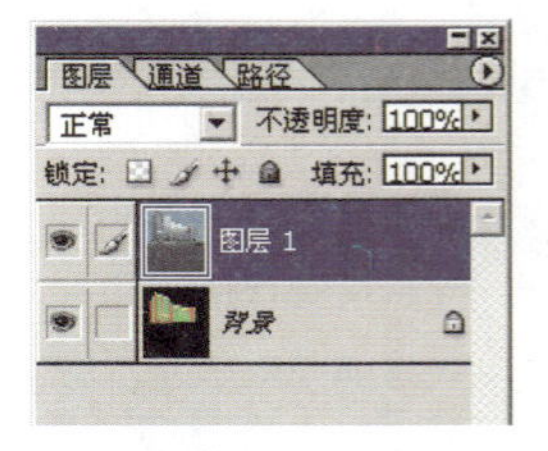

■ 3）切换到【通道】面板，按住 Ctrl 键单击 Alpha1 通道，载入通道选区，利用通道可以将建筑选择出来，将背景部分删除。

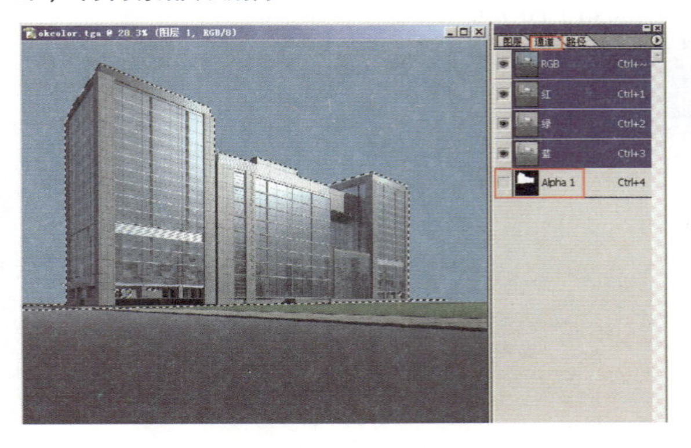

■ 4）切换到【图层】面板，按快捷键 Ctrl+Shift+I 反选选区，按 Delete 键删除【图层 1】的背景；再按住 Ctrl 键双击背景图层，使其变为 0 层，在保持选区存在的状态下按 Delete 键删除【图层 0】的背景。

■ 5）选择【文件 > 另存为】命令，保存文件名为“完成 day.psd”文件。

■ 6）在 Photoshop 后期制作中，可以利用通道图对建筑不同材质的色调进行微调。在工具栏中单击【魔棒工具】，进入【图层】面板，在【图层 0】的玻璃区域，选中玻璃部分。单击【图层 1】，利用 Photoshop 的调色工具对玻璃的色调单独进行微调。

■ 7）接下来为其加入一张天空背景，天空的选择在后期处理中尤为重要，因为它直接影响到整个画面的基调，既要与建筑本身的色彩协调统一，又要衬托出建筑挺拔清晰的外轮廓（素材路径：Ch19\后期素材\日景）。

此例所需后期素材在Ch19\后期素材文件夹中。

■ 8）加入远景群山，调整其位置和大小，如下图所示。

■ 9）加入草地，如下图所示。

■ 10）加入行道树，注意调整行道树的高度，如下图所示。

■ 11）在建筑前加一条小河，如下图所示。

■ 12）为小河制作河水。先加入一个【河水】图层，再将所收集的水面素材加入进来，与【河水】图层结组，如下图所示。

■ 13）加入远景人物配景，效果如下图所示，注意控制人物的高度。

■ 14）加入远景植物，如下图所示。

■ 15）在建筑前加入喷泉，再给喷泉罩一层水雾，效果如下图所示。

■ 16）在小河边加上石墩，如下图所示。

■ 17）加入前景小植物，如下图所示。

■ 18）分别在画面中加入中景植物和前景植物，以增加画面的深度，这样画面更有层次感。

■ 19）分别为画面添加其他配景，如下图所示。

■ 20）Photoshop 后期处理完毕后，最终效果如下图所示，在后期要注意各配景与建筑之间的比例关系。

19.4 创建夜景灯光

本节创建夜景灯光。

■ 1）在顶视图创建一盏目标聚光灯，作为这个场景中的主光源，灯光的位置如下图所示。

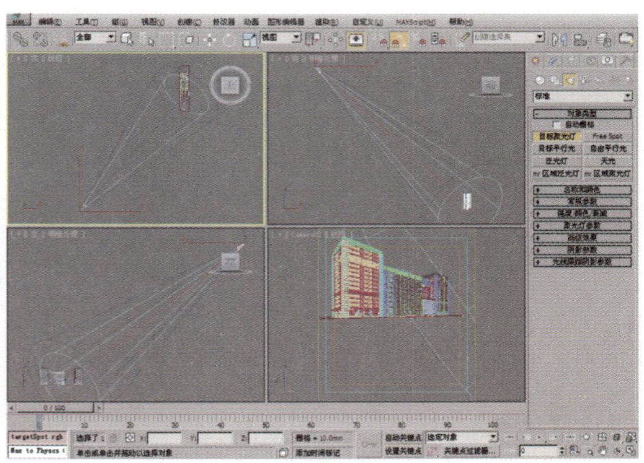

■ 2）进入【修改】面板，设置灯光参数，如下图所示。

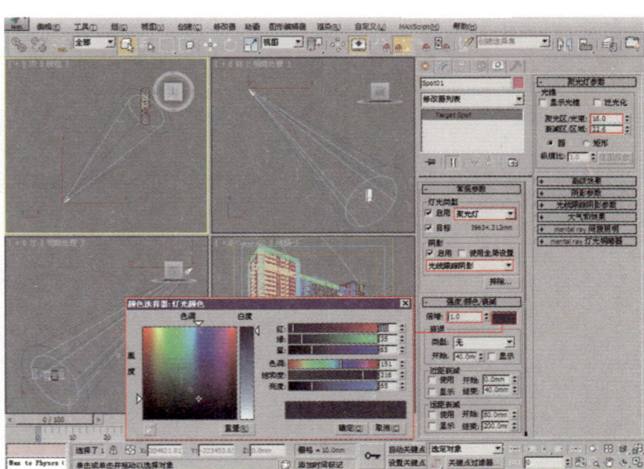

■ 3）渲染摄影机视图，观察灯光效果，如下图所示。

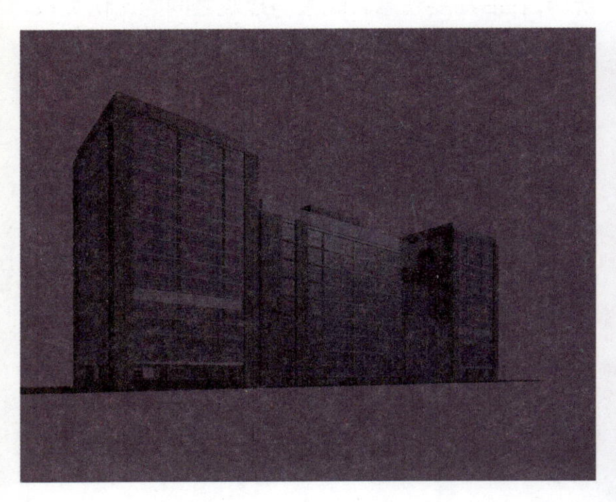

下面创建辅助光源。为了让画面更细腻，有层次感，用灯光矩阵来模拟暗部的漫反射。

■ 4）在顶视图创建一盏目标聚光灯，将其复制出3盏（共4盏），位置如下图所示。

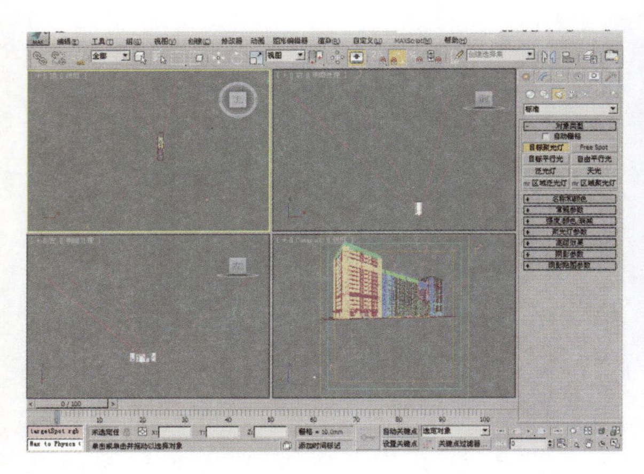

■ 5）进入【修改】面板，设置灯光参数，如下图所示。

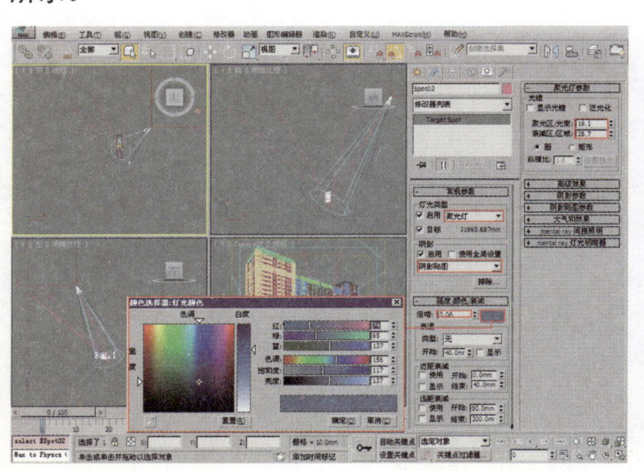

■ 6）渲染摄影机视图，观察灯光效果，如下图所示。

■ 7）将刚创建的4盏目标聚光灯复制出8盏，如下图所示。

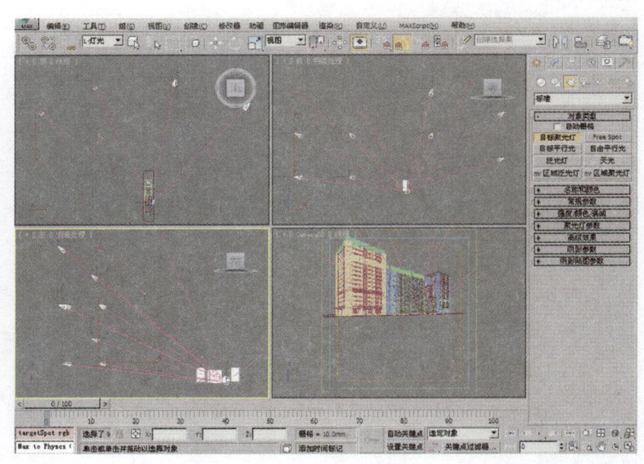

■ 8）进入【修改】面板，设置灯光参数，如下图所示。

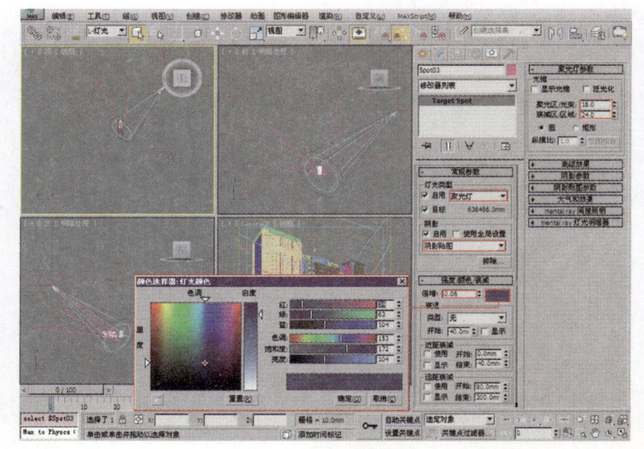

■ 9）渲染摄影机视图，观察灯光效果，如下图所示。

暗部的效果基本已经到位。因为整个场景要表现的是夜景，所以场景的整体亮度要控制好。下面在主光源的方向加一盏泛光灯，来平衡场景的亮度和色调。

■ 10）在主光源方向加一盏泛光灯，如下图所示。

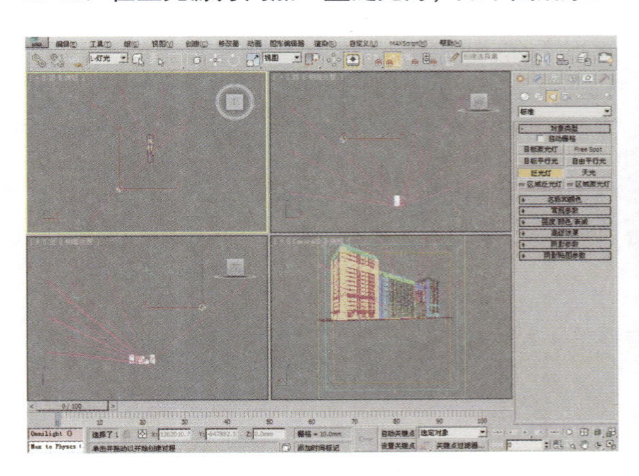

■ 11）进入【修改】面板，设置灯光参数，如下图所示。

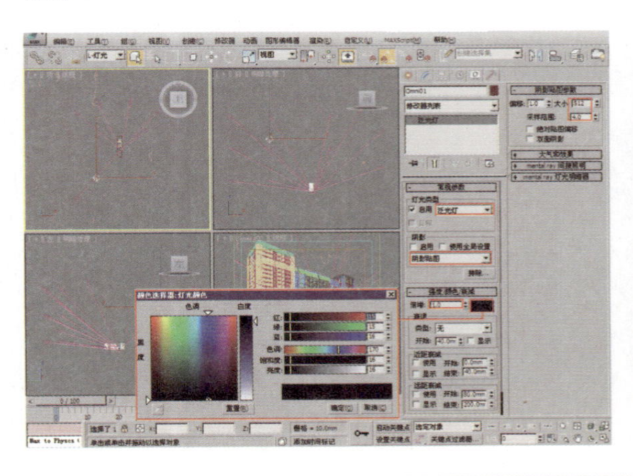

■ 12）渲染摄影机视图，观察灯光效果，如下图所示。

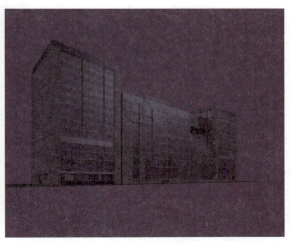

整个建筑外部的环境灯光效果到此已经基本完成了。下面在建筑的下面加一盏泛光灯，将建筑物的底面照亮。

■ 13）如下图所示，在建筑的下面加一盏泛光灯。

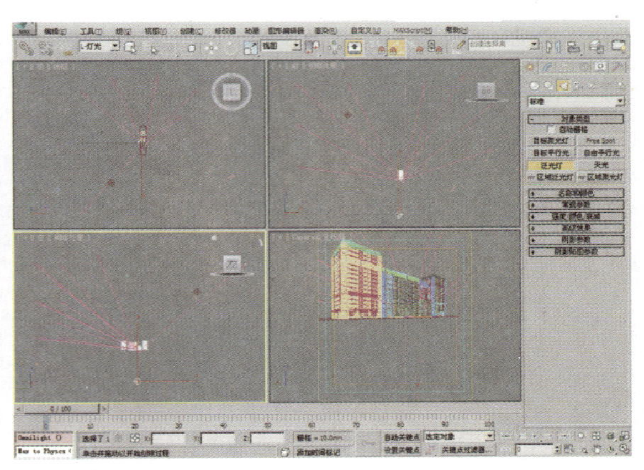

■ 14）进入【修改】面板，设置灯光参数，如下图所示。

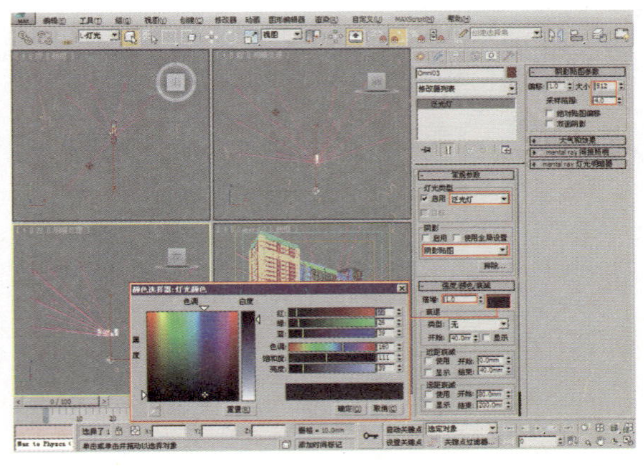

■ 15）渲染摄影机视图，观察场景灯光效果，如下图所示。

建筑外的环境光设置好了。下面为夜间的建筑内部添加灯光。

■ 16）在下图所示的位置添加数盏自由平行光，用来模拟夜晚楼层间的灯光。

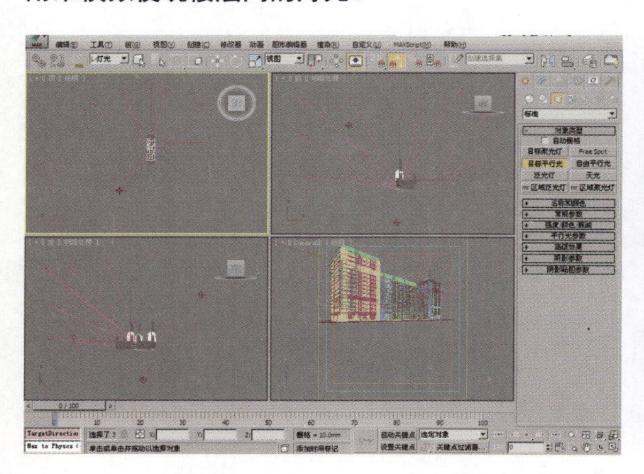

■ 17）进入【修改】面板，设置灯光参数，如下图所示。

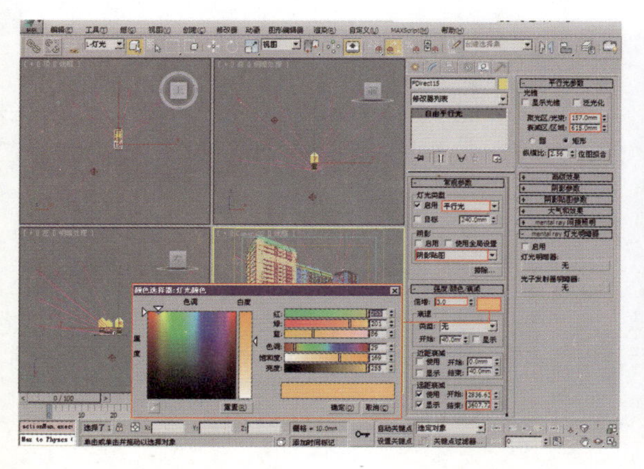

■ 18）快速渲染摄影机视图，观察灯光效果，如下图所示。

整个建筑底层没有灯光，下面用几盏泛光灯来模拟内部灯光效果（在室内的灯光颜色设置上，读者可自由发挥）。

■ 19）在楼底层加几盏泛光灯，如下图所示。

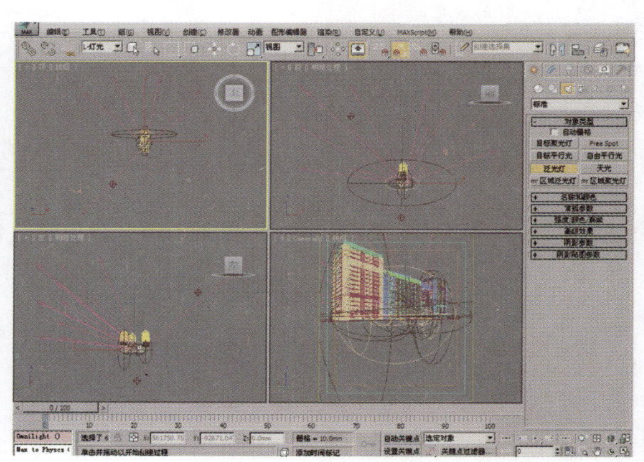

■ 20）进入【修改】面板，设置灯光参数，如下图所示。

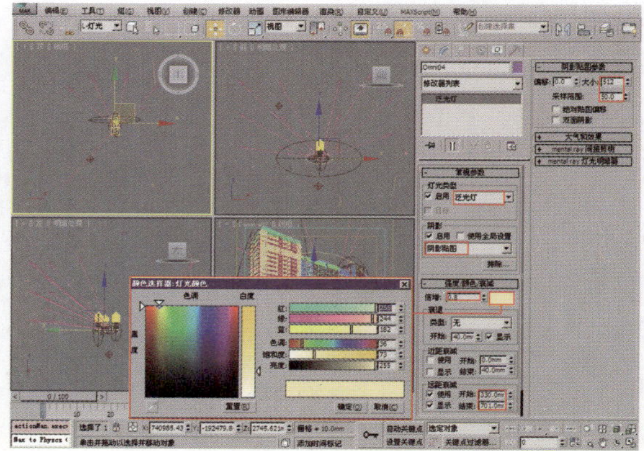

■ 21）快速渲染摄影机视图，最终灯光效果如下图所示。

19.5 Photoshop夜景后期处理

下面进行夜景效果图的后期处理。

■ 1）启动Photoshop，打开Ch19\后期素材\oknight.tga和okcolor.tga文件。

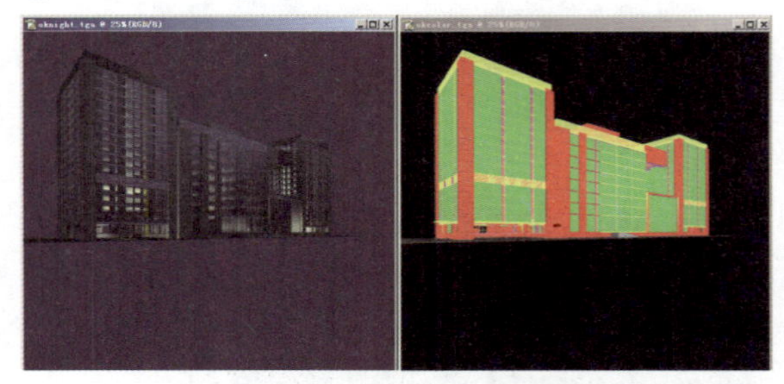

■ 2）按住鼠标左键将oknight.tga文件拖移至okcolor.tga文件上，Photoshop会自动创建图层，正图与通道会自动对齐。

■ 3）切换到【通道】面版，按住Ctrl键单击Alpha1通道，载入通道选区，利用通道可以将建筑选择出来，将背景部分删除。

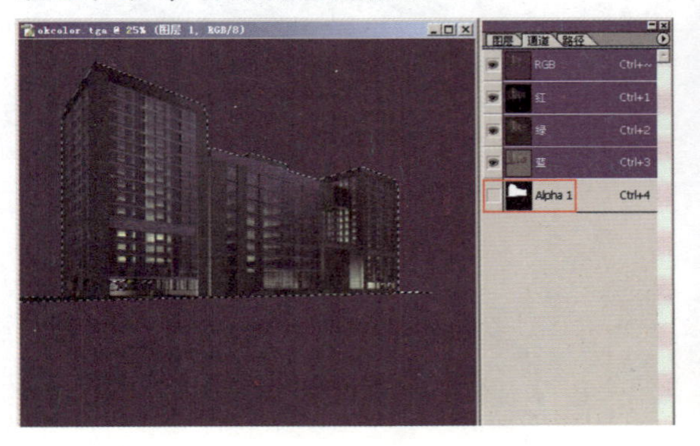

■ 4）切换到【图层】面版，按快捷键Ctrl+Shift+I反选选区，按Delete键删除【图层1】的背景；再按住Ctrl键双击背景图层，使其变为0层，在保持选区存在的状态下，按Delete键删除【图层0】的背景。

■ 5）选择【文件>另存为】命令，保存文件名为完成night.psd。适当对场景玻璃进行调整。

■ 6）接下来为其加入一张天空背景，天空的选择在后期处理中尤为重要，因为它直接影响到整个画面的基调，既要与建筑本身的色彩协调统一，又要衬托出建筑挺拔清晰的外轮廓（素材路径：Ch19\后期素材\夜景）。

■ 7）加入远景树和地面，调整其位置和大小。

■ 18）选择【图层 1】，按快捷键 Ctrl+J 复制，再按快捷键 Ctrl+T，单击鼠标右键，在弹出的快捷菜单中选择【垂直翻转】命令，将图像翻转过来，并调整至合适位置，可将倒影多余部分删除。将【图层 1 副本】图层的【不透明度】调整为 30%。

■ 19）在前景处加入草地，如下图所示。

■ 20）为画面加入行道树，如下图所示。

■ 21）为画面加入路灯，如下图所示。

■ 22）加入人物配景，如下图所示。

■ 23）为画面加入汽车及其他植物，如下图所示。

■ 24）在画面上加入一些夜晚常见的光效，如下图所示。

■ 25）Photoshop 后期处理完毕后，最终效果如下图所示。